PRAKTISCHER STAHLSCHIFFBAU

EIN HILFSBUCH FÜR WERFT, REEDEREI UND LEHRSTÄTTE

BEARBEITET UND HERAUSGEGEBEN
IN GEMEINSCHAFT MIT

DR.-ING. C. COMMENTZ, DR. PHIL. W. DAHLMANN
OBERING. C. KIELHORN, GEH. MARINEBAURAT A. D. T. SCHWARZ

VON

DR.-ING. E. FOERSTER
HAMBURG

MIT 873 TEXTABBILDUNGEN
EINER TAFEL UND 10 TABELLEN

SPRINGER-VERLAG BERLIN HEIDELBERG GMBH
1930

URSPRÜNGLICH ERSCHIENEN BEI VERLAG VON JULIUS SPRINGER, BERLIN 1930
SOFTCOVER REPRINT OF THE HARDCOVER 1ST EDITION 1930

ISBN 978-3-642-51909-3 ISBN 978-3-642-51971-0 (eBook)
DOI 10.1007/978-3-642-51971-0

Einführung.

Über den praktischen Stahlschiffbau ist das letzte größere Werk in Deutschland („Eisenschiffbau“ von Otto Schlick) vor 39 Jahren erschienen.

Das letzte englische Werk („Practical Shipbuilding“ von Campbell Holmes) ist vor 25 Jahren entstanden und erlebte seither drei Auflagen.

Seit der Schaffung dieser Buchwerke hat die Schiffbautechnik eine Periode umwälzender Fortschritte in festigkeitstechnischen Grundlagen, sowie in zahlreichen Einzelheiten der Konstruktion und der praktischen Ausführung durchgemacht. Es ist daher heute völlig gerechtfertigt und wird überall als Bedürfnis bezeichnet, ein neues Hilfsbuch für dieses Schaffensgebiet herauszubringen, welches dem heutigen Stand der Schiffbautechnik entspricht.

Bei allen Schiffstypen war der theoretisch-konstruktive Fortschritt im wesentlichen dahin gerichtet, durch günstigere Materialverteilung und gleichmäßigere Materialausnutzung die notwendige Festigkeit mit verringertem Baugewicht zu erzielen, schwache Stellen in ihren Beanspruchungen zu erkennen und durch Vereinfachungen verringerte Bau- und Reparaturkosten zu erzielen.

Eine solche Entwicklung im Sinne der Rationalisierung der Konstruktion führte u. a. dahin, daß festigkeitstechnisch früher nicht in den Längsträger einbezogene, von Bord zu Bord reichende Aufbauten zur oberen Gurtung ausgebildet wurden. Am ausgesprochensten kam dies bei den Spardeckern und Sturmdeckern zur Geltung, wo das Spardeck bzw. Sturmdeck zum obersten und stärksten durchlaufenden Verband wurde. Das Widerstandsmoment des Trägers erhöhte sich dadurch beträchtlich, und bei allen Schiffbaunationen wurde nun der Konstruktionstyp „mit Freibord“ herausgebildet, bei welchem man, vom Volldecker ausgehend, innerhalb gewisser Grenzen für eine Vergrößerung der Seitenhöhe eine Verschwächung der Verbände vornehmen konnte. Natürlich ergab sich dabei eine Reduktion des zulässigen größten Freibord-Tiefganges im Vergleich mit dem nach der gleichen Seitenhöhe zulässigen normalen Wert des für Volldecker tabellarisch vorgeschriebenen Freibordwertes.

Auf dem Wege des „Freibordtyps“ wurde eine Erhöhung der Seefähigkeit nicht nur im Sinne verbesserten Reservedeplacements, sondern auch eine Verbesserung der lecken vertrimmten Schwimmlage infolge des größeren Verhältnisses vom Freibord zur Länge erzielt. Der wirtschaftliche Vorteil des Reeders besteht außerdem in der Vergrößerung des nutzbaren Laderaums je Tonne Gewichtstragfähigkeit.

Auf Grund der veränderten Materialverteilung, welche die Obergurtung stärker betonte, rückte die neutrale Faser nach oben, und zwar auch noch dadurch, daß man die Materialstärkenbemessung im Doppelboden verringerte. Dementsprechend ist die Schiffskonstruktion als Träger nun so weit entwickelt, daß die Zug- und Druckspannungswerte beider äußersten Fasern befriedigend gegeneinander ausgeglichen sind.

Starke Wandlungen machte auch das Spantensystem durch: Während früher die „freitragenden Längen“ der jenseits gewisser Mindestgrenzen meist aus Spantwinkel und Gegenspantwinkel gebildeten Raumspanten in bestimmten Intervallen durch Seitenstringer aufgeteilt wurden, kam man — über das Hochspantensystem — allmählich dazu, das Spantensystem so auszugestalten bzw. so zu verstärken, daß Querversteifungen durch horizontale Seitenstringer im Raum nicht mehr notwendig waren und heute nur noch in Verbindung mit Rahmenspanten vorkommen. Freilich bleiben in den Klassifikationsvorschriften die Seitenstringer auch noch für das gewöhnliche Spantensystem freigestellt, jedoch nicht mehr als wesentlicher Verband, sondern zur örtlichen Verstärkung und Sicherung hoher Spantprofile gegen Kippgefahr.

Mit den Seitenstringern ist nicht nur kostspielige und unbequeme Schiffbauarbeit in Fortfall gekommen, sondern das Schiff wird auch von Bauelementen befreit, die betrieblich in den Räumen störend für das Stauen der Ladung sind und als „Schweißwasserhaltungen" auch stets den Keim für vorzeitige unbequem zu reparierende Verrostungserscheinungen ihrer Umgebung bilden.

Von großer Bedeutung ist auch die fortschrittliche Entwicklung der inneren Abstützung des Schiffes geworden, die zu einer früher ungeahnten Freimachung und verbesserten Ausnutzbarkeit der Laderäume geführt hat, und welche in den Aufbauten für Fahrgäste, zum Vorteil der Innenarchitektur, bis zu ganz stützenfreien Räumen von 40 bis 45 m Länge, 18 bis 20 m Breite und über 6 m Höhe gelangt ist.

Gleichzeitig mit dem „weiträumigen" Stützensystem und auch in gewissem organischen Zusammenhang damit gelangte man zu weiträumiger gestellten Querspanten.

Die einschneidendste Neuerung innerhalb der letzten Jahrzehnte aber war die Aufnahme der schon 1860 von Scott Russel begonnenen Längsspantentechnik durch den englischen Schiffbauer Joseph Isherwood, der das konstruktive Geschick und den Mut bewies, in das erstarrte und auch durch die internationale Verwandtschaft der Klassifikationsvorschriften im Schiffbau fest verankerte Querspantensystem einzugreifen und Wege für ein Längsspantensystem zu weisen, die von der Schiffbaupraxis als gangbar und praktisch angesehen wurden. Am stärksten hat sich die neue Bauweise im Tankschiffbau und im Erzschiffbau eingeführt, welche Typen heute überwiegend nach Isherwood gebaut werden. Auch Lloyds Vorschriften für Längsspantenschiffe beruhen auf diesem System.

Im Anschluß an die Erfolge des Isherwood-Systems wurden dann bald abgeänderte Systeme von Längsspanten, d. h. besonders kombinierte Bauweisen vorgeschlagen, deren Vertreter aus den Betriebserfahrungen im regelmäßigen Dienst und im Reparaturwesen der Längsspantenschiffe praktische Schlußfolgerungen gezogen hatten und nun auch ihrerseits an der neuen Entwicklung partizipieren wollten.

Wenn man das Isherwood-System als den konstruktiv am stärksten umwälzenden Faktor im Schiffbau der letzten zwei Jahrzehnte ansehen kann, so haben sich in den letzten Jahren noch weitere bedeutsame Verbesserungen in bau- und materialtechnischer Hinsicht eingeleitet, von denen die Schweißtechnik den stärksten Einfluß auf die künftige baukonstruktive Gestaltung der Schiffe haben wird. Daneben zeigt schon heute die Verwendung hochwertigeren Stahlmaterials namhafte Einwirkungen zugunsten der Verringerung des Baugewichtes. „Spezialstahl" ist zuerst in größerem Umfang in der oberen Gurtung der Schnelldampfer „Mauretania" und „Lousitania" verwendet worden, deren günstiges Ergebnis zu einem Bruchteil auch auf die relative Leichtigkeit dieser Schiffskörper verbucht werden darf, welche bei gegebenen nutzbaren Decksflächen eine der Gewichtsersparnis entsprechende verschärfte Form des Unterwasserschiffes gestattete. In weit größerem Umfang ist hochwertiger Spezialstahl bei den Schnelldampfern „Bremen" und „Europa" eingebaut worden. Die Materialstärken in Hauptteilen der Ober- und Untergurtung konnten hier dementsprechend um 2 bis 3 mm verringert werden. Die erzielte Gewichtsersparnis betrug mehrere Hundert Tonnen gegenüber dem Gewicht bei Verwendung durchweg normalen Schiffbaustahls.

Die Vorteile verringerten Baugewichtes bei gleichbleibender Festigkeit werden im Frachtschiffbau heute, wo schon eine Geschwindigkeitsvergrößerung von den üblichen 10 bis 11 Knoten des Jahrhundertanfanges auf die heutigen 12 bis 14 Knoten vorgenommen ist, zur Erhöhung der nutzbaren Tragfähigkeit ausgenutzt.

Dem Stahlmaterial wurde in diesem Buch ein besonderes Kapitel gewidmet, dessen Bearbeitung Sachverständigen aus dem Bereiche der Stahlindustrie verdankt wird.

In baukonstruktiver Hinsicht führt die Verwendung hochwertigen Materials zunächst keine grundsätzlichen Änderungen herbei, während die Schweißtechnik berufen ist, einen unmittelbaren Einfluß auf die Gestaltung der Schiffbauprofile auszuüben, weil dann keine Rücksicht auf Flanschbreiten für Vernietungen mehr genommen zu werden braucht. Aus diesen Gründen hat auch die Schweißtechnik eingehende Berücksichtigung im vorliegenden Buch gefunden.

Die Hereinnahme eines Kapitels über die Schiffswerften möchte auf den ersten Blick nicht überzeugend zweckmäßig erscheinen, doch besteht bekanntlich bei den jüngeren Schiffbauern, insoweit sie sich in der Ausbildung bzw. in der Berufsarbeit noch nicht befriedigend in Werftbetrieben haben umsehen können, meist ein starkes Bedürfnis nach vergleichendem Studium von Werftanlagen und -einrichtungen, und wiederholt wurden auch aus Werftkreisen selbst derartige Zusammenstellungen wie hier als erwünscht angeregt.

Die Arbeit als Ganzes hatte das Ziel, nicht nur das Grundsätzliche der Schiffbaukonstruktion lehrbuchartig zu fassen und nicht nur ein möglichst lebendiges Bild einer großen technischen Entwicklung zu geben, sondern auch dem Konstrukteur ein Hilfsbuch mit einem Überblick über das Wichtigste zu bieten. Die scharfe internationale Konkurrenz zwingt den Schiffbauingenieur zunehmend, nicht ausschließlich nach den mehr oder weniger auf Mittelwerte zugeschnittenen Bauvorschriften der Klassifikationsgesellschaften zu bauen, sondern individuell für jedes Schiff entsprechend den jeweiligen Forderungen der Reederei auf Grund von Erfahrungen und neueren festigkeitstheoretischen Erkenntnissen eine größtmögliche Materialausnutzung zu erreichen. Dazu soll ihm auch dieses Buch ein Hilfsmittel bieten.

Mit Rücksicht auf die fortschreitende konstruktive Entwicklung kann und will dieses Buch nicht den Anspruch auf Lückenlosigkeit im Text und auch nicht auf völlige Fehlerfreiheit in allen figürlichen Beigaben erheben. Es läßt auch die Frage offen, ob alle zum Lehrzweck oder als Vorbild beigebrachten Konstruktionen die jeweils zweckmäßigste Lösung darstellen. Schiffbauer kopieren einander nur ungern. Geschmack, Übung und individuelle Wünsche des Bestellers spielen aber auch in der Schiffbaukonstruktion eine gewisse Rolle. In diesem Sinne sind zahlreiche Einzelheiten nur als vorliegende Ausführungen bzw. Kennzeichen der Entwicklung zu werten.

Es sei besonders bemerkt, daß der Binnenschiffbau und der Kleinschiffbau in diesem Werke nur gestreift wurden, da im gleichen Verlag auf diesem umfangreichen Sondergebiet des Schiffbaues ein vorzügliches Werk: „Kleinschiffbau" von E. Sachsenberg erschienen ist, das zur Zeit der Neubearbeitung unterliegt.

Seinem doppelten Charakter als Hilfsbuch des Schiffbauers und des Studierenden entspricht es, wenn in den einleitenden Kapiteln eine Art geschichtlicher Entwicklung gewisser Grundlagen gegeben wird, welche in dieser Form hier zum ersten Male versucht wird.

Das Kapitel der konstruktiv immer bedeutsamer werdenden Schiffsfestigkeit hat einen Zusatzabschnitt „Probleme der Schiffsfestigkeit" erhalten, der Hypothetisches und noch Umstrittenes behandelt — ausdrücklich in der Absicht, über neue, bisher nicht allgemein anerkannte Anschauungen zu berichten und damit zur weiteren Klärung beizutragen.

Neben den im Buchtitel genannten Hauptmitarbeitern, den Herren Dr.-Ing. Commentz, Dr. Dahlmann, Oberingenieur Kielhorn und Geheimrat Schwarz, haben weitere Fachgenossen diese Arbeit in dankenswerter Weise mit Rat und Tat bzw. durch Teilbearbeitungen unterstützt. Hier seien vor allem genannt Sir Westcott Abell, London, Herr Direktor Buchsbaum, Berlin, Sir Joseph Isherwood, London, Herr Direktor i. R. F. Popp, Essen, Herr Dipl.-Ing. Hermann Roester, Vegesack, Herr Dr. William Scholz,

Hamburg, Herr Ingenieur G. Stapel, Hamburg, Herr Oberingenieur Wahl, Kiel, sowie der frühere Schiffbaudirektor Herr Ziegelasch, jetzt Tanganjika Territory, Zentralafrika.

Wertvollstes Material wurde deutscherseits von den Firmen Blohm & Voß, Hamburg, Deutsche Schiff- und Maschinenbau A.-G., Bremen von deren Werken A.-G. „Weser" und G. Seebeck, ferner von der Deutsche Werft A.-G., Hamburg-Finkenwärder, Deutsche Werke Kiel A.-G., Kiel, und von der tschechoslowakischen Firma Aktiengesellschaft vormals Skodawerke in Prag, zur Verfügung gestellt, wofür diesen Firmen auch an dieser Stelle herzlich gedankt sei.

Die Klassifikationsgesellschaften British Corporation, Glasgow, Bureau Veritas, Paris, Germanischer Lloyd, Berlin, Lloyd's Register of British and Foreign Shipping, London, und Norske Veritas, Oslo, haben unserer Bitte nach Prüfung der Material-Hauptspante und gewisser Textteile des Buches freundlich entsprochen, wodurch richtige Auswertung der Vorschriften bei der Bearbeitung der Hauptspante sichergestellt wurde.

Hamburg, im März 1930.

Dr.-Ing. **E. Foerster.**

Inhaltsverzeichnis.

I. Das Stahlschiff als konstruktives Gebilde.

1. Entwicklung des Stahlschiffbaues.

Die Zeitspanne der letzten 40 Jahre umfaßt im Schiffbau die entscheidende Epoche der Entwicklung vom Handwerk zur Wissenschaft.

Ein Blick über das hier Geleistete hat nicht nur ein technisch-geschichtliches Interesse, sondern ist vor allem deshalb von Wert, weil in den einzelnen Fortschrittsstufen die aus den Erfahrungen gewonnenen Grundlagen für die heutigen Konstruktionen liegen.

In Abb. 1 (Hauptspantzeichnung eines stählernen Handelsdampfers nach den Bauvorschriften von Lloyd's Register for British and Foreign Shipping aus dem Jahre 1896) finden sich noch Anklänge an die Holzschiffskonstruktionen, welche später verschwinden.

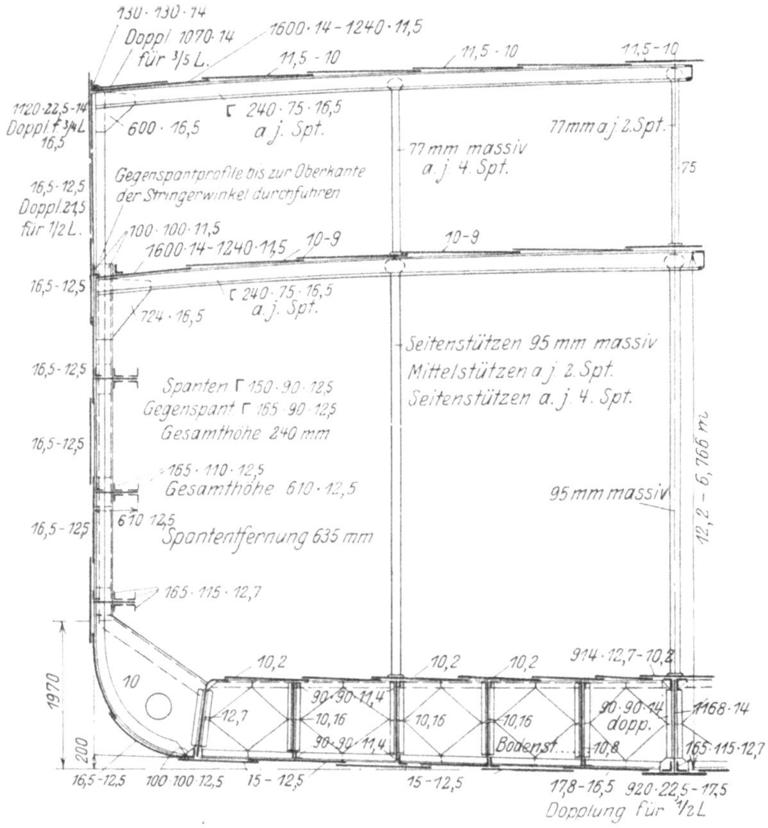

Abb. 1. Hauptspant eines Handelsdampfers nach Bauvorschriften von 1896 (Loyds Register).

Als Beispiel ist ein Schiff gewählt, wie es den angenommenen Abmessungen nach im Verhältnis von *L* und *B* zu *H* bzw. *B* zu *T* damals und heute noch zeitgemäß ist. Die Länge beträgt 120,394 m = 395 Fuß 0 Zoll engl., gemessen einschließlich Steven im obersten Deck und, wie damals üblich, identisch mit der heutigen „Vermessungs"-Länge.

Die Breite von 15,85 m = 52′ 0″ engl., für das Jahr 1896 schon verhältnismäßig groß, ist noch immer 2 bis 3 Fuß schmaler als heute für ein solches L. u. H. üblich.

Die Seitenhöhe *H* (8,876 m = 29,12 Fuß engl.) war seinerzeit kein Konstruktionsmaß, sondern es wurde die Tiefe einschließlich der Decksbucht, also die größte Höhe des Trägers, in diesem Falle 7,205 m = 30,9 Fuß engl. genommen (Fußdezimalen sind 1896 in England zum ersten Male behördlich zugelassen worden). Das Tiefenmaß hatte damals, wo die Lukenanzahl und -größe im Verhältnis zur Deckslänge sehr viel kleiner war, Berechtigung. — Heute, wo das Hauptdeck in der Längsrichtung unvergleichlich stärker von Luken beansprucht wird, die bei Frachtschiffen nur von engbegrenzten Zwischenräumen für die Aufstellung von Winden und Masten unterbrochen werden, ist die Seitenhöhe technisch richtiger für die Kennzeichnung der Trägerhöhe, zumal auch im Zusammentreffen von Außenhaut und Gurtungsdeck im Scheergang und Stringer die größten Materialstärken vereinigt sind.

Die auf Grund der früher mangelhafteren Fahrtiefen in den Hauptseehäfen lang und niedrig gehaltenen Schiffe besaßen ein Verhältnis von Länge zu Tiefe (mittschiffs) von 16 und mehr, während heute ein Verhältnis von 13 — allerdings unter Miteinbeziehung langer tragender Mittschiffsaufbauten — schon als hoch gilt.

Im übrigen wurden damals die Abmessungen der Schiffsverbände, insoweit sie von Vorschriften betroffen wurden, auf Grund von Leitzahlen errechnet, deren Aufbau ein anderer als heute war.

Als „Quernummer" zum Aufsuchen der (tabellarisch geordneten) Materialstärken in den Bauvorschriften von Lloyds Register of British and Foreign Shipping galt die Summe von Tiefe plus ½ Breite plus ½ Hauptspantumfang (s. Abb. 2). Dieser Aufbau der Nummer für die Querverbände, welche durch Multiplikation mit der Schiffslänge die Nummer für die Längsverbände ergab, war mit Bezug auf die Bemessung und die Ausnutzung der Bauteile nach Festigkeitsgrundsätzen technisch nicht völlig gerechtfertigt. Z. B. wurde das festigkeitstechnisch hochwertigere Schiff mit völliger Kimm zu Unrecht mit erhöhten Materialstärken bestraft.

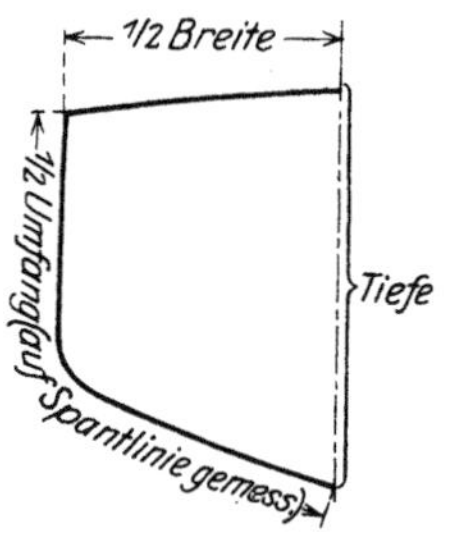

Abb. 2. Lloyds Leitzahlen 1896.

Erst 1909 wurden diese Grundsätze geändert.

Ein Schiff von 30,2 Fuß Tiefe, wie nach vorliegendem Beispiel, mußte damals als Dreideckschiff gebaut werden, d. h. zwei vollständige Decks und eine Raumbalkenlage erhalten, wie jedes Schiff, welches mehr als 17 Fuß Tiefe von Oberkante Kiel bis zum Zwischendeck hatte.

Die dann vorgeschriebenen Raumbalkenlagen waren für die Ausnutzung der Laderäume sehr hinderlich und führten schon damals zu Ersatzkonstruktionen mittels durchweg höherer Spantprofile in Verbindung mit schweren Seitenstringern.

Eine solche Anordnung ist z. B. in Abb. 1 dargestellt.

Heute, wo man auf Grund eingehender Kenntnis der verhältnismäßig geringen Beanspruchung der Spanten bei Schiffen mit mehreren Decks zum völlig stringerlosen Schiff gekommen ist, muten die drei schweren Seitenstringer von 610 mm (2′) Höhe, die mit vier Winkeln von 165 × 115 × 12,7 mm armiert sind, seltsam an. Die Seitenstringer spannen die Spanten, die aus Winkeln von 150 × 90 × 12,5 und Gegenwinkeln 165 × 90 × 12,5 zu einem Träger von 240 mm (9½″) Höhe zusammengenietet sind, an drei Stellen ein. Der Spantfuß ist an einer Kimmstützplatte von 1970 mm Höhe über Oberkante Kiel eingespannt, und am Zwischendeckbalken hat die Knieplatte eine Höhe von 724 mm = $28^1/_2$″ bei einer Dicke von 16,5 mm = $^{13}/_{20}$″. Berücksichtigt man, daß die Spantentfernung dabei nur 635 mm = 25″ betrug, so kommt man zu dem Schluß, daß bei der Berechnung der Beanspruchungen, die doch schon damals, wenn auch in unvollkommener Weise, im Handelsschiffbau angestellt wurden, gewisse Teile des Schiffes als tragende Verbände nicht in Betracht gezogen wurden, deren Mitwirkung man nun schon längst als sicher erkannt hat. Damals wurde z. B. die Wirkung der wasserdichten Schotten für die Querfestigkeit nicht berücksichtigt; dies kam daher, daß die Segelschiffe, die zu Beginn der neunziger Jahre noch eine Blütezeit erlebt hatten, außer dem Kollisionsschott und dem Hinterpiekschott überhaupt keine Querschotten hatten, während heute in vielen modernen Passagier- und Frachtdampfern die Entfernung der Schotte untereinander vielfach weniger als Schiffsbreite beträgt. Hieraus erklärt sich auch, daß damals die Deckbalken ca. 80% schwerer als heute bei damals außerdem geringeren Abständen vorgeschrieben waren. Außerdem mußten die Deckbalken, wenn sie an jedem Spant angeordnet waren, bei dem Beispielschiff massive Mittelstützen an jedem zweiten Spant und Seitenstützen an jedem vierten Spant haben. Bei der damals allgemeinen Bauweise mit Balken auf jedem zweiten Spant war also tatsächlich jeder Balken durch eine, bzw. auf seiner eignen Länge durch mehrere massive Stützen abgestützt. Diese ängstliche Abstützung der Balken, die ein großes Gewicht bedingte, hat ihren Ursprung im Holzschiffbau.

Die Außenhaut der Schiffe war bis zu 20% dicker, als sie heute bei gleichen Abmessungen ist. Scheergang, Gang unter dem Scheergang und Stringer mußten bei dem Beispielschiff wegen des Verhältnisses von Länge zur Tiefe gedoppelt werden. Für die Stoßvernietung waren allgemein einfache bzw. doppelte Stoßbleche vorgeschrieben; die Überlappungsnietung taucht erst Ende der neunziger Jahre in den Vorschriften der Klassifikationsgesellschaften auf. Die Breite der Außenhautplatten lag für die abliegenden Gänge zwischen 1000 bis 1170 mm, für die anliegenden zwischen 1220 und 1370 mm. Bei den Doppelbodenkonstruktionen begann sich damals der Doppelboden mit hohen Bodenstücken an jedem Spant und geschlossener Decke einzubürgern an Stelle des bis dahin üblichen Doppelbodens mit in geringem seitlichen Abstand vom Mittelträger durchlaufenden Längsträgern auf gewöhnlichen niedrigen Bodenwrangen (s. Abb. 3). Letztere Konstruktion erwies den Nachteil, daß die Verbindungswinkel der Längsträger mit den Bodenstücken sich leicht losrissen, wogegen auch keine doppelt angeordneten Verbindungswinkel helfen wollten. Am häufigsten kam das Längsträger- oder Bracketsystem zur Anwendung. Bei dem in Abb. 1 dargestellten Schiff waren nach diesem System auf jeder Seite zwischen Mittelträger und Randplatte nicht weniger als vier Seitenträger erforderlich. Volle Bodenstücke waren an jedem zweiten Spant vorgesehen. Dazwischen die Längsträger sowie Mittelträger und Randplatte, durch Kniebleche (Brackets) abgestützt.

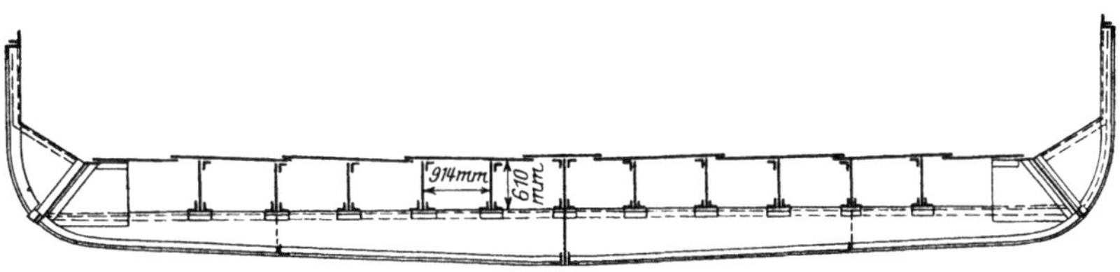

Abb. 3. Mac Intyre-System.

Als Hauptteil der oberen Gurtung wurde der Deckstringer betrachtet. Er war bei Dreideckschiffen (wie im vorliegenden Falle) für das Oberdeck und das zweite Deck von gleicher Stärke vorgeschrieben. Die Abmessungen der Deckstringer, welche man schon vor 1896 nicht nur nach den Hauptleitzahlen der Schiffe, sondern mit nach dem Verhältnis von Länge zur Tiefe bestimmte, hatten sich als nicht genügend erwiesen, d. h. die danach gebauten Schiffe waren in der oberen Gurtung zu schwach, und so hatte man denn nochmals besondere Vorschriften für lange und niedrige Schiffe aufgestellt, die sich in umfangreichen Dopplungen der Scheergänge, des Ganges unter dem Scheergang und des Oberdeckstringers auswirkten. In den deutschen Bauvorschriften kam zu dieser Zeit noch die Dopplung eines oder mehrerer Kimmgänge hinzu, wodurch die neutrale Faser nach unten gezogen wurde, während die stumpfen Stöße und die nie recht passenden einfachen oder meist doppelten Stoßbleche schlecht zu dichten und dicht zu halten waren. Ein Fortschritt war aber immerhin darin zu sehen, daß die Verstärkung der Obergurtung lediglich in den Oberdeckstringer und nicht mehr in den ursprünglich gleich stark vorgeschriebenen Stringer des zweiten Decks gelegt wurde.

Die Deckbeplattungen selbst wurden für die Längsfestigkeit noch wenig in Betracht gezogen. Die Dicke wuchs zwar ebenfalls mit der Größe der Schiffe und auch mit dem Verhältnis von Länge zur Tiefe, aber für die beiden obersten Decks wurde vielfach die gleiche Dicke vorgeschrieben, oder es stand bei Dreideck- und Spardeckschiffen, wenn nur ein stählernes Deck vorgeschrieben war, frei, ob man das oberste oder das zweite

Deck beplatten wollte! Im Beispielfall (Abb. 1) mußten das oberste Deck eine Beplattung von 11,4 und das zweite Deck eine Beplattung von 10 mm Dicke haben. Heute kommt eine solche Dicke für das zweite Deck frühestens bei 160 m langen Schiffen vor.

Was die wasserdichten Schotte und ihre Anordnung betrifft, so war ihre Zahl für Frachtdampfer fast genau so vorgeschrieben wie noch heute; in ihrer Bauart waren sie durchweg zu schwach, um im Falle des Vollaufens einer Abteilung dem einseitigen Wasserdruck standzuhalten. Man begnügte sich damit, die Schotte durch Spantwinkel auf der einen Seite horizontal, auf der anderen vertikal zu versteifen, und zwar betrugen die vertikalen Abstände 760 mm und die horizontalen 1220 mm. Bei Schiffen über 12,19 m Breite kamen dann besondere Verstärkungen hinzu. Die deutschen Bauvorschriften brachten im Jahre 1896 infolge des „Elbe“-Unglücks die ersten Regeln über die Versteifung von Schotten, welche imstande waren, den Wasserdruck aushalten zu können. Diese Regeln galten jedoch nur für die Schotten in transatlantischen Passagierdampfern. Für die gewöhnlichen Frachtdampfer begnügte man sich mit der bisherigen Absteifung, da die Schottstellung ohnehin keine Unsinkbarkeit gewährleistete. Für die Querfestigkeit zog man die Schotten nicht in Rechnung; zum Ausgleich der Schwächung der Längsfestigkeit durch die wasserdichte Nietung der Schottrandwinkel führte man die sogenannten Schottfüllbleche ein.

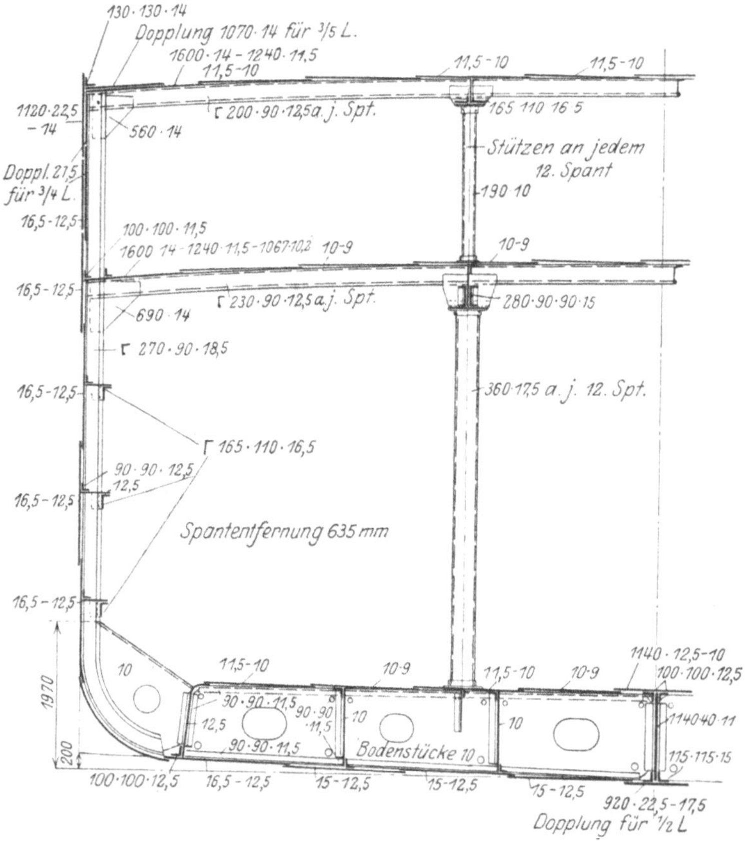

Abb. 4. Hauptspant eines Handelsdampfers nach den Bauvorschriften von 1906.

Fassen wir den Rückblick auf die Bauweise der neunziger Jahre zusammen, so finden wir vom Standpunkte der heutigen Erkenntnis aus eine Anhäufung von Material in wenig wirksamer Anordnung. Dem Handelsschiffbau vor 30 Jahren ist noch sehr die Herkunft aus dem Holzschiffbau anzumerken. Von 1896 bis 1906 sind bei dem Schiff nach Abb. 4 schon wesentliche Fortschritte zu verzeichnen, die sich durch die 1906 erschienenen Vorschriften kennzeichnen.

Die Berechnungsweise der Leitzahlen für die Materialstärken ist allerdings noch die gleiche geblieben. Die Spantentfernung ist ebenfalls noch die gleiche wie 10 Jahre zuvor; aber das Spantsystem ist ein völlig anderes geworden. Anstatt der schweren aus Spant- und Gegenspantwinkeln zusammengebauten Spantkonstruktion finden wir Wulstwinkelspanten, allerdings von heute undenkbar großer Dicke, wie sie schon lange nicht mehr weder von englischen noch anderen Walzwerken hergestellt werden. Im vorliegenden Falle mußten diese Wulstwinkel eine Dicke von 17,8 mm haben, während sich heute, bei größerer Spantentfernung und ohne jede Stringeranordnung, eine Dicke von 13,7 mm als ausreichend erwiesen hat.

Die Seitenstringer freilich hatten eine andere Funktion übernommen. Statt der 610 mm hohen Träger mit den vier Gurtungswinkeln von 165 × 115 × 12,7 mm finden wir einen einzigen Winkel von 165 × 110 mm, allerdings noch mit der großen Stärke von 16,5 mm; mit der Außenhaut war er zwischen den Spanten durch eine Zwischenplatte von 12,5 mm Dicke verbunden. Die Seitenstringer sollten jetzt nicht mehr als Einspannstellen für die einzelnen Querspanten dienen, sondern das System von Außenhaut und Spanten gegen äußere Einbeulungen verstärken. Ob der Wert einer derartigen quer zu dem Spantsystem laufenden Versteifung so groß ist, daß sich eine so komplizierte Konstruktion rechtfertigt, mag dahingestellt sein. Jedenfalls lassen die Bauvorschriften heute einen Ersatz der Seitenstringer durch eine Verstärkung der Außenhaut zu.

Für die Verbindung der Spanten mit der Kimmstützplatte war auch 1906 noch die frühere große Einspannhöhe beibehalten; außerdem war jetzt noch eine Verbindung der Kimmstützplatten mit der Randplatte durch vertikal zur Kimmstützplatte angeordnete Fächerplatten in bestimmten Abständen eingeführt.

Eine augenfällige Verringerung in den Abmessungen zeigen 1906 die Balken. Man betrachtete jetzt die Deckbalken nicht mehr als Träger für sich, sondern als Teilkonstruktion in Verbindung mit der Deckplatte, durch welche die Festigkeit natürlich erhöht wird. So kommt es, daß wir für die Oberdeckbalken 1906 nur noch 58% der 10 Jahre vorher geforderten Widerstandsmomente haben und für die Balken des zweiten Decks, bei deren Bestimmung der Druck der Ladung Berücksichtigung findet, noch 80% der 1896 geforderten.

Einen sehr wesentlichen Fortschritt zeigt 1906 die Abstützung der Deckbalken. Die engstehenden massiven oder hohlen Deckstützen haben den weitstehenden gebauten Deckstützen in Verbindung mit von Schott zu Schott durchlaufenden Decksunterzügen Platz gemacht. Allerdings betrachtete man die Unterzüge auch noch als Längsverband und sorgte eifrig für die bestmögliche Einspannung der Unterzüge an schweren vertikalen Schottversteifungen durch große Kniebleche und sicherte die Stöße der Unterzüge durch kräftige Laschen, während heute der Unterzug nicht als eingespannt, sondern lediglich als an den Enden bzw. auf den Stützen aufliegend durchgebildet wird und für den Hauptlängsverband nicht mehr berücksichtigt wird.

Eine weitere wesentliche Änderung findet sich 1906 bei den Schottversteifungen. Man hat allgemein die horizontale Versteifung der wasserdichten Schotte aufgegeben und durchweg nur die vertikale Absteifung durch kräftige nach dem Wasserdruck berechnete Wulstwinkel eingeführt.

Bezüglich der Außenhaut zeigte sich bis 1906 nur wenig Fortschritt. Die Materialstärken waren ähnliche geblieben, nur der Kielgang konnte in einem Schiff mit Flachkiel die Stärke der übrigen Bodenbeplattung erhalten. Auch die stählernen Decksbeplattungen und die Decksstringer waren noch die gleichen geblieben wie früher. Der Doppelboden war jedoch etwas niedriger, dafür aber stellenweise etwas schwerer geworden. An die Stelle des Bracketsystems war das einfacher zu bauende System mit Bodenwrangen auf jedem Spant getreten, wobei (im Beispielfalle) nur noch zwei Seitenträger, statt der früheren vier, verlangt wurden. Die unteren Längswinkel des Mittelträgers hatten nicht mehr die schweren Abmessungen der früheren Kielschweinwinkel. Überhaupt zeigt sich jetzt schon das Bestreben, die Winkel, welche Plattenkonstruktionen miteinander verbinden, nicht mehr breiter zu machen, als es für die Vernietung unbedingt erforderlich ist und die Gurtungsfestigkeit in die Platten selbst zu legen.

Im großen ganzen zeigte das Schiff nach den Regeln von 1906 schon freiere Laderäume. Die sperrigen Konstruktionen der Seitenstringer, der gebauten Spanten, der horizontalen Schottversteifungen mit ihren großen Knien und der Stützenwald waren verschwunden.

Die Schiffe waren aber immer noch sehr schwer und die Anordnung mancher Verbände ließ noch immer das Vorbild des Holzschiffsbaues erkennen. Von einer im heutigen Sinne richtigen Anordnung der Längsverbände nach Festigkeitsgrundsätzen konnte man noch nicht sprechen. Man hielt sich an das Bewährte und konnte sich auch in dem damals beherrschenden britischen Handelsschiffbau nicht leicht zum Beschreiten der neuen Wege entschließen, wie sie zu jener Zeit durch die British Corporation zuerst gewiesen wurden.

Nach abermals 10 Jahren zeigt das Vergleichsschiff nach den 1916 geltenden Bauregeln (Abb. 5) ein völlig verändertes Bild. Die Grundlagen für die Berechnung der Materialstärken waren schon 1909 geändert worden. Der Umfang des Hauptspants ist aus der Leitzahl verschwunden, und an seine Stelle ist als Leitzahl für die Querverbände die Summe von Breite und Seitenhöhe getreten. Die Wirkung dieser Änderung war folgende: In der alten Leitzahl war die Summe von Tiefe + ½ Breite + ½ Hauptspantumfang maßgebend; zerlegt man den halben Umfang in ½ Breite + Tiefe, so hat man angenähert als Leitzahl Breite + 2mal Tiefe. Das besagt mit anderen Worten, daß Schiffe mit großer Seitenhöhe nach der alten Leitzahl schwerer wurden, als breite niedrige Schiffe. Die Wahl dieser Leitzahl war eine Vorbeugungsmaßregel gegen schmale, zu hohe Schiffe, die noch aus den siebziger Jahren des vorigen Jahrhunderts stammte, zu welcher Zeit die britische Handelsflotte vergleichsweise große Verluste infolge Kenterns unstabiler Schiffe hatte. Diese Verquickung von Materialstärkenleitzahl und Stabilitätsfrage, die an sich dem Übel wohl abhelfen konnte, zeigt aber, wie wenig man sich über die Bedeutung der Trägereigenschaften des Schiffes klar gewesen war. Man mußte dadurch zu unnötig schweren Schiffen kommen.

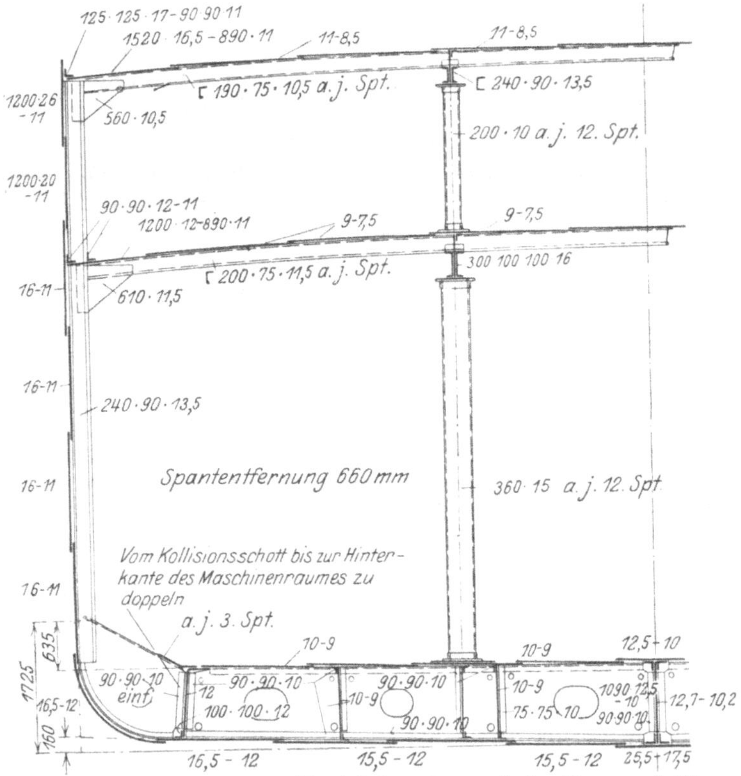

Abb. 5. Hauptspant eines Handelsdampfers nach den Bauvorschriften von 1916.

Dieser Fehler wurde durch die neue Leitzahlberechnung beseitigt. An die Stelle der Tiefe von Oberkante Kiel bis Oberkante Deckbalken in der Mittschiffsebene ist die Seitenhöhe getreten, die auch für die Bestimmung der Verstärkungen für das Verhältnis von Länge zur Höhe maßgebend ist. Die alten Schiffstypen: Dreideck-, Spardeck- und Sturmdeckschiffe verschwinden als Typenbezeichnungen. Es gibt nur noch Volldeckschiffe, Awning- oder Shelterdeckschiffe und den Typ „with freeboard", durch den die Abhängigkeit des zulässigen größten Tiefganges von der Festigkeit des Trägers zum ersten Male in die Erscheinung tritt. 1916 wurde noch bei den Awning- oder Shelterdeckschiffen für die Leitzahlbestimmung die Seitenhöhe nur bis zum zweiten Deck gemessen. Indessen galt als Grundsatz, daß das Sturmdeck oder Shelterdeck als Gurtungsdeck zu betrachten und die Hauptmaterialstärken höher zu legen seien. Bei Schiffen mit langer

Brücke ist in diesem Sinne das Brückendeck Gurtungsdeck. Als „lange" Brücke wurde eine solche von mindestens 20% der Schiffslänge angesehen.

Die Spanten wurden nach den Vorschriften von 1916 nicht mehr nach der Leitzahl für die Querverbände allein, sondern nach ihrer wirklichen freitragenden Länge gemessen (von Oberkante Tankdecke bis zu der untersten Balkenlage, an der sie durch Kniebleche eingespannt waren), bestimmt. Die Seitenstringer können weggelassen werden, wenn man die Plattengänge der Außenhaut, die sonst durch sie versteift worden wären, um 1 mm dicker wählt. Die Spantentfernung ist etwas vergrößert, bleibt jedoch immer noch verhältnismäßig eng. Die Spantprofile sind für das betrachtete Schiff trotz der vergrößerten Spantentfernung um ca. 23% leichter gegenüber denjenigen von 1906.

Die Deckbalken werden nach Länge, Lage des Decks und Art der Abstützung bestimmt. Die Oberdeckbalken erfuhren 1916 eine weitere Reduktion, sowohl in der Höhe, als namentlich auch in der Dicke des Profils, sie werden gegen 1906 bei dem Vergleichsschiff im Oberdeck um 25% leichter, im zweiten Deck um 27%. Auch die Berechnung der Decksunterzüge und der weitstehenden Stützen ist insofern geändert, als die Decksunterzüge lediglich als Auflager für die Decksbalken berechnet werden.

Die Außenhaut ist bei dem Beispiel, abgesehen von der oberen Gurtung, nur wenig verändert. Boden und Seitenbeplattung sind noch fast dieselben geblieben wie 10 Jahre zuvor, die Seitenbeplattung ist im Bereich der weggelassenen Seitenstringer sogar noch etwas stärker. In die obere Gurtung ist jetzt der Gang unter dem Scheergang einbezogen. An der Stelle der Dopplungen finden wir entsprechend stärkere Plattengänge, den Gang unter dem Scheergang 20 mm, den Scheergang selbst 26 mm, immerhin eine Erleichterung gegenüber 1906 um ca. 33%. Dabei liegt beim Vergleichsschiff der Fall noch insofern ungünstig, als kein Brückendeck angenommen ist, in welchem Falle die Abmessungen von Scheergang und oberstem Seitengang noch wesentlich leichter gewesen wären. Die einschneidendste Änderung zeigen die Decks; sie werden nun entsprechend ihrer Beanspruchung bemessen; das oberste Deck als das Gurtungsdeck hat eine Dicke von 11 mm, das zweite Deck eine solche von 9 mm, während noch 10 Jahre zuvor diese Decks 11,4 und 10 mm dick sein mußten. Auch der Deckstringer des obersten Decks, welcher früher 1600 $\times$ 14 mm war mit einer Dopplung von 1070 $\times$ 14 mm, ist durch eine Platte von 1520 $\times$ 16,5 mm ersetzt. Der Stringer des zweiten Decks, welcher früher ebenso stark wie der des Oberdecks sein mußte, ist auf 1200 $\times$ 12 mm verringert. Im zweiten Deck beträgt also die Verringerung von Stringer und Beplattung über 26%.

Eine ganz wesentliche Verringerung der Abmessungen hat auch 1916 der Doppelboden erfahren. Die Verbindungswinkelflanschen der Bodenstücke mit den Seitenträgern der Außenhaut und der Tankdecke sind auf das Maß beschränkt, welches zur Vernietung erforderlich ist. Die Doppelbodenhöhe selbst ist um 5 cm und die Höhe der Kimmstützplatten um ca. 25 cm verringert; der schwere Spant wird nicht mehr um die ganze Kimmrundung bis zur Randplatte geführt, sondern es genügt, wenn der Spant durch soviel Nieten mit der Kimmstützplatte vernietet ist, als diese mit der Randplatte. Es wird dadurch das Biegen der schweren Spantprofile gespart. Besondere Aufmerksamkeit hat man den wasserdichten Schotten zugewendet, für die im Jahre 1915 abermals neue Vorschriften aufgestellt worden waren, unter besonderer Berücksichtigung der im Schiffbau 1914 neu eingeführten Normalprofile.

Das Handelsschiff des Jahres 1916 zeigt also eine schon weiter entwickelte Anordnung und Bemessung der Verbände nach den Grundsätzen der Festigkeit. Bei einer Gewichtsverminderung des Stahlschiffskörpers von über 10% gegenüber der Bauweise von 1906 ist gleichwohl größere Festigkeit erreicht. Durch die leichtere Konstruktion der Doppelböden und die Verlegung der starken Verbände in das oberste Deck hat die neutrale Faser eine erhebliche Verschiebung nach oben erhalten, wodurch dem Schiffskörper trotz des geringeren Materialaufwands doch erheblich verminderte Spannungen in der oberen Gurtung gesichert werden.

Die Verbände des Vergleichsschiffes nach den Vorschriften von 1926 sind aus Abb. 6 ersichtlich. Zeigte schon das Jahr 1916 eine weitgehende Ablösung von früheren Grundsätzen, so gelten seit 1922 völlig neue Regeln, aufgemacht nach den neuesten Forschungsergebnissen in Verbindung mit den inzwischen erzielten neuen Erfahrungen und in dem ausdrücklichen Bestreben nach Vereinfachung. Die Leitzahlen für die Bemessung der Materialabmessungen sind wieder geändert. Für die Bestimmung der meisten Längsverbände gilt eine Leitzahl, die das Produkt aus Länge und Seitenhöhe bis zum obersten Deck ist. Nur für die obere Gurtung berücksichtigt man noch die Breite, da die Ausdehnung der stählernen Decksbeplattung naturgemäß mit von maßgebendem Einfluß auf die Stärke der oberen Gurtung ist. Getrennt sind jetzt die Bauvorschriften für Volldeckschiffe mit dem größten zulässigen Tiefgang und für Schiffe mit durchlaufenden Aufbauten mit einem Tiefgang, wie er für die früheren Sturmdeckschiffe in den Freibordtabellen zugelassen war. Zwischen diesen beiden Grenzwerten werden die Materialstärken je nach dem gewünschten Tiefgang bestimmt. Bei der Bauart nach den heutigen Regeln fällt mit am stärksten die größere Spantentfernung auf. Nicht nur, daß die neuen Bauregeln auf an sich erweiterten Spantabständen beruhen, sondern es steht auch dem Konstrukteur jetzt die Möglichkeit offen, innerhalb gewisser Grenzen eine noch größere Spantentfernung als die tabellarische zu wählen, um gegenüber der normalen Bauweise unter gewissen Kompensationen der Materialstärken eine Verringerung der Zahl der Querverbände um 20 bis 25% und eine dementsprechende Verringerung der Baukosten zu erzielen.

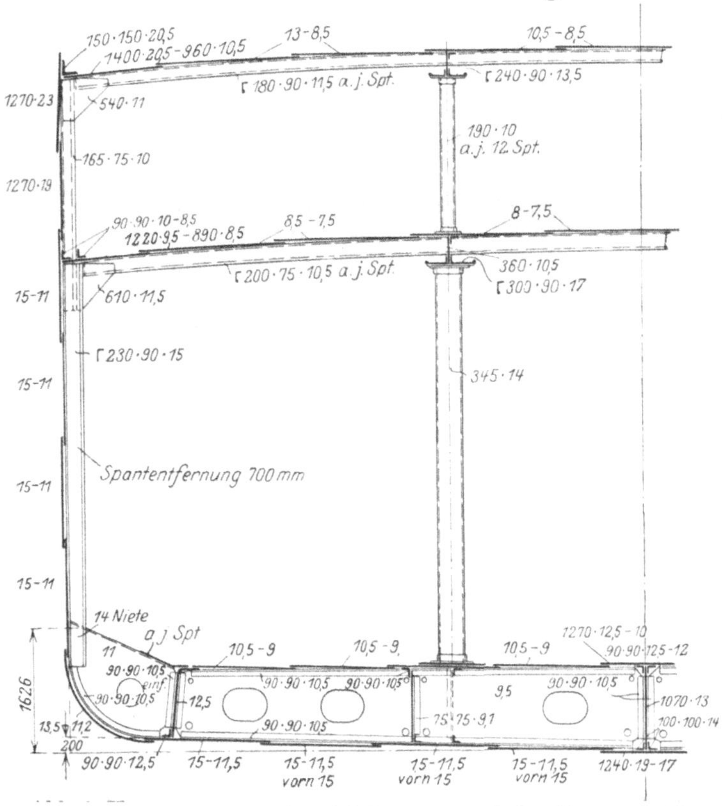

Abb. 6. Hauptspant eines Handelsdampfers nach den Bauvorschriften von 1926.

Trotz der Vergrößerung der normalen Spantentfernung des Vergleichsschiffes von 660 mm im Jahre 1916 auf 700 mm, ist das Spantprofil um weitere 6% im Querschnitt und um ebensoviel in der Höhe verringert. Die Seitenstringer kommen ganz in Fortfall, ohne daß dafür eine besondere Verstärkung der Außenhaut oder der Spanten eintritt. Die Balkenprofile sind weiter verringert, auch in der Verbindung der Decksbalken mit den Spanten erblickt man keine Einspannung mehr, sondern eine Auflage der Decksbalken, welch letztere sich nicht mehr mit den Spanten zu überschneiden brauchen. Die Knieverbindung gilt als hinreichend. Die Unterzüge unter den Decksbalken werden jetzt zugunsten größtmöglicher Raumhöhe als niedrigere Träger gebaut, mit horizontal angeordneten schweren Wulstwinkelprofilen als unterer Gurtung. Auch hier gilt die Deckbeplattung als wirksam mittragender Teil der oberen Trägergurtung. Durch entsprechende Ausbildung der Längssülle langer Ladeluken ist es auch möglich, verhältnismäßig breite Schiffe ganz ohne Raumstützen zu bauen, wenn man die vertikalen Absteifungen an den Enden der außerhalb der Lukenlänge angeordneten Mittellängsschotte der Laderäume entsprechend verstärkt. Einen weiteren auffallenden Fortschritt zeigt die heutige Bauweise in der Verringerung der Außenhautdicke; statt der 16,5 bzw. 16 mm dicken Außenhaut des Vergleichsschiffes im Jahre 1916 beträgt heute die Dicke der Boden- und Seitenbeplattung nur 15 bis 11 mm, d. h. trotz größerer Spantentfernung ist eine Verringerung in der Dicke der Außenhaut um etwa 15% eingetreten.

Die obere Gurtung der Außenhaut ist verringert worden, so der Scheergang um ca. 10%; dafür sind der Oberdeckstringer und die Deckbeplattung allerdings verstärkt, und zwar der Oberdeckstringer um ca. 20%, die Oberdeckbeplattung um ca. 10%. Die Beplattung des Zwischendecks ist dagegen ebenso wie der Zwischendeckstringer weiter verringert, letzterer um 14%, die Deckbeplattung um 5%. Es ist also eine weitere Verschiebung der neutralen Faser nach oben erfolgt; sie kommt dadurch noch mehr zur Geltung, daß auch der Doppelboden weiter in der Höhe verringert und die Zahl der Längsträger auf 1 verringert ist. Die Verschiebung der neutralen Faser nach oben beträgt gegenüber der Bauweise von 1916 bei dem betrachteten Schiff rund 0,275 m bei erheblich verringertem Materialgewicht und 8% größerem Widerstandsmoment im Hauptspantquerschnitt. Nach der neuen Bauweise errechnet sich für das erheblich leichtere Schiff von 1926 eine Maximalbeanspruchung von rund 1244 kg pro Quadratzentimeter gegenüber rund 1352 kg pro Quadratzentimeter nach der Bauweise von 1916. Mit diesen Zahlen sind die Errungenschaften des heutigen Handelsschiffbaues noch umfassender gekennzeichnet, als in den Angaben über die Einzelheiten. Besonders beachtenswert ist aber, daß die Verbesserung der Gewichts- und Festigkeitsverhältnisse unter gleichzeitiger bedeutender Vereinfachung, also Verbilligung der Gesamtkonstruktion erfolgt ist. Die Zahl der Bauteile ist immer weiter verringert worden. An die Stelle zusammengenieteter Versteifungen sind einfache Profile getreten. Der Schiffskörper ist in allen Teilen geräumiger und zugänglicher geworden. Daß es so lange gedauert hat, bis man zu einem so klaren und einfachen Festigkeitsaufbau des Schiffskörpers gelangte, hat seinen Grund darin, daß jeder neue Schritt in der stufenweisen Entwicklung erst jahrelanger Massenerfahrung im Schiffsbetriebe bedurfte, ehe ein weiteres Fortschreiten möglich war; nur so ist es gelungen, die Entwicklung ohne nennenswerte Rückschläge in gerader Linie fortzuführen. Außer den in den vier Hauptspanten dargestellten Fortschritten in der allgemeinen Bauweise sind noch eine Reihe weiterer Verbesserungen zur Einführung gekommen, die einzelne Teile des Schiffskörpers betreffen. So sind seit dem Jahre 1899 in allen Schiffen, deren Verdrängungskoeffizient 0,76 und darüber beträgt oder die sonst eine völlige Vorschiffsform haben, je 2 oder 3 Bodengänge neben dem Flachkiel in voller Mittschiffsstärke bis nach vorne hin durchgeführt worden. Ferner ist die Außenhaut im Boden des Vorschiffs durch Engerstellung der Längs- und Querträger des Doppelbodens und durch Doppelung der Spanten in diesem Bereich verstärkt. Die schon seit 1888 eingeführten Verstärkungen im Vorschiff durch Raumbalken und Stringer, Engerstellung der Spanten, Verstärkung der Vernietung sind bis heute weiterhin vervollkommnet worden. Der Zweck war, die Schiffe stark genug zu machen gegen Beschädigungen beim Aufschlagen des Vorschiffs auf die See, was namentlich bei Schiffen im Ballast häufig Leckagen zur Folge gehabt hatte. Ferner mußte bei der im Verhältnis zur Länge immer größer werdenden Breite das Vorschiff stark genug sein, um beim Arbeiten im Seegang dicht zu bleiben.

Weitere Verbesserungen wurden durch örtliche Verstärkungen erreicht, um Schiffe, welche im Winter vereiste Häfen und Flußmündungen befahren müssen, entsprechend zu sichern.

2. Übersicht der Haupt-Schiffstypen.

Der Begriff des Schiffstyps im Sinne dieses Abschnitts ist gegeben durch die rein konstruktive Betrachtung des Schiffskörpers zusammen mit den Aufbauten des Schiffes.

Diese Aufbauten sind im Laufe der Entwicklung auf die Bauweise und die Trägerkonstruktion von großem Einflusse gewesen. Ursprünglich ist der Schiffskörper bis zum obersten durchlaufenden Deck ohne konstruktive Beziehung zu den darauf gesetzten Aufbauten gewesen, und noch heute kann man das von dem Typ des „Dreiinselschiffs" mit kurzer Brücke, Back und Poop (Abb. 7) sagen. Im Gegensatz dazu haben sich die sogenannten „durchlaufenden Aufbauten", welche den früheren Spardeck- und Sturmdecktyp (nach Abb. 8) kennzeichneten und ursprünglich ebenfalls schwächer und ohne richtige Beziehung zum Unterschiff ausgeführt wurden, im Laufe der Entwicklung zu den eigentlichen Trägergurtungen entwickelt, indem die größte Materialstärke in diese obersten durchlaufenden Verbände, — Decks und Außenhaut, — verlegt wurde, während das frühere Hauptdeck den Charakter eines Zwischendecks erhielt. Diese Entwicklung hat schließlich zur Verwischung der verschiedenen Typen geführt und einer einheitlichen Bezeichnung Platz gemacht, in der durch den klassifikationsmäßigen Zusatz: „mit Freibord" alle jene Konstruktionen gekennzeichnet sind, die im Verhältnis zu ihrer gesamten Seitenhöhe vergleichsweise leichter als Volldeckschiffe konstruiert sind und deren größter zulässiger Tiefgang als Prozentsatz zur Seitenhöhe geringer ist, als beim früheren Volldeckschiff. Das Ergebnis dieser Entwicklung ist der Gewinn von mehr Räumte per Tonne Gewichtstragfähigkeit und naturgemäß auch eine größere Freibord- und Schottensicherheit bei geeigneter Anordnung der letzteren. Der älteste Schiffstyp ist das „Dreideckschiff". Dies war vergleichsweise schmal und hoch, weil in den alten Vermessungsregeln (Builders old measurement) $\frac{L \times B \times \frac{B}{2}}{94}$ die Breite in der 2. Potenz, aber die Tiefe gar nicht vorkam.

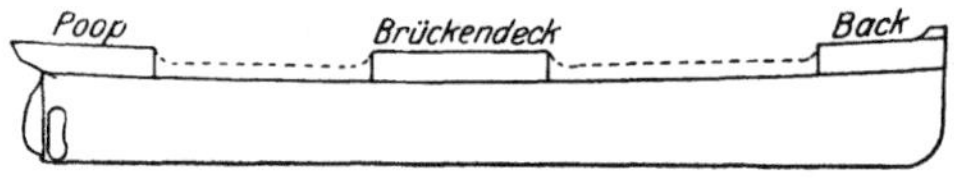

Abb. 7. Dreiinselschiff.

Diese so errechnete Vermessung galt auch in früheren Zeiten als Leitzahl für die Bestimmung der Materialstärken. Um also eine recht kleine Vermessung zu erhalten, machte man die Breite recht gering und die Seitenhöhe um so größer. Dazu kam, daß die Mehrzahl der eisernen Dampfer Räderschiffe waren, deren kleinste und größte Tiefgänge mit Rücksicht hierauf ziemlich nahe beieinander lagen. Die 1854 in England zum erstenmal erschienenen Bauvorschriften für eiserne Schiffe gestatteten bei den Dreideckschiffen für alle Verbandteile über dem 2. Deck um $^1/_6$ geringere Materialstärken als sonst für das Oberdeck vorgeschrieben. Das Dreideckschiff war also ursprünglich auch schon ein Schiff mit durchlaufendem Aufbau. Die Vorschriften von 1870 sahen für die Dreidecksegelschiffe um 20 % geringere Materialstärken für alle Verbände über dem Zwischendeck vor. Bei den Dreideckdampfern sah man erst einen Abzug von 14′ von der Leitzahl vor, den man aber bald auf 7′ beschränkte, weil die Verbandteile sonst zu schwach wurden. Dieser Abzug von 7′ ist bis zum Jahre 1909 geblieben, zu welcher Zeit das Dreideckschiff im „Volldeckschiff" aufging. Die Hauptgurtung hatte man schon früher vom 2. Deck ins Oberdeck verlegt.

Abb. 8. Spardecker.

Das Spardeckschiff (Abb. 8) kommt schon in den ersten Zeiten des Eisenschiffbaus als besonderer Typ des Dreideckschiffes vor. Es hatte sich aus den Schiffen für den Eingeborenentransport von Hafen zu Hafen im fernen Osten entwickelt. Diese Schiffe fuhren unter Hauptdeck Ladung und darüber Fahrgäste, welche man durch Überbauten aus Spars (Latten) gegen die Unbilden der Witterung schützte. Diese Überbauten machte man dann zur besseren Dauerhaftigkeit aus Eisen. Schon in den fünfziger Jahren nahm der britische Lloyd diesen Schiffstyp in seine Vorschriften auf. Für die Bestimmung aller Materialstärken, auch des Unterschiffs, wurde der Inhalt des ganzen Spardecks von dem Brutto-Raumgehalt, der als Leitzahl diente, abgezogen. So wurde das Spardeckschiff noch erheblich schwächer als das Dreideckschiff, bei welchem nur für die Verbände des obersten Decks die verringerte Leitzahl genommen wurde. Um nun nicht die Verbände gar zu schwach werden zu lassen, wurde 1863 als Grundsatz aufgestellt: Kein Oberdeck darf als Spardeck betrachtet werden, wenn nicht die Tiefe im Raum unter dem 2. Deck mehr als $^3/_4$ der größten Breite beträgt, d. h. das Spardeck mußte zum mindesten ein Verhältnis von $H:B = 0{,}80$ haben. Es war danach aus Stabilitätsgründen unmöglich, bei homogener Ladung, im Spardeck Ladung zu fahren. Als man die Gefährlichkeit dieses Schiffstyps erkannte, behielt man zwar die Bestimmung bei, daß das Spardeckschiff eine Raumtiefe von mindestens $^3/_4$ der Schiffsbreite haben solle, dagegen $^{13}/_{16}$ derselben nicht übersteigen durfte. Man beschränkte also den Spardecktyp auf eine ganz bestimmte Schiffsgröße, ließ aber nun auch für alle Verbandteile des nur bis zum 2. Deck berechneten Schiffskörpers eine Verringerung der Materialstärken im Spardeck um 25 % zu. Aufbauten auf dem Spardeck ließ man nur bis zu $^1/_{10}$ der Decksfläche zu. Das Spardeckschiff war also in den sechziger Jahren des vorigen Jahrhunderts der schwächste Schiffstyp.

Als nun 1870 die Bauvorschriften für eiserne Schiffe völlig umgeändert wurden und man sich von der Nachahmung der Holzschiffe etwas mehr frei gemacht hatte, wurde das Spardeckschiff definiert als ein Dreideckschiff, dessen oberes Deck noch leichtere Abmessungen hat als dieses, und welches nur zur Unterbringung von Passagieren Verwendung finden durfte. Alle Teile über dem Hauptdeck waren 25 % schwächer als beim Dreideckschiff. Die Spanten reichten nur abwechselnd bis Spardeck und 2. Deck. Außerdem erhielten die Spardeckschiffe ihren Freibord vom 2. Deck ab gemessen, der für jeden Fuß der Tiefe unter dem 2. Deck $1^1/_2''$ betrug, das Spardeck lag also immer um $12^1/_2$ % der Tiefe über Wasser.

Da sich das Spardeckschiff bald als zu schwach erwies, verstärkte man Längs- und Querverbände wieder. Der Freibord als Bedingung der Klasse ward auf Spardeckschiffe von weniger als 15′ Tiefe unter dem 2. Deck beschränkt. Die Maschinenraumschotte mußten bis zum Spardeck hinaufgeführt werden. Schließlich wurden alle schweren Verbände in das Spardeck gelegt und nun unterschied es sich vom Volldeckschiff nach der Dreideckregel nur noch durch die Berechnung der Leitzahlen bis zum 2. Deck. Inzwischen war in England die Tiefladelinie eingeführt worden, die für Spardeckschiffe die Materialstärken nach den Bauregeln von 1885 verlangte. In diesen Bauvorschriften war aber das Spardeckschiff ein verhältnismäßig schwaches Schiff. Da nun die Klassifikationsgesellschaften immer stärkere Abmessungen für die Spardeckschiffe vorschrieben, so wurde der Tiefgang dieser Schiffe danach bestimmt, wie sie bezüglich ihrer Festigkeit zwischen dem Volldecker und dem Spardecker nach den Regeln von 1885 lagen. Diese Festigkeitsladelinie lag zumeist 1 m oder noch mehr über dem 2. Deck. Die Tiefgangsbestimmung unter Berücksichtigung der Festigkeit der Verbände wurde 1908 zuerst in Deutschland für alle Schiffe eingeführt, 1909 folgte England, und damit war der Spardecker als besonderer Schiffstyp verschwunden und in die Klasse der Volldecker mit beschränktem Tiefgang eingereiht.

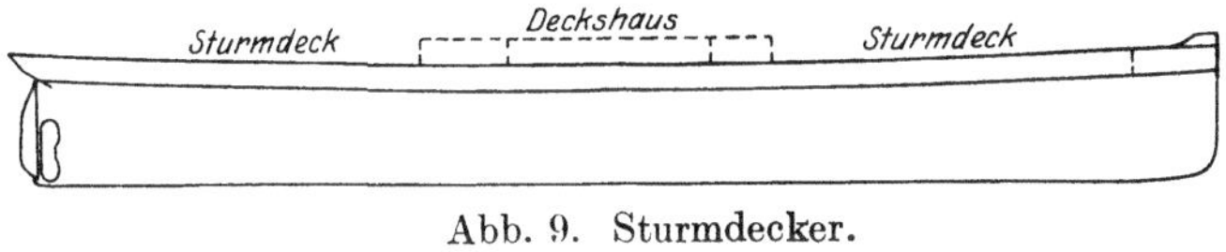

Abb. 9. Sturmdecker.

Das Sturmdeckschiff (Abb. 9), ursprünglich ein leicht gebautes Schiff mit einem durchlaufenden Überbau, dem sogenannten Sturmdeck, zum Schutz der Deckspassagiere gerade wie das Spardeckschiff. Das Sturmdeckschiff taucht zuerst in den Vorschriften des Jahres 1870 auf. Die Leitzahlen werden bis zum 2. Deck gemessen und alle Verbandteile, auch die des Unterschiffes, werden um 25 % schwächer zugelassen, als sonst für Schiffe der betr. Größe (und Seitenhöhe!) verlangt wurde. Die Seitenbeplattung zwischen Hauptdeck und Sturmdeck ging in keinem Fall über 9,5 mm hinaus auch bei den größten Schiffen. Die Sturmdeckbalken an jedem 2. Spant hatten nur das Profil des Oberdecksstringerwinkels, auf $^2/_3$ Länge mittschiffs war nur jedes 2. Spant bis zum Sturmdeck hinaufgeführt. Über dem 2. Deck mußte das Sturmdeckschiff Speigatten haben.

Bald erkannte man jedoch die Schwächen des Sturmdeckschiffs, führte alle Spanten bis zum Sturmdeck, verstärkte die Balkenprofile und setzte einen Freibord für diesen Schiffstyp vom Sturmdeck gemessen, fest. 1877 wurde der Sturmdecktyp für Segelschiffe verboten. Fünf Jahre später verbot man die Anwendung der Dreideckregel für Sturmdeckschiffe. Hierdurch wurden die Verbände schon wesentlich verbessert, besonders da man nun auch die Sturmdeckstringerplatten verstärkte. Im Jahre 1889 wurde der Sturmdecktyp von Lloyds Register weiter entwickelt. Die Seitenbeplattung wurde verstärkt, ebenso die Sturmdeckstringer, die stählerne Decksbeplattung aber, insoweit eine solche vorgeschrieben war, wurde im 2. Deck angeordnet. Diesen Verbesserungen des Sturmdeckschiffes legte man solchen Wert bei, daß solchen Schiffen ein erheblich größerer Freibordtiefgang gestattet wurde, als einem normalen Sturmdeckschiff nach den Vorschriften.

Als in den letzten Jahren des vorigen Jahrhunderts die Abmessungen der Schiffe immer größer wurden, zeigten sich Schwächen an solchen Sturmdeckern. Der Germanische Lloyd veränderte die Leitzahlen, so daß bis zu 10 % stärkere Verbandteile gefordert wurden, dann verbot er von einer bestimmten Größe ab den Bau von Sturmdeckschiffen auch nach der verbesserten Sturmdeckregel überhaupt. In England versuchte man noch lange das Schiff mit der Gurtung im 2. Deck beizubehalten. Sind doch die heute noch gültigen Freibordregeln des Board of Trade für Sturmdeckschiffe auf den im Jahre 1885 verlangten Materialstärken basiert! Man verbesserte aber den Sturmdecktyp, indem man die stählerne Deckbeplattung in das Sturmdeck legte, die Seitenbeplattung jedoch wie für Aufbauten beließ.

Im Jahre 1909 brach man sowohl in Deutschland wie in England mit der Sturmdeckerbauweise endgültig. Der Sturmdecker wurde jetzt zu einem Volldeckschiff mit gleichartig wie dort angeordneten, aber durchweg verringerten Materialstärken mit dem Sturmdeck als Gurtungsdeck. Nun verschwand auch die Bezeichnung Sturmdecker. Die für diesen Schiffstyp vorgeschriebenen Materialstärken gelten beim Schiff mit „Freibord“ als unterste zulässige Grenzwerte.

Das Shelterdeck oder Schutzdeckschiff (Abb. 10) ist dadurch entstanden, daß man für auf dem Oberdeck zu transportierendes Vieh hölzerne Verschläge mit durchlaufenden Bedachungen errichtete. Ähnlich wie bei den Spardeckschiffen baute man diese dann der Dauerhaftigkeit und des besseren Schutzes halber aus Eisen. Unterschiedlich gegen das Spardeck und Sturmdeck erstreckte sich das Shelterdeck nur über nur einzelne Teile der Schiffslänge. In den achtziger Jahren ging man dazu über, in ähnlicher Weise Deckshäuser für die Passagiere anzuordnen und die freien Teile dazwischen zum Schutz gegen die Witterung mit einem Deck zu versehen, seitlich dieser Teile alles offen zu lassen (Abb. 11). So entstand das Schutz- oder Schattendeckschiff. Vielfach wurden dann auch die seitlichen Öffnungen

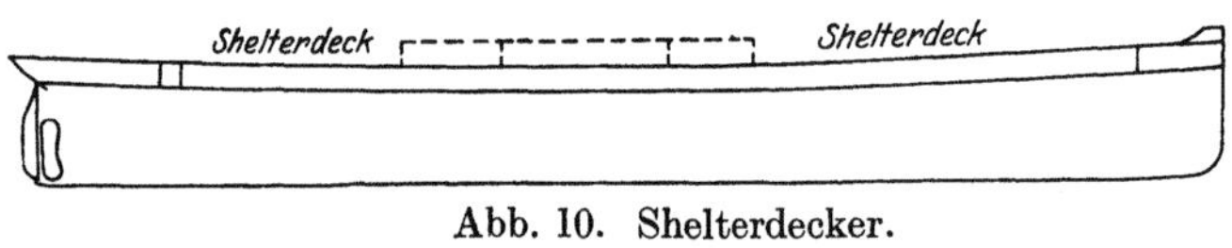

Abb. 10. Shelterdecker.

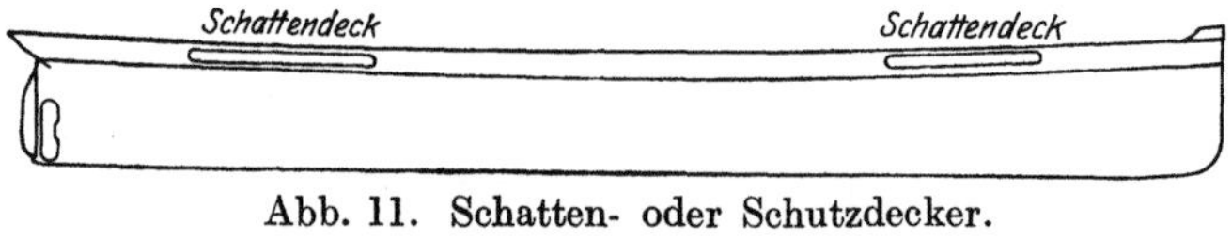

Abb. 11. Schatten- oder Schutzdecker.

geschlossen. So wurden in den neunziger Jahren Shelterdecker und Sturmdecker bezüglich ihrer Bauart mehr oder weniger identisch. In den letzten Jahren des vorigen Jahrhunderts finden sich manche deutsche Passagierdampfer in Lloyds Register zuerst als Schiffe mit Poop, Brücke, Back, dann als Shelterdecker und schließlich als Sturmdecker bezeichnet. Vielfach wurde auch in den Shelterdeckschiffen mit Öffnungen an der Seite weniger empfindliche Ladung gefahren. Da diese Räume im Shelterdeck nicht mit vermessen wurden, also abgabenfrei waren, kam das Shelterdeckschiff auch für die freie Frachtfahrt in Aufnahme. Als nun vermessungstechnisch genau festgelegt wurde, unter welchen Bedingungen ein Raum oder auch ein ganzes Deck als „offen" aus der Vermessung ausgeschlossen werden könnte, nannte man alle Schiffe mit einer oder mehreren Vermessungsöffnungen im obersten Deck „Shelterdeckschiff". In den ersten Jahren dieses Jahrhunderts wurden die meisten Frachtschiffe, bei denen es möglich war, durch Einschneiden einer Vermessungsluke im Deck „offen" gemacht, und zwar außer den Sturmdeckschiffen auch die Spardeckschiffe. Der Bruttoraumgehalt der Schiffe ging in diesen Jahren bis unter $^2/_3$ des wirklich umschlossenen nutzbaren Raumes zurück. Die Statistik über die jährliche Zunahme der Handelsflotten gibt für diese Zeit ein völlig unzutreffendes Bild, weil so viele Schiffe „offen gemacht" wurden. Es ist zu bemerken, daß der Freibord solcher im oberen Deck unvermessenen Schiffe dadurch nicht beeinflußt wurde. Es konnte also ein Spardecker mit unvermessenem Spardeck bis 1 m oder noch höher, je nachdem wie es sein Freibordwert nach seiner sonstigen Kennzeichnung gestattete, bis über das 2. Deck wegladen.

Dies wurde mit einem Schlage anders, als im Jahre 1905 zuerst in England, dann auch in Deutschland und den übrigen Ländern, die Bestimmung heraus kam, daß ein Deck nur dann von der Vermessung ausgeschlossen wird, wenn der Freibord des Schiffes vom 2. Deck abgesetzt wird und in der „Vermessungswell" Wasserpforten, in den übrigen unvermessenen Räumen aber Speigatten angebracht werden. Es wurden nun viele „offen gemachte" Spardecker wieder geschlossen, weil der Verlust an Ladefähigkeit, wenn das 2. Deck über Wasser bleiben mußte, viel größer war, als der Gewinn durch Verringerung der Vermessung. Bei den Sturmdeckschiffen, bei denen ohnehin der Freibord vom 2. Deck abgesetzt wurde, wurde die Tragfähigkeit durch den Ausschluß des oberen Decks aus der Vermessung dagegen nicht verringert. So kam es, daß Sturmdeckschiff und Shelterdeckschiff auch bezüglich der Bauart dasselbe wurden. Man führte zu Beginn der zwanziger Jahre zwei Typen von Shelterdeckschiffen ein, das Shelterdeckschiff mit Vermessungsöffnungen (open shelterdeck) und das Shelterdeckschiff ohne oder mit geschlossenen Vermessungsöffnungen (closed shelterdeck). Bei letzterem sind die wasserdichten Schotten bis zum Shelterdeck durchgeführt und sein zulässiger Freibordtiefgang ist wesentlich größer als beim Shelterdeckschiff mit Vermessungsöffnungen.

Seit 1922 ist das Shelterdeckschiff, je nachdem ob offen oder geschlossen, in den Typ des Schiffes mit durchlaufenden Aufbauten oder des „Schiffes mit Freibord" übergegangen.

Back, Brücke, Poop. Der älteste Aufbau bei eisernen Schiffen war die niedrige Back zur Lagerung des Ankergeschirrs, etwa in Schanzkleidhöhe über dem bis vorn durchlaufenden Oberdeck (das sogenannte monkey forecastle). Bis Ende der neunziger Jahre konnte man in der deutschen Handelsflotte noch Schiffe dieses Typs sehen; als es aber üblich wurde, die Mannschaft statt in dem bis dahin üblichen Mittschiffsdeckhaus im Vorschiff unterzubringen, erhielt die Back richtige Deckshöhe (das sogenannte topgallant forecastle). Zum Schutz des Mannes am Ruder und zur Abwehr von hinten überkommender Seen wurde auf dem Hinterteil des Schiffes ein von Bord zu Bord reichender Überbau, die Poop, angeordnet. Dieser Überbau war namentlich auf den Bremer Segelschiffen üblich. Der Raum blieb unvermessen. Diese Überbauten waren als die Bremer „Hütten" bekannt und der technische Direktor des Germanischen

Lloyd Fr. Middendorf führte 1896 die Bezeichnung „Hütte“ für den Aufbau über dem Hinterschiff in die deutschen Bauvorschriften ein; auch in die Freibordvorschriften der Seeberufsgenossenschaft wurde diese Bezeichnung eingeführt, doch ist sie nach Middendorfs Tod wieder aus den Bauvorschriften verschwunden. An ihre Stelle ist wieder die Bezeichnung Poop getreten.

Der mittschiffs angeordnete Aufbau, das Brückendeck, ist erst um das Jahr 1870 allgemein üblich geworden, und zwar auf Veranlassung der Klassifikationsgesellschaften als Schutz für den Maschinen- und Kesselschacht, da in den sechziger Jahren viele Schiffsverluste durch Einschlagen der Maschinen- und Kesselraumöffnungen im Oberdeck eingetreten waren (Abb. 7, S. 10.)

Die Materialstärken von Poop und Back wurden schon 1854 um $^1/_6$ geringer als für den übrigen Schiffskörper vorgeschrieben. Die Gesamtlänge von Poop und Back durfte dagegen nicht über 0,6 L betragen. Zehn Jahre später ließ man eine Verringerung der Materialstärken von Poop und Back auf $^3/_4$ derjenigen des Schiffskörpers zu.

Die Einwirkung längerer Aufbauten auf den Verband des Oberschiffs machte sich auch hier geltend, und 1872 wurde der Scheergang am Ende einer langen Poop über 0,25 L auf 6 bis 12 m Länge gedoppelt und der Deckstringer entsprechend verstärkt. Von diesem Zeitpunkt ab wurden die Aufbauten immer mehr verstärkt. Im Brückendeck mußten alle Spanten bis zum Brückendeckstringer geführt werden. Die Balken der Back, die früher das Profil der Sturmdeckbalken haben konnten, mußten die Abmessungen der Spardeckbalken erhalten. Dann mußte jedes 2. Gegenspant bis zum Backdeck hochgeführt werden. Für Poop und Brücke wurden kräftige Abschlußschotte vorgeschrieben. Immerhin betrachtete man in den achziger und neunziger Jahren des vorigen Jahrhunderts die Aufbauten noch nicht als in den Verband des Schiffskörpers gehörig. Um die ungünstige Einwirkung der Spannungen im Oberdeck am Vorderende langer Aufbauten zu kompensieren, doppelte man den Oberdeckscheergang solcher Schiffe auf $^1/_2$ L mittschiffs.

Den ersten Versuch, das Brückendeck in den Verband des Schiffskörpers einzubeziehen, machte man 1888. Erreichte die Länge einer Brücke $^4/_{10}$ der Schiffslänge oder die einer Poop $^1/_4$ Schiffslänge, so erhielt das Aufbaudeck eine stählerne Beplattung, die Seitenbeplattung und der Stringer wurden verstärkt und der Scheergang des Oberdecks für $^1/_2$ L mittschiffs gedoppelt. Die Dopplung des Scheergangs konnte auf 5 bis 7 m an den Enden des Brückendecks beschränkt werden, wenn Scheergang, Seitengang und Stringer des Brückendecks besonders verstärkt wurden. Zum Teil wurden diese Abmessungen stärker, als sie für das Oberdeck vorgeschrieben waren. Vom Jahre 1906 an wurde dann in England — später auch in Deutschland — jedes Brückendeck, welches eine größere Länge als 0,25 L bei kleinen, bis 0,15 L bei großen Schiffen hatte, in die obere Gurtung mit einbezogen. In den heute geltenden Bauregeln des britischen Lloyd sind die Verbände nicht durchlaufender Aufbauten je nach der Länge für 40 %, 60 % und 80 % der Schiffslänge angegeben. Sie sind ähnlich denen von Schiffen gleicher Abmessung aber unter Berücksichtigung des Verhältnisses von Länge zur Seitenhöhe bis zum Brückendeck. Die Tabellen sind jedoch nur auf ein Verhältnis von Länge zur Seitenhöhe bis zum Brückendeck $= 10$ und $= 11$ berechnet. Das Schiff mit Poop, Brücke und Back (Abb. 7) bildet heute (abgesehen vom Shelterdeckschiff) die Mehrzahl der Schiffe in langer Fahrt; wegen der 3 einzeln aufragenden Aufbauten heißt es auch das Dreiinselschiff (three island vessel). Ein sehr häufiger Typ ist heute das Schiff mit langer Poop und Back (Abb. 13). Die lange Brücke ist gewöhnlich unvermessen.

Das erhöhte Quarterdeck ist aus dem Bedürfnis entstanden, den durch den Einbau des Wellentunnels weggefallenen Laderaum durch Höherlegen des Decks im Hinterschiff zu ersetzen, damit das Schiff bei homogener Ladung auf ebenem Kiel liegt. In den sechziger Jahren des vorigen Jahrhunderts konnte man nach den Bauvorschriften von Lloyds die sämtlichen Verbandteile eines erhöhten Quarterdecks um 20 % schwächer machen als wie für die geringere Seitenhöhe des Vorschiffs. Verstärkungen am Quarderdeckfrontschott, an welches sich noch kein Brückendeck anschloß, kannte man nicht. Das Quarterdeckschiff blieb bis in die achtziger Jahre als schwacher Schiffstyp in Verruf, obwohl man es im Laufe der Zeit schrittweise verbesserte. Zunächst ließ man den Hauptdeckstringer 3 Spantentfernungen in das Quarterdeck hineinreichen und den Hauptdeckscheergang bis zum Heck durchgehen. In den siebziger Jahren mußte bei einer Länge des Quarterdecks über $^1/_4$ Schiffslänge der Scheergang am Quarterdeckfrontschott gedoppelt werden. Der Verschuß der beiden Stringer wurde vergrößert, die Beplattung des sich anschließenden Brückendecks verstärkt und für die verstärkten Teile eine dreifache Stoßvernietung gefordert. 1882 wurde für Quarterdecks bestimmter Größe eine eiserne Beplattung gefordert und Knieplatten zur Verbindung über Haupt- und unter Quarterdeck. Trotzdem war das erhöhte Quarterdeckschiff noch so schwach, daß es 1883 nur bis zu einem Tiefgang von $^3/_4$ der Seitenhöhe bis zum Hauptdeck gemessen, beladen werden durfte. Die Verstärkung und der Ausbau des Quarterdecktyps erfolgte in der Hauptsache in den neunziger Jahren des vorigen Jahrhunderts. Den größten Nachteil, die Unterbrechung des Stringers und der Decksbeplattung am Quarterdeckfrontschott, suchte man dadurch zu beheben, daß man die Decksbeplattungen um eine Anzahl Spantentfernungen miteinander verschießen ließ und durch vertikale Platten in bestimmten Abständen verband. Zu Anfang dieses Jahrhunderts wurden die Querverbände des Quarterdeckschiffs weiter verstärkt, indem man die Spanten im Bereich des erhöhten Quarterdecks schließlich so stark verlangte, wie bei einem Volldeckschiff von gleicher Seitenhöhe. Das Schiff mit erhöhtem Quarterdeck war bis zu Beginn dieses Jahrhunderts zu einem starken, zuverlässigen Seeschiff entwickelt worden. Seine Größe ist nur selten über 80 bis 90 m Länge hinaus gekommen. Der Typ blieb meist auf die Küstenfahrt beschränkt. Wirtschaftlich hat das erhöhte Quarterdeck den Nachteil, daß es voll vermessen wird und voll abgabenpflichtig ist.

Das Welldeckschiff ist entstanden aus dem Schiff mit Poop, oder erhöhtem Quarterdeck, mit daranschließender Brücke und einer mehr oder minder langen Back (Abb. 12). Zwischen Brücke und Back war also ein Zwischenraum zwischen den Decksaufbauten, in welchen das im Seegang vorn übergenommene Wasser wie in einen Brunnen (engl. Well) abfloß, daher die Bezeichnung „Welldecker" für diesen Schiffstyp (s. a. Abb. 13). Der „Well" kann nun je nach dem Abstand der Aufbautenschotten verschieden groß sein und die Vorschriften der Seeberufsgenossenschaft bezeichnen als Welldeckschiffe noch solche, bei denen das freie Deck (also im Bereiche der Wells) eine Länge von $^4/_{10}$ der ganzen Schiffslänge hat. Das Welldeckschiff wird im allgemeinen als gutes Seeschiff bezeichnet, weil der hinter der Well liegende Teil des Brückenaufbaus bei vorderlicher See trocken bleibt. Während in England der Welldecktyp sich meist nur bei kleinen und mittleren Schiffsgrößen findet, werden in Deutschland Welldecker besonders für die amerikanische Westküstenfahrt und für die Australfahrt bis zu 150 m Länge gebaut, bei denen der Well häufig nicht länger als ein- bis zweimal Schiffsbreite ist.

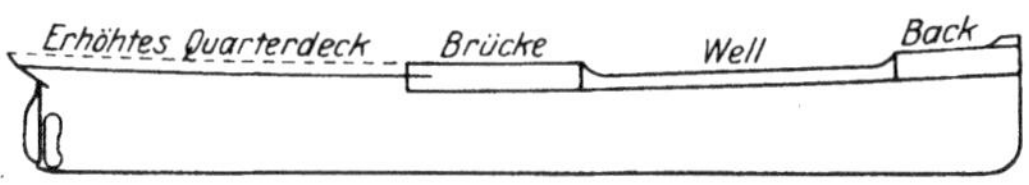

Abb. 12. Quarterdeckschiff.

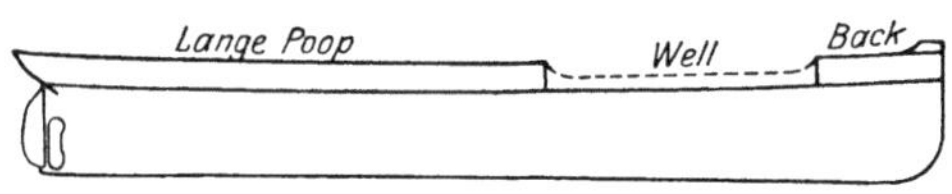

Abb. 13. Schiff mit langer Poop.

Die hinter der Well liegenden zusammenhängenden Aufbauten können aus der Vereinigung von Poop und Brücke (Abb. 13), oder Poop, erhöhtem Quarterdeck und Brücke (Abb. 12), oder nur erhöhtem Quarterdeck und Brücke bestehen. Seltener ist, daß Back und Brücke miteinander verbunden sind und die Well zwischen Brücke und Poop liegt. Wird das Deck in der Well bei einem Schiff mit erhöhtem Quarterdeck gehoben, so entsteht das Schiff mit versenktem Brückendeck (Abb. 14). Wird die Back bis zum erhöhten Quarterdeck (Abb. 15) durchgeführt oder bei einem Schiff mit Poop und

Back das Welldeck erhöht, so entsteht der partielle Sturmdecker. Es können noch einige Variationen der Aufbauten aufgeführt werden, wie z. B. das Schiff mit versenkter Back

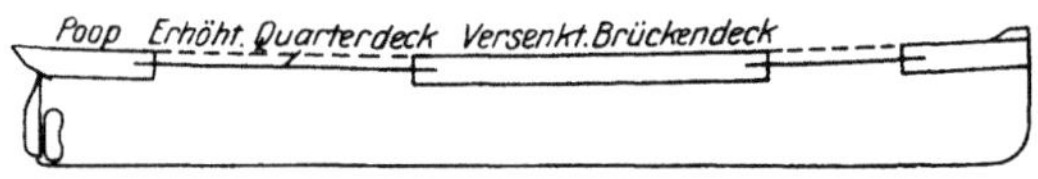

Abb. 14. Erhöhtes Quarterdeck und versenktes Brückendeck.

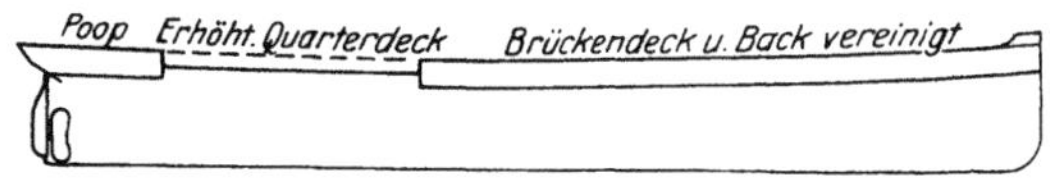

Abb. 15. Erhöhtes Quarterdeck und vereinigte vordere Aufbauten.

(Abb. 16) usw., doch kommen diese wie die meisten Welldecker, abgesehen von denen mit langer Poop und Back, hauptsächlich nur in der Küstenfahrt vor.

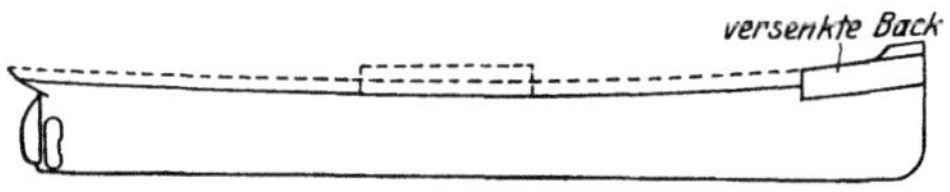

Abb. 16. Versenkte Back.

Das Turmdeckschiff. Von den Schiffen mit Aufbauten wäre noch das Anfang der neunziger Jahre von der Werft von W. Doxford & Sons in Sunderland eingeführte Turmdeckschiff zu erwähnen (Abb. 17), ein sprungloser Selbsttrimmer mit festem durchlaufendem Aufbau, dessen Seiten mit dem Hafen- oder Hauptdeck zusammen einen unmittelbaren Bestandteil der Außenhaut bilden und dessen Breite $^6/_{10}$ der größten Schiffsbreite nicht übersteigt. Das Hafendeck geht in runder Form in die Schiffsseiten über. In der Regel haben diese Schiffe noch eine Poop und eine Back zum Schutze gegen von den Enden überkommende Seen. Dieser Schiffstyp ist, obwohl ihn die Seeberufsgenossenschaft in ihre Vorschriften aufgenommen hat, in Deutschland niemals gebaut worden. Auch in England wurden seiner Einführung Schwierigkeiten bereitet, da Lloyds sich in den ersten Jahren weigerte, diesen Schiffen Klasse zu geben. Später wurde dieser Typ in großen Serien gebaut, da die ihm von Lloyds vorgeschriebenen Materialstärken ein günstiges Verhältnis zwischen Eigengewicht und Tragfähigkeit bedingten. Mit der fortschreitenden Entwicklung des Trägers normaler Form verschwanden diese Vorteile und damit auch der Typ.

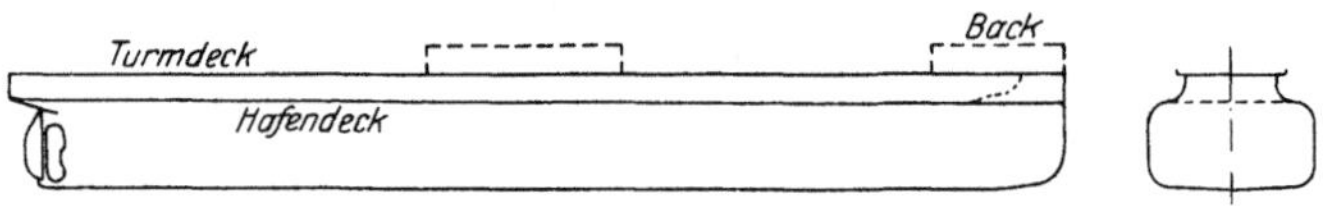

Abb. 17. Turmdecker.

Das Kofferdeck- oder Trunkdeckschiff. Nach ähnlichen Grundsätzen, nur einfacher, ist das Kofferdeckschiff (engl. Trunkdeckvessel) gebaut. Es wurde zuerst von der Werft von Ropner & Son, Stockton on Tees, eingeführt. Es entsteht (Abb. 18) dadurch, daß man die Luksülle des Oberdecks von der Poop bis zur Brücke und von der Brücke bis zur Back als durchlaufende Lukenschächte von voller Deckshöhe ausbildet, so daß alle Ladeluken in der Höhe der Aufbaudecks liegen.

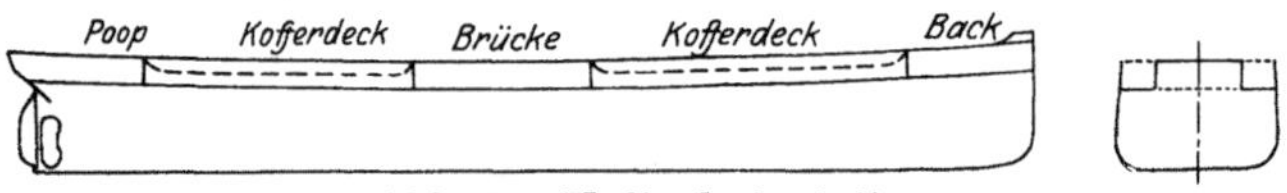

Abb. 18. Kofferdeckschiff.

3. Die Baukonstruktion im Rahmen der verschiedenen Klassifikationsgesellschaften.

Nach der Umwälzung im Handelsschiffbau im Jahre 1910 teilt man die Schiffe ein in Volldeckschiffe, d. h. solche mit vollen Materialstärken, entsprechend den Bauvorschriften und dem vergleichsweise größten nach den Freibordvorschriften zulässigen Tiefgang, und in Schiffe mit Freibord, d. h. solche, deren Materialstärken geringer sind und deren Tiefgang entsprechend kleiner ist, als für ein Volldeckschiff zugelassen ist. Die Grenze bildet hier das frühere Sturmdeckschiff. Seitdem aber fast alle seefahrenden Völker Vorschriften über den größten zulässigen Tiefgang der Seeschiffe erlassen haben, welche nur wenig voneinader verschieden sind, und welche für ihre Schiffe obligatorisch sind, ist die Tiefgangsbestimmung ganz von selbst ein Bestandteil der Schiffsklasse geworden. Trotzdem ergibt sich heute bei den einzelnen Klassifikationsgesellschaften je nach ihren Bauregeln doch noch immer eine ziemlich verschiedene Verteilung der Materialstärken.

Lloyds geben die Abmessungen für zwei Grundtypen, das Volldeckschiff „Full Scantling Vessel" und das Schiff mit durchlaufendem Aufbaudeck, das „Complete Superstructure Vessel". Die Verbandteile für das „Full Scantling Vessel" berechtigen das Schiff zum größten Tiefgang, den es nach seinen Hauptabmessungen aus Gründen der Seetüchtigkeit nach dem Freibordbegriff erhalten kann. Die Materialstärken für das „Complete Superstructure Vessel" berechtigen das Schiff zu dem größten Tiefgang, welcher dem Schiff erteilt werden kann, wenn die Seitenhöhe für die Freibordbestimmung von dem unter dem durchlaufenden Aufbaudeck liegenden Deck abgesetzt wird. Für Schiffe, welche ihrer Bauart nach zwischen diesen beiden Grundtypen liegen, werden die Abmessungen der Verbandteile durch Interpolation zwischen den Vorschriften für Volldeckschiffe und den Vorschriften für Schiffe mit durchlaufendem Aufbau im Verhältnis zu dem gewünschten Tiefgang bestimmt. Volldeckschiffe erhalten die Klasse „100 A". Alle anderen Schiffe, welche verringerte Materialstärken und dementsprechend nur einen geringeren Tiefgang als ein Volldecker von gleichen Abmessungen haben, erhalten die Klasse „100 A" „mit Freibord". Die Vorschriften und Tabellen beziehen sich nur auf Schiffe mit einem normalen Verhältnis von Breite zur Seitenhöhe, wobei aber bei Lloyds nichts gesagt ist, was hierbei unter normalem Verhältnis zu verstehen ist, und auf ein Verhältnis von Länge zur Seitenhöhe von 10 bis $13^1/_2$. Alle Schiffe müssen eine Back haben. Ausgenommen hiervon sind Schiffe, deren Verbandteile nicht stärker sind, als für Schiffe mit durchlaufendem Aufbaudeck vorgeschrieben ist. Für die Schiffe mit durchlaufendem Aufbaudeck sind besondere Tabellen mit geringeren Materialstärken aufgestellt als für Volldeckschiffe; nur die unteren Decks dieser Schiffe und die Verbandteile des Doppelbodens mit Ausnahme der Höhe des Mittelträgers sind gleich denen der Volldeckschiffe. Die Verringerung der Materialstärken steht indessen in keinem Verhältnis zu der verringerten Beanspruchung der Verbände infolge des kleineren Tiefgangs. Von diesem Gesichtspunkt aus ist das Schiff mit durchlaufendem Aufbaudeck wesentlich stärker als das Volldeckschiff.

Außer den Klassen „100 A" und „100 A with Freeboard" hat Lloyds Register noch besondere Klassen wie „100 A" „Carrying Petroleum in Bulk" für Öltankschiffe, welche in Übereinstimmung mit den Sondervorschriften von Lloyds für Tankschiffe gebaut sind; bei diesen wird eine besondere Bezeichnung über die Bauart, ob nach dem Längsspantensystem, ob mit zylindrischen Tanks oder dergleichen, beigefügt. Ferner hat Lloyds eine weitere Klasse „100 A for special service" für Schiffe mit Materialstärken entsprechend den Tabellen für Seeschiffe und den Sondertabellen gleichzeitig mit der Bezeichnung der besonderen Fahrt, in der die Schiffe beschäftigt sind, z. B. „100 A Trawler" für Fischdampfer.

Endlich hat Lloyds noch eine Klasse „A for special service", also ohne die Zahl 100 für Schiffe, welche für bestimmte Fahrten gebaut sind, vorausgesetzt, daß Materialstärken und Einrichtung von Lloyds vorher geprüft sind. Alle derartigen Schiffe, mit Ausnahme von Binnensee- und Flußschiffen, erhalten die Klasse „mit Freibord". Zu der Klasse kommt die nähere Bezeichnung, wie z. B. „für Flußdienst" (For river purposes); „für Kanalfahrt" („For Channel service"); „für Küstenfahrt" („For coasting service"). Bei letzteren beiden wird noch die genauere Begrenzung angegeben, z. B. „Bristol Channel" oder „Buenos Aires—Montevideo". Schiffe, welche unter Spezialaufsicht von Lloyds Register gebaut sind, erhalten außer dem eigentlichen Klassenzeichen das Zeichen ✠.

Der Germanische Lloyd unterscheidet Volldeckschiffe mit der Klasse 100 A und Schiffe mit durchlaufenden Aufbauten, bei denen das oberste durchlaufende Deck nicht Freiborddeck ist, diese Schiffe erhalten die Klasse 100 A mit Freibord. Die Materialstärken für letztere dürfen zum Teil kleiner sein als für Schiffe mit der Klasse 100 A. Wenn sich nämlich auf dem Freiborddeck ein Aufbau befindet, dessen Deck und dessen Seitenbeplattung ununterbrochen durchlaufen, so ist außer bei Bestimmung der Deckbalken hinter $^1/_8\,L$ vom Vorsteven und der Deckstützen, das Aufbaudeck als Hauptdeck anzusehen. Es ist zur Erläuterung hierzu zu bemerken, daß das oberste sich über die ganze Länge erstreckende Deck beim Germanischen Lloyd „Hauptdeck" genannt wird, wenn es zugleich Freiborddeck ist.

Die in den Vorschriften des Germanischen Lloyd angegebenen Materialstärken sind ohne Abzug für Volldeckschiffe erforderlich, d. h. für solche Schiffe, die den größten ihren Abmessungen entsprechenden Tiefgang erhalten sollen, wenn die Klasse 100 A ohne ein einschränkendes Fahrtzeichen erteilt wird. Die Abmessungen der einzelnen Teile werden nach Leitzahlen geregelt. Während bis zum Jahre 1927 für die meisten Verbandteile die Leitzahlen $(B + H)\,L$ maßgebend waren, sind jetzt neben diesen Leitzahlen die Abmessungen des Schiffes wie Länge L, Seitenhöhe H usw. zur Bestimmung der Materialstärken herangezogen.

Diese Erläuterung mußte vorausgeschickt werden, weil die Verringerung der Materialstärken für Schiffe mit Freibord in den Vorschriften des Germanischen Lloyd von 1927 im Vergleiche zu früher, wo dieselbe prozentual nach den Leitzahlen $(B + H)\,L$ erfolgte und alle durchlaufenden Längsverbände gleichmäßig betraf, verwickelter geworden ist. Nachstehend sei nur das Wichtigste angedeutet. Genauer wird bei den einzelnen Verbandteilen darauf eingegangen werden.

Wenn sich auf dem Freiborddeck ein Aufbau befindet, dessen Seitenbeplattung und dessen Deck ununterbrochen durchlaufen, so ist außer der Bestimmung der Deckbalken hinter 0,125 L vom Vorsteven und der Deckstützen das Aufbaudeck als Hauptdeck zu behandeln. H für die Bestimmung der Leitzahlen und der Materialabmessungen braucht aber nur bis zu einem Punkt gemessen zu werden, der 2,5 m über dem Freiborddeck liegt, ähnlich wie bei Lloyds Register, wo in diesem Falle auch nur bis 8′ über dem Freiborddeck gemessen wird. Es sind also die neuzeitlichen Shelterdeckschiffe mit 9′ und 10′ Shelterdeckhöhe bezüglich der Materialstärken verhältnismäßig günstig gestellt.

Für die Bestimmungen der Abmessungen des Balkenkiels und der Dicke der Steven kann die Seitenhöhe um 10%, höchstens 1,25 m geringer genommen werden. Die Verringerung der Raumspanten der Schiffe mit Freibord, welche für je nach der Leitzahl $L(B+H) = 1000$ bis 6800 10 bis 2% betrug, ist nunmehr nach der Seitenhöhe bis zum untersten Deck und dem Abstand des untersten Decks vom Hauptdeck, also den Leitzahlen für die Spanten, geregelt. Die Verringerung des Widerstandsmoments der Raumspanten beträgt 40% bei niedrigen Schiffen und geringer Deckshöhe und bis 60% bei größeren Schiffen und großem Abstand des untersten Decks vom Hauptdeck. Die Piek-Zwischendeck und Aufbauspanten erhalten erheblich geringere Abmessungen als beim Volldeckschiff. Für die Bestimmung der Profilspanten zwischen den vollen Bodenstücken im Doppelboden rechnet man die Seitenhöhe um 1,25 m niedriger. Die Höhe des Mittelträgers im Doppelboden, welche früher für Schiffe mit Freibord nicht verringert werden durfte, wird jetzt im Verhältnis der Quadratwurzeln des Tiefgangs zu dem Tiefgang eines Volldeckers mit der gleichen Seitenhöhe H verringert. Die Verringerung soll jedoch 50 mm nicht übersteigen. Für Flachkiel, Kielgang und Scheergang sind besondere Tabellen aufgestellt, die bis zu 2,5 mm dünnere Platten ergeben. Boden und Seitengänge der Außenhaut können um 0,5 bis 1,5 mm dünner sein je nach der Seitenhöhe. Die Enddicken werden nicht verringert.

Bei den Decks wird unterschieden zwischen Schiffen bis zu 90 m Länge, welche noch keine Deckbeplattung zu haben brauchen und solchen über 90 m Länge, welche eine Deckbeplattung haben müssen. Die Verringerung des Deckquerschnitts neben den Luken richtet sich nach der Leitzahl $(B + H)\,L$, sie beträgt 12% bei $(B + H)\,L = 2000$ und wird 0 bei $(B + H)\,L = 6000$, während früher auch bei den größten Schiffen noch ein Abzug von 4% zulässig war. In dem Oberdeck ist also das Schiff mit Freibord stärker geworden.

Rudersteven mit Sohle, Ruder, Schotte und Luken werden bei den Schiffen mit Freibord nicht verringert.

Wir finden also (als grundlegenden Unterschied in der Behandlung der Schiffe mit Freibord beim Germanischen Lloyd), daß bisher die gesamten Längs- und Querverbände mit vorstehender Ausnahme ganz gleichmäßig im Vergleich zum Volldeckschiff verringert wurden, während jetzt die einzelnen Verbandteile je nach der Beanspruchung bemessen werden. Es ist dadurch eine gute Übereinstimmung mit den nach Lloyds Register sich ergebenden Materialstärken erreicht. Es erhalten aber auch Schiffe, bei denen das oberste durchlaufende Deck Freiborddeck ist, die Klasse mit dem Zusatz ,,mit Freibord" wenn ihr Tiefgang kleiner ist, als der größte für diese Abmessungen des Schiffes zulässige, — und wenn ihre Materialstärken geringer sind als die für Volldecker vorgeschriebenen. Die Verbände solcher Schiffe werden, soweit sie nicht schon direkt nach dem Tiefgang bestimmt sind, durch Mittelung zwischen den für Volldecker und den für Schiffe mit durchlaufenden Aufbauten vorgeschriebenen Verbänden je nach dem Volldeckertiefgang und dem Tiefgang für Schiffe mit durchlaufenden Aufbauten bestimmt.

Nach englischem Vorbild können für Schiffe, deren Tiefgang noch kleiner als der für Schiffe mit durchlaufenden Aufbauten ist, mit Zustimmung des Reeders die Materialstärken noch weiter verringert werden.

In der Verringerung der Materialstärken auf Grund eines besonderen Fahrtzeichens ist ebenfalls gegen früher einiges anders geworden. Es dürfen die Widerstandmomente der Spanten und Balken und die Querschnitte der übrigen Verbandteile

für die Klasse	100 $\underset{4}{A}$K	(Große Küstenfahrt)	um 5%
,, ,, ,,	100 $\underset{4}{A}$	,,Nordsee"	um 7,5%
,, ,, ,,	100 $\underset{4}{A}$	,,Schwarzes Meer"	um 7,5%
,, ,, ,,	100 $\underset{4}{A}$	,,Ostsee"	um 10%
,, ,, ,,	100 $\underset{4}{A}$K	(Kleine Küstenfahrt)	um 10%

verringert werden.

Endlich gibt es noch eine Klassenbezeichnung für Schiffe, welche für den Transport von Erz oder ähnlichen schweren Ladungen bestimmt sind, dieselben werden, wenn sie im Register und Zertifikat das Zeichen für Erzfahrt ,,Erz" erhalten sollen, besonders verstärkt. Bodenwrangen sind an jedem Spant anzuordnen und werden von größerer Dicke genommen: Doppelte Winkel zur Verbindung der Bodenstücke mit dem Mittelträger des Doppelbodens, zusätzliche Seitenträger im Bereich der Ladeluken, desgleichen Verstärkung der Tankdecke unter den Luken, Verstärkung von Mittelträger, Randplatte, Kimmstützplatten, Fächerplatten usw., Verstärkung des Querschnitts des Gurtungsdecks neben den Luken um 4 bis 8%, besondere Sicherung der Lukenecken usw. Bei Behandlung der einzelnen Verbandteile wird hierauf näher eingegangen werden.

In der Frage der Spantentfernung ist man insofern jetzt weiter gekommen, als außer den englischen Klassifikationsgesellschaften auch der Germanische Lloyd und das Bureau Veritas präzise Vorschriften bei Wahl anderer als der tabellarischen Spantentfernungen geben.

Der Germanische Lloyd bestimmt, daß bei größerem Spantabstand die Abmessungen der Spanten entsprechend zu vergrößern sind, ferner sind die Platten des Doppelbodens um 0,5 mm zu verstärken bei Bodenwrangen, Stützblechen und Kimmstützplatten für je 75 mm größeren Abstand. Die Vorschriften geben ferner Werte für Seitenplatten des Innenbodens im Laderaum und Randplatte für je 100 mm größeren Spantabstand und Seitenplatten des Innenbodens im Maschinenraum für je 150 mm größeren Spantabstand, sowie Seitenplatten des Innenbodens im Kesselraum für je 200 mm größeren Abstand. Der Tanktopmittelgang muß mindestens die Dicke der Seitenplatten haben. Boden- und Seitengänge der Außenhaut sind um 0,5 mm für jede Vergrößerung des Spantabstands von je 50 mm dicker zu machen.

Für die Gurtungsdecks ist die kleinste zulässige Dicke der Beplattung von Gurtungsdecks ohne Holzbelag bei 530 mm Spantabstand mit 7,5 mm, steigend auf 11,0 mm bei einem Spantabstand von 900 mm vorgeschrieben.

Schließlich hat der Germanische Lloyd noch besondere Vorschriften für Schiffe der Wattfahrt und für Schiffe der Binnenfahrt. Beide weichen völlig von den Vorschriften für Seeschiffahrt ab. Schiffe, welche unter Spezialaufsicht des Germanischen Lloyd gebaut sind, erhalten außer dem eigentlichen Klassenzeichen das Zeichen ✠.

Die British Corporation betrachtet alle Schiffe für die Bestimmung der Materialstärken nur in Verbindung mit Tiefgang bzw. dem Freibord bis zum Festigkeitsdeck. Das Festigkeitsdeck ist dasjenige Deck, welches als obere Gurtung den Abschluß des eigentlichen Schiffskörpers bildet. Schiffe, welche innerhalb des Rahmens der Bauvorschriften liegen und deren Freibord nicht größer ist als in den Freibordtabellen angegeben, enthalten die Klasse „BS“. Schiffe, welche in irgendeinem Teil der Welt fahren sollen, aber nach anderen Bauvorschriften für einen größeren als den gesetzlichen Freibord gebaut sind, erhalten die Klasse „BS with Freeboard“. Schiffe endlich, welche für besondere Fahrten und nach abweichenden aber genehmigten Bauvorschriften gebaut sind, erhalten die Klasse BS mit Angabe der Fahrt, z. B. „BS River Service“. Alle Schiffe, welche unter Aufsicht gebaut sind, erhalten hinter dem S einen Stern. Also z. B. „BS* with Freeboard“. Die Bauvorschriften gelten nur für Schiffe, deren Breite die doppelte Seitenhöhe nicht übersteigt und deren Seitenhöhe nicht geringer als $^1/_{14}$ der Schiffslänge und nicht größer als $^1/_{14}\ L + 5'$ ist, d. h. also für Schiffe

von	50 m	Länge	für	$L:H$	von	9,81—14,
„	100 „	„	„	$L:H$	„	11,53—14,
„	150 „	„	„	$L:H$	„	12,25—14,
„	200 „	„	„	$L:H$	„	12,65—14.

Die Tiefgänge, welche British Corporation für einige Materialtabellen zugrunde legt, sind verschieden. Für die Höhe der Doppelböden ist für 200′ Länge ein Tiefgang 10′ zugrunde gelegt.

Für	300′	Länge	15′	Tiefgang
„	400′	„	20′	„
„	500′	„	22,5′	„
„	600′	„	25′	„
„	700′	„	27,5′	„

Diese Tiefgänge sind als Grundwerte außerordentlich gering und liegen beträchtlich unter den nach den Freibordregeln sich ergebenden geringsten Tiefgängen für Sturmdeckschiffe. Die Breiten sind bei kurzen Schiffen sehr groß, bei langen Schiffen sehr klein angenommen. Bei 400′ Schiffslänge ist eine Breite von $\frac{L}{10} + 18'$ zugrunde gelegt, bei 700′ nur $\frac{L}{10} + 3'$.

Für die Berechnung der Außenhaut und der Spantentfernung hingegen beginnen die Tabellen bei 250′ Länge mit 20′ Tiefgang und 0,4′ Freibord und halten diesen Tiefgang bis 410′ fest bei 4,2′ Freibord. Bei 720′ ist ein Tiefgang von 27,5′ und ein Freibord von 30,4′ zugrunde gelegt. Für Abweichungen sind bei jeder Schiffslänge von 10′ zu 10′ steigend die entsprechenden Umrechnungskoeffizienten für Seitenhöhe und Freibord angegeben.

Für die Berechnung der oberen Gurtung ist für die verschiedenen Schiffstypen Eindeck-, Zweideck-, Dreideck-, Vierdeckschiffe der über Wasser liegende Teil der Längsverbände genau nach dem Freibord für die Längen von 10′ zu 10′ steigend angegeben und zwar für den obersten Seitengang, Scheergang, Stringer und für die Deckbeplattung.

Für die Deckbeplattung ist für jeden einzelnen Fall auch der erforderliche Materialquerschnitt angegeben.

Die Vorschriften der British Corporation lassen sich daher dem Bedarf viel elastischer anpassen als diejenigen irgendeiner anderen Klassifikationsgesellschaft, ausgenommen etwa Norske Veritas. Einen bestimmten Unterschied in den Schiffstypen als Volldeckschiffe und Schiffe mit Freibord kennt die British Corporation nicht, sie betrachtet das Schiff ganz individuell im Zusammenhang mit dem Tiefgang, den das Schiff erhalten soll.

Norske Veritas unterscheidet ähnlich wie Lloyds Register Volldeckschiffe und Schiffe mit größerem Freibord als für Volldeckschiffe. Ist der Sprung eines Schiffes auf $1/8$ der Schiffslänge von vorn geringer als $(\sqrt{0{,}25L+25}-5)$ Fuß, so muß das Schiff eine Back von wenigstens $1/10$ Schiffslänge haben. Norske Veritas ist die einzige Klassifikationsgesellschaft, welche noch den halben Umfang des Hauptspants in den Leitzahlen hat. Umfang und Seitenhöhe werden beim Volldeckschiff bis zum obersten Deck gemessen. Die Leitzahl für die Querverbände, also für Spanten und Bodenstücke ist die Summe aus halber Breite $B/2$, halbem Umfang $G/2$ und Seitenhöhe D. Die Längsnummer, nach welcher alle Längsverbände mit Ausnahme der oberen Gurtung und der Bodenbeplattung bestimmt werden, ist die Quernummer minus einer Größe, welche bei Schiffen mit 2 stählernen Decks 6, mit 3 Decks 10, und mit 4 oder mehr Decks 12 beträgt, multipliziert mit der Länge L. Die obere Gurtung, also oberster Seitengang, Scheergang, Deckstringer, Deckstringerwinkel und Beplattung des obersten Decks werden nach einer besonderen oberen Gurtungsnummer (Topsidenumber) bestimmt. Für diese sind 3 Fälle vorgesehen:

1. Das Schiff hat keinen langen Aufbau und das Verhältnis von Länge zur Seitenhöhe ist unter 10, dann ist die obere Gurtungsnummer $L\left(\frac{B}{2}+D+\frac{G}{2}-C\right)$ wobei C für Schiffe mit einem stählernen Deck (Aufbaudecks werden nicht mitgezählt) $=0$, bei 2 stählernen Decks $=10$, bei 3 stählernen Decks $=15$ und bei 4 und mehr stählernen Decks $=18$ ist.

2. Das Schiff hat keinen langen Aufbau und $L:D$ ist größer als 10, so wird die wie vorgehend bestimmte Nummer mit dem Verhältnis von $\left(\frac{L}{10D}\right)^2$ multipliziert. Hieraus ergeben sich die großen Materialstärken in der oberen Gurtung bei den Schiffen nach Norske Veritas. Diese Art der Berechnung gilt aber auch für ungewöhnliche Verhältnisse von Länge zur Seitenhöhe, z. B. über 15, für welche die anderen Klassifikationsgesellschaften keine Angaben mehr machen und für welche durch Verlängerung der Tabellen kein brauchbares Ergebnis erzielt werden kann, noch sehr zuverlässige Werte.

3. Hat das Schiff einen langen Aufbau, dann ist die obere Gurtungsnummer $L(1/2\,B+D+1/2\,G-C)\left(\frac{L}{10(D+H)}\right)$ wobei H die Höhe des langen Decksaufbaus bedeutet. Als „langer" Decksaufbau *kann* ein Decksbau betrachtet werden, dessen Länge $\frac{L}{10}+10'$ und unter $\frac{L}{10}+40'$, und ein Decksaufbau *muß* als „langer" betrachtet werden, wenn seine Länge $\frac{L}{10}+40'$ oder darüber beträgt.

Eine besondere Berechnungsmethode hat Norske Veritas im Jahre 1923 für die Bodenplatten eingeführt. Die Bodenleitzahl ist bei Schiffen, welche nicht wenigstens über 40% der Mittschiffslänge sich erstreckende Aufbauten haben und wo $L:D$ unter 11 ist, gleich der Längsnummer (siehe vorher). Ist kein Aufbau über wenigstens 40% der mittleren Schiffslänge vorhanden, und ist $L:D$ größer als 11, dann ist die Bodennummer gleich der Längsnummer multipliziert mit $\frac{L}{11D}$. Ist ein Aufbau über 40% der mittleren Schiffslänge vorhanden und ist $\frac{L}{D+H}$ kleiner als 11, so ist die Bodennummer gleich der Längsnummer. Ist ein Aufbau über 40% der mittleren Schiffslänge vorhanden und ist $L:(D+H)$ größer als 11, so ist die Längsnummer mit $\frac{L}{11\,(D+H)}$ zu multiplizieren. Norske Veritas hat sich also veranlaßt gesehen, der Verstärkung der Bodenbeplattung, welche alle Klassifikationsgesellschaften bei Einführung der Doppelböden am Ende des vorigen Jahrhunderts aufgegeben hatten, bei verhältnismäßig langen und niedrigen Schiffen wieder einzuführen.

Für Schiffe mit größerem Freibord als nach den Tabellen gefordert, hat Norske Veritas besondere Bestimmungen. Die Quernummer, Längsnummer, obere Gurtungsnummer und Bodennummer für Schiffe mit wenigstens 2 Decks und einem größeren Freibord als dem geringsten für ein Volldeckschiff ohne Aufbauten zugelassenen, werden nach folgender Formel berechnet: $N = N_s + (N_g - N_s)\left(\frac{F_s - F}{F_s - F_g}\right)$, wobei N_g und N_s die Leitzahlen mit der Seitenhöhe und dem halben Umfang, gemessen bis zum obersten Deck und dem Deck darunter und reduziert für Mehrdeckschiffe bedeuten und F_g und F_s die Sommerfreiborde gemessen vom obersten Deck, wenn das Schiff ein Volldeckschiff ohne Aufbauten und ein Schiff, bei welchem das oberste Deck ein durchlaufendes Aufbaudeck ohne Vermessungsöffnung ist, und F der gewünschte Sommerfreibord für das Schiff ist.

Schiffe, welche mit Bezug auf Festigkeit, Baumaterial und Ausrüstung den Vorschriften entsprechen, erhalten die Klasse 1 A. Schiffe von geringerer Festigkeit oder geringerem Material erhalten die Klasse 1A2 oder 2A2. Schiffe, welche nicht so tief laden sollen, als nach den Freibordvorschriften zulässig ist, und bei deren Materialstärken infolgedessen Verringerungen zugelassen sind, erhalten unter der Klasse den Zusatz „mit Freibord". Schiffe in der Küstenfahrt erhalten das Fahrtzeichen *K*, doch müssen die Abweichungen von den Bauvorschriften genehmigt sein. Als Küstenfahrt gilt bei Norske Veritas die Fahrt längs der Norwegischen Küste, nach Dänemark oder der Westküste Schwedens. Schiffe für die Fahrt auf Seen, Flüssen oder angeschlossenen Fjorden können hinter der Klasse das Fahrtzeichen I erhalten oder den Namen der Gewässer, auf denen sie fahren sollen, gegebenenfalls „mit Freibord".

Schiffe für spezielle Zwecke können die Klasse A erhalten mit der Beifügung der Bestimmung, z. B. „Bugserbaat" (Schleppboot); „Laekter" (Leichter). Schiffe endlich, welche nach den Vorschriften des Norske Veritas für den Transport von Petroleum gebaut sind, erhalten den Zusatz „Tankskib for oljelast". Schiffe, welche unter Spezialaufsicht gebaut werden, erhalten das Zeichen ✠ vor der Klasse.

Das Bureau Veritas bestimmt die Materialstärken nach einer Reihe von Leitzahlen, deren Berechnung sich im Laufe der letzten Jahre verschiedentlich geändert hat. Die Bauvorschriften vom Juli 1929 führen drei Arten von Längsnummern, zwei Arten von Quernummern und eine Ausrüstungsnummer auf.

Die erste Längsnummer *NL* dient zur Bestimmung der Abmessungen des Kiels, der Steven, der Spantentfernungen und der Außenhaut, ferner zur Bestimmung der Materialstärken der Aufbauten, des Doppelbodens, der Kielschweine und Stringer und der Takelung. *NL* ist das Produkt aus Länge × Breite × Tiefgang × einem Koeffizienten, der sich nach dem Verhältnis von Tiefgang zur Seitenhöhe bis zum obersten durchlaufenden Deck oder einer langen Brücke, sobald deren Länge mindestens 0,30 *L* erreicht, also

$$NL = L \cdot B \cdot T \cdot K.$$

Als Breite braucht man nicht die wirkliche Breite, sondern $B = \frac{L}{1{,}56\,\sqrt[3]{L}}$ zu rechnen.

Da diese Formel die neuen breiten Schiffe zu sehr begünstigte, hat man jetzt 0,9 *B* als untere Grenze festgelegt. *K* variiert von 1,15 bei einem Verhältnis von $\frac{T}{C} = 0{,}90$ gleichmäßig bis 0,95 bei einem $\frac{T}{C} = 0{,}50$ und darunter.

Die zweite Längsnummer N_1L_1 dient zur Bestimmung der Materialstärken der oberen Gurtung, Scheergang, Gang unter dem Scheergang, Deckstringer, Stringerwinkel und Deckbeplattung des Gurtungsdecks. Diese Längsnummer errechnet sich aus einem Koeffizienten K_1 multipliziert mit dem Quadrat der Länge $\times$ der Länge plus der zehnfachen Breite dividiert durch die zehnfache Seitenhöhe — 0,25,

$$\text{also} \quad N_1L_1 = K_1 \cdot L^2\left(\frac{L + 10\,B}{10\,C} - 0{,}25\right),$$

in welcher Gleichung C den Maximalwert $\frac{L}{10}$ hat.

Der Koeffizient K_1 richtet sich ebenfalls nach dem Verhältnis von Tiefgang zur Seitenhöhe und der Schiffslänge, und zwar in 40 Stufen von $\frac{T}{C} = 0{,}95$ bis $\frac{T}{C} = 0{,}55$ und von 57,95 m Länge bis 164,70 m. Die Koeffizienten gehen von 0,1062 bis 0,0509, je größer $\frac{T}{C}$, desto größer der Koeffizient.

Die dritte Längsnummer N_2L_2 dient zur Bestimmung der Materialstärken von Stringer, Stringerwinkel und Beplattung der unteren Decks.

$$N_2L_2 = L(B + C)$$

Länge $\times$ der Summe aus Breite und Seitenhöhe wie bei Lloyd's Register und dem Germanischen Lloyd.

Die erste Quernummer dient zur Bestimmung der Abmessungen der Spanten

$$NT = 0{,}15\,C + 1{,}1\,T + 0{,}118\,H^2 + 1{,}22,$$

darin ist H der Abstand der Oberkante Randplatte oder, wenn das Schiff keinen Doppelboden hat, von Oberkante Bodenwrange in der Mitte bis zum untersten Deck gemessen im Hauptspant. Bei Mehrdeckschiffen darf H nicht kleiner als 3,05 m genommen werden. Wo der Tiefgang sehr gering ist, müssen die Spanten nötigenfalls über das aus dieser Regel sich ergebende Maß hinaus verstärkt werden.

Die zweite Quernummer dient zur Bestimmung der Abmessungen der Bodenwrangen in Schiffen ohne Doppelboden.

$$N_1T_1 = B + K_2C.$$

K_2 ist in dieser Gleichung ein Koeffizient, der sich nach dem Verhältnis von Tiefgang zur Seitenhöhe und der Seitenhöhe richtet. Bei 3,96 m Seitenhöhe ist K_2 bei $\frac{T}{C}$ von 0,92 = 1,00 und verringert sich bei $\frac{T}{C} = 0{,}70$ auf 0,839. Bei 5,79 m Seitenhöhe ist K_2 bei $\frac{T}{C}$ von 0,9 = 1,00 und verringert sich bei $\frac{T}{C} = 0{,}70$ auf 0,896.

Sehr einfach ist die Formel für die Berechnung der Balken. Für sämtliche Arten von Decksbalken gibt es nur eine einzige Tabelle, deren Leitzahlen nach der Formel $NB = l^2eh$ berechnet werden; darin ist l die freitragende Länge des Balkens, e der Balkenabstand voneinander, und h die Höhe des Decks unmittelbar über den Balken, falls Ladung darin gefahren wird. Alle Maße in Metern. Für alle anderen Fälle dient eine kurze Tabelle, welche ihrer Einfachheit halber auf S. 24 folgt.

Das Bureau Veritas hat noch eine Reihe anderer Formeln zur Berechnung der einzelnen Verbände, welche bei den betreffenden Verbandteilen aufgeführt werden.

An Klassifikationskennzeichen hat das Bureau Veritas mehr als jede der übrigen Klassifikationsgesellschaften. Der Grad des Vertrauens wird durch eine Abteilung (I, II oder III) und durch eine Klasse (3/3; 5/6 usw.) ausgedrückt. Die Abteilung wird durch die Materialstärken bestimmt. Die Klasse bezeichnet den Zustand. 3/3 erhalten Schiffe, welche sich in tadellosem Unterhaltungszustand befinden; 5/6 diejenigen, welche in dieser Hinsicht zu wünschen übrig lassen. Diese Bezeichnungen wer-

NL	Bootsdecks	Promenadendecks	Kurze Brückendecks oder Poopdecks, welche nicht Maschinen- und Kesselschacht überdecken	Lange Brückendecks oder Poopdecks, welche Maschinen- und Kesselschacht überdecken, Shelterdecks mit Ausnahme von 12,5% der Länge von vorn	Backdecks, Oberdecks von Mehrdeckschiffen, Shelterdecks auf 12,5% der Länge von vorn	Eindeckschiffe
485	0,46	0,61	0,61	0,915	1,22	1,37
3055	0,46	0,76	0,76	1,22	1,525	1,83
9055	0,54	0,915	0,915	1,525	1,83	2,44
20660	0,61	0,915	1,37	1,83	2,13	2,75

den durch zwei zwischen 1 und 3 schwankende Zahlen erweitert, von denen die erste die Beschaffenheit der zum Schiffskörper gehörigen Holzteile, die zweite den Zustand der Ausrüstung, Masten, Takelung, Ketten und Boote ausdrückt. 1 bedeutet gute Beschaffenheit, 2 und 3 mindere.

✠ bedeutet Spezialaufsicht.

Alle klassifizierten Schiffe erhalten ein Fahrtzeichen:

1. I Binnenschiffahrt.
2. R Reedefahrt.
3. D Baggerfahrzeuge.
4. F Fischereifahrzeuge.
5. P Kleine Küstenfahrt (Petit cabotage).
6. M Mittelmeerfahrt und Fahrt im Englischen Kanal.
7. Y Vergnügungsfahrt (Jacht).
8. R Rennjachten.
9. G Große Küstenfahrt (Grand cabotage).
10. Lakes Binnenseefahrt.
11. A Atlantische Fahrt.
12. L Lange Fahrt (Bunkervorrat für mindestens 3000 Seemeilen).

Der Freibord wird bestimmt nach den Vorschriften und Tabellen des Bureau Veritas oder nach gleichwertigen.

An Schiffstypen gibt das Bureau Veritas an:

1. Schiff mit Poop, Brücke, Back (Dreiinselschiff).
2. ,, ,, Brunnen, Welldeckschiff, Poop und Brücke, Back oder Poop, Brücke und Back (W. D.).
3. Schiff mit erhöhtem Vordeck, Raised Foredeck (R. F. D.).
4. ,, ,, erhöhtem Achterdeck, Raised Quarterdeck (R. Q. D.).
5. ,, ,, Sturmdeck, Awningdeck (A. D.).
6. ,, ,, Schutzdeck, Shelterdeck (S. D.).
7. ,, ,, Schattendeck (oberhalb der Aufbauten ein vollständiges Deck) (Sh. D.).
8. ,, ,, Turmdeck (Turret).

Schutzdeckschiffe unterscheiden sich beim Bureau Veritas von den Sturmdeckschiffen durch Anordnung von Vermessungsöffnungen.

Das Bureau Veritas hat also noch viele Bezeichnungen von Schiffstypen aus der Zeit behalten, wo deren Materialstärken alle noch nach besonderen Typleitzahlen bestimmt wurden.

Schiffe mit den Fahrtzeichen G, M, P und R werden nach den Vorschriften für Seeschiffe gebaut unter Einführung des vorher beschriebenen Koeffizienten K bzw. werden bestimmte Reduktionen gestattet.

Auswirkung der Vorschriften der Klassifikationsgesellschaften für einige Haupttypen. So mannigfaltig und verschieden sich die Methoden darstellen, nach denen die einzelnen

Klassifikationsgesellschaften die Materialstärken und die Anordnung der einzelnen Verbandteile bestimmen, so ergibt sich, wie wir im nachstehenden sehen werden, im großen und ganzen kein allzu großer Unterschied in der Festigkeit der Schiffe.

Es sind zum Vergleich der Festigkeit der Schiffe nach den Bauvorschriften der fünf Klassifikationsgesellschaften Lloyds Register, Germanischer Lloyd, British Corporation, Norske Veritas und Bureau Veritas 3 bzw. 4 Schiffsgrößen als Volldeckschiffe und als Schiffe mit durchlaufendem Aufbaudeck durchgerechnet.

Als Volldecker hat der erste Größentyp die folgenden Hauptmaße:

Länge über Steven	109,73 m = 360′ 0″ (zwischen Steven 109,256 m)
Breite auf Spanten	15,24 m = 50′ 0″
Seitenhöhe	9,144 m = 30′ 0″
Tiefgang	7,315 m = 24′ 0″
Völligkeitsgrad der Verdrängung	0,76
Verdrängung in Seewasser	9532 Tonnen

Dieses Schiff ist als Eindeckschiff (s. Abb. 19 bis 23) und als Zweideckschiff (s. Abb. 24 bis 28) berechnet.

Als 2. bzw. 3. Schiffstyp ist ein Schiff mit 3 Decks, wobei folgende Abmessungen zugrunde gelegt sind:

Länge zwischen den Steven	138,11 m = 443′ 1½″
Breite auf Spanten	18,288 m = 60′ 0″
Seitenhöhe	11,277 m = 37′ 0″
Tiefgang	8,534 m = 28′ 0″
Völligkeitsgrad der Verdrängung	0,76
Verdrängung in Seewasser	16875 Tonnen (s. Abb. 29 bis 33)

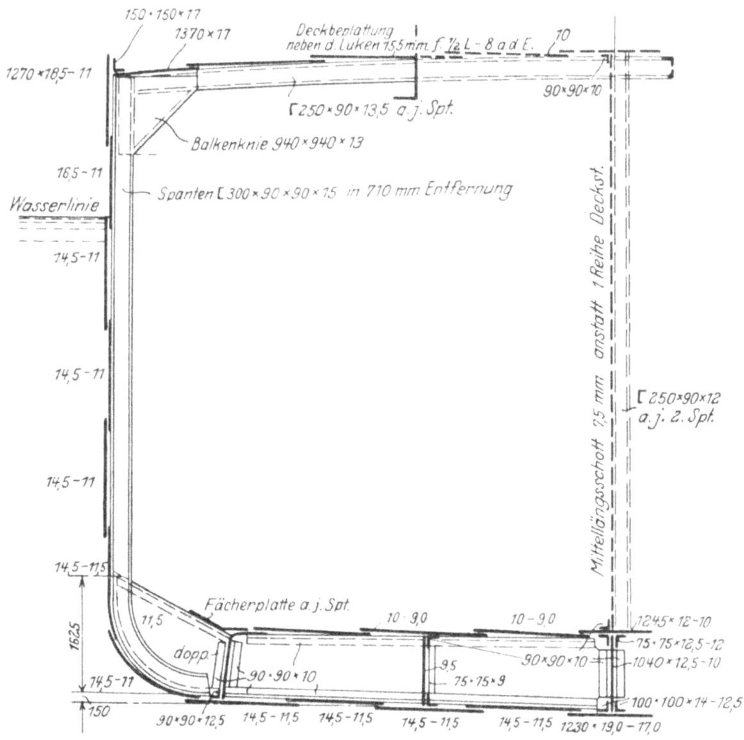

Abb. 19. Eindeckschiff (Lloyds Register).

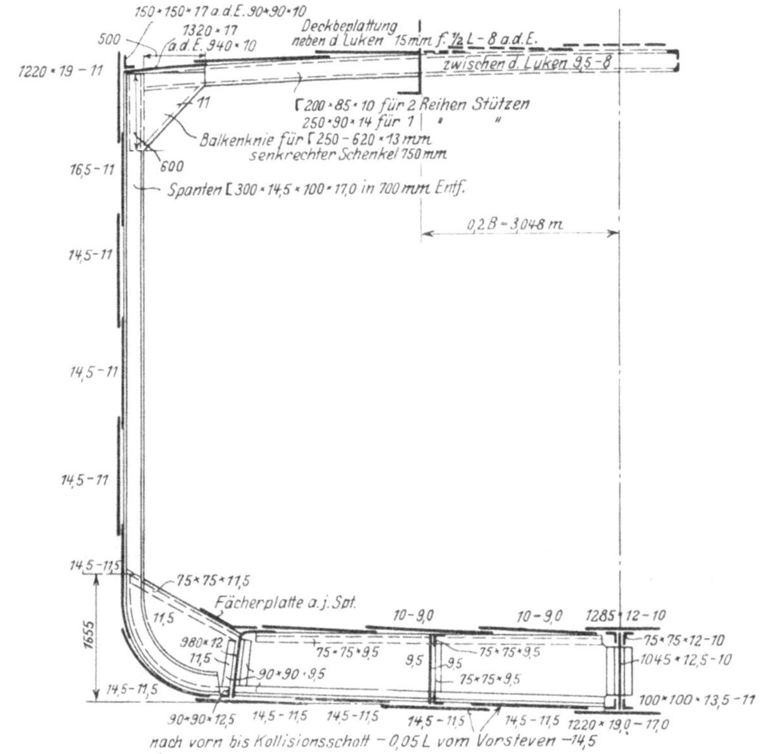

Abb. 20. Eindeckschiff (Germ. Lloyd 1920).

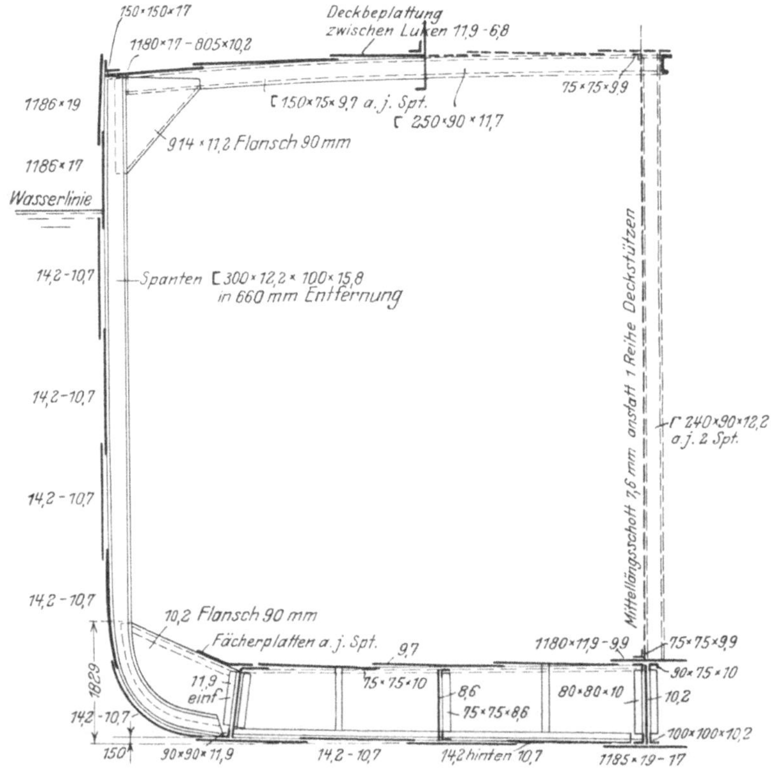

Abb. 21. Eindeckschiff (British Corporation).

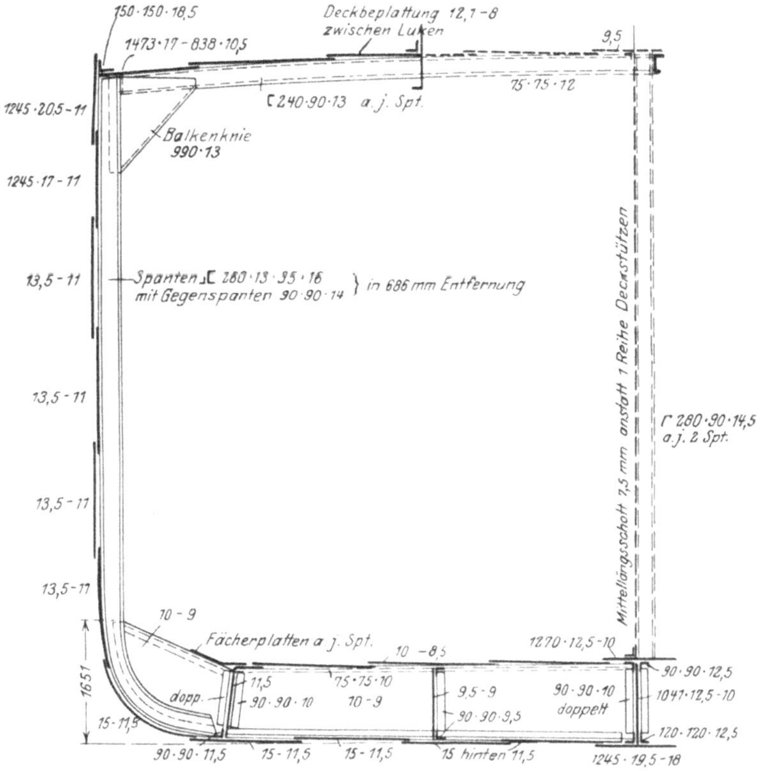

Abb. 22. Eindeckschiff (Norske Veritas).

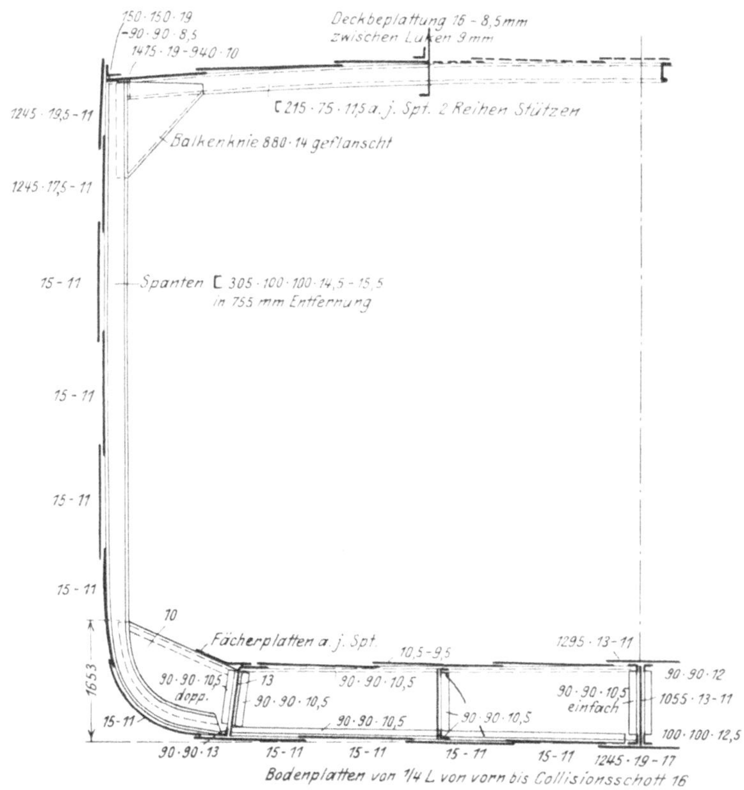

Abb. 23. Eindeckschiff (Bureau Veritas).

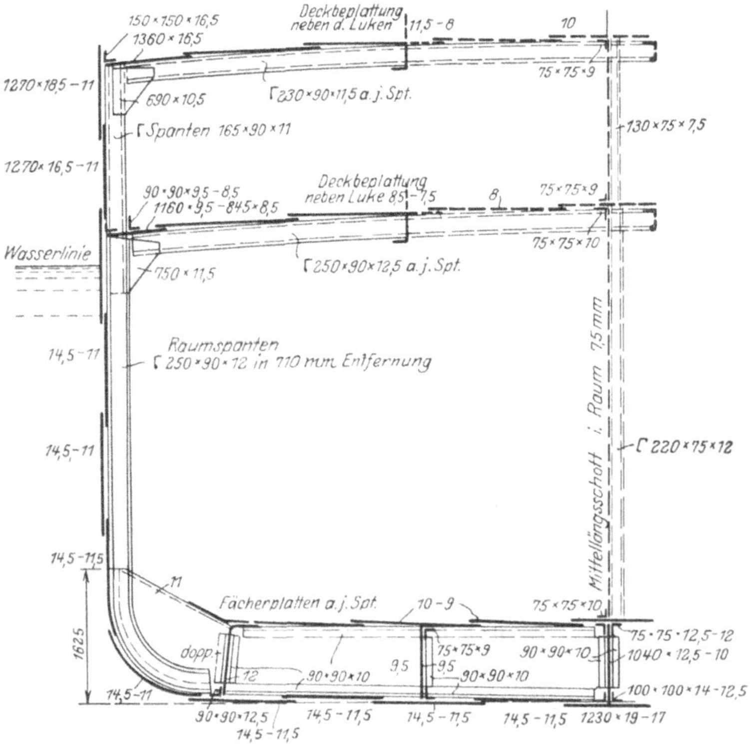

Abb. 24. Zweideckschiff (Lloyds Register).

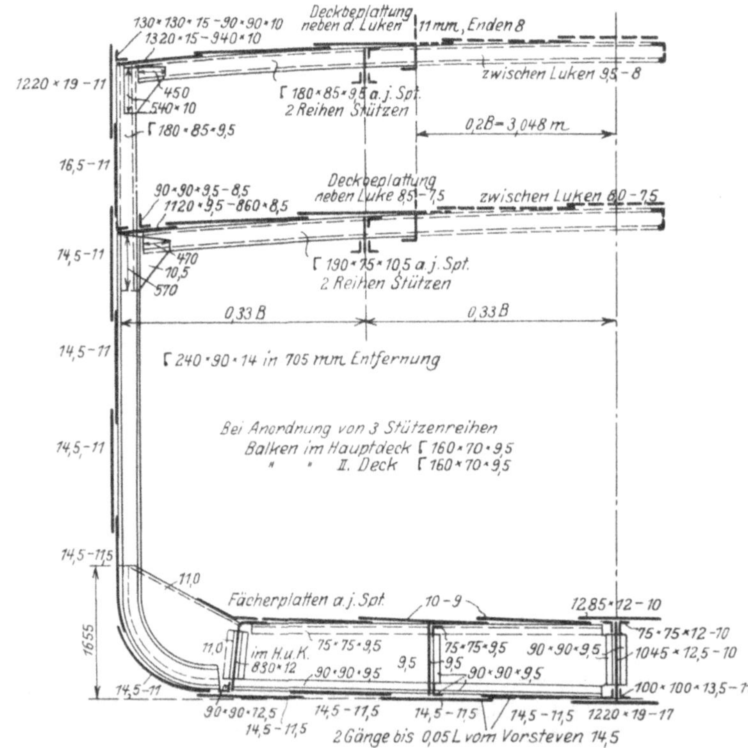

Abb. 25. Zweideckschiff (Germ. Lloyd 1926).

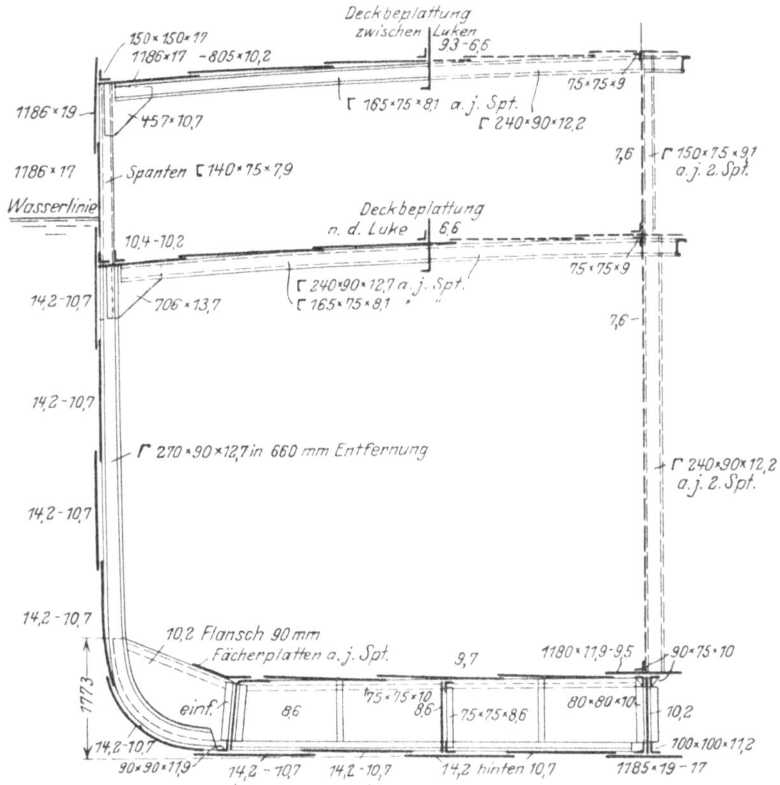

Abb. 26. Zweideckschiff (British Corporation).

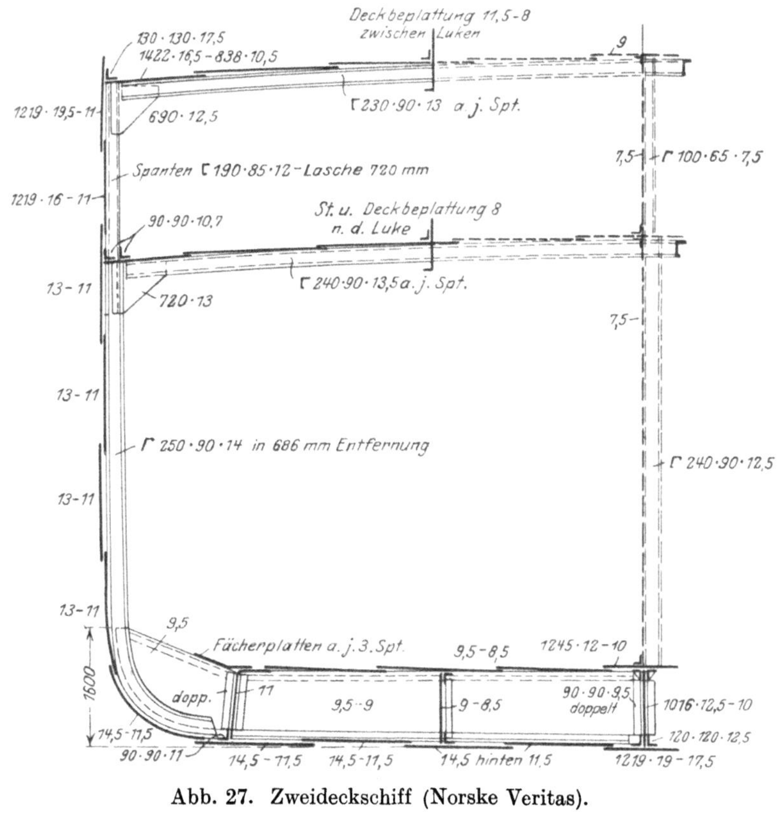

Abb. 27. Zweideckschiff (Norske Veritas).

Als letzter Schiffstyp ist ein Vierdeckschiff (s. Abb. 34 bis 38) von folgenden Abmessungen gerechnet:

Länge zwischen den Steven	167,04 m = 548′ 0½″ = 167,637 m = 550′ über Steven
Breite auf Spanten	21,336 m = 70′ 0″
Seitenhöhe	13,411 m = 44′ 0″
Tiefgang	9,906 m = 32′ 0″
Völligkeitsgrad der Verdrängung	0,76
Verdrängung in Seewasser	27590 Tonnen

Dieselben Schiffstypen sind dann noch einmal durchgerechnet für den Fall, daß das oberste Deck ein durchlaufender Aufbau ist. Dementsprechend verringert sich auch der Tiefgang und die Verdrängung in Seewasser. Es hat das 109,73 m lange Schiff

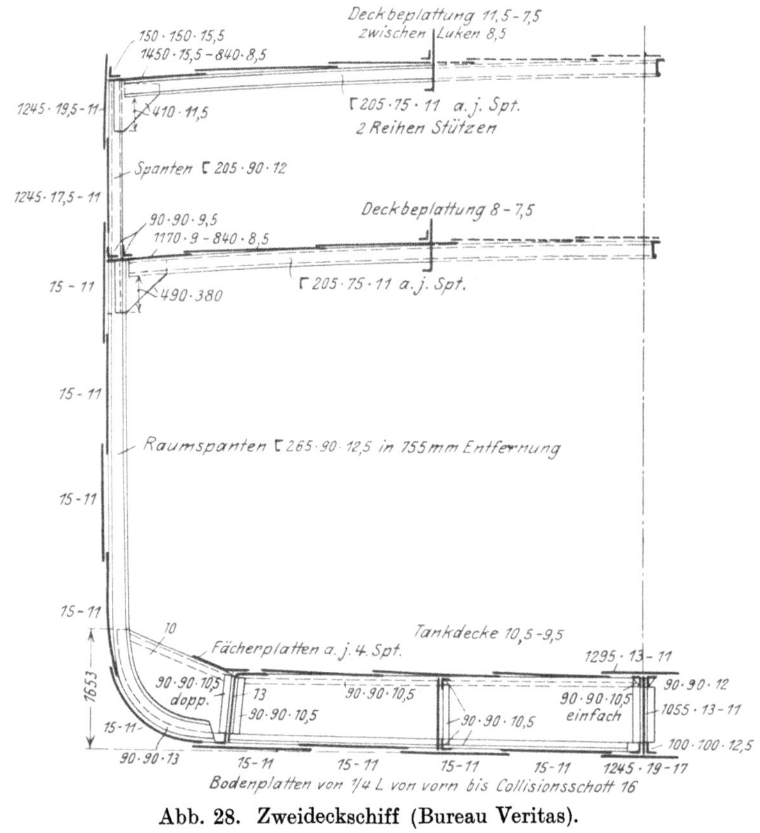

Abb. 28. Zweideckschiff (Bureau Veritas).

einen Tiefgang von 6,218 m = 20′ 4,8″ und eine Verdrängung von 8106 Tonnen; der Tiefgang des 138,11 m langen Schiffes wird 7,696 m = 25′ 3″ und die Verdrängung in Seewasser ist 15218 Tonnen. Das 167,04 m lange Schiff erhält einen Tiefgang von 8,29 m = 27,2′ und eine Verdrängung von 23130 Tonnen.

Eine Ungleichmäßigkeit liegt in den Vergleichsrechnungen mit verschiedenen Spantentfernungen bei den einzelnen Klassifikationsgesellschaften. Mit Ausnahme der British Corporation haben alle Klassifikationsgesellschaften für eine bestimmte Schiffsgröße eine bestimmte „normale" Spantentfernung. Vorschriften für Schiffe mit größeren Spantentfernungen als die in den Tabellen angegebenen normalen finden sich jetzt bei allen Klassifikationsgesellschaften. Da aber die tabellarischen Spantentfernungen bei Lloyds Register in den meisten Fällen schon größer sind als bei den anderen Klassifikationsgesellschaften, so sind hier die Verbände nach Lloyds Register und British Corporation für die gleiche Spantentfernung berechnet worden. Bei Wahl einer gleichen Spantentfernung für alle Beispiele würden sich Ergebnisse zeigen, welche außerhalb des Rahmens der Vorschriften einiger Klassifikationsgesellschaften liegen würden. Es sind daher überall diejenigen Spantentfernungen genommen, welche die Klassifikationsgesellschaften in den Tabellen angeben.

Für vergleichsweise Untersuchungen der Festigkeit ist zweckmäßig in allen Fällen ein durchlaufender Doppelboden von der Höhe des von den Klassifikationsgesellschaften für diese Schiffsgröße vorgeschriebenen anzunehmen. Die Breite der Luken ist in allen Fällen gleich 0,4 der Schiffsbreite anzunehmen, wie Lloyds Register diese seinen Bauvorschriften zugrunde legt. Es ist infolgedessen in allen Fällen die Dicke der stählernen Decksbeplattung entsprechend den Vorschriften der einzelnen Klassifikationsgesellschaften zu berechnen. Es

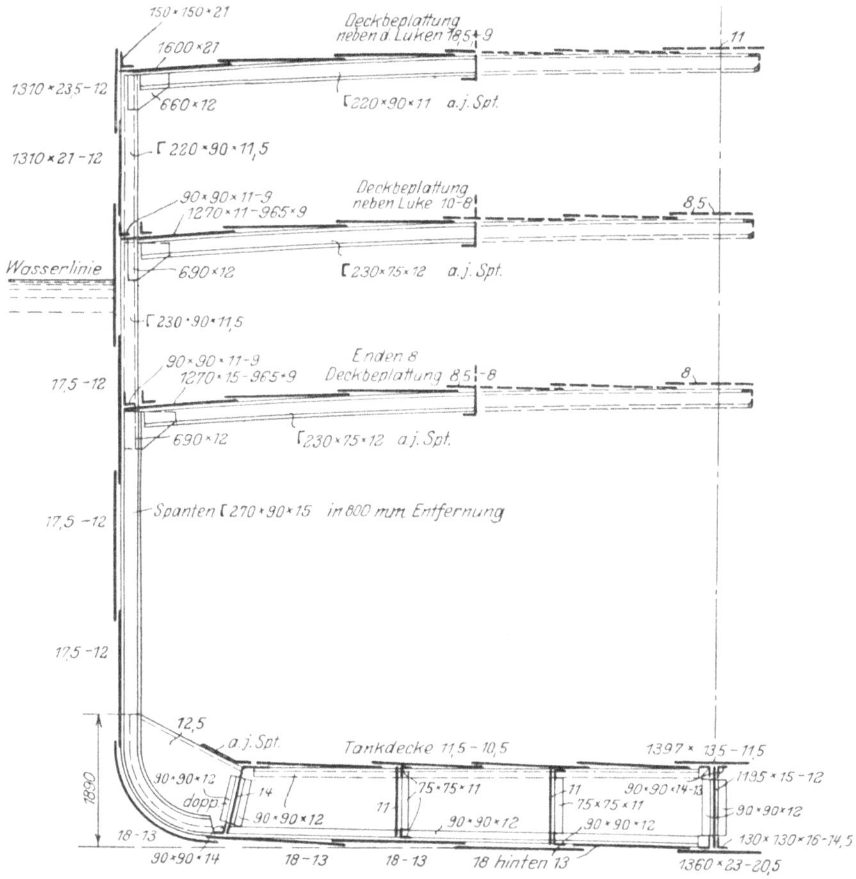

Abb. 29. Dreideckschiff (Lloyds Register).

sind also bei den Querschnitten nach den Lloyds Rules geringere Dicken als die Tabelle angibt, einzusetzen, da Lloyds mit einem Einfall der Schiffsform um 1′ im Gurtungsdeck rechnet. Bei den Hauptspanten nach dem Germanischen Lloyd ist die Dicke der Decksbeplattung entsprechend einer Lukenbreite von 0,4 B im obersten Deck anzunehmen. Bei den Hauptspantzeichnungen nach British Corporation ist jeweils der in den Tabellen geforderte Querschnitt der Decksbeplattung für die einzelnen Schiffsgrößen einzusetzen. Nach den Vorschriften des Norske Veritas ist auf jeder Seite neben der Luke ein Zuschlag von 4 Quadratzoll im Decksquerschnitt zu machen.

Für die Vergleichsrechnungen sind die vollen Plattenbreiten ohne Abzug für die Nietlöcher einzusetzen. Als äußerste Faser ist immer die Seitenhöhe des Oberdecks zu nehmen. Um für alle untersuchten Fälle dieselbe Vergleichsgrundlage zu haben, ist als größtes Biegemoment $\frac{D \cdot L}{35}$ zu nehmen.

Der Gesamtquerschnitt der durchlaufenden Längsverbände im Hauptspant ist bei den einzelnen Klassifikationsgesellschaften nicht wesentlich verschieden, so daß also eine wesentlich leichtere Bauart durch Wahl der Regeln der einen oder anderen Klassifikationsgesellschaft nicht zu erreichen ist. Bei allen Klassifikationsgesellschaften ist der stringerlose Bau die normale Bauart. Daß die Unterschiede beim Eindeckschiff am größten sind, liegt daran, daß für das Eindeckschiff ein verhältnismäßig tiefes und breites Schiff gewählt ist, dessen Abmessungen auch für ein Zweideckschiff verwendet werden könnten. Das Eindeckschiff ist aber zur Zeit noch in der Weiterentwicklung begriffen.

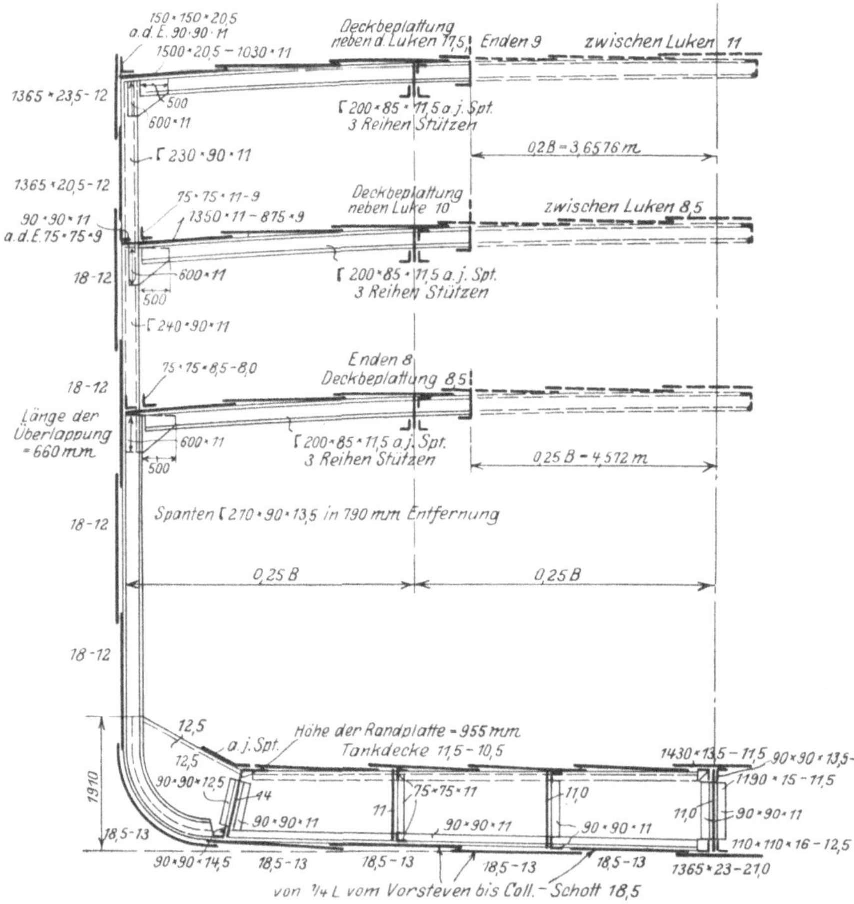

Abb. 30. Dreideckschiff (Germ. Lloyd 1926).

Während man früher dem 2. Deck für die Längsverbände keine besondere Bedeutung beimaß, hat man es in den Vorschriften von Lloyds Register, der British Corporation, dem Germanischen Lloyd, Norske Veritas und Bureau Veritas jetzt voll gewertet. Hat ein Schiff nur ein Deck, so müssen Stringer und Beplattung des obersten Decks bis zu 30% stärker sein, als wenn noch ein Zwischendeck angeordnet ist. Nach den Bauvorschriften des Norske Veritas sind aber beim Eindeckschiff nicht nur die obere Gurtung, sondern sämtliche Verbandteile des Schiffes, auch diejenigen des Doppelbodens und der Bodenbeplattung, stärker zu nehmen als beim gleich großen Zweideckschiff. Ein Unterschied zwischen den einzelnen Klassifikationsgesellschaften liegt in der Bewertung des Verhältnisses von Länge zur Seitenhöhe. Dieselbe ist bei den vorliegenden Schiffstypen gleich 12 bzw. 12,5 gewählt, um gewöhnliche Verstärkungen auf Grund dieses Verhältnisses auszuschalten. Lloyds Register gibt Vorschriften für

$L:H = 10$ bis $L:H = 13{,}5$. Der Germanische Lloyd nimmt als normal ein Verhältnis von $L:H = 10$ bis 14 an. Die verschiedene Bewertung bei British Corporation ist schon eingehend besprochen. Das Norske Veritas bringt das Verhältnis von $L:H$ in der oberen Gurtungsnummer im Quadrat, in der Bodennummer in $L:11H$ zur Geltung, beginnend bei einem Verhältnis von $L:H = 10$, ohne eine obere Grenze festzulegen. Das Bureau Veritas hatte früher seine Vorschriften für $L:H = 10$ bis $L:H = 13{,}5$ aufgebaut.

Der Einfluß der Spantentfernung auf die Stärke der Längsverbände soll zunächst unberücksichtigt bleiben, da z. B. der Germanische Lloyd die Spantentfernung nach

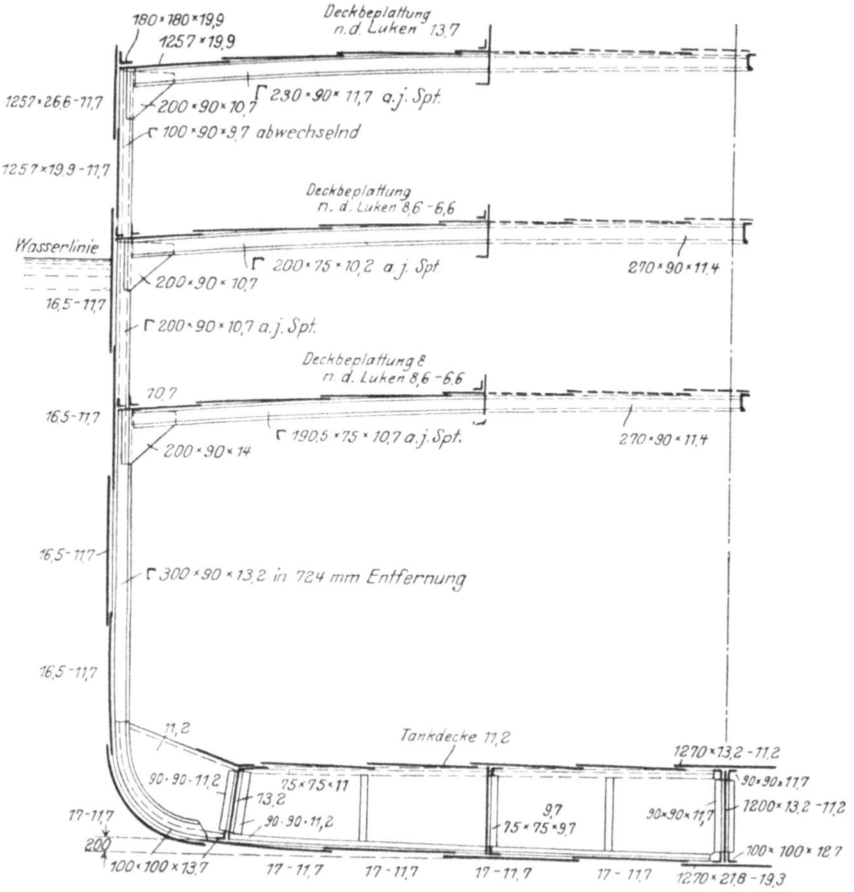

Abb. 31. Dreideckschiff (British Corporation).

der Leitzahl für die Querverbände bestimmt (Seitenhöhe bis zum untersten Deck und Abstand dieses Decks vom Hauptdeck), während Norske Veritas nach Breite, Seitenhöhe und halbem Umfang geht. Lloyds Register bestimmt die Spantentfernung nach der Seitenhöhe, also nach dem Wasserdruck, ohne Rücksicht auf die Breite; Bureau Veritas berechnet die Spantentfernung nach der Leitzahl für die Längsverbände, und British Corporation bestimmt die Spantentfernung in Verbindung mit der Außenhaut und dem Doppelboden.

Die Spantentfernungen sind bei den einzelnen Klassifikationsgesellschaften noch verschieden, obwohl gerade hier ein Punkt ist, bei welchem die Kosten für den Handelsschiffbau sich erheblich verringern lassen. Ein einfaches Beispiel zeigt dies. Nehmen wir das Zweideckschiff (Abb. 24 bis 28) von 109,256 m Länge, 13,24 m Breite und 9,144 m Seitenhöhe. Es beträgt die Spantentfernung nach den Vorschriften

des	Lloyds Register	710 mm,
,,	Germanischen Lloyd	710 ,,
,,	Norske Veritas	686 ,,
,,	Bureau Veritas	755 ,,

Die Spanteinteilung und Spantzahl wird nach den Vorschriften von Lloyds Register:

Hintersteven bis Hinterpiek	8	Spantentfernungen	à 610 mm =	4,88 m
vom Hinterpiek bis 0,2 L von vorn	116	,,	à 710 mm =	82,36 m
von 0,2 L von vorn bis Kollisionsschott	23	,,	à 686 mm =	15,778 m
vom Kollisionsschott bis vorderstes Spant . . .	10	,,	à 610 mm =	6,10 m
vom vordersten Spant bis Vorsteven	—	,,	138 mm =	0,138 m
Zusammen	157	Spanten		109,256 m

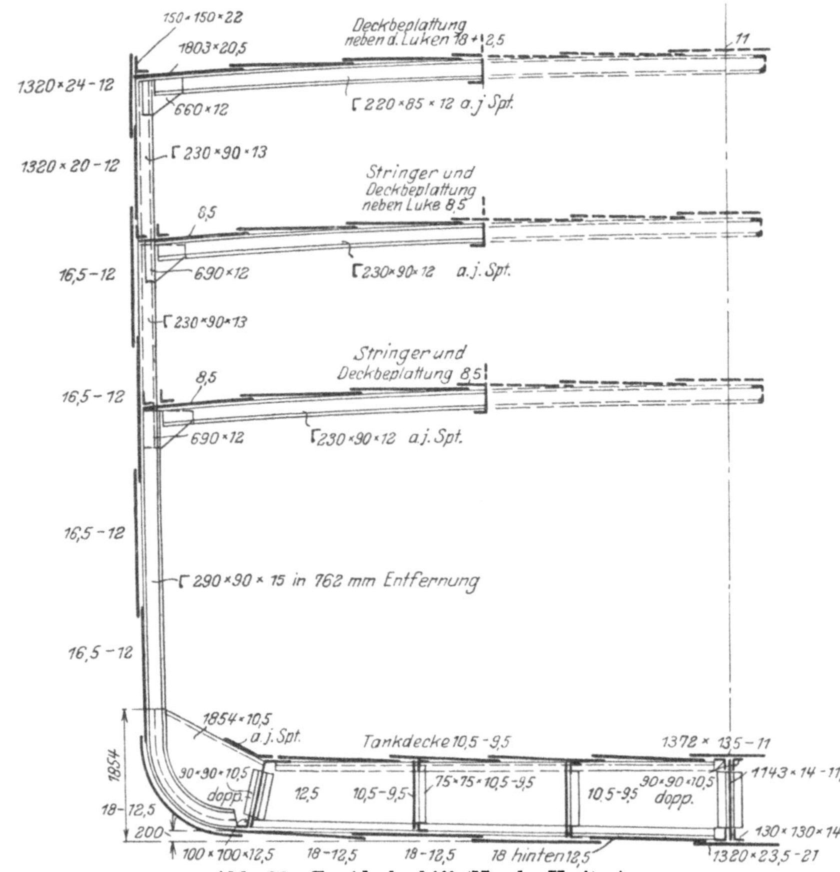

Abb. 32. Zweideckschiff (Norske Veritas).

Nach den neuesten Vorschriften des Germanischen Lloyd:

vom Hintersteven bis Hinterpiek	8	Spantentfernungen	à 600 mm =	4,80 m
vom Hinterpiek bis 0,2 vom Vorsteven . . .	118	,,	à 705 mm =	83,19 m
von 0,2 L bis Kollisionsschott	22	,,	à 700 mm =	15,40 m
vom Kollisionsschott bis vorderstes Spant . .	9	,,	à 600 mm =	5,40 m
vom vordersten Spant bis Vorsteven				0,466 m
Gesamtzahl	157	Spanten		109,256 m

Nach den Vorschriften von Bureau Veritas:

vom Hintersteven bis Hinterpiek	8	Spantentfernungen	à 610 mm =	4,88 m
vom Hinterpiek bis 0,2 L vom Vorsteven . .	109	,,	à 755 mm =	82,295 m
von 0,2 L von vorn bis Kollisionsschott . . .	24	,,	à 680 mm =	16,320 m
vom Kollisionsschott bis vorderstes Spant . .	9	,,	à 610 mm =	5,490 m
vom vordersten Spant bis Vorsteven				0,271 m
Gesamtzahl	150	Spanten		109,256 m

Nach den Vorschriften von Lloyds Register bei 36″ Spantentfernung:

vom Hintersteven bis Hinterpiek	8 Spantentfernungen	à 610 mm =	4,88 m
vom Hinterpiek bis 0,2 L von vorn	90 ,,	à 914 mm =	82,26 m
von 0,2 L von vorn bis Kollisionsschott . . .	24 ,,	à 686 mm =	16,464 m
vom Kollisionsschott bis vorderstes Spant . .	9 ,,		5,49 m
vom vordersten Spant bis Vorsteven			0,162 m
Gesamtzahl aller Spanten gegenüber normaler Spantentfernung	131 = 83,4% der „normalen".		109,256 m

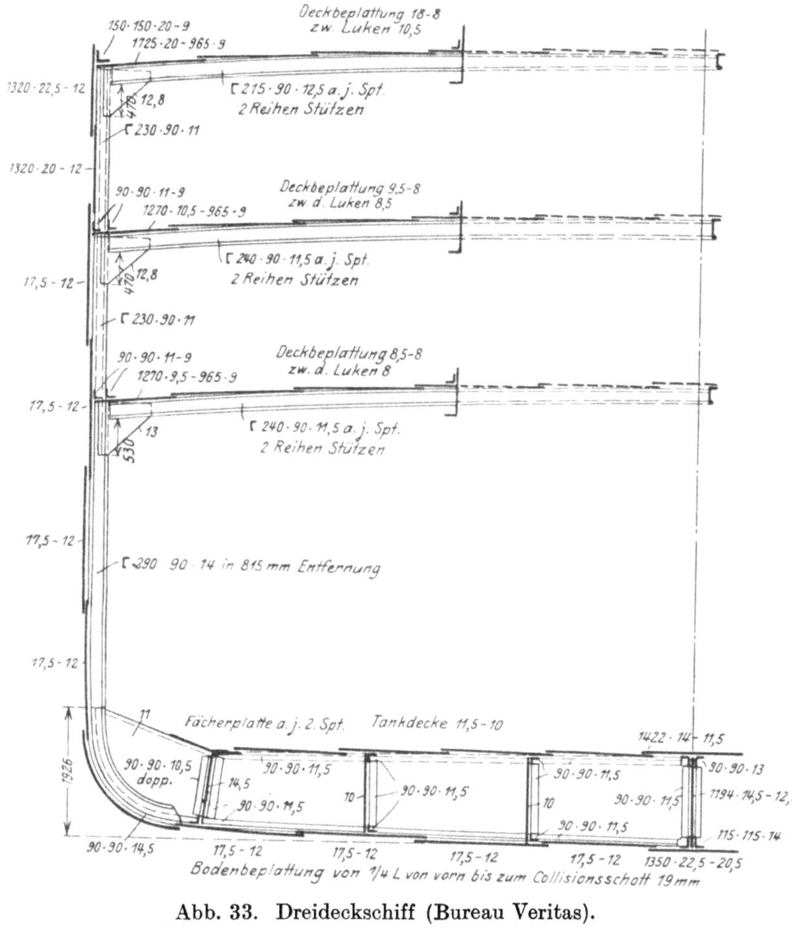

Abb. 33. Dreideckschiff (Bureau Veritas).

Nach den Vorschriften von British Corporation für 36″ Spantentfernung:

11 Spanten	à 24″ =	6,710 m	Übertrag:	109 Spanten		95,270 m
1 Spant	à 26″ =	0,660 m		1 ,,	à 31″ =	0,787 m
1 ,,	à 28″ =	0,711 m		1 ,,	à 30″ =	0,762 m
1 ,,	à 30″ =	0,762 m		1 ,,	à 29″ =	0,737 m
1 ,,	à 32″ =	0,813 m		1 ,,	à 28″ =	0,711 m
1 ,,	à 34″ =	0,864 m		1 ,,	à 27″ =	0,686 m
89 Spanten	à 36″ =	81,346 m		1 ,,	à 26″ =	0,660 m
1 Spant	à 35″ =	0,889 m		1 ,,	à 25″ =	0,635 m
1 ,,	à 34″ =	0,864 m		14 ,,	à 24″ =	8,540 m
1 ,,	à 33″ =	0,838 m	Vom vordersten Spant bis Vorsteven		=	0,468 m
1 ,,	à 32″ =	0,813 m	Zusammen 130 Spanten			109,256 m
109 Spanten		95,270 m				

Die Bestimmung der Spantentfernung geschah früher ganz allgemein nach der Länge des Schiffes zumeist in Verbindung mit der Bestimmung der Dicke der Seitenbeplattung.

Auch Lloyds Register und der Germanische Lloyd bestimmten früher die Spantentfernung nach den Leitzahlen für die Außenhaut, wie es heute noch British Corporation und Bureau Veritas tun. Auch in dem im Jahre 1916 veröffentlichten Bericht des englischen Freibordausschusses, welcher allgemein gültige Grundsätze für die Berechnung der Festigkeit der Schiffe geben wollte, wurde für die Berechnung der größten zulässigen Spantentfernung die Formel Spantentfernung $= 0{,}025 L + 17$ festgestellt, worin L die Schiffslänge über Steven in Fuß und die Spantentfernung in Zoll ist. Diese For-

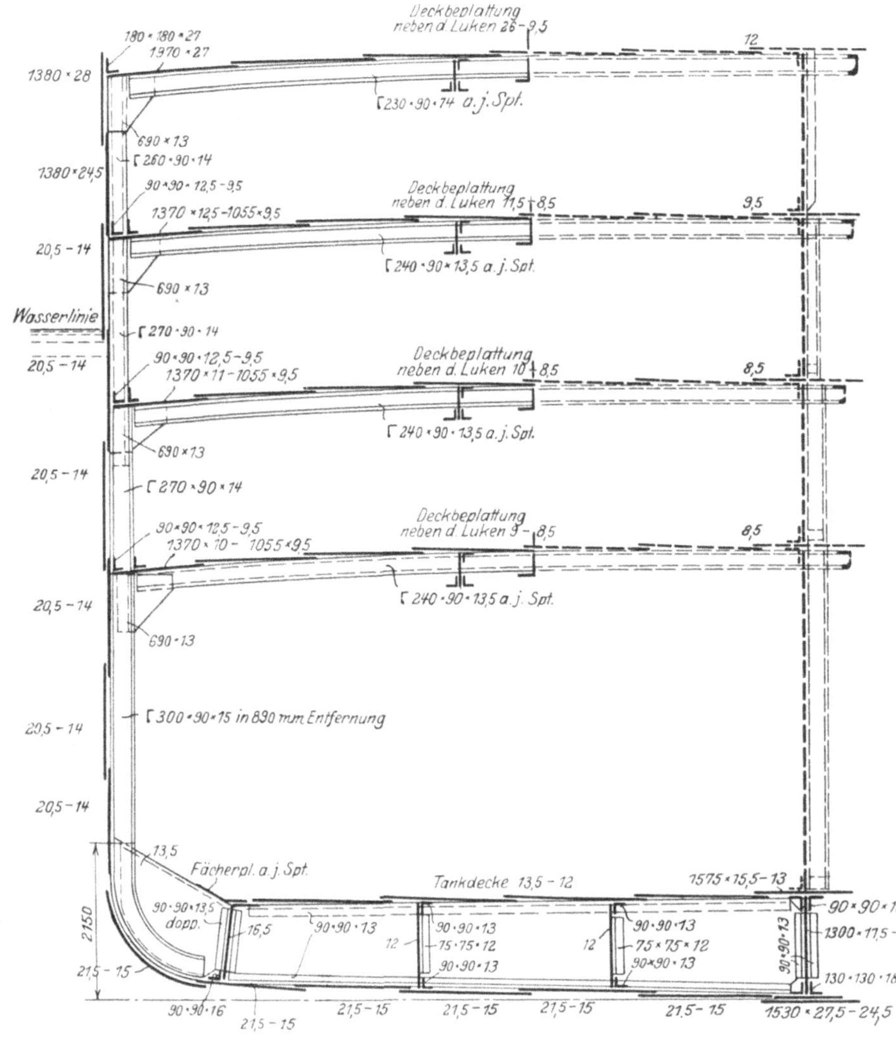

Abb. 34. Vierdeckschiff (Lloyds Register).

mel ist aber die Gleichung einer geraden Linie. British Corporation gibt die Spantentfernung ebenfalls nach der Schiffslänge a an. Tragen wir die Spantentfernungen als Ordinaten und die Schiffslängen als Abszissen ab, so ergibt sich auch für British Corporation die gerade Linie, welche allerdings von der Linie des Freibordausschusses etwas divergiert und durchweg größere Spantentfernungen ergibt. Tragen wir zum Vergleich die sich nach den Bauvorschriften der übrigen Klassifikationsgesellschaften für die Schiffslängen von 50 bis 175 m ergebenden Spantentfernungen auf, so zeigt sich, daß, wenn auch die Leitzahlen für die Spantentfernungen nicht nach der Schiffslänge bestimmt werden, sie doch in Wirklichkeit in ganz bestimmtem Verhältnis zur Länge stehen und fast durchweg **auch** gerade Linien ergeben, wenigstens soweit es sich um Schiffe von über 75 m Länge handelt.

Lloyds Register bestimmt die Spantentfernung nach der Seitenhöhe bis zum obersten durchlaufenden Deck, ohne Rücksicht darauf, ob es sich dabei um Eindeck- oder Mehrdeckschiffe, um Volldeckschiffe oder Schiffe mit durchlaufendem Aufbau handelt. Wollen wir daher die Spantentfernung über den Schiffslängen absetzen, so müssen wir die beiden Grenzfälle nehmen, die die Bauvorschriften von Lloyds Register einrahmen, das Ver-

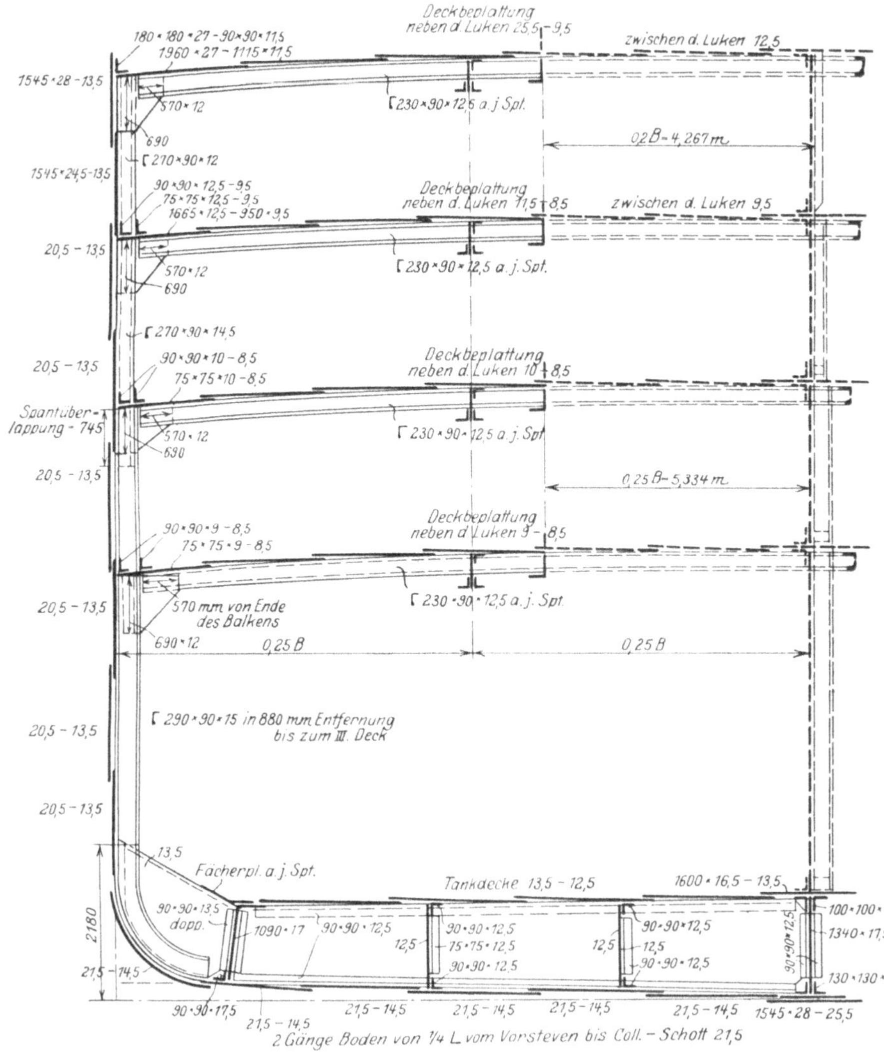

Abb. 35. Vierdeckschiff (Germ. Lloyd 1926).

hältnis von Länge zur Seitenhöhe $= 10$ und $= 13{,}5$. Für das Verhältnis von $L:H = 10$, also für kurze und hohe Schiffe, ergeben sich dann wesentlich größere Spantentfernungen obwohl diese Schiffe verhältnismäßig tiefer gehen als die langen und niedrigen Schiffe mit einem $L:H = 13{,}5$ und einem entsprechend geringeren Tiefgang. In beiden Fällen sind die Spantentfernungen unverhältnismäßig größer als nach der vom Freibordausschuß aufgestellten Formel.

Diese Spantentfernungen gelten jedoch, wenn sie 686 mm (27″) überschreiten, nur für den Teil des Schiffes vom Hinterpiekschott bis $^1/_5$ der Schiffslänge von vorn, davor bis zum Kollisionsschott darf bei keinem Schiff, auch nicht bei den größten, die Spantentfernung das Maß von 27″ überschreiten. Die engere Spantentfernung an dieser Stelle ist wegen lokaler Beanspruchungen erforderlich. Bei der Fahrt in hohem Seegang taucht das Schiff tief in die von vorn kommenden Seen. Die dadurch entstehenden Beanspruchungen sind bei schnellfahrenden Schiffen und bei Schiffen in der Ballastfahrt, namentlich wenn der vordere Laderaum leer und der Vorpiektank gefüllt ist, derart groß, daß die Spanten auf der Strecke von $^1/_5$ L von vorn bis zum Kollisionsschott vielfach verbogen und die Beplattung eingebeult wurden. Ursprünglich, als man noch ganz

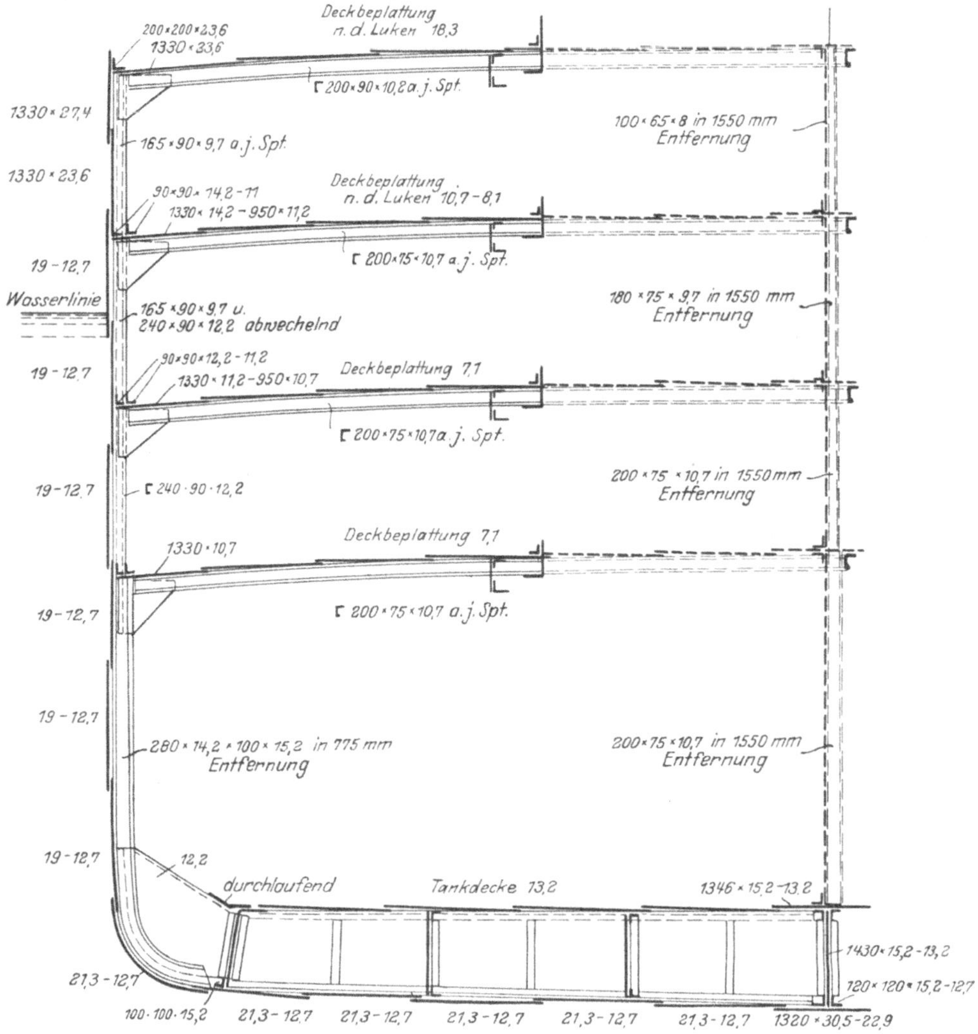

Abb. 36. Vierdeckschiff (British Corporation).

enge Spantentfernungen hatte, suchte man diesem Übelstand dadurch zu begegnen, daß man die Plattenstärken der Außenhaut sowohl im Boden wie an den Seiten nach vorn zu nicht verringerte. Später forderte man diese Verstärkungen nur bei Schiffen mit besonders vollen Vorschiffsformen und einem Verdrängungskoeffizienten von 0,76 und darüber sowie bei Schiffen mit sogenannten Sackspanten im Vorschiff. Heute aber, wo die Geschwindigkeit auch der Frachtdampfer erheblich größer geworden ist als vor noch 10 Jahren, fordern alle Klassifikationsgesellschaften für alle Schiffe, gleichgültig wie die Vorschiffsform ist, auf $^1/_5$ bzw. $^1/_{10}$ L bis zum Vorsteven engere Spantentfernung in der einen oder anderen Form.

Außer der Engerstellung der Spanten dienen noch eine ganze Reihe anderer Verstärkungen dazu, das Vorschiff gegen das Aufschlagen auf die See stark genug zu machen; auf diese kommen wir an den betreffenden Stellen zurück.

British Corporation schreibt auf 8% der Schiffslänge vom Vorsteven und 6% der Schiffslänge vom Hintersteven bei Schiffen von 280′ = 85,34 m Länge und darüber eine obere Grenze der Spantentfernung von 24″ = 610 mm vor. Diese Spantentfernung ist allmählich in die mittlere Spantentfernung überzuführen und zwar im Hinterschiff mit 2″ Stufen, im Vorschiff mit 1″ Stufen.

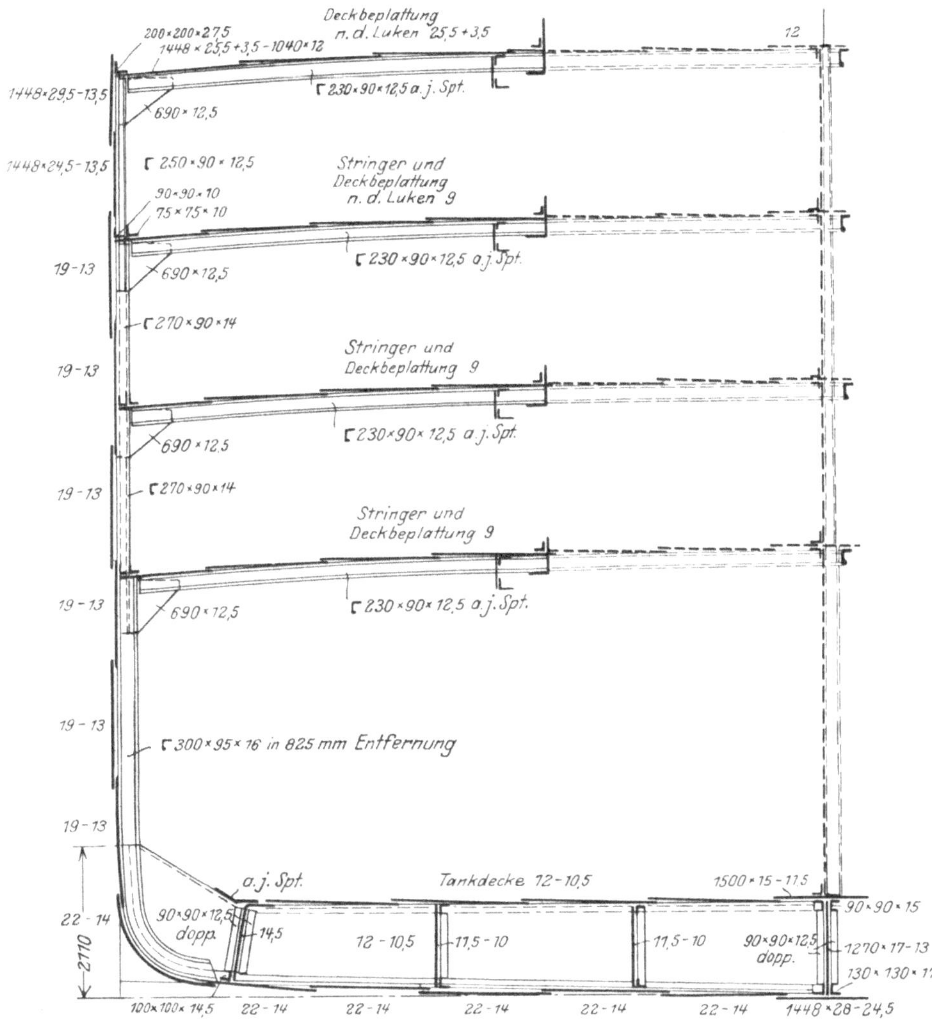

Abb. 37. Vierdeckschiff (Norske Veritas).

Der Germanische Lloyd bestimmte bis 1927 die Spantentfernung nach der Anzahl der Decks, der Seitenhöhe bis zum untersten durchlaufenden Deck und der Breite.

Seitdem wird die Spantentfernung nach der Seitenhöhe bis zum untersten durchlaufenden Deck und dem Abstand dieses vom Hauptdeck, d. h. also nach den Einspannlängen bestimmt. Für die Strecke von $^1/_5\,L$ vom Vorsteven bis zum Kollisionsschott darf die Spantentfernung 700 mm nicht überschreiten. Vor dem Kollisionsschott und hinter dem Hinterpiekschott darf die Spantentfernung 600 mm nicht übersteigen. Bei Schiffen mit Eisverstärkung (E) wird für eine Länge von 0,5 B vom Vorsteven der Spantabstand auf 0,6 des mittschiffs vorgeschriebenen verringert und darf nicht mehr als 500 mm betragen.

Norske Veritas bestimmt die Spantentfernung nach der Leitzahl für die Querverbände, also nach der Summe von Seitenhöhe, halber Breite und halbem Hauptspantumfang. Norske Veritas hat in den Bauvorschriften von 1924 die Spantentfernungen durchschnittlich um 1″ vergrößert. Für die lokale Verstärkung des Vorschiffes hat Norske Veritas für $^1/_{10}$ Schiffslänge vom Steven eine größtzulässige Spantentfernung von 25″ = 635 mm festgesetzt, das Stück von $^1/_5$ bis $^1/_{10}$ L von vorn behält zwar die tabellarische Spantentfernung, aber besonders verstärkte Spantprofile.

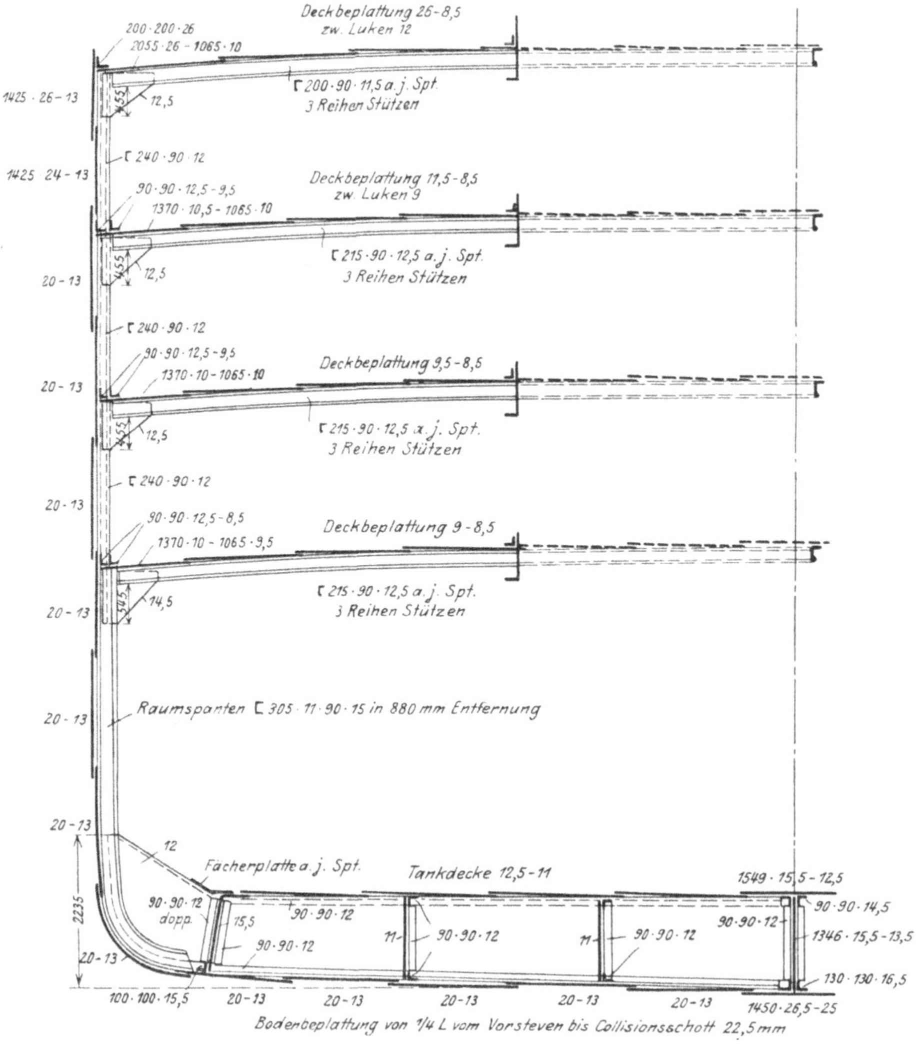

Abb. 38. Vierdeckschiff (Bureau Veritas).

Das Bureau Veritas bestimmt die Spantentfernung nach der Leitzahl für die Längsverbände, da diese Leitzahl aber nach dem Verhältnis von Tiefgang zur Seitenhöhe variiert, so können die Spantentfernungen bei Schiffen von sonst gleichen Abmessungen möglicherweise um 10 bis 15 mm differieren. Man erhält hier für Schiffe mit geringerem Tiefgang dieselbe Spantentfernung als für gleich große Schiffe mit größerem Tiefgang, wie aus Abb. 25 und 30 hervorgeht, wo das Volldeckschiff mit zwei durchlaufenden Decks eine Spantentfernung von 755 mm hat, das Eindeckschiff mit durchlaufendem Aufbau aber gleichen Hauptabmessungen trotz des 15% geringeren Tiefgangs ebenfalls 755 mm.

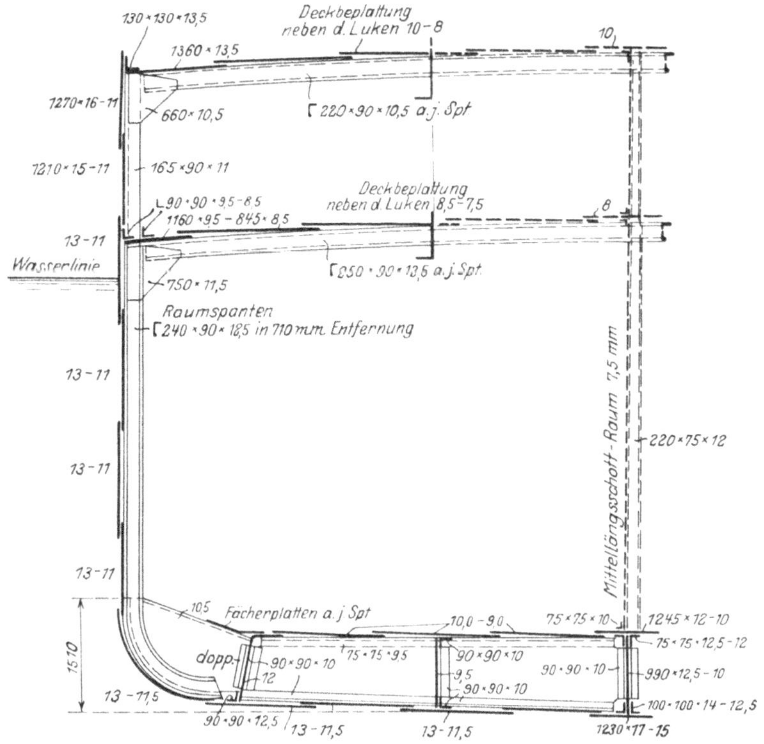

Abb. 39. Eindeckschiff mit durchlaufendem Aufbau (Lloyds Register).

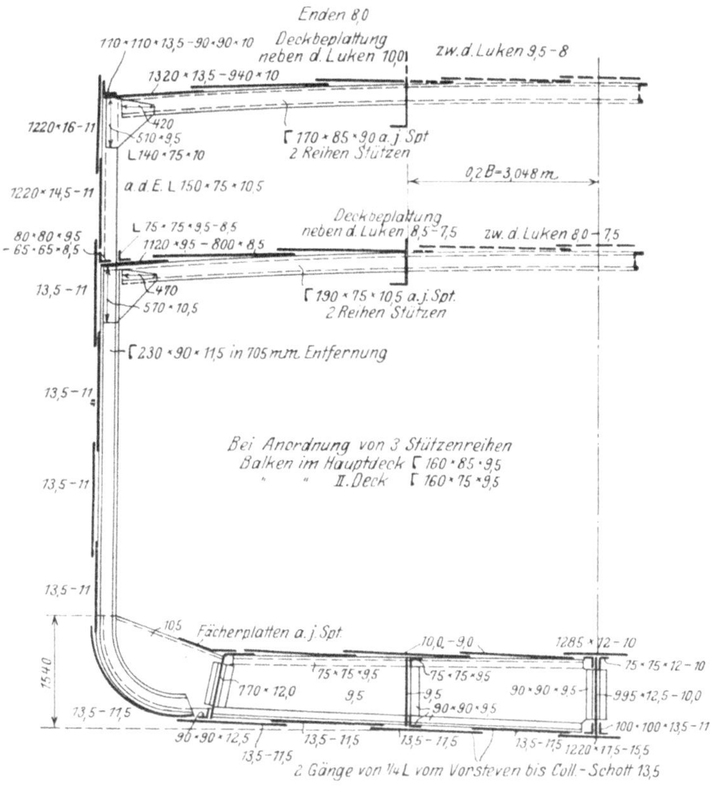

Abb. 40. Eindeckschiff mit durchlaufendem Aufbau (Germ. Lloyd 1926).

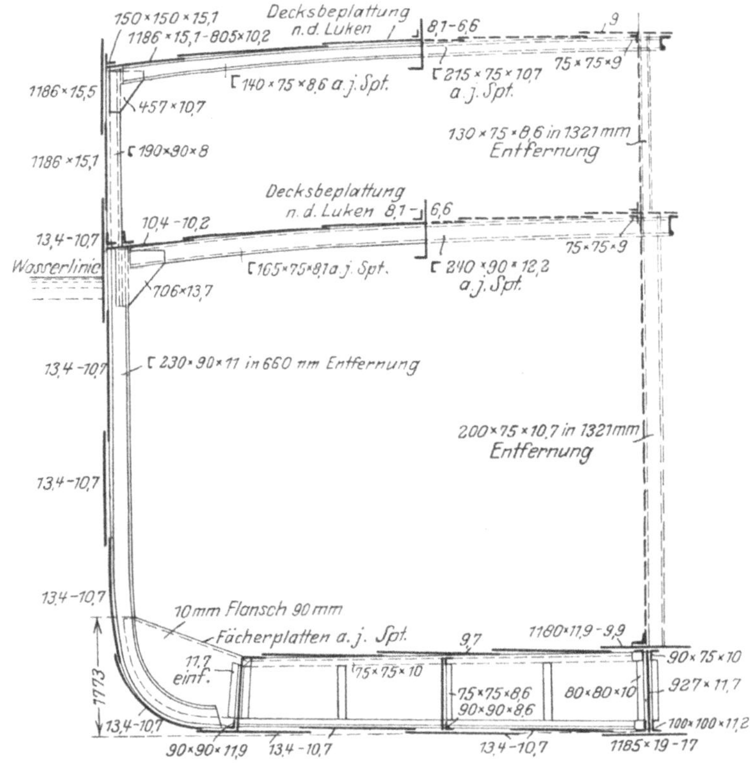

Abb. 41. Eindeckschiff mit durchlaufendem Aufbau (British Corporation).

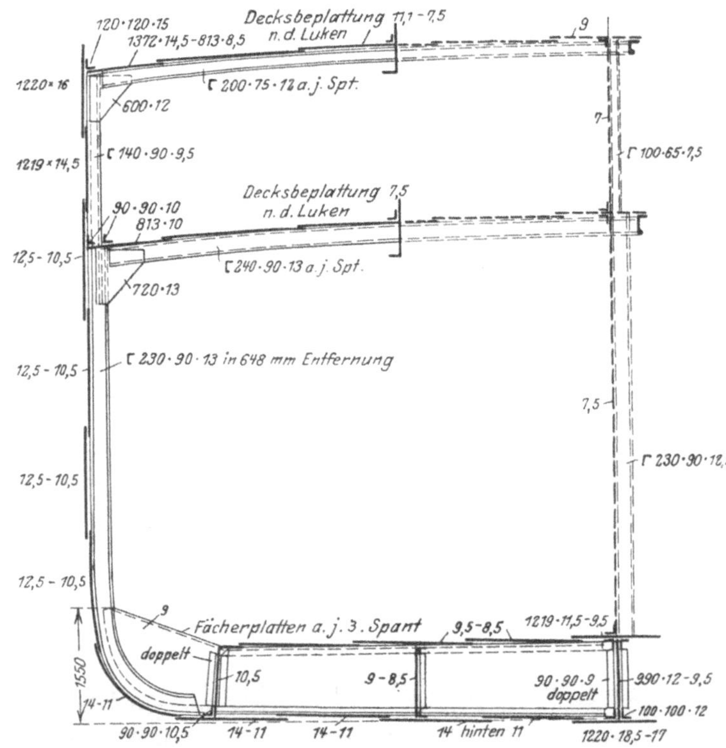

Abb. 42. Eindeckschiff mit durchlaufendem Aufbau (Norske Veritas).

In der Zusammenstellung a) u. b) sind die Spantentfernungen nach den heute geltenden Vorschriften der verschiedenen Klassifikationsgesellschaften für Schiffe von 50 bis 150 bzw. 175 m Länge nebeneinander aufgestellt, und zwar für $L:H = 10$ und $L:H = 13{,}5$.

a) Zusammenstellung der Spantentfernungen nach den Vorschriften der verschiedenen Klassifikationsgesellschaften.

$L:H = 10$

Schiffslänge m	Freeboard Comm. 1916 mm	Lloyds Reg. 1926 mm	Germanischer Lloyd mm	British Corporation mm	Norske Veritas mm	Bureau Veritas mm
50	534	578	570	559	597	615
75	588	644	630	610	635	680
100	640	749	740	660	698	755
125	694	853	840	711	762	815
150	744	—	900	762	—	880
175	796	—	—	813	—	—

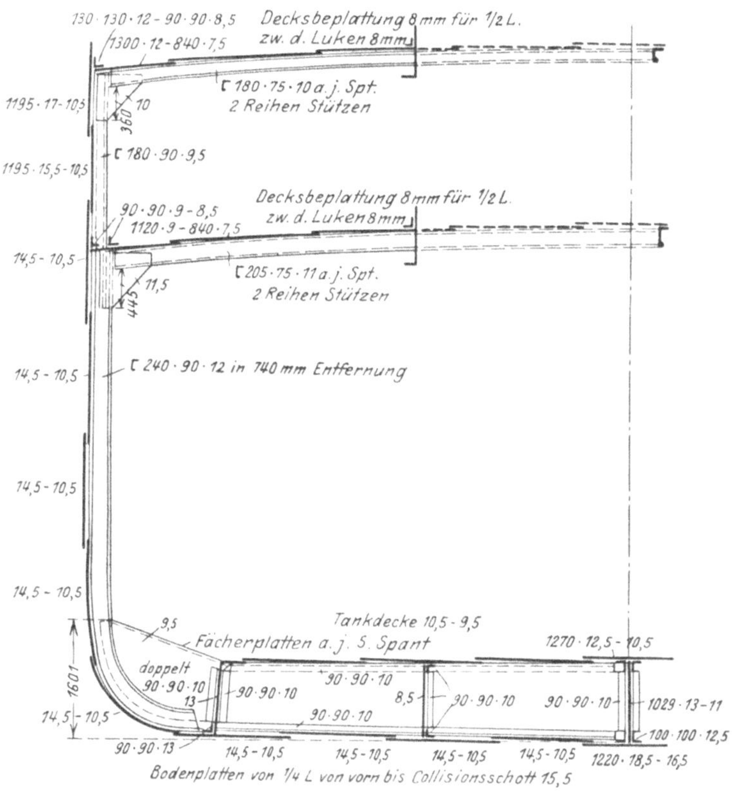

Abb. 43. Eindeckschiff mit durchlaufendem **Aufbau** (Bureau Veritas).

b) Zusammenstellung der Spantentfernungen nach den Vorschriften der verschiedenen Klassifikationsgesellschaften.

$L:H = 13{,}5.$

Schiffslänge m	Freibord Comm. 1916 mm	Lloyds Register mm	German. Lloyd mm	British Corporation mm	Norske Veritas mm	Bureau Veritas mm
50	534	549	550	559	584	605
75	588	590	590	610	610	655
100	640	540	640	660	648	730
125	694	718	710	711	711	780
150	744	795	785	762	762	840
175	796	862	—	813	—	905

Die kleinsten Spantentfernungen sind die des Britischen Freibord Committees von 1916. Sie sind, wie der Freibordbericht sagt, das Mittel aus den Vorschriften der wichtigsten Klassifikationsgesellschaften im Jahre 1913, also Lloyds Register, British Corporation, Germanischer Lloyd und Bureau Veritas. Norske Veritas hatte zu jener Zeit Vorschriften, welche sich ganz eng an die des Lloyds Register anlehnten.

Lloyds Register ging als erste 1922 zu größeren Spantentfernungen über, ihm folgte 1924 Norske Veritas und 1926 Bureau Veritas. Der Germanische Lloyd hat 1927 seine

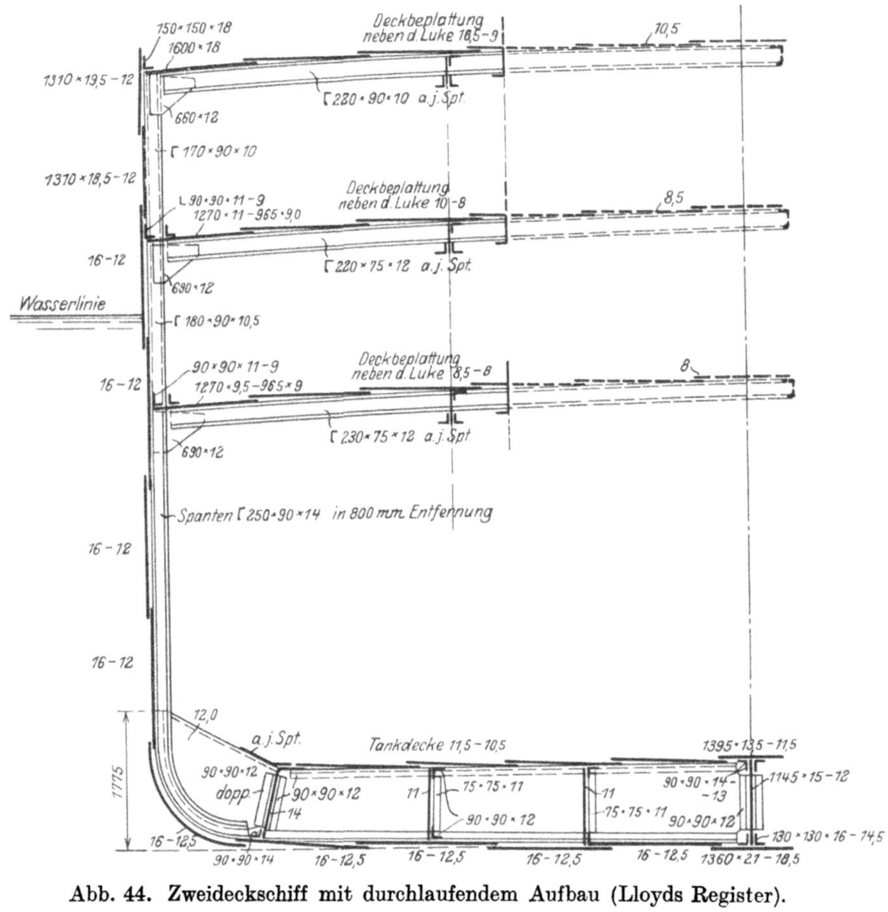

Abb. 44. Zweideckschiff mit durchlaufendem Aufbau (Lloyds Register).

Spantentfernungen geändert. Für die Bemessung der Spantentfernung ist die Bedingung maßgebend, daß die Außenhaut durch die Spanten so versteift sein soll, daß sie gegen Einbeulungen durch sekundäre Biegungsbeanspruchung stark genug ist. Es besteht also ein bestimmtes Verhältnis zwischen Spantentfernung und Plattendicke.

Die Seitenbeplattung ist der Steg des Trägers, den der Schiffskörper bildet und hat als solcher auch den Scherbeanspruchungen zu widerstehen. Für die Berechnung der Dicke der Seitenbeplattung war von der Kommission für die Freibordbestimmung 1916 die Formel aufgestellt $t = \frac{Fm}{Iq}$. Darin war q die Scherspannung in der neutralen Achse, m das halbe Moment der Längsverbände über der neutralen Achse, auf diese bezogen; t die Dicke der Seitenbeplattung; l das Trägheitsmoment des Querschnitts auf die neutrale Achse und F die Maximalscherkraft in diesem Querschnitt. Die Maximalspannung durch die Biegungsbeanspruchung variiert mit der Länge und man kann daher annehmen, daß die maximale Scherspannung q mit der Länge variiert.

Man kann daher setzen $F \sim$ Deplacement $\sim L \cdot B \cdot Tg$, woraus

$$t \sim B\,Tg\,\frac{m}{I}.$$

Nun ist $\frac{m\,D}{I}$ für ähnliche geometrische Querschnitte konstant und es ergab sich, daß diese Beziehung auf wirkliche Schiffe anwendbar ist. Folglich ist $t \sim B\,\frac{Tg}{D}$.

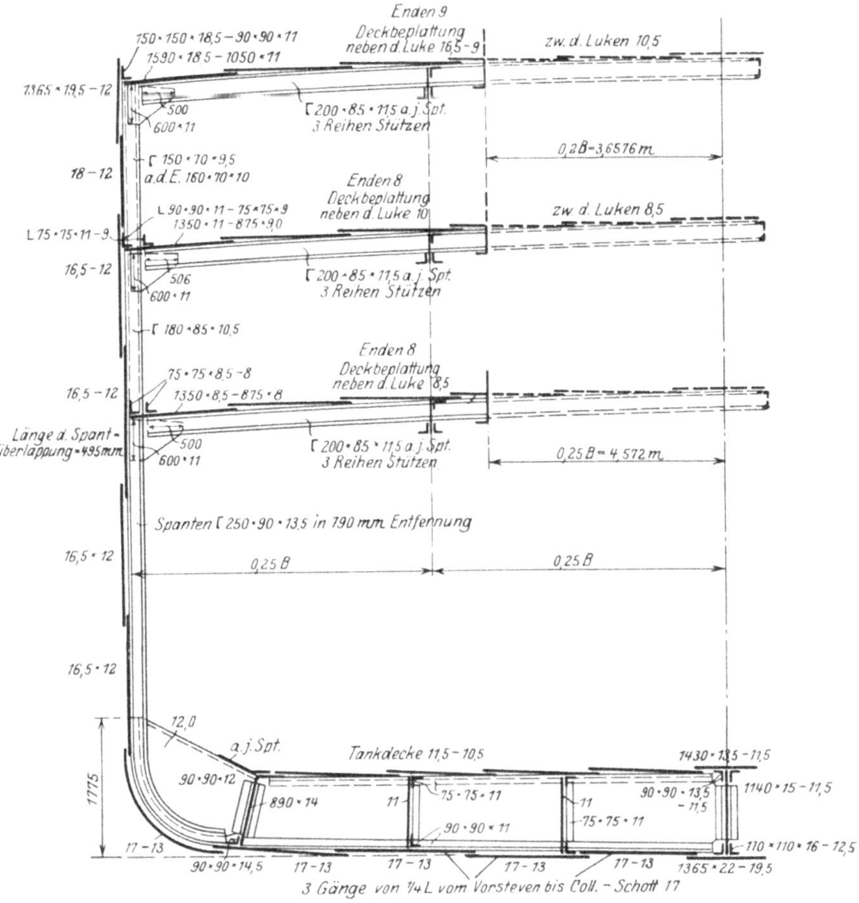

Abb. 45. Zweideckschiff mit durchlaufendem Aufbau (Germ. Lloyd 1926).

Für den besonderen Schiffstyp ist $\frac{Tg}{D}$ konstant, und die Breite kann als eine Funktion der Länge angesehen werden oder

$$B = a\,L + b\ \left(\text{zur Zeit } \frac{L}{10} + 14 \text{ in Fuß}\right)$$

und hieraus

$$t \sim a\,L + b.$$

Aus dieser Ableitung kam man zu dem Schluß, daß die Seitenbeplattung direkt mit der Länge variiere. Durch Einsetzung der Plattendicken, welche die einzelnen Klassifikationsgesellschaften forderten, ergab sich dann die Formel $t = 0{,}105\,L + 17$, wobei L die Schiffslänge in Fuß und t die Dicke der Seitenbeplattung in Hundertstel Zoll ist. Die Abweichung der Dicke der Seitenbeplattung bei abweichender Breite ergab sich als innerhalb der Fehlergrenzen der Gleichung liegend und konnte somit vernachlässigt werden.

Das Verhältnis der Spantentfernung zur Dicke der Seitenbeplattung ist aus umstehender Zusammenstellung ersichtlich. Die Spantentfernung beträgt im Durchschnitt die 60fache Dicke der Seitenbeplattung bei 50 m langen Schiffen und nimmt gleichmäßig ab auf rund die 40fache Plattendicke bei Schiffen von 175 m Länge. Das Verhältnis von Spantentfernung zur Plattendicke wächst also entsprechend dem größeren Tiefgang und dementsprechend größeren Wasserdruck des größeren Schiffes gegenüber dem kleineren Schiff. Eine Ausnahme von den vorgenannten Zahlen machen Bureau Veritas und Norske Veritas. In dem Bestreben, den Steg des Trägers so dünn wie möglich zu halten, um desto mehr Material in die obere Gurtung legen zu können, ist Norske Veritas bei 50 m langen Schiffen auf eine Spantentfernung = der 70fachen Plattendicke gegangen und Bureau Veritas bis auf die 67fache Plattendicke. Auch bei großen Schiffen gehen sie nicht unter die 44fache Plattendicke herunter.

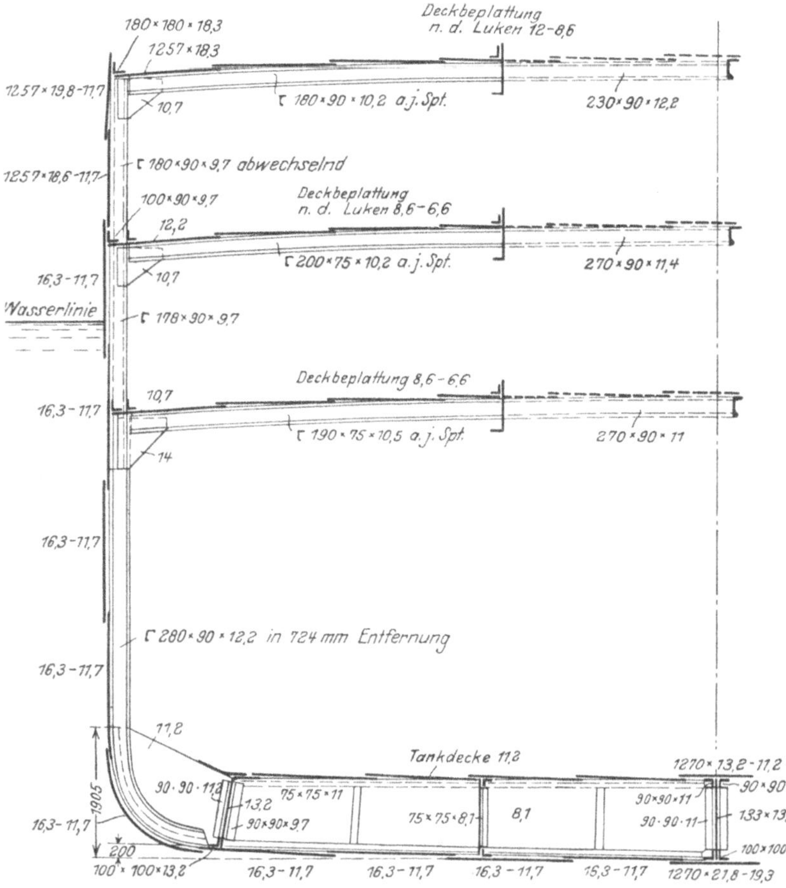

Abb. 46. Zweideckschiff mit durchlaufendem Aufbau (British Corporation).

Verhältnis von Plattendicke zur Spantentfernung nach den verschiedenen Klassifikationsgesellschaften.

Schiffslänge in m	Freibord Committee von 1916	Lloyds Register		German. Lloyd		British Corporation	Norske Veritas		Bureau Veritas	
		$\frac{L}{H} = 10$	$\frac{L}{H} = 13{,}5$	$\frac{L}{H} = 10$	$\frac{L}{H} = 13{,}5$		$\frac{L}{H} = 10$	$\frac{L}{H} = 13{,}5$	$\frac{L}{H} = 10$	$\frac{L}{H} = 13{,}5$
50	1/61,5	1/60,8	1/62,2	1/60	1/61,1	1/61,1	1/69,2	1/71,0	1/64,7	1/67,2
75	1/54	1/53,5	1/53,9	1/50,4	1/51,5	1/52,0	1/56,8	1/57,1	1/56,7	1/57
100	1/48,9	1/51,1	1/48,0	1/51,0	1/45,7	1/48,2	1/52,9	1/51	1/50,3	1/52,1
125	1/45,3	1/48,5	1/46,3	1/50,9	1/44,4	1/45,2	1/48,4	1/50	1/46,6	1/48,8
150	1/42,7	—	1/43,5	1/48,7	1/43,6	1/41,7	—	1/44,1	1/44	1/45,4
175	1/40,6	—	1/42,4	—	—	1/40	—	—	—	1/43,1

Wie schon erwähnt, ist man, um die Baukosten der Schiffe zu verringern, vielfach dazu übergegangen, die Schiffe mit erheblich größeren Spantentfernungen zu bauen. Lloyds Register sieht in seinen Bauvorschriften Schiffe von 75 m Länge mit 760 mm Spantentfernung und Schiffe von 91 m Länge mit 914 mm Spantentfernungen vor.

Allgemein hatte man früher die Regel, daß sich bei größeren Spantentfernungen die erforderlichen Plattendicken gegenüber den tabellarischen verhalten müßten wie die Quadrate der Spantentfernungen, also $t : t_1 = \sqrt{\frac{v}{v_1}}$, wobei t die Plattendicke und v die Spantentfernung ist.

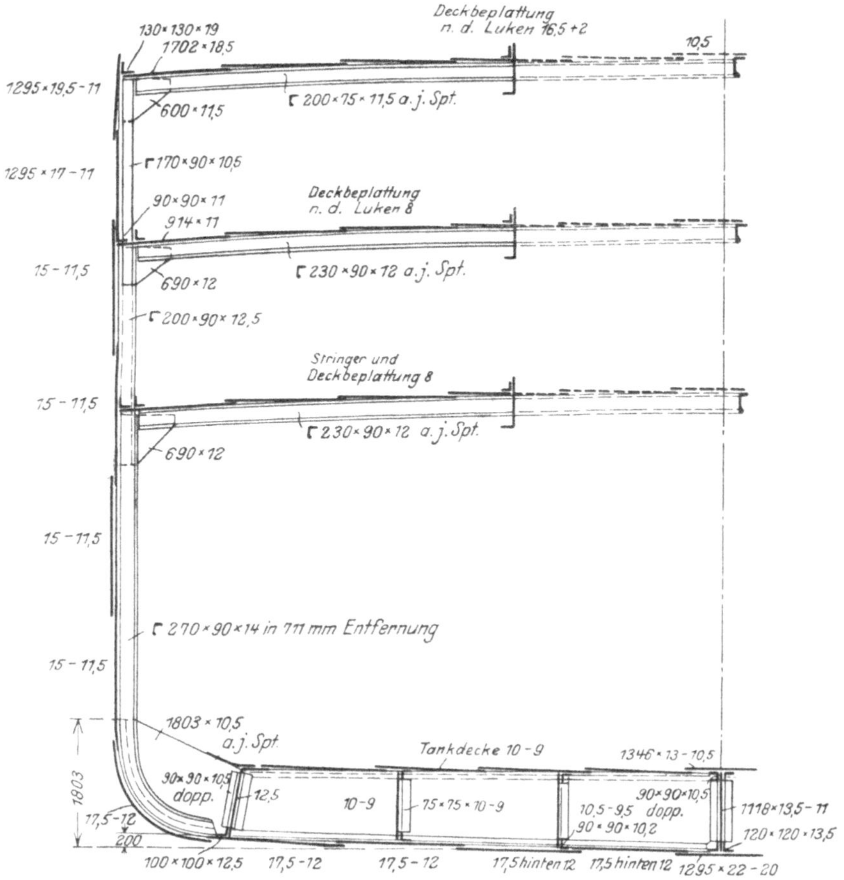

Abb. 47. Zweideckschiff mit durchlaufendem Aufbau (Norske Veritas).

Neuerdings geben aber Lloyds Register, British Corporation, der Germanische Lloyd und Bureau Veritas genauere Vorschriften für den Bau mit größeren Spantentfernungen.

Lloyds Register berücksichtigt in seinen Vorschriften noch Schiffe, deren Spantentfernung 9″ = 229 mm größer ist, als in den Tabellen angegeben ist. Bedingung ist, daß die Spantentfernung von $1/5\,L$ von vorne bis zum Kollisionsschott nicht größer als 686 mm und die Spantentfernung in den Pieks nicht größer als 610 mm ist.

Im übrigen sind bei vergrößerter Spantentfernung folgende Verstärkungen erforderlich. Für den Doppelboden: die Dicke der Bodenwrangen im Doppelboden und der Kimmstützplatten sind für jede 76 mm größerer Spantentfernung $1/2$ mm dicker zu machen, oder statt der Verstärkung der Bodenstücke wird zwischen den Seitenträgern ein Vertikalwinkel zur Versteifung auf den Bodenwrangen angebracht. Die Tankdecke und die Randplatte werden für je 100 mm Vergrößerung der Spantentfernung um $1/2$ mm dicker genommen, im Maschinenraum aber nur für je 150 mm um $1/2$ mm. Der Tanktopmittelgang wird nicht verstärkt, doch muß er mindestens die Dicke der Tankdecke haben. Für Doppelböden nach dem Stützplattensystem sind Spant und Gegenspant entsprechend der größeren Spantentfernung stärker zu machen. Die Dicke der Stützplatten wird in derselben Weise vergrößert wie bei vollen Bodenstücken. Die Dicke der Doppelbodenteile im Kesselraum braucht nur um die Hälfte des für die Laderäume geforderten Betrages verstärkt zu werden.

Spantsystem: Die Abmessungen der Raum- und Zwischendeckspanten müssen um so viel verstärkt werden, daß sie gleiche Festigkeit und Absteifung ergeben wie bei der

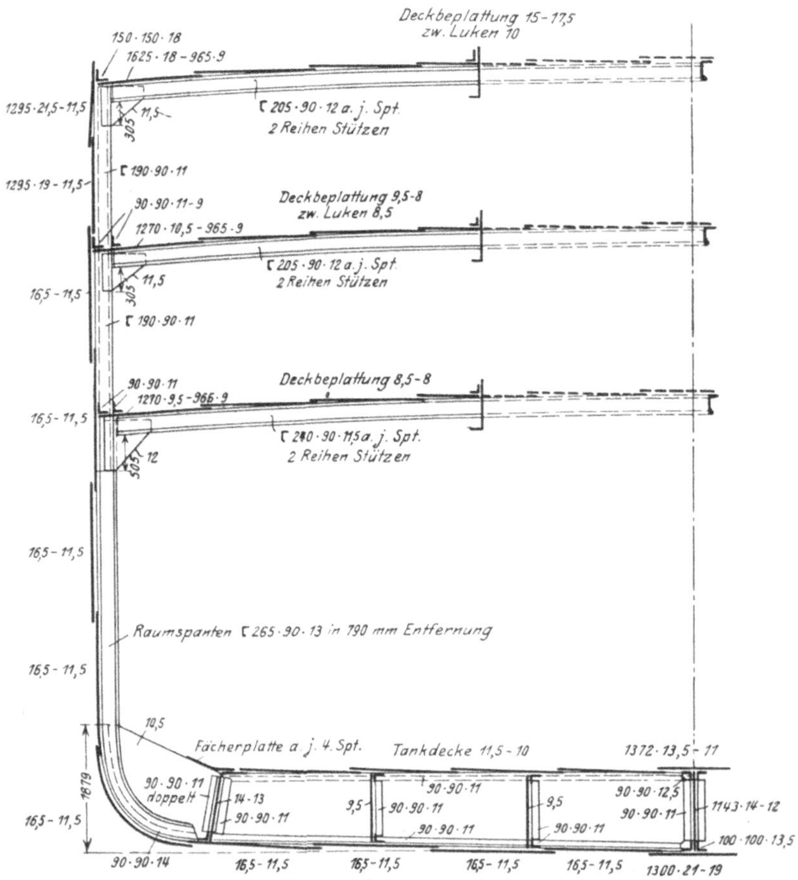

Abb. 48. Zweideckschiff mit durchlaufendem Aufbau (Bureau Veritas).

tabellarischen Spantentfernung. Bei Schiffen mit durchlaufendem Aufbau müssen alle Spanten bis zum Aufbaudeck reichen.

Außenhaut: Die Dicke von Boden und Seitenbeplattung ist im Verhältnis von ½ mm für je 50 mm größere Spantentfernung zu vergrößern. Scheergang und oberster Seitengang brauchen nicht verstärkt zu werden, falls ihre Dicke nicht geringer als die der Seitenbeplattung werden sollte. Decksbalken: Decksbalken und Balkenkniee sind entsprechend der größeren Spantentfernung größer zu nehmen, desgleichen die Unterzüge bei engstehenden Deckstützen und letztere selbst.

Decksbeplattung: Die Decksbeplattung des Festigkeitsdecks neben den Luken braucht im allgemeinen für größere Spantentfernung nicht verstärkt zu werden. Es müssen nur folgende Minimaldicken nicht unterschritten werden:

Schiffe	von	76,2 m	Länge	bei	760 mm	Spantentfernung	9,14 mm		
,,	,,	91,4 m	,,	,,	760 mm	,,	9,65 mm	bis 914 mm Spantentf.	10,77 mm
,,	,,	121,9 m	,,	,,	914 mm	,,	12,7 mm		
,,	,,	152,4 m	,,	,,	914 mm	,,	15,2 mm		

Die Stringer brauchen nicht verstärkt zu werden, ebensowenig die Beplattung zwischen den Luken. Die Beplattungen des 2. und 3. Decks brauchen nur bei einer Vergrößerung der Spantentfernung auf 914 mm um ½ mm verstärkt zu werden. Stahldecks, welche

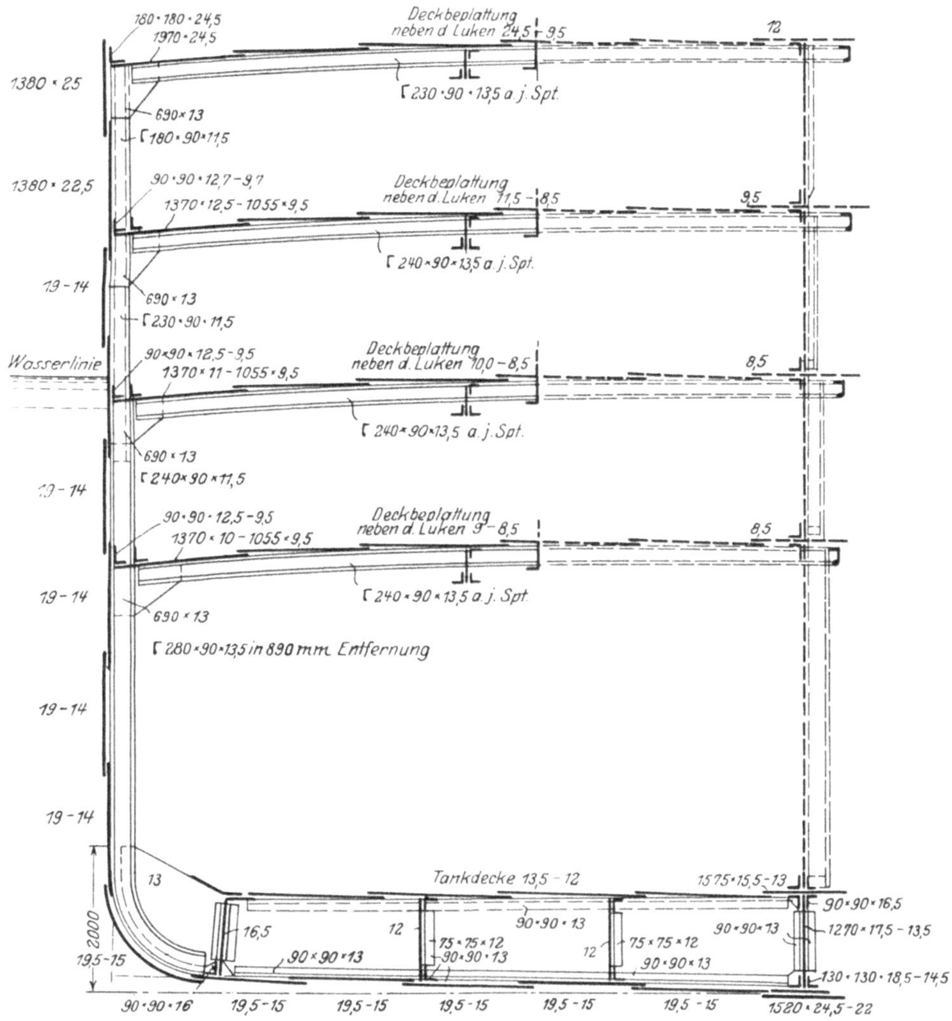

Abb. 49. Dreideckschiff mit durchlaufendem Aufbau (Lloyds Register).

mit Holz beplankt sind, brauchen für vergrößerte Spantentfernung überhaupt nicht verstärkt zu werden.

Die gesamten Verstärkungen der Längsverbände bei größeren Spantentfernungen dienen also nur dazu, Boden, Seiten und Decks gegen Druckbeanspruchungen stark genug zu machen. Es wäre vielleicht richtiger, auf dieser Grundlage überhaupt die Bestimmung der Spantentfernungen aufzubauen, statt an den Überlieferungen aus der Zeit des Holzschiffsbaues festzuhalten.

Aus den gleichen Erwägungen darf der Abstand der Versteifungen des Mittellängsschotts zwischen den Luken 1,52 m nicht übersteigen. Entsptechend der größeren Spantentfernung ist dann die Vernietung der Spanten mit der Außenhaut und den

Gegenspanten, der Doppelbodenspanten mit der Bodenbeplattung und der Gegenspanten mit der Tankdecke sowie mit den Bodenwrangen enger auszuführen, desgleichen die Vernietung der Decksbalken des obersten und des zweiten Decks sowie des Brückendecks. Endlich ist auch die Vernietung der Kimmstützplatten mit der Randplatte und mit den Raumspanten der vergrößerten Spantentfernung entsprechend stärker auszuführen.

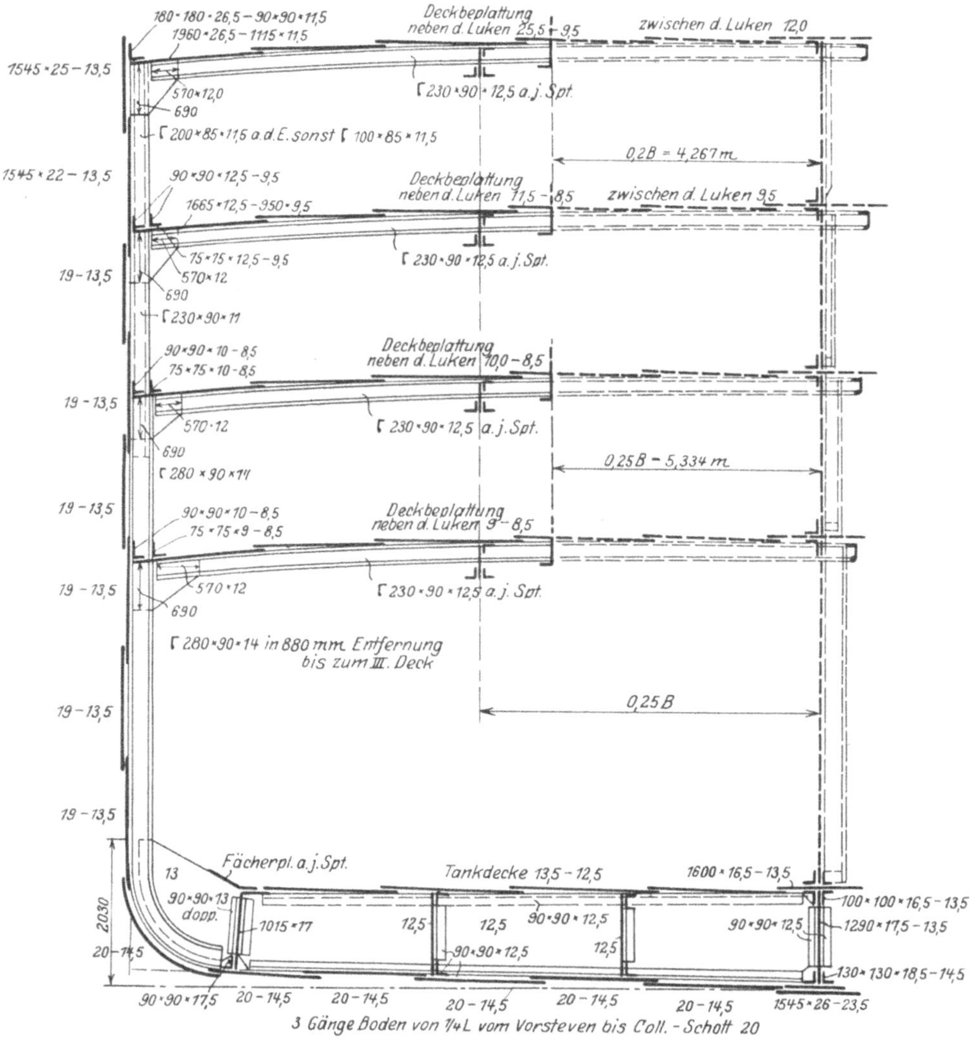

Abb. 50. Dreideckschiff mit durchlaufendem Aufbau (Germ. Lloyd 1926).

Norske Veritas gibt keine Vorschriften für Schiffe mit anderer Spantentfernung als in ihren Bauvorschriften angegeben. British Corporation läßt eine Vergrößerung der in den Tabellen angegebenen Spantentfernung zu, wenn die Außenhautbeplattung für jede 50 mm größere Spantentfernung um ½ mm verstärkt wird, also genau wie Lloyds Register, immer um $^1/_{100}$ der Vergrößerung der Spantentfernung dicker. Das gleiche gilt für die Tankdecke in den Laderäumen und dem Kesselraum. Tanktopmittelgang, Randplatte und die Tankdecke im Maschinenraum werden erst verstärkt, wenn sie dünner würden als die verstärkte Tankdecke der Laderäume. Für das Festigkeitsdeck verlangt British Corporation bei einer Spantentfernung von 914 mm 10,7 mm Mindestdicke der Beplattung, für die unteren Decks 9,7 mm, für Brücke und Back 8,6 mm, für die Poop 8,1 mm und für lange Deckhäuser mittschiffs 9,14 mm.

Die Vernietung der Stöße braucht indessen nicht der auf Grund der größeren Spantentfernung erhöhten Dicke der Platten zu entsprechen.

Bureau Veritas sagt allgemein, daß größere Spantentfernungen wie in seinen Tabellen angegeben sind, zulässig sind, wenn die Abmessungen der Spanten, der Außenhaut, der Decksbeplattungen, der Doppelbodendecke, der Bodenstücke und die Vernietung der Spanten mit der Außenhaut und der Decksbalken mit den Decks entsprechend ver-

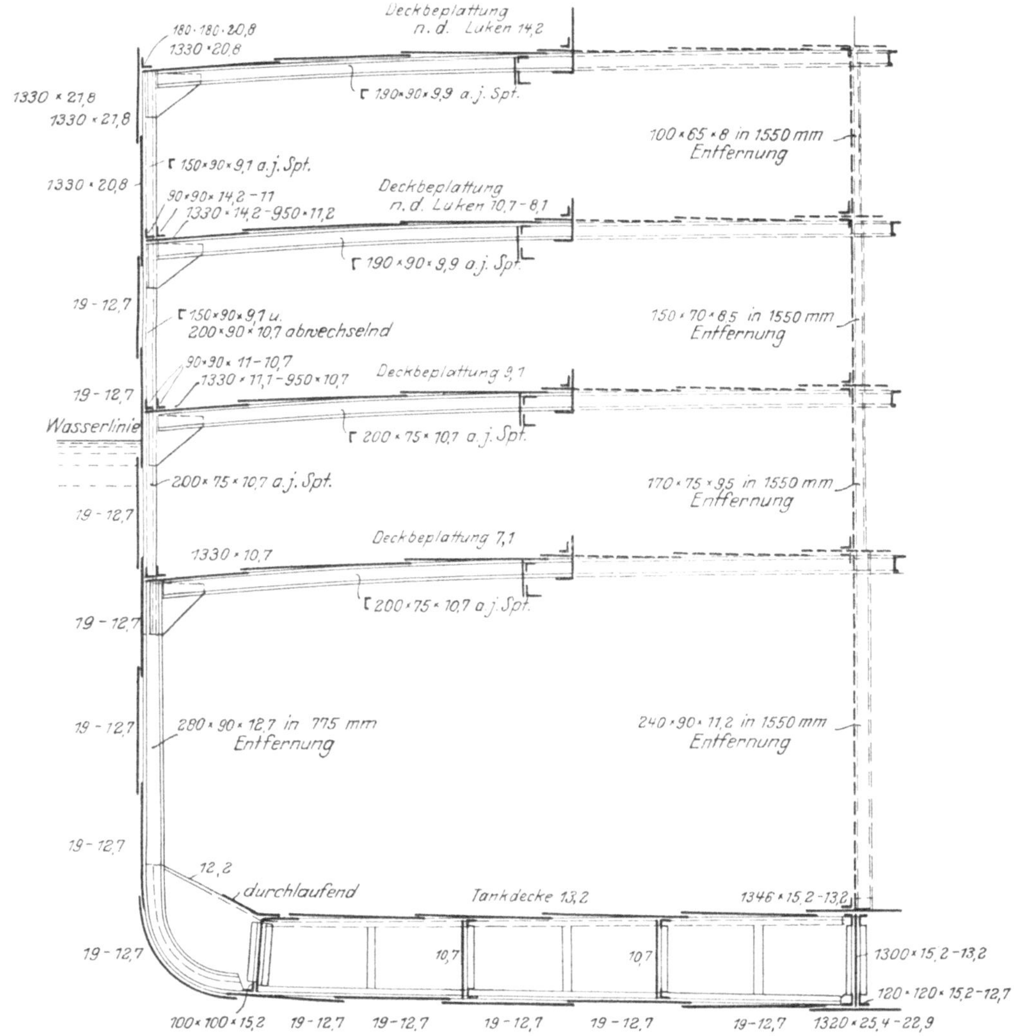

Abb. 51. Dreideckschiff mit durchlaufendem Aufbau (British Corporation).

stärkt werden. Für die Außenhaut werden für je 50 mm größere Spantentfernung eine Vergrößerung der Dicke um ½ mm, für die Tankdecke mit Ausnahme des Mittelgangs für je 75 mm oder einen Bruchteil davon ½ mm dickere Platten verlangt. Für die Wetterdecks sind Minimaldicken je nach dem Balkenabstand vorgeschrieben, und zwar für 760 mm 9,5 mm und für 914 mm 10,5 mm, für die unteren Decks 8,5 mm bei 760 mm und 9,5 mm bei 915 mm, für lange Brücke bei 760 mm 8 mm und bei 915 mm Abstand 8,5, für die Poop gilt bei 760 mm 7,5 mm und für 915 mm 8 mm Minimaldicke. Hier stimmen also Bureau Veritas und British Corporation mit ihren Vorschriften für Schiffe mit großer Spantentfernung völlig überein.

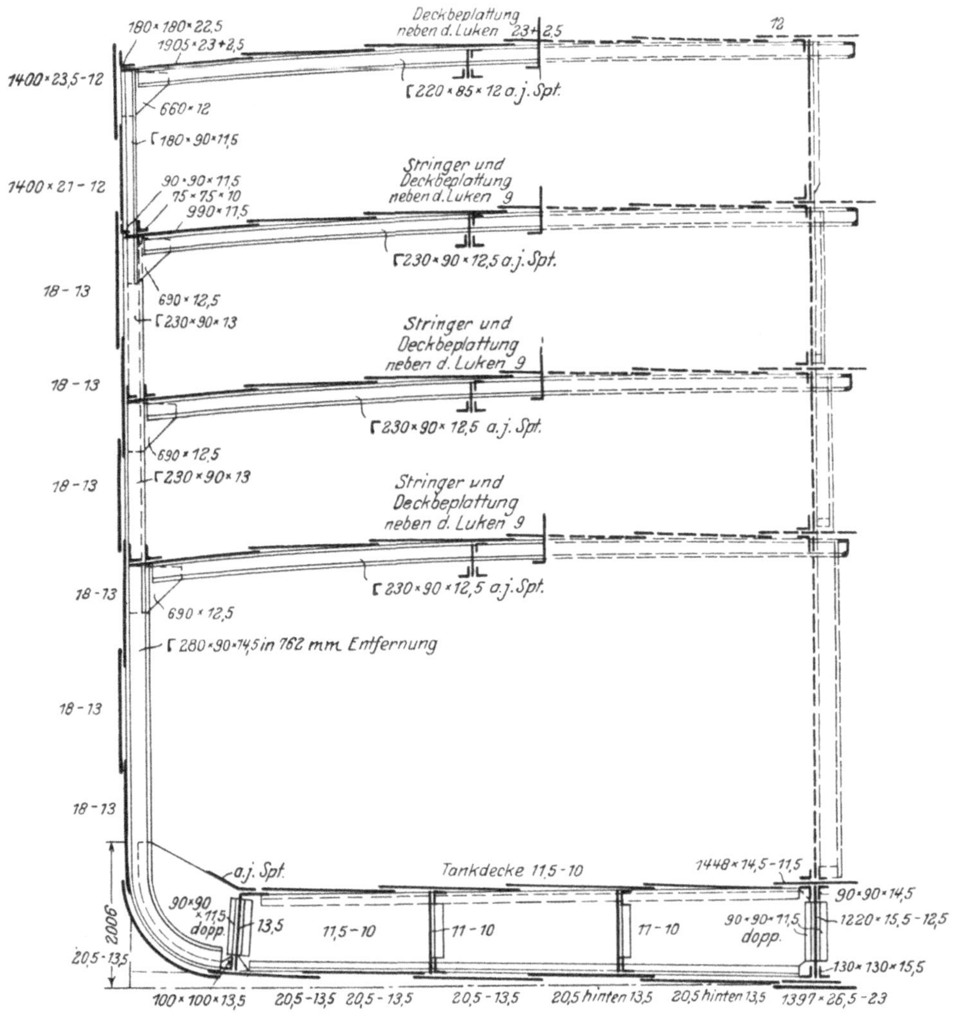

Abb. 52. Dreideckschiff mit durchlaufendem Aufbau (Norske Veritas).

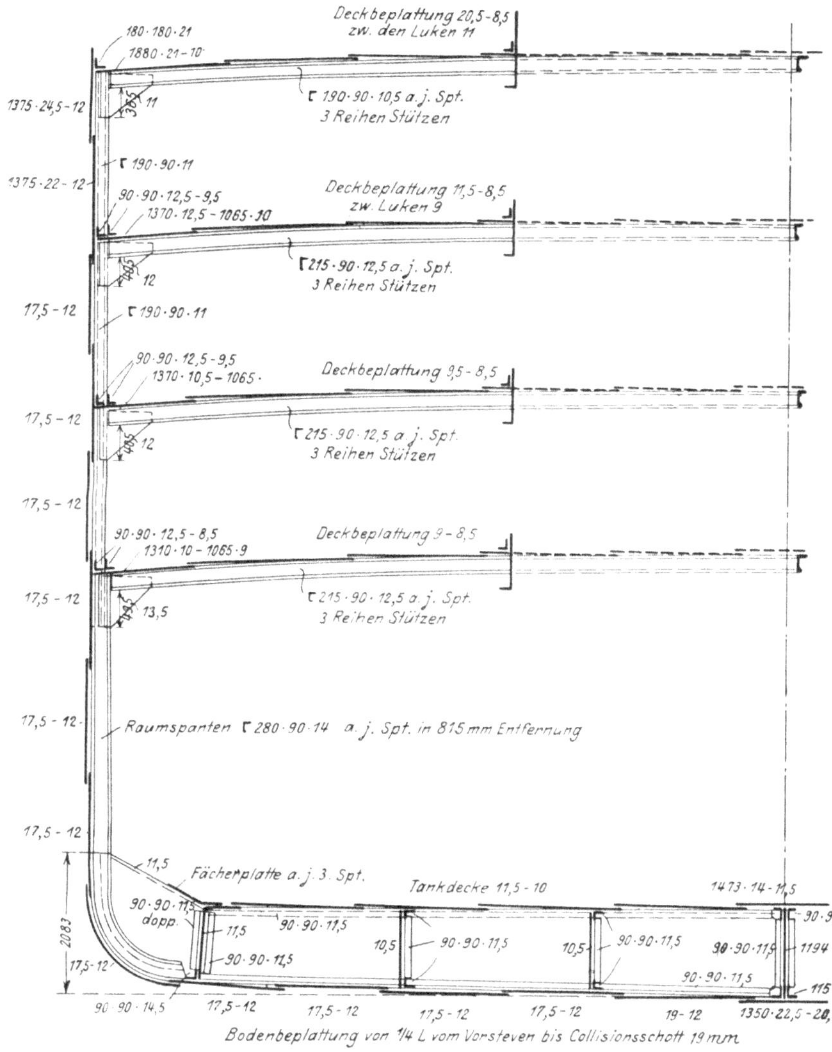

Abb. 53. Dreideckschiff mit durchlaufendem Aufbau (Bureau Veritas).

II. Grundlagen der Schiffsfestigkeit.

1. Längsverband.

a) Allgemeines. Da die Festigkeitslehre auf der Annahme der Proportionalität zwischen Spannung und Dehnung entwickelt wird, ist die Proportionalitätsgrenze, die sich bei den im Schiffbau verwendeten Stählen praktisch mit der Elastizitätsgrenze deckt, eine der wichtigsten Materialzahlen. Aus dieser, gewissermaßen einseitigen Entwicklung der Festigkeitslehre heraus ergibt sich, daß ihre Rechnungsergebnisse nur so lange Gültigkeit haben können, als sie sich in dem Spannungsbereich bis zur Proportionalitätsgrenze bewegt. Alle Rechnungen jenseits der Proportionalitätsgrenze nach den Theorien der üblichen Festigkeitslehre sind für Konstruktionszwecke unbrauchbar. Es wird kein Schiffbauingenieur die Verantwortung für eine Konstruktion übernehmen können, die in dem plastischen Spannungsgebiet berechnet worden ist. Im gesamten Eisenbau ist daher auch die Forderung anerkannt worden, den Sicherheitsfaktor der Rechnung nicht auf die Bruch-, sondern auf die Proportionalitätsgrenze zu beziehen. Für die zulässige Materialbeanspruchung ist daher grundsätzlich zu setzen

$$\sigma_{\mathfrak{zul}} = \frac{\sigma_P}{\mathfrak{S}}.$$

Für den gewöhnlichen Schiffbaustahl ist die Proportionalitätsgrenze mit etwa $\sigma_P = 2000\ \text{kg/cm}^2$ anzunehmen. Die Frage, welchen Wert für $\mathfrak{S}$ der Konstrukteur nun in seine Rechnung einzusetzen hat, ist allgemein und genau nicht zu beantworten. Für die Festlegung des jeweiligen Wertes von $\mathfrak{S}$ gelten folgende Richtlinien:

1. Güte des Materials. Diese zu beurteilen ist eine Vertrauens- und Erfahrungssache.

2. Anfangsspannungen. Sie entstehen bei der mechanischen und thermischen Behandlung des Materials (Walzen, Doppeln, Stanzen, Biegen usw.). Über Größe und Verteilung der Anfangsspannungen läßt sich zahlenmäßig Genaueres nicht aussagen.

3. Zusammenbau der einzelnen Materialstücke. Hier kommen die Fehlerquellen bei der Nietung, der Schweißung und der Montage in Betracht. Ihr Einfluß auf den Spannungszustand der Verbände kann nur aus jeweiligen Betriebserfahrungen — mit Kontrollmessungen — beurteilt werden.

4. Die Konstruktionsrechnung:

a) hinsichtlich der Belastung,

b) hinsichtlich der Genauigkeit des Rechnungsansatzes und seiner analytischen Behandlung.

Diese Genauigkeit — oder besser Ungenauigkeit — kann von Fall zu Fall beurteilt werden. Hierbei sind vor allem dynamische Belastungen und Ermüdungserscheinungen zu berücksichtigen.

5. Einwirkungen auf das Material während des Betriebes. Zu diesen gehören in erster Linie die Korrosionserscheinungen. Ihre konstruktive Berücksichtigung als Rostzuschlag kann nur von der voraussichtlich zu erwartenden Güte der Konservierungsmaßnahmen, also von Erfahrungen, ausgehen.

Außerdem hat der Schiffbauingenieur bei der Bemessung des Sicherheitsfaktors die Wichtigkeit jedes einzelnen Verbandes für die Sicherheit des Schiffes zu berücksichtigen, und als eine Besonderheit des Schiffbaues ist schließlich noch zu bemerken, daß sich für einige Bauteile, vor allem für die Steven, die möglichen und oft auch auftretenden Belastungen konstruktiv überhaupt nicht beherrschen lassen. Man berücksichtigt daher beispielsweise die Bruchgefahr an der Hacke des Rudersteven nicht durch entsprechende Materialanhäufung, sondern durch konstruktive Anordnungen, die den Ersatz des zerbrochenen Steventeiles erleichtern.

Die Elastizitätseigenschaften des Materials, welche den Deformationszustand bestimmen, sind unterhalb der Proportionalitätsgrenze quantitativ durch den Elastizitätsmodul E bestimmt. Dieser hat neuerdings durch die Verwendung hochwertigen Stahles (vgl. Abschnitt III) erhebliche praktische Bedeutung erlangt. Die Homogenität des Deformationszustandes — im Idealfall der eines Trägers gleicher Festigkeit — kann nämlich bei Materialien mit verschiedenen E-Werten nur erhalten werden, wenn die E-Werte sich wie die σ_p-Werte verhalten. Bei den bisher hergestellten Stählen ist dies aber nicht der Fall, der Modul der hochwertigen Stähle unterscheidet sich kaum von dem des gewöhnlichen Schiffbaumaterials ($2{,}1 \cdot 10^6$ kg/cm²). Damit ergeben sich an den Materialübergängen im Spannungsfluß Unstetigkeiten, die zur Folge haben, daß — abgesehen von Knick- und Nietfragen — die höhere Proportionalitätsgrenze der neueren Stähle praktisch nicht voll ausgenutzt werden kann.

Mit Hilfe einer Längsfestigkeitsrechnung als Vergleichsrechnung kann der Längsverband einer vorliegenden Konstruktion nachgeprüft und als Konstruktionsrechnung die notwendige Materialanordnung im Längsverband ermittelt werden.

In der Praxis ist die Konstruktionsrechnung grundsätzlich nicht notwendig, da die Klassifikationsgesellschaften in ihren Bauvorschriften die Materialstärken der Verbände tabellarisch für alle Schiffsgrößen angeben. Notwendig ist die Rechnung jedoch als Vergleichsrechnung bei gewünschter Abweichung in der Materialverteilung von derjenigen der Vorschriften der Klassifikationsgesellschaften sowie bei der Beurteilung der Verschwächung eines Längsverbandes gegenüber dem des vollwertigen Volldeckers von gleichen Abmessungen.

In den Rechnungen wird der Längsverband als Stab betrachtet, der belastet wird von folgenden Kräften:

Auftrieb, Gewicht, Winddruck, Stöße (Seeschlag oder das Schiff berührende Körper) und Massenkräfte. Im allgemeinsten Belastungsfall rufen diese Kräfte im Längsverband Normal-, Biegungs- und Schubspannungen hervor entsprechend den Gesetzen der Biegungslehre für den bei der Belastung schwach gekrümmten Balken:

Druckspannung: $k_d = \frac{D}{F}$,

Biegungsspannung: $k_b = \frac{M_b}{W}$,

Schubspannung: $\begin{cases} k_s = \frac{S \cdot St}{b \cdot J} \text{ (bei der Biegung)}, \\ k_s = \frac{M_d}{W_p} \text{ (bei der Torsion)}[1]. \end{cases}$

Die entsprechenden Deformationen sind:

Verkürzung: $\Delta L = \frac{k_d}{E} \cdot L$,

Durchbiegung: $\begin{cases} \text{horizontal: } f_h = c_h \cdot \frac{P_h \cdot L^3}{E \cdot J_h}, \\ \text{vertikal: } f_v = c_v \cdot \frac{P_v \cdot L^3}{E \cdot J_v}, \end{cases}$

Verdrehung: $\vartheta = \frac{M_d}{G \cdot J_d}$.

[1] Diese Formel gilt streng nur für den Stab mit kreisförmigem Querschnitt.

In den Formeln bedeuten:

F die Fläche, W das äquatoriale, W_P das polare Widerstandsmoment eines Querschnittes des Längsverbandes;

J_h und J_v die Trägheitsmomente des Balkenquerschnittes bezogen auf die horizontale und vertikale Schwerachse;

J_d den Drillungswiderstand des Querschnittes;

St das statische Moment des durch die Schubspannungen angeschlossenen Querschnittsteiles, bezogen auf die neutrale Faser des ganzen Querschnittes;

D Druckkräfte in der Schiffslängsrichtung;

M_b Biegungsmomente, M_d Torsionsmomente, S Schubkräfte, E Elastizitätsmodul, G Schubelastizitätsmodul;

P_h Belastung des Längsverbandes in horizontaler Ebene;

P_v Belastung des Längsverbandes in vertikaler Ebene;

c_h und c_v Koeffizienten, die von der Belastung abhängen.

Aufgabe der Theorie der Längsfestigkeit ist die zahlenmäßige Klarstellung dieser Größen. Ist diese Aufgabe in konstruktiv hinreichenden Grenzen gelöst und sind erfahrungsgemäß die zulässigen Beanspruchungen festgelegt, so sind die Grundlagen für eine individuelle konstruktive Ausgestaltung des Längsverbandes mit einem Minimum an Materialaufwand gegeben.

Zu berücksichtigen ist jedoch, daß diese Betrachtungen nur für den Längsverband als Ganzes gelten. Dieser wird aber außerdem noch beansprucht durch örtlich wirkende Kräfte, sowie durch innere Kräfte, die vom Querverband herrühren. Ferner ist zu bedenken, daß der gesamte Schiffsverband infolge seiner Eigenart und Herstellungsweise eine Anfangsspannung hat und Temperaturspannungen[1] unterliegt.

Die Kompliziertheit der Belastung und die Schwierigkeiten in der rechnerischen Analyse des Spannungszustandes erfordern eine Ergänzung der theoretischen Ansätze durch Dehnungs- und Deformationsmessungen an dem im Betrieb befindlichen Schiff.

b) Die Normalspannungen im Längsverband. In der Längsachse des Schiffskörpers wirken Druckkräfte, die aus der Gegenwirkung von Widerstand und Propellerschub hervorgerufen werden. Zwischen beiden Größen besteht bei dem mit konstanter Geschwindigkeit fahrenden Schiff Gleichgewicht. Im Seegang wächst der Widerstand vorübergehend stoßweise. In diesem Falle wird die größte Druckspannung im einfachsten Ansatz:

$$k_d = \frac{W + c \cdot W}{F},$$

wo W der statische Widerstand bedeutet und der Faktor c den Einfluß der dynamischen Zusatzbelastung angibt.

Beispiel: Wird für den Schnelldampfer „Vaterland" (Leviathan) angenommen: $\mathrm{PS_i} = 90\,000$, $V = 26$ Knoten, so wird bei einem Wirkungsgrad der Gesamtpropulsion von $\eta = 0{,}5$ der statische Widerstand

$$W = \frac{\eta \cdot \mathrm{PS_i} \cdot 75}{v} = \sim 250\,000 \text{ kg}.$$

Die statische Druckbeanspruchung wäre demnach bei einem Materialareal des Hauptspantquerschnittes von $F = 5{,}4 \text{ m}^2$ mit

$$k_d = \frac{250\,000}{54\,000} = \sim 5 \text{ kg/cm}^2$$

verschwindend gering.

Zur angenäherten Berechnung des dynamischen Widerstandes werde angenommen, daß im Seegang maximal eine Verzögerung von $2{,}5 \text{ m/sek}^2$ eintritt, was einem sekundlichen Abfall der Geschwindigkeit von etwa 5 Knoten entsprechen würde. Dann wird

[1] Vgl. z. B. Rheder: Der Einfluß ungleichmäßiger Erwärmung des Schiffskörpers auf seine Durchbiegung. Schiffbau Jg. 20 und W.R.H. S. 314.

bei einer Verdrängung von 60000 Tonnen die im Hauptspant als Druckkraft wirkende Massenkraft des Hinterschiffes

$$P = \frac{30000 \cdot 2{,}5}{9{,}81} = 7800 \text{ Tonnen,}$$

womit sich eine Druckspannung von

$$k_b = \frac{7800000}{54000} = 140 \text{ kg/cm}^2$$

ergibt.

Nach dieser Rechnung wäre für das behandelte Schiff $c = \sim 28$. Mit einem Stoßfaktor von 1,5 würde diese Belastung im Hauptspant einer Materialanstrengung von etwa 200 kg/cm² entsprechen.

Die genaue Bestimmung dieser Normalspannungen ist nur möglich aus Daten über den Geschwindigkeitsabfall der Schiffe im Seegang[1].

c) Die Biegung im Längsverband. Das statische Biegungsmoment. Jede Gleichgewichtslage des Schiffes fordert die Erfüllung der Bedingungen $A = G$ und $A \cdot a = G \cdot g$, also $a = g$, d. h.:

Die Resultierenden A und G aus den Auftriebs- und Gewichtskräften müssen gleich groß sein und in der gleichen Vertikalen liegen (vgl. Abb. 54).

Die Biegungsbelastung des Längsverbandes ist somit gegeben durch die Differenzkurve aus der Auftriebs- und Gewichtskurve. Die Ordinaten dieser Differenzkurve seien mit d bezeichnet.

Für den ursprünglich geraden und bei der Biegung schwach gekrümmten Stab wird in einem beliebigen Schnitt im Abstand x von einem Nullpunkt (linkes Balkenende) die Scheerkraft

$$S_x = \int d \cdot dx$$

und das Biegungsmoment

$$M_x = \int S_x \cdot dx = \iint d \cdot dx \cdot dx.$$

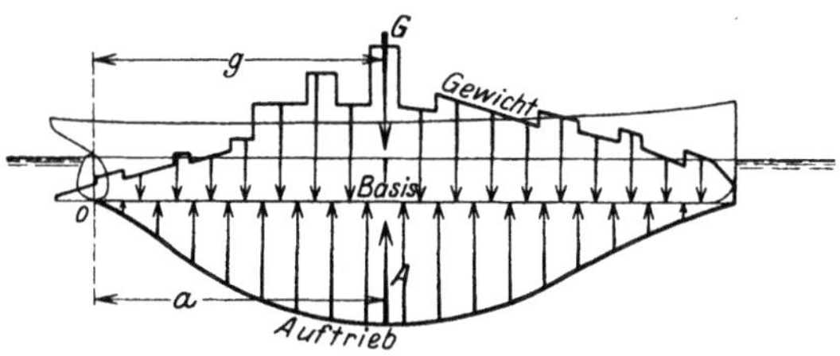

Abb. 54.

Oder in Worten:

Die Kurve der Scheerkräfte ist die erste, die der Biegungsmomente die zweite Integralkurve der Belastungskurve. Die Integration kann mit Hilfe der Simpsonregel oder noch einfacher mittels Planimeter durchgeführt werden. Die Integrationskonstanten ergeben sich aus den Grenzbedingungen, nach welchen an den Schiffsenden sowohl die Scheerkraftkurve als auch die Momentenkurve die Ordinaten Null annehmen müssen.

Da die Biegung im Längsverband durch die ungleichmäßige Längsverteilung der Auftriebs- und Gewichtskräfte entsteht und konstruktiv es vor allem auf das im Bereich des Hauptspantes liegende größte Moment ankommt, muß die Rechnung beginnen mit der Ermittelung der für das gegebene Schiff möglichen ungünstigsten Verteilung von Auftrieb und Gewicht.

Bei Flußschiffen mit den üblichen langen parallelen Mittelschiffen ist die Verteilung des Auftriebes bei ruhiger Wasseroberfläche in der Längsrichtung fast gleichmäßig. Die größten Biegungsmomente treten daher auf bei Konzentration der Ladung auf die Schiffsmitte oder auf die Schiffsenden.

Abb. 55 zeigt die Kurven der Belastung, Scheerkräfte und Momente für einen Rheinkahn in ruhigem Wasser, beladen mit 1370 Tonnen[2].

Für die Rechnung kann die Auftriebsverteilung in erster Annäherung parabelförmig

[1] Kent, J. L.: Propulsion of Ships under different Weatherconditions und Average Seaspeeds under Winter Weatherconditions. Vorträge vor der I. N. A. 1927.

[2] Vgl. Wrobbel: Festigkeitsfragen bei Flußfahrzeugen. W. R. H. vom 7. Nov. 1923.

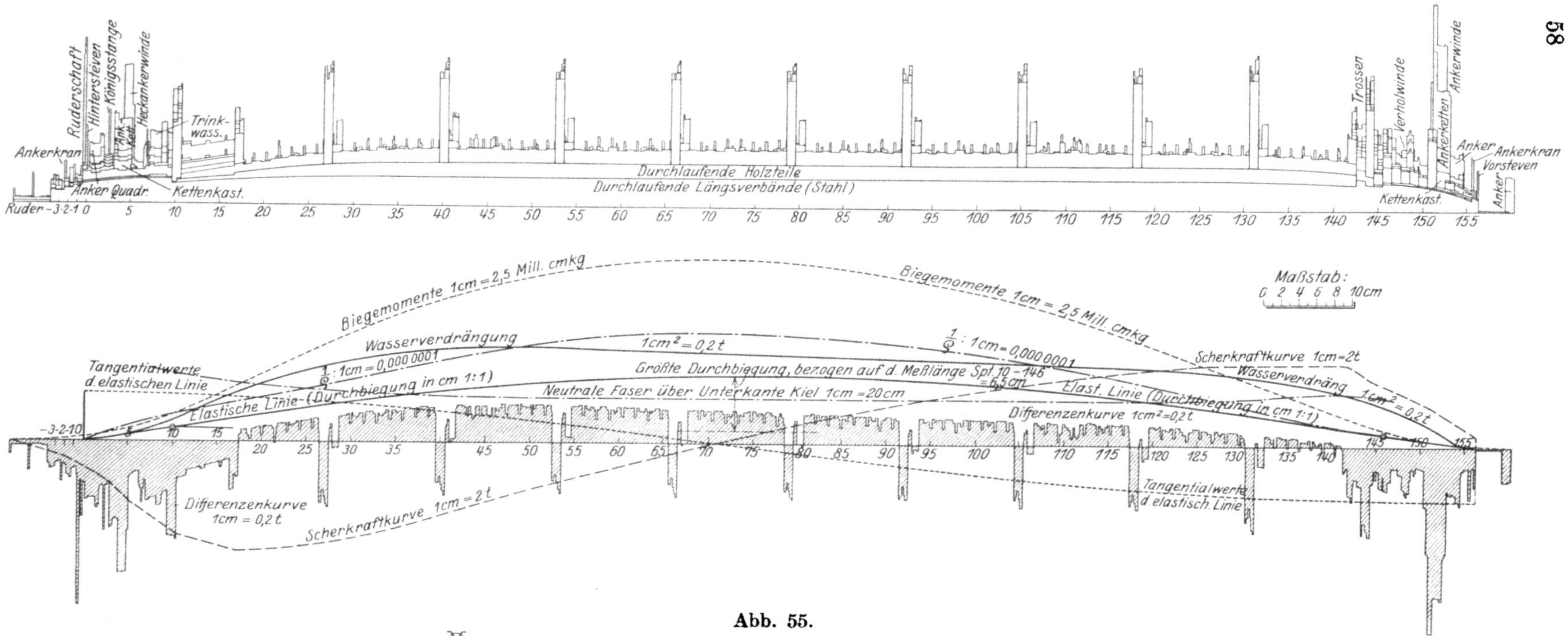

Abb. 55.

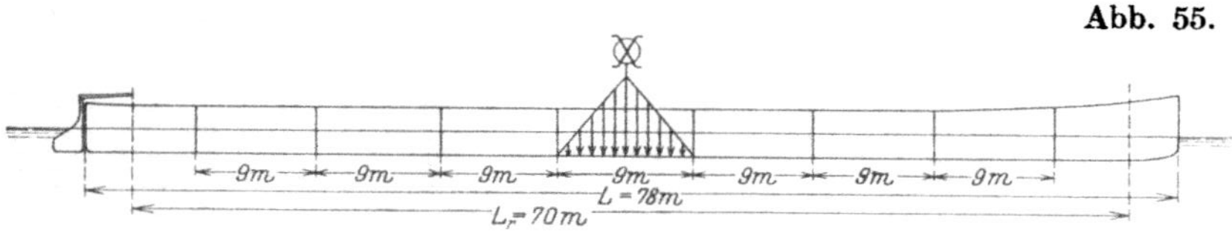

Abb. 57.

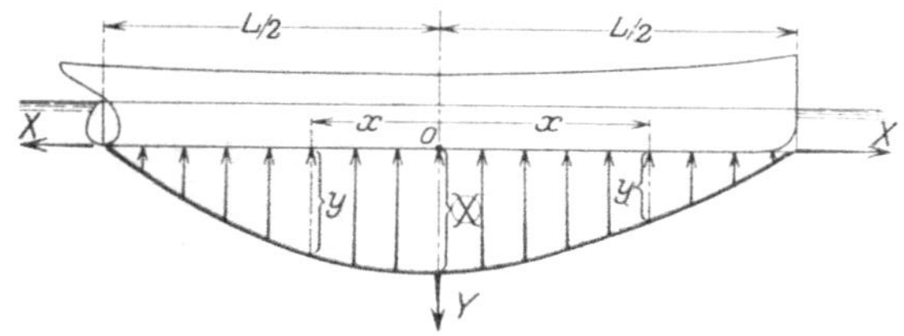

Abb. 56.

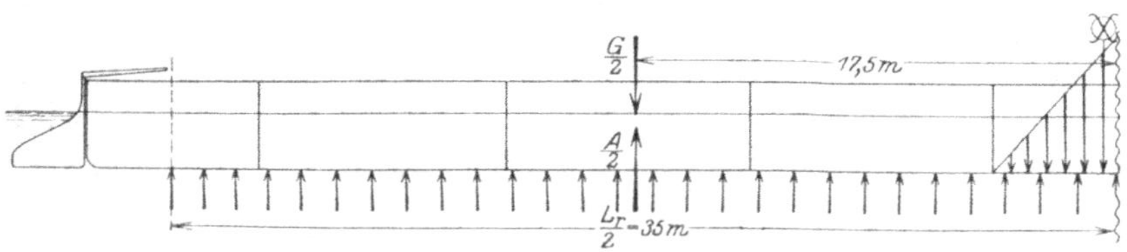

Abb. 58.

angenommen werden entsprechend der Gleichung

$$y = \boxtimes \cdot \left[1 - \left(\frac{x}{L/2}\right)^n\right] \text{ (vgl. Abb. 56).}$$

Dabei ist: $n = \frac{\delta}{\beta - \delta}$,

Das Moment einer Auftriebshälfte bezogen auf das Hauptspant ist

$$M_{\boxtimes} = \int_{x=0}^{x=\frac{L}{2}} x \cdot y \cdot dx .$$

Wird für y der Wert eingesetzt und integriert, so folgt

$$M_{\boxtimes} = \boxtimes \cdot \left(\frac{L}{2}\right)^2 \cdot \left|\frac{n}{2 \cdot (n+2)}\right| .$$

In ähnlicher Weise kann das Moment aus dem Schiffsgewicht und der Ladung berechnet werden, wobei das Schiffsgewicht in erster Annäherung als gleichmäßig über die Schiffslänge verteilt angenommen werden kann und die Ladung entsprechend jeweiliger Angabe konzentriert, gleichmäßig verteilt oder wie z. B. bei Schüttladung kegelförmig in den einzelnen Laderäumen angehäuft wird.

Beispiel: Ein Flußschleppkahn für Erzladung hat die Abmessungen: $L = 78$ m, $B = 9{,}5$ m und $H = 2{,}65$ m. Bei voller Beladung mit 1400 Tonnen ist der Tiefgang 2,55 m. Das Schiff ist durch Querschotte in 7 Laderäume von je 9 m Länge geteilt. Das Gewicht des leeren Schiffes ist 200 Tonnen. Gesucht ist die Materialverteilung im Längsverband bei einer zulässigen Biegungsbeanspruchung von höchstens 2000 kg/cm².

Berechnung des größten Biegungsmomentes:

Als Grenzbelastungen sind anzunehmen:

1. nur der mittlere Laderaum ist beladen und
2. nur die beiden Endräume sind beladen.

Der Belastungsfall zu 1. ist in Abb. 57 dargestellt. Die Verdrängung ist:

$$V = 200 + \frac{1400}{7} = 400 \text{ Tonnen } (\gamma = 1).$$

Zur Berechnung des im Hauptspant wirkenden größten Biegungsmomentes werden in erster Annäherung der ohnehin sehr völlige Kahn bei einer reduzierten Länge von $Lr = 70$ m als rechteckig betrachtet.

Das Moment des Auftriebes wird dann entsprechend Abb. 58

$$M_{A_{\boxtimes}} = \frac{V}{2} \cdot \frac{Lr}{4} = 200 \cdot 17{,}5 = +3500 \text{ mt}.$$

Das Moment des Schiffsgewichtes wird (vgl. Abb. 58)

$$M_{S_{\boxtimes}} = \frac{G}{2} \cdot \frac{Lr}{4} = 100 \cdot 17{,}5 = -1750 \text{ mt}.$$

Moment der Ladung (Abb. 59):

Für 45° Schüttwinkel und einem Raumbedarf des Erzes von 3 t/m³ wird der Radius r des Grundkreises nach

$$V = \frac{200}{3} = \frac{1}{3} r^2 \cdot \pi \cdot h \quad \text{für } h = r,$$

$$r = \sqrt[3]{\frac{200}{\pi}} = \sim 4 \text{ m}.$$

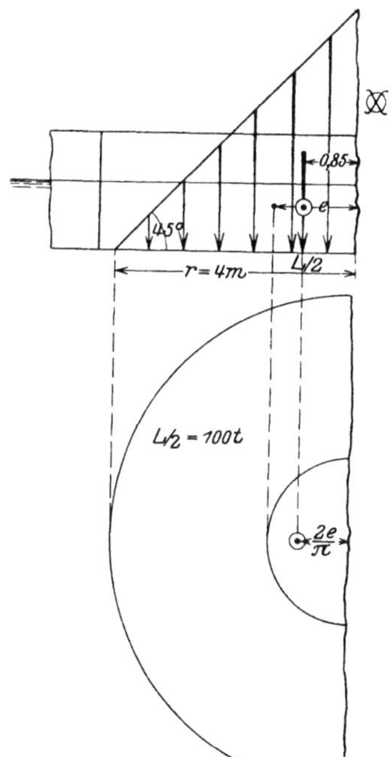

Abb. 59.

Der ⊙ des erzeugenden Dreiecks des Kegels liegt daher im Abstande

$$e = \frac{4}{3} m \text{ von der Hauptspantebene.}$$

Der $\odot$ der linken Kegelhälfte liegt im $\odot$ des Halbkreises mit dem Radius e, also im Abstande

$$\frac{2\cdot e}{\pi} = \frac{8}{3\pi} = 0{,}85\,\mathrm{m}$$

vom Hauptspant. Damit wird das Moment der Ladung

$$M_{L_{\boxtimes}} = -\frac{200}{2}\cdot 0{,}85 = -\,85\,\mathrm{mt}.$$

Das Biegungsmoment ist das resultierende Moment, also

$$M_{b_{\boxtimes}} = 3500 - 1750 - 85 = +\,1665\,\mathrm{mt}.$$

Beim Belastungsfall 2 (vgl. Abb. 60) wird

$$V = 200 + 2\cdot\frac{1400}{7} = 600 \text{ Tonnen}.$$

Wie vorher ergibt sich das Auftriebsmoment zu

$$M_{A_{\boxtimes}} = \frac{V}{2}\cdot\frac{L\,r}{4} = \frac{600}{2}\cdot 17{,}5 = +\,5250\,\mathrm{mt}.$$

Das Gewichtsmoment des Schiffes bleibt

$$M_{S_{\boxtimes}} = \frac{G}{2}\cdot\frac{L\,r}{4} = -\,1750\,\mathrm{mt}.$$

Das Moment der Ladung wird nach Abb. 60:

$$M_{L_{\boxtimes}} = -\,200\cdot 27 = -\,5400\,\mathrm{mt}.$$

Damit wird das Biegungsmoment im Hauptspant

$$M_{b_{\boxtimes}} = 5250 - 1750 - 5400 = -\,1900\,\mathrm{mt}.$$

Der Fall 2 ist somit als der ungünstigste der Konstruktion des Längsverbandes zugrunde zu legen.

Aus der zulässigen Biegungsbeanspruchung folgt das notwendige Widerstandsmoment des Hauptspantes zu mindestens

$$W_{\min} = \frac{190\,000\,000}{2000} = 95\,000\,\mathrm{cm}^3.$$

In Anlehnung an ähnliche Ausführungen wird eine Materialabmessung entsprechend Abb. 61 gewählt. Das Trägheitsmoment dieses Querschnittes berechnet sich für eine Trägerhälfte wie folgt:

Gegenstand	Abmessungen in cm	Fläche cm²	$\odot$ Abstd. von Basis cm	1. Moment cm³	2. Moment cm⁴	Eigenes Trägheitsmoment cm⁴
½ Flachkiel	30·1	30	0,5	15	8	—
3½ Bodengänge	468·0,7	328	0,6	196	118	—
Außenhaut	203·0,7	142	102	14470	1475600	488000
Schergang	80·1	80	237	19000	4510000	42600
Stringer	90·1	90	266	24000	6400000	—
Luksüll	60·0,9	54	287	15500	4450000	16200
Flansch	7,5·0,9	7	257	1725	444000	—
∢ über Kiel	7,5·7,5·1,2	17	3,3	55	182	—
5 ∢ als Kielschweine	5·7·7·0,9	59	31,0	1845	57100	—
½ Mittelkiel	35·0,5	17	18,5	324	6000	1800
Stringer ∢	7,5·7,5·1,2	17	269,3	4490	1207000	—
Luk ∢	7·7·1	13	270,0	3540	955000	—
Halbrundeisen	5·1,5	5	315,5	1680	532000	—
	$\Sigma F = 859\ \mathrm{cm}^2$			86840	20036000	548600

$$H = 318\,\mathrm{cm}$$

$$\odot_{x-x} = \frac{86\,840}{859} = \frac{101\,\mathrm{cm} = e_u}{217\,\mathrm{cm} = e_o}$$

$$+\ 548\,600$$

$$J_{x-x} = 20\,584\,600\,\mathrm{cm}^4$$

$$-F e_u^2 = 8\,770\,000\ \text{,,}$$

$$J_{\odot} = 11\,815\,000\,\mathrm{cm}^4$$

$$-\,12\,\% = 1\,417\,800\ \text{,,}$$

$$J_{\odot} = 10\,397\,200\,\mathrm{cm}^4$$

Damit wird:

$$W_o = 2 \cdot \frac{10400000}{217} \cong 100000 \text{ cm}^3,$$

$$W_u = 2 \cdot \frac{10400000}{101} = 206000 \text{ cm}^3.$$

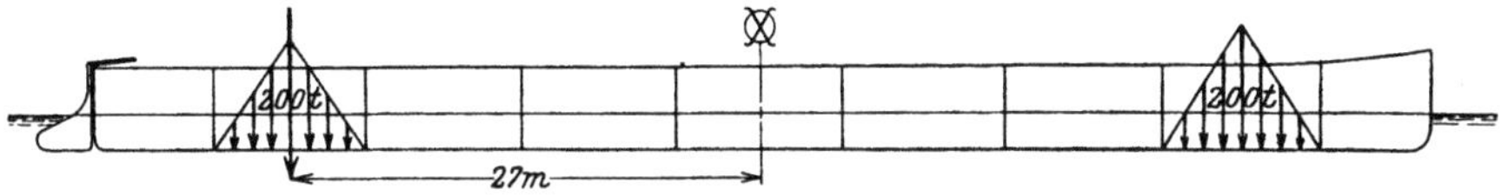

Abb. 60.

Damit werden für Fall 2 die größten Spannungen in den äußersten Fasern:

$$\text{Obere Gurtung: } k_{z_{\max}} = \frac{190000000}{100000} = 1900 \text{ kg/cm}^2 \text{ (Zug)},$$

$$\text{Untere Gurtung: } k_{d_{\max}} = \frac{190000000}{206000} = 920 \text{ kg/cm}^2 \text{ (Druck)}.$$

Bei Seeschiffen ist die für die Längsbeanspruchung ungünstigste Verteilung des Auftriebes gegeben, wenn das Schiff auf dem Berg oder in dem Tal einer Welle schwimmt, deren Länge genau gleich der Schiffslänge ist.

Da die Dünungswellen Längen erreichen, welche die größten Schiffslängen weit übertreffen, kann diese Lage für jedes Schiff eintreten und ist somit eine einwandfrei brauchbare Grundlage für die Rechnung. Allerdings sind diese Lagen des Schiffes im Seegang streng genommen keine Gleichgewichtslagen, da im Kräftespiel Massenkräfte mitwirken, die von der Stampfbewegung und der vertikalen Tauchschwingung herrühren. In erster Annäherung wird jedoch von diesen Zusatzkräften abgesehen und angenommen, daß das Schiff in dem Augenblick, wo es sich auf einem Wellenberg oder in einem Wellental befindet, in einem statischen Gleichgewichtszustand ist.

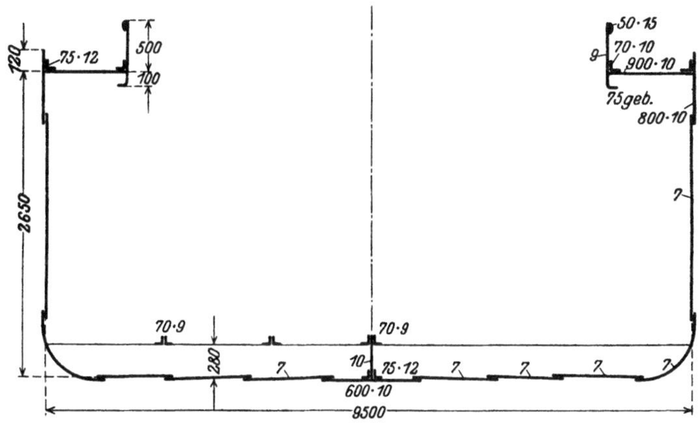

Abb. 61.

Die Auftriebsverteilung am Schiff in der Welle wird aber noch beeinflußt von der Form und der Höhe der Welle. Über letztere liegen nur Beobachtungen[1] vor, aus denen Dahlmann für Schiffslängen von 60 bis 280 m die Beziehung

$$\text{Wellenhöhe: } H_w = \frac{1}{30} \cdot (L + 60)$$

abgeleitet hat.

Als Mittelwert wird gewöhnlich der Rechnung zugrunde gelegt:

$$H_w = \frac{1}{20} \cdot L.$$

Innerhalb der Grenzwerte entsprechend vorstehender Formel $H_w = \frac{1}{16} \cdot L$ bzw. $\frac{1}{25} \cdot L$ verändern sich die Biegungsmomente unter sonst gleichen Belastungsverhältnissen um etwa $\pm$ 10%[2].

[1] Zimmermann: Schiffbau Jg. 21, S. 633 und Laas: Messung der Meereswellen und ihre Bedeutung für den Schiffbau. Jahrb. Schiffbaut. Ges. 1905. — Photographische Messung von Meereswellen Z. d. V. d. I. 1905.

[2] Sadler: Transactions of the Inst. of Nav. Arch. and Mar. Engs. New York 1901.

Noch weniger als die Höhe läßt sich die Form der Welle allgemein gesetzmäßig angeben. Man hilft sich aus den dadurch gegebenen Schwierigkeiten durch Annahme der Trochoidenform. Beobachtungen haben gezeigt, daß für die langen Dünungswellen, welche der Längsfestigkeitsrechnung zugrunde gelegt werden, diese Annahme mit hinreichender Genauigkeit zutrifft.

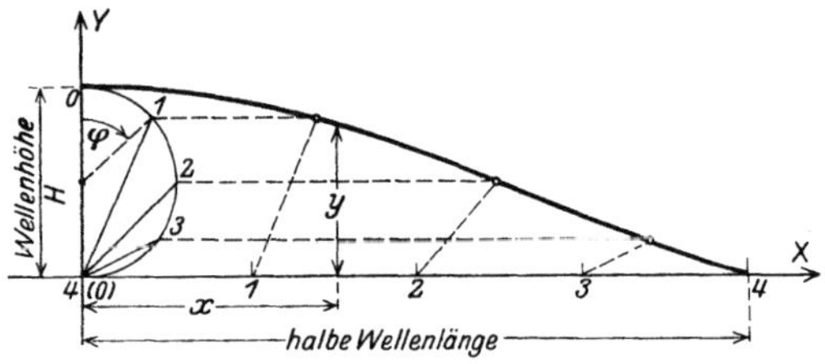

Abb. 62.

Die Konstruktion dieser Wellenform ist aus Abb. 62 ersichtlich. Für das in dieser Abbildung gewählte Koordinatensystem wird die Gleichung der Trochoide:

$$y = \frac{H}{2}(1 + \cos\varphi),$$

$$x = \frac{L}{2\pi}\cdot\varphi - \frac{H}{2}\cdot\sin\varphi.$$

Schreibt man die Gleichung in der Form $y = c \cdot H$, so ergeben sich für eine Einteilung der halben Wellenlänge in 10 Ordinatenabschnitte für c folgende Werte:

Ordinate	0	1	2	3	4	5	6	7	8	9	10
Wert für c	0	0,018	0,068	0,157	0,280	0,424	0,579	0,725	0,872	0,964	1

Der Einfluß der verschiedenen Wellenlängen und Wellenhöhen unter sonst gleichen Verhältnissen ist von Biles[1] an einem Beispiel eingehend durchgerechnet worden. Es zeigte sich dabei, daß nicht nur größere Höhen der Wellen, sondern auch kürzere Wellen von gleicher Höhe wie die von der Länge gleich der Schiffslänge Steigerungen in den Biegungsbeanspruchungen hervorrufen. So ergab die Rechnung für ein Schiff von 92 m Länge in der Lage auf dem Wellenberg bei einer Wellenhöhe von $\frac{1}{20}L = 4{,}6$ m für die Wellenlänge = Schiffslänge als größte Spannung — Zug im Deck — 1469 kg/cm², und für die Wellenlänge $= \frac{2}{3}\cdot L$ (bei gleicher Wellenhöhe von 4,6 m) 1586 kg/cm².

Es läßt sich daher die Ansicht vertreten, daß, um den ungünstigsten Fall zu fassen, die Wellenlänge etwas kürzer genommen werden kann, dabei aber die Wellenhöhe wie vorher auf Wellenlänge = Schiffslänge zu beziehen ist.

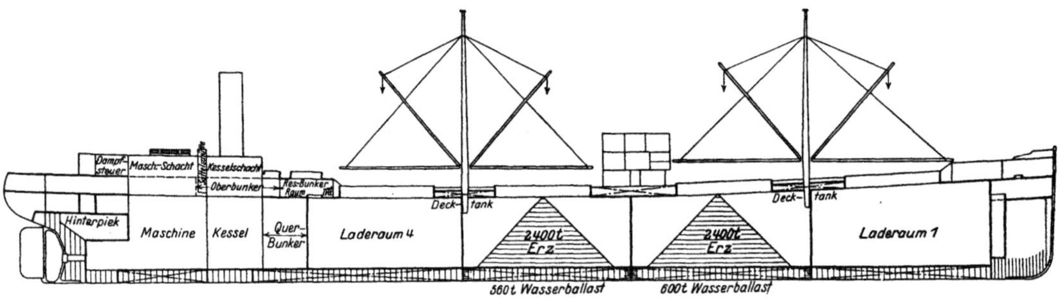

Abb. 63.

Bezüglich der Gewichtsverteilung können gleich genaue und allgemein anzuwendende Angaben wie für die Auftriebsverteilung nicht gemacht werden, da die mannigfaltigen Ladungen und deren verschiedenartige Verteilung auf die einzelnen Laderäume irgendwelchen zahlenmäßig angebbaren Gesetzen nicht folgen. Gewiß wird jede Schiffsleitung es vermeiden, mit einem Schiff über See zu gehen, das beispielsweise bei einem Mindestvorrat von Kohlen und Wasser mittschiffs nur in den Endräumen beladen ist. Andererseits dürfte die den Längsfestigkeitsrechnungen gewöhnlich zugrunde gelegte Annahme eines homogen beladenen Schiffes den praktisch möglichen ungünstigsten Fall nicht ganz

[1] Biles: The Design and Construction of Ships. Band I, Kapitel 23.

erfassen. Falls für ein gegebenes Schiff nicht bestimmte, erfahrungsgemäß zu erwartende Belastungszustände vorgeschrieben sind, wird man daher für normale Frachtdampfer folgende Gewichtsverteilung als ungünstigste der Rechnung zugrunde legen:

Kohlen, Wasser, Proviant in Schiffsmitte verbraucht (Ankunftszustand), Ladung in den einzelnen Räumen homogen verteilt, jedoch in den Endräumen etwa 5 bis 10% schwerer als in den mittleren Räumen.

Hat demnach beispielsweise ein Frachtdampfer von 4000 t Ladefähigkeit und 4 Lade-

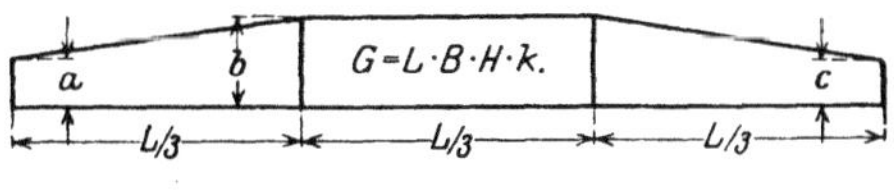

Abb. 64.

Werte für a, b und c.

	a	b	c
Scharfe Handelsschiffe	0,653	1,195	0,566 } Gewicht
Völlige Handelsschiffe	0,706	1,174	0,596 } Länge

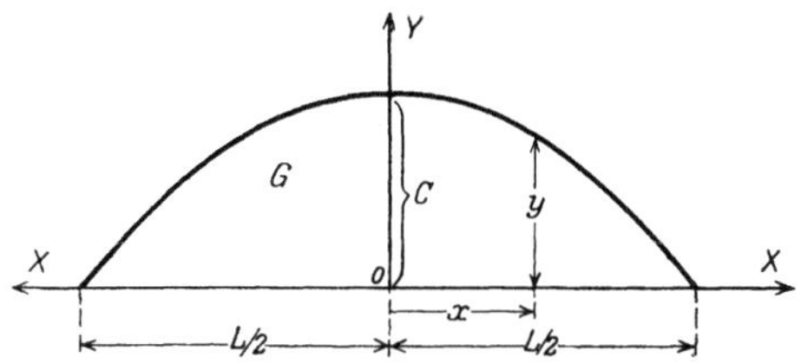

Abb. 65.

räumen einen Rauminhalt von 5700 m³, so würde sich für gleiche homogene Ladung in allen Räumen ein Staukoeffizient von $\gamma = \frac{4000}{5700} = 0{,}7$ ergeben. Man hätte also etwa zu rechnen: Endräume $\gamma = 0{,}7 + 0{,}028 = 0{,}73$ t/m³, Mittelräume $\gamma = 0{,}7 - 0{,}028 = 0{,}67$ t/m³.

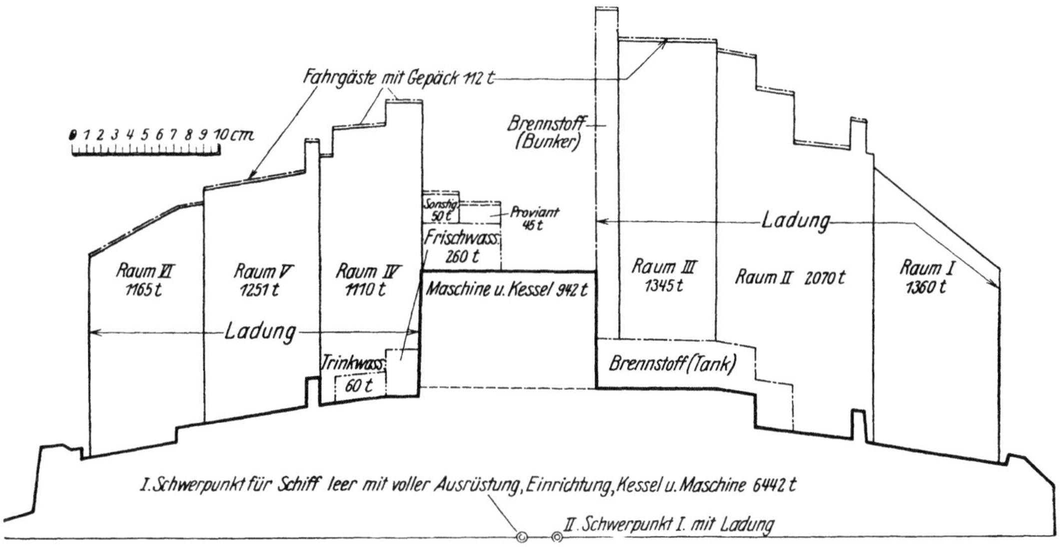

Abb. 66.

Bei Erzschiffen kann eine hohe Beanspruchung des Längsverbandes nicht nur im Seegang eintreten, sondern auch während der Beladung. Bekanntlich fahren diese Schiffe leer viel Wasserballast und als ungünstigster Fall während der Beladung dürfte folgender Zustand anzusehen sein: Schiff hat die Maschinenanlage im Hinterschiff, hat ferner 4 Laderäume und große Vorpick, dabei Bunker, Vorpiek und Doppelboden bis auf den mittleren Wasserballasttank leer. Bei diesem Ballastzustand erhält das Schiff Beladung in den beiden mittleren Laderäumen.

Abb. 63 zeigt diesen Fall für einen Erzdampfer von etwa 8300 t Tragfähigkeit[1].

[1] Vgl. Dahlmann: W. R. H. 1928, S. 325.

Ausführung der Rechnung zur Ermittlung der Scheerkräfte und Biegungsmomente. Man zeichnet auf besonderem Pauspapier die Wellenkontur entsprechend den für die Welle angenommenen Daten, legt diese Welle in den Längriß mit den Spantarealkurven so, daß die Verdrängung nach Augenmaß die gleiche bleibt. Nach der Simpsonregel kann dann die Verdrängung genau bestimmt werden. Diese Verdrängung muß nach Größe und Schwerpunktslage gleich der in ruhigem Wasser

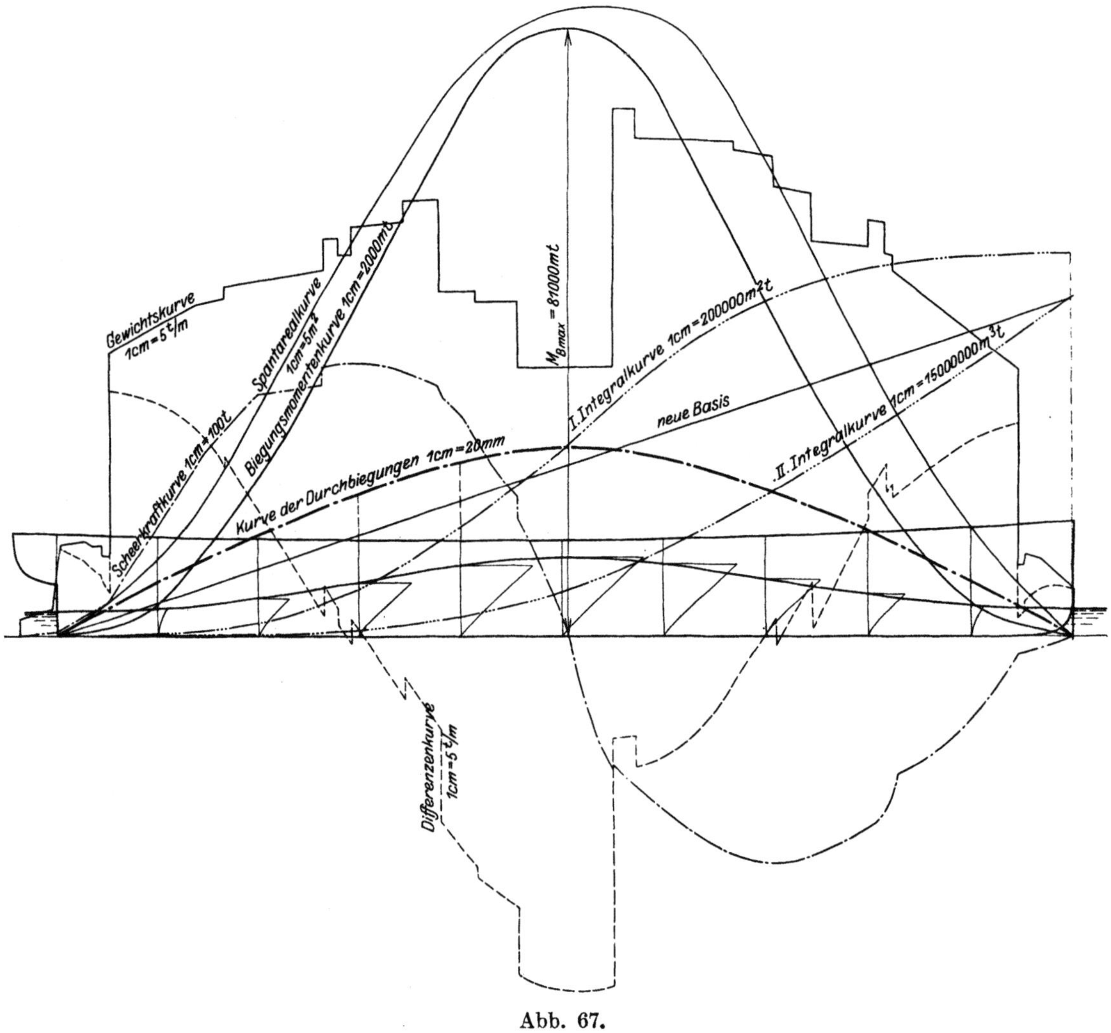

Abb. 67.

sein, da sich beim Übergang des Schiffes auf den Wellenberg oder in das Wellental am Gewichtszustand nichts ändert. Die Wellenkontur muß dann so lange verschoben werden, bis der geforderte statische Gleichgewichtszustand erreicht ist.

Die Kurve der Gewichte kann ermittelt werden, entweder durch eine genaue Gewichtsrechnung, etwa von Spant zu Spant, oder durch Entwicklung aus den einzelnen Gewichtspositionen. Beim ersten Entwurf kann die Kurve nur angenähert nach ähnlichen Schiffen angenommen werden.

Die Positionen, in welche das Gesamtgewicht des Schiffes für die Rechnung zweckmäßig zerlegt werden kann, sind: Schiffskörper, Antriebsanlage, Einrichtungen, Ausrüstung, Besatzung und Passagiere, Brennstoff, Wasser, Proviant und Ladung.

Die Gewichtsbestimmung für den leeren Schiffskörper geht am zweckmäßigsten aus von dem glatten Schiffskörper bis zum obersten durchlaufenden Deck (Gurtungsdeck, meist Hauptdeck), ohne Berücksichtigung der Aufbauten. Für normale Handelsschiffe kann das Gewicht dieses Teiles bestimmt werden nach der Formel:

$$G = L \cdot B \cdot H \cdot k,$$

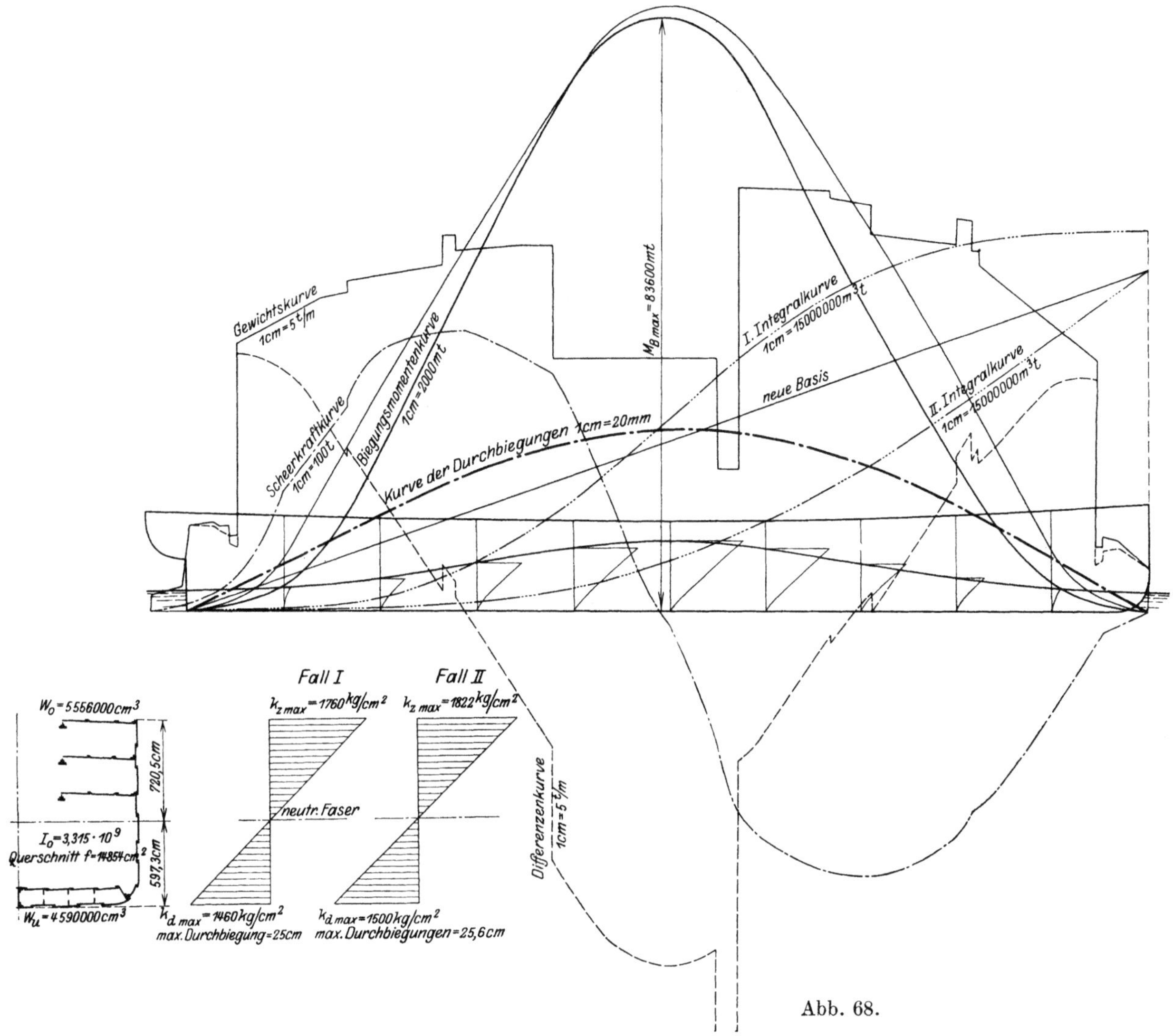

Abb. 68.

wo k ein Erfahrungswert (Gewicht pro m³ Schiffsvolumen) ist. Die Größe von k hängt ab von dem Schiffstyp und der Bauart, insbesondere der Anzahl Decks und Schotten. k schwankt in den Grenzen 100 bis 160 kg/m³.[1] Unter sonst gleichen Verhältnissen wird k mit zunehmender Schiffsgröße kleiner und mit zunehmendem δ größer. Die Verteilung dieses Gewichtes in der Längsrichtung kann in erster Annäherung als Trapez oder Parabel dargestellt werden. Die Trapezverteilung entspricht der Abb. 64 mit den Werten der Koeffizienten nach der zugehörigen Tabelle.

Wird die Verteilung des Gewichtes des Schiffskörpers parabelförmig angenommen,

[1] Vgl. Johow-Foerster: 5. Aufl., S. 68.

so kann die Gewichtskurve entsprechend Abb. 65 nach der Gleichung

$$y = C \cdot \left[1 - \left(\frac{x}{L/2}\right)^n\right]$$

aufgezeichnet werden. Der Grad der Parabel ist bestimmt nach der Gleichung

$$n = \frac{\delta'}{\beta' - \delta'}.$$

Hierbei bedeutet δ' die Völligkeit des ganzen Schiffskörpers bis Hauptdeck und β' die des Hauptspantes, jedoch ebenfalls bis zum Hauptdeck gerechnet. Nach Schmidt[1] kann mit hinreichender Genauigkeit gesetzt werden:

$$\delta' = \frac{T \cdot \delta + f \cdot \alpha}{H} \quad \text{und} \quad \beta' = \frac{T \cdot \beta + f}{H},$$

wobei f den Freibord angibt.

Die Gewichte der Aufbauten werden am einfachsten, ihrer Länge entsprechend und gleichmäßig verteilt, auf die Kurve für den Schiffsrumpf aufgesetzt. Die Gewichte müssen überschläglich aus Platten und Profilen berechnet werden.

Das Gewicht der Maschinen- und Kesselanlage wird am einfachsten über die zugehörige Länge gleichmäßig verteilt. Das gleiche gilt sinngemäß für die übrigen Positionen der Schiffsgewichte.

Ist so die Gewichtskurve allmählich entwickelt, kann vor allem der Bereich: Schiff leer, aber betriebsfertig dadurch kontrolliert werden, daß die Fläche dem angesetzten Gesamtgewicht entsprechen muß.

Die Abb. 66 gibt eine Gewichtskurve eines mittelgroßen Fracht- und Passagierdampfers im Abgangszustand wieder.

Ist aus der Auftriebs- und Gewichtskurve die Differenzkurve aufgestellt (Maßstab 1 cm = ÷ t/m), so wird am einfachsten mittels Planimeter integriert. Da die erste Integration der Differenzkurve die Scheerkraftkurve liefert, die Scheerkraft aber an den Schiffsenden Null werden muß, kann von einem Ende aus integriert werden. Die aus der nochmaligen Integration folgende Momentenkurve muß ebenfalls die Endwerte Null haben. Die zweite Integration kann daher auch an einem Schiffsende beginnen.

Scheerkraft- und Momentenkurve können nur die Endwerte Null annehmen, wenn die von Gewichts- und Auftriebskurve umschlossenen Flächen nicht nur gleichen Inhalt, sondern auch gleiche Schwerpunktslage in vertikaler Richtung haben (Bedingung für das zugrunde gelegte statische Gleichgewicht des Schiffes). Die +- und —-Flächen der Differenzkurve müssen sich demnach genau ausgleichen, eine Bedingung, welche die aufgestellten Auftriebs- und Gewichtskurven genau kontrolliert.

Abb. 67 u. 68 zeigen diese Rechnungsmethode für 2 Belastungsfälle eines Fracht- und Passagierdampfers von etwa 140 m Länge.

Rechnerisch kann das maximale Biegungsmoment in einem Annäherungsverfahren ermittelt werden, für welches Schmidt[2] die Grundlagen entwickelt hat.

Man betrachtet den Schiffskörper als einen frei auf 2 Stützen gelagerten Stab und belastet ihn getrennt mit den Auftriebs- und Gewichtskräften. Das im Hauptspant wirksame Biegungsmoment ist dann die Differenz aus den Momenten, die von jeder dieser Belastungen im $\boxtimes$ hervorgerufen werden. Es ist demnach

$$M_{\boxtimes} = M_A - M_G$$

wenn M_A das Moment des Auftriebes und M_G das der Gewichte ist. Diese Beziehung gilt für jeden Schiffsquerschnitt. Entsprechend Abb. 69 ergibt sich das Moment des Auf-

---

[1] Schiffbau, IX. Jg., S. 820.

[2] Schmidt: Schiffbau, X. Jg., S. 792. Vgl. auch Dahlmann: W. R. H. 7. August 1927.

triebes aus der Deplacementskurve an beliebiger Stelle x zu

$$M_{A_x} = -A_A \cdot x + \int_{x'=0}^{x'=x} a \cdot dx \cdot (x - x'),$$

wo a die Ordinaten der Auftriebskurve sind und ebenso das Moment aus den Gewichten (Ordinaten g) entsprechend Abb. 70 zu

$$M_{G_x} = A_G \cdot x - \int_{x'=0}^{x'=x} g \cdot dx \cdot (x - x').$$

In diesen Gleichungen ist x' die Variable der x-Werte bis zu dem gewünschten Schnitt $x - x$.

In der statischen Gleichgewichtslage müssen nun die angenommenen Auflagekräfte A_A, A_G und B_A und B_G einander gleich sein und damit auch ihre Momente bezogen auf

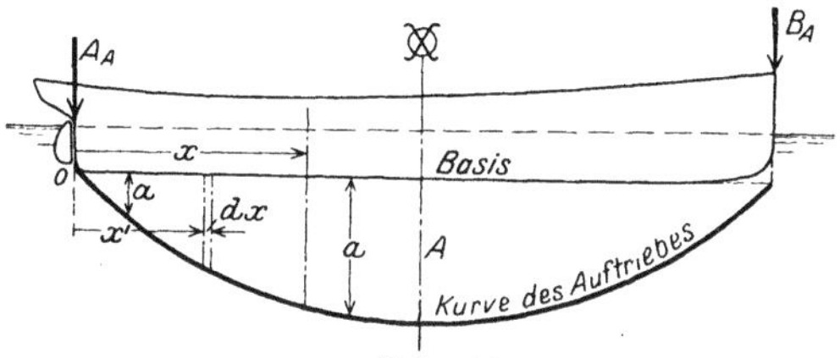

Abb. 69.

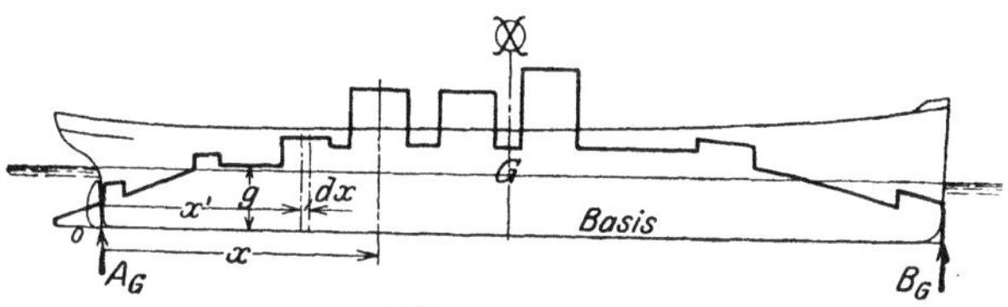

Abb. 70.

den betrachteten Schnitt. Diese heben sich somit auf und das resultierende Moment ergibt sich nach der Gleichung

$$M_x = \int_{x'=0}^{x'=x} a \cdot dx \cdot (x - x') - \int_{x'=x}^{x'=x} g \cdot dx \cdot (x - x').$$

Die genaue Auswertung der Integrale erfolgt am einfachsten mittels Integrators.

Bezüglich der Auftriebskurve kann die Integration rechnerisch erfolgen, wenn der Verlauf in erster Annäherung als eine Parabel angenommen wird (s. Abb. 65). Im $\boxtimes$ wird dann das Moment (vgl. die Bezeichnungen der Abb. 56, S. 57)

$$M_{\boxtimes} = \int_0^{L/2} y \cdot dx \cdot x, \quad \text{und da} \quad y = \boxtimes \left[1 - \left(\frac{x}{L/2}\right)^n\right],$$

folgt für das Integral

$$\int y\, dx \cdot x = \frac{\boxtimes}{(L/2)^n} \cdot \int \left(\frac{L}{2}\right)^n \cdot x - x^{n+1} / dx.$$

Die Integration in den Grenzen 0 bis $\frac{L}{2}$ liefert dann (vgl. S. 59)

$$M_{\boxtimes} = \boxtimes \cdot \left(\frac{L}{2}\right)^2 \cdot \frac{n}{2 \cdot (n+2)}, \quad \text{wo} \quad n = \frac{\delta}{\beta - \delta} \text{ ist.}$$

Diese Gleichung gilt aber nur für die Schwimmlage in ruhigem Wasser. Schmidt entwickelt auch Formeln für die Auftriebsmomente bei der Lage des Schiffes auf dem Wellenberg und über dem Wellental. Für den Welleninhalt kann geschrieben werden:

$W = L \cdot B \cdot H \cdot v$, wo v die Völligkeit der Welle angibt, die nur von α abhängig ist. Wird noch für die Wellenhöhe H der Mittelwert $L/20$ gesetzt, so folgt

$$W = \frac{L^2 \cdot B}{20} \cdot v.$$

Das Moment dieses Welleninhaltes bezogen auf $\boxtimes$ wird

$$M_{W_{\boxtimes}} = \frac{W}{2}\left(z \cdot \frac{L}{2}\right),$$

wo $z \cdot \frac{L}{2}$ der Abstand des ⊙ des halben Wellenkörpers vom Hauptspant ist und wie v nur von α abhängt. Es folgt

$$M_{W_{\otimes}} = \frac{L^3 \cdot B \cdot v \cdot z}{80} = \frac{L^3 \cdot B}{80} \cdot w,$$

wenn noch $v \cdot z = w$ gesetzt wird. w ist ebenfalls eine Funktion von α. Ihre Werte sind aus der untenstehenden Tabelle zu entnehmen.

Das Moment des Wellenkörpers muß bei der Lage: Schiff auf Wellenberg hinzugefügt, bei der Lage: Schiff über Wellental abgezogen werden. Gleichzeitig muß die Verdrängung, bezogen auf ruhiges Wasser, um eine parallele Schicht gleich dem Welleninhalt verringert bzw. vergrößert werden. Das resultierende Moment des Auftriebes ergibt sich somit nach den Gleichungen:

Schiff auf Wellenberg: $M_A = M_V - M'_W + M_W$,

Schiff über Wellental: $M_A = M_V^{\prime\prime} + M'_W - M_W$,

wo M'_W das Moment der korrigierenden Schicht ist. Dieses wird wie das der normalen Verdrängung bestimmt, nur ist zu setzen $\beta = 1$ und $\delta = \alpha$ sowie für D W. Die Formel lautet dann:

$$M'_W = \frac{W \cdot L}{8} \cdot \frac{1}{2 - \alpha} = \frac{L^3 \cdot B}{160} \cdot \frac{v}{2 - \alpha}.$$

Als endgültige Formeln für das Moment des Auftriebes ergeben sich somit:

Schiff auf Wellenberg:

$$M_A = \frac{D \cdot L}{8} \cdot \frac{1}{2 - \varphi} - \frac{L^3 \cdot B}{160} \cdot \frac{v}{2 - \alpha} + \frac{L^3 \cdot B}{80} \cdot w$$

oder

$$M_A = \frac{D \cdot L}{160} \cdot \left[\frac{20}{2 - \varphi} - \frac{L}{T \cdot \delta} \cdot \left(\frac{v}{2 - \alpha} - 2 \cdot w\right)\right].$$

Wird noch zur Abkürzung gesetzt

$$\frac{v}{2 - \alpha} - 2 \cdot w = c, \text{ so folgt}$$

$$M_A = \frac{D \cdot L}{160} \cdot \left[\frac{20}{2 - \varphi} - c \cdot \frac{L}{T \cdot \delta}\right].$$

Die Werte für c als Funktion von α ergeben sich aus der nachfolgenden Tabelle für: Schiff auf Wellenberg.

Für Schiff über Wellental folgt ebenso:

$$M_A = \frac{D \cdot L}{160} \cdot \left[\frac{20}{2 - \varphi} + c \cdot \frac{L}{T \cdot \delta}\right].$$

α	z	v	w	c
0,7	0,2574	0,4177	0,1075	0,1063
0,75	0,2636	0,4310	0,1136	0,1176
0,8	0,2695	0,4420	0,1191	0,1301
0,82	0,2718	0,4456	0,1211	0,1354
0,84	0,2741	0,4490	0,1231	0,1408
0,86	0,2762	0,4520	0,1238	0,1489

Zur Bestimmung des Gewichtsmomentes M_G muß das Gesamtgewicht sinngemäß in Einzelgewichte zerlegt werden. Diese Einzelgewichte sind dann als Belastung für den auf 2 Stützen frei gelagert gedachten Schiffslängsträger zu betrachten. Alsdann können die zugehörigen Belastungsmomente — ohne die Momente der Auflagekräfte, welche sich ja mit den Momenten der — gedachten — Auflagekräfte aus dem Auftrieb aufheben — ohne weiteres errechnet werden. Ihre algebraische Summe liefert das Gewichtsmoment M_G. Für die hierbei vorkommenden Belastungsfälle sind diese Momente in der Tabelle I formelmäßig entwickelt.

Beispiel: Ein Frachtdampfer von 3500 t Ladefähigkeit hat folgende Daten:

$L = 96$ m, $B = 14$ m, $T = 6$ m, $D = 6100$ t.

$\alpha = 0{,}863$, $\beta = 0{,}977$, $\delta = 0{,}756$ $\varphi = 0{,}774$.

Tabelle I.

		Moment im Hauptspant
Schiffskörper: als Parabel	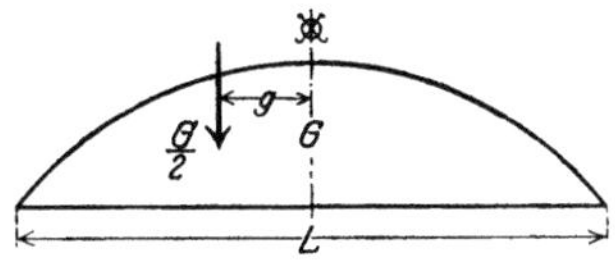	$\frac{G}{2}\cdot g = \frac{G\cdot L}{8}\,\frac{1}{2-\varphi'}, \quad \varphi' = \frac{\delta'}{\beta'}$
als Trapez	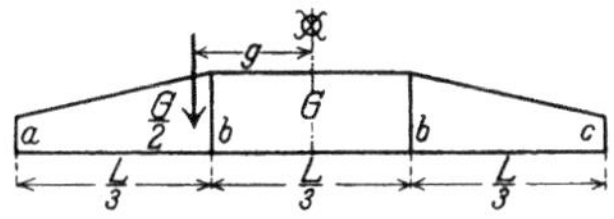	$\frac{G}{2}\cdot g = \frac{L^2}{216}\,(14a + 13b)$ G = Gewicht des ganzen Schiffskörpers
Streckenlasten: (Aufbauten, Maschine, Einrichtungen)	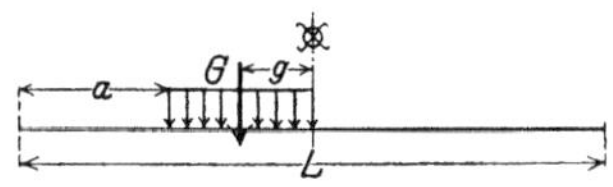	$G\cdot g = G\cdot\frac{d}{2}\left(\frac{L}{2} - a\right)$
	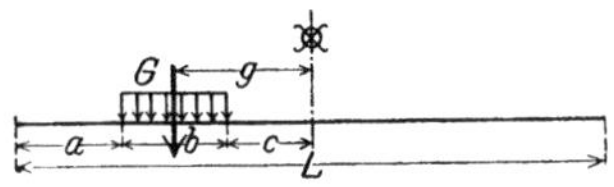	$G\cdot g = G\cdot\left(c + \frac{b}{2}\right)$ G = Gewicht der Teile links vom $\boxtimes$
Einzellasten: Druck des Kesselfundament, Masten	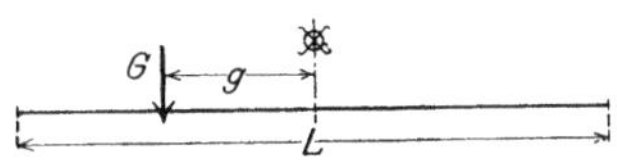	$M_{\boxtimes} = Gg$
Ladung in den Endräumen	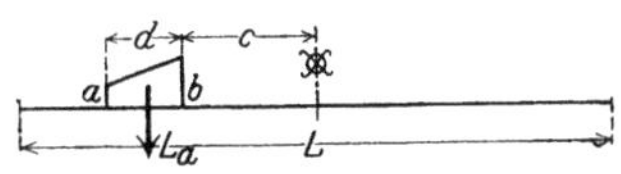	$M_{\boxtimes} = \frac{d}{2}\left[c\,(a+b) + \frac{d}{3}\,(2a+b)\right]$

Mit diesen Werten folgt für die Auftriebsmomente in Mitte Schiff:
Schiff in ruhigem Wasser:

$$M_{A_{\boxtimes}} = \frac{6100\cdot 96}{8}\cdot\frac{1}{2-0{,}774} = 61\,000\text{ mt}.$$

Schiff auf Wellenberg:

$$M_{A_{\boxtimes}} = \frac{61\,000\cdot 96}{160}\left[\frac{20}{2-0{,}774} - 0{,}15\cdot\frac{96}{6\cdot 0{,}756}\right] = 48\,056\text{ mt}.$$

Schiff über Wellental:

$$M_{A_{\boxtimes}} = \frac{6100\cdot 96}{160}\left[\frac{20}{2-0{,}774} + 0{,}15\cdot\frac{96}{6\cdot 0{,}756}\right] = 71\,330\text{ mt}.$$

Nach Schmidt, der dieses Beispiel auch behandelt, wird das Gewichtsmoment im Hauptspant

$$M_{G_{\boxtimes}} = -\,59\,340\text{ mt}.$$

Damit ergeben sich die folgenden wirksamen Biegungsmomente im Hauptspant:
Schiff in ruhigem Wasser:

$$M_{b_{\boxtimes}} = +\,61\,000 - 59\,340 = +\,1\,660\text{ mt}.$$

Schiff auf Wellenberg:

$$M_{b_{\boxtimes}} = +\,48\,056 - 59\,340 = -\,11\,284\text{ mt}.$$

Schiff über Wellental:

$$M_{b_{\boxtimes}} = +\,71\,056 - 59\,340\text{ mt} = +\,11\,716\text{ mt}.$$

Bei dieser Betrachtung war angenommen, daß der Deplacementsschwerpunkt genau in Mitte Schiff liegt. Schmidt gibt auch Formeln und Tabellen für die Rechnung, wenn dies nicht zutrifft. Er zeigt aber auch an einem Beispiel, daß diese genauere, etwas längere Rechnung nicht erforderlich ist, solange der Abstand des Deplacementsschwerpunktes vom Hauptspant nicht erheblich ist.

Nach dem Verfahren von Schmidt können auch die Biegungsmomente in jeder beliebigen Spantebene berechnet werden. Eine solche Rechnung ist notwendig, wenn infolge plötzlicher Verringerung des Widerstandsmomentes — vor allem im Bereich Brückenfrontschott — trotz verringertem Biegungsmoment die Spannungen größer werden als in Mitte Schiff.

Zur Bestimmung des gesamten Verlaufes der Biegungsmomente eignet sich auch folgendes Annäherungsverfahren[1], das vor allem schnell die Biegungsmomente für ein und dasselbe Schiff bei verschiedenartiger Belastung liefert.

Auch bei diesem Verfahren wird Auftrieb und Gewicht getrennt behandelt.

Für das Auftriebsmoment in einem beliebigen Spantquerschnitt war bereits entwickelt:

$$M_{A_x} = \int_{x=0}^{x'=x} a \cdot dx \cdot (x - x'),$$

wo x' die laufende Koordinate innerhalb des Bereiches $x = 0$ bis $x = x$ ist.

Ebenso ergab sich für das zugehörige Gewichtsmoment

$$M_{G_x} = \int_{x'=0}^{x'=x} g\, dx\, (x - x').$$

Der Rechnung zugrunde gelegt werde wieder eine Welle von der Länge gleich der Schiffslänge. Diese Welle wird zu 3 Tiefgängen innerhalb der Betriebstiefgänge in den Längsriß (mit den Spantarealkurven) eingezeichnet ohne Rücksicht darauf, ob die Wellenlage einer tatsächlichen Schwimmlage des Schiffes entspricht. Die 3 Spantarealkurven werden von den Schiffsenden aus nach Hauptspant zu abgesetzt. Dazu genügen außer den Werten im ⊠, die nur übereinstimmen, wenn die Deplacementsschwerpunkte genau im ⊠ liegen, je ein Punkt im Vor- und Hinterschiff. Die Momente und Inhalte der Spantarealkurven werden am einfachsten mittels Integrator und Planimeter bestimmt.

Die Momente in einem beliebigen Schnitt können als Funktion der zugehörigen Verdrängungen in einer „Kurve der Auftriebsmomente im Schnitt $x - x$" graphisch dargestellt werden. Diese liefert dann für jeden Tiefgang entsprechend der gegebenen Belastung das zugehörige Auftriebsmoment für Schiff auf Wellenberg oder im Wellental. In den meisten Fällen genügt die Aufstellung der Kurve der Auftriebsmomente im ⊠ für Schiff auf Wellenberg, da $M_{\max}$ immer in der Nähe des Hauptspantes liegt.

Das zugehörige Gewichtsmoment wird am einfachsten ebenfalls mittels Integrator aus der Gewichtskurve erhalten. Hat man für verschiedene Gewichtskurven zu rechnen, so wird die zahlenmäßige Bestimmung von M_{G_x} vorzuziehen sein. Dabei wird am zweckmäßigsten zunächst das für Belastungsfälle konstante Moment des leeren aber betriebsfertigen Schiffes bestimmt. Dieses Moment setzt sich zusammen aus den Momenten aus dem Schiffskörper, den Aufbauten, Einrichtungen und Ausrüstungen, Maschinen, Wellen, Propeller und Kessel. Dazu kommen dann die jeweiligen Ladungsgewichte. Die Momente aller dieser Einzelgewichte können für Mitte Schiff mittels der Tabelle I, S. 69 ermittelt werden.

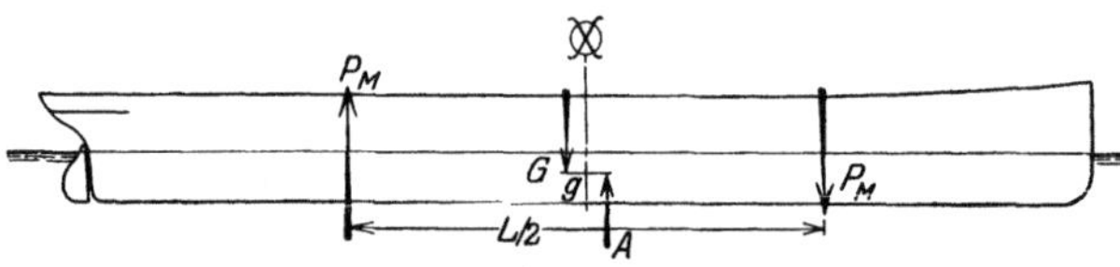

Abb. 71.

Bei dem letzten Verfahren war angenommen, daß die Schwerpunkte aller Auftriebs- und Gewichtskräfte in der Hauptspantebene liegen. In den meisten Fällen trifft dies genau

[1] Dahlmann: Angenäherte Längsfestigkeitsrechnung: W. R. H. 7. August, 1927.

nicht zu, jedoch ist das „Restmoment“ gewöhnlich so gering, daß es in erster Annäherung vernachlässigt werden kann.

Wenn erforderlich, kann dieses Restmoment durch ein Zusatzmoment, welches ein dynamisches Gleichgewicht hervorruft, ausgeglichen werden. Dieses Moment der Massenkräfte muß gleich aber entgegengesetzt dem Restmoment sein (vgl. Abb. 71). Nimmt man in erster Annäherung an, daß die Massenkräfte in Mitte Vor- bzw. Hinterschiff angreifen, so wird

$$G \cdot g = P_M \cdot \frac{L}{2}.$$

Von dem Gewichtsmoment des Hinterschiffes wäre in dem in Abb. 17 dargestellten Belastungsfall im Hinterschiff von dem Gewichtsmoment $M_{G\boxtimes}$ als Korrektur das Moment $P_M \cdot \frac{L}{4} = \frac{G \cdot g}{2}$ = ½ Restmoment abzuziehen. In Abb. 72 ist eine solche angenäherte Längsfestigkeitsrechnung für einen Fracht- und Passagierdampfer von etwa 160 m Länge durchgeführt.

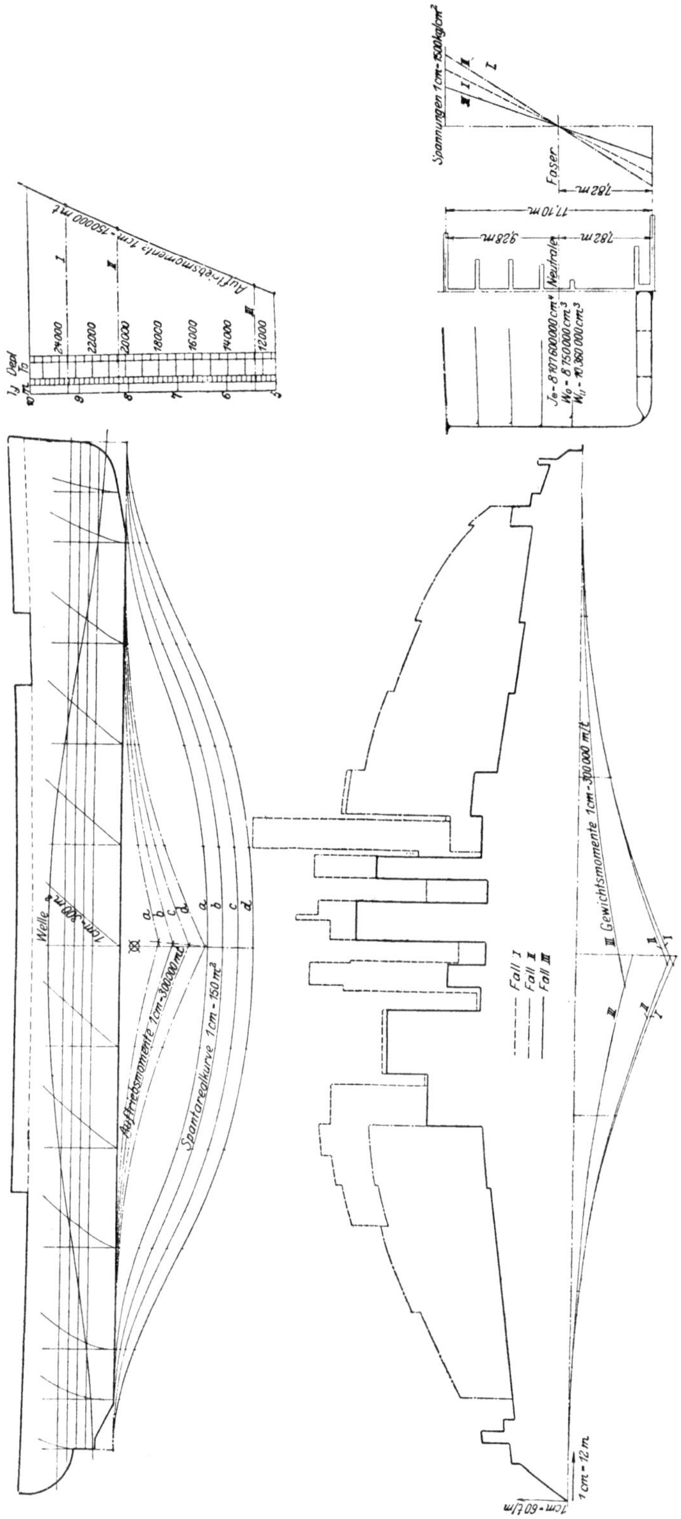

Abb. 72.

Das dynamische Biegungsmoment. Infolge der Tauch- und Stampfschwingungen des Schiffes im Seegang entstehen Massenkräfte, die im Längsverband zusätzliche Biegungsmomente hervorrufen.

Bei der Ermittelung dieser Kräfte ist auszugehen von den Grundgleichungen der Dynamik: beschleunigende Kraft = Masse × Beschleunigung und beschleunigendes Moment = Massenträgheitsmoment × Winkelbeschleunigung.

Die Beschleunigungen sind aus den Gesetzen für die Tauch- und Stampfschwingungen zu entwickeln. Der hierzu erforderliche Rechnungsansatz und Rechnungsgang (graphisch und analytisch) ist am umfassendsten von Horn[1] angegeben worden. Die Hauptergebnisse seiner Untersuchungen hat Horn selbst wie folgt zusammengefaßt:

1. „Es läßt sich von vornherein auf Grund einfacher Kennzeichen beurteilen, ob die dynamische Wirkung der Wellenbewegung eine Erhöhung oder Verringerung der in der statischen Gleichgewichtslage auftretenden Beanspruchungen herbeiführt.“

2. „In der Mehrzahl der Fälle findet eine Verringerung statt; es ist dann die statische Gleichgewichtslage als der denkbar ungünstigste Fall für die Ermittelung der Biegungsmomente beizubehalten.“

3. „Der Beitrag, den das dynamische Moment der Tauchschwingungen zu der Erhöhung des statischen Biegungsmomentes liefert, wird 15% des letzteren, der des Stampfschwingungsmomentes 30% nur in den seltensten Fällen überschreiten.“

Horn behandelt auch den Einfluß der hydrodynamischen Druckverteilung in den Wellenschichten. Die Berücksichtigung dieses Einflusses hat zur Folge, daß in den Fällen, wo die dynamischen Zusatzmomente einen Zuwachs zum statischen Moment liefern, dieser Zuwachs erheblich reduziert, in der Regel ausgeglichen wird.

Nach den eingehenden Untersuchungen von Horn ergibt sich für die Praxis, daß — vornehmlich bei normalen Handelsschiffen — die übliche Rechnung auf Grund statischen Gleichgewichtes des Schiffes in der Welle den hinreichend ungünstigsten Fall der Beanspruchung darstellt. Eine rechnerische Kontrolle der dynamischen Zusatzmomente ist daher nur bei außergewöhnlichen Schiffstypen mit hoher Geschwindigkeit wünschenswert. So ermittelt Horn in einem durchgerechneten Beispiel für ein Torpedoboot von 64 m Länge bei 22 Knoten Geschwindigkeit im Seegang das größte statische Biegungsmoment (Schiff im Wellental) zu 1350 mt $= \frac{D \cdot L}{22{,}4}$ und das dynamische Zusatzmoment zu 240 mt = 17,8% des statischen Momentes[2].

Annäherungsformel für das größte Biegungsmoment. Für Entwurfsrechnungen, bei denen meistens der Linienriß sowie die Materialverteilung im Hauptspant noch nicht vorliegt, kann das größte Biegungsmoment für normale Konstruktionen überschläglich nach der empirischen Formel

$$M_{\max} = \frac{D \cdot L}{C}$$

bestimmt werden. Wird die Verdrängung D in Tonnen und die Schiffslänge L in Meter eingesetzt, so ergeben sich für den Koeffizienten C folgende Erfahrungswerte:

Schiffsart	Lage des Schiffes	C
Große Schnelldampfer	Schiff auf Wellenberg	29—30
„ Fracht- u. Passagierdampfer	„ „ „	32—35
„ Frachtdampfer	„ „ „	33
Mittlere „	„ „ „	32
Kleine „	„ „ „	31
Kanaldampfer	„ „ „ „ im Wellental	30
Erzdampfer mittlerer Größe	„ auf Wellenberg	35
Öltankschiffe	„ im Wellental	40
Flachgehende Flußdampfer	„ im ruhigen Wasser	18—24

Diese C-Werte entsprechen normalen Belastungen bei homogener Ladungsverteilung und größtem Tiefgang. Bei stark wechselnder Ladungsverteilung ist C bis etwa 20% kleiner anzunehmen.

Annäherungsformel für die größte Scheerkraft. In erster Annäherung kann gesetzt werden $S_{\max} = c \cdot D$, wo c ein Faktor ist, der für ähnliche Schiffe konstant ist.

[1] Horn: Die dynamischen Wirkungen der Wellenbewegung auf die Längsbeanspruchung des Schiffskörpers. Berlin: Julius Springer.

[2] Vgl. auch Alexander, The influence of longitudinal distribution of weight upon the bending moments of ships among waves. J. N. A. 1911.

S und D in Tonnen. Bei normalen Fahrzeugen wird c etwa 0,11, bei Erzfahrzeugen steigt der Wert bis auf 0,18.

Im Mittel liegen die Stellen der größten Scherkräfte etwa $\frac{1}{4}L$ von den Schiffsenden.

Das Trägheitsmoment des Längsverbandes. Nach der Biegungslehre für den Balken wird die Materialverteilung in den Querschnitten eines Trägers durch das äquatoriale Trägheitsmoment gekennzeichnet, entsprechend der Formel $J = \int y^2 \cdot df$, in der y die Abstände der einzelnen Flächenteile df von der neutralen Achse bedeuten. Der Wert von J ist hiernach unabhängig von den X-Koordinaten der Flächenteile, d. h. es kommt für die Größe des Trägheitsmomentes nur auf die Flächenverteilung im Querschnitt in der vertikalen Richtung der Y-Achse an. Die Träger der Abb. 73 haben somit nach der gewöhnlichen Biegungslehre mit ihren zahlenmäßig gleichen Trägheitsmomeuten gleiche Tragfähigkeit. Tatsächlich hat der Träger a erheblich größere Tragfähigkeit als die beiden übrigen. Die Abnahme der tatsächlichen gegenüber der rechnungsmäßigen Tragfähigkeit wird um so größer je unsymmetrischer die Materialverteilung in der X-Richtung ist und je geringer die Wandstärken gegenüber den Querschnittsabmessungen sind[1].

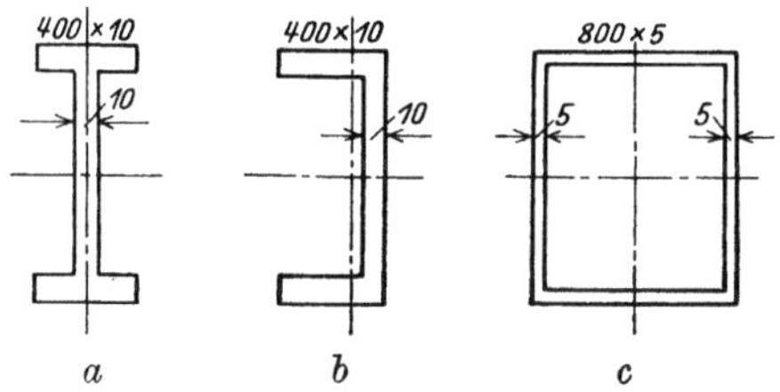

Abb. 73.

Nun ist der Schiffslängsträger ein Hohlträger — in der oberen Gurtung noch teilweise offen — von verhältnismäßig dünnen Wandstärken. Die Dicke der Außenhaut verhält sich zur Schiffsbreite wie etwa 1:1000. Schon die Gefahr der Verminderung der Tragfähigkeit durch Knickung in den großen dünnen Wandflächen erfordert daher einen Querverband. Wie weit durch diesen Querverband die Tragfähigkeit des äquivalenten, vollen und symmetrischen Trägers erreicht wird, hängt neben der Größe der Decksöffnungen von der Stärke des Querverbandes ab, also von Außenhautstärke, Spantrahmen, Spantabstand und Anzahl der Schotten. Das Zusammenwirken dieser Verbände läßt sich zahlenmäßig allgemein nicht angeben.

Um ein einheitliches Rechnungsverfahren zu ermöglichen, wird zur Ermittelung des Widerstandsmomentes das rechnungsgemäße Trägheitsmoment des äquivalenten vollen Trägers (Abb. 73, a) in Rechnung gesetzt.

Als im Längsverband tragend werden alle durchlaufenden, in den Stößen hinreichend verbundenen Platten und Profile im Bereich des Doppelbodens, der Außenhaut und der Decks betrachtet. Für die Schwächung durch die Nietung ist ein Abzug vom äquatorialen Trägheitsmoment von 10 bis 15% üblich, je nach Umfang der „Abnietung" der Außenhaut, vor allem durch die Randwindel der wasser- bzw. öldichten Querschotten.

Nach der Gleichung $W = \frac{J}{e}$ ergeben sich aus dem Trägheitsmoment die konstruktiv maßgebenden Widerstandsmomente W_o und W_u in der oberen und unteren Gurtung.

Liegen im Querschnitt Materialien verschiedener Elastizitätseigenschaften (Schiffbaustahl, Spezialstahl, Holz, Eisen, Beton), so verhalten sich, da die Formänderungen in allen Materialien in einer horizontalen Faserschicht gleich groß sein müssen, die Spannungen wie die Elastizitätsmasse der Materialien. Zur Vereinfachung der Rechnung multipliziert man den Querschnitt des Nebenmaterials mit dem Quotienten

$$\frac{\text{Elastizität Nebenmaterial}}{\text{Elastizität Hauptmaterial}}$$

[1] Vgl. **Rheder**: Über die Tragfähigkeit und zweckmäßige Ausgestaltung von Schiffbauversteifungsprofilen. Jahrbuch der S. T. G. 1918.

und rechnet dann, als bestände der Querschnitt nur aus Hauptmaterial. Für Spezialstahl wird im Vergleich zum gewöhnlichen Schiffbaustahl der Quotient 0,9 bis 1,0, für Holz etwa 0,04.

Ein zweckmäßiges Schema zur Berechnung der Trägheits- und Widerstandsmomente ist bereits S. 60 angegeben.

Für Vergleichszwecke hinsichtlich der Materialausnutzung im Längsverband ist das „spezifische" Widerstandsmoment, gegeben durch den Ausdruck $\frac{W_{\min}}{F}$ (F = tragende Fläche des Querschnittes), ein scharfes Kriterium[1].

Da das konstruktiv maßgebende Widerstandsmoment des Hauptspants vor allem von der Höhe des Längsträgers abhängt, ist für Entwurfszwecke eine, wenn auch nur angenähert zutreffende, zahlenmäßige Beziehung zwischen $W_{\min}$ und der Seitenhöhe H (bis Gurtungsdeck) wünschenswert. Diese kann erhalten werden durch den Ansatz

$$W_{\min} = c \cdot 2 \cdot s \cdot H^2,$$

wo s die mittlere Plattenstärke der Außenhaut bedeutet und c ein Koeffizient ist, der den Einfluß der Gurtungen (Boden und Decks) auf die Größe des Widerstandsmomentes wiedergibt.

Aus der Gleichung folgt

$$H = \sqrt{\frac{W_{\min}}{2 \cdot c \cdot s}} \quad \text{und da} \quad W_{\min} = \frac{M_{b_{\max}}}{k_{b_{zul}}} = \frac{D \cdot L}{C \cdot k_{b_{zul}}}$$

folgt

$$H = \sqrt{\frac{D \cdot L}{2 \cdot C \cdot c \cdot s \cdot k_{b_{zul}}}}.$$

Für ähnliche Schiffe bleiben die Werte für C und c mit hinreichender Genauigkeit konstant.

Für Zweideckschiffe von 120 bis 160 m Länge und langem Brückendeck als obere Gurtung wird c etwa 0,7 bis 0,9.

Entwurfsbeispiel: Welche Seitenhöhe bis Gurtungsdeck braucht ein Frachtdampfer von etwa 12500 t Tragfähigkeit und 142 m Länge?

Nach ähnlichen Schiffen ist mit einer Verdrängung von etwa 17500 t zu rechnen sowie mit einer Stärke der Außenhaut im Bereich der Wasserlinie von etwa 17,5 m/m.

Angenommen werde:

$$C = 30, \quad c = 0{,}85, \quad k_{b_{zul}} = 1500 \text{ kg/cm}^2 = 15000 \text{ t/m}^2.$$

Dann folgt:

$$H = \sqrt{\frac{17500 \cdot 142}{0{,}035 \cdot 30 \cdot 0{,}85 \cdot 15000}} = \sim 13{,}6 \text{ m}.$$

Ausgeführt sind bei einem solchen Schiffe etwa 13,3 m Seitenhöhe bis zum Brückendeck, das als Gurtungsdeck ausgebildet ist.

Da das Biegungsmoment nach den Schiffsenden zu abnimmt, kann für den Träger gleicher Längsfestigkeit das Widerstandsmoment entsprechend verringert werden. Die hierfür zulässige Materialverringerung an den Schiffsenden ist von den Klassifikationsgesellschaften geregelt, wobei der tabellarische volle Querschnitt sich über die mittlere Schiffshälfte zu erstrecken hat. Mit Rücksicht auf die schnelle Abnahme des Biegungsmomentes, sowie auf die rechnungsgemäß verhältnismäßig hohen Spannungen in der oberen Gurtung ist vorgeschlagen[2], die Materialstärken im Hauptspantbereich etwas zu erhöhen und dafür als Ausgleich die vollen Stärken nur für $^4/_{10}$ der Schiffslänge mittschiffs vorzuschreiben. Zu berücksichtigen ist bei dieser Frage der Materialverringerung an den Enden die örtliche Belastung, namentlich der Außenhaut im Vorschiff.

---

[1] Vgl. Dahlmann: Festigkeit der Schiffe, S. 76.

[2] Vgl. Thomas: The longitudinal Strength of Ships, Vortrag Institution of Engg. and Shipbuilder in Scotland 1925.

Die zulässige Biegungsspannung. Die konstruktiv wichtige Frage, welche Biegungsspannungen im Längsverband zuzulassen sind, ist einwandfrei nicht zu beantworten. Formelmäßig ergibt sich zwar einfach $k_{b_{max}} = \frac{M_{max}}{W_{min}}$, wie aber vorher dargelegt, können die tatsächlichen Werte von W_{min} und $M_{b_{max}}$ rechnerisch genau nicht ermittelt werden. Hinzu kommt, daß Bauteile, die im Längsverband tragen, auch Beanspruchungen aus dem Querverband sowie aus örtlichen Belastungen erhalten können. Ferner sind Anfangsspannungen sowie Temperaturspannungen von erheblichem Einfluß auf die Höhe des tatsächlichen Spannungszustandes.

Diese mathematisch nicht zu erfassenden Einflüsse können nur durch das Maß der Sicherheit gegenüber der Bruchspannung des Materials erfahrungsgemäß berücksichtigt werden[1].

Es muß somit bereits in den Grundlagen für die Berechnung von $M_{b_{max}}$ ein gewisser Sicherheitsfaktor liegen, was mit der Annahme der rechnungsgemäßen Wellenhöhe ($\sim 1/20$ der Wellenlänge) anscheinend der Fall ist.

Da die Elastizitätsgrenze des gewöhnlichen Schiffbaustahles bei etwa 2200 kg/cm² liegt, ergibt sich somit in erster Annäherung mit Rücksicht auf die zusätzlichen Beanspruchungen örtlich und aus dem Querverband sowie auf die stoßweise und wechselnde Beanspruchung im Seegang als zulässige Biegungsbeanspruchung $\frac{2200}{2} = 1100$ kg/cm².

Zu berücksichtigen ist ferner, daß kleinere Schiffe im Seegang höher beansprucht werden als große und daß in der oberen Faser Knickgefahr besteht, wenn das größte Biegungsmoment bei der Lage des Schiffes im Wellental mehr als 75% des Momentes bei der Lage des Schiffes auf dem Wellenberg beträgt.

Aus diesen Erwägungen ergibt sich eine rechnungsgemäß zulässige maximale Biegungsspannung von etwa 800 kg/cm² für kleine und etwa 1500 kg/cm² für große Schiffe oder formelmäßig für Schiffslängen von 60 bis 200 m

$$k_{b_{zul}} \cong 800 + 5 \cdot (L - 60) = 5L + 500.$$

Bei völligen Frachtschiffen mit großen Bunkervorräten und verschiedenartiger Beladung wird grundsätzlich ein Mittelwert $k_{b_{zul}} = 1200$ kg/cm² nur wenig zu überschreiten sein.

Bei Flußschiffen müssen die zulässigen Beanspruchungen niedriger angenommen werden als bei Seeschiffen, da deren verhältnismäßig leichteren Verbände die Nachteile des zudem sehr niedrigen Schiffbauträgers (Knickung, mangelhafte Übertragung des Zuges vom Steg auf die obere Gurtung) in erhöhtem Maße zeigen.

Die Schwierigkeiten in der zahlenmäßigen Erfassung der Faktoren, welche $k_{b_{zul}}$ beeinflussen, haben bisher zur Folge gehabt, daß die Materialverteilung im Hauptspant am Konstruktionstisch vorwiegend nach den Bauvorschriften der Klassifikationsgesellschaften erfolgt. Die Leitzahl für die Längsverbände ist beim G. L. der Wert $L \cdot (B + H)$. Diese Leitzahl ist nicht einwandfrei, da die Variation von B und H bei konstantem Gesamtwert $B + H$ sehr verschiedenartige Festigkeitsverhältnisse liefert. Zwar sind für hohe Werte von $\frac{L}{H}$ Verstärkungen in den oberen Gurtplatten vorgesehen, jedoch wäre es sinngemäßer, die Abhängigkeit der Festigkeitsverhältnisse von $\frac{L}{H}$ in der Leitnummer ebenfalls zu berücksichtigen, also diese als Funktion auch von $\frac{L}{H}$ darzustellen, etwa in der Form $L \cdot \left[B + \left(\frac{L}{H}\right)^n\right]$.

Die Tabelle II enthält Daten der Längsfestigkeitsverhältnisse bei Passagierschiffen, Tabelle III solche von Frachtschiffen.

---

[1] Vgl. die allgemeinen Bemerkungen hierüber S. 54 u. 55.

Tabelle II. Längsfestigkeitsdaten von Großpassagierschiffen.

	„Mauretania"*	„Kaiser Wilhelm II" u. „Kronprinz. Cäcilie"	„Kaiserin Auguste Viktoria"	„George Washington"	„Deutschland"	„Imperator"	„Vaterland"	„Mauretania"
	1.	2.	3.	4.	5.	6.	7.	8.
Länge zwischen den Loten	231,64 m	206,65 m	206,60 m	212,60 m	202,00 m	268,22 m	276,15 m	231,64 m
Größte Breite	26,82 m	21,94 m	23,47 m	23,78 m	20,45 m	29,87 m	30,48 m	26,82 m
Seitenhöhe bis H.D.	18,44 m	13,46 m	16,38 m	16,46 m	13,57 m	19,20 m	19,20 m	18,44 m
Tiefgang	33′ 6″	27′ 0″	29′ 6″	30′ 6″	28′ 6½″	34′.11⅜″	35′ 1⅝″	33′ 6″
Koeffizient $C = \frac{Depl. \times L}{M}$	29,65	29	33	33	29,65 **	27,93	27,5	29,65
Höhe des dem Schiffsquerschnitt äquivalenten Trägers	18,90 m	16,35 m	19,50 m	19,46 m	16,23 m	25,45 m	25,48 m	18,90 m
Flächeninhalt des Trägers (F)	49723 cm²	32211 cm²	17840 cm²	18390 cm²	30300 cm²	54357 cm²	57086 cm²	
Trägheitsmoment, bezogen auf die „neutrale Faser"	243,567 m⁴	120,136 m⁴	160,470 m⁴	172,3036 m⁴	96,100 m⁴	476,336 m⁴	511,379. m⁴	
Kleinstes Widerstandsmoment (W)	24,056* m³	13,714 m³	15,20 m³	16,50 m³	10,21 m³	34,665 m³	37,132 m³	16,84 m³
Maximalbiegungsmoment	296562 mt	170483 mt	190300 mt	203680 mt	157700 mt	553600 mt	579255 mt	296562 mt
Spez. Widerstandsmoment $\left(\frac{W}{F}\right)$	480 cm³	426 cm³	850 cm³	890 cm³	340 cm³	640 cm³	650 cm³	
Spannung $k = \frac{M}{W}$ kg/cm²	1233	1243	1252	1234	1544	1597	1560	1760[1]

* Gemäß „Mauretania"-Nummer des „Shipbuilder" ist bei der Mauretania-Berechnung kein Abzug für Decksöffnungen und Nietlöcher gemacht worden. Der Wert des tatsächlichen kleinsten Widerstandsmoments im Bereich der Luken und unter Abzug der Niete beträgt im allgemeinen 70% des obigen Wertes, wie in Reihe 8 eingesetzt.

Reihe 1, 2, 3 und 4 sind auf gleicher Grundlage berechnet.

** Für „Deutschland" ist C für die Errechnung des Maximalbiegungsmomentes zu 29,65 („Mauretania"-Wert) angenommen.

Bei Reihe 6 und 7 sind lediglich die Längsverbände, soweit durchgehend, gerechnet, die Decks beispielsweise nur soweit, als sie außerhalb der breitesten Luken, bzw. Schächte liegen. In Reihe 8 ist das Widerstandmoment zu 70% des unter Reihe 1 angegebenen angenommen, und damit sind die Werte der Reihe 8 mit Reihe 6 und 7 vergleichbar.

Die Schubspannungen im Längsverband. Die Verteilung der Schubspannungen über die Querschnitte des gebogenen Stabes folgt der Gleichung

$$\tau = \frac{V \cdot St}{J \cdot b},$$

woraus sich für eine horizontale Faser in der Längeneinheit eine Schubkraft von

$$S = b \cdot \tau = \frac{V \cdot St}{J}$$

ergibt (b = Breite des Querschnittes).

Hierin bedeutet V die Scheerkraft, J das Trägheitsmoment in dem betrachteten Schiffsquerschnitt und St das statische Moment des durch die betrachtete horizontale Faser angeschlossenen äußeren St-Teils des Querschnittes bezogen auf die neutrale Querschnittsachse[1].

Die größte Schubkraft ergibt sich damit im Bereich der neutralen Faser an der Stelle der größten Scheerkraft. Diese liegt bei normalen Konstruktionen etwa $^1/_4\,L$ von den Schiffsenden. Sie ist konstruktiv maßgebend für die Nietung in den Nähten der Außenhautplatten. Für die Dicke der Außenhautbeplattung

[1] Vgl. J. L. Taylor: Transactions of the North-East Coast Institution 1924/25.

Tabelle III. Festigkeitsdaten für Handelsschiffe.

Schiff	F cm²	$J_{\odot}$ cm⁴	W_o cm³	W_u cm³	$\frac{W_{min}}{F}$	Bemerkung
Frachtdampfer $L = 120$ m, $H = 9{,}41$ m	9600	$1{,}142 \cdot 10^9$	$2{,}12 \cdot 10^6$	$2{,}85 \cdot 10^6$	220	Spardecker mit langer Poop
Erzdampfer $L = 122$ m, $H = 9{,}42$ m	11100	$1{,}704 \cdot 10^9$	$3{,}075 \cdot 10^6$	$4{,}40 \cdot 10^6$	277	Eindecker mit breiten Luken, Maschine achtern
Erzmotorschiff $L = 126$ m, $H = 11{,}17$ m	12250	$2{,}322 \cdot 10^9$	$3{,}385 \cdot 10^6$	$4{,}810 \cdot 10^6$	276	Spardecker, Maschine mittschiffs
Frachtdampfer $L = 126$ m, $H = 11{,}17$ m	10850	$2{,}041 \cdot 10^9$	$2{,}87 \cdot 10^6$	$4{,}45 \cdot 10^6$	265	Spardecker
Fracht- u. Pass.-Dampfer $L = 140$ m, $H = 13{,}3$ m	14850	$3{,}315 \cdot 10^9$	$4{,}59 \cdot 10^6$	$5{,}56 \cdot 10^6$	307	Dreidecker
Frachtdampfer $L = 142$ m, $H = 13{,}1$ m	14000	$3{,}085 \cdot 10^9$	$3{,}75 \cdot 10^6$	$6{,}09 \cdot 10^6$	270	Zweidecker mit langer Brücke
Fracht- u. Pass.-Dampfer $L = 162$ m, $H = 17$ m	22400	$2{,}515 \cdot 10^9$	$8{,}70 \cdot 10^6$	$10{,}3 \cdot 10^6$	390	Obere Gurtung im Aufbau
Motortankschiff $L = 155{,}15$ m, $H = 11{,}58$ m	20900	$4{,}46 \cdot 10^9$	$7{,}21 \cdot 10^6$	$7{,}57 \cdot 10^6$	345	Sommertankschiff
Fracht- u. Pass.-Dampfer $L = 162$ m, $H = 13{,}71$ m	22600	$5{,}74 \cdot 10^9$	$7{,}1 \cdot 10^6$	$9{,}6 \cdot 10^6$	310	Dreideckschiff
Motorschiff $L = 174$ m, $H = 13{,}41$ m	—	$5{,}71 \cdot 10^9$	$8{,}045 \cdot 10^6$	$8{,}19 \cdot 10^6$	—	Längsspantenschiff
Fracht- u. Pass.-Dampfer $L = 182{,}5$ m, $H = 19{,}55$ m	32400	$18{,}3 \cdot 10^9$	$14{,}4 \cdot 10^6$	$26{,}7 \cdot 10^6$	440	—

Bemerkung: Die in der ersten Spalte für die Seitenhöhe H angegebenen Werte gelten im Hauptspant bis zur oberen Gurtung.
F = tragende Fläche des Hauptspantes im Längsverband.
$J_{\odot}$ = äquatoriales Trägheitsmoment dieser Fläche bezogen auf die horizontale neutrale Faser.
W_o und W_u = Widerstandsmomente dieser Fläche für die obere bzw. untere Gurtung.

folgt mit $b = 2s$

$$s = \frac{V_{max} \cdot St_{max}}{J_{min} \cdot 2 \cdot \tau_{zul}}.$$

Nach Murray[1] ist anzunehmen: $\tau_{zul} \leqq 350$ kg/cm².

Für die meist ein- oder zweireihige Nahtnietung mit 3,5 bis 4 d Nietabstand ergibt sich der erforderliche Nietquerschnitt f nach

$$f \cdot \tau_{n_{zul}} = (3{,}5 \div 4) \cdot d \cdot \frac{V_{max} \cdot St_{max}}{J_{min}}$$

zu

$$f \leqq 4 \cdot d \cdot \frac{V_{max} \cdot St_{max}}{J_{min} \cdot \tau_{n_{zul}}}.$$

Für die zulässige Scheerbeanspruchung in den Nieten ist das 1,5fache der des Materials anzunehmen, also etwa 5 bis 600 kg/cm².

Diese zulässigen Schubbeanspruchungen müssen verhältnismäßig niedrig gehalten werden, da Blech und Nieten auch durch den Querverband und durch örtliche Kräfte beansprucht werden.

Über die Scheerbeanspruchung durch Verdrehung im ganzen Längsverband siehe S. 115.

---

[1] Murray: Strength of Ships. S. 192.

Die Durchbiegung im Längsverband. Da der Längsträger als ein ursprünglich gerader und durch die Belastung nur schwach gekrümmter Balken zu betrachten ist, folgt die Durchbiegung der Biegungsgleichung

$$E J_x \frac{d^2 y}{d x^2} = M_x .$$

Aus dieser folgt durch zweimalige Integration

$$y_x = \iint_{x=0}^{x=x} \frac{M_x}{E J_x} dx dx + C_1 x + C_2 .$$

Da für $x = 0$, $y = 0$ sein muß, d. h. an dem Koordinatenanfang (Hintersteven, Spt. 0), an dem die Integration beginnt, die Durchbiegung Null sein muß, wird $C_2 = 0$. Die Gleichung lautet dann

$$y_x = \iint_{x=0}^{x=x} \frac{M_x}{E J_x} dx dx + C_1 \cdot x .$$

Ferner muß auch am Vorsteven ($x = L$) die Durchbiegung Null werden, also

$$0 = \iint_{x=0}^{x=L} \frac{M_x}{E J_x} dx dx + C_1 \cdot L ,$$

woraus

$$C_1 = \frac{-\iint_{x=0}^{x=L} \frac{M_x}{E \cdot J_x} dx dx}{L} .$$

Wird dieser Wert eingesetzt, so folgt für konstantes E

$$E \cdot y_x = \iint_{x=0}^{x=x} \frac{M_x}{J_x} dx dx - \frac{x}{L} \iint_{x=0}^{x=L} \frac{M_x}{J_x} dx dx .$$

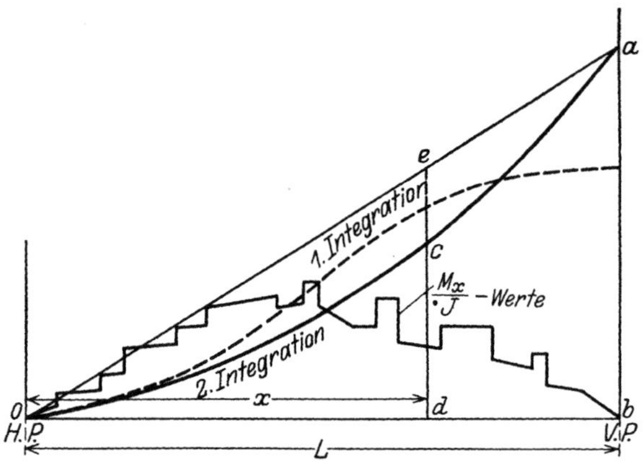

Abb. 74.

Das zweite Integral kann ohne weiteres durch graphische Integration mittels Planimeter aus der $\frac{M_x}{J_x}$-Kurve berechnet werden. Entsprechend Abb. 74 ist der Integralwert gegeben durch die Endordinate $a - b$. Folglich

$$E y_x = \iint_{x=0}^{x=x} \frac{M_x}{J_x} dx dx - \frac{x \cdot \overline{ab}}{L} .$$

Entsprechend Abb. 20 ist aber

$$\frac{\overline{ed}}{x} = \frac{\overline{ab}}{L} \quad \text{also} \quad \frac{x \cdot \overline{ab}}{L} = \overline{ed}$$

und da das verbliebene Integral durch $\overline{cd}$ dargestellt wird, folgt

$$E y_x = \overline{cd} - \overline{ed} = \overline{ce} ,$$

womit die Durchbiegung y_x für jede x-Stelle bestimmt ist[1].

Wird in erster Annäherung über L ein konstantes mittleres Trägheitsmoment angenommen, also gesetzt

$$J_{\text{Mittel}} = \text{konst} = J_m ,$$

so folgt mit der M_x-Kurve an Stelle der $\frac{M}{J_x}$-Kurve ebenso

$$E J_m \cdot y_x = \overline{ce} \quad \text{also} \quad y_x = \frac{\overline{ce}}{E J_m} .$$

---

[1] Vgl. Biles: The Design and Construction of Ships. Bd. I und Roester: Die Integrationskonstanten bei der Längsfestigkeits- und Durchbiegungsrechnung von Schiffen. W. R. H. 1926, S. 503.

Infolge der Bauart des Schiffes als genieteter Hohlkörper mit verschiedenartigen Querverbänden und Querschnitten wird der Elastizitätsmodul E' des gesamten Schiffskörpers kleiner als der des Materials, und da die Größe der Trägheitsmomente an den Endquerschnitten abnimmt, kann für den gesamten Biegungswiderstand $E' \cdot J$ gesetzt werden $E' \cdot J_m = \eta \cdot (E \cdot J_{⊠})$, wo η ein Faktor ist, der für ähnliche Schiffstypen als hinreichend konstant anzusehen ist und dessen Größe aus Messungen am Schiff zu ermitteln ist. Biles folgerte aus seinen „Wolf"-Versuchen $\eta \cong 0{,}67$. Da das von ihm verwendete Torpedoboot als ein extremer Schiffstyp bezeichnet werden muß, ist dieser Wert für η als eine untere Grenze zu betrachten. Die obere Grenze erreicht η bei Tank- und Erzschiffen. Für normale Handelsschiffe ist für η etwa 0,7 bis 0,8 zu setzen[1].

Der Einfluß der bei der Biegung in den Querschnitten des Längsträgers auftretenden Schubspannungen auf die Durchbiegung ist genau nicht zu errechnen, da das Verteilungsgesetz der Schubspannungen über die Querschnittsfläche nicht angebbar ist. Nimmt man in erster Annäherung an, daß sich die Schubspannungen nur, und zwar gleichmäßig über den von der Außenhaut gebildeten Trägersteg verteilen, so ergibt sich für die zusätzliche Schubsenkung in Mitte Schiff[2] $f_s = \frac{M_{\max}}{2G \cdot \delta \cdot H}$, wo δ die mittlere Dicke der Außenhaut und G den Schubelastizitätsmodul (~ 800000 kg/cm^2) bedeuten. Setzt man

$$M_{\max} = \frac{D \cdot L}{C},$$

so folgt

$$f_s = \frac{D}{2C \cdot \delta \cdot G} \cdot \left(\frac{L}{H}\right).$$

Nach Wrobbel[3] besteht zwischen den Anteilen der Gesamtdurchbiegung aus den Schubspannungen und den Biegungsspannungen die Beziehung

$$\frac{f_s}{f_b} = 25 \left(\frac{H}{L}\right)^2.$$

Für ein mittleres $L : H = \sim 11$ wäre demnach

$$f_s = \sim 20\% \text{ von } f_b.$$

Diese Beziehung zwischen f_s und f_b ist nur als erste Annäherung bei normalen Handelsschiffen zu betrachten[4].

Längsbiegung beim Stapellauf. Während des Stapellaufes erhält der Schiffslängsverband kurz hintereinander zwei entgegengesetzt gerichtete Biegungsbeanspruchungen, zuerst infolge des Überhanges des Hinterschiffes vor der Abstützung durch Auftrieb und später infolge der Hohllage des Mittelschiffes im Augenblick des Aufschwimmens. Die Errechnung dieser Spannungen ist besonders erforderlich, wenn das Schiff mit noch nicht voll vernieteten Längsverbänden abläuft.

Für das Moment aus dem überhängenden Schiffsgewicht kann man eine Überschlagsformel ableiten, indem die Verteilung des Schiffsgewichtes als Trapezlast angenommen wird[5]. Entsprechend den Bezeichnungen der Abb. 75 wird dann

für Ablaufwege $x < \frac{L}{3}$: $M_x = \frac{x^2}{2}\left[a + \frac{(b-a) \cdot x}{L}\right]$ und

„ „ $x > \frac{L}{3} < \frac{2}{3}L$: $M_x = \frac{L}{6}\left[\frac{3bx^2}{L} - (b-a)\left(x - \frac{L}{9}\right)\right]$.

[1] Vgl. Dahlmann: Zur Bestimmung der Festigkeitsverhältnisse in den Schiffsverbänden. W. R. H. 1928, H. 15 u. 16.

[2] Dahlmann: Der Einfluß der Schubspannungen auf die Durchbiegung im Schiffslängsverband. W. R. H. 1927, S. 71.

[3] Wrobbel: Vortrag Schiffbautechnische Gesellschaft 1926.

[4] Lienau: Durchbiegung und Schubsenkung bei dünnwandigen Kastenträgern. Schiffbau 1928, Heft 3.

[5] Vgl. Dahlmann: Festigkeit der Schiffe, Seite 81 und 82.

Der Ablaufweg x, bis zu welchem eine wirksame Abstützung des eintauchenden Hinterschiffes nicht stattfindet, ist aus dem üblichen Ablaufdiagramm zu entnehmen. Der ungünstigste Fall tritt ein bei scharfen Schiffen, kurzen und wenig geneigten Ablaufbahnen und niedrigem Wasserstand.

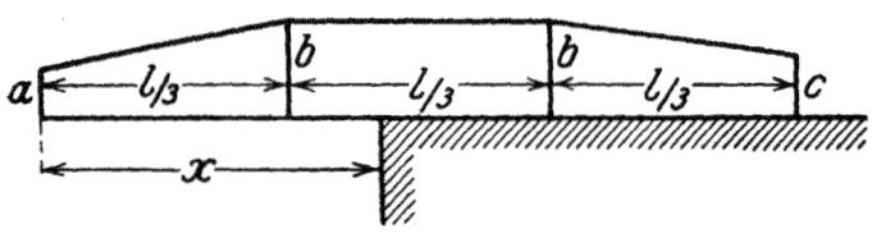

Abb. 75.

Zur Ermittelung des größten Biegungsmomentes im Augenblick des Aufschwimmens wird eine statische Gleichgewichtslage zwischen Auftrieb und Stützdruck Vorkante Schlitten einerseits und Gewicht andererseits angenommen. Wie bei der Längsfestigkeitsrechnung ergibt sich die Belastungskurve als Differenzkurve der auf- und abtreibenden Kräfte, und die zweimalige Integration dieser Belastungskurve liefert die Scheerkräfte und Biegungsmomente.

Bei der Ausführung der Rechnung ist sehr genau darauf zu achten, daß Auftrieb + Druck auf Vorkante Schlitten = Schiffsgewicht ist.

In diesem zweiten Belastungsfall wachsen die Momente in Mitte Schiff um so mehr, je völliger das Hinterschiff ist und je geneigter die Schlittenbahn ist.

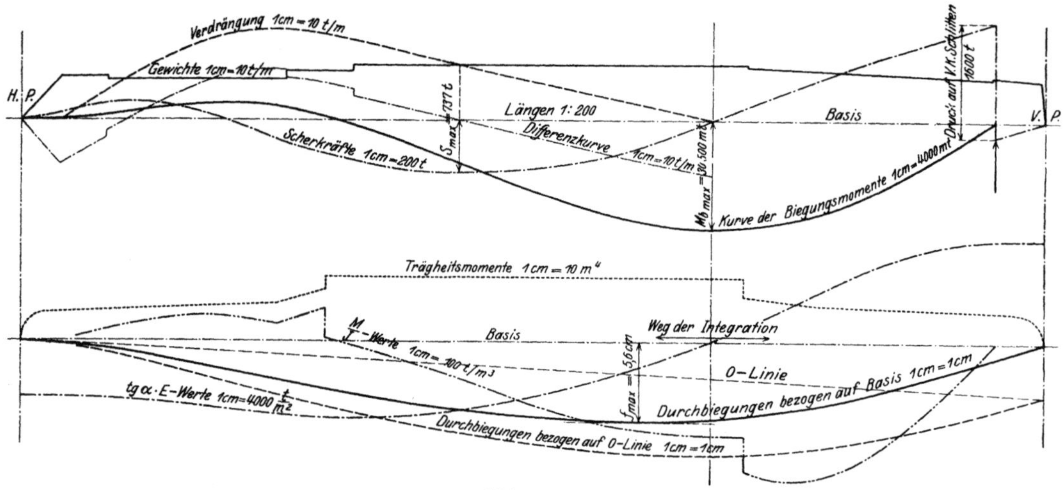

Abb. 76.

Bei kreisförmiger Bahn[1] werden die Momente im ersten Belastungsfall kleiner, im zweiten größer als bei gradliniger Bahn.

Abb. 76 zeigt die graphische Rechnung zur Ermittelung der Momente und Durchbiegungen für den zweiten, meist die größten Momente liefernden Belastungsfall.

Abb. 75 entspricht der Belastung des eingespannten frei überhängenden Trägers, wobei die Einspannung an Vorkante Helling durch den noch auf der Helling liegenden und starr gedachten Teil des Schiffes erreicht wird. In Wirklichkeit ist dieser Teil des Längsverbandes ebenso elastisch wie der überhängende, und die Deformation des Längsverbandes entspricht der Darstellung in Abb. 77. Das Schiff liegt auf einer Strecke d hohl. Wird dabei angenommen, daß die Helling starr ist, so ergeben sich rechnerisch an Vorkante Helling konzentrierte Kantenpressungen, die bis 50% des Ablaufgewichtes erreichen können. Da aber tatsächlich Schlitten, Schlittenstapelung und

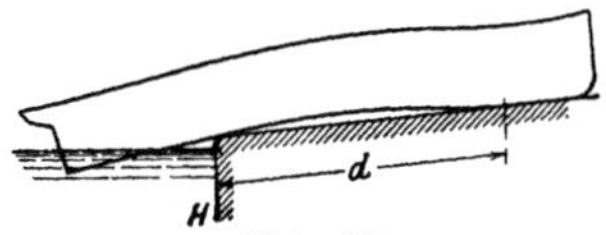

Abb. 77.

[1] Schwarzenberg: Vereinfachte Berechnung von kreisbogenförmigen Ablaufbahnen. Schiffbau 1906/07, S. 637.

[2] Vgl. Dahlmann: a.a. O. S. 84.

Helling elastisch sind, verteilt sich der Druck über einen gewissen Bereich an Vorkante Helling. Für die Ermittelung dieser Drücke hat Weitbrecht[1] eine graphische Rechnungsmethode entwickelt und an einem Beispiel zahlenmäßig durchgeführt. Solche Rechnungen kommen weniger für den Schiffsverband als für die Kontrolle der Festigkeitsverhältnisse von Schlittenbahn und Helling in Frage.

Bei Flußschiffen verwendet man aus Festigkeitsrücksichten gewöhnlich den Querablauf[2].

Längsfestigkeit beim Docken. Wird angenommen, daß das Schiff im Dock nur auf den Kielstapeln aufsitzt, so ähnelt das Belastungsschema des Längsverbandes dem des Schiffes im Seegang. Es tritt nur an die Stelle des Auftriebes der von der Kielstapelung ausgeübte Gegendruck. Da diese Gegendrücke und die über ihnen lastenden Gewichte des Schiffes in der Längsrichtung verschieden sind, entsteht eine Biegung des Längsverbandes, die auch durch die Überhänge der Schiffsenden beeinflußt wird.

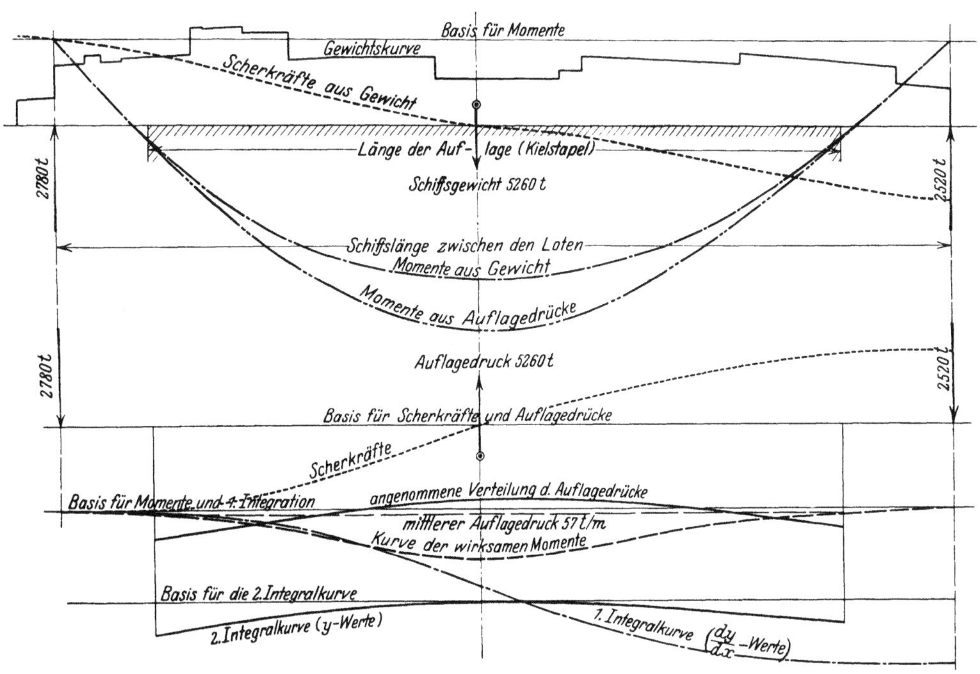

Abb. 78.

Die Ermittelung der Verteilung dieser Gegendrücke ist rein rechnerisch nicht möglich, da die statischen Gleichgewichtsbedingungen nur liefern, daß die Summe der Gegendrücke gleich dem Schiffsgewicht sein muß und daß die Schwerpunkte von Schiffsgewicht und Gegendruck in der gleichen Vertikalen liegen müssen. Es fehlt eine allgemein und streng gültige Aussage über die Druckverteilung über die Kielstapel.

Man hilft sich mit dem Ansatz, daß die Gegendrücke proportional den Durchbiegungen der Stapelung sind, setzt also $p = k \cdot y$, wo p der Gegendruck pro Längeneinheit, y die zugehörige Durchbiegung und k ein Proportionalfaktor ist, dessen Größe von der Elastizität der Weichholzlage zwischen Stapelung und Schiffskiel abhängt. Für nasses Eichenholz wird nach Pietzker[3] $k = 350$ t/m³ für $y = 1$ mm.

[1] Weitbrecht: Der über seine starre Unterlage überhängende, nicht eingespannte Balken, sowie die Druckverteilung unter dem Ablaufschlitten eines Schiffes während des Stapellaufes. Schiffbau 1907/08 und Stapellaufberechnungen 1908/09.

[2] Wrobbel: Festigkeitsfragen bei Flußfahrzeugen. W. R. H. 1923, S. 535.

[3] Pietzker: Festigkeit der Schiffe, S. 95.

Dieser Ansatz besagt, daß die Kurve der Schiffsdurchbiegungen im Bereich der Stapelung den gleichen Verlauf haben muß wie die Kurve der Gegendrücke.

Bei dem jeweils vorliegenden Rechnungsfall ist das Schiffsgewicht mit seiner Schwerpunktslage sowie die Länge der Kielstapelung gegeben. In Anlehnung an Größe der Überhänge und Verteilung der Schiffsgewichte im Diagramm nimmt man zunächst gefühlsmäßig eine Verteilung der Gegendrücke an, welche die statischen Gleichgewichtsbedingungen erfüllt. Dann denkt man sich das Schiff als einen auf zwei Stützen frei gelagerten Träger von der Spannweite gleich der Schiffslänge. Diesen Träger betrachtet man einmal als von oben durch das Schiffsgewicht und andrerseits von unten durch den Gegendruck der Kielstapel belastet. Jede Belastung liefert — am einfachsten mittels Seilpolygon — eine Momentenfläche. Da sich die Momente aus den Auflagedrücken wegen des statischen Gleichgewichtes aufheben, entspricht die Differenz der beiden Momentenkurven dem tatsächlichen Momentenverlauf im Schiffslängsverband.

Zu diesem Momentenverlauf ermittelt man durch zweimalige Integration (vgl. S. 78) die zugehörige Durchbiegungskurve. Stimmt deren Verlauf mit dem der angenommenen Verteilung der Stapeldrücke überein, so entspricht die angenommene Druckverteilung der tatsächlichen. Gewöhnlich wird bei der ersten Rechnung diese Übereinstimmung noch nicht erreicht. Es muß mittels weiterer Annahmen bezüglich der Druckverteilung alsdann so lange interpoliert werden bis die Bedingung $p = k \cdot y$ erfüllt ist.

Abb. 78 gibt den Gang einer solchen Einzelrechnung.

Längsfestigkeit bei Strandung und bei der Bergung. Die für die Längsbeanspruchung ungünstigsten Lagen des gestrandeten Schiffes sind zweifache Stützung an den Enden und einfache Stützung unter dem Hauptspant. Mit fallendem Wasser wachsen die Momente.

Da es sich bei diesen Belastungsfällen immer nur um Annäherungsrechnungen handelt, kann gesetzt werden:

Maximales Biegungsmoment vor dem Auflaufen: $M_{\max} = \frac{D \cdot L}{30}$ (vgl. S. 72).

Maximales Biegungsmoment Schiff ganz aus dem Wasser:

a) Stützung an den Enden, Gewichtsverteilung nach Parabel 3. Grades: $M_{\max} = \frac{D \cdot L}{6}$,

b) Stützung im Hauptspant: $M_{\max} = \frac{D \cdot L}{7}$.

Nimmt man in erster Annäherung zwischen der Abnahme (t) des Tiefganges (T beim Auflaufen) und dem Anwachsen der Momente einen linearen Zusammenhang an, so ergeben sich für die Berechnung der Maximalmomente folgende Gleichungen:

a) Stützung an den Enden: $M_{\max} = \frac{D \cdot L}{30}\left(1 + 4\,\frac{t}{T}\right)$,

b) Stützung in Schiffsmitte: $M_{\max} = \frac{D \cdot L}{30}\left(1 + 4{,}5\,\frac{t}{T}\right)$.

Bei Bergungen kann der Längsverband außergewöhnlich hoch beansprucht werden durch die Hebekräfte sowie durch Leckwasser, notwendige Trimmungen und bei Bergungen aus kleinen Tiefen durch stärkeres Anheben des Schiffes. Bei ungewöhnlichen Belastungen der Enden und leichtem Mittelschiff ist alsdann meistens der Schiffsquerschnitt im Bereich des Brückenfrontschottes der gefährdete. Man ermittelt überschläglich die Momente der Gewichts- und Auftriebskräfte des Vorschiffes, bezogen auf diesen Querschnitt sowie aus den Materialdaten der Hauptspantzeichnung dessen Widerstandsmoment. Bei der Beurteilung der Bruchgefahr aus der so errechneten maximalen Biegungsspannung ist zu berücksichtigen, ob die Bergung bei ruhigem Wasser erfolgen wird oder ob mit zusätzlichen dynamischen Biegungsmomenten aus dem Seegang zu rechnen ist.

Als Grenzspannung im ruhigen Wasser dürften etwa 2000 kg/cm² zu betrachten sein.

Als Beispiel seien die Verhältnisse bei der Strandung und Bergung des Dampfers „Bielefeld“ verwendet[1]. Das Schiff wurde im Hinterschiff bei Grundberührung leck, vorlastig getrimmt und abgeschleppt. Bei der Beurteilung der Bergungsaussichten mußte auch die zu erwartende Längsbeanspruchung im Bereich des Brückenfrontschottes überschläglich berechnet werden. Abb. 79 zeigt die Tiefgänge nach dem Trimmen des Schiffes durch 170 Tonnen Wasser, die in die Vorpiek geflutet wurden, sowie durch 400 Tonnen Kohlen, die von Mitte Schiff dicht hinter das vordere Kollisionsschott getrimmt wurden.

Tiefgang nach Trimmung vorne 7 m, achtern 13 m, also im Mittel 10 m.

Für 10 m gleichlastigen Tiefgang ergibt sich mit $\delta = 0{,}8$ ein Deplacement von $D = 120 \cdot 14{,}5 \cdot 10 \cdot 0{,}8 = \sim 14000$ Tonnen. Der gefährliche Schiffsquerschnitt liegt bei Spant 117. Das dort wirksame Biegungsmoment ergibt sich als Differenz der Momente von Auftrieb und Gewicht vor Spt. 117.

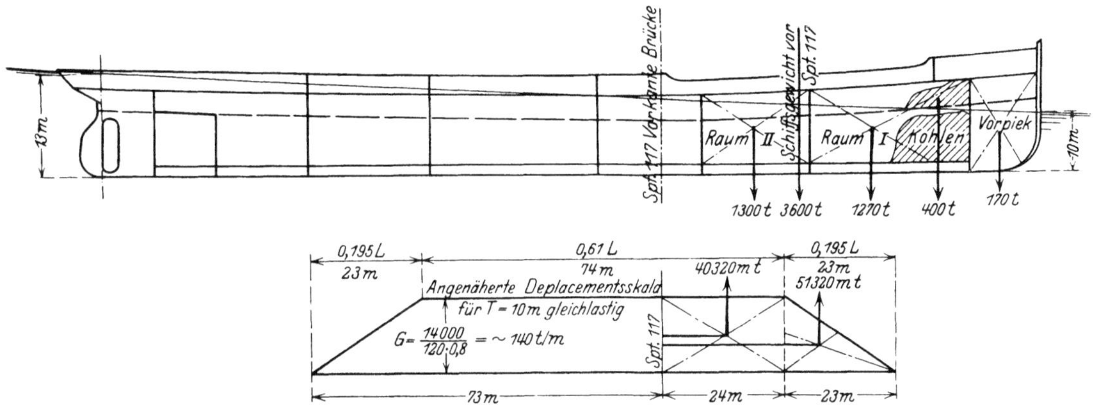

Abb. 79.

Moment des Auftriebes (vgl. Abb. 79):

Wird die Verdrängungskurve in erster Annäherung als Trapez entsprechend Abb. 79 aufgefaßt, so wird das Moment des Auftriebes

$$
\begin{aligned}
M_A &= 140 \cdot 24 \cdot \frac{24}{2} = 40320 \text{ mt} \\
&+ \frac{140}{2} \cdot 23 \cdot (24 + 8) = 51320 \;\; ,, \\
&\qquad\qquad \overline{\qquad 91640 \text{ mt.}}
\end{aligned}
$$

Von diesem Moment ist noch das Moment des Keilstückes, das infolge des Trimms fortfällt, abzuziehen. Dieser Abzug wird etwa 14000 mt, so daß mit einem Auftriebsmoment von etwa $M_A = 77600$ mt zu rechnen ist.

Moment der Gewichte (vgl. Abb. 79).

Schiff: Eigengewicht 3600 t, also $\frac{3600}{120} = 30$ t/m

Moment Eigengewicht 47·30·21	= 29610 mt
170 t Wasser Vorpiek 170·43	= 7310 ,,
400 t Kohlen am Kollisionschott 400·38	= 15200 ,,
Raum I 1270 t Ladung mit Moment 1270·31,5	= 40000 ,,
Raum II 1300 t Ladung mit Moment 1300·15	= 19500 ,,
Σ der Momente	= 111620 mt

Mithin wird das wirksame Biegungsmoment angenähert

$$M_{b_{Sp\,117}} = 111620 - 77600 = 34000 \text{ mt.}$$

Rechnungsgemäß ist das Widerstandsmoment im Spantquerschnitt 117 etwa 2,34 m³.

[1] Vgl. Grundt, Lavroff, Nechajew: Schiffsbergung, S. 194.

Für 10% Rostabzug und 10% Nietschwächung ergibt sich somit eine Biegungsspannung bei Spant 117 von

$$k_b = \frac{3400000000}{1870000} = 1820 \text{ kg/cm}^2.$$

Bei der Beurteilung dieses Wertes ist zu berücksichtigen, daß die Rechnung unter der Annahme glatter See durchgeführt ist.

Bemerkungen über Unterzüge. Sind die Decksunterzüge im Bereich der mittleren Schiffslänge durchlaufend, so sind sie zu der oberen Gurtung des Längsverbandes zu rechnen und bei der Bestimmung des Trägheitsmomentes der Querschnitte zu berücksichtigen. Eine solche Ausbildung der Unterzüge ist sehr vorteilhaft, da jede Verstärkung der oberen Gurtung die neutrale Faser des Längsverbandes hebt und dadurch die Spannungsdifferenz in den Gurtungen ausgleicht. Die konstruktiv beste Ausbildung der Unterzüg wird erreicht, wenn sie mit den Lukenlängssüllen fluchtend angeordnet werden, so daß das Material der Sülle ebenfalls zum Tragen im Längsverband herangezogen wird. Es ist daher schon beim ersten Entwurf des Schiffes anzustreben, alle Decksöffnungen des obersten durchlaufenden Decks gleich breit zu machen.

Die Berechnung der Unterzüge erfolgt am einfachsten mit Hilfe der Clapeyronschen Gleichung.

Für starre Stützung und gleichmäßig verteilte Belastung sowie konstante Trägheitsmomente in den einzelnen Feldbereichen lautet sie

$$M_m \cdot l_m + 2\,M_n \cdot \left(l_m + l_n \frac{J_m}{J_n}\right) + M_R \cdot l_n \frac{J_m}{J_n} + \left(\frac{Q_m l_m^2}{4} + \frac{Q_n \cdot l_n^2}{4} \frac{J_m}{J_n}\right) = 0,$$

wobei m, n, R usw. die einzelnen Feldbereiche sind, in denen die Q-Lasten gleichmäßig verteilt und in deren Bereich die Trägheitsmomente des Trägers konstant sind.

Bei Einspannung kommt zu dieser allgemeinen Gleichung noch die für das linke eingespannte Endfeld

$$2\,M_0 + M_B + \frac{Q_1 \cdot l_1}{4} = 0, \text{ wobei } M_A \text{ gleich } M_0 \text{ gesetzt ist.}$$

Im strengen Ansatz muß der Unterzug als ein über n-Stützen durchlaufender Träger behandelt werden. In den meisten Fällen genügt jedoch für die Konstruktionsrechnung die Berechnung des Teiles zwischen zwei Schotten unter der Annahme fester Einspannung an den Schotten. Diese Annahme trifft um so genauer zu, je mehr die Felder neben den Schotten gleiche Spannweite, Belastung und Trägheitsmomente haben. Sind hierin größere Unterschiede, muß die Rechnung für mindestens 2 Schottbereiche durchgeführt werden[1].

In vielen Fällen wird der Unterzug durch weitstehende Stützen abgefangen, die in den Lukenecken stehen. Wird außerdem der Unterzug mit den Lukenlängssüllen fluchtend angeordnet, so daß deren Material zum Tragen mit herangezogen wird, so ergibt sich für den Bereich zwischen 2 Schotten das in Abb. 80 dargestellte Belastungsschema:

Aus der Clapeyronschen Gleichung ergeben sich für die Momente $M_A = M_0$; M_B; M_C und M_D die vier Bestimmungsgleichungen

$$1.\quad 2\,M_0 + M_B + \frac{Q_1 \cdot l_1}{4} = 0,$$

$$2.\quad M_0 l_1 + 2\,M_B\left(l_1 + l_2 \cdot \frac{J_2}{J_1}\right) + M_C l_2 \frac{J_2}{J_1} + \frac{Q_1 l_1^2}{4} + \frac{Q_2 l_2^2}{4} \cdot \frac{J_2}{J_1} = 0,$$

$$3.\quad M_B l_2 + 2\,M_C\left(l_2 + l_3 \frac{J_3}{J_2}\right) + M_D l_3 \frac{J_3}{J_2} + \frac{Q_2 l_2^2}{4} + \frac{Q_3 l_3^2}{4} \cdot \frac{J_3}{J_2} = 0,$$

$$4.\quad 2\,M_D + M_C + \frac{Q_3 \cdot l_3}{4} = 0.$$

[1] Vgl. Dahlmann: Festigkeit der Schiffe, S. 188.

Sind hiernach die Biegungsmomente über den Stützen ermittelt, ergeben sich die Stützkräfte aus den entsprechenden Momentengleichungen. So folgt z. B. die Stützkraft A nach der auf B bezogenen Momentengleichung

$$M_0 + A \cdot l_1 - \frac{Q_1 \cdot l_1}{2} = M_B \quad \text{zu} \quad A = \frac{Q_1}{2} + \frac{M_B - M_0}{l_1}.$$

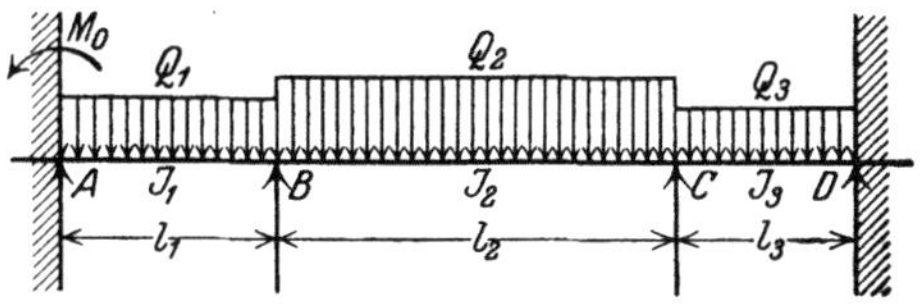

Abb. 80.

Liegt die Luke symmetrisch zum Raum ($l_3 = l_1$ und $J_3 = J_1$) so liefert die Clapeyronsche Gleichung für die Stützmomente die Bestimmungsgleichungen:

$$1.\quad 2\,M_0 + M_B + \frac{Q_1 l_1}{4} = 0\,,$$

$$2.\quad M_0 l_1 + 2\,M_B \cdot l_1 - 3\,M_B \cdot l_2 \frac{J_1}{J_2} + \frac{Q_1 l_1^2}{4} + \frac{Q_2 l_2^2}{4} \frac{J_1}{J_2} = 0\,.$$

Aus den Gleichungen folgt mit $\frac{J_1}{J_2} = \eta$ für die Biegungsmomente

$$M_B = -\frac{Q_1 l_1^2 + 2\,\eta\, Q_2 l_2^2}{12\, l_1 + 24\,\eta\, l_2} \quad \text{und} \quad M_0 = -\left(\frac{Q_1 l_1}{8} + \frac{M_B}{2}\right).$$

Das Verhältnis der Trägheitsmomente in zwei benachbarten Feldbereichen kann in erster Annäherung proportional dem Verhältnis der Quadrate der freitragenden Längen gesetzt werden, also $\eta = \frac{J_m}{J_n} = \frac{l_m^2}{l_n^2}$. Mit diesen Werten wird zunächst der Verlauf der Biegungsmomente bestimmt[1]), aus dem sich für eine zulässige Biegungsbeanspruchung die notwendigen Widerstandsmomente ergeben. Bei der konstruktiven Ausgestaltung der Träger werden diese Werte meist genau nicht innezuhalten sein. Bei großen Differenzen muß die Rechnung mit den konstruktiv gefundenen η-Werten zur Kontrolle der Spannungshöhe wiederholt werden.

Der Belastungsbereich eines Unterzuges reicht von Mitte Schiff bis Mitte: Unterzug — Seite Schiff. Als spezifische Belastung der Decks ist anzunehmen:

Freiliegende Decks neben Luke 2,5 t/m², auf Luke 1,5 t/m².

Zwischendecks: homogene Ladung $q = 0{,}8$ bis 1 t/m² je nach Deckhöhe. Unter Zugrundelegung dieser Werte ist mit einer zulässigen Biegungsbeanspruchung bis 2000 kg/cm² zu rechnen. Trägt der Unterzug im Längsverband mit, so kann mit diesem Wert etwas höher gegangen werden, auf 2400 bis 2600 kg/cm², wobei etwa 1200 kg/cm² als Zusatzbelastung aus der Längsbiegung anzunehmen sind.

2. Querverband.

Für die Konstruktionsrechnung sind Längs- und Querverband streng genommen gemeinsam zu behandeln, denn beide Verbände bilden den Gesamtverband des Schiffskörpers, dessen Festigkeitsberechnung ein Raumproblem ist, ähnlich dem eines Luftschiffes oder einer Gebäudekuppel.

Die rechnerische Behandlung der Raumfestigkeit des Schiffskörpers stößt aber auf erhebliche Schwierigkeiten sowohl hinsichtlich Belastung als auch Ermittelung der statisch unbestimmten Größen. Eine allgemein gültige Rechnungsmethode ist bisher nicht entwickelt worden. Es müssen daher beide Verbände getrennt behandelt werden und die gegenseitigen Einflüsse zweckmäßig, vor allem in der Wahl der zulässigen Beanspruchungen, abgeschätzt werden.

Zum Querverband gehören:

1. Schotte,
2. verstärkte Spantrahmen (Rahmenspanten) und
3. gewöhnliche Spantrahmen.

---

[1] Zahlenbeispiele siehe Dahlmann: Festigkeit der Schiffe und Lorenz: Die Anwendung der Gleichung der drei Momente im Schiffbau. W. R. H. 1924, S. 668.

Der gewöhnliche Spantrahmen wird gebildet von Deckbalken, Spanten und Bodenwrangen. Zu unterscheiden sind offene und geschlossene Spantrahmen.

Die wasserdichten Querschotte können für die Querfestigkeit als vollkommen starr betrachtet werden.

Wie der Längsverband wird der Querverband durch statische und dynamische Kräfte belastet.

Die statische Belastung erfolgt durch:

Eigengewicht, Deckslast, Ladung und äußeren Wasserdruck.

Die dynamische Belastung erfolgt durch örtliche Stöße und Massenkräfte aus der Bewegung im Seegang.

Diese Belastungen rufen in den Querverbänden Biegungs- und Schubspannungen hervor, und das Ziel der Rechnung muß die Klarstellung der Spannungsverhältnisse in einem beliebigen Spantrahmen sein.

Der Rahmen des Querverbandes ist dadurch besonders gekennzeichnet, daß das Trägheitsmoment seines Querschnittes für die verschiedenen Bereiche veränderlich ist.

a) Die statische Belastung. Der Spantrahmen wird nur auf Biegung berechnet, der Einfluß der Normal- und Querkräfte auf die Durchbiegung wird also nicht berücksichtigt. Die Abstützungen durch Decks- und Raumstützen bzw. durch die zugehörigen Unterzüge werden als starr angenommen.

Der Einfluß der Querschotte auf die Festigkeit der benachbarten Spantrahmen wird zunächst nicht berücksichtigt.

Aufkimmung, Kimm und Decksbucht werden nicht berücksichtigt.

Für den einfachsten Fall eines Eindeckers mit 2 Stützenreihen ergibt sich das in Abb. 81 dargestellte Belastungsschema. Es bedeutet p die spez. Decksbelastung, w der größte spez. Wasserdruck in der Kimm, l der innere Ladungsdruck und J_b, J_{sp} und J_d die Trägheitsmomente der Querschnitte von Deckbalken, Spant und Bodenwrange.

Das Gleichgewicht der vertikalen Kräfte verlangt meistens, daß in der Außenhaut die Kraft ΔS als Differenz der Scheerkräfte über den Spantabschnitt angebracht wird. ΔS ergibt sich aus der Längsfestigkeitsrechnung und kann nach oben oder unten gerichtet sein. In einem beliebigen Querschnitt im Abstande x von Spant 0 ist die Scheerkraft

$$S_x = \int_{x=0}^{x=x} q \cdot dx\,,$$

wo q die resultierende Belastung pro Längeneinheit im Längsverband ist (vgl. S. 57).

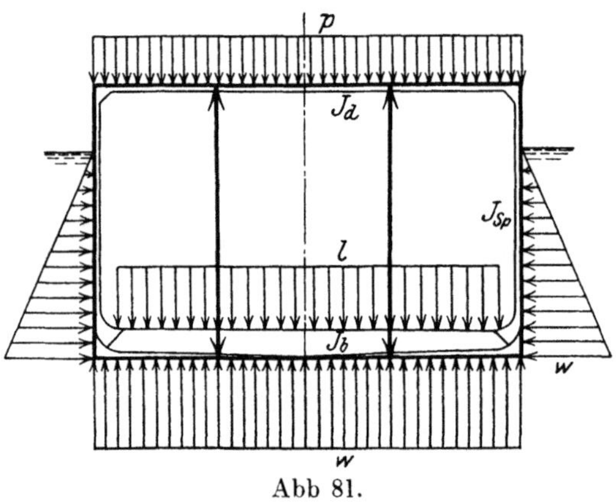

Abb 81.

Der Ladungsdruck kann auch seitlich gegen die Außenhaut wirken, diese also entlasten. Um den ungünstigen Fall zu berücksichtigen, wird diese Entlastung nicht in Ansatz gebracht.

Die eigentliche Rechnung für den Rahmen besteht in der Ermittlung der statisch unbestimmten Größen. Sind diese gefunden, kann der Verlauf der Biegungsmomente über den Rahmen ohne weiteres angegeben werden.

Zur Klarstellung der Methode zur Bestimmung der statisch unbestimmten Größen werde zunächst ein vereinfachter Belastungsfall benutzt (vgl. Abb. 82). Die Belastung ist ähnlich wie bei Abb. 81, der seitliche Wasserdruck reicht jedoch bis Seite Deck und die Abstützung des Rahmens erfolgt durch eine Stütze in der Mitschiffsebene. Angenommen sei weiter Gleichgewicht der vertikalen Kräfte, also

$$p + l = w.$$

Auf den Boden wirkt der resultierende Druck $q = w - l$. Es wird also $p = q$ und es ist $\Delta S = 0$. Für die Berechnung wird angenommen, daß sich der zu untersuchende Spantrahmen gleichmäßig über eine solche Schiffslänge erstreckt, daß der Einfluß der Schotten nicht in Frage kommt. Es genügt dann die Behandlung eines Stückes von der Längeneinheit. Da ferner Symmetrie in bezug auf die Mittellängsebene vorherrscht, genügt es, die Berechnung über eine Rahmenhälfte zu beschränken.

Das Gleichgewicht dieser Hälfte bleibt unverändert, wenn man einen Schnitt durch die Mittellängsebene legt, die zu betrachtende Rahmenhälfte dann an der unteren Schnitt-

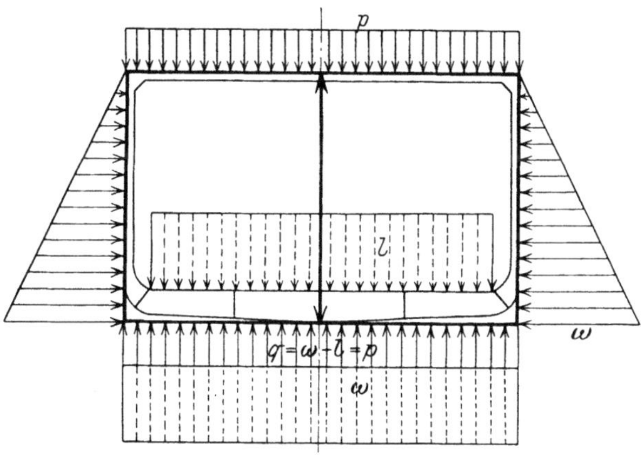

Abb. 82.

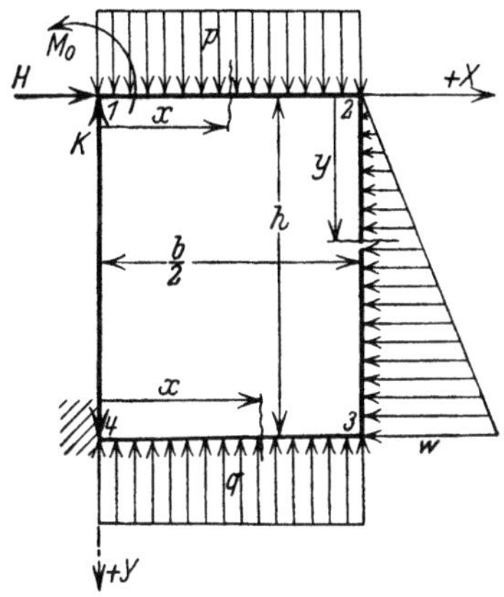

Abb. 83.

fläche einspannt und an der oberen die statisch unbestimmten Größen als äußere Kräfte angreifen läßt (vgl. Abb. 83). Im vorliegenden Falle sind die statisch Unbestimmten:

1. das Einspannungsmoment M_0, welches den stetigen Verlauf der Biegungslinie über der Stütze sicherstellt,

2. die Horizontalkraft H, welche Punkt 1 unverrückbar in horizontaler Richtung hält und

3. die Stützkraft K, welche die vertikale Auswanderung von 1 verhindert. Der ganze Stützdruck ist also $2\,K$.

Die Aufgabe ist somit 3fach statisch unbestimmt. Sind M_0, H und K ermittelt, so ergeben sich die Biegungsmomente entsprechend Abb. 83 wie folgt

Bereich 1—2 (Deckbalken):

$$M_x = M_0 + K \cdot x - \frac{p x^2}{2}.$$

Bereich 2—3 (Spant):

$$M_y = M_0 + K \cdot \frac{b}{2} + H \cdot y - \frac{p b^2}{8} - \frac{w \cdot y^3}{6 h}.$$

Bereich 3—4 (Bodenwrangen):

$$M_x = M_0 + K \cdot x + H \cdot h + \frac{p b^2}{8} - \frac{p b x}{2} - \frac{w h^2}{6} - \frac{q\left(\frac{b}{2} - x\right)^2}{2}.$$

Die Bestimmung von M_0, K und H kann zunächst mit Hilfe der Grenzbedingungen für die Durchbiegungslinie des Rahmens erfolgen. Diese sind:

1. Wegen der Einspannung bei 1 und 4 muß die Summe der Winkeldeformationen für den Bereich 1 bis 4 gleich Null werden, d. h. $|\beta|_1^4 = 0$.

2. Punkt 1 darf sich gegen den festen Punkt 4 wegen der Symmetrie der Belastung in horizontaler Richtung nicht verschieben

$$|\Delta x|_1^4 = 0 \qquad \text{und}$$

3. Punkt 1 darf sich infolge der als starr angenommenen Stützung auch in vertikaler Richtung nicht verschieben.

$$|\Delta y|_1^4 = 0 .$$

Nun ist nach der Biegungslehre der Winkelausschlag an einer beliebigen Stelle s_x des Rahmenumfanges s.

$$\beta_s = \int_{s=0}^{s=s} \frac{M_s}{EJ} ds = \int_{x=0}^{x=x} \frac{M_x}{EJ} dx + \int_{y=0}^{y=y} \frac{M_y}{EJ} dy .$$

Für die schwach gekrümmte elastische Linie kann man weiter setzen:

$$\frac{dy}{dx} = \beta ,$$

und damit

$$\Delta y = \int \beta \cdot dx ,$$

$$\Delta x = \int \beta \cdot dy .$$

Nun bestehen die Identitäten[1]:

$$\int_1^4 \beta \cdot dx = \int_1^4 x \cdot d\beta ,$$

$$\int_1^4 \beta \cdot dy = \int_1^4 y \cdot d\beta .$$

Folglich

$$\Delta y = \int_1^4 x \cdot d\beta = \int_1^4 \frac{M_s}{EJ} x \cdot ds$$

$$\Delta x = \int_1^4 y \cdot d\beta = \int_1^4 \frac{M_s}{EJ} y \cdot ds .$$

Die Grenzbedingungen liefern also die Gleichungen:

1. $$\int \frac{M_s}{EJ} ds = 0 ,$$

2. $$\int \frac{M_s}{EJ} \cdot x \cdot ds = 0$$

und

3. $$\int \frac{M_s}{EJ} \cdot y \cdot ds = 0 .$$

Die Integrationen haben sich über die ganze Rahmenhälfte zu erstrecken.

Wird zunächst neben konstantem Elastizitätsmodul auch konstantes Trägheitsmoment in allen Rahmenteilen angenommen, so vereinfachen sich die Gleichungen noch zu:

1. $\int M_s \cdot ds = 0$; 2. $\int M_s \cdot x \cdot ds = 0$ und 3. $\int M_s \cdot y \cdot ds = 0$.

Für die Auswertung der Integrale ist zunächst zu berücksichtigen, daß das Biegungsmoment nicht als eine Funktion für alle Rahmenteile angegeben werden kann, sondern wie vorher bereits angegeben, in einzelne Stetigkeitsbereiche zerlegt werden muß. Dies gilt auch bei veränderlichen Trägheitsmomenten.

Für den in Abb. 83 angegebenen Belastungsfall lauten die zuletzt angegebenen Bedingungen somit:

1. $$0 = \int M_s ds = \int \left(M_0 + Kx - \frac{px^2}{2}\right)_{x=0}^{x=b/2} dx + \left(M_0 + \frac{Kb}{2} + H \cdot y - \frac{pb^2}{8} - \frac{wy^3}{6h}\right)_{y=0}^{y=h} dy$$
$$+ \left(M_0 + Kx + H \cdot h + \frac{pb^2}{8} - \frac{pbx}{2} - \frac{wh^2}{6} - \frac{qb^2}{8} + \frac{qbx}{2} - \frac{qx^2}{2}\right)_{x=0}^{x=b/2} dx .$$

[1] Vgl. z. B. Hurlbrink: Festigkeitsberechnung von röhrenartigen Körpern. Schiffbau 1907/08, S. 521.

$$2.\quad 0=\int\Delta y=\int\left(M_0+Kx-\frac{px^2}{2}\right)_{x=0}^{x=b/2}\cdot x\cdot dx+\left(M_0+\frac{Kb}{2}+H\cdot y-\frac{pb^2}{8}-\frac{wy^3}{6h}\right)_{y=0}^{y=h}\frac{b}{2}dy$$

$$+\left(M_0+Kx+Hh+\frac{pb^2}{8}-\frac{pbx}{2}-\frac{wh^2}{6}-\frac{qb^2}{8}+\frac{qbx}{2}-\frac{qx^2}{2}\right)_{x=0}^{x=b/2}x\cdot dx\,.$$

$$3.\quad 0=\int\Delta x=\int\left(M_0+\frac{Kb}{2}+H\cdot y-\frac{pb^2}{8}-\frac{wy^3}{6h}\right)_{y=0}^{y=h}y\cdot dy$$

$$+\left(M_0+Kx+Hh+\frac{pb^2}{8}-\frac{pbx}{2}-\frac{wh^2}{6}-\frac{qb^2}{8}+\frac{qbx}{2}-\frac{qx^2}{2}\right)_{x=0}^{x=b/2}\cdot h\cdot dx\,.$$

Zu beachten ist, daß die Integration dem Umfange s also in Richtung 1—2—3—4 folgen muß. Im Bereich 3—4 ist diese Richtung im Hinblick auf das gewählte Koordinatensystem negativ. Die letzten Klammern müssen also ein negatives Vorzeichen erhalten oder man muß die Integrationsgrenzen vertauschen.

Die Integrationen liefern:

$$1.\quad 0=\left|\frac{M_0b}{2}+\frac{Kb^2}{8}-\frac{pb^3}{48}\right|+\left|M_0h+\frac{Kbh}{2}+\frac{Hh^2}{2}-\frac{pb^2h}{8}-\frac{wh^3}{24}\right|$$

$$+\left|M_0\frac{b}{2}+\frac{Kb^2}{8}+\frac{Hhb}{2}+\frac{pb^3}{16}-\frac{pb^3}{16}-\frac{wh^2b}{12}-\frac{qb^3}{16}+\frac{qb^3}{16}-\frac{qb^3}{48}\right|,$$

$$2.\quad 0=\left|\frac{M_0b^2}{8}+\frac{Kb^3}{24}-\frac{pb^4}{128}\right|+\left|\frac{M_0bh}{2}+\frac{Kb^2h}{4}+\frac{Hbh^2}{4}-\frac{pb^3h}{16}-\frac{wbh^3}{48}\right|$$

$$+\left|\frac{M_0b^2}{8}+\frac{Kb^3}{24}+\frac{Hhb^2}{8}+\frac{pb^4}{64}-\frac{pb^4}{48}-\frac{wh^2b^2}{48}-\frac{qb^4}{64}+\frac{qb^4}{48}-\frac{qb^4}{128}\right|,$$

$$3.\quad 0=\left|\frac{M_0h^2}{2}+\frac{Kbh^2}{4}+\frac{Hh^3}{3}-\frac{pb^2h^2}{16}-\frac{wh^4}{30}\right|$$

$$+\left|\frac{M_0hb}{2}+\frac{Khb^2}{8}+\frac{Hh^2b}{2}+\frac{pb^3h}{16}-\frac{phb^3}{16}-\frac{wh^3b}{12}-\frac{qhb^3}{16}+\frac{qhb^3}{16}-\frac{qh\cdot b^3}{48}\right|,$$

oder

$$1.\quad 0=M_0(b+h)+\frac{Kb}{2}\left(h+\frac{b}{2}\right)+\frac{Hh}{2}(h+b)-\frac{wh^2}{24}(h+2b)-\frac{pb^2}{48}(b+6h)-\frac{qb^3}{48}\,.$$

$$2.\quad 0=M_0(b+2h)+\frac{Kb}{3}(3h+b)+\frac{Hh}{2}(2h+b)-\frac{wh^2}{12}(h+b)-\frac{pb^2}{4}\left(h+\frac{5b}{24}\right)-\frac{qb^3}{96}\,,$$

$$3.\quad 0=M_0(b+h)+\frac{Kb}{2}\left(h+\frac{b}{2}\right)+\frac{Hh}{3}(2h+3b)-\frac{wh^2}{30}(2h+5b)-\frac{pb^2h}{8}-\frac{qb^3}{24}\,.$$

Damit sind die statisch Unbestimmten ermittelt.

Dieselben Gleichungen können auch nach dem Prinzip von Castigliano gewonnen werden. Dieses ist gegeben in den Gleichungen:

$$1.\quad \frac{\partial A}{\partial M_0}=\int_1^4\frac{M_s}{EJ}\cdot\frac{\partial M}{\partial M_0}ds=0\,,$$

$$2.\quad \frac{\partial A}{\partial K}=\int_1^4\frac{M_s}{EJ}\cdot\frac{\partial M}{\partial K}ds=0$$

und

$$3.\quad \frac{\partial A}{\partial H}=\int_1^4\frac{M_s}{EJ}\cdot\frac{\partial M}{\partial H}ds=0\,,$$

worin A die Formänderungsarbeit darstellt. Für den vorliegenden Fall ist mit $E\cdot J=$ konstant:

$$1.\ \int M_s\cdot\frac{\partial M}{\partial M_0}ds=0;\quad 2.\ \int M_s\cdot\frac{\partial M}{\partial K}ds=0;\quad 3.\ \int M_s\cdot\frac{\partial M}{\partial H}ds=0;$$

Das Rechnungsverfahren nach diesen Gleichungen ist etwas einfacher wie vorher. Man bildet die partiellen Differentialquotienten nach den statisch Unbestimmten und multipliziert mit den dabei erhaltenen Werten das Biegungsmoment.

Für die Rechnung ist folgendes Schema zweckmäßig:

Momente:

Bereich 1—2: $$M_x = M_0 + Kx - \frac{px^2}{2},$$

Bereich 2—3: $$M_y = M_0 + \frac{Kb}{2} - \frac{pb^2}{8} + H\cdot y - \frac{wy^3}{6h},$$

Bereich 3—4: $$M_x = M_0 + Kx + H\cdot h + \frac{pb^2}{8} - \frac{pbx}{2} - \frac{wh^2}{6} - \frac{qb^2}{8} + \frac{qbx}{2} - \frac{qx^2}{2}.$$

Ableitungen:

	$\frac{\partial M}{\partial M_0}$	$\frac{\partial M}{\partial K}$	$\frac{\partial M}{\partial H}$
Bereich 1—2:	1	x	0
Bereich 2—3:	1	$\frac{b}{2}$	y
Bereich 3—4:	1	x	h

Dann lauten die Bestimmungsgleichungen:

1. $$0 = \int\left(M_0 + Kx - \frac{px^2}{2}\right)_{x=0}^{x=b/2} dx + \left(M_0 + \frac{Kb}{2} - \frac{pb^2}{8} + H\cdot y - \frac{wy^3}{6h}\right)_{y=0}^{y=h} dy$$
$$+\left(M_0 + Kx + H\cdot h + \frac{pb^2}{8} - \frac{pbx}{2} - \frac{wh^2}{6} - \frac{qb^2}{8} + \frac{qbx}{2} - \frac{qx^2}{2}\right)_{x=0}^{x=b/2} dx.$$

2. $$0 = \int\left(M_0 x + Kx^2 - \frac{px^3}{2}\right)_{x=0}^{x=b/2} dx + \left(\frac{M_0 b}{2} + \frac{Kb^2}{4} - \frac{pb^3}{16} + \frac{Hby}{2} - \frac{wby^3}{12h}\right)_{y=0}^{y=h} dy$$
$$+\left(M_0 x + Kx^2 + Hhx + \frac{pb^2x}{8} - \frac{pbx^2}{2} - \frac{wh^2x}{6} - \frac{qb^2x}{8} + \frac{qbx^2}{2} - \frac{qx^3}{2}\right)_{x=0}^{x=b/2} dx.$$

3. $$0 = \int\left(M_0 y + \frac{Kby}{2} - \frac{pb^2y}{8} + Hy^2 - \frac{wy^4}{6h}\right)_{y=0}^{y=h} dy$$
$$+\left(M_0 h + Khx + Hh^2 + \frac{pb^2h}{8} - \frac{pbxh}{2} - \frac{wh^3}{6} - \frac{qb^2h}{8} + \frac{qbxh}{2} - \frac{qx^2h}{2}\right)_{x=0}^{x=b/2} dx.$$

Die Integration liefert die Bestimmungsgleichungen:

1. $$0 = M_0(b+h) + \frac{Kb}{2}\left(h + \frac{b}{2}\right) + \frac{Hh}{2}(h+b) - \frac{wh^2}{24}(h+2b) - \frac{pb^2}{48}(b+6h) - \frac{qb^3}{48}.$$

2. $$0 = M_0(b+2h) + \frac{Kb}{3}(3h+b) + \frac{Hh}{2}(2h+b) - \frac{wh^2}{12}(h+b) - \frac{pb^2}{4}\left(h + \frac{5b}{24}\right) - \frac{qb^3}{96}.$$

3. $$0 = M_0(b+h) + \frac{Kb}{2}\left(h + \frac{b}{2}\right) + \frac{Hh}{3}(2h+3b) - \frac{wh^2}{30}(2h+5b) - \frac{pb^2h}{8} - \frac{qb^3}{24}.$$

Dieses sind dieselben Gleichungen wie die vorher unmittelbar aus den Deformationen ermittelten. — Die Behandlung der Deformationsgleichung zur Ermittlung der statisch unbestimmten Größen kann auch graphisch durchgeführt werden.

Es waren die Deformationsbedingungen gefunden:

1. $\int_1^4 M_s ds = 0$; 2. $\int_1^4 M_s \cdot x ds = 0$; und 3. $\int_1^4 M_s \cdot y ds = 0$.

Das Biegungsmoment M_s kann zerlegt werden in

$$M_s = M_0 + M_K + M_H + M_b.$$

Hierin bedeutet das M_0 das Einspannmoment, M_K das Moment, welches an beliebiger Stelle durch K hervorgerufen wird, M_H das Moment, welches an beliebiger Stelle durch H hervorgerufen und M_b das Moment, welches an beliebiger Stelle von der gegebenen Belastung hervorgerufen wird.

Nimmt man nun für die statisch unbestimmten Größen beliebige Werte M'_0, K' und H', so kann gesetzt werden

$$M_0 = \alpha \cdot M'_0 \qquad K = \beta \cdot K' \quad \text{und} \quad H = \gamma \cdot H'.$$

Die statische Unbestimmtheit geht dann über in die Koeffizienten α, β und γ.

Da nun die Deformationen den Momenten proportional sind, kann mit den Größen M'_0, K' und H' gerechnet werden und die Bedingungsgleichungen bleiben bestehen, wenn die entsprechenden Deformationen mit α, β und γ multipliziert werden.

Zunächst folgt für die Deformationsbedingungen

1. $\alpha \int M'_0\, ds + \beta \int M_{K'} ds + \gamma \int M_{H'} \cdot ds + \int M'_b \cdot ds = 0$,
2. $\alpha \int M'_0 \cdot x\, ds + \beta \int M_{K'} \cdot x\, ds + \gamma \int M_{\bar{H}'} \cdot x\, ds + \int M'_b \cdot x ds = 0$ und
3. $\alpha \int M'_0 \cdot y\, ds + \beta \int M'_{K'} \cdot y\, ds + \gamma \int M_{\bar{H}'} \cdot y\, ds + \int M'_b \cdot y ds = 0$.

Die einzelnen Integrationen können graphisch durchgeführt werden. Ergeben sie der Reihe nach wie angegeben die Endwerte:

$$\begin{matrix} a_1 & b_1 & c_1 & d_1, \\ a_2 & b_2 & c_2 & d_2, \\ a_3 & b_3 & c_3 & d_3, \end{matrix}$$

so ergeben sich für α, β und γ die 3 Gleichungen

1. $\alpha \cdot a_1 + \beta \cdot b_1 + \gamma \cdot c_1 + d_1 = 0$,
2. $\alpha \cdot a_2 + \beta \cdot b_2 + \gamma \cdot c_2 + d_2 = 0$,
3. $\alpha \cdot a_2 + \beta \cdot b_3 + \gamma \cdot c_3 + d_3 = 0$.

Die 3 Methoden seien an einem Zahlenbeispiel durchgeführt[1].

Gegeben: $b = 11$ m, $h = 6$ m, $p = q = 1500$ kg/m, $w = 6000$ kg/m.

Für die analytische Rechnung ergeben sich mit diesen Werten für die statisch Unbestimmten die Gleichungen:

1. $0 = 17\, M_0 + 63{,}25\, K + 51\, H - 471\,312$,
2. $0 = 17\, M_0 + 63{,}25\, K + 90 \cdot H - 701\,713$,
3. $0 = 11{,}5\, M_0 + 53{,}2\, K + 34{,}5 \cdot H - 351\,521$.

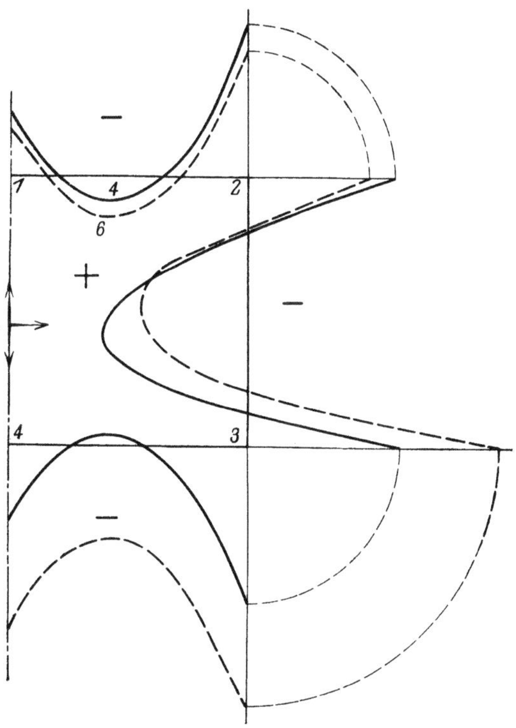

Abb. 84.
——— Trägheitsmoment konstant.
– – – – Trägheitsmoment veränderlich.

Es folgt $M_0 = -1740$ mkg; $K = 3155$ kg und $H = 5910$ kg.

Damit werden die Momente:

Bereich 1—2: $M_x = -1740 + 3155\, x - 750\, x^2$,

2—3: $M_y = -7075 + 5910\, y - 167\, y^3$,

3—4: $M_x = -2280 + 3155\, x - 750\, x^2$.

Der Verlauf ist in Abb. 84 eingetragen (ausgezogene Kurve).

[1] Grundsätzlich sei betont, daß die Zahlenrechnungen für diese Querverbände wegen der Empfindlichkeit der Gleichungen so genau wie möglich auszuführen sind (Rechenschieber unsicher).

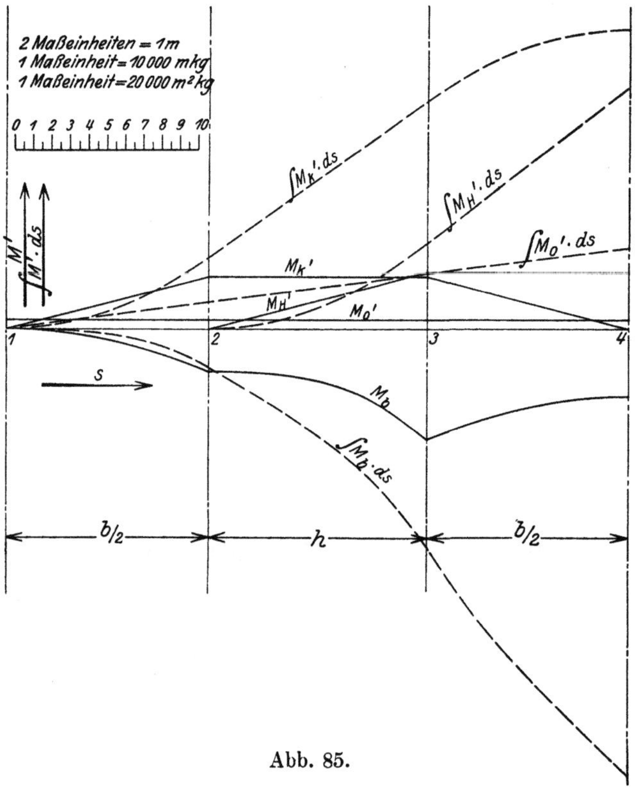

Abb. 85.

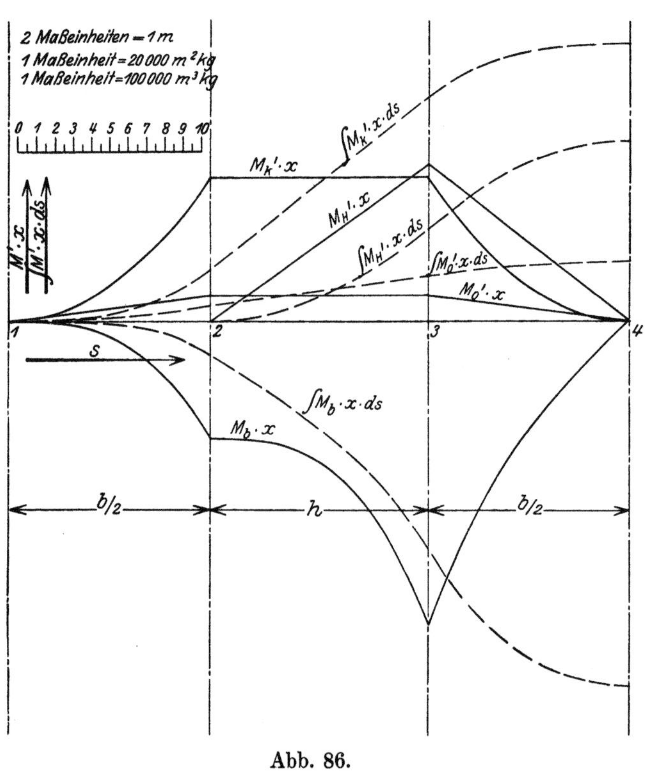

Abb. 86.

Für die graphische Rechnung sei angenommen: $M'_0 = 5000$ mkg, $K' = 5000$ kg und $H' = 5000$ kg.

Abb. 85 gibt den Verlauf der Momente M'_0, $M_{K'}$, $M_{H'}$ und M_b über dem abgewickelten Rahmenumfang.

Die erste Integration der 4 Kurven ergibt die Winkelausschläge. Aus den Endwerten (Abb. 85) ergibt sich die erste der für α, β und γ erforderlichen Gleichungen zu

$$1. \quad 0 = 85\,\alpha + 316{,}25\,\beta + 255\,\gamma - 471{,}31.$$

Für die Aufstellung der weiteren Gleichungen sind die Kurven der $M \cdot x$ und $M \cdot y$-Werte zu bilden (Abb. 86 und 87).

Die Endwerte der Integralkurven liefern die weiteren Gleichungen:

$$2. \quad 0 = 316{,}25\,\alpha + 1462{,}08\,\beta + 948{,}75\,\gamma - 1933{,}34$$

und

$$3. \quad 0 = 255\,\alpha + 948{,}75\,\beta + 1350{,}0\,\gamma - 2105{,}14.$$

Aus den Gleichungen folgen die Werte $\alpha = -0{,}348$; $\beta = 0{,}631$; $\gamma = 1{,}182$.

Damit werden die statisch Unbestimmten wie vorher

$$M_0 = -1740 \text{ mkg}; \quad K = 3155 \text{ kg}; \quad H = 5910 \text{ kg}.$$

Bei der Anwendung dieser Rechnungsmethoden auf die Schiffsquerschnitte ist zunächst zu berücksichtigen, daß die Trägheitsmomente im Bereich der einzelnen Rahmenteile nicht konstant sind.

Es sei J_d das Trägheitsmoment im Deckbalken,

J_{sp} das Trägheitsmoment im Spant und

J_b das Trägheitsmoment in der Bodenwrange.

Dann lauten die Deformationsgleichungen

1. $\int \frac{}{J_d}\,dx + \int \frac{M_y}{J_{sp}}\,dy + \int \frac{M_x}{J_b}\,dx = 0$, 2. $\int \frac{M_x \cdot x\,dx}{J_d} + \int \frac{M_y \cdot b\,dy}{2 J_{sp}} + \int \frac{M_x \cdot x\,dx}{J_b} = 0$,

3. $\int \frac{M_y \cdot y\,dy}{J_{sp}} + \int \frac{M_x \cdot h \cdot dx}{J_b} = 0$.

In der Form des Satzes von Castigliano lauten sie:

1. $\int \frac{M_x}{J_d} \cdot \frac{\partial M}{\partial M_0}\,dx + \int \frac{M_y}{J_{sp}} \frac{\partial M}{\partial M_0}\,dy + \int \frac{M_x}{J_b} \frac{\partial M}{\partial M_0}\,dx = 0.$

2. $\int \frac{M_x}{J_d} \frac{\partial M}{\partial K}\,dx + \int \frac{M_y}{J_{sp}} \frac{\partial M}{\partial K}\,dy + \int \frac{M_x}{J_b} \frac{\partial M}{\partial K}\,dx = 0$ und

3. $\int \frac{M_x}{J_d} \frac{\partial M}{\partial H}\,dx + \int \frac{M_y}{J_{sp}} \frac{\partial M}{\partial H}\,dy + \int \frac{M_x}{J_b} \frac{\partial M}{\partial H}\,dx = 0.$

Das graphische Verfahren ändert sich nur insofern, als an Stelle der Momentenkurven die $\frac{M}{J}$-Kurven aufgetragen werden.

Die Rechnung ist nur als Kontrollrechnung bei gegebenen Rahmendimensionen zu verwenden.

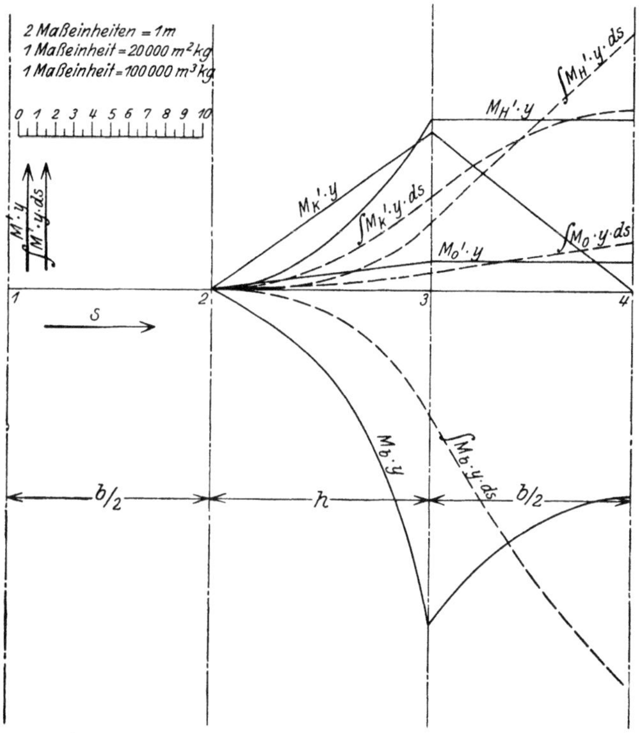

Abb. 87.

Für den vorher behandelten Belastungsfall ergeben sich die Bestimmungsgleichungen

$$1.\quad 0 = \frac{1}{J_d}\left(M_0 \frac{b}{2} + \frac{K b^2}{8} - \frac{p b^3}{48}\right) + \frac{1}{J_{sp}}\left(M_0 h + \frac{K b h}{2} + \frac{H h^2}{2} - \frac{p b^2 h}{8} - \frac{w h^3}{24}\right)$$
$$+ \frac{1}{J_b}\left(M_0 \frac{b}{2} + \frac{K b^2}{8} + \frac{H h b}{2} - \frac{q b^3}{48} - \frac{w h^2 b}{12}\right).$$

$$2.\quad 0 = \frac{1}{J_{sp}}\left(\frac{M_0 h^2}{2} + \frac{K b h^2}{4} + \frac{H h^3}{3} - \frac{p b^2 h^2}{16} - \frac{w h^4}{30}\right) + \frac{1}{J_b}\left(M_0 \frac{h b}{2} + \frac{K h b^2}{8} + \frac{H h^2 b}{2} - \frac{q h b^3}{48} - \frac{w h^3 b}{12}.\right)$$

$$3.\quad 0 = \frac{1}{J_d}\left(M_0 \frac{b^2}{8} + \frac{K b^3}{24} - \frac{p b^4}{128}\right) + \frac{1}{J_{sp}}\left(M_0 \frac{h b}{2} + \frac{K b^2 h}{4} + \frac{H b h^2}{4} - \frac{p b^3 h}{16} - \frac{w b h^3}{48}\right)$$
$$+ \frac{1}{J_b}\left(M_0 \frac{b^2}{8} + \frac{K b^3}{24} + \frac{H h b^2}{8} - \frac{p b^4}{192} - \frac{w h^2 b^2}{48} - \frac{q b^4}{384}\right).$$

Für normale Eindeckschiffe ist nun das Verhältnis der Trägheitsmomente zueinander angenähert mit folgenden Werten festliegend:

$J_{sp} \sim 2 J_d$ und $J_b \sim 100 J_{sp}$ also $\sim 200 J_d$.

Es wird also:

$\frac{J_d}{J_{sp}} = \frac{1}{2}$ und $\frac{J_d}{J_b} = \frac{1}{200}$.

Werden diese Werte eingesetzt, folgen die Gleichungen

1. $0 = 8{,}53\,M_0 + 31{,}70\,K + 9{,}17\,H - 137\,400,$
2. $0 = 3{,}055\,M_0 + 16{,}65\,K + 12{,}33\,H - 113\,100,$
3. $0 = 23{,}055\,M_0 + 106{,}5\,K + 36{,}33\,H - 505\,900.$

Aus ihnen ergibt sich:

$$M_0 = -2200\,\text{mkg}, \quad K = 3500\,\text{kg}, \quad H = 5000\,\text{kg}.$$

Die sich mit diesen Werten ergebenden Biegungsmomente sind in Abb. 84 (gestrichelte Kurve) dargestellt. — Abb. 88 stellt einen Belastungsfall dar, der den tatsächlichen Verhältnissen bereits sehr nahe kommt. Es sind wieder die drei Unbestimmten M_0, K und H zu ermitteln. Die Stützung, die auch durch einen Unterzug gedacht werden kann, sei als starr angenommen. Für die Verhältnisse der Trägheitsmomente zueinander werden die gleichen Werte wie vorher angenommen.

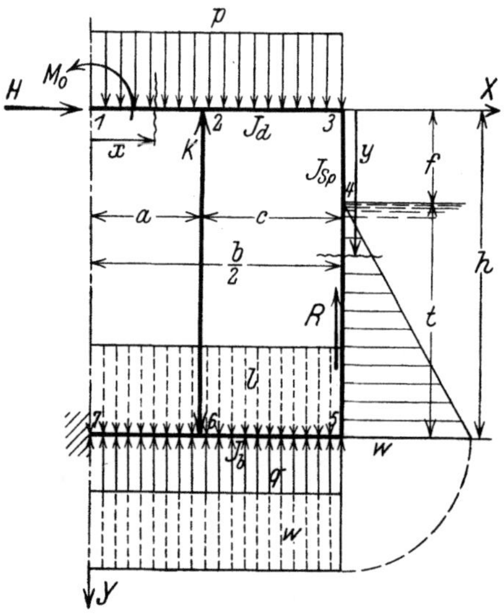

Abb. 88.

R entspr. ΔS ist die Scheerkraft in dem Querschnitt, die als nur im Steg wirkend angenommen wird. Entsprechend den Bezeichnungen der Abb. 88 folgt alsdann für die Rechnung nach Castigliano:

Momente:

Bereich 1—2: $M_x = M_0 - \frac{px^2}{2}$,

„ 2—3: $M_x = M_0 + Kx - Ka - \frac{px^2}{2}$,

„ 3—4: $M_y = M_0 + K\cdot c - \frac{pb^2}{8} + H\cdot y$,

„ 4—5: $M_y = M_0 + K\cdot c - \frac{pb^2}{8} + H\cdot y - \frac{w\cdot(y-f)^3}{6t}$,

Bereich 5—6: $M_x = M_0 + K\cdot x - K\cdot a + H\cdot h - \frac{wt^2}{6} + \frac{pb^2}{8} - \frac{pbx}{2} - \frac{q\,(b/2-x)^2}{2} - R\left(\frac{b}{2} - x\right)$,

„ 6—7: $M_x = M_0 + H\cdot h - \frac{wt^2}{6} + \frac{pb^2}{8} - \frac{pbx}{2} - \frac{qb^2}{8} + \frac{qbx}{2} - \frac{qx^2}{2} - \frac{Rb}{2} + R\cdot x$.

Ableitungen:

	$\frac{\partial M}{\partial M_0}$	$\frac{\partial M}{\partial K}$	$\frac{\partial M}{\partial H}$
Bereich 1—2:	1	—	—
„ 2—3:	1	$x-a$	—
„ 3—4:	1	c	y
„ 4—5:	1	c	y
„ 5—6:	1	$x-a$	h
„ 6—7:	1	—	h

Alsdann ergeben sich die Gleichungen:

$$1.\quad \frac{\partial A}{\partial M_0} = 0 = \int\left\{\frac{1}{J_d}\left[\left(M_0 - \frac{px^2}{2}\right)_{x=0}^{x=a} dx + \left(M_0 + K\cdot x - K\cdot a - \frac{px^2}{2}\right)_{x=a}^{x=b/2} dx\right]\right.$$

$$+\frac{1}{J_{sp}}\left[\left(M_0 + K\cdot c - \frac{pb^2}{8} + H\cdot y\right)_{y=0}^{y=f} dy + \left(M_0 + K\cdot c - \frac{pb^2}{8} + H\cdot y - \frac{wy^3}{6t} + \frac{wy^2f}{2t} - \frac{wyf^2}{2t} + \frac{wf^3}{6t}\right)_{y=f}^{y=h} dy\right]$$

$$+\frac{1}{J_b}\left[\left(M_0 + K\cdot x - K\cdot a + H\cdot h + \frac{pb^2}{8} - \frac{pbx}{2} - \frac{wt^2}{6} - \frac{Rb}{2} + R\cdot x - \frac{qb^2}{8} + \frac{qbx}{2} - \frac{qx^2}{2}\right)_{x=a}^{x=b/2} dx\right.$$

$$\left.\left. + \left(M_0 + H\cdot h + \frac{pb^2}{8} - \frac{pbx}{2} - \frac{wt^2}{6} - \frac{Rb}{2} + R\cdot x - \frac{qb^2}{8} + \frac{qbx}{2} - \frac{qx^2}{2}\right)_{x=0}^{x=a} dx\right]\right\},$$

$$2.\quad \frac{\partial A}{\partial K}=0=\int\left\{\frac{1}{J_d}\left(M_0+Kx-Ka-\frac{px^2}{2}\right)(x-a)\Big|_{x=a}^{x=b/2}dx+\frac{1}{J_{sp}}\left[\left(M_0c+Kc^2-\frac{pb^2c}{8}+Hcy\right)_{y=0}^{y=f}dy\right.\right.$$

$$+\left.\left(M_0c+Kc^2-\frac{pb^2c}{8}+Hcy-\frac{wcy^3}{6t}+\frac{wcy^2\cdot f}{2t}-\frac{wcyf^2}{2t}+\frac{wcf^3}{6t}\right)_{y=f}^{y=h}dy\right]$$

$$\left.+\frac{1}{J_b}\left[\left(M_0+Kx-Ka+Hh+\frac{pb^2}{8}-\frac{pbx}{2}-\frac{wt^2}{6}-\frac{Rb}{2}+Rx-\frac{qb^2}{8}+\frac{qbx}{2}-\frac{qx^2}{2}\right)(x-a)\right]_{x=a}^{x=b/2}dx\right\}$$

$$3.\quad \frac{\partial A}{\partial H}=0=\int\left\{\frac{1}{J_{sp}}\left[\left(M_0y+Kcy-\frac{pb^2y}{8}+Hy^2\right)_{y=0}^{y=f}dy\right.\right.$$

$$+\left.\left(M_0y+Kcy-\frac{pb^2y}{8}+H\cdot y^2-\frac{wy^4}{6t}+\frac{wy^3f}{2t}-\frac{wy^2f^2}{2t}+\frac{wyf^3}{6t}\right)_{y=f}^{y=h}dy\right]$$

$$+\frac{1}{J_b}\left[\left(M_0h+Khx-Kah+Hh^2+\frac{phb^2}{8}-\frac{phbx}{2}-\frac{wht^2}{6}-\frac{Rhb}{2}+Rhx-\frac{qhb^2}{8}+\frac{qhbx}{2}-\frac{qhx^2}{2}\right)_{x=a}^{x=b/2}dx\right.$$

$$\left.\left.+\left(M_0h+Hh^2+\frac{phb^2}{8}-\frac{phbx}{2}-\frac{wht^2}{6}-\frac{Rhb}{2}+Rhx-\frac{qhb^2}{8}+\frac{qhbx}{2}-\frac{qhx^2}{2}\right)_{x=0}^{x=a}dx\right]\right\}.$$

Die Integration liefert die Gleichungen:

$$1.\quad 0=\frac{1}{J_d}\left(M_0\frac{b}{2}+\frac{Kc^2}{2}-\frac{pb^3}{48}\right)+\frac{1}{J_{sp}}\left(M_0h+Kch+\frac{Hh^2}{2}-\frac{pb^2h}{8}-\frac{wt^3}{24}\right)$$
$$+\frac{1}{J_b}\left(M_0\frac{b}{2}+\frac{Kc^2}{2}+\frac{Hhb}{2}-\frac{wt^2b}{12}-\frac{Rb^2}{8}-\frac{qb^3}{48}\right)$$

$$2.\quad 0=\frac{1}{J_d}\left(\frac{M_0c^2}{2}+\frac{Kc^3}{3}-\frac{pb^4}{128}+\frac{pab^3}{48}-\frac{pa^4}{24}\right)+\frac{1}{J_{sp}}\left(M_0ch+Kc^2h+\frac{Hch^2}{2}-\frac{pb^2ch}{8}-\frac{wct^3}{24}\right)$$
$$+\frac{1}{J_b}\left(\frac{M_0c^2}{2}+\frac{Kc^3}{3}+\frac{Hhc^2}{2}-\frac{Rc^3}{6}-\frac{wt^2c^2}{12}-\frac{pb^4}{192}+\frac{pb^2a^2}{16}-\frac{pba^3}{12}-\frac{qc^4}{24}\right).$$

$$3.\quad 0=\frac{1}{J_{sp}}\left[\frac{M_0h^2}{2}+\frac{Kch^2}{2}+\frac{Hh^3}{3}-\frac{pb^2h^2}{16}-\frac{w}{t}\left(\frac{h^5}{30}-\frac{h^4f}{8}+\frac{h^3f^2}{6}-\frac{h^2f^3}{12}+\frac{f^5}{120}\right)\right]$$
$$+\frac{1}{J_b}\left(\frac{M_0hb}{2}+\frac{Khc^2}{2}+\frac{Hh^2b}{2}-\frac{whbt^2}{12}-\frac{Rhb^2}{8}-\frac{qhb^3}{48}\right).$$

Wird in erster Annäherung gesetzt:

$$\frac{J_d}{J_{sp}}=\frac{1}{2}\quad\text{und}\quad\frac{J_d}{J_b}=\frac{1}{200},$$

so gehen die Gleichungen über in:

$$1.\quad 0=\frac{M_0b}{2}+\frac{Kc^2}{2}-\frac{pb^3}{48}+\frac{M_0h}{2}+\frac{Kch}{2}+\frac{Hh^2}{4}-\frac{pb^2h}{16}-\frac{wt^3}{48}$$
$$+\frac{1}{200}\left(\frac{M_0b}{2}+\frac{Kc^2}{2}+\frac{Hhb}{2}-\frac{wt^2b}{12}-\frac{Rb^2}{8}-\frac{qb^3}{48}\right).$$

$$2.\quad 0=\frac{M_0c^2}{2}+\frac{M_0ch}{2}+\frac{Kc^2h}{2}+\frac{Kc^3}{3}+\frac{Hch^2}{4}-\frac{pb^4}{128}+\frac{pab^3}{48}-\frac{pa^4}{24}-\frac{pb^2ch}{16}-\frac{wct^3}{48}$$
$$+\frac{1}{200}\left(\frac{M_0c^2}{2}+\frac{Kc^3}{3}+\frac{Hhc^2}{2}-\frac{Rc^3}{6}-\frac{wt^2c^2}{12}-\frac{pb^4}{192}+\frac{pb^2a^2}{16}-\frac{pba^3}{12}-\frac{qc^4}{24}\right).$$

$$3.\quad 0=\frac{M_0h^2}{2}+\frac{Kch^2}{2}+\frac{Hh^3}{3}-\frac{pb^2h^2}{16}-\frac{w}{t}\left(\frac{h^5}{30}-\frac{h^4f}{8}+\frac{h^3f^2}{6}-\frac{h^2f^3}{12}+\frac{f^5}{120}\right)$$
$$+\frac{1}{100}\left(\frac{M_0hb}{2}+\frac{Khc^2}{2}+\frac{Hh^2b}{2}-\frac{whbt^2}{12}-\frac{Rhb^2}{8}-\frac{qhb^3}{48}\right).$$

Für ein Zahlenbeispiel sei wieder gewählt:

$b = 11$ m, $h = 6$ m, $t = 5$ m, $f = 1$ m, $a = 2$ m, $c = 3{,}5$ m, $w = 5000$ kg/m,

$p = 1500$ kg/m, $q = 1500$ kg/m.

Ferner sei zunächst angenommen $R = 0$, was bedeuten würde, daß der betrachtete Querschnitt an der Stelle eines Scheerkraft-Maximums oder Minimums angenommen wird. Allgemein ergibt sich der Wert für R in einem beliebigen Querschnitt aus der Scheerkraftkurve der üblichen Längsfestigkeitsrechnung. Für diese Zahlenwerte gehen die letzten Gleichungen über in

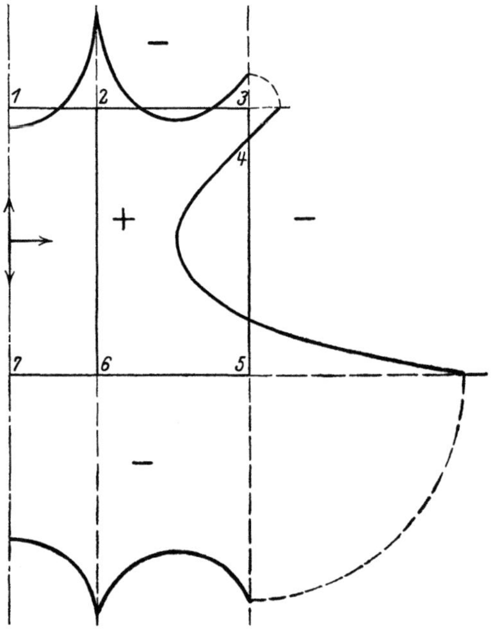

Abb. 89.

1. $0 = 8{,}528\,M_0 + 16{,}66\,K + 9{,}17\,H - 123500;$

2. $0 = 16{,}655\,M_0 + 51{,}12\,K + 31{,}68\,H - 376500;$

3. $0 = 18{,}33\,M_0 + 63{,}368\,K + 73{,}98\,H - 535000.$

Aus ihnen folgt:

$M_0 = 1000$ mkg $K = 5780$ kg $H = 2060$ kg.

Damit ergeben sich für 1 m Rahmenlänge die Biegungsmomente:

Bereich Deckbalken 1—2: $M_x = 1000 - 750\,x^2$

„ „ 2—3: $M_x = -10560 + 5780 \cdot x - 750 \cdot x^2$

„ Spant 3—4: $M_y = -1450 + 2060 \cdot y$

„ „ 4—5: $M_y = -1450 + 2060 \cdot y - 167\,(y-1)^3$

„ Bodenwrange 5—6: $M_x = -19000 + 5780\,x - 750\,x^2$

„ „ 6—7: $M_x = -7470 - 750 x^2$.

Der Verlauf dieser Momente ist in Abb. 89 wiedergegeben. Nach dem G. L. sind folgende Profile erforderlich:

Deckbalken:
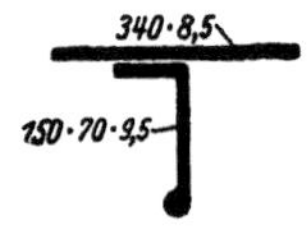

mit $J_d = 1350$ cm⁴, $W_o = 370$ cm³, $W_u = 110$ cm³

Spant:
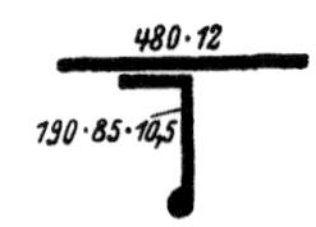

mit $J_{sp} = 3270$ cm⁴. $W_o = 800$ cm³, $W_u = 200$ cm³

Bodenwrange:
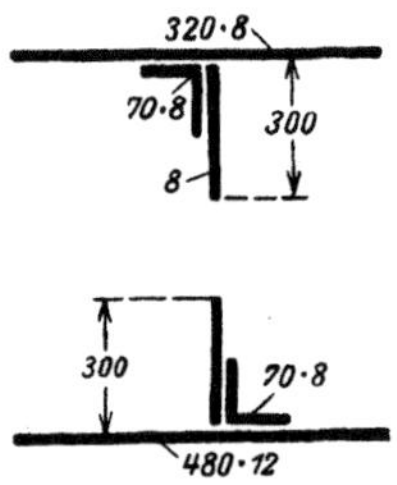

mit $J_b = 232100$ cm⁴ $W_o = 4300$ cm³, $W_u = 6580$ cm³

Es ist also $\frac{J_d}{J_{sp}} = \frac{1}{2{,}4}$ und $\frac{J_d}{J_b} = \frac{1}{172}$.

Mit diesen Werten könnte die Rechnung wiederholt werden, wobei sich dann die genauen Werte von M_0, K und H ergeben würden. Dabei wäre als Rahmenbegrenzung die neutrale Faser der 3 Profile maßgebend.

Für eine Spantentfernung von 600 mm nach G. L. liefert der angegebene Momentenverlauf mit den Profilen des G. L. in den einzelnen Bereichen folgende größte Spannungswerte

Bereich 1—2:	$k_{b_{max}} = 1100$ kg/cm²	bei	$x = 2$ m
„ 2—3:	„ $= 1100$ „	„	$x = 2$ „
„ 3—4:	„ $= 180$ „	„	$y = 1$ „
„ 4—5:	„ $= 1940$ „	„	$y = 6$ „
„ 5—6:	„ $= 950$ „	„	$x = 2$ „
„ 6—7:	„ $= 950$ „	„	$x = 2$ „.

Für die Deckstütze (a. j. 2. Spt.) ergibt sich bei 5facher Sicherheit und etwa 5,0 m Länge, frei gelagert, eine Knickbelastung von $P_k = 0{,}6 \cdot 5780 \cdot 2 \cdot 5 = 34680$ kg, womit nach der Eulerschen Knickformel folgt

$$J = \frac{P_k \cdot l^2}{\pi^2 \cdot E} \sim 400 \text{ cm}^4.$$

Dieser Wert wird geliefert von einer vollen Säule von 96 mm Durchmesser. Nach dem G. L. ist eine Säule von etwa 80 mm Durchmesser erforderlich. Die Sicherheit ist also rechnerisch etwa 3fach.

Der Verlauf der Biegungsmomente gestattet die Berechnung des Balkenkniees, der Kimmstützplatte mit Vernietungen, sowie der Vernietung Mittelträger—Bodenwrange.

Bei Flußschiffen fehlt meist die Deckbeplattung auf großen Längen. Die obere Abstützung der Spanten erfolgt dann durch Bordbalken und Lukenlängssüll, die an den Querschotten starr und eingespannt gelagert sind.

Diese Abstützung der Spanten ist eine elastische, da der Bordbalken infolge der H-Kräfte nachgibt, zumal er auf langen Strecken freitragend ist. Die H-Kräfte sind in der Schiffslängsrichtung von Spant zu Spant veränderlich. Ihre Bestimmung erfolgt aus der Bedingung: Ausweichung Spant = Deformation Bordbalken + Süll. K-Kräfte entstehen, wenn ein durchlaufender Mittelkiel vorhanden ist. Da grundsätzlich der senkrechte Teil der Außenhaut als starr gegen Durchbiegungen in der y-Richtung zu betrachten ist, so steigt und fällt die Größe von K mit der Elastizität des Mittelkiels und ergibt sich aus: Spantdurchbiegung = Kieldurchbiegung.

Zunächst sei der Fall starrer Lagerung und Einspannung des Spantrahmens sowohl am oberen Spantende als auch in Mitte Schiff am Kiel betrachtet. Dann ergibt sich das Belastungsschema der Abb. 90, wobei mit kegelförmiger gelagerter Erzfracht der ungünstigste Belastungszustand berücksichtigt ist. Da diese Kähne gewöhnlich bis etwa Seite Deck abgeladen werden, kann gesetzt werden $f = 0$.

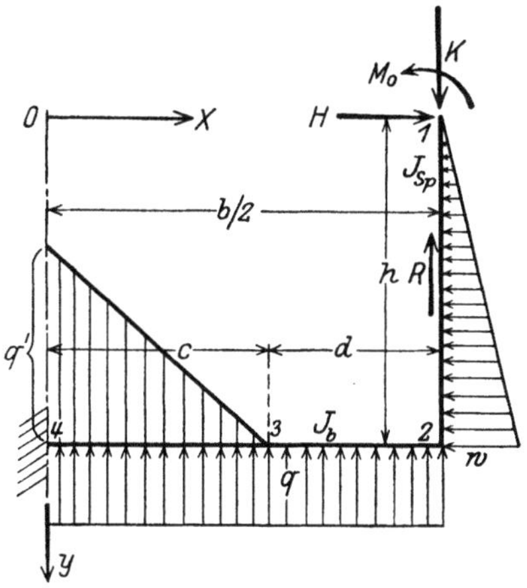

Abb. 90.

Mit den Bezeichnungen der Abb. 90 folgt:

Momente:

Bereich 1—2: $M_y = M_0 + Hy - \frac{w y^3}{6h}$

„ 2—3: $M_x = M_0 + K\left(\frac{b}{2} - x\right) - R\left(\frac{b}{2} - x\right) + H \cdot h - \frac{wh^2}{6} - \frac{q\left(\frac{b}{2} - x\right)^2}{2}$

„ 3—4: $M_x = M_0 + K\left(\frac{b}{2} - x\right) - R\left(\frac{b}{2} - x\right) + Hh - \frac{wh^2}{6} - \frac{q\left(\frac{b}{2} - x\right)^2}{2} + \frac{q' \cdot (c - x)^3}{6c}$.

Ableitungen:

	$\frac{\partial M}{\partial M_0}$	$\frac{\partial M}{\partial H}$	$\frac{\partial M}{\partial K}$
Bereich 1—2:	1	y	—
„ 2—3:	1	h	$\left(\frac{b}{2}-x\right)$
„ 3—4:	1	h	$\left(\frac{b}{2}-x\right)$

Damit ergeben sich die Gleichungen:

$$1.\quad 0=\int\frac{M}{J}\,\frac{\partial M}{\partial M_0}\,ds=\int\Big\{\frac{1}{J_{sp}}\Big(M_0+Hy-\frac{wy^3}{6h}\Big)_{y=0}^{y=h}dy$$
$$+\frac{1}{J_b}\Big[\Big(M_0+\frac{Kb}{2}-Kx-\frac{Rb}{2}+Rx+Hh-\frac{wh^2}{6}-\frac{qb^2}{8}+\frac{qbx}{2}-\frac{qx^2}{2}\Big)_{x=c}^{x=b/2}dx$$
$$+\Big(M_0+\frac{Kb}{2}-Kx-\frac{Rb}{2}+Rx+Hh-\frac{wh^2}{6}-\frac{qb^2}{8}+\frac{qbx}{2}-\frac{qx^2}{2}+\frac{q'c^2}{6}-\frac{q'cx}{2}$$
$$+\frac{q'x^2}{2}-\frac{q'x^3}{6c}\Big)_{x=0}^{x=c}dx\Big]\Big\}.$$

$$2.\quad 0=\int\frac{M}{J}\,\frac{\partial M}{\partial H}\,ds=\int\Big\{\frac{1}{J_{sp}}\Big(M_0y+Hy^2-\frac{wy^4}{6h}\Big)_{y=0}^{y=h}dy$$
$$+\frac{1}{J_b}\Big[\Big(M_0h+\frac{Khb}{2}-Khx-\frac{Rhb}{2}+Rhx+Hh^2-\frac{wh^3}{6}-\frac{qb^2h}{8}+\frac{qhbx}{2}-\frac{qhx^2}{2}\Big)_{x=c}^{x=b/2}dx$$
$$+\Big(M_0h+\frac{Khb}{2}-Khx-\frac{Rhb}{2}+Rhx+Hh^2-\frac{wh^3}{6}-\frac{qb^2h}{8}+\frac{qhbx}{2}-\frac{qhx^2}{2}+\frac{q'hc^2}{6}-\frac{q'hcx}{2}$$
$$+\frac{q'hx^2}{2}-\frac{q'hx^3}{6c}\Big)_{x=0}^{x=c}dx\Big]\Big\}.$$

$$3.\quad 0=\int\frac{M}{J}\,\frac{\partial M}{\partial K}\cdot ds=\int\Big\{\Big(M_0+K\Big(\frac{b}{2}-x\Big)-R\Big(\frac{b}{2}-x\Big)+H\cdot h-\frac{wh^2}{6}-\frac{qb^2}{8}+\frac{qbx}{2}-\frac{qx^2}{2}\Big)$$
$$\cdot\Big(\frac{b}{2}-x\Big)_{x=c}^{x=b/2}dx+\Big(M_0+\frac{Kb}{2}-Kx-\frac{Rb}{2}+Rx+H\cdot h-\frac{wh^2}{6}-\frac{qb^2}{8}+\frac{qbx}{2}-\frac{qx^2}{2}$$
$$+\frac{q'c^2}{6}-\frac{q'cx}{2}+\frac{q'x^2}{2}-\frac{q'x^3}{6c}\Big)\Big(\frac{b}{2}-x\Big)_{x=0}^{x=c}dx\Big\}.$$

Die Integration liefert

$$1.\quad 0=\frac{1}{J_{sp}}\Big(M_0h+\frac{Hh^2}{2}-\frac{wh^3}{24}\Big)+\frac{1}{J_b}\Big(\frac{M_0b}{2}+\frac{Kb^2}{8}-\frac{Rb^2}{8}+\frac{Hhb}{2}-\frac{wh^2b}{12}-\frac{qb^3}{48}+\frac{q'c^3}{24}\Big).$$

$$2.\quad 0=\frac{M_0}{2}+H\frac{h}{6}-\frac{wh^2}{120}.$$

$$3.\quad 0=\frac{M_0b^2}{8}+\frac{Kb^3}{24}-\frac{Rb^3}{24}+\frac{Hhb^2}{8}-\frac{wh^2b^2}{48}-\frac{qb^4}{128}+q'\Big(\frac{bc^3}{48}-\frac{c^4}{120}\Big).$$

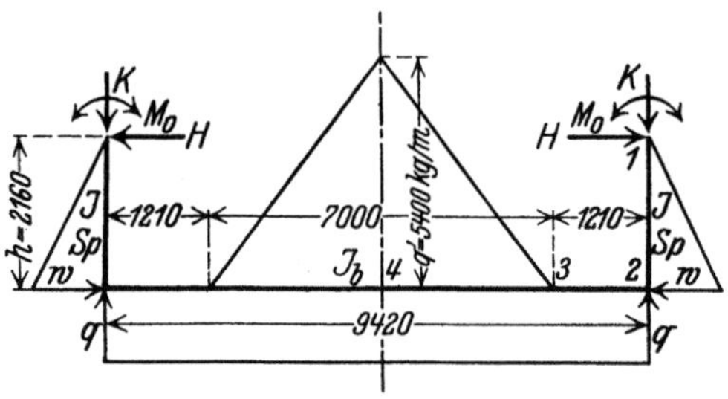

Abb. 91.

Als Zahlenbeispiel sei ein Flußschiff mit folgenden Daten behandelt[1]:

$L=78$ m, $B_{sp}=9{,}43$ m, $T=2{,}5$ m, Spantabstand 500 mm, Lukenöffnungen 5 m lang. Der von der neutralen Faser von Spant und Bodenwrange gebildete Ersatzrahmen ist in Abb. 91 angegeben. Es sind

$$J_{sp}=95\ \text{cm}^4,\qquad J_b=8725\ \text{cm}^4,\qquad \text{also}\ \frac{J_{sp}}{J_b}=\frac{1}{92}.$$

Mit $b=9{,}42$ m, $h=2{,}16$ m, $c=3{,}5$ m und $d=1{,}21$ m, $q=2500$ kg/m, $w=2380$ kg/m, $q'=5400$ kg/m wird $R=7100$ kg/m. Für die

[1] Vgl. W.R.H. 22. IV. 26.

statisch Unbestimmten ergeben sich dann für einen Spantabstand die Gleichungen

1. $0 = 2{,}211\, M_0 + 2{,}443\, H + 0{,}1206\, K - 1116{,}809,$
2. $0 = 0{,}500\, M_0 + 0{,}360\, H + 46{,}267,$
3. $0 = 11{,}092\, M_0 + 23{,}959\, H + 34{,}829\, K - 172573{,}52.$

Es folgt

$$M_0 = -195{,}4 \text{ mkg}, \quad H = 399{,}9 \text{ kg}, \quad K = 4742{,}0 \text{ kg}.$$

Hieraus ergibt sich der in Abb. 92 wiedergegebene Verlauf der Biegungsmomente.

Die Kraft K wirkt in gleicher Größe auf den Mittelkiel, dessen Gesamtbelastung für den Spantabschnitt wegen der Symmetrie des Rahmens $2\,K$ beträgt. Dieser Kraft von $\sim$ 9,5 t für das angezogene Beispiel ist kein Mittelkiel gewachsen; der Träger gibt nach und mit ihm der Spantrahmen. Damit sinkt die stützende Wirkung beträchtlich, und K fällt auf einen Wert, der in keinem Verhältnis zu den 4,7 t steht und sich aus der schon oben erwähnten Bedingung herleitet: Rahmendurchbiegung = Kieldurchbiegung.

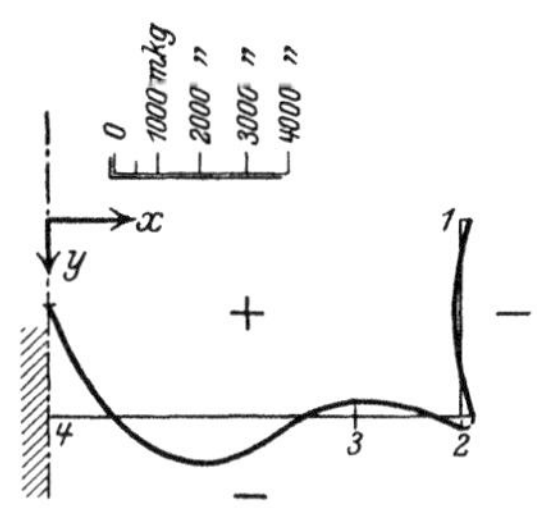

Abb. 92.

Nimmt man den ungünstigsten Fall an, $K = 0$, so können die bereits abgeleiteten Bestimmungsgleichungen benutzt werden. Die dritte Gleichung $\int \frac{M}{J} \frac{\partial M}{\partial K}\, ds = 0$ fällt fort und in den beiden ersten wird K überall Null gesetzt. Mit denselben Zahlenwerten wie vorher sind jetzt die Bestimmungsgleichungen:

1. $0 = 2{,}211\, M_0 + 2{,}443\, H - 1116{,}809,$
2. $0 = 0{,}500\, M_0 + 0{,}360\, H - 46{,}267.$

Die Lösung gibt

$$M_0 = -678{,}9 \text{ mkg}, \qquad H = 1071{,}5 \text{ kg}.$$

In Abb. 93 sind die Biegungsmomente hierfür dargestellt. Typisch für solche Fälle gegenüber denen mit Stützung ist die starke Vergrößerung des Feldmomentes, wie es sich auch hier wieder zeigt. J. Freisem[1] hat die Querfestigkeit eines Rheinschleppkahnes von 1350 t Tragfähigkeit in Erzladung untersucht, dessen Daten für Belastung und Rahmenabmessungen unserem Beispiel zugrunde liegen. Er kommt auf dem Wege über die Clapeyronsche Gleichung zu fast denselben Werten wie hier errechnet und zu sehr großen Spannungen. Bei den kritischen Betrachtungen hierüber schlägt Freisem für Erzfrachtschiffe die Längsspantenbauart vor. Die geringe Differenz in den Werten erklärt sich aus einer etwas anderen Belastung am Seitenspant.

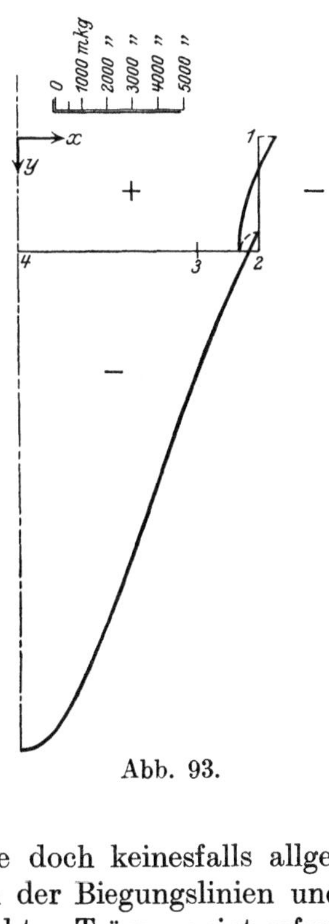

Abb. 93.

Freisem benutzt die Methode von Lorenz[2], den Rahmenträger als einen gestreckten Träger mit mehreren starren Stützungen durch Deck, Schotte, Außenhaut und Boden zu betrachten. Wenn auch für das Beispiel von Freisem diese Berechnungsart sich als richtig erwiesen hat, so gilt sie doch keinesfalls allgemein, wie Lorenz in seinem Aufsatz annimmt. Ein Vergleich der Biegungslinien und der Scheerkraftverteilung des Rahmenträgers und des ausgestreckten Trägers zeigt sofort die Verschiedenartigkeit und damit die Fehler dieses Verfahrens.

[1] W. R. H. 1926, Heft 8. [2] W. R. H. 1925, Heft 3.

Mit diesen beiden behandelten Belastungsfällen sind die tatsächlichen Verhältnisse in 2 Grenzen eingeschlossen. Für eine genauere Rechnung auf der Grundlage Kieldurchbiegung = Rahmendurchbiegung gibt Schilling[1] umfassende Rechnungsgänge.

b) Die wasserdichten Querschotte. Für die Festigkeitsrechnung wird als Belastung der statische Wasserdruck zugrunde gelegt. Die Druckhöhe ist bis zum Schottendeck zu rechnen, für das vordere und achtere Kollisionsschott wegen der Trimmöglichkeit bis zum Back- bzw. Poopdeck.

Die Festigkeitsaufgabe stellt das Problem, eine rechteckige dünne, am Rande eingespannte Platte gegen Wasserdruck so auszusteifen, daß das Gewicht des Schottes für eine bestimmte Festigkeit ein Minimum wird. Streng genommen muß das Schott demnach als Ganzes behandelt werden.

Die Schwierigkeit der strengen Lösung rechtfertigt das übliche Annäherungsverfahren, nach welchem das Schott als unendlich breit, also als Plattenstreifen von der Breite gleich der Schotthöhe, behandelt wird. Es genügt dann die Behandlung eines vertikalen Schottstreifens von der Breite gleich dem Versteifungsabstand.

Für das Widerstandsmoment des versteifenden Trägers wird von dem Blech ein Streifen von der Breite gleich der 40fachen Blechdicke mitgerechnet.

Die konstruktive Lösung fordert eine Beantwortung der Fragen:

Welche allgemeine Anordnung der Versteifungen,
welche Blechdicken,
welche Versteifungsabstände und
welche Versteifungsprofile sind zu wählen?

Zu unterscheiden ist demnach zwischen Schotten mit nur vertikalen Versteifungen und solchen mit vertikalen und horizontalen.

1. Schotte mit vertikalen Versteifungen.

Der vorteilhafteste Versteifungsabstand kann mathematisch als Minimumaufgabe nicht berechnet werden. Er ergibt sich aus vergleichenden Gewichtsrechnungen für verschiedene Entfernungen. Der G. L. hat seinen Tabellen für die Versteifungsprofile einen Normalabstand von 760 mm zugrunde gelegt. Dieser Abstand darf bis auf 900 mm vergrößert werden, wenn die Abmessungen der Versteifungen entsprechend vergrößert werden.

Zwischen 2 vertikalen Versteifungen ist das Schottblech als eingespannter unendlich langer Plattenstreifen zu betrachten. Eine wirksame Entlastung der horizontalen Fasern durch die vertikalen Längsfasern tritt erst ein, wenn die Schotthöhe geringer als der 3fache Versteifungsabstand ist. Alsdann ist die Schottbeplattung als eingespannte rechteckige Platte zu berechnen.

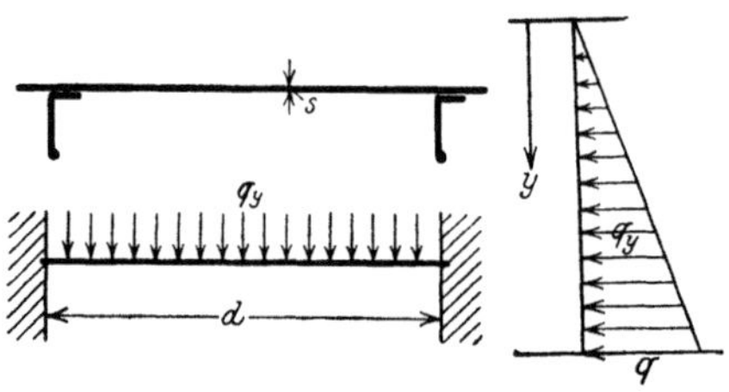

Abb. 94.

Für den Plattenstreifen von 1 cm Höhe ergibt sich zwischen 2 vertikalen Versteifungen das in Abb. 94 dargestellte Belastungsschema. Es ist:

$$M_{\max} = \frac{q_v \cdot d^2}{12} \quad \text{und} \quad W = \frac{1 \cdot s^2}{6},$$

woraus folgt

$$s = \sqrt{\frac{q_v \cdot d^2}{2\,k_b}},$$

q_v spez. Wasserdruck an der betrachteten Stelle, d Versteifungsabstand, k_b zulässige Biegungsbeanspruchung im Blech.

Die Gleichung für s liefert für die verschiedenen y-Werte die Kurve der theoretischen Blechdicke.

[1] Schilling: Statik der Bodenkonstruktion d. Schiffe. Berlin: Julius Springer 1925. Vgl. auch Pohl: Schiffbau 1926.

Für den untersten Plattengang liefert die Gleichung für die Plattendicke s wegen der entlastenden Randeinspannung zu hohe Werte. Man nimmt dann ein entsprechend hohes k_b, etwa $k_b = 2500\ \mathrm{kg/cm^2}$.

Zu berücksichtigen ist, daß die horizontalen Doppelungen in den Plattennähten das Blech entlasten, andrerseits die Vernietung Blech—Versteifung eine Verminderung des wirksamen Widerstandsmomentes des Plattenstreifens bedeutet.

Ist der Nietabstand in der Versteifung n, der Nietdurchmesser d_n, so geht die Gleichung für s über in

$$s = \sqrt{\frac{q_v \cdot d^2 \cdot n}{2 \cdot (n - d_n) \cdot k_b}}.$$

Aus der Kurve der theoretischen Blechdicken werden die Stärken der einzelnen Plattengänge nach folgenden Gesichtspunkten abgeleitet:

Nach Vorschrift des G. L. muß der unterste Plattengang mindestens 900 mm hoch sein und wegen der erhöhten Rostgefahr um 1 mm besonders verstärkt werden. In der Kimm sind für diesen Zuschlag 2,5 mm vorgeschrieben.

Der oberste Plattengang des Schottes dient zum Ausgleich der Decksbucht. Er ist daher etwa 300 bis 500 mm breit und muß wegen des notwendigen Verstemmens mindestens 5 mm dick sein. Zwischen diesen beiden Süllplatten sind die einzelnen Plattengänge entsprechend den rechnerischen s-Werten abzustufen.

Neben der Biegungsspannung tritt im Blech Schubspannung auf. Der gefährliche Querschnitt ist der Einspannquerschnitt über der Versteifung. Es wird dort die zusätzliche Schubspannung $\tau = \frac{q_v \cdot d}{2 \cdot s}$ und damit die resultierende Spannung

$$\sigma_r = 0{,}35\ \sigma_b + 0{,}65\ \sqrt{\sigma_b^2 + 4 \cdot \tau^2}.$$

Für die Beurteilung der Höhe der zulässigen Beanspruchung ist weiter zu berücksichtigen, daß bei diesen verhältnismäßig dünnen Blechen bereits Membranwirkung eintritt d. h. die Biegungsbeanspruchung mehr oder weniger in reine Zugbeanspruchung übergeht. Damit steigt die Tragfähigkeit der Platte ganz erheblich. Die Festigkeit der Beplattung liegt daher vornehmlich in der Nietung.

Nahtnietung. Wegen der erforderlichen Wasserdichtigkeit ist der Nietabstand mit höchstens $4 \cdot d_n$ gegeben. Das Niet wird mit der aus der Biegung folgenden Schubkraft beansprucht. Diese ist für 1 cm Nahtlänge

$$T_1 = \frac{S \cdot St}{J}.$$

Es wird: Maximale vertikale Scheerkraft

$$S_{\max} = \frac{q_v \cdot b \cdot d}{2} \qquad (b = \text{Breite der Naht}).$$

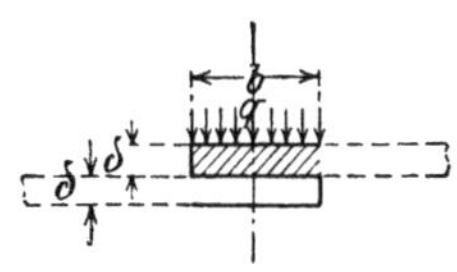
Abb. 95.

Statisches Moment bez. auf neutrale Achse:

$$St_{\max} = \frac{b \cdot \delta^2}{2} \qquad (\text{vgl. Abb. 95}).$$

Trägheitsmoment des Querschnittes

$$J = \frac{b \cdot (2\delta)^3}{12}.$$

Mithin wird für den Nietabstand $n = 4 \cdot d_n$ die horizontale Scheerkraft, die auf ein Niet kommt,

$$T = \frac{3 \cdot q_v \cdot b \cdot d \cdot d_n}{2\delta}$$

und damit wird die Schubspannung im Niet

$$k_s = \frac{T}{\frac{\pi \cdot d_n^2}{4}} = \frac{6 \cdot q_v \cdot b \cdot d}{\pi \cdot \delta \cdot d_n}.$$

Zulässiger Wert für k_s etwa $300\ \mathrm{kg/cm^2}$.

Bei der Vernietung des Blechs mit der Versteifung ist es wesentlich, zu unterscheiden, von welcher Seite die Schottwand belastet wird. Drückt der Wasserdruck das Blech gegen die Versteifung, werden die Nieten nur durch die Biegung der Versteifung auf Schub beansprucht. Liegt der Wasserdruck auf der Versteifungsseite, so erhalten die Nieten außer der Schubbeanspruchung aus der Biegung Zugbeanspruchung aus der Auflage des Blechstreifens auf der Versteifung.

Ist n der Abstand der Niete voneinander, wird die Zugbeanspruchung

$$k_z = \frac{q_v \cdot d \cdot n}{2 \cdot \frac{\pi d_n^2}{4}}.$$

Die Schubbeanspruchung ergibt sich wie vorher nach

$$k_s = \frac{S \cdot St \cdot n}{J \cdot \frac{\pi \cdot d_n^2}{4}}.$$

Stoßvernietung der Schottbleche. Da diese zwischen 2 Versteifungen liegende Vernietung auf Biegung beansprucht wird, muß die Vernietung mindestens 2reihig sein.

Ist die Plattenbreite b und der mittlere hydrostatische Druck q_m, so wird das maximale Biegungsmoment im Stoßquerschnitt, dieser Mitte Steifenabstand angenommen.

$$M_b = \frac{q_m \cdot b \cdot d^2}{24}.$$

Das Moment der Nietkräfte ist bei a Nieten in der Reihe

$$a \cdot k_z \cdot \frac{\pi d_n^2}{4} \cdot e,$$

wenn e der Abstand der Nietreihen voneinander ist (etwa 3 d_n). Mithin folgt

$$\frac{q_m \cdot b \cdot d^2}{24} = a \cdot k_z \cdot \frac{\pi \cdot d_n^2}{4} \cdot 3 d_n,$$

also

$$d_n = \sqrt[3]{\frac{q_m \cdot b \cdot d^2}{18 a \, \pi \cdot k_z}}.$$

a ist die Anzahl Nieten, die mit $4 d_n$-Abstand auf die Plattenbreite kommt. k_z darf 500 kg/cm² nicht überschreiten. Je mehr bei den dünnen Blechen die Biegungsbeanspruchung in reine Zugbeanspruchung übergeht, um so mehr geht die Zugspannung in der Stoßvernietung in reine Schubbeanspruchung über.

Berechnung des Versteifungsprofils. Nach den Vorschriften des G. L. können die vertikalen Versteifungen an den Enden durch kurze Winkel oder durch Kniebleche befestigt werden. Der erste Fall entspricht rechnerisch freier Auflage, der zweite vollkommener Einspannung. Praktisch wird letztere nicht erreicht, da die Kniebleche mit ihrer Lagerung und Nietung nicht vollkommen starr ausgeführt werden können.

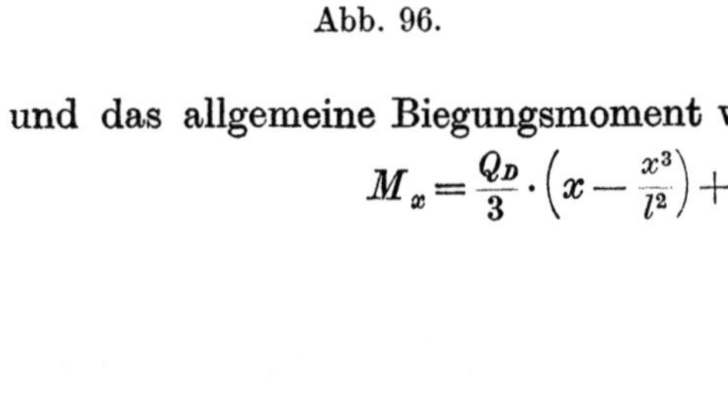

Abb. 96.

Freie Endlagerung. Für den Versteifungsabstand d wird entsprechend Abb. 95 für den unteren Teil des Schottes die Belastung

$$Q_D + Q_R = \frac{q \cdot l \cdot d}{2} + p \cdot l \cdot d.$$

Damit wird die obere Auflagekraft:

$$A = \frac{Q_D}{3} + \frac{Q_R}{2}$$

und das allgemeine Biegungsmoment wird:

$$M_x = \frac{Q_D}{3} \cdot \left(x - \frac{x^3}{l^2}\right) + \frac{Q_R}{2} \cdot \left(x - \frac{x^2}{l}\right) \quad \text{(vgl. Abb. 96)},$$

woraus folgt:

$$M_{\max} = \frac{Q_D \cdot l}{7{,}8} + \frac{Q_R \cdot l}{8}.$$

Nachrechnungen von Schottsteifen nach den Tabellen des Germanischen Lloyd ergeben, daß man mit der zulässigen Beanspruchung bis zu etwa 2500 bis 3000 kg/cm² gehen kann.

Bei größeren Schotten kann das Versteifungsprofil zweckmäßig als gebauter Träger von angenähert gleicher Festigkeit ausgebildet werden. Man verwendet alsdann ein Z-Profil mit Gegenwinkel und Gurtplatte.

Die Vernietung Versteifung—Schottblech wird berechnet auf Schub nach der Formel

$$T_1 = \frac{S \cdot St}{J}.$$

Für den Nietabstand n folgt bei der einreihigen Nietung

$$k_s = \frac{n \cdot S \cdot St}{\frac{\pi d_n^2}{4} \cdot J},$$

woraus unter Berücksichtigung der zusätzlichen Zugspannung der erforderliche Nietabstand berechnet werden kann.

Eingespannte Lagerung der Versteifung. Mit den Bezeichnungen der Abb. 97 folgt für das linke Auflager

$$A = \frac{3 Q_D}{10} + \frac{Q_R}{2}$$

und das Biegungsmoment wird

$$M_x = M_0 + A \cdot x - \frac{Q_R \cdot x^2}{2 \cdot l} - \frac{Q_D \cdot x^3}{3 \cdot l^2}.$$

Das Einspannmoment ist

$$M_0 = -\left(\frac{Q_D \cdot l}{15} + \frac{Q_R \cdot l}{12}\right).$$

An der unteren Schottkante (bei B) wird

$$M_{\max} = \frac{Q_R \cdot l}{12} + \frac{Q_D \cdot l}{10},$$

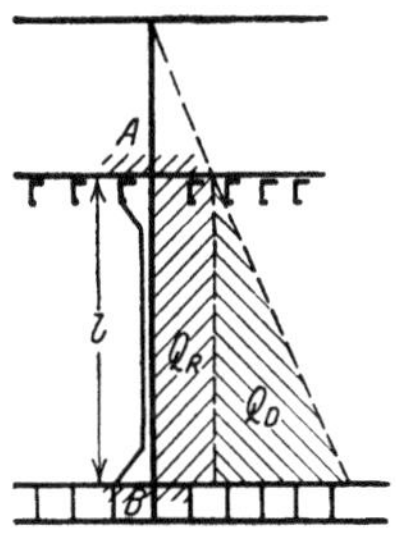

Abb. 97.

Die Momente M_0 und $M_{\max}$ belasten die Kniebleche, deren Abmessungen und Vernietungen diesen Momenten entsprechend gewählt werden müssen.

Zu der Frage der Einspannung ist grundsätzlich zu bemerken, daß praktisch eine vollkommen starre Einspannung nicht erreicht wird, besonders nicht mit dem am Doppelboden befestigten Knieblech. Mit mehr oder minder starker Nachgiebigkeit der Kniebleche fällt aber das maximale Biegungsmoment. Dies zeigt am deutlichsten der Belastungsfall entsprechend Abb. 98. Für starre Einspannung wird $M_{\max} = M_0 = \frac{Q \cdot l}{12}$. Fällt das Einspannmoment infolge Nachgiebigkeit der Einspannvorrichtung auf $\frac{Q \cdot l}{16}$, so wird der Momentenverlauf

$$M_x = -\frac{Ql}{16} + \frac{Qx}{2} - \frac{Qx^2}{2 \cdot l}$$

und es folgt für $x = \frac{l}{2}$

$$M_{l/2} = +\frac{Q \cdot l}{16}.$$

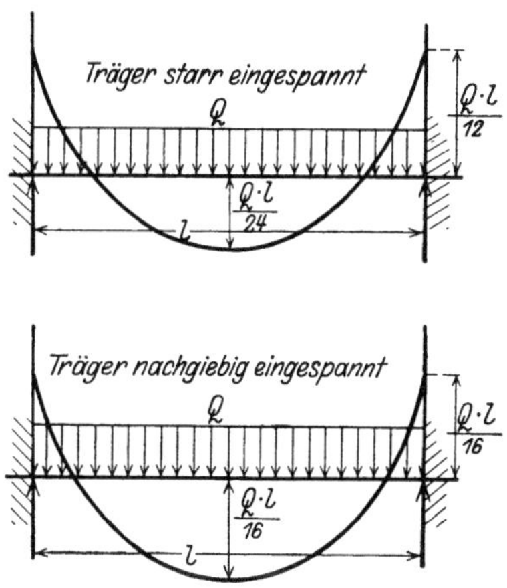

Abb. 98.

Das Maximalmoment ist also gegenüber dem Fall der vollkommenen Einspannung um 25% gefallen. Dies erklärt auch mit die rechnerisch verhältnismäßig hohe zulässige Beanspruchung der Versteifungen (vgl. oben).

2. Schotte mit vertikalen und horizontalen Versteifungen.

Wird ein Schott einseitig durch ein Deck abgesteift, so können die Versteifungen durchlaufend angeordnet werden. Die Biegungsmomente ergeben sich nach Tabelle III, Schotte mit vertikalen und horizontalen Versteifungen.

Ist eine Schottwand verhältnismäßig schmal und hoch, kann unter Umständen die wirksamste Versteifung dadurch erreicht werden, daß die vertikalen Versteifungen durch einen Horizontalträger abgefangen werden.

Die Versteifungen legen sich auf den Horizontalträger und erzeugen Stützdrucke C, die streng genommen von der mittleren Versteifung nach der Außenhaut zu größer werden. In der Nähe der Außenhaut tritt wieder eine Entlastung durch die Randeinspannung des Schottes ein. Die C-Werte ergeben sich aus der Bedingung, daß an den Kreuzungsstellen die Durchbiegung von Vertikal- und Horizontalversteifung einander gleich ist.

Mit hinreichender Annäherung kann nun angenommen werden, daß sich die C-Stützkräfte in konstanter Größe über den Horizontalträger verteilen. Dann wird für die mittlere vertikale Versteifung an der Kreuzungsstelle die Durchbiegung bei Randeinspannung

$$f = \frac{n \cdot C \cdot b^3}{384\, E \cdot J_h} \quad \text{bzw.} \quad = \frac{5 \cdot n \cdot C \cdot b^3}{384\, E \cdot J_h},$$

wenn freie Auflage des Horizontalträgers an der Außenhaut angenommen wird.

Hierbei bedeuten n die Anzahl der Vertikalversteifungen, b die Breite des Schottes und J_h das Trägheitsmoment des Horizontalträgers.

Zur Berechnung der statisch unbestimmten Größen wird die Trapezlast wieder in eine Dreieckslast Q_D und in eine Rechteckslast Q_R zerlegt. Für Q_D ergibt sich dann das Belastungsschema der Abb. 99. Die Momente werden:

Stetigkeitsbereich I: $M_x = M_{0_D} + A_D \cdot x - \frac{Q_D \cdot x^3}{3 \cdot l^2}$,

,, II: $M_x = M_{0_D} + A_D \cdot x + C_D \cdot x - C_D \cdot l_l - \frac{Q_D \cdot x^3}{3 \cdot l^2}$.

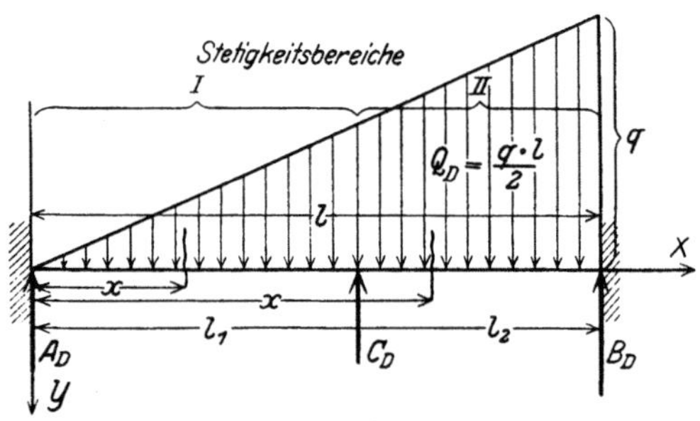

Abb. 99.

Unter Berücksichtigung der Randbedingungen ergeben sich aus der Gleichung der elastischen Linie für die Unbekannten die Bedingungsgleichungen (Horizontalträger eingespannt):

1. $0 = M_{0_D} \cdot l + \frac{A_D \cdot l^2}{2} + \frac{C_D \cdot l_2^2}{2} - \frac{Q_D \cdot l^2}{12}$,

2. $0 = \frac{M_{0_D} \cdot l_1^2}{2} + \frac{A_D \cdot l_1^3}{6} - \frac{Q_D \cdot l_1^5}{60 \cdot l^2} - \frac{n \cdot C_D \cdot b^3}{384} \cdot \frac{J_v}{J_h}$,

3. $0 = M_{0_D} l^2 + A_D \frac{l^3}{3} + C_D \frac{l_2^3}{3} - \frac{Q_D l^3}{30}$.

Für die Rechteckslast Q_R ergeben sich ebenso aus der Gleichung der elastischen Linie die Bestimmungsgleichungen:

1. $0 = M_{0_R} \cdot l + \frac{A_R \cdot l^2}{2} + \frac{C_R \cdot l_2^2}{2} - \frac{Q_R \cdot l^2}{6}$,

2. $0 = \frac{M_{0_R} l_1^2}{2} + \frac{A_R l_1^3}{6} - \frac{Q_R l_1^4}{24\, l} - \frac{n C_R \cdot b^3}{384} \cdot \frac{J_v}{J_h}$.

3. $0 = M_{0_R} l^2 + A_R \frac{l^3}{3} + C_R \frac{l_2^3}{3} - \frac{Q_R l^3}{12}$.

Mit den statisch Unbestimmten

$$M_0 = M_{0_D} + M_{0_R},$$
$$A = A_D + A_R,$$
$$C = C_D + C_R$$

ist der Verlauf der Biegungsmomente und damit auch derjenige der Spannungen gegeben.

Tabelle IV. Belastungen für Schiffsschotte.

Freie Auflage mit 3 Auflagern

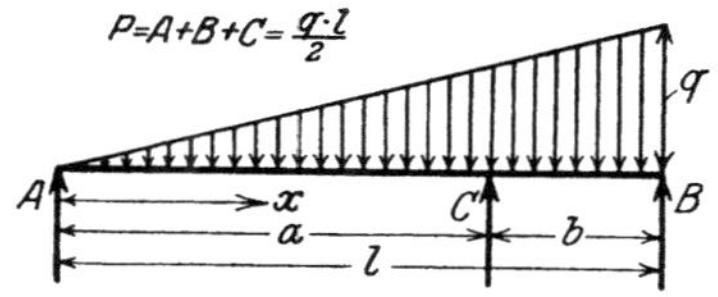

$$A = P\left[\frac{1}{3} + \frac{a}{6b} - \frac{a^3}{20 l^2 b} - \frac{7 l^2}{60 a b}\right].$$

$$C = P\left[\frac{a^3}{20 l b^2} + \frac{7 l^3}{60 a b^2} - \frac{a l}{6 b^2}\right].$$

$$B = P - (A + C).$$

Momente $A \div C$: $M_x = A \cdot x - \frac{P \cdot x^3}{3 l^2}$.

$M_{\max}$ liegt bei $x = l\sqrt{\frac{A}{P}}$ und wird

$$M_{\max} = \frac{2}{3} A \cdot l \sqrt{\frac{A}{P}}.$$

Momente $C \div B$:

$$M_x = [A + C]\, x - C \cdot a - \frac{P x^3}{3 l^2}.$$

$M_{\max}$ liegt bei $x = l\sqrt{\frac{A+C}{P}}$

und wird

$$M_{\max} = \frac{2}{3}[A + C]\, l \sqrt{\frac{A+C}{P}} - C \cdot a.$$

$$M_C = a\left[A - \frac{P a^2}{3 l^2}\right].$$

Doppelt eingesp. mit Stütze

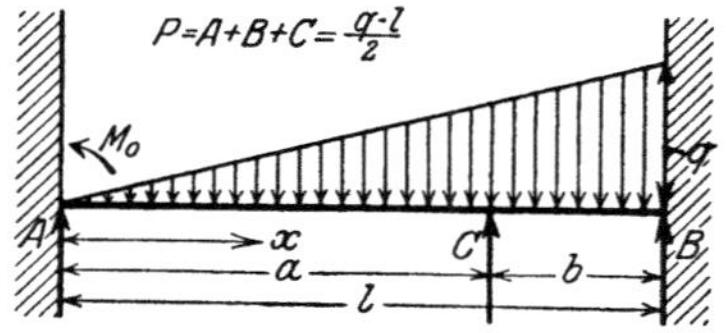

$$C = P\,\frac{2 l^4 - 3 a l^3 + a^3}{20 a b^3}.$$

$$A = \frac{3}{10} P - P\,\frac{(3a + b)(2 l^3 - 3 a l^2 + a^3)}{20 a b l^3}.$$

$$M_0 = P\,\frac{6 l^3 - 9 a l^2 + 3 a^3 - 4 b l^2}{60 b l}.$$

Momente $A \div C$:

$$M_x = M_0 + A\, x - \frac{P x^3}{3 l^2}.$$

$M_{\max}$ liegt bei $x = l\sqrt{\frac{A}{P}}$.

Momente $C \div B$:

$$M_x = M_0 + A\, x + C\,[x - a] - \frac{P x^3}{3 l^2}.$$

$M_{\max}$ liegt bei $x = l\sqrt{\frac{A+C}{P}}$.

Momente a. d. Auflagern:

$$M_C = M_0 + A \cdot a - \frac{P \cdot a^3}{3 l^2}.$$

$$M_B = M_0 + A \cdot l + C\,(l - a) - \frac{P \cdot l}{3}.$$

Doppelt eingesp. mit Stütze (Sonderfall)

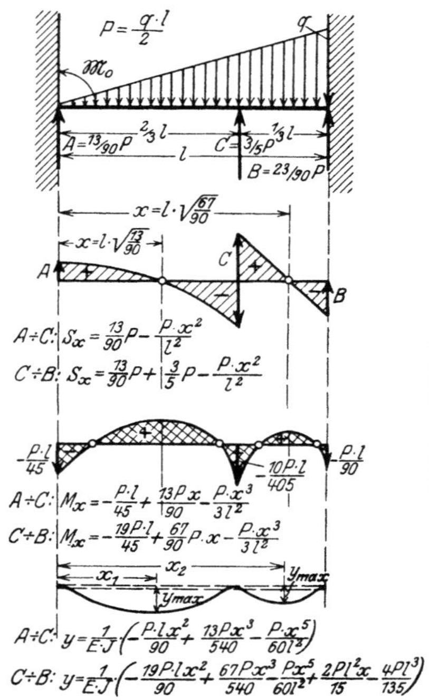

x_1 aus:

$$x_1^3 - \frac{13}{15} l^2 \cdot x_1 + \frac{4 l^3}{15} = 0.$$

x_2 aus:

$$x_2^4 - \frac{67}{15} l^2 x_2^2 + \frac{76}{15} l^2 x_2 - \frac{8}{5} l^4 = 0.$$

Doppelt eingesp. mit 2 Stützen

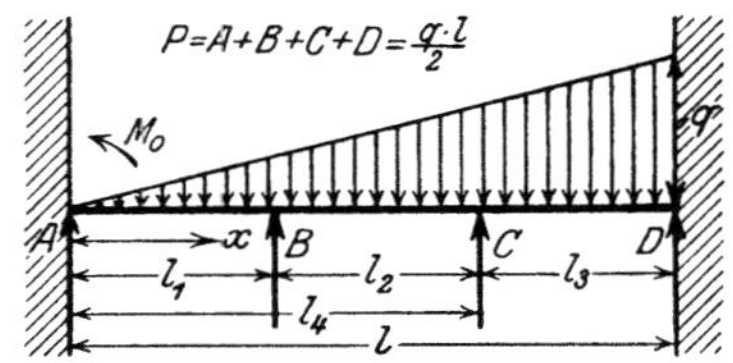

Für die stat. unbest. Größen $M_0 \div A \div B \div C$ ergeben sich die Bestimmungsgleichungen:

1. $0 = M_0 + \frac{A \cdot l_1}{3} - \frac{P \cdot l_1^3}{30 l^2}.$

2. $0 = M_0 (l_4^2 - l_1^2) + \frac{1}{3} A\,(l_4^3 - l_1^3)$
$+ \frac{1}{3} B l_2^3 - \frac{P}{30 l^2}(l_4^5 - l_1^5).$

3. $0 = M_0 \cdot l + \frac{A l^2}{2} + \frac{B}{2}(l_2 + l_3)^2$
$+ \frac{C}{2} l_3^2 - \frac{P l^2}{12}.$

4. $0 = M_0 (l^2 - l_4^2) + A\left(\frac{l^3}{3} - \frac{l_4^3}{3}\right)$
$+ B\left(\frac{l^3}{3} - l_1 l^2 + l l_1^2 - \frac{l_4^3}{3} + l_1 l_4^2 - l_4 l_1^2\right)$
$+ C\,\frac{l_3^3}{3} + \frac{P}{30}\left(\frac{l_4^5}{l^2} - l^3\right).$

Beispiel: Für ein Zweideckschiff von $B = 12{,}8$ m und $H = 8$ m ist die Aussteifung des vorderen Kollisionsschottes zu berechnen. Nach dem Linienriß ergeben sich für das Schott die in Abb. 100 angegebenen Abmessungen.

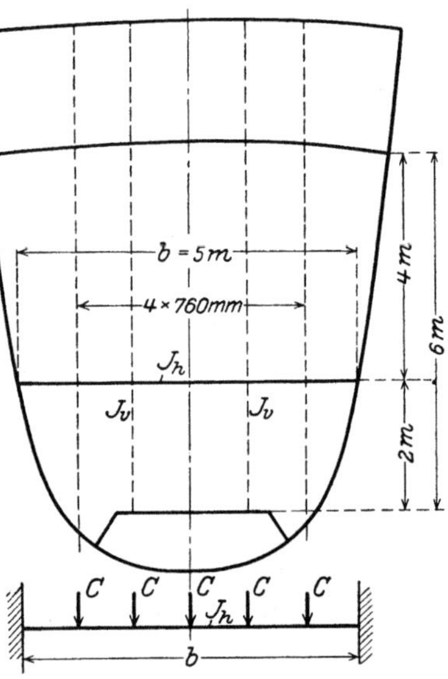

Abb. 100.

Da das Schott höher als breit ist, kommt die Anordnung eines Horizontalträgers mit durchlaufenden Vertikalversteifungen in Frage.

Vertikalversteifungen und Horizontalträger werden als eingespannt betrachtet.

Für die Bestimmungsgleichungen für die statisch Unbestimmten ergeben sich entsprechend Abb. 99 folgende Daten:

Abstand der vertikalen Versteifungen 76 cm,

$l = 6$ m; $l_1 = 4$ m; $l_2 = 2$ m. $b = 5$ m; $n = 5$;

$$\eta = \frac{J_v}{J_h} = \frac{1}{20} \text{ (angenommen).}$$

Für den Bereich einer Vertikalversteifung wird:

Rechteckslast:

$$Q_R = 0{,}25 \cdot 600 \cdot 76 = 11{,}4 \text{ t}.$$

Dreieckslast:

$$Q_D = \frac{0{,}6 \cdot 76}{2} \cdot 600 = 13{,}7 \text{ t}.$$

Für die statisch Unbestimmten M_{0_R}, A_R und C_R ergeben sich die Bestimmungsgleichungen:

1. $0 = M_{0_R} + 3\,A_R + \frac{1}{3} C_R - 11{,}40$
2. $0 = M_{0R} + \frac{4}{3} A_R - 0{,}01\,C_R - 2{,}53$
3. $0 = M_{0R} + 2\,A_R + 0{,}074\,C_R - 5{,}7.$

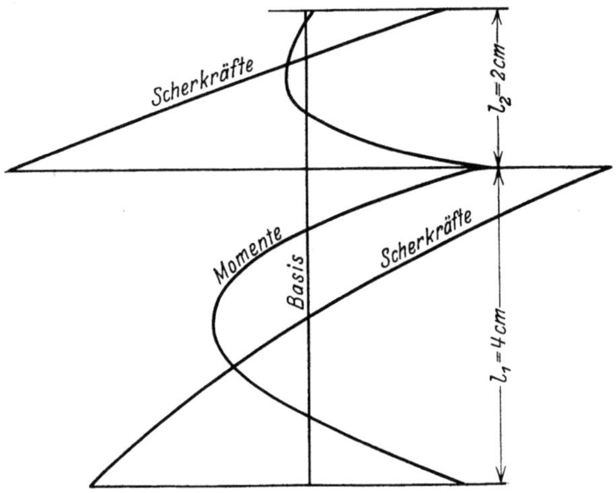

Abb. 101.

Aus diesen folgt:

$M_{0R} = -2{,}4$ mt; $A_R = 3{,}8$ t;
$C_R = 7$ t; $B_R = 0{,}6$ t.

Für M_{0D}, A_D und C_D folgen die Bestimmungsgleichungen:

1. $0 = M_{0D} + 3\,A_D + \frac{1}{3} C_D - 6{,}85.$
2. $0 = M_{0D} + \frac{4}{3} A_D - 0{,}01\,C_D - 0{,}81$
3. $0 = M_{0D} + 2\,A_D + 0{,}074\,C_D - 2{,}7.$

Damit wird

$M_{0D} = -1{,}73$ mt; $A_D = 1{,}9$ t;
$C_D = 8{,}7$ t und $B_D = 3{,}10$ t.

Für die kombinierte Belastung ergibt sich demnach:

$M_0 = -4{,}13$ mt; $A = 5{,}7$ t;
$C = 15{,}7$ t und $B = 3{,}7$ t.

Damit ist der Verlauf der Scheerkräfte und Momente bestimmt (vgl. Abb. 101).

Es wird

$$M_A = M_0 = -4{,}13 \text{ mt}; \quad M_C = -4{,}65 \text{ mt}; \quad M_B = -0{,}13 \text{ mt}.$$

Für den Bereich der freitragenden Länge l_1 wird

$$M_x = -4{,}13 + 5{,}7 \cdot x - 0{,}95\,x^2 - 0{,}127\,x^3.$$

Nach

$$\frac{d\,M_x}{d_x} = 0 = 5{,}7 - 1{,}9\,x_1 - 0{,}381\,x_1^2$$

liegt ein relatives Maximum bei $x_1 = 2{,}1$ m, für welches sich ergibt

$$M_{x_1} = 2{,}48 \text{ mt.}$$

M_G ist also mit $-4{,}65$ mt das Maximalmoment. Mit $k_{b\,zul} = 2400$ kg/cm² folgt für das notwendige min. Widerstandsmoment der Vertikalversteifung

$$W_{\min} = \frac{465000}{2400} = 194 \text{ cm}^3 .$$

Dieses wird geliefert von dem Träger:

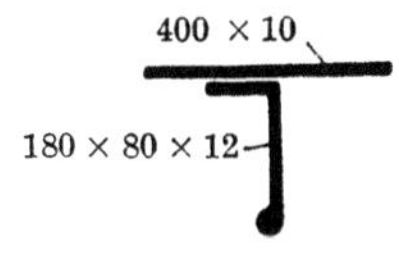

Abb. 102.

$W_o = 623$ cm³
$J_o = 2900$ cm⁴
$W_u = 200$ cm³

Für den Horizontalträger ergibt sich das in Abb. 100 wiedergegebene Belastungsschema

Belastung: $n \cdot C = 5 \cdot 15{,}7 = 78{,}5$ t.

Mithin: $M_{\max} = \frac{n \cdot C \cdot b}{12} = 33$ mt.

Für halbe Einspannung oder freie Lagerung des Horizontalträgers sind in die Bestimmungsgleichungen für die statisch Unbestimmten statt

$$\frac{n \cdot C \cdot b^3}{384} \quad \text{die Werte} \quad \frac{2{,}5\,n \cdot C \cdot b^3}{384} \quad \text{bzw.} \quad \frac{5\,n \cdot C \cdot b^3}{384}$$

einzusetzen.

Der Wert $M_{\max} = 33$ mt muß bei voller Einspannung an den Enden aufgenommen werden. Für das Profil ergibt sich mit einer reduzierten Länge von

$$b_r = \sim 4{,}2 \text{ mt}; \qquad M_{\max} \frac{78{,}5 \cdot 4.2}{12} = 28 \text{ mt}.$$

Damit folgt für $k_{b\,zul} = 2400$ kg/cm² als notwendig

$$W = \frac{2800000}{2400} = 1170 \text{ cm}^3.$$

Dieses Widerstandsmoment wird geliefert von dem gebauten Träger; entspr. Abb. 103.

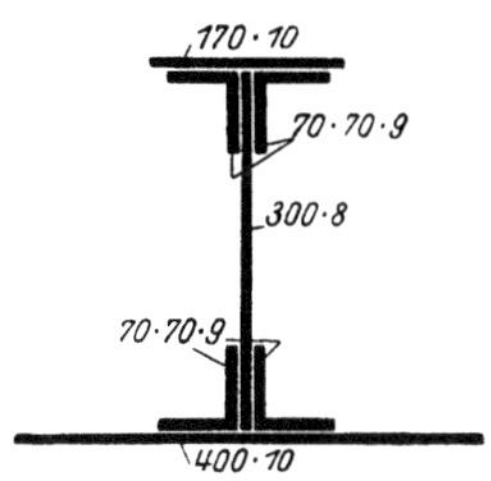

Abb. 103.

$J_{\odot} = 22050$ cm⁴
$W_{\min} = 1200$ cm³

Um eine gute Einspannung an der Außenhaut zu sichern, muß dieser Horizontalträger in Verbindung mit einem kräftigen Seitenstringer gebracht werden.

Das Verhältnis $\eta = \frac{J_v}{J_h}$ wird gleich $\frac{2900}{22050} = \frac{1}{7{,}6}$. Der Horizontalträger ist also im Vergleich zur Vertikalsteifung weicher als angenommen $\left(\frac{J_v}{J_h} = \frac{1}{20}\right)$. Daraus ergeben sich natürlich andere Gleichungen und statisch Unbestimmte. Der Wert C fällt wegen der größeren Nachgiebigkeit des Horizontalträgers. Bei der Vertikalversteifung wird das Maximalmoment, das Spitzenmoment M_G, kleiner, das Feldmoment größer. Die größte Spannung kann also auch kleiner werden.

Die horizontale Lastverteilung wird ebenfalls kleiner, damit fallen die Momente und Spannungen. Für genaue Rechnungen empfiehlt es sich, das Verfahren auf Grund des neuen η-Wertes von $\frac{1}{7{,}6}$ zu wiederholen.

c) Die Lukenendbalken[1] bilden den Ausgleich für die Schwächung des Querverbandes im Bereich der Decksöffnungen. Streng genommen sind sie daher als Teile der Querverbände zu berechnen, gemeinsam mit den zugehörigen Spanten und Bodenwrangen.

[1] Siehe Dahlmann: Zur Berechnung des Lukenendbalkens. W. R. H. 22. X. 27, Heft 20.

Eine Festigkeitsrechnung über den ganzen Spantrahmen ist immer ziemlich umständlich und zudem wegen der Annahmen bezüglich der Belastung nur als eine Annäherungsrechnung zu betrachten. Eine für die knappe Zeit am Konstruktionstisch wünschenswerte Vereinfachung der Rechnung ergibt sich, wenn der Lukenendbalken mit den Spanten als ein durch die Deckstützen abgesteifter Portalträger betrachtet wird, der durch die Kimmstützplatten an dem als starr angenommenen Doppelboden eingespannt ist. Dieser Portalträger wird statisch belastet von dem Auflagedruck der Lukenlängssülle und dem seitlichen Wasserdruck (vgl. Abb. 104). Der relativ geringe Anteil des Balkens an der unmittelbaren Aufnahme verteilter Deckslast werde vernachlässigt.

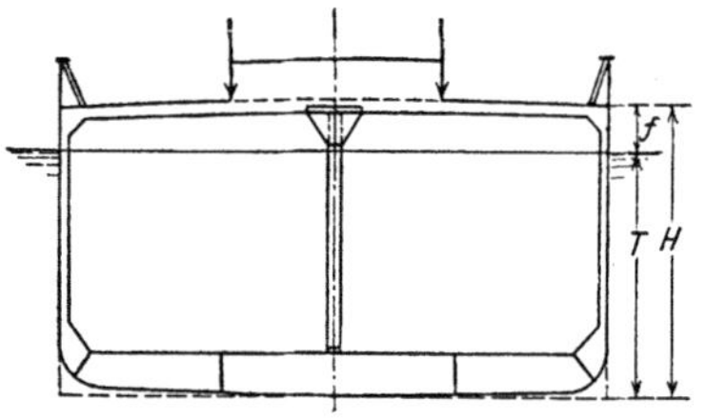

Abb. 104.

Stehen in den Lukenecken Deckstützen, so nehmen diese den Auflagedruck unmittelbar auf und der Lukenendbalken bedarf keiner besonderen Verstärkung. Bei Frachtschiffen bis mittlerer Größe wird man, um einen stützenfreien Raum zu erhalten, immer anstreben, mit der Abstützung des Balkens durch das Mittellängs-Schlagschott auszukommen. Die von den Klassifikationsgesellschaften dann verlangte „entsprechende“ Verstärkung des Lukenendbalkens ist nur auf Grund einer Festigkeitsrechnung zu bestimmen.

Im Interesse der Materialausnutzung wird man konstruktiv das Quersüll für die Verstärkung des Lukenendbalkens ausnutzen. In erster Annäherung verhalten sich bei normalen Konstruktionen die Trägheitsmomente von Süll und Balken wie 1 : 100 und die von verstärkten Balken und Spant wie 1 : 1.

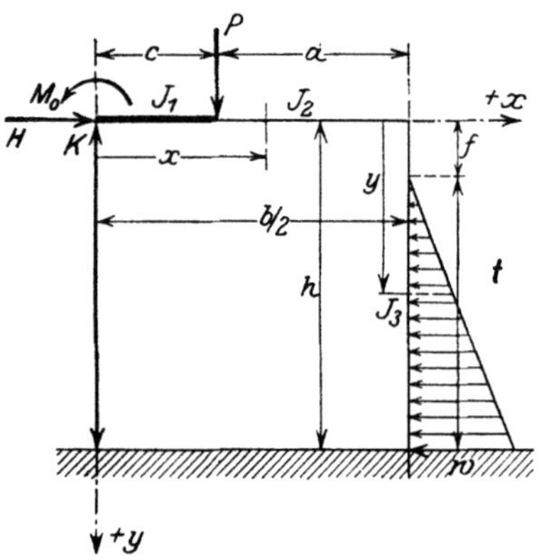

Abb. 105.

Nachfolgende Rechnung gilt nur für Eindeckschiffe mit Mittellängsschlagschotten, aber ohne Deckstützen und Unterzüge. Abb. 105 gibt das Belastungsschema für den Lukenendbalken und das zugehörige Spant. Die Aufgabe ist mit dem Einspannmoment M_0, dem Horizontalschub H und dem Stützendruck K des als starr angenommenen Mittellängsschottes dreifach statisch unbestimmt.

Die Ermittlung der 3 Unbekannten erfolgt nach dem Satz von Castigliano (Minimum der Formänderungsarbeit). Aus dem Belastungsschema ergeben sich:

1. die Momente:

Bereich I $(o-c)$: $M_x = M_0 + K \cdot x$ (Trägheitsmoment J_1)

„ II $(c-b/2)$: $M_x = M_0 + K \cdot x - P \cdot x + P \cdot c$ („ J_2)

„ III $(o-f)$: $M_y = M_0 + K \cdot \frac{b}{2} - P \cdot a + H \cdot y$

„ IV $(f-h)$: $M_y = M_0 + K \cdot \frac{b}{2} - P \cdot a + H \cdot y - \frac{w \cdot (y-f)^3}{6t}$ (III und IV: („ J_3))

und daraus

2. die Ableitungen:

	$\frac{\partial M}{\partial M_0}$	$\frac{\partial M}{\partial H}$	$\frac{\partial M}{\partial K}$
Bereich I:	1	0	x
„ II:	1	0	x
„ III:	1	y	$\frac{b}{2}$
„ IV:	1	y	$\frac{b}{2}$

Mithin folgt nach Castigliano für starre Stützung in Mitte Rahmen:

$$\frac{\partial A}{\partial M_0} = \int \frac{M}{EJ}\cdot\frac{\partial M}{\partial M_0}\cdot ds = 0 = \int \frac{1}{J_1}\left(M_0 + K\cdot x\right)_{x=0}^{x=c}\cdot dx + \frac{1}{J_2}\left(M_0 + K\cdot x - P\cdot x + P\cdot c\right)_{x=c}^{x=b/2} dx$$

$$+ \frac{1}{J_3}\left(M_0 + K\cdot\frac{b}{2} - P\cdot a + H\cdot y\right)_{y=0}^{y=f} dy + \frac{1}{J_3}\left(M_0 + \frac{K\cdot b}{2} - P\cdot a + H\cdot y - \frac{w\cdot y^3}{6\cdot t}\right.$$

$$\left. + \frac{w\cdot y^2\cdot f}{2\cdot t} - \frac{w\cdot y\cdot f^2}{2t} + \frac{w\cdot f^3}{6t}\right)_{y=f}^{y=h} dy\,.$$

Die Integration liefert

$$1.\quad 0 = \frac{1}{J_1}\left(M_0\cdot c + \frac{K\cdot c^2}{2}\right) + \frac{1}{J_2}\left(M_0\cdot a + \frac{K\cdot b^2}{8} - \frac{Kc^2}{2} - \frac{P\cdot a^2}{2}\right)$$

$$+ \frac{1}{J_3}\left(M_0 h + \frac{K\cdot b\cdot h}{2} + \frac{H\cdot h^2}{2} - P\cdot a\cdot h - \frac{wt^3}{24}\right).$$

Ebenso folgen nach

$$\frac{\partial A}{\partial H} = \int \frac{M}{EJ}\cdot\frac{\partial M}{\partial H}\cdot ds = 0 \qquad \text{und} \qquad \frac{\partial A}{\partial K} = \int \frac{M}{EJ}\cdot\frac{\partial M}{\partial K}\cdot ds = 0$$

die weiteren Bestimmungsgleichungen

$$2.\quad 0 = M_0 + \frac{2}{3}H\cdot h + \frac{K\cdot b}{2} - P\cdot a - \frac{w}{60\cdot t}\left(4h^3 - 15h^2\cdot f + 20h\cdot f^2 - 10f^3 + \frac{f^5}{h^2}\right)$$

$$3.\quad 0 = \frac{1}{J_1}\left(M_0\cdot\frac{c^2}{2} + \frac{Kc^3}{3}\right) + \frac{1}{J_2}\left[\frac{M_0}{2}\left(\frac{b^2}{4} - c^2\right) + \frac{K}{3}\left(\frac{b^3}{8} - c^3\right) - \frac{P\cdot b^3}{24} + \frac{P\cdot c\cdot b^2}{8} - \frac{P\cdot c^3}{6}\right]$$

$$+ \frac{1}{J_3}\left(\frac{M_0\cdot b\cdot h}{2} + \frac{H\cdot b\cdot h^2}{4} + \frac{K\cdot b^2\cdot h}{4} - \frac{P\cdot a\cdot b\cdot h}{2} - \frac{w\cdot b\cdot t^3}{48}\right).$$

Mit M_0, H und K ist der Verlauf der Momente und Scheerkräfte gegeben.

Beispiel: Für einen Eindeck-Frachtdampfer von etwa 80 m Länge ergeben sich folgende Daten: $b = 12$ m, $a = 3{,}75$ m, also $c = 2{,}25$ m, $h = 6$ m, $f = 0{,}5$ m, also $t = 5{,}5$ m. Spantabstand 600 mm. Deckbelastung 2 kg/cm².

Für den Auflagedruck P ergibt sich dann entsprechend Abb. 106:

$$P = 2\cdot 4{,}2\cdot(2{,}25 + 1{,}9) = 35\ \text{t}.$$

Nach Annahme ist zunächst

$$\frac{J_1}{J_2} = \frac{1}{100} \quad \text{und} \quad J_3 = J_2.$$

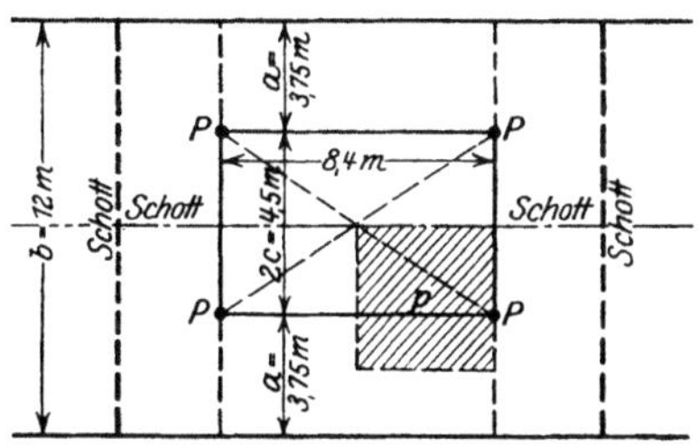

Abb. 106.

Unter der Voraussetzung, daß das zum Lukenendbalken gehörende verstärkte Spant in Auflagereaktion entsprechend Abb. 105 den Wasserdruck von den beiden anliegenden Spantbreiten aufnimmt, wird

$$w = 1{,}2\cdot 5500 = 6600\ \text{kg/m}.$$

Damit ergeben sich die Gleichungen:

1. $0 = 977\cdot M_0 + 5150\cdot K + 1800\cdot H - 1079\cdot 10^5$
2. $0 = M_0 + 6\,K + 4\,H - 145500$
3. $0 = 5150\,M_0 + 28420\,K + 10800\,H - 6172\cdot 10^5.$

Aus ihnen folgt

$$M_0 = -\,84600\ \text{mkg};\ K = 35450\ \text{kg und } H = 4400\ \text{kg}.$$

Der Stützendruck, der auf das Mittelschott kommt, ist somit

$$2\,K = 70{,}9\ \text{t}.$$

Damit folgt der in Abb. 107 angegebene Verlauf der Biegungsmomente.

Für eine zulässige Biegungsbeanspruchung von 1200 kg/cm² ist über der Mittelstütze ein Widerstandsmoment von $W = \frac{8460000}{1200} \sim 7000$ cm³ erforderlich. Dieses wird von einem Süllquerschnitt entsprechend Abb. 108 geliefert. In der Lukenecke ist das Biegungsmoment

$$M_P = M_0 + K \cdot c = -4840 \text{ mkg}.$$

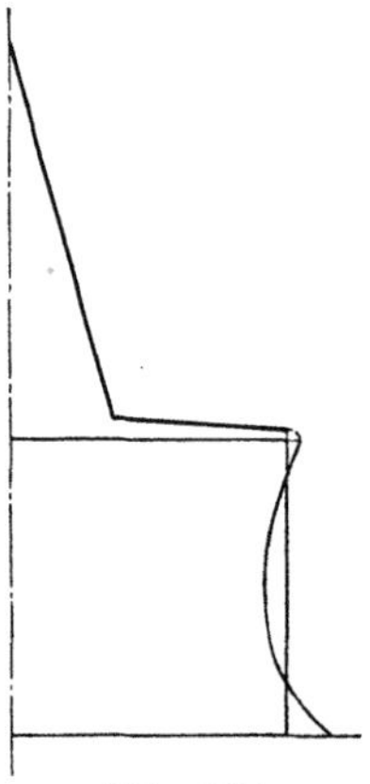

Abb. 107.

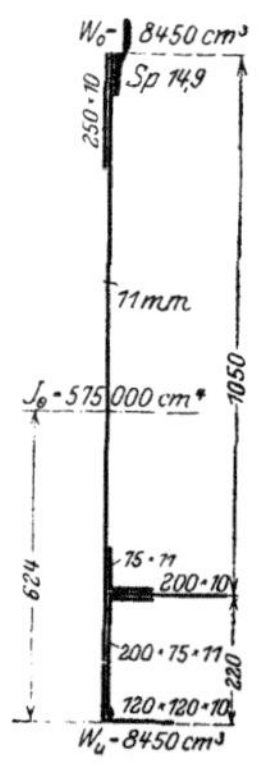

Abb. 108.

Notwendig ist also ein Widerstandsmoment von

$$W = \frac{460000}{1200} \sim 306 \text{ cm}^3.$$

Im Balkenknie Seite Deck wirkt das Moment

$$M_{b/2} = M_0 + \frac{K \cdot b}{2} - P \cdot a = -3150 \text{ mkg}.$$

Dieses ist maßgebend für die Vernietungen Deckbalken—Knieblech und Knieblech—Spant. Dabei wird für die zulässige Schubbeanspruchung in der Nietung höchstens 1000 kg/cm² einzusetzen sein.

Für die beiden Nietbilder ergeben sich somit die notwendigen Widerstandsmomente zu

$$W = \frac{315000}{1000} = 315 \text{ cm}^3.$$

Das Spant erhält sein größtes Moment an der Einspannungsstelle in der Kimm. Es wird

$$M_h = M_0 + \frac{K \cdot b}{2} - P \cdot a + H \cdot h - \frac{w\,t^2}{6} = -10000 \text{ mkg}.$$

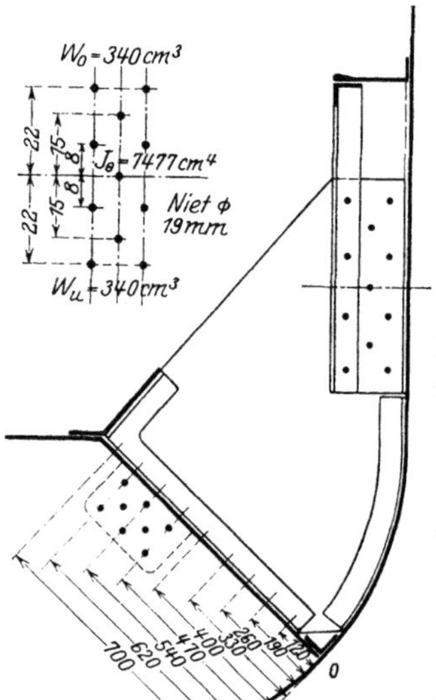

Abb. 109.

Das notwendige Widerstandsmoment wird somit

$$W = \frac{1000000}{1200} = 830 \text{ cm}^3.$$

Dieses Moment liefert ein Profil entsprechend Abb. 109.

Das Mittellängsschott erhält vom Süll die Knickkraft

$$2\,K = 70{,}9 \text{ t}.$$

Für 5fache Sicherheit ist also bei 5,0 m freitragender Länge nach der Eulerschen Formel ein Trägheitsmoment von

$$J = \frac{P \cdot 5 \cdot l^2}{\pi^2 E} = \frac{70900 \cdot 5 \cdot 500^2}{10 \cdot 2150000} = 4120 \text{ cm}^4$$

erforderlich.

Das entsprechende Profil ist in Abb. 110 angegeben.

Für den Nietanschluß Süll—Stütze mittels Knieblech ist, um auf der sicheren Seite zu bleiben, die Annahme zu machen, daß das Süll nicht unmittelbar auf der Stütze aufliegt, sondern daß der Stützendruck nur durch die Vernietung Süll—Knieblech bzw. Knieblech—Stütze übertragen wird. Bei dieser ungünstigen Annahme wird man allerdings mit der zulässigen Schubbeanspruchung in der Nietung an die obere Grenze gehen, da eine gewisse Entlastung der Nietung immer eintritt. Für $k_{s_{zul}} = 1200$ kg/cm² und $2\,K = 70900$ kg wird für 22 mm Nietdurchmesser die notwendige Anzahl Nieten nach

$$n \cdot \frac{\pi d^2}{4} \cdot k_{s_{zul}} = 2\,K$$

$$n = \frac{2\,K}{\frac{\pi d^2}{4} \cdot k_{s\,zul}} = \frac{70900}{3{,}8 \cdot 1200} \sim 15.$$

Eine konstruktive Ausführung ist in Abb. 111 wiedergegeben.

Es bedarf noch des Nachweises, daß der vorstehend gegebene Rechnungsgang zur Ermittlung der statisch unbestimmten Größen als Annäherung hinreichend genau ist. Abb. 112 zeigt das Belastungsschema des Lukenendrahmens unter Berücksichtigung des Bodenquerverbandes (Bodenwrange).

Wendet man wie vorher das Prinzip von Castigliano an, so ergeben sich zunächst für die einzelnen Stetigkeitsbereiche

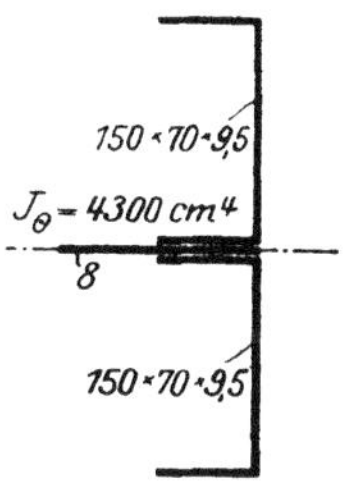

Abb. 110.

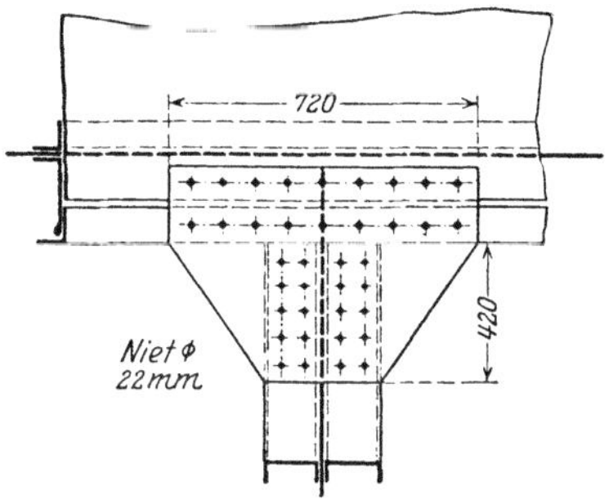

Abb. 111.

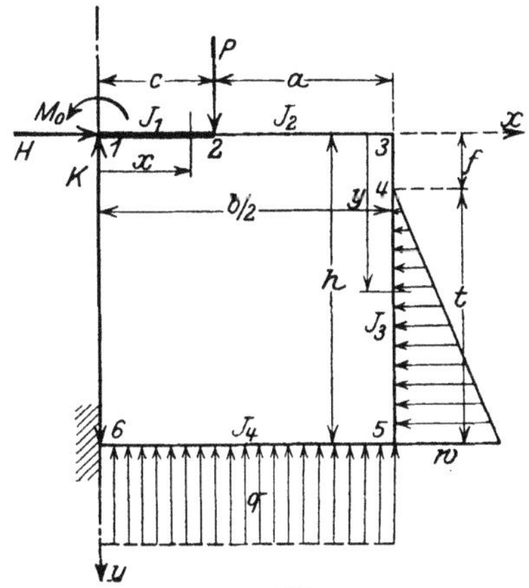

Abb. 112.

1. die Momente:

Bereich I: $M_x = M_0 + K \cdot x$

„ II: $M_x = M_0 + K \cdot x - P \cdot x + P \cdot c$

„ III: $M_y = M_0 + \frac{K \cdot b}{2} - P \cdot a + H \cdot y$

„ IV: $M_y = M_0 + \frac{K \cdot b}{2} - P \cdot a + H \cdot y - \frac{w \cdot (y-f)^3}{6t}$

„ V: $M_x = M_0 + H \cdot h + K \cdot x + P \cdot c - P \cdot x - \frac{w t^2}{6} - \frac{q\left(\frac{b}{2} - x\right)^2}{2}$

2. die Ableitungen

	$\frac{\partial M}{\partial M_0}$	$\frac{\partial M}{\partial H}$	$\frac{\partial M}{\partial K}$
Bereich I:	1	0	x
„ II:	1	0	x
„ III:	1	y	$\frac{b}{2}$
„ IV:	1	y	$\frac{b}{2}$
„ V:	1	h	x

Es ergeben sich für die statisch Unbestimmten die Gleichungen:

1. $$0 = \left(M_0 \cdot c + \frac{K c^2}{2}\right) + \frac{J_1}{J_2}\left(M_0 \cdot a + \frac{K b^2}{8} - \frac{K c^2}{2} - \frac{P a^2}{2}\right)$$
$$+ \frac{J_1}{J_3}\left(M_0 h + \frac{K b h}{2} + \frac{H h^2}{2} - P \cdot h \cdot a - \frac{w t^3}{24}\right)$$
$$+ \frac{J_1}{J_4}\left(M_0 \frac{b}{2} + \frac{K b^2}{8} + \frac{H h b}{2} - \frac{P b^2}{8} + \frac{P c b}{2} - \frac{w t^2 b}{12} - \frac{q b^3}{48}\right).$$

2. $$0 = M_0 h + K \frac{b h}{2} + H \frac{2 h^2}{3} - P a h - \frac{w h^4}{15 t} + \frac{w h^3 f}{4 t} - \frac{w h^2 f^2}{3 t} + \frac{w h f^3}{6 t} - \frac{w f^5}{60 h t}$$
$$+ \frac{J_3}{J_4}\left(M_0 b + K \frac{b^2}{4} + H h b + P c b - P \frac{b^2}{4} - \frac{w t^2 b}{6} - q \frac{b^3}{24}\right).$$

3. $$0=\left(M_0\frac{c^2}{2}+\frac{Kc^3}{3}\right)+\frac{J_1}{J_2}\left(M_0\frac{b^2}{8}-M_0\frac{c^2}{2}+\frac{Kb^3}{24}-\frac{Kc^3}{3}-\frac{Pb^3}{24}+\frac{Pcb^2}{8}-\frac{Pc^3}{6}\right)$$
$$+\frac{J_1}{J_3}\left(M_0\frac{hb}{2}+\frac{Kb^2h}{4}+\frac{Hbh^2}{4}-\frac{Pabh}{2}-\frac{wbt^3}{48}\right)$$
$$+\frac{J_1}{J_4}\left(\frac{M_0b^2}{8}+\frac{Kb^3}{24}+\frac{Hhb^2}{8}+\frac{Pcb^2}{8}-\frac{Pb^3}{24}-\frac{wt^2b^2}{48}-\frac{qb^4}{384}\right).$$

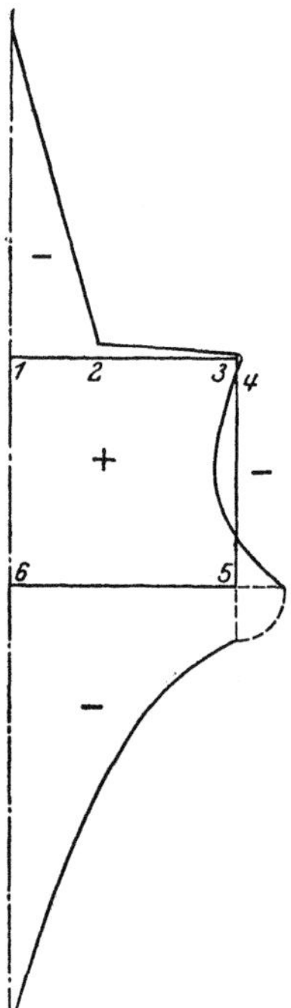

Abb. 113.

Werden die Werte wie vorher eingesetzt[1]:

$b=12$ m, $a=3{,}75$ m, $c=2{,}25$ m, $h=6$ m, $f=0{,}5$ m, also $t=5{,}5$ m,
$w=6600$ kg/m, $q=0{,}6\cdot5500=3300$ kg/m, $P=35000$ kg

$$\frac{J_1}{J_2}=100\,,\quad \frac{J_1}{J_3}=100\,,\quad \frac{J_1}{J_4}=1\,,\quad \frac{J_3}{J_4}=\frac{1}{100}\,,$$

so folgen die Gleichungen

1. $0=M_0+5{,}255\,K+1{,}867\,H-110258$
2. $0=M_0+5{,}941\,K+4{,}039\,H-142442$
3. $0=M_0+5{,}515\,K+2{,}111\,H-119736$.

Aus diesen folgt

$$M_0=-66944 \text{ mkg},\quad H=4695 \text{ kg und } K=32053 \text{ kg}.$$

Der hiermit gegebene Verlauf der Biegungsmomente ist in Abb. 113 dargestellt.

Der Vergleich mit den statisch Unbestimmten der Portalberechnung zeigt eine befriedigende Übereinstimmung.

Bei größeren Schiffen mit einem Zwischendeck werden gewöhnlich in den Lukenecken Deckstützen vorgesehen. Bei Abstützung nur in Mitte Schiff ist ein gleicher Rechnungsgang wie vorher für den Eindecker zu verfolgen. Es treten in Mitte Lukenendbalken des Zwischendecks wie am Hauptdeck 3 statisch unbestimmte Größen auf, so daß die Aufgabe für den Portalträger — und auch für den ganzen Rahmen — 6fach statisch unbestimmt wird.

Bezüglich der Zahlenrechnungen ist wohl zu beachten, daß diese sehr genau durchgeführt werden müssen, der Rechenschieber genügt nicht.

d) Die Festigkeit des Schiffskörpers gegen Verdrehungsbeanspruchung. Es ist zu unterscheiden zwischen Verdrehungsmomenten aus statischer und dynamischer Belastung.

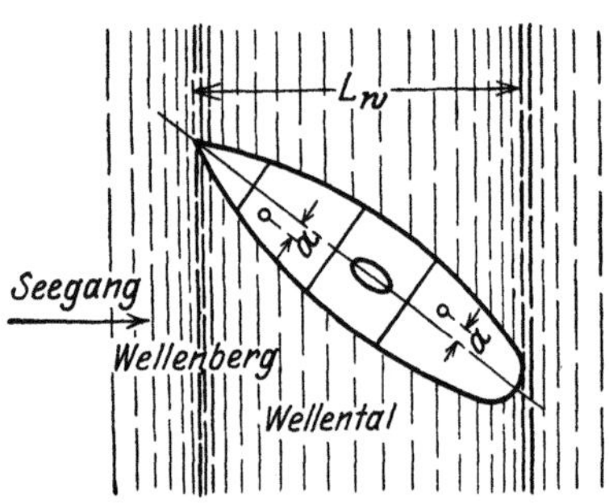

Abb. 114.

Ein statisches Verdrehungsmoment ergibt sich, wenn das Schiff schräg in der regelmäßigen Dünungswelle liegt (vgl. Abb. 114). Für die Berechnung sind folgende Annahmen zu machen:

Richtung des Schiffes gegen die Wellen: 45°.

Wellenlänge gleich Schiffslänge cos 45°, also $L_w = L\cdot 0{,}7$ und

Wellenhöhe gleich $^1/_{18}$ Wellenlänge.

Bei dieser Lage des Schiffes werden die Schwerpunkte der Verdrängung des Vor- und Hinterschiffes entgegengesetzt aus der Schiffmittellängsebene verschoben. Das Verdrehungsmoment im Hauptspant wird dann $M_d=\frac{D}{2}\cdot a$, wenn in erster Annäherung angenommen wird, daß Vor- und Hinterschiff gleiche Verdrängungen mit gleichen a-Werten haben.

[1] Die Restkraft R ist hierbei unberücksichtigt geblieben!

Die a-Werte sind mit Hilfe der Spantarealkurven und der Wellenkontur graphisch mittels Integrator oder nach der Simpson-Regel zu ermitteln. Das Moment eines Spantquerschnittes bezogen auf die Mittellängsebene ist gleich dem Moment des oberen dreieckigen Teiles des Querschnittes, welcher durch die Wellenkontur gebildet wird. Die Addition dieser Dreiecksmomente nach Simpson liefert das Moment des unsymmetrischen Wellenteiles des Vor- bzw. Hinterschiffes. Dieses Moment ist zugleich das Moment der Verdrängung, also der Wert

$$\frac{D \cdot a}{2}.$$

Für ein und dasselbe Schiff wachsen die a-Werte mit abnehmendem Tiefgang.

Die Berechnung der Biegungsmomente ergibt sich aus Abb. 115.

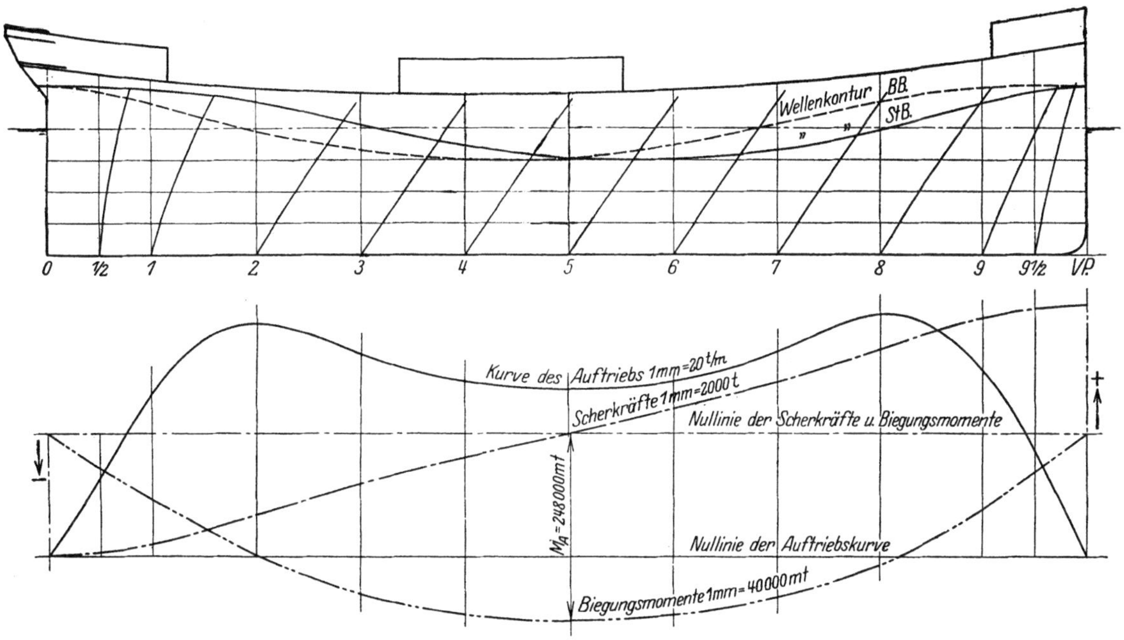

Abb. 115.

Für eine überschlägliche Rechnung kann das maximale Moment bestimmt werden nach der Gleichung

$$M_{d_{\max}} = \frac{D \cdot B}{C},$$

wo B die Schiffsbreite und C ein Koeffizient bedeutet, der für normale Frachtschiffe etwa 140 beträgt. (B in Meter und D in Tonnen.) Es ist dies die gleichartige Formel wie die für die Längsbiegung übliche

$$M_b = \frac{D \cdot L}{\text{Konst.}}.$$

Dieses statische Verdrehungsmoment kann im ungünstigsten Falle durch unsymmetrische Beladung — vor allem bei Erzschiffen — erhöht werden. Diese Erhöhung wird am einfachsten durch einen Zuschlag von etwa 25% zu dem Moment aus der Formel $M_d = \frac{D}{2} \cdot a$ berücksichtigt.

Ein dynamisches Verdrehungsmoment ergibt sich beim Rollen des Sohiffes aus der ungleichmäßigen Verteilung der Massen- und der Stabilitätsmomente in Richtung der

Schiffslängsachse. Es ist demnach

$$M_{\text{dyn}} = \int_{x=0}^{x=L} (\varDelta M - \varDelta St) \cdot dL\,,$$

wo $\varDelta M$ das Moment der Massenkräfte und $\varDelta St$ das Moment der Stabilität für die Länge 1 an der Stelle $x = x$ bedeutet. Die Integration ist nur graphisch möglich. Für die Aufstellung der Kurven der $\varDelta M$- und $\varDelta$ St-Werte sind folgende Annahmen zu machen:

1. Das Schiff schlingert um die Längsachse durch den Systemschwerpunkt des ganzen Schiffes.
2. Die größte Neigung während der Bewegung sei $\varphi_{\max} \sim 25^0$.
3. Die Schlingerperiode sei $T = 7$ bis 10 Sekunden, also 6 bis 8 Doppelschwingungen in der Minute.

Die für alle Querschnitte konstante maximale Winkelbeschleunigung im Augenblick der größten Neigung ist

$$\varepsilon_{\max} = \frac{4 \cdot \pi^2 \sin \varphi_{\max}}{T^2}$$

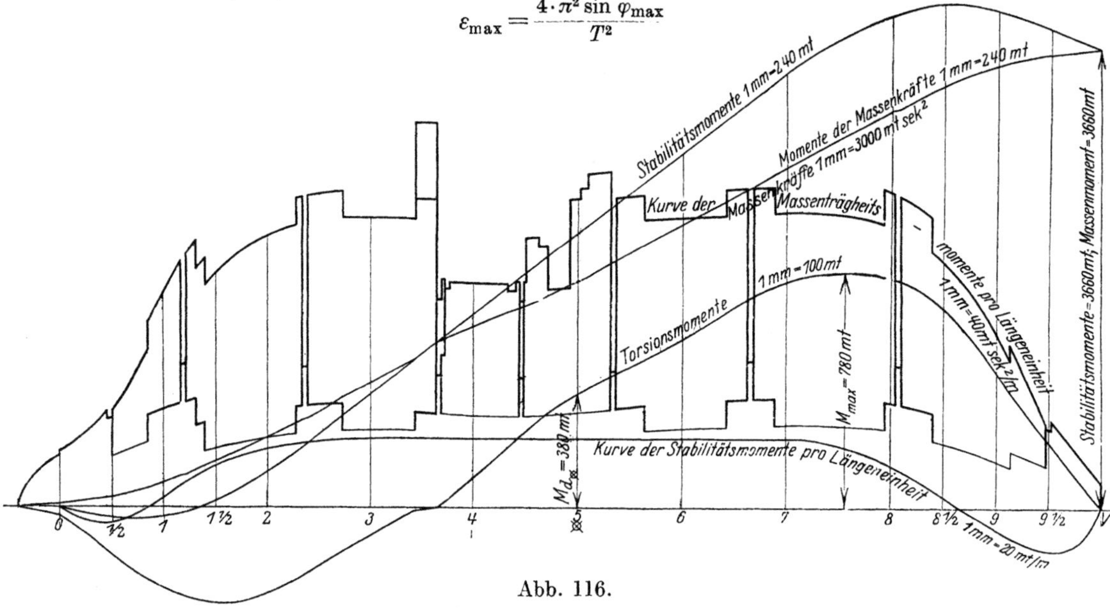

Abb. 116.

und nach der dynamischen Grundgleichung folgt für die Länge 1 an einer beliebigen Stelle des Schiffes das Drehmoment der Massenkraft zu

$$\varDelta M = \varDelta\,\Theta \cdot \varepsilon_{\max}\,,$$

wo $\varDelta\,\Theta$ das Massenträgheitsmoment der im Bereich 1 bewegten Masse, bezogen auf die angenommene Drehachse bedeutet.

Aus den Werten für eine Anzahl Schnitte über die Schiffslänge folgt die Kurve der Momente der Massenkräfte.

Die Stabilitätsmomente werden entsprechend Abb. 116 je

$$\varDelta St = \varDelta V \cdot \overline{GH} = \varDelta V \cdot (KR - KG \cdot \sin \varphi)\,.$$

Die KR-Werte werden am einfachsten mittels Integrator bestimmt.

Da im Augenblick der größten Neigung Gleichgewicht herrscht zwischen dem Stabilitätsmoment und dem Massenmoment des ganzen Schiffes, müssen die Endwerte der Integralkurven gleich groß sein.

Die Differenz beider Integralkurven liefert die Kurve der dynamischen Verdrehungsmomente (vgl. Abb. 116).

Für Vergleichszwecke kann auch das maximale dynamische Verdrehungsmoment auf eine Überschlagsformel von der Form[1]

$$M_{\mathrm{dyn}} = \frac{D \cdot (B+H)}{C_{\mathrm{dyn}}}$$

gebracht werden. Die Größe des Beiwertes C_{dyn} richtet sich nach den für $\varphi_{\max}$ und T angenommenen Werten. Je größer $\varphi_{\max}$ und je kleiner T wird, um so kleiner wird C_{dyn}. Für normale mittelgroße Frachtschiffe kann in erster Annäherung $C_{\mathrm{dyn}} = 650$ gesetzt werden.

Rechnungsgemäß wird das maximale dynamische Verdrehungsmoment gewöhnlich erheblich kleiner bleiben als das statische Moment. Beide Momente können sich nicht addieren, da das statische Maximalmoment in der aufrechten Schiffslage, das dynamische bei der größten Neigung eintritt.

Bei Segelschiffen kann das dynamische Verdrehungsmoment erhöht werden, wenn im Moment der größten Neigung ein Teil — im ungünstigsten Fall eine Hälfte — des Segelareals durch eine einfallende Böe plötzlich belastet wird. Das zusätzliche Verdrehungsmoment wird dann

$$M'_{\mathrm{dyn}} = A \cdot p \cdot h \cdot \cos^2 \varphi_{\max},$$

wo für p die mittlere spezifische Belastung durch den Winddruck zu setzen ist und h der Abstand des Schwerpunktes des in Rechnung gesetzten Segelareals bezogen auf die Drehachse des Schiffes ist.

Für die Ermittlung der von den Verdrehungsmomenten hervorgerufenen Spannungen ist das Schiff als ein längs- und querversteifter Hohlstab zu betrachten mit veränderlichen Querschnitten und verhältnismäßig dünnen Wänden. Die strenge Behandlung dieses Stabes, der den allgemeinsten Fall der Verdrehungsbeanspruchung darstellt, ist nicht möglich. Man muß versuchen, mathematisch behandelbare Ansätze durch Beiwerte, die nur aus Versuchen am naturgroßen Schiff gewonnen werden können, den tatsächlichen Verhältnissen anzupassen.

Für den ersten Rechnungsansatz kann der auf Verdrehung beanspruchte Längsverband als ein prismatischer Hohlstab von geschlossenem ringförmigen Querschnitt konstanter Form und Wandstärke betrachtet werden. Das würde dem Schiffsquerschnitt entsprechen, der zwischen 2 Spanten nur von den Blechen der Deckbeplattung, des Bodens und der Außenhaut gebildet wird. Schotte, Zwischendecks, Doppelboden und die Längsverbände bleiben dabei unberücksichtigt.

Die Spannungslinien verlaufen dann nach dem hydrodynamischen Gleichnis in erster Annäherung wie Stromlinien von konstanter Wirbelstärke. Da die Wandstärke im Vergleich zu den Querschnittsabmessungen verschwindend klein ist, genügt die Bestimmung einer mittleren Schubspannung. Für das Differential du des Umfanges wird entsprechend Abb. 117 die Ringkraft $s \cdot du \cdot \tau_m$. Diese hat in bezug auf die Drehachse durch G das Moment $s \cdot h \cdot du \cdot \tau_m$. Dann wird für den ganzen Querschnitt

$$\int s \cdot h \cdot \tau_m \cdot du = s \cdot \tau_m \int h \cdot du = 2 \cdot s \, \tau_m \cdot F = M_d,$$

wo F gleich dem Inhalt des Querschnittes ist. Es folgt

$$\tau_m = \frac{M_d}{2 \cdot s \cdot F}.$$

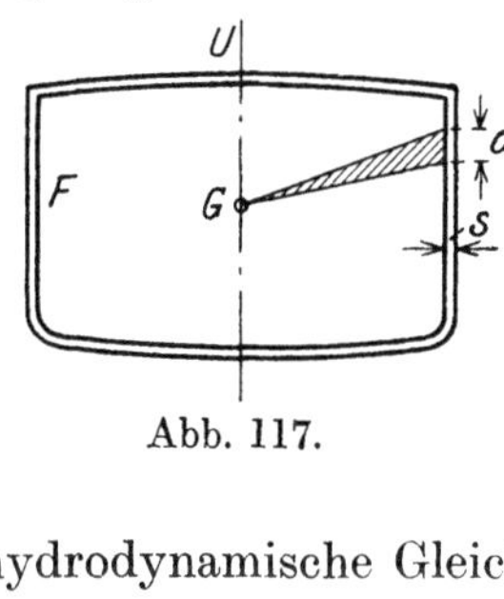

Abb. 117.

Für den Verdrehungswinkel ϑ der Längeneinheit ergibt das hydrodynamische Gleichnis den Wert

$$\vartheta = \frac{M_d \cdot U}{4 G \cdot s \cdot F^2}.$$

U ist der Umfang des Querschnittes und G der Schubelastizitätsmodul.

[1] Vgl. Dahlmann: W. R. H. 1927, S. 91.

Tabelle V. Belastungsfälle für Deckbalken mit gleichmäßiger Last $Q = q \cdot l$.

	3 Stützen, gleiche Spannweiten	4 Stützen, verschiedene, aber symmetr. Spannweiten	4 Stützen, gleiche Spannweiten
Freie Auflage	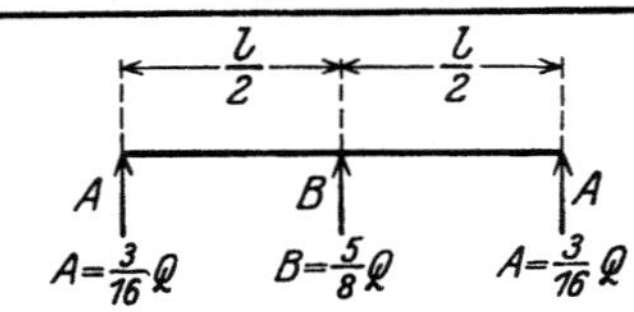 $M_{\max} = M_B = -\frac{Q \cdot l}{32}$	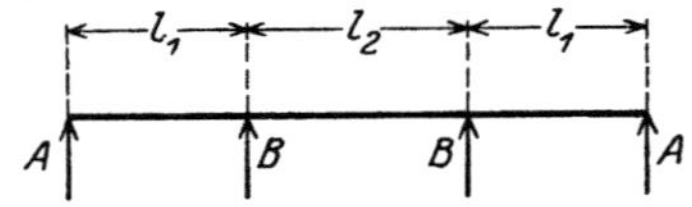 $A = Q \cdot \frac{6 l l_1^2 - 9 l_1^3 - l_2^3}{4 l^2 l_1 + 8 l l_1 l_2}$; $B = \frac{Q}{2} - A$ $M_B = -Q \cdot \frac{l_1^3 + l_2^3}{4 l (l + 2 l_2)}$	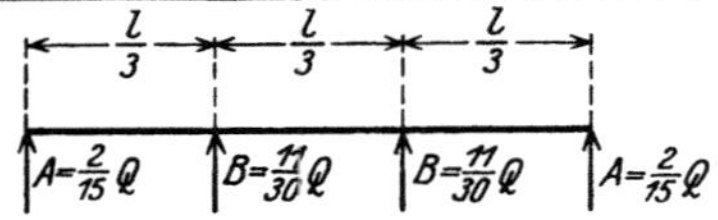 $M_{\max} = -\frac{Q \cdot l}{90}$ $M \frac{l}{2} = \frac{Q \cdot l}{360}$
Volle Einspannung	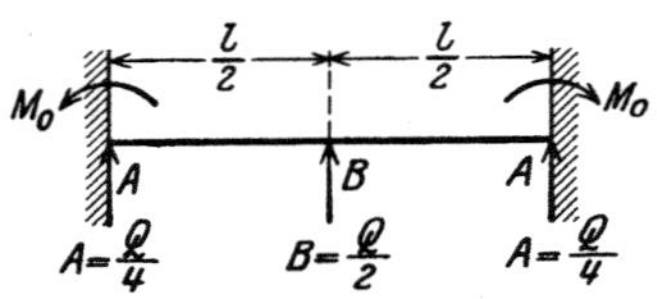 $M_0 = M_B = M_{\max} = -\frac{Ql}{48}$	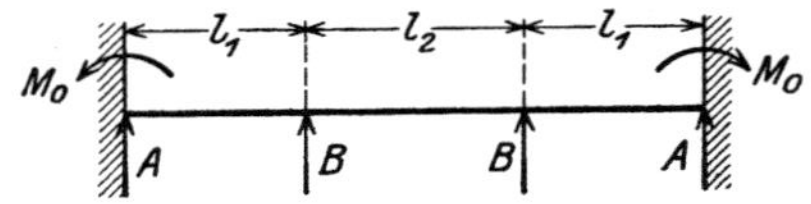 $A = Q \cdot \frac{6 l_1^3 - 3 l_2^3 + 15 l_1^2 l_2}{4 l l_1 (3 l_1 + 6 l_2)}$; $B = \frac{Q}{2} - A$ $M_0 = -Q \cdot \frac{l_1^3 + 3 l_1^2 l_2 - l_2^3}{4 l \cdot (3 l_1 + 6 l_2)}$; $M_B = -Q \cdot \frac{l_1^3 + 2 l_2^3}{4 l (3 l_1 + 6 l_2)}$	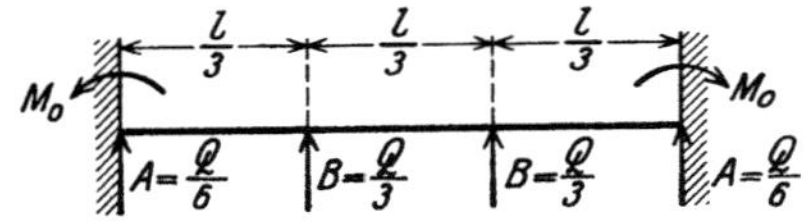 $M_{\max} = M_0 = -\frac{Q \cdot l}{108}$ $M_{l/2} = M_{l/6} = -\frac{Q \cdot l}{216}$

	5 Stützen, verschiedene, aber symmetr. Spannweiten	5 Stützen, gleiche Spannweiten
Freie Auflage	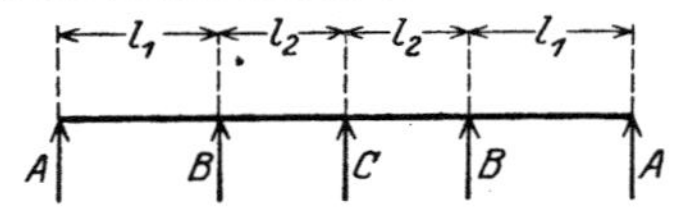 $2A + 2B + C = Q$ $A = Q \cdot \frac{6 l_1^3 - l_2^3 + 6 l_1^2 l_2}{4 l l_1 (4 l_1 + 3 l_2)}$; $B = \frac{Ql}{8 l_2} - \frac{A l}{2 l_2} + \frac{M_C}{l_2}$ $M_B = -Q \cdot \frac{2 l_1^3 + l_2^3}{4 l (4 l_1 + 3 l_2)}$; $M_C = -Q \cdot \frac{2 l_1 l_2^2 + l_2^3 - l_1^3}{4 l (4 l_1 + 3 l_2)}$	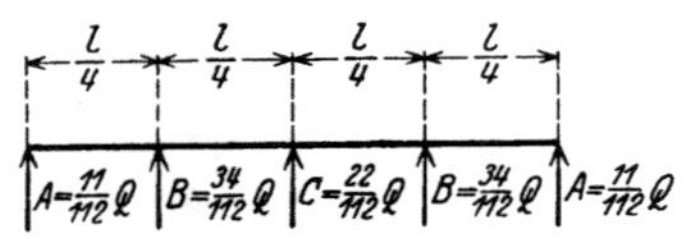 $M_B = -\frac{3 Q l}{448}$; $M_C = -\frac{Q \cdot l}{224}$
Volle Einspannung	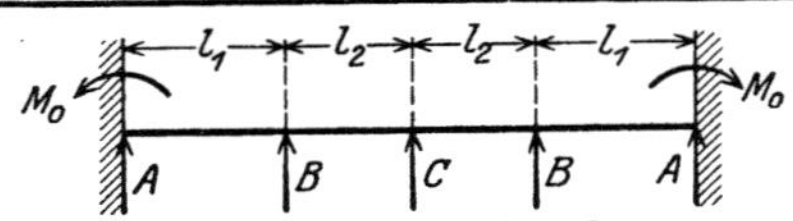 $2A + 2B + C = Q$ $A = Q \cdot \frac{15 l l_1^2 - 6 l_1^3 - 6 l_2^3}{24 l^2 l_1}$; $B = \frac{Ql}{8 l_2} - \frac{A l}{2 l_2} + \frac{M_C}{l_2} - \frac{M_0}{l_2}$ $M_0 = -Q \cdot \frac{3 l l_1^2 - 2 l_1^3 - 2 l_2^3}{24 l^2}$, $M_B = -Q \cdot \frac{l_1^3 + l_2^3}{6 l^2}$ $M_C = -Q \cdot \frac{3 l l_2^2 - 2 l_1^3 - 2 l_2^3}{24 l^2}$	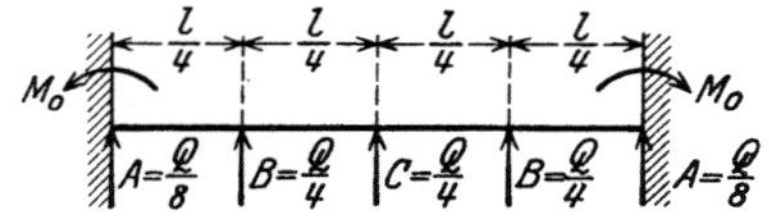 $M_0 = M_B = M_C = -\frac{Q l}{192}$

Es ergibt sich ohne weiteres aus den gemachten Angaben, daß die Gleichungen für τ_m und ϑ nur mit Hilfe von Beiwerten mit den tatsächlichen Werten in angenäherte Übereinstimmung gebracht werden können. Die Gleichungen sind dann für die praktische Anwendung zu schreiben:

$$\tau_m = C_1 \cdot \frac{M_d}{s \cdot F} \quad \text{und} \quad \psi_l = C_2 \cdot \frac{M_d \cdot U}{G \cdot s \cdot F^2} \cdot l,$$

wo ψ_l der Verdrehungswinkel für die Länge l ist.

Die Beiwerte C_1 und C_2 hätten dann zu berücksichtigen:

1. Die Veränderlichkeit von τ_m über die Plattendicke, besonders an den Ecken Seite Deck.
2. Den Einfluß der im Ansatz nicht berücksichtigten Verbände.
3. Den stoßartigen Spannungswechsel im Seegang und
4. Die Veränderlichkeit der Schiffsquerschnitte und des Verdrehungsmomentes in der Längsrichtung.

Als untere Grenzen für die Konstanten ergeben sich dann die Werte

$$C_1 = 1 \quad \text{und} \quad C_2 = \tfrac{1}{2}.$$

Aufgabe der Versuchspraxis ist es, für die genauere Festlegung dieser Werte hinreichendes Material zu schaffen.

Neben den Schubspannungen treten in den Querschnitten, besonders an den Endquerschnitten der Decksöffnungen, Normalspannungen auf, über deren Größe und Gesetzmäßigkeit erst etwas gesagt werden kann, wenn diesbezügliche Meßergebnisse vom fahrenden Schiff vorliegen.

Der Einfluß der Verdrehungsbeanspruchungen auf die Sicherheit der Schiffsverbände ist natürlich nur im Rahmen der Gesamtbeanspruchung der Verbände zu beurteilen.

e) Bemerkungen über Deckbalken. Der Deckbalken ist ein Teil des Spantrahmens. Seine genaue Berechnung auf Grund statischer und dynamischer Belastung ist daher nur mittels einer Rechnung über den ganzen Spantrahmen möglich.

Praktisch erfolgt die Dimensionierung der Deckbalken nach Tabellen der Klassifikationsgesellschaften. Diese Tabellen geben die Profile aber nur unter der Voraussetzung, daß die Stützen in gleichen Abständen voneinander und von der Außenhaut stehen.

Ist das nicht der Fall, kann das gleichwertige Profil durch Vergleichsrechnung ermittelt werden. Dabei betrachtet man den Deckbalken als Träger auf 3, 4 oder 5 Stützen, berechnet die zugelassene Biegungsbeanspruchung im vorgeschriebenen Profil und aus dieser wieder das notwendige Deckbalkenprofil für die ungleiche Stützenentfernung.

Für diese Rechnung gibt Tabelle V die erforderlichen Formeln für freie Auflage und vollkommene Einspannung. Wenn die Einspannverhältnisse an Seite Deck diesen Grenzwerten auch nicht entsprechen, kann doch für die Vergleichsrechnung zur Profilbestimmung der Mittelwert aus freier Auflage und Einspannung genommen werden.

Beispiel. Ein Frachtdampfer von $B = 15$ m soll Luken von 6 m Breite erhalten. Die Deckstützen sollen in den Lukenecken stehen. Welches Profil ist für die Deckbalken zu wählen?

Für gleiche Stützenabstände schreibt der G. L. für das Hauptdeck das Profil ⊏ $180 \times 75 \times 9$ vor. Für 8,5 mm Deckbeplattung wird das Widerstandsmoment des aus Balken und Deckplatte (Streifen $= 40 \times$ Dicke) gebildeten Trägers $W_{\min} = 154\,\text{cm}^3$ (vgl. Tab. VI).

Freie Auflage: Bei gleichem Stützenabstand wird das maximale Biegungsmoment nach Tabelle

$$M_{\max} = -\frac{Ql}{90} = -\frac{Q \cdot 1500}{90}\ \text{cmkg}.$$

Mithin wird

$$k_{b\,\max} = \frac{Q \cdot 1500}{90 \cdot W_{\min}} = 16{,}7\,\frac{Q}{W_{\min}}\,\text{kg/cm}^2.$$

Tabelle VI.

	f (cm²)	$\odot_{xx} = a$ (cm)	fa (cm³)	fa^2 (cm⁴)	i (cm⁴)
Blech	29	0,425	12	5	—
Bulb	2,68	9,2	246	2263	1126
	55,8		258	1126	
				$J_x = 3394\,\text{cm}^4$	

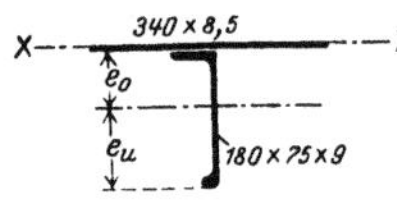

$$e_0 = \frac{258}{55{,}8} = 4{,}62\ \text{cm} \qquad \begin{array}{r} -\,1192 \\ \hline J_\odot = 2202\ \text{cm}^4 \end{array}$$

$$e_u = 14{,}23\ \text{cm}$$

$$F \cdot e_0^2 = 1192\ \text{cm}^4\text{:} \qquad W_o = 2202:\ 4{,}62 = 490\ \text{cm}^3,$$

$$W_u = 2202:14{,}23 = 154\ \text{cm}^3\ (W_{\min}).$$

Für den veränderten Abstand der Stützen wird $l_1 = 4{,}5$ m, $l_2 = 6$ m, und es folgt nach Tabelle über der Stütze

$$M_B = -Q \cdot \frac{(91 + 216)\,100}{60 \cdot (15 + 12)} = 19\,Q\ \text{cmkg},$$

also

$$k_{b\,\max} = 19 \cdot \frac{Q}{W}\ \text{kg/cm}^2.$$

Für gleiche zulässige Beanspruchung folgt somit aus

$$16{,}7 \cdot \frac{Q}{W_{\min}} = 19 \cdot \frac{Q}{W}$$

als notwendiges Widerstandsmoment

$$W = \frac{19}{16{,}7} \cdot W_{\min},$$

d. h. das vorgeschriebene Profil muß stärker genommen werden, so daß das Widerstandsmoment den Wert $W = 1{,}1 \cdot W_{\min} = \sim 170\ \text{cm}^3$ erreicht.

Dieses wird geliefert von dem Träger

$$J_\odot = 2376\ \text{cm}^4 \quad W_o = 493\ \text{cm}^3 \quad W_u = 169\ \text{cm}^3$$

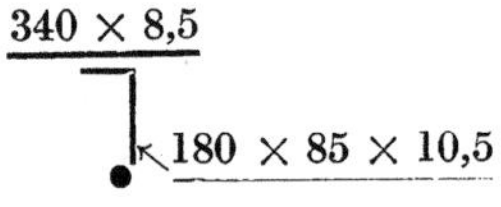

Einspannung: Für gleichen Stützenabstand folgt ebenso nach Tabelle

$$k_b = \frac{Q \cdot 1500}{108 \cdot W_{\min}} = 13{,}9 \cdot \frac{Q}{W_{\min}}\ \text{kg/cm}^2.$$

Für verschiedene Abstände wird zahlenmäßig nach Tabelle

$$M_{\max} = M_B = -Q \cdot \frac{91 + 2 \cdot 216}{4 \cdot 15\,(13{,}5 + 36)} = -\frac{523}{60 \cdot 49{,}5}\,Q\ \text{mkg} = \frac{52300}{2970}\,Q\ \text{cmkg}$$

$$\text{oder} \quad M_B = 18\,Q\ \text{cmkg}$$

und damit

$$k_b = \frac{18\,Q}{W}.$$

Mithin folgt nach

$$\frac{13{,}9\,Q}{W_{\min}} = \frac{18\,Q}{W}$$

für das notwendige Widerstandsmoment

$$W = \frac{18}{13{,}9}\,W_{\min} = 1{,}3\,W_{\min}.$$

Hiernach wäre das Widerstandsmoment zu verstärken auf

$$W = 1{,}3 \cdot 154 = 200\ \text{cm}^3.$$

Man wird den Mittelwert für freie Auflage und Einspannung $W = \frac{170 + 200}{2} = 185\ \text{cm}^3$ wählen.

Infolge des vergrößerten Abstandes der Stützen voneinander wird die Knickkraft für jede Stütze etwas geringer. Die Stütze kann entsprechend schwächer ausgeführt werden, und zwar im Trägheitsmoment proportional der Abnahme der Stützkraft B; denn nach der Eulerschen Formel ist $J = C \cdot \frac{P_k \cdot l^2}{E}$.

3. Probleme der Schiffsfestigkeit.

a) Allgemeines. Die in den vorhergehenden Abschnitten behandelten Rechnungsmethoden liefern für die Längs- und Querverbände getrennt Spannungs- und Deformationswerte entsprechend den in Ansatz gebrachten äußeren Belastungen. Da sich die Längs- und Querverbände aber auch gegenseitig mit inneren Kräften be- und entlasten, kann die Zusammensetzung der für die Einzelverbände berechneten Spannungen nach dem Überlagerungsgesetz zu resultierenden Spannungen ein richtiges Bild von der für die Sicherheit maßgebenden Materialbeanspruchungen nicht geben. Konstruktiv haben somit die nach den üblichen Rechnungsansätzen für die Einzelverbände ermittelten Festigkeitsdaten nur Vergleichswert. Diese Einzelrechnungen geben aber ein hinreichend genaues Bild darüber, ob und wie weit das Material in den Verbänden gleichmäßig ausgenutzt wird.

Der tatsächliche Spannungszustand des Schiffskörpers kann grundsätzlich nur aus einer gemeinsamen Behandlung von Längs- und Querverbänden gewonnen werden. Das damit gegebene Raumfestigkeitsproblem ist rechnerisch allgemein und genau nicht lösbar, da einmal die äußeren Höchstbelastungen der einzelnen Verbände nicht angebbar sind und andrerseits die vielfache statische Unbestimmtheit des Schiffsverbandes als Ganzes betrachtet nicht auflösbar ist.

Andrerseits ist die Kenntnis der Spannungsverhältnisse in den Schiffsverbänden mit Rücksicht auf Wirtschaftlichkeit und Sicherheit der Gesamtkonstruktion erwünscht. Dabei handelt es sich konstruktiv um Fragen, deren Tragweite durch die Kennworte: Querspanten- und Längsspantenbauart, kombinierte Systeme, Diagonalbauart, open floor-system usw. gekennzeichnet sind.

In bezug auf die Wirtschaftlichkeit der Materialausnützung im Schiffskörper gilt wie in allen Zweigen der Technik auch im Schiffbau der Grundsatz, daß diejenige Konstruktion die wirtschaftlichste ist, welche das Material in der zulässigen Höchstinanspruchnahme gleichmäßig in Trägern gleicher Festigkeit ausnutzt. Jede Tonne Gewichtsersparnis am Schiffskörper, die bei gleichbleibender Sicherheit durch konstruktive Maßnahmen erreicht wird, kommt der Tragfähigkeit und damit dem Nutzungswert des Schiffes zu gute, wobei zu berücksichtigen ist, daß gerade die letzten Tonnen im wirtschaftlichen Kampf den Ausschlag geben. Bezüglich der Sicherheit gilt für den aus so verschiedenartigen Einzelverbänden zusammengesetzten Schiffsverband mehr wie für jedes andere Bauwerk der Satz, daß die Festigkeit des Gesamtsystems von der seiner schwächsten Stellen abhängt. Die in diesen auftretenden Höchstbeanspruchungen können rechnerisch nicht in dem Maße ermittelt werden, daß sie konstruktiv mit einem Minimum an Material beherrscht werden. Der Schiffbau ist in dieser Hinsicht von allen Zweigen der Technik am wenigsten entwickelt.

In der Konstruktionspraxis werden diese Schwierigkeiten bei der rechnerischen Behandlung der Verbände durch die empirischen Bauvorschriften der Klassifikationsgesellschaften überwunden. Jede Erfahrung kann aber einen allgemein verwertbaren konstruktiven Fortschritt nur bringen, wenn sie Zusammenhänge zwischen Kräften und

Materialbeanspruchungen ihrer zahlenmäßigen Gesetzmäßigkeit nach aufdeckt. Der Schluß, daß dort, wo sich Brüche oder außergewöhnliche Deformationen zeigen, das Material verstärkt werden muß, ist im Schiffbau nur bedingt richtig. Die schematische Behandlung der immer mehr oder weniger individuellen Schiffskonstruktion durch tabellarische Bauvorschriften, die immer nur auf Mittelwerte zugeschnitten sein können, kann daher den höchsten Wirkungsgrad in der Materialanordnung und -Ausnutzung nicht immer gewährleisten. Dieser kann vielmehr nur auf der Grundlage von Erfahrung und Rechnung erreicht werden.

Ein Beispiel für diesen grundsätzlichen Mangel der empirischen Bauvorschriften ist die Leitzahl $L \cdot (B + H)$ für die Längsverbände. Schiffe gleicher Leitzahl, also demnach auch mit gleichen Materialstärken, können sehr verschiedene Festigkeitsverhältnisse im Längsverband haben nicht nur infolge verschiedener statischer und dynamischer Belastungen, sondern vor allem infolge verschiedener Dimensionierung in Breite und Höhe, wodurch das Widerstandsmoment des Längsverbandes verschiedene Werte annehmen kann[1]. Auch können die Völligkeitsgrade der Verdrängung die Höhe der Biegungsmomente wesentlich beeinflussen. Ähnliche Variationsmöglichkeiten in Belastung und Konstruktion bei gleichen Leitzahlen liegen beim Querverband vor. Es genügt, auf den Abstand der Querschotte und die verschiedenartigen Decksöffnungen hinzuweisen.

Ferner ist zu beachten, daß bei der empirischen Ausbildung der Verbände auf Grund betrieblicher Erfahrungen örtliche Verstärkungen unter Umständen die Festigkeit des Gesamtverbandes statt zu erhöhen herabsetzen können. Werden beispielsweise die Fundamente der Antriebsmaschinen ohne hinreichenden Verschuß so stark ausgebildet, daß der Schiffsboden im Bereich des Maschinenraumes als starr gegenüber der allgemeinen Bodenkonstruktion zu betrachten ist, so besteht die Gefahr, daß im Seegang an den Übergangsstellen der verschieden starken Teile im Material Ermüdungserscheinungen hervorgerufen werden, die vor allem sehr unangenehm werden können, wenn sich in ihrem Bereich Ölbunker befinden.

Zwecks hochwertiger individueller Ausbildung der Schiffsverbände ist daher eine grundsätzliche Umstellung der Bauvorschriften der Klassifikationsgesellschaften zu fordern in dem Sinne, daß die Anordnung und Ausgestaltung der Verbände auf Grundlage von Festigkeitsrechnungen erfolgt. Die Erfahrungen mit den im Betrieb befindlichen Schiffen müßten von den Klassifikationsgesellschaften anstatt in Tabellen in Rechnungsansätzen mit Angaben über Belastungen und zulässige Beanspruchungen verarbeitet werden. Damit wäre die Möglichkeit einer individuellen Konstruktion der Schiffe auf der Grundlage der jeweils an sie gestellten Anforderungen hinsichtlich Festigkeit geschaffen. Diese Umstellung, die, wenn auch langsam, zwangsläufig kommen muß, wird das Kennzeichen der zukünftigen Entwickelung des konstruktiven Schiffbaues sein.

Für eine Anzahl Verbände ist eine solche Umstellung der Konstruktionsvorschriften ohne weiteres möglich, z. B. für wasserdichte Schotte, Unterzüge, Luken, Mastkonstruktionen, Fundamente usw. Die mit diesen Verbänden zusammenhängenden Festigkeitsfragen sind theoretisch in einer für die Konstruktionspraxis hinreichenden Genauigkeit klargestellt und praktisch verwendbar, sobald hinreichende Unterlagen über Belastung und zulässige Beanspruchung vorliegen. Der Ausbau der Konstruktionsrechnungen verlangt somit systematische Sammlung der Erfahrungen am fahrenden Schiff sowie deren Ergänzung durch Festigkeitsmessungen, deren Notwendigkeit zur Kontrolle und Ergänzung der theoretischen Ansätze neuerdings immer klarer erkannt wird.

Ein Sondergebiet der Schiffsfestigkeit, welches noch wenig geklärt ist, sind die Vibrationen des Schiffskörpers. Die Bauvorschriften der Klassifikationsgesellschaften befassen sich nicht mit Vibrationsfragen, obgleich diese, insbesonders für Fahrgastschiffe, von erheblicher praktischer Bedeutung sind und die Konstruktionspraxis ihnen ziemlich hilflos

---

[1] Vgl. Dahlmann: Werft Reederei Hafen 1922 S. 400.

gegenübersteht. Die Schaffung rechnerisch-konstruktiver Grundlagen auf diesem Gebiet gehört daher auch zu den Aufgaben der neueren Festigkeitsforschung im Schiffbau. Auch bei diesen Aufgaben wird die Meßtechnik am fahrenden Schiff eine entscheidende Rolle spielen.

Voraussetzung zum Fortschritt in dieser Entwicklung ist die Klarstellung der wichtigsten Festigkeitsprobleme, die nachfolgend versucht werden soll.

b) Längsverband. Wird der Schiffskörper als ein ursprünglich gerader und bei der Biegung nur wenig gekrümmter Stab betrachtet, so sind die Biegungsspannungen nach der Gleichung $k_b = \frac{M}{W}$ und die Durchbiegung nach der Gleichung der elastischen Linie $E \cdot J \cdot \frac{d^2 y}{d x^2} = M_x$ bestimmt. Dabei wird vorausgesetzt, daß die Verteilung der Spannungen über die Querschnitte linear ist, eine Annahme, deren Richtigkeit bzw. deren Fehlergrenzen noch experimentell zu klären sind.

Die theoretischen und konstruktiven Fragen der Festigkeit des Längsverbandes, als Ganzes betrachtet, hängen somit zusammen mit den Größen: Biegungsmoment, Trägheitsmoment und Elastizitätsmodul. Dabei liegen für den Schiffslängsträger die noch ungelösten Probleme in erster Linie in der durch das Produkt $E \cdot J$ bestimmten Biegungssteifigkeit des Gesamtverbandes[1].

Die auf den Längsverband wirkenden Biegungsmomente setzen sich zusammen aus statischen und dynamischen Anteilen

$$M = M_{st} + M_{dy}$$

welche Funktionen der Belastung und der Lage des betrachteten Querschnittes sind. Für die Dimensionierung des Gesamtverbandes sind konstruktiv die Größtwerte maßgebend, die in der Nähe des Hauptspantes auftreten.

Bei der Beurteilung der Materialbeanspruchung an einer Stelle des Längsverbandes sind außer den Biegungsspannungen die Spannungen aus Längskräften, Querkräften sowie aus örtlichen Belastungen zu berücksichtigen. Ferner wird der gesamte Spannungszustand des Schiffskörpers nicht unwesentlich beeinflußt durch Anfangsspannungen aus der Materialbearbeitung (Schweißung) während des Baues sowie während des Betriebes durch Temperaturspannungen über Bereiche bis 70°.

Die statische Belastung des Längsverbandes wird hervorgerufen durch die Unterschiede in der Gewichts- und Auftriebsverteilung in der Schiffslängsrichtung. Die betrieblich mögliche Mannigfaltigkeit in der Verteilung der Gewichte, namentlich bei Frachtschiffen, macht die eindeutige Festlegung einer für die Rechnung maßgebenden ungünstigsten Belastung schwierig[2]. Gewöhnlich wird für die Längsfestigkeitsrechnung homogen verteilte Ladung zugrunde gelegt, eine Annahme, welche nicht der praktisch möglichen ungünstigsten Gewichtsverteilung entspricht. So können bei Stückgutladungen durch größere Ladungsstücke von hohem spezifischen Gewicht sowie bei ungleichmäßiger Be- und Entladung der Laderäume Belastungszustände eintreten, bei welchen die Biegungsmomente größer sind als bei homogener Beladung aller Räume. Wenn nun die Schiffsleitung auch nach Möglichkeit eine außergewöhnlich ungünstige Verteilung der Zuladungsgewichte vermeiden wird, muß konstruktiv doch mit einer solchen gerechnet werden. Man wird daher zweckmäßig bei der normalen statischen Längsfestigkeitsrechnung als ungünstigste Gewichtsverteilung eine für die einzelnen Laderäume wohl homogene, jedoch für die verschiedenen Laderäume spezifisch verschiedene Ladung annehmen, z. B. bei der Lage „Schiff auf Wellenberg“ in den Endräumen etwa 10% schwerere

---

[1] Die geschichtliche Entwicklung der Längsfestigkeitsrechnung ist dargestellt bei Robb: „Studies in Naval Architecture“, London 1927, S. 197 u. f.

[2] Thomson, W.: Effect of Variations in Loading on Longitudinal Structural Stresses in Ships. Trans. J. N. A. 1923.

Ladung als in den mittleren Räumen. Zahlenmäßig genau können die betrieblich ungünstigsten Gewichtsbelastungen des Längsverbandes nur auf Grund einer hinreichenden Anzahl Gewichtsaufnahmen an Bord festgestellt werden. Solches Erfahrungsmaterial liegt noch nicht vor. In den Rechnungsansätzen muß bei der ungünstigsten Belastung auch überkommendes Wasser, z. B. bei Schiffen mit Schanzkleid und kurzer Well, berücksichtigt werden.

Noch schwieriger ist die zahlenmäßig genaue Ermittelung der Auftriebsverteilung an der Schiffshaut. Am stilliegenden Schiff ist diese durch die Tiefgänge vorn und achtern mit einer Genauigkeit gegeben, die derjenigen der Tiefgangsablesung entspricht. Bei der Konstruktion der Auftriebskurve entsprechend der Lage des Schiffes auf oder in der Welle treten zwei Schwierigkeiten auf, einmal durch die allgemein nicht festliegende Form der Welle und andrerseits durch die Auftriebsverteilung in der Welle, die beim fahrenden Schiff die dynamischen Verhältnisse berücksichtigen muß. Für die statische Gleichgewichtslage ergibt die übliche Längsfestigkeitrechnung mit trochoidaler Wellenform, einer Wellenlänge gleich der Schiffslänge und einer Wellenhöhe gleich $^1/_{20}$ der Wellenlänge Biegungsspannungen bis 1700 kg/cm^2 und mehr. Von diesen Daten der Welle stimmt nur die Wellenlänge, da die Dünungswellen in Längen bis über 300 m vorkommen. Messungen über die Wellenhöhen[1] sind noch nicht abgeschlossen, so daß die übliche Rechnungsannahme: Wellenhöhe = $^1/_{20}$ Wellenlänge vorerst noch als unbewiesene ungünstigste Annahme zu bewerten ist. Dahlmann[2] hält den angegebenen Wert bei kürzeren Wellen für zu niedrig und setzt für Schiffe von 60 bis 280 m Länge für die Wellenhöhe auf Grund von Erfahrungswerten

$$H = \frac{1}{30}(L + 60).$$

Damit werden die Biegungsmomente bei Schiffen unter 120 m Länge größer, bei längeren kleiner als nach dem üblichen Durchschnittswert $H = \frac{L}{20}$, und zwar verändern sich nach Sadler[3] bei gleichbleibender Wellenlänge die Momente im Verhältnis der Quadrate der Wellenhöhen. Dieses Rechnungsverfahren entspricht den tatsächlichen Verhältnissen besser als die Rechnung mit zulässigen Biegungsspannungen als Funktion der Schiffslänge.

Die dynamische Druckverteilung in der Welle, welche die Auftriebsverteilung am Schiff im Seegang bestimmt, ist bis heute noch ungeklärt. Infolge der Orbitalbewegung der Wasserteilchen der Welle muß der Auftrieb im Wellenberg geringer, im Wellental größer sein als der entsprechende hydrostatische Druck. Für die Rechnung mit statischer Druckverteilung entsprechend der Tauchtiefe hat Smith[4] ein Korrekturverfahren angegeben, nach welchem die Biegungsmomente aus der üblichen Rechnung um 10 bis 20% zu korrigieren sind, und zwar ist dieser Prozentsatz bei der Lage „Schiff auf Wellenberg" abzuziehen, bei der Lage „Schiff im Wellental" hinzuzufügen. Bleibt dieser „Smith-Effect" unberücksichtigt, wird demnach die Rechnung für die Lage „Schiff auf Wellenberg" etwas ungünstig, d. h. die rechnungsgemäße Sicherheit etwas größer als den tatsächlichen Verhältnissen entspricht[5].

---

[1] Literaturangabe siehe S. 60, ferner von Larisch-Moennich; Sturmsee und Brandung. Velhagen und Klasing. Leipzig 1925.

[2] Dahlmann: Festigkeit der Schiffe. S. 64.

[3] Stresses on Vessels of the Great Lakes due to Wawes of Varying Lengths and Heights. Trans. Amer. Soc. N. A. and Marine Engg. 1922.

[4] Smith, W. E.: „Hogging and Sagging Strains in a Seaway as influenced by Wawe Structure". Trans. J. N. A. 1883.

[5] Ein zweites Verfahren zur Korrektur der nach der statischen Rechnungsmethode ermittelten Biegungsmomente hat Horn in seiner Arbeit über die dynamischen Wirkungen der Wellenbewegung auf die Längsbeanspruchung S. 41 angegeben.

Da eine rein rechnerische Klarstellung der dynamischen Druckverteilung am Schiffskörper unmöglich erscheint, sind experimentelle Untersuchungen am fahrenden Schiff wünschenswert. Umfassende systematische Versuche in dieser Richtung sind noch nicht in Angriff genommen, vor allem wohl infolge der meßtechnischen Schwierigkeiten, die sich aus den schnell wechselnden Druckverhältnissen ergeben. Es handelt sich dabei um Probleme, die auch für die Widerstandsforschung von Bedeutung sind[1].

Als theoretische Grundlagen ergeben sich für solche Druckmessungen folgende Beziehungen: Für das Differential dO der benetzten Oberfläche des fahrenden Schiffes liefert der Wasserdruck statisch und dynamisch eine Kraft, die allgemein nach Größe und Richtung unbekannt ist. Sie ergibt in bezug auf das betrachtete Flächenelement eine Normal- und eine Tangentialkomponente, letztere bildet den Reibungswiderstand. Beide Teilkräfte haben wiederum horizontale und vertikale Komponenten. Die Summe der ersteren über die ganze benetzte Oberfläche liefert den Fahrwiderstand W, die Summe der letzteren den Auftrieb A. Sind p_h die Horizontalkomponenten aus den Normaldrücken und q_h die aus den Tangentialdrücken, so bestehen die Gleichungen:

$$W = \int p_h \cdot dO + \int q_h \cdot dO \quad \text{und} \quad A = \int p_v \cdot dO + \int q_v \cdot dO.$$

$\int q_h \cdot dO$ ist der Reibungswiderstand, W und A sind durch Modellversuch und Rechnung bestimmbar. Die Summenausdrücke sind aus hinreichenden Einzelmessungen graphisch zu ermitteln.

Die zu den statischen Biegungsmomenten hinzutretenden dynamischen Momente werden hervorgerufen durch die Ungleichförmigkeit der Tauch-, Stampf- und geradlinigen Fahrtbewegung. Die Arbeiten, welche diese zusätzlichen dynamischen Momente zu erfassen suchen, gehen bei den analytischen Ansätzen — um die Rechnung zu vereinfachen — von Annahmen aus, deren Zulässigkeit nur an Hand von Vergleichsversuchen am fahrenden Schiff nachgeprüft werden können. Schon die Aufstellung der Bewegungsgleichungen für die Tauch- und Stampfbewegungen aus den Grundgleichungen der Dynamik fordert mit Rücksicht auf ihre mathematische Behandelbarkeit Annahmen bezüglich Wellen- und Schiffsform sowie bezüglich des Wasserwiderstandes, deren Fehlergrenzen noch nicht eindeutig bestimmt sind. Vor allem fehlen Daten über die Verzögerungen der Geschwindigkeit beim Dampfen gegen die See. Horn, der die mit den dynamischen Biegungsmomenten zusammenhängenden Größen am umfassendsten analysiert hat, berücksichtigt die Massenkräfte aus dem Geschwindigkeitsabfalle beim Andampfen gegen die See nicht. Die Frage, ob die dynamischen Zusatzmomente die statischen erhöhen, oder, wie Horn vermutet, erniedrigen, muß daher als noch offen bezeichnet werden. Die zahlenmäßige Bestimmung der am Schiff tatsächlich auftretenden Tauch-, Stampf- und Fahrtbeschleunigungen bzw. Verzögerungen ist meßtechnisch schwierig, weil hinreichend genau arbeitende Beschleunigungsmesser noch nicht vorliegen und die Festlegung des Zustandes von Schiff und Umgebung im Augenblick der Messung mit den bisherigen Meßgeräten und Meßmethoden überhaupt nicht möglich ist.

Nach der Biegungstheorie des geraden Balkens ist die Höhe der Biegungsspannungen außer von den Biegungsmomenten von den Widerstandsmomenten der Schiffsquerschnitte abhängig. Die zahlenmäßige Bestimmung dieser Momente ist gleich schwierig und problematisch wie die der wirksamen Biegungsmomente. Nun ist das Widerstandsmoment eines Querschnittes bestimmt durch sein Trägheitsmoment, und da dieses ebenfalls die Durchbiegungen beeinflußt, ist es zweckmäßig, die Formfestigkeit des Schiffskörpers gegenüber Biegung von den Trägheitsmomenten ausgehend zu behandeln.

Da für jeden Querschnitt die Gleichung $J = \int y^2 dF$ gilt, erhebt sich die Frage, welche Verbandteile in der Schiffslängsrichtung als durchlaufend zu bezeichnen sind. Die Träger

[1] Vgl. Beschoren: Einfluß des Wellendruckes auf die seitliche Schiffswand. Schiffbau 1908/09, S. 595.

gleicher Festigkeit zeigen, daß die einzelnen tragenden Fasern (Querschnittsteile df) nicht über den ganzen Träger durchlaufend zu sein brauchen, daß für die Tragfähigkeit vielmehr ein gleichmäßiger Spannungsfluß in den äußersten Fasern maßgebend ist. Konstruktiv ist somit die Klarstellung des Verlaufes der oberen tragenden Faser des Längsverbandes wichtig. Bei Schiffen mit glatten oberen Decks, also ohne längere Aufbauten (Tank- und Erzschiffe, Turretschiffe), ist diese Faser eindeutig bestimmt, bei Schiffen mit Aufbauten hängt die Tragfähigkeit dieser Aufbauten im Längsverband zunächst von dem Übergang des Spannungsflusses in und aus den Aufbauten ab. Meldahl[1] stellte auf Grund von Versuchen mit Gummimodellen die Theorie auf, daß die Längsspannungen von Deck zu Deck in einer Steigung von etwa 1:4 verlaufen. Für normale Deckshöhen wäre demnach die Mindestlänge eines im Längsverband mittragenden Aufbaudecks etwa 25 m. Da die Brückendecks gewöhnlicher Frachtdampfer mittlerer Größe diese Länge aber selten überschreiten, kämen somit nach dieser Theorie die Brückendecks der gewöhnlichen sogenannten Drei-Insel-Schiffe für ein Mittragen im Längsverband nicht in Betracht. Nun haben aber Bordmessungen[2] gezeigt, daß der Spannungsanstieg von Deck zu Deck erheblich steiler als nach der Theorie von Meldahl erfolgt, etwa mit der Steigung 1 : 1. Damit dürften sich auch die örtlichen Spannungserhöhungen, vor allem im Bereich des Brückenfrontschottes, erklären.

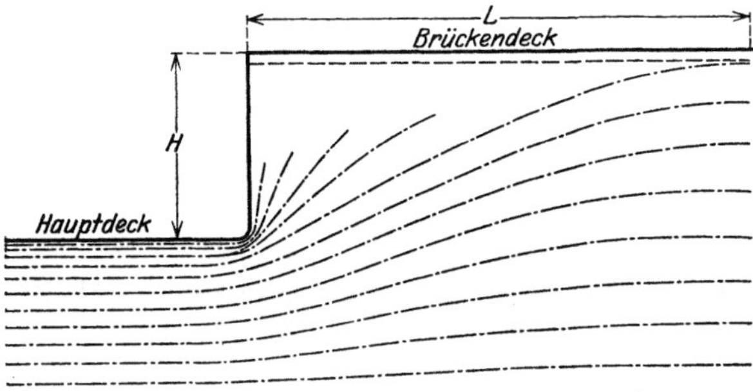

Abb. 118. Spannungsverlauf im Scheergang am Übergang Hauptdeck—Brückendeck.

Für die Beurteilung der Biegungssteifigkeit des Längsverbandes ist somit nicht allein das größte — in der Nähe des Hauptspantes liegende — Widerstandsmoment maßgebend, sondern auch die Ausbildung des Überganges der oberen Längsverbände von Deck zu Deck. Nach dem hydrodynamischen Gleichnis ist an solchen Stellen, von denen der Übergang zum Brückendeck am Brückenfrontschott der konstruktiv wichtigste ist, ein Spannungsbild entsprechend Abb. 118 zu erwarten[3]. Welche Spannungen an solchen Stellen im Seegang tatsächlich auftreten, ist einwandfrei noch nicht festgestellt worden. Nach Modellversuchen von Cooker[4] ist mit Spannungssteigerungen von 40 bis 70% zu rechnen. Abb. 119 zeigt ein aus solchen Versuchen optisch abgeleitetes Spannungsdiagramm. Ebenfalls bedarf die Frage, wie weit Ermüdungserscheinungen die Sicherheit an solchen Stellen beeinflussen, der weiteren Untersuchung[5].

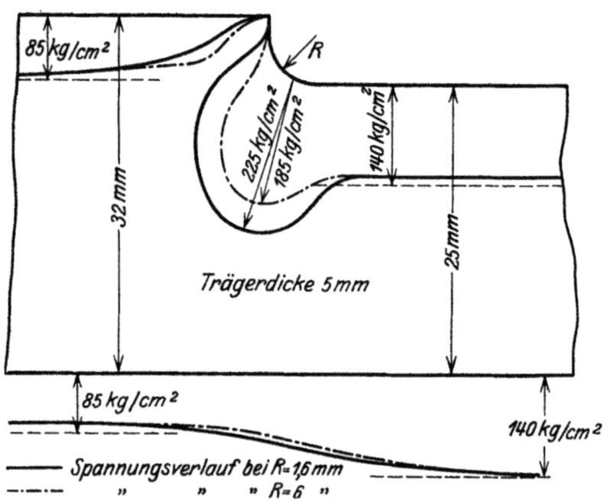

Abb. 119. Spannungsdiagramm nach Cooker.

Die Größe der im Längsverband wirksamen Trägheitsmomente hängt weiter ab von der Knickgefahr, der die zwischen den Quer- und Längsträgern liegenden Plattenfelder

[1] Jahrbuch Schiffbautechn. Gesellschaft 1904. [2] Vgl. Dahlmann: Werft Reederei Hafen 1926, S. 312.
[3] Vgl. auch Wyss, Th.: Kraftfelder. Berlin: Julius Springer 1927.
[4] T. I. N. A. 1911, 1913 und: Shipbuilder 1928, S. 301.
[5] Leon, A.: Über die Ermüdung von Maschinenteilen. Z. V. d. I. 1917, S. 192 und Becker-Föppl: Die Dauerprüfung der Werkstoffe. Berlin: Julius Springer 1929.

der Außenhaut und der Decks bei der Druckbeanspruchung aus der Längsbiegung ausgesetzt sind. In Frage kommen insbesonders bei der Lage „Schiff auf Wellenberg" die Bodenplatten und bei der Lage „Schiff über Wellental" die Platten der leichteren Aufbaudecks.

Die Knickgefahr der Bodenbeplattung wird noch dadurch erhöht, daß die Platten zwischen den Bodenwrangen infolge des Wasserdruckes vorgebogen sind. Die mathematisch strenge Behandlung dieses Knickfalles hat zu berücksichtigen[1]:

1. das Breitenverhältnis der von den Bodenwrangen und Längsträgern gebildeten rechteckigen Plattenfelder,
2. den Einfluß der Längsnähte der Bodengänge auf die Knickfestigkeit und
3. die Nachgiebigkeit der Plattenkanten in der Schiffslängsrichtung infolge der Durchbiegung des Längsverbandes.

Nach der gewöhnlichen Biegungslehre ist die Drehung zweier um die Spantentfernung l voneinander entfernter Querschnitte β gegeneinander

$$\beta_l = \int\limits_{x=0}^{x=l} \frac{M}{EJ}\, dx\,.$$

Damit wird die Verkürzung der unteren Faser des Längsverbandes für den Bereich einer Spantentfernung

$$\Delta l = \beta \cdot e\,,$$

wenn e der Abstand der Bodenfaser von der neutralen Faser des Längsverbandes ist. Die Knickung kann also nur so weit eintreten, als sich die quergerichteten Plattenkanten der Bodenplatten entsprechend Δl nähern.

Für den unendlich langen vorgebogenen Plattenstreifen von einer Breite gleich der Spantentfernung wird nach Föppl[2] die Knickspannung

$$\sigma_K = \frac{\sigma_d + (\eta + 1)\,\sigma_E}{2} - \sqrt{\left(\frac{\sigma_d + (\eta + 1)\,\sigma_E}{2}\right)^2 - \sigma_d \cdot \sigma_E}\,.$$

Für die rechteckige ebene Platte, die am Rande mit Druckspannungen belastet ist, ist die Knickformel von Timoschenko[3] abgeleitet. Für die vorgebogene Platte liegt eine solche Formel nicht vor[4].

Das Knickproblem der Bodenplatten wird noch dadurch kompliziert, daß sich die Durchbiegung nicht streng genau errechnen läßt, da die dynamische Druckbeanspruchung nicht bekannt ist. Über diese Knickverhältnisse können nur systematische Bordmessungen weitere Aufklärungen bringen. Bei der Analyse solcher Messungen ist als Kontrolle zu berücksichtigen, daß $\int (\sigma_b + \sigma_k) \cdot y \cdot dF = M_x$ sein muß. Hierin sind σ_b die Biegungs- und σ_k die Knickspannungen des Querschnittes mit dem Biegungsmoment M_x. Da ferner $M_x = k_b \cdot \frac{J_x}{y}$ ist und $\varepsilon = \frac{k_b}{E}$, folgt

$$J_x = y \frac{E \cdot \int (\sigma_b + \sigma_k) \cdot y \cdot dF}{\varepsilon}\,,$$

eine Gleichung, nach welcher auf Grund von Dehnungsmessungen $\left(\varepsilon = \frac{\Delta l}{l}\right)$ das wirksame Trägheitsmoment eines Querschnittes mit Knickspannungen ermittelt werden kann.

Für die obere Faser des Längsverbandes sind die Bedingungen für eine rechnerische Klarstellung der Knickgefahr günstiger, da die Platten nicht vorgebogen sind. Konstruktiv bedeutsam ist hier aber die Frage, ob ein leichter Aufbau mittragen soll oder nicht. Im letzteren Fall werden bei großen Schiffen vielfach Dehnungsfugen angewendet, welche

[1] Lienau: Vortrag S.T.G. 1912; Dahlmann: Werft Reederei Hafen 1928, S. 303/4.
[2] Föppl: Technische Mechanik Bd. 3.
[3] Timoschenko: Über das Ausknicken von Platten. Z. Math. Phys. Bd. 58. 1910.
[4] Vgl. auch Schnadel: Vortrag S.T.G. 1928.

das zugehörige Aufbaudeck spannungsfrei halten sollen. Von theoretischen Gesichtspunkten betrachtet, muß die Wirkungsweise der Dehnungsfugen als fraglich bezeichnet werden, da infolge des Nietanschlusses der senkrechten Wände an das niedriger gelegene Deck mehr oder weniger Spannungen in die Teile zwischen den Dehnungsfugen übergeleitet werden. Die konstruktiv beste Lösung wird erreicht, wenn die obere Faser des Längsverbandes so hoch gelegt wird, daß der ganze Aufbau mit hinreichender Knickfestigkeit mittragen muß.

Außer für die Trägheitsmomente der Querschnitte ist der Elastizitätsmodul des Gesamtverbandes für dessen Biegungssteifigkeit maßgebend. Neuere Bordmessungen[1] haben gezeigt, daß der Wert von E für den gesamten Längsverband infolge der Form des Gesamtverbandes als dünnwandiger Hohlkörper und vor allem infolge der Vernietung kleiner ist als der des Materials.

Die Klarstellung des Wertes für die Biegungssteifigkeit $E \cdot J$ des Längsverbandes muß daher als rein mathematisch nicht möglich bezeichnet werden, die konstruktiv notwendigen quantitativen Gesetzmäßigkeiten können nur experimentell gewonnen werden. Die ersten systematischen Meßversuche in dieser Richtung sind 1906 von Biles mit dem Torpedoboot „Wolf" ausgeführt worden.

Von erheblicher Bedeutung für die Tragfähigkeit des Längsverbandes ist die mittragende Breite der oberen Gurtung[2]. Sie wird in einem für die Tragfähigkeit ungünstigen Sinne beeinflußt durch die Decksöffnungen, in einem günstigen durch Unterzüge, die im mittleren Bereich der Schiffslänge durchlaufen, also im Längsverband mittragen. Die konstruktiv beste Ausgestaltung dieser Unterzüge wird erreicht, wenn sie mit den Lukenlängssüllen fluchtend angeordnet werden, deren Material somit für den Längsverband ausgenutzt wird. Die Unterzüge und die unter ihnen in ihrer Ebene liegenden Längsträger des Doppelbodens können weiter mit ihrer gegenseitigen Abstützung durch Schotte und Deckstützen zu einem Fachwerkträger in der Art der Veerendaelträger ausgebildet werden. Mit einer solchen Konstruktion ergibt sich die Möglichkeit, mit geringem Materialaufwand eine erhebliche Verstärkung des Längsverbandes zu erreichen, die bei Fahrgastschiffen auch für die Vibrationsfrage von Bedeutung werden kann.

c) Querverband. Da der Schiffskörper ein dünnwandiger Kastenträger ist, wird seine Querfestigkeit gegen statische und dynamische Belastungen in erster Linie durch die Querschotten bestimmt. Sie sind in ihrer Ebene als starr zu betrachten. Ihre Anzahl wird von den Klassifikationsgesellschaften allgemein nicht vorgeschrieben, nur für größere Passagierschiffe und dann nicht in bezug auf die Festigkeitsverhältnisse des Schiffsverbandes, sondern in bezug auf die Schwimmfähigkeit des Schiffskörpers bei Wassereinbruch. Die Bauvorschriften für das Spantwerk sind daher auch von der Schottzahl und den Schottabständen unabhängig. Diese Vorschriften entsprechen mehr Zweckmäßigkeitsgründen als exakten theoretischen Festigkeitsgrundlagen.

Die Bedeutung der Schotte als Hauptquerverband wirft zunächst die Frage auf, wie weit sich ihre absteifende Wirkung in der Schiffslängsrichtung nach den beiden Schottseiten erstreckt. Diese Frage ist von grundlegender Bedeutung für die Ausbildung der zwischen ihnen liegenden Spantrahmen, die gemeinsam mit den Schotten den gesamten Querverband bilden. Nach Pietzker[3] nehmen bei Kriegsschiffen die im Mittel auf 6 Spantentfernungen, also 7 bis 8 m, stehenden Schotte nahezu die gesamte Querbeanspruchung auf, das Spantwerk dient nur zur örtlichen Absteifung der Wände zwischen den Schotten[4].

Bei Handelsschiffen ist der mittlere Schottabstand erheblich größer. Da außerdem zwischen den Schotten große Decksöffnungen den Querverband schwächen, hat bei ihnen das Spantwerk größere konstruktive Bedeutung als bei den Kriegsfahrzeugen. Je mehr die Schottabstände den von Pietzker angegebenen Wirkungsbereich der einzelnen Schotte

---

[1] Vgl. Dahlmann: Werft Reederei Hafen 1928, S. 300. [2] Schnadel: Vortrag S.T.G. 1925.
[3] Pietzker: Festigkeit der Schiffe, S. 84.
[4] Über Spantentfernung siehe Dahlmann: Zur Frage der Spantentfernung. W.R.H. 1929, S. 243.

überschreiten, kann daher für die Berechnung des Spantwerkes von dem Einfluß der Schotten abgesehen und der in Mitte Schottabstand liegende, am höchsten beanspruchte Spantrahmen als von den Schotten unbeeinflußt betrachtet werden.

Die Festigkeitsrechnung für den so erhaltenen offenen oder geschlossenen Spantrahmen hat die Ermittlung der statisch unbestimmten Größen (Stützkräfte und Einspannmomente) zur Aufgabe. Für die Rechnung wird der Rahmen dadurch idealisiert, daß die Decksbucht und die Aufkimmung vernachlässigt wird und als Stabzug des Rahmens die neutrale Faser der Verbandteile genommen wird. Die aus diesen Annahmen folgenden Ungenauigkeiten der Rechnung sind konstruktiv belanglos. Bei der Beurteilung der Rechnungsergebnisse fallen Balkenknie und Kimmstützplatte schon mehr ins Gewicht. Da durch sie die freitragenden Längen von Deckbalken und Spant geringer werden als nach dem Rechnungsansatz, bleibt die Rechnung als etwas ungünstig auf der sicheren Seite.

Beim statischen Belastungsansatz für diesen idealisierten Spantrahmen sind das Eigengewicht des Rahmens, der äußere Wasserdruck und der innere Ladungsdruck sowie Deckslast zu berücksichtigen. Die zahlenmäßige Bestimmung dieser Größen macht keine Schwierigkeiten, solange die Rahmenkonstruktion für alle Spanten zwischen den Schotten die gleiche ist. Sind jedoch beispielsweise die Spanten, die zu einem Lukenendbalken gehören, verstärkt, oder sind Rahmenspanten vorhanden, so erhalten diese verstärkten Spanten eine zusätzliche Belastung aus den Auflagekräften des benachbarten Außenhautfeldes bis zum nächsten verstärkten Spant bzw. zum nächsten Schott. Die zahlenmäßige Bestimmung dieser Zusatzbelastung des verstärkten Spantes gestaltet sich dadurch schwierig, daß das Spant als nachgiebige Auflage zu betrachten ist. In erster Annäherung kann dieser Auflagedruck durch die Annahme berücksichtigt werden, daß die dem verstärkten Spant benachbarten beiden normalen Spanten nur die Hälfte der auf eine Spantentfernung kommenden Wasserdruckbelastung aufnehmen[1].

Die ungünstigste Belastung des Spantrahmens durch Wasserdruck tritt bei gewöhnlichen Handelsschiffen ein bei der Lage des vollbeladenen Schiffes auf dem Wellenberg. Dabei ist die tatsächliche — also die statische und dynamische — Druckverteilung über die benetzte Schiffsoberfläche unbekannt[2]. Wird der Querfestigkeitsrechnung statische Druckverteilung zugrunde gelegt, so bleibt sie auf der ungünstigen Seite und ist somit konstruktiv als erste Annäherung zu gebrauchen.

Neben der zahlenmäßig angebbaren Decksladung kann der Spantrahmen im Seegang außerdem durch Seeschlag auf das freiliegende Hauptdeck belastet werden. Hinreichende Angaben über die Größe dieser Belastung — zunächst rein statisch betrachtet — liegen nicht vor; Einzelbeobachtungen geben bis 3 m möglichen Wasserstand an Deck an.

Zu diesen statischen Belastungen tritt im Seegang die dynamische Belastung aus den Massenkräften und aus dem Seeschlag. Die sich über den Spantrahmen verteilenden Massenkräfte ergeben sich aus der dynamischen Grundgleichung $P = m \cdot b$, wobei die Beschleunigung eines Massenteilchens bei der Roll- und Schlingerbewegung entsprechend $b = \varepsilon \cdot r$ mit der Winkelbeschleunigung bestimmt ist. Für die Winkelbeschleunigung folgt allgemein[3] $\varepsilon_{max} = \frac{4\pi^2 \cdot \sin \varphi_{max}}{T^2}$, wobei φ_{max} der größte Schlingerwinkel, T die Dauer einer vollen Schlingerschwingung bedeutet. Neben diesen Massenkräften wird der Querverband örtlich von stoßweise auftretenden Kräften, wie Seeschlag, Eisdruck, Stöße beim Anlegen oder Berühren anderer Fahrzeuge, beansprucht. Die Größe dieser Kräfte ist gesetzmäßig nicht anzugeben. Ihre konstruktive Berücksichtigung erfolgt bisher rein empirisch in den Bauvorschriften der Klassifikationsgesellschaften.

Als Grundlage für die zahlenmäßige Ermittelung der statisch unbestimmten Größen des Querverbandes können die jeweiligen Bedingungen für seine Deformation oder die

[1] Vgl. die englischen Schottversuche 1916, bei denen sich zeigte, daß schon die 2. Schottsteife vom Schottrand voll trägt.

[2] Über den „Smith-Effekt“ siehe Vortrag J.N.A. 1883.

[3] Vgl. Dahlmann: a. a. O. S. 161.

Formänderungsarbeiten benutzt werden. Soweit der Rahmen hinsichtlich seiner Belastung und Querschnitte (Trägheitsmomente) in Stetigkeitsbereiche zerlegt werden kann, ist eine rein analytische Bestimmung der Unbestimmten grundsätzlich möglich, im allgemeinsten Fall führt nur eine graphische Rechnung zum Ziel. Solche graphischen Rechnungen hat beispielsweise Hurlbrink[1] für Ubootsdruckkörper entwickelt. So einfach und allgemein brauchbar solche Rechnungen auf den ersten Blick erscheinen, so schwierig und umständlich kann in komplizierteren Fällen eine hinreichend genaue Rechnung werden. Sie ist daher stets mit größtmöglicher Sorgfalt in großen Maßstäben auszuführen. Allerdings ist auch zu bemerken, daß die analytische Lösung bei Mehrdeckschiffen mit wachsender Zahl der Unbestimmten zunehmend kompliziert und schließlich praktisch überhaupt nicht mehr durchführbar wird, zumal die Zahlenrechnung wegen der großen Unterschiede in den Trägheitsmomenten sehr genau ausgeführt werden muß. Entsprechend Abb. 120 ergeben sich bei einer oder zwei Stützenreihen für jedes Deck drei statisch unbestimmte Größen, ein Einspannmoment M_0 und die Stützkräfte H und K. Bei drei Stützenreihen tritt je eine weitere K-Kraft hinzu. Die Ermittelung dieser Unbestimmten aus der gegebenen Belastung ist das eigentliche Ziel der Querfestigkeitsrechnung.

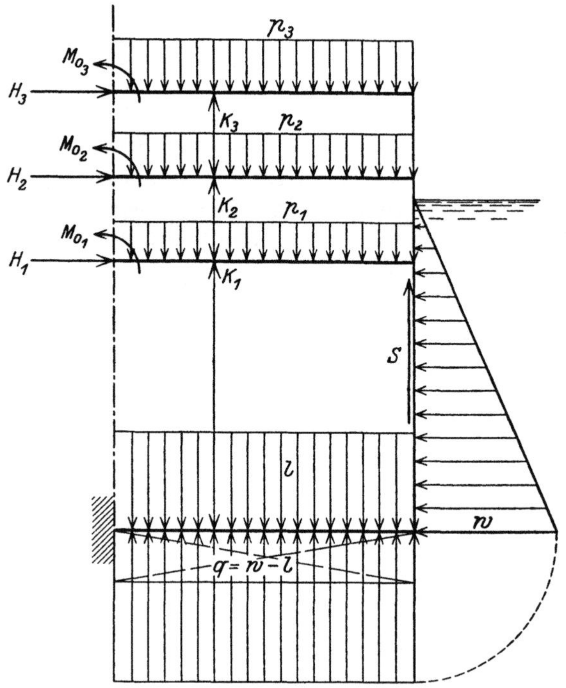

Abb. 120.

Da der Momentenverlauf über den Rahmen von dem Verhältnis der Trägheitsmomente der einzelnen Rahmenglieder zueinander abhängt, muß für die Konstruktionsrechnung dieses Verhältnis gegeben sein. Es ergibt sich in erster Annäherung aus bekannten ähnlichen Konstruktionen. Ist dieses Verhältnis nicht angebbar, muß zunächst der Momentenverlauf mit einem über den ganzen Rahmen konstanten Trägheitsmoment ermittelt werden. Nach diesem Momentenverlauf kann auf Grund gegebener zulässiger Beanspruchung eine erste Querschnittsbestimmung erfolgen. Mit den erhaltenen Trägheitsmomenten kann alsdann eine genauere Kontrollrechnung durchgeführt werden, die so lange zu wiederholen ist, bis die beste Querschnittsverteilung ermittelt ist.

Zur Bestimmung der statisch Unbestimmten aus den Deformationen steht zunächst die Gleichung der elastischen Linie $E \cdot J \frac{d y^2}{d x^2} = M$ zur Verfügung. Sie ist immer nur für die Stetigkeitsbereiche der Biegungsmomente und Trägheitsmomente anwendbar. Die Integrationskonstanten machen die Rechnung umständlich. Sie werden umgangen, wenn die Deformationen — Winkeldrehungen und Verschiebungen — nach den Sätzen von Mohr ermittelt werden[2]. Ein Verfahren zur Bestimmung der Unbestimmten mit Hilfe der Clapeyronschen Gleichung hat Ehlers[3] entwickelt. Bei diesem Verfahren wird der Rahmen

[1] Schiffbau Jg. 1907/08, ab S. 517.

[2] Zur Methodik der Aufstellung der Elastizitätsgleichungen aus den Deformationen siehe: Gehler, W.: Der Rahmen, 2. Aufl. Berlin: Julius Springer 1919. — Spiegel, G.: Mehrteilige Rahmen. Berlin: Julius Springer 1920. — Björnstad: Die Berechnung von Steifrahmen. Berlin: Julius Springer 1909. — Fritsche, Jos.: Die Berechnung des symm. Stockwerkrahmens mit geneigten und lotrechten Ständern mit Hilfe von Differenzengleichungen. Berlin: Julius Springer 1923.

[3] Ehlers: Die Clapeyronsche Gleichung als Grundlage der Rahmenberechnung. Dt. Bauzg. Berlin 1924. Vgl. dazu auch Lorenz: Werft Reederei Hafen 1925. — Lienau: W. R. H. 1929, Heft 14.

in eine Gerade abgewickelt. Es ergibt sich dann ein durchlaufender Träger, dessen Stützmomente nach der Gleichung von Clapeyron bestimmt werden können. Abb. 121 zeigt diesen Träger für den geschlossenen Rahmenverband eines Eindeckers.

Für einen Zweidecker mit einer Stützenreihe in der Mittschiffsebene werden die Deformationen des gewöhnlichen geschlossenen Spantrahmens wie in Abb. 122 dargestellt. Unter der Annahme steifer Rahmenecken und starrer Deckstützen

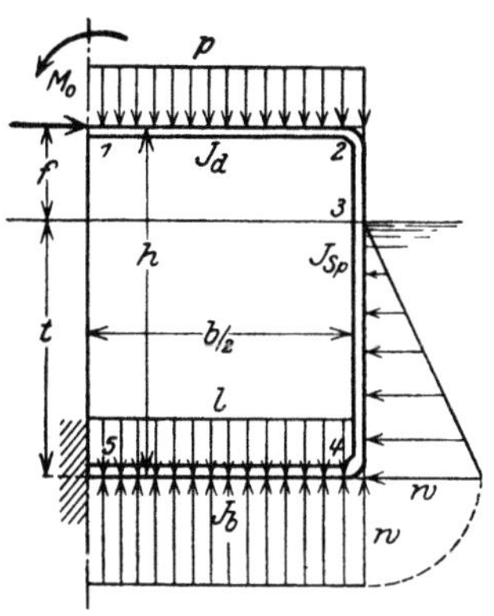

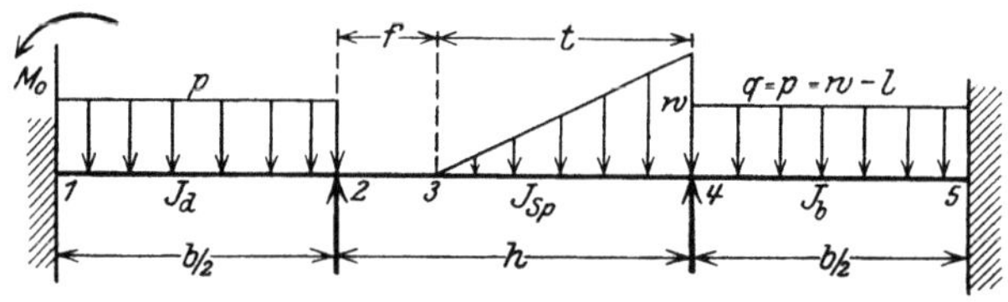

Abb. 121. Rahmen mit starrer Abstützung mittschiffs.

ergeben sich für symmetrische Belastungen folgende Deformationsbedingungen:

a) Winkeldrehung der Tangenten an die elastische Linie:

$$\left.\begin{array}{llll} 1. & \beta_1 = \beta_2\,, & 2. & \beta_3 = \beta_5\,, \\ 3. & \beta_4 = \beta_5\,, & 4. & \beta_6 = \beta_7 \end{array}\right\} \text{steife Ecken.}$$

b) Durchbiegungen senkrecht zur neutralen Achse der Verbände:

$$\left.\begin{array}{ll} 1. & \int\limits_1^4 \Delta y\, ds = 0\,, \\ 2. & \int\limits_4^6 \Delta y \cdot ds = 0 \end{array}\right\} \text{starre Stützung.}$$

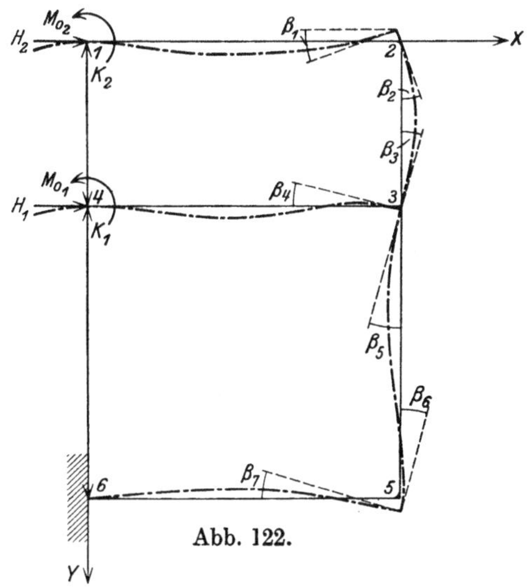

Abb. 122.

Die Verschiebungen der Querschnitte in Richtung der neutralen Achsen können den Durchbiegungen gegenüber vernachlässigt werden.

Werden die β- und Δy-Werte durch die Momente ausgedrückt, so liefern die vorstehenden Bedingungen die notwendigen Bestimmungsgleichungen (Elastizitätsgleichungen) zur Ermittelung der statisch Unbestimmten. Für den Stockwerkrahmen ohne Stützen hat Schilling[1] auf Grund der von Fritsche angegebenen Methode der Tangentenwinkel unter der Annahme steifer Rahmenecken die allgemeinen Elastizitätsgleichungen aufgestellt.

Außer durch Deckstützen erfolgt die Absteifung des Spantrahmens im Bereich der Bodenwrangen durch Mittelkiel und Längsträger, im Bereich der Spanten durch Seitenstringer und im Bereich der Decks durch Unterzüge. Diese Längsverbände sind auf ihren freitragenden Längen zwischen den Schotten bzw. Deckstützen nachgiebig und die an ihren Kreuzungsstellen mit den Spantrahmen auftretenden statisch unbestimmten Stützkräfte können auf Grund der Bedingung gleicher Durchbiegungen ermittelt werden. Wie Schilling[1] gezeigt hat, werden die Elastizitätsgleichungen hierbei sehr verwickelt und die mathematisch strenge Lösung schwierig, wenn nicht unmöglich. Für den vom

[1] Schilling: Statik der Bodenkonstruktionen der Schiffe, S. 12 u. f. Vgl. auch Wolter: Zur Statik des Querverbandes der Schiffe. Schiffbau 27. Jg., S. 233.

Bodenverband zwischen Schotten gebildeten sogenannten „Trägerrost“ hat Schilling unter gewissen, die Entwicklung vereinfachenden Annahmen die allgemeinen rechnerischen Grundlagen abgeleitet.

Bei der kritischen Stellungnahme zu den Rechnungsgrundlagen für den Querverband ist weiter zu berücksichtigen, daß außer den Abstützungen auch die Eckverbindungen nicht, wie in der Rechnung angesetzt, steif sind sondern nachgiebig, so daß die ursprünglich rechten Winkel zwischen Deckbalken und Spanten sowie in der Kimm bei der Deformation nicht gewahrt bleiben. Die Größe dieser Winkelverdrehung hängt vor allem von der Nietbeanspruchung in den Knieblechen ab entsprechend der Gleichung $\gamma = \frac{\tau}{G}$.

Bei Berücksichtigung dieser Nachgiebigkeit der Rahmenecken fallen für den vorher behandelten Rahmen die Gleichungen für die Tangentenwinkel fort bis auf die Kontinuitätsbedingung $\beta_3 = \beta_5$. Um die erforderlichen sechs Bestimmungsgleichungen zu erhalten, sind dann aus der Symmetrie der Belastungen folgende Bedingungen zu benutzen:

$$2.\ \int_1^6 \beta\, ds = 0; \qquad 3.\ \int_1^4 \Delta x \cdot ds = 0; \qquad 4.\ \int_4^6 \Delta x\, ds = 0\,.$$

Außerdem bleiben die vorherigen Gleichungen

$$5.\ \int_1^4 \Delta y\, ds = 0 \qquad \text{und} \qquad 6.\ \int_4^6 \Delta y\, ds = 0$$

bestehen. An die Stelle der ersten beiden Bedingungen können auch treten

$$1.\ \int_1^4 \beta\, ds = 0 \qquad \text{und} \qquad 2.\ \int_4^6 \beta \cdot ds = 0\,.$$

Bei der graphischen Ermittelung der statisch Unbestimmten ist ebenfalls auszugehen von den allgemeinen Deformationsgleichungen:

$$\beta = \int \frac{M}{EJ}\, ds; \quad \Delta y = \int \beta \cdot dx \quad \text{und} \quad \Delta x = \int \beta \cdot dy\,.$$

Da nun aber die β-Werte Funktionen der statisch Unbestimmten sind, diese aber unbekannt sind, muß für sie gesetzt werden:

$$M_0 = \alpha \cdot M_0'; \quad H = \beta \cdot H'; \quad K = \gamma \cdot K' \quad \text{usw.},$$

wo M_0', H', K' usw. Hilfsgrößen sind, für welche beliebige runde Zahlenwerte anzunehmen sind. Alsdann können die — zunächst falschen — Momentenkurven gezeichnet werden, die statische Unbestimmtheit geht über in die Koeffizienten α, β, γ . . ., deren Größen aus der graphischen Rechnung ermittelt werden müssen mit Hilfe der jeweiligen Deformationsbedingungen. Dabei handelt es sich immer um Integrationen der Momentenkurven, wobei der Momentenverlauf in eine Anzahl Momenten zerlegt werden muß entsprechend der Gleichung

$$M_C = M + M_\alpha + M_\beta + M_\gamma + \cdots,$$

wobei M das Moment aus der gegebenen Belastung und M_α, M_β usw. die Momente aus den statisch Unbestimmten sind. Die Integrale dieser Momentenkurven liefern die Deformationsgrößen, die bis auf die Faktoren α, β . . . richtig sind. Die Deformationsbedingungen geben dann die für Bestimmung der α-, β- usw. Werte notwendigen Gleichungen. Da die Integration der Momentenkurve immer numerisch oder mittels Planmeter möglich ist, können die verschiedenen Trägheitsmomente der einzelnen Rahmenteile ohne besondere Schwierigkeiten durch $\frac{M}{J}$-Kurven berücksichtigt werden (vgl. Beispiel S. 92).

An Stelle der Deformationsbedingungen können zur Bestimmung der statisch Unbestimmten auch die Arbeitsgleichungen aus den inneren und äußeren Kräften verwendet werden. Hierbei verwendet man bisher ausschließlich den Satz von Castigliano vom

Minimum der Formänderungsarbeit. Nach diesem Satz wurden die ersten Rahmenberechnungen von Read und Jenkins[1] entwickelt. Bruhn[2] hat dann die Brauchbarkeit der Methode an zahlreichen Beispielen gezeigt. Wird eine beliebige statische Unbestimmte mit U_n bezeichnet, so liefert das Prinzip von Castigliano für starre Einspannungen und starre Abstützungen die Bestimmungsgleichung:

$$\frac{\partial A_i}{\partial U_n} = \frac{1}{E}\int \frac{M}{J} \cdot \frac{\partial M}{\partial U_n} ds + \frac{1}{E}\int \frac{N}{F} \frac{\partial N}{\partial U_n} ds + \frac{1}{G}\int \mu \cdot \frac{Q}{F} \frac{\partial Q}{\partial U_n} ds = 0 .$$

Hierin ist M das Biegungsmoment, N die Normalkraft und Q die Querkraft in den Stabquerschnitten. Der Faktor μ bezieht sich auf die ungleichmäßige Verteilung der Querkraft über den Querschnitt F. Die Integration hat sich über den mit den einzelnen Decks als oberen Riegel geschlossenen Spantrahmen bzw. dessen symmetrische Hälfte zu erstrecken. In den meisten Fällen ist die Integration nur numerisch durchführbar. Zweckmäßige Schemata sind von Bruhn angegeben. Gewöhnlich kann mit hinreichender Annäherung der Einfluß der Normal- und Querkräfte den Momenten gegenüber vernachlässigt werden.

In neueren Arbeiten wird zunehmend versucht, die Integration der Elastizitätsgleichungen aus den Formänderungsbetrachtungen rein analytisch aufzulösen. Dahlmann[3] hat für Eindeck- und Zweideckschiffe mit einer und zwei Stützenreihen gebrauchsfertige Gleichungen zur Bestimmung der Unbestimmten entwickelt und Schilling[4] und Wolter[5] haben die Elastizitätsgleichungen für Stockwerkrahmen behandelt. Für die Auflösung dieser Gleichungen, die ebenso kompliziert wie die aus den Deformationsbedingungen werden können und bei höherer statischer Unbestimmtheit des Rahmenverbandes nur mittels Determinanten zu behandeln sind, geben die genannten Verfasser nur allgemeine Richtlinien an.

Um die Konstruktionsrechnung nach dem Prinzip von Castigliano zu vereinfachen, hat Dahlmann[6] für die Berechnung der Lukenendbalken vorgeschlagen, an Stelle des geschlossenen Rahmenverbandes in Annäherung den von Deckbalken und Spanten gebildeten Portalrahmen zu behandeln. Da die Bodenwrange im Verhältnis zum Spant als starr betrachtet werden kann, ergeben sich hierbei konstruktiv brauchbare Werte.

Ein zeichnerisch rechnerisches Verfahren zur Bestimmung der Querbeanspruchungen hat Stieghorst[7] angegeben. Dabei werden die Unbestimmten nach der in der Statik üblichen Methode von S. Müller getrennt, so daß in jeder Elastizitätsgleichung immer nur eine Unbekannte auftritt. Die Unabhängigkeit der statisch Unbestimmten von einander ermöglicht dann die Anwendung von Einflußlinien wie von Dressler[8] vorgeschlagen.

Bei vorstehenden Rechnungsansätzen war angenommen, daß die einzelnen Spantrahmen durch benachbarte Querverbände, insbesonders durch Schotten nicht beeinflußt werden. Diese Annahme bringt in die Rechnung eine Ungenauigkeit, die bei den offenen Spantrahmen neben den Decksöffnungen um so größer wird, als diese Öffnungen länger werden. Vor allem gilt dies für die meist über große Laderaumlängen offenen Flußkähne. Bei ihnen wird die obere horizontale Lagerung der Spantrahmen durch den Laufgang neben den Lukenlängssüllen bewirkt. Der diesen Laufgang bildende schmale Deckstreifen ist über den Querschotten als mehr oder weniger eingespannt und fest gelagert zu betrachten. Auf Grund einer vollkommen starren Einspannung und Lagerung ist der einzelne offene Spantrahmen solcher Flußkähne von Freisem[9] behandelt worden. Der von dem Deckstreifen gebildete Längsträger ist nun aber im Bereich

[1] Trans. J. N. A. 1882. [2] Trans. J. N. A. 1901 und 1904.
[3] Siehe „Festigkeit der Schiffe", Abschnitt Querverband.
[4] Schilling: Statik der Bodenkonstruktion der Schiffe.
[5] Zur Statik des Querverbandes der Schiffe. Schiffbau 27. Jg. 1926.
[6] Vgl. Werft Reederei Hafen 1927, S. 407. [7] Schiffbau 7. Jg.
[8] Schiffbau 12. Jg. 1910/11, S. 731. [9] Werft Reederei Hafen 1926, S. 194.

der Laderäume freitragend und infolge seiner Elastizität ist seine abstützende Wirkung auf die einzelnen Spantrahmen verschieden, nach den Mitten der Laderäume zunehmend. Unter der Annahme freier Auflage an den Schotten hat Pohl[1] die Nachgiebigkeit dieses Längsträgers behandelt und auf Grund der Bedingung gleicher Durchbiegungen zwischen Träger und Spantkopf die allgemeinen Gleichungen für die horizontalen Stützkräfte entwickelt. In gleicher Weise ergeben sich für die einzelnen Spanten die entsprechenden vertikalen Stützkräfte. Diese sind aber von geringem Einfluß auf die Biegungsmomente in den Spantrahmen, da das Trägheitsmoment der vertikalen Außenhaut, welche diese Stützkräfte ausübt, verhältnismäßig so groß ist, daß es mit hinreichender Annäherung als unendlich groß angenommen werden kann.

Neben den Abstützungen der Spantrahmen durch Decks und Deckstützen bzw. Längsschotte kommen Abstützungen durch Längsträger in Betracht, und zwar im Doppelboden durch Kiel, Seitenlängsträger und Randplatte und im Bereich der Spanten durch Seitenträger. Die Wirkung der Seitenlängsträger als Ganzes ist gering wegen der interkostalen Bauart und wegen ihrer im Vergleich zu den Bodenwrangen meist erheblich größeren freitragenden Längen von Schott zu Schott, ihr Festigkeitswert besteht in der örtlichen Absteifung der Boden- und Tankdeckplatten zwischen den Bodenwrangen. Das gleiche gilt für die Seitenstringer, die außerdem die Knickfestigkeit der Spanten erhöhen und die Außenhaut gegen örtliche dynamische Belastungen absteifen. Die Frage, ob es zweckmäßig ist, diese Stringer fortzulassen und dafür die dann von den Klassifikationsgesellschaften vorgeschriebene Verstärkung der Außenhaut in Kauf zu nehmen, kann vor allem für den Stringer im Bereich der Tiefladelinie nur aus der Erfahrung heraus beantwortet werden. Jedenfalls ist vom Festigkeitsstandpunkt betrachtet der Seitenstringer — namentlich bei hohen dünnstegigen Spantprofilen — wirksamer als der Seitenlängsträger im Doppelboden. Die Abstützung der Spantenrahmen durch die Kielkonstruktion ist außer von deren freitragenden Länge zwischen den Schotten von der Stützenanordnung und der Länge der Decksöffnungen abhängig. Eine vollkommen starre Abstützung der Bodenwrangen durch den Kiel, wie sie bei den üblichen Querfestigkeitsrechnungen angenommen wird, ist nur bei durchgehenden Mittellängsschnitten bzw. einer Stützenreihe mittschiffs möglich. Solche durchlaufenden Längsverbände mittschiffs sind jedoch bei den gewöhnlichen Frachtschiffen wegen der Ladeluken nicht möglich. Im strengen Rechnungsansatz sind daher an den Kreuzungsstellen Kiel—Bodenwrangen statisch unbestimmte Stützkräfte anzubringen, die in der Schiffslänge von Spant zu Spant verschieden sind. Ihre rechnerische Bestimmung ist theoretisch möglich aus der Bedingung gleicher Einsenkung der sich kreuzenden Verbände an der Kreuzungsstelle. Praktisch stößt die Auflösung der dadurch gegebenen Elastizitätsgleichungen auf rechnerische Schwierigkeiten, die vielleicht durch zweckmäßige Rechnungsmethoden überwunden werden können.

Die vorstehend behandelten Fragen der Querfestigkeit bezogen sich auf statische Belastungen. Im Gegensatz zum Längsverband sind nun aber für den Querverband die dynamischen Belastungen von ausschlaggebender Bedeutung. Die beim Schlingern auftretenden Winkelbeschleunigungen und -verzögerungen sind gegeben durch die Beziehung

$$\varepsilon = \frac{4\pi^2 \cdot \sin\varphi}{T^2}.$$

Die Schlingerzeit T hängt nach Gleichung $T = 2\pi\sqrt{\frac{\Theta \cdot \sin\varphi}{D \cdot GH}}$ vom Massenträgheitsmoment und vom Stabilitätsmoment ab.

Mit ε sind die Massenkräfte der Spantrahmen gegeben. An beliebiger Stelle des Rahmens mit der Masse Δm und dem Abstand r vom Drehmittelpunkt wird die Massenkraft

$$\Delta K = r \cdot \varepsilon \cdot \Delta m.$$

[1] Schiffbau 12. Jg. 1910/11, S. 551.

Die von diesen Kräften hervorgerufene Belastung der einzelnen Spantrahmen bewirkt eine Winkeldeformation des zwischen zwei Schotten elastischen Spantsystems. Außer der Belastung der Spantrahmen durch diese Massenkräfte ist der Wasserdruck einschließlich Seeschlag als dynamische Belastung zu berücksichtigen, sowie der Ladungsdruck — z. B. von Getreide oder Kohlen —, der seinen Größtwert bei der Bewegungsumkehr, also im Augenblick der maximalen Massenkräfte hat.

Die strenge Behandlung des hiermit gegebenen räumlichen Festigkeitsproblems stößt auf große, wenn nicht unüberwindliche Schwierigkeiten und dürfte in hinreichender Annäherung nur graphisch durchführbar sein.

Bemerkenswert ist, daß die beiden obigen Gleichungen bei Elimination von T zeigen, daß ε linear von der metazentrischen Höhe abhängt, denn es folgt

$$\varepsilon = \frac{2D \cdot MG}{\Theta} \cdot \sin\varphi\,.$$

Die Gleichung besagt, daß die Querfestigkeit eines Schiffes im Seegang entscheidend von seinen Stabilitätsverhältnissen abhängt. Ein rankes Schiff von hinreichendem Stabilitätsumfang ist somit auch vom Festigkeitsstandpunkt das im Seegang sicherste. Damit erklärt sich auch die durchweg hohe Beanspruchung der Erzschiffe.

Infolge der Stampfbewegung, die im Seegang infolge des meist schrägen Wellenangriffes zu der Schlingerbewegung tritt, erhält der Schiffskörper weiter dynamische Verdrehungsbeanspruchung, die im Querverband Schub- und Normalspannungen hervorrufen.

Die Torsionsfestigkeit des Querverbandes umfaßt drei Probleme, die Bestimmung des Torsionsmomentes, der von diesem hervorgerufenen Spannungen und Deformationen, sowie der Periode der Torsionsschwingungen. Die Ermittelung der statischen und dynamischen Verdrehungsmomente ist genau nur graphisch möglich[1].

Für Vergleichszwecke kann nach Dahlmann[1] für ähnliche Schiffe gesetzt werden:

statisches Verdrehungsmoment: $M_{St} = \frac{D \cdot B}{c_1}$,

dynamisches ,, : $M_{D_v} = \frac{D \cdot (B + H)}{c_2}$.

D bedeutet das Deplacement des Schiffes und nach von Dahlmann und Vedeler durchgerechneten Beispielen werden die Koeffizienten für mittelgroße Frachtschiffe etwa $c_1 = 140$ und $c_2 = 650$.

Das Problematische der vorstehenden Formeln liegt in erster Linie in dem Ansatz für den Seeschlag, der nur empirisch aus Erfahrungsdaten möglich ist. Diesbezügliches systematisches Beobachtungsmaterial liegt noch nicht vor.

Weit schwieriger als die Ermittelung der Momente ist die Bestimmung der von diesen in der Außenhaut und in den Querverbänden hervorgerufenen Spannungen. Der Grund hierfür ist zunächst unsere Unkenntnis des Drillingswiderstandes[2] J_d des Schiffskörpers, der nach Gleichung

$$\psi = \frac{M_d}{J_d \cdot G} \cdot l$$

den Verdrehungswinkel für die Länge l liefert. J_d ist ein Mittelwert, da die Querschnitte nicht konstant sind.

Bei der Verschiedenartigkeit der Schiffskörper hinsichtlich Schotteneinteilung und Decksöffnungen ist ein allgemein gültiger Ausdruck für J_d analytisch nicht aufzustellen und es bleibt daher nur der experimentelle Weg, Aufschluß über den Drehwiderstand des Schiffskörpers zu erhalten. Dazu muß bei einem gegebenen Verdrehungsmoment M_d der Verdrehungswinkel ψ am Schiffe gemessen werden[3]. Allerdings bleibt dann noch die

[1] Vgl. Vedeler: Vortrag Inst. of Naval Arch. 1924 und Dahlmann: Werft Reederei Hafen 1927, S. 91.
[2] Vgl. Föppl: Drang und Zwang, 2. Aufl., Bd. 2, Abschnitt 6.
[3] Vgl. Dahlmann: Werft Reederei Hafen 1926, S. 295.

Frage nach dem wirksamen Gleitmodul des Gesamtverbandes offen. Sie wirft ähnliche Probleme auf wie der Elastizitätsmodul E für die Längsfestigkeit, jedoch wird der Abfall der Materialkonstanten gegenüber geringer sein als bei der Dehnung, so daß in erster Annäherung mit etwa $G = 750$—$800000\ \mathrm{kg/cm^2}$ gerechnet werden kann.

Gleiche Schwierigkeiten bietet der Schluß von dem Verdrehungswinkel auf den Spannungszustand. Zunächst sind die Schubspannungen über den verdrehten Querschnitt ungleichförmig verteilt und außerdem treten zusätzliche Normalspannungen auf, die z. B. an den Lukenecken konstruktiv maßgebende örtliche Spannungssteigerungen hervorrufen.

Auch in diese verwickelten Spannungszustände ist nur Klarheit zu bringen durch systematische und umfassende Messungen am naturgroßen Schiff, deren Wichtigkeit sich daraus ergibt, daß aller Wahrscheinlichkeit nach die dynamischen Belastungen im Seegang die Höchstbeanspruchungen in den Querverbänden hervorrufen. Vedelers Ansicht, daß die Verdrehungsbeanspruchungen nicht erheblich sind, kann nicht beigetreten werden, zumal seine theoretischen Ableitungen nicht überzeugend sind.

Der Einfluß der Torsionsschwingungen des ganzen Schiffskörpers auf den Spannungszustand im Querverband ist abhängig von der Möglichkeit der Resonanz zwischen dem Impulsmoment aus der Wellenbewegung und der Eigenschwingungszahl des Schiffskörpers. Für gewöhnliche Handelsschiffe ist eine solche Resonanzgefahr nicht vorhanden. Das Schiff als Stab betrachtet hat eine Eigenschwingung entsprechend der Gleichung[1]

$$i_m \cdot \frac{\partial^2 \alpha}{\partial t^2} = G \frac{\partial \left(i_p \frac{\partial \alpha}{\partial x} \right)}{\partial x} .$$

Unter vereinfachenden Annahmen liefert diese Gleichung für das Schiff als Zeit einer Torsionsschwingung

$$T = 2 \sqrt{\frac{\Theta_m \cdot L_r}{G \cdot J_p}} .$$

Hierin bedeutet L_r eine reduzierte Länge, Θ_m ist das Massenträgheitsmoment des Schiffes (einschl. Ladung) und J_p das polare Trägheitsmoment des tragenden Hauptspantquerschnittes. Die Gleichung liefert Bruchteile von Sekunden, während das eingeprägte Torsionsmoment mit einer Periode von mehreren Sekunden schwankt. Trotz der Ungenauigkeit der L_r- und J_p-Werte ist die Gleichung somit für die Entscheidung der Resonanzfrage brauchbar. Wird T mittels eines Vibrographen bestimmt, so kann die Gleichung gesetzt werden

$$T = c \cdot \sqrt{\frac{\Theta_m \cdot L}{G \cdot J_d}} ,$$

woraus für J_d folgt

$$J_d = c^2 \cdot \sqrt{\frac{\Theta_m \cdot L}{G \cdot T^2}} .$$

Über die Konstante c können nur systematische Versuche sowohl an ein und demselben Schiff bei verschiedenen Belastungszuständen als auch an den verschiedenen Schiffstypen Aufschluß geben.

d) Raumverband. Infolge ihrer organischen Verbindung miteinander bilden die Längs- und Querverbände in gegenseitigem Zusammenwirken einen Raumverband, der als Ganzes statisch und dynamisch auf Biegung, Schub, Druck und Verdrehung beansprucht wird. Über den damit gegebenen Spannungszustand lagern sich örtliche Spannungen aus Seeschlag, Eigen- und Ladungsgewichten, Massenkräften usw., so daß für die Sicherheit des Gesamtverbandes ein resultierender Spannungszustand als Maß der Materialanstrengung maßgebend ist. Oberste Aufgabe der Konstruktion ist demnach die Ausbildung dieses Raumverbandes zu einem Träger, in welchem das Material möglichst

[1] Vgl. Dahlmann: Werft Reederei Hafen 1927, S. 231.

gleichmäßig ausgenutzt wird und beim ungünstigsten Kräfteangriff an keiner Stelle eine bestimmte zulässige Materialanstrengung überschritten wird. Die Verwirklichung dieser Forderung gehört zu den schwierigsten Problemen des gesamten Eisenbaues. Schon die zahlenmäßige Bestimmung der verschiedenen Belastungen stößt auf erhebliche Schwierigkeiten, die nur experimentell und erfahrungsgemäß überwunden werden können, und die rechnerische Bestimmung der vielen statisch Unbestimmten dieses Raumverbandes in strenger Genauigkeit muß als überhaupt nicht möglich bezeichnet werden.

Der konstruktive Aufbau des Schiffskörpers als Traggerüst kann daher vorerst nur weiter wie bisher nach allgemeinen, teilweise nur gefühlsmäßig zu begründenden Gesichtspunkten der Festigkeitslehre erfolgen. Daneben ist zu versuchen, die theoretischen Rechnungsgrundlagen auf immer größere Genauigkeit und Allgemeingültigkeit zu bringen.

Die für den Raumverband in Frage kommenden allgemeinen festigkeitstheoretischen Gesichtspunkte beziehen sich vor allem auf die Erreichung eines möglichst homogenen Gesamtverbandes. Als Vorbild ist das Traggerüst der Luftschiffe zu bezeichnen, allerdings ein unerreichbares Vorbild, da schon die Symmetrie der Schiffsquerschnitte auch bezüglich der horizontalen Schwerpunktsebene nicht zu erreichen ist. Die Unstetigkeiten im Spannungsfluß, die der Verwirklichung dieser Forderung in erster Linie entgegenstehen, rühren her:

1. von den Unterbrechungen der oberen Gurtung durch Decksöffnungen,
2. von den scharfen Ecken zwischen Deck und Außenhaut und
3. von der Materialanhäufung im Doppelboden.

Zu 1. Der Einfluß der Decksöffnungen auf die Festigkeit des Gesamtverbandes besteht vor allem in einer Schwächung des Querverbandes und seiner Verdrehungsfestigkeit. Als Ausgleich für den unterbrochenen Querverband kommen Verstärkungen der ganzen Spantrahmen an den Enden der Öffnungen in Betracht, sowie zweckmäßige Ausbildung des Systems: Lukenendbalken — Unterzug (vgl. Abb. 123), wodurch die in den Decksöffnungen fehlende Diagonale ersetzt wird. Dabei sind besonders die im Seegang in den Lukenecken auftretenden maximalen dynamischen Verdrehungsbeanspruchungen zu berücksichtigen. Die Größe und Verteilung der Verdrehungsbeanspruchungen über den Lukenendrahmen ist noch ungeklärt, außer den Schubspannungen treten Normalspannungen auf mit Größtwerten in den Lukenecken und an der Ecke Seite Deck. Konstruktiv wird die gefährliche Unstetigkeit des Spannungsflusses im Bereich der Lukenecke bekämpft durch Abrundung der Lukenecken, Dopplung der Deckbeplattung und Gurtung der Kreuzungsstelle: Lukenendbalken — Unterzug mittels Diamantplatte. Letztere Maßnahme ist besonders notwendig, wenn im Bereich der Lukenecke keine Deckstütze vorhanden ist und bei großen Luken.

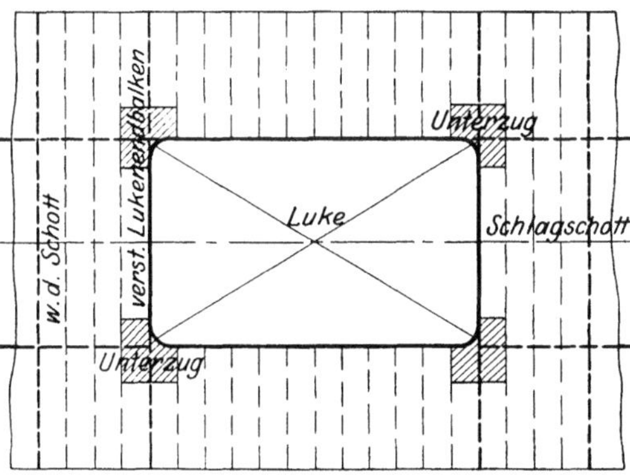

Abb. 123.

Von wesentlicher Bedeutung für die Erreichung gleichmäßiger Quer-, Längs- und Torsionsfestigkeit in der oberen Gurtung ist weiter erforderlich, daß

1. alle Decksöffnungen gleich breit sind — wenigsten in dem obersten Gurtungsdeck und
2. die Decksöffnungen in Mitte der über die Schiffslänge möglichst gleichmäßig verteilten Querschotten angeordnet werden.

Diese Forderungen klingen selbstverständlich, werden jedoch bei vielen Konstruktionen nicht hinreichend berücksichtigt. Das hat seinen Grund meist darin, daß beim ersten Entwurf des Schiffes Fragen der Raumeinteilung und der Einrichtungen im Vordergrund stehen. Grundsätzlich sollte zuerst das Hauptgerüst des Längs- und Querverbandes nach ausschließlich konstruktiven Gesichtspunkten entwickelt werden. In den meisten Fällen wird es dann auch gelingen, die Forderungen bezüglich der Einrichtungen zu erfüllen.

Zu 2. Die von Stringerplatte, Stringerwinkel und Scheergang gebildete Ecke ist keine vollkommene konstruktive Lösung des Überganges Steg — obere Gurtung des Längsverbandes. Bezüglich der Verdrehungsspannungen bedeutet sie eine Unstetigkeit des Spannungsflusses mit erheblichen örtlichen Spannungssteigerungen, und zwar an einer Stelle, an welcher der Querverband nur durch ein Knieblech aufrecht erhalten wird. Eine Bauweise, bei der diese Nachteile vermieden werden, ist in Abb. 124 angegeben. Sie wird bei Getreide- und Erzschiffen sowie bei Torpedobooten angewendet. Allerdings ist diese Ausführung nur für das obere Gurtungsdeck möglich, dort aber auch wiederum am wirksamsten. Der Vorteil dieser Konstruktion liegt zunächst in der Kontinuität des Spantrahmens an der Stelle der üblichen Balkenknievernietung. Weiter wird die Längsfestigkeit im Bereich Stringer-Scheergang infolge der hohen Knickfestigkeit des gewölbten Scheerganges erhöht, wodurch besonders bei vergrößerten Spantentfernungen und bei Verwendung hochwertigen Materials Gewicht gespart werden kann. Weiter wird die mittragende Breite der Deckbeplattung vergrößert. Als Nachteil ergibt sich nur eine gewisse Verkleinerung der Deckfläche, die aber nur bei Passagierschiffen ins Gewicht fällt und durch Ausbau der fraglichen Ecke behoben werden kann.

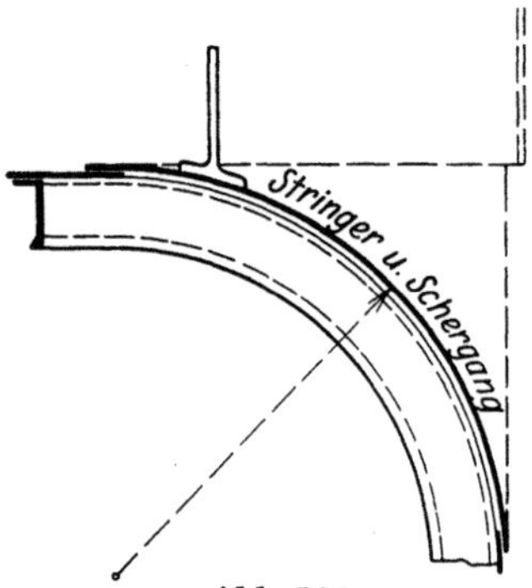

Abb. 124.

Zu 3. Im Vergleich zu den Spantrahmen kann der Doppelboden mit seinem System hoher Längs- und Querverbände als starr betrachtet werden. Infolge dieser Starrheit ergeben sich bei der Deformation des Querverbandes unter dem Einfluß der Roll- und Schlingerbewegungen an den Übergangsstellen der weicheren zu den starreren Teile (Kimm) örtliche Spannungssteigerungen, die um so gefährlicher sind als sie einmal stoßweise zwischen Zug und Druck wechseln und andererseits infolge der durchlaufenden Randplatte von teilweise zugbeanspruchten Nieten aufgenommen werden müssen. Dasselbe gilt von den Übergängen der Längsverbände des Doppelbodens, vor allem im Bereich des Kollisionsschottes und starrer Maschinenfundamente. Vom Festigkeitsstandpunkt aus betrachtet ist daher der Doppelboden als ein ungünstiges Element des Gesamtverbandes zu bezeichnen, zumal er infolgeseiner Materialanhäufung auch die neutrale Faser des Längsverbandes nach unten zieht und damit das Widerstandsmoment in der oberen Gurtung im Verhältnis zu dem der unteren Gurtung niedrig hält. Noch ungünstiger ist ein teilweiser Doppelboden. Diese Nachteile der Bodenkonstruktion müssen grundsätzlich in Kauf genommen werden, wenn der Doppelboden für die Sicherheit des Schiffes unentbehrlich ist. Dies wird bestritten[1], und es ist vorgeschlagen worden, den hinsichtlich Sicherheit zumindest problematischen und hinsichtlich Festigkeit ungünstigen Doppelboden durch eine größere Anzahl Querschotte zu ersetzen. Ob aber alsdann bei Frachtschiffen die Lecksicherheit ohne Gefährdung der Rentabilität erreicht werden kann, ist eine Frage, die noch keineswegs geklärt ist. Vor allem fehlt hierzu hinreichendes statistisches Material darüber, wie weit bei vorgekommenen Bodenhavarien der nach den Bauvorschriften der Klassifikationsgesellschaften erheblich schwächere Innenboden den Außenboden tatsächlich ersetzt hat.

Die festigkeitstheoretischen Grundlagen zur Berechnung der Doppelbodenverbände

[1] Vgl. Stieghorst: Schiffbau 1920/21, S. 1 u. f.

müssen sowohl die Berechnung des Bodens als untere Längsgurtung umfassen als auch Methoden zur Berechnung der einzelnen Doppelbodenfelder zwischen den Querschotten. Von diesen Feldern ist das mit den Maschinenträgern das wichtigste. Methoden zur rechnerischen Behandlung solcher „Trägerroste" hat Schilling entwickelt[1].

Läßt sich nach solchen Gesichtspunkten, von denen vorstehend nur einige charakteristische hervorgehoben worden sind, im Verein mit Erfahrungen der Praxis der Wirkungsgrad mancher Konstruktionselemente des Schiffskörpers vor allem vergleichsweise beurteilen, so reichen sie jedoch zu einer strengen quantitativen Behandlung der grundlegenden Frage, welches Konstruktionssystem des Gesamtverbandes — Längs- Querspanten, kombinierte Bauart, Diagonalen — die günstigste Lösung liefert, nicht aus. Es ist jedoch zu hoffen, daß die neuere Entwicklung der Festigkeitslehre und der Meßtechnik Erkenntnisse zeitigen wird, welche den konstruktiven Wirkungsgrad des Gesamtverbandes und seiner einzelnen Elemente schrittweise verbessern wird. Wie besonders von Dahlmann[2] betont, liegt somit das Konstruktionsproblem des praktischen Schiffbaues vor allem in folgenden Aufgaben:

1. Aufstellung von Rechnungsansätzen für die einzelnen Verbände mit Beiwerten, die durch Versuche bestimmt und weiter nachgeprüft werden.
2. Systematische Messungen am Schiff zwecks Klarstellung der tatsächlichen Belastungs- und Festigkeitsverhältnisse.
3. Analyse der Versuchsergebnisse zwecks Gewinnung von quantitativen Entwurfs- und Konstruktionsgrundlagen.

---

[1] Schilling: Statik der Bodenkonstruktion der Schiffe. Berlin 1925.
[2] Vgl. W. R. H. 1928 ab Seite 300.

III. Stahl und Eisen als Werkstoffe und Bauelemente.

1. Werkstoffe.

a) Herstellung und Eigenschaften von Schmiede- und Walzstahl und Eisen.

Eisen (Fe) ist ein Element, d. h. ein Stoff, der durch keinerlei chemische Mittel in andere Stoffe zerlegt werden kann. Das Eisen der Technik ist kein Element. Es ist ein zusammengesetzter Stoff, bei dem Fe allerdings weitaus überwiegt, dessen Eigenschaften aber durch die, wenn auch geringen, Beimengungen anderer Elemente wie Kohlenstoff, Silizium, Mangan, Schwefel, Phosphor usw. wesentlich beeinflußt werden. Die Hauptrolle spielt der Kohlenstoff. Ist er in einer Menge von mehreren Hundertteilen vorhanden, so hat man es mit Roheisen oder Gußeisen zu tun, mit einem auf flüssigem Wege gewonnenen, verhältnismäßig spröden Material, das bei hoher Erhitzung unmittelbar aus dem festen wieder in den flüssigen Zustand übergeht. Roheisen und Gußeisen enthalten auch größere Mengen, in der Regel einige Hundertteile, Silizium und Mangan. Eisen mit niedrigem Kohlenstoffgehalt geht bei der Erhitzung nicht unmittelbar vom festen in den flüssigen Zustand über, sondern durchläuft einen Zustand, in dem es weich und plastisch und infolgedessen schmiedbar ist. Die Grenze für die Schmiedbarkeit wird in der Regel bei einem Kohlenstoffgehalt von etwa 1,6% angenommen.

Schmiedbares Eisen kannte man schon im Altertum. Es wurde durch Niederschmelzen von Eisenerz mit Holzkohle in sogenannten Rennfeuern oder Stücköfen gewonnen. Dabei nahm das Eisen aus dem Brennstoff mehr oder weniger Kohlenstoff auf. Bei geringer Kohlenstoffaufnahme ergab sich ein weiches, bei größerer ein härteres Erzeugnis, das man späterhin mit dem Namen Stahl belegte. Als die Stücköfen sich allmählich zu Hochöfen auswuchsen, gewann man in diesen, bei der durch Gebläsewind erzeugten hohen Temperatur, das Eisen in flüssigem Zustand als Roheisen, das einerseits als Gußeisen in Formen vergossen, andernteils durch Frischen, d. h. durch Entziehen von Kohlenstoff durch Verbrennen mit Luftsauerstoff, in schmiedbares Eisen verwandelt wurde. Die Frischfeuer, in denen das Roheisen mit Holzkohle niedergeschmolzen und durch den Gebläsewind entkohlt wurde, wichen später dem Puddelofen, einem Flammofen, auf dessen Herd das Frischen durch den überschüssigen Sauerstoff der Flammengase erfolgt, während die geschmolzene Eisenmasse ständig umgerührt wird. Dabei geht sie in teigigen Zustand über, wird zu Klumpen geballt, die, aus dem Ofen genommen, unter einem Hammer ausgeschmiedet werden. Die so erhaltenen Luppen bilden das Rohmaterial, aus dem durch Walzen, Paketieren, Schweißen und nochmaliges Verarbeiten Stabeisen, Bleche usw. entstehen. Soweit heute noch Schweißeisen und Schweißstahl erzeugt wird, geschieht es fast ausschließlich im Puddelofen.

Es war bisher üblich, das schmiedbare Eisen in zwei Hauptarten einzuteilen, in Eisen kurzweg und in Stahl. Unter Eisen (Schweißeisen, Flußeisen) verstand man solches mit geringem Kohlenstoffgehalt, das besonders weich und biegsam und nicht härtbar ist und eine niedrige Bruchfestigkeit hat. Als Stahl bezeichnete man ein Material mit höherem Kohlenstoffgehalt, das härter, elastischer, höhere Bruchfestigkeit besitzt und härtbar ist. Es ist aber außerordentlich schwer, ja praktisch unmöglich, die Grenze zwischen Eisen und Stahl festzulegen. Der Kohlenstoffgehalt allein kann nicht maßgebend sein, weil außer Kohlenstoff noch andere Bestandteile die Eigenschaften des Werkstoffes in endlosen Variationen beeinflussen. Ebenso ist die Härtbarkeit von einer Reihe von Faktoren abhängig. Außerdem ist der Begriff Härtbarkeit schwer festzulegen, da zwischen unzweifelhafter Nichthärtbarkeit und unzweifelhafter Härtbarkeit viele Zwischenstufen liegen. Auch weichstes Eisen ist insofern schon härtbar, als seine Festigkeit durch Abschrecken von hoher Temperatur in Wasser merklich erhöht wird. Von diesem bis zum Werkzeugstahl mit hohem Kohlenstoffgehalt, der beim Abschrecken Glashärte annimmt, gibt es unzählige Übergänge. Man suchte nun der Schwierigkeiten Herr zu werden, indem man die Zerreißfestigkeit des Werkstoffes als Unterscheidungsmerkmal einführte. Diese läßt sich ja durch exakten Versuch zahlenmäßig feststellen. Man sagte, Werkstoffe mit Festigkeiten bis 50 kg/mm² sind Eisen, solche mit höherer Festigkeit Stahl. Aber auch diese Einteilung ist nicht stichhaltig, weil die Festigkeitseigenschaften in hohem Maße von dem Grad der Verarbeitung des Materials und der Wärmebehandlung abhängen. Es lassen sich aus ein und demselben Block Stäbe herstellen, die in den Zerreißzahlen weit auseinandergehen. Nach der einen Zahl hätte man es mit Eisen, nach der anderen vielleicht mit einem ziemlich harten Stahl zu tun, während es in Wirklichkeit doch nur ein und derselbe Stoff ist. Es erhellt, daß sich in einer dem praktischen Gebrauch angepaßten Werkstoffkunde ein Trennungsstrich zwischen Eisen und Stahl nicht ziehen läßt. Diese Erkenntnis hat den Normenausschuß der deutschen Industrie dazu geführt, beide Werkstoffe unter dem Namen „Stahl" zusammenzufassen, was auch der Benennung in andern Ländern, die unser bisheriges Flußeisen als mild steel, soft steel, oder acier doux bezeichnen, entspricht.

Man unterscheidet Schweißstahl und Flußstahl. Schweißstahl ist der in teigiger Form im Puddelofen gewonnene Stahl, aus dem Schmiede- und Walzblöcke durch Zusammenschweißen von zu Paketen vereinigten Einzelstäben hergestellt werden. Flußstahl wird auf flüssigem Wege gewonnen und in Formen aus Gußeisen, Stahlguß oder feuerfestem Material zu Blöcken, Brammen oder Formstücken vergossen. Bei Blöcken und Brammen erfolgt dann die Formgebung durch Schmieden, Walzen und Ziehen. Der Schweißstahl ist im Laufe der Zeit mehr und mehr durch den Flußstahl verdrängt worden. Für Sonderzwecke, wo beste Schweißbarkeit verlangt wird, z. B. in der Kettenherstellung, hat er sich noch ein Absatzgebiet erhalten. Indessen läßt sich auch weicher Flußstahl bei guter Übung und passender Einrichtung sehr gut schweißen.

Das älteste Verfahren Stahl zu „schmelzen", d. h. Stahl auf flüssigem Wege herzustellen, ist das Tiegelschmelzverfahren. Man nannte den Tiegelstahl daher auch Gußstahl. Hinsichtlich Güte ist er auch heute von keiner anderen Stahlart erreicht und wird mit Vorliebe noch verwendet, wo die Kosten eines Konstruktionsteils oder Werkzeugs zurücktreten gegenüber der Forderung größtmöglicher Sicherheit und Zuverlässigkeit.

Beim Tiegelschmelzverfahren wird ein besonders dafür vorbereiteter, durch chemische Analyse geprüfter Einsatz in geschlossenem Gefäß (Tiegel) aus feuerfester Masse (Ton, Graphit) geschmolzen. Früher einzelne oder nur wenige Tiegel in kleinen Koksöfen, heute wohl fast ausschließlich in mit Gas beheizten Regenerativöfen, die bis über 100 Tiegel fassen. Die Tiegel werden, wenn der Inhalt geschmolzen und gegart ist, einzeln aus dem Ofen genommen und in kleinerer oder größerer Zahl zu einem Gußblocke vereinigt. Für Stahlblöcke, aus denen ungewöhnlich große Schmiedestücke herzustellen waren, wurden schon bis gegen zweitausend Tiegel von je annähernd 50 kg Inhalt verwendet.

Etwa Mitte des vorigen Jahrhunderts machte Bessemer die epochemachende Erfindung, flüssiges Roheisen durch Einblasen von Luft in Stahl umzuwandeln. Das Roheisen wird in einem Kupolofen geschmolzen, oder auch unmittelbar vom Hochofen in die Birne, auch Konverter genannt, überführt. Hier wird durch Löcher im Boden Preßluft eingeblasen, deren Sauerstoff den Kohlenstoff des Bades und auch andere Elemente wie Silizium und Mangan verbrennt. Wenn die Entkohlung den gewünschten Grad erreicht hat, wird die Birne gekippt und der Stahl in Formen gegossen. Der Vorgang spielt sich außerordentlich rasch ab. In einer Stunde können mehrere Schmelzungen von je 10 t und mehr gemacht werden, so daß mit dieser Erfindung die Massenerzeugung von Stahl einsetzte, dessen Gestehungskosten naturgemäß viel niedriger waren als die des Tiegelstahls. Hinsichtlich Güte konnte der Bessemerstahl allerdings den Tiegelstahl nicht ersetzen, denn er besaß nicht dieselbe Gleichmäßigkeit und Reinheit. Störend war besonders ein hoher Phosphorgehalt, der auftrat, wenn nicht von vornherein ein phosphorarmes Roheisen verwendet wurde, das seinerseits phosphorarme Erze voraussetzte, die nur in beschränktem Maße zur Verfügung standen. Immerhin fand Bessemerstahl ein weites Verwendungsgebiet und ermöglichte insbesondere die Massenerzeugung von Eisenbahnschienen.

Das Bessemerverfahren wurde, wenigstens in Deutschland, fast ganz verdrängt durch das Thomasverfahren, das auf demselben Prinzip beruht, sich aber von ersterem dadurch unterscheidet, daß die Birne nicht mit kieselsäurereichem feuerfesten Material ausgegekleidet wird, sondern mit Dolomit, einem basischen Material, das die Eigenschaft besitzt, den Phosphor des Stahlbades aufzunehmen und mit ihm eine phosphorreiche Schlacke zu bilden. Diese ist, entsprechend verarbeitet, als Düngemittel ein wertvolles Nebenprodukt der Thomasstahlherstellung geworden. Die neuzeitlichen Thomaswerke sind noch mehr als die Bessemerwerke auf Massenerzeugung eingestellt. Sie sind stets mit einem Hochofenwerk verbunden, von dem das Roheisen flüssig in den Konverter, oder, was die Regel ist, zunächst in einen hunderte von Tonnen fassenden sogenannten Mischer und von diesem in den Konverter überführt wird. Eine Thomasbirne faßt meist 20 bis 25 t und liefert ebenfalls mehrere Schmelzungen in einer Stunde.

Neben den Bessemerstahl trat, noch vor dem Thomasstahl, der Siemens-Martinstahl. Im Siemens-Martinofen wird Roheisen und Schrot auf offenem Herd eingeschmolzen. Die dafür erforderliche Hitze der Flammengase kann nur erreicht werden, indem man Luft und Gas vor der Verbrennung hoch erhitzt. Diese Erhitzung erreichte Siemens durch seine Regenerativfeuerung. Im Martinofen erfolgt die Entkohlung des geschmolzenen Einsatzes durch den Sauerstoffüberschuß der Heizgase, sie wird, nach Bedarf, noch gefördert durch Zuschläge von Eisenerzen, deren Sauerstoff in derselben Richtung wirkt. Für die Auskleidung der Martinöfen wurde anfänglich nur kieselsäurereiches (saures) feuerfestes Material verwendet, wie für die Bessemerbirnen. Später ging man auch hier zum größeren Teil zu basischer Auskleidung über. Man unterscheidet daher wie beim Birnenmaterial auch bei Martinstahl sauren und basischen. Im allgemeinen können die beiden Stahlarten als gleichwertig betrachtet werden. Von dem zur Verfügung stehenden Roheisen und Schrot, sowie von dem Verwendungszweck des Stahles hängt es ab, ob das eine oder andere Verfahren anzuwenden ist. In Deutschland überwiegt das basische Verfahren. In England wird aus alter Überlieferung, häufig zu Unrecht, der saure Martinstahl bevorzugt. Es hängt dies mit den dortigen Erzverhältnissen zusammen, die der Herstellung sauren Stahles günstiger sind als die Deutschlands. Zur Erzeugung sehr weichen Stahles eignet sich der basische Ofen besser als der saure. Martinöfen werden in den verschiedensten Abmessungen gebaut, mit Fassung von nur einigen Tonnen, bis zu hundert Tonnen und zuweilen noch weit darüber. Für die Herstellung von Qualitätsstahl sind Öfen mit nicht allzu großer Fassung vorzuziehen. In neuzeitlichen mit einem Hochofenwerk in Verbindung stehenden Martinwerken wird vielfach mit flüssigem Roheiseneinsatz gearbeitet.

Der neueste Stahlschmelzofen ist der Elektroofen, bei dem die Schmelzwärme durch elektrischen Strom erzeugt wird. Man unterscheidet zwei Hauptarten, den Lichtbogenofen und den Induktionsofen. Beim Lichtbogenofen ist die Wärmequelle der zwischen Kohleelektroden erzeugte Lichtbogen. Beim Induktionsofen bildet das Stahlbad einen geschlossenen Ring, in welchem als Sekundärkreis Wechselströme hervorgerufen werden. Durch den Widerstand, den sie im Stahlbad finden, wird dieses erhitzt. In dem Lichtbogenofen, mit wannenförmigem Herd, kann man nach Belieben Roheisen, Schrot und Zuschläge einschmelzen. Beim Induktionsofen dagegen muß beim Beginn der Schmelzung schon ein geschlossener Ring vorhanden sein. Für die Inbetriebsetzung muß ein solcher besonders hergestellt werden; später, im laufenden Betrieb, wird er durch einen Stahlrest gebildet, der zu diesem Zweck im Ofen belassen wird.

Bei allen Schmelzverfahren wird zur Erzielung einer bestimmten Stahlqualität mit Zuschlägen von Erzen, Legierungsmetallen, schlackenbildenden und desoxydierenden Mitteln gearbeitet.

Die große Masse des für technische Zwecke gebrauchten Stahls ist sogenannter Kohlenstoffstahl, das ist ein Stahl, dessen Eigenschaften hauptsächlich durch den Gehalt an Kohlenstoff bestimmt werden, und der nur geringe andere Beimengungen hat. Der Kohlenstoffgehalt dieses Stahles schwankt, je nach Verwendungszweck in weiten Grenzen, von etwa 0,05% beim weichsten Stahl (früher weichstes Flußeisen) bis etwa 1,5% bei hartem Werkzeugstahl. Gewollte Beimengungen von Silizium und Mangan und ungewollte von Schwefel und Phosphor sind außerdem in jedem Stahl vorhanden. Ein gut geleitetes Stahlwerk weiß aber den Gehalt an Schädlingen so zu beschränken, daß sie die Bearbeitbarkeit und Verwendbarkeit des Werkstoffes nicht beeinträchtigen. Aber nicht allein die chemische Zusammensetzung des Stahles macht die Qualität aus, fast ebenso wichtig ist die weitere Verarbeitung, das Walzen und Schmieden und die sonstige Warmbehandlung. An sich guter Stahl kann durch Überhitzung geschädigt werden, ebenso durch Bearbeitung bei zu niedriger Temperatur. Bei mancher Bearbeitung läßt sich auch die Bildung ungünstiger Struktur oder innerer Spannungen nicht ganz vermeiden. In solchen Fällen muß die Schädigung durch eine nachträgliche besondere Wärmebehandlung wieder beseitigt werden.

Neben den Kohlenstoffstahl traten mit der Zeit in wachsendem Umfange auch legierte Stähle als Konstruktionswerkstoff. Schon im letzten Jahrzehnt des vorigen Jahrhunderts fand Nickelstahl eine ausgedehnte Verwendung bei Maschinenkonstruktionen. Mit Wolfram und Chrom legierte Stähle dienten schon früher der Herstellung von Werkzeugen und insbesondere artilleristischen Zwecken. Ein Zusatz von Nickel erhöht die Festigkeit und Zähigkeit des Stahles. Die Wirksamkeit ist abhängig von den Querschnittsabmessungen des Konstruktionsteils. Bei kleinen Abmessungen und guter Verarbeitung übt schon ein Zusatz von 1% eine merkliche Wirkung aus, bei großen Abmessungen geht man bis 6%. Für den Schiffbau wurden vorzugsweise Kurbel- und Schraubenwellen, Pleuelstangen, Kupplungsbolzen u. dgl. aus Nickelstahl hergestellt. Schon in den neunziger Jahren wurde eine Reihe deutscher und ausländischer Seeschiffe mit Krupp-Nickelstahlwellen ausgerüstet, u. a. die Schnelldampfer „Kaiser Wilhelm II.“, „Kaiser Wilhelm der Große“, „Kaiser Friedrich“ des Norddeutschen Lloyd, der Schnelldampfer „Deutschland“ der Hamburg-Amerika-Linie. Diese Wellen hatten 600 bis 640 mm Durchmesser, die Druckwellen gegen 1000 mm äußeren Durchmesser. Sie wurden aus 6%igem Nickelstahl geschmiedet.

Ein Nickelzusatz ändert nicht nur die Festigkeitseigenschaften des Stahls, er hat bei höheren Prozentsätzen auch eine eigenartige Einwirkung auf andere physikalische und auch chemische Eigenschaften. 25%iger Nickelstahl ist nicht magnetisierbar und übt keinen Einfluß auf die Magnetnadel aus, rostet schwer und wird von Seewasser nicht angegriffen. Bei noch höherem Nickelgehalt ändert sich die Wärmeausdehnung in auffallender Weise. Die des 36%igen Nickelstahls beträgt weniger als ein Zehntel von der des gewöhnlichen Stahls. Hohe Nickelgehalte erhöhen auch den elektrischen Widerstand des Stahles und machen ihn geeignet für Draht zu elektrischen Widerständen.

Neben den reinen Nickelstählen wurden bald auch Stähle hergestellt, die neben Nickel noch Chrom enthielten. Chrom erhöht noch mehr als Nickel die Festigkeit und Elastizität, wird daher für Konstruktionsstähle im allgemeinen in geringeren Dosen verwendet. Chromnickelstahl ist für alle möglichen Zwecke ein ausgezeichneter Werkstoff. Sowohl für große wie kleine Schmiedestücke, für Walzplatten und Walzprofile. Verschiedene Brücken wurden schon in Chromnickelstahl ausgeführt. Bei der zulässigen hohen Beanspruchung ergeben sich geringe Querschnitte und damit, besonders bei großen Spannweiten, wesentliche Ersparnisse an Eigengewicht. Eine ausgedehnte Verwendung fand und findet Chromnickelstahl wegen seiner außerordentlichen Widerstandsfähigkeit und Elastizität besonders im Kraftwagenbau. Eine besondere Art von Chromnickelstahl ist der sogenannte nichtrostende Stahl (Nirosta) mit sehr hohem Chromgehalt (etwa 20%). Er ist widerstandsfähig gegen Säuren, insbesondere Salpetersäure, die ihn nicht im geringsten angreift, während sie gewöhnlichen Stahl in kürzester Zeit zerfressen würde. Er ist daher von unschätzbarem Wert für manche Apparate chemischer Fabriken und an vielen anderen Stellen. Außer der großen Widerstandsfähigkeit in chemischer Hinsicht besitzt er auch hohe Festigkeit und Zähigkeit.

Neben Nickel-, Chrom- und Nickelchromstählen werden Mangan-, Silizium-, Wolfram-, Vanadium-, Molybdän-, Kobaltstähle hergestellt, vielfach zusammengesetzte Legierungen mit mehreren dieser Elemente. Die Kombinationsmöglichkeiten sind zahllos. Für viele Schmiede- und Walzstücke, besonders Bleche, ist niedrigprozentiger Manganstahl vorzüglich geeignet. Nicht zu verwechseln ist dieser niedrigprozentige Manganstahl mit dem als Hartstahl bekannten hochprozentigen (etwa 12% Mn), der, obwohl zähe, so hart ist, daß er sich mit Schneidwerkzeugen nicht bearbeiten läßt. Er wird besonders für Teile von Zerkleinerungsmaschinen, Straßenbahnkreuzungen und sonstige großem Verschleiß ausgesetzte Konstruktionsteile sowie Geldschränke verwendet. Stahl mit hohem Mangangehalt ist wie solcher mit hohem Nickelgehalt unmagnetisch. Ein Siliziumzusatz wirkt härtend auf den Stahl und erhöht die Elastizität. Ein Siliziumstahl ist daher bei entsprechendem Kohlenstoffgehalt für Schneidwerkzeuge gut brauchbar, wenn nicht besonders hohe Anforderungen, wie beim Schnellschnittstahl, gestellt werden. Seiner hohen Elastizität wegen eignet er sich sehr gut für Federn, bei niedrigem Kohlenstoffgehalt auch für die verschiedensten Konstruktionszwecke, hauptsächlich bei kleineren Abmessungen. Silizium beeinflußt auch die elektrischen Eigenschaften des Stahls, erhöht die Permeabilität. Bleche aus weichem Siliziumstahl sind daher vorzüglich für Transformatoren geeignet. Wolfram und Vanadium in Verbindung mit Chrom werden hauptsächlich für Stahl zu Schneidwerkzeugen verwendet. Die besten Schnellschnittstahle sind mit diesen Metallen legiert. Wolfram bis zu 25%. Mit Molybdän werden ähnliche Wirkungen erzielt wie mit Wolfram. Wolfram, Molybdän, Chrom, Kobalt verleihen dem Stahl auch die Eigenschaft, in gehärtetem Zustand den Magnetismus festzuhalten. Mit diesen Stoffen legierte Stahle finden daher Verwendung bei der Herstellung von Dauermagneten.

Zur allgemeinen Übersicht und physikalischen Kennzeichnung der gebräuchlichsten Konstruktionsstahle mögen nachstehende Zahlentafeln dienen:

Unlegierter Stahl (Kohlenstoffstahl) in Schmiedestücken.

Ungefährer C-Gehalt in %	Festigkeit kg/mm²	Dehnung in % bei $l = 10\,d$	Dehnung in % bei $l = 5\,d$
0,12	34 bis 45	25	30
0,25	42 „ 50	20	24
0,35	50 „ 60	18	22
0,45	60 „ 70	14	17
0,60	70 „ 85	10	12

Walzstahl (Birnen- oder Martinmaterial) in Profilen und Stangen.

	Festigkeit kg/mm²	Dehnung in % bei $l = 10\,d$ je nach Dicke	Dehnung in % bei $l = 5\,d$ je nach Dicke
Normalqualität .	37 bis 45	20 bis 15	25 bis 18
Sondergüte . .	34 „ 42	25 „ 18	30 „ 22
Sondergüte . .	42 „ 50	20 „ 15	24 „ 18

Bau- und Schiffsbleche.

Festigkeit kg/mm²	Dehnung in % auf 200 mm Länge
37 bis 45	20 bis 15
(41) 42 „ 50	20 „ 16
Sonderqual. über 55	18 „ 16

Kesselbleche.

	Festigkeit kg/mm²	Dehnung in % auf 200 mm Länge
I	35 bis 44	abgestuft nach der Festigkeit 27 bis 20
II	41 „ 50	
III	44 „ 53	
IV	47 „ 56 und höher	

Für Kesselbleche besteht die Vorschrift, daß der Unterschied in der Festigkeit an den beiden Enden ein gewisses Maß nicht überschreiten soll, z. B. bei einem Blech von 5 bis 10 m Länge 6 kg. Ein solcher Spielraum ist erforderlich, weil beim Erstarren des Stahlblocks eine teilweise Wanderung von Kohlenstoff, Mangan usw. nach den oberen zuletzt erstarrenden Partien stattfindet und dadurch die Festigkeit unten vermindert, oben erhöht wird.

Vergüteter unlegierter Stahl in Schmiedestücken.

Streckgrenze kg/mm²	Festigkeit kg/mm²	Dehnung in %	
		bei $l = 10\,d$	bei $l = 5\,d$
28	47 bis 55	20	24
33	55 „ 65	18	22
39	65 „ 75	15	18
45	75 „ 90	12	14

Das „Vergüten"[1] des Stahls besteht in einem Erhitzen über den sogenannten Umwandlungspunkt, plötzlichem Abschrecken und Nachglühen. Der Umwandlungspunkt, bei dem sich eine Strukturänderung vollzieht, liegt bei den verschiedenen Stahlsorten verschieden hoch. Die beim Vergüten einzuhaltenden Temperaturen müssen daher der Stahlart angepaßt werden. Vergüten erhöht die Festigkeit und Zähigkeit, besonders aber die Elastizitäts- bzw. Streckgrenze und verfeinert die Struktur.

Für Konstruktionsteile, die besonders starkem Verschleiß ausgesetzt sind, daher eine harte Oberfläche verlangen, wird entweder ein an sich sehr harter Stahl verwendet, oder ein solcher, der im Naturzustand weich ist, durch Einsatzhärtung aber eine glasharte Außenhaut erhält. Liegt hauptsächlich Druckbeanspruchung vor, keine stoßweise Biegungsbeanspruchung, so kann man das Einfachere wählen und harten Stahl, gegebenenfalls noch gehärtet, verwenden. Treten stoßweise starke Biegungsbeanspruchungen auf, so können sie bei dem spröden, harten oder gehärteten Stahl zu Brüchen führen. In solchen Fällen ist die Verwendung weichen, im Einsatz gehärteten Stahls vorzuziehen, weil dieser im Innern weich und zähe bleibt und infolgedessen weniger zum Bruch neigt. Als Einsatzstahl kommen sowohl weiche Kohlenstoffstahle wie auch verschiedene legierte Stähle in Betracht.

Schwach legierter Nickelstahl.
Je nach Kohlenstoffgehalt und Wärmebehandlung.

Streckgrenze kg/mm²	Festigkeit kg/mm²	Dehnung in %	
		bei $l = 10\,d$	bei $l = 5\,d$
32	50 bis 60	20	24
35	60 „ 70	18	22
38	65 „ 75	16	19
42	70 „ 80	14	17
Stärker legierter Nickelstahl.			
38	55 bis 65	18	22
42	60 „ 70	18	22

Chrom-Nickelstahl.
Je nach Kohlenstoffgehalt, Abmessungen und Wärmebehandlung.

Streckgrenze kg/mm²	Festigkeit kg/mm²	Dehnung in %	
		bei $l = 10\,d$	bei $l = 5\,d$
45	60 bis 70	18	22
55	70 „ 80	15	18
65	80 „ 90	13	16
75	90 „ 100	12	15
100	110 „ 120	8	10
110	120 „ 130	6	7
Mit Mangan, Silizium oder Chrom legierter Stahl für kleinere Abmessungen.			
40	65	18	22
50	75	17	20
60	85	13	16
70	90	12	15

Für Federn, deren Wirksamkeit ja auf der Elastizität beruht, gekennzeichnet durch die beim Zerreißversuch festgestellte Elastizitätsgrenze, wird ein Stahl verwendet, der durch Abschrecken in Öl oder Wasser und nachfolgendes Anlassen eine hohe Elastizität erlangt, ohne dabei spröde zu werden, wie es bei Werkzeugstahl der Fall ist.

Da die genaue Elastizitätsgrenze beim Zerreißversuch nur mit Feinmeßinstrumenten festgestellt werden kann, so bestimmt man in der Praxis in der Regel die Streckgrenze, d. h. die spezifische Belastung, bei der eine merkliche bleibende Dehnung des Stabes eintritt. Sie fällt annähernd mit der Elastizitätsgrenze zusammen. Es ist daher auch nachstehend wie bei den vorhergehenden Zahlentafeln die Streckgrenze eingesetzt.

[1] Simon: Härten und Vergüten. Berlin: Julius Springer 1923.

Federstahl.

		Streckgrenze kg/mm²	Festigkeit kg/mm²	Dehnung in % bei l = 10 d	Dehnung in % bei l = 5 d
Für Ölhärtung	ungehärtet	45 bis 55	75 bis 85	15 bis 10	18 bis 12
	gehärtet	85 „ 90	110 „ 120	6 „ 5	7 „ 6
Für Wasserhärtung	ungehärtet	40 „ 50	65 „ 75	15 „ 10	18 „ 12
	gehärtet	85 „ 90	110 „ 120	6 „ 5	7 „ 6
Sonderfederstahl.					
Für Ölhärtung	ungehärtet	50 bis 60	85 bis 95	14 bis 10	16 bis 12
	gehärtet	120 „ 135	130 „ 150	6 „ 5	7 „ 6
Für Wasserhärtung	ungehärtet	45 „ 55	70 „ 80	14 „ 10	16 „ 12
	gehärtet	120 „ 135	130 „ 150	6 „ 5	7 „ 6

Bei der Wahl der Stahlsorte ist darauf Rücksicht zu nehmen, ob die Federn in Öl oder in Wasser gehärtet werden sollen. Die Wirkung der Wasserhärtung ist stärker als die der Ölhärtung, man verwendet daher für erstere einen im Naturzustand etwas weicheren Stahl.

Die bisherigen Ausführungen haben eine große Reihe von Stahlsorten aufgezeigt, und es erscheint vielleicht schwierig, sich inmitten dieser Fülle zurechtzufinden. Glücklicherweise sind auch die Verbraucher und Konstrukteure spezialisiert und kommt für den Einzelnen nur ein Teilausschnitt des ausgedehnten Verwendungsgebietes in Betracht. Dabei kommen ihm behördliche Vorschriften und Regeln und solche von Vereinigungen und Klassifikationsgesellschaften zu Hilfe. Aber trotzdem ist es erwünscht, daß der Konstrukteur etwas mehr in das Wesen des Stahls als Werkstoff eindringt, als es bisher im allgemeinen der Fall war. Am besten wird dies erreicht, wenn er sich in Fällen, wo die Norm fehlt, mit dem Stahlerzeuger, dem Walzwerk, der Schmiede in Verbindung setzt und in gemeinsamer Beratung die Lösung der Aufgabe sucht. Es genügt nicht immer, daß der Konstrukteur eine Liste der zur Verfügung stehenden Stähle mit ihren Festigkeitseigenschaften usw. zur Hand hat und daraus den ihm am besten zusagenden auswählt. Was in dem einen Fall das beste ist, braucht es in einem anderen Fall nicht auch zu sein. Es kann z. B. für Kraftwagen und Flugzeugteile oder für kleinere Teile in Maschinenkonstruktionen ein Stahl mit 100 kg Festigkeit ganz vorzüglich sein, es wäre aber ein arger Mißgriff, wenn man für eine Kurbelwelle von 600 mm Zapfendurchmesser diese Festigkeit vorschreiben wollte. Erstens würde man sie bei einem so schweren Schmiedestück kaum erreichen, und wenn es schließlich durch entsprechende Zusammensetzung und Wärmebehandlung des Stahles gelingen würde, so wäre die Betriebssicherheit dieser Welle geringer als wenn sie, sagen wir, eine Festigkeit von 60 kg hätte. Form und Abmessungen eines Stückes bedingen die Art der Herstellung. Im allgemeinen findet der Konstrukteur keine Veranlassung, über den Werdegang eines Stückes im Hüttenwerk nachzudenken. Er wählt Form und Abmessungen, wie sie sich konstruktiv und rechnerisch ergeben, unter Umständen aber außerordentliche Schwierigkeiten bei der Herstellung bereiten, durch die der Konstruktionsteil einerseits verteuert wird, andererseits an Betriebssicherheit verliert. In solchen Fällen läßt sich oft, bei einer Rücksprache mit dem Hersteller, durch mitunter geringe Abänderungen, vielleicht auch durch Teilung, Abhilfe schaffen, ohne Schädigung des konstruktiven Zwecks.

Auf vielen Gebieten der Technik haben sich im Laufe der Entwicklung gewisse Regeln für Formen, Abmessungen und Beanspruchungen von Konstruktionsteilen herausgebildet. Es wurden Bau- und Werkstoffvorschriften aufgestellt, die zweifellos gute Dienste tun, den weniger erfahrenen Konstrukteur vor groben Mißgriffen bewahren, dem erfahrenen die Arbeit erleichtern. Bei Aufstellung solcher Vorschriften ist aber stets darauf Bedacht zu nehmen, daß sie den Fortschritt nicht unterbinden und die Möglichkeit lassen, auch etwas zu schaffen, das über den Rahmen des gebräuchlichen hinausgeht. An Stelle der starren Vorschrift hat dann die Sachkenntnis und die Verantwortung des Fachmannes zu treten. Auch dem Abnahmebeamten sollte, als Sachverständigen, ein Spielraum gelassen und im Einzelfalle Abweichungen von den allgemeinen Werkstoffvorschriften gestattet werden. Es tritt häufig der Fall ein, daß das Ergebnis der Materialprüfung zahlenmäßig nicht genau der Vorschrift entspricht. Der Abnahmebeamte, der verpflichtet ist, sich genau an die Vorschrift zu halten, muß dann das Werkstück verwerfen, während es vielleicht in Wirklichkeit, im Urteil der Sachverständigen, für den beabsichtigten Zweck besser ist, als es nach der Vorschrift zu sein brauchte. Besonders große oder in der Form ungewöhnliche Stücke müssen als Individuen behandelt werden. Es ist z. B. bei Schmiedestücken mit sehr großen Querschnitten, oder mit stark wechselnden Querschnitten, oder bei schwierig herzustellender Form so gut wie ausgeschlossen, daß die Werkstoffeigenschaften in allen Teilen genau dieselben sind. Es ist dann zu berücksichtigen, wo der gefährliche Querschnitt (die voraussichtliche Bruchstelle) liegt und wie die Beanspruchung ist. Es hat z. B. gar nichts zu sagen, wenn eine dicke Welle, die auf Biegung oder Verdrehung beansprucht ist, nach der Mittelachse zu etwas geringere Festigkeit hat, da ja die hier auftretenden Betriebsspannungen sich dem Werte Null nähern. Es genügt, wenn die äußeren Partien die der Rechnung zugrunde gelegte Festigkeit haben. Selbstverständlich dürfen die Unterschiede auch nicht zu groß sein, denn das würde vermuten lassen, daß bei der Fabrikation irgend etwas versehen wurde. Ist anzunehmen, daß es Schwierigkeiten bereitet, bei einem ungewöhnlichen Stück die sonst verlangten Festigkeitszahlen zu erreichen, so bedarf es einer besonderen Vereinbarung zwischen Besteller und Lieferer. Etwa vorauszusehenden geringeren Zahlen kann in den Abmessungen Rechnung getragen werden.

Der aus dem Schmelzofen kommende, für Walzgut oder Schmiedestücke bestimmte Stahl wird in der Regel in Formen (Kokillen) aus Gußeisen oder Stahlguß zu Blöcken von rundem, achteckigem, quadratischem oder flachem Querschnitt vergossen, zu letzteren, Brammen genannt, hauptsächlich, wenn Bleche daraus gewalzt werden sollen. Beim Erstarren des Blocks und durch die damit verbundene Volumverminderung bilden sich im oberen Teile Hohlräume, auf deren vollständiges Verschwinden durch Verschweißen der Flächen beim Walzen oder Schmieden nicht gerechnet werden kann. Auch findet in dem oberen, zuletzt erstarrten Teil des Blockes eine Anreicherung der Beimengungen des Stahles statt, die nicht erwünscht ist. Es wird daher der oberste Teil der Blöcke von der Verwendung ausgeschlossen. Bei Walzgut (Blechen, Profilen, Stangen) wird er gewöhnlich nach dem Auswalzen, zuweilen in einer Zwischenstufe abgetrennt, bei Schmiedestücken während des Schmiedens.

Bei der Verarbeitung der in Kokillen gegossenen Stahlblöcke durch Walzen, Schmieden oder Ziehen wird zum Teil die noch vorhandene Eigenwärme ausgenützt und findet nur ein ergänzendes, Gleichmäßigkeit bewirkendes Nachwärmen statt. Zum Teil läßt man die Blöcke erkalten und erwärmt sie dann von neuem auf eine Temperatur, die den Stahl bildsam macht, so daß er durch Schlag, Druck oder Zug geformt werden kann. Beim Erwärmen und beim Erkalten, sowie unter der Einwirkung der formenden mechanischen Kräfte treten Gefügeänderungen im Stahl auf, die in Bemessung der Temperaturen und im Arbeitsvorgang zu berücksichtigen sind. Die Bearbeitung darf nicht mehr fortgesetzt werden, wenn die Temperatur unter einen gewissen Grad gesunken ist, sie soll aber auch nicht bei zu hoher Temperatur beendet werden, weil sich dann grobkörniges, weniger zähes Gefüge bildet. Je nach Grad der Verarbeitung und Zeitdauer ist die Anfangstemperatur zu bemessen oder sind Zwischenwärmungen vorzunehmen. Temperatur und Tempo der Verarbeitung sind auch abhängig von der Art des Werkstoffes. Weicher Stahl verträgt höhere Temperaturen als stark kohlenstoffhaltige oder legierte Stähle. Bei aller Vorsicht und Anpassung an die Art des Werkstoffs ist es im praktischen Betrieb nicht immer möglich, den Verlauf der Temperaturen und der Arbeit so zu regeln, wie es theoretisch am vorteilhaftesten ist. In solchen Fällen hat man die Möglichkeit einer Korrektur durch nachfolgende Wärmebehandlung. Bei der großen Masse der Walzerzeugnisse, die in Kaliberwalzen hergestellt werden, wie Schienen, Träger, Formeisen, ist eine nachträgliche Wärmebehandlung nicht erforderlich, da hierbei die Arbeitsvorgänge sehr gleichmäßig sind und das Erzeugnis auch ohne Nachbehandlung den gestellten Anforderungen genügt. Ausnahmsweise, z. B. bei Verwendung von Sonderstählen für besondere Zwecke, kann auch hier eine nachträgliche Wärmebehandlung angezeigt sein. Nicht zu umgehen ist sie bei den meisten Blechen. Infolge der großen Flächenausdehnung und der verhältnismäßig langen Walzzeit, erkalten Bleche, besonders wenn sie auf geringe Dicken ausgewalzt werden, mehr und ungleichmäßiger als Walzgut aus gedrängten Kalibern, bei dem Querschnitt und Oberfläche in günstigerem Verhältnis stehen und die Zahl der Stiche geringer ist. Bei Blechen besteht die Wärmebehandlung in einem „Ausglühen". Man erhitzt sie in geeignetem Ofen gleichmäßig auf eine bestimmte Temperatur, hält sie einige Zeit auf dieser und läßt sie dann wieder abkühlen, wobei auch der Verlauf der Abkühlung eine gewisse Regelung erfährt. Ein „Vergüten" (Erhitzen, Abschrecken, Anlassen) wird nur in Ausnahmefällen und mit Sonderstahl vorgenommen. Durch das Ausglühen werden beim Walzen entstandene innere Spannungen beseitigt, eine gleichmäßige feine Struktur erzielt und die Neigung zu der sogenannten Rekristallisation (Vergröberung des Korns im Laufe der Zeit und bei mäßiger Erwärmung) von der in den letzten Jahren so viel die Rede war, aufgehoben. Bei Schmiedestücken ist eine nachträgliche Wärmebehandlung die Regel. Vielfach läßt sich ungleichmäßiges Erkalten nicht vermeiden oder sind Teilerwärmungen erforderlich. Es entstehen dadurch innere Spannungen und ungleichmäßige Struktur. Beides wird durch sorgfältiges Ausglühen beseitigt. Bei ganz einfacher Form und geringen Abmessungen, und wenn die sonstigen Verhältnisse günstig liegen, kann auch von einem Ausglühen abgesehen werden. Viele Schmiedestücke, vor allem solche aus legiertem Sonderstahl, werden auch vergütet, denn erst durch das Vergüten werden die im Werkstoff schlummernden Eigenschaften zur vollen Geltung gebracht.

Für die Entwicklung der Ingenieurbauten waren die Fortschritte in der Stahlerzeugung von grundlegender Bedeutung. Mühsam und zeitfordernd war die Herstellung von Schweißstahl nach dem alten Verfahren. Schon mengemäßig hätte man mit ihm den Ansprüchen nicht genügen können, abgesehen davon, daß man in Umfang und Gewicht der Einzelteile beschränkt war und für größere Stücke eine Unzahl von Stäben zusammengeschweißt werden mußte. Die Massenerzeugung konnte erst mit der Erfindung des Bessemer-, Thomas- und Martinverfahrens einsetzen. Das Schweißeisen, das früher für Maschinen- und Eisenkonstruktionen verwendet wurde, hatte eine Bruchfestigkeit von wenig über 30 kg, heute wird in vielen Fällen Stahl von doppelter oder noch höherer Festigkeit verwendet. Die höhere Festigkeit des Werkstoffes ermöglichte geringere Abmessungen und damit Gewichtsverminderungen der Konstruktionsteile. Aber man braucht nicht nur heutigen Stahl und früheres Schweißeisen gegenüberzustellen. Auch in der Herstellung des Flußstahls sind seit den ersten Anfängen große Fortschritte zu verzeichnen. Zunächst war man lediglich bestrebt, das Schweißeisen zu ersetzen und einen weichen Flußstahl herzustellen, dessen Eigenschaften sich den seinigen möglichst näherten. Der Neuerung wurde naturgemäß ein gewisses Mißtrauen entgegengebracht, das mitunter nicht ganz ungerechtfertigt war, so daß noch lange Zeit in vielen Fällen dem Schweißeisen der Vorzug gegeben wurde. Mit der Zeit lernte man aber die Stahlschmelzprozesse so beherrschen, daß mit einem gleichmäßig guten, allen Anforderungen entsprechenden Erzeugnis gerechnet werden konnte. Nun ging man auch dazu über, neben dem weichen, in der Festigkeit das Schweißeisen wenig überragenden Stahl, solchen mit höheren Festigkeiten herzustellen. Auch hier anfängliches Mißtrauen der Verbraucher. Weicher Stahl ließ sich bequemer verarbeiten, ließ sich mehr gefallen, ohne die Folgen der Mißhandlung aufzuzeigen. Heute kann auch dieses Stadium als überwunden gelten. Die Verbraucher, die Kesselschmieden, Schiffswerften, Brückenbauanstalten haben sich auf die Verarbeitung und Behandlung härteren Stahls eingestellt und sind bestrebt, die Vorteile, die er konstruktiv und wirtschaftlich bietet, auszunützen.

In den Zahlentafeln, welche die beim Zerreißversuch sich zeigenden physikalischen Eigenschaften wiedergeben, sind bei den gewöhnlichen Stahlsorten nur Bruchfestigkeit und Dehnung aufgeführt, bei den legierten Stahlen und bei vergütetem Kohlenstoffstahl auch die Streckgrenze. Nun ist für die Bemessung der zulässigen Beanspruchung eines Konstruktionsteils die Bruchfestigkeit des Werkstoffs von geringerer Bedeutung als seine Streckgrenze, oder genauer genommen, seine Elastizitätsgrenze. Denn ein Konstruktionsteil, der dauernd oder in steter Wiederholung über die Elastizitätsgrenze beansprucht wird, geht in kürzerer oder längerer Zeit zu Bruch, gleichgültig wie hoch die Bruchfestigkeit liegt.

Wenn man trotzdem bisher bei Eisenbauwerken der Streckgrenze wenig Beachtung schenkte und sich nur auf die Bruchgrenze stützte, so liegt das daran, daß bei den normalen Stahlsorten die Streckgrenze im allgemeinen in einem annähernd festen Verhältnis zur Bruchfestigkeit steht. Sie beträgt durchschnittlich etwas mehr als die Hälfte der Bruchfestigkeit. Es wäre daher nur eine unnötige Erschwerung der Werkstoffprüfung, wenn man in jedem Falle die Streckgrenze bestimmen wollte.

Anders liegt die Sache bei manchen legierten Stählen und bei vergütetem Kohlenstoffstahl. Bei diesen weist die Streckgrenze, im Vergleich zur Bruchfestigkeit, wesentlich höhere Zahlen auf und ihr Wert beruht zu einem großen Teil auf dieser Eigenschaft. Dabei hängen die erreichten Werte stark von der Art der Verarbeitung und der Wärmebehandlung ab.

Nun hatte man in den letzten Jahren auch für unlegierten und unvergüteten aber härteren Kohlenstoffstahl für Brückenbauten eine bestimmte Streckgrenze vorgeschrieben. Es ergaben sich aber Schwierigkeiten, weil die Abnahmeprüfungen sehr große Schwankungen in der Streckgrenze zeigten. Diese haben ihre Ursache einesteils in der chemischen Zusammensetzung des Stahls, in dem Verhältnis von Kohlenstoff—Silizium—Mangan, andernteils in den Vorgängen bei der Warmverarbeitung; Endabmessungen, Verarbeitungsgrad, Temperatur spielen eine Rolle. Man ließ die Bestimmung der Streckgrenze als ständige Abnahmeprobe wieder fallen, damit rechnend, daß sie bzw. die Elastizitätsgrenze hoch genug liegt, um die für diese Stahlsorten zugelassene höhere Beanspruchung zu rechtfertigen.

Eine derartige Handhabung hat sich auch noch zulässig erwiesen bei einem härteren Kohlenstoffstahl wie dem „Stahl 48“ (St. 48) mit 48 bis 58 kg Bruchfestigkeit und 18% Dehnung, der von der Reichsbahn für Brückenbauten verwendet wird. Für diesen Stahl ist gegenüber dem bisher gebräuchlichen „Stahl 37“ (St. 37) mit 37 bis 45 kg Festigkeit eine um 30% höhere Beanspruchung zugelassen, und es sind bei großen Spannweiten auch Gewichtsersparnisse in ähnlicher Höhe erzielt worden.

Versuchsweise hat man neuerdings auch einen „Siliziumstahl“ (St. Si. nach der Bezeichnung der Reichsbahn) verwendet, für den neben einer Mindestfestigkeit von 48 kg/mm^2 eine Mindestdehnung von 18% und eine Mindeststreckgrenze von 36 kg/mm^2 vorgeschrieben ist. Man hat also hier die Streckgrenze wieder in die Prüfung eingeführt. Die Verwendung von Siliziumstahl ist nicht neu. Es wurden schon vor Jahrzehnten in großen Mengen verschiedene Sorten von Siliziumstahl von inländischen und ausländischen Firmen sowohl im Tiegel wie im Martinofen geschmolzen und mit bestem Erfolg für die verschiedensten Zwecke verarbeitet.

In neuerer Zeit machen sich auch im Schiffbau Bestrebungen geltend, Gewichtsersparungen durch Verwendung eines härteren Stahles zu erzielen. Naturgemäß sind sie im Schiffbau nicht in dem Maße möglich, wie im Brückenbau, wirken sich aber durch Verminderung des Totgewichtes im Betriebe dauernd aus. Mit Rücksicht auf Knickbeanspruchungen und aus sonstigen Gründen ist vielfach ein Mindestquerschnitt erforderlich, bei dem die höhere Materialfestigkeit nicht ausgenützt werden kann. Man wird daher, um wirtschaftlich zu bauen, neben dem härteren, teueren und schwieriger zu bearbeitenden Sonderstahl in der Regel noch den gewöhnlichen „Stahl 37" verwenden.

Nach dem Vorgang von England werden jetzt, vorläufig nur vereinzelt, Schiffe gebaut, für die Stahl mit 52 bis 60 kg Festigkeit, 20% Dehnung (Probestabbreite 51 und 38 mm) und 24 kg Elastizitätsgrenze verwendet wird. Das ist ungefähr ein Stahl, wie er in der deutschen Marine als „Schiffbaustahl III" seit langem gebräuchlich ist und für den die Mindestwerte 55 kg Festigkeit, 34 kg Streckgrenze, 16% Dehnung vorgeschrieben sind. Bei dem erstgenannten Stahl soll nach der vorläufigen Vorschrift die Elastizitätsgrenze als erreicht angenommen werden, wenn beim Streckversuch eine bleibende Dehnung von 0,01 mm eintritt. Für die Feststellung einer so kleinen Streckung sind außerordentlich empfindliche Meßinstrumente erforderlich, wie sie bisher in der praktischen Werkstoffprüfung nicht verwendet worden sind.

Der Stahl mit etwa 55 bis 60 kg hat sich in der deutschen Marine bewährt. Es kann daher angenommen werden, daß auch der für den Handelsschiffbau jetzt in Vorschlag gebrachte Stahl mit 52 bis 60 kg sich bewähren wird, und die deutschen Stahlwerke sind ebensogut wie die englischen in der Lage, ihn zu liefern. Zu berücksichtigen ist, daß die Verarbeitung dieses Stahles in den Werkstätten und auf der Werft schwieriger und teuerer ist als die des bisher verwendeten weicheren Stahls. Auch die Gestehungskosten eines in seinen Eigenschaften so scharf umrissenen Sonderstahls sind sowohl im Stahlwerk wie im Walzwerk höher als die des bisher gebräuchlichen, ohne ungewöhnliche Maßnahmen in laufender Fabrikation herstellbaren Stahles. Der Schiffbauer wird daher im Einzelfalle genau prüfen müssen, wo und in welchem Umfange er mit Vorteil den härteren Stahl verwenden kann, welche Gewichtsersparnis damit zu erzielen ist und wie sich diese Gewichtsersparnis einerseits beim Bau des Schiffes, andererseits im Betrieb wirtschaftlich auswirken kann. Dieser Kalkulation sind die durch den Sonderstahl bedingten Mehrkosten gegenüberzustellen. Bei Schnellschiffen liegen besondere Gesichtspunkte vor. Hier kann die Gewichtsersparnis sich auch durch Verschärfung der Form und dadurch verbesserte Geschwindigkeit auswirken.

b) Rostfreie Stähle. Es wurde schon eine besondere Stahlart, der nichtrostende oder rostfreie Stahl, erwähnt. Da sich das Verwendungsgebiet dieses Stahles in neuerer Zeit außerordentlich ausgedehnt hat, so sei ihm eine noch etwas nähere Betrachtung gewidmet[1].

Verschiedene Forscher waren besonders in den letzten zwei Jahrzehnten bemüht, einen Stahl ausfindig zu machen, der nicht rostet und auch widerstandsfähig gegen andere Korrosion verursachende Angriffe, wie die von Säuren oder sonstigen Chemikalien, ist.

Durch Legierung mit anderen Metallen, besonders Chrom und Nickel, ist es gelungen, rost- und säurebeständige Stähle herzustellen. In England wurde über sogenannten rostfreien Stahl, der zunächst fast ausschließlich Verwendung für Tischmesser fand, zuerst im Jahre 1914 berichtet. In Deutschland hatte schon 1909 Krupp die Herstellung von nichtrostendem Stahl begonnen und 1912 ein diesbezügliches Patent genommen.

Rost- und Säurebeständigkeit wird dem Stahl insbesondere durch einen hohen Gehalt an Chrom, bis 25%, verliehen. Es wird der Stahlschmelze in Form von Ferrochrom zugesetzt, das nur geringen Kohlegehalt haben darf und auf elektrischem Wege oder aluminothermisch hergestellt wird. Dieses, im Preise sehr hoch stehende, kohlearme Ferrochrom, der Zusatz von Nickel oder anderen Metallen, die besondere Sorgfalt, die bei Erzeugung und Verarbeitung des rostfreien Stahles aufzuwenden ist, macht ihn wesentlich teurer als gewöhnlichen Stahl und hindert dadurch die allgemeine Verwendung. Es gibt aber viele Konstruktionen und Gegenstände, bei denen sich der größere Aufwand in der Anlage durch die lange Lebensdauer reichlich bezahlt macht. Der rost- und säurebeständige Stahl wird meist im Elektroofen geschmolzen, doch ist auch der Martinofen dafür verwendbar.

---

[1] Eine eingehende Darstellung der Herstellung, Verarbeitung und Verwendung gibt das Buch: „Rostfreie Stähle" von Monypenny-Schäfer, in dessen deutscher Bearbeitung die Kruppschen rostfreien Stähle berücksichtigt sind. Berlin: Julius Springer.

Abgesehen von den Arten mit niedrigstem Kohlenstoffgehalt härten rostfreie Stähle schon an der Luft; das Abkühlen und Wiedererwärmen muß daher langsam erfolgen, da sonst leicht Risse entstehen. Die Gefügeumwandlungen beim Abkühlen und Erhitzen gehen langsamer vor sich als bei gewöhnlichem Stahl. Dadurch ist die Möglichkeit einer stärkeren Beeinflussung seiner physikalischen Eigenschaften durch Wärmebehandlung gegeben. Die Warmverarbeitung soll bei Temperaturen zwischen 1200 und 900° vorgenommen werden. Verarbeitung bei niedrigeren Temperaturen härtet den Stahl und bringt Rißgefahr. Auch kleine Oberflächenfehler an den Rohblöcken oder am vorgearbeiteten Halbzeug können bei der Weiterverarbeitung leicht Risse verursachen.

Gegenstände aus rostfreiem Stahl können gelötet und geschweißt werden; es sind dabei aber besondere Vorsichtsmaßregeln zu beobachten. In hohen Temperaturen, denen der Stahl in manchen Konstruktionen ausgesetzt ist, verliert rostfreier Stahl weniger an Festigkeit als gewöhnlicher Stahl. Die Widerstandsfähigkeit rostfreier und säurebeständiger Stähle ist nicht gegen alle Korrosion verursachende Angriffsmittel gleich. Mit Rücksicht auf die verschiedenen Anforderungen der Praxis an die mechanischen, magnet'schen und elektrischen Eigenschaften hat sich eine Reihe verschiedener rostfreier Stähle herausgebildet, die sich in ihrer Zusammensetzung und zum Teil auch in ihrer Verarbeitung unterscheiden. Für Messer ist z. B. ein härtbarer Stahl erforderlich, während für viele andere Zwecke Härtbarkeit nicht erwünscht ist. Nicht härtbar, im gewöhnlichen Sinne, ist z. B. der unter der Marke V 2 A bekannte Kruppsche rostfreie Stahl, der indessen durch Kaltbearbeitung bis zu einem gewissen Grad gehärtet werden kann. Seine Streckgrenze liegt verhältnismäßig niedrig, er läßt sich daher gut kalt verformen. Dieser Stahl ist auch unmagnetisch.

Krupp unterscheidet bei seinen rostfreien und säurebeständigen Stählen zwei Hauptgruppen, die VM-Gruppe (M = Martensitisch) und die VA-Gruppe (A = Austenitisch), die verschiedenes Kleingefüge und verschiedene physikalische und chemische Eigenschaften besitzen. Die VM-Stähle haben ähnliche Eigenschaften wie die in der Konstruktionstechnik verwendeten Chromnickelstähle. Die Marken V 1 M und V 5 M eignen sich für mechanische hochbeanspruchte Maschinenteile, wie Wellen, Kolbenstangen, Dampfturbinenschaufeln, Ventilspindeln, Ventile usw. Für zu härtende Gegenstände, wie Messerwaren, Sägen, Bandmaße, Schneiden für Wagen, Federn ist Marke V 3 M besonders geeignet.

Die mittleren Festigkeitszahlen vergüteter VM-Stähle sind bei gewöhnlicher Temperatur:

	V 1 M	V 5 M	V 3 M	
Streckgrenze	65	55	55	kg/mm²
Zugfestigkeit	80	75	80	,,
Dehnung (auf 10 × *d*)	14	15	10	%

Bei hohen Temperaturen wurde ermittelt:

bei V 1 M-Stahl

Temperatur	20°	200°	300°	400°	500°	
Streckgrenze	65,0	59,0	58,0	50,0	28,0	kg/mm²
Zugfestigkeit	81,5	76,8	75,1	66,5	49,2	,,
Dehnung (auf 10 × *d*)	14,3	14,2	12,5	12,5	16,8	%
Einschnürung	60,0	60,0	58,0	56,0	73,0	%
bei V 5 M-Stahl						
Streckgrenze	57,0	49,0	48,0	45,0	34,0	kg/mm²
Zugfestigkeit	74,7	64,0	61,5	57,0	43,9	,,
Dehnung (auf 10 × *d*)	16,0	13,0	12,5	12,5	17,0	%
Einschnürung	71,0	71,0	71,0	69,0	78,0	%
bei V 3 M-Stahl (auf 370° angelassen)						
Streckgrenze	125	—	108	122	110	kg/mm²
Zugfestigkeit	156	—	164	153	134	,,
Dehnung (auf 5 × *d*)	8	—	6	8	8	%
Einschnürung	29	—	7	9	13	%

Sollen Maschinenteile und Geräte chemischen Einflüssen gegenüber sehr widerstandsfähig sein, oder ist Unmagnetisierbarkeit erwünscht, so kommen die Stähle der V 2 A-Gruppe in Betracht, die in der chemischen Industrie und für gewerbliche Zwecke aller Art vielseitige Verwendung finden. Der V 2 A-Stahl wird in zwei Härtegraden hergestellt. Während die weiche Qualität V 2 A-W sich chemischen Einflüssen gegenüber besonders bewährt, wird die härtere Qualität V 2 A für Zwecke verwendet, bei denen eine höhere Streckgrenze und große Verschleißfestigkeit gewünscht wird.

Die Festigkeitszahlen dieser Stahlsorten bei verschiedenen Temperaturen sind:

V2A-W-Stahl

Temperatur	20°	200°	300°	400°	500°	
Streckgrenze	20	11	10	10	10	kg/mm²
Zugfestigkeit	65	48	47	46	44	,,
Dehnung (auf 10 × d)	57	57	54	50	45	%
Einschnürung	70	77	75	73	72	%

V2A-Stahl

Streckgrenze	35	32	28	25	20	kg/mm²
Zugfestigkeit	75	72	70	65	59	,,
Dehnung (auf 10 × d)	52	49	45	40	33	%
Einschnürung	54	55	52	50	50	%

Der V 2 A-W-Stahl besitzt ausgezeichnete Tiefzieheigenschaften und läßt sich gut schweißen.

Nachstehend einige Vergleichszahlen über die Widerstandsfähigkeit verschiedener Stahlsorten gegen Rosten und Korrosion. Als Vergleichsmaßstab wurde die Gewichtsabnahme, die Flußeisen unter denselben Verhältnissen erfuhr, genommen.

Gewichtsabnahme

	bei Rosten an der Luft	bei Korrosion in Seewasser
Flußeisen	100	100
9%iger Nickelstahl	70	79
25%iger Nickelstahl	11	55
V 1 M	0,4	5,2
V 2 A	0	0,6

	in Salpetersäure 10%ig kalt	in Salpetersäure 50%ig kochend
Flußeisen	100	100
5%iger Nickelstahl	97	98
25%iger Nickelstahl	69	103
V2A	0	0

Da V 2 A nicht gegen alle chemischen Angriffe widerstandsfähig ist, muß von Fall zu Fall untersucht werden, ob seine Verwendung am Platze ist. Das Buch von Monypenny-Schäfer gibt eine Liste aller möglichen Chemikalien mit Angabe des Verhaltens der V 2 A-Stähle gegen dieselben, sowie eine solche über Chromnickelsiliziumstähle.

Außer dem besprochenen rostfreien Chrom und Chromnickelstählen sind noch Legierungen mit Molybdän, Kupfer, Mangan, Kobalt, Vanadin, Titan, Aluminium hergestellt worden, von denen indessen bis jetzt nur die mit Molybdän und Kupfer legierten (Kruppsche Marken V 4 A und V 6 A) umfangreichere Verwendung gefunden haben; erstere besonders für Gefäße für schweflige Säure unter Druck, Sulfitlaugen und Essigsäure, letztere besonders für heiße Salmiaklauge.

Das Verwendungsgebiet für rostfreie Stähle ist groß und breitet sich immer mehr aus. Aus Kruppschem V 2 A-Stahl werden z. B. hergestellt: Eindampfschalen, Kochgefäße, Destilliergeräte, Wellen, Rührerschaufeln, Säuregefäße, Zentrifugen, Ventilatoren für Säuregase, Rührschnecken, Säureabscheider für Nitriergut, einschließlich Drahtsiebe, Holländermesser für Papierfabriken, Gärungsbottiche, Bierfässer, besonders für Überseetransport geeignet, Milchkannen. Nachdem es den Mannesmannröhrenwerken gelungen ist, nahtlose Röhren aus Kruppschem rostfreiem Stahl herzustellen und der Westfälischen Drahtindustrie in Hamm ihn zu feinsten Drähten zu verarbeiten, sind diesem Werkstoffe weitere Verwendungsgebiete erschlossen, besonders auch auf Schiffen.

Es sei nur erwähnt, daß die sog. Posaunenrohre, bei Schiffsdieselmotoren, aus V2A-Stahl hergestellt werden. Umfangreiche, in der Nord- und Ostsee angestellte Versuche haben ergeben, daß V 2 A-Stahl gegenüber Seewasser vollkommen beständig ist. So zeigten in der Ostsee versenkte Röhren nach 277 Tagen nicht den geringsten Gewichtsverlust.

c) Herstellung und Eigenschaften von Stahlformguß. Unter den Konstruktionsmaterialien der Technik kannte man vor wenigen Jahrzehnten das technische Eisen nur als Grauguß und als geschmiedeten oder gewalzten Stahl.

Es war also vor der Einführung des Stahlformgusses die Bewegungsfreiheit der Konstrukteure eingeengt, weil gewalzter oder geschmiedeter Stahl nur eine bestimmte und starkbegrenzte Formgebung zuläßt, während Gußeisen zwar allen Ansprüchen in dieser Beziehung genügt, aber dafür ungenügende Festigkeitseigenschaften und geringe Dehnung besitzt. Sollte ein Gußstück aber doch den wachsenden Anforderungen in bezug auf Festigkeit einigermaßen nachkommen, so ließ sich dies teilweise durch Erhöhung der Wandstärken erzielen. Dieses Bestreben war aber durch die daraus erwachsende unerwünschte Gewichtszunahme des Gußstückes begrenzt. Je mehr sich nun Schiff-, Maschinenbau und Elektrotechnik entwickelte, desto hemmender wurden die Nachteile der beiden Werkstoffe empfunden.

Erst nach Einführung des Siemens-Martin-Prozesses wurde der Technik ein Baustoff geliefert, der neben einer dem Gußeisen fast ebenbürtigen Leichtigkeit der Formgebung durch Vergießen annähernd dieselbe Zähigkeit besitzt wie sie der gewalzte oder geschmiedete Stahl aufweist. Die mechanischen Eigenschaften des Stahlformgusses können auch noch dadurch gesteigert werden, daß der Stahl, entsprechend legiert, oder das Stahlformstück in ähnlicher Weise wie Schmiedestücke einer geeigneten Wärmebehandlung unterzogen wird.

In den vier Jahrzehnten von 1880 bis 1920 ist es gelungen, die Qualität des Stahlformgusses immer weiter zu verbessern, vor allem durch die Hilfe chemischer und technischer metallurgischer Laboratorien, durch Verbesserungen der Gußtechnik und Formmaterialien und zuletzt durch die Verwendung des Elektroofens zur Erzeugung des Gußmateriales. Die Stahlgußtechnik kann heute außerordentlich vielseitige Aufgaben lösen und liefert Stahlformgußstücke jeder Güte und Zusammensetzung.

Das für den Stahlformguß des Schiffbaues verwendete Metall wird heute durchwegs im sauren oder basischen Martin- oder im Elektroofen erzeugt.

Trotzdem die Qualitätseigenschaften beider Martinstähle keinen großen Unterschied aufweisen, wird doch der sauere Stahlformguß dort vorgezogen, wo es sich um die Herstellung mittelharter und härterer Qualitäten handelt. Er ist auch für den Formgießer deshalb bequemer, weil er infolge des höheren Siliziumgehaltes besser in die Formen ausläuft. Es bleibt nämlich ein beträchtlicher Teil des ursprünglichen Siliziumgehaltes infolge der sauer gehaltenen Schlacke im saueren Stahle zurück, welcher auf das Erreichen eines dichten und genauen Abgusses einen besseren Einfluß hat, als das im basischen Ofen später zugesetzte Silizium.

Basischer Stahl ist schwieriger zu behandeln, denn er neigt bei geringerer Erfahrung leichter zu Blasenbildung und lockerem Gefüge, da er gleich am Anfang den ursprünglichen Siliziumgehalt verliert, welcher dann wegen des besseren Vergießens erst nachträglich zugesetzt werden muß. Bei sorgfältiger Arbeit wird es aber stets gelingen, alle auftretenden Schwierigkeiten des basischen Stahles zu überwinden, so daß auch schwierige Stahlformgußstücke, wie die des Stahlschiffbaues, aus basischem Stahle ohne Gefahr hergestellt werden können.

Es wird also eine gute Stahlformgießerei sowohl über sauere als auch über basische ausgekleidete Siemens-Martin-Öfen verfügen, um den verschiedensten Anforderungen der Schiffswerften in jeder Hinsicht nachzukommen.

Was die mechanischen Eigenschaften des für den Stahlschiffbau verwendeten Stahlformgusses anbelangt, kommen hier meistens Kohlenstoffstähle in Betracht, die eine

Zerreißfestigkeit von 40 bis 55 kg/mm² und eine Dehnung von 22 bzw. 16% aufweisen. Ein gutes Stahlwerk wird aber nicht nur trachten, in der Erreichung dieser Qualitätsziffern den Vorschriften der einzelnen Übernahmegesellschaften nachzukommen, sondern wird auch bestrebt sein, eine möglichst hohe Kontraktion bei der Zerreißprobe des Stahlformgusses zu erreichen. Wie sich in dieser Richtung die fabrikative Entwicklung des Stahlformgusses gestaltete, beweist der Umstand, daß z. B. um das Jahr 1907 die durchschnittliche Kontraktion des für den Stahlschiffbau verwendeten Stahlformgusses den Wert von 23% aufwies, daß es aber im Laufe zweier Jahrzehnte gelang, diesen Durchschnittswert auf das Doppelte zu erhöhen. Dieser Erfolg ist auch nicht zuletzt auf die auf wissenschaftlicher Grundlage beruhende Wärmebehandlung zurückzuführen.

Übliche Festigkeitsvorschriften für Formstücke aus Kohlenstoffstahl sind:

Festigkeit kg/mm²	Dehnung in % bei $l = 10d$	Dehnung in % bei $l = 5d$
35 bis 45	20	25
40 „ 55	18	22
50 „ 65	12	14

In den letzten zwei Jahrzehnten hat sich das Verfahren der Darstellung von Flußstahl im Elektroofen entwickelt, das für die Stahlformgießerei von solcher Bedeutung ist, daß es sich in den modernen Stahlgießereien fast allgemein mit bestem Erfolg eingebürgert hat.

Für die Herstellung von Elektrostahlformguß stehen eine Reihe von Ofensystemen in Anwendung, bei denen die Umwandlung der Stromenergie in Wärme auf verschiedene Weise bewirkt wird. Für die Stahlformgießerei kommen hauptsächlich die elektrischen Lichtbogenöfen in Betracht. Die in diesen durchgeführten Reaktionen ähneln im Prinzip denen des Siemens-Martin-Ofens. Das im Elektroofen hergestellte Metall zeichnet sich vor den nach anderen Erzeugungsverfahren erzeugten Stählen dadurch aus, daß es weitgehende chemische Reinheit und ausgezeichnete Homogenität besitzt. Schwefel, Phosphor und Sauerstoff, sowie feinverteilte Schlacke läßt sich bei dieser Stahlerzeugung bis auf geringe Spuren entfernen und außerdem der Gehalt an gelösten Gasen so niedrig wie möglich halten.

Infolge des geringen Gehaltes an gelösten Gasen des im Elektroofen hergestellten Metalles läßt es sich sehr gut zu reinen und sauberen Stahlformgußstücken vergießen. Die vorzügliche Vergießbarkeit wird noch durch die hohe Temperatur des Metalles sehr verbessert und deshalb ist es möglich, außerordentlich dünnwandige Gußstücke selbst großer Abmessungen und sperriger Formen verhältnismäßig leicht herzustellen.

Daß bisher der Elektrostahlguß für die Stahlformgußstücke des Schiffbaues noch keine ausgedehnte Verwendung fand, ist darauf zurückzuführen, daß bis heute die Stahlgießereien noch nicht über genügend große Elektroofen verfügten, um dem Stückgewichte dieser Konstruktionen nachzukommen. Elektroöfen von wenigstens 10 t Einsatz, wie sie in einigen Exemplaren in der europäischen Stahlguß-Industrie heute existieren, bietet schon die Möglichkeit, auch Stahlformgußstücke großer Schiffe, wie sie im Stahlschiffbau zur Verwendung kommen, mit Erfolg aus Elektrostahl zu gießen.

Für den Schiff- und Schiffmaschinenbau kommt Stahlformguß hauptsächlich in Betracht für Vorder- und Hintersteven, Ruderrahmen, Wellenböcke, Propeller, Klüsen, Maschinenrahmen, Grundplatten, Turbinengehäuse und sonstige verschiedene Maschinen- und Armaturstücke.

Eine beträchtliche Verbesserung der mechanischen Eigenschaften des Stahlformgusses läßt sich durch entsprechende Legierung des Stahles mit Nickel, Chrom und Vanadium erreichen. Der Nickelstahlformguß besitzt außer seiner großen Festigkeit eine hohe Elastizitätsgrenze und eine große Zähigkeit, weshalb er sich für hohe und häufig wechselnde oder wiederholte Beanspruchung besonders eignet. Je nach der gewünschten Festigkeit enthält der Nickelstahlformguß 2 bis 5% Nickel bei einem Kohlenstoffgehalt von 0,1 bis 0,80%. Der Hauptvorteil dieses Stahles besteht aber darin, daß er sich für Bestandteile eignet, die einer großen Ermüdung unterliegen. Er hat sich deshalb bei einem Gehalt von 3,5% für den hoch- und wechselnd beanspruchten Lokomotivrahmen schon sehr gut bewährt, und es ist anzunehmen, daß er in Zukunft auch für den Stahlschiffbau eine vorteilhafte Verwendung finden wird. Übliche Festigkeitsvorschriften für Formstücke aus Nickelstahl sind:

Streckgrenze kg/mm²	Festigkeit kg/mm²	Dehnung in %	
		bei l = 10 *d*	bei l = 5 *d*
40	60	18	22

Der Chromstahlformguß besitzt eine größere Festigkeit und Härte als der gewöhnliche Kohlenstoffstahl, ohne daß die Zähigkeit in so großem Maße wie bei letzterem mit zunehmendem Kohlenstoffgehalt vermindert wird. In der Praxis geht man selten über 1% Chrom. Der Chromstahlformguß findet dort Anwendung, wo die Oberfläche des Gußstückes stark beansprucht wird.

Der Nickelchromstahlformguß findet eine umfangreiche Verwendung im Motorwagenbau, wo er hauptsächlich als Ersatz von Schmiedestücken dient. Auch dieser legierte Stahlformguß wird in der Zukunft im Stahlschiffbau, hauptsächlich für den maschinentechnischen Teil, eine entsprechende Rolle spielen (Hochdruckarmaturen, Übersetzungsgetriebe usw.).

Vanadium bei einem Gehalte von 0,16 bis 0,20% erhöht nach einer entsprechenden Wärmebehandlung die Zugfestigkeit und die Streckgrenze. Gleichzeitig wird auch die Dehnung und die Kerbschlagfestigkeit verbessert. Infolge dieser hochwertigen mechanischen Eigenschaften findet der Vanadiumstahlformguß besonders dort Anwendung, wo es sich um hohe Widerstandsfestigkeit gegen Erschütterungen handelt. Als Beweis für die Güte dieses Materials diene der Umstand, daß amerikanische Eisenbahnverwaltungen die Mehrzahl der Lokomotivrahmen, bei denen doch gewaltige und rasch wechselnde Belastungen auftreten, aus Vanadiumstahl herstellen.

Eine erfolgreiche Anwendung dieser Stähle wird natürlich im Stahlschiffbau nur dann ermöglicht, wenn die größere Sicherheit gebührend bewertet und die erhöhten Materialkosten durch eine entsprechende Gewichtsverminderung rückvergütet werden.

Die Abgüsse für den Stahlschiffbau werden gerade so wie in der Geschichte der Stahlgießerei so auch in der Zukunft an die Güte des Materials so auch an die Geschicklichkeit des Formers und Gießers sehr hohe Anforderungen stellen. Die bisherigen Erfolge in dieser Richtung berechtigen aber zu der Ansicht, daß auch in der Zukunft die weitere Entwicklung des Stahlformgusses gesichert ist.

d) Die Wärmebehandlung des Stahlformgusses. Der Zweck der Wärmebehandlung des Stahlformgusses hat sich gegenüber dem anfänglich verfolgten Ziele und Verfahren wesentlich verändert. Früher handelte es sich ausschließlich darum, die Spannungen zu beseitigen, welche durch ungleichmäßige Abkühlung des erstarrenden Metalles bis auf die gewöhnliche Temperatur und durch das große Schwinden des Stahles, welches doppelt so groß ist wie das des Gußeisens, immer entstehen.

Für diesen Zweck genügte es, die Stahlabgüsse auf dunkle Rotglut zu erhitzen und sie dieser Wärme so lange auszusetzen, bis auch die schwersten Querschnitte von ihr durchdrungen waren, und weiter für eine derartige Abkühlung Sorge zu tragen, daß keine neuen Wärmespannungen entstehen konnten. Einige Jahrzehnte hat man sich mit einer derartigen Wärmebehandlung begnügt, doch kam man allmählich, nicht zuletzt durch die Fortschritte der Metallographie, zu der Überzeugung, daß ein derartiges Glühen zwar geeignet ist, den Stahl weicher zu machen und seine inneren Wärmespannungen zu beseitigen, ihn aber an der Erlangung höchstmöglicher Festigkeit behindert und auch die Schlagfestigkeit sehr ungünstig beeinflußt.

Um das nach dem Gießen immer grobkristallinische Gefüge in ein gleichmäßiges und feinkörniges zu verwandeln und dadurch auch die mechanischen Eigenschaften zu verbessern, unterscheidet man heute im Prinzip folgende Arten der Wärmebehandlungen des Stahlformgusses:

Das gewöhnliche Ausglühen, das Normalisieren, das Normalisieren mit nachfolgendem Ausglühen und das Abschrecken in Wasser oder Öl mit nachfolgendem Ausglühen.

Beim gewöhnlichen Ausglühen werden die Stahlabgüsse auf die der chemischen Zusammensetzung des Stahles entsprechende kritische Temperatur erwärmt und auf dieser so lange gehalten, daß der Strukturänderung genügend Zeit geboten wird, auch in den schwersten Querschnitten gründlich vor sich zu gehen. Die Stahlgußstücke werden dann langsam auf Dunkelrotglut abgekühlt, worauf sie an der Luft auskühlen können.

Um eine feinere Struktur des Stahlformgusses, als beim gewöhnlichen Ausglühen, zu erzielen, wobei aber die Dehnung etwas verringert wird, bedient man sich des Normalisierens. Man glüht zu diesem Zwecke wie vorher die Stahlabgüsse auf die entsprechende kritische Temperatur und läßt nach guter Durchwärmung an ruhiger Luft außerhalb des Ofens abkühlen.

Will man eine feine Struktur bei gleichzeitig guter Dehnung des Stahlgußstückes erreichen, läßt man dem gerade beschriebenen Normalisieren ein Ausglühen auf die richtige Temperatur, während einer dieser Temperatur entsprechenden Zeitdauer, folgen. Hierauf wird das Stahlgußstück im Glühofen bis auf dunkle Rotglut langsam abgekühlt, nachdem dann das Auskühlen an freier Luft fortgesetzt werden kann.

Um die möglichst feinste Struktur bei gleichzeitiger großer Festigkeit und hoher Dehnung zu erreichen, wird das Stahlgußstück auf die entsprechende kritische Temperatur erhitzt und von dieser Temperatur in Wasser oder Öl abgeschreckt, worauf ein Ausglühen auf die richtige Temperatur während einer dieser Temperatur entsprechenden Zeitdauer folgt. Nach demselben läßt man die Stahlgußstücke im Glühofen langsam bis auf dunkle Rotglut abkühlen, worauf die Abkühlung wie früher an der Luft fortgesetzt werden kann.

Die Durchführbarkeit der angeführten Wärmebehandlungen hängt von der Form und den Wandstärken des zu behandelnden Stahlgußstückes ab und wird sich deshalb bei den Stahlformgußstücken des Schiffbaues größtenteils auf die drei anfangs angeführten Wärmebehandlungen beschränken.

e) Form- und Konstruktionstechnik des Stahlformgusses. Die Formtechnik der Stahlgießerei hat sich in drei Richtungen hin entwickelt, und zwar in der richtigen Auswahl eines hitzebeständigen Formmaterials, in der genügenden Nachgiebigkeit der Stahlgußform infolge des hohen Schwindmaßes des vergossenen Stahles und endlich in der Meisterung der Neigung aller Stahlformgußstücke zur Bildung von Nachsaughohlräumen und Lunker. In der Bekämpfung dieser Schwierigkeiten bei der Herstellung der Stahlgußform ist ein großer Teil des bedeutenden Unterschiedes in den Herstellungskosten eines Gußstückes aus Stahlguß und dem aus Grauguß zu suchen.

Die richtige Auswahl und Aufbereitung der Formstoffe ist eine der wichtigsten Bedingungen für eine erfolgreiche Herstellung des Stahlformgusses. Stahlformgießereien, die also in der Lage sind, über nahegelegene und gute Formmaterialien zu verfügen, werden demnach einen guten Stahlformguß besonders günstig herstellen können.

Da der Stahlguß ein Schwindmaß von 1,5 bis 2% besitzt, muß durch Auswahl der richtigen Formstoffe und durch entsprechende Erfahrung bei der Herstellung der Stahlgußform getrachtet werden, der großen Schwindung des Stahles zu begegnen. Dies wäre aber nicht ausreichend, sondern es muß schon bei dem Entwurf des Modelles darauf geachtet werden, daß dasselbe den Eigenschaften des Stahles angepaßt wird.

Ein erfahrener Konstrukteur wird schroffe Querschnittsübergänge und scharfe Winkel meiden. Auch wird er Querversteifungen und Zwischenwände nur dort anbringen, wo diese nicht das Schwinden des Abgusses hindern. Trotzdem die richtige Anordnung und Bemessung des Gußtrichters ganz die Sache des Stahlgießers ist, wird der Konstrukteur doch dafür Sorge tragen, daß die verlorenen Köpfe an allen Stellen größter Wandstärke und Stoffanhäufungen angebracht werden können und daß ihre Entfernung vom Gußstücke auch so wirtschaftlich wie möglich durchgeführt werden kann. Bei Herstellung von Gußeisenstücken sind zwar dieselben Regeln zu beobachten, bei Stahlguß sind aber die Vorsichtsmaßregeln zu verdoppeln, da Stahl doppelt so stark schwindet wie Gußeisen. Beim Entwurf nicht alltäglicher Formstücke muß der Gießtechniker zu Rate gezogen werden. Aus rein gießtechnischen Gründen muß an manchen Stellen die Materialdicke erhöht, an anderen, wenn möglich, vermindert werden. Mitunter kann man sich auch durch Änderung der Form, soweit sie nicht durch den Verwendungszweck bedingt ist, helfen. Vielfach setzt der Gießer auch aus eigener Machtvollkommenheit Rippen und Verstärkungen auf, die er nachher wieder abarbeitet. Wegen des starken Schwindens müssen Stahlgußstücke, sobald sie äußerlich erstarrt sind, aus der Form gelöst werden, damit sie sich frei zusammenziehen können und Schrumpfrisse vermieden werden.

Trotz aller Fortschritte bleibt Stahlformguss wegen seiner Vielseitigkeit und der Verschiedenheit der Lösung seiner gußtechnischen Probleme immer eine der ersten Vertrauenswaren auf dem Gebiete der Eisenindustrie.

2. Bauelemente.

a) Allgemeine Entwicklung der Walzprofile. In den ersten Zeiten des Eisenschiffbaues war man bestrebt, mit den vorhandenen Winkeleisenprofilen die im Holzschiffbau üblichen Verbandteile so gut es ging zu ersetzen. Wie peinlich dabei vorgegangen wurde, mag die Tatsache erhellen, daß die ersten Eisenschiffbauer noch geraume Zeit hindurch das eiserne Spant aus eben so vielen verschieden starken Winkelstücken, welche nach oben hin immer schwächer wurden, zusammenfügten, wie sie dies bei den hölzernen Spanten gewohnt waren, wo sie an das Bodenstück den Sitter, an den Sitter den Auflanger, an den Auflanger den Oberauflanger anlaschten. Man brauchte also schon zu einem Spant verschiedene Profile und ging erst später dazu über, das ganze Spant aus einem Profil herzustellen. Die Verwendung von Winkeleisen beschränkte sich ursprünglich auf die Spanten, weil gewachsenes Holz für die verschiedenen Spantformen am schwierigsten zu finden war und weil die Winkeleisen den Vorzug hatten, daß sie in beliebiger Stärke zu haben waren und sich im Feuer zu jeder Form biegen ließen. Deckbalken und Stringer fertigte man in den ersten eisernen Schiffen noch von Holz.

In den ersten Vorschriften für den Bau seegehender eiserner Schiffe (Rules for the building of seagoing iron ships of all descriptions, wether sailing or navigated by steam), welche Lloyd's Register of British and Foreign Shipping am 10. Februar 1854 nach 10jährigen Vorbereitungen herausgab, waren alle in Frage kommenden Schiffe in 11 Abteilungen nach dem Tonnengehalt geordnet, untergebracht. Diese Vorschriften beginnen mit dem Hinweis, daß der Eisenschiffbau sich noch in seiner Kindheit befinde und daß es noch keine allgemein anerkannten Regeln für den Bau von eisernen Schiffen gäbe. Die Bauvorschriften umfaßten nur $5^1/_2$ Seiten kleinen Formats und eine Tabelle, in welcher sich die älteste umfassende Zusammenstellung von Schiffbauprofilen befindet. Als Profileisen waren nur Winkel und Flachwulste vorgesehen, und zwar 2 gleichschenklige und 19 ungleichschenklige Winkelprofile, die für Spanten, Gegenspanten, Stringer und Kielschweine Verwendung fanden. Die große Zahl der ungleichschenkligen Winkel erklärt sich daraus, daß die Winkeleisen nicht zur Verbindung rechtwinklig zueinanderstehender Plattenkonstruktionen, welche im Schiffbau zu jener Zeit noch fast unbekannt waren, sondern ausschließlich zur Versteifung der Außenhautplatten und als Träger dienen sollten. Selbst in dem Falle, wo sie zur Plattenverbindung Verwendung fanden, nämlich beim Deckstringerwinkel, war das Profil ungleichschenklig, denn auch hier war nach den damaligen Anschauungen des Eisenschiffbaues der Winkel wichtiger als die Stringerplatte. Der Winkel vertrat die Stelle des hölzernen Wasserganges, während der Stringer, heute ein Hauptbestandteil der oberen Gurtung, nur die doppelte Breite beider Schenkel des Stringerwinkels hatte, um neben dem Rinnstein gerade noch als Auflager für den hölzernen Wassergang der Decksbeplankung zu dienen. Für die Deckbalken, welche heute eine große Zahl von Profilen erfordern, hatte man nur gebaute Balken aus einem vertikal liegenden Flachwulst mit 2 Winkeln ╥ an der Oberkante. Die Höhe des Profils bestimmte man als $^1/_{48}$ der Balkenlänge. Die Dicke des Flachwulstes war ein $^1/_{16}$ seiner Höhe. Die Winkel an der Oberkante waren gleichschenklig, hatten $^1/_3$ der Höhe des Flachwulstes als Schenkelbreite und ihre Dicke betrug $^1/_8$ der Schenkelbreite. Aus dieser Faustregel sind alle späteren Balkenprofiltabellen entstanden. Bald danach kamen auch die aus einem Stück hergestellten oder aus einem T-Profil und aus einem Flachwulst zusammengeschweißten T-Profile auf, die ersten Wulstprofile. Obwohl angesehene Schiffbauer, wie z. B. Scott Russel in seinem Werk „The modern System of Naval Architecture im Jahre 1864", sich gegen das neue Wulstprofil, welches wie eine Eisenbahnschiene aussähe und keine Festigkeit wie das I-Profil besäße, aussprachen, wurde das T-Profil das eigentliche Deckbalkenprofil und ist es bis zum Anfang dieses Jahrhunderts geblieben.

Als in den siebziger Jahren die eisernen Deckbeplattungen immer mehr Eingang fanden und die Balken unter diesen Decks nur halb so weit gesetzt wurden wie bei einem unbeplankten Deck, brauchten die oberen Flanschen des Balkenprofils auch nicht mehr so breit zu sein, denn die Planken wurden nun nicht mehr ausschließlich auf den Deckbalken befestigt. Damals begann der Wulstwinkel aufzutreten, der anfangs noch einen zum Steg symmetrischen Wulst hatte Γ. Er fand Verwendung als Balken unter eiserner Beplattung, aber als Spant noch nicht. Normalien für Wulstwinkel gab es damals noch nicht.

Im Jahre 1877 erschienen zum erstenmal deutsche Vorschriften für den Bau von eisernen Schiffen, herausgegeben vom Germanischen Lloyd in Berlin. Die darin angegebenen Balkenprofile waren nur englische, da der deutsche Eisenschiffbau, wenigstens soweit Handelsschiffe in Betracht kamen, als Abnehmer für die deutschen Walzwerke noch kaum in Betracht kam und deshalb keine Sonderprofile fordern konnte. Mit den von den deutschen Walzwerken hergestellten Winkelprofilen konnte man zur Not auskommen. Die Balkenprofiltabellen dieser ersten deutschen Vorschriften waren eine genaue Übertragung der Tabellen des engl. Lloyd; England war eben der Lieferant des deutschen Schiffbaumaterials und blieb es noch lange.

Dann wurden im Jahre 1883 von der deutschen Kommission zur Herausgabe des Normalprofilbuches auch Normalprofile für Walzeisen zu Schiffbauzwecken festgelegt und in die Auflage des deutschen Normalprofilbuches für Walzeisen von 1886 aufgenommen, welche nicht nur für den Kriegsschiffbau, sondern auch für den Handelsschiffbau bestimmt waren. Im Jahre 1890 gab der Germanische Lloyd nach 13jähriger Pause seine zweite Bauvorschrift für eiserne und stählerne Schiffe heraus. Alle darin angegebenen Profile waren deutsche Profile nach dem metrischen System, stimmten aber zum großen Teil nicht mit den deutschen Normalprofilen überein. Um diese Profiltabellen überhaupt brauchbar zu machen, gestattete man, daß die Winkelprofile von den vorgeschriebenen abweichen durften, wenn sie nur den vorgeschriebenen Querschnitt hatten. Für die angegebenen Balkenprofile durften die nächststärkeren beschaffbaren genommen werden, wenn die vorgeschriebenen nicht erhältlich waren.

Auch die nächsten Vorschriften des Germanischen Lloyd, welche 1891 erschienen, enthielten noch die vielen Profile der vorhergehenden Auflage, aber es war eine Vergleichstafel der in den Vorschriften angegebenen ⊥-, T- und Γ-Profile mit den seinerzeitigen entsprechenden Normalprofilen aufgenommen. [-Profile waren noch nicht angegeben.

Es war nun wenigstens die Möglichkeit geboten, daß die deutschen Werften ihre Profile von den deutschen Walzwerken beziehen konnten. Die erwähnte Vergleichstabelle enthielt die Bestimmung, daß statt der zusammengenieteten Spant- und Gegenspantwinkel auch Z- und ⌊-Profile vom gleichen Widerstandsmoment genommen werden könnten. Es wurde also hier zum erstenmal der bis jetzt in Deutschland auch meist befolgte Grundsatz für die Bewertung der Profile lediglich nach dem Widerstandsmoment aufgestellt, im Gegensatz zu England, wo erst viel später von der Methode des Querschnitt-Vergleichs abgegangen wurde. In den Vorschriften des Germanischen Lloyd vom Jahre 1892 wurden zum erstenmal die [-Profile neben den Z-Profilen in die Spanttabellen eingeführt. Die dort angegebenen [-Profile unterscheiden sich von den heutigen durch die geringe Dicke des Flansches im Verhältnis zur Stegdicke. Steg- und Flanschdicke differiert nur um $1^1/_2$ bis höchstens 2 mm. Die Profile hatten folglich auch ein ungünstigeres Verhältnis des Widerstandmomentes zum Gewicht. Erst 1896 wurden die Profiltabellen in den Bauvorschriften des Germanischen Lloyd ausschließlich nach den deutschen Normalprofilen aufgestellt. In den Vorschriften des Jahres 1898 kamen dann neue Wulstwinkel in Aufnahme, welche für jedes der 8 Profile nur eine einzige Dicke hatten. Im Jahre 1900 kamen neue [- und T-Schiffbauprofile in Aufnahme.

Inzwischen hatte sich auch in England die Profilfrage im Schiffbau weiter entwickelt. Gegen 1864 war eigentlich nur insofern eine Änderung eingetreten, als man bei Einführung des Flußeisens (mild steel) für die Stegdicke der Balken jetzt $^1/_{20}$ der Profilhöhe nahm statt früher $^1/_{16}$. Das Normale war für Balken unter Holzdecks der Flachwulst mit 2 Winkeln und unter Eisendeck der Wulstwinkel. Der Wulstwinkel wurde von den verschiedenen Walzwerken ganz verschieden hergestellt; das nahm ein Ende als 1895 Lloyd's Register in den Bauvorschriften Normalien über Abmessungen des Wulstes bei Schienen und Wulstwinkeln herausgab. Als Grundmaß galt die Zahl C, die Breite des Wulstes bei T-Profilen war $3^1/_4\,C$, bei Wulstwinkeln $2^1/_2\,C$. C war für Profile gleich $^1/_{20}$ der um 3 vergrößerten Höhe des Profils in Zoll (Abb. 125). Bei der immer mehr zunehmenden Verwendung von ⌊-Profilen für Spanten und Balken veröffentlichte Lloyd's Register im April 1900 eine Vergleichstabelle für die verschiedenen Deckbalkenprofile und eine Tabelle der [-Profile für Spanten. Als Vergleichswerte dienten hier jedoch nicht die Widerstandmomente, sondern die Ergebnisse praktischer Erfahrungen. In dieser Vergleichstabelle ist die ungünstige Bewertung der [-Profile gegenüber dem T- und Wulstwinkelprofil auffällig.

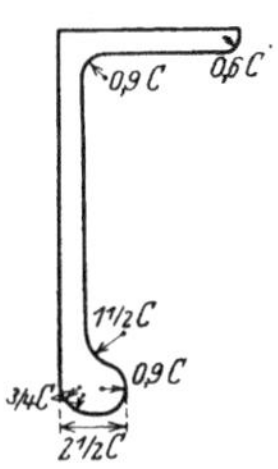

Abb. 125.

Im Februar 1903 erschien dann das Verzeichnis der „British Standard Sections“, das britische Normalprofilbuch. In demselben waren die Schiffbauprofile nicht besonders bezeichnet, sondern standen unter den anderen Profilen für Hochbau usw. Angenehm war an diesem Profilverzeichnis die verhältnismäßig geringe Zahl der Profile im Vergleich mit den damals in Deutschland üblichen (129 Profile in 205 Dicken, gegenüber 172 Profilen und 445 Dicken des deutschen Normalprofilbuchs für Hochbau und Schiffbau).

Der deutsche Schiffbau hatte damals 121 Profile mit 384 gewalzten Dicken. Lloyd's Register nahm die British Standard Sections erst im Jahre 1909 in seine Bauvorschriften auf. Bis dahin galten als Norm die alten Formen vom Jahre 1895.

Die British Standard Sections von 1903 bedeuteten in der Form und Wertigkeit einen großen Fortschritt. Es gab dies Veranlassung, auch in Deutschland die Normalprofile einer Revision zu unterziehen, welche das Verzeichnis der Schiffbau-Normalprofile vom Jahre 1908 zeitigte. Die deutschen Schiffprofile wurden 1914 wieder neu herausgegeben und erfuhren in den Jahren 1921 bis 1926 eine vollständige Umarbeitung.

Die deutschen Normalprofile sind jetzt in den deutschen Industrie-Normen (DIN) zusammengestellt. Sie umfassen I-Eisen, breit und parallelflanschige I-Eisen, Wagenbau-I-Eisen, [-Eisen, Schiffbau-[-Eisen, Sonder-[-Eisen (Wagenbau-[-Eisen und Stellwerk-[-Eisen), ⅂L-Eisen, Quadrateisen gewalzt, Bandeisen gewalzt, Flacheisen gewalzt, Breiteisen gewalzt, hochstegige ⊥-Eisen, breitfüßige ⊥-Eisen, gleichschenklige Winkeleisen, ungleichschenklige Winkeleisen, Schiffbau-Wulsteisen (Flachwulsteisen und Winkel-Wulsteisen usw.). In diesen Normalien ist die Erfahrung der letzten Jahrzehnte von allen eisenerzeugenden und eisenverbrauchenden Fachverbänden niedergelegt.

Die deutschen Schiffbauprofile haben in den letzten dreißig Jahren mannigfache Änderungen durchgemacht, welche sich zum Teil durch Wechsel in der Bauweise der Schiffe ergaben, zum Teil dadurch, daß manche Profile zu sehr nach theoretischen Grundsätzen ohne Rücksicht auf die praktische Verwendbarkeit geformt gewesen waren. Letzteres gilt namentlich von den [-Profilen und L-Profilen, sowie den Wulstwinkeln, welche Ende der neunziger Jahre gewalzt wurden; die Stege dieser Profile waren zu dünn und verwanden sich bei Biegungsbeanspruchungen.

b) Die einzelnen Profilformen. Das Winkelprofil. Im April 1908 erschien ein Verzeichnis der Normalprofile für Schiffbaustahle, herausgegeben vom Schiffbaustahl-Kontor G. m. b. H. in Essen, für die der Schiffbaustahl-Vereinigung angehörenden Profil-Walzwerke. Dieses Verzeichnis enthielt 22 gleichschenklige Winkelprofile mit insgesamt 112 Dicken. Eine so große Zahl gleichschenkliger Winkel ist für den Schiffbau nicht erforderlich; es genügt die Hälfte dieser Profile, aber da die anderen eisenverarbeitenden Gewerbe wie Brückenbau, Hochbau usw. sehr viel gleichschenklige Winkel verbrauchen, so ist in der Beschaffung derselben niemals eine Schwierigkeit eingetreten. Da die gleichschenkligen Winkel im Schiffbau durchweg zur Verbindung von Platten verwendet werden, so genügen lediglich die zur Vernietung erforderlichen Schenkelbreiten. In dem Verzeichnis der Schiffbau-Normalprofile vom Jahre 1914 ist denn auch die Zahl der gleichschenkligen Winkel dieselbe geblieben. In den neuen deutschen Industrienormen ist die Zahl der gleichschenkligen Winkel für Schiffbauzwecke auf das Mindestmaß heruntergesetzt; da aber die Winkel nicht als Spezialprofile, sondern allgemein als deutsche Normalprofile aufgestellt wurden, so ist durch den Bedarf der anderen Winkeleisen verarbeitenden Industrien die Zahl auf 24 Profile mit 136 Dicken gestiegen. Abb. 126 gibt den gleichschenkligen Winkel nach den Dinormen.

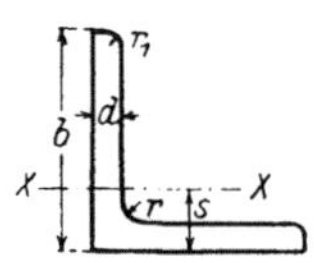

Abb. 126.

Eine andere Entwicklung hat der ungleichschenklige Winkel durchgemacht. In den früheren Zeiten des Eisenschiffbaues das am häufigsten gebrauchte Profil, stand es in dem Profilheft von 1908 mit 46 Profilen in 140 Dicken, obwohl schon seit den achtziger Jahren seine Verwendung rasch abnahm. Durch Einführung der Doppelböden traten an die Stelle der im wesentlichen aus ungleichschenkligen Winkeln bestehenden Kielschweinkonstruktionen die Seitenträger aus Interkostalplatten, welche mit der Außenhaut, der Tankdecke und den Bodenstücken durch gleichschenklige Winkel verbunden wurden. Die Spanten und Gegenspanten, die sonst ungleichschenklige Winkel waren, wurden im Doppelboden durch gleichschenklige Winkel gebildet, im Raum wurden sie durch [-Wulstwinkel oder [-Profile ersetzt. Als Stringerwinkel der unteren Decks war der ungleichschenklige Winkel schon in den siebziger Jahren durch den gleichschenkligen ersetzt, in den oberen Decks waren in den achtziger Jahren die bis dahin ungleichschenkligen Stringerwinkel gleichschenklig geworden. Als Garnierungswinkel der Wulstplattenbalken T verschwanden sie, als die T-, [- und [-Balken in Aufnahme kamen. Sie werden heute noch als Spantwinkel, Schottwinkel und Kielschweinwinkel bei kleineren Schiffen gebraucht. Häufigere Verwendung finden ungleichschenklige Winkel dagegen im Tankerbau, und da dieser in den letzten Jahren in Deutschland wieder rege geworden ist, hat die Verwendung der ungleichschenkligen Winkel wieder zugenommen. Sie werden jetzt auch wieder als Spant und Gegenspant bei den Doppelbodenkonstruktionen mit offenen Bodenstücken verwendet. Endlich hat die Einführung des Längsspantensystems in den Handelsschiffbau die Nachfrage nach ungleichschenkligen Winkeln, besonders nach solchen großer Abmessungen gesteigert; hier dient er als Gurtungswinkel der Rahmen und der Bodenstücke. Im Frachtdampferbau wird er als unterer Gurtungswinkel der Decksunterzüge verwendet. In den deutschen Industrie-Normen von 1928 findet sich der ungleichschenklige Winkel mit 28 Profilen in 87 Dicken einschließlich der Hochbau-, Waggonbau-, Brückenbau-, Lokomotiv- usw. Profile. Abb. 127 stellt den ungleichschenkligen Winkel nach den Dinormen dar.

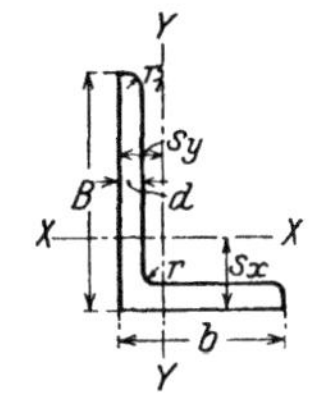
Abb. 127.

Der Wulstwinkel. Während die Winkel in ihrer Form unverändert geblieben sind und sich nur die Zahl der Profile verändert hat, ging die Entwicklung bei dem speziellen Schiffbauprofil, dem Wulstwinkel, wesentlich anders vor sich. Die Dicke des Steges und die Form des Wulstes sind mehrmals Veränderungen unterworfen worden. Die ersten deutschen Wulstwinkel lehnten sich in der Form des Wulstes an die von Lloyd's Register 1895 aufgestellten Abmessungen an. In dem Profilverzeichnis von 1908 hat der Wulstwinkel zu massige Formen angenommen. Es waren im ganzen 11 Profile, die in je 3 Dicken mit $1^1/_2$ mm Stufung gewalzt wurden. Die Stegdicke war zu groß, man war gegenüber den zu dünnen Stegen der neunziger Jahre in das entgegengesetzte Extrem verfallen. (Auch die englischen von Lloyd's vorgeschriebenen Profile hatten bis zu der Umwälzung im Jahre 1909 bei kleinen Wulstwinkeln eine Stegdicke = $^1/_{10}$ der Steghöhe, beim größten immer noch $^1/_{14}$.) Die große Stegdicke ergab ein außerordentlich ungünstiges Verhältnis des Widerstandsmoments zum Querschnitt; dazu trug auch die unglückliche Form des Wulstes bei, welcher kreisförmigen, verhältnismäßig großen Querschnitt hatte und die neutrale Achse zu weit von der Mitte des Querschnittes nach unten zog (Abb. 128). Der große Querschnitt des Wulstes hatte zur Folge, daß bei der Bearbeitung im Glühofen entweder der Wulst nicht genügend durchgeglüht wurde, um das Spant zu biegen, oder wenn er warm genug wurde, der Steg verbrannte. Als nun 1909 Lloyd's Register in seinen Bauvorschriften die British Standard Sections mit den dünnen Stegen zugrunde gelegt hatte, kamen die deutschen Wulstwinkel mit den dicken Stegen und der unglücklichen Wulstform heraus. Infolgedessen wurden in dem Verzeichnis der Schiffbau-Normalprofile vom Jahre 1914 die Wulstwinkel in Form, Zahl und Stegdicke von Grund auf geändert. Die Zahl der Profile war auf 22 mit zusammen 110 Dicken vermehrt, auch die Form des Wulstes wurde geändert. Er bekam eine schlankere Form, welche ein leichteres Bearbeiten im Glühofen ermöglichte (Abb. 129).

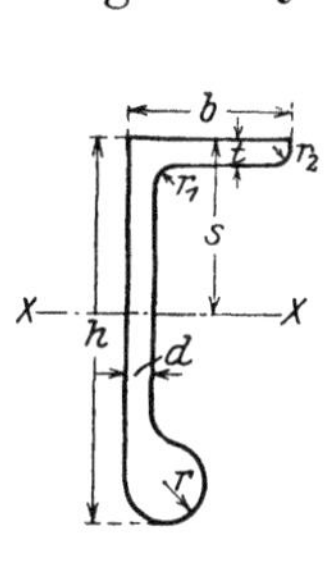
Abb. 128.

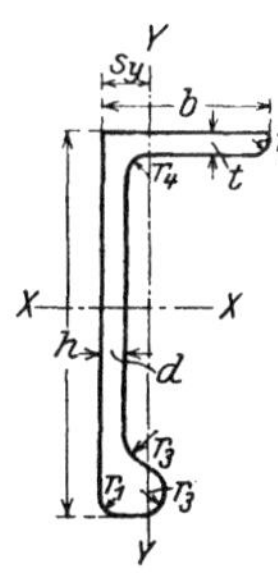
Abb. 129.

Dann gab die British Engineerings Standards Association, welche im Jahre 1918 an die Stelle des British Standard Committee getreten war, im Jahre 1920 ein neues Profilbuch heraus, welches bezüglich der Wulstwinkel große Verbesserungen aufwies. Namentlich die Form des Wulstes hob die neuen Profile vorteilhaft von den alten ab. An Stelle des ursprünglich kreisförmigen, dann quadratischen bzw. rechteckigen Wulstes hatte man dem Wulst die für das Widerstandsmoment günstige Form eines Dreiecks mit abgerundeten Ecken und 30° Anzug gegeben. Auch die Verhältnisse von Steghöhe zur Stegdicke waren günstig gewählt. Dieses neue englische Wulstwinkelprofil war dem deutschen Profil vom Jahre 1914 derartig überlegen, daß auch in Deutschland neue Wulstwinkelprofile in den deutschen Industrie-Normen aufgestellt wurden, und zwar in Anlehnung an die neuen englischen Wulstwinkel. An Stelle der bisherigen 22 Wulstwinkelprofile mit 110 Dicken sind jetzt 16 Wulstwinkel mit zusammen 99 Dicken getreten (Abb. 130). Während die alten Profile nur bis 300 mm gingen, gehen die neuen bis 380 mm. Die Widerstandsmomente sind bei gleichem Gewicht erheblich höher als bei den früheren Wulstwinkeln. Einen besonderen Vorteil haben die neuen Profile noch insofern, als der Abrundungsradius des Wulstes nicht so weit in den Steg hinaufreicht, daß also bei der Vernietung mit Winkeln verhältnismäßig kurze Schenkelbreiten genügen. Das gleiche gilt für die Abrundungsradien an der äußeren Flanschkante, während sonst der Radius nur wenig unter Flanschdicke betrug, beträgt er heute kaum die halbe Dicke. Es hat also der Nietkopf im Flansch breitere Auflageflächen als früher, d. h. man kann Profile mit entsprechend schmälerem Flansch beim gleichen Nietdurchmesser wählen. Die neuen Profile sind von verschiedenen Walzwerken schon eingeschnitten, so von der Gutehoffnungshütte die Wulstwinkel bis 300. Es droht also der deutschen eisenverbrauchenden Industrie nicht das Schicksal der englischen. Die im Jahre 1920 von der British Engineering Standards Association aufgestellten neuen Profile wurden nämlich in England von den meisten Werken überhaupt nicht eingeschnitten, so daß Lloyd's Register of Shipping im Juni 1926 in seinen Bauvorschriften für stählerne Seeschiffe erklären mußte, daß nicht mehr die Normalprofile des Jahres 1920, auf welchen die Bauvorschriften der Jahre 1922 bis 1925 basierten, als Grundlage gelten sollten, sondern die alten Standard Sections vom Jahre 1914.

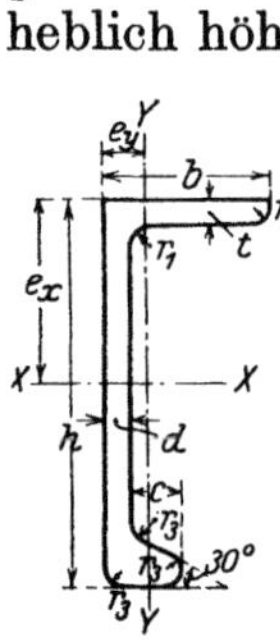

Abb. 130.

Das ⊏-Profil. In den deutschen Bauvorschriften treten die ⊏-Profile zum erstenmal im Jahre 1892 auf. Es waren verhältnismäßig dünnstegige Profile mit ebenfalls dünnen Flanschen, welche im Verhältnis zu ihrem Gewicht nur ein geringes Widerstandmoment hatten. Dann wurden sie mit zu dünnen Stegen und dicken Flanschen gewalzt; infolgedessen wich der Steg bei Biegebeanspruchungen seitlich aus. Trotz dieser Mängel wurde das ⊏-Profil Ende der neunziger Jahre und im ersten Jahrzehnt dieses Jahrhunderts immer mehr im Schiffbau angewendet, namentlich als Spantprofil und als Deckbalkenprofil. Es war dem Wulstwinkel an Wertigkeit überlegen, denn es hatte ein größeres Widerstandsmoment als der Wulstwinkel vom gleichen Gewicht. Dies machte das ⊏-Profil besonders als Deckbalken beliebt, da die Balken hierbei eine verhältnismäßig geringe Höhe erhielten, der freie Raum unter Deck also immer 25 bis 50 mm höher war als bei der Verwendung von Wulstwinkeln. Bei der Verwendung als Spant bot es den großen Vorteil, daß die zahlreichen Raumstringer sich mit dem Innenflansch des ⊏-Spants gut vernieten ließen. Heute hat der Wulstwinkel beim stringerlosen Schiff das ⊏-Profil völlig verdrängt und wird auch in den Bauvorschriften der Klassifikationsgesellschaften nicht mehr aufgeführt mit Ausnahme der Profile von 300 mm an, weil es bis vor kurzem keine Wulstwinkel über 300 mm gab und in Deutschland zur Zeit größere Wulstwinkel als 300 noch nicht gewalzt werden, obwohl die Dinormen solche bis 380 mm vorsehen. Der Verbrauch des ⊏-Profils ist nicht wie der des Wulstwinkels auf den Schiffbau allein beschränkt, sondern wird fast von allen eisenverarbeitenden Industrien mit mehr oder minder vielen Sonderabmessungen verwendet. Die neuen deutschen Industrienormen (DIN) führen 21 ⊏-Eisen für den allgemeinen Eisenbau mit 21 Dicken auf, darunter ein Sonder-⊏-Eisen für den Fachwerkbau, 12 Schiffbau-⊏-Eisen in 55 Dicken, 8 Wagen-⊏-Eisen in 8 Dicken, 2 Stellwerkbau-⊏-Eisen in 2 Dicken, zusammen 43 Profile. Die englischen Standard Sections kennen für alle Zwecke zusammen nur 18 Profile.

In dem Verzeichnis der Schiffbaunormalprofile vom Jahre 1908 waren an den ⊏-Profilen verschiedene Verbesserungen vorgenommen worden (Abb. 131); man hatte gewissermaßen 2 Reihen von Profilen aufgestellt, eine dünnstegige, schmalflanschige für Deckbalken und eine dickstegige breitflanschige für Spanten; insgesamt waren in dem

Verzeichnis 18 Profile mit 75 Dicken aufgeführt. Dieselben Profile wurden auch im Jahre 1914 beibehalten (Abb. 132) und nur um eins mit den Abmessungen 250 × 95 × 15,3 × 16 mm vermehrt. Schon damals waren die dicken Flanschen der Profile nicht mehr berechtigt, weil das Profil nicht mehr als unabhängiger Träger, sondern nur mit Platten vernietet verwendet wurde. Inzwischen ist das ⊏-Profil aus dem Handelsschiffbau wieder ziemlich verschwunden. Es wird, soweit es Ersatz durch Wulstwinkel gibt, im Handelsschiffbau nicht mehr verwendet, weil es mehr rostet und weil die scharfen Kanten häufig die Ladung beschädigen und die Reedereien infolgedessen keine ⊏-Profile als Spanten und Deckbalken haben wollen. Aus den bisherigen Schiffbau-⊏-Eisen sind 8 Profile gestrichen und die Profilreihe noch um die ⊏-Profile 350 × 100, 380 × 100 und 400 × 110 erweitert (Abb. 133).

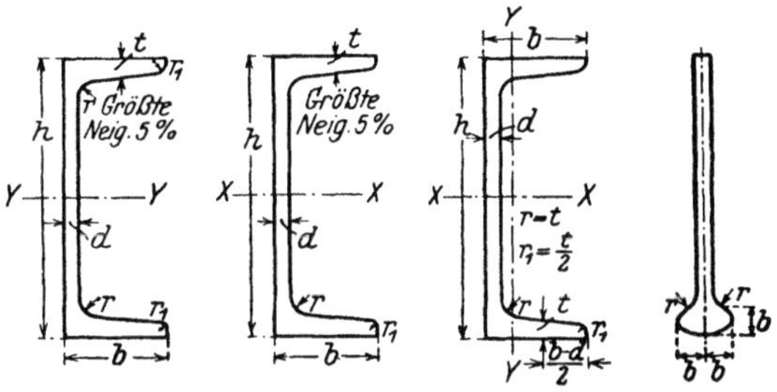

Abb. 131. Abb. 132. Abb. 133. Abb. 134.

Das Flachwulstprofil (Abb. 134), einst das Grundprofil für alle Deckbalken, findet heute im Schiffbau nur für wenige Zwecke Verwendung. Als Balkenprofil mit 2 Winkeln an der Oberkante war es ursprünglich von keinem anderen Profil zu ersetzen. Solange die Decks fast ausschließlich aus Holz waren, war der Deckbalken ein unabhängiger Träger, für den nur der symmetrische Querschnitt in Frage kam. Zur Befestigung der Decksplanken waren die beiden Winkel an der Oberkante vorzüglich geeignet. Aber schon der ⊤-Träger machte die Verwendung des Flachwulstes seltener; er findet sich heute noch als Schanzkleid- und Luksüllstütze sowie als Schlingerkiel und in seltenen Fällen als Balkenkiel sowie bei den Kielschweinen kleinerer Schiffe. Von den 11 Flachwulstprofilen mit 31 Dicken sind in den neuen deutschen Industrienormen nur noch 3 geblieben, und diesen hat man die alte Form des Wulstes belassen, obwohl die neuere der englischen Standard Sections ein viel höheres Widerstandmoment aufweist. In den Standard Sections sind nur mehr 2 Flachwulste angegeben, einer von 7″ = 178 mm und einer von 10″ = 254 mm Höhe.

⊤-wulstprofil. Während der Flachwulst wenigstens noch eine beschränkte Verwendung findet, ist das ⊤-Profil, welches im letzten Normalprofilbuch noch in 9 Größen aufgeführt war, gänzlich aus dem Handelsschiffbau verschwunden. Weder die British Standard Sections noch die neuen deutschen Industrienormen führen es mehr auf.

Das Z-Profil kam Anfang der neunziger Jahre im deutschen Schiffbau als Ersatz für die zusammengenieteten Spant- und Gegenspantwinkel in Aufnahme, seine Verwendung nahm infolge der Durchbildung des günstigeren ⊏-Profils aber bald wieder ab. Schon in dem Verzeichnis der Normalprofile für Schiffbaustahle 1908 waren eigentlich nur mehr Z-Versteifungsprofile angegeben, die auch heute noch für Schachtversteifungen verwendet werden. Die größte Profilhöhe im Jahre 1908 war 140 mm; im Jahre 1914 wurde eine Anzahl Z-Profile ausgemerzt, dafür aber die Profilreihe bis 200 weitergeführt, und so ist sie auch in die neuen deutschen Industrienormen übernommen worden (Abb. 135). Die englischen Standard Sections führen das L-Profil nicht mehr auf, obwohl namhafte englische Werften es noch als Raumspanten bis zu 300 mm Höhe verwenden.

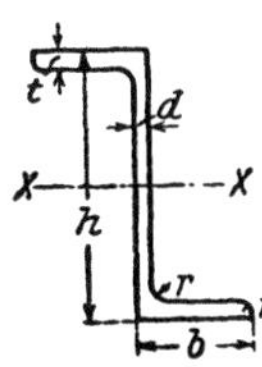

Abb. 135.

Das ⊥-Profil wurde schon in den ersten Zeiten des Eisenschiffbaues verwendet. Seine für sich kreuzende Verbände passende Form ließ seine Verwendung namentlich bei den zahlreichen Kielschweinen zu, wo es mit Wulstschienen vernietet wurde; auch Deckbalken stellte man vielfach in der Weise her, daß man an das ⊥-Eisen einen Flachwulst schweißte. Bei der weiteren Entwicklung des Eisenschiffbaues fand es eigentlich nur im holländischen Fluß- und Küstenschiffbau umfangreichere Verwendung, wo auf den Bodenwrangen eine ganze Anzahl Kielschweine aus Profilen angebracht zu werden pflegen. Sodann fand es Verwendung als Fuß für die Schanzkleidstützen und zur Verbindung der Kimmkielschienen mit den Kimmplatten der Außenhaut. Das Profilverzeichnis von 1908 führt 11 verschiedene Profile auf, von 60 bis 200 mm Höhe, aber durchweg nur breitfüßige. Das Profilbuch von 1914 teilt die ⊥-Profile in breitfüßige (Abb. 137) und hochstegige (Abb. 136), von ersteren 11, von letzteren 5.

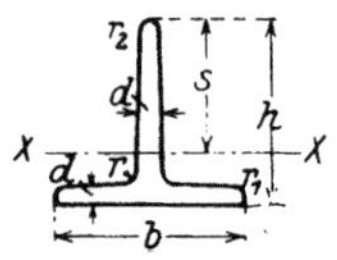
Abb. 136.

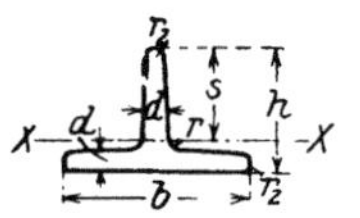
Abb. 137.

Der im letzten Jahrzehnt aufblühende Tankdampferbau hat für das ⊥-Profil wieder eine häufigere Verwendung gebracht. Um die Schwierigkeiten einer festen und öldichten Verbindung der Querschotte mit dem Mittellängsschott zu umgehen, hat man an der Kreuzungsstelle das Querschott durchgehen lassen und das Mittellängsschott mit ⊥-Profilen an das Querschott genietet. Dadurch ist die Anzahl der Nieten, welche durch 3 Dicken gehen, um die Hälfte verringert gegenüber der Bauweise mit 4 Winkeln, ebenso die Anzahl der Stemmkanten. Außerdem ist die Verbindung mit ⊥-Profilen wesentlich zugfester als die mit 4 Winkeln. Seitdem hat die Verwendung der ⊥-Profile bei öldichten Nietungen erheblich zugenommen. Statt der doppelten Begrenzungswinkel öldichter Schotte, ferner zur Verbindung der Kimmstützplatten mit der Randplatte in ölführenden Doppelböden, verwendet man statt doppelter Winkel ⊥-Profile, welche im Steg doppelte Nietung gestatten. Um diesem Bedürfnis gerecht zu werden, hat die deutsche Normal-Profilkommission in die deutschen Industrie-Normen neue ⊥-Profile 160 × 160 × 12 und 160 × 160 × 16 eingeführt.

Das I-Profil. Von den im Schiffbau verwendeten Profilen spielt das I-Profil eigentlich die geringste Rolle. Obwohl Scott Russel in seinem Werk „The modern system of naval architecture" das Profil als das vollkommenste bezeichnet hat, und das nicht mit Unrecht, weil es in den äußersten Fasern das meiste Material angehäuft hat und symmetrisch ist, theoretisch also das beste Profil ist, so ist es im Handelsschiffbau nicht recht zur Geltung gekommen. Als Maschinenfundament, als Kranbahn im Maschinenschacht und sonst bei lokalen Beanspruchungen wird der Differdinger I-Träger, auch Grey-Profil (in den deutschen Industrienormen als „breit- und parallelflanschiges I-Eisen bezeichnet") gebraucht; er kommt in 19 Profilen steigend von 160 mm Höhe bis 600 mm Höhe vor. Der große Unterschied gegenüber dem gewöhnlichen im Hochbau üblichen I-Eisen besteht darin, daß die Flanschen bei letzteren einen Anzug bis zu 14° (Abb. 138) haben, während bei dem breitflanschigen Träger die Flanschen keinen Anzug haben, sondern unter 90° gegen den Steg verlaufen (Abb. 139). Bei den englischen I-Profilen der British Standard Sections beträgt der Anzug 8°.

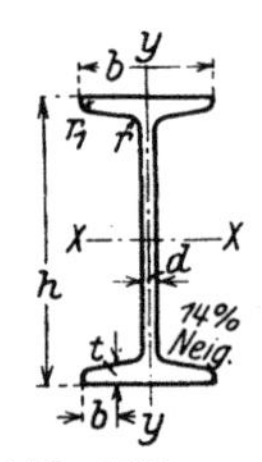
Abb. 138.

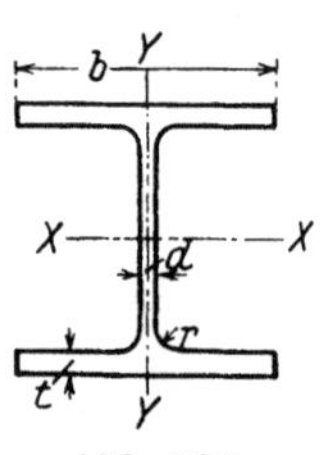
Abb. 139.

Das Lukenprofil (Abb. 140) bildete früher bei Anordnung der querschiffsliegenden Lukendeckel das Garnierungsprofil für die Oberkante der Luke. Seitdem aber die Lukendeckel allgemein längsschiffs gelegt werden, bringt man sie meist nur noch an den Quersüllen an, da für die Längskante der Lukendeckel an den Längssüllen eine Auflage nicht in Frage kommt und diese genau wie die anderen Lukendeckel nur auf den Einschiebebalken bzw. den Quersüllen aufliegen. Man ersetzt daher die Lukenprofile an den Längssüllen durch einfache Halbrundeisen an der Oberkante der Längssüllplatten. Dort wo die Lukendeckel dachförmig angeordnet sind, wie dies allgemein in den Luken in der Well oder auf dem Wetterdeck üblich ist, nimmt man auch bei längsliegenden Lukendeckeln für die Längssülle wieder Lukenprofile.

Abb. 140.

Das Jackstagprofil (Abb. 141) kommt, abgesehen vom Jachtbau, im eigentlichen Handelsschiffbau nur noch vor, wo man zu Aushilfe Segel fährt und keine Mastringe anbringen kann, weil eiserne Raumleitern am Mast oder dergleichen die Führung von Mastringen verhindern.

Abb. 141.

Das Reelingprofil in flachrückiger oder rundrückiger Ausführung bildet den oberen Abschluß, gewissermaßen die Handleiste auf der Oberkante des Schanzkleides. Es überdeckt die Oberkante der Schanzkleidplatte, damit der Regen oder das Seewasser nicht an der Schanzkleidplatte herunterlaufen und Roststreifen bilden kann. Bei sehr einfachen Frachtdampfern nimmt man statt der Reelingprofile auch einen einfachen Wulstwinkel, den man an die Oberkante Schanzkleid nietet, so daß der Steg die Oberkante der Schanzkleidplatte überdeckt.

Das Halbrundprofil kommt im Handelsschiffbau in 2 Arten vor, als scharfkantiges (Abb. 142) Profil und mit abgerundeten Kanten (Abb. 143). Wo außenbords Halbrundeisen angebracht werden, ist es Bedingung, daß sie wasserdicht vernietet werden, weil sonst das Wasser zwischen Halbrundeisen und Platten durchdringt und lange Roststreifen verursacht. Das Halbrundprofil mit abgerundeten Kanten läßt sich leichter verstemmen als das scharfkantige Halbrundprofil. Früher hatten die Schiffe an der Oberkante des Schanzkleides Halbrundleisten und bei den Passagierdampfern werden sie heute noch vielfach als Zierleisten verwendet, wenn auch nicht so häufig wie in früheren Zeiten. Als Abweiser und als Beschlag auf hölzernen Scheuerleisten werden die Halbrundprofile aller Abmessungen und Formen heute noch vielfach gebraucht.

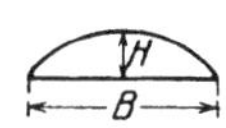
Abb. 142.

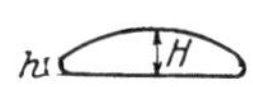
Abb. 143.

Das Normalprofil. Deutsche Ausführung. Bedingt durch die Art der Herstellung sind die Profile unter einem bestimmten Winkel in die Walzen eingeschnitten. Da nun nicht für jede vorkommende Dicke eines Profils ein besonderes Walzenpaar vorgesehen werden kann, kann man die Walzen auch nicht zusammendrücken, wohl aber voneinander abheben, so ist das dünnste Profil gewöhnlich das Normalprofil, d. h. Längen-, Breiten- und Dickenabmessungen sind genau wie im Normalprofilbuch angegeben. Bei stärkeren Abmessungen, für deren Fertigung die Oberwalze angehoben wird, werden z. B. bei den gleichschenkligen Winkeln die Schenkel entsprechend breiter und die Kanten nicht mehr ganz scharf. Man geht deshalb bei den Profilen in den Dickenunterschieden meist nicht über 3 mm; hat man größere Dickenunterschiede, so sind zwei oder mehr Normalprofilwalzen für ein Profil erforderlich; besonders bei Winkelprofilen sind häufig die Stärkenunterschiede so groß, daß man mit einem Walzenpaar nicht mehr auskommt. Bei den ungleichschenkligen Winkeln werden bei von den Normalabmessungen abweichenden Dicken die Schenkel nicht gleichmäßig stark und an ihren Enden nicht voll. Eine Anzahl häufig vorkommender Profile wie 200 × 90, 225 × 90, 250 × 90 wurden schon bisher bei Abnahme größerer Mengen auch in größeren Dicken scharfkantig geliefert, d. h. man hatte für dasselbe Profil mehrere Walzenpaare für verschiedene Dicken.

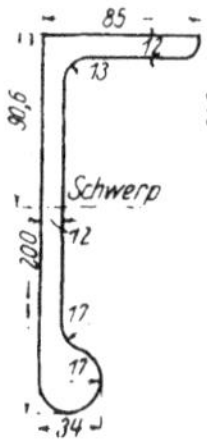
Abb. 144.

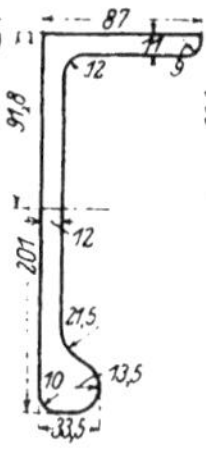
Abb. 145.

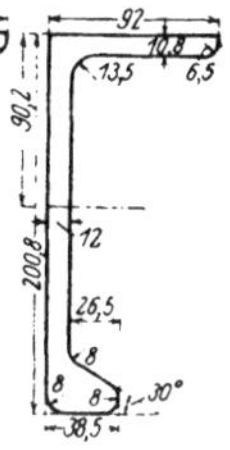
Abb. 146.

Bei den Wulstwinkelprofilen ist der Unterschied (Abb. 144 ist Normalprofil) noch stärker. Wächst die Stegdicke um 3 mm, so wächst die Flanschdicke nur um 1 mm und dementsprechend die Profilhöhe um 1 mm, während die Flanschbreite um 3 mm größer wird. Nach dem Verzeichnis der Normalprofile von 1908 war das Profil ⌈ 200 × 85 × 12 Normalprofil und folglich Steg und Flansch (Abb. 144) gleich stark; nach dem Verzeichnis der Normalprofile von 1914 war dagegen Γ 200 × 85 × 10 Normalprofil und folglich bei dem Wulstwinkel 200 × 85 × 12 die Steghöhe 201 mm, die Stegdicke 12, die Flanschdicke aber nur 11 und die Flanschbreite 87 mm (Abb. 145). Inzwischen ist in den deutschen Industrienormen das Profil Γ 200 × 85 gestrichen und an dessen Stelle Γ 200 × 90 gesetzt worden, das Normalprofil ist 10 mm dick und das Profil in die Walzen so eingeschnitten, daß bei 1 mm Zuwachs in der Stegdicke die Steghöhe und die Schenkeldicke um 0,4 mm wachsen. Das Profil Γ 200 × 90 × 12 mißt also genau 200,8 × 92 × 12 mit einer Flanschdicke von 10,8 mm (Abb. 146).

Bei den [-Profilen, welche parallel zum Steg eingeschnitten sind, sind die Flanschenseiten nicht parallel, sondern die Innenseite der Flanschen hat 5% Anzug; Steg und Innenkante der Flanschen stehen also im Winkel von etwa 95° zueinander. Die Profile werden hier für die geringsten und 1 mm größeren Stegdicken scharfkantig; für die größeren Dicken werden die Flanschen an den Außenkanten etwas unrund, die Flanschdicke bleibt praktisch dieselbe wie beim Normalprofil. Bei den übrigen deutschen Schiffbauprofilen ist immer für jede Größenabmessung nur eine Dicke vorgesehen.

Englische Ausführung. Für die British Standard Sections von 1914, welche vom Juli 1926 ab wieder als Normalprofile anzusehen sind, gilt das für die gleichschenkligen und ungleichschenkligen Winkel auch bei den deutschen Normalprofilen Gesagte. Bei den Wulstwinkeln wächst die Dicke des Flansches um den halben Betrag der Zunahme der Stegdicke (siehe Abb. 147 bis 149). Bei den [-Profilen ist der Anzug des Flansches nur 2°.

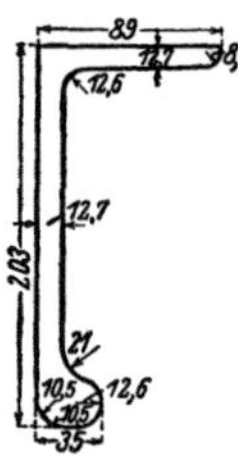
Abb. 147.

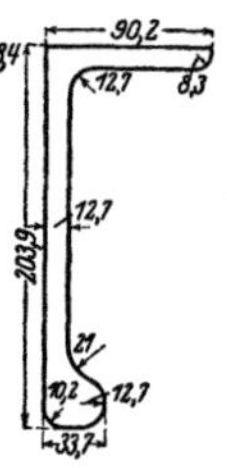
Abb. 148.

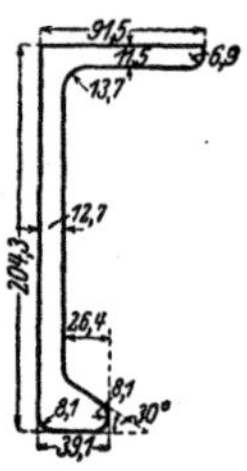
Abb. 149.

Bei den Winkeln sind je nach dem Gesamtumfang des Dickenunterschiedes für das genaue Normalprofil 2 bis 3 Dicken angegeben, eine geringste und eine größte. Für die ungleichschenkligen Winkel von 165 × 115 bis 250 × 100 ist nur eine mittlere Normaldicke angegeben. Die übrigen Profile haben alle eine normale Dicke nach dem genauen Standard-Profil, daneben eine Minimaldicke, in welcher die Profile noch gewalzt werden und welche durchschnittlich ca. $^1/_{15}$ unter der Normaldicke liegt, und die Maximaldicke, in welcher die Profile gewalzt werden.

Die British Standard Sections vom Juli 1920 unterscheiden sich von den jetzt wieder in Geltung gekommenen von 1914 durch mancherlei Vorzüge. Bei den gleichschenkligen Winkeln sind einige Profile ausgemerzt, neue hinzugekommen, jedoch so, daß die Gesamtzahl geblieben ist. Die Abrundungsradien der Schenkel sind durchweg verkleinert, so daß eine größere ebene Auflagefläche für die Nietköpfe und eine größere Schenkelbreite von voller Dicke entstanden ist. Bei den ungleichschenkligen Winkeln ist die Zahl der Profile auf weniger als $^6/_{10}$ der alten Profilreihe verringert. Bei den Flanschen der [-Profile ist der Anzug auf 5° gegen früher 2° vergrößert.

IV. Aufbau des Schiffskörpers.

1. Die Kielkonstruktion.

a) Der Balkenkiel. Dieser stammt aus der Zeit des Holzschiffbaues, wo er den Hauptverbandteil des Schiffes bildete. Da er für das Segelschiff auch noch einen segeltechnischen Sinn hatte und die Dampfer bis Ende der achtziger Jahre des vorigen Jahrhunderts meist noch vollgetakelte Segelmasten hatten, so blieb der massive Balkenkiel bis in jene Zeit auch für Dampfer das übliche. In den Anfängen des Eisenschiffbaues nahm man sogar den Balkenkiel noch vielfach aus Holz (s. Abb. 150). Dies war ein starker Balken von den für Holzschiffe vorgeschriebenen Abmessungen, welcher unter dem eisernen Schiffsboden zwischen zwei Winkeln festgebolzt wurde. Seine Bestimmung war, den Schiffsboden bei Grundberührungen zu schützen, genau wie man später bei den großen Passagierdampfern noch einen eisernen Scheuerkiel unter den Flachkiel nietete. Hölzerne Scheuerkiele bringt man heute noch unter dem Boden von Klappschuten und sonstigen Fahrzeugen an, welche leicht Bodenberührungen ausgesetzt sind.

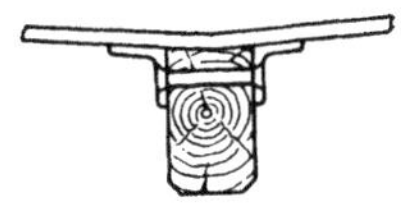

Abb. 150.

Die Abmessungen massiver eiserner Kiele waren bei kleinen Schiffen 150×38 mm und bei Schiffen von 3000 Tons (nach der alten Vermessungsregel) bis zu 300×90 mm. Diese Abmessungen sind bis heute noch geblieben, nur daß man heute, abgesehen von vereinzelten Segelschiffen, keine Schiffe von größeren Abmessungen mehr mit einem massiven Kiel baut. Der Kiel war eines der schwierigsten Stücke, da die dicken Eisenschienen sich nicht leicht bearbeiten ließen und das Zusammensetzen aus mehreren Stücken der Länge oder der Dicke nach viel Arbeit machte. Abb. 151 zeigt einen massiven Kiel, wie er heute noch bei Segelschiffen und Fischdampfern sowie Schiffen mit scharfem Hauptspant üblich ist. Da der Balkenkiel nur bei ganz kurzen Schiffen aus einer Länge besteht, so müssen die einzelnen Stücke aneinander gelascht werden. Die Länge der Laschen muß mindestens die neunfache Dicke des Kiels betragen, und die Nietlöcher in den dünnen Enden dürfen erst gebohrt werden, wenn die Laschen angepaßt sind (s. Abb. 152).

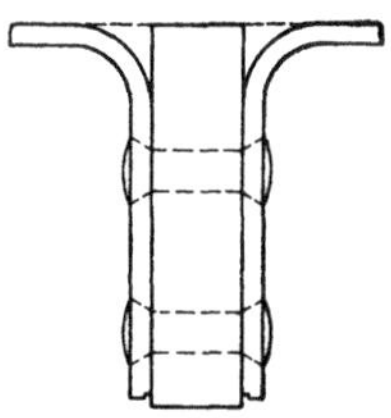

Abb. 151.

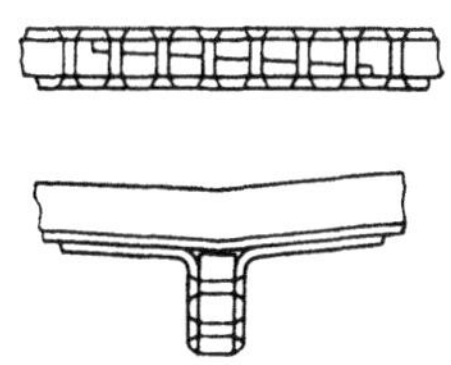

Abb. 152.

Um die mühsame Bearbeitung der schweren massiven Eisenbarren zu umgehen und doch die Wirkung des Balkenkiels zu haben, baute man den Hohlkiel aus einer Platte, die zu kastenförmigem Querschnitt bearbeitet wurde (Abb. 153). Diese Konstruktion ist heute verschwunden, ebenso der halbrunde Hohlkiel (Abb. 154).

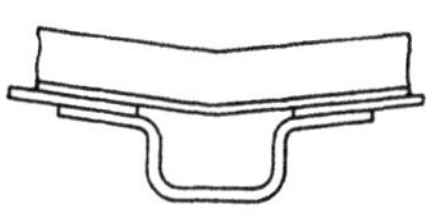

Abb. 153.

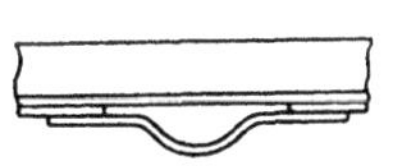

Abb. 154.

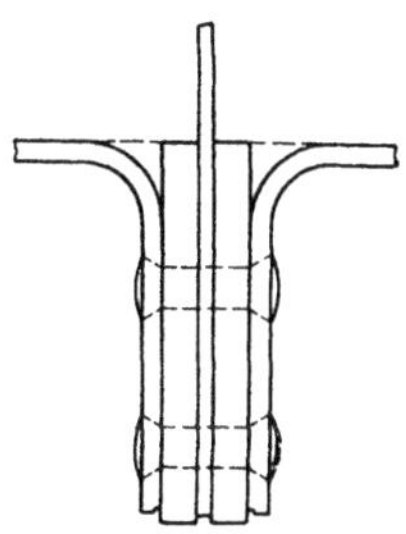

Abb. 155.

Schon frühzeitig ging man dazu über, den massiven Kiel durch Zusammennieten mehrerer Flacheisenstücke herzustellen (Abb. 155). Wenn man die Mittelkielplatte bis zu den Bodenstücken oder darüber hinausgehen ließ, lag diese Bauweise am nächsten. Mit der Hochführung der Mittelkielplatte kommen wir aber gleichzeitig zur Kielschweinkonstruktion.

Kiel und Kielschwein bilden im Stahlschiffbau vielfach eine zusammengehörende Konstruktion. Es seien daher im nachstehenden die Kielkonstruktionen in Verbindung mit den Kielschweinen betrachtet.

Je nachdem das Schiff mit einem Balkenkiel, massiv oder aus mehreren Platten, zusammengenietet oder mit einem Flachkiel gebaut ist, sind die Konstruktionen verschieden.

Bei Schiffen mit einem Balkenkiel unterscheidet man drei verschiedene Bauweisen:

a) Das über der Oberkante der Bodenwrangen frei durchlaufende Kielschwein, welches mit dem Kiel keine Verbindung hat.

b) Das interkostale Kielschwein. Bei diesem reichen zwischen die Bodenstücke eingenietete Zwischenplatten von dem auf der Oberkante der Bodenstücke durchlaufenden Kielschwein auf den Balkenkiel herab.

c) Das Kielschwein mit durchlaufender Mittelkielplatte.

Bei dieser Bauart sind die Bodenwrangen durchschnitten, und die Mittelkielplatte ist mit dem auf der Oberkante der Bodenwrangen durchlaufenden Mittelkielschwein durch Überlappung verbunden. Ist der Balkenkiel aus mehreren Dicken zusammengesetzt, so reicht die durchlaufende Mittelkielplatte bis Unterkante Kiel.

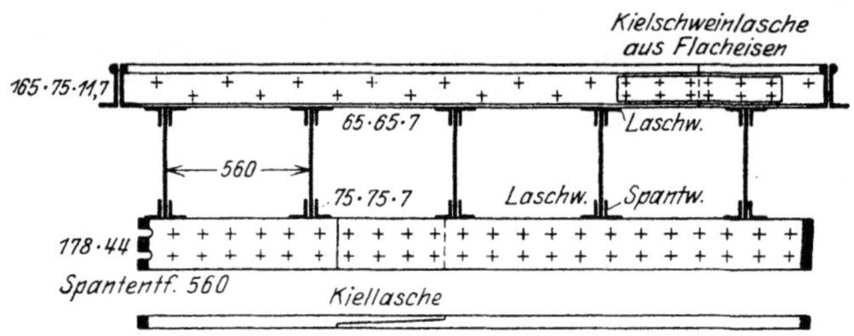

Abb. 157.

b) Das auf den Bodenwrangen stehende Mittelkielschwein (s. Abb. 156 bis 163) findet heute noch vielfach Anwendung bei Schleppdampfern, Fischdampfern, Raddampfern und ähnlichen Fahrzeugen ohne Doppelboden, ferner bei Segelschiffen aller Größen. Der Grund für seine Verwendung ist der, daß man bei kleinen Fahrzeugen die Bodenwrangen nicht gern durchschneidet, weil bei der geringen Höhe der Bodenwrangen zwischen Oberkante, Spantwinkel und Unterkante Gegenspantwinkel nicht genügend Platz für eine ausreichende Vernietung der Vertikalwinkel zur Verbindung der beiden Bodenwrangenhälften bleibt.

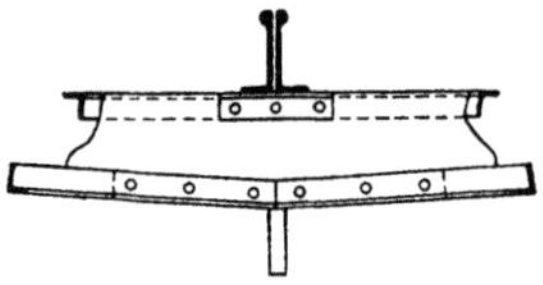
Abb. 156.

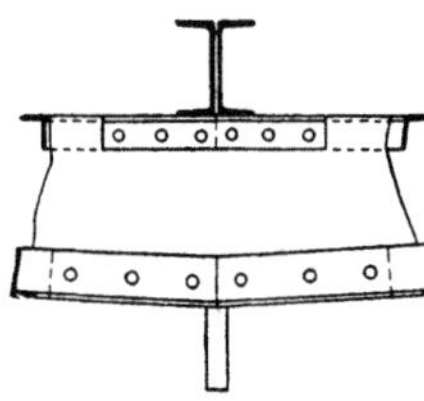
Abb. 158.

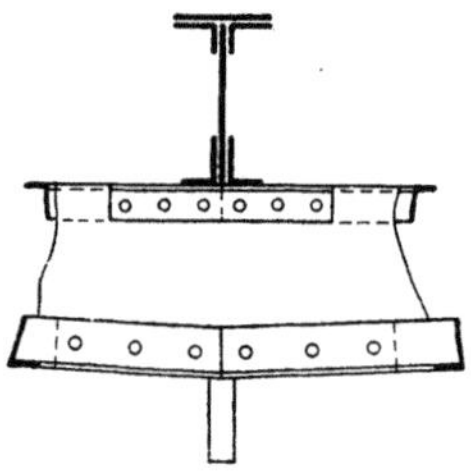
Abb. 159.

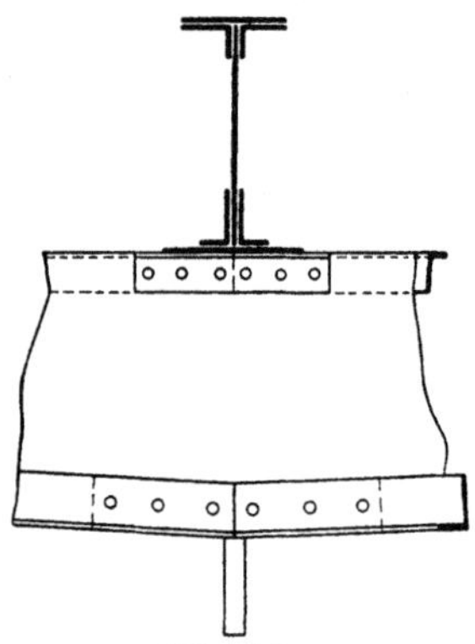
Abb. 160.

Bei Segelschiffen durchschneidet man die Bodenwrangen aus dem Grunde nicht, weil Segelschiffe meist nur ein Querschott, das Kollissionsschott, haben und die Querfestigkeit infolgedessen schon kleiner ist als beim Dampfer mit seinen mehrfachen Querschotten, ferner weil unter dem einseitigen Druck der Takelage die Querverbände ganz anders beansprucht werden als beim Dampfer.

Bei kleinen Schiffen wie Schleppdampfern, Fischdampfern usw. begnügt man sich mit einfachen Profilen, früher war das ⊥-Profil hierfür sehr beliebt. Seitdem aber dieses aus der Reihe der Schiffbauprofile gestrichen ist, verwendet man ⊥-Profile (s. Abb. 161). Schleppdampfer von 20,00 × 5,30 × 3,60 m. Abb. 162 zeigt das Kielschwein eines kleinen

Fischdampfers, bestehend aus einem ⊔-Profil, welches mit dem Steg auf die Gegenspanten aufgenietet ist. Abb. 163 zeigt das Kielschwein eines größeren Fischdampfers, bestehend aus einem Wulstwinkel mit angenietetem, gleichschenkligem Winkel, gewissermaßen ein Ersatz für das früher übliche ⊥-Profil. Bei Schiffen dieser Größe baut man das Kielschwein auch aus zwei, Rücken an Rücken genieteten Wulstwinkeln zusammen (s. Abb. 156 und 157). Für etwas größere Schiffe verwendet man Rücken an Rücken genietete ⊏-Profile (s. Abb. 158). Bei Schiffen von etwa 70 m Länge ergab sich ein Träger aus vier Kielschweinwinkeln und einer vertikalen Stegplatte mit einer Gurtplatte von der Dicke der Stegplatte und einer Breite,

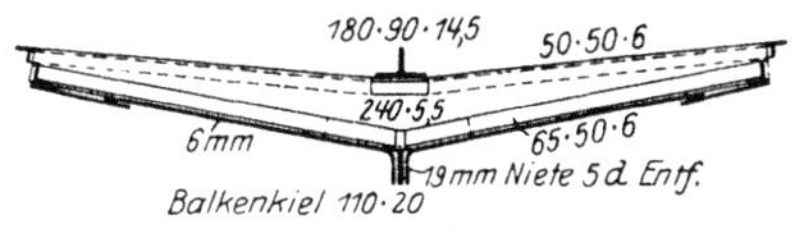

Abb. 161.

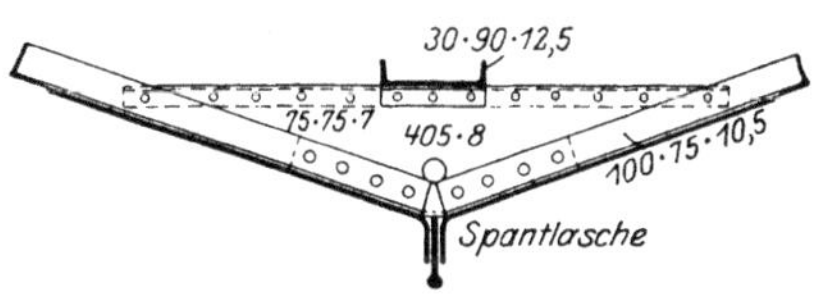

Abb. 162.

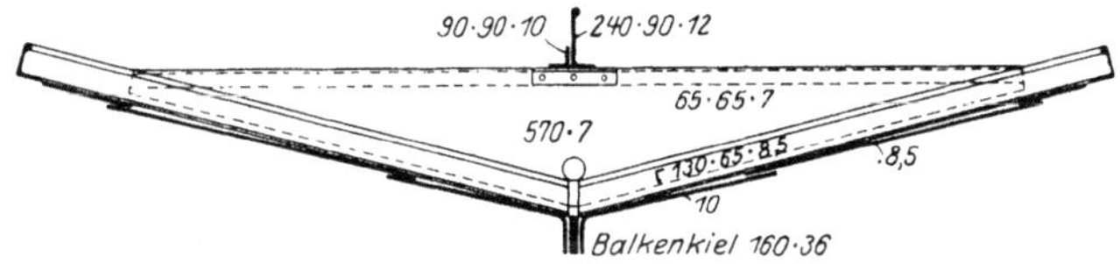

Abb. 163.

entsprechend den beiden Schenkeln der oberen Winkel zuzüglich der Plattendicke der Mittelplatte (Abb. 159).

Alle bisher erwähnten Kielschweinarten waren mit 4 Nieten auf der Oberkante der Bodenstücke befestigt, zwei Nieten durch das Gegenspant und zwei Nieten durch den Lugwinkel, welcher an der Kreuzung des Kielschweins mit der Bodenwrange an der Rückseite der Bodenwrange anzubringen war. Bei dem Trägerkielschwein mußte die obere Gurtplatte sich über $^3/_4$ der Länge mittschiffs erstrecken. Die Stöße der Gurtungswinkel mußten untereinander und mit den Stößen der Stegplatte und der oberen Gurtungsplatte sorgfältig verschießen und mit Stoßblechen versehen sein. Die unteren Winkel des Trägers legte man dabei nicht mit dem breiten Schenkel auf die Bodenwrangen — wobei man nicht nur eine breitere untere Gurtung, sondern auch die Möglichkeit gehabt hätte, das Kielschwein durch 8 Nieten mit jeder Bodenwrange zu verbinden, anstatt nur durch vier Nieten —, sondern es war ausdrücklich Vorschrift, daß die schmaleren Schenkel mit den Gegenspanten bzw. mit den Gegenwinkeln zu vernieten seien.

Für die Stöße der Stegplatte waren dreifach genietete doppelte Stoßbleche vorgeschrieben, 4 mm dicker als die halbe Plattendicke. Später begnügte man sich mit dreifacher überlappter Nietung.

Bei Schiffsgrößen über 100 m Länge mußte das auf den Bodenwrangen stehende Mittelkielschwein außerdem noch mit einer Grundplatte von mindestens 460 × 12,5 mm versehen sein (s. Abb. 160). Heute kommt diese Bauweise nicht mehr vor, da alle Dampf- und Motorschiffe von dieser Größe Doppelboden haben.

Zu Beginn dieses Jahrhunderts enthielt die Handelsflotte eine beträchtliche Anzahl von damals hochwertigen und großen Fahrgastschiffen, welche keinen Doppelboden, sondern gewöhnliche Bodenwrangen mit schweren Kielschweinkonstruktionen besaßen.

Die Bauweise des auf den Bodenwrangen stehenden Mittelkielschweins entspricht den heutigen Erkenntnissen über die Wirksamkeit der Schiffsverbände nicht mehr, es fehlt ihr vor allem die Verbindung mit der Außenhaut; bei der Längsfestigkeit des Schiffes kommt sie also nicht ihrer Stärke entsprechend zum Tragen. Lloyds Register hatte diese Bauweise zuletzt in den Vorschriften von 1921/22. In den neuesten Bauvorschriften von 1926/27 verzeichnet Lloyds Register nur noch die Bauweise mit doppelten Wulstwinkeln bis zu einer Schiffsgröße von etwa 100 m. Der Germanische Lloyd hat das auf den Bodenwrangen stehende Kielschwein seit 1910 gestrichen und verlangte dann für alle Schiffe ohne Doppelboden ein Mittelkielschwein, das aus doppelten auf den

Bodenwrangen stehenden Kielschweinwinkeln und Zwischenplatten besteht, welche mit den Bodenwrangen durch vertikale Winkel zu verbinden sind. Die Abmessungen dieser Kielschweinwinkel richten sich nach der Schiffslänge *L*. Wie uns Abb. 163 (Fischdampfer von 42,00 × 7,39 × 4,15) zeigt, werden diese Schiffe nicht mit Zwischenplatten gebaut, wie überhaupt keine Schiffe mit scharfem Hauptspant. Bei Schiffen von 41 m Länge an ist vom Germanischen Lloyd schon die Bauart mit Zwischenplatte vorgesehen, bei Schiffen, deren Länge 61 m oder darüber beträgt, ist stets eine Mittelkielplatte anzuordnen. Die Dicke der Zwischenplatten nimmt man 0,5 mm, die der Mittelkielplatte 1 mm größer als die Dicke der Bodenwrangen; an den Enden kann die Mittelkielplatte um 1 mm in der Dicke verringert werden.

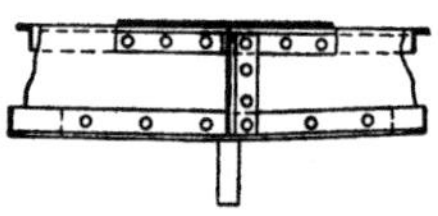
Abb. 164.

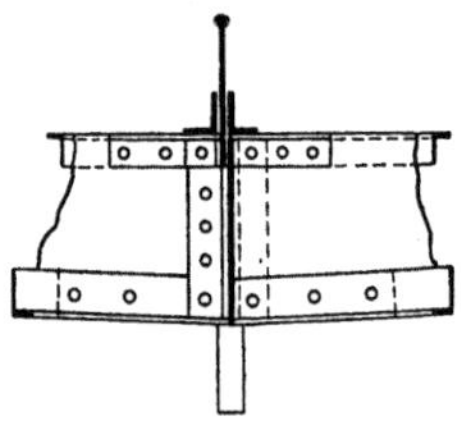
Abb. 165.

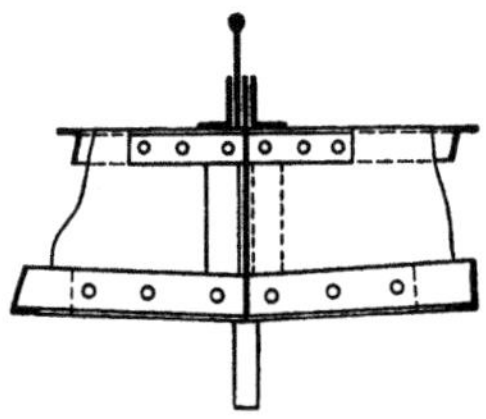
Abb. 166.

c) Das interkostale Mittelkielschwein, d. h. das Kielschwein mit zwischen den Bodenwrangen eingesetzten Zwischenplatten, hat namentlich in Verbindung mit einer Flachkielkonstruktion einen größeren Wert für die Längsfestigkeit des Schiffes, aber auch bei Schiffen mit Balkenkiel, wenn dieser aus verschiedenen Dicken zusammengesetzt ist und die Interkostalplatte

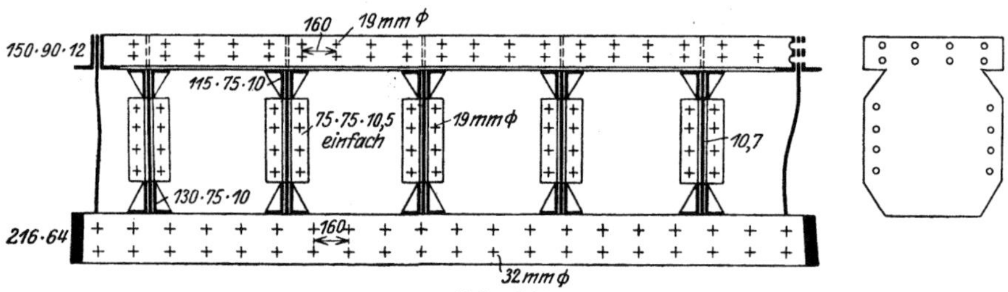

Abb. 168.

bis zur Unterkante des Kiels hinabreicht; denn sie bringt dann das Kielschwein auf den Bodenwrangen zusammen mit Kiel und Bodenplatten zum Tragen. Es kommt hinzu, daß die Einschiebung der Interkostalplatten eine starke Sicherung gegen etwaiges Buckeln der Bodenwrangen bedeutet. Die Bauweise des Interkostalkielschweins hat sich im Laufe der letzten Jahrzehnte wesentlich geändert. Bei kleinen Schiffen bestand das Kielschwein lediglich aus einer auf der Oberkante der Bodenwrangen entlang laufenden horizontalen Platte; mit dieser wurden die Interkostalplatten durch kurze, darunterliegende, von Bodenwrange zu Bodenwrange reichende, doppelte Winkel verbunden. Die Verbindung der Interkostalplatte mit den Bodenwrangen erfolgt durch einfache vertikale Winkel vom Profil der Gegenspanten (Abb. 164).

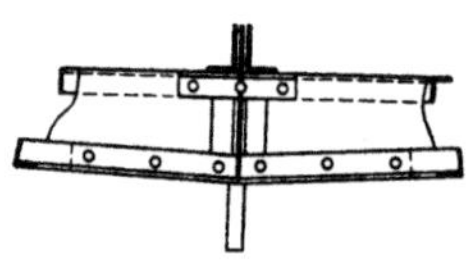
Abb. 167.

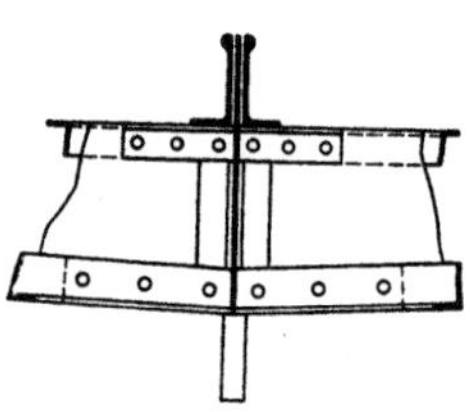
Abb. 169.

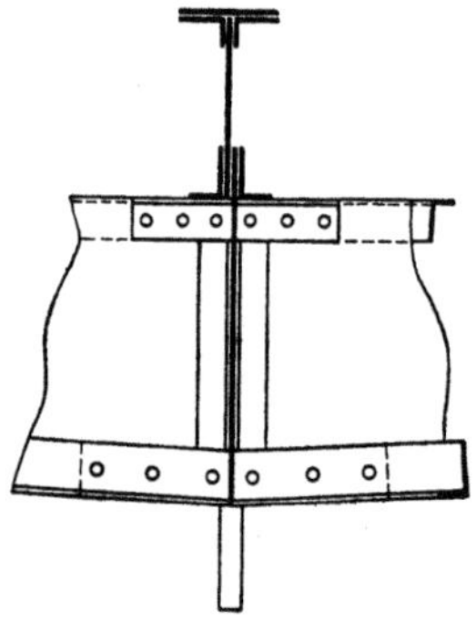
Abb. 170.

Bei größeren Schiffen mit einem Mittelkielschwein, bestehend aus einer vertikalen Flachwulstplatte und durchlaufenden Mittelkielschweinwinkeln auf den Bodenwrangen, mußte die Wulstplatte um so viel breiter genommen werden, daß sie über den Gegenspantwinkeln an der Oberkante der Bodenstücke ausgeschnitten werden konnte. Sie mußte zwischen den Bodenstücken so tief hinabreichen, daß sie mit den Interkostalplatten vernietet werden konnte (Abb. 165). Ebenso mußte bei den aus Platten und Winkeln gebauten Trägerkielschweinen die Stegplatte ausgeschnitten werden, so daß sie zwischen den Bodenstücken mit den Zwischenplatten vernietet werden konnte. Später wurde es allgemein üblich, anstatt die Stegplatten auszukämmen, die Interkostalplatten bis zur Oberkante der auf den Bodenwrangen entlang laufenden Stringerwinkel hinaufreichen zu lassen (Abb. 166) und sie mit diesen und der Stegplatte zu vernieten (s. Abb. 167 bis 170).

Während nach den Vorschriften von Lloyds Register auch heute noch die Interkostalplatten mit den Bodenwrangen durch einfache Winkel von der Dicke der Interkostalplatten verbunden werden, verlangt der Germanische Lloyd bei Schiffen mit einem Balkenkiel, deren Länge 30 m und darüber ist, doppelte Winkel von der Dicke der Zwischenplatten zur Befestigung derselben mit den Bodenwrangen. Bei Schiffen mit niedrigen Bodenwrangen ist eine solide Vernietung auch bei doppelten Winkeln schwierig. Bei geringer Höhe der Bodenwrangen bleibt daher das auf den Bodenwrangen stehende durchlaufende Kielschwein die zweckmäßige Bauweise.

d) Das Kielschwein mit durchlaufender Mittelkielplatte. Bei der Verbindung eines Außenkiels mit einer Mittelkielplatte muß diese unterhalb der Bodenwrangen um die Höhe des Balkenkiels vorstehen. Die Kielschienen oder die Seitenplatten des Kiels sind hierbei so dick zu nehmen, daß der Gesamtquerschnitt des Außenkiels dem eines massiven Kiels gleichkommt. Bei dieser Anordnung müssen die Laschen der Spantwinkel auf $^3/_4$ der Schiffslänge mittschiffs durch die Mittelkielplatte hindurchgeführt werden, falls nicht etwa das Schiff sehr scharf im Boden ist und aus diesem Grunde die Bodenwrangen erheblich höher ausgeführt werden.

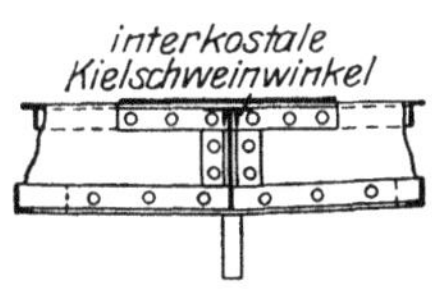

Abb. 171.

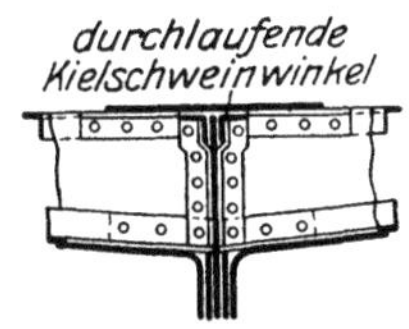

Abb. 172.

Die Mittelkielplatte kann entweder mit der Oberkante der Bodenwrangen abschneiden oder sie kann über die Bodenwrangen hinausreichen. Die erstere Bauweise war ursprünglich die am meisten angewandte, denn man konnte dabei auf den Bodenwrangen eine horizontale, durchlaufende Platte anordnen, welche eine sehr wirksame Verbindung der durchschnittenen Bodenstücke ermöglichte. Diese Platte mußte nach Lloyds die Dicke der Kielgänge und mindestens $^3/_4$ der Breite derselben haben. In Deutschland mußte die Horizontalplatte die Breite des Flachkiels und die Dicke der Mittelkielplatte haben. Unter der Horizontalplatte liefen doppelte Kielschweinwinkel entlang, welche die Horizontalplatte mit der Mittelkielplatte verbanden. Diese Winkel waren entweder interkostal (Abb. 171) zwischen den Bodenstücken angeordnet, oder sie liefen durch die Bodenstücke hindurch (s. Abb. 172). Liefen die Kielschweinwinkel durch, so erhielten die Gegenspanten auf der entgegengesetzten Seite kurze Laschwinkel, welche gleichsam durch die Horizontalplatte die Gegenspanten laschten. In den Fällen, wo die Kielschweinwinkel interkostal angeordnet waren, erhielten die Gegenspanten Laschwinkel, welche die Mittelkielplatte durchschnitten, und die auf der Oberkante durchlaufende Platte brauchte nur $^2/_3$ der Breite des vorgeschriebenen Flachkiels zu haben.

Auf die durchlaufende Horizontalplatte wurde dann die eigentliche Kielschweinkonstruktion aufgenietet, also doppelte Winkel bei kleinen Schiffen, doppelte Winkel mit einer Flachwulstplatte bzw. vier doppelte Winkel mit Stegplatte bei größeren Schiffen (Abb. 173).

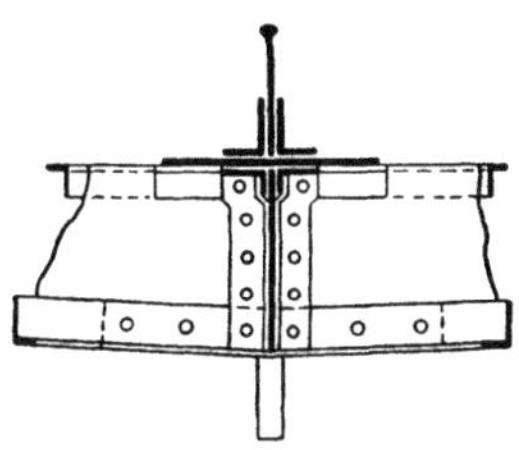
Abb. 173.

Diese Bauweise mit durchlaufender horizontaler Platte war bis etwa 1913 noch sehr beliebt, denn sie ermöglichte eine sehr wirksame Verbindung der durchschnittenen

Bodenwrangenhälften. Da aber die Anbringung der unter der Platte liegenden interkostalen oder durchlaufenden Kielschweinwinkel teuer war und viel Gewicht kostete, so gab man diese Bauweise auf und läßt neuerdings, sofern durchlaufende Mittelkielschwein-

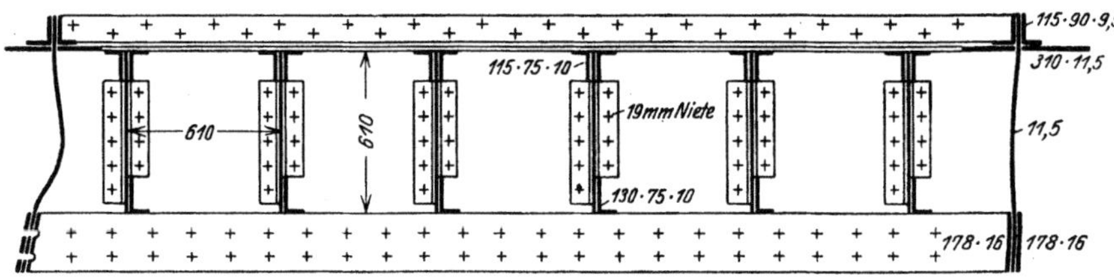

Abb. 175.

platten angewendet werden, diese über die Oberkante der Bodenwrangen hinausragen und ordnet die horizontale Platte zweiteilig zu beiden Seiten der Mittelplatte an (Abb. 174 bis 177).

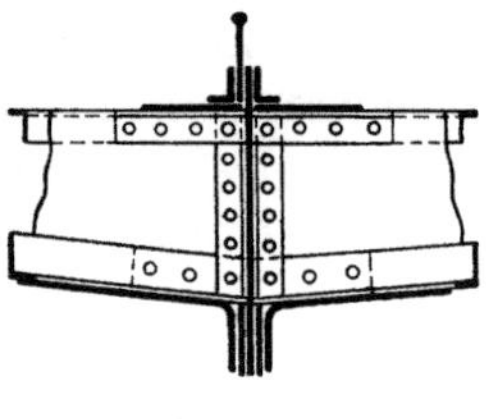

Abb. 174.

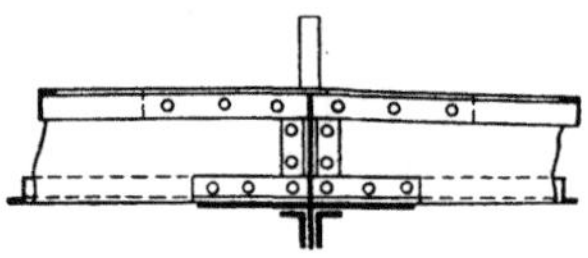

Abb. 176.

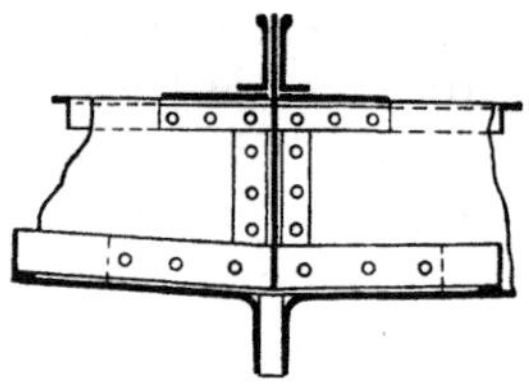

Abb. 177.

Durch zwei auf den Platten liegende, durchlaufende Kielschweinwinkel wird die Mittelkielplatte mit den horizontalen Platten und den Gegenspanten vernietet. Bei größeren Schiffen werden dann weitere Verstärkungen oberhalb der Bodenwrangen durch Trägerkonstruktionen mit oder ohne Topplatte erforderlich (Abb. 178 bis 180).

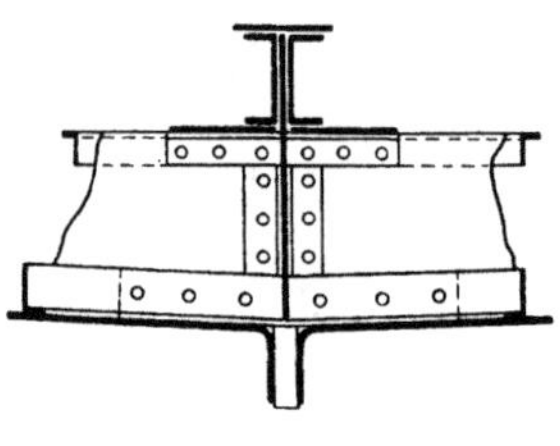

Abb. 178.

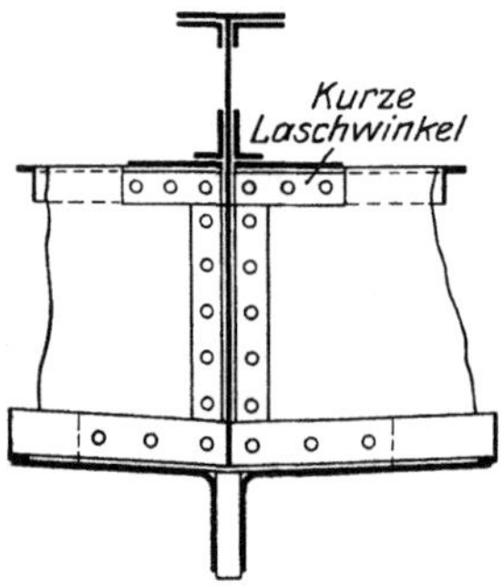

Abb. 179.

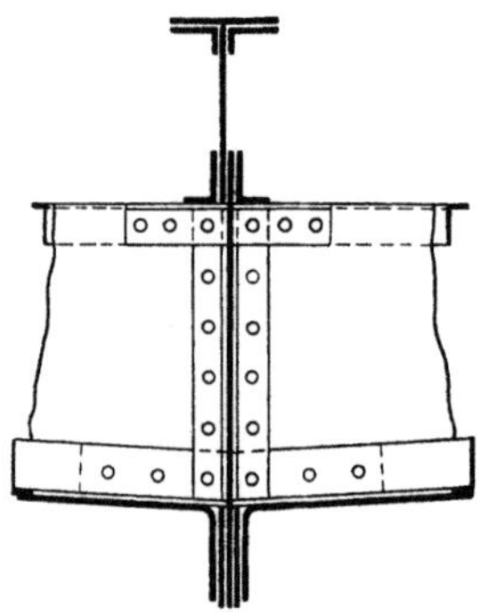

Abb. 180.

e) Der Flachkiel (s. d. Abb. 181 bis 195). Solange die Segelschiffe den Hauptbestandteil der Handelsflotten bildeten, kamen Flachkiele nur vereinzelt zur Anwendung. Flachgehende Schiffe allerdings hatten, sofern sie keine volle Takelage führten, schon verhältnismäßig früh statt des Balkenkiels einen Flachkiel; indessen ist die allgemeine Einführung des Flachkiels erst gleichzeitig mit der Einführung der Doppelböden erfolgt. Der Querschnitt des Flachkiels war durchweg größer als der des massiven Kiels beim gleichgroßen Schiff, außerdem mußte bei Schiffen von 90 bis 95 m Länge und darüber der Flachkiel für $^1/_2\,L$ mittschiffs noch gedoppelt werden. Die an den Flachkiel angrenzenden Bodengänge mußten die Dicke der Kielgänge wie bei Schiffen mit massivem Kiel haben. War der Flachkiel gedoppelt, so erhielten sowohl die Stöße des Flachkiels als auch die der Dopplung ihre eigenen Stoßbleche. Bis zum Jahre 1922 findet man allgemein eine auffallende Anhäufung von Material im Flachkiel. Heute sind Dopplungen des Flachkiels selbst bei den größten Schiffen nicht mehr üblich, trotzdem die Spantentfernungen gegen früher um über 30% größer geworden sind.

Bei einem Schiff mit Flachkiel ist immer eine bis auf den Flachkiel herabreichende vertikale Mittelkielplatte erforderlich, sei sie nun interkostal oder durchlaufend. Die

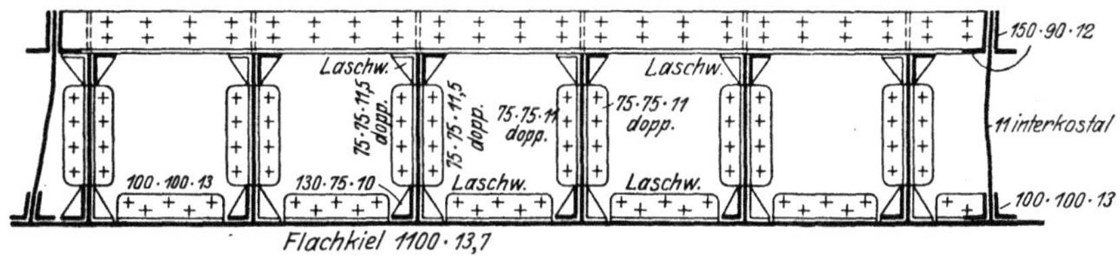

Abb. 181.

Interkostalmittelkielplatte ist durch doppelte, von Bodenstück zu Bodenstück reichende Längswinkel mit dem Flachkiel vernietet, und die Spant- und Gegenspantlaschen laufen durch. Mit den Bodenwrangen sind die Interkostalplatten durch doppelte vertikale Winkel verbunden, im Gegensatz zur Balkenkielkonstruktion, wo einfache Winkel zur Verbindung mit den Bodenwrangen genügten. Die Bauart des Kielschweins über der Bodenwrange ist ähnlich wie beim Balkenkiel mit Interkostalplatte. Man

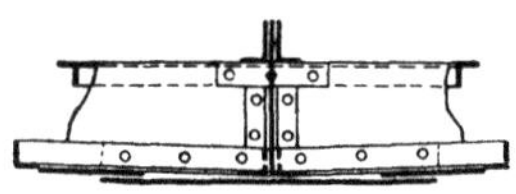
Abb. 182.

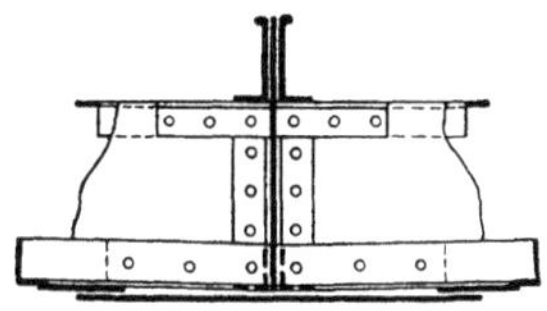
Abb. 183.

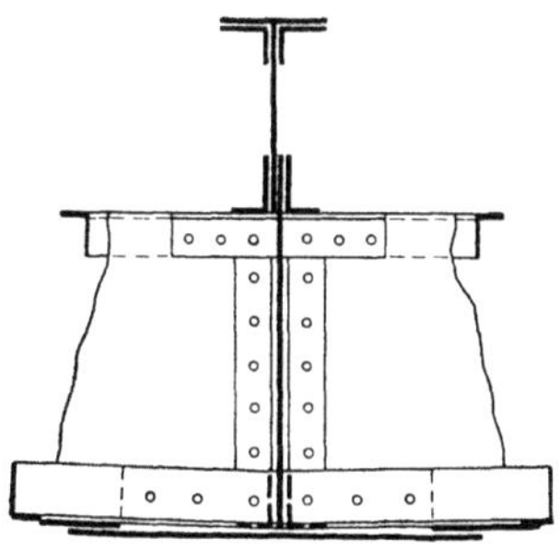
Abb. 184.

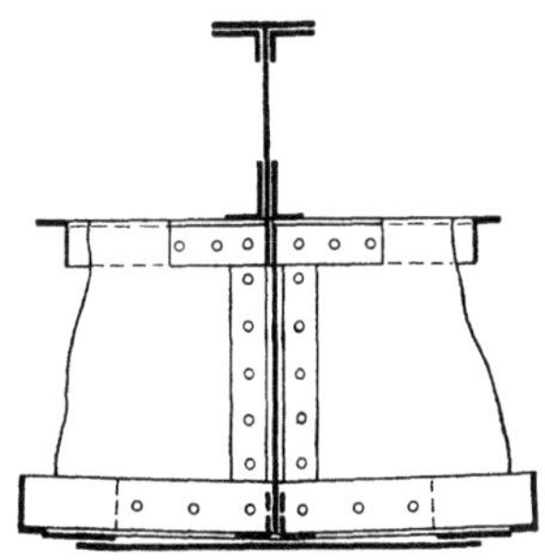
Abb. 185.

hat hier auch wieder zwei verschiedene Ausführungen, entweder reicht die durchlaufende Mittelkielschweinplatte auf den Bodenwrangen zwischen denselben so weit herunter, daß sie mit den Interkostalplatten vernietet werden kann (Abb. 185), oder die Interkostalplatten reichen so weit über die Oberkante der Bodenwrangen, daß sie eine Vernietung mit der Mittelplatte des auf den Bodenwrangen durchlaufenden Kielschweins ermöglichen. Letztere Bauweise ist jetzt die üblichere geworden, da es leichter ist, die Interkostalplatten etwas höher zu nehmen, als die auf den Bodenstücken durchlaufende Platte über jedem Bodenstücke einzukämmen. Die Bauart mit Flachkiel und interkostalem Mittelkielschwein ist auch für den Bau von Flußschiffen, Leichtern, überhaupt plattbodigen, breiten Schiffen von geringer Seitenhöhe ohne Doppelboden die übliche geworden. Man schneidet hier die Bodenwrangen nicht in der Mitte durch, weil sie zu niedrig sind, um selbst bei doppelten vertikalen Verbindungswinkeln eine ausreichende Vernietung zu ermöglichen (Abb. 186).

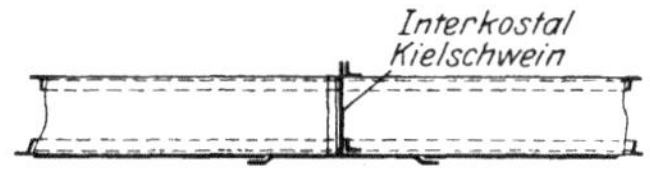

Abb. 186.

Bei dem Kielschwein mit Flachkiel und durchlaufender Mittelkielplatte laufen die Winkel, welche Mittelkielplatte und Flachkiel verbinden, durch und erhalten das Profil der Kielschweinwinkel. Die Laschen für die Spantwinkel kommen bei dieser Bauweise in Wegfall. Die durchschnittenen Bodenstücke werden durch doppelte vertikale Winkel mit der Mittelkielplatte und miteinander verbunden. Für die Verbindung auf der Oberkante der Bodenstücke gibt es wieder zwei Bauweisen, je nachdem die durchlaufende Mittelkielplatte nur bis zur Oberkante der Bodenwrangen oder über diese hinaus reicht.

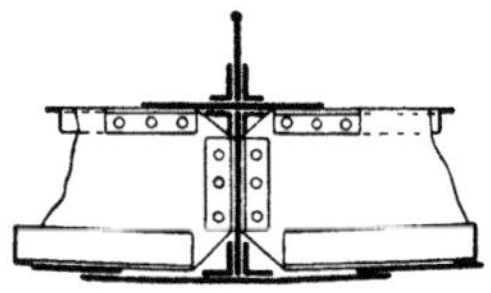

Abb. 187.

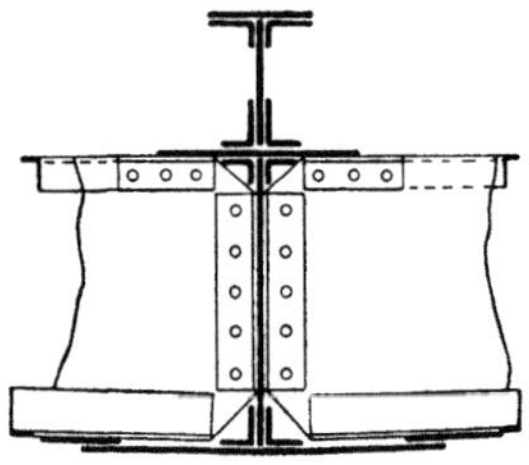

Abb. 188.

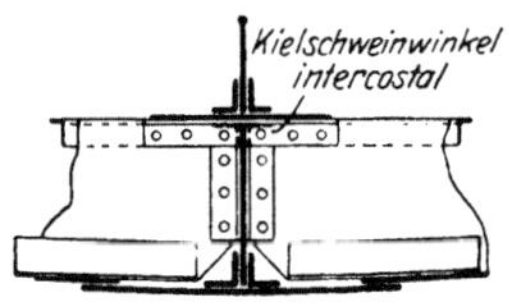

Abb. 189.

Die erstere Konstruktion gestattet die beste Verbindung der durchschnittenen Bodenwrangenhälften durch eine horizontale, auf der Oberkante der Bodenwrangen durchlaufende Platte von der Breite des Flachkiels und der Dicke der Mittelkielplatte. Unter der horizontalen Platte laufen entweder die Kielschweinwinkel zur Verbindung der Horizontalplatte mit der Mittelkielplatte durch die Bodenwrangen hindurch oder sie sind interkostal zwischen den Bodenstücken angeordnet (Abb. 187/188). Kielschwein mit durchlaufender Mittelkielplatte und interkostalem Kielschweinwinkel unter der Horizontalplatte (Abb. 189 bis 191. Kielschwein mit durchlaufender Mittelkielplatte und durchlaufenden Kielschweinwinkeln unter der Horizontalplatte). Beide Bauweisen kommen heute nur selten mehr zur Anwendung, obwohl die Verbindung der Bodenstücke durch die horizontale Platte

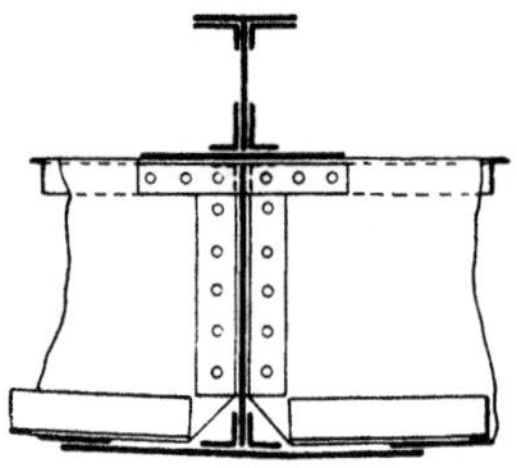

Abb. 190.

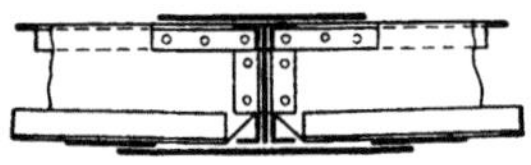

Abb. 191.

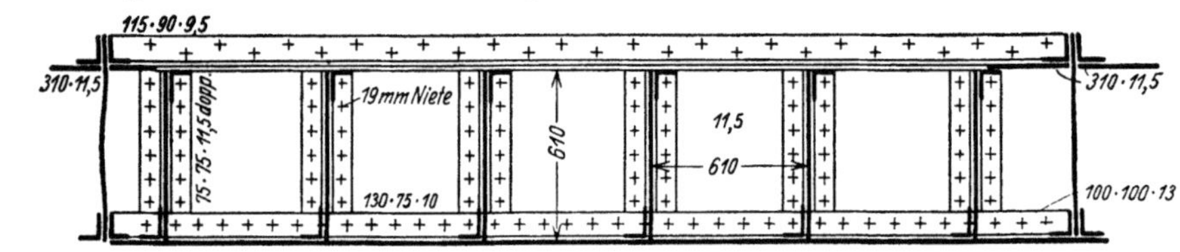

Abb. 192.

sehr wirksam ist. Läßt man die Mittelkielplatte durchlaufen, so überhöht man sie gegenüber den Bodenwrangen um die Schenkelbreite der Kielschweinwinkel, die nun nicht mehr unter der Oberkante der Bodenwrangen in Betracht kommen. Der Germanische Lloyd hatte in seinen Vorschriften bis 1927 nur diese Bauart siehe Abb. 192 bis 195. Neben der Mittelkielplatte sind dann rechts und links zwei ebenfalls auf der Oberkante der Bodenwrangen durchlaufende Horizontalplatten angeordnet, welche mit den Kielschweinwinkeln und den Gegenspantwinkeln an Oberkante Bodenwrange vernietet sind. Diese Platten erhalten die Dicke der Mittelkielplatten und die halbe Breite des Flachkiels (Abb. 194/195). Die Bodenwrangenhälften werden in diesem

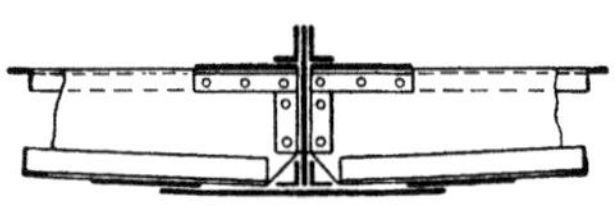

Abb. 193.

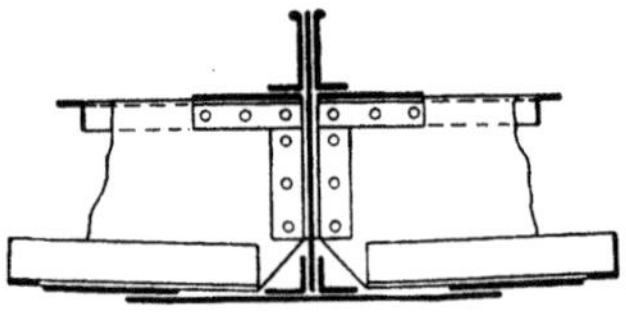

Abb. 194.

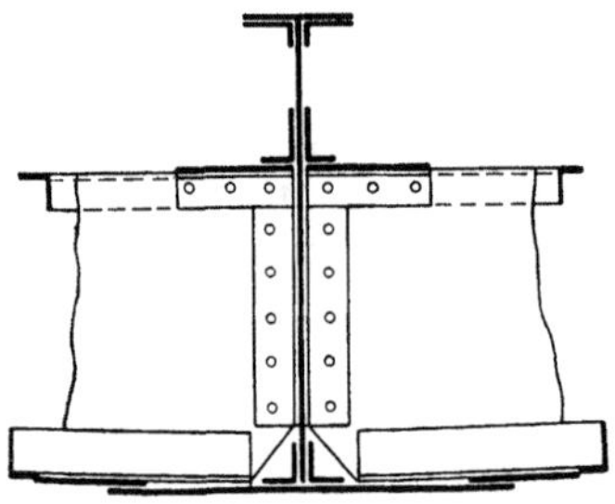

Abb. 195.

Falle durch doppelte Winkel mit der Mittelkielplatte verbunden. Die Gegenspantlaschen sollen nach den Vorschriften des Germanischen Lloyd durch die Mittelkielplatte hindurchgeführt werden. In der Regel begnügt man sich aber mit kurzen Gegenwinkeln, welche an der Mittelkielplatte abstoßen und zur besseren Verbindung der beiden Horizontalplatten mit den Bodenstücken dienen.

Bei größeren Schiffen ist auf der Oberkante der Bodenwrangen noch ein vollständiges Trägerkielschwein mit oder ohne obere Gurtplatte aufgebaut, dessen Steg entweder die bis zur Oberkante des Trägers durchlaufende Mittelkielplatte bildet, oder die Mittelkielplatte reicht nur bis zur Oberkante der auf den Bodenwrangen entlanglaufenden Kielschweinwinkel und ist zwischen diesen mit der Stegplatte des Kielschweins vernietet, was immerhin eine Vernietung durch vier Dicken ergibt und die man gern vermeidet. Abb. 195 zeigt eine Bauweise, welche die Vernietung durch vier Dicken vermeidet.

Die bis hier gekennzeichneten Bauweisen des Kiels gelten alle für Schiffe ohne Doppelboden. Bei den Schiffen mit Doppelboden ist der Mittelkiel ganz ähnlich angeordnet

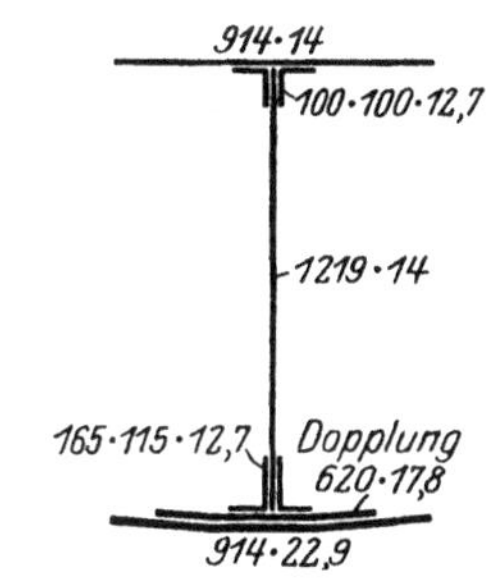

Abb. 196.

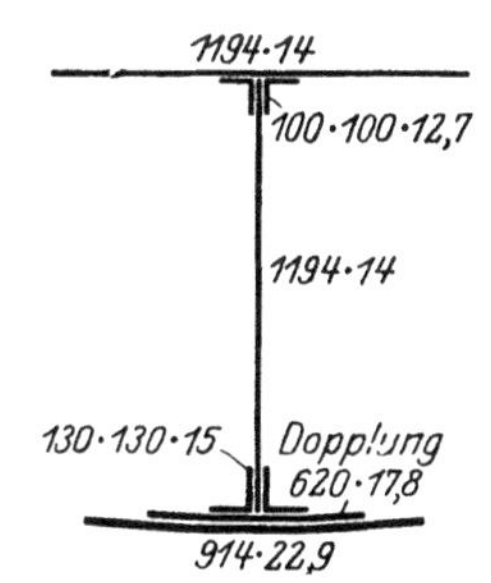

Abb. 197.

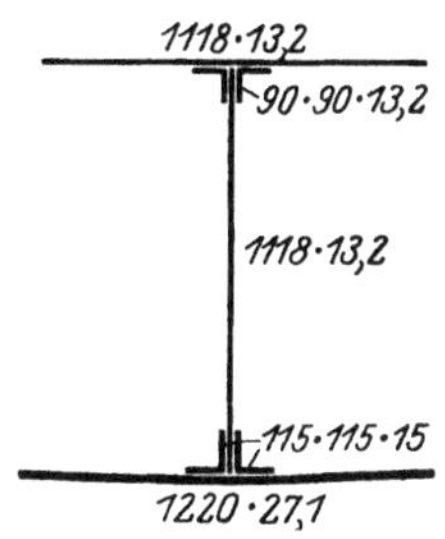

Abb. 198.

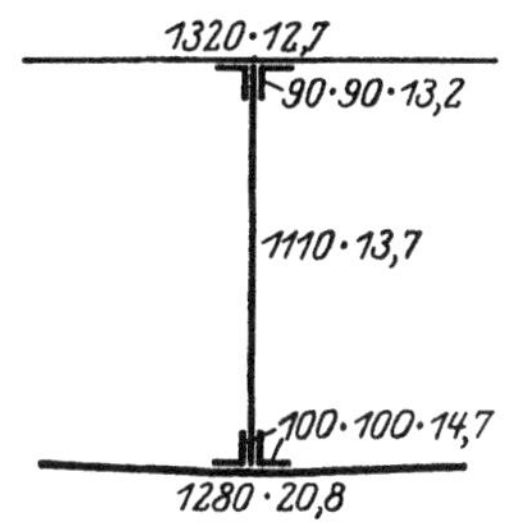

Abb. 199.

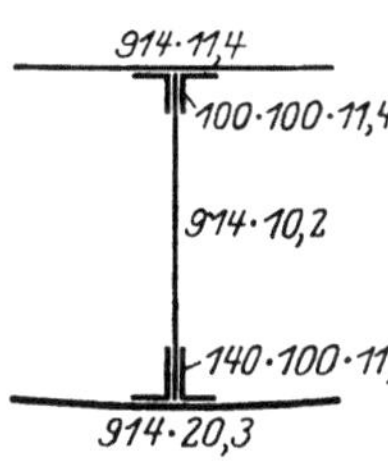

Abb. 200.

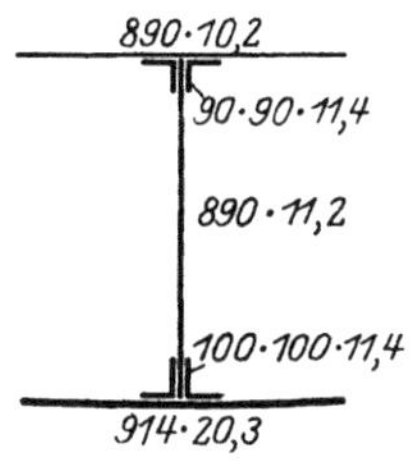

Abb. 201.

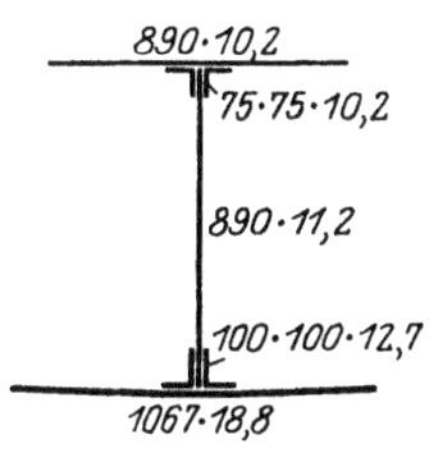

Abb. 202.

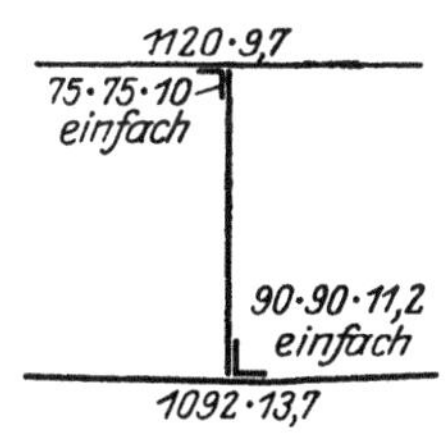

Abb. 203.

wie bei Schiffen mit einfachem Boden und durchlaufender Mittelkielplatte bis zur Oberkante der Bodenwrangen. Die auf den Bodenwrangen durchlaufende horizontale Mittelplatte ist der Tanktopmittelgang eines Schiffes mit Doppelboden. Würde man bei einem Schiff ohne Mittelkielplatte, sondern nur mit einem Trägerkielschwein auf den Bodenwrangen, die obere Gurtplatte des Trägers verbreitern, so hätte man den Tanktopmittelgang eines Doppelbodens nach dem heute veralteten Mc. Intyre-System (Doppelboden auf durchlaufenden Trägern auf gewöhnlichen Bodenwrangen).

Bei den Schiffen mit Doppelboden hat der Mittelkiel indessen eine etwas andere Funktion als bei den Schiffen mit einfachem Boden. Ursprünglich wurde er so schwer gebaut wie die vorher behandelten Kielschweine. In den Abb. 196 bis 203 ist die Entwicklung der Bauweise des Mittelkiels bei Schiffen mit Doppelboden während der letzten 30 Jahre an einem Schiff von 125 m Länge, 16,70 m Breite und 9,75 m Seitenhöhe gezeigt.

Der Mittelkiel vom Jahre 1896 hatte bei diesem Vergleichsschiff eine Höhe von 1219 mm, war also 10% höher als heute. Mit der Flachkielplatte verbanden ihn Kielschweinwinkel von 165 × 115 × 12,7. Der Zweck dieser Winkel war also nicht nur, den

Flachkiel mit der Mittelkielplatte zu verbinden, dazu hätten gleichschenklige Winkel 100×100 genügt, sondern die Festigkeit des Flachkiels zu vergrößern. Der Tanktopmittelgang hatte die Breite des Flachkiels und die Dicke der Mittelkielplatte, mit welcher er durch gleichschenklige Winkel $100 \times 100 \times 12{,}7$ verbunden war. Der Flachkiel selbst, der für $^1/_2$ Länge durch eine Platte von 17,8 mm der Dicke des Kielgangs gedoppelt war, war $^1/_{10}$ dicker als heute der Flachkiel bei dem gleich großen Schiff ohne Dopplung verlangt wird.

Zehn Jahre später ist die Mittelkielplatte 20 mm niedriger, aber noch von gleicher Dicke, auch Flachkiel und Dopplung sind dieselben geblieben, nur die unteren Kielwinkel hat man gleichschenklig gemacht, aber so breit, daß eine doppelte Nietreihe durch Flachkiel und Mittelkielplatte geht. Der Tanktopmittelgang hat eine Breite gleich der Höhe der Mittelkielplatte und auch dessen Dicke. Die Kielkonstruktion war insofern auch schwierig, weil jeder Stoß des Flachkiels und auch der Dopplung seine besonderen Stoßbleche haben mußte. Ebenso mußten die Stöße der Grundwinkel regelrechte Laschen haben mit sogenannten „Bosompieces" (in den Winkel hineingelegte, gebogene Laschbleche). Heute steht man auf dem Standpunkt, daß die Dopplung und der Flachkiel durch entsprechende Anordnung der Stöße sich gegenseitig verlaschen, ebenso bedarf es bei den Stößen der Kielschweinwinkel, wenn diese nur gut gegeneinander verschießen, keiner Stoßverbindung mehr.

Im Jahre 1916 hat der Mittelkiel eine weitere Verringerung der Höhe um $6^1/_2$% erfahren, auch ist die Dicke der Mittelkielplatte und des Tanktopmittelgangs verringert. Der Flachkiel selbst wird nicht mehr gedoppelt, doch ist die Dicke und Breite der Platte so vergrößert, daß der Querschnitt derselben größer ist als früher der Gesamtquerschnitt von Kiel und Dopplung. Die unteren und oberen Winkel der Mittelkielplatte sind jetzt nur so bemessen, daß sie zur Vernietung ausreichen (Abb. 198).

Heute ist gegenüber 1916 der Flachkiel wieder um 22% im Querschnitt verringert; die Höhe der Mittelkielplatte ist weiter um ein geringes kleiner geworden, und die Schenkelbreiten der oberen und unteren Längswinkel sind gerade noch für einfache Vernietung ausreichend. Berücksichtigt man dabei, daß die Spantentfernung von 660 auf 750 mm gestiegen ist, ja, daß sie 915 mm betragen kann, ohne daß der Flachkiel irgendeine Verstärkung zu erfahren braucht, so kann man erkennen, wie sich die erfahrungsmäßige Erkenntnis der Beanspruchungen des Flachkiels im Seegang und beim Docken erweitert hat. Bei Schiffen von 76 m Länge und darunter werden nach Lloyds Register Flachkiel und Tanktopmittelgang überhaupt nur mehr durch einen einfachen Winkel mit einfacher Nietung mit der Mittelkielplatte verbunden, abgesehen vom Maschinenraum, dem Drucklager und dem Raum vor $^1/_5$ der Schiffslänge von vorn. In der allerletzten Zeit ist Lloyds Register in der Zulassung einfacher Winkel noch weiter gegangen und läßt, wenn es gewünscht wird, diese Bauweise auch bei größeren Schiffen als 76,2 m zu, solange die Längsnummer 14850 nicht überschreitet, d. h. also etwa in Schiffen bis zu 130 m Länge. In diesen Fällen erhält der Winkel zur Verbindung der Mittelkielplatte mit dem Flachkiel und der Tankdecke doppelte Kettennietung, aber nur die gewöhnliche Dicke wie bei doppelten Winkeln. Im Maschinenraum, unter dem Drucklager und auf dem vorderen Fünftel der Schiffslänge bis zum Kollisionsschott sind in diesem Falle die Winkel zur Verbindung von Mittelträger und Tanktopmittelgang doppelt zu nehmen mit einfacher Nietung, während die Kielwinkel nur zwischen $^1/_5\, L$ und dem Kollisionsschott doppelt zu sein brauchen.

Nach den Vorschriften des Bureau Veritas können die Verbindungswinkel mit dem Kiel für die hinteren $^4/_5$ der Schiffslänge einfach sein, solange die Längsnummer NL unter 5035 bleibt, also etwa bei 75 m Länge; bleibt die Längsnummer unter 7350, also etwa bei 85 m Länge, können die Kielwinkel in den hinteren Räumen einfach sein. Die Winkel zur Verbindung des Mittelträgers mit der Tankdecke können für die hinteren $^4/_5$ der Schiffslänge einfach sein, wenn die Längsnummer unter 11850 bleibt, d. h. etwa bis zu 105 m Schiffslänge. Unter den Motoren und dem Drucklager müssen immer doppelte Winkel sein.

Nach den Vorschriften des Germanischen Lloyd ist im Maschinen- und Kesselraum und auf 0,25 L vom Vorsteven der Mittelträger mit dem Flachkiel und der Tankdecke durch doppelte Winkel zu verbinden. Beträgt $(B + H)\,L$ 1300 und mehr, so sind für die ganze Länge des Doppelbodens die Winkel am Flachkiel doppelt zu nehmen. Ist $(B + H)\,L = 1800$ und darüber oder ist der nächste Seitenträger mehr als 2,6 m vom Mittelträger entfernt, so erfolgt auch die Verbindung des Tanktopmittelgangs mit dem Mittelträger durch doppelte Winkel. Die Schenkelbreiten der unteren und oberen Winkel richten sich nach der Vernietung.

In der Bauweise mit nur einem Winkel zur Verbindung des Flachkiels mit dem Mittelträger geht British Corporation am weitesten. Nach deren Vorschriften brauchen diese Winkel nur im Maschinenraum und außerhalb der halben Schiffslänge nach vorn zu doppelt zu sein. Bei Schiffen unter 115,82 m Länge kann der Mittelträger sonst im ganzen Schiff durch einen einfachen Winkel mit dem Flachkiel verbunden werden. Bei Schiffen unter 134,11 m Länge mit mittschiffs liegender Maschine kann der Mittelträger mit dem Flachkiel im ganzen Doppelboden hinter dem Maschinenraum durch einen einfachen Winkel verbunden werden. Erst bei Schiffen von 152,4 m Länge und

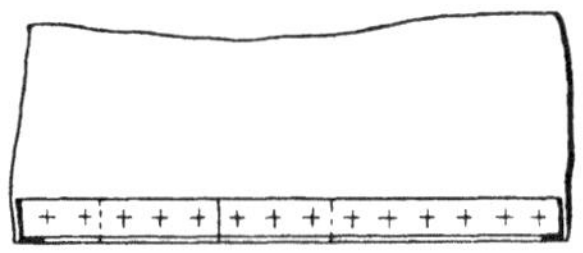
Abb. 204.

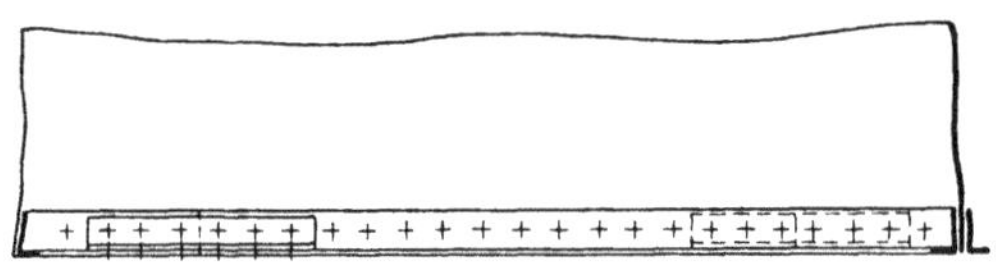
Abb. 206.

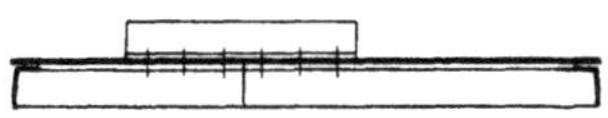
Abb. 205.

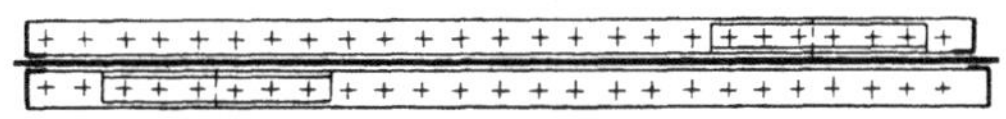
Abb. 207.

darüber sind durchweg doppelte Kielwinkel erforderlich. Irgendeine Verlaschung der Stöße der doppelten Kielwinkel ist nicht erforderlich, wenn die Stöße mindestens um 2 Spantentfernungen verschießen. Wo die Mittelkielplatte eine wasserdichte oder öldichte Trennung bildet, müssen die Kielwinkel immer doppelt sein. Wo nur einfache Kielwinkel vorgesehen sind, werden die Stöße derselben durch Gegenwinkel an der andern Seite oder durch einen Plattenstreifen gelascht (Abb. 204 und 205). Die sonst verlangten Innenlaschen der Kielwinkel (Abb. 206 und 207) fordert British Corporation nicht mehr. Der Germanische Lloyd fordert, daß die Stöße der Kielschweinwinkel durch Laschen von demselben Querschnitt zu vernieten sind. Bei Anwendung von Doppellaschen muß der Gesamtquerschnitt 30% größer genommen werden. In den Laschen sind in jedem Schenkel mindestens 3 und wenn $(B+H)\,L$ über 1200 ist, mindestens 4 Nieten anzuordnen. Wie aus Abb. 143 und 145 hervorgeht, waren Kieldopplungen früher schon bei verhältnismäßig kleinen Schiffen erforderlich. Lloyds Register kennt bei den größten in seinen Bauvorschriften tabellarisch gefaßten Schiffen, von 180 bis 190 m Länge, keine Dopplung des Flachkiels mehr. Desgleichen British Corporation, welche allerdings bei Schiffen von 700′ (213,36 m) eine Flachkieldicke von 35,6 mm mittschiffs bis 27,9 mm an den Enden fordert. Der Germanische Lloyd forderte eine Dopplung des Flachkiels bei Schiffen mit einem $(B + H)\,L = 5330$ und darüber. Seit 1927 sind diese gestrichen und die Dicken der Kielplatten bis zu ¾ verringert. Norske Veritas und Bureau Veritas haben ebenfalls keine Flachkieldopplungen mehr in ihren Bauvorschriften.

Der Grund für die Anbringung von Kieldopplungen ist heute nicht wie früher die Befürchtung ungenügender Längsfestigkeit: Beim Docken der Schiffe behufs Erneuerung des Bodenanstrichs können die auf den eng beieinander stehenden Kielblöcken aufliegenden Teile des Flachkiels nicht gestrichen werden, sind also mehr der Abrostung ausgesetzt. Bei großen Schiffen stehen aber die Kielblöcke zur Aufnahme der größeren Belastung verhältnismäßig noch näher beieinander, die Konservierung des Flachkiels ist also noch entsprechend schlechter. Ist also einmal wegen des Abrostens die größere Dicke des Flachkiels berechtigt, so ist die Dopplung auch beim Aufgrundkommen des Schiffes als Lokalverstärkung angebracht. Aus dieser Absicht heraus ist der sogenannte Scheuerkiel entstanden, der bis vor noch nicht allzulanger Zeit bei vielen großen Schiffen üblich war. Der Scheuerkiel hatte in der Regel eine Breite gleich der der beiden unteren Schenkel der Winkel am Mittelkiel zuzüglich der Dicke des letzteren und hatte eine Dicke von 50 bis 75 mm (Abb. 208). Dieser Scheuerkiel wurde durch den Flachkiel hindurch mit den unteren Winkeln am Mittelträger vernietet. Seine Stöße wurden horizontal angeordnet und sie mußten mit den Flachkielstößen verschießen. Der Scheuerkiel vergrößert also einmal die Festigkeit der Mittelkielplatte, andererseits schützte er beim Angrundkommen die Außenhautbeplattung. Beim Docken mußte er allerdings den ganzen Druck, den sonst der Flachkiel auszuhalten hatte, allein aufnehmen und preßte sich in die Stapelklötze ein. Um letzteres zu verhindern, nietete man oft auch nur einen einfachen, 25 mm dicken Streifen von der Breite der Mittelkielwinkel und der Dicke des Mittelträgers unter den Flachkiel (Abb. 209).

Abb. 208.

Abb. 209.

f) Der Tunnelkiel. Eine neue Art der Kielkonstruktion ist der Tunnelkiel, der in England 1920 patentiert wurde. In Deutschland war es dem Erfinder nicht möglich, ein Patent auf seine Bauweise, die den alten Kastenkiel in vergrößertem Maße wieder aufleben ließ, zu erhalten.

Der Tunnelkiel ist nicht wie der Kastenkiel aus dem Bestreben hervorgegangen, die Festigkeit der Kielkonstruktion zu vergrößern, sondern er soll als Rohrtunnel zur Aufnahme der Rohrleitungen für den vor dem Maschinenraum liegenden Teil des Schiffes dienen. Die Einführung des Tunnelkiels wurde begünstigt durch die Verwendung des Doppelbodens zur Aufnahme von Öl. Man war gezwungen, die Ölleitungen wenigstens in den vor dem Maschinenraum liegenden Teil des Schiffes durch die Laderäume hindurchzuführen, wo die Rohrleitungen nicht unter Kontrolle waren. Durch die Anordnung des Tunnelkiels bleibt der Laderaum von allen Öl und Wasser führenden Rohrleitungen frei und letztere bleiben immer vom Maschinenraum aus zugänglich. Im Hinterschiff dient der Wellentunnel zur Aufnahme der Rohrleitungen. Infolgedessen erstreckt sich der Rohrtunnel nur von der Vorkante des Maschinenraums bis zur Hinterkante des vorderen Laderaums. Abb. 210 zeigt einen Querschnitt durch den Rohrtunnel eines Doppelschrauben-Motorschiffes von 10000 ts Tragfähigkeit. Die Wände des Rohrtunnels stehen nur 900 mm auseinander. Die Flachkielplatte hat im Bereich des Rohrtunnels eine Dicke von 26,7 mm bei einer Breite von 1400 mm, während die Dicke außerhalb desselben nur 22,2 mm beträgt. Die unteren längslaufenden Bodenwinkel haben das Profil 100 × 100 × 16, so daß die Flachkielplatte auf eine Breite von 700 mm ohne Unterstützung ist. Diese Bauweise hat sich aber als stark genug gezeigt. Irgendwelche übermäßigen Beanspruchungen beim Docken sind nicht aufgetreten. Auf der Tankdecke ist der Querverband durch ein [-Profil 300 in voller Breite des Tanktopmittelgangs verstärkt. Die oberen Längswinkel des Tunnels sind gleichfalls innen angeordnet, während im übrigen der Tunnel innen vollständig glatt ist. Abb. 211 zeigt den sonst erforderlichen normalen Kiel. Um den Tunnelkiel zugängig zu machen, erhält er an

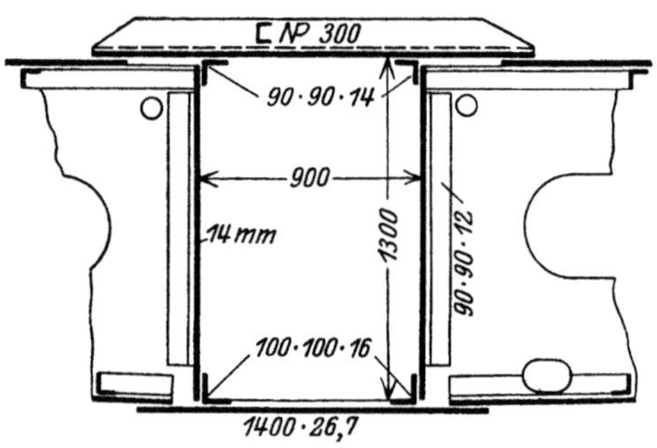

Abb. 210.

der Oberseite am Anfang und Ende wasserdicht verschraubbare Mannlöcher. An den Enden verschießen die Wände des Tunnels mit denen des normalen Mittelkiels. Abb. 213 zeigt den Übergang in den normalen Mittelkiel am vorderen Maschinenraumschott. Der Tunnel beginnt 2 Spantentfernungen hinter dem Maschinenraumschott bei der öldichten Bodenwrange. Er ist 2 Spantentfernungen hinter dieser weitergeführt und endet in Kniestücken gegen den Flachkiel. Der Mittelkiel, welcher 2 Spantentfernungen mit dem Mittelkiel verschießt, endet ebenfalls in einem Kniestück. In ähnlicher Weise ist der Übergang in den Mittelkiel am hinteren Querschott des vorderen Laderaums ausgeführt. Der Tunnelkiel ist hier um 2 Spantentfernungen über das Schott hinausgeführt, während der Mittelkiel mit einem Kniestück bis hinter das Querschott in den Tunnelkiel hineingeführt ist (Abb. 213).

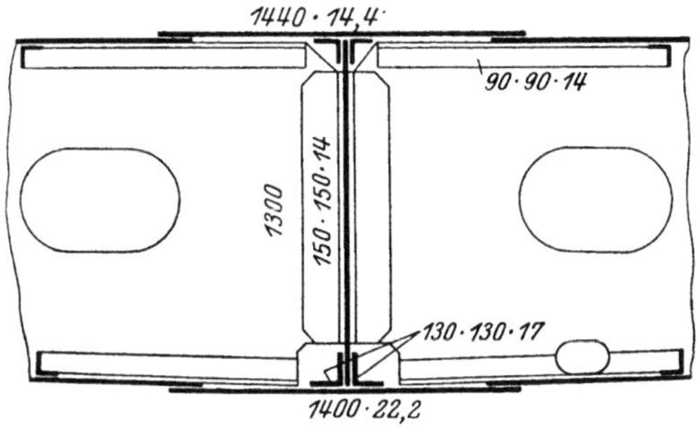

Abb. 211.

g) Seitenkielschweine. Dieses Bauelement ist ebenso wie das Mittelkielschwein aus dem Holzschiffbau übernommen. Sein Zweck ist, den Boden zwischen Kiel und Kimm bei Schiffen ohne Doppelboden zu verstärken und die Bodenstücke am Kanten zu verhindern. Die Kimmkielschweine sind daher heutzutage sämtlich mit Interkostalplatten versehen, nicht nur um die Außenhautplatten an denselben aufzuhängen, sondern vor allem, um das Übergehen von Bilgewasser in den Raum zu verhindern. Bei Schiffen ohne Doppelboden ist ein Seitenkielschwein zwischen Kimm und Mittelkielschwein erforderlich, sobald die Schiffsbreite 9 m und

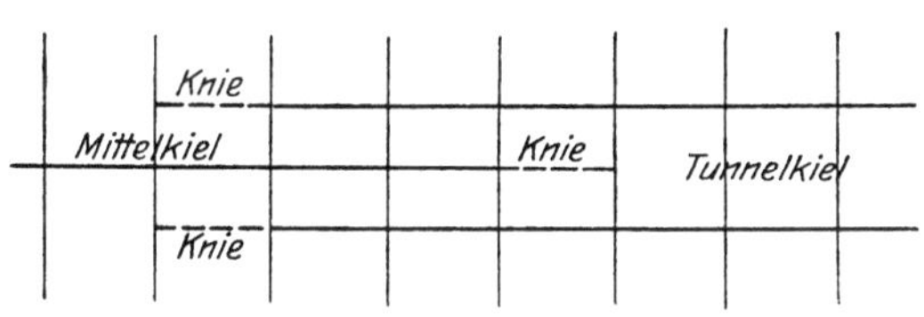

Abb. 212.

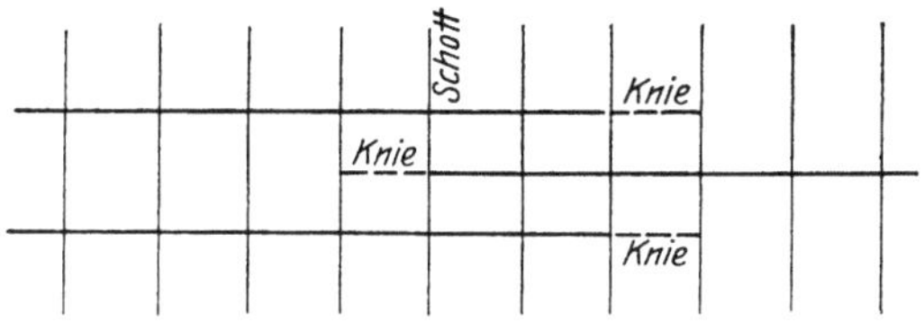

Abb. 213.

unter 15 m beträgt. Bei einer Breite von 15 m und darüber sind 2 Seitenkielschweine erforderlich. Die Seitenkielschweine bestehen aus doppelten, auf der Oberkante der Bodenwrangen entlanglaufenden Kielschweinwinkeln, welche mit den Gegenspanten und kurzen Winkeln an der Oberkante der Bodenwrangen vernietet sind. Zwischen den Kielschweinwinkeln sind zwischen den Bodenwrangen Zwischenplatten angeordnet, welche mit den Außenhautplatten durch kurze Winkel von gleicher Dicke vernietet sind. Eine Vernietung der Interkostalplatten mit den Bodenwrangen durch vertikale Winkel, wie dies früher allgemein üblich war und im Flußschiffbau noch heute der Fall ist, kennt man im Seeschiffbau nicht mehr. Man vermeidet es, die Bodenstücke durch die Nietlöcher der Vertikalwinkel zu schwächen. Bei größeren Schiffen ohne Doppelboden, also bei Segel- und Tankschiffen, sind auf der Oberkante der Bodenwrangen statt der doppelten durchlaufenden Kielschweinwinkel doppelte Wulstwinkel oder Trägerkielschweine angebracht, und die Bodenbeplattung an diesen vermittelst der Interkostalplatten aufgehängt (Abb. 214 bis 216). Am häufigsten findet man die Aufhängung der Bodenbeplattung an den auf den Bodenstücken entlang laufenden schweren Trägerkielschweinen im Tankdampferbau nach dem Querspantensystem, das allerdings auch bald der Vergangenheit angehören wird, da heute die Tankschiffe

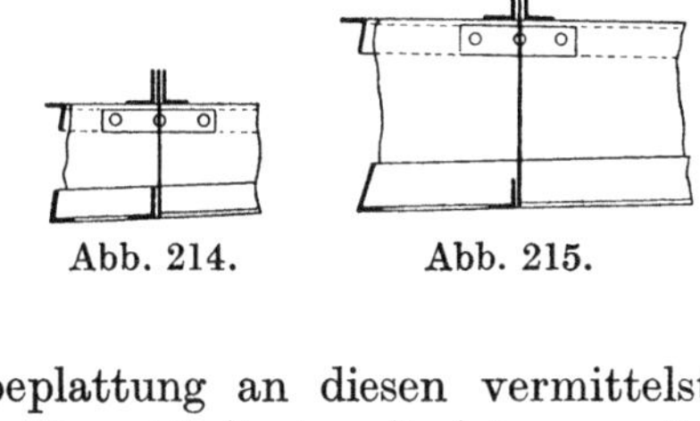
Abb. 214. Abb. 215.

ausschließlich nach den verschiedenen Längsspantensystemen gebaut werden (Abb. 216). Im Flußschiffbau findet man die Verbindung der Bodenstücke mit den Interkostalplatten der Seitenkielschweine durch Vertikalwinkel noch häufiger, namentlich auch im Maschinen- und Kesselraum, um den Boden des Schiffes solide auszusteifen (Abb. 217).

Lloyds Register kennt seit dem Jahre 1922 nur mehr doppelte Winkel auf den Bodenstücken und Interkostalplatten zur

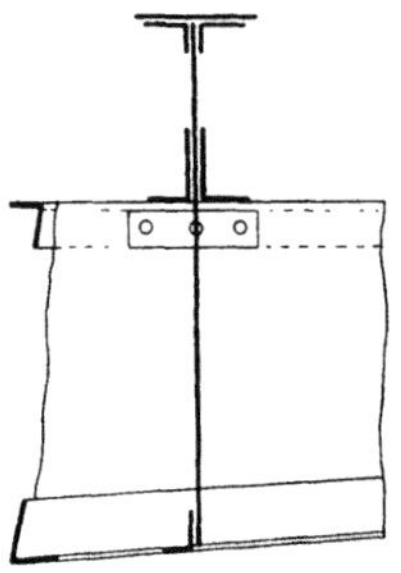

Abb. 216.

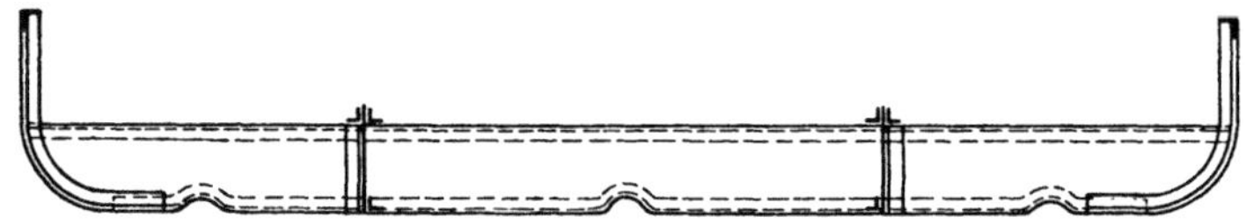

Abb. 217.

Verbindung mit der Außenhaut. Trägerseitenkielschweine gibt es nicht mehr. Zur Verbindung mit der Außenhaut können die Interkostalplatten an der Außenhaut geflanscht werden. In diesem Falle sind sie $^1/_2$ mm stärker zu nehmen. Wo Interkostalseitenkielschweine zur Verstärkung des Bodens im Vorschiff zur Anwendung kommen, dürfen sie an ihrer Unterkante nicht geflanscht werden. (Über Seitenkielschweine bei Längsspanten siehe Längsspantenschiffe.)

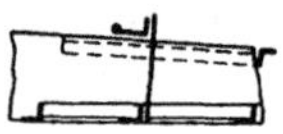

Abb. 218.

Bei den wasserdichten Längsschotten werden die Kielschweine jetzt allgemein abgeschnitten und durch Kniebleche, welche 20% dicker als die Winkel sind, mit dem Schott und gegeneinander vernietet (siehe Abschnitt Schotte). Die Durchführung der Seitenkielschweine durch die Schotten und ihre Abdichtung durch Winkelkragen kommt heute kaum noch vor. Ebensowenig findet man heute mehr die Verstärkung der Seitenkielschweine mit wachsendem Verhältnis von Länge zur Seitenhöhe durch Wulstplatten und Trägerkonstruktionen. Der Abstand der Seitenkielschweine im Vorschiff ist auf $^1/_5$ Schiffslänge vom Vorschiff jetzt allgemein auf höchstens 1,50 m angenommen, und wenn die Maschine im Hinterschiff angeordnet ist, auf 1,20 m.

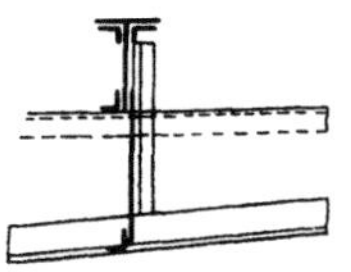

Abb. 219.

Vielfach werden auch die beiden Kielschweinwinkel auf der Oberkante der Bodenstücke durch einen ungleichschenkligen Winkel oder einen Wulstwinkel oder ein ⊔-Profil ersetzt. Der größere Flansch wird dann meist horizontal gelegt (Abb. 218).

Eine Ausnahmestellung in der Konstruktion von Interkostalseitenkielschweinen hält Norske Veritas bei Schiffen ohne Doppelboden von etwa 95 m Länge und darüber. Norske Veritas fordert hier Trägerkonstruktionen auf den Bodenstücken, welche durch Vertikalwinkel die Bodenstücke mit den Zwischenplatten verbinden, wobei die Winkel zur Versteifung der Stegplatte bis zum Topwinkel des Trägers hinaufgeführt werden (Abb. 219).

Der Kimmstringer ist der alte Kimm- oder Stoßwäger aus dem Holzschiffbau, der die Stöße der Bodenwrangen mit den Spanten überdeckte.

Der Germanische Lloyd schrieb früher ein Kimmkielschwein unterhalb der Kimm für alle Schiffe ohne Doppelboden vor. Jetzt ist diese Vorschrift gestrichen.

2. Der Doppelboden.

a) Mc. Intyre-Tank. Doppelte Böden wurden ursprünglich lediglich zur Schaffung von Ballastwassertanks hergestellt, und ihre Verbandteile wurden unter diesem Gesichtspunkt genau wie für wasserdichte Schotte bestimmt. Die Tankdecke war eine Plattform, die den Abschluß des Tanks gegen den Laderaum bildete und den Ladungsdruck aufzunehmen hatte. Die bei Dampfern zuerst eingeführte Bauweise des Doppelbodens war eine Konstruktion mit durchlaufenden Längsträgern auf gewöhnlichen Bodenwrangen und fand zuerst Anwendung bei den Dampfern, welche Kohlen von der Tyne nach London brachten, um die Kosten der Sandbeballastung für den Rückweg zu sparen. Nach dem Erfinder, dem Direktor John Mac Intyre der Werft von Palmer & Co. in Yarrow-on-Tyne, wurde er allgemein Mc. Intyre-Tank genannt. Das System hatte den Vorteil, daß es nachträglich in Schiffe mit gewöhnlichen Bodenwrangen leicht eingebaut werden konnte. Die Ansicht, die Doppelbodendecke nur als Tankabschluß zu betrachten, ist verständlich, weil der Doppelboden sich in den meisten Fällen nicht ununterbrochen über die ganze Schiffslänge erstreckte, und sein Zusammenhang mit den im Seegang beanspruchten Verbänden des Unterschiffs nur ein unmittelbarer und kurzer war. Sobald sich der Doppelboden über einen größeren Teil der Schiffslänge mittschiffs erstreckte, zeigte sich eine Übertragung der Beanspruchungen des Unterschiffs durch Wegspringen von Nieten, welche die Längsträger mit der Oberkante der Bodenstücke verbanden.

Diese Doppelbodenkonstruktion ist von nachhaltigem Einfluß auf die Bauweise der nachfolgenden Jahrzehnte geblieben. Die Längsträger durften ursprünglich bis zu 2 Spantentfernungen auseinander stehen. Dieser Abstand erwies sich aber als zu groß und wurde auf $1^1/_2$ Spantentfernungen verringert, durfte aber bei großen Schiffen das absolute Maß von 914 mm nicht überschreiten.

Schon in den siebziger Jahren begann man die Tankdecke in den Längsverband einzubeziehen und ihre Stärke nach den Längsnummern zu bestimmen. Nähte und Stöße wurden indessen noch einfach genietet. Die Höhe der Längsträger über den Bodenwrangen mußte so hoch genommen werden, daß jeder Teil des Doppelbodens leicht zugänglich, d. h. die Tankdecke mußte ca. 500 bis 600 mm über den Bodenstücken liegen. Von dieser Vorschrift rührt die verhältnismäßig große Höhe der Doppelböden in den achtziger und neunziger Jahren des vorigen Jahrhunderts her. Die Längsträger liefen frei über die Bodenwrangen und waren mit den Gegenspanten und den kurzen Gegenwinkeln durch 4 Niete verbunden. Mit der Tankdecke waren die Längsträger durch durchlaufende einfache Winkel vernietet. War der Abstand der Längsträger größer als $1^1/_2$ Spantentfernungen, so wurde die Tankdecke auf jedem 2. Spant durch Stützwinkel zwischen den Trägern versteift.

Die Randplatte wurde durch einen Längswinkel mit der Außenhaut verbunden und an ihrer Innen- und Außenseite durch Kimmstützplatten auf jedem Spant versteift. Die inneren Kimmstützplatten wurden mit den Bodenwrangen, die äußeren zwischen Spant und Gegenspant vernietet.

Besonders schwierig war hier das Abdichten der Randplatte, wenn diese, wie damals vielfach üblich, von Spant und Gegenspant durchschnitten wurde. War die Randplatte nur vom Spant durchschnitten, so wurde das Spant an der Durchdringungsstelle gedoppelt und ein wasserdichter Winkelkragen um das Spant genietet. Diese Arbeit erforderte außerordentliche Sorgfalt, besonders da die starken Querverbände in der Kimm, wie wir sie heute gewohnt sind, unbekannt waren. Abb. 220 ist ein Querschnitt durch einen Doppelboden nach dem Mc.Intyre-System, bei welchem die Spanten und Gegenspanten durchschnitten sind und, wie heute allgemein üblich, die Tankrandplatte

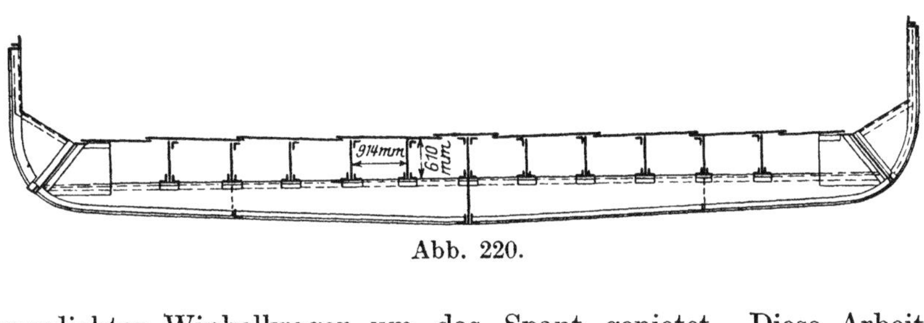

Abb. 220.

durch den durchlaufenden Randplattenwinkel mit der Außenhaut vernietet ist. Abb. 221 bis 227 zeigen die Abdichtung der Randplatte an der Durchdringungsstelle des Spants.

Die für Schiffe ohne Doppelboden vorgeschriebenen verstärkten Seiten- und Kimmkielschweine fielen im Bereich des Doppelbodens fort. Erstreckte sich jedoch der Doppel-

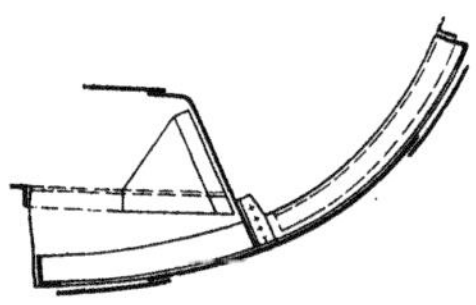

Abb. 221.

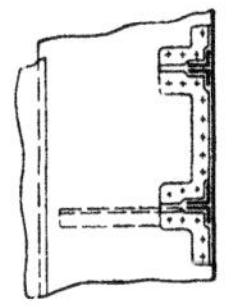

Abb. 222.

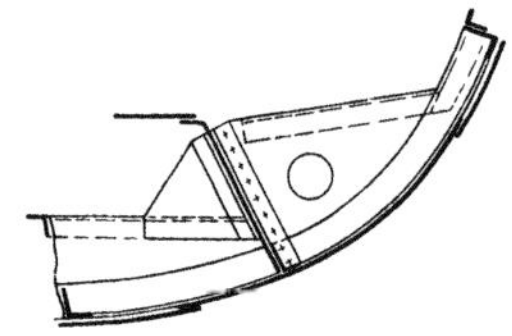

Abb. 223.

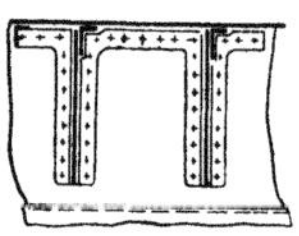

Abb. 224.

boden nicht ununterbrochen über die ganze Länge des Schiffes, so wurden die Kielschweine mindestens um drei Spantentfernungen in den Doppelboden hineingeführt und wenn möglich mit den Längsträgern verbunden.

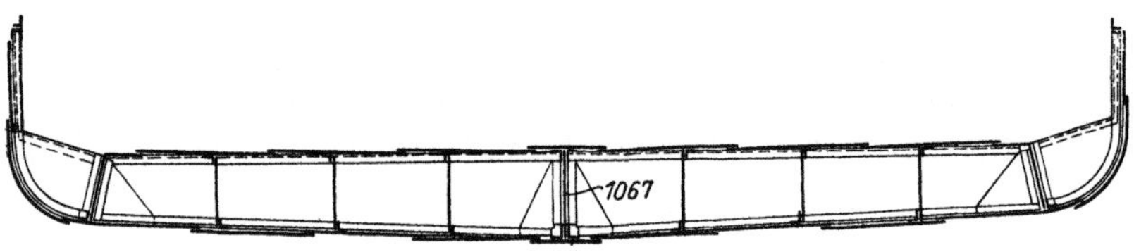

Abb. 225.

Bei Schiffen, welche ohne Zwischenplattenkielschweine oder ohne vertikale Mittelkielplatte gebaut waren, brachte man Schlingerplatten in Entfernung von $^1/_4$ bis $^1/_3$ der Schiffsbreite zwischen den Bodenwrangen an. In Abb. 220 punktiert gezeichnet.

Der Hauptnachteil des Doppelbodens mit durchlaufenden Längsträgern auf gewöhnlichen Bodenwrangen war der, daß er bei seiner großen Höhe zu viel Laderaum wegnahm. Eine Schwäche dieser Bauart kennzeichnete sich durch das Losspringen der Nieten der unteren Längswinkel der Längsträger bei den Gegenspanten und Gegenwinkeln. Heute gehört diese Bauart der Vergangenheit an.

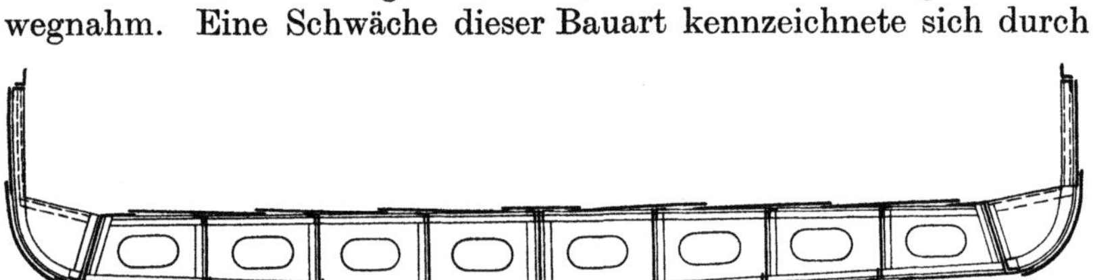

Abb. 226.

b) Doppelboden nach dem Längsspanten- bzw. Stützplatten-System. Diese Bauweise des Doppelbodens hat gegenüber der verhererwähnten den Vorteil, daß Tankdecke und Außenhaut durch die durchlaufenden Längsträger in unmittelbare Verbindung miteinander gebracht sind und damit bei der Festigkeit der unteren Gurtung in höherem Maße zur Mitwirkung gebracht werden.

Hier sind je nach der Größe der Schiffe drei Bauweisen zu unterscheiden: Das reine Stützplattensystem, bei welchem zwischen den Längsträgern in den Laderäumen nur Stützplatten angeordnet waren, kam für Schiffe bis etwa 70 m Länge in Betracht. Diese Bauweise war leicht und sehr beliebt (Abb. 225/226). Bei größeren Schiffen waren diese leichten Stützplatten nur auf jedem 2. Spant zulässig, während auf den dazwischenliegenden Spanten volle Bodenwrangenstücke mit Erleichterungslöchern zwischen die Längsträger eingepaßt wurden. Bei den größten Schiffen ließ man noch im

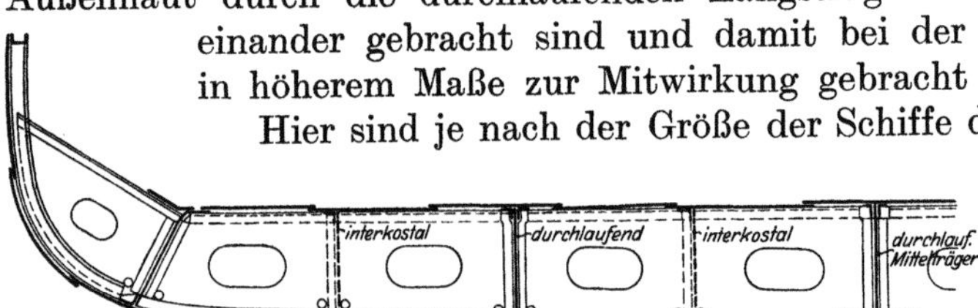

Abb. 227.

ersten Jahrzehnt dieses Jahrhunderts einen oder mehrere Seitenträger durchlaufen, brachte aber volle Bodenstücke mit Erleichterungslöchern dazwischen auf jedem Spant an (Abb. 227).

Bei der Bauart mit Stützplatten reichten alle Längsträger vom Boden bis zur Tankdecke. Der Mittelträger hatte oben und unten doppelte durchlaufende Stringerwinkel. Die übrigen Längsträger waren unten über den Spanten, welche von Mittelplatte bis zur Randplatte durchliefen, ausgeschnitten und durch kurze, von Spant zu Spant reichende Winkel mit dem Boden vernietet. Mit der Tankdecke waren die Längsträger durch einen durchlaufenden Winkel verbunden (Abb. 228/229). Die Entfernungen der Seitenträger unter sich bzw. bis zum Mittelträger und zur Randplatte, durften doppelte Spantentfernung nicht übersteigen. Im Maschinenraum mußten zwischen den Längsspanten hohe Bodenstücke auf jedem Spant angebracht werden und im Kesselraum

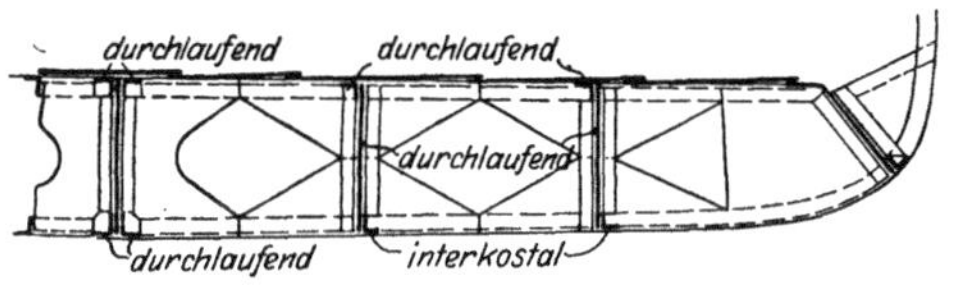

Abb. 228.

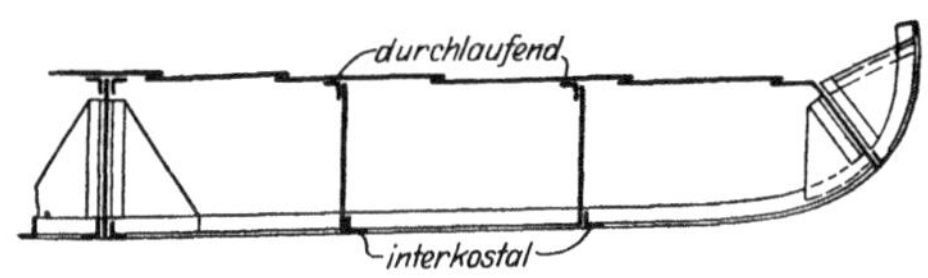

Abb. 229.

und den etwa zwischen beiden liegenden Kohlenbunkern auf jedem 2. Spant, und zwar in voller Höhe des Doppelbodens. Auf den dazwischenliegenden, nicht mit Bodenstücken versehenen Spanten war der Doppelboden zwischen den Längsspanten durch Winkel versteift und mit dem Mittelträger und den Längsspanten durch kleine Stützplatten verbunden. Die Vertikalwinkel, welche zur Verbindung der hohen Bodenwrangen und Bodenwrangenstücke sowie der Stützplatten mit dem Mittelträger dienten, hatten die Abmessungen der Gegenspantwinkel. Die Vertikalwinkel zur Verbindung dieser Verbandteile mit den Längsspanten und der Randplatte hatten die gleiche Stärke wie die Längswinkel, welche zur Verbindung der Längsträger mit dem inneren und äußeren Boden dienten.

Nach diesem System sind die deutschen Schnelldampfer der Jahre 1897 bis 1905 gebaut. Die englischen großen Schiffe jener Periode hatten meist zwei durchlaufende Längsträger auf jeder Seite, während die dazwischenliegenden Seitenträger interkostal angeordnet waren.

Bei dem Doppelbodensystem nach dem Mc. Intyre-System konnten im Bereich des Doppelbodens die Materialstärken der Außenhaut bei einer Dicke unter 14 mm um 1 mm, bei 14 bis 16 mm um 1,5 mm und bei 16 mm und darüber um 2 mm dünner genommen werden. Bei dem Doppelboden nach dem Stützplattensystem wurde eine Verringerung der Bodenplatten nur dann gestattet, wenn alle Spanten, welche weder Bodenwrangen noch Stützplatten erhalten hatten, mit je einem Gegenspant vom Mittelträger bis zur Randplatte verstärkt wurden. Auf dem vorderen Viertel der Schiffslänge durften die Seitenträger nicht weiter als $1^1/_2$ Spantentfernungen auseinander stehen, oder es mußten Bodenstücke auf jedem Spant angebracht werden.

c) Doppelboden nach dem Zellensystem. Diese Bauweise ist ebenfalls schon in den siebziger Jahren des vorigen Jahrhunderts in Aufnahme gekommen. Den Grundsatz bildete hier die Anordnung hoher Bodenstücke auf jedem Spant, welche vom Mittelträger bis zur Randplatte ununterbrochen durchliefen. Von einer Vermehrung der Längsfestigkeit in der unteren Gurtung, wie dies beim Mc. Intyre-Tank und bei dem Stützplattensystem bezweckt wurde, ist bei dieser Bauart ganz abgesehen. Die Seitenträger werden nur als interkostale Platten zwischen den Bodenwrangen eingesetzt. Der Abstand dieser interkostalen Seitenträger war ursprünglich mit 2,44 m festgelegt.

Aus diesem Doppelboden mit hohen Bodenstücken an jedem Spant sind die heutigen Doppelbodenkonstruktionen hervorgegangen. Die Bauart ist in ihren Grundzügen genau dieselbe geblieben wie vor 45 Jahren, nur sind naturgemäß eine Reihe von Verbesserungen eingeführt, welche durch die Änderung in der Bauweise der Schiffe ganz allgemein bedingt war. Die Bodenstücke und interkostalen Seitenträger hatten die Dicke wie die Längsträger beim Bracketsystem. Die Verbindung der Seitenträger mit den Bodenstücken, dem Boden und der Tankdecke sowie der Bodenstücke mit dem Mittelträger, dem Boden und der Tankdecke erfolgte durch Winkel vom Gegenspantprofil. Da aber früher den Gegenspanten bei der üblichen Bauweise mit zusammengenieteten Spanten eine ganz andere Rolle im Handelsschiffbau zugewiesen war, wie heutzutage, so wurden die Abmessungen dieser Winkel schon bei Schiffen mittlerer Größe sehr groß. Demgegenüber war zu berücksichtigen, daß die Doppelböden mit hohen Bodenstücken auf jedem Spant eine reine Plattenkonstruktion darstellen. Es kamen daher zur Verbindung der einzelnen Platten nach 1908 nur noch gleichschenklige Winkelprofile zur Verwendung, deren Schenkelbreite nicht größer zu sein brauchte, als zu einfacher Vernietung der einzelnen Teile erforderlich. Gleichzeitig wurde die Höhe der Doppelböden der neuen Bauart verringert. Die Verringerung der Profile im Doppelboden hatte z. B. ergeben, daß bei einem 8000 t-Schiff von 120 m Länge und 16,5 m Breite eine Gewichtsersparnis von rd. 13 t allein für Spanten und Gegenspanten im Doppelboden, sowie Vertikalwinkel an Mittelträger und Randplatte erzielt wurde.

Die wichtigsten Verbesserungen am Doppelboden aber ergaben sich bei den Verbindungen der Kimmstützplatten mit der Randplatte. Dieser Verbindung wurde früher weniger Bedeutung beigelegt, was bei den durchweg mit hoher Aufkimmung gebauten Schiffen auch seine Berechtigung in den dann verhältnismäßig geringen Beanspruchungen fand. Ganz anders aber liegt der Fall bei den heutigen Schiffen mit sehr geringer Aufkimmung und sehr völliger Hauptspantform. Hier kommen auf die Kimmstützplatten Beanspruchungen, welche sie von der Randplatte abzutrennen suchen. Bei dieser Entwicklung begnügte man sich in England zunächst bei kleinen Schiffen damit, die Verbindungswinkel der Kimmstützplatte für $^1/_2\,L$ vom Vorsteven ab doppelt zu nehmen. Bei Schiffen bis ca. 2000 t Tragfähigkeit wurden diese Winkel von vorn bis zur Hinterkante des Maschinenraums gedoppelt, und bei Schiffen von etwa 8000 t Tragfähigkeit ab wurden sämtliche Kimmstützplatten durch doppelte Winkel mit der Randplatte verbunden. Der Germanische Lloyd schrieb die doppelten Winkel nur an Rahmenspanten vor.

Eine weitere wichtige Verbesserung der Doppelbodenbauweise war die Einführung horizontaler Fächerplatten, die mit der Tankrandplatte und der an ihrer Oberkante winkelarmierten oder geflanschten Kimmstützplatte vernietet wurden. Hierdurch wurde der durch die Tankrandplatte unterbrochene Querverband in noch wirksamerer Weise wieder hergestellt, als durch die doppelten Vertikalwinkel an der Kimmstützplatte. Diese Fächerplatten werden heute von allen Klassifikationsgesellschaften für alle Schiffe verlangt, und zwar je nach der Größe, Fächerplatten an jedem sechsten Spant, bis zu Fächerplatten an jedem Spant, letzteres schon bei Schiffen von etwa 110 m Länge. Der Germanische Lloyd bestimmte bislang die Fächerplatten nach der Leitzahl $(B + H)\,L$. In den neuen Vorschriften ist der Grundsatz, die Zahl der Fächerplatten nach der Leitzahl $(B + H)\,L$ zu bestimmen, festgehalten, indessen in veränderter Form und unter Festlegung der Vernietung, da die Fächerplatten ja zum Querverband rechnen.

Wie bei Lloyds Register ist jetzt ein Unterschied gemacht zwischen der Anordnung der Fächerplatten auf dem vorderen Viertel der Schiffslänge und im übrigen Teil des Schiffes (siehe Tabelle S. 183).

Für Schiffe mit einer Leitzahl $(B + H)\,L$ von mehr als 1800, deren Seitenhöhe bis zum untersten Deck größer als 7,5 m ist, muß die Anordnung und Vernietung der Fächerplatten der nächst höheren Stufe der Leitzahlen entsprechen.

Statt der Fächerplatten können nach den Vorschriften des Germanischen Lloyd wagerechte Verbindungswinkel von entsprechender Stärke angeordnet werden. Norske

$(B+H)L$	Fächerplatten			
	für 0,25 L vom Vorsteven		hinter 0,25 L vom Vorsteven	
	Abstand der Fächerplatten	Nietzahl und Durchmesser	Abstand der Fächerplatten	Nietzahl und Durchmesser
unter 850	an jedem 5. Spant	5 Niete à 19 mm	an jedem 6. Spant	4 Niete à 19 mm
850 und unter 1100	„ „ 4. „	6 „ à 19 „	„ „ 5. „	5 „ à 19 „
1100 „ „ 1450	„ „ 3. „	6 „ à 19 „	„ „ 4. „	5 „ à 19 „
1450 „ „ 2000	„ „ 2. „	7 „ à 19 „	„ „ 3. „	6 „ à 19 „
2000 „ „ 2600	an jedem Spant	8 „ à 22 „	„ „ 2. „	6 „ à 22 „
2600 „ „ 3400	„ „ „	9 „ à 22 „	an jedem Spant	7 „ à 22 „
3400 und darüber	„ „ „	10 „ à 22 „	„ „ „	8 „ à 22 „

Veritas kennt nur diese Verbindungswinkel und keine Fächerplatten. Die meisten anderen Klassifikationsgesellschaften rechneten seit etwa 1912 die Fächerplatte zum Querverband und bestimmen ihre Zahl ebenso wie die Winkeldopplungen an der Kimmstützplatte nach der Seitenhöhe, der Breite der Randplatte und der Tiefe von der Tankdecke bis zum untersten durchlaufenden Deck. Lloyds Register macht auch einen Unterschied zwischen Fächerplatten im Vorschiff und den übrigen Räumen.

Die Güte der Verbindung zwischen Kimmstützplatte und Randplatte ist mit abhängig von der Breite der Randplatte. Je schmaler die letztere ist, desto weniger Nieten sind im Verbindungswinkel der Stützplatte unterzubringen. Bis 1909 war es allgemein üblich, die Breite der Randplatte nach der Leitzahl für die Längsverbände zu bestimmen. Erst danach wurde die Breite der Randplatte mit Rücksicht auf die Beanspruchungen der Querverbände bestimmt — weniger berechtigt um ihrer selbst willen, als wegen der damit verknüpften Festlegung einer Mindesthöhe des Bodenstücks an dieser Stelle. Der Germanische Lloyd nahm die Breite der Randplatte gleich der halben Höhe der Kimmstützplatte an deren Anlaufstelle am Spant. Dieses letztere Maß bestimmt sich nach der Seitenhöhe bis zum untersten Deck und dem Abstand des untersten Decks vom Hauptdeck. Wenn die Seitenhöhe bis zum untersten Deck mehr als 7 m beträgt, ist das so ermittelte Maß um 100 mm und wenn die Seitenhöhe 8,5 m und darüber beträgt, um 150 mm zu vergrößern. Ähnlich ist die Bestimmung bei Lloyds Register — nach Seitenhöhe und Abstand des untersten Decks von der Tankdecke.

Bevor hier die neuzeitliche Bauweise der Doppelböden im einzelnen behandelt wird, ist noch kurz einer Episode in der Entwicklung der Doppelböden Erwähnung zu tun, welche die eigentliche Veranlassung zu der modernen Bauweise ward.

Anfangs dieses Jahrhunderts war der Doppelboden mit hohen Bodenstücken an jedem Spant und interkostalen Seitenträgern bzw. an jedem 2. Spant die allgemein übliche Bauart im Handelsschiffbau geworden, — es sei denn, daß bei den größten Schiffen noch ein Seitenträger durchlaufend angeordnet wurde. Für erstere Bauart siehe Abb. 230, für die Bauart mit Bodenstücken an jedem 2. Spant Abb. 231 bis 233. Da wurden im ersten Jahrzehnt dieses Jahrhunderts in England unter Aufsicht der British Corporation Frachtdampfer gebaut, bei denen Bodenstücke nur an jedem 2., 3. oder 4. Spant angeordnet waren. Die Seitenträger standen etwas enger als bei der Bauweise mit Bodenstücken an jedem Spant, jedoch nicht so weit wie früher beim Stützplattensystem (2 Spantentfernungen). British Corporation

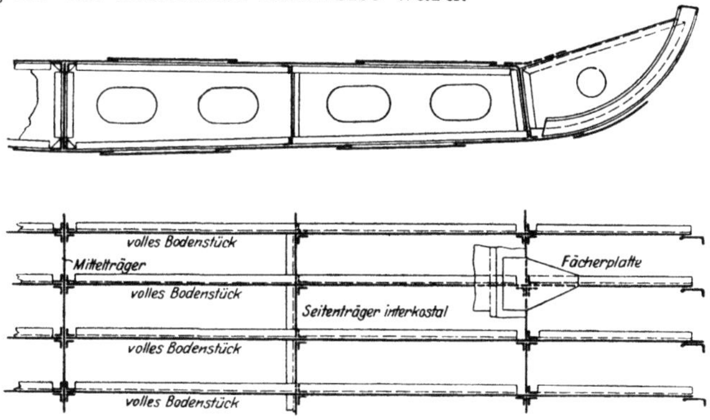

Abb. 230.

stellte damals Vorschriften für eine derartige Bauweise auf, ließ dieselben aber später wieder verschwinden. Diese Anregungen wurden aber grundlegend für die heutige Bauweise von Doppelböden mit Bodenstücken an jedem 2., 3. oder 4. Spant — dem sogenannten open floor system — und daher von geschichtlich-technischer Bedeutung. Grundmaß für die Höhe des Doppelbodens ist hierbei die Höhe der Bodenwrangen in Schiffen ohne Doppelboden. Bei Bodenstücken auf jedem 2. Spant mußte die Höhe des Doppelbodens mindestens $1^1/_3$, auf jedem 3. Spant mindestens $1^2/_3$, und auf jedem 4. Spant mindestens 2mal der Höhe der gewöhnlichen Bodenstücke betragen. Ein Schiff von 120 m Länge, 15,70 m Breite und 9 m Seitenhöhe bedingte danach Doppelbodenhöhen von 1070 mm bei Bodenstücken auf jedem Spant, 1150 mm bei Bodenstücken auf jedem 2. Spant, 1440 mm bei Bodenstücken auf jedem 3. Spant und 1730 mm bei Bodenstücken auf jedem 4. Spant. Bei einer Breite der Tankdecke bis zu 8,8 m — in halber Höhe der Randplatte gemessen — genügte **ein** interkostaler Seitenträger auf jeder Seite. Bei einer Breite des Doppelbodens von 8,8 bis 11,9 m waren 2 interkostale Seitenträger, bei einer Doppelbodenbreite von 11,9 bis 14,3 m waren 3 interkostale Seitenträger erforderlich. Die Spanten ohne Bodenstück erhielten ein Profil, welches ungefähr dem unserer früheren Spanten beim Rahmenspantsystem entsprach und variierten je nach dem Abstand der interkostalen Seitenträger in der Höhe bis zu 25 mm. Die Gegenspanten waren durchweg 12,5 mm niedriger als die Spanten. Die Seitenträger erhielten die gewöhnliche Dicke wie bei Bodenstücken auf jedem Spant und waren an den nicht mit Bodenstücken versehenen Spanten mit vertikalen Stützwinkeln vernietet, die ihrerseits wieder mit Spant und Gegenspant durch 2 Niete verbunden waren. Mittelträger und Randplatte erhielten rechteckige Stützplatten, welche mit den Spant- und Gegenspantprofilen vernietet waren.

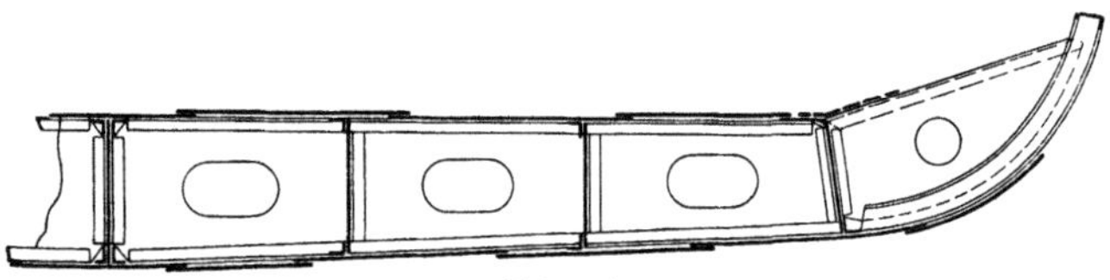

Abb. 231.

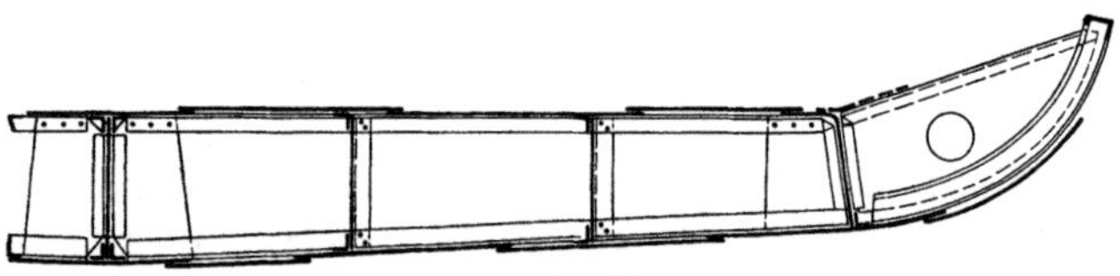

Abb. 232.

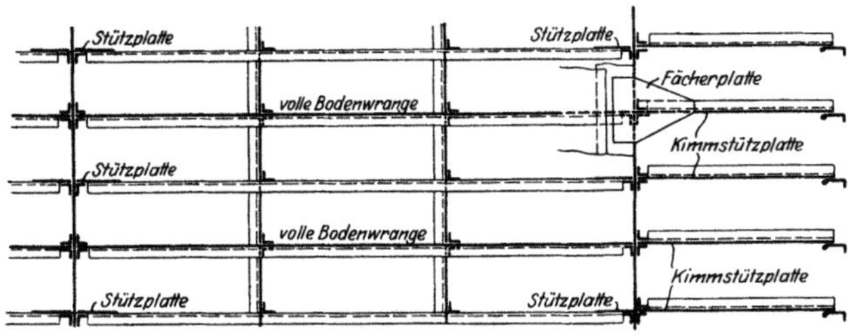

Abb. 233.

Dies waren die ersten Regeln über das open floorsystem.

Heute stuft man die Höhe des Mittelträgers nicht mehr nach dem Abstand der vollen Bodenwrangen ab, da die nach jenen Regeln sich ergebenden Höhen viel zu groß waren. Eine Doppelbodenhöhe von 1397 mm ist die größte, welche Lloyds Register bei den größten Schiffen kennt.

d) Heutige Bauweise des Doppelbodens. Die Entstehungsweise des open floorsystems hat nun verschiedene Bauarten gezeitigt. Wenn irgendwo die Bauvorschriften noch stark auseinandergehen, so ist es beim Doppelboden. Die sogenannten offenen Bodenstücke sind entweder nur an den zwischen den vollen Bodenwrangen interkostal angeordneten Seitenträgern abgestützt oder sie sind noch zwischen den interkostalen Seitenträgern durch vertikale Profilstützen, welche Spant und Gegenspant verbinden, abgestützt.

Der Mittelträger, einschließlich dessen Verbindungswinkel mit Flachkiel und Tanktopmittelgang, ist in dem Abschnitt über Kielkonstruktionen behandelt. Die Höhe des

Mittelträgers wird von Oberkante Flachkiel bis zur Doppelbodendecke gerechnet. Die Stöße des Mittelträgers müssen mit den Stößen der Mittelkielplatte und des Tanktopmittelgangs gut verschießen (Abb. 234). Die Breite der Überlappung und die Vernietung der

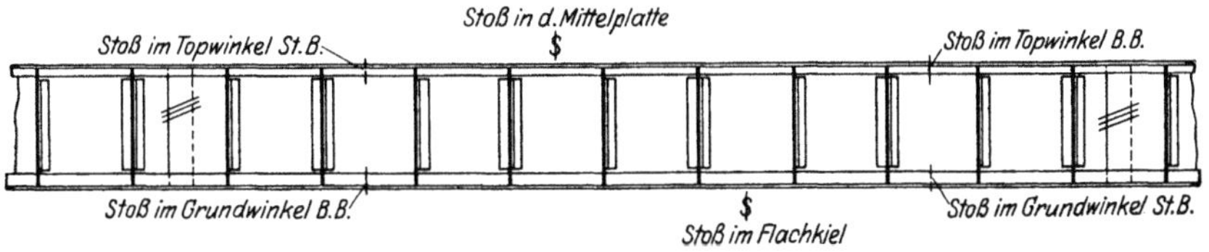

Abb. 234.

Überlappung richtet sich nach der Plattendicke. Die Nietentfernung im Flachkielwinkel sowie in den Vertikalverbindungswinkeln beträgt 5 *d*. Im übrigen sind die Vorschriften der Klassifikationsgesellschaften und etwaige Reedereivorschriften zu beachten. Abb. 234 zeigt ein Stück eines Mittelträgers jetziger Bauart. Bei den Stößen sind die Platten zwecks glatter Durchführung der Winkel auszuschärfen. Bei den Verbindungswinkeln mit den Bodenwrangen, ob dieselben nun doppelt oder einfach ausgeführt sind, sind oben und unten rd. 20 mm Spielraum zu lassen, damit dieselben verstemmt werden können. In dem nicht wasserdichten Teil sind Luft- und Wasserlauflöcher vorzusehen. Die meisten Klassifikationsgesellschaften verlangen, daß der Mittelträger auf $^3/_4$ L mittschiffs wasserdicht sei. Es kommen daher Mannlöcher im Mittelträger meist nur außerhalb $^3/_4$ L zur Anwendung.

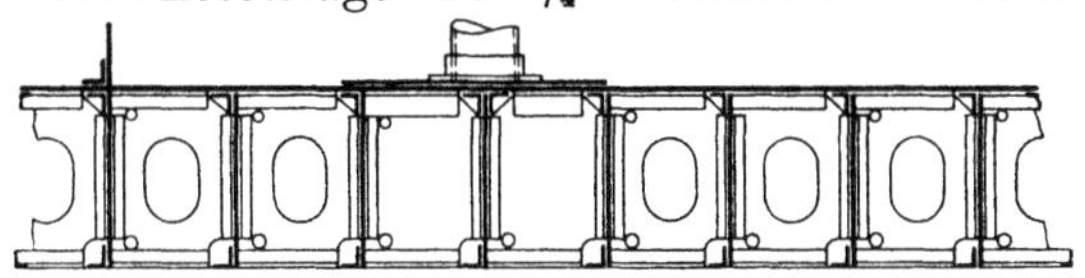
Abb. 235.

Die Seitenträger richten sich in Anordnung und Abmessungen nach den Klassifikationsvorschriften. Die Vernietung in den Grund- und Topwinkeln ist 5 *d*, in den Vertikalwinkeln 7 *d*. Mannlöcher sind überall vorzusehen, ausgenommen unter den Raumstützen. Abb. 235 stellt einen Seitenträger neuzeitlicher Bauart dar. Luft- und Wasserlauflöcher sind überall anzuordnen, letztere in Ölzellen möglichst groß, damit auch dickflüssiges Öl durchläuft und die Zulauflöcher sich nicht verstopfen.

An den Kreuzungsstellen unter den Stützen ordnet man tunlichst doppelte bzw. größere Winkel an. Im Vorschiff wird der Boden durch zusätzliche Seitenträger ausgesteift. Wo die Seitenträger als Maschinenträger dienen, macht man die Platten bündig zwecks Entlastung der Motore.

e) Bodenwrangen (Abb. 236 bis 241) werden heute allgemein im Maschinenraum, unter den Kesselträgern und auf $^1/_4$ bis $^1/_5$ der Schiffslänge von vorn, an jedem Spant angeordnet. Inwieweit auch in Laderäumen volle Bodenwrangen angeordnet werden müssen, darüber bestehen bei den einzelnen Klassifikationsgesellschaften verschiedenartige Vorschriften bzw. Empfehlungen: Der Germanische Lloyd bestimmte die Abstände der vollen Bodenstücke in den Laderäumen (Abb. 236) nach dem Produkt der Schiffsbreite im Quadrat mal der Höhe des Schiffes. Blieb diese Zahl unter 1000, was einer Schiffslänge von etwa 82 bis 85 m entspricht, so brauchte nur auf jedem 4. Spant ein volles Bodenstück angeordnet zu sein. Lag die Zahl zwischen 1000 und unter 2600, also etwa bei 82 bis 120 m Schiffslänge, so genügte ein volles Bodenstück an jedem 3. Spant und bei $B^2 \cdot H$ zwischen 2600 und 4200, also bei 120 bis 142 m Schiffslänge, mußten an jedem 2. Spant feste Bodenstücke angebracht werden. Bei Shelterdeckschiffen waren die Grenzen noch weiter gesteckt, da H nur bis zum Freiborddeck gerechnet wurde. Waren die Seitenträger weiter als 2,75 m voneinander oder von der Randplatte bzw. dem Mittelträger

Abb. 236.

entfernt, so wurde zwischen ihnen auf den Bodenwrangen ein senkrechter Versteifungswinkel vom Profil der Interkostalwinkel angebracht. Die Bodenwrangen wurden mit dem Mittelträger im Maschinen- und Kesselraum und soweit die Tankdecke eine größere Breite als $\frac{B}{2}$ hatte, durch doppelte Vertikalwinkel verbunden, welche aber durch einfache Winkel mit doppelter Nietung ersetzt werden konnten. Nach den neuen Vorschriften des Germanischen Lloyd sind im Maschinenraum unter den Kesselträgern, auf 0,25 L vom Vorsteven Bodenstücke an jedem Spant anzuordnen. Desgleichen müssen unter den Querschotten volle Bodenstücke angebracht werden. Im übrigen Teil des Doppelbodens darf der Abstand der Bodenwrangen 4 Spantabstände betragen, wenn die Seitenhöhe H nicht größer als 6 m, 3 Spantabstände, wenn H nicht größer als 12 m ist und 2 Spantabstände bei größeren Schiffen, in keinem Fall jedoch mehr als 2,5 m. Bei Schiffen, welche beim Laden und Löschen häufig den Grund berühren, wird empfohlen, den Abstand der Bodenwrangen nicht größer als 2 Spantentfernungen zu nehmen. Lloyds Register läßt volle Bodenstücke in den Laderäumen an jedem 3. Spant zu, wenn die Spantentfernung nicht größer als 838 mm ist. Überschreitet die Spantentfernung dieses Maß, so sind volle Bodenstücke mindestens an jedem 2. Spant anzubringen. Schiffe in der Erzfahrt oder für sonstige schwere Ladungen sollten Bodenstücke an jedem Spant haben. Die Verbindung der Bodenstücke mit dem Mittelträger ist dieselbe wie beim Germanischen Lloyd.

British Corporation läßt in den Laderäumen einen Abstand der festen Bodenwrangen von 2,75 m zu, wenn dieselben in Verbindung mit offenen Bodenwrangen und von 1,83 m zu, wenn sie in Verbindung mit Längsspanten angeordnet werden.

Bei Norske Veritas brauchen Schiffe mit einer Quernummer unter 72, d. i. also bei Schiffen von ungefähr 70 bis 75 m Länge kein volles Bodenstück zu haben, dann stuft sich die Vorschrift ab wie folgt:

bei Quernummer 72 und unter 76 an jedem 6. Spant ein festes Bodenstück,
76 „ „ 80 „ „ 4. „ „ „ „
80 „ „ 88 „ „ 3. „ „ „ „
88 „ „ darüber „ 2. „ „ „ „

d. h. bei Schiffen von etwa 92 m müssen schon feste Bodenstücke an jedem 2. Spant angebracht werden, die Leitzahlen von 72 bis 88 umschließen lediglich die Spantentfernungen von 24″ und 25″. Sind keine Seitenträger angebracht oder beträgt die Schiffslänge 137 m und darüber, so sind Bodenstücke an jedem Spant anzubringen. In Schiffen von 14,63 m und darüber, wo nur ein Seitenträger auf jeder Seite angebracht ist und in allen Doppelböden ohne Seitenträger, werden die Bodenstücke durch Winkel vom Profil der Befestigungswinkel versteift. Der Abstand dieser Befestigungen darf 2,44 m nicht übersteigen.

Bureau Veritas hat Vorschriften für Doppelböden mit Bodenstücken auf jedem Spant, jedem 2. Spant und jedem 3. Spant. Volle Bodenstücke an jedem Spant sind in jedem Falle im Maschinenraum, unter den Kesselträgern, dem Drucklager und auf 15% der Schiffslänge hinter dem Kollisionsschott anzubringen. Bei Schiffen mit hinten liegender Maschine sind verstärkt Bodenwrangenwinkel schon auf dem vorderen Viertel der Schiffslänge anzubringen. Bei den Erleichterungslöchern in den Bodenstücken sollen oberhalb und unterhalb der Löcher mindestens $^3/_{10}$ der Doppelbodenhöhe an Material bestehen bleiben. Im Maschinenraum und unter den Kesselträgern erhalten die Bodenwrangen doppelte Gegenspantwinkel. Die Spantwinkel an denselben erhalten eine 1,5 mm größere Dicke, wenn sie nicht vollständig mit Zement überdeckt sind.

Die zwischen den vollen Bodenwrangen befindlichen offenen Bodenwrangen (Abb. 237) bestehen aus Spantprofilen im Boden und Gegenspantprofilen unter der Tankdecke, welche durch Stützbleche am Mittelträger und an der Randplatte miteinander verbunden sind. Sie reichen vom Mittelträger bis zur Randplatte in einer Länge. Ihre Abmessungen richten sich nach dem Abstand der Längsträger voneinander.

Der Germanische Lloyd bestimmt in seinen neuen Vorschriften die Spanten zwischen den Bodenwrangen im Doppelboden nach der Seitenhöhe H und der ununterstützten Länge zwischen den ersten Nieten in den Stützblechen. Werden bei $H = 6$ m und darunter Bodenstücke an jedem 4. Spant angebracht, so sind die Widerstandsmomente der Spanten um 15% zu vergrößern. Die Gegenspanten können in allen Fällen ein 10% geringeres Widerstandsmoment haben als die Spanten, und der horizontale Schenkel braucht nur die für die Vernietung mit der Tankdecke erforderliche Breite zu haben.

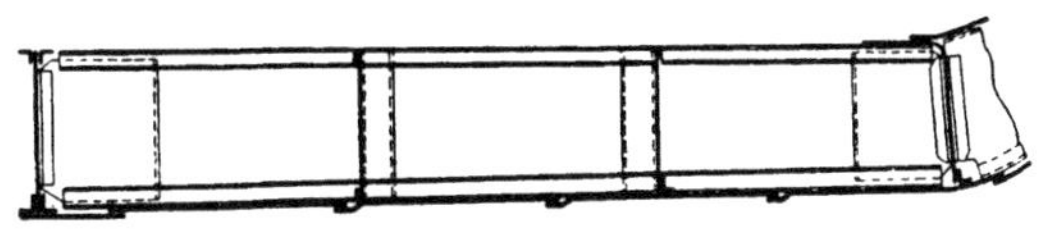

Abb. 237.

Die Stützbleche der offenen Bodenwrangen müssen eine Dicke gleich der der Bodenwrangen haben. Für die Breite der Stützbleche ist die Leitzahl $(B + H)\,L$ maßgebend. Bei $(B + H)\,L = 500$ ist die Breite der Stützbleche 550 mm und steigt in gleichen Stufen auf 1050 mm bei $(B + H)\,L = 7500$. Die Breite wird am Innenboden vom Mittelträger und der Randplatte aus gemessen, die freie Kante, welche mit einer Bördelung von 65 bzw. 75 mm zu versehen ist, muß senkrecht zum Innenboden stehen.

Wenigstens ein Seitenträger ist stets für das vordere Fünftel der Schiffslänge erforderlich, ferner im Maschinen- und Kesselraum. Ferner müssen alle Schiffe mit Bodenstücken an jedem 2., 3. oder 4. Spant für den übrigen Teil des Doppelbodens einen Seitenträger haben. Im Gegensatz zu anderen Klassifikationsgesellschaften müssen alle Schiffe von mehr als 10 m Breite einen und von mehr als 18 m Breite 2 Längsträger für ganze Länge des Doppelbodens haben.

Für die Abstände der Seitenträger sind ferner noch größte Maße angegeben, welche nicht überschritten werden dürfen. Diese sind

für das vordere Fünftel des Schiffes	1,25 m
im Bereich des Maschinenfundaments	1,80 m
im übrigen Doppelboden bei Schiffen über 22 m Breite	3,50 m
,, ,, ,, ,, ,, von geringerer Breite	3,80 m.

Bei partiellem Doppelboden müssen die Seitenträger entsprechend mit den Bodenlängsverbänden verschießen.

Die Seitenträger erhalten an jedem Spant Stützwinkel von der Dicke der Seitenträger. Die Schenkelbreite richtet sich nach der Spanthöhe, beträgt letztere 200 mm und darüber, so sind Wulstwinkel vorzusehen. Bis zu einem Spantprofil ┌ 170 genügen 2 Niete von 19 mm, bis ┌ 190 genügen 3 Niete und bis ┌ 220 4 Niete von 19 mm Durchmesser. Bei Wulstspanten von 230 mm und darüber sind 4 Niete von 22 mm zur Verbindung der Spanten und Gegenspanten mit den Stützwinkeln erforderlich.

Lloyds Register bestimmt die Abmessungen der Stützplattenbodenstücke (Bracket floors) nach der Seitenhöhe und der freitragenden Länge zwischen den Seitenträgern, beginnend bei 4,88 m Seitenhöhe und 1,52 m freitragender Länge zwischen den Seitenträgern mit einem Winkelprofil $165 \times 75 \times 8{,}5$ und Wulstwinkel $165 \times 75 \times 10$ bei 2,44 m freitragender Länge und steigend bei 14,0 m Seitenhöhe auf ┌ $220 \times 90 \times 12{,}5$ bei 1,52 m freitragender Länge bis ┌ $300 \times 90 \times 15$ bei 2,44 m freitragender Länge.

Für Schiffe mit durchlaufenden Aufbauten sind die Profile rd. $^1/_2'' = 12{,}5$ mm niedriger.

Die freitragende Länge zwischen den Längsträgern bzw. diesen und dem Mittelträger oder der Randplatte kann verringert werden durch Anordnung von Streben zwischen den Interkostalseitenträgern und dem Mittelträger oder der Randplatte. Wir haben also in diesem Falle regelrechte Deckstützen, wobei die Gegenspanten die Decksbalken und die Tankdecke das gestützte Deck bilden, nur daß Kopf und Fuß dieser Stützen als eingespannt gelten können.

Die Abmessungen der [- Stützen richten sich nach der Profilhöhe der Wulstwinkelspanten und Wulstwinkelgegenspanten. Sie steigen bei einer Steghöhe der Spanten von 130 bis 140 mm mit [230 × 90 × 90 × 9,5 auf 300 × 100 × 100 × 13,5 bei 250 mm Spantprofilhöhe und darüber.

Ebenso ist die Zahl der Niete in den Stützplatten genau geregelt. Sie steigt von 5 Nieten von 19 mm Durchmesser bei den Stützblechen der 130 bis 140 mm Spantprofile auf 9 Niete von 22 mm Durchmesser bei den Spantprofilen von 250 mm und darüber.

British Corporation hat für die Berechnung der offenen Bodenstücke abweichende Regeln. Wie vorher bereits angegeben, können die vollen Bodenstücke 2,75 m auseinander stehen, wenn dazwischen offene Bodenstücke (skeleton floors) angeordnet werden. Die Abmessungen werden bestimmt nach dem Abstand der Stützbleche l und der Leitzahl N. Für diese gibt British Corporation die folgende Berechnungsformel: $N = s \cdot h$; s ist die Spantentfernung in Fuß, h ist der Abstand in Fuß vom Kiel bis zur Ladelinie oder $^2/_3$ des Abstandes bis zur Seitenhöhe H, welches gerade größer ist. Im Falle die Gegenspanten durch Vertikalreben abgestützt sind, kann h von Oberkante Tankdecke gemessen werden. Siehe Abb. 238.

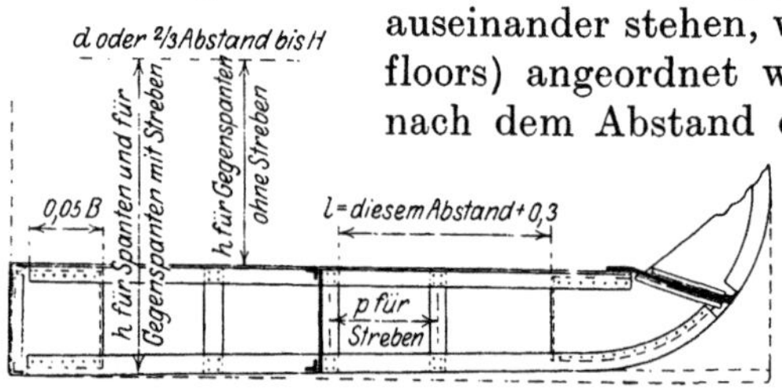

Abb. 238.

Die Spant- und Gegenspantwinkel müssen die Mittel und Seitenstützplatten um mindestens $^1/_{20}$ B überlappen. Diese Stützplatten müssen die Stärke der vollen Bodenwrangen haben. In Schiffen von 85 m Länge und darüber müssen die Stützplatten an den Außenkanten geflanscht sein. Für die vertikalen Winkelstützen ist eine besondere Tafel aufgestellt, die als Leitzahl den Wert W hat. $W = s \cdot h \cdot p \cdot 0{,}3$, worin s und h den obigen Wert haben und p den Abstand der Vertikalstreben in Fuß von Mitte zu Mitte gibt. Unter den Kesseln müssen die Spanten um 1 mm, die Gegenspanten und Vertikalstreben um 2 mm dicker genommen werden. Die Tafel der Werte von W geht von $W = 3$ bis $W = 19$, bei $W = 3$ werden als Stützen Winkel 100 × 65 × 6,5, und 2 Stück 16 mm-Niete verlangt, bei $W = 6$ werden als Stützen Winkel 115 × 75 × 9 und 3 Stück 19 mm-Niete verlangt.

Bei $W = 9$ werden als Streben Winkel 140 × 90 × 10 und 4 Niete von 19 mm verlangt,
„ $W = 13$ „ „ „ „ 165 × 90 × 11,5 „ 5 „ „ 22 „ „
„ $W = 19$ „ „ „ „ 230 × 100 × 12,5 „ 5 „ „ 25 „ „

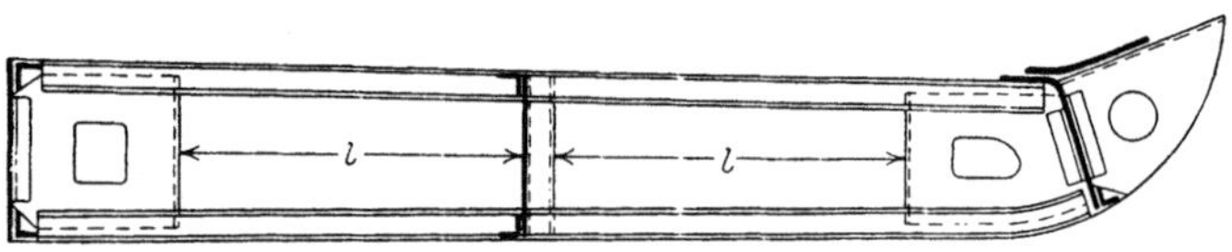

Abb. 239.

Die Vertikalwinkel an den interkostalen Seitenträgern haben dieselbe Nietverbindung mit Spant und Gegenspant wie in obiger Tabelle. Die Werte für die Berechnung von Spant und Gegenspant nach N und l sind in einer Tafel aufgestellt, in denen N 2 bis 27 bei l 13,5 bis 27,5 und N von 30 bis 50 bei l von 13,5 bis 17,75 reicht. Bei $l = 13{,}5$ und $N = 2$ genügt ein Winkel 100 × 65 × 7; bei $1 = 13{,}5$ und $n = 6$ ein Wulstwinkel 140 × 75 × 7. Bei $l = 27{,}5$ und $N = 2$ sind Wulstwinkel 150 × 75 × 8 und bei $l = 27{,}5$ und $N = 10{,}5$ Wulstwinkel 290 × 90 × 13,5 erforderlich.

Das Bureau Veritas hat im Grunde genommen ähnliche, im einzelnen aber doch wieder abweichende Berechnungsmethoden für die offenen Bodenstücke. Die Berechnung der Zwischenspanten bei Bodenstücken auf jedem 2. bzw. jedem 3. Spant erfolgt nach der Formel $N = 1{,}8 \cdot l^2 \cdot e \cdot h$. Darin ist e die Entfernung der Spanten von Mitte zu Mitte.

h ist der Abstand von der Tiefladelinie bis Oberkante Kiel für die Spantwinkel, bis zur Tankdecke für die Gegenspanten.

Für den Wert l siehe Abb. 239. Die Zahl der Niete in den Stützplatten soll gleich der Höhe des Mittelträgers in Dezimetern sein, vermindert um drei Einheiten, aber mindestens 6. Die Dicke der Stützbleche soll gleich derjenigen der Bodenstücke sein. Sie müssen in jedem Fall geflanscht sein. Aus der Berechnungstafel seien nur einige Werte angeführt:

für $N =$	10	ist ein	Winkelprofil	$130 \times 75 \times 9$	erforderlich,
„ $N =$	15,2	„ „	„	$150 \times 75 \times 9{,}5$	„
„ $N =$	21,5	„ „	Wulstwinkel	$140 \times 75 \times 10{,}0$	„
„ $N =$	30,35	„ „	„	$165 \times 75 \times 11{,}0$	„
„ $N =$	41,75	„ „	„	$190 \times 75 \times 11{,}5$	„
„ $N =$	61,75	„ „	„	$230 \times 75 \times 10{,}5$	„
„ $N =$	86,13	„ „	„	$255 \times 90 \times 12{,}5$	„
„ $N =$	107,15	„ „	„	$280 \times 90 \times 13{,}0$	„
„ $N =$	130,50	„ „	„	$305 \times 90 \times 14{,}5$	„

l wird beim Bureau Veritas von Außenkante Flansch der Stützplatte bis Außenkante Steg bzw. Außenkante Flansch des Profils, also ohne Berücksichtigung der Nietbefestigung gemessen.

Norske Veritas berechnet die Abmessungen der offenen Bodenstücke nach der Quernummer (Halbe Breite + Seitenhöhe + halber Umfang) und dem Abstand zwischen den Stützplattenbodenstücken oder den interkostalen Seitenträgern in Fuß von Niet zu Niet (Abb. 240). Die Stützbleche sind am Mittelträger und der Randplatte anzubringen und müssen genügende Breite haben, um zu ermöglichen, daß Spant und Gegenspant für eine Länge von mindestens der dreifachen Profilhöhe damit überlappen. Ist die Quernummer 76 oder darüber, d. h. also bei Schiffen von etwa 75 m Länge, so müssen die Stützbleche an der Innenkante geflanscht oder mit einem Garnierungswinkel versehen werden. Die Flanschbreite muß mindestens 75 mm sein. Wo an den Seitenträgern keine Stützbleche vorgesehen sind, müssen Spanten und Gegenspanten mit den Vertikalwinkeln der Seitenträger durch eine bestimmte Anzahl Niete verbunden sein, und zwar bei gewöhnlichen Winkeln durch 2 Niete, bei Wulstwinkeln von 140 bis 165 mit 3, von 165 bis 190 mit 4, von 190 bis 215 mit 5 und von 215 bis 240 mit 6 Nieten. Der Querflansch der Vertikalwinkel an den Seitenträgern muß breit genug sein, um diese Zahl Niete aufzunehmen.

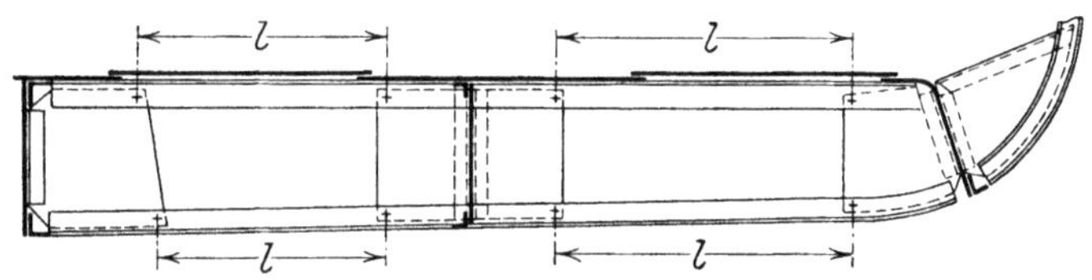

Abb. 240.

Durch wasserdichte Bodenwrangen (Abb. 241) wird der Doppelboden in verschiedene Tanks abgeteilt. Über die Einteilung der Tanks ist an anderer Stelle Näheres ausgeführt. Nach den Vorschriften des Germanischen Lloyd müssen die wasserdichten Bodenwrangen zwischen den Seitenträgern vertikale Versteifungswinkel in Abständen von nicht mehr als 760 mm erhalten, deren Dicke um 2 mm größer ist als die der gewöhnlichen Bodenwrangen. Die Profile richten sich nach der Höhe des Mittelträgers.

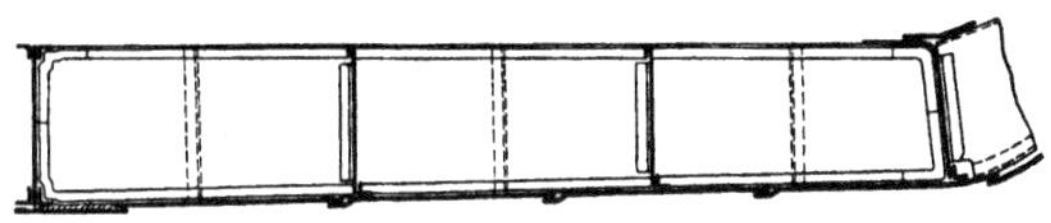
Abb. 241.

Höhe des Mittelträgers mm	Senkrechte Versteifungswinkel mm
700	$75 \times 65 \times 9$
900	$75 \times 75 \times 10$
1100	$100 \times 75 \times 11$
1400	$120 \times 75 \times 12$

Nach den Vorschriften von Lloyds Register sind die wasserdichten Bodenstücke im Doppelboden ebenfalls 2 mm dicker zu nehmen als die übrigen vollen Bodenstücke, mit Ausnahme derer im Kesselraum. Infolgedessen werden hier erst Versteifungen der wasserdichten Bodenstücke bei Schiffen über 76 m Länge verlangt, und zwar vom Profil der Verbindungswinkel des Bodenstücks mit der Außenhaut und in einem Abstand von 760 mm.

Nach British Corporation sind die wasserdichten Bodenstücke so stark zu machen wie die Bodenstücke im Kesselraum und die Begrenzungswinkel, welche das Bodenstück mit Boden, Tankdecke, Mittelträger und Randplatte verbinden, 2 mm dicker als das Bodenstück selbst. Wo die Höhe des Doppelbodens 914 mm übersteigt, sind Vertikalversteifungen in 914 mm Abstand anzuordnen.

Beim Bureau Veritas müssen die wasserdichten Bodenstücke die Dicke haben, welche für Bodenstücke im Maschinenraum vorgeschrieben ist, und werden durch Vertikalwinkel versteift, deren Abstand nicht mehr als 760 mm betragen darf. Die Abmessungen dieser Versteifungswinkel sind verhältnismäßig stark, sie sind gleich denen der Spantwinkel im Vorschiff; sie beginnen bei den kleinsten Schiffen mit dem Profil 100 × 100 × 8 und steigen in 16 Stufen bis zum Profil 175 × 175 × 15, indessen braucht der mit dem Bodenstück vernietete Schenkel des vertikalen Versteifungswinkels nur die für die Vernietung erforderliche Breite zu haben.

Norske Veritas empfiehlt die Anordnung der wasserdichten Bodenstücke unmittelbar unter den wasserdichten Querschotten oder wenigstens in der Nähe derselben. Die Dicke muß dieselbe wie bei den Bodenstücken im Kesselraum sein. Wo der Doppelboden höher als 914 mm ist, müssen die Bodenstücke durch Winkel vom Profil der Verbindungswinkel mit der Außenhaut in höchstens 760 mm Abstand versteift werden. Bei Doppelböden von größerer Höhe, z. B. im Maschinenraum, müssen Dicke und Versteifung der wasserdichten Bodenstücke entsprechend größer gewählt werden.

f) Kimmstützplatten. Über diesen Bauteil sind besonders stark verschiedene Ansichten während der Entwicklung zum Ausdruck gekommen. Namentlich über die Höhe derselben gehen die Vorschriften noch heute wesentlich auseinander; es scheint aber, als ob allmählich der Grundsatz zur Geltung kommt, daß die Höhe weniger wichtiger ist als eine genügende Anzahl von Nieten zur Verbindung mit dem Raumspant!

Der Germanische Lloyd gibt bisher die Kimmstützplattenhöhe in Verbindung mit dem Profil der Raumspanten an. Dementsprechend ist also die Höhe der Kimmstützplatte von der Seitenhöhe bis zum untersten Deck und dem Abstand des untersten Decks vom Hauptdeck abhängig. Die Höhen der Kimmstützplatten werden danach unter Umständen beträchtlich. Die Höhe des Doppelbodens spricht hierbei nicht mit, da diese nach der Längsnummer und der Seitenhöhe bestimmt wird. Die Höhe der Kimmstützplatten kann im Hinterschiff auf 0,2 L vom Hintersteven allmählich bis auf 80% verringert werden, vorausgesetzt, daß die Maschine nicht im Hinterschiff angeordnet ist. Es ist nun naheliegend, daß die Kimmstützplatte und ihre Vernietung in Verbindung mit der Randplatte bestimmt wird, denn davon hängt die Länge des Verbindungswinkels und die Zahl der Niete zusammen. Beim Germanischen Lloyd besteht die Beziehung, daß die Breite der Randplatte ohne Flansch mindestens halb so groß sein muß als die vorschriftsmäßige Höhe der Kimmstützplatte. An der Oberkante erhalten die Kimmstützplatten einen Gurtwinkel von der Dicke der Platte und mindestens 75 mm Schenkelbreite. Statt dessen können die Platten auch geflanscht werden, sind dann aber 1 mm dicker zu nehmen. Bei Schiffen mit durchlaufendem Aufbau über dem Freiborddeck darf die Höhe der Kimmstützplatte gegenüber derjenigen des Volldeckschiffs um 7% verringert werden. Bei Erzschiffen muß die Höhe der Kimmstützplatten um 10% größer sein als für Volldeckschiffe und in der Verbindung der Spanten mit der Kimmstützplatte ist ein Niet mehr anzuordnen.

Lloyds Register bestimmt die Höhe der Kimmstützplatte nach der Seitenhöhe und der Raumhöhe von Tankdecke bis zum untersten Deck, und zwar auf dem Wege über die daraus bestimmte Breite der Randplatte und die danach erforderliche Anzahl von Nieten in den Verbindungswinkeln von Randplatte und Kimmstützplatte. Der Wertigkeit dieser Nietung muß die Verbindung der Kimmstützplatte mit dem Raumspant entsprechen. Danach ergibt sich die Höhe der Kimmstützplatte. Lloyds Register hat hier 5 Stufen für die unteren Raumhöhen, von 3,05 steigend bis 7,92 m. Die Zahl der Niete variiert von 5 Stück 19 mm bis 8 Stück 22 mm, wobei die letzteren bei doppelten Winkeln, welche durchweg bei einer Randplattenbreite von ca. 1000 mm erforderlich werden, mit dem doppelten Querschnitt zur Geltung kommen. Nur bei der größten Tiefe von 7,92 m werden doppelte Winkel schon bei 890 mm Randplattenbreite erforderlich. Auf dem hintersten Fünftel der Schiffslänge kann auch hier die Breite der Randplatte allmählich auf 85% der Mittschiffsbreite verringert werden. Die Höhe der Kimmstützplatten darf aber nicht verringert werden, sie wird an der Innenkante Spant gemessen. Wo doppelte Winkel an der Kimmstützplatte vorgeschrieben sind, muß auch die Bodenwrange durch doppelte Winkel von gleicher Schenkelbreite mit der Randplatte verbunden werden. Werden die doppelten Winkel von der Kimmstützplatte durch einen Winkel von entsprechender Schenkelbreite für doppelte Nietung ersetzt, so muß der Verbindungswinkel des Bodenstücks mit der Randplatte an der Randplatte die gleiche Schenkelbreite für doppelreihige Vernietung haben.

Wo die Kimmstützplatten mit der Randplatte durch doppelte Winkel verbunden sind, muß die Zahl und der Durchmesser der Niete durch das Stützblech und das Spant gleich der Zahl und dem Durchmesser der Niete durch die Vertikalwinkel (aber nicht einschließlich derer durch die Fächerplatte) sein. Wo die Kimmstützplatte durch einen einfachen Winkel mit der Randplatte verbunden ist, muß die Zahl und der Durchmesser der Niete durch Raumspant und Kimmstützplatte nicht nur gleich der durch den Vertikalwinkel sein, sondern es ist noch ein Zuschlag von 50% für Niete durch die Fächerplatte zu machen.

Falls die Randplatte annähernd horizontal liegt, so darf die Länge des dann horizontal liegenden unteren Randes der Kimmstützplatte nicht geringer sein als die klassifikationsmäßige Breite der Randplatte; sie ist aber noch zu verstärken, wenn die betreffende Schiffsgröße die Anordnung von Fächerplatten bedingt hätte.

British Corporation läßt die Höhe der Kimmstützplatten außer Betracht, sofern diese nur für die notwendige Vernietung genügt. Die Kimmstützplatten müssen die Dicke der Bodenstücke haben (geflanscht dürfen sie keine geringere Dicke als die der vollen Bodenstücke im Maschinenraum haben). Im Kesselraum sind sie noch 1,5 mm stärker zu nehmen. Ist die Randplatte annähernd vertikal, so genügt ein einfacher Winkel zur Verbindung mit der Kimmstützplatte. Der Winkel muß auf derselben Seite liegen wie der Befestigungswinkel der Bodenwrange im Doppelboden. Ist die Randplatte annähernd horizontal, so müssen die Kimmstützplatten so hoch sein, daß sie die genügende Zahl Niete zur Verbindung mit den Raumspanten aufnehmen können. Bei 150 mm Wulstwinkel sind 3 Niete von 19 mm in jedem Arm, bei 180 mm 4 Niete, bei 200 mm 6 Niete von 19 mm Durchmesser erforderlich, bei 250 mm 7 Niete und bei 300 mm 12 Niete von 22 mm Durchmesser. Der Nietabstand darf 5 Durchmesser bei einfacher und Kettennietung nicht übersteigen und nicht 7 Durchmesser bei Zickzacknietung.

Die Dicke der Kimmstützplatten an nahezu horizontalen Randplatten ist 2 mm größer als für volle Bodenstücke. Wo die Zahl der Niete zu zweireihiger Nietung nötigt, ist die Breite der Schenkel doppelt so groß zu nehmen als die des Gegenspantwinkels an dieser Stelle, und eine Reihe Niete muß durch den Schenkel des Gegenspantwinkels gehen. Es wird also hier im Gegensatz zu Lloyds Register nicht verlangt, daß bei doppelten Vertikalwinkeln an der Kimmstützplatte auch die Winkel an der Innenseite der Randplatte doppelt sein müssen.

Bureau Veritas bestimmt die Höhe der Kimmstützplatte bei Schiffen ohne Rahmenspanten nach der Formel $H = 2F - 457$, wobei F die Höhe des Doppelbodens in mm ist. Zu einem Doppelboden von 1000 mm Höhe gehört also eine Kimmstützplatte von 1543 mm. Zu einem Doppelboden von 1250 mm gehören schon 2043 mm hohe Kimmstützplatten. Für größere Schiffe ergeben sich also verhältnismäßig hohe Kimmstützplatten, Abb. 242. Bei Schiffen mit Rahmenspanten, bei denen also das Spantprofil erheblich niedriger ist, gilt die Formel $H = 2F - 760$. Hier gehört also zu einem Doppelboden von 1000 mm Höhe nur eine Kimmstützplatte von 1300 mm Höhe. Die Höhe der Kimmstützplatte darf aber in keinem Fall geringer sein als die Höhe des Mittelträgers. Die Kimmstützplatten erhalten die Dicke der Bodenstücke im Maschinenraum. Werden die Kimmstützplatten an ihrer Oberkante geflanscht, so sind sie 10% dicker zu nehmen, sonst erhalten sie an der Oberkante einen Winkel

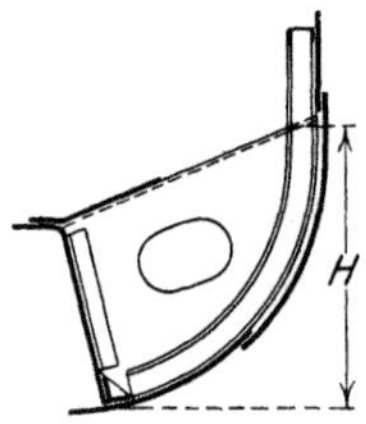

Abb. 242.

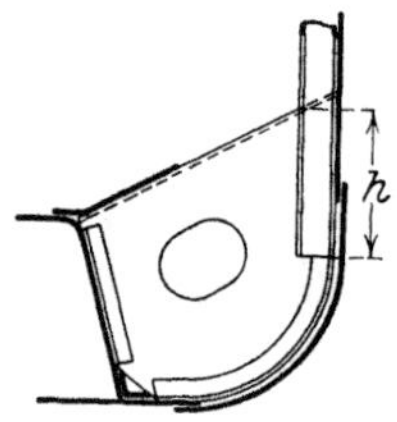

Abb. 243.

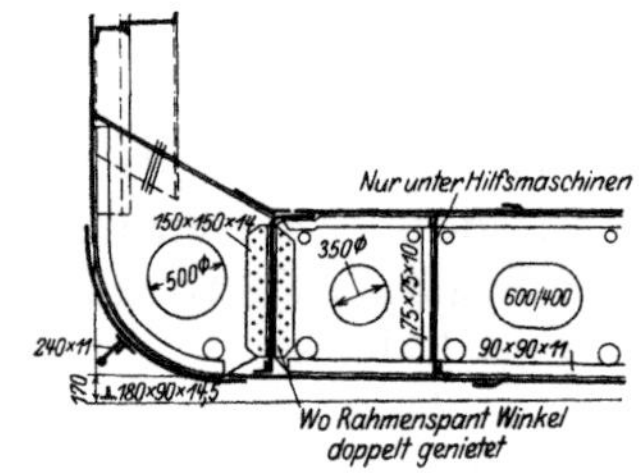

Abb. 244.

vom Gegenspantprofil. Von $^1/_4$ der Schiffslänge von hinten können die Kimmstützplatten allmählich auf die Höhe der Tankdecke verringert werden. Wenn sich das Spant nicht bis an die Randplatte erstreckt, so muß unter demselben ein Winkel bis an den Randplattenwinkel herangeführt werden und die Höhe der Kimmstützplatte ist um soviel zu vergrößern, daß so viel Niete, sei es in 2 oder 3 Reihen, hineingehen, daß ihr Gesamtquerschnitt gleich dem Querschnitt des Profils ist, Abb. 243 u. 244. Die Zahl der so ermittelten Niete bestimmt die Länge der Überlappung. Der Abstand von Mitte zu Mitte jeder Nietreihe soll 5 Durchmesser betragen, und die letzten Niete sollen vom Ende der Überlappung 2,5 Durchmesser abstehen. In diesem Falle wird die Kimmstützplatte mit der Außenhaut durch einen Winkel vom Profil der Spanten im Doppelboden verbunden. Außer durch Fächerplatten, auf welche wir im nächsten Abschnitt kommen, werden die Kimmstützplatten vom Kollisionsschott bis zu $^1/_2$ der Schiffslänge von vorn bei Wulstspanten unter 205 mm Höhe durch einfache Vertikalwinkel mit der Randplatte verbunden, ist das Wulstspantprofil 205 mm und darüber, so erfolgt die Verbindung durch doppelte Winkel. Für den Teil des Schiffs hinter $^1/_2\,L$ von vorn sind doppelte Vertikalwinkel zur Verbindung von Kimmstützplatte und Randplatte erst bei einer Profilhöhe des Spants von 230 mm an erforderlich. Rahmenspanten werden immer durch doppelte Winkel mit der Randplatte verbunden. Bei Schiffen mit hinten liegender Maschine müssen im Maschinenraum an jeder Kimmstützplatte doppelte Winkel mit einfacher Nietung oder einfache Winkel mit doppelter Nietung zur Verbindung mit der Randplatte zur Verwendung kommen.

Norske Veritas gibt nach den Längsnummern neben der Höhe des Mittelträgers das Maß an, um welches die Kimmstützplatte höher sein muß; dieses ist bei 740 mm Doppelbodenhöhe 50 mm, bei 760 schon 125 mm, bei 990 mm ist es 560 mm und bei 1270 mm schon 860 mm. Diese Höhen der Kimmstützplatte über der Tankdecke gelten nur für $^1/_2\,L$ mittschiffs. Nach den Enden des Schiffes zu können sie allmählich abnehmen, bis sie an den Piekschotten nur mehr Doppelbodenhöhe haben. Für die Verbindung der Kimmstützplatten mit der Randplatte ist maßgebend außer der Längsnummer der Wert $\frac{d}{m}$, worin d der Abstand des unteren Decks von der Tankdecke und m die Breite der Randplatte ist. Die Werte $\frac{d}{m}$ sind für die Zahlen 4 bis 13 aufgestellt. Die Befestigung der Kimmstützplatte durch doppelte Winkel wird schon bei verhältnismäßig kleinen Schiffen gefordert, besonders wo die Breite der Randplatte gering, $\frac{d}{m}$ also verhältnismäßig groß ist. Durch die Einführung von d ist gleichzeitig die Befestigung des Raumspants an der Kimmstützplatte berücksichtigt.

g) Verbindung der Tankdecke mit den Kimmstützplatten. Für die Verbindung der Kimmstützplatten mit dem Doppelboden hatte man ursprünglich nur die Vernietung mit der Randplatte. Jedoch erwies sich diese Verbindung nicht als ausreichend, namentlich als die Laderäume immer tiefer wurden und die unteren Decks bzw. Raumbalkenlagen durch Hochspanten ersetzt wurden. Die Beanspruchung der Kimmstützplatten wurde so groß, daß auch doppelte vertikale Winkel nicht mehr ausreichten. Man führte daher zur Verbindung von Tankdecke oder Randplatte und Kimmstützplatte die Fächerplatten ein.

Bei manchen Klassifikationsgesellschaften wird der Fächerplatte eine wichtige Rolle bei der Wiederherstellung des durch die Randplatte unterbrochenen Querverbands zuerkannt.

Der Germanische Lloyd bestimmt die Fächerplatten nach der Leitzahl $(B + H)\,L$. Siehe Seite 182.

Lloyds Register schreibt Fächerplatten von der Dicke der Bodenstücke vor. Der horizontale Flansch der Randplatte muß breit genug bleiben, damit die Naht der Tankplatte noch so weit frei von der Fächerplatte geht, daß noch ein Verstemmen möglich ist. Die Anzahl der Fächerplatten wird nach derselben Regel bestimmt wie die einfachen und doppelten Winkel an der Kimmstützplatte, wie überhaupt bei Lloyds Register beide Verbindungen stets zusammen aufgeführt werden. Für das Vorschiff von $^1/_4\,L$ bis zum Kollisionsschott ist eine durchweg um 2 Spanten dichtere Anordnung der Fächerplatten vorgeschrieben als für den übrigen Teil des Schiffes. Soweit die Vertikalwinkel einfach angeordnet sind, steigt die Zahl der Niete in jeder Richtung der Fächerplatte von 5 von 19 mm Durchmesser auf 8 von 22 mm Durchmesser. Wo doppelte Vertikalwinkel vorgesehen sind, fällt die Zahl der Niete wieder auf 5 und steigt schließlich wieder auf 6 von 22 mm Durchmesser.

Auch British Corporation sieht außer den Vertikalwinkeln zur Verbindung der Kimmstützplatte mit der Randplatte noch Fächerwinkel, dicke Fächerplatten oder eine durchlaufende Deckplatte vor. Die Zahl der Fächerplatten richtet sich nach der Schiffslänge und der Seitenhöhe. Bei 61 bis 76 m Länge und 4,9 bis 6,1 m Seitenhöhe sind Fächerplatten an jedem 5. Spant und 4 Niete von 19 mm Durchmesser vorgeschrieben. Die Stufen für engere Anordnung sind 50′ in der Länge und 3′ in der Seitenhöhe. Bei 137,2 bis 152,4 m Länge und 10,06 bis 10,97 m Seitenhöhe sind Fächerplatten an jedem Spant und 5 Niete von 12 mm Durchmesser vorgesehen. Von 167,6 m Länge und 11,89 m Seitenhöhe ab ist die Randplatte mit den Kimmstützplatten durch eine durchlaufende Platte mit 7 bzw. 8 Nieten von 22 bzw. 25 mm Durchmesser zu verbinden. Alles dies gilt nur für $^1/_2\,L$ mittschiffs und für das Hinterschiff. Für den Teil des Schiffs von $^1/_4\,L$ vom Vorsteven bis zum Kollisionsschott müssen die Fächerplatten enger stehen, und für diesen Teil wird schon bei Schiffen von 137,2 m Länge und 10 m Seitenhöhe eine durchlaufende Platte zur Verbindung von Randplatte und Kimmstützplatten verlangt. Wo statt der Fächerplatten Winkel zur Verbindung genommen werden, soll der Zwischenraum zwischen den Nieten im Kimmstützplattenrandwinkel oder Flansch und der Tankdecke so klein als möglich sein.

Für Eindeckschiffe ist eine wesentlich engere Anordnung der Fächerplatten erforderlich; für diese ist die Seitenhöhe für die Bestimmung der Fächerplatten um 1,83 m zu erhöhen, so daß sie also durchschnittlich um 2 Spantentfernungen enger stehen.

Beim Bureau Veritas werden wie bei Lloyds Register als Verbindung doppelte bzw. einfache Vertikalwinkel und Fächerplatten zusammen gefordert. Über die Vertikalwinkel ist das Erforderliche schon gesagt. Auch hier ist ein Unterschied gemacht zwischen dem Vorschiff von $^1/_4\,L$ vom Vorsteven bis zum Kollisionsschott und dem übrigen Schiffskörper. Bei einer Profilhöhe des Wulstwinkelspants von 165 bis 180 mm sind Fächerplatten an jedem 6. Spant anzubringen, steigend bei 215 bis 230 mm auf Fächerplatten an jedem 2. Spant. Bei 230 bis 240 mm werden doppelte Vertikalwinkel verlangt, dafür können aber die Fächerplatten wegfallen. Bei den größeren Profilen werden dann wieder Fächerplatten an jedem 5. bis einschließlich an jedem Spant verlangt. Im Vorschiff werden schon bei 255 mm Spanthöhe Fächerplatten an jedem Spant und doppelte Winkel verlangt. Rahmenspanten erhalten stets Fächerplatten; für die dazwischenliegenden Spanten bestimmt sich die Anzahl der Fächerplatten nach der Höhe der Rahmenspanten. Eine besondere Anzahl von Nieten wird nicht gefordert, es heißt nur, daß der Nietabstand $5\,d$ betragen soll.

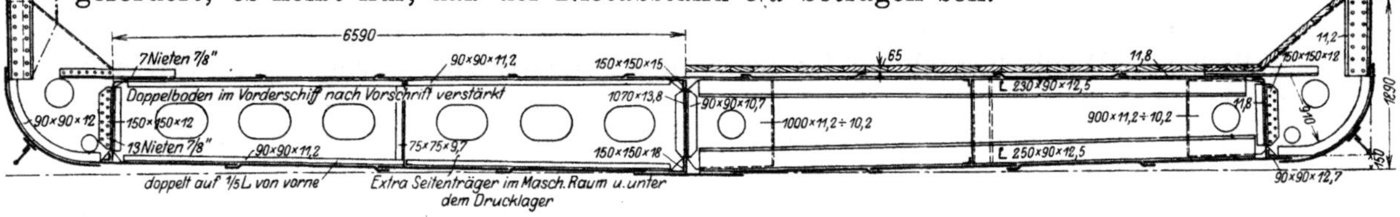

Abb. 245.

Norske Veritas setzt in seinen Vorschriften an die Stelle der Fächerplatten horizontale Verbindungswinkel (Abb. 245). Die Zahl derselben und die Vernietung werden wie die Vertikalverbindung der Kimmstützplatten nach der Leitzahl für die Längsverbände und nach $\frac{d}{m}$ bestimmt. Die Nietverbindungen in den horizontalen Winkeln bestehen bei Winkeln auf jedem 5. Spant aus 4 Nieten von 19 mm Durchmesser, bei dem weitaus größten Teil aus 5 Nieten von 19 und 22 mm Durchmesser, und nur bei ganz großen Schiffen aus 6 Nieten von 22 mm Durchmesser. Die Verbindungswinkel haben dasselbe Profil wie die Vertikalwinkel der Bodenstücke am Mittelträger und der Randplatte, also 75 mm Schenkelbreite bei ganz kleinen und 90 mm bei den übrigen Schiffen. Die Dicke ist indessen 3,5 mm größer zu bemessen. Bei Rahmenspanten erhalten die Winkel dieselben Abmessungen wie der innere Gurtungswinkel der Rahmenspanten. Abb. 245 und 246/247 geben typische Bilder vom Doppelboden nach Norske Veritas bei einem Shelterdeckschiff von 115,822 m = 380′ 0″ Länge, 16,23 m = 53′ 3″ Breite und 11,202 m = 36′ 9″ Seitenhöhe. Die Spantentfernung beträgt 900 mm, auf 0,2 L von vorn 685 mm und in den Pieks 610 mm.

h) Doppelboden für die Aufbewahrung von Heiz- bzw. Treiböl. Die bisher erörterten Vorschriften galten lediglich für Doppelböden für Wasserballast. Neuerdings aber ist die Forderung einer Verwendung für Öle zu berücksichtigen. Bis zum Jahre 1926 waren die Anforderungen an solche Doppelböden die gleichen — unabhängig davon, ob Öl oder Wasserballast gefahren werden sollte. In dieser Hinsicht sind seitdem Änderungen eingetreten. Vor deren Erörterung sei noch auf die Prüfungsbedingungen für Doppelböden kurz eingegangen:

Nach den Vorschriften des Germanischen Lloyd ist jede Abteilung des Doppelbodens mit einem Wasserdruck entsprechend einer Wassersäule bis zur Tiefladelinie zu prüfen.

Alle Ballast-, Trimm-, Speise-, Frischwasser- und Schlingertanks sowie die Öltanks außerhalb und innerhalb des Doppelbodens sind mit einem Wasserdruck entsprechend einer Wassersäule von 2,5 m über der Tankdecke, in allen Fällen aber, in denen die Tiefladelinie mehr als 2,5 m über der Tankdecke liegt, bis zur Höhe der Tiefladelinie auf Dichtigkeit zu prüfen. Beträgt die Höhe eines Tanks mehr als 8 m, so ist für jeden Meter größerer Höhe die Druckhöhe um 0,3 m größer als 2,5 m zu nehmen. Die Druckprobe ist mindestens mit einer Wassersäule bis zum höchsten Punkt des Überlauf- bzw. Luftrohrs vorzunehmen.

Diese Bestimmung berührt eine der einschneidendsten Fragen der Abmessungen der Doppelböden bzw. Tanks. Voraussetzung ist zunächst, daß der nach den Vorschriften der Klassifikationsgesellschaften gebaute Doppelboden an und für sich stark genug geworden ist, daß er nachher auch den Prüfungsdruck aushält. Nun wird der Wasserballast- oder Öltank meist vom Oberdeck aus, mitunter auch von einem noch höheren Deck aus gefüllt; es ist daher wohl richtiger, den Doppelboden so stark zu konstruieren, daß er diesem größten im Betrieb vorkommenden Druck standhält. Der Germanische Lloyd hat deshalb wohl auch neben der Leitzahl $(B + H) L$ noch die Seitenhöhe H als zweite Leitzahl für die Bestimmung der Abmessungen der Doppelböden gewählt.

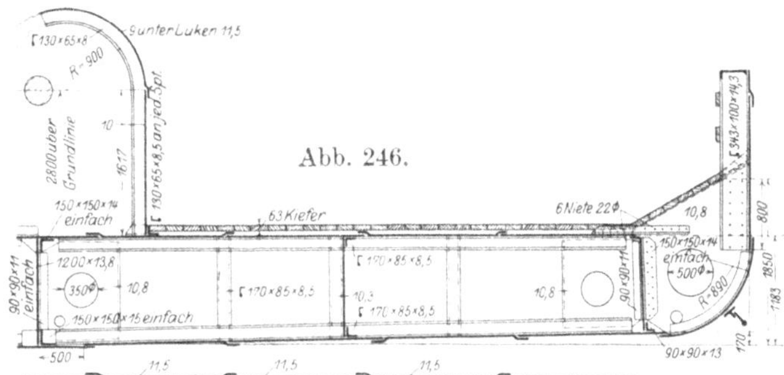

Abb. 246.

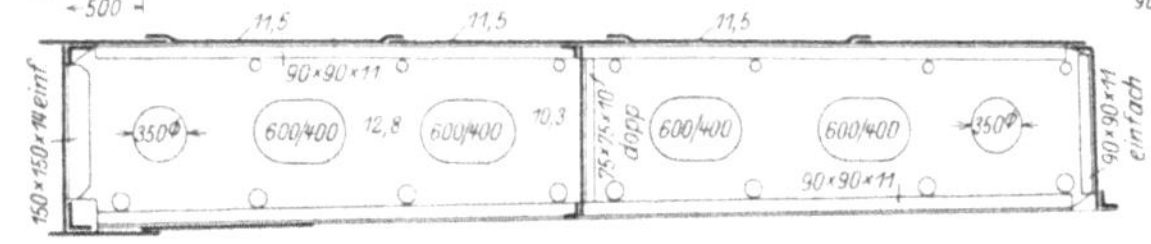

Abb. 247.

Ein anderes ist noch über die Druckhöhe bis zum Überlaufrohr zu sagen. Es liegt nahe, durch möglichst niedrige Anordnung eines Überlaufrohres die Abmessungen eines Tanks und seiner Versteifungen möglichst leicht zu halten. Es liegt aber ebenso nahe, daß der Überlaufhahn und das Luftrohr, wenn das Schiff im Betrieb ist, geschlossen werden und wenn dann von oben die Tanks gefüllt werden, kommt leicht unzulässig hoher Druck auf den Tank. Es ist daher schon besser, wenn man die Bestimmungen von Lloyds Register befolgt.

Lloyds Register verlangt: Jede Abteilung ist nach Fertigstellung mit einer Wassersäule zu prüfen, die dem höchsten Druck entspricht, welcher im Betrieb vorkommen kann.

British Corporation verlangt die Prüfung des Doppelbodens mit einer Wassersäule bis zum Freibord oder bis zum Schottendeck oder bis zum Ausflußpunkt der Überlaufrohre, je nachdem, welches dieser Maße die größte Druckhöhe ergibt. Die Prüfung muß vorgenommen werden, bevor die Randplattenfußwinkel oder die Begrenzungswinkel der wasserdichten Abteilungen zementiert sind und bevor das Schiff zu Wasser gelassen ist, aber nachdem Luft- und Peilrohre und alle Verbindungen an der Außenseite des Doppelbodens angebracht sind.

Norske Veritas prüft die Doppelböden für Wasserballast wie der Germanische Lloyd bis zur Tiefladelinie. Jede Abteilung ist besonders zu prüfen. Keine Abteilung darf zementiert oder mit Zementanstrich versehen werden, ehe die Tanks geprüft sind. Abb. 248, 249, 257 und 258 geben Querschnitte durch die Doppelböden moderner Frachtdampfer.

Die Verwendung der Doppelböden für die Aufbewahrung von Heizöl bzw. von Treiböl ist in den letzten 15 Jahren allgemeiner üblich geworden, wenn sie auch für die dickflüssigen Heizöle wieder weitgehend eingeschränkt worden ist. Die Innenseiten des Doppelbodens werden auf Grund der dann dichteren Nietung nicht zementiert, was eine nicht unbeträchtliche Ersparnis am Eigengewicht des Schiffes bedeutet. Auch wird bei solcher Verwendung wertvoller Raum unter dem Doppelboden für Ladung frei und es bleibt der Raum im Doppelboden unvermessen. Der Germanische Lloyd verlangt bei öldichten Doppelböden, daß die Stöße und die Nähte mindestens doppelt genietet werden.

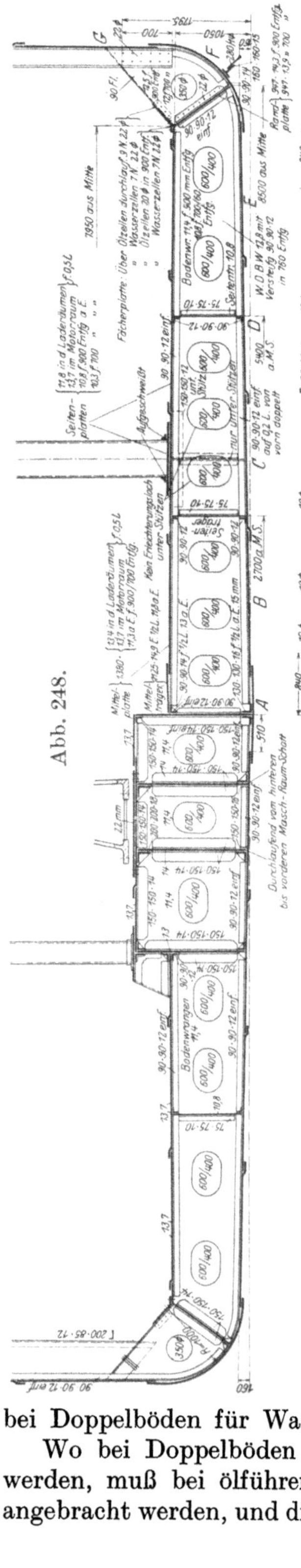

Abb. 248.

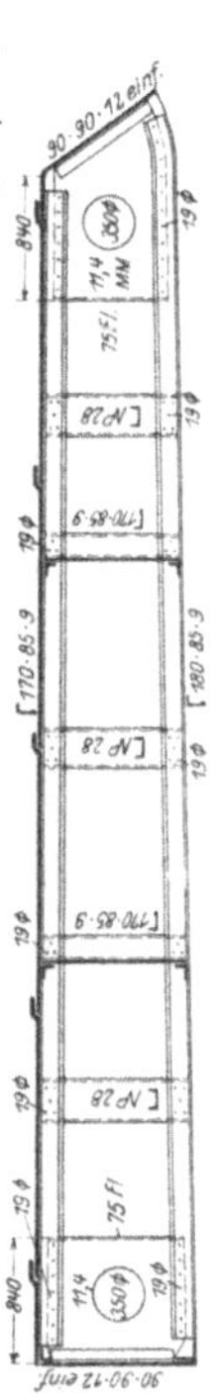

Abb. 249.

Lloyds Register hat nun 1926 Vorschriften betreffend Doppelböden für Öl herausgegeben, wonach Treiböl in gewöhnlichen Doppelböden nach dem Zellensystem ohne besondere Vernietung gefahren werden kann. Der Mittelträger darf nicht durchbrochen werden, mit Ausnahme der engen Tanks an den Enden. Der Mittelträger braucht aber weder verstemmt noch mit einseitigem Wasserdruck geprüft zu werden. Die Länge der einzelnen Abteilungen muß zur Genehmigung eingereicht werden. Es ist dies deswegen erforderlich, weil, wenn ein Teil des Öls in einer Abteilung verbraucht ist, die freie Oberfläche nicht so groß werden darf, um die Stabilität des Schiffes zu gefährden. Bei Doppelbödentanks, welche lediglich für Wasserballast dienten, spielte dies keine Rolle, da diese Zellen entweder ganz gefüllt oder ganz leer sind. Die Abteilungen für Frischwasser — seien es Kesselwasser- oder Trinkwassertanks — sollen durch Kofferdämme von den ölführenden Abteilungen getrennt sein.

Die Dicke der Tankdecke kann die gleiche sein wie bei gewöhnlichen Doppelböden, doch muß sie bei normaler Spantentfernung mindestens 10 mm betragen; Nähte und Stöße müssen mindestens doppelt genietet sein. Die doppelte Nietung der Nähte war früher von Lloyds Register nur gefordert, wo keine Wägerung auf der Tankdecke vorgesehen war, oder bei einer Dicke der Tankdecke über 12,2 mm. Die Wägerung auf der Tankdecke muß auf Querschwellen verlegt sein, welche mindestens 50 mm freien Zwischenraum zwischen Tankdecke und Wägerung lassen und ein freies Abfließen von der Tankdecke nach den Bilgen oder Brunnen gestatten. Die Vernietung der Nähte und Stöße der Tankdecke muß, wo Ölbunker oder Hochtanks für Öl darüber liegen, mindestens doppelt sein. Siehe Abb. 250 bis 252.

Die Verbindung durch Fächerplatten muß eine stärkere sein als bei gewöhnlichen Doppelböden. Wo dort Fächerplatten an jedem Spant verlangt werden, muß bei ölführenden Doppelböden schon eine durchlaufende Horizontalplatte zur Verbindung von Tankdecke und Kimmstützplatte zur Verwendung kommen, und die Zahl der Niete zur Verbindung der Fächerplatte mit der Kimmstützplatte und der Randplatte muß 30% größer sein, als bei Doppelböden für Wasserballast verlangt wird.

Wo bei Doppelböden für Wasserballast Fächerplatten an jedem 2. Spant verlangt werden, muß bei ölführenden Doppelböden ebenfalls schon eine durchlaufende Platte angebracht werden, und die Zahl der Niete, welche diese Platte mit den Kimmstützplatten auf jedem Spant verbindet, muß 60% derjenigen betragen, welche für Fächerplatten an jedem 2. Spant erforderlich sein würden.

Die Niete, welche die durchlaufende Platte mit dem Doppelboden verbinden, können 5 Durchmesser Abstand haben, aber die Zahl in jedem Spantfeld darf nicht geringer sein als die Zahl, welche die Platte mit der Kimmstützplatte verbindet. Wo bei Schiffen mit Doppelboden für Wasserballast Fächerplatten an jedem 3. Spant angebracht werden müssen, müssen sie bei ölführenden Doppelböden an jedem 2. Spant angebracht sein, aber die Zahl der Niete in jedem Arm muß so groß sein wie bei Fächerplatten auf jedem 3. Spant.

Wo bei Schiffen mit Doppelböden für Wasserballast überhaupt noch keine Fächerplatten verlangt werden, können dieselben auch bei ölführenden Doppelböden fehlen, doch ist die Zahl der Niete in den vertikalen Winkeln, welche die Kimmstützplatte mit der Randplatte verbinden, um 40% zu vergrößern. Die Nietlöcher in den Randplatten, welche die Fächerplattenniete aufnehmen, sind zu versenken und Versenkniete zu verwenden.

Alle Doppelbodenabteilungen, welche für Treiböl vorgesehen sind, müssen mit einer Wassersäule geprüft werden, welche den höchsten Druck ergibt, der im Betrieb vorkommen kann. Alle Rohre usw., welche an einem öldichten Tank angebracht werden, müssen fertig eingebaut sein, bevor der Tank geprüft wird. In jedem Falle müssen alle öldichten Wände geprüft worden sein, bevor das Schiff fertig ist.

Die Arbeitsausführung und Vernietung muß derjenigen von Ölbunkern entsprechen, d. h. sie muß durchweg hochwertig sein.

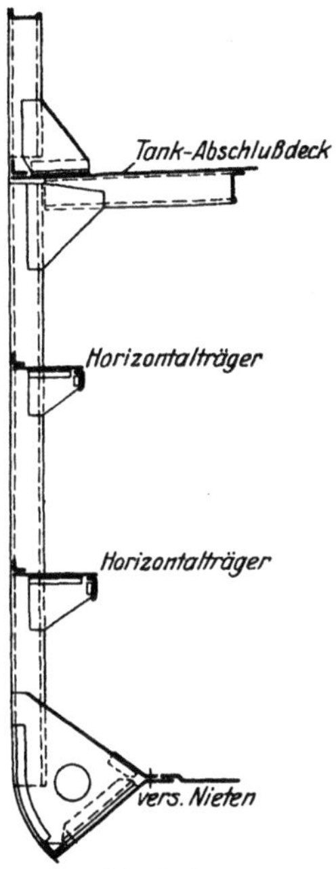

Abb. 250.

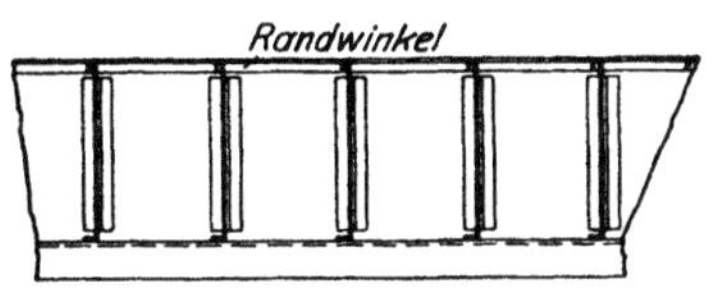

Abb. 251.

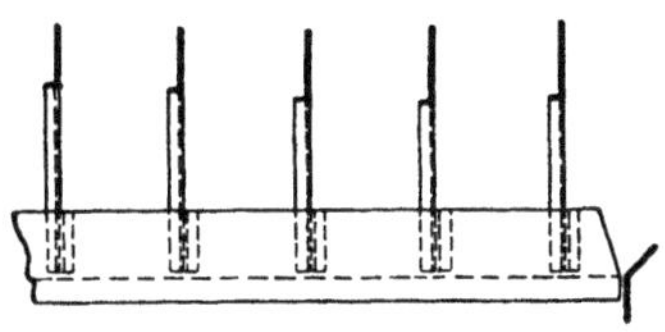
Abb. 252.

Die Platten sind von den Berührungsflächen aus zu schneiden. Besondere Sorgfalt ist darauf zu verwenden, daß jeder Grat vom Schneiden, Bohren oder Aufreiben entfernt wird. Wo die Nietlöcher gestanzt werden, darf der Durchmesser des Stempels nicht über 1,6 mm größeren Durchmesser haben als das Niet. Die Nietlöcher in den Unterlagstreifen müssen genau so groß sein wie die Nietlöcher in den Platten und Profilen; an schwierigen Stellen müssen die Nietlöcher an Ort und Stelle gebohrt werden. Wo sich Ungenauigkeiten in den Nietlöchern zeigen, müssen diese aufgerieben und neu versenkt werden. Die Oberflächen der Stahlplatten müssen dicht aufeinanderpassen und sind möglichst ohne Verwendung von Packung zu stemmen. Wo Packung unvermeidlich ist, darf nur solches Material verwendet werden, welches in Öl unlöslich ist. Bei doppelten Randwinkeln sind beide Schenkel jedes Winkels zu verstemmen. Wo irgendwie Beschläge angebracht werden müssen, sind dieselben möglichst ohne durchgehende Befestigung anzubringen. Wo durchgehende Bolzen zur Anwendung kommen, müssen dieselben konisch geformt und eingepaßt werden.

Durch diese Vorschriften sind die ölführenden Abteilungen wesentlich sicherer geworden, doch fahren viele Reedereien trotzdem kein Treiböl mehr im Doppelboden, weil die Doppelbodentanks meist nur sehr schwer oder gar nicht unter Kontrolle gehalten und nicht so gut wie Hochtanks gereinigt werden können. Auch werden bei Frachtmotorschiffen vielfach die 13% Raumvermessung der Motorenanlage, die zum Abzuge von 32% von dem Bruttovermessungsergebnis für die Antriebsanlage berechtigen, nur dann erreicht, wenn der Motorenraum größer als erforderlich vorgesehen wird. Das verweist vielfach das Öl in die Hochtanks in dem Raum!

i) Doppelboden nach der Bauweise: Vickers-Wingate. Diese Bauweise ist zuerst bei dem Motorschiff „Moveria", gebaut 1925 von Vickers Ltd in Barrow, für die Donaldson Line Ltd in Glasgow, verwendet worden. Das Schiff hat eine Länge von 117,36 m, eine Breite von 15,7 m und eine Seitenhöhe von 9,45 m.

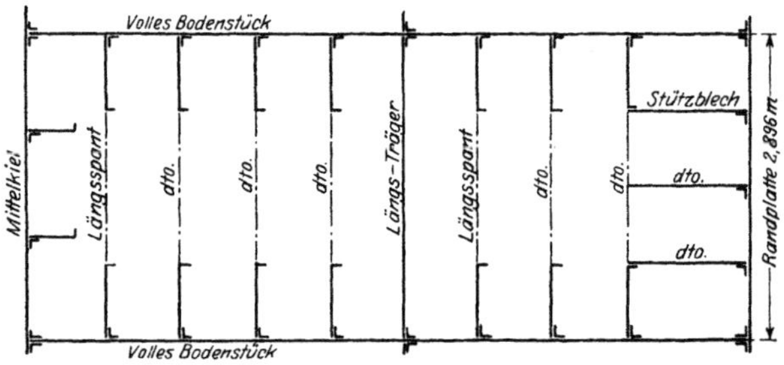

Abb. 253.

Es sind nur hohe Bodenstücke an jedem 4. Spant, d. h. in 2,89 m Entfernung, angebracht; auf den dazwischenliegenden Spanten ist weder Spant noch Gegenspant angeordnet. Auf halber Länge zwischen Mittelträger und Randplatte ist ein interkostaler Plattenträger von Bodenstück zu Bodenstück angeordnet und ist mit den Bodenstücken durch einfache Winkel verbunden (Abb. 253 und 257). Jeder dieser Längsträger zwischen den hohen Bodenstücken bildet eine Einheit für sich, bestehend aus Winkel oder Wulstwinkelspant und Gegen-

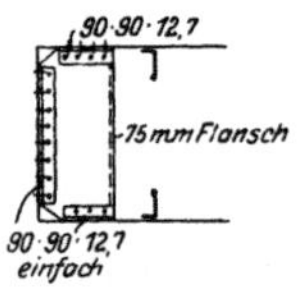

Abb. 254.

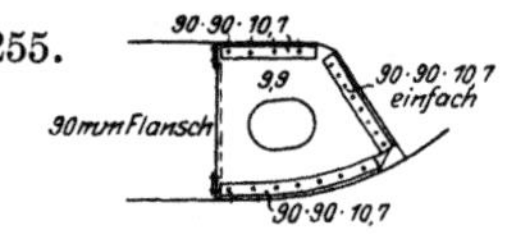

Abb. 255.

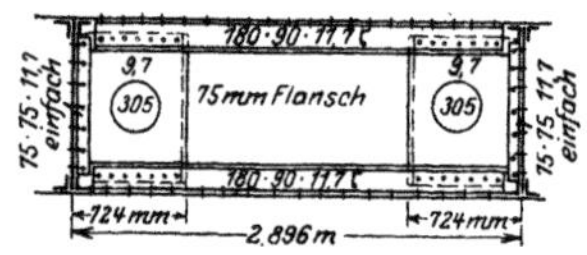

Abb. 256.

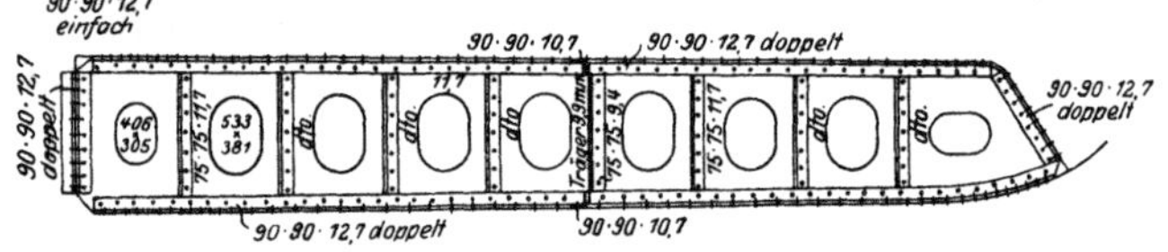
Abb. 257.

spant mit rechteckigen Verbindungsplatten an den Bodenstücken (siehe Abb. 256). Die Verbindungsplatten sind an der Innenkante geflanscht. Diese Träger sind durch einfache vertikale Winkel mit den Bodenstücken verbunden (siehe Abb. 253 und 256).

Abb. 258.

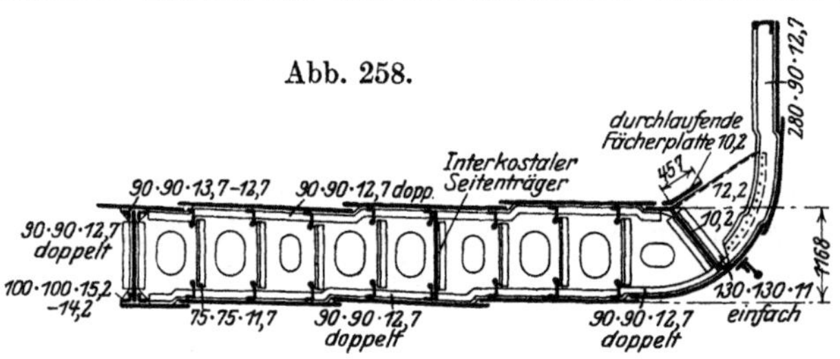

Abb. 259.

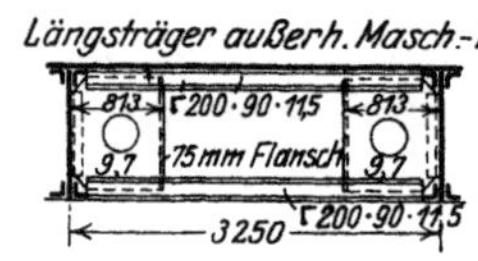

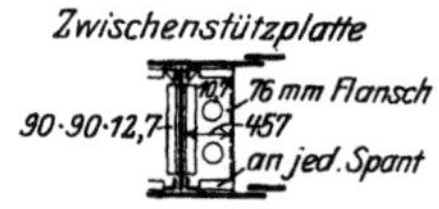

Abb. 260.

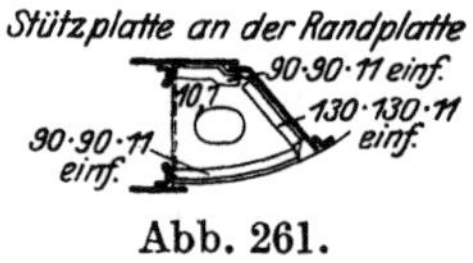

Abb. 261.

Der Mittelträger ist zwischen den hohen Bodenstücken durch 2 Stützplatten (siehe Abb. 254), die Randplatte durch drei Stützplatten in Spantentfernung abgestützt (siehe Abb. 255).

Diese Bauweise ist nur in den Laderäumen angewendet. Im Maschinenraum ist die gewöhnliche Bauart mit hohen Bodenstücken auf jedem Spant zur Anwendung gekommen.

Als Vorteile dieser Bauart werden bessere Zugänglichkeit des Doppelbodens, leichtere Arbeitsausführung, billigere Reparaturmöglichkeit, Ersparnis an Gewicht, Gewinn an

Längsfestigkeit beansprucht. Lloyds hat für die Bodenbeplattung im Bereich der Längsträger eine Verringerung in der Dicke zugestanden.

Eine weitere, etwas veränderte Anwendung dieses Doppelbodensystems findet sich auf dem Motorschiff „Modavia". Die Entfernung der Bodenstücke beträgt hier 3,25 m! (Siehe Abb. 258 bis 261.)

3. Vorsteven, Hintersteven und Ruder.

a) Vorsteven. Den Abschluß des Schiffskörpers an den Enden bilden die Steven. Bei Schiffen mit Balkenkiel war der Vorsteven früher die bis zum obersten Deck reichende Fortsetzung des Kieles. Dabei waren ursprünglich auch die Abmessungen dieselben. Neuerdings lassen die Klassifikationsgesellschaften sowohl für die Höhe wie für die Dicke des als normale Vorstevenkonstruktion nach wie vor vorgesehenen Flachstahles geringere Abmessungen als für den Balkenkiel zu. Hierbei wird kein Unterschied zwischen Seglern und Dampfern bzw. Motorschiffen gemacht.

Bezüglich der Form des Buges und somit des Vorstevens ist hingegen statt dieser Übereinstimmung eine große Mannigfaltigkeit festzustellen. Mittlere und größere Segler sind wohl fast durchweg mit geneigtem, oben nach vorn weiter ausfallendem Steven gebaut worden, der ganz oben meist in der Gallionsfigur endete. Kleinere Segelschiffe hingegen, insbesondere solche mit voller Bugform, hatten geraden und geneigten oder auch senkrechten Vorsteven. Bei den kraftgetriebenen Schiffen sind Vorsteven der verschiedensten Formen verwendet worden, und auch heutzutage sind die Ansichten über die zweckmäßigste Anordnung durchaus geteilt. Ursprünglich wurden die Vorsteven wie bei Segelschiffen geformt. Heute kommt dies jedoch nur noch vereinzelt bei großen Dampf- oder Motorjachten in Frage. Man ging dann immer mehr zu einfach geformten, je nach der Schiffsart, leicht konvex oder gerade ausgeführten Steven über, die mehr oder weniger Ausfall erhielten. Bis vor einigen Jahren wurde dieser immer mehr verringert. Z. T. wurden die Vorsteven — besonders bei völligen Frachtschiffen — auch vollständig senkrecht gestellt. Neuerdings macht sich hierin jedoch ein Wandel bemerkbar, der wohl als Ergebnis der zahlreichen Erwägungen der Reedereien, Reederverbände und Seebehörden betreffend die zweckmäßigste Vorstevenform anzusprechen ist. Regelmäßig nach jedem Zusammenstoß von Schiffen, der Verluste an Menschen und Sachwerten zur Folge hatte, wird die Frage der für die Sicherheit der Schiffe zweckmäßigsten Form — ob ausfallend oder senkrecht — in Fachkreisen und in der breiten Öffentlichkeit lebhaft erörtert. Dabei ist heute die meistverbreitete Ansicht wohl die, daß der ausfallende Vorsteven zwar die Länge vergrößert, was beim Manöverieren in engen Gewässern wegen der Vermessung und wegen der Kailänge von gewissem Nachteil sein kann, daß er aber bei Kollisionen ein erheblich kleineres Leck hervorruft, welches außerdem meist nur über der Wasserlinie liegt, im Gegensatz zum geraden Steven, der fast immer das gerammte Schiff auch unter Wasser empfindlich beschädigt. Das Maß der Ausladung ist bei den verschiedenen Reedern sehr verschieden und neuerdings häufig 1:10 bis 1:6 oder noch mehr.

Hierbei wird der obere Teil des Vorstevens fast durchweg gerade ausgeführt, um Reparaturen in diesem häufigen Beschädigungen ausgesetzten Teile zu erleichtern. Einzelne Reeder wünschen allerdings aus ästhetischen Gründen zwischen Wasserlinie und oberem Ende eine ganz geringe Konvexität, etwa von einem Zoll, da sonst — besonders bei größerem Ausfall — ein konkaver Eindruck hervorgerufen wird. Unter Wasser wird der Vorsteven durch eine größere oder kleinere Rundung entweder tangential an den Kiel herangeführt oder — bei schärferen Schiffen — an die etwa vom Kollisionsschott ab knickartig nach vorn hochgezogene vordere Kielplatte. Das Maß der Rundung wird durch verschiedene Faktoren beeinflußt und ist unter anderem von der Völligkeit des Schiffes und dem Überwasserverlauf des Vorstevens abhängig. Besonderen Wert muß man auf den Verlauf des Vorstevens von Schiffen legen, die für die Fahrt in Eis bestimmt sind. Ein unter Wasser schlank ansteigender gerader Vorsteven, der in der Nähe der Wasserlinie durch eine Rundung in den oberen Teil übergeführt wird, erleichtert es dem Schiffe, sich auf die Eisdecke hinaufzuschieben, um dieselbe dann durch sein Gewicht zu zerstören. Auch der auf Grund von Erfahrungen oder Schleppversuchen gewählte Liniencharakter kann die Vorstevenform entscheidend beeinflussen. Es sei hier nur an die Maierform und den unter Wasser wulstförmigen Bug erinnert.

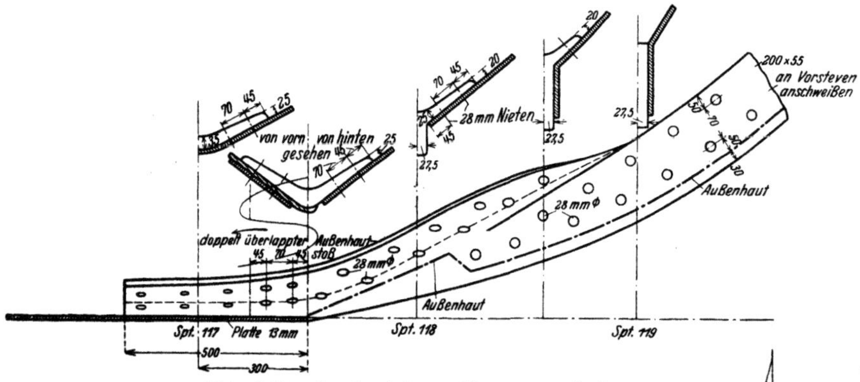

Abb. 262. Geschmiedeter Vorstevenschuh.

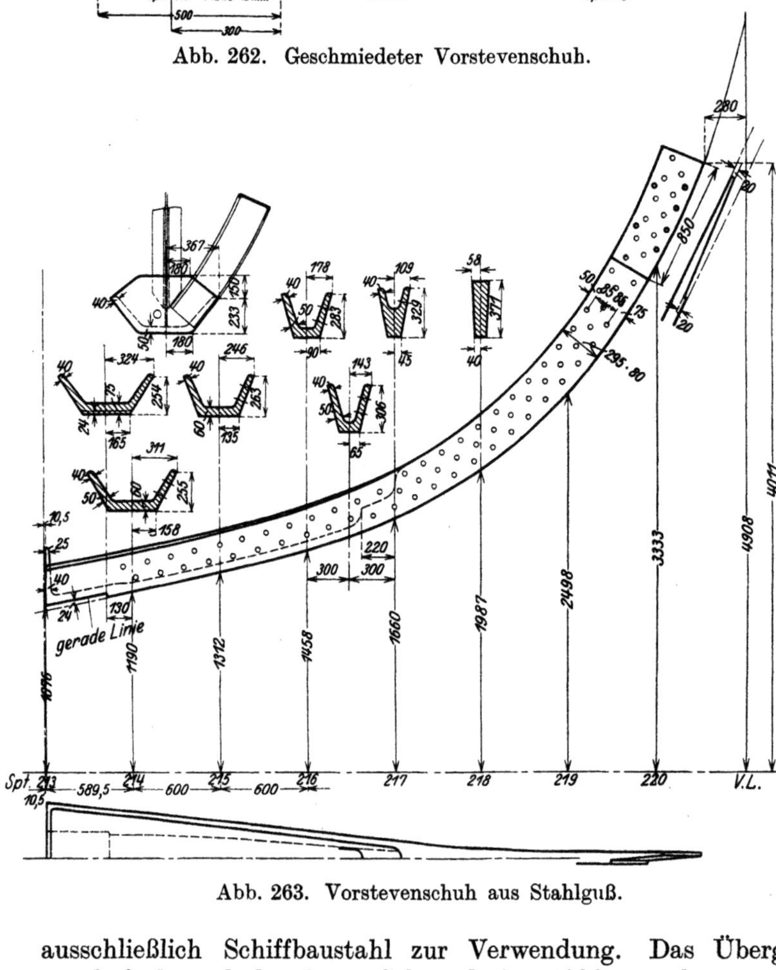

Abb. 263. Vorstevenschuh aus Stahlguß.

Der normale Querschnitt des Vorstevens ist rechteckig. An der Vorkante wird er häufig zur Schonung der vielfach über ihn hinweglaufenden Leinen abgerundet. Schiffe in der Eisfahrt erhalten auch Vorsteven mit Sponung für die Außenhautplatten oder mit einem Eiswulst.

Der Höhe nach wird der Vorsteven — besonders bei größeren Schiffen — in verschiedene Stücke unterteilt, um sowohl den Bau wie etwaige spätere Reparaturen zu erleichtern. Die Verbindung der einzelnen Enden geschieht entweder durch Schweißung oder durch vernietete schräge Überlappungen, wobei die beiderseitige Außenhaut noch als Lasche wirkt.

Als Material kommt für die oberen Teile fast ausschließlich Schiffbaustahl zur Verwendung. Das Übergangsstück zum Flachkiel wurde früher schuhartig aus Schmiedeeisen (Abb. 262) hergestellt, wird jetzt aber meist als Stahlgußstück (Abb. 263) ausgeführt. Dieses Stück erhält unten Flachkiel- und oben Stevenquerschnitt und wird oft mit einer Längsrippe (Abb. 264) zur Verbindung mit dem interkostalen Mittelkielträger oder — besonders bei schräger Lage der Seiten des Schuhes — mit Querrippen, die mit den Bodenwrangen vernietet werden, versehen. Soweit der Flachkiel den Schuh umschließt, sind die Ecken des letzteren stark abzurunden — bei dickeren

Platten mit etwa 100 mm Radius —, um ein Einreißen des Flachkiels beim Biegen zu vermeiden.

Eine zweite Art der Verbindung des Vorstevens mit dem Flachkiel besteht darin, daß man den Unterteil des Vorstevens mit gewöhnlichem Querschnitt etwa bis zum Kollisionsschott führt und die Flachkielplatte um einige Spantentfernungen mit ihm überlappen läßt, wobei diese Platte um den Steven herumgebogen wird. Im Bereiche des Überganges wird auf jeder Seite des Vorstevens ein Winkel zur Verbindung mit dem Flachkiel angeordnet. Der Mittelkielträger wird für einige Spantentfernungen mit dem Vorsteven verbunden, und zwar meist durch Schweißung. Für die vorderste Flachkielplatte muß Feuerblechqualität genommen werden. Diese Bauweise galt früher als minderwertig, hat aber bei den neuzeitlichen Hilfsmitteln an Verbreitung zugenommen. Die Abb. 262 bis 265 zeigen verschiedene Vorstevenausführungen, die vorstehenden

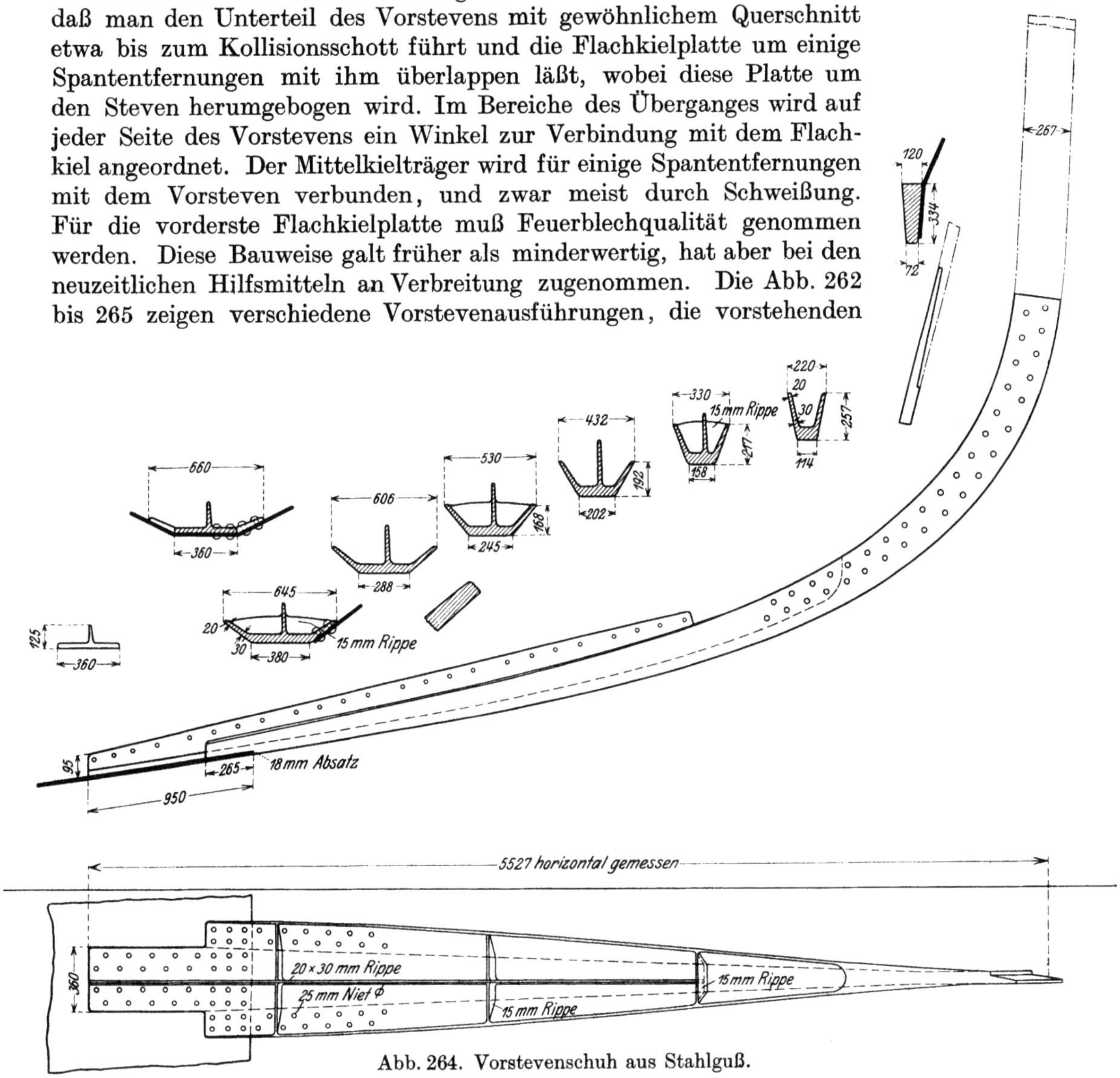

Abb. 264. Vorstevenschuh aus Stahlguß.

Beschreibungen entsprechen, nämlich einen geschmiedeten Schuh für einen kleineren Frachtdampfer, einen Stahlgußschuh mit nur einer Schlußrippe für einen größeren Passagierdampfer, einen weiteren Stahlgußschuh mit Längs- und Querrippen und eine Vorstevenkonstruktion ohne Stahlgußschuh.

Neuerdings hat man häufiger — besonders bei starkem Ausfall — statt der massiven Vorsteven, Konstruktionen aus Platten und Winkeln gewählt, wobei oft eine gebogene schmale Platte verwandt wurde. Abgesehen von erhofften strömungstechnischen Vorteilen, liegt hierbei vielfach der Gedanke zugrunde, daß diese schwächere, elastischere Konstruktion zwar leichter Verformungen bei Stößen ausgesetzt ist, aber dafür in gewissen Grenzen ernsthafte Beschädigungen sowohl des eigenen Schiffes wie des gerammten Schiffes bei Kollisionen vermeidet. Bei besonderen Formen, wie dem Wulstbug, ergibt

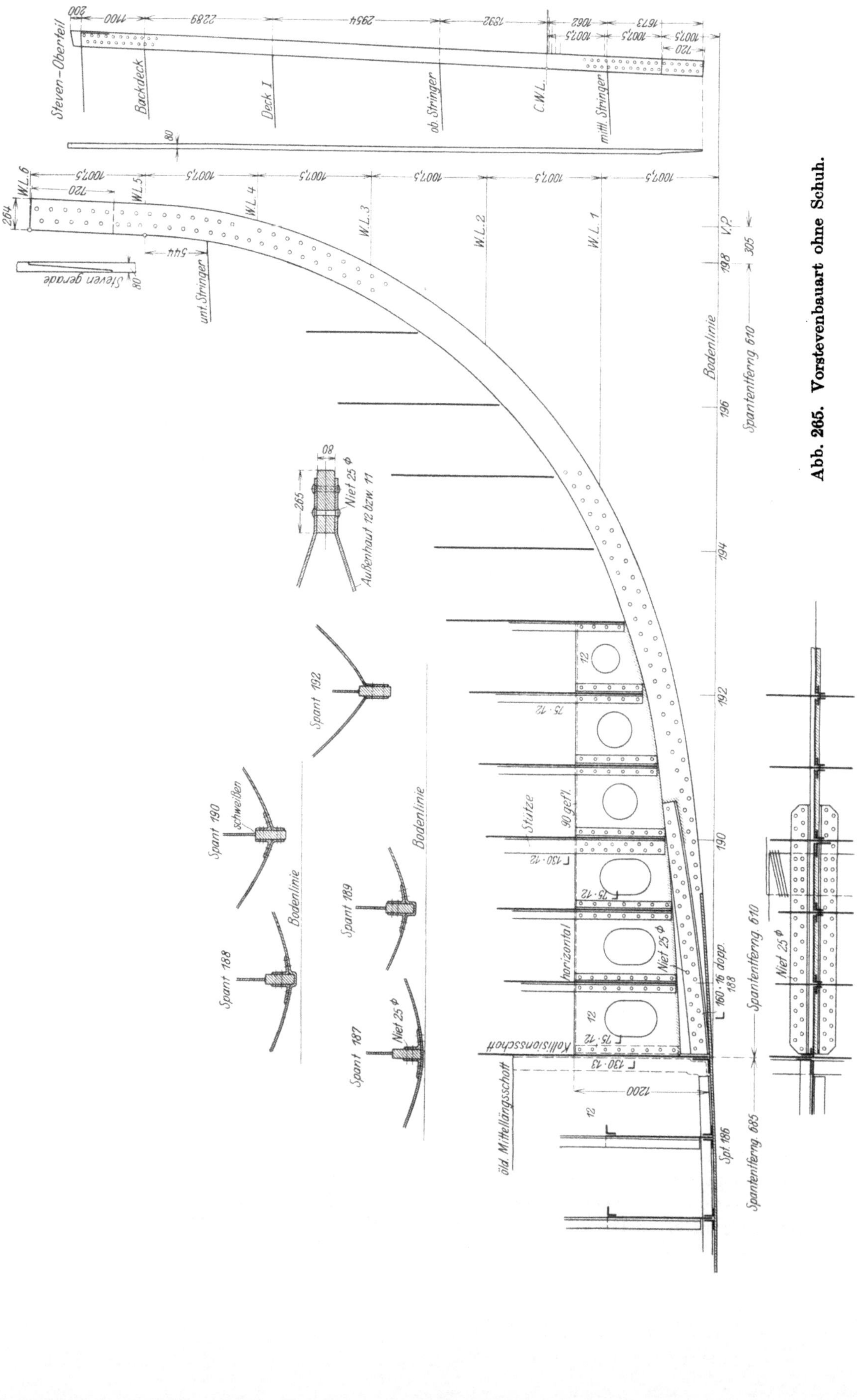

Abb. 265. Vorstevenbauart ohne Schuh.

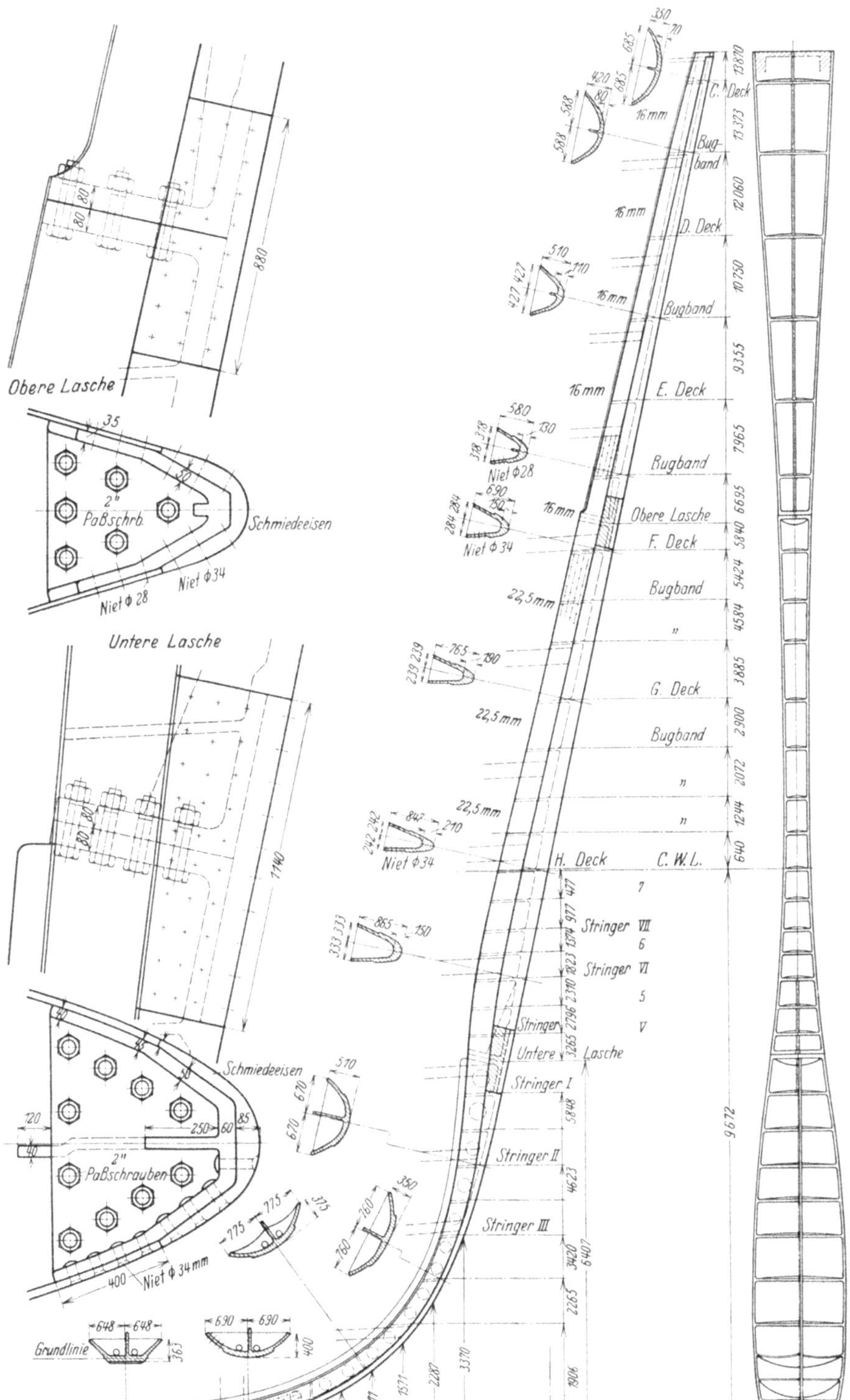

Abb. 266. Vorstevenkonstruktion des Schnelldampfers „Bremen“ (Wulstbug).

sich zwangsläufig die Notwendigkeit, solche oder ähnliche Ausführungen zu wählen. Abb. 266 gibt eine solche Konstruktion für einen der größten Schnelldampfer wieder, dessen mehrteiliger Vorsteven ganz aus Stahlguß hergestellt ist.

b) Hintersteven. Abgesehen von einigen Fahrzeugen mit abnormen Formen haben alle Schiffe als hinteren Abschluß des Unterwasserkörpers einen Hintersteven. Anordnung, Querschnitt und Ausführung sind aber bei den verschiedenen Schiffsarten außerordentlich abweichend. Dies rührt daher, daß der Hintersteven nicht nur den hinteren Abschluß des Schiffes bildet, sondern gleichzeitig als Ruderträger und mit Rücksicht auf die Abstützung der Schwanzwelle und auf die Anordnung des Propellers auszugestalten ist.

α) Rudersteven für Segler. Am einfachsten sind im allgemeinen die Hintersteven von Segelschiffen ohne Hilfsmaschine. Sie werden fast durchweg gerade und senkrecht mit rechteckigem Querschnitt aus Schiffbaustahl oder besser aus Schmiedeeisen hergestellt. An Hinterkante erhalten sie angeschmiedete Ösen zur Aufnahme der Ruderfingerlinge. Am oberen Ende werden sie meist durch Winkel mit der Transomplatte verbunden, und unten erhalten sie einen einige Spantentfernungen langen, meist horizontalen Teil, der mit dem Balkenkiel verlascht, bzw. mit dem Flachkiel verbunden wird.

β) Hintersteven für Einschraubenschiffe. Mit dem Übergang zum kraftangetriebenen Schiff mit einer Schraube ergab sich die Notwendigkeit, außer dem nur noch als Ruderträger in Frage kommenden hinteren Steven — dem Rudersteven — einen zweiten davorliegenden Steven — den Schraubensteven — anzuordnen, der oben in den Rudersteven übergeführt wird und unten durch die Stevensohle mit diesem verbunden ist. Hierdurch entsteht eine auch von hinten und unten geschützte Öffnung für die Schraube, während der Schraubensteven etwa in der Mitte seines senkrechten Teiles nußartig ausgebildet wird, um das hintere Ende des Stevenrohres aufzunehmen und so die hinterste Abstützung der Schraubenwelle zu bilden. Der Rudersteven von Einschraubern hat bei den älteren und bei einfachen Ausführungen rechteckigen Querschnitt wie bei Seglern und ist in gleicher Weise mit Ösen für die Ruderfingerlinge versehen und oben mit der Transomplatte verbunden. Er ist in ganzer Höhe gerade und steht durchweg senkrecht. Der Schraubensteven wird oberhalb der Stevenrohrnuß in erst fast flachem, nach oben schärfer werdendem Bogen nach hinten geholt und mit dem Rudersteven verbunden ausgeführt. Er wird mit der Außenhaut vernietet und erhält etwa über der Hinterkante der Nuß einen senkrechten Ansatz, der bis zum nächsten Deck oder Stringer geführt und mit einer Bodenwrange ähnlich verbunden wird, wie der Rudersteven mit der Transomplatte. Früher wurde häufig die Vereinigung von Ruder- und Schraubensteven viel höher gelegt, als mit Rücksicht auf die Schraube erforderlich, und zwar so, daß der oberste Verlauf des Schraubenstevens tangential an die Heckgillung heranlief. Um den Rudersteven nicht auf zu großer Höhe ungestützt zu lassen, wurde dann vielfach oberhalb der Schraube noch eine horizontale Verbindung der beiden Steven vorgesehen. Dadurch entstand ein etwa dreieckiger Rahmen oberhalb der Schraubenöffnung, der entweder offen blieb oder häufiger verkleidet wurde. Vielfach wurde er zwischen zwei Verkleidungsblechen mit Holz gefüllt. Unterhalb der Schraubennuß wird der Schraubensteven manchmal senkrecht, meist etwas nach hinten geneigt angeordnet und mittels starker Abrundungen in die Stevensohle übergeführt. Bei einfachen Ausführungen hat auch der Schraubensteven rechteckigen Querschnitt, dessen Abmessungen ebenso wie diejenigen des Ruderstevens und der Sohle von den Klassifikationsgesellschaften festgelegt werden. Hierbei wird neuerdings neben den Schiffsabmessungen auch der durch Rudergröße und -form und Geschwindigkeit bedingte Durchmesser des Ruderschaftes als Leitzahl genommen. Die Stevensohle ist im hinteren Teile gleichfalls rechteckig, aber so, daß die Breite größer als die Höhe ist, während sie in ihrer vorderen Verlängerung über den Schraubensteven hinaus, die noch einige Spantentfernungen lang ist, meist hochrechteckig oder als Überleitung zum Flachkiel trapezförmig ausgeführt wird. Es empfiehlt sich, die Stevensohle etwa vom Schraubensteven ab nach hinten hochzuziehen, um zu vermeiden, daß das Schiff schon bei geringer Achterlastigkeit bei Strandung oder beim Docken zunächst mit dem ganzen Gewicht den freien Rudersteven belastet. Dies gilt besonders auch für Schiffe, die von vornherein mit Achterlastigkeit gebaut werden, wie z. B. Schlepper und Fischdampfer. Bei diesen Fahrzeugen wird häufig mit Rücksicht auf die scharfen Formen der Steven besonders weit nach vorn geführt und als hinterer Abschluß der Schiffsform ein von dem vorderen Ende der Stevensohle nach dem Schraubensteven hin ansteigender Steventeil vorgesehen, der seinerseits nochmals durch ein oder zwei senkrechte Teile wieder mit der Sohle verbunden ist, so daß kleinere offene trapezförmige bzw. dreieckige Rahmen entstehen.

Während man kleine Steven meist aus einem Stück ausführt, ist es bei größeren fast durchweg üblich, dieselben in zwei oder mehrere miteinander durch Flansche oder schräge Überlappungen verbundene Teile zu zerlegen, um einerseits Herstellung und Transport zu erleichtern und andererseits die Reparaturkosten bei Beschädigungen zu verringern. Ursprünglich wurden alle Hintersteven aus Schmiedeeisen geschmiedet. Auch heute bestehen noch einige Reeder auf diese Herstellungsart, die sie für zuverlässiger halten. Bei kleineren Schiffen bildet sie sogar noch die Regel. Bei größeren Ausführungen ist man jedoch dazu übergegangen, in den meisten Fällen Hintersteven aus Stahlguß herzustellen. Diese gegossenen Steven sind wesentlich billiger als geschmiedete und haben ferner den großen Vorteil, daß man Hinterstevenform und Querschnitte viel besser den Anforderungen, die sich aus den Schiffslinien ergeben, anpassen kann. Die Einwendungen gegen die Verwendung von Stahlguß gehen meist von Befürchtungen betreffend die Bildung von nicht feststellbaren Lunkern im Innern der Gußstücke aus. Es ist allerdings bei der Konstruktion der betreffenden Steven hierauf Rücksicht zu nehmen, sowie auf die Gefahr von Spannungen infolge ungleichmäßiger Abkühlung. Vor allem sind plötzliche Ungleichmäßigkeiten in der Materialverteilung möglichst zu vermeiden und durch Übergänge zu mildern. Dies gilt besonders für gefährdete Stellen, wie Ansätze der Stevenösen, Laschen und Rudernaben. Lokale Verstärkungen sind nicht durch Anhäufungen von massivem Material, sondern durch Rippenkonstruktionen oder hohle Ausführungen zu erzielen. Überall wo erforderlich sind genügend große Abrundungen vorzusehen, und die Kanten sind außen mit 10 bis 20 mm, innen mit 20 mm abzurunden. Rippen sollen, um schlechte Materialverteilung zu vermeiden, möglichst dünner als die angrenzenden Wandungen sein. Auch in verschiedener anderer Hinsicht ist beim Entwurf auf die Vorgänge beim Formen, Gießen und Abkühlen Rücksicht zu nehmen. Bei sachgemäßer Konstruktion, Ausführung durch erfahrene Spezialisten und sorgfältigem Nachglühen, hat sich aber der Stahlguß auch für Stevenkonstruktionen als ein einwandfreies, billiges und infolge der Herstellungsmöglichkeit verschiedenster Formen und Querschnitte sehr vorteilhaftes Material erwiesen.

Diese letzte Eigenschaft ergibt, selbst wenn der einfache rechteckige Querschnitt der eigentlichen Steventeile noch beibehalten wird, die Möglichkeit mancher Verbesserungen. An den senkrechten, oberen Verlängerungen der Ruder- und Schraubensteven werden zur Verbindung mit der Transomplatte bzw. der Bodenwrange Querflansche angegossen, wodurch die langen Niete der Verbindungswinkel durch die ganze Stevendicke hindurch vermieden werden. Der Übergang zum Flachkiel kann zweckmäßig in Form eines U-förmigen Schuhes geschehen, für den sinngemäß die gleichen Bemerkungen betreffend die Abrundung im Bereich der Flachkielplatte gelten wie beim Vorstevenschuh. Mittelrippen werden beim Hinterstevenschuh meist nicht vorgesehen, dagegen Querrippen an jedem Spant, deren Vorderkante senkrecht und jeweils um Bodenwrangendicke hinter Mallkante Spant angeordnet wird. Eine Sponung für die Kielplatte wird ebenso wie beim Vorstevenschuh im allgemeinen nur an der Unterkante vorgesehen. Bei größeren Fußbreiten wird häufig der mittlere Teil der eigentlichen Sohle unten gegen die Seiten um etwa 10 mm höher gelegt, so daß eine Aussparung entsteht, damit beim

Docken usw. die Kräfte möglichst unmittelbar in die seitlichen Wandungen und somit in die Außenhaut übergeführt werden.

Von großem Vorteil ist die Verwendung von Stahlguß für die Ausbildung der Schraubennuß. Sie gibt die Möglichkeit, die Form derselben weitestgehend den sonstigen für diesen Konstruktionsteil in Frage kommenden Anforderungen anzupassen. Vor allem kann die Nuß leicht mit großem Durchmesser ausgeführt werden, um günstigen Wasserverlauf vor der Schraube zu erzielen, wobei durch hohle Ausführung zu große Materialmengen und übernormale Wandstärken vermieden werden können. Auch die Länge der Stevennabe kann ohne Mühe und ohne zu großen Materialaufwand ganz den Anforderungen mit Rücksicht auf das Stevenrohr angepaßt werden. Zu große Auflagerlängen und somit überflüssige Bearbeitungskosten beim Ausbohren und Schwierigkeiten bei der Einführung des Stevenrohres werden hierbei auch durch Aussparungen vermieden. Über diese Vorteile für Details hinaus hat aber der Stahlguß die Stevenkonstruktion grundlegend beeinflußt, indem er die Möglichkeit gab, zunächst für den ganzen mit der Außenhaut in Verbindung stehenden Teil des Ruder- und Schraubenstevens von dem rechteckigen Querschnitt abzuweichen und an dessen Stelle U-förmig bzw. trapezförmig gespaltene Steven zu verwenden, wodurch die Anpassung an die Linien verbessert, die Arbeiten vor dem Steven infolge Vermeidung ganz enger Teile erleichtert und die ungünstigen langen Niete durch ganze Stevendicke hindurch vermieden werden. Abrundung bzw. Zuspitzung an Hinterkante ergibt dann ferner ohne Mehrkosten eine wesentliche Verbesserung der Widerstandsverhältnisse und des Zustroms zur Schraube. Allerdings sind diese Steven mit offenen Querschnitten teurer, aber sie haben sich wegen der vielen Vorzüge doch immer mehr durchgesetzt, besonders wenn bei Schwesterschiffen die wiederholte Verwendung des Modells möglich ist. Auch beim Rudersteven ist man dazu übergegangen, strömungstechnisch günstigere Querschnitte zu verwenden. Dieselben werden vorn zugespitzt oder abgerundet (siehe auch Abb. 268 auf S. 208 sowie Abb. 276 auf S. 213) und hinten häufig konzentrisch zum Ruderschaft hohl ausgestaltet, soweit nicht die Ausführung ganz neuer Formen, wie z. B. der oberhalb und unterhalb der Schraube verschieden gerichtet verwundenen Leitflächen der Star-Contra-, Steven- und Ruderbauart, in Frage kommt (siehe auch Abb. 289 und 290).

Weitere bedeutende Abweichungen von den normalen Hinterstevenausführungen ergeben sich neuerdings bei Schiffen, die Oertz- oder Simplex-Balanceruder erhalten (siehe auch Abb. 291 bis 293). In ersterem Falle fällt der gegossene Rudersteven zwischen Schraubenstevenansatz und Stevensohle meist fort. Er wird ersetzt durch eine wasserdichte Konstruktion aus Platten und Winkeln, die als fester Ruderteil gedacht, etwa parabolischen Querschnitt hat und starke Querstege erhält (siehe besonders Abb. 291). Oben und unten wird dieser gebaute Teil mit gleichgeformten Ansätzen des Stahlgußstevens verbunden, bei deren Ausgestaltung sorgfältig auf gute Vernietungsmöglichkeit besonders auch für die Stege mit den entsprechenden Stahlgußrippen zu achten ist. Der Querschnitt dieses Steventeiles ist auf ganzer Höhe gleich bis auf den Bereich hinter der Schraube, wo die Form des Schraubennabenkonusses auf den Steven verlängert wird, wobei parabolischer Querschnitt und Kegelstumpf sich durchdringen. Diesen Durchdringungskörper stellt man, soweit er mit Rücksicht auf Arbeiten an der Schraube losnehmbar sein muß, zweckmäßig aus Gußeisen her. Beim Simplexruder wird der Rudersteven durch ein geschmiedetes Zwischenstück ersetzt, das Kreisquerschnitt hat und oben sowie unten durch Flansche mit dem Stahlgußsteven verbunden ist.

Außer den verschiedenen angeführten häufigsten Einschrauben-Hinterstevenausführungen gibt es noch eine große Zahl seltenerer Konstruktionen, die für besondere Verhältnisse in Frage kommen, so z. B. bei Schiffen mit Kreuzerheck oder Sporn, bei denen der Schraubensteven, sich mit der tiefliegenden Gillung deckend, bis zum Rudersteven reicht und an jedem Spant zwischen den schräg liegenden Stegen Rippen zur Verbindung mit den Bodenwrangen erhält. Meist reicht der Rudersteven nicht über die Gillung

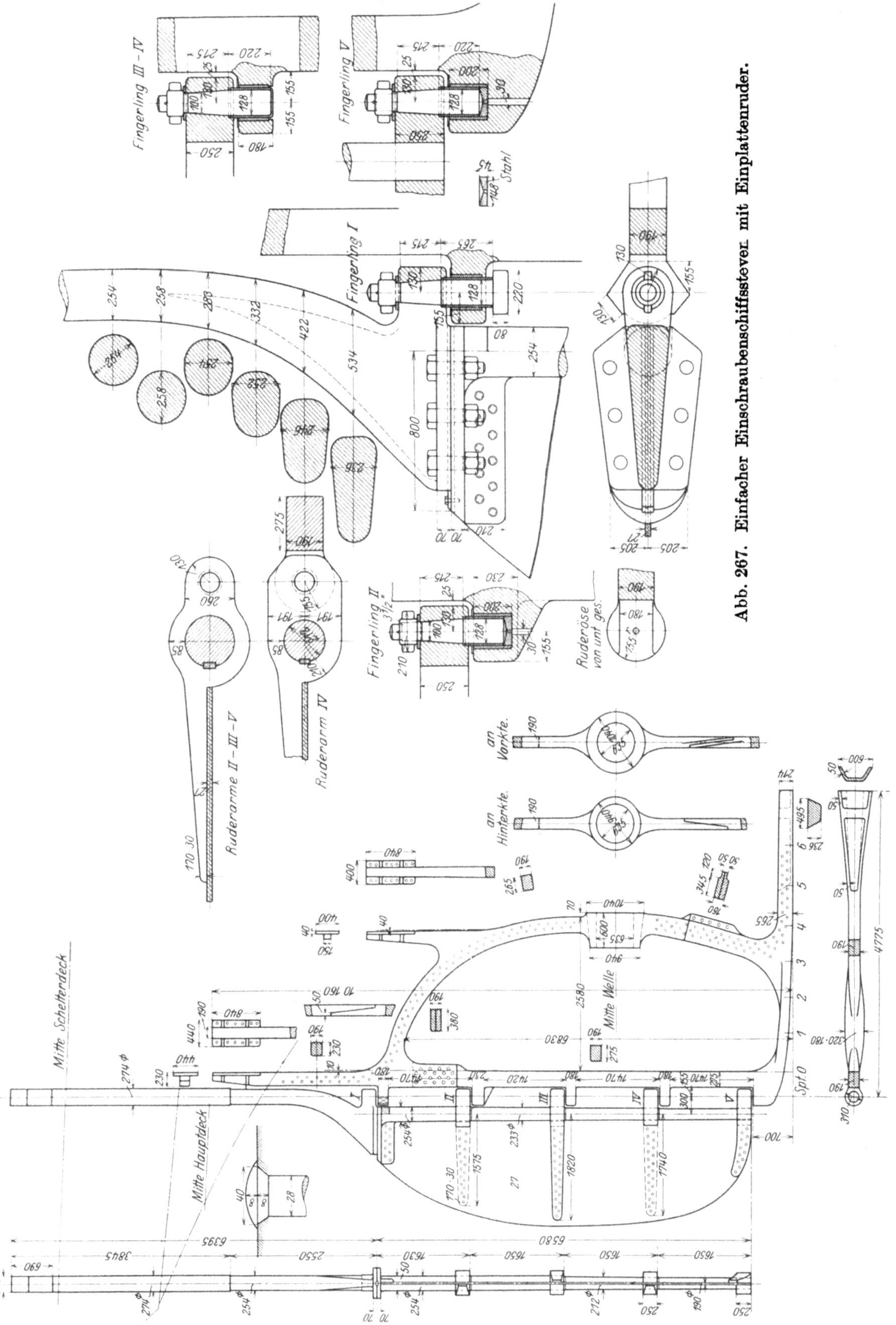

Abb. 267. Einfacher Einschraubenschiffssteven mit Einplattenruder.

hinaus, sondern der Schraubensteven wird darüber hinweg nach hinten verlängert, wobei er zur Durchführung des Ruderschaftes als Koker ausgebildet wird. Abb. 267 und 268 zeigen Stahlgußsteven mit rechteckigen bzw. vorn abgerundeten Stevenquerschnitten und Abb. 269 einen kleinen geschmiedeten einteiligen Steven. Aus Abb. 288 bis 293 sind Stevenkonstruktionen für Schiffe mit Flettner-, Star-Contra- und Simplexruder ersichtlich.

γ) Hintersteven und Wellenträger für Zwei- und Vierschraubenschiffe. Die verschiedenen Aufgaben, die beim Einschraubenschiff der Hintersteven erfüllt, verteilen sich bei Zwei- und Vierschraubendampfern und Motorschiffen auf verschiedene Teile, den Hintersteven, der nur noch Schiffsabschluß und Ruderträger ist, und die Wellenträger. Der Zweischraubenhintersteven wurde ursprünglich vielfach mit einer größeren oder kleineren Öffnung ähnlich wie beim Einschrauber ausgeführt. Dasselbe kommt neuerdings wieder in Frage, wenn man, was allerdings selten der Fall sein wird, ein Zweischraubenschiff mit Oertzruder versieht. Sonst ist man heutzutage im allgemeinen der Ansicht, daß die Öffnung für die Schraubenwirkung mehr schadet als nützt, indem die beiden Schrauben sich gegenseitig stören. Infolgedessen haben die meisten Zweischrauber einen einfachen Flacheisensteven mit Ruderösen bzw. bei Ausführung aus Stahlguß einen offenen U-förmigen Steven erhalten, dessen Breite neuerdings sehr groß gehalten wird, um einerseits einen guten Übergang zum Verdrängungsruder zu ergeben und andererseits die Arbeit in dem schmalen unteren Hinterschiff zu erleichtern. Auch mit Rücksicht auf die Festigkeit ist diese Verbreiterung von großem Vorteil. Unten erhält ein solcher Steven einen Schuh, der besonders bei schlanken Schiffen weit nach vorn geführt wird, ehe er in den Flachkiel übergeht. Man verlängert diesen Schuh vielfach, bis die Neigung der Seiten gegen die Senkrechte etwa 30° erreicht. Hierbei kann das ganze Stück so groß werden, daß sich eine Teilung empfiehlt. Der Stoß, dessen Verbindung zweckmäßig mittels vernieteter Laschen und Rippen mit Bolzen ausgeführt wird, liegt dabei meist knapp über der Sohle im senkrechten Teile.

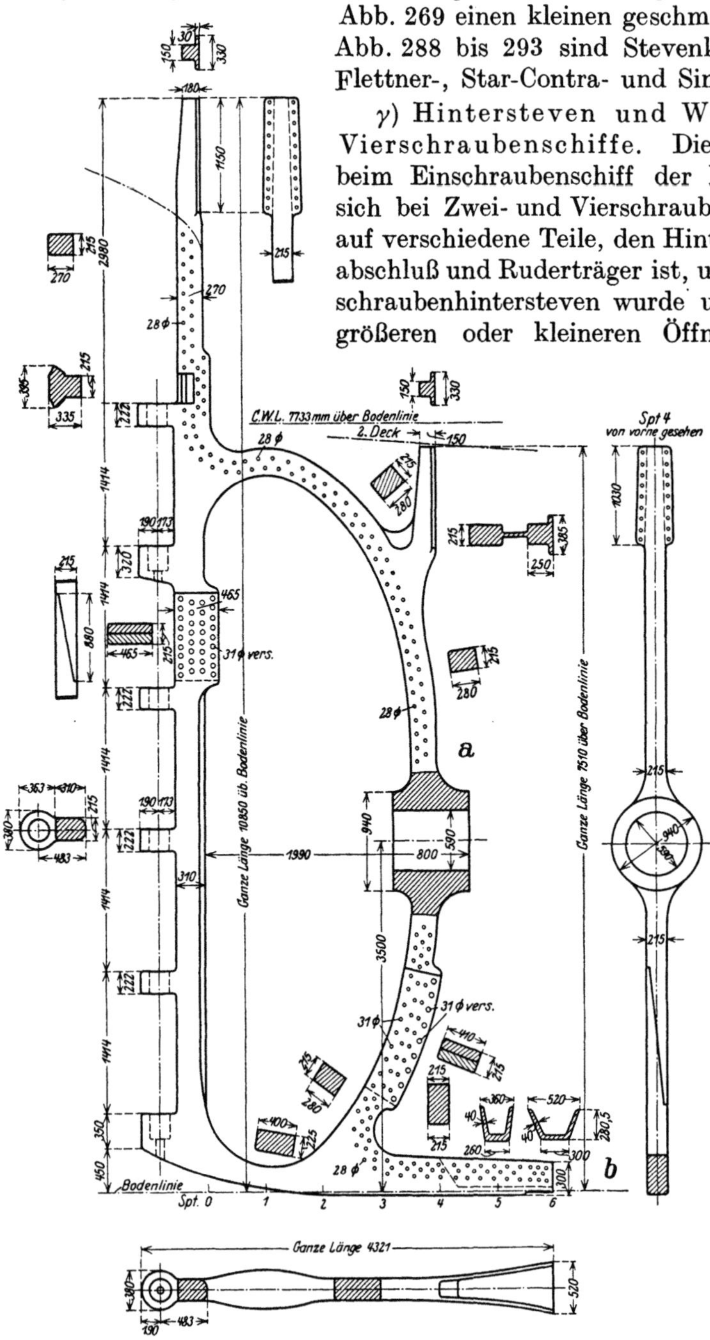

Abb. 268. Einschraubenschiffssteven mit vorn abgerundetem Rudersteven.

Wesentlich anders wird der Hintersteven geformt, wenn das betreffende Schiff Balanceruder oder Halbbalanceruder erhält. Der senkrechte Rudersteven reicht dann nur bis zu der mehr oder weniger hoch liegenden Hacke, die die Ruderöse für den untersten bzw. einzigen Fingerling bildet, um von da ab erst wagerecht nach vorn und dann schräg oder im Bogen zur Grundlinie zu führen, wo ein kürzerer Schuh die Verbindung mit dem Flachkiel ergibt. In diesem Falle sind ebenso wie bei Steven mit schraubenlochartiger Öffnung vielfach an geeigneter Stelle Ansätze zur Verbindung mit den Wellenträgern vorgesehen worden. Die Ausgestaltung des oberen Endes des Ruderstevens hängt ähnlich wie beim Einschraubenschiff wesentlich von der Heckform ab. Abb. 270 zeigt den Stahlgußsteven für das Dreischraubenschiff „Cap Polonio“, und die Abb. 271 bis 275 geben weitere Hintersteven für Mehrschraubenschiffe mit Halbbalanceruder wieder. Abb. 287 auf S. 222 zeigt einen modernen Stahlgußsteven für Zweischraubenschiffe, wie ihn u. a. auch die neue „Cap Arcona“ erhalten hat. Ein Hintersteven mit schraubenlochähnlicher Öffnung ist in Abb. 276 veranschaulicht, während die Abb. 277 und 278 die Hintersteven für die Vierschraubenschiffe „Bremen“ und „Europa“ wiedergeben. Von diesen Schiffen ist das erstere mit Oertzruder ausgerüstet, das zweite mit einem Kriegsschiffs-Balanceruder wie „Vaterland“ und „Bismarck“.

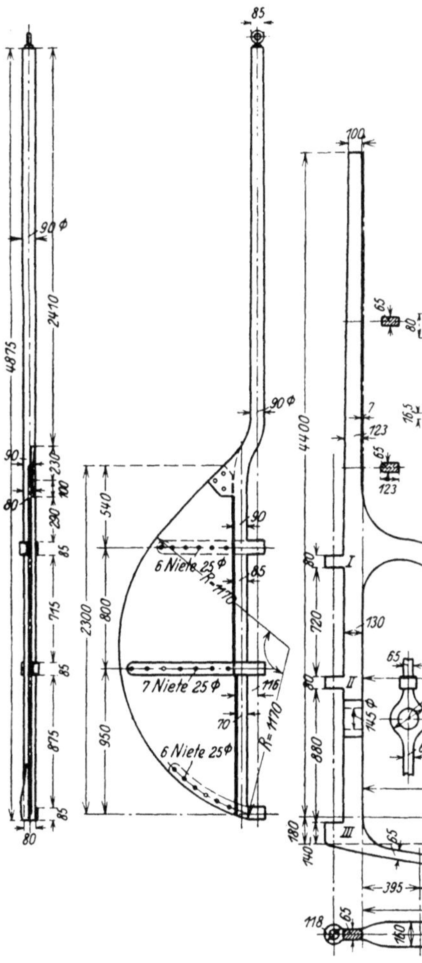

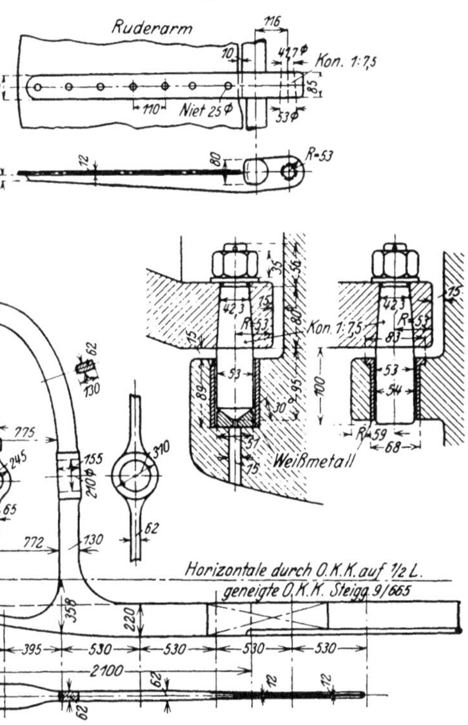

Abb. 269. **Hintersteven für ein Fischereifahrzeug.**

Zur Unterstützung des hinteren Endes, der Schwanzwelle, sind bei Zwei- und Vierschraubenschiffen besondere Wellenträger erforderlich. Die einfachste Form dieser Teile besteht aus einer Nabe, die das Lager für die auch vor demselben schon außerhalb des Schiffskörpers befindliche Welle bildet. Diese Nabe wird durch je einen schräg nach unten bzw. schräg nach oben bis zum Schiffsrumpf reichenden und mit diesem verbundenen Arm gehalten. Hierbei sind die unteren Arme des St.B.- und B.B.-Wellenbockes viel-

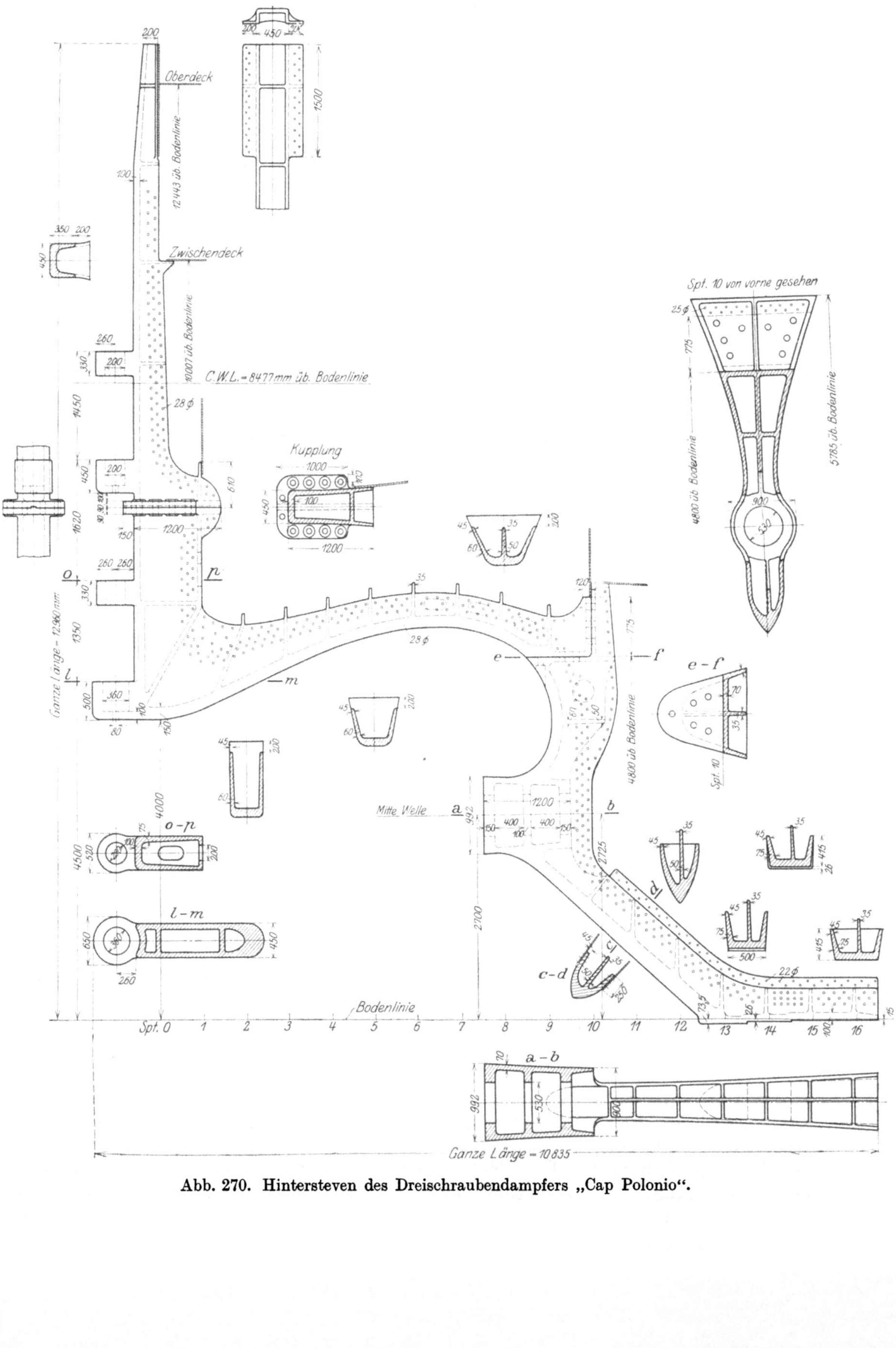

Abb. 270. Hintersteven des Dreischraubendampfers „Cap Polonio“.

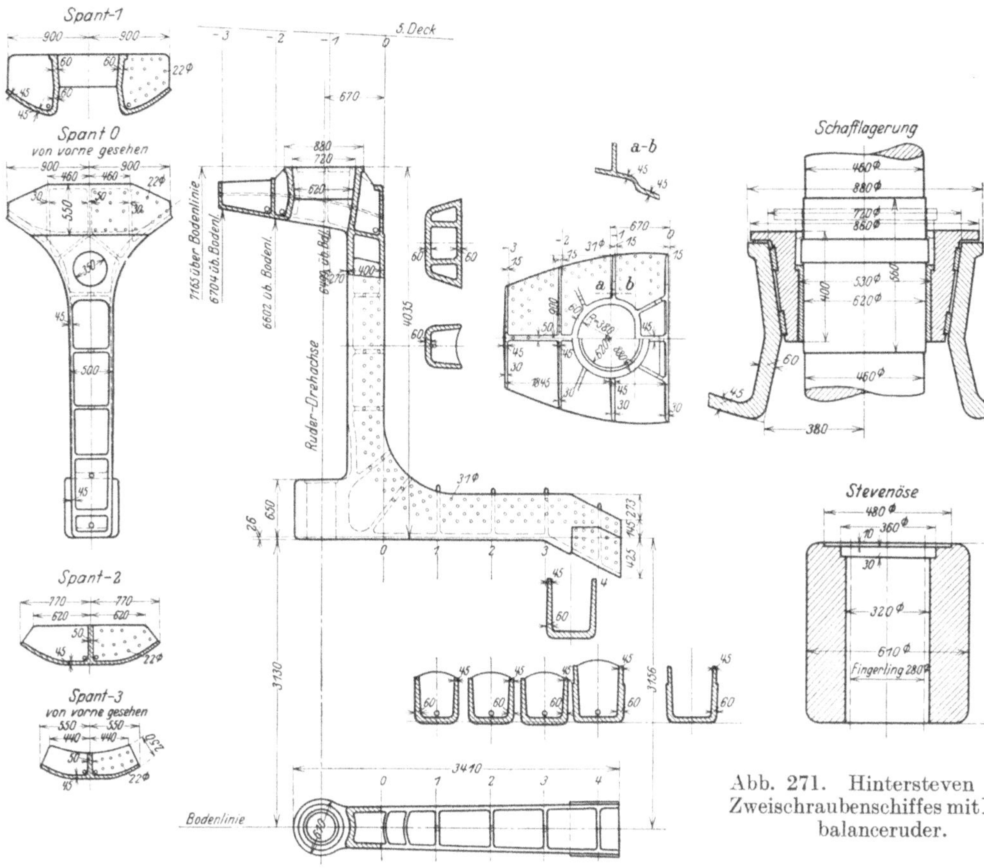

Abb. 271. Hintersteven eines Zweischraubenschiffes mit Halbbalanceruder.

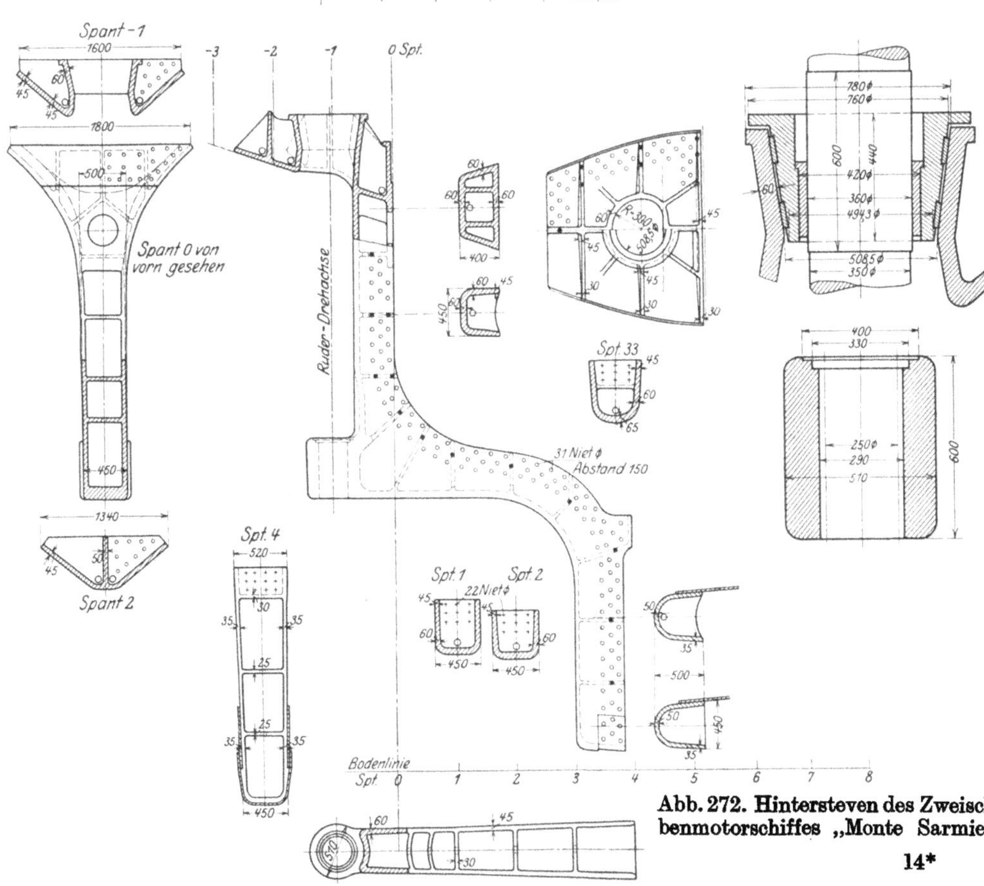

Abb. 272. Hintersteven des Zweischraubenmotorschiffes „Monte Sarmiento".

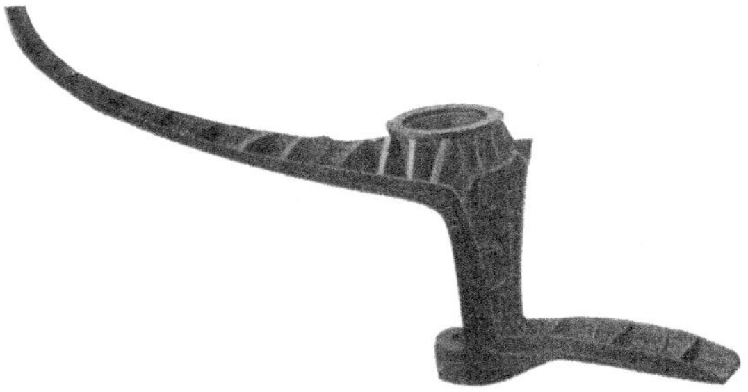

Abb. 273. Hintersteven aus S. M. Stahlguß. Gewicht 12400 kg.

Abb. 274. Stahlguß-Hintersteven zusammenmontiert mit Stahlguß-Ruderrahmen aus einem Stück und zwei Stahlguß-Wellenträgern.

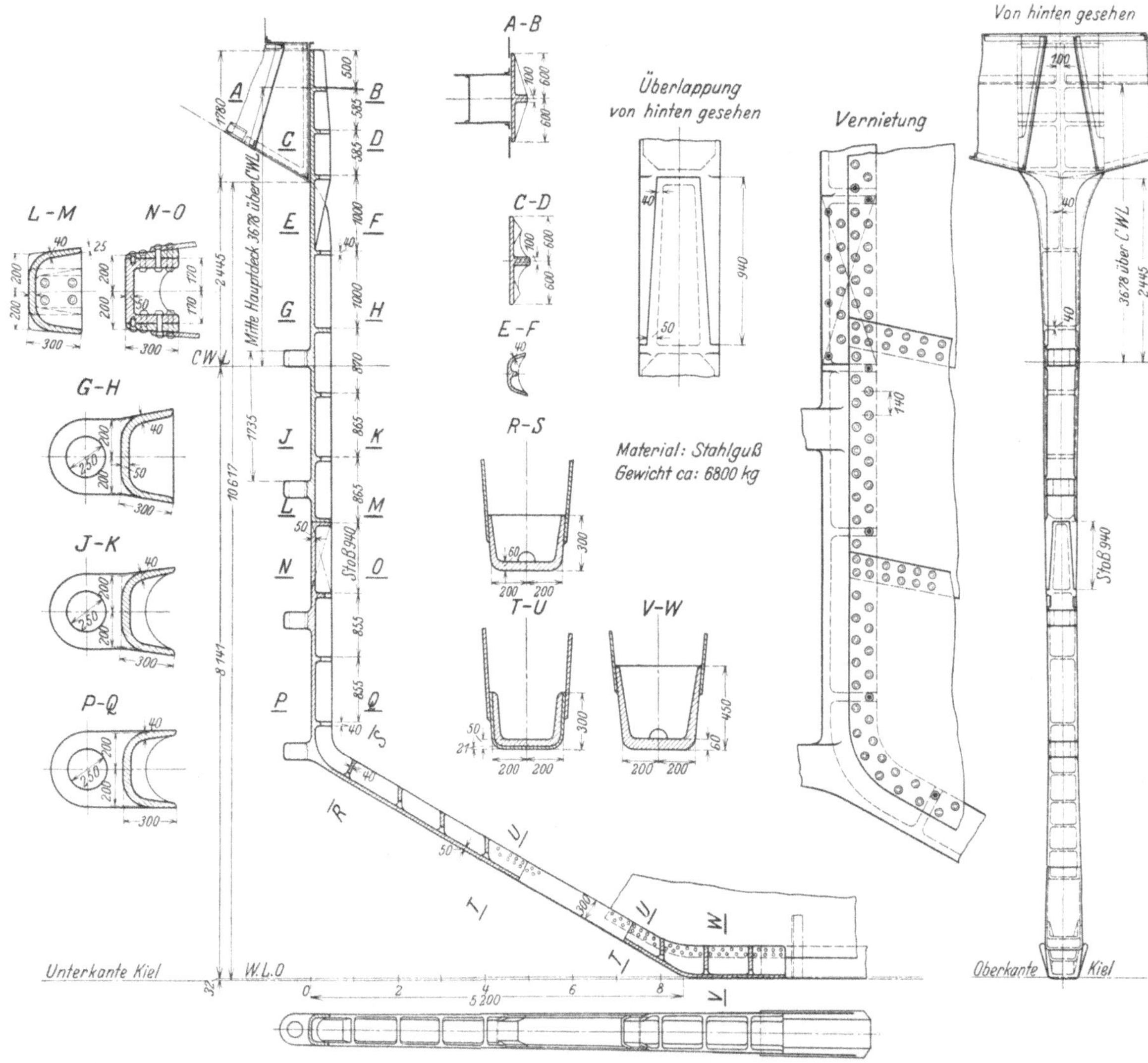

Abb. 275. Hintersteven eines Zweischraubenmotorschiffes für ein Halbbalanceruder.

fach mit dem Hintersteven bzw. miteinander durch den Schiffskörper hindurch verbunden worden. Diese z. B. auf Abb. 274 dargestellte Konstruktion ist aber heutzutage nur dann gebräuchlich, wenn besondere Verhältnisse vorliegen, z. B. bei Kriegsschiffen.

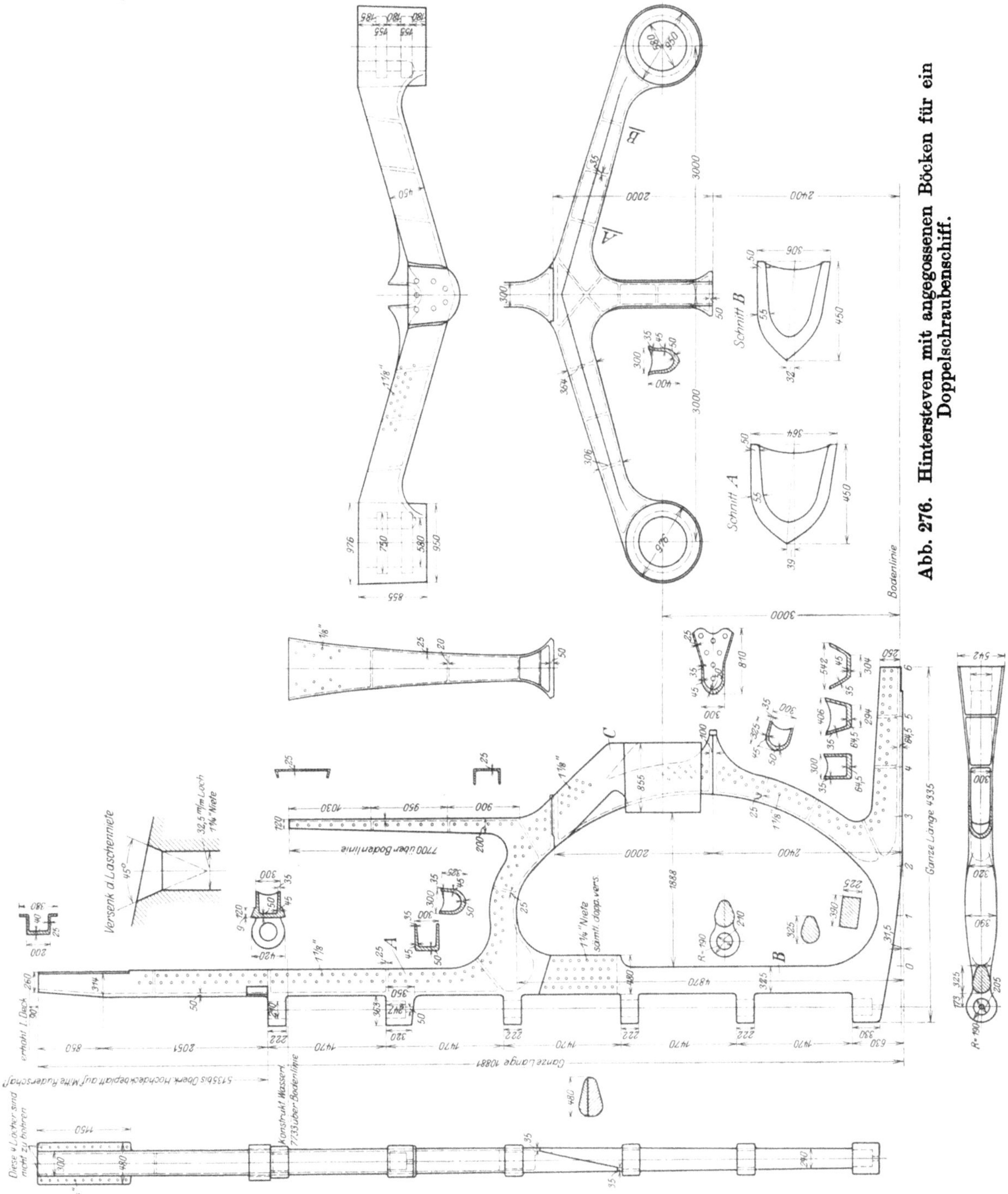

Abb. 276. Hintersteven mit angegossenen Böcken für ein Doppelschraubenschiff.

Sonst ist an ihre Stelle allgemein die Bauart mit Wellenhosen getreten. Diese bilden seitliche Anhänge des Schiffskörpers, welche als ihren hinteren Abschluß und zur Aufnahme der Beanspruchungen durch die Schraube ebenfalls Wellenböcke erhalten. Dieselben sind aber entsprechend den abweichenden Anforderungen ganz anders ausgebildet

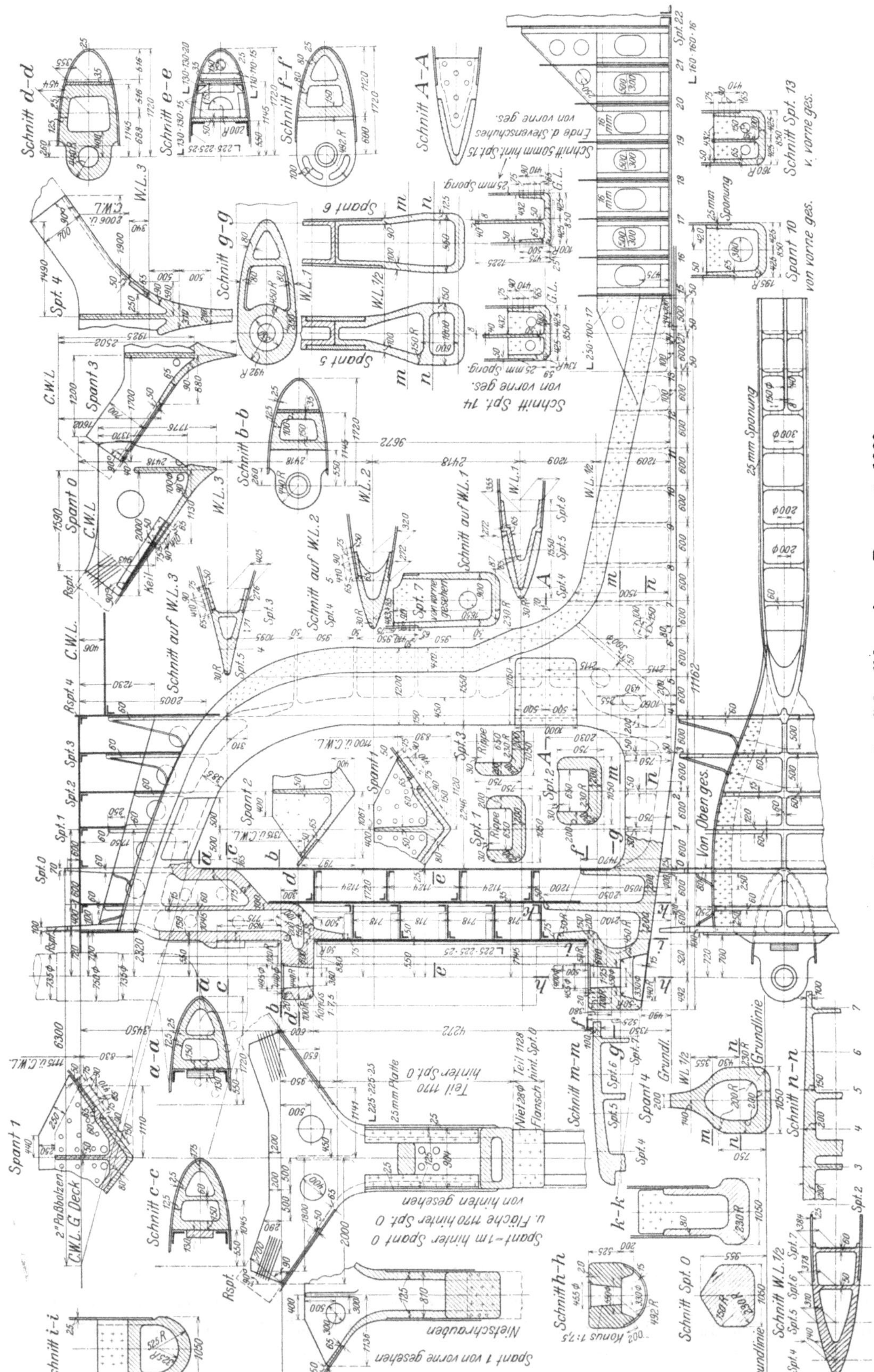

Abb. 277. Hintersteven des Schnelldampfers „Bremen“, 1929.

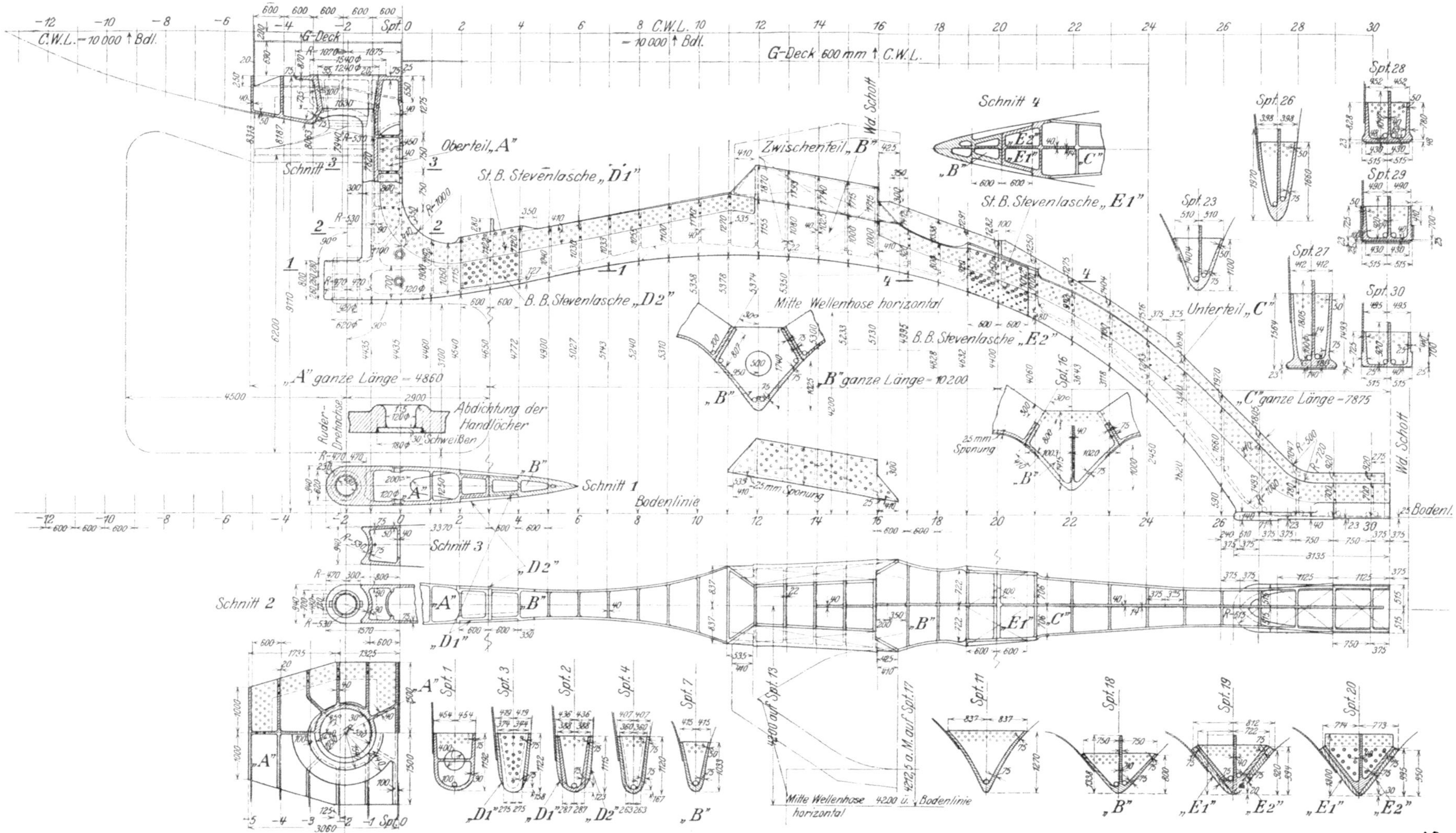

Abb. 278. Hintersteven des Schnelldampfers „Europa", 1930.

als freie Wellenträger. Die Nabe, welche das hintere Ende des Stevenrohres trägt, hat meist einen größeren Außendurchmesser, bei dessen Festlegung neuerdings auch auf die Abmessungen der dahinterliegenden Schraubennabe Rücksicht genommen wird, um, ebenso wie beim Einschraubensteven besprochen, einen möglichst glatten Zulauf des Wassers zur Schraube zu erzielen. An Stelle der zwei etwa unter einem Winkel von 60° zueinander stehenden freien Arme tritt ein einziger nach vorn offener, hinten mehr oder weniger spitz zulaufender bzw. abgerundeter kräftiger Arm.

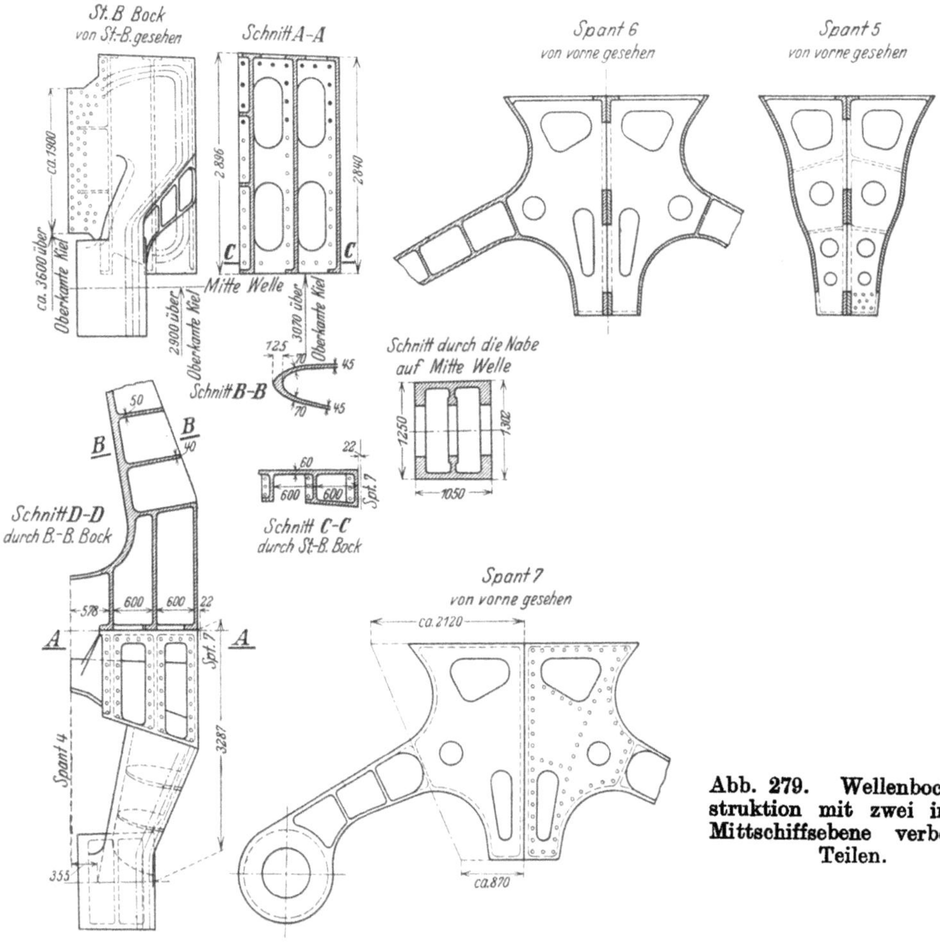

Abb. 279. Wellenbockkonstruktion mit zwei in der Mittschiffsebene verbolzten Teilen.

Die Neigung desselben und der ganzen Wellenhose gegen die Senkrechte hängt hierbei von der Schiffsform und dem Drehsinn der Schraube ab und wird oft erst nach vergleichenden Schrauben-Schleppversuchen festgelegt. Dasselbe gilt von der genauen Ausführung der Hinterkante der Arme. In den letzten Jahren sind diese auch verschiedentlich entweder beim Guß oder durch nachträgliche Anbauten nach den Grundsätzen der Star-Contra-Propeller als vordere Leitflächen für die Schrauben ausgebildet worden. Besonders sorgfältig ist die Verbindung der Wellenböcke mit dem Schiffskörper und durch diesen hindurch miteinander auszuarbeiten. Bei flacher Lage werden die Stahlgußstücke zu diesem Zwecke vielfach beiderseits bei entsprechender Formgebung in den Schiffskörper hinein fortgesetzt und in der Mittschiffsebene kräftig miteinander verbolzt, soweit sie nicht aus einem einzigen Stück hergestellt werden (Abb. 279 und 280). Hierbei wurden die begrenzenden Bodenwrangen besonders kräftig ausgeführt und ebenso wie die angrenzenden Stringer oder Decks nebst der Außenhaut zur Verbindung des Ganzen mit dem Schiffskörper herangezogen. Bei Schiffen mit Balancerudern und entsprechend hochliegendem Steven werden die Böcke dann vielfach noch mit besonderen Ansatzflächen der schrägen Stevensohle kräftig verbunden.

Neuerdings erhalten meist die Wellenböcke nur noch eine sich der Schiffsform anpassende Fläche zur Verbindung mit der Außenhaut und eine der Größe entsprechende Anzahl senkrechter Flansche, die mit den Bodenwrangen vernietet werden. Letztere sind besonders kräftig auszuführen und zu vernieten, da sie eine zuverlässige starre Verbindung der Wellenböcke sowohl untereinander wie mit dem Schiffskörper sichern müssen. Bei sorgfältiger Arbeit hat sich diese Ausführungsart durchaus bewährt, so daß sie, wie gesagt, neuerdings immer mehr angewandt wird, besonders wenn aus den weiter oben dargelegten Gründen eine steile Lage der Wellenhosen und -böcke in Frage kommt. In diesem Fall ist eine Durchführung der Böcke durch den Schiffskörper meist nicht

Abb. 280.

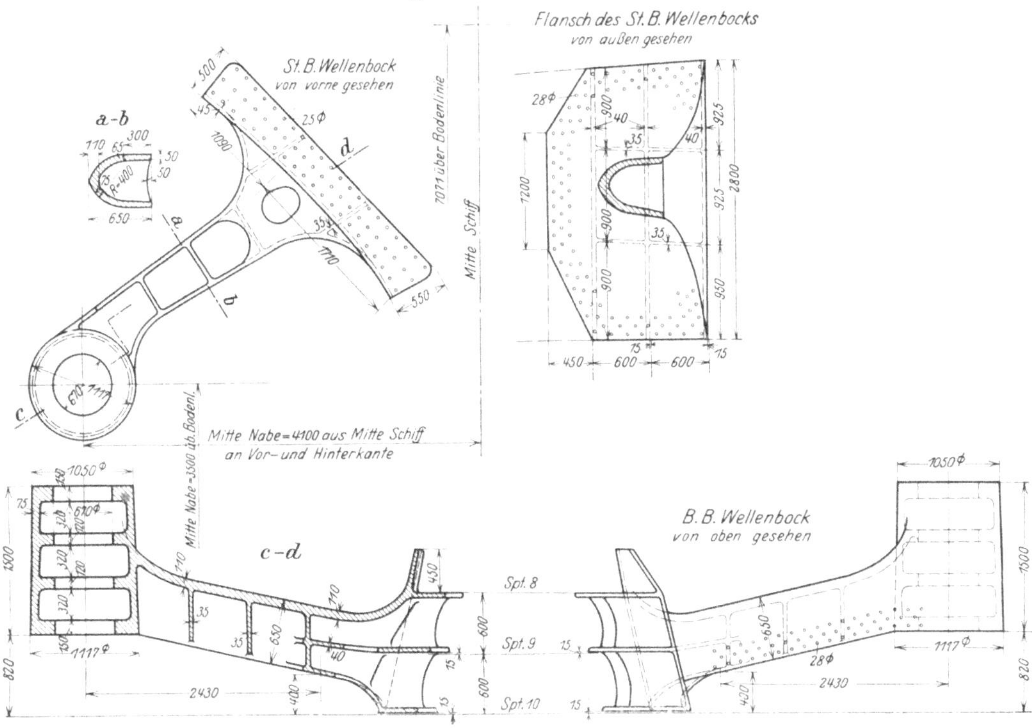

Abb. 281. Wellenbockkonstruktion mit zwei nicht miteinander verbundenen Teilen.

mehr möglich, da die Breite des Schiffskörpers an der Stelle, wo die Wellenbockarme auf ihn treffen, vielfach zu groß ist. Diese Bauart veranschaulichen die Abb. 281 bis 283.

Vor dem Wellenbock besteht die Wellenhosenkonstruktion zunächst aus den Querschnitten entsprechend gebogenen Profilen mit Plattenverstärkungen, die an die inner-

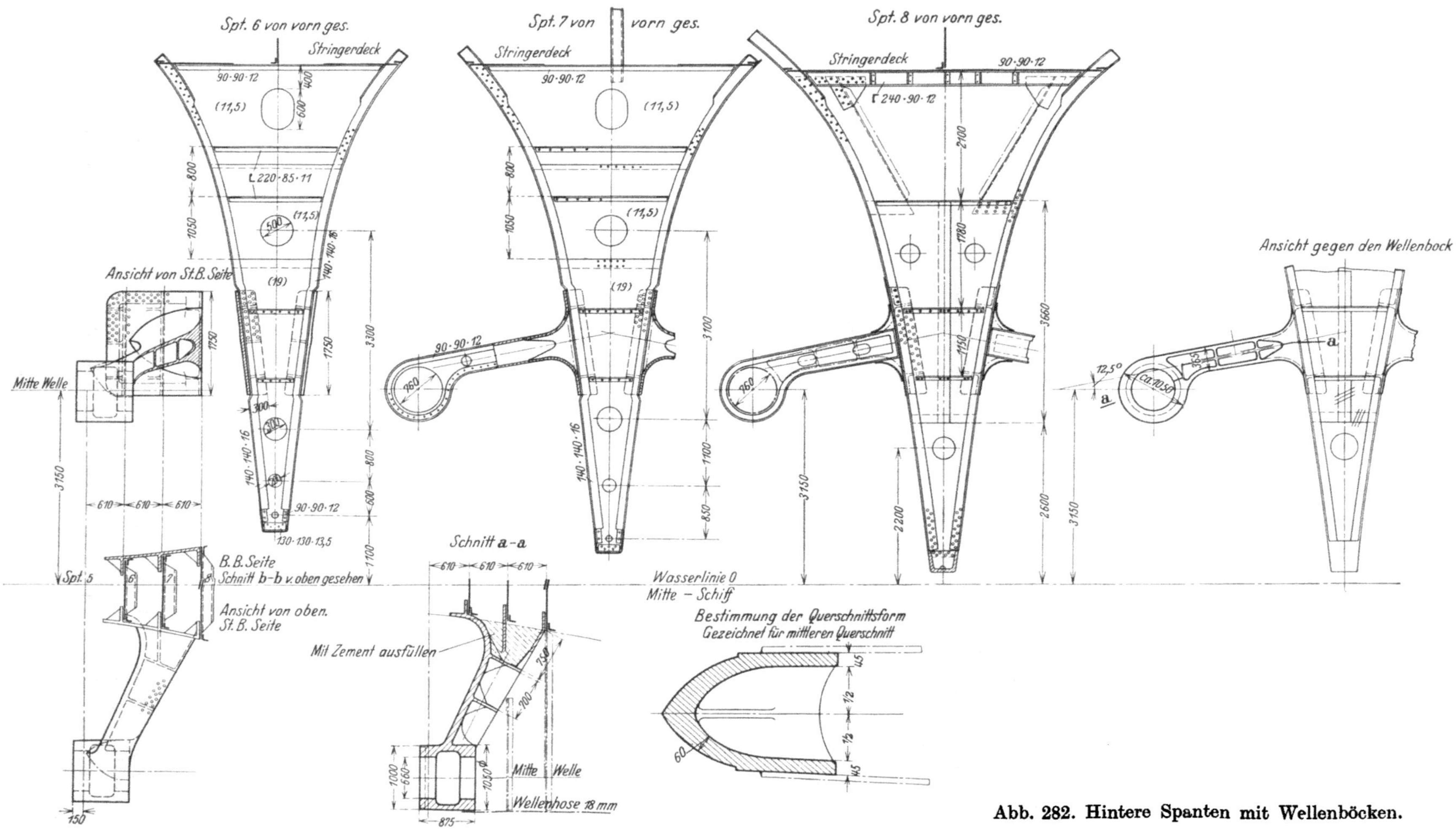

Abb. 282. Hintere Spanten mit Wellenböcken.

halb der Wellen durchlaufenden Raumspanten angebaut werden. Wo letztere weiter nach vorn mit Rücksicht auf die Welle nicht mehr durchgeführt werden können, wird das Spantprofil selbst in der Form der Wellenhose gebogen und innerhalb der Welle, wo erforderlich, durch ein besonderes Profil abgestrebt. Die Außenhaut fällt im Bereich der Wellenhose innen fort und wird um diese herum angeordnet.

Bei Vierschraubenschiffen sind zwei Wellenhosenpaare vorhanden, für die sinngemäß das oben für Zweischraubenschiffe Gesagte gilt. Die Anordnung geschieht so, daß die inneren Wellenhosen weit nach hinten geführt werden, während die äußeren kürzer gehalten werden, einerseits um keine zu langen Wellenböcke zu erhalten und andererseits um eine gegenseitige Störung der Propeller zu vermeiden.

Seltenere Konstruktionen, bei denen die Böcke mit dem Hintersteven oder einem Teil desselben aus einem Stück gegossen sind, geben die Abb. 276, 284 und 285 wieder.

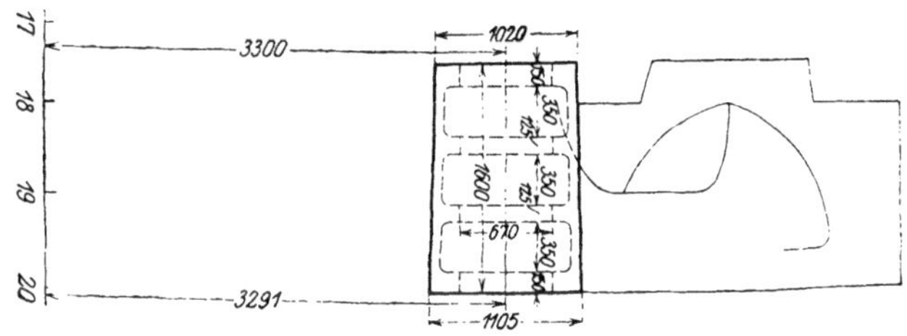

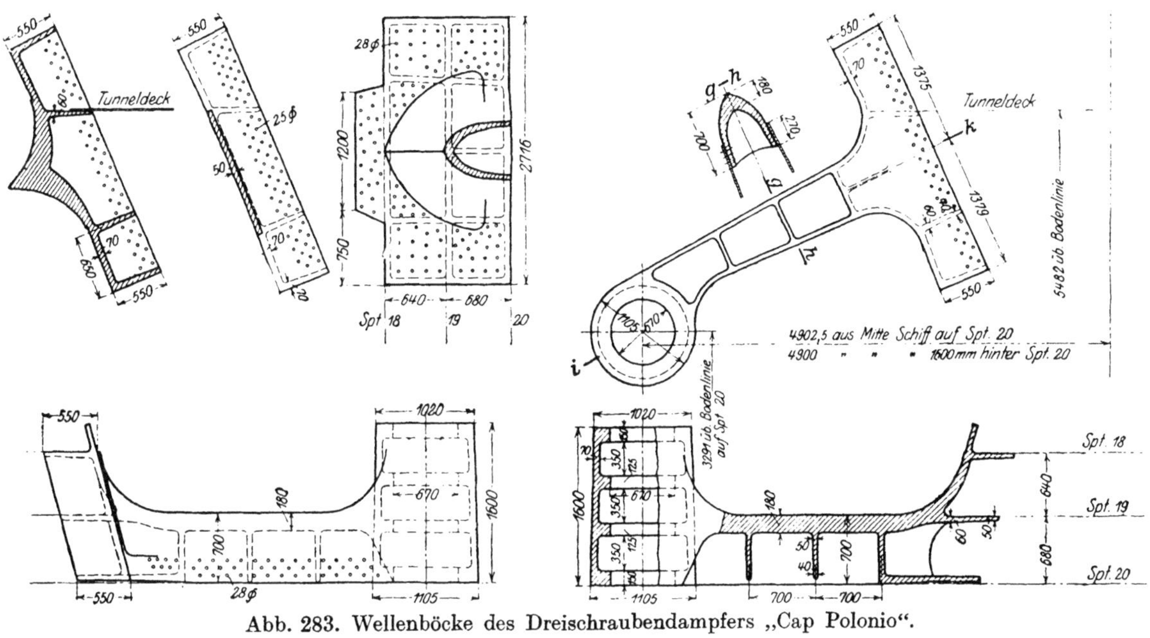

Abb. 283. Wellenböcke des Dreischraubendampfers „Cap Polonio“.

δ) Hintersteven und Wellenträger für Dreischraubenschiffe. Bei Schiffen mit drei Schrauben werden für die beiden seitlichen Wellen Wellenhosen mit Böcken, ähnlich wie sie für Zweischrauber beschrieben wurden, vorgesehen, während die mittlere Schraubenwelle wieder durch den Hintersteven selbst getragen werden muß. Zwei typische Konstruktionen dieser Art sind in den Abb. 270 und 286 wiedergegeben, und zwar einmal mit einem gewöhnlichen Verdrängungsruder und Hilfskreuzersporn (286), wobei gesonderte Ruder- und Schraubensteven wie bei einem Einschraubenschiff vorhanden sind, und das andere Mal mit einem Halbbalanceruder und gewöhnlichem Heck (270). In diesem Falle hat der Teil des Hinterstevens zwischen Ruderhacke und Stevenschuh eine Nabe und ist darüber so geformt, daß der Propeller unter ihm freischlägt.

c) **Ruder.** Das Ruder der meisten Schiffe besteht aus zwei Teilen, dem eigentlichen Ruder und dem Ruderschaft; nur bei ganz kleinen Schiffen und Sonderkonstruktionen sind dieselben manchmal zu einem Stück vereinigt. Das eigentliche Ruder soll, sobald es aus der Mittschiffsebene herausgedreht wird, infolge des einseitigen Wasserdruckes ein Drehmoment auf das Schiff übertragen. Aus dieser Bedingung heraus ergeben sich Form und Größe der Ruderflächen. Die normalen Ruder haben in der Regel die Form eines aufrechten Rechteckes, das aber meist oben und unten an der Hinterkante abgerundet ist. Bei kleinen Schiffen gehen diese Abrundungen manchmal ineinander über, so daß der gerade Teil der Hinterkante ganz fortfällt. Die Größe der eingetauchten Ruderfläche wird als Bruchteil des Wertes $L \times T$ bestimmt, und zwar ist dieser Bruchteil bei kleinen Schiffen wesentlich größer als bei großen. Auch bei gleichgroßen Schiffen schwankt er stark, je nach den besonderen Verhältnissen und persönlichen Ansichten. Als Mittelwerte der eingetauchten Fläche, gerechnet bis Ruderachse, kann man bei normalen Rudern von $^1/_{30}\, L T$ bei Schleppern bis $^1/_{80}$ bei Schnelldampfern rechnen. Ist das Ruder ganz eingetaucht, wie z. B. bei Schiffen mit Kreuzerheck, so kann man sich mit Rücksicht auf die bessere Steuerwirkung mit einer kleineren Fläche begnügen, um so mehr, als im Gegensatz zum normalen Ruder, das bis zur Wasserlinie reicht, auch bei nicht ganz weggeladenem Schiff die Ruderfläche zunächst nicht kleiner wird. Das Verhältnis von Ruderhöhe zu Ruderlänge liegt normalerweise etwa zwischen den Werten 2 und 4, und zwar haben kleinere Schiffe meist ein verhältnismäßig längeres Ruder. Bei Schiffen mit abnorm geringem Tiefgang ergibt sich allerdings die Notwendigkeit, die Ruderlänge größer zu wählen als obigen Werten entspricht. Dasselbe gilt, wenn die zur Verfügung stehende Höhe aus anderen Gründen begrenzt ist, wie z. B. bei Schiffen mit tiefliegendem Kreuzerheck. In solchen Fällen kann das Verhältnis der Höhe zur Länge wesentlich geringer sein, evtl. auch unter 2. Es empfiehlt sich aber, die Ruderlänge nicht zu sehr zu vergrößern, da einmal sowohl die Erfahrung wie systematische Versuche gezeigt haben, daß, abgesehen von besonderen Verhältnissen, wie z. B. in der Flußschiffahrt, eine Verbreiterung über gewisse Grenzwerte hinaus keine wesentliche Verbesserung der Ruderwirkung mehr bringt, während andererseits das Rudermoment hierbei sehr stark wächst. Dies bedeutet aber eine unverhältnismäßige Verstärkung des Ruderschaftes, des ganzen Rudergeschirres und der Rudermaschine. Um diese Nachteile zu umgehen, bildet man in solchen Fällen vielfach die Ruder als Balanceruder oder Halbbalanceruder aus.

Abb. 284. Unterteil eines Stahlguß-Hinterstevens mit Wellenträgern (aus einem Stück). Gewicht 40000 kg.

Abb. 285. Stahlguß-Hintersteven mit einteiligem Wellenträger, ebenfalls aus Stahlguß. Gewicht 20400 kg.

In den letzten Jahren hat das Bestreben, die Propeller- und die Ruderwirkung zu verbessern, das Rudermoment zu verringern oder Teile des Ruders bzw. Stevens als Propellerabstrom-Leitvorrichtungen auszubilden, zu verschiedenen neuen Ruderbauarten geführt.

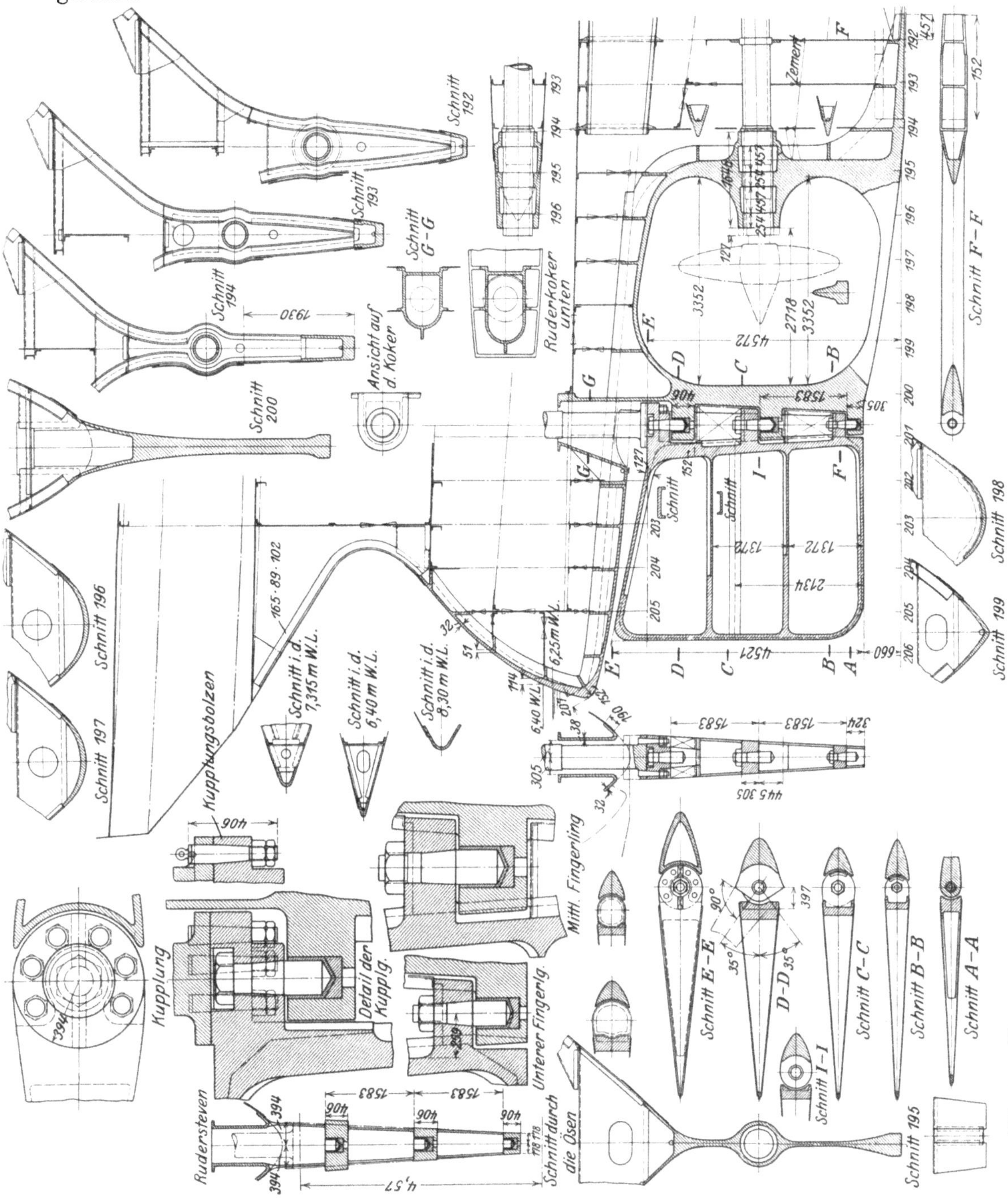

Abb. 286. Hintersteven eines amerikanischen Dreischraubenschiffes mit Stromlinienruder („Great Northern", 1913).

Unter diesen Konstruktionen ist die früheste das Flettnerruder von 1917, — wenn man von dem schon 1913 gebauten, erst nach dem Kriege bekannt gewordenen systematisch im heute modernen Sinne durchgebildeten Stromlinien-Steven und -Ruder der „Great Northern" (Abb. 286) absieht.

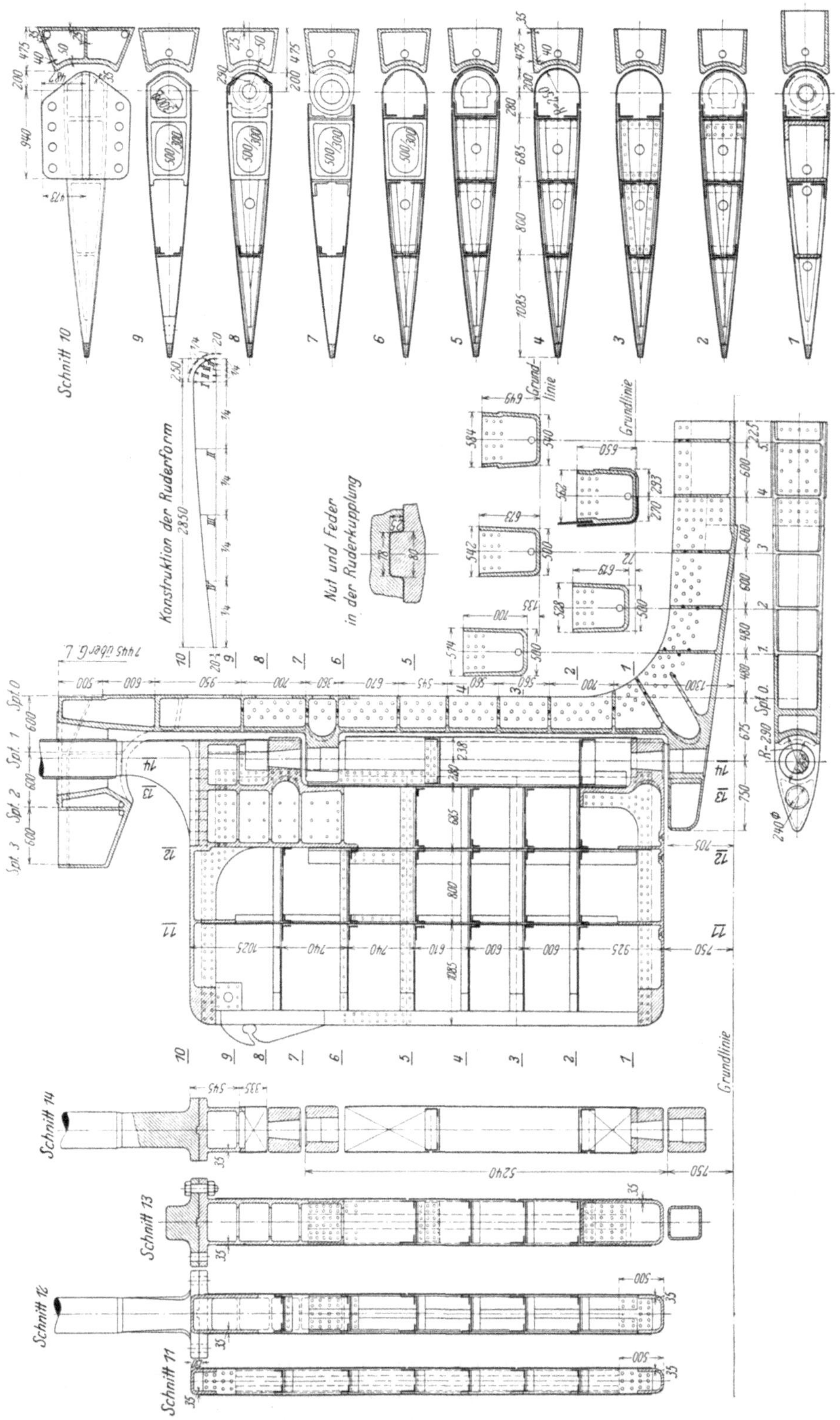

Abb. 287. Hintersteven und Ruder eines Zweischraubenmotorschiffes vom Typ des „St. Louis“. Der Laplata-Schnelldampfer „Cap Arcona“ hat ein gleichartiges Ruder.

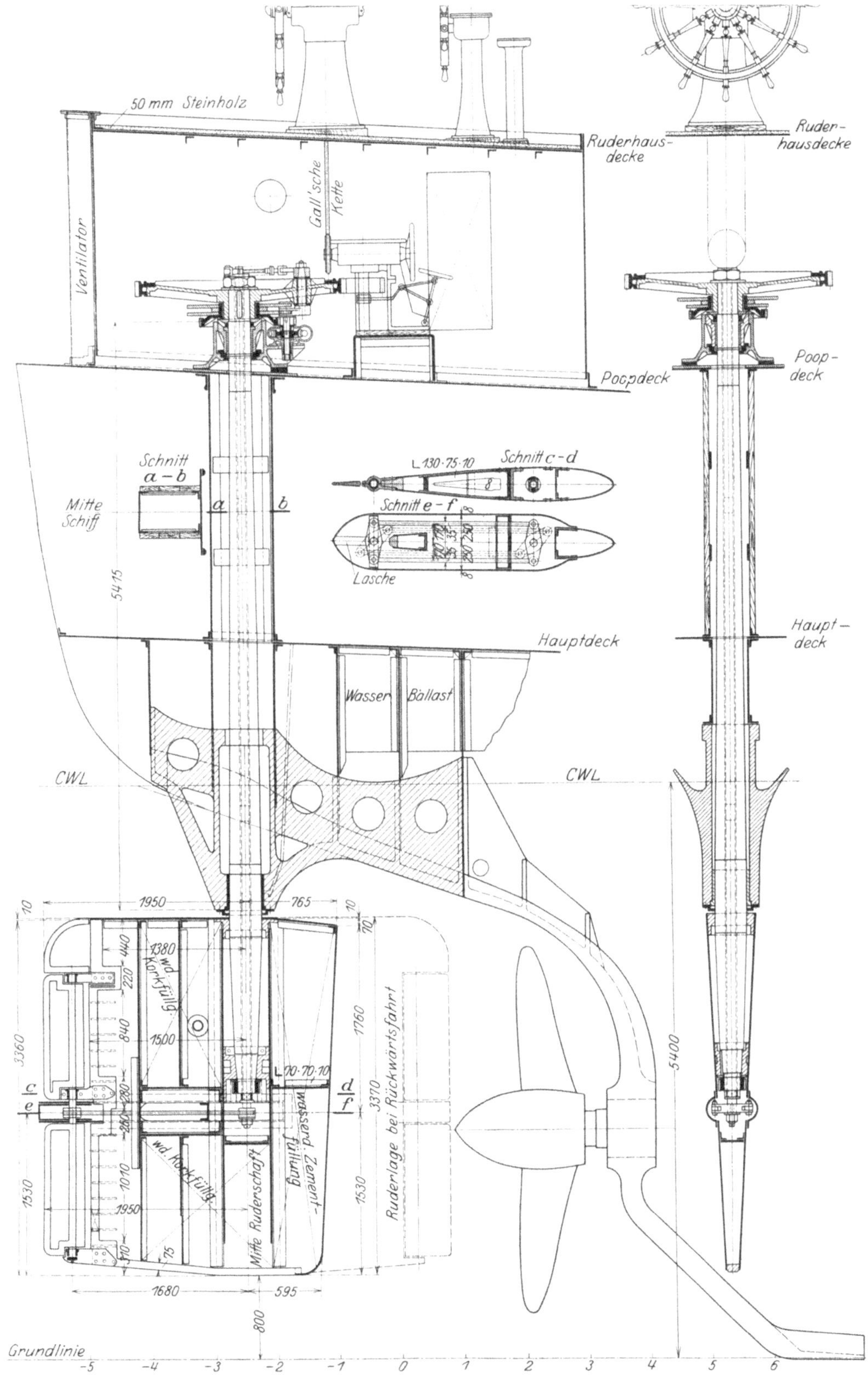

Abb. 288. Hintersteven für ein Flettner-Hängeruder eines Einschraubenschiffes. („Sorrento" und „Amalfi.")

Das Flettnerruder ist ein Ruder von dickem, fischförmigem, wasserschnittigem Querschnitt, dessen Form dem in der Göttinger aerodynamischen Versuchsanstalt entwickelten „Göttinger Profil" ähnelt und dort entwickelt worden ist.

Das Flettnerruder ist 360° frei beweglich um seine Achse und hat an seiner Hinterkante eine für sich begrenzt bewegliche Hilfsflosse, die mittels Jochen, Horizontalgestängen und durch ein besonderes Getriebe durch den hohlen Ruderschaft hindurch betätigt wird.

Die Anstellung des Hauptruders wird durch die Anstellung der Hilfsflosse zu demselben bedingt. Der Rudergänger betätigt die Hilfsflosse, was selbst bei großen Schiffen noch von Hand oder mit sehr kleiner Maschine geschehen kann. Dabei stellt das Hauptruder sich entgegengesetzt zur Hilfsflosse ein.

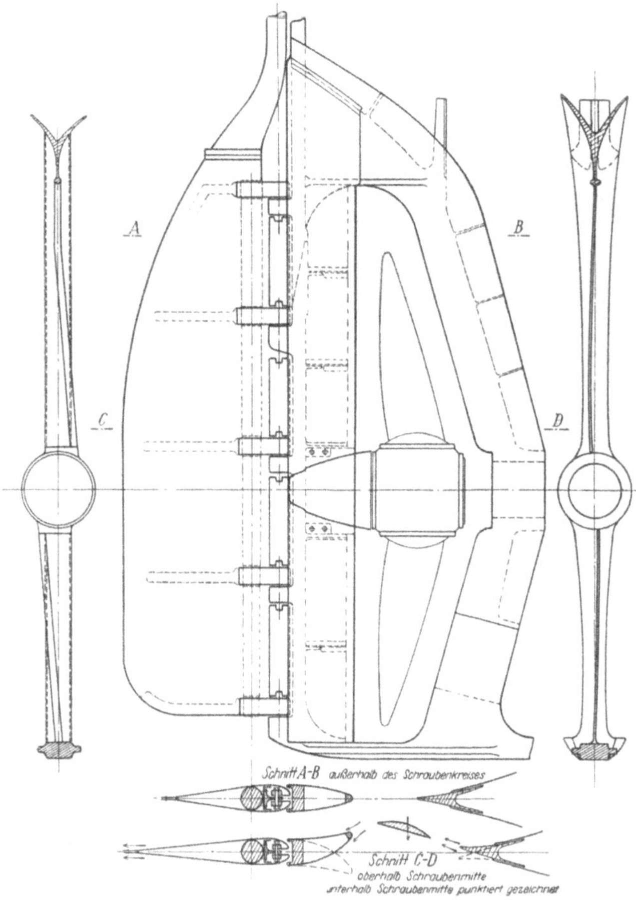

Abb. 289. Star-Contra-Ruder.

Das Flettnerruder kann mit unterer Unterstützungshacke oder auch freihängend wie in Abb. 288 ausgeführt werden.

Bei Rückwärtsfahrt schwenkt es unter dem Einfluß des Stromes selbsttätig um 180° herum, so daß sich die Flosse stets im Stromlee befindet.

Während das Flettnerruder eine bedeutende Verringerung des Rudermomentes bezweckt, liegt dem Star-Contra-Ruder von 1920, einer Entwicklungsstufe des Contra-Propellers, die Absicht zugrunde, den Gesamtwirkungsgrad der Propulsion zu verbessern. Der Ruderkörper selbst ist ein symmetrisches Verdrängungsruder. Der davorliegende Rudersteven ist so ausgebildet, daß der feste Kopf und der Ruderkörper gemeinsam einen glatten wirbelfreien Abstrom ermöglichen.

Der Stevenkopf selbst ist dem Prinzip der Contra-Propeller entsprechend leitschaufelartig ausgekrümmt, und zwar bei rechtsdrehender Schraube im oberen Quadranten nach Backbord, im unteren Quadranten nach Steuerbord gerichtet.

Die Auskrümmung ist am stärksten in der Nähe der Flügelwurzeln, am geringsten in den äußeren Gegenden des Propellerdurchmessers, strömungstechnisch entsprechend den Auftreffrichtungen des wirbelig gedrehten Propellerabstroms.

Das Star-Contra-Ruder ist durch die Abb. 289 und 290 gekennzeichnet.

Das Oertzruder von 1923 ist ein Stromlinienruder mit festem Kopf, dessen Querschnittsform bei Mittellage gerade wie das Flettnerruder einen dicken fischförmigen wasserschnittigen Querschnitt zeigt. Es ist jedoch kein Balanceruder, sondern bedingt, wie das Star-Contra-Ruder, den festen Rudersteven — jedoch symmetrisch im Gegensatz zum Star-Leitflächenruder. — Das Ziel dieser Konstruktion ist die Verbesserung der Ruderwirkung und die Verringerung des Kraftbedarfes zum Ruderlegen. Die Abb. 277 und 291 zeigen die Ausführung eines Oertzruders für ein großes Mehrschraubenschiff.

Eine sehr ähnliche Querschnittsform wie das Flettnerruder und das Oertzruder hat das

Simplex-Balanceruder von 1928. Hier handelt es sich um ein besonders geartetes Balanceruder, das gleichsam um einen festen Rudersteven mit unterer Unterstützung durch Bodenhacke herum gebaut ist.

Das Simplexruder Abb. 292 und 293 hat im Bereiche des Ruderkörpers selbst zwei mit Pockholz ausgeführte Rahmen, die sich um entsprechende Bunde des Ruderstevens drehen. Außerdem erhält der Ruderschaft noch einen in der Achse des Ruderstevens nahe oder oberhalb der Wasserlinie angebrachten Fingerling zur Aufnahme des geringen Restgewichtes.

Abb. 290. Star-Contra-Ruder „Leuna".

Dieses Balanceruder ist besonders gut und betriebssicher geführt. Im übrigen verfolgt das Simplexruder das gleiche Ziel wie das Flettner- und das Oertzruder, nämlich die größtmögliche Ruderwirkung bei geringstem Kraftbedarf.

Sowohl das Flettner- wie das Oertz- und das Simplexruder sind bei allen Schiffstypen zweckmäßig anwendbar. Sie erzielen als Nebenprodukt auch eine gewisse Verbesserung der Propellerarbeit, da sie das Hindernis im Propellerabstrom vermindern.

Das Star-Contra-Ruder ist in seiner Wirkung auf Einschraubenschiffe abgestellt, bzw. auf solche Mehrschraubenschiffe, bei denen je ein Ruder hinter jedem Propeller in Betracht kommt. Es ist eine ausgesprochen auf vergrößerte Wirtschaftlichkeit der Propellerarbeit, also Ersparnis an Antriebskraft fürs Schiff abgestellte Konstruktion, die eine Verbesserung der Ruderwirkung als Nebenprodukt dadurch erzielt, daß sie dem Ruderkörper systematisch entwirbeltes Wasser zuleitet.

Alle vier Ruderkonstruktionen haben sich in die Praxis eingeführt, das theoretisch vorzügliche Flettnerruder aus nautischen Gründen noch am wenigsten, da die Komplikation bzw. das Gefahrrisiko der Hilfsflosse vielfach gescheut wird.

Obwohl anzunehmen ist, daß die künftige Entwicklung der Ruderkonstruktionen sich nicht wieder von den neuen strömungstechnischen Erkenntnissen entfernen wird, so sind diese Ergebnisse heute doch noch relativ neu, und deswegen ist hier ein Eingehen auf die heute noch bei der überwältigenden Mehrzahl der Handelsschiffe angewandten und bewährten Konstruktionen unerläßlich.

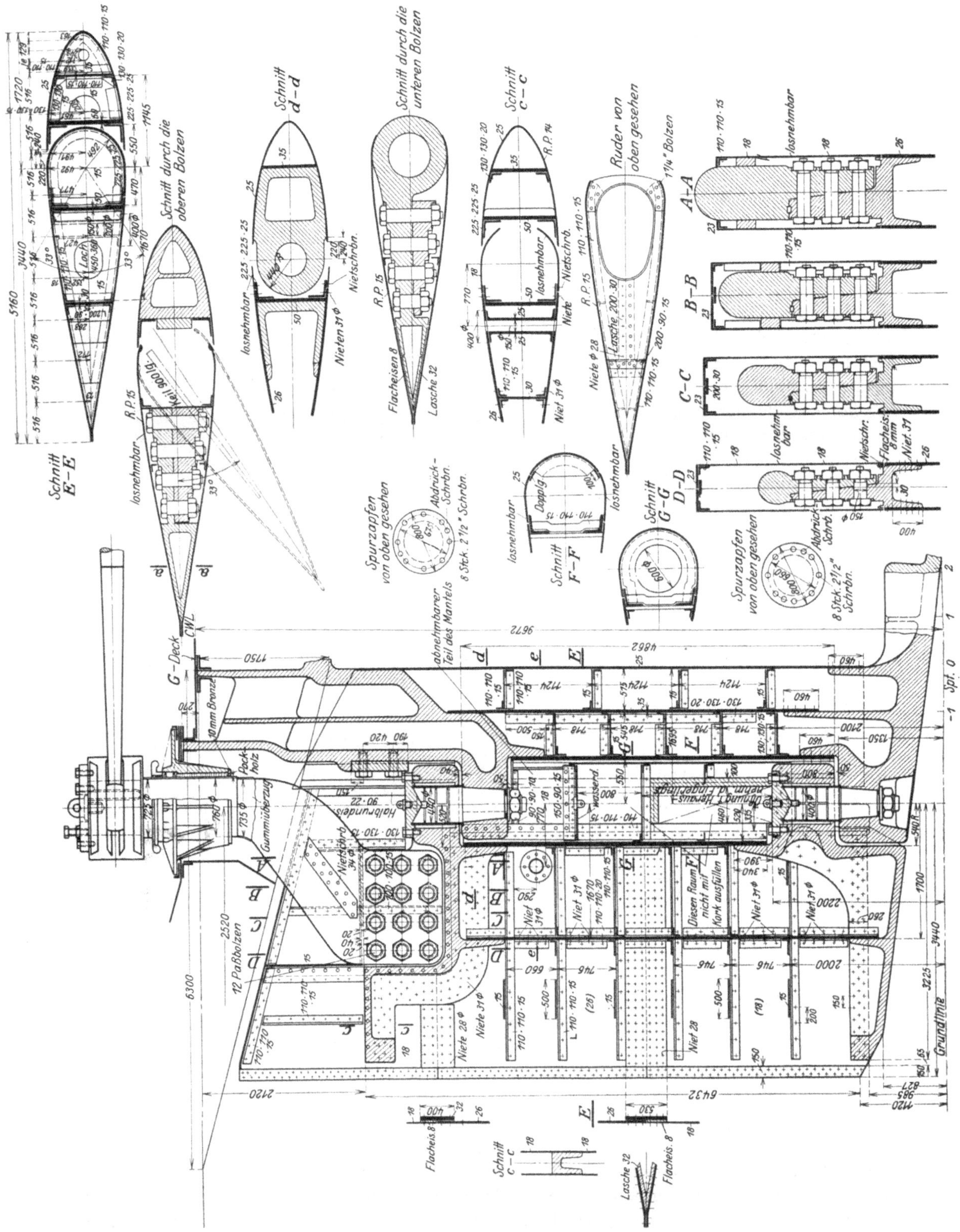

Abb. 291. Oertzruder des Schnelldampfers „Bremen“.

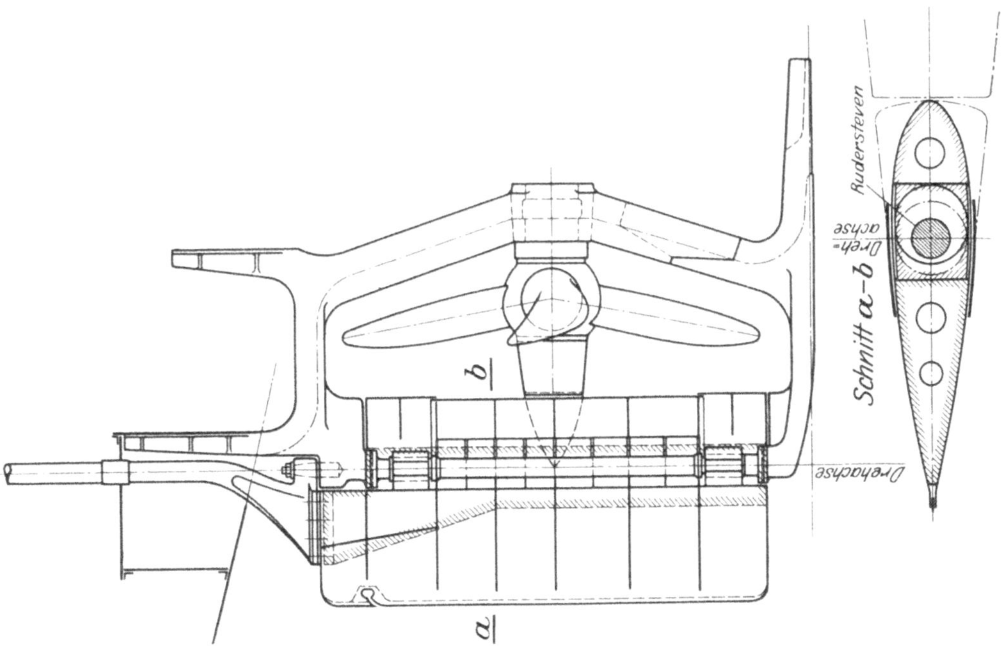

Abb. 292. Symmetrisches Simplexruder.

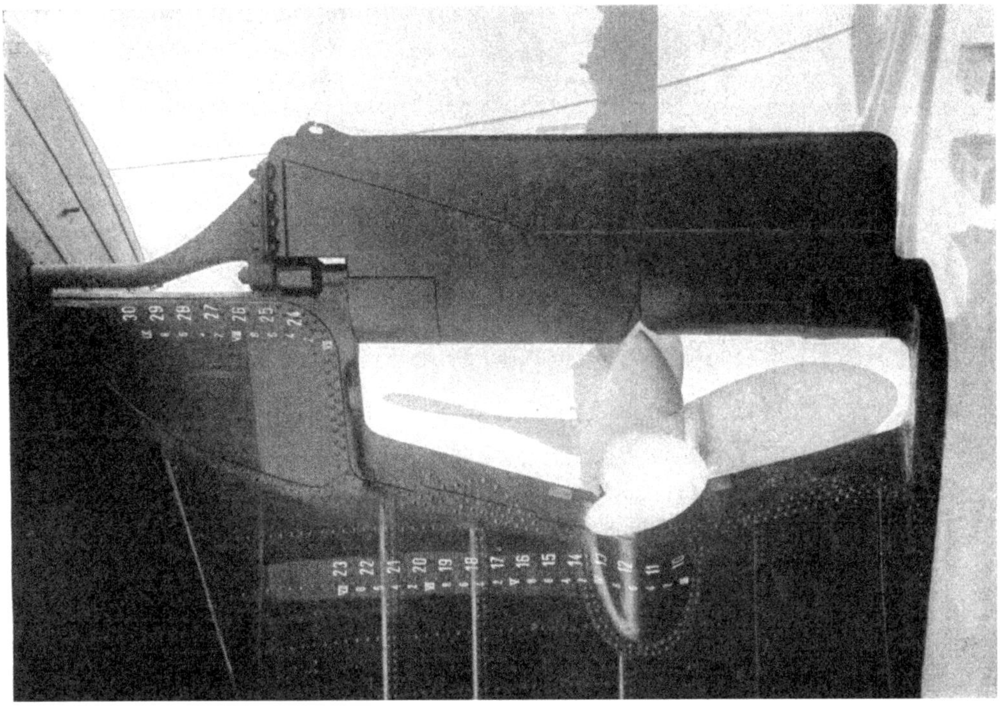

Abb. 293. Simplexruder mit verwundenem Kopf („Rheinland“).

Ursprünglich bestanden die meisten Ruder eiserner Schiffe aus einem geschmiedeten eisernen Ruderrahmen, der an der Vorderkante Ösen für Fingerlinge und meist bei jeder Öse eine Strebe zwischen dem vorderen, stärkeren und dem hinteren Rahmenpfosten erhielt. Der Rahmen wurde beiderseits durch eine Platte abgedeckt und das Innere meist mit Holz, Marineleim oder ähnlichem Material gefüllt. Trotzdem drang Wasser in das Innere der Ruder ein, so daß häufige Reparaturen und kurze Lebensdauer die Folge waren.

Abb. 294. Einteiliger Stahlguß-Ruderrahmen bestehend aus Schaft, Pfosten und 5 Ruderarmen. Gesamtgewicht 21000 kg.

Hieraus ergab sich das dann fast ausschließlich verwendete Einplattenruder. Diese einfache und betriebssichere Konstruktion besteht aus einer dicken Ruderplatte aus Schiffbaustahl, die mit kräftigen, abwechselnd an B. B. und St. B. angeordneten Ruderarmen vernietet sind.

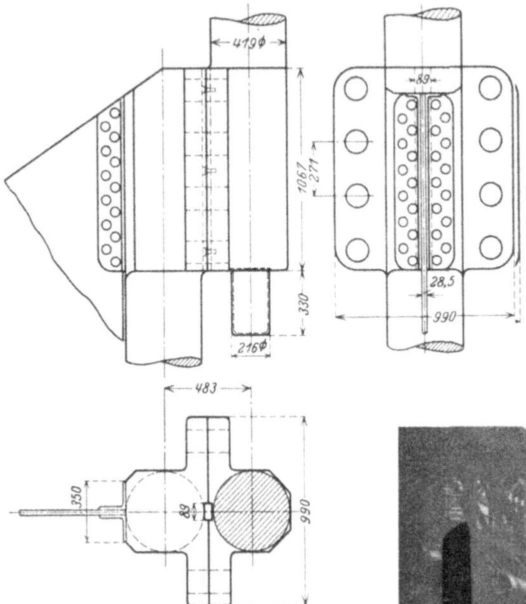

Abb. 295. Vertikale Ruderkupplung.

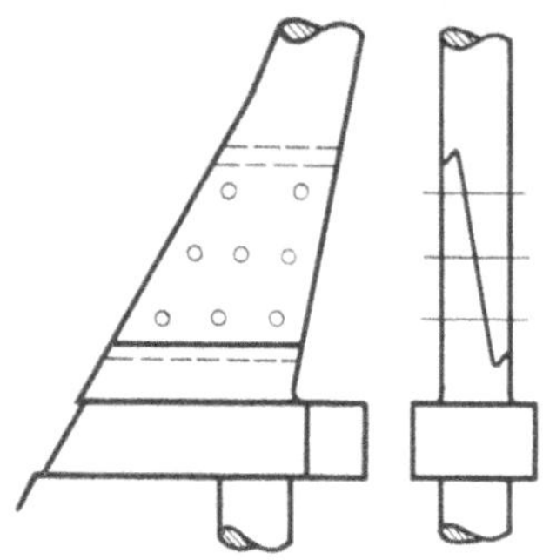

Abb. 296. Vertikale Ruderkupplung.

Letztere werden ihrerseits auf Bunde des Ruderpfostens warm aufgezogen und außerdem mit Federn verbunden und werden am vorderen Ende als Ösen für die Fingerlinge ausgebildet. Bei kleinen Rudern werden vielfach Ruderpfosten und -arme zusammengeschmiedet, siehe z. B. Abb. 269. Auch kann das Ganze ein Stück aus Stahlguß sein.

Abb. 297. Geschmiedeter Ruderrahmen. Gesamtgewicht 26330 kg.

Bei derartigen Ausführungen, die manchmal auch für große Ruder gewählt werden, hat der Pfosten vielfach quadratischen oder rechteckigen Querschnitt. Die Zahl der

Arme wird dabei gelegentlich vergrößert, wobei dann aber nur jeder zweite Arm einen Fingerling erhält. Beispiele für Stahlgußruderrahmen sind in den Abb. 274 auf S. 212 und 294 auf S. 228 wiedergegeben.

Der Ruderschaft wird in den meisten Fällen mit dem Pfosten durch eine horizontale oder vertikale Kupplung verbunden (Abb. 295 und 296). Erstere sind entweder länglich mit zwei Reihen Bolzen und einer Mittelfeder ausgeführt, oder sie erhalten Kreisform, und die Bolzen werden konzentrisch zum Pfosten angeordnet. Auch bei dieser, in der Bearbeitung billigeren Anordnung, die sich sehr bewährt hat, wird eine manchmal feste, jedoch meist lose Feder zur Entlastung der Bolzen vorgesehen. Dasselbe gilt bei senkrechten Kupplungen mit querschiffsliegender Fläche. In diesem Falle werden die Bolzen, deren Gesamtquerschnitt nach den Anforderungen der Klassifikationsgesellschaften übrigens größer als bei horizontalen Kupplungen sein muß, in zwei senkrechten Reihen angeordnet (Abb. 295). Eine weitere Verbindungsart, die strömungstechnisch vorteilhaft ist, besteht aus einer schrägen Überlappung von Ruderschaft und Pfosten (Abb. 304). Sie hat aber den Nachteil, daß in der einen Richtung die Bolzen auf Zug beansprucht werden. Wie in Abb. 296 gezeigt, besteht allerdings die Möglichkeit, die Bolzen dadurch zu entlasten, daß die Überlappung zickzackförmig ausgeführt wird. Bei der Formgebung und Anordnung der Ruderkupplungen ist z. T. die Forderung ausschlaggebend, daß es möglich sein soll, das Ruder auszubauen, wenn der Ruderschaft nach Lösung der Kupplung nur zur Seite gedreht ist. Auch Muffenkupplungen werden verwandt, wie z. B. bei dem Ruder Abb. 303.

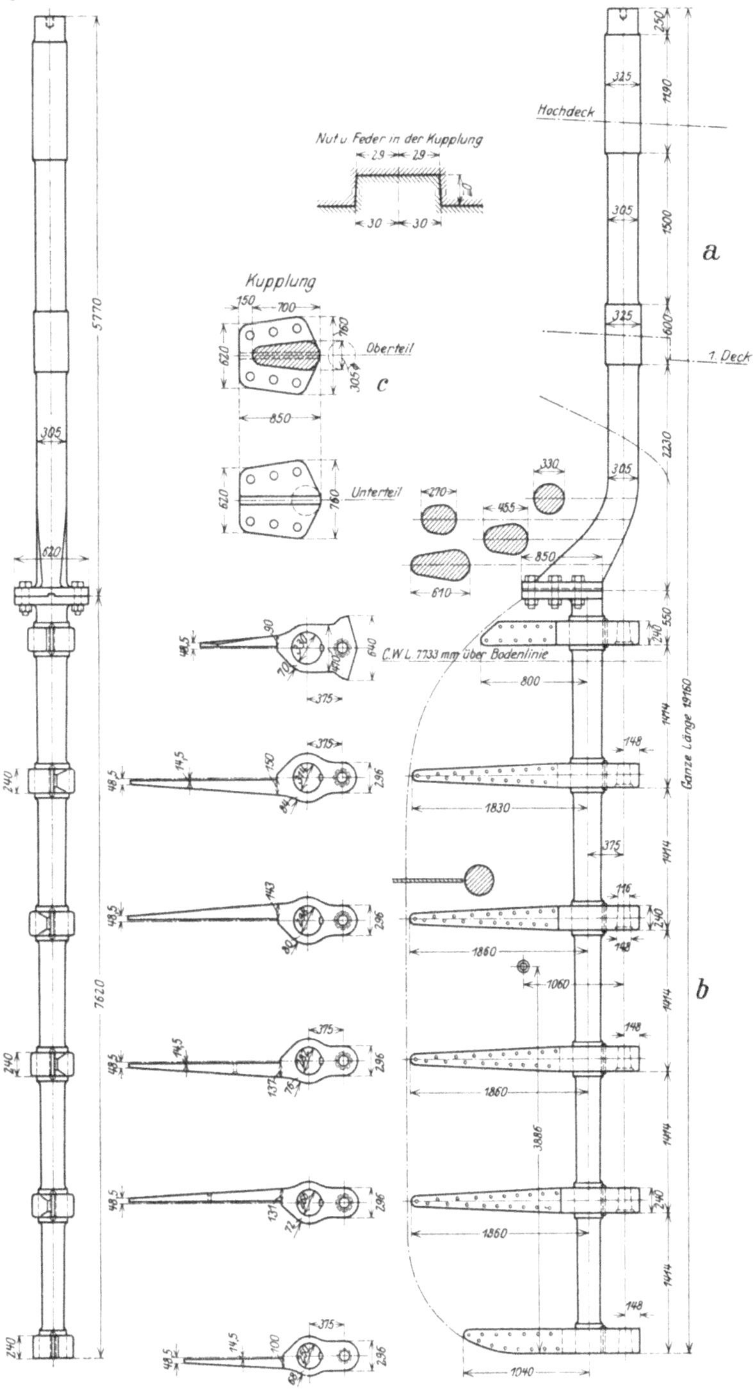

Abb. 298. Einplattenruder zu Abb. 268.

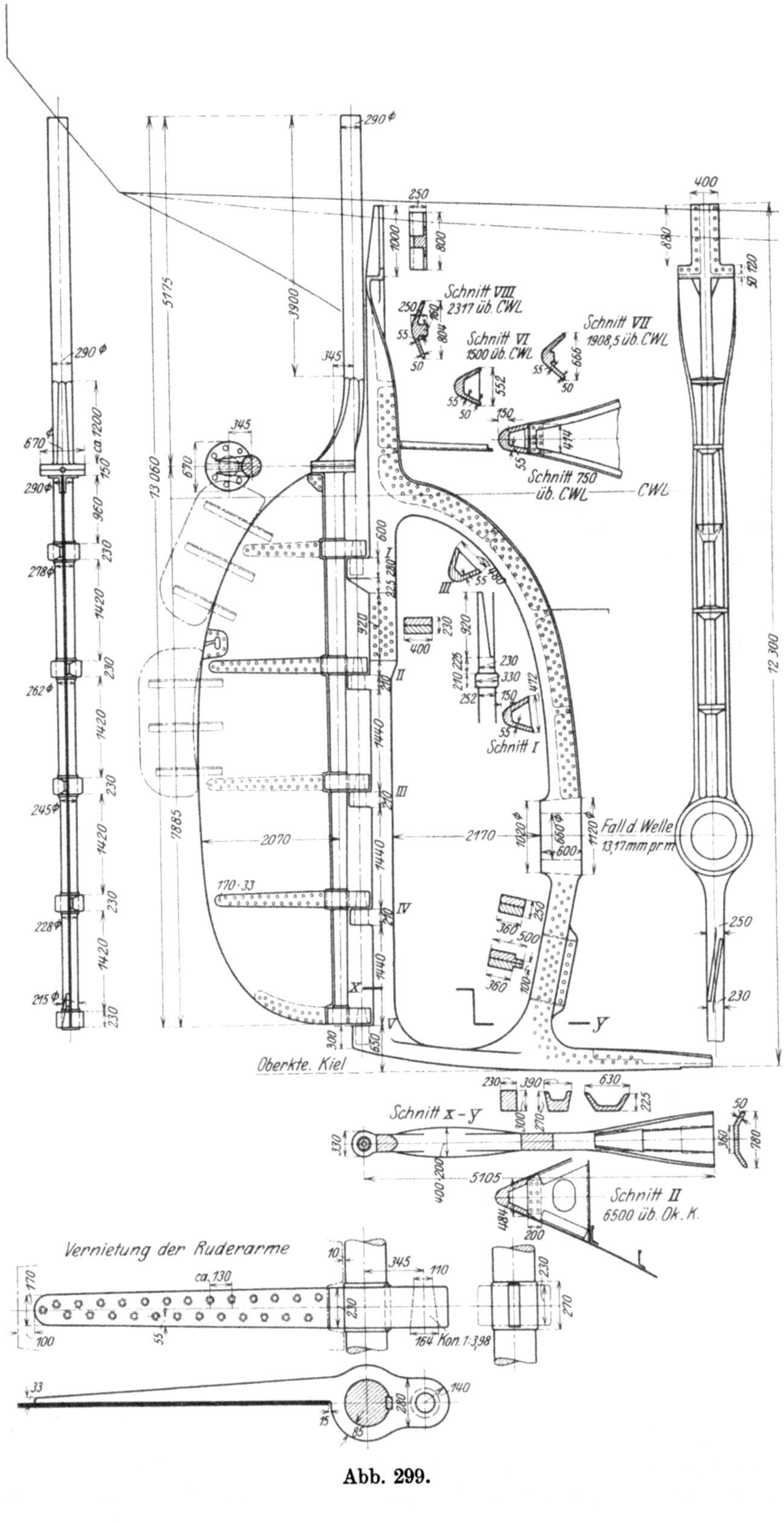

Abb. 299.

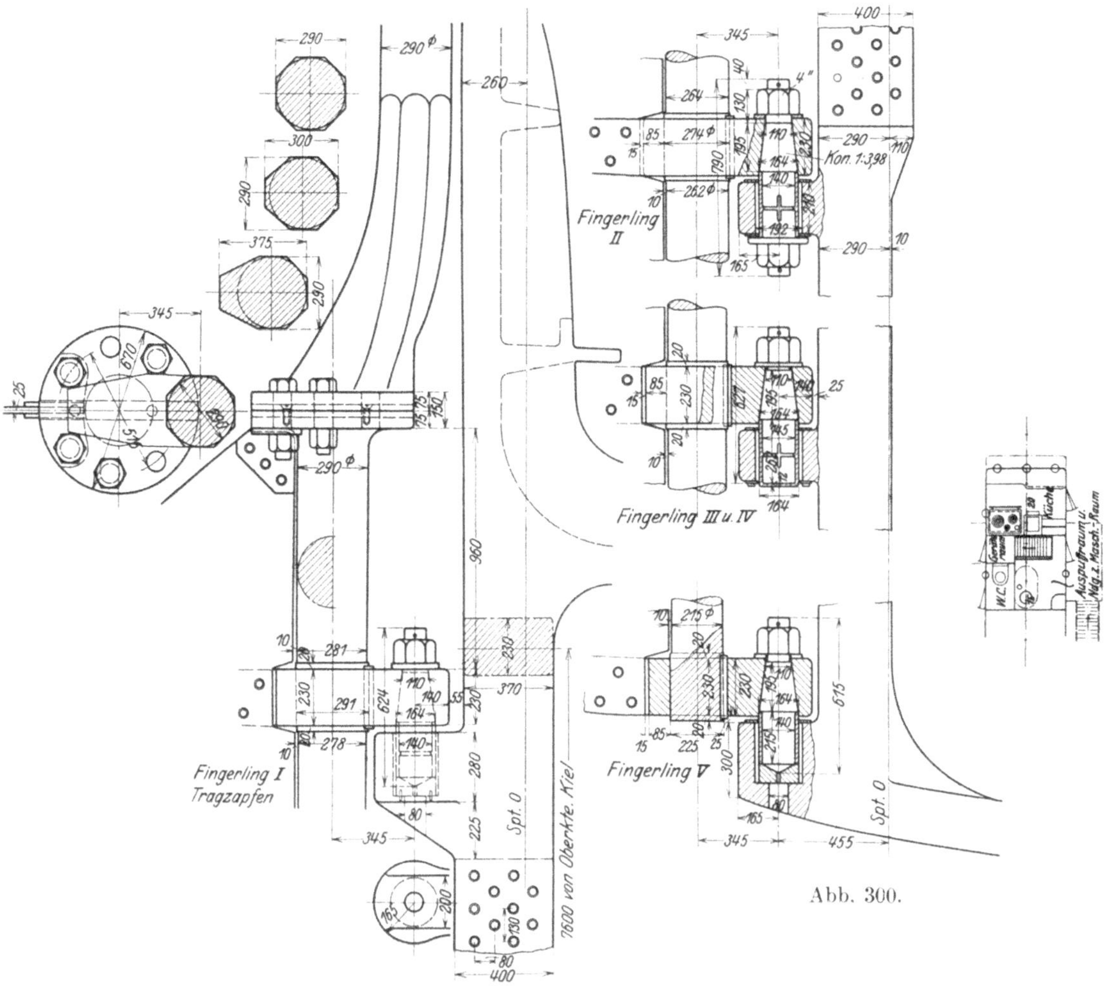

Abb. 300.

Die Lagerung des Ruders im Rudersteven geschieht mittels der in der Achse des Ruderschaftes angeordneten Fingerlinge, deren Zahl je nach der Rudergröße zwischen 2 und 6 beträgt. Diese Fingerlinge sind in den Ruderarmen mit einem konischen Teile eingelassen, der mittels einer Mutter angezogen wird. Der untere zylindrische, meist mit einem Bronze- oder Flußstahlüberzug versehene Teil wird in den mit Pockholz, Bronze oder Flußstahl ausgebuchsten Stevenösen geführt. Einer der Fingerlinge, meist der obere, erhält unterhalb der Stevenöse einen Bund oder eine Haltescheibe mit Mutter, um ein ungewolltes Hochheben des Ruders zu verhindern. Das Gewicht des Ruders wird manchmal durch

Abb. 301. Komplettes geschmiedetes Ruder mit Beplattung. Gesamtgewicht 17000 kg.

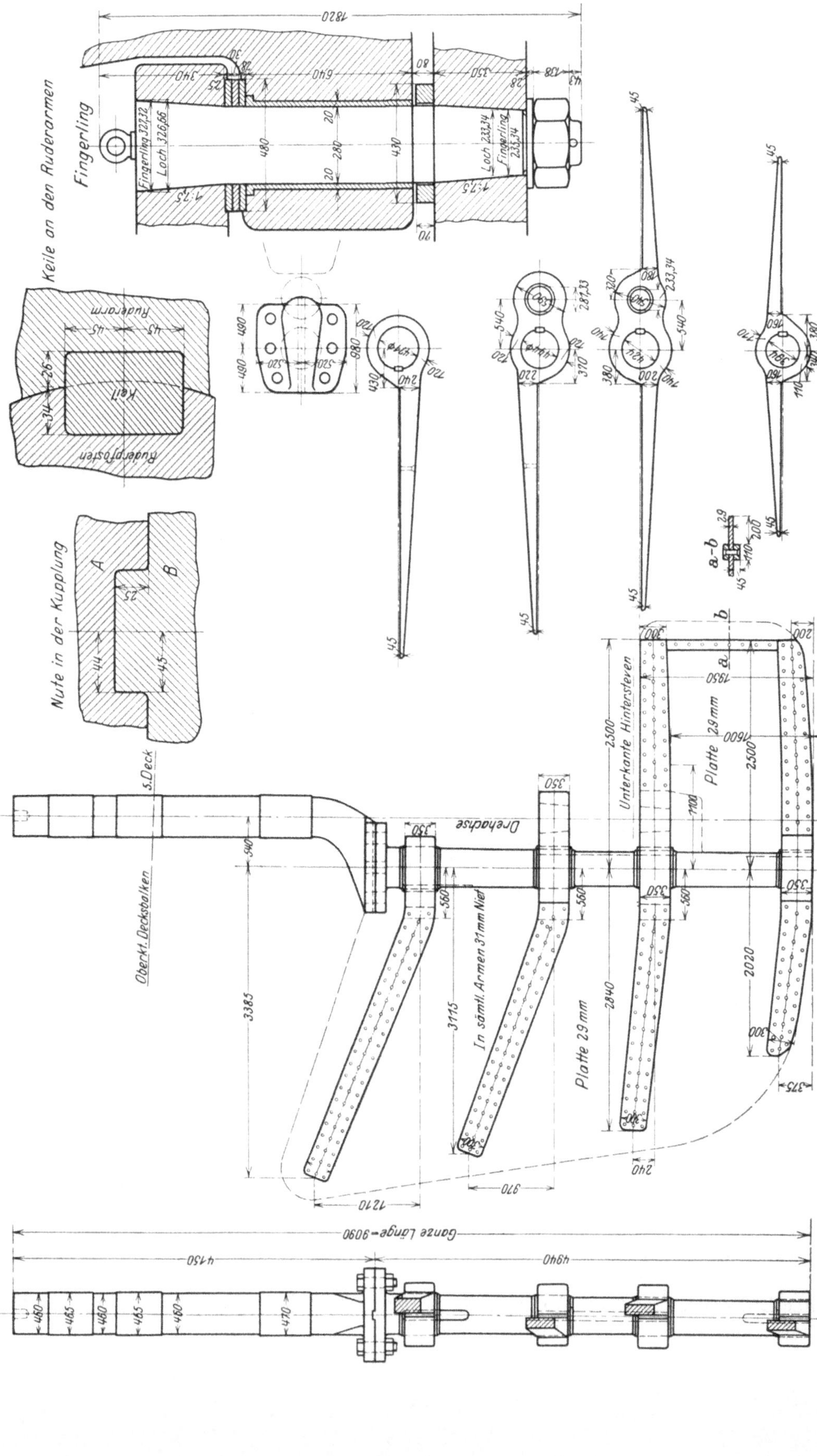

Abb. 302. Halbbalanceruder zum Hintersteven Abb. 271.

ein Traglager am oberen Ruderschaft, jedoch meist durch einen oder mehrere Fingerlinge aufgefangen, die nicht durch den Rudersteven hindurchreichen, sondern auf konisch

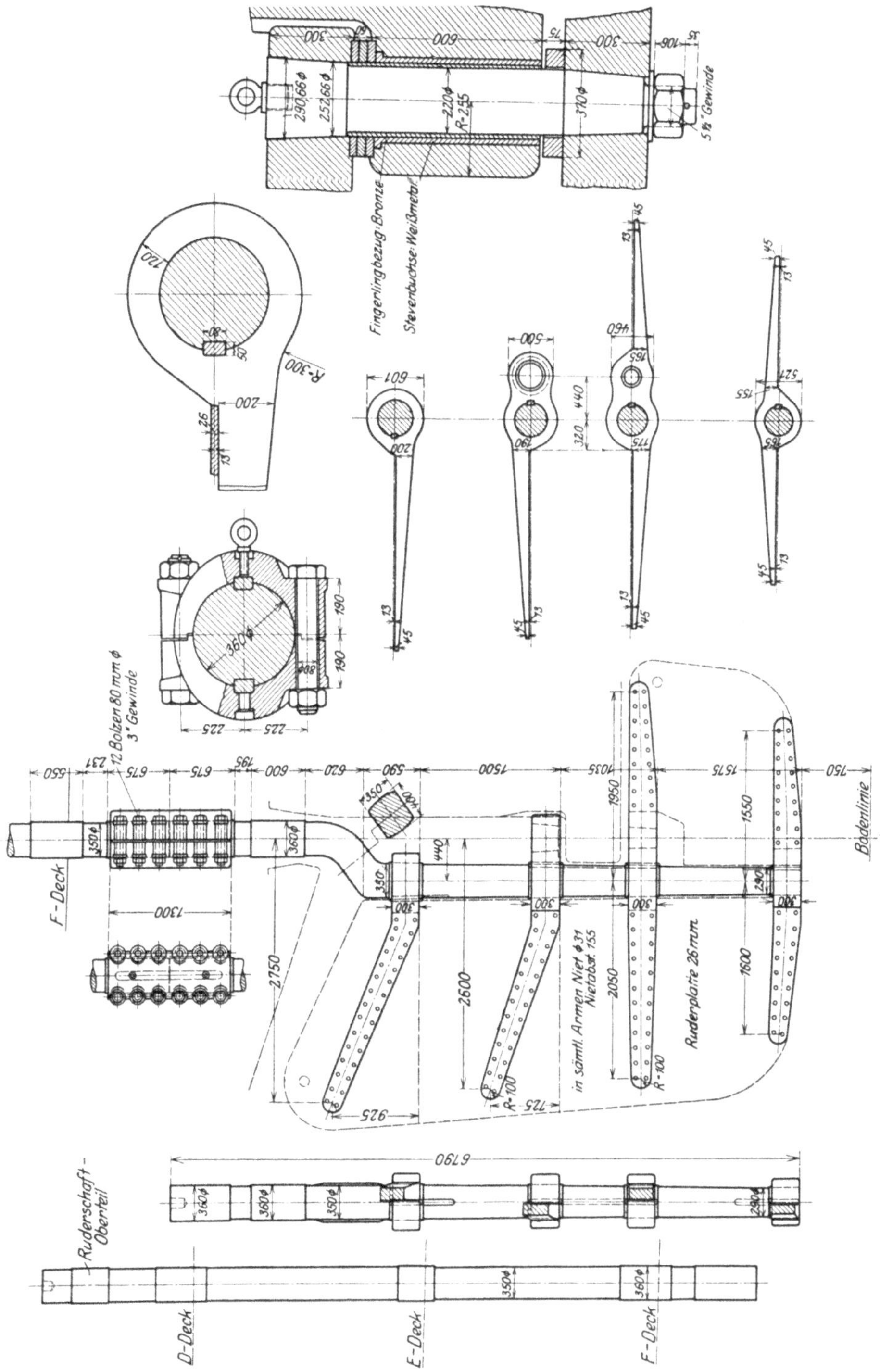

Abb. 303. Ruder des Zweischraubenmotorschiffes „Monte Sarmiento".

bzw. kugelig ausgebildeten Tragscheiben laufen. Manchmal erhält der obere Ruderschaft ein Auge für den obersten Fingerling bzw. er wird selbst an seinem unteren Ende als Fingerling ausgeführt. Zur Begrenzung des Ruderausschlages wurden früher allgemein am Hintersteven etwa in Höhe des oberen Ruderarmes zwei angegossene bzw. angeschmiedete Anschlagknaggen vorgesehen (siehe z. B. Abb. 267, 268 und 297). Da dieselben aber infolge ihres kurzen Hebelarmes, bezogen auf die Fingerlinge, leicht zu sehr ungünstigen Beanspruchungen der letzteren führen, begnügt man sich heutzutage meist mit den Stoppern für den Ruderquadranten.

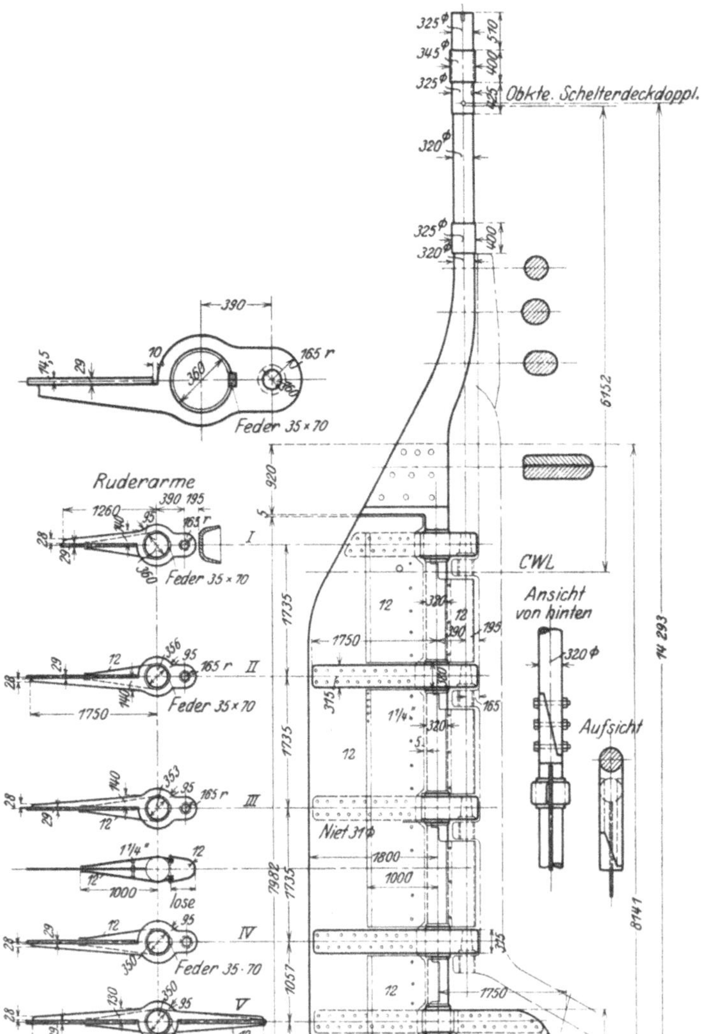

Abb. 304. Einplatten-Halbbalanceruder (zum Steven S. 212, Abb. 275).

Abgesehen von der beschriebenen normalen Anordnung sind viele andere Konstruktionen ausgeführt worden, so z. B. mit umgekehrten Fingerlingen, die also in den Stevenösen konisch gelagert sind und sich nicht mit dem Ruder mitdrehen. Es ist im Rahmen dieses Buches nicht möglich, auf alle einzelnen Ausführungsarten näher einzugehen. Erwähnt sei aber noch, daß neuerdings infolge der erheblichen Vergrößerung der Ruderbreiten die Zahl der Fingerlinge wesentlich verringert werden kann und selbst bei großen Rudern meist auf zwei beschränkt wird. Dabei sind vielfach zur Aufnahme des Gewichts statt der Tragpfannen weiche Flußeisenscheiben vorgesehen, die um den Fingerling unmittelbar zwischen Steven und Ruderösen angeordnet werden.

Auch die Bauart der Ruder selbst ist seit der Einführung der neuen Ruderarten vollständig umgeworfen worden. Aus strömungstechnischen und steuertechnischen Gründen war es angebracht, wieder zu Zweiplattenrudern überzugehen, die, wie gezeigt, beim Flettner-Ruder, Star-Contra-Ruder, Oertz- und Simplexruder aus strömungstechnischen Gründen besten Überganges zu wesentlich dickeren Ruderkörpern führen. Auch bei Zweischraubenschiffen ordnet man neuerdings hinter den breiten Rudersteven ein die Schiffsform fortsetzendes, meist rechteckiges, von vorn nach hinten spitz zulaufendes Ruder an. Diese modernen Ruder werden bei Neubauten aus Platten und Winkeln ausgeführt und erhalten nur oben und unten als Abschluß ein größeres oder kleineres Stahlgußstück mit Fingerlingösen und Kupplung. Die Montage und Vernietung bzw. Verschraubung der Platten- und Winkelkonstruktion ist infolge der größeren Breite wesentlich besser auszuführen als bei den früheren schmalen Zweiplattenrudern. Man ist neuerdings auch dazu übergegangen, die Nietung durch die Schweißung zu ersetzen. — Zur Erläuterung verschiedener Bauarten sind einige Ruderzeichnungen wieder-

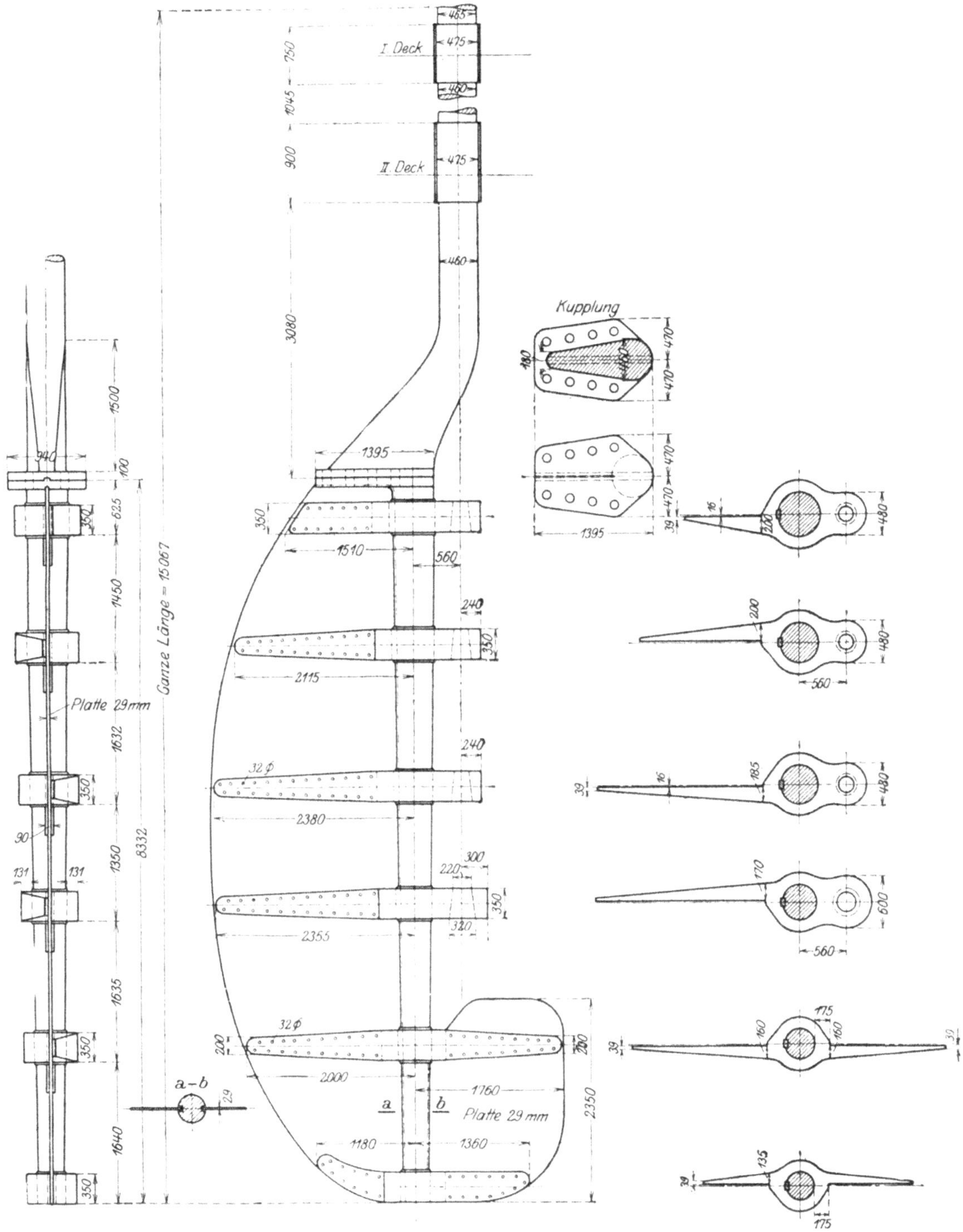

Abb. 305. Ruder des Dreischraubendampfers „Cap Polonio".

gegeben. Abb. 269 zeigt ein einfaches Einplattenruder für ein kleines Fischereifahrzeug, bei dem Schaft, Pfosten und Arme aus einem Stück sind. Die Abb. 267 sowie 298 bis 300 zeigen weitere Einplattenruder mit länglicher bzw. runder horizontaler Kupplung und

Abb. 302 bis 305 verschiedene Halbbalance-Einplattenruder. Eine Ruderkonstruktion für ein großes Doppelschraubenmotorschiff von 1929 ist in Abb. 287 S. 222 wiedergegeben.

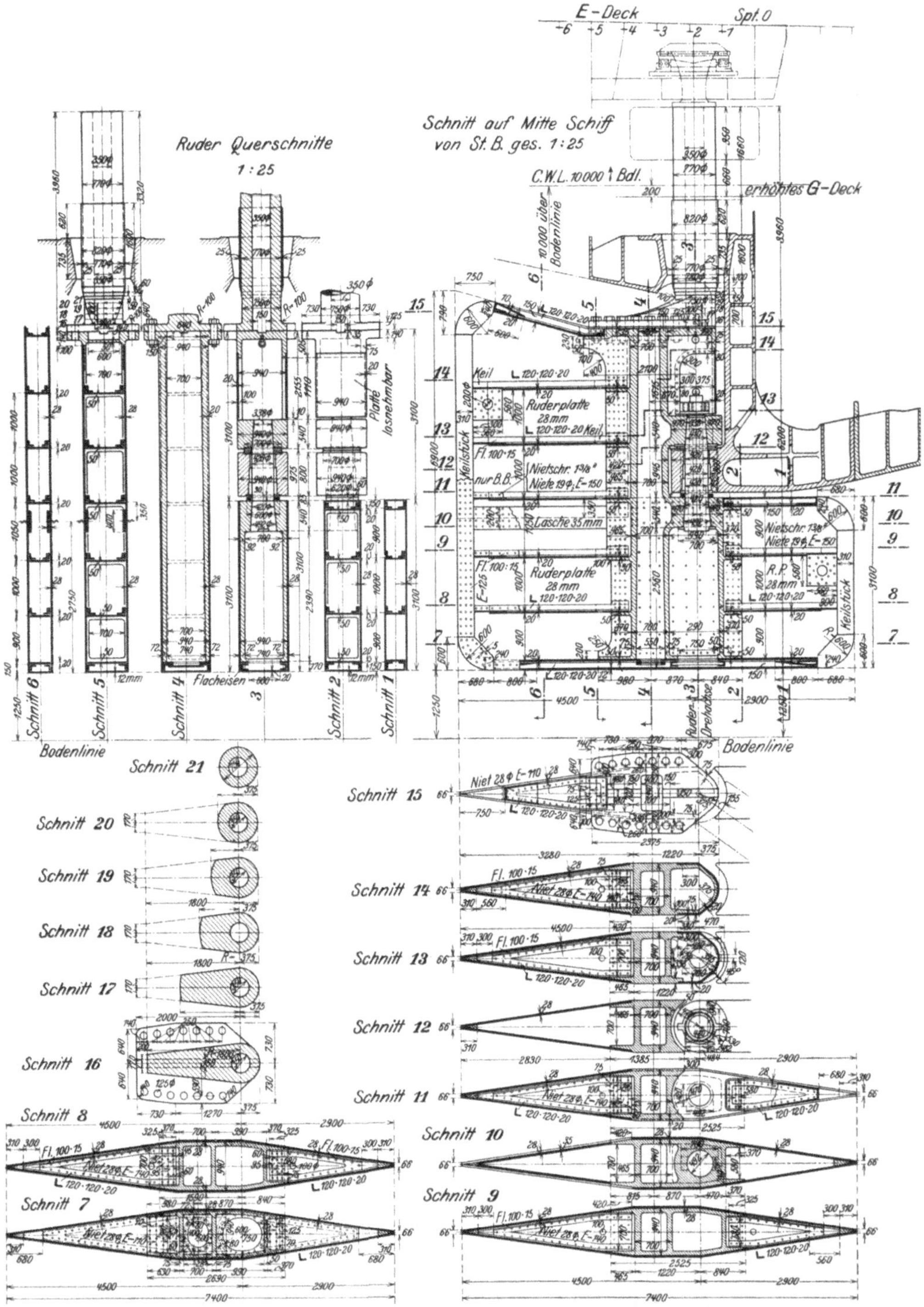

Abb. 306. Balanceruder für den Vierschrauben-Schnelldampfer „Europa".

Abb. 286 zeigt ein Ruder mit Stahlgußrahmen für einen Dreischraubendampfer. Abb. 306 ist ein reines Kriegschiffs-Halbbalanceruder, wie es auch bei „Vaterland" und „Bismarck" angewendet worden ist und sich bewährt hat.

4. Die Queranordnung der Spanten und Decksbalken[1].

a) Frühere Bauweise der Querspanten. Die Spanten waren in den frühen Zeiten des Eisenschiffbaues sehr schwer und wurden sehr eng gestellt. Nach den ersten Bauvorschriften für eiserne Schiffe durfte die Spantentfernung selbst bei den größten Schiffen 406 mm nicht übersteigen. Man hatte diese Maße aus dem Holzschiffbau übernommen, wo das Spant ganz andere Aufgaben hatte. Im Holzschiffbau bildete das Spant die Verbindung für die Außenhautplanken, welche durch die Kalfaterung der Nähte auseinandergetrieben wurden, während im Eisenschiffbau die Außenhautgänge durch einfache oder doppelte Kettennietung direkt miteinander verbunden sind. Auf Grund der übernommenen Anschauungen ging man aber jahrzehntelang mit der Spantentfernung nur etwas weiter, wobei die Spanten gedoppelt wurden. Im Jahre 1870 wurden die eisernen Spanten sowohl der Höhe als auch der Dicke nach beträchtlich verringert, aber in den nächsten Jahren wieder verstärkt; erst von 1875 an sind die Abmessungen der Spanten und Gegenspanten beständiger geworden. Bis in die achtziger Jahre hinein hielt man beim Querverband an der alten Bauweise der Holzschiffe fest; im Oberschiff hatte man in senkrechten Abständen von 7 bis 8 Fuß (2,13 bis 2,44 m) mit Holz oder Eisen bedeckte Balkenlagen und im Raum mehr oder minder weit auseinanderliegende Raumbalken mit einem schweren Raumbalkenstringer an der Außenhaut. Schon bei einer Raumhöhe von 13 Fuß (3,96 m) mußten schwere Raumbalken angeordnet werden. Das Spant war also in Deckabständen von unten bis oben abgesteift und an den Deckbalkenknieen eingespannt (Abb. 307 und 308). Die Zahl und Stärke der Deckbalkenlagen wurden nach der Raumtiefe bestimmt, welche von Oberkante Bodenwrange, oder bei Schiffen mit durchlaufendem Doppelboden, bei dem die Kimmstützplatten sich mindestens um die halbe Höhe des Mittelträgers über die Tankdecke erstreckten, von der am tiefsten gelegenen Stelle der Doppelbodendecke bis zur Oberkante des Hauptdeckbalkens in der Mitte gerechnet wurde.

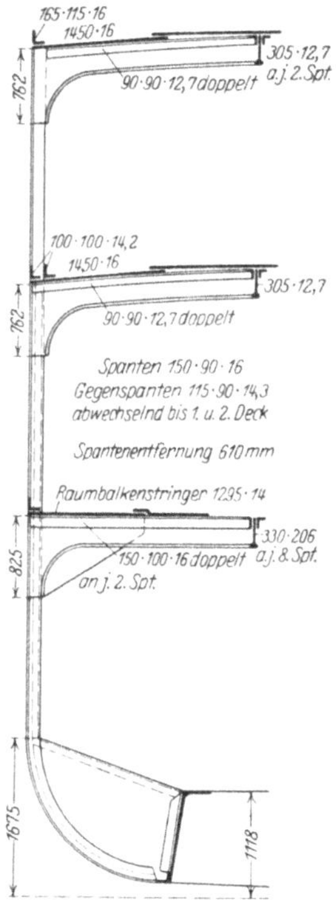

Abb. 307.

Das Raumspant war in der Regel aus Spant und Gegenspant zusammengebaut. Das Gegenspant war längs der Oberkante der Bodenwrangen auf jedem Spant angebracht und reichte je nach der Seitenhöhe des Schiffes mindestens bis zur Oberkante der Kimm oder darüber hinaus bis zu verschiedenen Höhen. Bei Schiffen mit zwei oder mehr Decks wurde es abwechselnd bis zum Hauptdeck und Zwischendeckstringer geführt, bei Spardeckschiffen abwechselnd bis zum Hauptdeck- und Spardeckstringer, bei Sturmdeckschiffen durchweg bis oberhalb der Stringerwinkel des Hauptdecks. Die Gegenspanten wurden mit den Spanten in Abständen von 7 bis 8 Nietdurchmessern vernietet. Die Spanten wurden aus Winkeln von möglichst großer Länge angefertigt und ihre Stöße über dem Kiel und anderen Stellen durch gleich starke, Rücken an Rücken genietete Laschwinkel verbunden, deren Länge mindestens gleich der fünffachen Summe der Breite ihrer beiden Schenkel sein mußte; nur bei Anwendung von vertikalen Mittelkielplatten in Verbindung mit Flachkielen waren Spantlaschen nicht erforderlich.

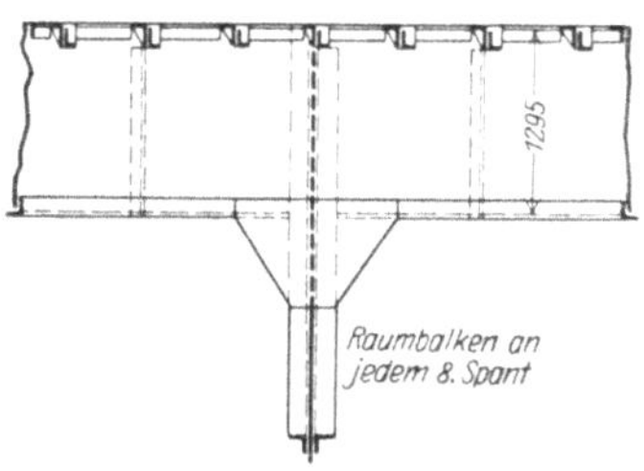

Abb. 308.

[1] Die teilweise inhaltliche Überdeckung dieses Abschnitts mit dem Abschnitt I. 1. dient zur möglichst vollständig abgerundeten Ausgestaltung jedes der beiden Abschnitte in sich.

Über dem Kiel war die Verbindung beider Spanthälften durch Laschwinkel je nach der Form und Schärfe des Bodens für $^2/_3$ bis $^3/_4$ L mittschiffs erforderlich. Betrug der Winkel, den die Spanten miteinander bildeten, weniger als 60°, so genügte ihre Verbindung durch die Bodenwrangen allein.

Die Gegenspantwinkel waren anfangs durchweg ungleichschenklige Winkel; später, als die Gegenspantprofile zu allen möglichen Verbindungen von Platten dienen mußten, wurden auch gleichschenklige Profile vorgesehen, doch wurden noch bis Ende des vorigen Jahrhunderts zu Gegenspanten mit über 90 mm Schenkelbreite ungleichschenklige Winkel genommen. Die Gegenspanten mußten durch Laschwinkel mit mindestens drei Nieten an jedem Ende miteinander verbunden werden.

b) Bodenwrangen bei Schiffen ohne Doppelboden. In Schiffen ohne Doppelboden sind die Bodenwrangen nach Höhe und Dicke vorgeschrieben, die sie möglichst auf $^1/_2$ L mittschiffs beibehalten sollen. Da die Form der Bodenwrange durch die Spantformen gegeben ist, so ist der seitliche Verlauf der Bodenwrangen ein entsprechend verschiedener. Bei Schiffen, welche eine hohe Aufkimmung haben, würde bei horizontalem Verlauf der Oberkante die Bodenwrange vielfach noch nicht bis zur halben Schiffsbreite reichen. Es gilt daher als Regel, daß zwischen Kiel und Kimm die Höhe der Bodenwrangen unter Berücksichtigung der Form des Schiffes nur so verjüngt werden darf, daß dieselbe auf $^3/_4$ der halben Schiffsbreite von der Mitte aus gemessen bei Schiffen mit flachem Boden nicht weniger beträgt als $^3/_5$ der Höhe mittschiffs und bei Schiffen mit mittelscharfem Boden nicht weniger als $^1/_2$ der Höhe mittschiffs (Abb. 309). Bei scharfen Schiffen weicht man von dieser Regel ab. Bei im Boden flach gebauten Schiffen reichen die Bodenwrangen an den Enden so weit in die Kimm hinauf, daß die Höhe ihres Endpunktes über der Oberkante des Kiels mindestens das Doppelte der Mittschiffshöhe der Bodenwrange beträgt, ein Maß, welches sich bei flachbodigen Schiffen eben nur durch Anordnung von Eckplatten, welche so hoch in die Kimm hinauf reichen, erreichen läßt (Abb. 310).

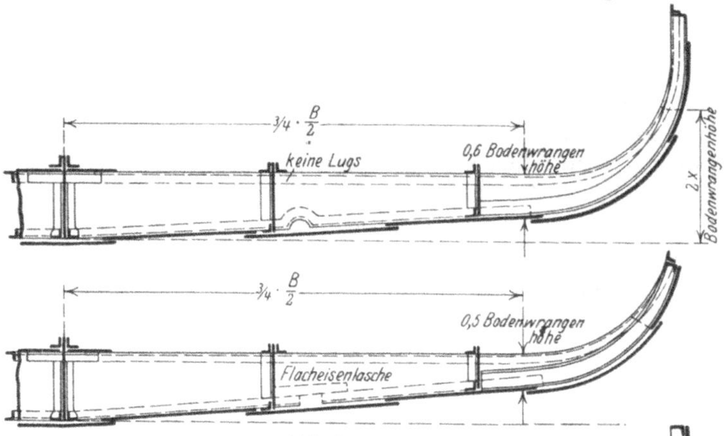

Abb. 309.

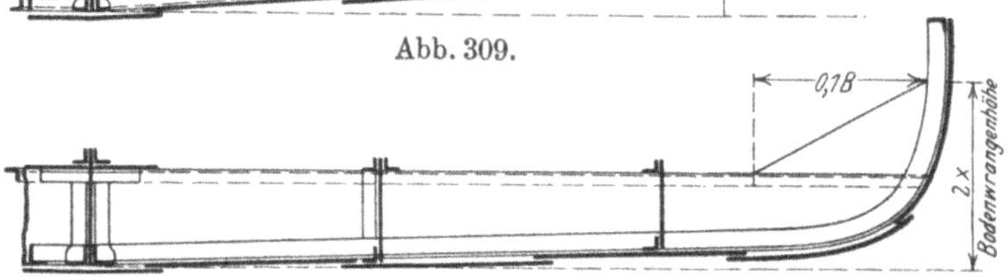

Abb. 310.

In Schraubendampfern werden die hinteren Bodenwrangen bis oberhalb des Sternrohres hinaufgeführt, Bodenwrangen, welche mit wasserdichten Schotten verbunden werden sollen, müssen so viel höher genommen werden, daß die Schottplatten oberhalb der Gegenspanten durch doppelte Nietung mit denselben verbunden werden können. Die Bodenwrangen erhalten auf jeder Seite neben dem Kiel oberhalb der Spanten und bei plattbodigen Schiffen auch in der Kimm bzw. neben den Interkostalseitenkielschweinen Ausschnitte für Wasserlauflöcher. Über die Form dieser Wasserlauflöcher und gegebenenfalls erforderliche Verstärkungen sind die Ansichten bei den verschiedenen Klassifikationsgesellschaften verschieden. Während die einen Spantdopplungen im aufgebogenen Schenkel fordern, lassen die andern ein Wasserloch zu, welches eben dadurch entsteht, daß man den Spantwinkel an der Stelle des Wasserlauflochs wegschneidet. Die Abb. 311 bis 317 zeigen die im Flußschiffbau üblichen Verbindungen von Spant und Bodenwrangen nach den Vorschriften des Germanischen Lloyd.

Nach den Vorschriften der British Corporation soll die Oberkante der Bodenwrangen normalerweise horizontal sein. Bei Schiffen mit großer Aufkimmung ist die Mittschiffshöhe der Bodenstücke so zu vergrößern, daß auf 0,38 B aus der Mitte noch mindestens die halbe Höhe der vorgeschriebenen Bodenwrange vorhanden ist, und die Oberkante ist dann in einem glatten Verlauf bis zur doppelten Mittschiffshöhe an der Seite hochzuführen, oder es können auch Kniebleche, wie in Abb. 309, letzte Skizze, angegeben, genommen werden. Auf dem vorderen Fünftel der Schiffslänge ist die Höhe der Bodenstücke zu vergrößern oder es sind doppelte Gegenspantwinkel anzubringen. Die Höhe der Bodenstücke wird nach der Formel $W = s \times h \times B \times 0{,}018$ berechnet; in dieser Formel ist s die Spantentfernung in Fuß, h der Sommertiefgang in Fuß, aber in keinem Falle geringer als $^2/_3$ der Seitenhöhe. Die Bodenwrangentabelle ist dann geordnet nach

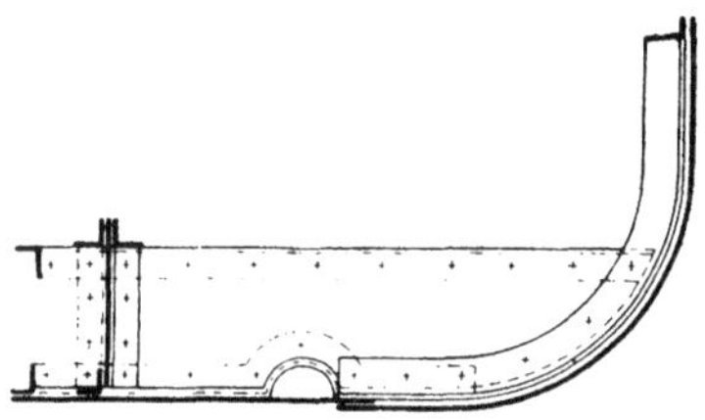

Abb. 311.

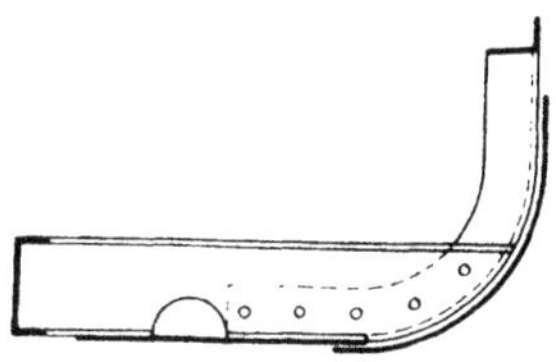

Abb. 312.

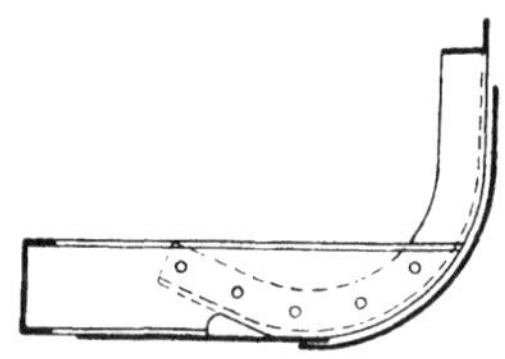

Abb. 313.

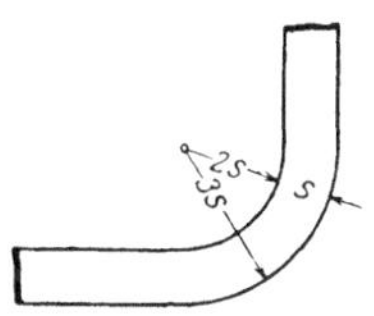

Abb. 314.

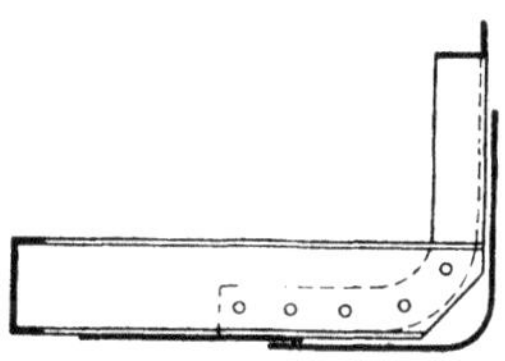

Abb. 315.

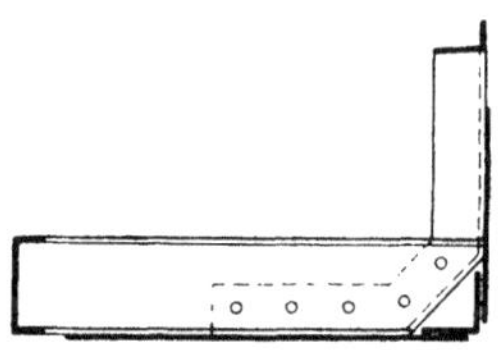

Abb. 316.

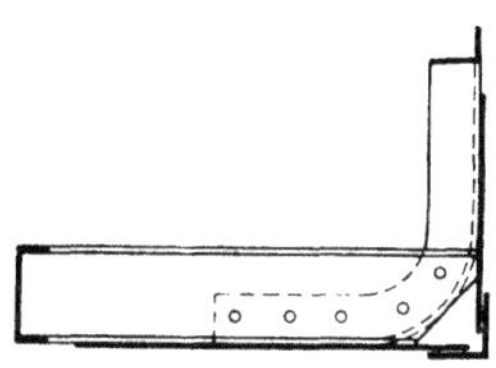

Abb. 317.

der Schiffsbreite und dem errechneten Wert W. Es kommen also der Wasserdruck auf ein Spantfeld und die Länge der Bodenwrange zur Bestimmung der Abmessungen in Betracht.

Der Germanische Lloyd gibt in seinen Bauvorschriften die Abmessungen der Bodenwrangen für Schiffe ohne Doppelboden nach der Seitenhöhe und der Schiffsbreite an, und zwar für Schiffe von 2 bis 8,5 m Seitenhöhe und 4 bis 15 m Breite. Betrachtet man die Seitenhöhe als eine Funktion des Tiefganges, so liegt hier also eine ähnliche Berechnung vor wie bei der British Corporation, da die Spantentfernung beim Germanischen Lloyd in gewisser Weise auch von der Seitenhöhe abhängig ist.

Auch Lloyd's Register bestimmt die Bodenstücke nach der Breite und der Seitenhöhe der Schiffe, aber für Volldeckschiffe und Shelterdeckschiffe verschieden. Da die Seitenhöhe maßgebend für die Spantentfernung ist, so treten also hier auch die gleichen Berechnungsgrundsätze wie bei den beiden vorerwähnten Klassifikationsgesellschaften in Erscheinung. Für die Kniebleche bei flachbodigen Schiffen hat Lloyd's Register eine ähnliche Bauweise wie in Abb. 309, letzte Skizze, angegeben, nur daß die Breite des Knieblechs von Innenkante Spant gemessen nicht 0,1 B, sondern gleich der Mittschiffshöhe der vorgeschriebenen Bodenwrange sein muß.

Norske Veritas bestimmt die Bodenwrangen nach der Quernummer, also nach der Summe aus halber Breite, halbem Umfang und der Seitenhöhe, worin alle Faktoren enthalten sind wie bei den übrigen Gesellschaften. Für Schiffe mit größerer Aufkimmung als $^1/_{40}$ der Schiffsbreite können die Bodenstücke auch an der Oberkante horizontal sein, die für normale Schiffe vorgeschriebene Bodenwrangenhöhe derselben muß aber dann mit $\frac{B}{40\,r}$ multipliziert werden, wobei B die Schiffsbreite und r die Aufkimmung ist.

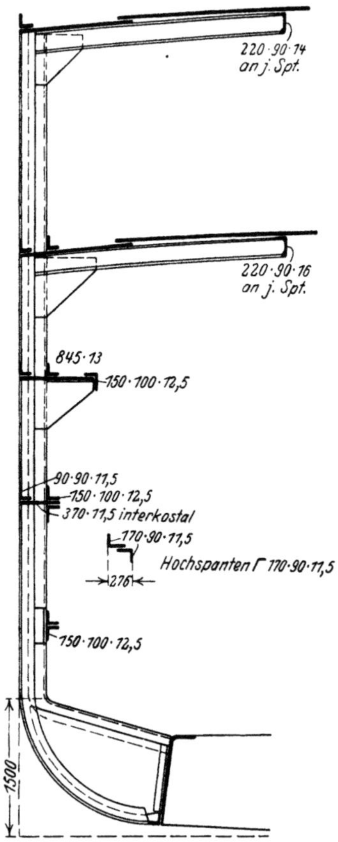

Abb. 318.

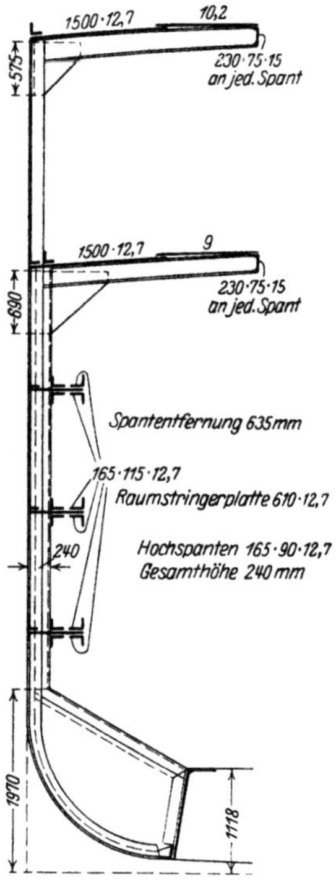

Abb. 319.

c) Entwicklung der Querspanten-Bauweise. In den neunziger Jahren des vorigen Jahrhunderts kamen vereinfachte Bauweisen für die Querverbände auf. An die Stelle der Raumbalkenlage mit weitliegenden schweren Raumbalken oder der Unterdeckbalken an jedem 2. bzw. jedem 2. bis 4. Spant mit den schweren Plattenstringern traten die sogenannten Hochspanten mit schweren Seitenstringern bzw. die Rahmenspanten mit interkostalen Seitenstringern von voller Breite der Rahmenspanten. Das Bezeichnende dieser Bauweise war der schwere Seitenstringer. Statt die Querverbände durch Raumbalken in bestimmten Abständen zu versteifen, machte man das ganze Spantsystem von der Randplatte des Doppelbodens bis zum Oberdeck stärker, wobei namentlich das Gegenspant ein viel schwereres Profil erhielt. Meist nahm man Spant und Gegenspant vom gleichen Profil und ließ sie nur so weit überlappen, wie es für einfache Vernietung erforderlich war. Diese verstärkten Spanten wurden dann hinter Reihen von Seitenstringern eingespannt, welche englische Schiffbauer noch in diesem Jahrhundert als Längsspanten bezeichneten. Diese von den alten Raumstringern her gebliebenen Seitenstringer hatten beim Germanischen Lloyd noch bis zu der Umwälzung im Schiffbau im Jahre 1910 die drei verschiedenen Formen der

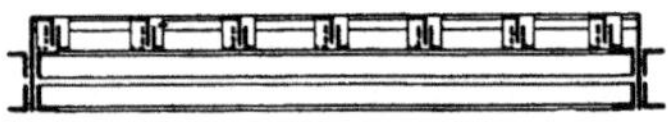

Abb. 320.

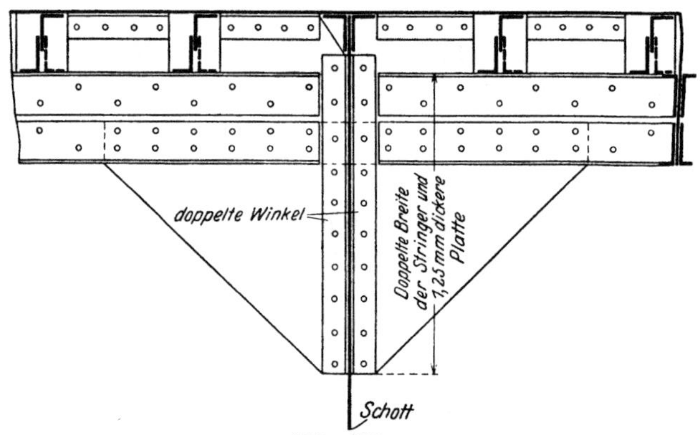

Abb. 321.

Raumstringer, nämlich den Stringer mit durchlaufender breiter Platte und Gurtungswinkel, den Stringer mit interkostaler Platte und auf der Innenkante der Hochspanten durchlaufenden Kielschweinwinkeln ohne Zwischenplatte. Die Abb. 318 zeigt die damals übliche Anordnung.

In England war die Entwicklung zum Hochspantensystem einen anderen Weg gegangen. Die Hochspantenstringer waren alle gleicher Bauart, und zwar aus Platten und Winkeln gebaute Träger schwerster Form. Abb. 319 bis 321 zeigen diese Bauweise, bei welcher die Hochspanten eine

Gesamthöhe von 240 mm, die Stringer aber von 610 mm hatten. Man war die der Ladung so hinderlichen Raumbalken los geworden und empfand die weit in den Raum vorstehenden Hochspantenstringer demgegenüber als einen großen Fortschritt, trotzdem sie das Stauen der Ladung erschwerten.

Fast gleichzeitig mit dem Hochspantensystem war das Rahmenspantensystem als Ersatz für die schweren Raumbalken auf-

Abb. 323.

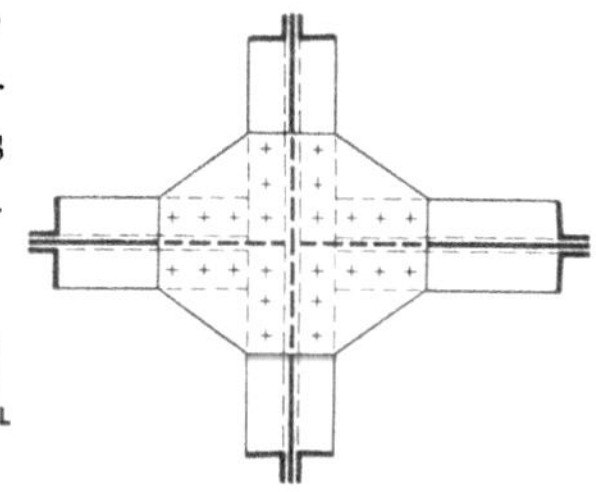
Abb. 324.

gekommen. Zunächst waren die Rahmenspanten im Maschinen- und Kesselraum bei den immer größer werdenden Maschinenanlagen erforderlich geworden; sie wurden an jedem 6. bis 8. Spant angebracht und hatten eine Breite von 350 bis 450 mm. Die Zahl

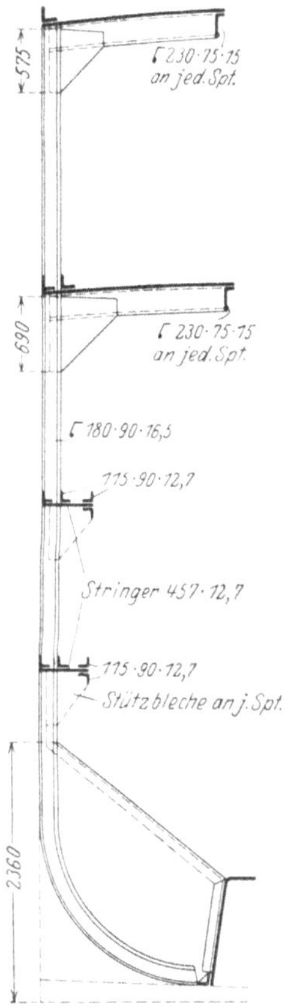

Abb. 322.

der Seitenstringer betrug bis zu drei; unter erhöhtem Quarterdeck gab es außerdem noch eine Verbindung von schweren Raumbalken mit Rahmenspanten, die durch große horizontale und vertikale Knieplatten miteinander verbunden wurden. Das Bezeichnende der Bauweise mit Rahmenspanten

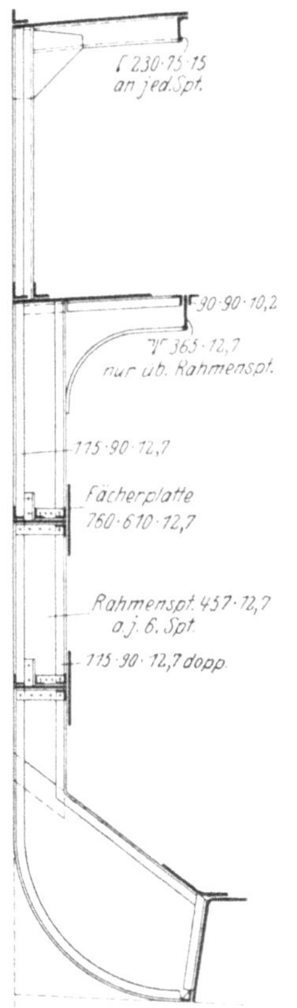
Abb. 325.

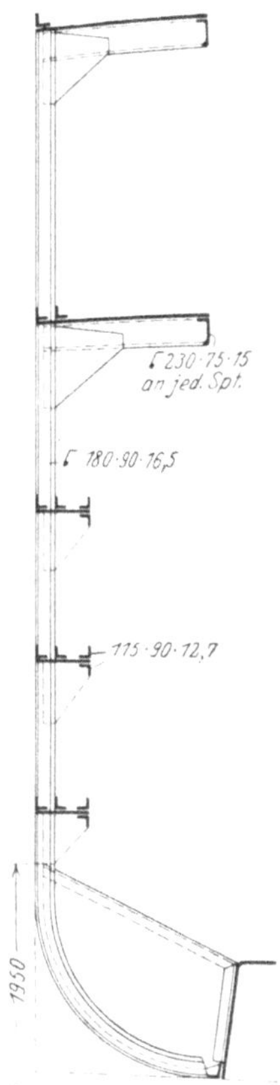
Abb. 326.

Abb. 327.

waren die schweren Seitenstringer. Schon die Rahmenspanten selbst waren an ihrer Innenkante mit doppelten Gurtungswinkeln versehen; die Seitenstringer hatten die volle Breite der Rahmenspanten und waren ebenfalls mit doppelten Gurtungswinkeln an der Innenkante versehen (Abb. 322 bis 327). Die Gurtungswinkel des Rahmenspants liefen von der Kimmstützplatte bis zur Oberkante Deckbalken ununterbrochen durch. Wo die Gurtungswinkel der Seitenstringer, die mit ihnen in einer Ebene lagen und folglich an den Gurtungswinkeln der Rahmenspanten abgeschnitten wurden, diese kreuzten, wurden starke Fächerplatten zur Verbindung der Gurtungswinkel der Stringer auf den Außenschenkeln der Stringer und Rahmenspantwinkel angebracht. Obwohl die Gurtungswinkel der Rahmenspanten durchliefen, mußten die Gurtungsplatten mit mindestens 12 Nieten auch mit den durchlaufenden Winkeln der Rahmenspanten verbunden sein (Abb. 324). Außer den Verbindungswinkeln der Stringer mit der Außenhaut lief an der Innenkante der Gegenspanten ein weiterer Stringerwinkel durch, welcher mit den Gegenspanten wieder durch Lugwinkel verbunden war. Außerdem waren die Stringerplatten mit den Rahmenspanten noch durch doppelte Winkel vernietet. Mit der Randplatte waren die Rahmenspanten durch doppelte Winkel verbunden und der Deckbalken an den Rahmenspanten mußte das Profil der schweren Raumbalken haben. Das Rahmenspantsystem der damaligen Bauweise muß als außerordentlich stark bezeichnet werden, denn die ganze Außenhaut war durch hohe Plattenträger von 350 bis über 500 mm Höhe längs und quer in Abständen von ca. 3 m versteift. Die vielen sich rechtwinklig kreuzenden Verbände ließen die [- und ˥L-Profile für Spanten als besonders geeignet erscheinen, da man den kurzen Winkel zur Verbindung ersparte. Immerhin engte das Rahmenspantsystem den Laderaum sehr ein, denn die Zwischenräume zwischen den Seitenstringern waren für manche Ladung nur schlecht zu verwenden.

Es folgte nun eine Periode im Handelsschiffbau, in welcher sowohl das Rahmenspantsystem wie das Hochspantensystem in leichterer Bauart zur Ausführung kamen. Bei dem Hochspantensystem war anfangs des Jahrhunderts eine schwerere Ausführung der Spanten, dafür aber eine leichtere der Seitenstringer in Aufnahme gekommen. An

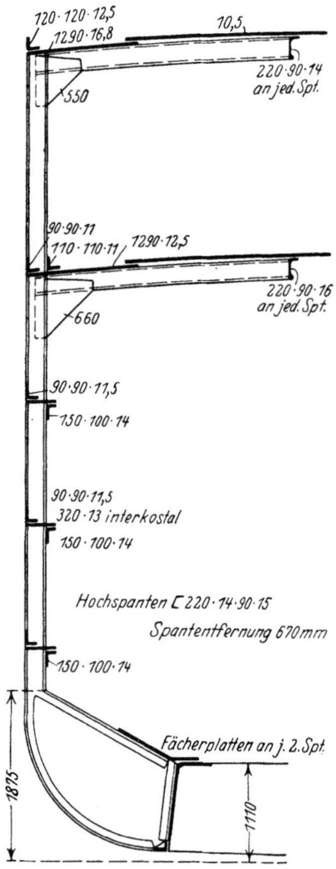

Abb. 328.

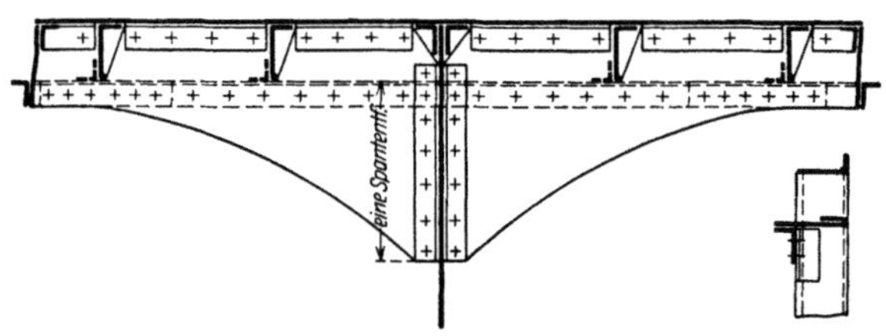
Abb. 329. Abb. 330.

die Stelle der gebauten Seitenstringer aus 4 Winkeln und einer Platte traten zunächst doppelte durchlaufende Kielschweinwinkel, welche durch Interkostalplatten mit der Außenhaut verbunden waren. Diese Stringer ragten also schon nicht mehr halb so weit in den Raum hinein. Um Beschädigungen der Ladung möglichst zu vermeiden, nietete man entweder eine Wulstschiene zwischen die Stringerwinkel und ließ die Verbindung mit der Außenhaut ganz weg, oder man nahm für die durchlaufenden Winkel das Wulstwinkelprofil. Es war dies der Anfang, die Verbindung der Raumstringer mit der Außenhaut ganz aufzugeben. Bald traten an die Stelle der zusammengenieteten Hochspantprofile die Wulstwinkelprofile, die von den Walzwerken schon bis 300 mm Steghöhe erhältlich waren, und statt der schweren Stringerwinkel lief auf der Innenkante der Hochspantprofile nur mehr ein einfacher Stringerwinkel entlang, der allerdings mit der Außenhaut noch durch Zwischenplatten vernietet war, aber nicht weiter als 90 mm über die Hochspanten hinaus in den Raum hineinragte (Abb. 328 bis 330).

Auch die Bauart der Rahmenspanten wurde wesentlich einfacher. An die Stelle der doppelten Gurtungswinkel traten einfache, welche unter die Stringerplatte genietet wurden; die durchlaufenden Winkel an der Innenkante der Gegenspanten fielen fort, aber die Stützplatten der Seitenstringer, von denen man früher nur eine zwischen je zwei Rahmenspanten angeordnet hatte, wurden an jedem 2. Spant angebracht (Abb. 331 und 332). Die Deckbalken an den Rahmenspanten brauchten nicht besonders verstärkt zu werden; die Fächerplatten zur Verbindung der bei den Rahmenspanten abgeschnittenen Gurtungswinkel der Seitenstringer wurden so schmal gemacht, daß nur zwei Niete in die Schenkel der Gurtungswinkel der Rahmenspanten kamen (Abb. 333 und 334).

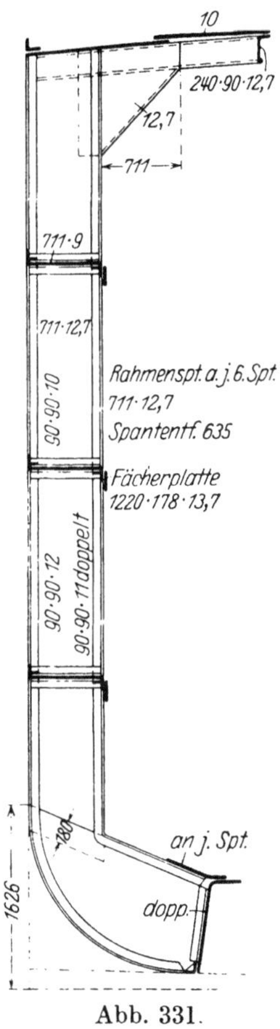

Abb. 331.

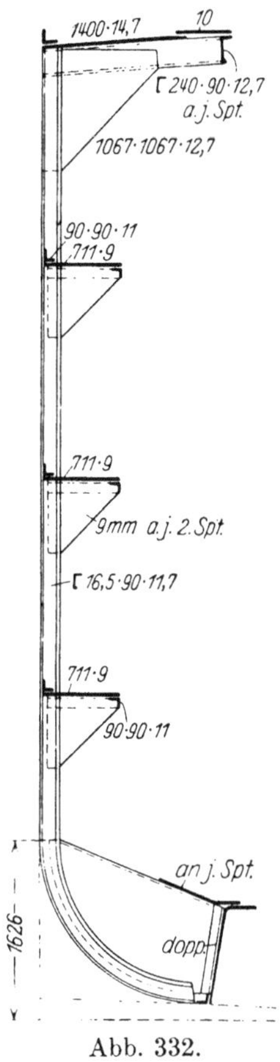

Abb. 332.

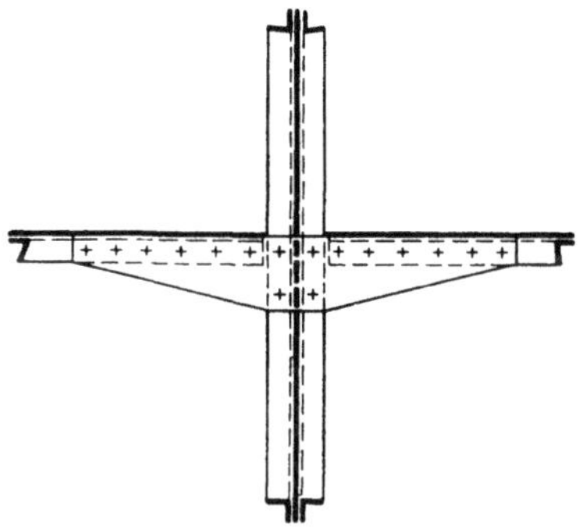

Abb. 333.

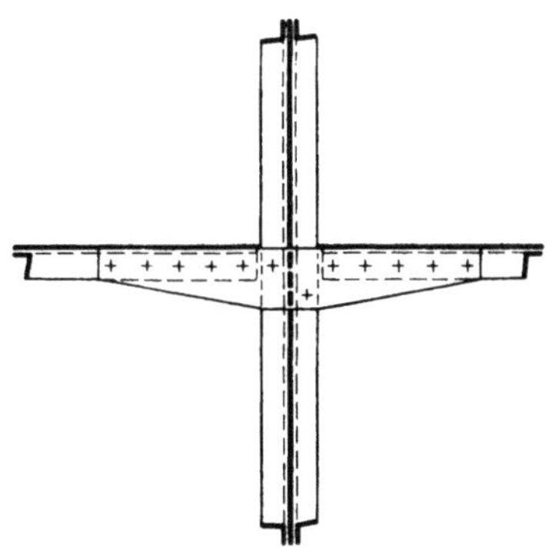

Abb. 334.

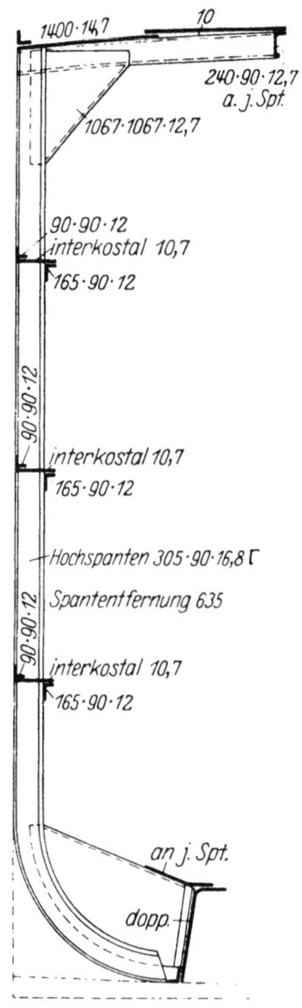

Abb. 335.

d) Heutige Ausführung der Querspanten. Dann kam die große Umwälzung im Handelsschiffbau im Jahre 1909, und es entwickelte sich an Stelle des Hochspantenschiffes mit schmalen Winkelstringern das stringerlose Schiff, bei welchem die Spantprofile allein die Absteifung der Außenhaut übernehmen. In den ersten Jahren verlangte Lloyd's Register eine Verstärkung der Außenhautgänge, in deren Bereich der im Prinzip noch vorgeschriebene Seitenstringer weggelassen wurde, während der Germanische Lloyd noch weiter auf der Anbringung der Seitenstringer bestand (Abb. 335). Erst 1922 fiel der Seitenstringer in den Bauvorschriften von Lloyd's Register vollständig fort und damit auch die Außenhautverstärkungen. Ihm sind nunmehr alle anderen Klassifikationsgesellschaften gefolgt (Abb. 336 und 338).

Auch das Rahmenspantensystem mit interkostalen Plattenstringern ist aus den Bauvorschriften verschwunden; nur als Verstärkung im Vorschiff kommen Rahmenspanten mit Seitenstringern noch vor. Auch im Maschinenraum werden noch Rahmenspanten vorgesehen; sie erhalten aber an den Stellen, wo sonst die interkostalen Seitenstringer angeordnet waren, nur horizontale Knieplatten, welche vom Spant vor dem Rahmenspant bis zum Spant hinter demselben reichen. Abb. 337 zeigt eine Rahmenspantanordnung im Maschinenraum bei einem neuzeitlichen Passagierdampfer mit vollen Seitenstringern. Abb. 338 zeigt das Raumspant eines Fahrgast-Motorschiffes neuzeitlicher Bauart.

Die Spanten für die heutige Bauweise werden bei den einzelnen Klassifikationsgesellschaften wie folgt bestimmt:

Der Germanische Lloyd bestimmt die Abmessungen der Raumspanten nach der Seitenhöhe und bei Mehr-

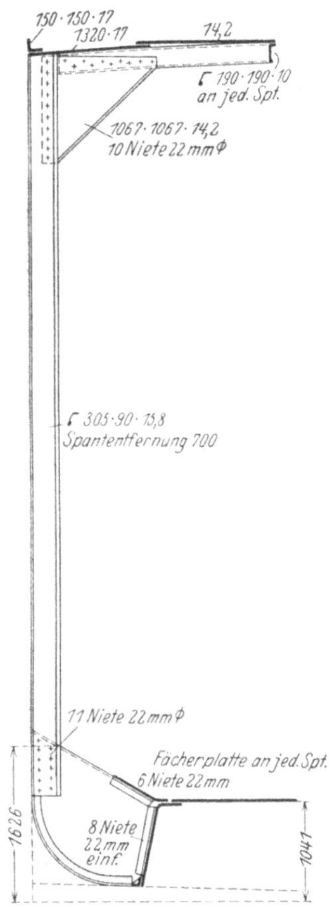

Abb. 336.

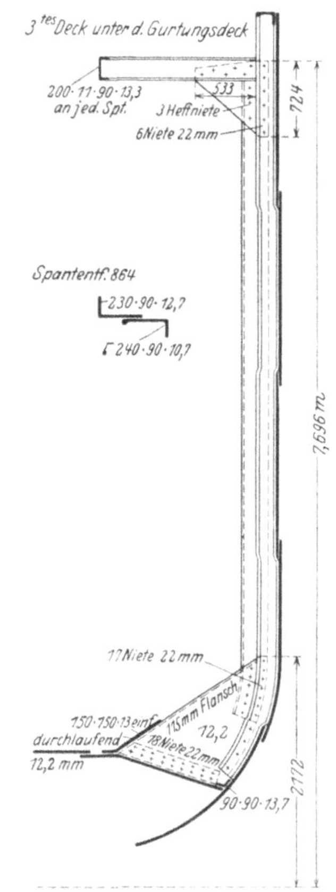

Abb. 338.

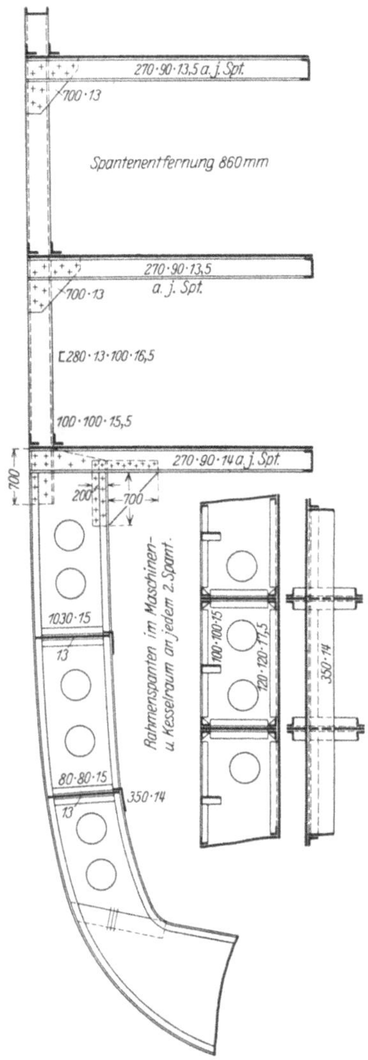

Abb. 337.

deckschiffen nach der Seitenhöhe bis zum untersten Deck und dem Abstand des untersten Decks vom Hauptdeck. Die Seitenhöhe bis zum untersten Deck gibt also die freitragende Länge des Spants und die Zahl der darüber liegenden Decks die Belastung. Bei den Tabellen sind von Bord zu Bord reichende Aufbauten von insgesamt 0,5 der Schiffslänge zugrunde gelegt. Ist die Gesamtlänge der Aufbauten größer als 0,5 L, so ist für jedes 1,0 L der Aufbauten über 0,5 der Abstand des untersten Decks vom Hauptdeck um 0,1 m größer zu nehmen, aber nur für die Bestimmung der Abmessungen des Raumspants, nicht aber für die Spantentfernung. Für geringere Aufbaulängen kann gegebenenfalls eine Verringerung in ähnlichem Sinne eintreten. Für den Teil des Schiffes von 0,15 L vom Vorschiff bis zum Kollisionsschott werden die Raumspanten nach einer Seitenhöhe bis zum untersten Deck bestimmt, welche auf 0,075 L vom Vorsteven gemessen ist. Beträgt die Seitenhöhe an dieser Stelle 7 m oder darüber, so tritt eine besondere Tabelle der Spanten im Vorschiff hinter dem Kollisionsschott in Kraft, die wesentlich stärkere Abmessungen fordert. Die Raumspanten reichen bis zur Stringerplatte des untersten Decks, bei Schiffen mit mehr als 3 Decks bis zur Stringerplatte des über dem untersten liegenden Decks. Für die Piekspanten, die Zwischendeckspanten und die Spanten in den Aufbauten sind gesonderte Tabellen aufgestellt für Volldeckschiffe und Schiffe mit durchlaufenden Aufbauten, die sich lediglich nach der Seitenhöhe richten; nur für die Spanten zwischen Hauptdeck und Zwischendeck in Schiffen mit durchlaufendem Aufbau wird ein Unterschied gemacht zwischen den Spanten auf 0,2 L vom Vorsteven und 0,1 L vom Hintersteven und den Spanten auf den übrigen 0,7 L mittschiffs. Ferner werden für die Back von Volldeckschiffen stärkere Spanten vorgeschrieben als für Poop und Brücke. An den Enden einer Brücke oder einer langen Poop müssen die für den Raum unter dem Hauptdeck vorgeschriebenen Zwischendeckspanten für mindestens 6 Spantabstände bis zum Aufbaudeck hochgeführt werden.

Schiffe ohne Doppelboden erhalten um ein geringes schwerere Raumspanten. In den Bauvorschriften von Lloyd's Register wird das Raumspant nach der Seitenhöhe bis zum obersten Deck und der Entfernung von Oberkante Doppelboden bis zur Oberkante Deckbalken des untersten Decks gemessen an der Seite ermittelt. Die Seitenhöhe kann als eine Funktion des Tiefgangs, also des Wasserdruckes angesehen werden; dementsprechend sind die Tabellen eingeteilt in Eindeckschiffe ohne Aufbauten, in Eindeckschiffe mit 100% Aufbauten, in Volldeckschiffe ohne Aufbauten, in Volldeckschiffe mit 100% Aufbauten und in Schiffe mit durchlaufenden Aufbauten (Complete Superstructure vessels, Freibordschiffe), alles Begriffsbestimmungen, welche mit dem Tiefgang des Schiffes und also dem Wasserdruck in Zusammenhang stehen. Die Entfernung der untersten Deckbalkenlage von der Tankdecke gibt ein Maß der freitragenden oder Einspannlänge des Spants. Die Spantentfernung ist von der Seitenhöhe abhängig, richtet sich also auch nach dem Wasserdruck, während sie von der Einspannlänge des Spantes unbeeinflußt bleibt. Die Spantentfernung beginnt bei 10′ Seitenhöhe (3,05 m) mit 21″ (533 mm) und steigt mit je 2′ um $^1/_2$″, so daß bei 22′ (6,71 m) Seitenhöhe eine Spantentfernung von 24″ = 610 mm erreicht ist; von da ab steigt die Spantentfernung mit jedem Fuß größerer Seitenhöhe um $^1/_2$″. Bei 30′ (9,144 m) beträgt die Spantentfernung 28″ (711 mm); hierbei ergeben sich die größten Eindeckschiffe, welche Lloyd's Register vorsieht. Dieselbe Stufung der Spantentfernung ist auch für die Mehrdeckschiffe aller Typen festgehalten, sie steigt bis auf 36″ (914 mm) Spantentfernung bei 46′ (14,02 m) Seitenhöhe. Die Profile der Spanten richten sich nach der freitragenden Länge des Spants. Bei den Eindeckschiffen ohne Aufbauten gehen die reinen Winkelprofile bis zu 14′ (4,27 m) Seitenhöhe, bei größeren Schiffen werden Wulstwinkel verwendet, und zwar bei ⌈ 5$^1/_2$″ × 3″ × 28″ (140 × 75 × 7) beginnend bis ⌈ 12″ × 3$^1/_2$″ × 66″ (300 × 90 × 16,8) bei 29′ (8,84 m) Seitenhöhe. Soweit reichten die englischen Wulstwinkel; für 30′ (9,14 m) Seitenhöhe, der letzten Größenstufe der Eindeckschiffe, sind die Profile [300 × 90 × 14,2 zu Hilfe genommen worden. Für alle Stufen sind auch die Abmessungen der Winkel angegeben, für den Fall, daß die Raumspanten aus Spantwinkel und Gegenspantwinkel zusammen gebaut werden. Die nächste Tabelle Eindeckschiffe mit „100% Aufbauten“ gibt durchweg etwa $^1/_2$″ höhere Profile an, als für die Eindeckschiffe ohne Aufbauten.

Bei den Eindeckschiffen ist die Steigerung in der freitragenden Länge der Spanten nur klein, da der Abzug der Doppelbodenhöhe von der Seitenhöhe eigentlich immer nur einen einzigen Wert für jede Stufe in der Seitenhöhe ergibt. Lediglich die Rücksicht auf Schiffe mit erhöhtem Quarterdeck vermehrt die Stufen um höchstens 3 bis 4.

Die dritte Tabelle „Volldeckschiffe ohne Aufbauten“ beginnt bei 18′ (5,49 m) Seitenhöhe, was einer Seitenhöhe von 10′ bis zum zweiten Deck entspricht. Schließlich folgen Tabellen für Volldeckschiffe „mit 100% Aufbauten“ und für „Complete Superstructure

Vessels“ (Freibordschiffe). Um den Aufbau der Spanttabellen bei Lloyd's Register übersichtlich zu machen, sei ein Schiff von 24′ Seitenhöhe und einer Höhe von Oberkante Doppelboden bis zum untersten Deck = 12′ herausgenommen.

Vorgeschrieben ist dafür:

als Volldeckschiff ohne Aufbauten [7 × 3 × 0,40″,

als Volldeckschiff mit 100% Aufbauten [7½ × 3 × 0,40,

als Complete Superstructure Vessel von 32′ (24′ + 8′) Seitenhöhe [8 × 3½ × 0,40″,

als Volldeckschiff von 32′ (24′ + 8′) Seitenhöhe ohne Aufbauten L 8½ × 3½ × 0,42″.

Hieraus ist der Aufbau der 41 Seiten umfassenden Spanttabellen klar ersichtlich; es entspricht die Steigerung im Widerstandsmoment der Steigerung des Tiefganges, also des Wasserdruckes, da ja die freitragende Länge der Raumspanten (12′) die gleiche geblieben ist.

Bei Schiffen mit teilweisen Aufbauten wird zwischen den Angaben für Schiffe ohne Aufbauten und solchen mit 100% Aufbauten interpoliert, wobei die Höhe in beiden Fällen bis zu demselben Deck gemessen wird. Die in den Tabellen angegebenen Spanten sind nur Raumspanten, gültig für das Stück bis zum untersten Deck.

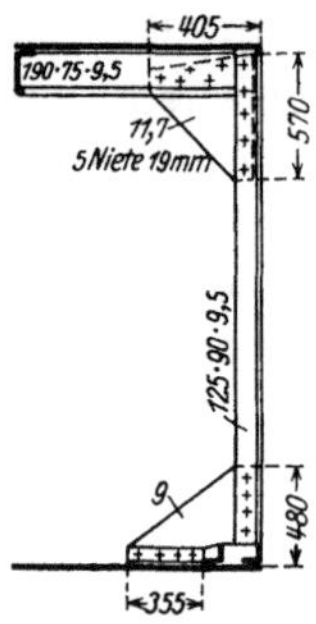

Abb. 339.

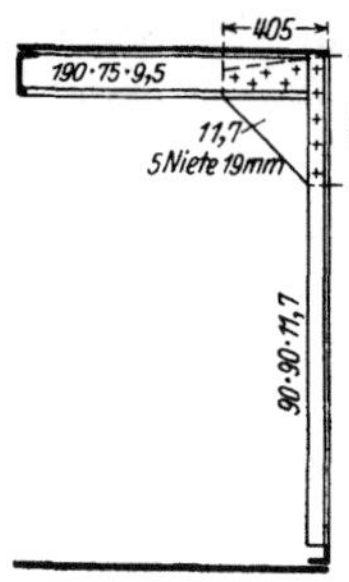

Abb. 340.

Die Bauweise mit hohen Spanten ohne Stringer hat für die Spanten in den Zwischendecks und den Aufbauten eine völlige Umwälzung herbeigeführt. Bei Volldeckschiffen braucht bei einzelstehenden Aufbauten nur jedes zweite Spant bis zum Aufbaudeck zu reichen, mit folgenden Ausnahmen: In der Poop müssen Zwischenspantwinkel angeordnet werden, welche aber am Unterende nicht eingespannt zu sein brauchen (Abb. 339 und 340). In langen Brückendecks können die Zwischenspantwinkel fehlen mit Ausnahme der 4 Spanten an den Enden des Brückendecks, wo Spanten von den Abmessungen der oberen Zwischendeckspanten ununterbrochen bis zum Brückendeck durchlaufen müssen. In kurzen Brückendecks müssen Zwischenspantwinkel angebracht werden, welche aber unten nicht eingespannt zu sein brauchen; für die 4 Spanten an den Enden gilt dasselbe wie für lange Brückendecks. Unter der Back müssen Zwischenspantwinkel angebracht werden, welche entweder mit Knieblechen aufzusetzen sind oder mit den Zwischendeckspanten zu verlaschen sind. In den Zwischendecks unter dem Oberdeck müssen die Spantwinkel an jedem Spant bis zum Oberdeck gehen.

Bei Schiffen mit durchlaufenden Aufbauten (Complete Superstructure Vessels) brauchen sich innerhalb dieser Aufbauten die Spanten auf $^4/_5$ der Schiffslänge von hinten nur an jedem zweiten Spant bis zum Oberdeck zu erstrecken. Auf dem vordersten Fünftel müssen Zwischenspantwinkel auf jedem Spant angebracht werden, die mit den Zwischendeckspanten verlascht werden oder durch Kniee aufzusetzen sind; das gleiche gilt für die Spanten auf dem hintersten Achtel des Schiffes.

Diese Bestimmungen gelten aber nur, soweit die Spantentfernung der vorschriftsmäßigen entspricht und 760 mm nicht überschreitet, d. h. nur für Schiffe bis 34′ (10,36 m) Seitenhöhe; in allen anderen Fällen müssen im zweiten Deck an jedem Spant Spantwinkel angebracht sein.

Die Spantprofile in den Decks über dem untersten durchlaufenden Deck richten sich alle nach den sogenannten Piekspanten, deren Profile für jede Seitenhöhe angegeben sind. Sie sind durchschnittlich $^1/_2$″ niedriger als für Raumspanten für eine Höhe von 8′ von Oberkante Doppelboden bis zum untersten Deck. Bei gleicher Spantentfernung wäre dies nicht zulässig; da aber die Spantentfernung in den Pieks 610 mm nicht überschreiten darf, so sind die geringeren Abmessungen gerechtfertigt.

Wo in nicht durchlaufenden Aufbauten die Spanten an jedem zweiten Spant bis zum Aufbaudeck hinaufreichen, genügt eine um $1/2''$ geringere Profilhöhe, als für die Wulstwinkelspanten in der Piek vorgeschrieben ist. In den oberen Zwischendecks können alle Spanten ein um $1/2''$ geringeres Profil haben, als für die Wulstwinkelspanten in der Piek vorgeschrieben ist. In den unteren Zwischendecks müssen die Wulstspanten das volle Profil der Wulstwinkelspanten in der Piek haben.

In Schiffen mit durchlaufendem Aufbaudeck, in denen sich die Spanten nur an jedem zweiten Spant bis zum Oberdeck erstrecken, brauchen die Spanten im unteren Zwischendeck nur ein um $1/2''$ niedrigeres Profil zu haben als die Wulstwinkelspanten in den Pieks.

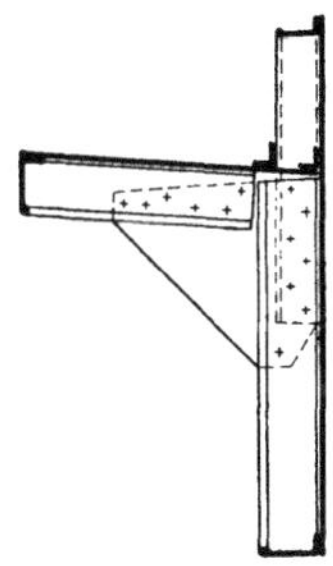

Abb. 342.

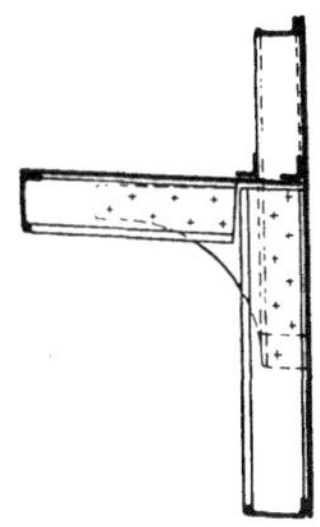

Abb. 343.

Wo Winkelzwischenspanten gefordert werden, brauchen dieselben nur das Profil der Winkelspanten in der Piek zu haben, ausgenommen diejenigen in der Poop und in der kurzen Brücke in Volldeckschiffen und im oberen Zwischendeck bei Schiffen mit durchlaufendem Aufbau auf dem hinteren Achtel der Schiffslänge, welche bei Schiffen mit $6''$ Spanthöhe um $1/2''$ niedriger sein können und bei größerer Spanthöhe um $1''$ niedriger.

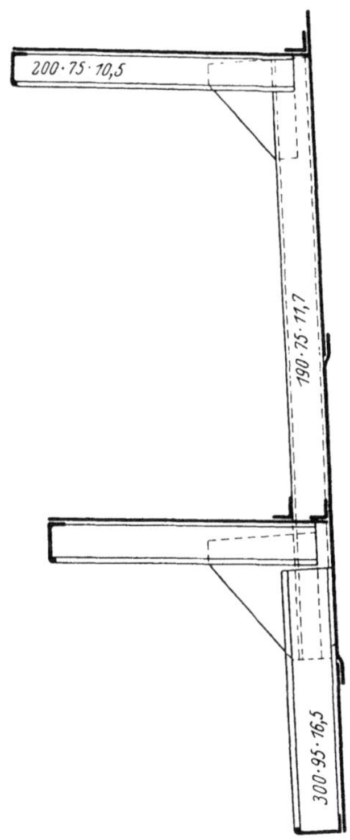

Abb. 341.

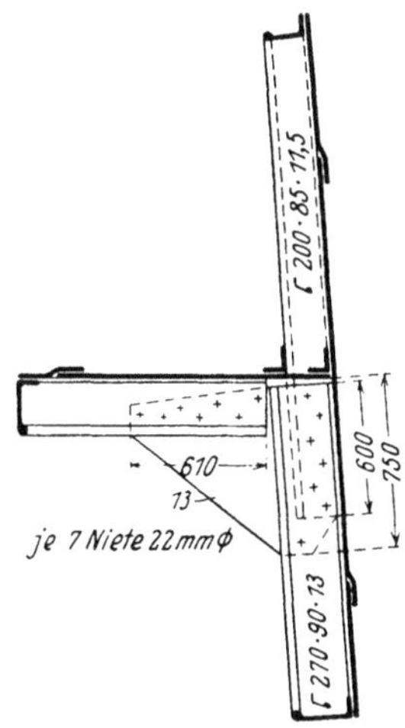

Abb. 344.

Alle diese verschiedenen Profile müssen nun miteinander verbunden werden. Früher, als man die Spanten und Deckbalken überlappen ließ, führte man die Raumspanten ein Stück über das unterste Deck hinaus und laschte dort Rücken an Rücken das Aufbauspant an. Die Spantnietreihen in der Außenhaut wechselten daher in denjenigen Decks, wo Spanten angelascht waren. Dann verlegte man die Laschstelle unter das unterste Deck und ließ das Zwischendeckspant soweit hinabreichen, daß es mit dem Raumspant genügend verlascht werden konnte und letzteres auch noch genügend Niete im Balkenknie hatte (Abb. 341 bis 344).

Neuerdings läßt man die Balken mit den Spanten nicht mehr überlappen, sondern Spanten und Balken nach derselben Seite schlagen. Lloyd's Register beginnt die Vorschriften über die Balkenknie ausdrücklich mit dem Hinweis, daß die Balken nicht die Spanten zu überlappen brauchen. Es haben sich nun eine Anzahl von Bauweisen ergeben, bei denen das Zwischendeckspant stumpf gegen das Raumspant stößt und beide durch ein entsprechend großes Balkenknie des untersten Decks verlascht werden. Abb. 345 bis Abb. 348 zeigen verschiedene Ausführungen der Verbindung von Raumspanten und Zwischendeckspanten; Abb. 349 und 350 die Verbindung von Raumspanten in den Maschinenräumen mit den Zwischendeckspanten. — Für die Breite der Überlappung von Spant und Gegenspant ist der vierfache Nietdurchmesser festgelegt.

Die Kniebleche zum Ansetzen der Spanten über wasserdichten Decks müssen mindestens die dreifache Höhe der Piekwulstspanten als Abmessungen haben; ist die Deckshöhe aber größer als 2,59 m, so sind dieselben zu vergrößern. Unter Deck erhalten sie

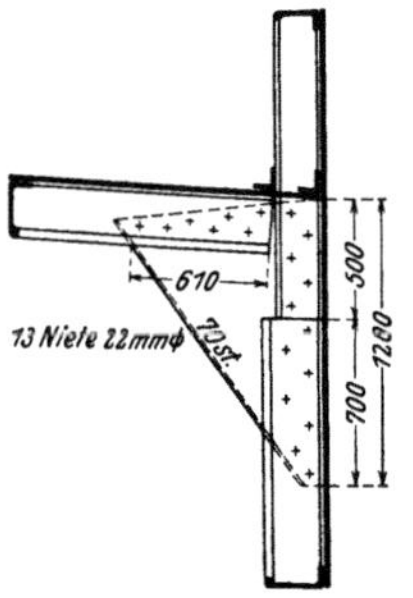

Abb. 345.

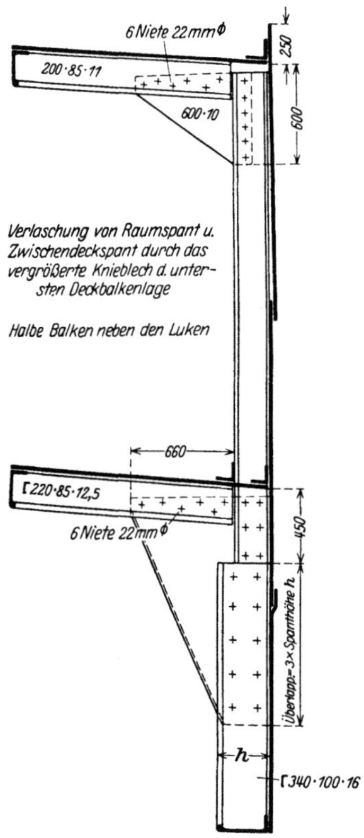

Abb. 347.

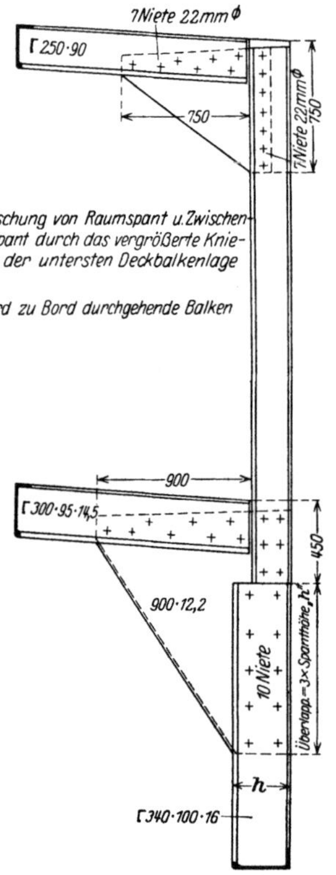

Abb. 348.

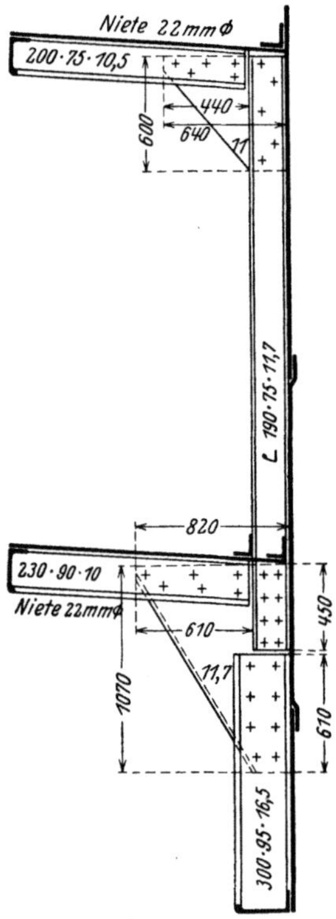

Abb. 346.

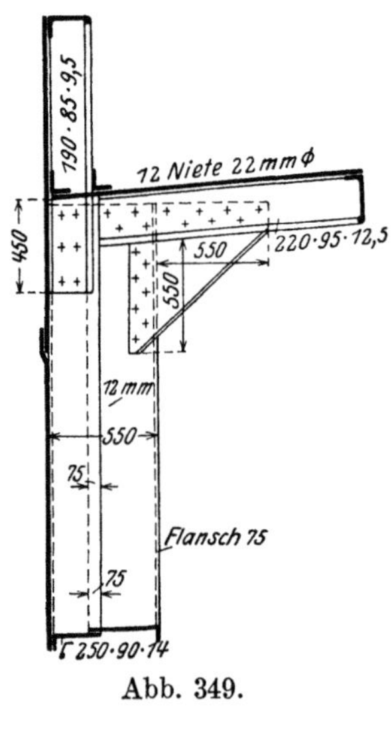

Abb. 349.

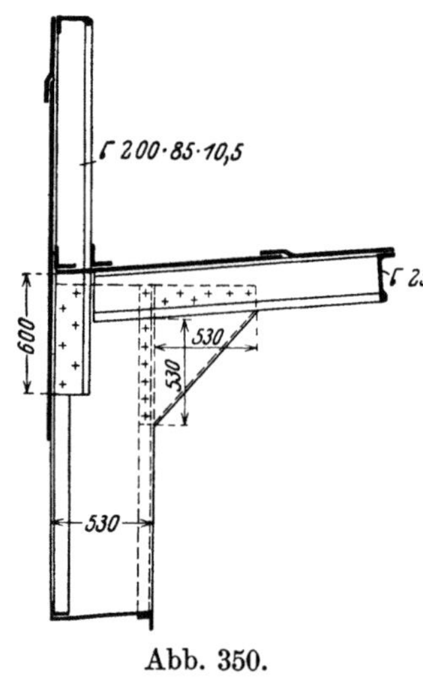

Abb. 350.

Kniebleche von der Dicke der Spanten, mit denen sie verbunden sind, und mindestens zwei Niete mehr als für Balkenknie von denselben Abmessungen vorgeschrieben sind; siehe Abschnitt Balken.

Die British Corporation bestimmt die Raumspanten für die Länge zwischen den Bodenstücken und der untersten Balkenlage unter der Annahme, daß der Sprung normal und die Anzahl der wasserdichten Querschotte wie bei Dampfern üblich ist. Für die

Bestimmung der Spanten auf zwei Drittel der Mittschiffslänge und darunter wird die Größe $D + a$ eingesetzt. In Schiffen mit normalem Sprung ist a gleich 0,002 L für Spanten hinter der vorderen Drittel-Länge, d. h. von $^1/_3\,L$ von vorn nach hinten und gleich 0,004 L für diejenigen im Vorschiff zwischen dem mittleren Drittel mittschiffs und zwei Drittel Länge, d. h. von $^1/_6\,L$ von vorn bis $^2/_6\,L$ von vorn.

Die Spanten auf dem vorderen Sechstel des Schiffslänge werden nach ihrer wirklichen Länge und der Seitenhöhe des Schiffes in diesem Teil vergrößert. Wo der Sprung am Vorsteven $0{,}15\,L + 15$ in Zoll übersteigt, ist a entsprechend größer zu nehmen.

Es wird nun ein Wert $M = s \cdot l^2 \cdot h \cdot 0{,}01$ berechnet; in dieser Formel ist s die Spantentfernung in Fuß, l die senkrechte Entfernung in Fuß vom obersten Niet in der Kimmstützplatte und dem untersten Niet im Knie des untersten Balkens, also die Einspannlänge des Spants; bei Balken an jedem zweiten Spant wird bis zur Mitte des Balkenknies gemessen. Für die Berechnung von h werden zwei Fälle unterschieden:

1. Die Oberkante Balken liegt nicht über der Ladelinie, dann ist h der Abstand in Fuß bis zur Ladelinie von der Mitte von l oder von 0,53 des Abstandes bis $D + a$, was größer wird (Abb. 351).

2. Die Oberkante Balken liegt über der Ladelinie, dann ist h der Abstand bis zur Ladelinie von der Mitte von l oder 0,66 des Abstandes bis $D + a$, welches den größeren Wert ergibt (Abb. 352). Wo der Freibord bis Oberkante Balken 0,80 des Abstandes von der Mitte von l bis $D + a$ überschreitet oder wo das Schottendeck über dem Freiborddeck ist, können 0,53 des Abstandes bis $D + a$ genommen werden anstatt 0,66 (Abb. 353).

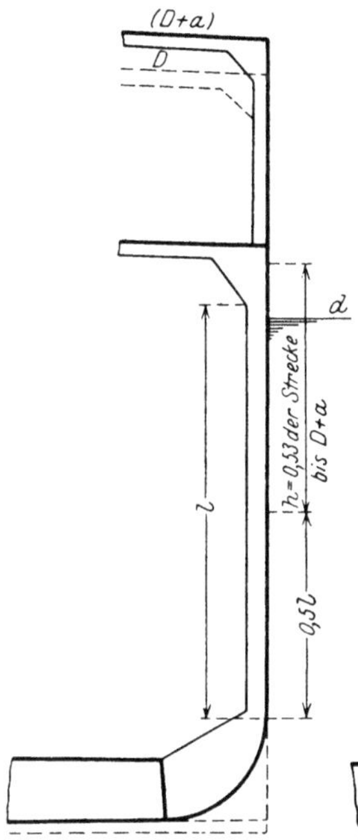

Abb. 351.

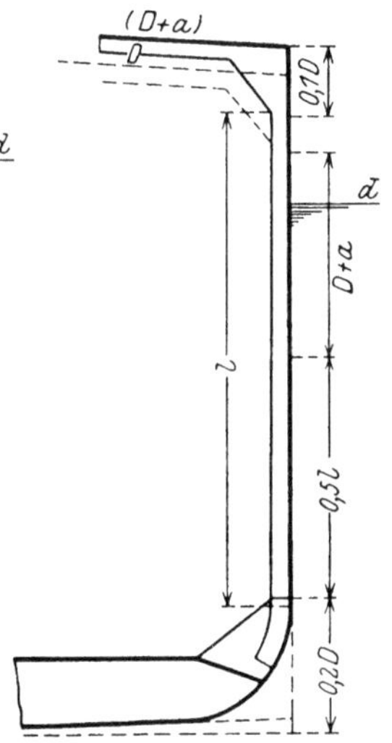

Abb. 352.

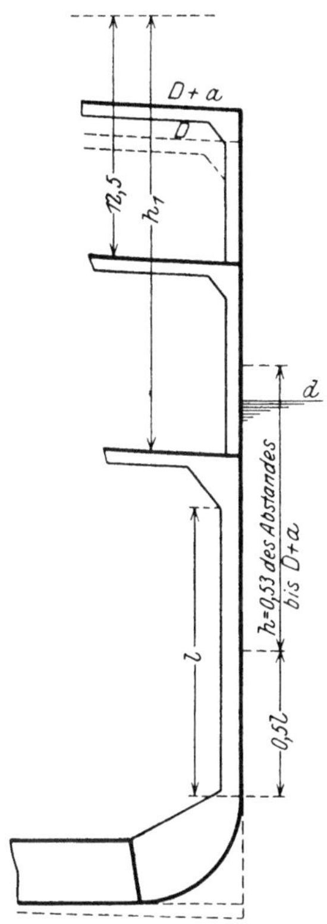

Abb. 353.

Es wird ferner der Wert K nach der Formel $K = s \cdot h \cdot 6 \cdot c$ bestimmt. Darin ist s die Spantentfernung in Fuß; h_1 ist der Abstand in Fuß von der untersten Balkenlage bis 5′ über dem Freiborddeck in Schiffen von 100′ Länge. Für je 10′ Länge mehr ist 0,25′ zu der Höhe hinzuzurechnen, aber die Höhe über Deck braucht nicht 12,5′ zu überschreiten für Schiffe, welche nicht mehr als einen durchlaufenden Aufbau haben, d. h. normalerweise Schiffe von 400′ Länge (Abb. 353). Wo Ladung oder Kohle in Aufbauten von einer größeren Höhe gefahren werden, als nach der vorhergehenden Regel vorgesehen ist, ist h_1 bis zur Oberkante des durchlaufenden Aufbaudecks zu rechnen. Wo Aufbauten für die Unterbringung von Passagieren über dem ersten Aufbaudeck angeordnet sind, braucht nur die halbe Höhe dieser zusätzlichen Aufbauten in h_1 eingerechnet zu werden.

$b = 0{,}50$ Schiffsbreite bei einer Reihe Stützen,
$b = 0{,}33$ Schiffsbreite bei zwei Reihen Stützen,
$b = 0{,}25$ Schiffsbreite bei drei Reihen Stützen,
b darf nicht kleiner als $0{,}2\ B$ genommen werden.

$c = 0{,}1$, wenn h von der Mitte von l bis zur Ladelinie gewählt ist,
$c = 0{,}0066$, wenn h 66% des Abstandes von der Mitte l bis $D + a$ gewählt ist,
$c = 0{,}0053$, wenn h 53% des Abstandes von der Mitte von l bis $D + a$ gewählt ist.

K ist gleich 0, wenn die Decks durch ein unabhängiges System von schweren Balken in Verbindung mit Rahmenspanten gewählt sind (wie die Transverses beim Längsspantensystem).

Wo die Werte von M und K von dem Abstand der Mitte der Einspannlänge bis zur Tiefladelinie oder bis 66% des Abstandes bis $D + a$ abgeleitet sind, brauchen bei Schiffen unter 200′ (60,96 m) nur 80% eingesetzt zu werden. Für Schiffe von 200 bis 250′ Länge (60,96 bis 76,2 m) können stufenweise die Prozentsätze von 80 bis 100% eingesetzt werden. Wo keine Löcher im Flansch von gebauten Spanten und [-Profilen sind, können 90% der Werte für alle Schiffe über 225′ (68,58 m) Länge genommen werden. 80% der vollen Werte können für alle Schiffe eingesetzt werden, bei denen die Einspannlänge nicht unter 9′ (2,74 m) ist und durchlaufende Seitenstringer in nicht mehr als 7′ (2,14 m) Entfernung angeordnet sind.

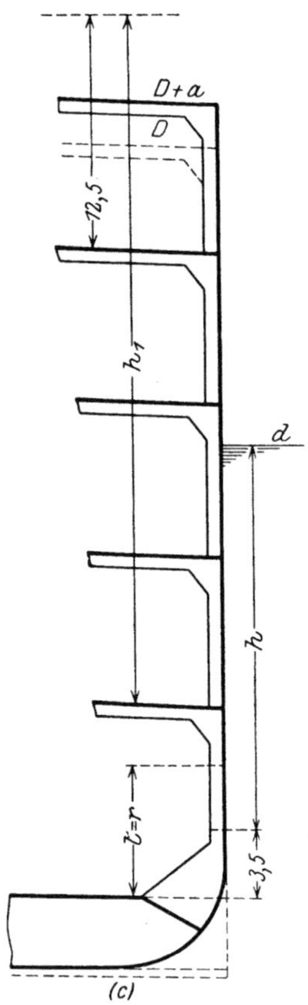

Abb. 354.

Piekspanten, gewöhnliche Spanten zwischen Rahmenspanten und die kleinstmöglichen Raumspanten können nach der vorerwähnten Formel berechnet werden, wenn man 7^2 (in Fuß) einsetzt für l^2, als Spantentfernung die tabellarische nimmt (siehe Abschnitt Spantentfernungen) und h von einem Punkt 3,5′ über Oberkante Bodenwrange in der Mittschiffslinie mißt (Abb. 354). Bei den Spanten zwischen den Rahmenspanten ist das Maß von der Balkenlage an der Oberkante der Rahmenspanten an zu rechnen.

Bei der Berechnung der Piekspanten kann $b = 0{,}25\ B$ genommen werden. Die Spanten zwischen den Rahmenspanten müssen durch Seitenstringer abgestützt sein, die so angeordnet sind, daß an irgendeinem Punkt des Spantsystems nicht mehr als 8′ (2,44 m) zwischen den Längsversteifungen liegen und daß der unterste Stringer an keiner Stelle des Schiffes höher als 7′ (2,13 m) über den Bodenstücken liegt.

Es findet sich also hier die alte Einspannungsmethode der neunziger Jahre, die in den Abständen, in denen damals eine Deckbalkenlage gefordert wurde, einen breiten Stringer vorsah. Allgemein gilt der Grundsatz, daß in keinem Teil des Schiffes die ununterstützte Länge eines Spants die zwanzigfache Höhe des Spants überschreiten darf.

Bei allen Stringerplatten unter der Tiefladelinie in der Vorpiek und bei allen Pantingstringern muß eine wirksame Verbindung an jedem Spant vorgesehen sein. Der Abstand der untersten Stringerplatte in der Vorpiek vor der Oberkante Bodenwrange darf 8′ (2,44 m) nicht überschreiten.

Bei den Eindeckschiffen geht die British Corporation über die Forderungen anderer Klassifikationsgesellschaften hinaus, indem sie als Kennzeichen für das Eindeckschiff festlegt, daß es kein Deck unter dem Freiborddeck hat. Ein Shelterdeckschiff mit einem Deck darunter fällt hiernach unter die Bestimmungen für Eindeckschiffe, während bei anderen Klassifikationsgesellschaften dieser Schiffstyp für die Berechnung der Querverbände als Zweideckschiff zählt.

In Eindeckschiffen unter 4,57 m Seitenhöhe kann l von Oberkante Kimm gemessen werden. Raumspanten in Schiffen von 4,57 m Seitenhöhe und darüber, welche kein Deck unter dem Freiborddeck haben, müssen Balken an jedem Spant haben und Balkenkniee von $^1/_{10}$ der Seitenhöhe in Länge und Breite. Die Einspannung der Raumspanten ist genau nach Höhe der Kniee und der Zahl der Niete für die einzelnen Profile geordnet. Die Überlappung von Kimmstützplatte und Spant darf nicht weniger als 0,12 l betragen. Die Höhe der Kimmstützplatten über dem Kiel darf nicht größer sein als 0,2 H, wenn nicht die Kniebleche besonders versteift und verstärkt sind oder die Innenbodenbeplattung bis Oberkante Kimm hinaufgeführt ist. Die Befestigung am Kopf der Raumspanten richtet sich nach der Höhe des Profils; sie besteht bei Wulstwinkeln von 150 und 165 mm Höhe aus 2 Nieten von 19 mm in jedem Arm, bei 180 und 190 mm aus 3 Nieten von 19 mm, bei 200 bis 230 mm aus 4 Nieten von 19 mm, bei 250 mm aus 4 Nieten, bei 280 mm aus 5 Nieten, bei 300 mm aus 6 Nieten à 22 mm für Lugs. Für Kniebleche ist die Zahl für 150 und 165 mm 3 in jeder Kante, bei 180 mm 4, bei 190 mm 5, bei 200 mm 6, bei 230 mm 7 Niete von 19 mm Durchmesser, bei 250 mm 7, bei 280 mm 8 und bei 300 mm 9 Niete von 22 mm Durchmesser. Der Nietabstand soll bei einfacher Nietung nicht mehr als 5 und bei Zickzacknietung nicht mehr als 7 mm Durchmesser betragen.

Die Festigkeit der Spanten in unteren Zwischendecks soll nicht geringer sein, als sie für Raumspanten sein müßte, wo l die Zwischendeckhöhe ist. Die Festigkeit von Spanten in den oberen Zwischendecks und in der Back soll nicht geringer sein als für Raumspanten, wobei l die Zwischendeckhöhe und h_1 die vorstehend gegebene Höhe darstellt. Die Werte von h_1 für Aufbauspanten hinter der Back soll nicht geringer sein als $^2/_3$ der vorerwähnten Größe.

In Aufbauten innerhalb dreiviertel Länge mittschiffs braucht nur jedes zweite Spant bis zum Aufbaudeck geführt zu werden, wenn die Spanten genügend Festigkeit haben und die Balken des Freiborddecks an jedem Spant angebracht sind. Die Aufbaudeckbalken können an jedem zweiten Spant angebracht sein, doch darf die Spantentfernung nicht 685 mm überschreiten und die Dicke der Seitenbeplattung des Aufbaues darf nicht dünner sein als für die Außenhaut-Seitenbeplattung mittschiffs. Die Deckbeplattung darf dabei nicht geringer sein, als für Wetterdeckbeplattung bei Balken auf jedem zweiten Spant erforderlich ist. In allen anderen Fällen müssen die Spanten bis zum Aufbaudeck reichen.

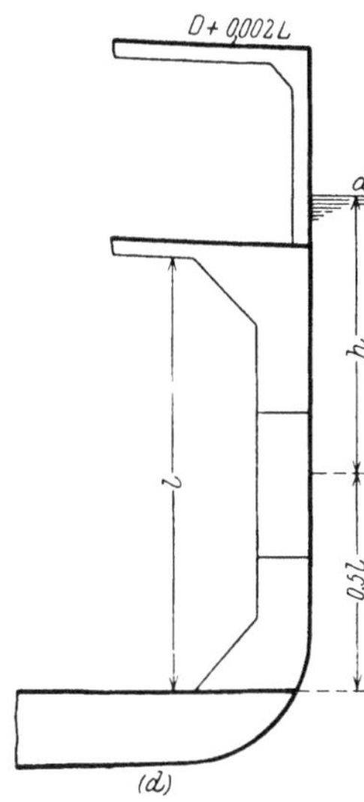

Abb. 355.

British Corporation hat außerdem noch eingehende Vorschriften über Rahmenspanten und Formeln für die Berechnung derselben, welche ähnlich denen für die Hochspanten sind. Die Länge l des Rahmenspants ist der Mittschiffsabstand in Fuß von Oberkante Doppelboden oder von dem Schnittpunkt der Innenkante Rahmenspant mit der Oberkante der Kimmstützplatte bis zur Unterkante Deckbalken + 0,002 l. Auf dem vorderen Drittel der Schiffslänge in Schiffen mit Sprung ist die genaue Länge zwischen diesen Punkten zu nehmen.

Die erste der Formeln lautet: $W = s \cdot l \cdot h \cdot 0{,}03$. S ist der Abstand der Rahmenspanten in Fuß, l Höhe des Rahmenspants wie vorstehend angegeben. Für die Bestimmung von h sind zwei Fälle unterschieden:

1. Der Balken am Oberende des Rahmenspants liegt unter dem Freiborddeck; dann ist h der Abstand in Fuß von der Mitte der Höhe l des Rahmenspants bis zur Ladelinie oder 53 % des Abstandes bis zu $H + 0{,}002\,L$, wobei der größere Wert maßgebend ist (Abb. 355).

2. In Fällen, wo die Oberkante des Balkens am Oberende des Rahmenspants im Freiborddeck liegt, ist h der Abstand in Fuß von der Mitte der Höhe l des Rahmenspants

bis zur Ladelinie oder 66% des Abstandes bis zu $H + 0,002\,L$, wenn letzteres größer ist. Wo der Freibord bis zur Oberkante des Balkens 80% des Abstandes von der Mitte der Höhe l des Rahmenspants bis $H + 0,002\,L$ überschreitet, oder wo das Schottendeck über dem Freiborddeck liegt, können 53% des Abstandes bis $H + 0,002\,L$ genommen werden anstatt 66% (Abb. 356).

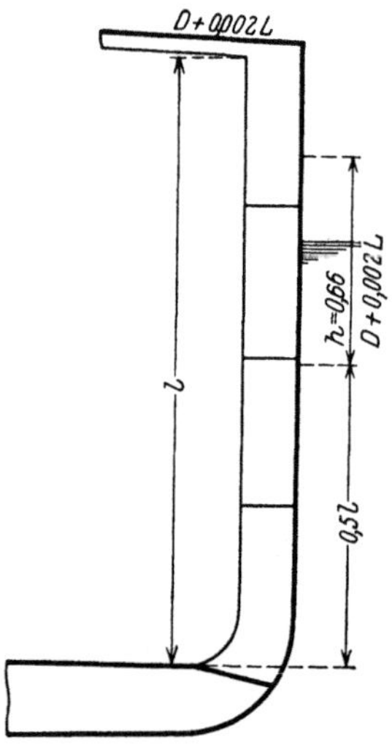

Abb. 356.

Wenn die Decks durch schwere Raumbalken an den Rahmenspanten getragen werden, müssen die Rahmenspanten in der Breite vergrößert werden.

Es erübrigt sich, auf diese Bauweise mit Rahmenspanten und schweren Raumbalken näher einzugehen, da sie heute kaum mehr vorkommt. Es sind also in der Berechnungsformel die Fläche zwischen den Rahmenspanten und der Wasserdruck eingeführt. Die Tabellen gehen von $l = 10$ bis $l = 40$ in Fuß und W von 17,5 bis 300. Die Breite der Rahmenspanten geht von 10″ bei $l = 10$ und $W = 17,5$ bei 21″ bei $W = 95$. Bei $l = 20$ und $W = 20$ ist die Breite 15″ und bei $W = 300 = 43''$, bei $l = 40$ und $W = 210$ ist die Breite 57″. Es ist dies die größte Breite der Rahmenspanten, welche British Corporation überhaupt vorsieht. Die Plattendicken sind bei 10″ Breite 0,3″, bei 20″ = 0,42″; bei 30″ = 0,52″; bei 40″ = 0,6″ und bei 50″ = 0,66″. Der Gurtungswinkel ist bis 23″ ein ungleichschenkliger Winkel, darüber hinaus Wulstwinkel.

Dann hat British Corporation noch Vorschriften für sogenannte Bracketed Web Frames (Rahmenspanten mit Stützplatten). Dieselben können Anwendung finden unter Einführung eines Wertes W, welcher nur $^2/_3$ des nach der vorstehenden Formel errechneten Wertes beträgt. Das Stützblech muß sich für eine Strecke von mehr als $0,12\,l$ unter den Balken und über die Oberkante des Verbindungswinkels an der horizontalen Tankdecke erstrecken, oder $0,15\,l$ über die horizontale Verbindungslinie des Rahmenspants mit der Kimmstützplatte. Die Stützplatten müssen gegen Einbeulen gut diagonal und an der Kante versteift werden. Für die Verbindung der Rahmenspanten mit der Außenhaut genügt bis 508 mm Breite derselben einfache Nietung.

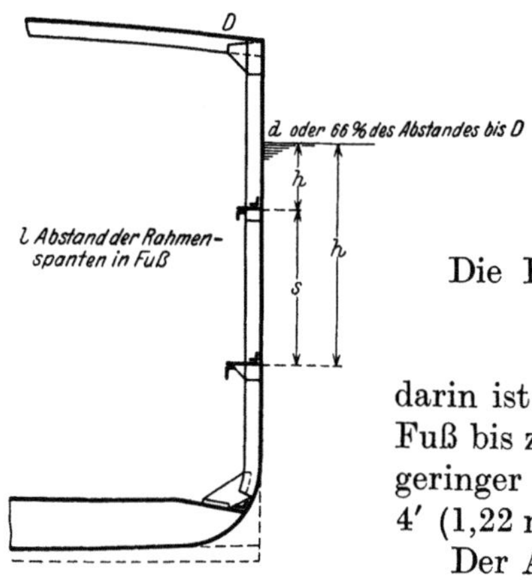

Abb. 357.

Für die Seitenstringer bei den Rahmenspanten hat British Corporation eine Berechnungsformel, in welcher der Abstand der Stringer, der Abstand des Seitenstringers von der Ladelinie und der Abstand der Rahmenspanten, also Fläche × Druck eingeführt sind. An den Rahmenspanten fordert British Corporation noch verstärkte Balken.

Die Formel für die Berechnung der Seitenstringer lautet:

$$W = s \cdot h \cdot l \cdot 0,03.$$

darin ist: s der Abstand der Stringer in Fuß, h der Abstand in Fuß bis zum Seitenstringer von der Ladelinie, doch darf er nicht geringer sein als 0,66 des Abstandes von D, noch geringer als 4′ (1,22 m). l ist der Abstand der Rahmenspanten in Fuß.

Der Abstand des obersten Seitenstringers über den Bodenstücken darf 7′ (2,13 m) nicht überschreiten und der Abstand der Seitenstringer unter sich in keinem Falle 8′ (2,44 m). Im Kesselraum sind die Platten 1 mm dicker zu nehmen. Für die Anwendung der Formel siehe Abb. 357.

Nach diesen Formeln sind dann die Abmessungen der Spanten in eine Tabelle eingetragen, die senkrecht die Werte von K von 0 bis 30 in Stufen von je 2, und wagerecht die Werte von 1 bis 155 enthält. Es wird also für jede Größe und Länge das Spantprofil nach Ladungsdruck K und Wasserdruck M bestimmt.

Das Bureau Veritas bestimmt die Abmessungen der Querverbände nach der Leitzahl $NT = 0{,}15\,C + 1{,}1\,T + 0{,}118\,H^2 + 1{,}22$.

Über die Bedeutung der einzelnen Werte ist bei dem Abschnitt über die Leitzahlen das Erforderliche gesagt. Es sind also maßgebend die Seitenhöhe selbst, die freitragende Länge des Raumspants und der Druck der darüberliegenden Decks.

In den Bauvorschriften sind zwei Systeme vorgesehen, nämlich das reine Hochspantensystem ohne Stringer, bestehend entweder aus Einzelprofilen oder aus zusammengebauten Winkeln, und das Rahmenspantensystem mit dazwischenliegenden schwächeren Spanten. Es ist vorausgesetzt, daß die Breite nicht größer wird als $0{,}1\,L + 6{,}10$.

Bei Hochspanten aus Winkeln ist eine Überlappung gleich dem vierfachen Nietdurchmesser vorgeschrieben. In Fällen, wo das Spant gejoggelt, das Gegenspant aber nicht gejoggelt ist, braucht die Überlappung nur $3^1/_2$ Nietdurchmesser zu sein. Die Abmessungen der Hochspanten gelten für den Teil des Schiffes vom Sternbuchsenschott bis $^1/_5$ der Schiffslänge vom Steven. Davor bis zum Kollisionsschott ist zu H der Sprung auf $^1/_8$ der Schiffslänge von vorn zu addieren. Über Abstand der Spanten und Verstärkungen bei größerer Spantentfernung als der tabellarischen siehe den Abschnitt „Spantentfernungen". In den Kohlenbunkern müssen Spant und Gegenspant $1^1/_2$ mm dicker genommen werden.

In den Pieks können die Spanten die Abmessungen wie beim Rahmenspantsystem haben, wenn genügend Decks, Balken und Stringer vorgesehen sind.

Die Heckspanten müssen die Abmessungen der Piekspanten haben und ihr Abstand im Heckknick darf nicht größer sein als mittschiffs, höchstens aber 760 mm.

Die Zwischendeckspanten sollen keine geringeren Abmessungen haben, als für Spanten beim Rahmenspantsystem vorgeschrieben ist. Sie werden mit Knieplatten aufgesetzt oder werden mit den Raumspanten Rücken an Rücken genietet.

Für die Spanten in den Aufbauten gelten besondere Regeln. In kurzen Aufbauten von $0{,}2\,L$ bei kleinen bis $0{,}1\,L$ bei großen Schiffen müssen alle Spanten bis zum Stringer reichen. Wenn aber das Spantprofil aus einem [- oder [-Profil besteht, so braucht nur jedes zweite Spant hochgeführt zu werden, die dazwischenliegenden werden durch einen entsprechenden Winkel ersetzt mit Ausnahme der drei letzten Spanten an beiden Enden einer Brücke. Im allgemeinen werden Gegenspanten unter der Poop und der Brücke nicht angebracht, wenn keine Aufbauten mehr auf denselben stehen. Ist dies der Fall, so sind je nach deren Ausdehnung Gegenspantwinkel und partielle Schotte anzubringen.

Dieselben Bestimmungen gelten auch für lange Brücken, welche in entsprechender Weise mit Rahmenspanten, Teilschotten usw. zu versehen sind. Außer den Hochspanten hat das Bureau Veritas noch die Bauweise mit Rahmenspanten und Seitenstringern. Die Rahmenspanten erhalten vom Sternbuchsenschott bis $^1/_5\,L$ vom Vorsteven gleiche Abmessungen; weiter vorn bis zum Kollisionsschott wird zur Bestimmung der Rahmenspanten der Sprung auf $^1/_8\,L$ von vorn dazugezählt.

Die Rahmenspanten werden in den Laderäumen an jedem sechsten Spant, bis zu jedem fünften Spant in dem vorderen Teil angeordnet, auf dem vorderen Fünftel der Länge bis zum Vorsteven an jedem vierten Spant und im Maschinen- und Kesselraum an jedem fünften Spant. Die Rahmenspanten laufen durch, die Seitenstringer sind interkostal. Rahmenspanten unter 610 mm Breite können mit einem Winkel mit der Außenhaut verbunden werden, bei größerer Breite sind doppelte anzuwenden.

Mit den Deckbalken werden die Rahmenspanten durch Kniee von $^3/_4$ der Rahmenspantbreite verbunden; gehen die Rahmenspanten über das untere Deck hinaus, dann braucht das Balkenknie nur die halbe Höhe des Rahmenspants zu haben.

Bei Schiffen mit über 12,20 m Seitenhöhe müssen die Rahmenspanten Fortsetzungen in den Zwischendecks erhalten. Mit der Randplatte des Doppelbodens sind die Rahmenspanten stets durch doppelte Winkel und durch Fächerplatten zu verbinden. Mit den Kimmstützplatten werden die Rahmenspanten bei weniger als 410 mm Breite durch doppelte, bei 410 bis 760 mm Breite durch dreifache und bei größerer Breite durch vierfache Kettennietung verbunden.

Die Breite der Rahmenspanten beträgt 305 mm bei $NT = 9{,}14$ und steigt auf 991 mm bei NT 20,13 m. Die Profile der dazwischenliegenden Spanten wechseln von [130 × 75 × 9 bis [280 × 100 × 15, während die Hochspanten (ohne Rahmenspanten) bei den gleichen Leitzahlen von [150 × 75 × 10,5 bis [380 × 12 × 100 × 15,5 steigen.

Die Zahl der Seitenstringer beim Rahmenspantsystem des Bureau Veritas richtet sich nach der Seitenhöhe bis zum untersten Deck; von 2,74 m bis 5,79 m Seitenhöhe ist ein Seitenstringer, von 5,79 bis 8,23 sind zwei und von 8,23 bis 9,45 m Höhe drei Seitenstringer erforderlich.

Abmessungen, Vernietung, Anordnung der Fächerplatten bei den Gurtungswinkeln der Seitenstringer an den Kreuzungsstellen mit den Rahmenspanten sind ungefähr dieselben geblieben, wie oben bei der Entwicklung der Querverbände geschildert ist.

Die Stringer stoßen an den Schotten ab und sind mit denselben durch große horizontale Kniee verbunden. Im Vorschiff sollen die Seitenstringer bis zum Vorsteven gehen, im Hinterschiff so weit hinter das Sternbuchsenschott, als die Schiffsform zuläßt.

Norske Veritas bestimmt die Querspanten nach der Quernummer und der Tiefe d gemessen von der Oberkante des Doppelbodens bzw. der Oberkante der Bodenwrange bis zur Unterkante der untersten Deckstringerplatte. Wo der Sprung am Hinterpiekschott oder auf 20% vom Vorsteven größer ist als $1/4$ der vorgenannten Tiefe d mittschiffs, ist die Leitzahl für die Bestimmung der Spanten die Tiefe mittschiffs + dem Überschuß des Sprunges. Von 20% der Schiffslänge vom Steven bis 10% der Schiffslänge vom Steven werden die Abmessungen der Spanten bestimmt durch die Tiefe d, gemessen auf 20% der Schiffslänge vom Steven. Von 10% der Schiffslänge vom Steven bis zum Kollisionsschott, wenn die Spanten nicht gerade außergewöhnlichen Fall nach auswärts haben, ist $d = 1{,}1\,f$, wo f die Tiefe gemessen auf $1/10\,L$ vom Vorsteven ist. Bei Schiffen mit geringer Auswärtskrümmung der Spanten im Vorschiff kann $d = f\left(1{,}21 \text{ bis } 5{,}5\,\frac{r}{l}\right)$ genommen werden, wobei f den gleichen Wert hat wie oben und r und l entsprechend die Sehnen der Spantkrümmung und die Länge des Spants auf 10% der Schiffslänge vom Steven darstellen. Die Tiefe d darf aber nicht geringer sein als die auf 0,2 L vom Steven gemessene (Abb. 358).

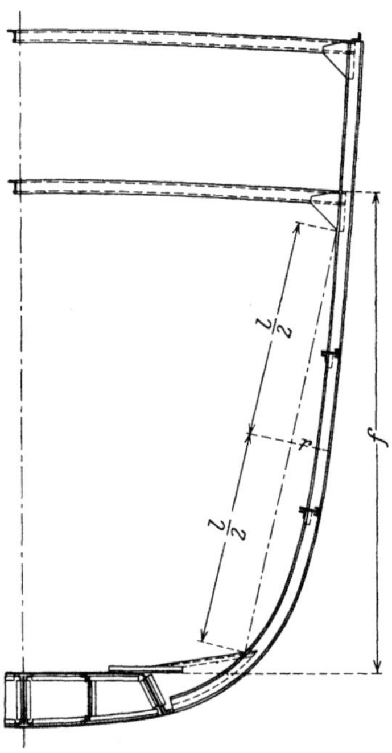

Abb. 358.

Nach diesen Leitzahlen bestimmt Norske Veritas Hochspanten aus Spant- und Gegenspantwinkeln sowie das Ersatzprofil dafür, ferner die Rahmenspanten mit Seitenstringern und endlich nach der Breite des Schiffes und einer Leitzahl $S \times d$ (worin S der Balkenabstand und d die Tiefe von Oberkante Bodenstück bis zur obersten Kante der untersten Balkenlage an der Seite ist) die Abmessungen von weitliegenden unteren Raumbalken.

Die Hochspanten sind als zusammengenietete Winkel, als Wulstwinkel, als [-Profile und bei den größten Schiffen als [-Profile 300 × 15 × 100 × 16 mit angenietetem Verstärkungswinkel 100 × 100 × 15 angegeben.

Die Abmessungen der Rahmenspanten mit Stringern gehen von 457 × 7,6 mm bei der Quernummer 64 und $d = 18'$ bis 889 × 11,7 mm bei der Quernummer 132 und d unter 24′. Bis zu dieser Tiefe sind die Rahmenspanten an jedem sechsten Spant anzubringen, bei d über 24′ sind die Rahmenspanten an jedem fünften Spant und bei $d = 29'$ und darüber sind die Rahmenspanten an jedem vierten Spant anzubringen. Die größte Breite der Rahmenspanten beträgt bei der Quernummer 132 bis 136 und $d = 35{,}5$ bis 36′ 1220 mm.

Die Spanten zwischen den Rahmenspanten werden aus der Spanttabelle für die Hochspanten errechnet; hierbei wird aber d nur bis zum untersten Stringer gerechnet mit 5% Zuschlag. Dieses Maß darf jedoch nicht geringer sein als der Abstand der Seitenstringer. Die Bauweise des Rahmenspantsystems ist ähnlich wie oben dargestellt. Bemerkenswert ist die Verbindung der Außenhaut mit den Rahmenspanten. Bei Rahmenspanten bis 635 mm Breite genügen einfache Verbindungswinkel mit der Außenhaut, bei größerer Breite müssen sie doppelt sein. Wenn das Produkt aus dem Abstand der Rahmenspanten und der Stringer, oder zwischen diesen und den Bodenstücken 7,4 bis 9,3 m² ist, dann muß die Stringerplatte für eine Spantentfernung rechts und links des Rahmenspants durch doppelte Winkel mit der Außenhaut verbunden sein. Ist die Fläche 9,3 bis 11,1 m², so sind auf 2 Spantentfernungen zu jeder Seite des Rahmenspants die Stringer durch doppelte Winkel mit der Außenhaut zu verbinden, bei noch größeren Flächen sind die Stringer auf ganze Länge durch doppelte Winkel mit der Außenhaut zu verbinden. Vom Kollisionsschott bis 12% der Länge vom Steven sind die Stringer in allen Schiffen über 76,2 m Länge durch doppelte Winkel oder durch einfache Winkel mit doppelter Nietung mit der Außenhaut zu verbinden. Eigenartig ist die Verbindung der Zwischenspanten mit den Stringerplatten durch Winkel, welche an jedem Spant bis zur Außenkante Stringerplatte reichen (Abb. 359). Vom Kollisionsschott bis 12% Länge vom Steven sind statt dieser Stützwinkel Stützbleche von der Breite, Höhe und Dicke der Seitenstringer an jedem Spant anzubringen, soweit Schiffe von 61 m Länge und darüber in Frage kommen.

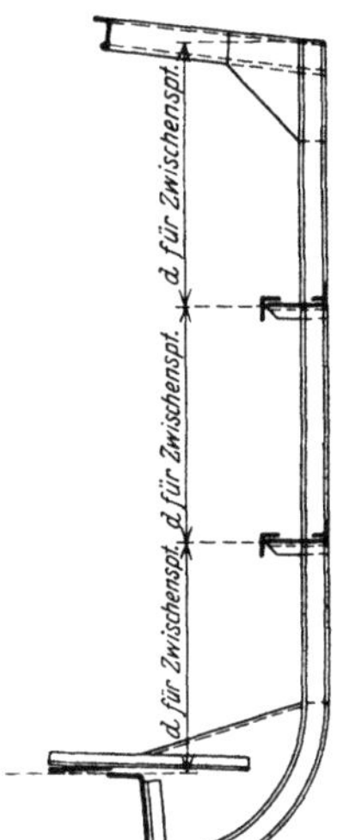

Abb. 359.

Die Balkenkniee an den Rahmenspanten müssen die Höhe und Breite und Dicke der Rahmenspanten haben, an der Innenkante geflanscht sein und in beiden Schenkeln doppelte Nietung haben. Die Verbindung der Seitenstringer mit den wasserdichten Schotten ist die übliche mit großen Knieblechen. Über die Zahl der Stringer sind keine genauen Vorschriften gegeben, doch sollen dieselben in der Regel nicht über 2,44 m Abstand haben.

Bei dem Bausystem der weitstehenden Raumbalken nach Norske Veritas bestehen die Raumbalken aus einem gebauten Balken von der Breite einer Spantentfernung. Die beiden Wulstwinkel, welche die Topplatte tragen, sind mit den Spanten durch Kniebleche von dreifacher Steghöhe vernietet. Außerdem sind die Plattenbalken mit der durchlaufenden Raumbalkenstringerplatte durch Fächerplatten verbunden, welche sich mindestens noch je eine Spantentfernung zu beiden Seiten des Plattenbalkens erstrecken und mit der Stringerplatte durch doppelte Nietung verbunden sind. Im übrigen sind die Spanten mit dem Stringer durch horizontale Stützwinkel verbunden. Je nach dem Abstand der Raumbalken werden noch Kniebleche unter die Stringer genietet. Für die Verbindung der Stringerplatte mit der Außenhaut zu beiden Seiten der Raumbalken gelten die gleichen Vorschriften wie bei den Rahmenspanten; dies gilt auch für ihre Befestigung an Schotten.

e) Decksbalken und Decksbalkenkniee bei der Querspanten-Bauweise. Im Holzschiffbau bildeten die Deckbalken den einzigen wirksamen Querverband, welcher die beiden Schiffsseiten in ihrem richtigen Abstand hielt und die Schiffsform sicherte. Wasserdichte Querschotte waren nicht vorhanden; das kalfaterte Deck trieb die Schiffsseiten eher auseinander, als daß es sie zusammenhielt. Im Eisenschiffbau gestaltete man zuerst Form und Abmessungen der Deckbalken für dieselben Aufgaben. Sie bestanden während vieler Jahrzehnte aus Flachwulsten mit doppelten Winkeln an der Oberkante. Nach der Zimmermannsregel des Holzschiffbaues nahm man als Steghöhe für den Flachwulst $^1/_4''$ für jeden laufenden Fuß der Schiffsbreite, d. h. der Balken hatte $^1/_{48}$ seiner Länge als Steghöhe. Die Dicke des Flachwulstes wurde gleich $^1/_{16}$ der Steghöhe gemacht. Die Winkel an der Oberkante hatten eine Schenkelbreite gleich $^1/_3$ der Steghöhe der Wulstplatte, und die Dicke der Winkel betrug $^1/_8$ der Schenkelbreite. Dies waren die Grundformeln für die ersten Balkentabellen noch bis in die siebziger Jahre. Der Balken in den alten Eisenschiffen war ein unabhängiger Träger, während der Balken im neuzeitlichen Schiffbau selten allein, sondern meist nur in Verbindung mit einer stählernen Decksbeplattung vorkommt und daher in Form und Abmessung von dem früheren grundverschieden ist. Als unabhängiger Träger mußte der alte Balken zunächst symmetrische Form haben, und der obere Flansch mußte so breit sein, daß die Bolzen der Deckplanken auf jeder Seite hindurchgehen konnten; hierfür war die Flachwulstform mit angenieteten Winkeln an der Oberkante oder das aus einem Stück hergestellte ⎾-Profil die richtige Form.

Wie bei den Spanten gezeigt wurde, dienten die Balken in den unteren Schiffsräumen zum Einspannen des Spantsystems. Die unterste Balkenlage bestand in der Regel aus schweren gebauten Balken in 6 bis 10 Spantentfernungen, die mit der Außenhaut noch durch einen breiten Raumbalkenstringer verbunden waren. Die darüberliegenden Balkenlagen trugen Stringerplatten und Längsbänder und waren beplankt. Gewöhnlich erhielt jeder Balken auch seine massive eiserne Deckstütze. Als die eisernen Decks zur Einführung kamen, mußten die Deckbalken, wo die Dicke der Deckbeplattung weniger als 9,5 mm betrug, an jedem Spant angebracht werden. Obwohl nun der Balken mit der Deckbeplattung vernietet war, wozu einseitige Profile genügt hätten, waren noch lange Zeit die Deckbalkenprofile symmetrisch, bis sie zu Beginn der neunziger Jahre durch [-Profile und ⎾-Profile ersetzt wurden.

Mit den Spanten wurden die ⊤-Balken verbunden, indem man an die Balken halbrunde Kniee schweißte (Abb. 360 bis 363). Dabei wurde der Wulst bis zur Unterkante des Knies, das gewöhnlich dreifache Balkenhöhe hatte, heruntergezogen.

Die wachsende Breite der Schiffe bedingte dann eine bessere Abstützung durch Mittelstützen und Seitenstützen. Obwohl ein an zwei Stellen abgestützter Balken schwächer

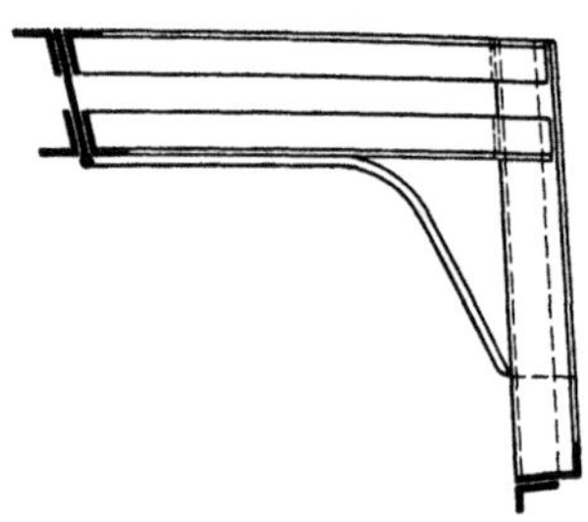

Abb. 360.

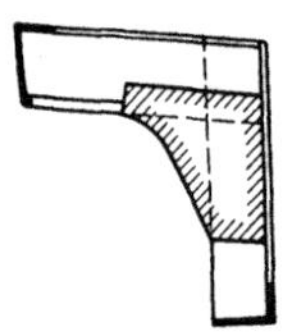

Abb. 361.

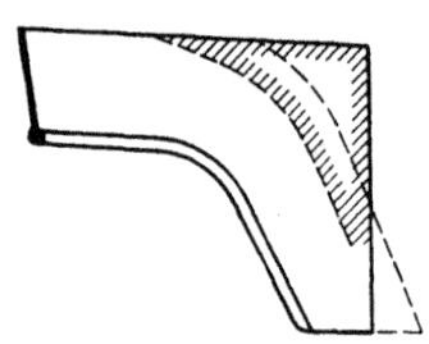

Abb. 362.

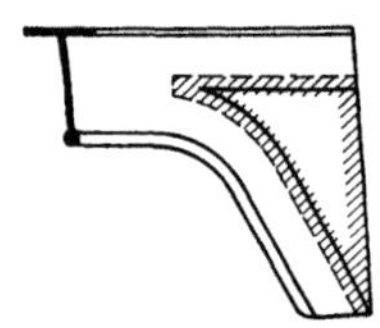

Abb. 363.

sein kann als ein nur in der Mitte abgestützter, wurde lange Zeit hierauf keine Rücksicht genommen; man schrieb z. B. Mittelstützen auf jedem zweiten Spant und Seitenstützen auf jedem vierten Spant vor. Erst spät ging man dazu über, durch schwache Winkelunterzüge etwas mehr Gleichmäßigkeit in die Abstützung zu bringen. Anfangs dieses Jahrhunderts gestattete man, die vorerwähnte Anordnung der Stützen (Mittelstützen an jedem zweiten Spant und Seitenstützen an jedem vierten Spant) als zwei Stützenreihen anzusehen und demgemäß die Balkenprofile zu verringern, wenn unter Balken auf jedem Spant in der Linie der Seitenstützen ein Unterzug aus 11,5 mm Platten, welche mit der stählernen Decksbeplattung durch Winkel 90 × 90 × 11,5 verbunden waren, angeordnet wurde. Es war dieses die erste Konstruktion, bei der die Deckbeplattung zur Verstärkung des Unterzuges unter den Deckbalken herangezogen wurde. Bald danach kamen die weitstehenden Deckstützen mit schweren Längsträgern unter dem Deck auf. Man legte auf die weitstehenden Stützen doppelte Rücken an Rücken genietete [-Unterzüge, deren Stärke sich nach dem Abstand der Stützen und der Breite der Decks richtete. Diese [-Profile wurden durch eine Zwischenplatte mit der Deckbeplattung vernietet und durch Lugwinkel unter jedem Deckbalken (Abb. 364). An den Versteifungen der wasserdichten Schotte wurden diese Unterzüge durch große Kniebleche befestigt. Es war dadurch der große Vorteil erreicht, daß man statt der Reihen von engstehenden Deckstützen, welche den Laderaum versperrten, freie Laderäume mit weit stehenden

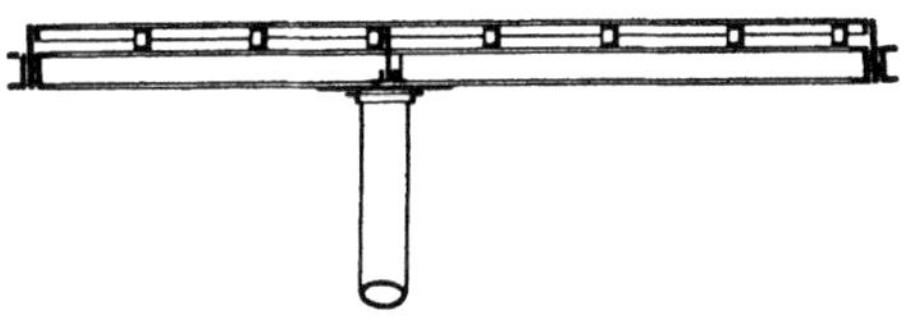

Abb. 364.

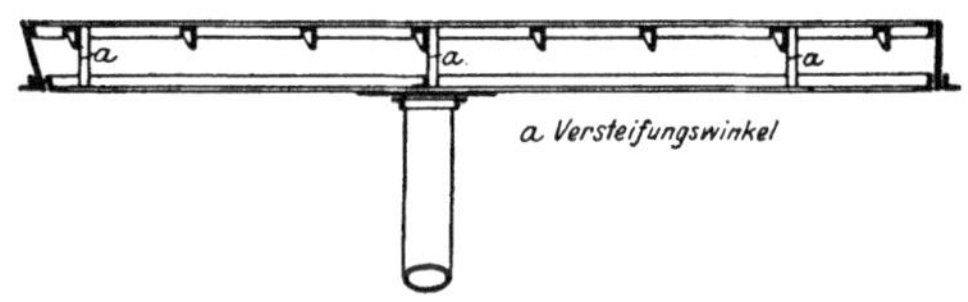

Abb. 365.

gebauten Deckstützen erhielt. Die Bauart hatte allerdings auch Nachteile. Die Unterzüge hatten großes Gewicht, und in ihnen war von Anfang an Spannung, weil die Unterseite der Deckbalken nie so genau fluchtete, daß beim Annieten der [-Profile des Unterzuges jede Formänderung vermieden wurde.

Inzwischen hatte Lloyd's Register in der Mitte des ersten Jahrzehnts auf englischen Werften praktische Versuche mit gebauten Interkostalträgern verschiedener Bauart aufgestellt und dieselben bis zur Bruchgrenze belastet. Die Ergebnisse veranlaßten dann eine ganz neue Bauart der Unterzüge. Man legte die Deckbalken nicht mehr auf die Unterzüge, sondern ließ sie frei durch die Stegplatte des Unterzugs durchragen und verband die Stegplatte mit der Deckbeplattung durch einen interkostalen Längswinkel. Die Deckbeplattung bildete also jetzt die obere Gurtung des Deckträgers, zu welchem der Unterzug jetzt geworden war; die untere Gurtung wurde durch schwere Profile an der Unterkante des Deckträgers gebildet. Diese Winkel oder Wulstwinkel wurden erforderlichenfalls noch durch eine Gurtplatte verstärkt. Der Deckbalken war also vom Träger des Decks zu einer lokalen Versteifung der Deckbeplattung geworden (Abb. 365). Längere Zeit hindurch suchte man diese Deckträger noch in den Längsverband einzubeziehen, indem man ihre Stöße sehr stark vernietete und die Stegplatten mit hohen Knieplatten an den Schotten bzw. Schottenversteifungen befestigte, und vor allem auch durch geeignete Fortsetzung der Unterzüge bzw. Verschießen derselben, einen durchlaufenden Längsverband zu erzielen versuchte. Von dem allem ist man heute abgekommen. Der Deckträger wird auf den Stützen gestoßen, und seine Abmessungen werden für jede Spannweite besonders berechnet.

Während normale Deckbalken heute nur zur Versteifung der Deckfläche dienen, nehmen Lukenendbalken je nach der Bauweise, die man wählt, die Beanspruchungen der Decksträger, welche mit ihnen vernietet werden, auf. Auch bezüglich der Verbindung der Deckbalken mit den Spanten haben sich die Anschauungen gänzlich geändert, worauf noch besonders zurückzukommen ist. Zunächst sei ein Überblick über die heutige Berechnung der Deckbalken bei den einzelnen Klassifikationsgesellschaften gegeben.

Nach den Vorschriften der British Corporation wird die freitragende Länge l zwischen den Stützpunkten und ein Wert N, der die Belastung des Balkens darstellt, ermittelt. Für durchgehende Balken, welche nur in der Mitte unterstützt sind, ist l die Länge von der Mittellinie bis zur Innenkante des Balkenknies. Für die Bestimmung der Balkenabmessungen an den Enden des Schiffes darf diese Länge aber nicht kleiner als

$^2/_{10}$ der Mittschiffsdicke genommen werden. Für halbe Balken neben den Decköffnungen ist die Entfernung von der Öffnung oder dem Träger neben der Öffnung bis auf 150 mm vom inneren Ende des Balkenknies zu messen. Bei durchlaufenden Balken mit mehreren Stützen ist l der Abstand der Mitte der Stützen oder von der Mitte der äußeren Unterstützung bis 150 mm an die Innenkante des Balkenknies; der größere dieser beiden Werte ist maßgebend. Die ununterstützte Länge von Balken über Tieftanks oder bei Schottnischen sollte auf höchstens 4,57 m beschränkt bleiben.

Der Wert N wird nach der Formel

$$N = s \cdot c \cdot h$$

berechnet, worin

s der Abstand der Balken in Fuß,

$c = 0{,}56$ bei beplatteten Decks, bei Schottnischen und Tunneldecken,

$c = 0{,}7$ bei einem hölzernen Deck und $= 1$ bei Decks von Tieftanks ist.

h ist die Höhe in Fuß für das Freiborddeck und andere Decks nach einer besonderen Tabelle, deren Wiedergabe hier zu weit führen würde. Sie ist nach der Länge in Stufen zu 50′ geordnet, beginnt mit 100′ und reicht bis über 400′. Für Bootsdecks ist h für alle Schiffslängen $= 2{,}0$, für Promenadendecks bei 100′ Länge $= 2$ gleichmäßig steigend bis 300′ auf $h = 3$. Im Poopdeck steigt h von 2 auf 4,5, für Back- und Brückendecks steigt h gleichmäßig von 3 auf 6. Für Freiborddecks von Eindeckschiffen steigt h gleichmäßig von 4,5 bei 100′ auf 9,5 bei 350′ und darüber. Für Freiborddecks von Schiffen mit mehreren Decks steigt h von 5,5 bei 200′ auf 7,5 bei 350′ und darüber.

Von den nun folgenden Sonderbestimmungen ist die wichtigste, daß in allen Decks, in welchen Ladung, Kohle oder Vorräte gefahren werden, die Höhe h nicht geringer eingesetzt werden darf als die tatsächliche Laderaumhöhe mißt. Bei Balken, an denen Ladung hängt, wie z. B. in Gefrierräumen, ist h entsprechend dem Gewicht der an den Balken hängenden Ladung zu vergrößern.

Die Höhe h für Decks von Tieftanks darf nicht geringer genommen werden als bis zur Tiefladelinie, und nicht geringer als 66% des Abstandes bis zur Seitenhöhe, ebenso nicht geringer als bis zu dem Punkt, bis zu welchem das Wasser im Betrieb steigen kann. Es sind dann eine Reihe von Tabellen aufgestellt, welche nach l und N die Profile abgeben, von $l = 3$ und $N = 2$ bis $l = 12$ und $N = 65$.

Wesentlich einfacher, aber auf gleichen Grundsätzen aufgebaut ist die Berechnungsweise des Bureau Veritas für die Deckbalken. Sie erfolgt nach der Formel $NB = l^2 \times e \times h$ für Dampfer und $NB = l^2 \times e \times h \times 1{,}25$ für Segelschiffe für stählerne Decks.

l ist die freitragende Länge des Balkens in Metern,

e ist der Balkenabstand in Metern,

h ein Koeffizient, dessen Wert nachstehend angegeben ist.

Bei Schiffen mit einer Stützenreihe ist l der Abstand zwischen der Mittelachse der Stütze und der Mitte des zweiten Befestigungsniets des Balkenknies. In Schiffen mit mehreren Stützenreihen ist l gleich dem größten Abstand unter den Mittellinien der Stützen oder der Mitte einer dieser Stützen bis zum zweiten Niet des Deckbalkenknies. Neben den Luken wird l vom Luksüll bis zur Mitte des zweiten Niets des Balkenknies gemessen, darf aber niemals geringer als $^1/_5$ der Breite des Schiffes sein. Neben den Maschinen und Kesselschächten wird h nach der Zahl der tragenden Stützen berechnet. Man nimmt für h die Höhe des Raumes unmittelbar über den Balken in allen Laderäumen und Kohlenbunkern. Für alle anderen Fälle ist eine besondere Tabelle für h aufgestellt.

Es sind 4 Stufen der Längsleitzahlen angegeben: $NL = 485$, $= 3055$, $= 9055$ und für 20660. Für kurze Brückendecks oder Poops, welche den Maschinen- und Kesselschacht nicht umschließen, sind die Werte für h: 0,61 bzw. 0,76; 0,915 und 1,37, für lange Brückendecks und Poops, welche Maschinen und Kesselschacht umschließen, sowie Shelterdecks mit Ausnahme von 0,125 L von vorn ist $h = 0{,}915$ bzw. 1,22; 1,525 und 1,83. Für die Back und das Oberdeck von Mehrdecksschiffen und für 0,125 L der Länge von vorn bei Shelterdecksschiffen ist $h = 1{,}22$, 1,525, 1,83 und 2,13. Für Eindeckschiffe ist $h = 1{,}37$, 1,83, 2,44 und 2,75. Für die Balken von Promenadendecks wird $h = 0{,}61$, 0,76, 0,915 und 0,915 und für Bootsdecks 0,46, 0,46, 0,54 und 0,61 genommen. Wo die Gesamtlänge der Decksöffnungen 60% der Schiffslänge übersteigt, sind Verstärkungen erforderlich. Die Balken von Decks, die nur von Einrichtungen überbaut sind, können die Abmessungen der Balken eines langen Brückendecks haben.

Mit dieser einfachen Formel hat das Bureau Veritas in einer einzigen Tabelle alle Balkenprofile für alle Decks, alle Unterstützungen, alle Spannweiten und alle Spantentfernungen erfaßt.

Die anderen Klassifikationsgesellschaften, Germanischer Lloyd, Lloyd's Register und Norske Veritas haben jede eine ganze Anzahl von Deckbalkentabellen, geordnet nach einzelnen Decks, nach der Anzahl der Stützenreihen und nach der Befestigung an jedem oder an jedem zweiten Spant.

Der Germanische Lloyd hat seine Deckbalkentabellen für beplattete Decks aufgestellt, entsprechend der größten Decksbreite B auf Außenkante Spanten und der Anzahl der Stützenreihen sowie eines bestimmten Balkenabstandes. Bei anderem Balkenabstand sind die Abmessungen entsprechend zu ändern. Sollen die Balken für nicht beplattete Decks sein, so muß die Verstärkung der Profile durch die Deckbeplattung in anderer Weise erfolgen. Sind die Stützen nicht in gleichen Abständen voneinander und der Außenhaut angeordnet, so müssen die Deckbalken nach der größten nicht unterstützten Länge durch Mittelung zwischen den Profilen bestimmt werden.

Die Deckbalken müssen an jedem Spant angebracht werden auf dem freien Deck von Eindeckschiffen von mehr als 4,6 m Seitenhöhe, bei unbeplankten Gurtungsdecks, in allen Decks von Schiffen mit 760 mm Spantentfernung und darüber, in wasserdichten Decks und in allen Hauptdecks unter der Brücke für 8 Spantabstände von dem Endschotten.

Ist ein Deck beplankt, so können Balken an jedem 2. Spant angeordnet werden, wenn sonst die Beplattung den Vorschriften genügt. Die Deckbalken sind angegeben für Hauptdecks von Eindeckschiffen, für Balken von Ladungsdecks, für Hauptdecks von Mehrdeckschiffen, zugleich für Backdecks und Balken der Vor- und Hinterpiek, sodann für Aufbaudecks, deren Länge mehr als 0,15 L beträgt, sowie endlich für Brücken, deren Länge 0,15 L nicht überschreitet und für kurze Poop. Diese 5 Gruppen geben zugleich in absteigender Reihe die erforderlichen Profile. Die stärksten sind für die Eindeckschiffe, die schwächsten für die Poopdeckbalken.

Decks mit festeingebauten Fahrgasteinrichtungen erhalten die Balken wie für lange Brückendecks. Kurze Aufbauten, welche den Maschinen- und Kesselschacht umschließen, erhalten die Balken wie für lange Brückendecks.

Über Balken neben den Luken siehe Abschnitt 6: Seiten 327—333.

Die Einteilung der Balkentabellen nach den Vorschriften von Lloyd's Register ist ein wenig abweichend. Die schwersten Profile sind auch hier für das freie Oberdeck von Eindeckschiffen vorgesehen. Diesen nur wenig nachstehend sind die Balken für alle Decks, in denen Ladung gefahren wird. Es folgen dann die Oberdeckbalken von Mehrdeckschiffen und auf $^1/_8$ der Schiffslänge von vorn in Schiffen mit durchlaufendem Aufbau, deren Widerstandsmoment etwa mit 70% desjenigen für Eindeckschiffe beträgt. Die Shelterdeckbalken hinter $^1/_8\,L$ von vorn, die Balken von langen Brückendecks und von Poopdecks, welche Maschinen und Kesselschacht umschließen, sind etwa 12% schwächer als die der vorhergehenden Gruppe. Die Balken für kurze Brücken haben etwa 47% der sich nach dem Widerstandsmoment ergebenden Stärke der Decksbalken der Eindeckschiffe; ebenso wie beim Germanischen Lloyd sind diese Tabellen für Balken an jedem Spant und an jedem zweiten Spant sowie für verschiedene Stützenreihen aufgestellt. Wo die Balken auf $^1/_5\,L$ von vorn enger stehen, können die Profile entsprechend geringer genommen werden.

Norske Veritas hat noch eine Reihe Balkentabellen mehr als Lloyd's Register. Es unterscheidet zunächst die Balken für Eindeckschiffe, sodann die Balken für alle Decks, in denen Ladung gefahren wird; als dritte Stufe kommen die Hauptdeckbalken von Mehrdeckschiffen und von Aufbaudecks auf den vorderen 0,12 L; sodann die Balken von langen Aufbauten hinter 0,12 L von vorn, ferner von Aufbaudecks, welche Maschinen und Kesselraum einschließen, und von Passagierdecks. Die letzte Tabelle enthält Poopdeckbalken und Balken einer kurzen Brücke, welche Maschinen und Kesselschacht nicht umschließt. Die Profile sind teils schwerer, teils decken sie sich mit den von Lloyd's Register, wie im allgemeinen auch die oben angeführten Prozentsätze keineswegs für alle Stufen gleichmäßig gelten. Norske Veritas macht noch besondere Unterschiede zwischen Balken auf jedem zweiten Spant unter Stahldeck und unter Holzdeck.

Werden die Abmessungen der Deckbalken bei den verschiedenen Klassifikationsgesellschaften auf verschiedene Art ermittelt, so sind doch eine ganze Reihe Punkte in der Bauweise allen gemeinsam. Zunächst ist die Deckshöhe festgelegt. Beim Germanischen Lloyd ist für normale Decks 2,50 m festgesetzt; wird in einem Deck Ladung gefahren, welches höher ist, so müssen die Deckbalken entsprechend verstärkt werden. Lloyd's Register hat als normale Deckshöhe 8′ 6″ = 2,59 m; ist die Höhe größer, so ist die Festigkeit der Balken entsprechend größer zu nehmen. Bureau Veritas und British Corporation setzen direkt die Höhe des Laderaumes in die Berechnungsformel ein. Norske Veritas hat eine andere Art der Berechnung; wo die Deckshöhe 8′ überschreitet, ist die Decksbreite für die Bestimmung der Deckbalken $\sqrt{\frac{h}{8}}$ zu multiplizieren, wobei h die Höhe des Decks ist. Bemerkenswert ist, daß Norske Veritas für Segelschiffe die rechnungsmäßige Breite 10% größer nimmt als die tatsächliche.

Die Abmessungen der Balkenkniee werden von den verschiedenen Klassifikationsgesellschaften noch verschieden bestimmt und teilweise bis heute noch anders wie bis vor kurzem.

Der Germanische Lloyd gibt eine Tabelle der Balkenkniee nach der Steghöhe des Balkens, doch gilt die Schenkellänge nur als Mindestmaß für den horizontalen Schenkel vom Ende des Balkens gemessen, der senkrechte Schenkel muß wenigstens so lang sein, daß der Abstand der Unterkante des Knies vom Deck nicht weniger als das Dreifache der Balkenhöhe beträgt.

Die Schenkellänge beträgt bei Winkelprofilen bei 65 mm 200 mm, also etwas über dreimal Profilhöhe bei 150 mm Winkelprofil nur 300 mm, also nur 2,2 Steghöhe. Bei den Wulstwinkeln beträgt die horizontale Schenkellänge des Balkenknies durchweg 2,5fache Steghöhe. Bei Eindeckschiffen wird die Schenkellänge der Balkenkniee je nach der Seitenhöhe in steigendem Maße vergrößert, und zwar beginnend bei H bis zu 7,5 m um 20%, bei 8 m um 40% usw. gleichmäßig steigend bis 9,5 m um 100%.

Die Dicke der Balkenkniee nach den Vorschriften des Germanischen Lloyd beträgt 6,5 mm bei Winkeln von 65 mm und steigt auf 8,5 mm bei Winkelprofilen von 140 und 150 mm. Die Dicke der Balkenkniee der Wulstwinkel steigt rasch an, sie ist bei 130 mm 14 mm. Flanscht man Balkenkniee unter 800 mm, so darf ihre Dicke 20% verringert werden, Balkenkniee über 800 mm müssen immer geflanscht werden. Auch auf die Ausrundung des Balkenknies, die von manchen Klassifikationsgesellschaften ganz unberücksichtigt gelassen wird, legt der Germanische Lloyd noch Wert. Die neueste Bestimmung lautet: Die Breite der Kniee im Hals, gemessen vom Schnittpunkt der Mallkanten des Deckbalkens und des Spants muß wenigstens 2,25 × Steghöhe des Balkens betragen.

Für die Balkenkniee hat Lloyd's Register von den Vorschriften anderer Klassifikationsgesellschaften etwas abweichende Vorschriften. Die Balken brauchen nicht mit den Spanten zu überlappen. Die Höhe der Balkenknie ist von der Oberkante der Balken an der Seite zu messen. Die Höhe der Balkenknie beträgt 3 × Balkenhöhe, gleichgültig ob die Balken an jedem Spant oder an jedem zweiten Spant angebracht sind. Wo die

Balkenhöhe infolge besonderer Konstruktion von der normalen abweicht, sei es auf Grund einer Änderung der Spantentfernung oder der Zwischendeckshöhe oder auf Grund besonderer Ladebedingungen oder Abstützung, muß die Höhe der Balkenkniee gleich der dreifachen Steghöhe des normalerweise vorgeschriebenen Wulstwinkelbalkens sein und die Zahl der Niete in jedem Schenkel richtet sich nach der wirklichen Höhe.

Lloyd's Register hat ebenfalls neuerdings einen Teil der Bestimmungen über die Balkenkniee geändert. So hat es für die Balkenkniee im Oberdeck von Schiffen, welche keine Balkenlage darunter haben und im 2. Deck von Zweideckschiffen, wo die Raumspanten am 2. Deck abgeschnitten oder gelascht sind, eine neue Tabelle angegeben, nach denen die Balkenkniee zu wählen sind für den Fall, daß diese Werte größer sind als nach den früheren Regeln, wo dieselben nach der Seitenhöhe bestimmt wurden. Die Tabelle lautet:

Profilhöhe von Spantwinkel, Wulstwinkel oder [-Profil	Balkenkniee		Profilhöhe von [-Spant mit Gegenwinkel	Balkenkniee	
	Vertikaler Schenkel	Dicke		Vertikaler Schenkel	Dicke
mm	mm	mm	mm	m	m
130 oder weniger	380	8	330	1120	11,5 gefl.
180	535	9,5	355	1200	11,5 gefl.
230	660	11,0	380	1270	12 gefl.
280	790	12,5			
330	910	10,5 gefl.			
380	1040	11 gefl.			

Lloyd's verlangt erst eine Flanschung der Kniee bei 910 mm gegenüber 800 beim Germanischen Lloyd. Die Flanschbreiten sind 50 mm bei Knieen unter 610 mm, 65 mm bei 610 bis einschließlich 910 mm; 75 mm bei Knieen über 910 mm bis unter 1120 mm und 90 mm Flansch bei Knieen über 1120 mm.

Diese Abmessungen der Balkenkniee sind durchweg vorzusehen, ausgenommen unter langen Brückendecks, wo die Balkenkniee die gewöhnlichen Abmessungen haben können, jedoch müssen vier Spanten an jedem Ende der Brücke die starken Kniee haben. Es ist also hier, wie sonst die Längsverbände, der starke Querverband um vier Spanten an jedem Ende in das Brückendeck hineingeführt, beim Germanischen Lloyd, wie wir gesehen haben, um 8 Spantentfernungen. Wo in Zwischendecks jedes zweite Spant fortgelassen ist, sind gewöhnliche Balkenkniee anzubringen mit der gewöhnlichen Zahl der Niete in jedem Schenkel.

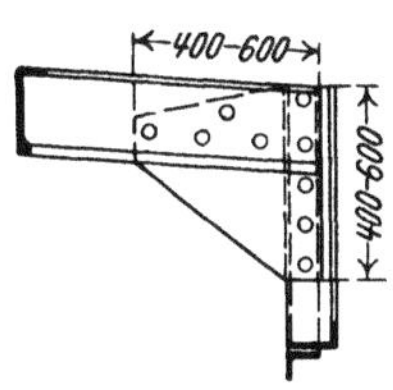

Abb. 366.

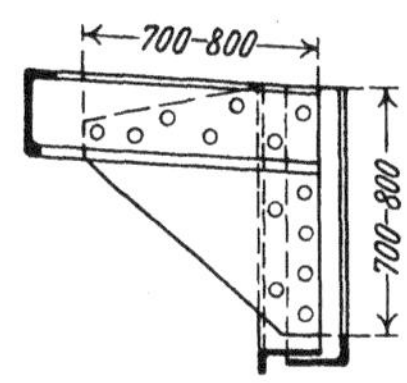

Abb. 367.

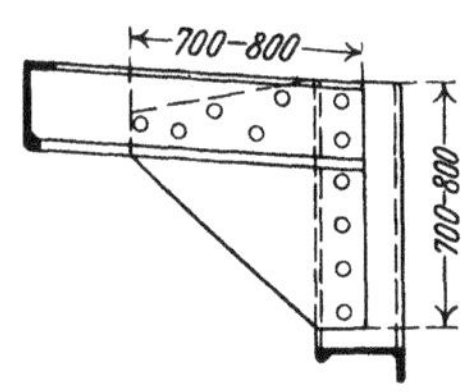

Abb. 368.

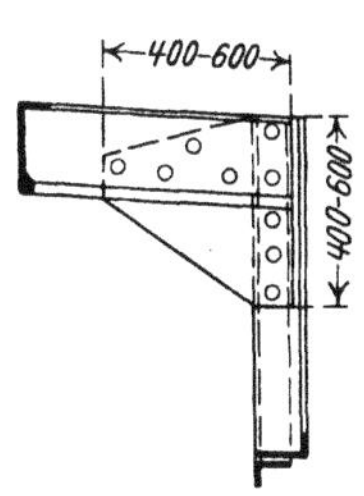

Abb. 369.

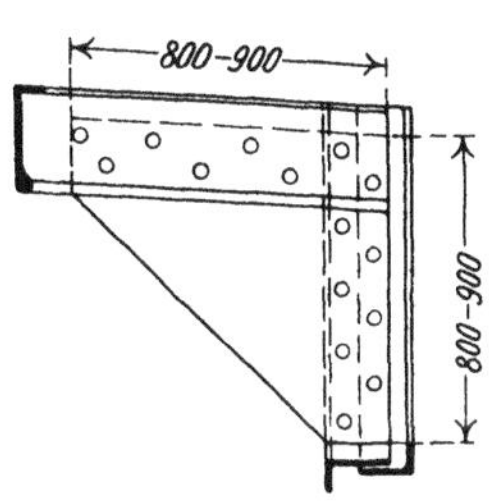

Abb. 370.

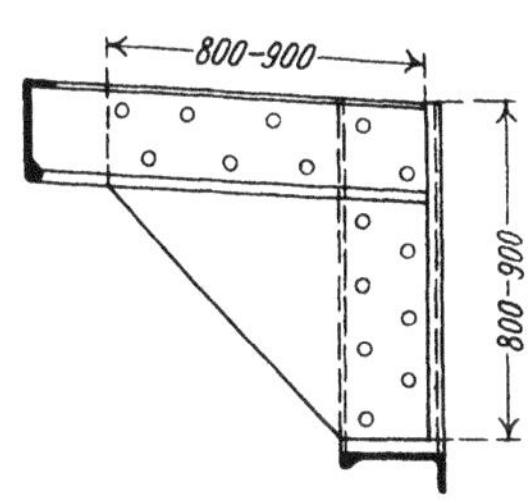

Abb. 371.

Die Dicke der Balkenkniee bemißt Lloyd's Register nach der Breite des Decks mittschiffs (indirekt also nach der Balkenlänge) und der Art des Decks. Am stärksten sind Balkenkniee der freien Decks bei Eindeckschiffen. Wesentlich dünner sind die Balkenkniee der Oberdecks in Mehrdeckschiffen und in allen Ladedecks, am schwächsten sind die Balkenkniee bei kurzen Aufbauten. Die Deckbalkenkniee für Balken an jedem zweiten Spant sind entsprechend dicker. Die verschiedenen Arten der Balkenkniee sind in den Abb. 366 bis 388 gezeichnet. Geflanschte Balkenkniee können 20 % dünner genommen werden, die Flanschbreite bei Knieen bis 610 mm.

Während bei Eindeckschiffen die Balkenkniee von Oberkante Balken und Außenkante Spanten gemessen werden, werden die Kniee in allen anderen Fällen für die Höhenabmessung vom Deck gemessen, für die Breitenabmessung

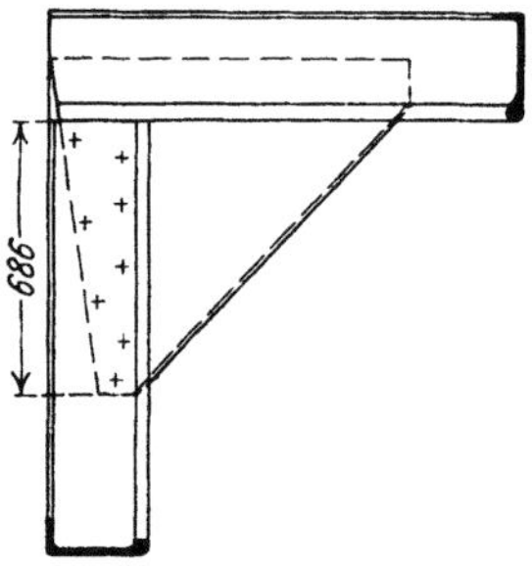

Abb. 376.

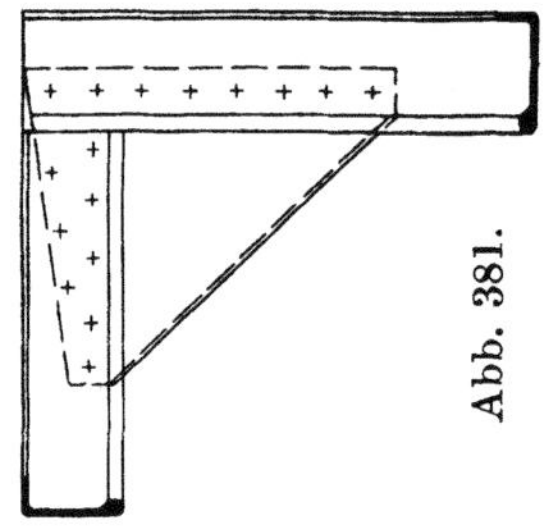
Abb. 381.

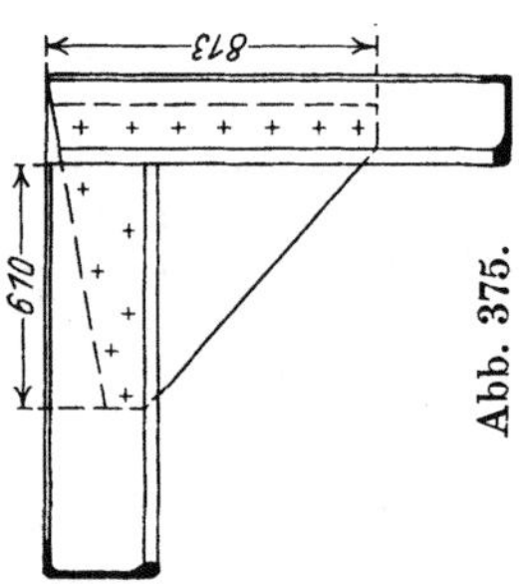

Abb. 375.

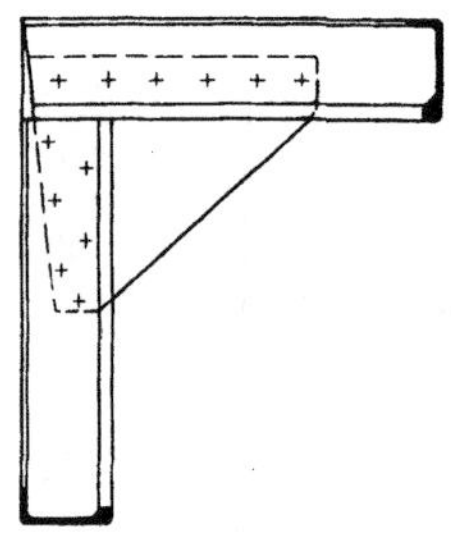
Abb. 380.

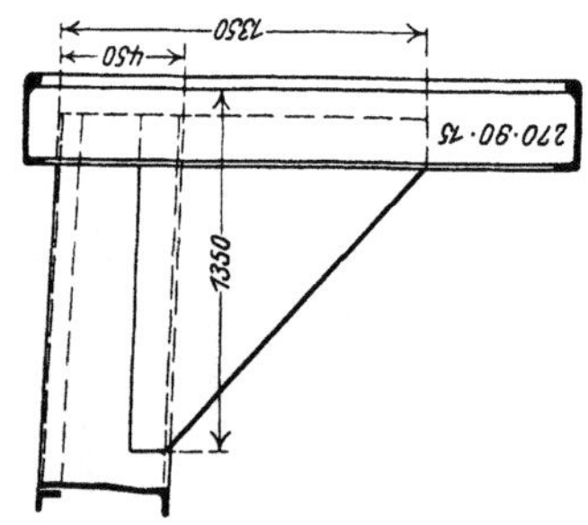

Abb. 384.

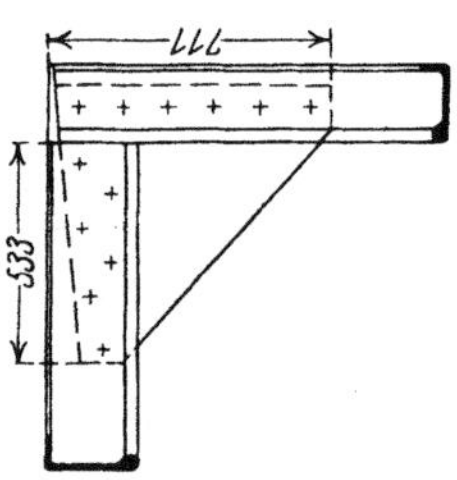

Abb. 374.

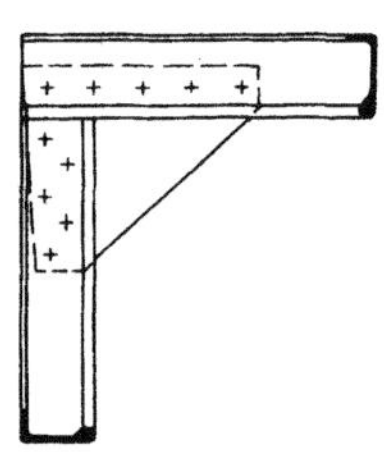
Abb. 379.

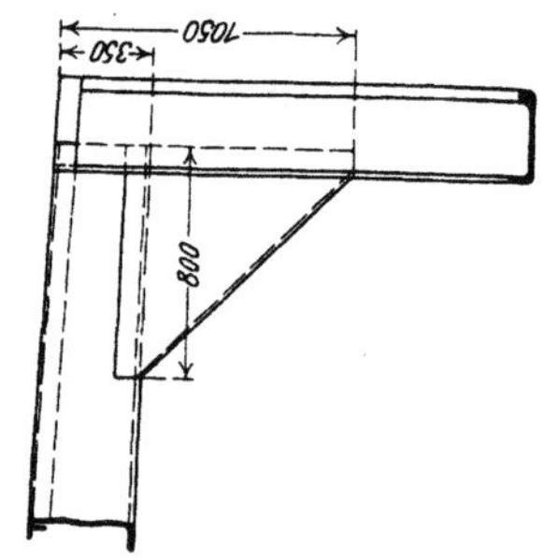

Abb. 383.

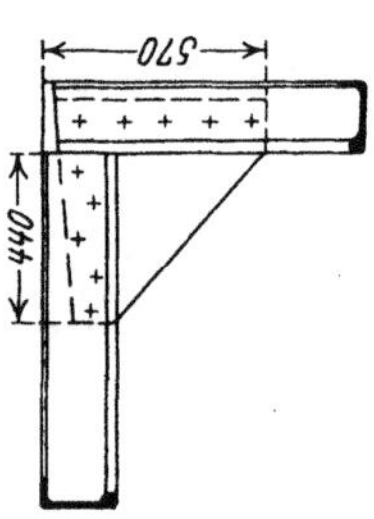

Abb. 373.

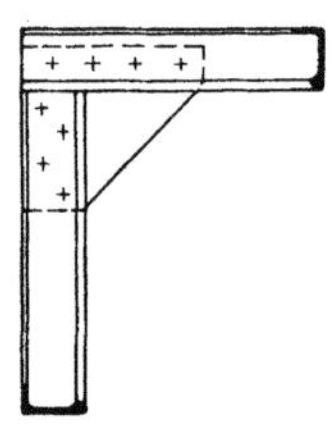
Abb. 378.

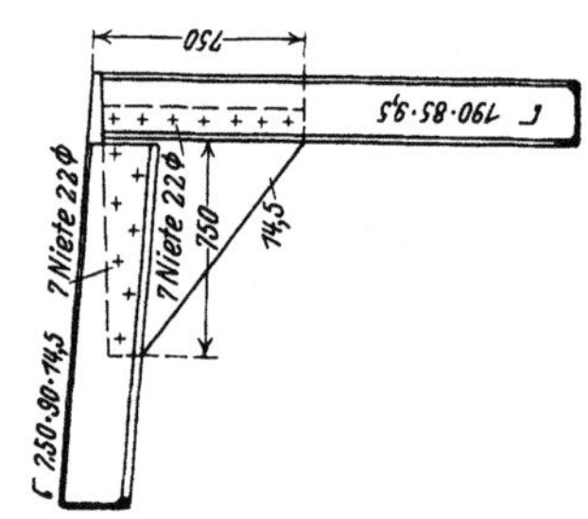

Abb. 382.

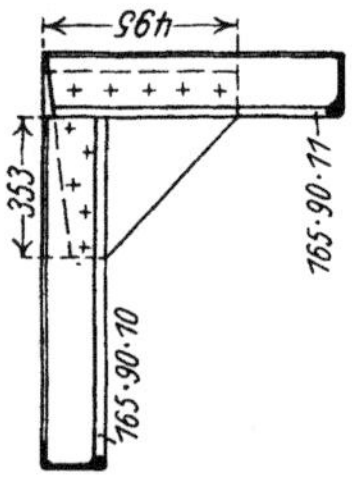

Abb. 372.

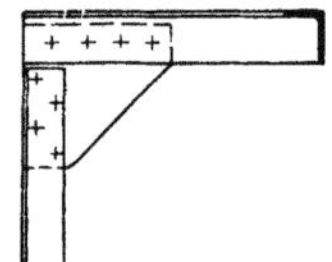
Abb. 377.

aber vom Balkenende, entsprechend der Bauweise, die Balken nicht mehr mit dem Spant zu überlappen, sondern vor demselben abschneiden zu lassen. Dementsprechend ergibt sich die Höhe der Balkenkniee aus der Zahl der erforderlichen Niete bei 5 Durchmesser Abstand für einfache Nietung. Da je nach der Höhe der Deckbalkenprofile die den Spanten zunächst sitzenden Niete noch in Zickzacknietung angeordnet werden können, so ist die Breitenabmessung der Kniee entsprechend geringer, und zwar um 4″ bei 14″ hohen Balkenknieen, bis um 9″ bei 44″ hohen Balkenknieen. Von 24″ × 17″ (610 × 432) ist der Nietdurchmesser 22 mm, bei dem kleinsten Knie 14″ × 10″ (356 × 254) ist er 16 mm, und für 17″ × 12″ und 21″ × 15″ (533 × 381) ist er 19 mm. Werden halbe Balken an jedem zweiten Spant angebracht, so sind sie mit den Lukenlängssüllplatten durch doppelte Winkel zu verbinden; bei halben Balken an jedem Spant genügen einfache Winkel von der Dicke der Süllplatte. Bei einer Höhe der Halbbalken von 200 mm und darunter genügen 2 Niete in jedem Schenkel, bei 215 bis 290 mm Höhe 3 Niete und bei 300 mm hohen Profilen 4 Niete.

Nach den Vorschriften des Bureau Veritas rechnet man bei Eindeckdampfschiffen zur Bestimmung der Abmessungen der Balkenkniee von Innenkante Balken bei Wulstwinkelprofilen 2 × Balkenhöhe + 50 mm oder 2 × Spanthöhe + 50 mm, der größere dieser Werte ist maßgebend. Bei [-Profilen ist der Zuschlag 100 mm und bei Schiffen mit größerer Seitenhöhe als 7,62 m 150 bzw. 200 mm. Dieselbe Regel gilt für alle Segelschiffe.

Bei allen anderen Schiffen ergibt sich das Maß des Balkenknies gemessen von Unterkante Balken aus der Summe von Spanthöhe und Balkenhöhe; bei [-Profilen sind 50 mm hinzuzuaddieren. Bei Balkenknieen an Rahmenspanten soll $h = {}^3/_4$ der Breite des Rahmenspants sein; wenn aber die Rahmenspanten nach oben durch Kniee weitergeführt sind, kann für das Knie unter Deck die Breite auf die Hälfte der Rahmenspantbreite verringert werden.

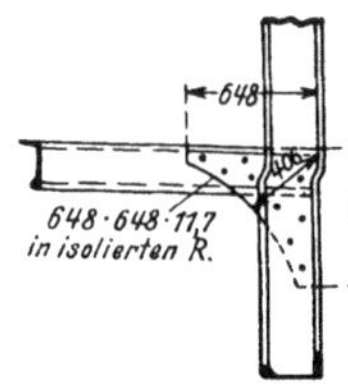

Abb. 385.

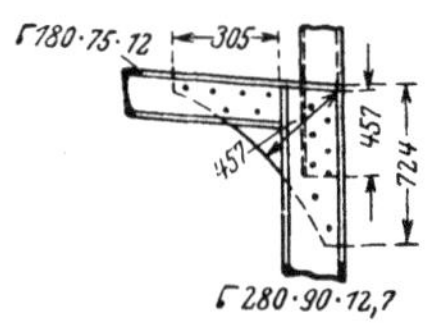

Abb. 386.

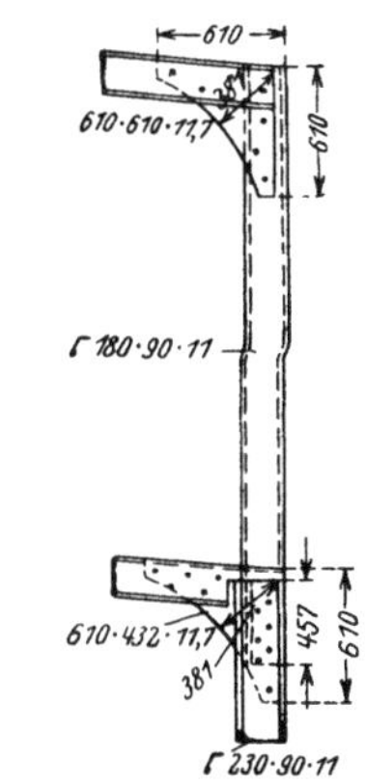

Abb. 387.

Die Breite der Deckbalkenkniee muß mindestens $4n \times d$ sein, worin n die Zahl und d den Durchmesser der vorgeschriebenen Niete bedeutet. Wie Lloyd's Register, so bestimmt auch das Bureau Veritas die Zahl und den Durchmesser der Niete nach der Höhe der Kniebleche. Bei einer Höhe des Balkenknies von 241 und unter 330 mm genügen 4 Niete à 19 mm, bis 432 mm 5 à 19 und bis 520 mm 5 à 19 mm; darüber hinaus ist der Nietdurchmesser 22 mm, die Zahl steigend von 6 bei 520 bis 621 mm bis auf 10 bei 926 bis 1027 mm Knieblechhöhe. Der Nietabstand soll nicht unter 4 d sein, der Abstand der Niete vom Blechrand nicht unter 1,5 d und von der Balken- oder Spantkante nicht unter 2,5 d.

Norske Veritas nimmt die Dicke der Balkenkniee gleich der Stegdicke der Deckbalken, Breite und Höhe der Kniee ist gleich der dreifachen Balkenhöhe mit Ausnahme der Kniee von kurzen Aufbauten, wo $2^1/_2$fache Balkenhöhe genügt. Bei Eindeckschiffen und bei Decks von Piektanks und Hochtanks darf die Höhe und Breite des Balkenknies nicht geringer sein als die dreifache Höhe des Wulstwinkels oder einfachen Winkels, welcher als Balkenprofil dafür erforderlich sein würde. Die Deckbalkenkniee sollen in der Höhe nicht weniger als 60% der Profilhöhe messen. Die Anzahl der Niete und ihr Durchmesser sind nach der Größe der Knieplatten geordnet und entsprechen etwa denen von Lloyd's Register.

In isolierten Räumen sucht man die Balkenknie möglichst klein zu machen, damit sie nicht als Wärmebrücke dienen können; man läßt in ihnen deshalb auch noch Spant und Balken überlappen (Abb. 385 bis 387).

In Fällen, wo man den Balken nicht durch das Balkenknie beim Spant eingespannt betrachtet, geht man teilweise, z. B. bei der British Corporation, mit den Abmessungen der Balkenkniee auf ein Minimum zurück, da man es für genügend hält, daß er in seiner Auflage festgehalten wird, also gewissermaßen am Spant frei aufliegt. Abb. 388 zeigt die Verbindung der Decksbalken mit den Spanten im großen Speisesaal der „Gripsholm“ durch eine unter den Balken entlang geführte horizontale Wegerungsplatte.

f) Querspanten-Tankschiffe. Schiffe zum Transport flüssiger Ladungen gab es schon zur Holzschiffszeit. Noch in der Mitte des vorigen Jahrhunderts fuhr man in Italien Wein im Laderaum und pumpte ihn im Bestimmungshafen am Kai in Fässer. Auch hatte man hie und da Wassertransportschiffe zur Versorgung der Schiffe im Hafen mit Trinkwasser. Doch waren dies ganz vereinzelte Fälle, daß man im Laderaum flüssige Ladungen transportierte; erst die Entdeckung des Petroleums in Pennsylvanien am 12. August 1859 und die im Verlaufe der darauffolgenden Jahre einsetzende Ausbeutung der Petroleumfelder im großen und der Massenversand über See, gaben Veranlassung zum Bau von Tankschiffen. Im Jahre 1860 kamen schon die ersten Proben pennsylvanischen Öls nach Europa, und gegen Ende des Jahres 1861 wurde das erste Petroleumschiff, eine hölzerne Brigg mit 224 Tons Petroleum in Fässern nach London geschickt. Dauerte das Beladen schon mehrere Wochen, so konnte der Kapitän schließlich keine Mannschaft bekommen, die es wagte, mit einer derart gefährlichen Ladung in See zu gehen, betrug doch der normale Verlust durch lecke Fässer im Durchschnitt 2% der Ladung. In einem von Henry, dem Herausgeber der „Petroleum World“, geschriebenen Buche wird als erstes Petroleum-Tankschiff ein eiserner Petroleum-Tanksegler, die „Atlantic“, von 45,11 m Länge, 8,39 m Breite und 5,1 m Tiefe erwähnt, der im August 1863 auf der Werft von Rogerson in St. Peters an der Tyne vom Stapel gelaufen sei. Ob das Schiff jemals in Fahrt gekommen ist, ist nicht bekannt. Im gleichen Jahr soll ein Schoner mit einer Bulkladung Petroleum von Kanada nach Europa abgegangen sein, doch ging derselbe schon auf der Ausreise im St. Lorenzstrom verloren.

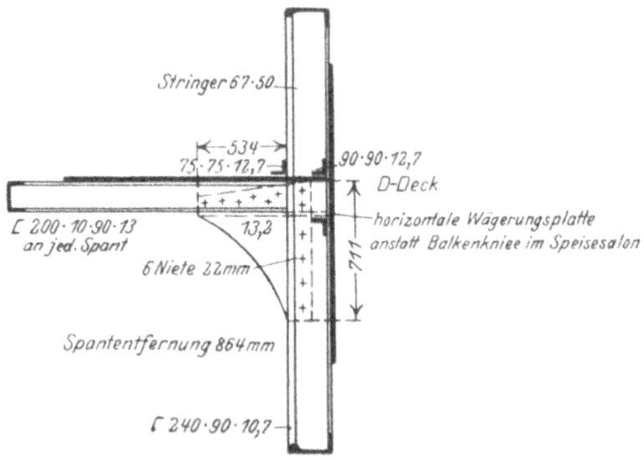

Abb. 388.

Genauere Nachrichten über die ersten Petroleum-Tankschiffe finden wir in einem Vortrag von Kendall vor der North-East Coast Institution of Engineers and Shipbuilders vom April 1893 über „Strains on Tank Steamers“ in der Diskussion. Danach war ein hölzernes Vollschiff „Charles“ von 794 Tons das erste Schiff, welches loses Petroleum nach Europa brachte. Es hatte 59 eiserne Tanks im Raum und im Zwischendeck eingebaut, welche jedoch nicht etwa durch ein Röhrensystem miteinander verbunden waren. Jeder Tank war für sich isoliert. Das Schiff war nach Antwerpen bestimmt. Als der Kapitän das unter Lotsenführung stehende Schiff in Vlissingen verlassen hatte, gestattete der Erste Offizier trotz ausdrücklicher Verwarnung, daß in der Kombüse Feuer gemacht werden durfte, das Schiff fing Feuer und brannte auf. Ähnlich ging es dem Reeder mit drei anderen Schiffen in der Petroleumfahrt. Trotz dieser Mißerfolge wurde es in den siebziger Jahren immer mehr Brauch, die Laderäume hölzerner Segelschiffe durch Abdichten der Wegerung und

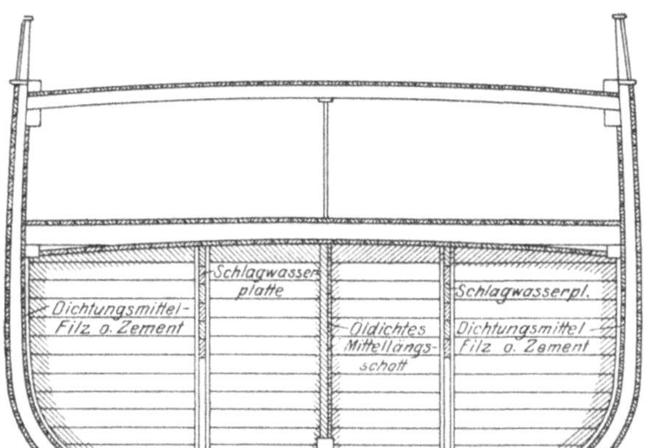

Abb. 389.

Aufbringen von Filz, Zement oder ähnlichen Dichtungsmitteln für die Petroleumbulkfahrt einzurichten (siehe Abb. 389). Bei dem unvermeidlichen Arbeiten der Verbände bei schwerer See konnten die Schiffe nicht dicht bleiben, dazu kam die Gefahr, daß die lose Ladung das Schiff zum Kentern bringen konnte, so daß mancher Kapitän während der Überfahrt überhaupt nicht unter Deck ging. Hinzu kam noch, daß die hölzernen Segelschiffe, welche man einmal zum Transport von Petroleum benutzt hatte, zu keiner anderen Ladung mehr wegen des Geruches, den sie vom Petroleum angenommen hatten, zu brauchen waren.

Bei den Transporten von losem Petroleum handelte es sich stets um Segelschiffe, denn man hielt die Ladung für Dampfer für zu gefährlich. Selbst als Riedemann, der Begründer der Deutsch-Amerikanischen Petroleumgesellschaft, einen Tankdampfer in Deutschland bauen lassen wollte, lehnten die Werften allgemein ab. Ein Tanksegelschiff wollten sie wohl schon bauen, aber keinen Tankdampfer.

Es war zwar 1872 von Palmer & Co. in Yarrow-on-Tyne ein Tankdampfer „Vaterland" für die Red Star Line in Antwerpen gebaut worden. Er hatte 5 Laderäume unter dem dritten Deck zum Transport von losem Petroleum eingerichtet. Es ist indessen nicht erwiesen, daß auch wirklich Petroleum darin gefahren worden ist, da das Schiff in den beiden darüberliegenden Decks Passagiere fuhr und von den Behörden Protest gegen den Transport von Petroleum erhoben wurde. Das Schiff hatte den Anschauungen der damaligen Zeit entsprechend eine doppelte eiserne Haut im Bereich der Tanks, von denen die eine etwa 700 bis 500 mm von der äußeren entfernt war, außerdem zog sich unter den Petroleumtanks ein Doppelboden hin. Es war also hier als strenger Grundsatz durchgeführt, daß kein Petroleum die eigentliche Schiffshaut berühren dürfe. Große eiserne Expansionsschächte, welche vom Raum bis über das Wetterdeck reichten, dienten zu gleicher Zeit als Ladeluken. In den beiden folgenden Jahren bauten Palmers & Co. dann noch die Tankdampfer „Nederland" und „Switzerland" von gleichen Abmessungen wie die „Vaterland", doch weiß man auch von ihnen nicht, ob sie jemals Öl gefahren haben. Siehe Abb. 390.

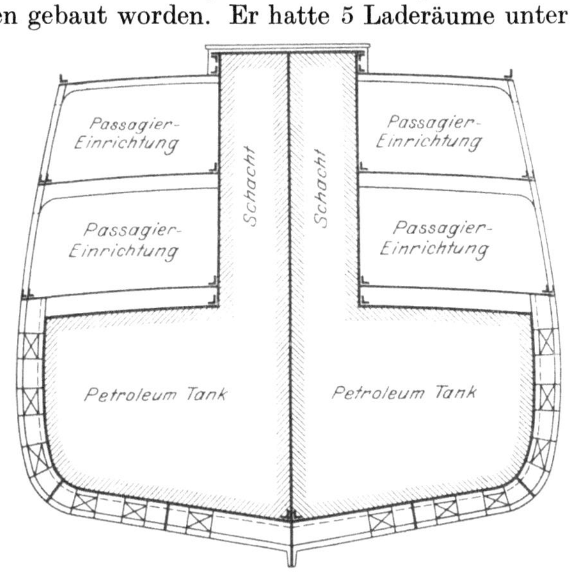

Abb. 390.

Der erste Tankdampfer, welcher wirklich loses Petroleum transportierte, war der Dampfer „Fergusons", der im Jahre 1880 als gewöhnlicher Frachtdampfer in Sunderland gebaut war. Er wurde dann für den Transport russischen Petroleums von Batum nach der Schelde in Middlesbrough von Craggs & Sons im Jahre 1885 zu einem Tankdampfer umgebaut oder vielmehr eingerichtet. Die Verbände des Schiffes blieben unverändert, und es wurde nur in den für den Transport des Petroleums bestimmten Räumen eine eiserne Haut aus 7 bis 9 mm dicken Platten eingebaut (Abb. 391). Es war nicht möglich, in schwerem Wetter die Tanks vollkommen dicht zu halten. Das Petroleum tropfte in die unzugänglichen Zwischenräume zwischen Tanks und Außenhaut, welche man aus Sicherheitsgründen vorgesehen hatte, und in diesen bildeten sich dann gefährliche Gase. Nach dreijährigem Betrieb flog das Schiff in Rouen in die Luft.

Auf dem Kaspischen Meer waren seit Ende der siebziger Jahre Tankdampfer im Betrieb, die für Rechnung und nach den Plänen der Naphtha-Transport-Gesellschaft

Ludwig Nobel von der Motala-Werft in Schweden gebaut waren. Es waren aber nur kleinere Fahrzeuge, keines auch nur von 1000 Tons Tragfähigkeit und von geringem Tiefgang entsprechend den ungünstigen Wasserverhältnissen auf dem Kaspischen Meer. Schon der Transport von Schweden nach dem Kaspischen Meer schloß größere Abmessungen aus. Sie verdankten ihre Entstehung auch weniger wirtschaftlichen Erwägungen als vielmehr der Holzarmut der Fundorte des russischen Petroleums, welche die Anlage von Faßfabriken ausschloß.

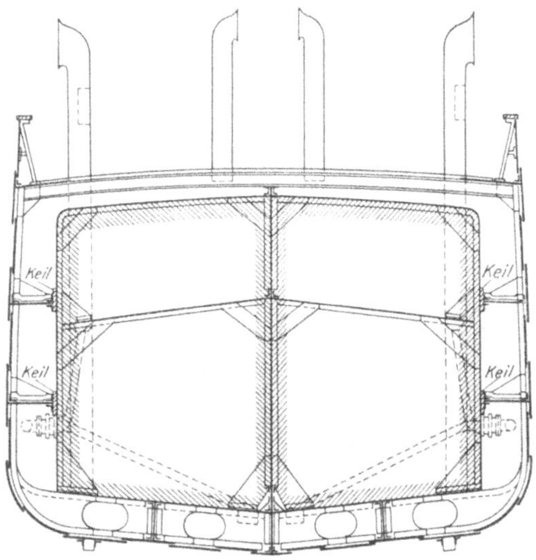

Abb. 391.

Die Russen und Schweden dachten aber nicht daran, ihre Idee, welche sie bei den Tankschiffen des Kaspischen Meeres zur Ausführung gebracht hatten, auf seegehende Schiffe anzuwenden, denn für die Fahrt Batum—Fiume ließen sie auf derselben Motala-Werft einen Tankdampfer „Sviet" bauen, der ein vollständiges Tankschiff in ein anderes hineingesetzt darstellt.

Wie schon erwähnt, hatte der Begründer der Deutsch-Amerikanischen Petroleumgesellschaft Heinrich Riedemann mit seinem Plan, einen Tankdampfer zu bauen, bei dem die Petroleumladung direkt an der Außenhaut lag und bei dem die Gefahren der doppelten Außenhaut und des doppelten Bodens für die Gasbildung ausgeschlossen war, zunächst kein Glück. Auch in England weigerten sich die Werften, ein derartiges Schiff zu bauen. Nur die Firma Armstrong, Mitchell & Co. in Newcastle erklärte sich bereit, es zu bauen. Vom März bis zum August 1885 arbeitete Riedemann die Pläne aus, welche dem Tankschiffbau für Jahrzehnte die Richtung gewiesen haben. Als das Projekt Lloyd's vorgelegt wurde, erklärten diese, das Schiff nicht ohne Änderungen genehmigen zu können. Wie aus den Verhandlungen vor der North East Coast Institution of Engineers and Shipbuilders 1893 hervorgeht, bestand die Änderung, die Lloyd's forderte, darin: „there should be one vessel inside another". Zum Glück lehnte Riedemann es ab, auf diese Vorschläge einzugehen, und das Schiff, welches im September 1885 bestellt wurde, wurde nach den Vorschriften und unter Aufsicht des französischen Bureau Veritas gebaut. Dieser Gesellschaft gebührt daher das Verdienst, den Tankdampferbau nach den Ideen Riedemanns überhaupt erst ermöglicht zu haben. Das Schiff erhielt beim Stapellauf den Namen „Glückauf", den die Zweifler in „Fliegauf" änderten, weil sie vorauszusehen glaubten, daß das Schiff wie die mit Sicherheitsräumen gebauten Vorgänger auffliegen würde. Man traute eben dem neuen Tankdampfertyp nicht, und das Schiff konnte nur schwer eine Besatzung bekommen. Um so größer war die Wirkung des Erfolges, als das Schiff mehrere Ladungen fast ohne jede Beschädigung herübergebracht hatte. Die Ersparnis an Faßgewicht betrug allein 522 t, welche der Tragfähigkeit zugute kamen, an Faßkosten unter Zurückrechnung des Wertes der leeren Fässer 28440 M, dazu die Ersparnis an Löhnen für das Füllen, den Transport der Fässer zum Schiff und das Stauen im Raum, sowie der Kosten für das Löschen der Fässer im Ankunftshafen. Das Laden und Löschen dauerte beim Bulktransport noch nicht so viel Tage als bei Faßladung Wochen. Diese gewaltigen wirtschaftlichen Erfolge wurden für die Bauart der Tankdampfer entscheidend. Allerdings gab Lloyd's Register seine Ideen über den Tankdampferbau nicht völlig auf. Beim nächsten Tankdampfer, der ihnen zur Klassifizierung angeboten wurde, dem russischen Tankdampfer Bakuin, machten Lloyds schon Zugeständnisse. Das Schiff hatte allerdings noch einen Doppelboden, doch gingen die Petroleumtanks bis zur Außenhaut. Einen weiteren Fortschritt im Tankdampferbau stellte der Dampfer „Chigwell" dar. Er war aus einem gewöhnlichen Frachtdampfer in einen Tanker umgebaut worden. Aber man baute nicht mehr, wie früher, Petroleumtanks ein, sondern erneuerte die Nietung der ganzen Außenhaut und Schotte im Bereich der Öltanks als öldichte Nietung und baute ein Mittellängsschott ein.

Inzwischen wurden für die Deutsch-Amerikanische Petroleum-Gesellschaft bei Armstrong, Withworth & Co. in Newcastle weitere Tankdampfer gebaut. Im gleichen Jahre wie der „Glückauf" wurde der „Vorwärts" vollendet, ihm folgten „Willkommen" und „Minister Maybach" im Jahre 1887, sowie „Energie", „Gut Heil" und „Paula" im Jahre 1888, wodurch die deutsche Petroleumeinfuhr damals zur größten der Welt wurde. 1893 bis 1894 wurden die ersten Tankdampfer in Deutschland gebaut, und zwar „Deutschland", „Excelsior" und „Washington" bei der A.-G. Vulcan in Stettin und „August Korff" bei Joh. C. Tecklenborg A.-G. in Geestemünde.

Die Sicherheit der Tankschiffe war eine wesentlich größere geworden, als die doppelten Wände an den Schiffsseiten und die doppelten Decks verschwunden waren. Entzündliche Gase entwickeln sich bei amerikanischem Öl, sobald es auf 25° C erhitzt wird; bei russischem Öl bei 28° C. Solange die Temperatur unter diesen Grenzen bleibt, genügt die natürliche Ventilation. Wegen der möglichen höheren Temperaturen muß ein genügender Expansionsraum für die Ausdehnung des Öls vorgesehen werden. Die ersten Tankdampfer hatten wohl nicht genügend Expansionsraum, so daß man glaubte, dieÖlladung den Temperaturen im Roten Meer nicht aussetzen zu dürfen. Es war deshalb den Tankdampfern bis Ende 1892 die Durchfahrt durch den Suezkanal verboten. Dadurch war die ganze russische Petroleumausfuhr nach Indien und dem fernen Osten damals auf den Transport in den heute noch bekannten Zinnkisten angewiesen.

Eine Hauptquelle der Gefahr waren bis Ende der neunziger Jahre bei den Tankdampfern die Gase, welche sich aus den Rückständen des Öls nach Leerpumpen der Tanks bildeten. Da diese Gase schwerer als die atmosphärische Luft sind, und sich infolgedessen auf den Boden der Tanks senken, so war ihre Entfernung schwierig, bis man auf den Gedanken kam, die Gase durch die Ölleitung selbst, die bis auf den tiefsten Punkt reichte, abzusaugen und bei den Bodenstücken, Seitenkielschweinen und Spanten so große Durchlauflöcher anzuordnen, daß alles Öl bis zum tiefsten Punkte gelangen und sicher entfernt werden konnte.

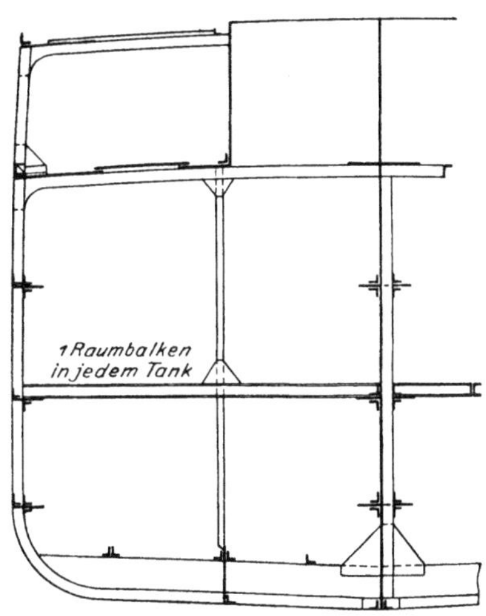

Abb. 392.

Die eigentlichen Querverbände werden beim Tankschiff durch die Schotten und die in Abständen von 4 bis 5 Spantentfernungen angeordneten Rahmenspanten oder richtiger Querrahmen gebildet. In den Abb. 392 bis 397 ist die im vorhergehenden in großen Zügen geschilderte Entwicklung übersichtlich dargestellt. Es ist ein Tankdampfer von 95,00 m Länge, 12,20 m Breite und 9,00 m Seitenhöhe bis zum obersten Deck zugrunde gelegt, da diese Abmessungen in dieser Periode am gebräuchlichsten waren.

Abb. 392, „Tankdampfertyp vom Jahre 1888", zeigt noch das normale Spantsystem. Rahmenspanten hielt man wegen der zahlreichen, in geringen Abständen angeordneten öldichten Querschotten nicht für erforderlich. Der Druck der Ladung auf die Seiten- und Bodenplatten wurde durch einen in jeder öldichten Abteilung angeordneten Raumbalken und eine Profilstütze aufgenommen. Die Seitenstringer bestanden aus 400 mm breiten Platten, welche durch doppelte, an der Innenkante der

Gegenspanten durchlaufende Winkel verstärkt waren. Der Zweck dieser Seitenstringer war nicht der, als Plattenträger die Außenhaut zu versteifen, sondern sie sollte die Spanten am Ausweichen verhindern. Im Boden waren diese Schiffe noch sehr schwach gebaut. Drei Paar aus Winkeln bestehende Kielschweine waren auf der Oberkante der Bodenwrangen angeordnet, und nur das mittelste Kielschwein war, soweit das Flach des Schiffes reichte, durch Interkostalplatten mit der Außenhaut verbunden. Auch die obere Gurtung war nicht stark. Das eigentliche Tankdeck war allein von Stahl, das oberste durchlaufende Deck dagegen, da es nur das Tankdeck gegen die Temperatureinflüsse schützen sollte, von Holz. Der schwachen unteren Gurtung entsprach eine ebenso schwache obere. Das Mittellängsschott erhielt Horizontalversteifungen von den Abmessungen der Seitenstringer.

Abb. 393 zeigt schon einen wesentlichen Fortschritt in den Querverbänden. Dort ist das mittelste Spant in jedem Ölraum, welches den Druck des Raumbalkens auf-

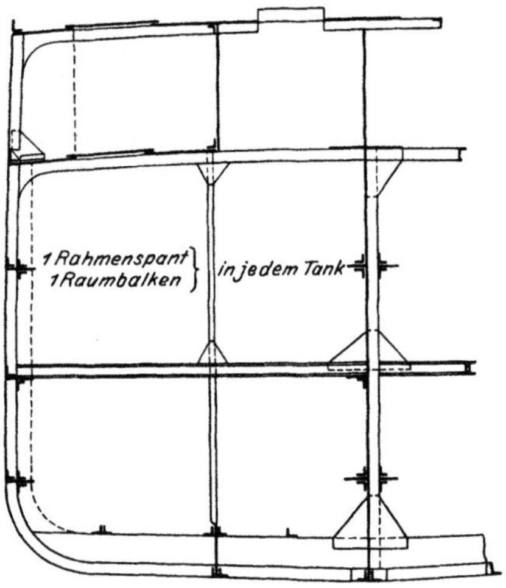

Abb. 393.

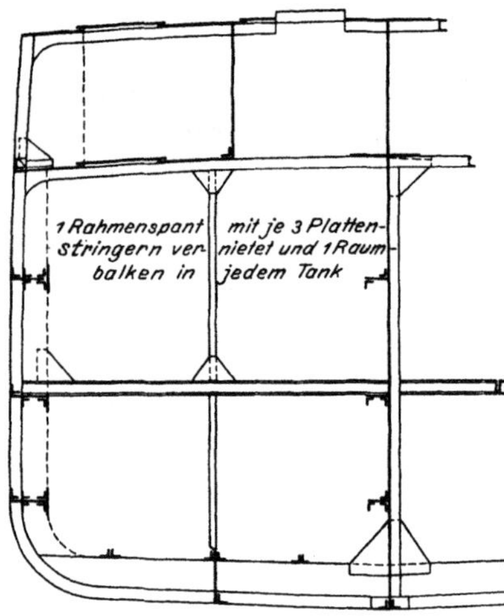

Abb. 394.

nehmen mußte, als Rahmenspant angeordnet. Allerdings ist es kein geschlossener Rahmen, da im Deck nur ein gewöhnlicher Balken angeordnet war. Bezüglich der Längsverbände ist gleichfalls eine grundlegende Änderung zu verzeichnen. Das oberste Deck wurde ebenfalls beplattet, allerdings nach den Regeln für die alten Spardeckschiffe, so daß also die Beplattung doch noch erheblich leichter war, als die des Tankdecks. Immerhin bildete jetzt das stählerne Tankdeck mit den Wänden des durchlaufenden Expansionsschachts und dem stählernen Spardeck eine sehr starke obere Gurtung, der gegenüber als untere Gurtung bei den unwirksamen Kielschweinkonstruktionen lediglich die Bodenplatten der Außenhaut in Frage kamen. Hierdurch wurde die neutrale Achse ganz erheblich höher geschoben und die Beanspruchung der Bodenplatten entsprechend größer.

In Abb. 394 ist insofern ein weiterer bedeutender Fortschritt zu verzeichnen, als die Seitenstringer hier als Plattenträger ausgebildet sind, deren Innenkante durch einen kräftigen durchlaufenden Winkel verstärkt ist. Allerdings ist ihr ursprünglicher Zweck, die Spanten in ihrer Lage festzuhalten, durch die Beibehaltung der durchlaufenden doppelten Winkel an der Innenkante Gegenspant noch klar erkenntlich. Die Breite der Stringer und des Rahmenspants ist gegenüber früher um 12,5% vergrößert. Trotz dieser Verbesserungen in der Konstruktion zeigten sich namentlich an der Verbindungsstelle des Raumbalkens mit dem Rahmenspant noch stets Schwächen.

In Abb. 395 sehen wir daher die Verwendung der Raumbalken in den Tankräumen ganz aufgegeben und statt dessen zwei Rahmenspanten, deren Wirkung um so größer war, als sie in Verbindung mit entsprechend verstärkten Tankdeckbalken angeordnet wurden, so daß wir jetzt in dem Zwischenraum zwischen zwei öldichten Schotten zwei völlig geschlossene Rahmen haben.

Allerdings hatten diese Rahmen an den Kreuzungspunkten mit den Seitenstringern schwache Stellen, da man an dem Grundsatz festhielt, die Seitenstringer unter allen Umständen durchlaufen zu lassen. Die Rahmenspanten bestanden also bei diesen Schiffen nur aus einzelnen Stücken, welche an den Stringern durch Fächerplatten verbunden waren. Indessen genügte auch diese Anordnung nicht, um die Schwächen, welche sich in den Tankräumen zeigten, auszugleichen.

Man verbreiterte die Seitenstringer um 25% gegenüber den ursprünglichen Abmessungen und ordnete auf jedem zweiten Spant ein Stützblech an (siehe Abb. 396). Auch ging man schon mit den Abmessungen der Kniebleche der Stringer an den Querschotten auf drei Spantentfernungen. Dennoch bildete noch lange Jahre gerade die Ver-

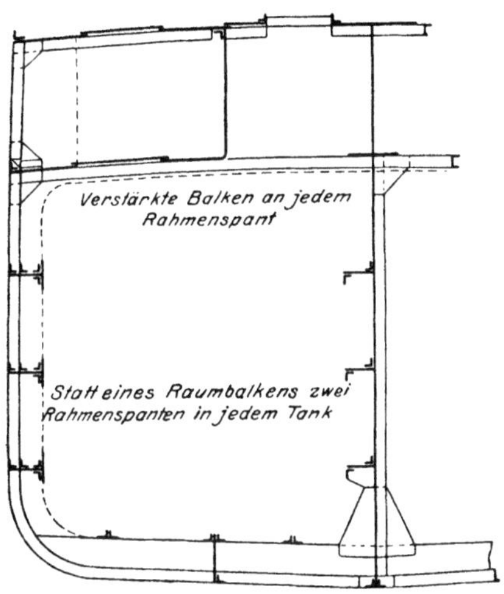

Abb. 395.

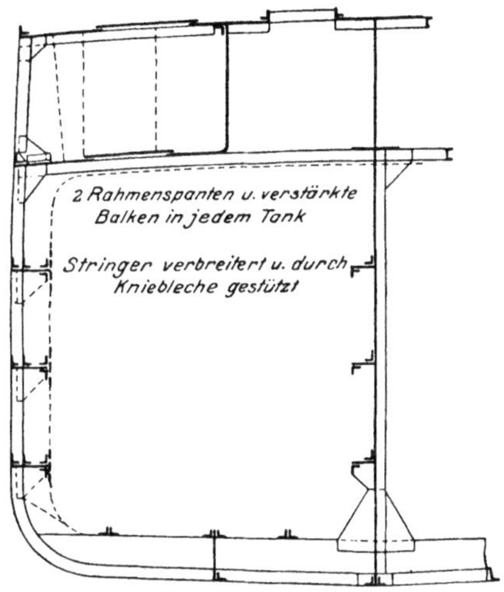

Abb. 396.

bindung der Stringer mit den öldichten Querschotten einen schwachen Punkt in der Konstruktion der Tankdampfer. An dem Ende der Kniebleche leckten stets die Niete in den öldichten Schotten. Erst nach Jahren ist es gelungen, diese Schwäche endgültig dadurch zu beseitigen, daß man an den Knien die Verbindungswinkel mit dem Schott ein bestimmtes Stück über die Enden des Knies hinausreichen läßt. Es zeigte sich also, daß der Übergang in der Steifigkeit der Platten an den Enden der Kniee ein zu plötzlicher war, ebenso dort, wo die Kniee der Kielschweine gegen die Schotten stießen. Dort ließ man dann ebenfalls die Verbindungswinkel über die Enden der Kniee hinausreichen.

Auch in der Verbindung der Seitenstringer mit der Außenhaut zeigte sich in der Nähe der Schotten die gleiche Erscheinung. Hier traf man dadurch Abhilfe, daß man die Seitenstringer auf drei Spanten vor und hinter den Querschotten durch doppelte Winkel mit der Außenhaut verband.

Indessen konnten alle diese Verbesserungen in der Konstruktion die regelmäßig im Boden auftretenden Leckagen nicht beheben. Man ging daher dazu über, das für den Längsverband als ziemlich wirkungslos angesehene Kielschwein zur Verstärkung der Bodenplatten zu verwerten. Zu diesem Zwecke war es zunächst erforderlich, die sämtlichen Kielschweine als Interkostalkielschweine anzuordnen. Abb. 397 zeigt an Stelle der früheren, nur aus doppelten, Rücken an Rücken genieteten Winkeln bestehenden Kielschweine schon eine Trägerkonstruktion, bestehend aus einer kräftigen Wulstplatte und doppelten Winkeln sowie interkostalen Verbindungsplatten mit der Außenhaut. Da diese indessen auch nicht in allen Fällen genügten, war man dazu übergegangen, auf den Bodenwrangen regelrechte I-Träger aus einer Platte und vier kräftigen Winkeln anzuordnen, die sich von Schott zu Schott erstreckten und dort durch große Kniebleche miteinander verbunden waren.

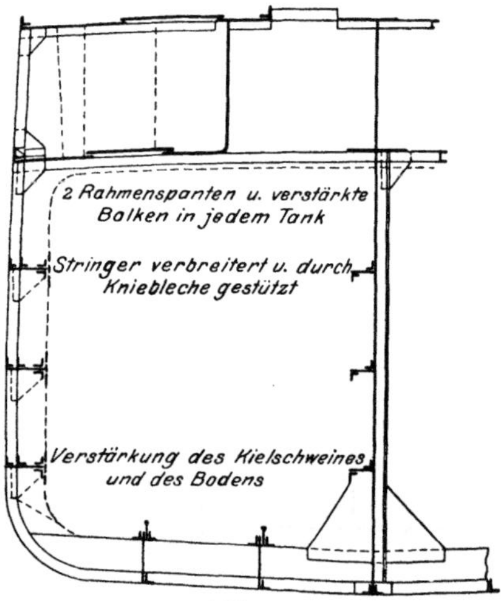

Abb. 397.

An diesen Trägern war die Außenhaut durch Interkostalplatten gewissermaßen aufgehängt. Man hat dabei vermieden, die Interkostalplatten mit den Bodenstücken zu vernieten, um letztere nicht durch die Nietlöcher zu schwächen. Auf die Wirksamkeit dieser Konstruktion für die Bodenplatten kann man aus dem Umstand einen Schluß ziehen, daß es sich als nötig erwiesen hatte, die Interkostalplatten in der Nähe der Querschotte auf eine bestimmte Länge durch doppelte Winkel mit der Außenhaut zu verbinden.

Ein Vergleich der Querverbände der Tankdampfer unter Berücksichtigung der öldichten Querschotte als wichtigsten Querverband könnte insofern gewagt erscheinen, als die Entfernung der Querschotte verschieden groß sein könnte. Für die Tankdampfer bis zu Ende des vorigen Jahrhunderts war die Entfernung der Ölschotten indessen fast konstant, da für alle Tankschiffe, welche für den Suezkanal fahren wollten, die Vorschriften der Suezkanalverwaltung bezüglich der Anordnung der Querschotte erfüllt sein mußten. Diese Vorschriften ließen aber als größten Rauminhalt eines Ölraumes nicht mehr als 566 m^3 zu. Heute ist indessen diese nicht mehr gerechtfertigte Vorschrift fallen gelassen.

Gehen wir nun auf die Bauvorschriften des Bureau Veritas, die am längsten, d. h. bis Mitte 1928 noch das Querspantensystem zur Grundlage hatten, näher ein, da auch heute noch der Fall vorkommt, namentlich bei kleineren Tankschiffen, daß sie nach dem Querspantensystem gebaut werden sollen.

Erster Grundsatz ist hier, die Ölladung muß an der Außenhaut liegen.

„Le chargement liquide devra être en contact avec la muraille extérieure et il ne pourra exister, par le travers des citernes, ni double fond, ni double coque intérieure.“

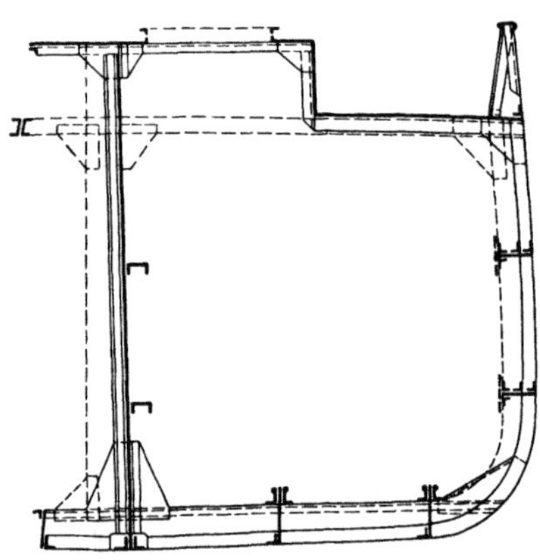

Abb. 398.

Mindestens ein öldichtes Längsschott bis Oberkante Expansionstank muß vorhanden sein. Anzahl der Querschotte und Abstand derselben muß so groß sein, daß die Stabilität des Schiffes beim Laden oder Löschen gesichert bleibt. Bei Dampfern soll die größte Tanklänge 8,55 m nicht überschreiten. Expansionsraum jedes Tanks 3%. Expansionsschacht soll halbe Schiffsbreite haben, die Seitenwände sollen über die ganze Länge der Tanks reichen.

Kofferdamm an jedem Ende der Tankräume, über ganze Breite und von mindestens zwei Spantentfernungen Abstand. Wenn Maschine in der Mitte, muß der Wellentunnel durch einen Kofferdamm vom Maschinenraum getrennt sein. Hilfskessel wird empfohlen aufs Oberdeck zu stellen.

Kofferdämme, Pumpenräume möglichst gut ventiliert. Besondere Vorrichtungen, um die Tankräume von Gas oder entzündlichen Dämpfen zu befreien. Pumpen möglichst tief stellen. Am wichtigsten Arbeitsausführung und Nietung. Um die Zahl der Nietverbindungen möglichst zu verringern, wird empfohlen, Profileisen und geflanschte Platten zu verwenden. Abb. 398 bis 400 geben ein Eindeck-, Zweideck- und Dreideck-Tankschiff wieder.

Kiel nur Flachkiel, und zwar 20% stärker als bei anderen Schiffen. Breite so groß, daß noch zwei Spantniete auf jeder Seite hineingehen. Spantentfernung 10% geringer als für Frachtschiffe. $\frac{C}{T} = 1{,}0$.

Spantprofile wie für Spanten mit Rahmenspanten vorgeschrieben. Wasserlaufbreite unten 20 cm. Spantknie 10 Niete im Spant und 6 Niete in den doppelten Winkeln auf dem Stringer.

Gegenspanten an Bodenstücken wie bei Schiffen ohne Doppelboden.

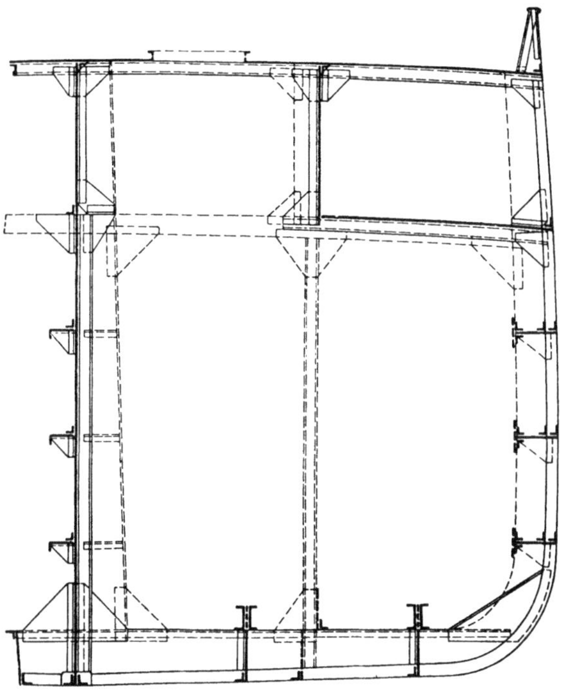

Abb. 399.

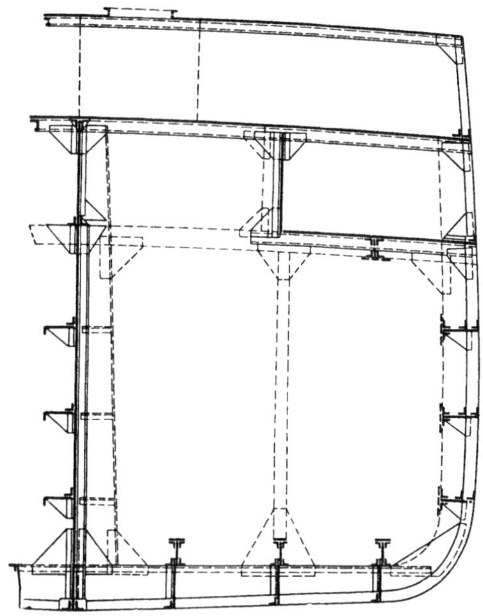

Abb. 400.

Die Bodenstücke stoßen stumpf gegen das Mittellängsschott und sind mit demselben durch vertikale Winkel und die vertikalen Versteifungen des Längsschotts verbunden. An den Verbindungsstellen sind Kniebleche von der Dicke der Bodenwrangen und der eineinhalbfachen Höhe der Bodenwrangen, gemessen von Oberkante Bodenwrange, anzubringen, die Verbindung kann in diesem Falle einfach sein. Es gibt aber auch eine doppelte Verbindung, d. h. auf der Gegenseite der Vertikalversteifung ein Gegenwinkel und an der anderen Seite des Mittellängsschotts zwei doppelte vertikale Winkel. In diesem Falle braucht die Höhe der Kniebleche nur so hoch zu sein wie die Bodenstücke. Diese Kniebleche werden geflanscht. Siehe Abb. 401 und 402.

In der Kimm werden die Bodenstücke hochgezogen wie bei gewöhnlichen Frachtschiffen ohne Doppelboden, falls man es nicht vorzieht, an den Enden Kimmstützplatten anzuwenden, die geflanscht werden (Abb. 403). Bei kleineren Tankschiffen, bei denen die Summe aus Breite und Seitenhöhe 15,25 m nicht überschreitet, brauchen die Kimmstützplatten nur an jedem zweiten Spant angebracht zu werden. Die Bodenstücke erhalten genügend große Löcher, damit das Petroleum leicht zu den Saugstellen laufen kann.

Rahmenspanten: Alle Tankschiffe erhalten in den Ölräumen Rahmenspanten, welche nicht weiter als vier Spantentfernungen voneinander stehen dürfen, dieselben haben die Abmessungen wie die Rahmenspanten in gewöhnlichen Schiffen, nur daß ihre Breite

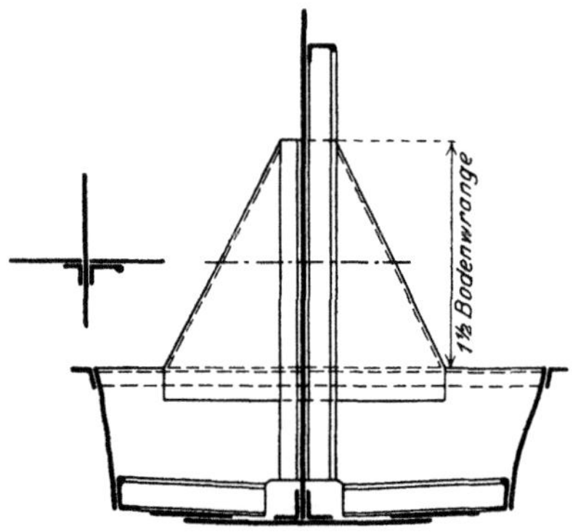

Abb. 401.

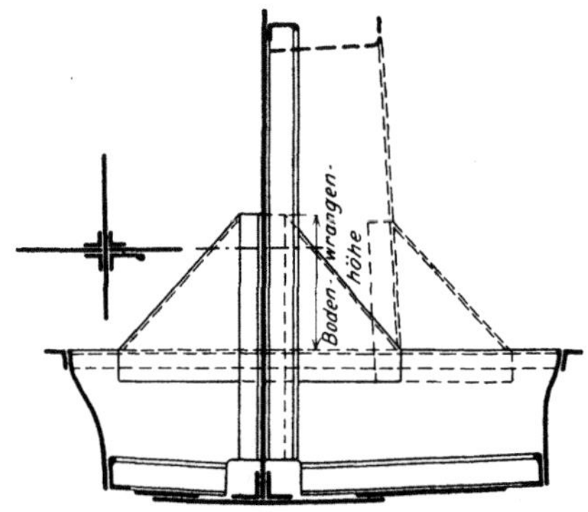

Abb. 402.

10% größer genommen wird. Die Rahmenspanten erhalten an der Innenkante doppelte Gurtwinkel, die bis zum Kimmkielschwein auf der Oberkante der Bodenstücke entlang geführt werden. Die Rahmenspanten werden mit den Bodenstücken durch dreifache Überlappsnietung und mit der Außenhaut durch doppelte Spantwinkel verbunden.

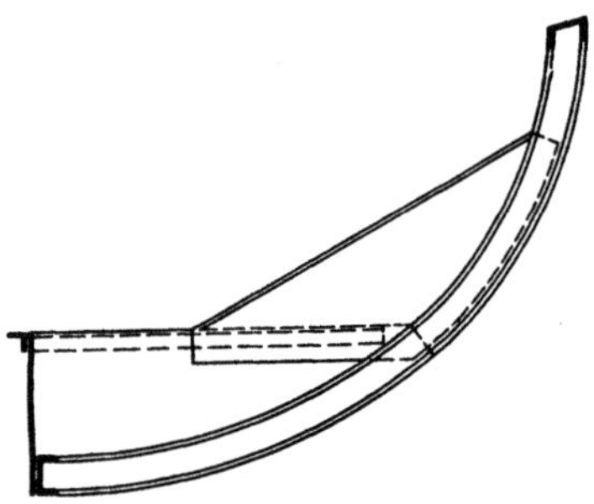
Abb. 403.

In den Sommertanks werden Rahmenspanten in Verlängerung der Tankrahmenspanten und der Tankquerschotte angebracht. Sie sind auf der Tankdecke durch doppelte Winkel vernietet und erhalten am Fuß die Abmessungen der Zwischendecksspantenknie. Oben ist ihre Breite gleich der doppelten Breite am Fuß. Rahmenspanten über Schotten macht man 50% breiter. An der Innenkante werden diese Zwischendecksrahmenspanten geflanscht.

Kielschweine und Raumstringer. Das Mittelkielschwein oder der untere Plattengang des Mittellängsschotts läuft in jedem Falle durch. Seine Stöße werden überlappt oder mit doppelten Stoßblechen und dreifacher Nietung verbunden. Es ist mindestens 3 mm dicker als die untersten Platten der Querschotte, und durch doppelte Winkel von gleicher Dicke mit dem Flachkiel verbunden. Das Mittellängsschott darf an keiner Seite Öffnungen oder Wasserlauflöcher haben. Man macht den untersten Plattengang des Mittellängsschotts, also das Mittelkielschwein, so hoch, daß die Oberkante über die Kniebleche der Bodenwrangen hinausreicht. Die Zahl der Kielschweine ist dieselbe wie bei Schiffen ohne Doppelboden, ebenso die Kielschweinwinkel und die Dicke der Interkostalplatten. Sie werden mit der Außenhaut durch Interkostalwinkel für einfache Nietung und 1,5 mm größerer Dicke als der des Kielschweins vernietet; die Zahl der Niete beträgt 6 oder 7 in jedem Feld. Für je drei Spantentfernungen von jedem Schott sind diese Winkel doppelt, um eine bessere Übertragung der Beanspruchungen durch das Schott zu erreichen.

Die Kielschweine sind an den Schotten glatt abgeschnitten und durch Kniee von der doppelten Höhe der Interkostal-Kielschweine von der Außenhaut gemessen wieder verbunden. Diese Kniee sind mit den Querschotten durch doppelte Winkel vom Profil der Deckstringerwinkel verbunden oder durch einen einfachen Winkel für doppelte Kettennietung. Bei gebauten oder bei Wulstwinkelkielschweinen flanscht man die Knieplatten an den Schotten.

Die Anzahl der Raumstringer in den Tankräumen bestimmt man dadurch, daß man als den größten Abstand derselben 1,83 m annimmt. Sie erhalten dieselbe Breite und Dicke wie die Raumspanten. Die Seitenstringer werden an den Querschotten abgeschnitten und durch horizontale Kniee und doppelte Winkel am Schott verbunden. Länge und Breite der Kniee nimmt man mindestens gleich der dreifachen Breite der Rahmenspanten. An der Außenhaut sind die Seitenstringer in gleicher Weise durch interkostale Längswinkel befestigt wie die Seitenkielschweine. Die Innenkante der Seitenstringer erhält doppelte Gurtungswinkel oder einen einfachen vom doppelten Widerstandsmoment, oder die Platte wird nur geflanscht; in letzterem Falle wird sie 2 mm dicker genommen. Die Seitenstringer erhalten auf jedem zweiten Spant Stützbleche.

Schotte. Über die Schotte in den Tankschiffen ist das meiste schon in dem Abschnitt über öldichte Schotte gesagt. Die Beplattung kann horizontal oder vertikal angeordnet werden. In jedem Fall ist aber die unterste Platte horizontal, und zwar mindestens in doppelter Breite der Bodenstücke wegen der Vernietung der Seitenkielschweine anzuordnen. Die Schotte werden mit der Außenhaut und dem Deck durch einen einfachen Winkel für doppelte Kettennietung verbunden. Man kann auch zwei Winkel nehmen, in diesem Fall muß aber der eine mit dem Schott durch eine doppelte Nietreihe vernietet sein. Bei einfachem Winkel sind die Schenkelbreiten bei 16 mm Nieten 115 mm, bei 19 mm Nieten 130 mm, bei 22 mm Nieten 150 mm und bei 25 mm Nieten 175 mm. Werden doppelte Winkel angewendet, so ist für 16 mm Niete der eine Winkel 65 × 65 und der auf der anderen Seite 115 × 65, bei 19 mm auf der einen Seite 75 × 75 und auf der anderen 140 × 75 mm, bei 22 mm Nieten auf der einen Seite 90 × 90 und auf der anderen Seite 165 × 90 mm, bei 25 mm Nieten endlich auf der einen Seite 100 × 100 mm und auf der anderen Seite 180 × 100 mm. In der Vertikalebene eines jeden Kielschweins wird eine vertikale Plattenversteifung vom Boden bis zum Tankdeck bzw. bis zur Decke des Expansionsschachtes angebracht. Diese Rahmenversteifungen werden mit dem Schott durch einen einfachen Winkel, mit dem Boden durch doppelte Winkel verbunden bzw. mit der Kielschweinplatte durch geflanschte Knieplatten vernietet. Die Innenkante wird geflanscht oder durch einen entsprechenden Winkel verstärkt. Wenn die Breite der Vertikalversteifungen 45 cm überschreitet, so werden sie durch horizontale Kniebleche ausgesteift.

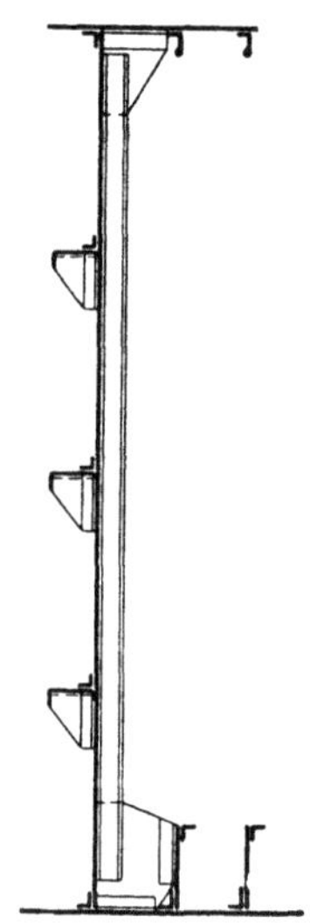
Abb. 404.

Die Vertikalversteifungen werden nach wie vor in Spantabstand angeordnet. Da aber letzterer in neuester Zeit erheblich vergrößert wurde und bei den Leitzahlen zur Bestimmung des Spantabstands für Tankschiffe *K* stets nur *1* genommen werden darf, so wird der tabellarische Spantabstand des Tankschiffes in der Regel um einige Stufen größer als der eines gewöhnlichen Frachtschiffes. Die Bestimmung, daß die Spantentfernung 10% geringer sein soll als die Tabelle angibt, ergibt so immer noch eine erheblich größere Spantentfernung als früher. Mit dem Boden, den Bodenwrangen und der Deckbeplattung werden die Vertikalversteifungen durch Kniebleche von der Dicke der Versteifungen verbunden.

Außer in vertikaler werden die Schotte auch in horizontaler Richtung versteift, und zwar jedesmal in der Ebene der Raumstringer (Abb. 404). Der Querschnitt dieser Versteifungen richtet sich nach dem Abstand der Versteifungen voneinander und nach der Raumtiefe, d. h. dem Druck der Ladung. In der Nähe des Tankdecks genügen noch Profile, während für die unteren Versteifungen meist aus Platten und Winkeln gebaute Träger in Frage kommen. Die Horizontalversteifungen werden mit den Raumstringern und den Längsversteifungen des Mittellängsschotts durch große geflanschte Kniee verbunden. Siehe Abb. 405. Mit der Schottbeplattung sind die Horizontalversteifungen, soweit sie nicht Profile sind, durch einen einfach genieteten Winkel verbunden, die nach dem Tank zu gekehrte Seite erhält einen breiten Flansch oder einen gleichwertigen Gurtungswinkel. Sollen Tankräume gegebenenfalls als Wasserballasträume Verwendung finden, so sind die Schotte derselben möglicherweise zu verstärken, da die Ölschotte im allgemeinen nur für den Fall berechnet sind, daß der Tank voll bis obenhin gefüllt ist und keine Beanspruchung durch den Anprall der losen Flüssigkeit an die Schottwand entstehen kann.

Bei den Kofferdammschotten ist die Absteifung wesentlich einfacher, indem man die schwachen Vertikalversteifungen beider Schotte durch große vertikale Platten miteinander verbindet, also beide Schotten gegeneinander absteift (Abb. 406 und 407). Unterhalb des Tankdecks der Ölräume darf in den Kofferdammschotten keine Öffnung angebracht werden. Die Abmessungen und Versteifungen der Längsschotte, gleichgültig ob dieselben öldicht sind oder nicht, nimmt man grundsätzlich genau so wie für die Querschotte.

Das Mittellängsschott läßt man am Kofferdammschott nicht plötzlich aufhören, sondern führt es noch mindestens um die Tankhöhe weiter als Dreiecksplatte in den Raum weiter, und versieht die Oberkante mit doppelten Gurtungswinkeln.

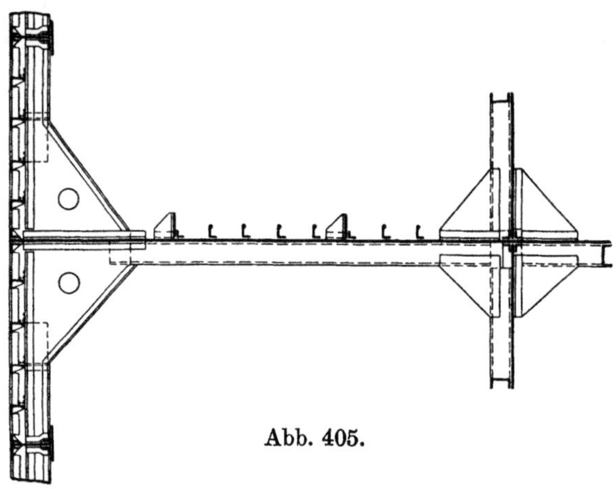

Abb. 405.

Das Mittellängsschott läuft entweder ununterbrochen durch die ganze Länge der Tankräume hindurch oder, was am häufigsten der Fall ist, die Querschotte gehen durch, und das Mittellängsschott stößt an jedem Querschott ab, mit denen es durch doppelte Winkel oder durch einen Winkel mit doppelter Nietung oder durch T-Eisen verbunden wird. Diese Winkel haben das Profil der Schottspantwinkel. In jedem Fall geht aber der untere Plattengang des Mittellängsschotts durch die Querschotte hindurch, falls man nicht, was auch vorkommt, die vertikalen Verbindungswinkel von solchen Abmessungen und solcher Vernietung nimmt, daß die durchlaufende Platte im Querschnitt ersetzt wird. Die Vertikalversteifungen des Mittellängsschotts stehen in Spantabstand, sind mit den Bodenstücken durch große Kniebleche verbunden und mit den Deckbalken durch Kniee. In den Expansionsschächten sind die vertikalen Mittellängsschottversteifungen entsprechend schwächer, aber ebenfalls am oberen und unteren Ende mit Knieblechen versehen. In der Ebene der Rahmenspanten erhält das Mittellängsschott vertikale Plattenversteifungen von der Bodenwrange bis zur Decke des Expansionsschachts. Die Breite dieser Versteifungen beträgt an den Bodenstücken $1^1/_4 \times$ der Höhe der Rahmenspanten und am Kopf $^2/_3$ der Breite am Fuß. Ihre Dicke ist gleich der mittleren Schottplattendicke.

In Höhe der Horizontalversteifungen der Querschotte bringt man Verstärkungen von gleicher Bauart an, welche mit diesen durch horizontale Knieplatten von gleicher Dicke wie die Versteifungen verbunden werden. Die Schenkelbreite dieser Kniee, gemessen von der Schottwand, nimmt man gleich der dreifachen Breite der Versteifungen. Ähnliche Knieplatten legt man auf die andere Seite des Schotts, so daß also sowohl bei den Seitenstringern als beim Mittellängsschott sich die Horizontalkniee zu beiden Seiten der Querschotte zu einer großen, rautenförmigen Horizontalversteifung ergänzen, welche gewissermaßen die Einspannstellen der Seitenstringer und der Horizontalversteifungen am Mittellängsschott und den Querschotten bildet. Siehe Abb. 405.

Die Schotte sollen so weit als möglich ohne Zuhilfenahme von Filz oder sonstigen Dichtungsmitteln Eisen auf Eisen gebaut werden. Das Verstemmen muß mit der größten Sorgfalt ausgeführt werden.

Decks und Deckbalken. In den Tankdecks werden Deckbalken angebracht, welche sich von der Außenhaut bis zum Mittellängsschott erstrecken. An den Rahmenspanten bringt man verstärkte Balken an aus Platten und Winkeln, welche mit den Rahmenspanten durch große geflanschte Kniee verbunden sind. Die Höhe dieser verstärkten Balken nimmt man mindestens $2^3/_4$% der Schiffsbreite und ihre Dicke gleich

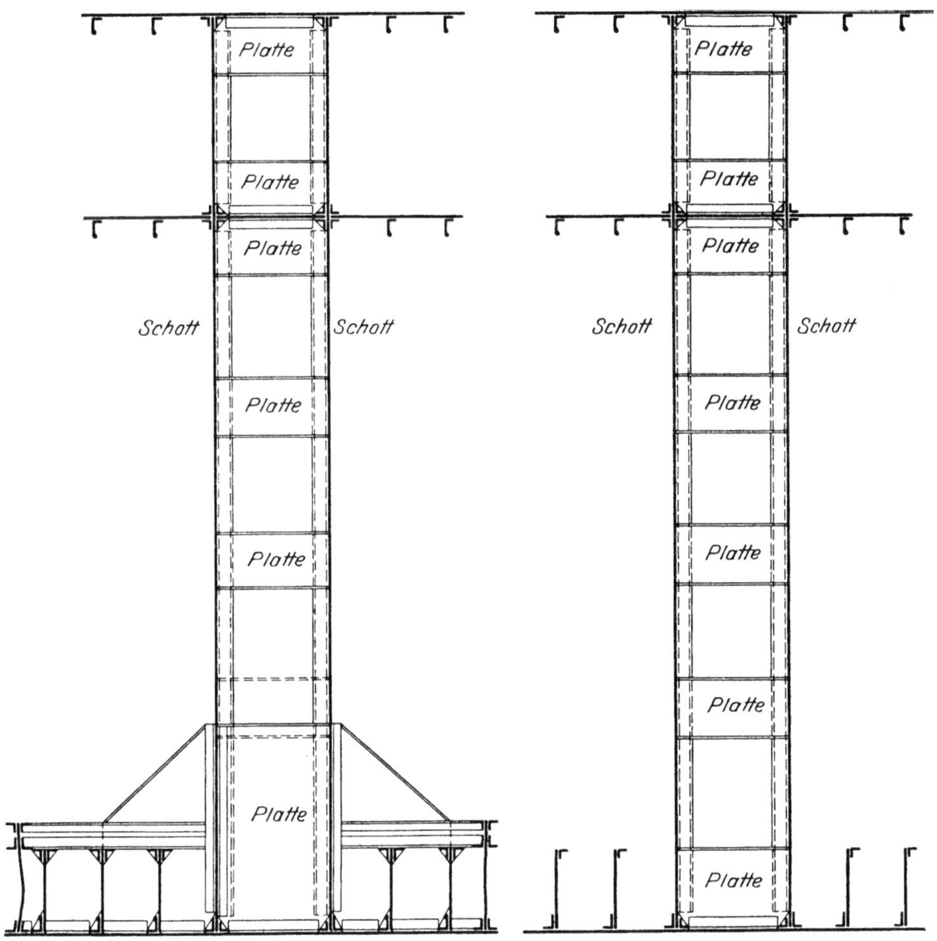

Abb. 406. Abb. 407.

der der Rahmenspanten; die Gurtungswinkel dieser Rahmenbalken erhalten die gleiche Dicke wie letztere. Die Kniebleche erhalten zwei Reihen Niete bei den Balken, den Rahmenspanten und den vertikalen Plattenversteifungen.

Die Öltankräume sind also, soweit man heute noch das Querspantensystem anwendet, im wesentlichen durch die großen horizontalen und vertikalen geschlossenen Plattenrahmen versteift. Die vertikalen Plattenrahmen werden gebildet aus der Bodenwrange, dem Rahmenspant, dem verstärkten Tankdeckbalken und der vertikalen Plattenversteifung am Mittellängsschott. Die Ecken dieser Rahmen sind, wie wir gesehen haben, durch die großen geflanschten Plattenkniee verbunden und eingespannt. In der Längsrichtung des Schiffes haben wir als vertikales Rahmenwerk die Kielschweine und die vertikalen Querschottversteifungen ebenfalls durch große Kniebleche in den Ecken verbunden.

Endlich haben wir ein geschlossenes horizontales Rahmenwerk in den Seitenstringern und den in gleicher Höhe liegenden horizontalen Versteifungen der Querschotte und des Mittellängsschotts, die alle wieder an den Ecken durch die großen geflanschten Kniebleche eingespannt sind.

Die Versteifung der Tanks besteht somit im wichtigsten Teil aus Plattenrahmenkonstruktionen in Verbindung mit der Außenhaut bzw. den Quer- und Längsschotten, während den eigentlichen Spanten und Deckbalken nur die Rolle der Aussteifung der zwischen den Rahmen liegenden Plattenflächen zufällt. Je nachdem nun diese beim Querspantensystem in vertikaler Richtung vorhandene Plattenaussteifung in horizontaler Richtung oder in beiden Richtungen erfolgt, erhalten wir, wie wir nachher sehen werden, die heute üblichen Bauweisen nach dem Längsspanten- (Isherwood-) System, dem Foster King-System, dem amerikanischen Gatewood-System, dem Millar-System und wie sie alle heißen.

Die Luken der Tankschiffe legt man, wenn irgend angängig, an die höchste Stelle des Expansionsschachts, damit nicht etwa bei einer Ausdehnung der Ladung durch die Wärmeeinwirkung Öl durch eine tiefer liegende Luke abfließen kann. In der Querrichtung legt man die Luke auf den halben Abstand von der Außenhaut und dem Mittellängsschott, und zwar in jedem Tank. Die Dicke des Tankdecks und die Dicke des Expansionsschachts macht man gewöhnlich gleich der mittleren Dicke der Schotte. Man läßt das Tankdeck im Bereich des Expansionsschachts meist offen bis auf Plattenstreifen von mindestens 610 mm Breite auf jeder Seite des Mittellängsschotts und der Querschotte.

Querschotte in den Sommertanks macht man ebenso stark wie die Querschotte in den Expansionsschächten. Gewöhnlich beträgt die Zahl der Schotte in den Sommertanks die Hälfte derer in den Expansionstanks.

Allgemein haben die Tankschiffe jetzt hinten liegende Maschinenanlagen. In diesem Falle ordnet man unter dem Maschinen- und Kesselraum einen Doppelboden an, der abgesehen von der größeren Höhe dieselben Abmessungen hat wie ein gewöhnlicher Doppelboden mittschiffs.

Die Vernietung der Tankschiffe weicht in gewissen Beziehungen von der allgemein üblichen Art der Vernietung ab.

Die Längsnähte der Außenhaut werden im Bereich der Tanks mindestens doppelt genietet, bei einer Schiffslänge von etwa 125 bis 130 m wird eine Längsnaht zwischen Kimmgang und Tankdecke dreifach genietet, bei größeren Schiffslängen werden zwei und mehr Nähte dreifach genietet und bei einer Länge von ungefähr 160 m alle Längsnähte zwischen Kimm und Tankdecke dreifach. Die Vernietung ist Kettennietung mit einer Nietteilung von 3,5 d. Die Stoßvernietung der Außenhaut im Bereich der Tanks ist mindestens dreifach, bei ca. 100 m Länge werden die Stöße der Kimmgänge und der Bodenbeplattung im Bereich der Tanks überlappt und vierfach und bei einer Länge von etwa 120 m und darüber überlappt und fünffach genietet. Die Vernietung ist Kettennietung mit einer Nietteilung von 3,5 d bei dreifacher, von 4 d bei vierfacher und 4,5 d bei fünffacher Nietung.

Die Stöße der Deckstringer im Bereich der Tanks erhalten dreifache Kettennietung. Die Stringerstöße des obersten Decks erhalten mindestens dieselbe Vernietung wie der Scheergang. Bei den Tankschiffen neuester Bauart mit 2 Längsschotten und keinen besonderen Sommertanks unter dem obersten Deck erhalten Stringer und Deckbeplattung, da es sich in Wirklichkeit um Eindeckschiffe handelt, sehr große Plattendicken und dementsprechend fünffache Vernietung der Stöße, während die Längsnähte des Decks einfach genietet werden. Bureau Veritas schreibt allerdings für die Nähte des Tankdecks, des Decks über den Sommertanks und der Decks des Expansionsschachts doppelte Kettennietung vor, indessen ist dies nur eine allzu große Besorgnis wegen der Öldichtigkeit und aus den Beanspruchungen dieser Verbandteile nicht zu begründen. Die Nietteilung in jeder Nietreihe soll 3,5 d sein.

Die Stöße und Längsnähte der öldichten Schotte sollen doppelte Kettennietung erhalten, bei welcher die Nietteilung 3,5 *d* nicht überschreiten soll. Soll das Längsschott nicht öldicht sein, so kann dort die Nietteilung 4 *d* betragen bei einfacher Nietung der Nähte und Stöße. Die öldichte Vernietung der Nähte und Stöße der Außenhaut, Tankdecke usw. ist von der Zeit der ersten Tankschiffe ab nur wenig geändert und bedarf dringend der Überholung. Bureau Veritas schrieb für alle öldichten Schotte der Außenhaut und der Decks eine Nietteilung von 3,5 *d* vor, für die Stöße wie vorher angegeben 3,5 *d* für dreifache und 4 *d* für vierfache Nietung. Lloyd's Register hat 3,5 *d* Nietteilung in den Stößen der Außenhaut und Deckstringer mit Ausnahme der vier- und fünffach genieteten Stöße, sowie in allen Nähten der Außenhaut und der Deckbeplattung, soweit diese unter 12,7 mm dick ist, darüber 4 *d*.

g) Flußtankschiffe. Der Germanische Lloyd hat im Herbst 1926 ausführliche Vorschriften für Flußtankschiffe herausgegeben, und zwar für Tankschiffe im allgemeinen, für Tankschiffe zur Beförderung brennbarer Flüssigkeiten, für Petroleumtankschiffe und für Benzintankschiffe. Die besonderen Vorschriften für Petroleumtankschiffe gelten für alle Flüssigkeiten, welche bei einem Barometerstand von 760 mm und bei einer Erwärmung auf 21° bis 55° C entflammbare Dämpfe entwickeln. Die für Benzintankschiffe getroffenen Bestimmungen sind für die Beförderung aller Flüssigkeiten maßgebend, die bei einer Erwärmung auf weniger als 21° C entflammbare Dämpfe entwickeln. Als Flammpunkt der Flüssigkeit gilt der mit einem amtlich beglaubigten Petroleumprüfgerät von Abel-Pensky ermittelte Wert.

Der Fußboden von Räumen für Pumpenantriebsmotoren oder Küchen über Tankräumen, in denen brennbare Flüssigkeiten gefahren werden, muß einen mindestens 200 mm hohen Zwischenraum über dem Tankdeck haben, der der freien Luft zugänglich ist. Die Antriebsmaschinenanlage muß hinter sämtlichen Tanks liegen. Durch die Schotte dürfen keine Rohrleitungen geführt werden.

Alle Flußtankschiffe müssen im Bereich der Tanks mit einem vom Boden bis zum Deck reichenden Längsschott versehen werden. Die Querschotte dürfen einen Abstand von höchstens 11 m und bei Benzintanks von höchstens 9,5 m haben. Von den Endräumen, den Maschinen und Pumpenräumen sind die Laderäume mit Ausnahme von solchen, welche für Wasser bestimmt sind, durch je zwei wasserdichte Querschotte (Kofferdämme), die wenigstens 500 mm voneinander entfernt sind, zu trennen. In Tankschiffen für Flüssigkeiten, deren Flammpunkt unter 100° C liegt, müssen die am Laderaum liegenden Kofferdammschotte öldicht sein. Ebenso muß auf diesen Schiffen über jedem Laderaum eine Expansionsluke angeordnet sein, deren Inhalt 1% des Ladetanks betragen muß. Im Bereich der Expansionsluke ist eine Marke anzubringen, bis zu welcher der Raum gefüllt werden darf. Alle Tankschiffe müssen eine Wallschiene haben.

Die Materialstärken sind die gleichen wie bei anderen Flußschiffen mit folgenden Änderungen: Die Bodenwrangen sind mit dem Längsschott durch Kniebleche von der Dicke der Bodenwrangen zu verbinden. Die Länge der senkrechten Schenkel der Kniee ist gleich der Bodenwrangenhöhe, die der wagerechten um die Breite der Durchflußöffnung größer als die Höhe der Bodenwrange. Sind nur an jedem zweiten Spant Bodenstücke, so dürfen dieselben nicht gebördelt werden. Die Bodenspanten an jedem zweiten Spant zwischen den Bodenwrangen sind durch Kniebleche von der dreifachen Spanthöhe mit dem Längsschott zu verbinden. Zwischen je zwei Querschotten ist bei 12 Spantentfernungen und weniger Schottabstand ein Rahmenspant anzubringen, bei längeren Tankräumen zwei Rahmenspanten. Die Abmessungen der Rahmenspanten stellen sich bei einer Seitenhöhe unter 2 m auf 325 × 5 mm und steigen auf 425 × 6 mm bei 3,5 bis 4 m Seitenhöhe. An den Rahmenspanten werden die Deckbalken durch Spantwinkel verstärkt, die durch Kniee von der Breite der Rahmenspanten mit diesen und dem Mittellängsschott verbunden werden; jeder dieser verstärkten Balken erhält eine Winkeleisenstütze. Diese Stützen sind mit einem Unterzug mit Zwischenplatte zu verbinden. An den Seiten erhalten die Tankräume Seitenstringer mit Zwischenplatten. Statt der Rahmenspantenkonstruktion können auch senkrechte und wagerechte Anker angeordnet werden. Der Deckstringerwinkel erhält die Dicke des Scheergangs.

Die Befestigungswinkel der Schotten an der Außenhaut und am Deck müssen bei einfacher Nietung 1 mm, bei doppelter Nietung 2,5 mm dicker sein als die Schottplatten. Die Beplattung der am Laderaum liegenden Kofferdammschotte muß bei Benzin- und Petroleumschiffen 5,5 mm, bei allen übrigen Schiffen 5 mm sein. Für die Trennungsschotte der Laderäume und die äußeren Kofferdammschotte ist bei Benzin- und Petroleumschiffen eine Plattendicke von 5 mm erforderlich. Die Dicke der Schottbeplattung bei den übrigen Tankschiffen beträgt bei einer Höhe des Schotts von 1 bis 1,3 m 3 mm und steigt auf 4,5 mm bei einer Höhe des Schotts von 2,5 bis 3,1 m. Die Versteifungswinkel werden gewöhnlich in 500 mm Entfernung angeordnet. Für die Querschotte von 1 bis 1,3 m Höhe bestehen die Versteifungen aus Winkeln 60 × 40 × 5 und steigen auf 130 × 65 × 9 bei 2,8 bis 3,1 m Schotthöhe. Für die Längsschotte in Petroleum- oder Benzintanks haben die Versteifungen nur rund das halbe Widerstandsmoment. Die Querschottversteifungen der sonstigen Tankschiffe sind im Widerstandsmoment noch etwas geringer als die Längsschottversteifungen der Öltankschiffe, und die Längsschottversteifungen der übrigen Tankschiffe etwa 30% schwächer als die Querschottversteifungen. Wenn die Versteifungen der Querschotte mit Knieblechen versehen werden, brauchen sie nur die Abmessungen der Längsschottversteifungen zu haben. Bei den Rahmenspanten erhält das Mittellängsschott Rahmenversteifung. Das Mittellängsschott soll nach den Vorschriften des Germanischen Lloyd zwischen den inneren Kofferdammschotten durchlaufen. Bei Seeschiffen läßt man in der Regel die Querschotte durchgehen und setzt das Mittellängsschott zwischen dieselben. Die Stöße der Plattengänge des Mittellängsschottes müssen mit denen des Decks und der Außenhaut verschießen. Im Flußschiffbau ist also das Mittellängsschott in weit höherem Maße ein Teil des Längsverbandes als im Seeschiffbau. Die Vorkehrungen für die Ventilation sind ähnlich wie für Tanks in Seeschiffen vorgeschrieben.

Die Nähte der Außenhaut im Bereich der Öltanks und der Kofferdämme müssen doppelt genietet sein, und es müssen auf jedem Spant zwei Nieten sitzen. Die Stöße sind überlappt und doppelt zu nieten, wenn nicht schon wegen des Verhältnisses von Länge zur Seitenhöhe dreifache Nietung erforderlich ist. Im Bereiche der Tanks sind die Längsnaht des Deckstringers und bei Tankschiffen über 9 m Breite auch die nächste Naht der Deckbeplattung doppelt zu nieten, ebenso die Stöße der Deckbeplattung. Bei Benzin-Tankschiffen müssen sämtliche Längsnähte und die Deckwinkel der Luken doppelt genietet werden. Der Deckstringerwinkel erhält im Bereich der Öltanks doppelte Zickzacknietung, die Nähte der Schottplatten erhalten doppelte öldichte Nietung. Die Schotte werden mit der Außenhaut und dem Deck sowie dem Mittellängsschott durch doppelte Winkel mit einfacher Nietung oder durch einfache Winkel mit doppelter Zickzacknietung verbunden. Die Nietteilung beträgt 3 Durchmesser in den einfach genieteten Decksnähten, 3,5 Durchmesser in allen Nähten und Stößen der Außenhaut, der Deckbeplattung, der Schotte und der Sülle der Expansionsluken, 4 Durchmesser in beiden Schenkeln der Befestigungswinkel der Begrenzungsschotte der Öltanks an der Außenhaut und dem Deck sowie des Deckstringerwinkels und der Luksüllwinkel auf Deck, 4,5 Durchmesser der Befestigungswinkel der inneren Tankschotten an der Außenhaut und am Deck, 6 Durchmesser in den Schenkeln der Spantwinkel an den Bodenwrangen und Rahmenspanten und 7 Durchmesser in den Spantwinkeln und Schottversteifungen. Die Kniebleche der Bodenwrangen am Längsschott erhalten in jedem Schenkel mindestens vier Nieten, desgleichen die Balkenkniee an den Rahmenspanten und an den Rahmenversteifungen der Längsschotte, ebenso die Stützen zur Verbindung der Unterzüge und Bodenwrangen.

5. Die Längsanordnung der Spanten und Decksbalken[1].

a) Allgemeines. Eiserne Längsspanten sind schon in der ersten Entwicklungszeit des Eisenschiffbaues zur Anwendung gekommen. In dem im Jahre 1863 herausgegebenen Werke „The modern System of Naval Architecture" schreibt J. Scott Russell in Kapitel 13 „on the Longitudinal System of iron Shipbuilding". Man kann diese Ausführungen auch heute nach 65 Jahren der Entwicklung des Eisenschiffbaues noch vorbehaltlos unterschreiben. Aber obwohl schon der „Great Eastern" die Überlegenheit der Längsspantenbauart über das Querspantensystem dargetan hat, und man sogar behaupten kann, daß nach dem damaligen Stande des Eisenschiffbaues der Bau eines Schiffes von den Abmessungen des Great Eastern nach dem Querspantensystem unmöglich gewesen wäre, so hat doch das Längsspantensystem, abgesehen von einigen Indienfahrern, von denen uns Scott Russell in dem erwähnten Werke Mitteilung macht, im Handelsschiffbau während der folgenden Jahrzehnte keine Anwendung mehr gefunden. Im Kriegsschiffbau wurde dagegen die Längsspantenbauart seit Scott Russells Zeiten weiter entwickelt bis zur Jetztzeit.

Man hat mancherlei Gründe dafür gesucht, weshalb Längsspantenbauarten im Handelsschiffbau so lange Jahrzehnte unterblieben sind. Der ursprüngliche Grund ist wohl darin zu suchen, daß das Längsspantensystem in einer verhältnismäßig jungen Periode des Eisenschiffbaus aufgetaucht war.

Das eiserne Schiff war in den 60er Jahren in allen seinen Verbänden noch eine Nachahmung des Holzschiffbaus, als sich der Schiffbau noch ganz im Banne der Tradition des Holzschiffbaues befand, und den meisten Schiffbauern der Gedanke solcher grundlegend veränderten Betrachtungsweise der Konstruktion und ihrer Beanspruchungen noch allzu fern lag. Wurde doch selbst Isherwood noch 1910 vielfach als ein Ketzer und aussichtsloser Erfinder angesehen, und vom deutschen Patentamt überhaupt nicht als Erfinder anerkannt.

Beim Holzschiffbau war der Träger der ganzen Festigkeit und der Schiffsform das Querspant in seiner Verbindung mit der Außenhaut. Das Spant diente auch dazu, die Längsplanken, welche durch die Kalfaterung auseinandergetrieben wurden, im ganzen zusammenzuhalten. Die Spanten waren also für die Längs- und Querfestigkeit von gleicher Bedeutung. Als man richtig gewachsenes Holz für die Spanten nicht mehr in hinreichender Menge fand, ging man notgedrungen im Holzschiffbau zum Eisenprofil als Spant über. Mit dem eisernen Spant kam aber naturnotwendig die eiserne Außenhautbeplattung, deren einzelne Plattengänge an den Längsseiten überlappt vernietet waren. Die Funktion des Querspants war für die Festigkeit des Schiffskörpers damit stark verringert. Form und Querfestigkeit erhielt der eiserne Schiffskörper durch die Außenhaut in Verbindung mit den Querschotten, Rahmenspanten, und die Spanten dienten lediglich dazu, die Außenhaut zu versteifen.

Daß das Querspantensystem beherrschend blieb, hing auch damit zusammen, daß die Vorschriften der Klassifikationsgesellschaften auf ihm fußten. Diese behandelten aber als zulässige Bauart nur das Querspantensystem. Für ein Längsspantenschiff hätte der Erbauer bzw. Reeder günstigenfalls eine „Versuchsklasse" bekommen, die aber für die Versicherungsprämie nicht vorteilhaft gewesen wäre. So blieb es bis 1910!

In den achtziger und neunziger Jahren des vorigen Jahrhunderts war man zu einer Art von Längsspantensystem im Boden des Schiffes gekommen, und zwar bei Einführung der Doppelböden nach dem Längsspantensystem. Man könnte vom Festigkeitsstandpunkte aus diese Längsträger als Plattenlängsspanten ansprechen. Indessen gehört diese Bauart der Doppelböden auch schon seit mehr als einem Menschenalter der Vergangenheit an, und das Querspantensystem im Doppelboden, d. h. der Doppelboden

[1] Siehe auch Anhang 2. Bemerkungen von Lloyd's Register of British and foreign shipping zu diesem Abschnitt.

mit hohen durchlaufenden Bodenstücken an jedem oder jedem 2. oder 3. Spant ist an Stelle des Doppelbodens mit Längsträgern getreten. Es verschwand somit wieder der Ansatz zum Längsspantensystem des Bodens. Hinsichtlich der Decks war die Ent-

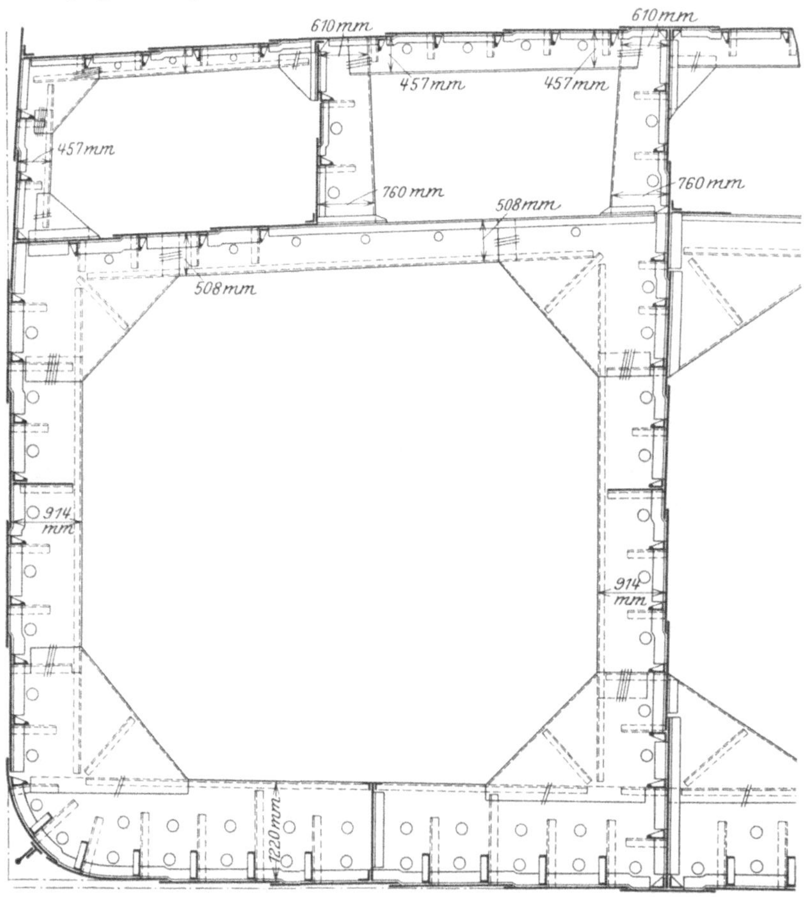

Abb. 408.

wicklung in der Richtung der Längsversteifung günstiger. Die durchlaufenden schweren Unterzüge in Verbindung mit weitstehenden Deckstützen waren zwar ursprünglich als Auflager der Deckbalken gedacht. Später aber entwickelte sich der Unterzug als gebautes Decklängsspant aus Platten und Profilen, und die Deckbalken übernahmen mit die Rolle der Versteifung der Deckbeplattung.

Das Verdienst der Verwirklichung eines konstruktiv und fabrikatorisch brauchbaren, in sich einheitlichen Längsspantensystems für Boden, Seiten und Decks muß dem englischen Schiffbauer Isherwood (später Sir Joseph) zuerkannt werden. Er entwickelte im Jahre 1907 ein Längsspantensystem, für welches in Großbritannien und allen anderen Schiffbauländern, mit Ausnahme von Deutschland, Patentschutz erteilt wurde. Lloyd's Register bereiteten zunächst der Einführung des Systems gewisse Erschwerungen und verlangten solche Zuschläge, daß der durch das System gerechtfertigte Gewichtsvorteil nicht zum Ausdruck gekommen wäre. Nachdem aber die ersten Versuchsbauten erfolgreich ausgefallen waren, wurden Lloyd's zu Förderern dieser Entwicklung, die dann von englischer und später auch amerikanischer Seite auf dem Wege des Massenbaues großer Erz- und Tankschiffe derart betrieben wurde, daß heute mehr als 1300 Längsspanten-Seeschiffe mit über 12 Millionen Rg.-T. im Betriebe sind. Beim Isherwood-System geben die Querschotten und dazwischenliegende Rahmenspanten in Verbindung mit der Außen-

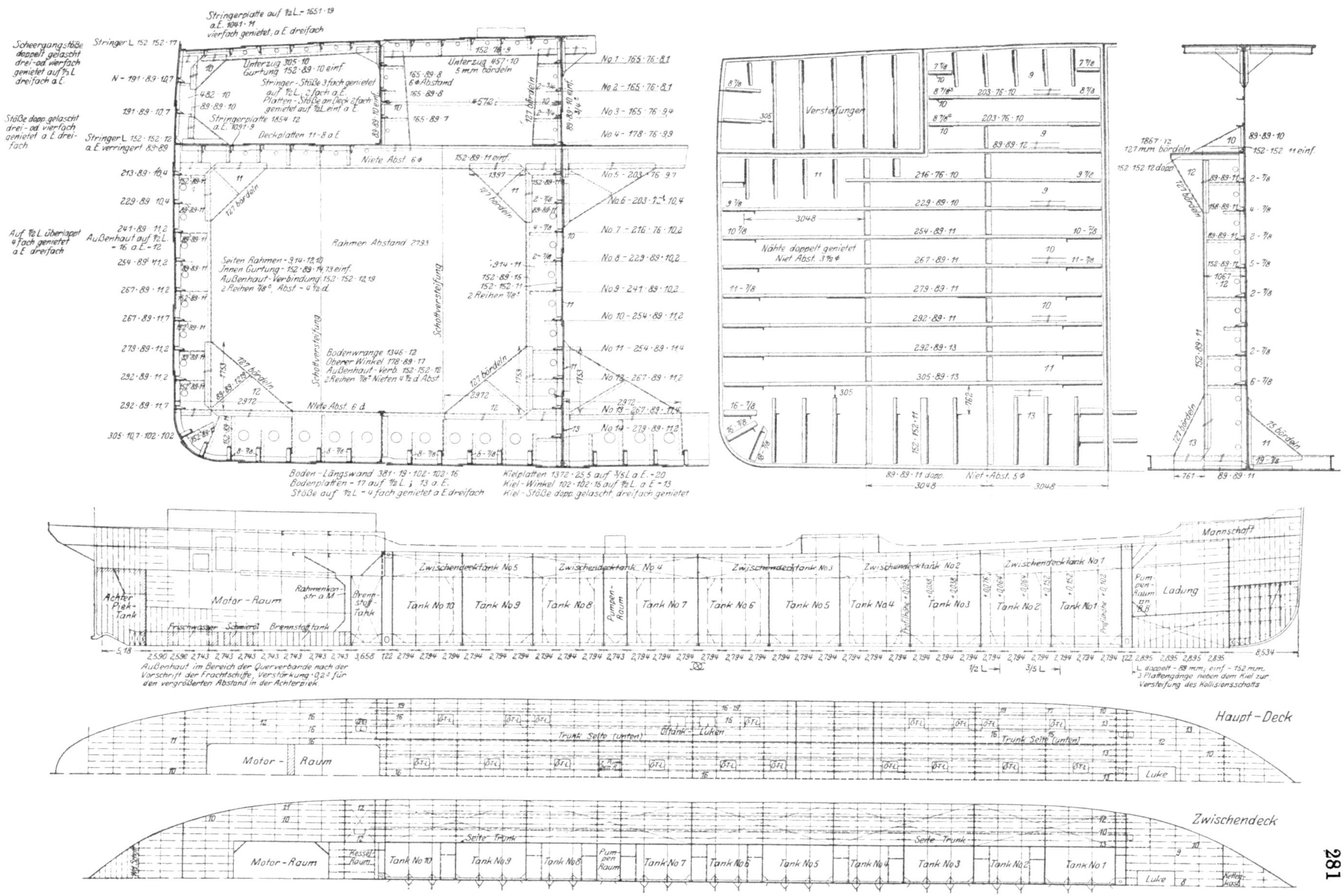

Abb. 409. Doppelschrauben-Tankmotorschiff nach dem Isherwood-System (siehe auch Anhang 2).
$L = 193{,}25$ m, $B = 19{,}583$ m, $Tg = 10{,}770$, Lloyds No.: $L \times D = 16605$, $L \times (B + D) = 46802$, $L : D = 13{,}30$.

haut dem Schiffskörper die eigentliche Formversteifung. Die Gesamtheit der Außenhaut, einschließlich des Bodens, und die Decks sind nun durch längslaufende Spantprofile im Abstand von 76 cm versteift — Profile, die sich auf die Schotten und Rahmenspanten stützen, dabei durch letztere hindurchgeführt sind, an den Schotten aber abstoßen, und (beim ursprünglichen Isherwood-System) durch die Schotten hindurch mittels Knieblechen verbunden sind. Die Rahmenspanten sind an den Stellen, wo die Längsspanten hindurchgehen, ausgeklinkt (siehe Abb. 408, 409, 411). Die Verbindung zwischen Rahmen- und Längsspant bildet kurze Winkel. Nach dem Isherwood-System sind außer den Frachtschiffen eine Anzahl von größeren Passagierschiffen und fast alle Erzschiffe und Tankschiffe der letzten 20 Jahre gebaut. Für die Frachtschiffe universeller Verwendung sind die breiten Rahmen in den Laderäumen in manchen Fällen hinderlich. Es ist deshalb im reinen Frachtschiffbau dieses System nur da in größerem Maße zur Anwendung gekommen, wo es sich um Schüttladungen handelte, und dort, wo eine große Anzahl sehr breiter Luken, wie z. B. bei den Erzschiffen auf den amerikanischen Binnenseen üblich, den Bau nach dem Querspantensystem schwierig macht, weil die Längsfestigkeit auf diese Weise wirtschaftlicher zu erreichen ist. Ein Hauptvorzug der Längsspantenbauart ist, daß durch die Längsspanten im Oberschiff die erforderliche Festigkeit des Decks gegen Zug- und Druckbeanspruchungen leichter erreicht werden kann als beim Querspantenschiff, da die Querspanten gegen Einbeulung der Außenhaut und der Deckbeplattungen keine angenähert entsprechende Festigkeit bieten.

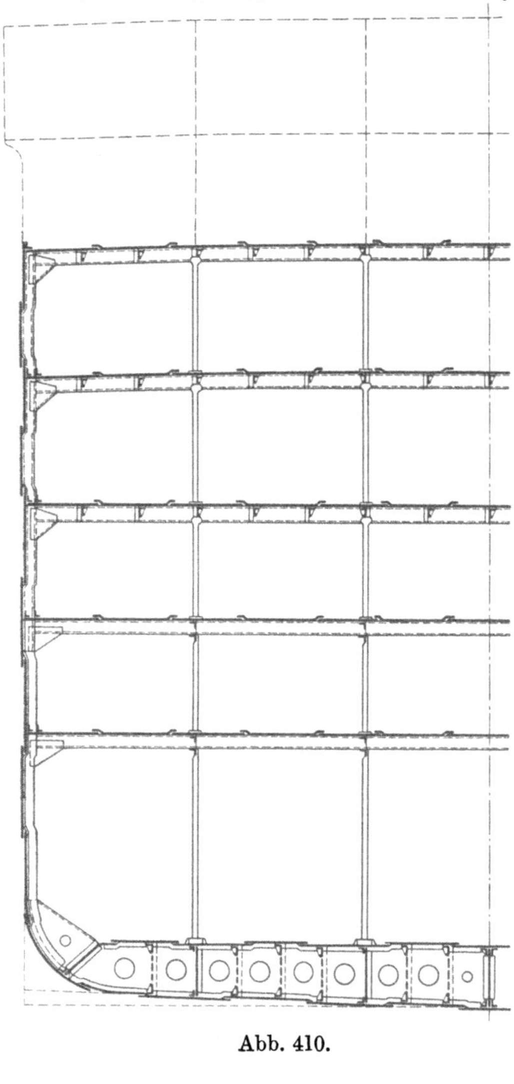
Abb. 410.

Um die Rahmenspanten in den Räumen zu vermeiden, baute man Schiffe mit Längsspanten in Boden und Deck, Querspanten in den Seiten des Schiffes, das sogenannte Millar-System (Abb. 410). Nach dieser Bauart sind ebenfalls eine Anzahl Schiffe gebaut. Neuerdings, nachdem Isherwood die Millar-Kombination mit in seinen Bereich aufgenommen hatte, ist diese Bauart in dem sog. „Combination System" Isherwoods zu besonderer Geltung gekommen[1].

b) Das Längsspantensystem für Öltankschiffe. Nach den Regeln von Lloyd's Register.

Bis zum Jahre 1922 hatte Lloyd's Register Vorschriften über Petroleum-Tankschiffe nach dem Querspantensystem, ähnlich wie sie bis 1927 sich noch beim Bureau Veritas fanden. Im Jahre 1925 gab dann Lloyd's neue Bauvorschriften für Petroleum-Tankschiffe heraus, und zwar nach dem Längsspantensystem. Es ist darin im wesentlichen die Isherwood-Bauart

[1] Die Ersparnis an Baumaterial gegenüber dem Querspantenschiff liegt je nach Größe und Schiffstyp zwischen 9 und 13%.

mit Knieblechen aufgenommen. Lloyd's selbst lenkt am Kopf der Bauvorschriften die Aufmerksamkeit der Reeder und Schiffbauer darauf, daß bei Anwendung der Vorschriften Lizenzen noch laufender Patentrechte in Frage kommen können. Die Bauvorschriften sind aufgemacht für Schiffe nach dem Längsspantensystem, mit einem Mittellängsschott, durchlaufendem Expansionsschacht zwischen Oberdeck und zweitem Deck und einer Normalhöhe des Zwischendecks von 2,44 m. Lloyd's lassen aber auch andere Bauweisen zu, für welche jedoch noch keine Bauvorschriften vorgesehen sind, z. B. das Foster King System.

Als größte Länge der Ladetanks sind 9,14 m und als Länge der Sommertanks 18,29 m vorgesehen. Die Breite der Expansionsschächte ist mit 0,6 Breite des Decks im Maximum angenommen. Kofferdämme sind am hinteren und vorderen Ende der Ladetanks anzuordnen. Der Abstand der Kofferdammschotte darf nicht geringer als 0,914 m sein, und dieselben müssen sich vom Kiel bis zur Decke des durchlaufenden Expansionsschachts erstrecken.

Die Längsspanten haben nicht den Hauptzweck der Längsfestigkeit, denn sie sind bei sämtlichen Querschotten, ja bei gewissen Konstruktionen auch an den Rahmenspanten abgeschnitten und bei der neuen Isherwood-Bauweise, dem knieblechlosen System, auch nicht durch die Schotten hindurch verbunden. Das Hauptgerippe des Tankschiffes bilden die öldichten Querschotte, für die auch ein größter Abstand festgelegt ist, der allerdings auch noch durch die Wirkungen der freien Oberfläche mitbestimmt wird. Außenhaut und Decks, die Hauptträger der Festigkeit, sind fast genau dieselben wie bei dem Handelsschiff nach der Querspantenbauart, nur daß mit Hinsicht auf das durchlaufende Mittellängsschott geringe Abweichungen in der Stärke der Längsverbände zugelassen sind. Die Längsspanten dienen in erster Linie zur Versteifung der Außenhaut, um zu ermöglichen, daß die Außenhaut bzw. Deck und Bodenbeplattung ohne Ausweichen bzw. Einbeulen ihre Funktion als Längsträger auf Zug und namentlich auf Druck ausüben können. Der Hauptwert der Längsspantenbauweise im besonderen für Tankschiffe liegt in folgendem: Die größten bei den Tankschiffen auftretenden Beanspruchungen sind die Druckbeanspruchungen in der oberen Gurtung, die die Außenhaut bzw. das Deck einzubeulen streben beim „Schiff im Wellental". Diese Beanspruchungen lassen sich durch die Anordnung von Längsspanten in der oberen Gurtung leicht und sicher aufnehmen. Dazu kommt, daß die Tankschiffe wechselnden Beanspruchungen durch Wasserdruck bis zum Deck ausgesetzt sind. Diese lassen sich bei horizontaler Versteifung mit weniger Materialaufwand aufnehmen als bei den vertikalen Versteifungen nach dem Querspantensystem, da man die Stärke der einzelnen Versteifungen immer der Höhe über dem Boden bzw. dem Druck des Wassers entsprechend wählen kann.

Die Längsspanten werden zwischen den Schotten durch Rahmen, welche in Abständen 2,44 m, 3,05 m oder 3,66 m rings um den halben Schiffsquerschnitt, also vom Mittellängsschott im Boden bzw. der Wand des Expansionsschachts geschlossen bzw. durch große Kniee verbunden, durchlaufen, unterstützt bzw. eingespannt.

Der untere Teil dieses Ringrahmens, welchen wir „Bodenträger" nennen wollen, ist für 2,44 m, 3,05 m und 3,66 m Abstand angegeben, je nachdem ob bei der Länge der Tanks 2 oder 3 Querträger zwischen den öldichten Querschotten angeordnet sind. Früher setzte man die Querträger in genau gleichen Abständen; neuerdings nach der sogenannten knieblechlosen Längsspantenbauart ist dies, wie wir später sehen werden, nicht mehr der Fall. Die Abmessungen der Bodenträger bestimmen sich aus der Schiffsbreite und der Seitenhöhe des Schiffes, welch letztere normalerweise die Höhe derÖlladung, also den Druck auf den Boden angibt, da ja auch Tiefgang und Seitenhöhe in bestimmtem Verhältnis stehen. Der Bodenträger besteht aus einer vom Mittellängsschott bis zur Außenhaut durchlaufenden Platte, deren Oberkante parallel der Aufkimmung läuft, und welche an der Oberkante mit einem Winkel oder Wulstwinkel versehen ist. Die Dicke dieser Bodenstücke beträgt 9 mm bei den kleinsten auf 2,44 m Abstand stehenden, bis 12,7 mm bei den größten Schiffen und einem Abstand von 3,66 m, die Höhe 660 mm bei den kleinsten bis 1800 mm bei den größten Schiffen und dem entsprechenden Abstand. Mit der Außenhaut sind die Bodenquerträger durch einfache doppelt genietete Winkel verbunden, welche interkostal zwischen den Bodenlängsspanten sitzen. Bei Schiffen über 146,3 m Länge und wo bei Schiffen über 108 m Länge der Abstand der Querträger 3,66 m überschreitet, erhalten die Bodenquerträger noch einfach genietete Rückenwinkel zur Verbindung mit der Außenhaut. Mit den Seitenträgern bzw. der in gleicher Ebene liegenden Vertikalversteifung des Mittellängsschotts ist der Bodenträger durch große Plattenkniee von der Dicke der Bodenträger verbunden, deren horizontaler Schenkel, gemessen von der Außenhaut, 10% der Mittschiffsbreite bei 9,144 m Schiffsbreite bis 16% der Schiffsbreite bei 21,34 m Schiffsbreite beträgt. Über die Bestimmung des vertikalen Schenkels siehe Seitenträger.

Die Verbindung der Längsspanten mit den Rahmenspanten geschieht durch Winkel, welche von der Außenhaut bis zur Innenkante des Gurtungswinkels und abwechselnd bis zur halben Höhe des Querträgers reichen (siehe Abb. 411), in jedem Falle aber bis zur Oberseite der Erleichterungslöcher.

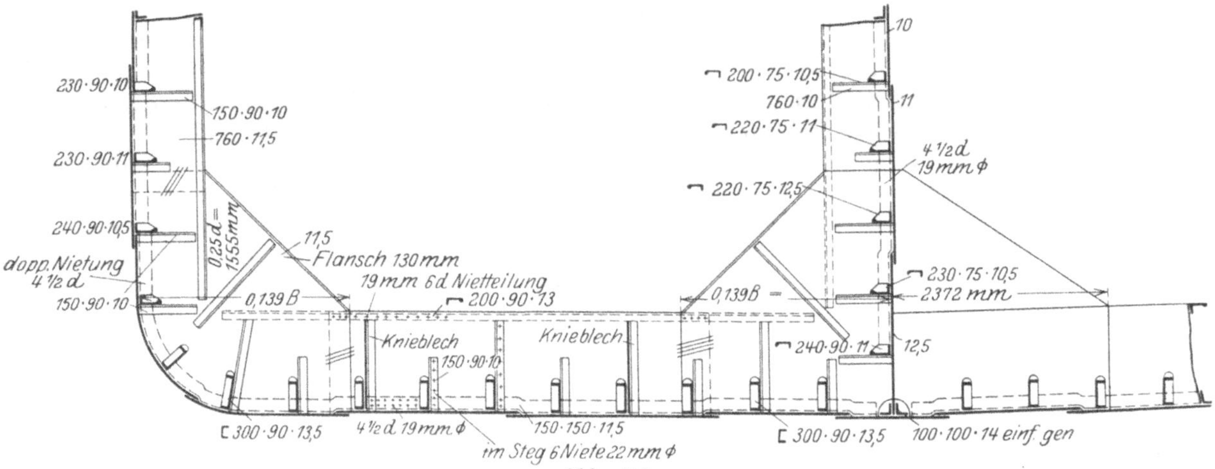

Abb. 411.

Diese Versteifungswinkel sind bei einer Höhe der Querträger bis zu 760 mm 130 × 75 × 9, bei 760 bis 914 mm Höhe 150 × 75 × 9,5, bei 914 bis 1000 mm Höhe 150 × 90 × 10, bei größerer Höhe 150 × 90 × 11. Die Vernietung der Winkel, welche die Längsspanten mit den Querträgern verbinden, richtet sich nach dem Profil der Längsspanten und der Versteifungswinkel. Bei Verbindungswinkeln von 75 und 90 mm erfolgt die Verbindung bei Wulstprofilen bis 280 mm durch 2 Niete, bei Wultswinkeln oder [-Profilen bis 356 mm durch 3, bei [-Profilen von 380 bis 460 mm durch 4 Niete und bei gebauten Trägern von 480 bis 510 mm durch 5 Niete. Bei 130-mm-Versteifungswinkeln werden bis zu 190 mm hohen Wulstwinkellängsspanten 3 Niete, bei 200 bis 240 mm Wulstspanten 4 und darüber hinaus 5 Niete zur Verbindung der Versteifungswinkel mit den Längsspanten genommen. Bei 150-mm-Versteifungswinkeln werden bis zu 240 mm Längsspanten 4, bei 240 bis 290 mm 5, bei 300 bis 360 mm Wulst- oder [-Spanten 6, bei 400 bis 460 mm 8 und bei 480 bis 510 mm hohen Längsspanten 10 Nieten zur Verbindung von Versteifungswinkel und Längsspant genommen. Der Nietdurchmesser ist durchweg 22 mm mit Ausnahme der ganz kleinen Profile, wo er 19 ist. Der Durchmesser der Niete in den kurzen Stützwinkeln ist derselbe wie in den langen.

Bei Schiffen bis zu 12,2 m Breite erhält der Bodenquerträger ein Knieblech in ungefähr $^1/_4$ der Schiffsbreite; von 12,2 bis 18,3 m erhält jeder Bodenquerträger 2 Kniebleche, welche an den Längsspanten angeordnet werden (s. Abb. 411); wo die Schiffsbreite 18,2 m überschreitet, werden ein interkostaler Bodenträger und dazu noch 2 Kniebleche angeordnet, also eine Art Interkostalkielschwein wie beim Querspantensystem. Wo der Flansch des oberen Gurtungswinkels über 180 mm breit ist, erhält dieser noch mindestens 2 Stützbleche.

Seitenrahmen: Die Fortsetzung der Querträger im Boden an den Schiffsseiten und dem Mittellängsschott nach oben hin bilden die Seitenrahmen, die sich ähnlich wie die Querträger im Boden aus dem Abstand der Querträger im Boden, aus der Seitenhöhe und dem freitragenden Stück von Oberkante Querträger im Boden bis zum 2. Deck an der Seite mittschiffs berechnen. Wo durch den Sprung des 2. Decks sich eine größere freitragende Länge ergibt, ist die Breite des Rahmenspants für jeden Fuß des Sprungs um 25 mm zu vergrößern.

Für 2,44 m Abstand ist bei 4,57 m Seitenhöhe und einer Höhe des 2. Decks über Oberkante Querträger im Boden der Seitenträger 356×9 mm mit einem Garnierwinkel von $75 \times 75 \times 9$ und steigt auf $1194 \times 12{,}5$ mm mit einem Gurtungswinkel von $165 \times 100 \times 19{,}3$ bei 13,72 m Seitenhöhe und 10,06 m von Oberkante Querträger bis Seite 2. Deck.

Für 3,05 m Abstand der Seitenrahmen sind die Zahlen für 4,57 m Seitenhöhe und 2,13 m bis 2. Deck 356×9 und der Gurtungswinkel ebenfalls $75 \times 75 \times 9$ und für 13,72 m Seitenhöhe und 10,06 m Abstand des 2. Decks von Oberkante Querträger $1245 \times 12{,}7$ mit einem Gurtungswinkel $180 \times 100 \times 19{,}8$.

Für 3,66 m Abstand wird im ersten Fall die Platte 25 mm breiter, während der Winkel derselbe bleibt; im zweiten Fall wird die Breite des Rahmens 1295 mm und die Gurtung besteht aus doppelten Winkeln $150 \times 90 \times 14{,}7$. In die Seitenrahmen können Erleichterungslöcher geschnitten werden, aber nicht über 150 mm Durchmesser. Diese Erleichterungslöcher setzt man dicht an den Verbindungswinkel des Rahmens mit der Außenhaut und mitten zwischen 2 Durchgangslöcher für die Seitenlängsspanten. Die Durchgangslöcher für die Längsspanten müssen innen gut abgerundet sein. Die Seitenrahmen werden mit den Bodenträgern durch Kniee verbunden, deren vertikale Schenkellänge, gemessen vom Gurtungswinkel, $^1/_4$ der ganzen Höhe von Oberkante Bodenträger bis 2. Deck beträgt, das Knie zur Verbindung des Rahmens mit den Decksquerträgern muß $^1/_5$ dieses Maßes betragen. Die Dicke des unteren Knies macht man gleich der Dicke des Bodenträgers und des oberen Knies gleich der Dicke des Seitenrahmens. Die Kniebleche erhalten einen Flansch von 125 mm Breite. Wo die Länge des Knies längs der Kante gemessen mehr als 1675 mm beträgt, versteift man das Knie durch einen Winkel 90×75 von der Dicke des Knies. Wo die Dicke mehr als 12,7 mm beträgt, nimmt man 90er Winkel dazu. Die Seitenrahmen werden mit den Boden und Deckträgern durch doppelte Überlappsnietung verbunden, ebenso erhalten die Kniee doppelte Überlappsnietung gegen die Querrahmen. Wo die Kniee aber bis zur Außenhaut gehen, erhalten sie dreifache Überlappsnietung, wenn nicht der Stoß gerade auf ein Längsspant trifft, in welchem Falle vierfache Überlappsnietung zur Anwendung kommt. Die Stöße der Platte läßt man soweit wie irgend angängig von den Längsspanten klar gehen. Die Winkel, welche die Seitenrahmen mit der Außenhaut verbinden, erhalten dieselbe Dicke wie die Seitenträger. Die Vernietung ist die gleiche wie die der Bodenquerträger, nur daß doppelte Winkel erst bei Schiffen über 9,14 m Seitenhöhe erforderlich sind.

Die Versteifung der Rahmenspanten im Raum geschieht durch zwei horizontale Kniebleche, und zwar in der Nähe des Anlaufs der Vertikalkniee. Wenn die Seitenhöhe aber 7,0 m nicht übersteigt, so bringt man nur ein Knieblech in der Mitte der Höhe an (siehe Abb. 408).

Die Versteifungswinkel der Rahmenspanten richten sich für die obere Hälfte nach der Breite der Rahmenspanten, sind also bis 610 mm Breite Winkel von 75 m Schenkellänge. Darüber hinaus Winkel von 90 m Schenkellänge. Für die untere Hälfte der Seitenträger sind die Versteifungswinkel bis 457 mm Rahmenspantbreite $125 \times 75 \times 9$ mm, bis 610 mm $150 \times 90 \times 11$ mm. Überschreitet die Seitenhöhe 11,5 m, so erhalten alle Versteifungswinkel der Rahmenspanten die vorerwähnten Abmessungen. Anzahl und

Durchmesser der Niete in den Winkeln, welche die Seitenlängsspanten mit den Seitenrahmen verbinden, sind dieselben, wie bei den Bodenquerträgern angegeben. Wo der Flansch des Gurtungswinkels 190 mm überschreitet, sind mindestens 2 horizontale Stützplatten anzubringen, welche mit dem Flansch vernietet werden müssen.

Die Rahmenspanten im Zwischendeck (Sommertank) werden je nach der Seitenhöhe als Funktion des Tiefgangs und somit des Wasserdrucks, der Höhe des Zwischendecks (also der Länge des eingespannten Trägers) und dem Abstand der Rahmenspanten bestimmt. Da die Höhe des Zwischendecks in den Tabellen nur von 7 bis 9′ (2,13 bis 2,74 m) angegeben ist, schwanken die Abmessungen in verhältnismäßig engen Grenzen. Bemerkt sei, daß neuerdings bei größeren Tankschiffen das Zwischendeck mit-

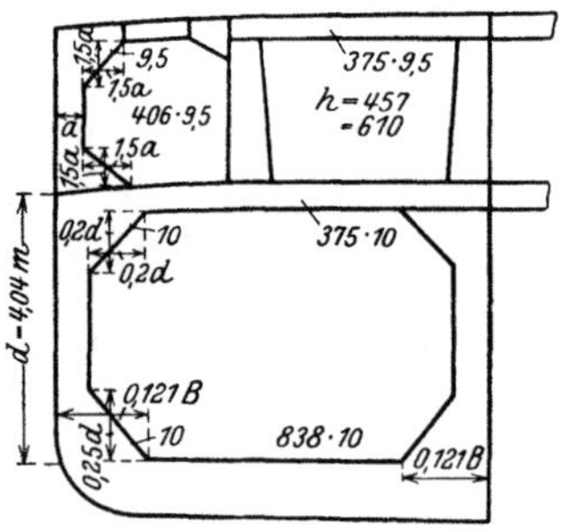

Abb. 412.

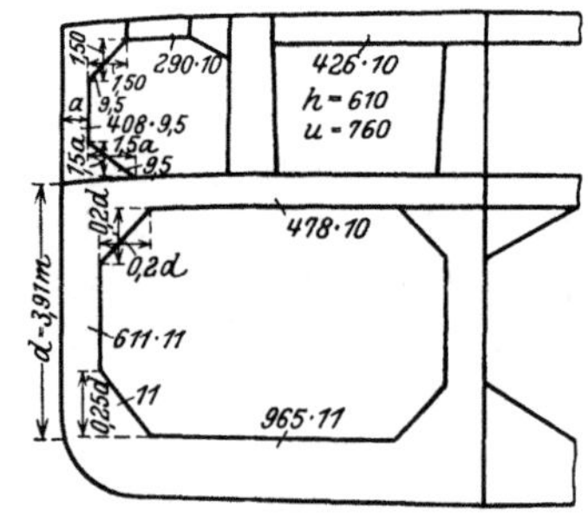

Abb. 413.

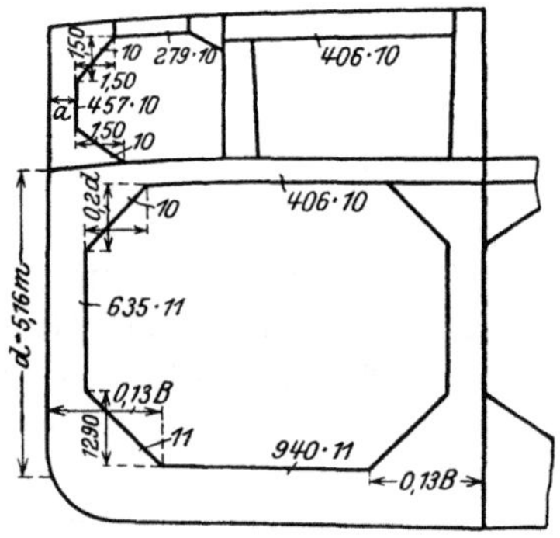

Abb. 414.

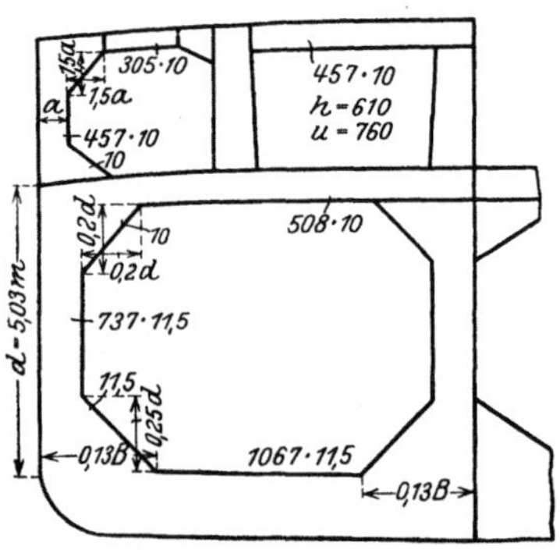

Abb. 415.

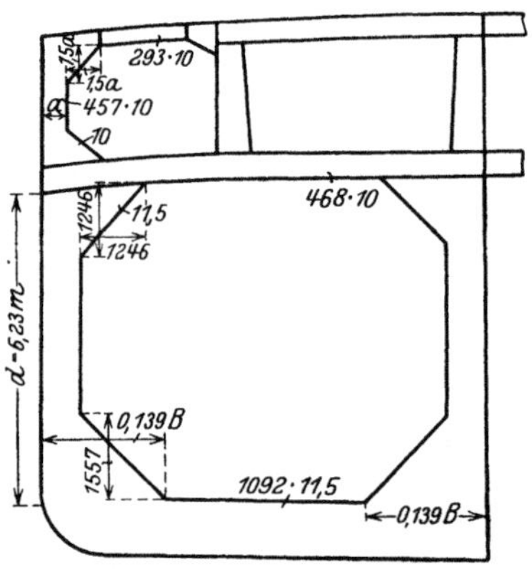

Abb. 416.

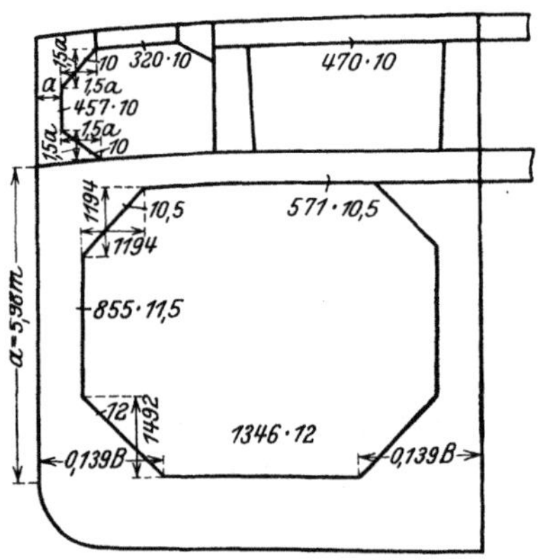

Abb. 417.

unter die doppelte Höhe aufweist als Lloyd's Rules vorsehen. Bei 2,44 m Abstand der Querrahmen hat der Seitenrahmen bei 4,57 m Seitenhöhe und 2,44 m Zwischendeckshöhe die Abmessungen 530 × 9 mit einem Winkel von 75 × 75 × 9, bei der dreifachen Seitenhöhe, also 13,72 m, erhält der Seitenrahmen die Abmessungen 483 × 11 mit einem Gurtungswinkel von 120 × 90 × 11. Bei 3,66 m Abstand der Rahmen sind die entsprechenden Abmessungen 559 × 11 mit einem Gurtungswinkel 75 × 75 × 9 und 533 × 11 mit einem Gurtungswinkel 130 × 90 × 12.

Die Seitenrahmen in den Sommertanks werden mit den Decksquerträgern durch doppelte Überlappsnietung und doppelt genietete Kniee verbunden. Reichen die Kniee bis Deck und Außenhaut, sind also die Seitenträger nur kurze zwischengenietete Stücke, so erhalten sie dreifache Überlappsnietung oder, wenn der Stoß gerade auf ein Längsspant fällt, vierfache Überlappsnietung. Die Kniee am unteren Ende der Seitenträger der Sommertanks werden durch einen einfachen Winkel mit doppelter Nietung mit dem

Deck vernietet. Die Schenkellänge der Kniee nimmt man gleich der eineinhalbfachen Breite der Seitenträger von der Innenkante und der Unterkante der Seiten- oder Deckquerträger und vom zweiten Deck. Die Kniee erhalten dieselbe Dicke wie die Seitenträger und einen 75 mm breiten Flansch an der Innenkante. Die Seitenträger im Sommertank werden mit der Außenhaut durch einfach genietete Winkel von gleicher Dicke wie die Seitenträger vernietet. Die Verbindungswinkel der Längsspanten mit den Seitenträgern im Sommertank sind dieselben, wie für kurze Versteifungswinkel der Seiten-

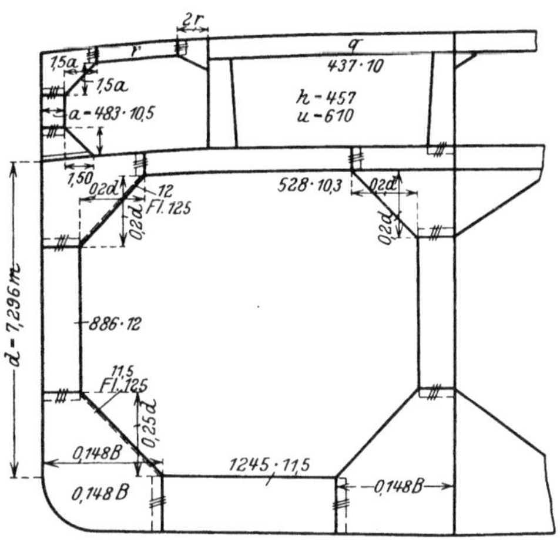

Abb. 418.

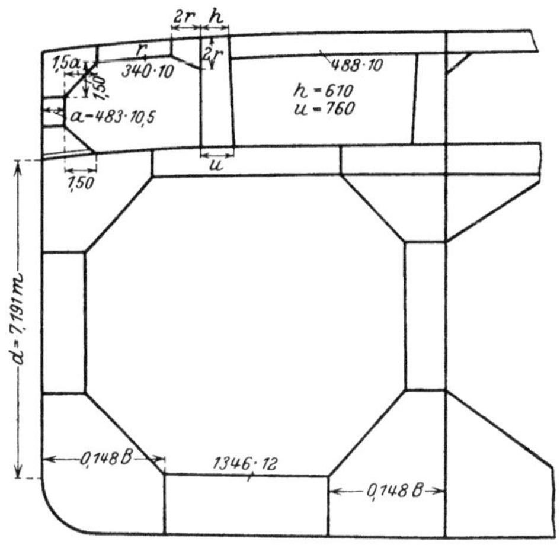

Abb. 419.

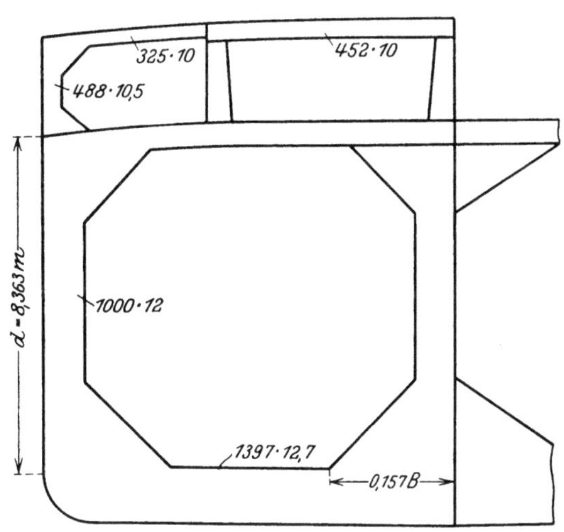

Abb. 420.

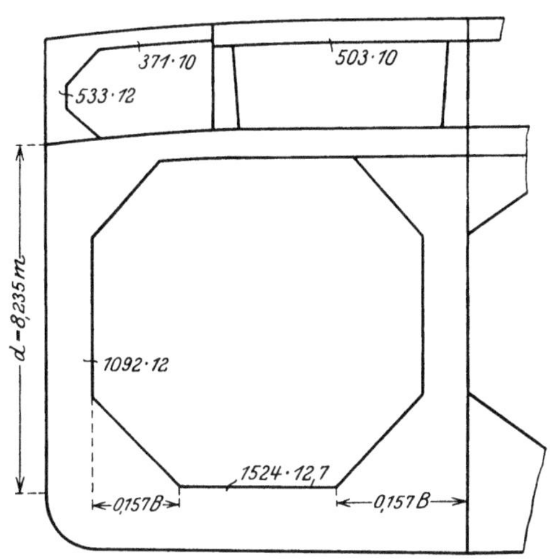

Abb. 421.

träger im Raum von entsprechender Breite angegeben, und ebenso Zahl und Durchmesser der Niete.

Die Decksquerträger der Rahmenspantringe sind verschieden für zweites Deck, Sommertanks und Expansionsschacht. Sie bestimmen sich nach der Schiffsbreite und dem Abstand der Querträger. Die Decksquerträger können Erleichterungslöcher haben, welche aber keinen größeren Durchmesser als 100 mm haben dürfen. Sie müssen möglichst nahe der Deckbeplattung und zwischen den Aussparungen für die Deckslängsspanten sitzen. Die Aussparungen selbst müssen möglichst abgerundete Ecken haben.

Die Querträger unter dem Tankdeck (Abb. 412 bis 421) erhalten bei Schiffen von 9,144 m Breite und 2,44 Abstand der Querträger die Abmessungen 300 × 9,5 mm mit einem Gurtungswinkel von 90 × 90 × 11 mm, bei 3,66 m Abstand 406 × 10 mm mit einem

Gurtungswinkel von 130 × 90 × 11. Bei 15,24 m Breite sind die Höhen der Decksträger 406 × 10 mm bzw. 508 × 10 mm mit Gurtungswinkeln von 140 × 90 × 12,5 bzw. 150 × 90 × 15 mm. Bei 21,34 m Breite hat der Decksträger eine Höhe von 610 mm bei 10,5 mm Dicke für 2,44 m Abstand und 711 mm Höhe, bei 11 mm für 3,66 m Abstand. Die Gurtungswinkel sind 150 × 90 × 15 und 165 × 90 × 17,8 mm.

Von den beiden Gurtungswinkeln der Decksquerträger geht der obere vom Mittellängsschott bis zum ersten Deckslängsspant, er besteht ebenso wie die Interkostalstücke zwischen den Deckslängsspanten aus einem einfachen doppelt genieteten Winkel von gleicher Dicke wie der Querträger; der untere Gurtungswinkel geht von dem Seitenquerträger bis zum vertikalen Versteifungsrahmen am Mittellängsschott. Der Decksquerträger erhält an den letzteren Kniee von gleichen Abmessungen wie am Seitenträger, d. h. also 0,20 × Abstand des 2. Decks von der durch die Oberkante Bodenträger in der Mitte gezogenen Horizontalen. Ein gleiches Knie wird auf der anderen Seite des Mittellängsschotts angebracht, wobei die Schenkellängen vom Deck und vom Schott gemessen werden. Der Verbindungswinkel mit dem Schott erhält dieselben Abmessungen und dieselbe Nietzahl wie das Knie am Bodenquerträger und reicht bis Unterkante des oberen Gurtungswinkels. Die Kniee erhalten dieselbe Dicke wie die Querträger und sind an der Unterkante 130 mm geflanscht. Wo die Länge der Hypothenuse der Knieplatten 1676 mm übersteigt, bringt man Versteifungswinkel 90 × 75 mm an; überschreitet die Dicke der Kniebleche 12,7 mm, so nimmt man die Versteifungswinkel vom Profil 90 × 90. Die Kniebleche werden mit den Decksträgern durch doppelte Überlappsnietung verbunden, wo aber das Knie bis zur Außenhaut geht, durch dreifache Nietung.

Die Oberdecksquerträger im Expansionsschacht (Abb. 412 bis 421) sind 20 bis 30% niedriger als die Querträger des Tankdecks und sind an der Unterkante geflanscht, da die Decke des Expansionsschachtes nur wenig oder gar keine Bucht hat. Die Breite des Flansches beträgt durchweg 130 mm. Sie sind durch Kniebleche mit dem Mittellängsschott an der gegenüberliegenden Seite vernietet, diese Kniebleche erhalten dieselbe Dicke wie die Seitenrahmen. Die Höhe dieser Kniee vom Deck gemessen soll zweimal die Höhe des Seitenrahmens betragen, und der horizontale Schenkel des Knies gemessen vom Schott ist $^2/_3$ der Schenkellänge des Knies gemessen vom Deck. Die Kniee werden mit den Querträgern durch doppelt genieteten Überlapp verbunden und mit der Schottbeplattung durch doppelte einfach genietete Winkel von gleicher Dicke wie die Decksquerträger. Mit der Schachtdecke sind die Decksquerträger im Expansionsschacht durch einen einfach genieteten Winkel von der Dicke des Decksquerträgers verbunden. Die Winkel, welche die Deckslängsspanten mit den Querträgern verbinden, müssen abwechselnd bis zur Unterkante der Querträger reichen und bis 150 mm unterhalb der Unterkante der Deckslängsspanten; ist der Höhenunterschied zwischen Längsspant und Querträger geringer als 150 mm, so müssen alle Versteifsungswinkel der Deckslängsspanten bis zur Unterkante des Querträgers reichen. Diese Winkel haben Abmessungen und Nietzahl wie die kurzen Winkel.

Die Decksquerträger in den Sommertanks sind, abgesehen von ganz kleinen Schiffen, etwa 25% geringer im Querschnitt als die Querträger im Expansionsschacht. Da die Decke des Sommertanks stets Bucht hat, so ist die Unterkante des Decksquerträgers mit einem Gurtungswinkel versehen, der von 75 × 75 × 9 mm bei Schiffen von 9,144 m Breite und 2,44 m Abstand auf 150 × 90 × 12,7 bei Schiffen von 21,34 m Breite und 3,66 m Trägerabstand wächst. Die Decksquerträger sind durch Knieplatten mit den Seitenrahmen verbunden, die die gleiche Dicke wie letztere haben. Die Schenkellänge der Knieplatten gemessen vom Deck und von der Seite des Expansionsschachts ist gleich der doppelten Höhe der Decksquerträger. Die Kniee sind mit den Querträgern doppelt zu vernieten und sind an der Seite des Expansionsschachtes mit doppelten Winkeln und einfacher Nietung zu befestigen. Die Dicke der Winkel ist dieselbe wie die der Querträger.

Die Längsspanten. Man unterscheidet Bodenlängsspanten, Seitenlängsspanten und Deckslängsspanten. Die Längsspanten reichen von Schott zu Schott, und ihre Enden sind durch die Schotten hindurch mittels Knieblechen verbunden (s. a. knieblechlose Bauweise). Die Längsspanten gehen durch die Rahmenspanten hindurch und sind mit letzteren durch Winkel verbunden, welche abwechselnd die halbe und die volle Länge der Rahmenspantbreite haben (Abb. 422).

Die Bodenlängsspanten werden nach der Längsnummer in Verbindung mit der Seitenhöhe bestimmt. Letzteres, um das Maß des Druckes auf den Boden zu berücksichtigen, da der Seitenhöhe normalerweise ein bestimmter Tiefgang entspricht. Mitbestimmend ist aber noch die Anzahl bzw. der Abstand der Rahmenspanten als den Stützpunkten zwischen den Schotten. Der Abstand der Längsspanten wird allgemein zu 760 mm (30″) angenommen. Die Längsspanten bestehen aus Wulstwinkeln oder Profilen oder aus Platten und Winkeln zusammengebauten Trägern, je nach dem erforderlichen Widerstandsmoment. Bei Tankschiffen über 121,92 m (400′) Länge werden die Längsspanten auf je 40% des Abstandes der Querträger vom Schott aus gemessen, auf jeder Seite des Schottes noch durch Rückenwinkel mit der Außenhaut verbunden. Bei Schiffen über 18,29 m (60′) Länge wird zwischen Außenhaut und Mittellängsschott im Boden ein regelrechter interkostaler Plattenträger von der Höhe der Querträger eingebaut, dessen Plattendicke 1 mm weniger betragen kann als die des Bodenquerträgers und welcher an der Oberkante doppelte Winkel 90 × 90 erhält. Wenn der Abstand der Querträger nicht mehr als 3,66 m beträgt, wird der Interkostalträger durch einen vertikalen Winkel in der Mitte der Länge versteift. Bei größerem Abstand ordnet man zwei Versteifungswinkel in gleichen Abständen an.

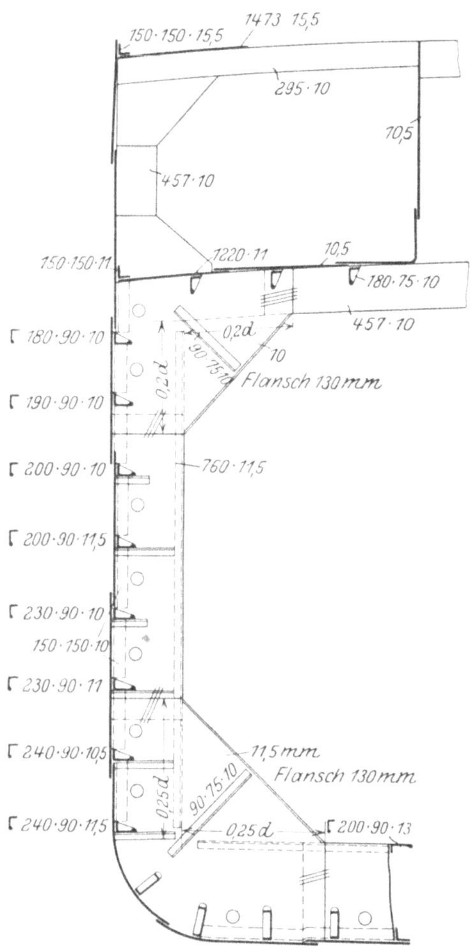

Abb. 422.

Die Abmessungen der Kniee der Bodenlängsspanten an den öldichten Querschotten sowie die Zahl und der Durchmesser der Nieten richtet sich ausschließlich nach dem Profil der Längsspanten, da die Kniee den unterbrochenen Längsverband ersetzen sollen (Abb. 423 und 424). (Siehe auch knieblechlose Bauweise, S. 297).

Für Wulstwinkel von 230 mm werden Kniee von 1067 × 10 mm verlangt, mit 12 Stück 12 mm-Nieten im Längsspant und 9 Stück 22 mm-Nieten im Arm am Schott. Bei 300 mm hohem Wulstwinkel wird ein Knie von 1270 × 1270 × 10,5 verlangt, mit 15 Nieten im Längsspant und 11 Nieten am Schott. Für Profile von 300 mm werden Kniee 1320 × 1320 × 11 mm verlangt mit 16 Nieten im Längsspant und 12 Nieten im Schott. Bei 380 mm hohem Profil werden Kniee 1400 × 1400 × 11 verlangt bei 19 Nieten im Längsspant und 14 Nieten im Schott.

Bei den aus Platten und Winkeln gebauten Längsspanten sind die Schenkellängen der Kniee nicht gleich groß, der Schenkel am Schott ist länger. Die Verbindung mit der

Stegplatte des Längsspants erfolgt in allen Fällen durch vierfache Überlappsnietung. Die Abmessungen der Kniebleche sind für 380 mm hohe Träger 1220 × 1400 × 11 mit 14 Nieten im Schott und für 500 mm hohe Träger 1420 × 1650 × 11,5 mit 18 Nieten im Schott. Die dazwischen liegenden Werte ergeben sich durch lineare Interpolation. Alle Nieten in den Längsspantenknien haben einen Durchmesser von 22 mm. Der Interkostalträger wird mit dem Schott durch einen einfachen Winkel mit doppelter Nietung verbunden. Der Winkel muß 150 mm über der Oberkante des Trägers hinaus weitergeführt werden.

Über die Verbindung der Längsspanten mit den Bodenquerträgern ist schon bei diesen das Erforderliche gesagt. Mit den Querträgern wird der Interkostalträger durch einen einfachen doppelt genieteten Winkel verbunden und eine Fächerplatte, welche die Gurtungswinkel des Längsspants mit denen des Querträgers verbindet.

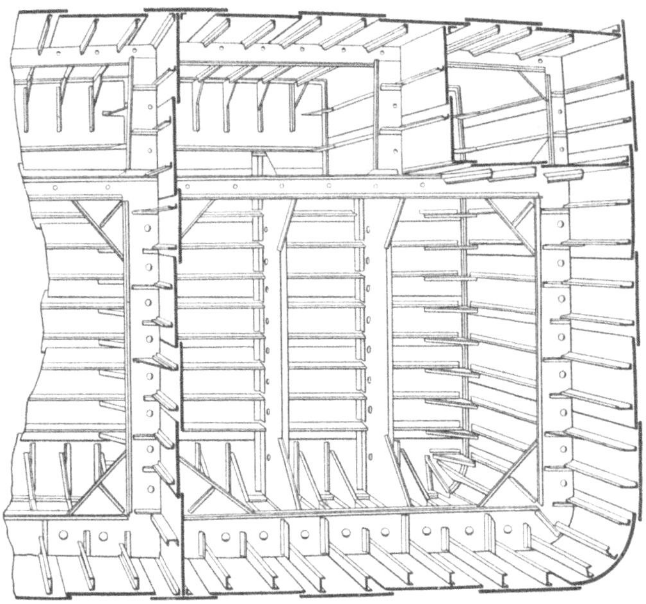

Abb. 423.

Seitenlängsspanten (Abb. 422). Die Abmessungen der Seitenlängsspanten werden berechnet nach dem Abstand der Querträger, der Längsnummer (Länge und Seitenhöhe) und dem Abstand des Längsspants vom Oberdeck. Als Profile genügen durchweg Wulstwinkel bis zu 300 mm Steghöhe, an deren Stelle auch [-Profile von gleicher Höhe treten können. Für die Seitenlängsspanten unter dem zweiten Deck ist ein durchschnittlicher Abstand von 760 mm (30″) zugrunde gelegt, indessen brauchen in den Zwischendecks von normaler Höhe nicht mehr als zwei Längsspanten vorgesehen zu werden. Die Abmessungen für die Längsspanten in der Kimm ergeben sich durch Interpolation zwischen den Boden- und den Seitenlängsspanten.

Die Seitenlängsspanten sind ebenso wie die Bodenlängsspanten bei den Querschotten abgeschnitten und durch Kniebleche zu beiden Seiten wieder verbunden. Da es sich hierbei auch nur um die Wiederherstellung des durchschnittenen Längsverbandes handelt, so gelten für Abmessungen und Vernietung die für die Bodenlängsspanten angegebenen Regeln, doch macht man die Kniee in den Zwischendecktanks nicht dicker als 10 mm. Wo die Kniee nicht mit den horizontalen Schottversteifungen verbunden sind, sind sie mit der Schottbeplattung durch einfache Winkel von der Dicke der Knieplatte zu verbinden. Mit den Seitenquerrahmen werden die Seitenlängsspanten durch Winkel verbunden, wie bei dem Abschnitt Seitenquerträger angegeben ist.

Deckslängsspanten (Abb. 408 usw.) werden bestimmt nach der Längsnummer, dem Abstand und der Anzahl der Decksquerträger. Da auf beide Decks fast die gleiche Last kommt, sind die Profile für das Zwischendeck nur unwesentlich von denen für das Oberdeck verschieden. Es handelt sich um Wulstwinkel von 150 bis 220 mm Steghöhe. Der Abstand der Deckslängsspanten ist für die Bestimmung der Abmessungen mit 760 mm (30″) angenommen. Mit den Schotten sind die Deckslängsspanten durch Kniee verbunden. Die Abmessungen der Kniee und ihre Vernietung sind bis zu einer Profilhöhe von 180 mm für Zwischendeck und Oberdeck dieselben. Von 190 mm Steghöhe ab erhalten die Kniee des zweiten Decks ein Niet mehr als die des ersten Decks. Die Länge der Seiten der Kniee ist am Schott und am Deckslängsspant gleich. Die Abmessungen der Kniee der Deckslängsspanten und ihre Vernietung ist von der der Seitenlängsspanten nur wenig verschieden. Mit den Querschotten sind die Kniee der Deckslängsspanten durch einfache Winkel mit einfacher Nietung verbunden, die Dicke dieser Winkel macht man gleich der Dicke der Knieplatten.

Über die Vernietung der Deckslängsspanten mit den Decksquerträgern ist das Nähere schon bei letzteren gesagt.

Knieplatten. Im allgemeinen flanscht man alle Knieplatten, welche die Boden- und Seitenlängsspanten mit den Querschotten verbinden, ferner flanscht man alle Kniebleche, welche zehn oder mehr Nieten in irgendeinem Schenkel haben. In den Kofferdämmen flanscht man alle Kniebleche, wo die Kniebleche an der entgegengesetzten Seite geflanscht sind.

Die Befestigungswinkel der Kniebleche an den Schotten läßt man mindestens 150 mm über die Unterkante des Knies hinausreichen, andererseits müssen die Befestigungswinkel so weit von dem Randwinkel der Schotten frei gehen, daß man letzteren noch gut verstemmen kann. Wo sich Quer- und Längsschotte schneiden, bringt man Kniebleche in der Ebene der Längsspanten an.

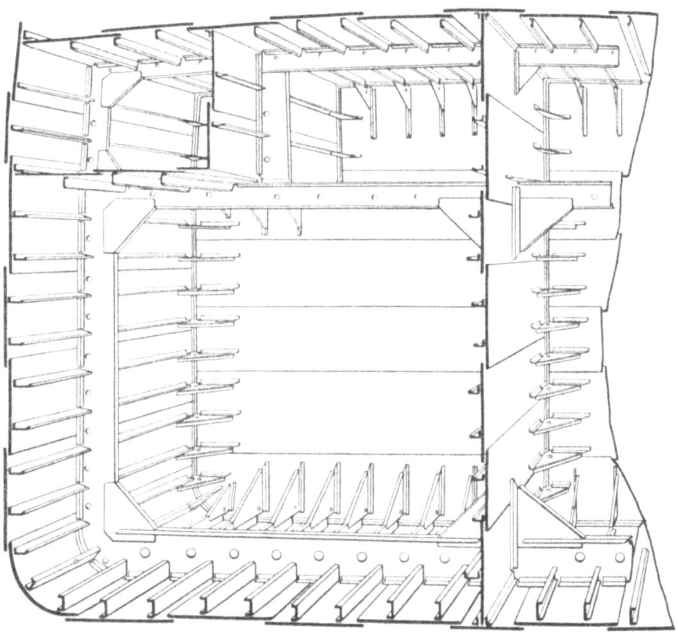
Abb. 424. Stemmseite eines Tankschotts nach Isherwood.

Außenhaut der Längsspantentankschiffe. Die Außenhaut der Längsspantenschiffe erhält wesentlich andere Abmessungen als diejenige der Querspantenschiffe. Der Flachkiel, der die Hauptgurtung des Mittellängsschotts bildet, ist für 0,6 L mittschiffs durchweg 20 bis 16 % dicker als der Flachkiel eines Querspantenschiffes. Die Bodenbeplattung ist bei Schiffen bis zu etwa 100 m Länge gleich der Bodenbeplattung im gewöhnlichen Querspantenschiff mit Doppelboden, bei größeren Schiffen ist die Bodenbeplattung der Tankschiffe nach dem Längsspantensystem bis zu 10 % dünner. Noch größer ist der Unterschied in der Außenhautseitenbeplattung.

Bei den engstehenden Querschotten bereitet es oft Schwierigkeiten, mit den Stößen der Außenhautbeplattung von den Schotten frei zu kommen. Auch die obere Gurtung wie Scheergang, oberster Seitengang, Stringer und Deck sind bei den Längsspantentankschiffen schwächer als beim Querspantenschiff. Da die Beanspruchungen der Tankschiffe in der oberen Gurtung in der Regel größer sind als beim Frachtschiff, so stellen sich auch bei den kurzen Aufbauten, der typischen kurzen Brücke, gewisse Schwächen ein, welche man beim gewöhnlichen Frachtschiff von diesen Abmessungen und bei derselben geringen Länge des Aufbaus nicht beobachtet. Man führt die Brückenseitenplatten ein Stück in das Schanzkleid hinein, verbindet das Reelingprofil durch starke Knieplatten mit den Brückenendschotten und bringt eine entsprechende Knieplatte innerhalb der Brücke an, sodann verstärkt man den Scheergang im Bereich der Brücke und am Poopfrontschott um 20 % in der Dicke, desgleichen den Stringer.

Deckbeplattung. Die Dicke der Deckbeplattung sowohl des Oberdecks wie des Tankdecks ist durchweg verschieden von der für Querspantenschiffe vorgeschriebenen. Das Oberdeck ist beim Längsspantenschiff etwas schwächer, das zweite (Tankdeck) zirka 10 % stärker. Die geringere Dicke des Oberdecks erklärt sich daraus, daß man bei der Oberdeckbeplattung nur mit einer Lukenbreite von 1,22 m auf jeder Seite rechnet, während bei der Deckbeplattung des Querspantenschiffes eine Lukenbreite von 0,4 der Schiffsbreite zugrunde gelegt ist, so daß also der Gesamtquerschnitt der oberen Gurtung beim Längsspantenschiff trotz der geringeren Plattendicke größer ist. Man führt die Mittschiffsdicke der Oberdeckbeplattung bis auf eine Länge von mindestens ein Drittel Schiffsbreite in die Poop hinein. Die Dicke der Beplattung des Tankdecks ist durchweg bis zu 10 % größer als die Dicke des zweiten Decks beim Querspantenschiff. Die Oberdeckstringerwinkel im Bereich der Öltanks sind bei einer Scheergangsdicke bis zu 24,4 mm vom Profil 150 × 150 und der Dicke des Stringers, bei größeren Plattendicken sind die Profile dieselben wie bei den Querspantenschiffen. Das zweite Deck wird stets als durchlaufendes Deck angeordnet und wird auch durch die Kofferdämme hindurchgeführt.

Querschotte (Abb. 423 und 424). Die Dicke der Beplattung ist etwas größer als bei den wasserdichten Schotten; sie richtet sich nach der Tiefe unter Oberkante Schott, den untersten Plattengang macht man 1 mm dicker. Mit der Außenhaut, dem Mittellängsschott, dem zweiten Deck, den Seiten und der Decke des Expansionsschachts werden die öldichten Schotte entweder durch doppelte Winkel mit einfacher Nietung oder durch einfache Winkel mit doppelter Nietung verbunden. Bis zu 7,92 m nimmt man die doppelten Winkel vom Profil 75 × 75, darüber hinaus 90 × 90 mm. Die einfachen Umgrenzungswinkel haben für alle Schotthöhen das Profil 150 × 150 mm. Den untersten Plattengang macht man so breit, daß die Naht über der Oberkante der Bodenlängsspantenkniee liegt. Die Versteifung der Querschotte erfolgt durch horizontale Profile in Höhe der Seitenlängsspanten und durch ein oder mehrere gebaute vertikale Träger, durch welche die horizontalen Versteifungen hindurch reichen. Der vertikale Träger dient also hier für die horizontalen Versteifungen zu demselben Zweck wie die Querträger für die Längsspanten. Die Abmessungen der horizontalen Schottversteifungen richten sich nach der Höhe unter dem Oberdeck in der Mitte und nach dem Abstand der vertikalen Träger, also dem Abstand der Auflagestellen oder, wenn nur ein vertikaler Träger zwischen Mittellängsschott und Bordwand angeordnet ist, nach dem Abstand der letzteren. Die Profile für letzteren Fall sind entsprechend schwächer, da sie bei Einspannung der Enden durch die Kniebleche nur einen Auflagepunkt haben.

Die senkrechten Träger bestehen aus einer Platte mit einem Winkel oder zwei Wulstwinkeln als Gurtung. Ihre Abmessungen bestimmen sich aus der Länge des Trägers, gemessen vom zweiten Deck bis Oberkante des Bodenlängsspants, dem Abstand der Träger und dem Abstand des Oberdecks über der Oberkante des Trägers. Die Stegplatte ist bei einer Trägerlänge von 3,05 m 406 × 9 mm mit einem Gurtungswinkel von 75 × 75 × 7; bei der doppelten Länge also 6,10 m, ist die Stegplatte 711 × 10 mm mit einem Gurtungswinkel von 140 × 75 × 11 bei der dreifachen Länge, also 9,14 m ist die Stegplatte 965 × 11 mm mit zwei Wulstwinkeln 165 × 90 × 11,5 als Gurtungswinkel. Bei 10,97 m Trägerlänge ist die Stegplatte 1118 × 11,5 mit doppelten Gurtungsprofilen ⌈ 200 × 90 × 13. Die horizontalen Versteifungsprofile sind Wulstwinkel von 165 mm Höhe bis 305 mm Höhe, je nach der Lage unter dem Oberdeck. Wo nur ein vertikaler Träger vorgesehen ist, setzt man ihn auf ein Viertel Schiffsbreite, bei zwei vertikalen Trägern nimmt man als Abstand die halbe Entfernung zwischen dem nächsten Träger und der Außenhaut bzw. dem Mittellängsschott. Wo drei Träger angeordnet sind, macht man die mittelste Entfernung 300 mm größer als die seitliche. Der Gurtungswinkel reicht vom Deckslängsspant bis zum Bodenlängsspant. Die Träger können Erleichterungslöcher von höchstens 150 mm Durchmesser erhalten, welche möglichst dicht beim Schott sitzen müssen und in der Mitte zwischen den Horizontalversteifungen. Die Aussparungen in dem Träger für die Horizontalversteifungen müssen gut abgerundet sein. Die Träger erhalten oben und unten Kniebleche von 0,2 der Trägerlänge, doch soll die Breite nicht geringer als 760 mm sein, gemessen von Innenkante Träger. Die Dicke der oberen Kniee ist gleich der des Trägers, die der unteren Kniee 1 mm größer. Die Kniee erhalten Flansche von 130 mm Breite. Die Kniee werden mit dem Träger und den Decks und Bodenlängsspanten durch doppelte Überlappsnietung verbunden, wo die Kniee aber einen Teil des Trägers bilden, durch dreifache Nietung. Mit dem Schott verbindet man die Träger durch einfache Winkel mit doppelter Nietung und gleicher Dicke wie die Träger. Bei Schiffen unter 7,0 m Seitenhöhe braucht der Winkel nur einfach vernietet zu sein. Jeder Träger erhält in der Mitte ein Stützknie bis zum Gurtungswinkel.

Die Horizontalversteifungen werden an den Trägern durch Versteifungswinkel verbunden, die abwechselnd vom Schott bis zur Innenkante des Gurtungswinkels und bis zur halben Breite des Vertikalträgers reichen, im letzteren Fall aber mindestens 150 mm über die Kante des Horizontalträgers hinaus. Bei Vertikalträgern unter 508 mm Breite läßt man alle Versteifungswinkel bis zur Innenkante des Gurtungswinkels reichen. Die Versteifungswinkel über dem Horizontalknie in der Mitte haben das Profil der kurzen, darunter das der langen Versteifungswinkel. Die Zahl der Nieten für 75 $\times$ 90 mm Winkel ist bei Wulstwinkeln bis zu 280 mm zwei, bei Wulstwinkeln oder ⊏-Profilen von 300 bis 356 mm drei, bei ⊏ oder gebauten Profilen von 380 bis 430 mm vier und bei gebauten Profilen von 483 bis 508 mm fünf Nieten. Für 130er Versteifungswinkel werden bei Wulstwinkeln bis 180 mm drei Nieten, von 200 bis 240 mm vier Nieten und von 250 bis 305 mm fünf Nieten angeordnet. Für 150er Versteifungswinkel nimmt man bei Wulstwinkeln bis 240 mm vier Nieten, bei 250 bis 280 mm fünf Nieten, bei 300 bis 356 mm Wulstwinkeln oder ⊏-Profilen sechs Nieten, bei ⊏ oder gebauten Profilen von 380 bis 457 mm acht Nieten und bei gebauten Profilen von 483 bis 508 mm zehn Nieten. Der Nietdurchmesser der kurzen Winkel muß derselbe sein, wie der der langen.

In gleicher Weise wie im Raum werden in den Expansionsschächten vertikale Rahmenträger angeordnet. Ihre Abmessungen richten sich nach der Breite des Schiffes und der Höhe des Zwischendecks. Ihre Höhe beträgt 406 bis 533 mm und sie erhalten an der Innenkante einen Flansch von 130 mm Breite. Die vertikalen Träger im Expansionsschacht erhalten oben und unten Kniee von der Breite der Träger, gemessen vom Träger bzw. Deckslängsträger und sind durch doppelte Nietung mit diesen verbunden. Die Vertikalträger werden mit den Schotten durch einfache Winkel vernietet. Die Horizontalversteifungen werden mit den Vertikalträgern durch Winkel von der vollen Breite der letzteren verbunden. Die Abmessung der Winkel und ihre Vernietung ist dieselbe, wie für die entsprechenden Profile bei den Horizontalversteifungen im Raum angegeben worden ist.

Die Horizontalversteifungen sind nach der Länge des ununterstützten Teils und nach der Lage unter dem Oberdeck in der Mitte bestimmt. Der ununterstützte Teil wird zwischen den vertikalen Trägern oder von diesen bis zum Mittellängsschott bzw. zur Außenhaut gemessen. Die Horizontalversteifungen sind mit den Seitenlängsspanten und den Horizontalversteifungen am Mittellängsschott durch Kniee verbunden. Die Abmessungen der Kniee und die Zahl der Nieten an der Außenhaut und beim Mittellängsschott sind schon bei den Seitenlängsspanten ausführlich angegeben, ebenso die Vernietung mit den vertikalen Trägern. Die unterste horizontale Versteifung soll nicht höher als 760 mm über der Oberkante der Knieplatten liegen, welche Bodenlängsspanten und Schott verbinden, andererseits aber auch, da der Winkel des Knieblechs mindestens 150 mm über die Enden der Kniee hinausgeführt wird, soll der Abstand der unteren Versteifung vom Ende des Kniewinkels nicht mehr als 305 mm betragen.

Stringerplatte. In der Höhe des zweiten Decks wird im Expansionsschacht eine horizontale Platte von der Dicke der vertikalen Träger im Raum angebracht, die die

$1^3/_4$fache Breite letzterer hat, aber in keinem Fall schmaler als 760 mm sein soll, ähnlich wie beim zweiten Deck nach der Querspantenbauart. Diese horizontale Platte erhält einen Flansch von 130 mm und wird an dem Schott mit einem einfachen Winkel angenietet. Mit dem Mittellängsschott und dem Expansionsschacht wird die Platte doppelt vernietet. Die Querschotte in den Sommertanks werden entweder horizontal oder vertikal versteift. In letzterem Falle ist das Profil der Versteifungen ein Winkel von 150 × 75 × 9 bei 2,44 m hohen Sommertanks; beträgt die Höhe 3,05 m, ein Winkel von 165 × 75 × 9 mm mit Knieblechen auf dem zweiten Deck. Die Horizontalversteifungen richten sich nach dem Abstand der Unterstützungen, also der vertikalen Träger und dem Abstand unter Deck. Die Versteifungsprofile sind Wulstwinkel von 150 bis 280 mm Steghöhe. Die Begrenzungswinkel sind schon bei den Schottbegrenzungswinkeln angegeben. Dieselben dürfen nicht gejoggelt werden.

Kofferdammschotte (siehe auch Abb. 409). Die Abmessungen der Kofferdammschotte und deren Vernietung werden ebenso behandelt wie bei den übrigen öldichten Querschotten.

Mittellängsschott (siehe auch Abb. 408, 409, 411, 412 bis 421). Das Mittellängsschott erstreckt sich vom Flachkiel bis zur Decke des Expansionsschachts und ist durch sämtliche Ölräume, die Pumpenräume und Kofferdämme anzuordnen. Außerhalb der Kofferdämme darf das Längsschott nicht plötzlich aufhören, sondern muß durch eine große Knieplatte in den Maschinenraum weitergeführt werden. Das Mittellängsschott ist stets öldicht, ausgenommen im Pumpenraum und den Kofferdämmen. Die Beplattung des Längsschotts hat dieselbe Dicke wie die der Querschotte an der entsprechenden Stelle unter Oberkante Schott. Bei einer Seitenhöhe über 8,53 m macht man den obersten Plattengang, mindestens aber auf 1,5 m vom Deck, um 1 mm dicker, bei einer Seitenhöhe über 12,8 m um 4 mm, für dazwischenliegende Werte entsprechend. Der Gang unter dem obersten Plattengang wird um den halben Betrag dicker genommen. Der unterste Plattengang wird ebenso breit gemacht wie bei den Querschotten und um 1 mm verstärkt.

Die vertikalen Versteifungen des Längsschotts entsprechen den Seitenquerträgern der Außenhaut bezüglich der Höhe und der Gurtungswinkel, nur kann der Steg 1,5 mm dünner genommen werden als bei den Seitenquerträgern, doch soll seine Dicke nicht unter 9 mm betragen. Die Kniee oben und unten haben ebenfalls dieselben Abmessungen wie diejenigen der Seitenquerträger. Mit der Schottbeplattung sind sie durch einfache Winkel mit doppelter Nietung verbunden. Die Winkel haben die gleiche Dicke wie der Steg. Die horizontalen Versteifungen sind mit den vertikalen Trägern in ähnlicher Weise verbunden wie bei den Querschotten. Versteifungswinkel abwechselnd bis zum Gurtungswinkel und halber Höhe. Bei den Knien der Bodenquerträger reichen alle Versteifungswinkel bis zur Außenkante Knie bzw. bis zum Gurtungswinkel.

Die Vertikalträger im Expansionsschacht bestehen aus geflanschten Platten von 406 bis 635 mm Höhe und 9,5 bis 10 mm Dicke. Die Breite des Flansches beträgt 130 mm. Mit den Decksquerträgern des zweiten Decks sind sie durch doppelte Nietung verbunden und mit denjenigen des Oberdecks, wie bei den Deckträgern des Oberdecks angegeben. Mit dem Längsschott sind sie durch einfache Winkel mit einfacher Nietung verbunden. Die horizontalen Versteifungen sind mit den vertikalen Trägern durch Versteifungswinkel verbunden, welche bis zur Kante des Vertikalträgers und 180 mm davon abwechselnd reichen. Die Abmessungen der Versteifungen errechnen sich nach der Höhe unter dem Oberdeck in der Mitte, nach dem Abstand der Vertikalrahmen und danach, ob die Längsspanten zwischen den Schotten nur einmal oder mehreremal durch Vertikalrahmen eingespannt sind. Im letzteren Falle sind die Abmessungen bei gleicher freitragender Länge etwas geringer.

Mit der Kielplatte ist das Mittellängsschott durch doppelte Winkel vom Profil 100×100×12 bis 16 mm verbunden, mit dem Deck durch doppelte Winkel 75×75×8,5 bis 9,5 und bei einer Schottiefe von mehr als 9,14 m durch doppelte Winkel 90×90 ×9,5 bis 11.

Der Expansionsschacht (siehe auch Abb. 408, 409). Die Beplattung des Expansionsschachts wird öldicht durch die Tankräume und die Kofferdämme hindurchgeführt. Wenn irgend möglich, ordnet man den Maschinenschacht von gleicher Breite mit dem Expansionsschacht an, so daß die Schachtwände einen durchlaufenden Träger bilden; vor den vorderen Kofferdammschotten läßt man die Schachtwände durch Knieplatten in das Oberdeck auslaufen. Die Dicke der Schachtwände nimmt man gleich der des zweiten Decks, mit welchem sie durch einen doppelt genieteten Winkel 150×150×10 bis 12,5 verbunden werden. Häufiger noch flanscht man die Platten des zweiten Decks nach oben um, so daß sie das Süll der Schachtwand bilden. Mit der Oberdeckbeplattung werden die Schachtwände durch einen einfach genieteten Winkel von 75 bzw. 90 mm Schenkelbreite verbunden.

Längsspantenanordnung in mehr als 760 mm Abstand. Werden die Längsspanten der Außenhaut und der Decks in größerem Abstand als 760 mm angeordnet, so müssen die Profile entsprechend größer gewählt werden, und die Außenhaut ist für je 50 mm größeren Abstand der Längsspanten um 0,5 mm dicker zu nehmen. Der Scheergang und der Gang darunter brauchen indessen nicht verstärkt zu werden. Bei den Deckslängsspanten ist die Oberdeckbeplattung für je 100 mm größeren Abstand um 0,5 mm dicker zu nehmen, desgleichen die Beplattung des zweiten Decks. Das gleiche gilt für die Schottbeplattung bei größerem Abstand der Horizontalversteifungen. Die Enden der Längsspantenschiffe außerhalb der Tankräume können entweder nach dem Längsspanten- oder auch nach dem Querspantensystem gebaut werden. Letzteres ist der häufigere Fall, da die Längsspanten im Vor- und Hinterschiff zu nahe zusammenkommen bzw. bei der Anordnung der Längsspanten senkrecht zur Außenhaut die Innenkanten derselben zu nahe zusammenfallen, so daß sich Schwierigkeiten bei der Vernietung mit der Außenhaut ergeben. Bei dem Übergang zum Querspantensystem muß ein Teil der Längsspanten weiter in den Querspantenteil hineingeführt werden, um eine Unterbrechung des Längsverbandes zu vermeiden.

Vernietung der Längsspantentankschiffe. Die Vernietung der Außenhaut ist ähnlich wie bei den Tankschiffen nach dem Querspantensystem, nur daß vierfache Vernietung der Außenhaut im Boden und der oberen Gurtung schon bei 1½ bis 2 mm geringerer Plattenstärke erforderlich wird. Die Bodenbeplattung erhält schon von 47,3 mm Dicke ab doppelte Stoßbleche mit dreifacher Nietung; das gleiche gilt für den Flachkiel, den Scheergang, den Oberdeckstringer und den obersten Seitengang, sobald die Plattendicke 21,3 mm überschreitet.

Die Vernietung der Längsnähte ist wesentlich stärker als bei den Querspantenschiffen. Bei Schiffen von 137 bis 145 m Länge darf die Nietteilung zwischen den Piekschotten 3½ Nietdurchmesser nicht übersteigen. Bei Schiffen von 145 bis 152 m kann die Nietteilung in den Längsnähten zwar 4 betragen, dafür sind aber 3 Längsnähte der Seitenbeplattung zwischen den Piekschotten dreifach zu nieten. In Schiffen von 152 bis 160 m sind ebenfalls 3 Nähte der Seitenbeplattung dreifach zu nieten und bei Schiffen von 160 bis 168 m 4 Nähte, in jedem Falle aber mit einer Nietteilung von 3,5 d. Die Nähte der Decksbeplattung müssen doppelt genietet werden. Vielfach wird dies von anderen Klassifikationsgesellschaften bzw. Tankschiffreedereien nur für Gasolintankschiffe gefordert, und man begnügt sich für die Nähte des oberen Teils der Schotte sowie des Oberdecks mit einfacher Nietung.

Die Nietteilung in der Verbindung der Querträger mit dem Deck ist 5 d, für die Deckslängsspanten mit der Deckbeplattung 6 d. Für die Verbindung Bodenquerträger mit der Außenhaut ist 4½ d, bei einem Rückenwinkel 5 d. Dasselbe gilt für die Vernietung der Seitenquerträger mit der Außenhaut. Für die Vernietung der Bodenlängsspanten mit der Außenhaut ist eine besondere Regel aufgestellt. Wo das Produkt aus

Länge des Schiffes und Abstand der Querträger in Fuß 3000 nicht überschreitet, soll der Nietabstand auf jeder Seite des Schotts oder Bodenquerträgers für eine Nietzahl gleich der Fußzahl des Abstands dieser Querverbände $4^1/_2\,d$, für den Rest $6\,d$ sein, wo die Zahl 3000 überschritten wird, soll für die wie vorher bestimmte Nietzahl der Nietabstand $3^1/_2\,d$, für den Rest 6 d sein. In dem vordersten Öltank soll die Nietteilung in den Bodenlängsspanten durchweg $4^1/_2\,d$ sein. Die Nietteilung im vertikalen Schenkel des Außenhautwinkels gebauter Bodenlängsspanten ist die gleiche wie im horizontalen Schenkel durch die Außenhaut. Für die Vernietung der Seitenlängsspanten mit der Außenhaut sind ähnliche Regeln aufgestellt wie für die Bodenlängsspanten. Wo der Abstand der Längsspanten unter dem Oberdeck nicht über 4,57 m beträgt, ist die Nietteilung für die Außenhautnieten der Längsspanten 6 d. Wo der Abstand zwischen 4,57 und 7,62 m beträgt, ist die Nietteilung für eine Anzahl der Nieten gleich dem Abstand der Querträger in Fuß auf jeder Seite des Schotts und der Querträger $4^1/_2\,d$, für den Rest 6 d. Für einen Abstand von mehr als 7,62 m beträgt die Nietteilung für die oben festgelegte Zahl Nieten $3^1/_2\,d$, für den Rest 6 d. Die Stöße des Mittellängsschotts werden doppelt genietet mit Ausnahme der des untersten Ganges, welche dreifach genietet werden. Alle Nähte werden doppelt genietet. Bei vielen amerikanischen Tankschiffen sind die Nähte und Stöße im oberen Teil des Längsschotts einfach. Für die Vernietung der vertikalen Träger mit der Beplattung des Längsschotts gilt folgende Regel: Wo das Produkt aus Schiffslänge × Abstand der Vertikalträger in Fuß 3000 nicht überschreitet, genügen 19 mm Niete in 5 d Abstand, zwischen 3000 und 4000 19 mm Nieten in $4^1/_2\,d$ Abstand, darüber hinaus 22 mm Nieten in $4^1/_2\,d$ Abstand. Wo der Abstand der horizontalen Versteifungen unter dem Oberdeck an der Seite nicht größer ist als 4,57 m, genügt eine Nietteilung von 6 d. Bei 4,57 bis 7,62 m $4^1/_2\,d$ für eine Anzahl der Nieten zu beiden Seiten der Querträger, für den Rest 6 d. Bei einem Abstand vom Oberdeck an der Seite von mehr als 7,62 m $3^1/_2\,d$ und für den Rest 6 d. Die Vernietung der Vertikalträger mit der Schachtseitenbeplattung ist die gleiche wie die der Vertikalträger mit dem Mittellängsschott. Nähte und Stöße im Expansionsschacht werden doppelt genietet. Die Nietteilung für die horizontalen Versteifungen im Expansionsschacht ist 6 d. Stöße und Nähte der Querschotte werden, wie schon erwähnt, von Lloyds Register doppelt genietet verlangt. Wo die Seitenhöhe $7^1/_2$ m nicht überschreitet, genügen für die Vernietung der vertikalen Träger mit dem Schott 19 mm Nieten in $4^1/_2$ Nietdurchmesser Abstand. Bei größerer Seitenhöhe 22 mm Nieten in $4^1/_2\,d$ Abstand. Wo der Abstand der horizontalen Versteifungen unter der Decke des Expansionsschachts unter 5,5 m bleibt, können die Niete zur Verbindung mit der Schottbeplattung in 6 d Entfernung stehen, für Horizontalversteifungen in größerem Abstand von der Schachtdecke müssen die Nieten auf 5 d Abstand stehen.

Nietteilung in öldichten Längsspantenschiffen.

$3^1/_2\,d$ für Stöße des Flachkiels, der Außenhaut und der Deckstringerplatten mit Ausnahme der vierfach und fünffach genieteten Stöße.

Für Nähte der Außenhaut und Stöße der Deckbeplattung, der Beplattung der Längs- und Querschotte und der Seitenplatten des Expansionsschachts, soweit die Dicke der Platten 12,7 mm nicht übersteigt.

4 d für vierfach genietete Stöße des Flachkiels, der Außenhaut und der Deckstringerplatten, ferner wo die Plattendicke 12,7 mm übersteigt, in den Nähten der Außenhaut, den Stößen der Deckbeplattung, der Beplattung der Längs- und Querschotte und den Seitenwänden des Expansionsschachtes.

$4^1/_2\,d$ in fünffach genieteten, überlappten Stößen der Außenhaut und der Deckstringerplatten.

5 d in den Begrenzungswinkeln der Schotte, den Kielwinkeln, Deckstringerwinkeln und den Verbindungswinkeln an der Ober- und Unterseite des Expansionsschachts, den

Knieblechverbindungen der Querträger und der vertikalen Träger, den Überlappungen der Querträger und der vertikalen Träger.

6 *d* in den Gurtungswinkeln der Querträger und vertikalen Träger sowie den gebauten Längsspanten.

In allen öldichten Flächen, wie Außenhaut, Decks, Schotten, Schottbegrenzungs- und Verbindungswinkeln, Expansionsschächten und Stringerwinkeln müssen die Nietlöcher versenkt werden. Alle öldichten Verbindungen müssen mit den Flächen fest aufeinander liegen und sind, soweit irgend möglich, ohne Anwendung von Packung zu verstemmen. Bei doppelten Begrenzungswinkeln der öldichten Schotte müssen beide Schenkel jedes Winkels verstemmt werden.

c) Das knieblechlose Isherwoodsystem (bracketless system). Die Längsspantenbauweise im Tankschiffbau, die in den vorstehenden Abschnitten behandelt ist, betrifft das Isherwood patentierte System, wie es heute von Lloyd's Register als Norm für die Längs-

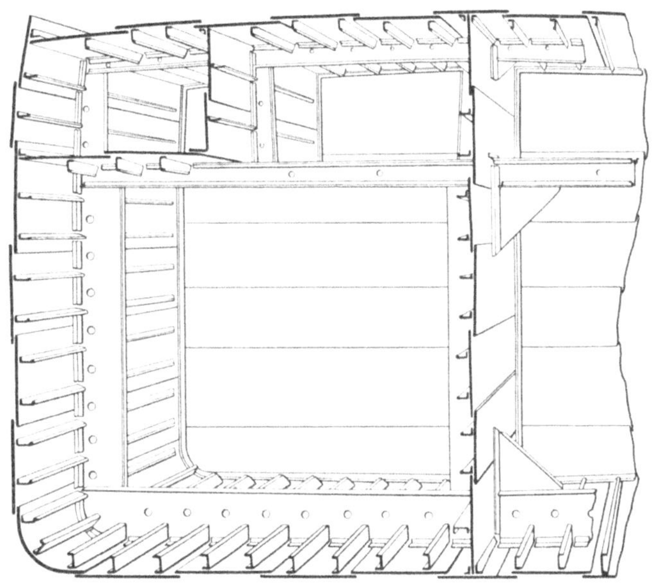

Abb. 425.

spantenbauweise in die Bauvorschriften aufgenommen ist und auch dem Germ. Lloyd als Vorbild für seine 1930 Vorschriften dient.

Bei den Öltankschiffen nach dem normalen Isherwoodsystem sind die Längsspanten an den Seiten, dem Boden, an dem Deck wie auch die Längsversteifungen an dem Mittellängsschott alle an den Querschotten abgeschnitten und mit Knieblechen mit dem Schott vernietet und durch ebensolche auf der anderen Seite wieder verbunden.

Dieses System mit seiner günstigen Verteilung der Spannungen machte schon die großen Schottkniee (wie beim Querspantensystem) überflüssig und verringerte die Leckagen an den Schotten wesentlich. Die Entwicklung war indessen mit nicht geringem Lehrgeld verbunden.

Öl ist auf Grund seiner geringen Oberflächenspannung eine besonders leicht durchdringende Flüssigkeit; wo nun irgendeine fehlerhafte Arbeitsausführung in der Nietung, in der Stemmnaht oder in der Anbringung der Beplattung ist, da „findet das Öl diese Stelle sehr rasch". Die Erfahrung zeigte nun, daß die Kniebleche einen großen Teil der Leckagen verursachten, und nach eingehenden Erprobungen brachte Sir Joseph W. Isherwood eine Verbesserung seines Spantsystems heraus, welche die Weglassung der Schottkniee ermöglichte und die Gefahr der Leckage an diesen Punkten vermied, während gleichzeitig die Erhaltung der Längsfestigkeit gewährleistet wurde. Siehe Abb. 425 und 426.

Bei Weglassung der Kniebleche ist die Längsfestigkeit der Verbände durch eine sinnreiche Verteilung der Materialstärken gewahrt.

In den Abb. 423 und 424 erkennt man die große Zahl der Kniebleche, welche die Längsversteifungen von Deck, Seiten und Boden mit den Schotten verbinden und ebenso die Kniebleche, welche die Horizontalversteifungen des Mittellängsschotts mit den Querschotten verbinden. Abb. 425 und 426 zeigen den Wegfall der Kniee.

Die Schottkniee in den Abb. 423 und 424 haben zwei Hauptfunktionen. Einmal soll jedes seine Längsversteifung mit dem Schott verbinden, und dann erhalten die Kniebleche die Kontinuität der Längsversteifungen und verbinden die Konstruktion mit der Außenhaut und der Deckbeplattung zu einem einheitlichen Ganzen, worin die Schotte

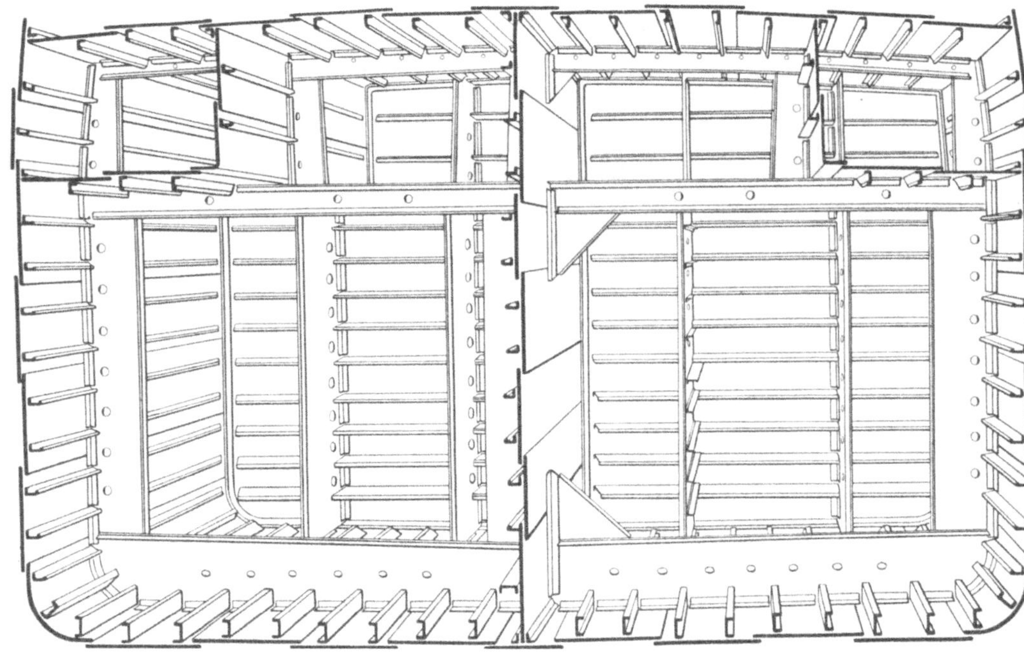

Abb. 426. Stemmseite eines Tankschottes ohne Kniebleche. (Siehe dazu auch Abb. 424, mit Knieblechen.)

Punkte von verhältnismäßiger Starrheit bilden. Die Schotte und Rahmenspanten in Verbindung mit der Außenhaut und der Deckbeplattung nehmen die ganze Spannung auf, und die Längsspanten dienen dazu, ihre verhältnismäßig geringen eigenen Beanspruchungen auf die Rahmenspanten und Schotte zu übertragen.

Betrachtet man die Längsspanten als Träger, so ist die Beanspruchung bei jedem derselben am größten an der Einspannstelle, also bei den Rahmenspanten und den Schotten. Während nun statisch die Spannung in den Längsspanten an den Rahmenspanten und Schotten dieselbe ist, so ergibt sich, wenn das Schiff im Seegang arbeitet, daß die größte Beanspruchung dieser Verbände auf die Verbindung mit den Schotten, den Punkten der größten Steifigkeit, kommt. Daher die häufigen Anstände bei den Schottknieen. Der Vorteil des knieblechlosen Systems ist, daß der Punkt der größten Beanspruchung im Längsverband von dem Schott wegverlegt wird. Dies hat man erreicht durch Anbringung der Rahmenspanten in verhältnismäßig größerer Nähe bei den Schotten als bisher. Anstatt gleicher Einteilung der Rahmenspanten zwischen den Schotten sind die Rahmenspanten in geringerem Abstand von den Schotten angeordnet, als der Abstand zwischen den Rahmenspanten beträgt.

Die Einteilung eines 10 m langen Tanks mit 2 Rahmenspanten ist nach dem Verhältnis 7 zu 10 zu 7 vorgenommen, d. h. die Entfernungen betragen:

Vom Schott bis zum nächsten Rahmenspant	rd. 2,9 m
Von Rahmenspant zu Rahmenspant	rd. 4,2 m
Vom Rahmenspant bis zum nächsten Schott	rd. 2,9 m
Länge des Ölraums	10 m

Es ist klar, daß die Längsspanten mit Rücksicht auf den größeren Abstand zwischen den Rahmenspanten stärker sein müssen als bei gleicher Teilung. Der Teil des Längsverbandes zwischen Schott und dem nächsten Rahmenspant wird daher schwerer als dies der Fall sein würde, wenn Kniebleche angebracht würden, trotzdem der Abstand zwischen den Rahmenspanten und dem Schott geringer ist als vorher. Betrachtet man für Vergleichszwecke die Längsspanten als bei den Rahmenspanten eingespannt

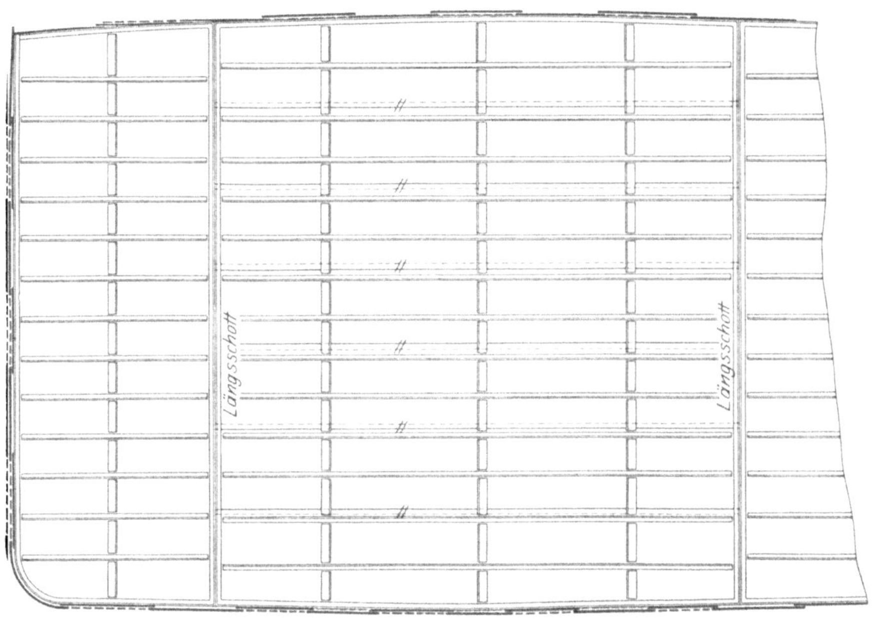

Abb. 427.

und bei den Schotten frei aufliegend, so sind nun die Hauptbeanspruchungen der Längsspanten auf die hohen Rahmenspanten übertragen, welche zu diesem Zweck besonders verstärkt sind, und die Spannung im Längsspant verringert sich auf ein Minimum anstatt eines Maximums in dem Falle, wo Kniebleche verwandt werden. Nicht nur jeder einzelne Längsverband wird in der gleichen Weise behandelt, sondern auch jeder Horizontalträger an den Rahmenspanten.

Ist man nun so zu einer Verteilung des Materials gekommen, welche die Schotte von solchen Beanspruchungen befreit hat, welche die häufige Ursache von Anständen bildeten, so bleibt noch, die Kontinuität der Längsspanten als Längsverband an den Stellen zu wahren, wo sie an den Schotten beiderseits abstoßen. Dies geschieht durch Anbringung von Außenhautdopplungen oder Unterlegstreifen im Bereich der Schotte. Auf einem großen Tankschiff sind diese Dopplungen auf jedem Gang im Boden angebracht, und auf jedem zweiten Gang an den Schiffsseiten und dem Deck. Siehe Abb. 427. Die Vorteile, die für die neue Bauart in Anspruch genommen werden, sind folgende: Verringerte Unterhaltungskosten, Reparaturkosten und Reinigungskosten, Ausschaltung von Schäden und Leckagen, weil die Kniebleche an den Schotten weggefallen sind, etwas verringerte Baukosten und schnellere Bauweise. Die bisher mit dem „bracketless system“ gemachten Erfahrungen lassen noch kein abschließendes Urteil zu, doch handelt es sich fraglos um eine überaus wichtige Verbesserung.

d) Die Bauvorschriften des Bureau Veritas für Längsspantenschiffe. Das Bureau Veritas hat im Herbst des Jahres 1928 ebenfalls Bauvorschriften für Tankschiffe nach dem Längsspantensystem herausgegeben. Als das Wesen dieser Bauart wird angegeben: Alle Längs- und alle Querverbände müssen bei den Schotten unterbrochen werden. Alle unterbrochenen Verbandteile sind zu beiden Seiten der Schotte wieder durch Kniebleche verbunden. Wir haben es also hier im wesentlichen mit dem früheren Isherwood-Längsspantensystem mit Knieblechen zu beiden Seiten der Schotten und Rahmenspanten zu tun, einem System, das heute zum Teile auch schon wieder verlassen und durch das knieblechlose Längsspantensystem, das Millarsystem, welches in dem Isherwood-Kombinationssystem aufgegangen ist, und durch das Foster-Kingsystem ersetzt wird. Da es aber neu in die Bauvorschriften des Bureau Veritas aufgenommen ist, und Frankreich unter den Bestellern und Erbauern von Tankräumte zur Zeit eine wichtige Rolle spielt, müssen wir uns etwas eingehender mit diesen Bauregeln befassen. Die Regeln für Tankschiffe nach dem Querspantensystem sind nicht mehr aufgenommen, für dieses System wird auf die Veritasvorschriften von 1927 verwiesen, in denen dieselben zum letztenmal enthalten waren.

Die neuen Bauvorschriften gestatten eine Anordnung der durch Längs- und Querschotte unterteilten Tanks, welche unter allen Betriebsverhältnissen eine völlig genügende Stabilität gewährleisten, doch darf die Länge der Tanks nicht größer als 9,15 m, die der Sommertanks nicht größer als 18,30 m sein, ähnlich wie in den Bauvorschriften von Lloyds Register. Als Normalschiff ist das Tankschiff mit einem Mittellängsschott, zwei Decks, mittlerem durchlaufendem Expansionsschacht und seitlichen Sommertanks im Zwischendeck angenommen.

Die Größe des Expansionsraums wird zur Zeit mit 3% des Tankinhalts als Minimum angegeben. Für Leichtöl- und Benzinladungen ist dieser Expansionsraum nicht ausreichend, man sieht hier Expansionsräume bis zu 6 und mehr Prozent des Tankinhalts vor. Nach den Vorschriften sollen auch die Teile des Schiffes vor und hinter den Tank- und Kofferdammräumen wenn möglich nach dem Längsspantensystem gebaut werden. Dies würde jedoch bei den Spantformen des Vor- und Hinterschiffs sich kaum durchführen lassen, da sich die Längsspanten in der Kimm unterschneiden würden, man baut daher die Teile der Tankschiffe außerhalb der Tankräume meist nach dem Querspantensystem, die Maschinenräume, wenn sie hinten liegen, mit eingeschlossen. An den Übergangsstellen vom Längs- zum Querspantensystem muß dann für entsprechenden Verschuß der Verbände gesorgt werden.

Die Längsschotte sollen über die ganze Länge der Tankräume, der Pumpenräume und der Kofferdämme durchlaufen und sollen sich noch über die Endschotte der Kofferdämme um ein Drittel der Schotthöhe in Form von großen Knieplatten weiter erstrecken.

Die Vorschriften behandeln Querverbände und Längsverbände getrennt.

Die Querverbände werden dargestellt als ringsumlaufende Rahmen (anneaux, Ringe), welche zu beiden Seiten des Längsschotts angeordnet sind, horizontal das Bodenstück und verstärkte Balken und vertikal Rahmenspanten an Außenhaut und Mittellängsschott.

Die Bodenstücke berechnen sich nach der Leitzahl $N_1 T_1 = B + C$, also der Summe aus Breite und Seitenhöhe und dem Abstand der Rahmen. Auf das Verhältnis von Tiefgang zur Seitenhöhe wie bei allen anderen Schiffen wird hier keine Rücksicht genommen. $B + C$ geht von 13,80 m bis 36,60 m, bei einem Abstand von 2,40 m, 3,00 m und 3,60 m. Die Bodenstücke haben die Abmessungen 650×9 mm bei $B + C$ unter 13,80 m und 2,40 m Abstand und wachsen auf $1775 \times 12{,}5$ mm bei $B + C = 35{,}10$ und 3,60 m Abstand. Das Bodenstück erhält einen Gurtungswinkel, der sich vom Rahmenspant an der Außenhaut bis zum Rahmen der Schottversteifung bzw. auf der entgegengesetzten Seite bis zum Schott erstreckt. Werden Bodenstücke gestoßen, so darf der Stoß nicht über einem

Bodenlängsspant liegen. Die Durchgangsöffnungen der Längsspanten durch die Bodenstücke müssen sorgfältig ausgerundet werden. Erleichterungslöcher in den Bodenstücken zwischen den Längsspanten dürfen höchstens 250 mm Durchmesser haben, bei zwei Erleichterungslöchern übereinander nicht mehr als 150 mm Durchmesser. Die Bodenstücke sind mit der Außenhaut durch einen Winkel von der Dicke des Bodenstücks und einer Schenkelbreite für doppelte Nietung verbunden. Wo die Entfernung der Bodenstücke 3,05 m übersteigt oder die Längsnummer größer wird als 22640, nimmt man entweder engere Nietung oder setzt noch einen Gegenwinkel für einfache Nietung auf die andere Seite. Mit den Längsspanten werden die Bodenstücke durch längere und kürzere Ver-

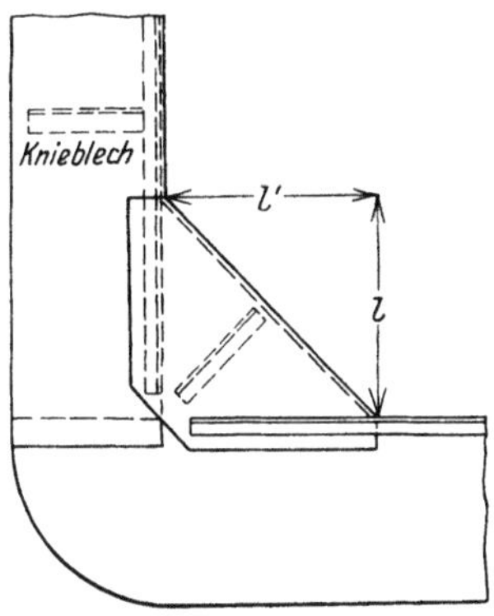

Abb. 428.

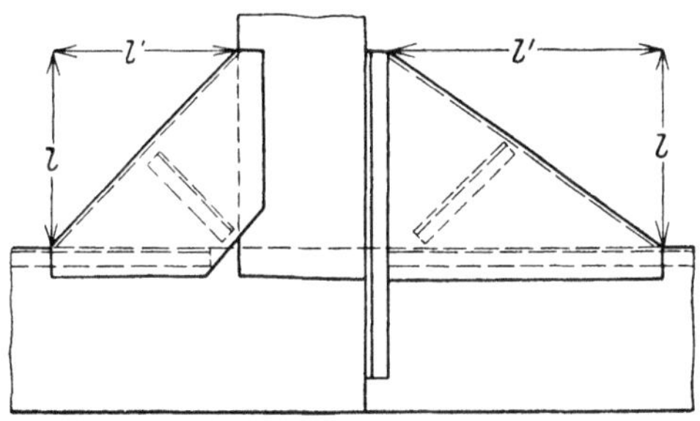

Abb. 429.

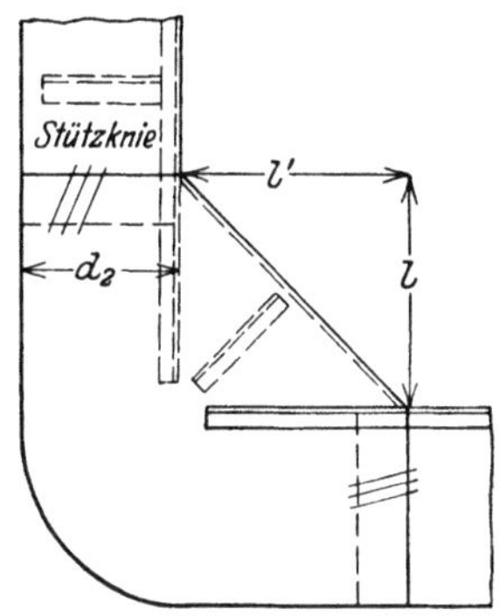

Abb. 430.

steifungswinkel verbunden, genau wie beim Isherwood-Längsspantensystem. Auch die Verbindung der Bodenstücke mit den Rahmenspanten der Außenhaut und der Längsschotte ist die gleiche, nämlich doppelte Überlappsnietung und geflanschte Kniebleche. Wenn die Kniebleche sich aber bis zur Außenhaut bzw. zum Schott erstrecken, wird dreifache Überlappsnietung erforderlich. Siehe Abb. 428 bis 430. Auf der dem Rahmenspant gegenüberliegenden Seite erfolgt die Verbindung der Knieplatte auf der Bodenwrange mit dem Längsschott durch einfachen Winkel mit doppelter Nietung. Bei größerem Abstand zwischen Längsschott und Schiffsseite als 9,15 m muß ein vollständiges Plattenkielschwein eingebaut werden von der Höhe des Bodenstücks und mit doppelten Gurtungswinkeln.

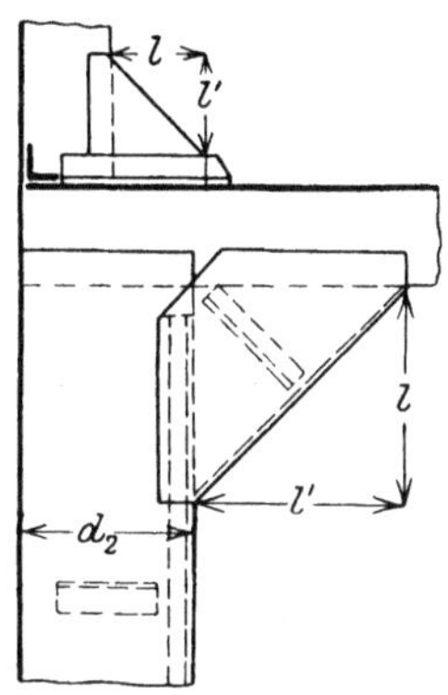

Abb. 431.

Die seitlichen Teile des Rahmens werden nach der ersten Quernummer $NT = 1{,}10\ C + 0{,}118\ H^2 + 1{,}22$ bestimmt, worin C die Seitenhöhe bis Oberdeck und H die Höhe gemessen von Oberkante Bodenlängsspant bis zur Horizontalen durch die Zwischendecksbalken ist. Der Gurtungswinkel der Rahmenspanten erstreckt sich von Oberkante Bodenwrange bis Unterseite des verstärkten Balkens. Die Rahmenspanten in den Raumtanks sind für Abstände von 2,40 m, 3,00 m und 3,60 m geordnet und gehen von $300 \times 9{,}5$ mm mit einem Gurtungswinkel $75 \times 75 \times 9{,}5$ bei $NT = 7{,}5$ und 2,40 m Abstand auf $1150 \times 12{,}5$ mit doppelten Gurtungswinkeln $130 \times 90 \times 13{,}5$ bei $NT = 24{,}3$ und 3,60 m Abstand. Abgesehen von den beiden letzten Größenstufen erhalten die Rahmenspanten nur einfache Gurtungswinkel. Mit der Außenhaut und dem Längsschott sind sie durch einfache Winkel mit doppelter Nietung verbunden. Für die Kniee zur Verbindung mit den Deckrahmen gilt das gleiche wie für die Verbindung mit den Bodenstücken (s. Abb. 431). Die Kniee werden mit den Rahmenbalken durch doppelte Nietung verbunden und reicht das Knie bis zum Deck durch 3fache Nietung. Bei einem größeren Rahmenabstand wie 3,05 m oder bei einer Längsnummer über 22640 wird die Vernietung der Rahmenspanten mit der Außenhaut in gleicher Weise verstärkt wie die Vernietung der Bodenstücke.

Die Rahmenspanten an dem Längsschott unter dem Zwischendeck erhalten dieselben Abmessungen wie die Rahmenspanten an der Außenhaut, nur können sie 1,5 mm dünner sein, die Dicke darf jedoch nicht weniger als 9,5 mm betragen. Mit den Seitenlängsspanten und den Versteifungen der Schotte sind die Rahmen in gleicher Weise durch kurze und längere Winkel verbunden wie bei Bodenstücken mit den Längsspanten.

Die Rahmenspanten im Zwischendeck berechnen sich nach der Formel $N = C + 0{,}15\,h^2$ worin C die Seitenhöhe bis zum Oberdeck und h die Höhe des Zwischendecks an der Seite ist. Die Tabelle ist für einen Rahmenabstand für 3 m aufgestellt und gibt bei N unter 7,50 m Rahmenspanten 350 × 9 mit einem Gurtungswinkel von 75 × 75 × 9, steigend bis auf $N = 17{,}10 - 18{,}30$ mit Rahmenspanten 550 × 11 mit Gurtungswinkel 130 × 90 × 12. Die Zwischendeckrahmen sind mit der Außenhaut, dem Längsschott oder den Schachtwänden durch Winkel mit einfacher Nietung verbunden. Die Rahmen gegen Längsschott und Schachtwand verjüngen sich nach oben in der Breite um 150 mm. Die Breite am Fuß beträgt je nach Abstand und Zwischendeckshöhe am Fuß 600 bis 800 mm. Die Dicke der Rahmenspanten im Zwischendeck ist durchweg 10 mm. Die Zwischendeckrahmenspanten erhalten einfache Fußwinkel mit doppelter Nietung, mit den Rahmenbalken werden sie durch doppelte Überlappsnietung verbunden und durch geflanschte Kniee.

Rahmenbalken[1].

Die Rahmenbalken des Zwischendecks sowie des Oberdecks bestehen aus Platten mit einem Gurtungswinkel. Die Abmessungen richten sich nach Balkenlänge und Abstand. In den Sommertanks haben sie unter 9 m Länge bei 2,40 m Abstand einen Steg von 250 × 9 mit einem Gurtungswinkel 75 × 75 × 9, bei 19,5 m Länge und 3,60 m Abstand 375 × 10 mit einem Gurtungswinkel 150 × 90 × 12,5. Die entsprechenden Rahmenbalken im Zwischendeck sind 300 × 9,5 mit einem Gurtungswinkel 90 × 90 × 10,5 und 700 × 11 mit einem Gurtungswinkel 165 × 90 × 7,5. In den Expansionstanks macht man die Balken 25 mm höher als in den Sommertanks und flanscht sie 125 mm um, statt sie mit einem Gurtungswinkel zu versehen. Die Dicke dieser Balken macht man nicht größer als in den Sommertanks, höchstens aber 10,5 mm. Der Gurtungswinkel des Zwischendecksrahmenbalkens soll sich von Innenkante Seitenrahmen bis zum Rahmen des Längsschotts erstrecken. Für die Durchführung der Deckslängsspanten durch die Rahmenbalken und die Verbindung mit denselben gilt das gleiche wie für die Durchführung der Längsspanten durch die Rahmenspanten. Die Rahmenbalken sind mit dem Deck durch einfach genietete Winkel verbunden. Mit den Rahmenspanten sind sie durch geflanschte Kniee verbunden (s. Abb. 431 u. 432). An der gegenüberliegenden Seite sind die Balkenkniee mit einem einfachen Winkel mit doppelter Nietung mit dem Längsschott vernietet (s. Abb. 433).

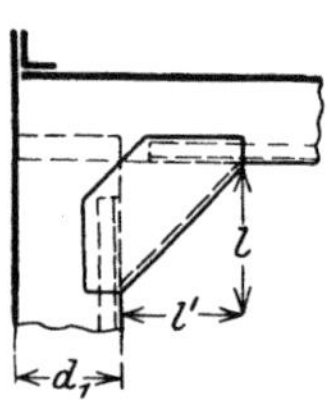

Abb. 432.

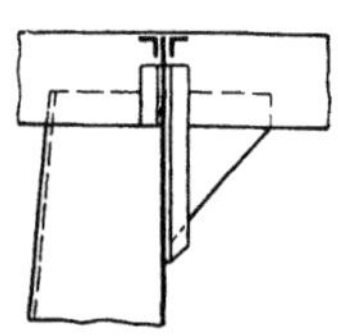

Abb. 433.

Längsverbände.

Der Längsverband besteht entweder aus Profillängsspanten oder aus aus Platten und Winkeln gebauten Längsspanten in Boden, Seiten, Deck und an den Längsschotten. Die Längsspanten reichen in einem Stück von Querschott zu Querschott. Die Längsspanten sind wie beim Isherwoodsystem in 760 mm Abstand angeordnet, und ihre Abmessungen bestimmen sich nach der Leitzahl $NL = L \times B \times C$ = Länge × Breite × Seitenhöhe und dem Abstand der Bodenwrangen. Man kann auch einen größeren Abstand der Längsspanten wählen, wenn man die Profile, das Deck und die Außenhaut sowie die Schotte entsprechend dicker macht. Die Längsspanten werden mit den Querschotten durch Knieplatten verbunden.

[1] Alle Teil-Überschriften der Seiten 302 bis 307 gelten für Bestimmungen des Bureau Veritas.

Boden-Längsspanten.

Die Bodenspanten werden mit der Außenhaut durch Niete in 6 d Entfernung verbunden, die 8 bis 12 Nieten unmittelbar bei den Querschotten oder Bodenstücken werden dagegen in einem Abstand von nur 3,5 d angeordnet. Im vordersten Ladetank erhalten die Nieten der Längsspanten im Boden 4,5 d Teilung.

Wo der Abstand zwischen Schott und Schiffsseite 9,15 m übersteigt, wird das mittelste Längsspant durch ein Interkostalkielschwein von der Höhe der hohen Bodenstücke ersetzt, das einen oberen Gurtungswinkel und bei einem Abstand der Bodenstücke über 3,05 m doppelte Gurtungswinkel erhält. Dieses Kielschwein wird mit den Querschotten durch einen einfachen Winkel mit doppelter Kettennietung verbunden, welcher 150 mm über das Kielschwein weiter geführt wird. Mit den Bodenplatten ist dieses Interkostalkielschwein durch einen Winkel mit doppelter Nietung verbunden. Die Abmessungen der Bodenlängsspanten richten sich nach der Leitzahl $NL = L \times B \times C$, also Länge $\times$ Breite $\times$ Seitenhöhe, dem Abstand und der Anzahl der Bodenwrangen in den Tanks.

Seiten-Längsspanten.

Die Seitenlängsspanten werden ebenfalls nach der Leitzahl $L \times B \times C$ und nach dem Abstand der Bodenwrangen oder richtiger der Rahmenspanten in der Ebene der Bodenwrangen bestimmt. Es werden die Profile für das unterste und das oberste Seitenlängsspant angegeben und für die dazwischen liegenden Seitenlängsspanten interpoliert. Die Zwischendeckslängsspanten werden in gleicher Weise bestimmt unter Annahme einer normalen Zwischendeckshöhe von 2,44 m. Die Kimmlängsspanten wählt man in der Mitte zwischen den Bodenlängsspanten und dem untersten Seitenlängsspant. In den Sommertanks nimmt man in der Regel nicht mehr als 2 Seitenlängsspanten, vorausgesetzt, daß die Zwischendeckshöhe 3,05 m nicht überschreitet. Die Seitenlängsspanten werden mit der Außenhaut durch eine Nietreihe in 6 d Entfernung vernietet. Bei größerer Entfernung der Rahmen als 3,05 m und, wenn die Längsnummer 22640 überschreitet, wird die Vernietung der Längsspanten auf 1,20 m durch einen Gegenwinkel mit einfacher Nietung verstärkt.

Decklängsspanten.

Die Decklängsspanten werden nach den gleichen Leitzahlen wie die Boden- und Seitenlängsspanten bestimmt. Die Vernietung ist die gleiche wie die der Seitenlängsspanten, ebenso die Verstärkung der Nietung bei Überschreitung gewisser Grenzen.

Öldichte Schotte.

Die Dicke der Schottbeplattung wird bestimmt nach dem Abstand der Unterkante der Schottplatte vom Oberdeck. Die Schottplatten sollen horizontal angeordnet werden, und in einer Länge von der Außenhaut bis zum Längsschott bzw. bei Längsschotten von Querschott zu Querschott reichen. Die Plattendicke der Schotte beträgt bei 3 m Abstand der Unterkante vom Oberdeck 8,5 mm und steigt gleichmäßig auf 12,5 mm bei 12,6 m Abstand. Die unterste Platte wird 1,5 mm dicker genommen und muß sich bis über die Enden der Befestigungswinkel der Kniee der Bodenlängsspanten erstrecken.

Die Querschotte werden mit der Außenhaut und dem Deck durch einfache Winkel vom Profil 150 $\times$ 150 verbunden. Bei der Bestimmung der Dicke dieses Winkels ist die Seitenhöhe zuzüglich der Balkenbucht maßgebend, die Dicke beträgt bei 5,4 m 10,5 mm und steigt bei 12,6 m auf 13,5 mm.

Die Längsschotte erhalten doppelte Befestigungswinkel unten und oben, unten mit doppelter, oben mit einfacher Nietung. Die Längs- und Querschotte werden untereinander durch doppelte Winkel von den Abmessungen der Fußwinkel der Längsschotte verbunden.

Die Versteifungen der Querschotte bestehen aus vertikalen Rahmenspanten und horizontalen Profilversteifungen. Die Abmessungen der Rahmenspanten richten sich nach ihrer Anzahl, je nachdem ein, oder zwei, oder drei Rahmenspanten zwischen Längsschott und Außenhaut vorgesehen sind. Sie bestehen aus Platten mit einem Gurtungswinkel; bei einer Länge der Versteifungen über 6,60 m sind die Gurtungswinkel doppelt. Die Abmessungen der Rahmenspanten richten sich nach der Länge der Versteifung, gemessen von Oberkante Bodenlängsspant bis zum Oberdeck. Im Expansionsschacht erhalten die Vertikalversteifungen eine Steghöhe von 0,6 der Vertikalversteifungen unter dem 2. Deck und eine um 1 mm geringere Dicke. Statt des Gurtungswinkels werden sie 125 mm umgeflanscht.

Die Rahmenspanten an den Querschotten verteilt man gleichmäßig zwischen den Innenkanten der Horizontalkniebleche der Seitenlängsspanten und der Seitenversteifungen des Längsschotts. In der Mitte sind sie durch ein horizontales Knieblech an einem der Versteifungswinkel des Rahmenspants versteift. Die Vertikalversteifungen sind mit den Schotten durch einfache Winkel mit doppelter Nietung, im Expansionsschacht mit einfacher Nietung verbunden.

Die Horizontalversteifungen der Querschotte richten sich nach der Seitenhöhe + Sprung und der Zahl der Vertikalversteifungen, ihr Abstand beträgt wie der der Seitenlängsspanten 760 mm. Sie bestehen aus Wulstwinkeln. Die Tabellen geben nur das Profil der untersten und der obersten Längsversteifung an, die übrigen werden durch Interpolation bestimmt. Der Abstand der untersten Horizontalversteifung über der Oberkante der Längsspantenkniee soll nicht über 760 mm, dem normalen Abstand der Horizontalversteifungen und Längsspanten, betragen.

Die Hindurchführung der Horizontalversteifungen durch die Schottrahmen erfolgt durch Ausschnitte mit abgerundeten Ecken, die Vernietung ähnlich der Durchführung der Längsspanten durch die Bodenstücke und Seitenrahmen. Die Horizontalversteifungen der Querschotte in den Expansionstanks erhalten dieselben Abmessungen wie die der Längsschotte in gleicher Höhe. Die Horizontalversteifungen in den Sommertanks richten sich nach dem Abstand vom Oberdeck und der freitragenden Länge und bestehen aus Wulstwinkeln von 150 bis 230 mm Höhe.

Etwaige Öffnungen in den Zwischendecksquerschotten außerhalb der Ladetanks müssen eine Süllhöhe von mindestens 45 cm haben und mit starken dichtschließenden Türen versehen sein. Wo die Öffnungen mit einem Gußrahmen mit Gummidichtung versehen sind, muß der Rahmen auf der Innenseite des Kofferdammschotts sitzen.

Die Knieblechverbindungen im Längsspantensystem.

Das Längsspantensystem des Bureau Veritas beruht genau wie das ursprüngliche Isherwood-Längsspantensystem auf der ausschließlichen Anwendung von Knieblechen zur Verbindung der an den Längs- und Querschotten abgeschnittenen Hauptverbandteile. Wir geben im nachstehenden die sehr übersichtlichen Zusammenstellungen des Bureau Veritas über die Bestimmung der Abmessungen dieser Knieblechverbindungen im Auszug wieder.

a) Schenkellänge der Kniebleche. α) Kniee zwischen Seitenrahmenspant und Oberdeckrahmenbalken. Kniee gleichschenkelig, Schenkellänge gleich Rahmenspantbreite im Zwischendeck. $l = l' = d_1$ (s. Abb. 432). (d_1 ist die Höhe des Zwischendeckrahmenspants.)

β) Kniee zwischen Schottrahmenspant und Oberdeckrahmenbalken. $l = l = d$ (d = obere Breite der Rahmenversteifung am Schott; s. Abb. 433).

γ) Tankkniee am Oberende der Rahmenspanten und der Vertikalversteifungen des Längsschotts. $l = l' = 1{,}4\, d_2$ (d_2 = Rahmenspantbreite im Tankraum; s. Abb. 431).

δ) Tankkniee am Unterende der Rahmenspanten und der Vertikalversteifungen des Längsschotts. ($l' = 1{,}5\, d_2$, $l = 1{,}75\, d_2$; s. Abb. 428 und 429.)

Für die dem Rahmen gegenüberliegende Seite des Längsschotts $l' = 2{,}5\,d_2$, $l = 1{,}75 d_2$; s. Abb. 429 rechte Seite.

ε) Horizontale Knieplatten der Balken des 2. Decks und des Längsschotts $l = l' = d_3$ (d_3 = Höhe der Plattenvertikalversteifung im Expansionsschacht; s. Abb. 434 und 435).

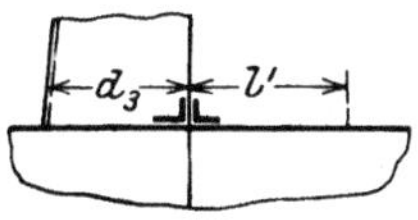

Abb. 434.

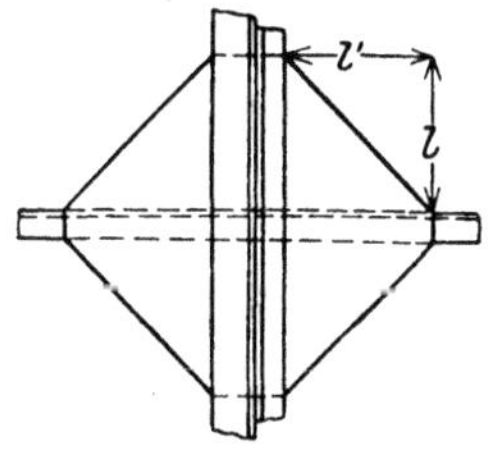

Abb. 435.

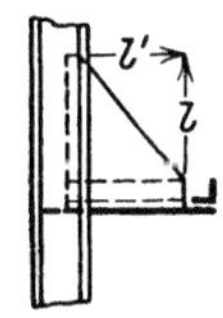

Abb. 436.

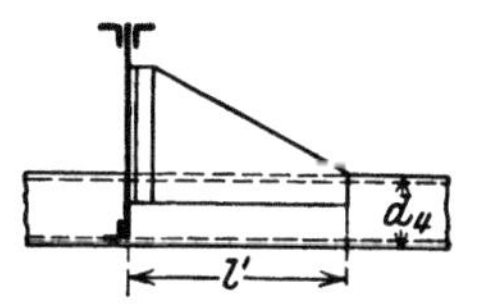

Abb. 437.

ζ) Stützkniee der Rahmenspanten und der Vertikalversteifungen der Längsschotte. $l = d_2$; s. Abb. 436.

η) Stützkniee der Bodenstücke. $l' = 2{,}5\,d_4 + 510$ mm (d_4 = Höhe des Bodenlängsspants; s. Abb. 437).

b) Dicke der Niebleche. Die Vertikalkniee in den Tanks erhalten die Dicke der Rahmen in den Tanks, die Kniee im Zwischendeck die der Zwischendeckrahmenspanten.

Die Horizontalkniee der Balken des 2. Decks erhalten die Dicke der Gurtungsplatte. Die Stützplatten der Rahmenspanten, Vertikalversteifungen des Längsschotts und der Bodenstücke erhalten die Dicke der Längsspantenkniee.

c) Vernietung der Kniebleche. Die Kniee der Bodenstücke, Rahmenbalken und Vertikalversteifungen des Längsschotts erhalten doppelte Kettennietung; wenn die Kniee bis zur Außenhaut bzw. der Schottwand reichen, dreifache (s. Abb. 430). Sollte der Stoß (was man meistens vermeidet) gerade auf ein Längsspant fallen, so ist vierfache Nietung erforderlich.

Für die Vernietung der Kniee der Vertikalversteifungen ist die Schenkellänge der Kniee maßgebend. Die Zahl der Niete beträgt bei einer Schenkellänge von 1015 bis 1065 am Bodenspant 12 und am Schott 9, bei 1320 bis 1370 im Bodenspant 18 und am Schott 14. Bei größeren Knien erhält dasselbe im Bodenspant 4 Reihen Niete und am Schott 15 bis 17 Niete. Die Befestigungswinkel werden 15 cm über das Ende der Niebleche weiter geführt, um die an den Enden der Kniee auftretenden Beanspruchungen zu übertragen. Der Nietdurchmesser für die Schottkniee wird durchweg 22 mm genommen.

d) Längsspantenkniee. α) Kniee der Decklängsspanten. Ist h die Höhe des Längsspants, so ist die Schenkellänge der Kniee von Unterkante Längsspant und Innenkante Vertikalwinkel gemessen $l_1 = l_1' = 3\,h + 175$ mm (s. Abb. 438).

β) Kniee der Seitenlängsspanten, der Horizontalversteifungen des Längsschotts und der Expansionsschachtwände. Ist h die Höhe des Seitenlängsspants, so ist $l = l_2' = 3\,h + 200$ mm (siehe Abb. 439).

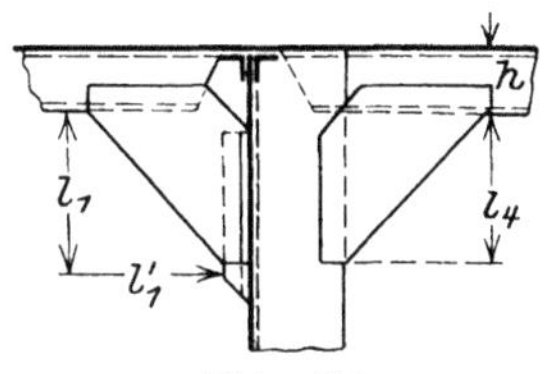

Abb. 438.

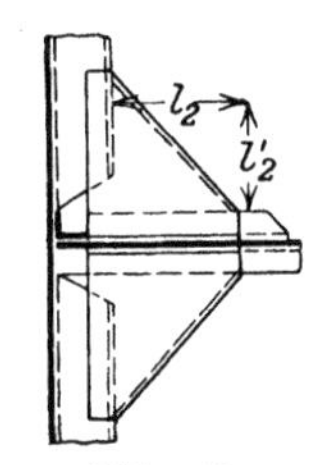

Abb. 439.

γ) Kniee der Bodenspanten. Für den Fall, daß die Bodenspanten Wulstwinkel der Profile sind, ist $l_3 = l_3' = 2{,}5\,h + 500$ mm, $h +$ Höhe des Bodenspants. Bei Bodenspanten, welche aus Platten und Winkeln zusammengebaut sind, ist

$$l_3 = 2{,}5\,h + 500\,\text{mm}\,,$$
$$l_8 = 2{,}5\,h + 250\,\text{mm} \quad \text{(s. Abb. 440).}$$

δ) Kniee an Vertikalversteifungen. In den Zwischendecks

$$l'_4 = l'_1 - \frac{\text{Höhe der Versteifung}}{3},$$

$$l_4 = l_1 - 150\,\text{mm} \quad \text{(s. Abb. 995).}$$

Unter der Begrenzungsplatte

$$l' = \text{Breite der Begrenzungsplatte} - \text{Breite der Versteifung},$$

$$l_5 = l_8 \quad \text{(s. Abb. 995).}$$

Am Fuß

$$l'_6 = l'_1; \qquad l_6 = 1{,}1\, l_3 \quad \text{(s. Abb. 441).}$$

Dicke der Längsspantenkniee. Die Dicke der Längsspantenkniee nach Veritas beträgt meistens 10 mm, nur die Längsbalkenkniee des Oberdecks von 750 mm und darüber, die Längsbalkenkniee des 2. Decks von 850 mm und darüber, die Seitenlängsspanten- und die Kniee der Längsschottversteifungen von 1300 mm und darüber, endlich die Bodenlängsspantenkniee von 1300 mm und darüber erhalten 11 mm Dicke.

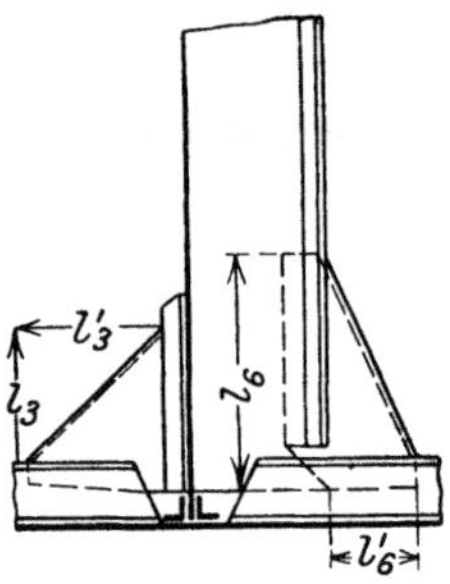

Abb. 440.

Nietdurchmesser und Nietteilung in den öldichten Verbindungen.

Plattendicke mm	Nietdurchmesser mm	Nietteilung
unter 7,5	16	2,25 d
7,5 und nicht über 12	19	2,75 d
12,5 „ „ „ 17	22	3,25 d
17,5 „ „ „ 22	25	3,75 d
22,5 „ „ „ 28	28	4,25 d
28,5 „ „ „ 31,5	32	4,75 d

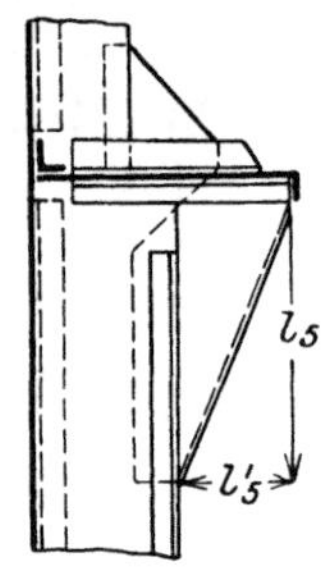

Abb. 441.

Die Nietlöcher müssen auf der Stemmseite versenkt werden.

Die Nietteilung der Längsspanten im Boden, den Seiten und den Decks ist 6 d. Die Nietteilung in den Horizontalversteifungen des Längsschotts ist 3,5 bis 4,5 d, der Horizontalversteifungen der Zwischendecksschotte 6 d, der Horizontalversteifungen der Querschotte 6 bzw. 5 d. Nietteilung der Gurtungswinkel 5 d.

Außenhaut und Decks. Der Flachkiel und die Außenhaut werden nach der Leitzahl $L \times B \times C$ also Länge $\times$ Breite $\times$ Seitenhöhe bestimmt. Das Verhältnis von Tiefgang zur Seitenhöhe, das bei der Bestimmung der Außenhaut bei den übrigen Schiffen eine wesentliche Rolle spielt, kommt in den Tankschiffsvorschriften nicht zur Geltung. Ebenso werden Scheergang und Gang darunter nach besonderen Tabellen bestimmt unter Berücksichtigung des Verhältnisses von Länge zur Seitenhöhe von 12 bis 14. Die Materialstärken dieser Verbandteile gelten nicht wie bei der Außenhaut für $^1/_2\,L$ mittschiffs, sondern müssen für die ganze Länge von Hinterkante Poopschott bis zum vordersten Schott des vordersten Kofferdamms beibehalten werden. Die gleichen Grenzen gelten für die Beplattung des Oberdecks. Die Beplattung des 2. Decks wird ohne Rücksicht auf das Verhältnis von Länge zur Seitenhöhe lediglich nach dem Produkt aus Länge, Breite und Seitenhöhe bis zum obersten Deck bestimmt. Die Materialstärken werden für die ganze Länge der Ladetanks beibehalten. Es wird ferner in den Bauvorschriften empfohlen, das Oberschiff nicht einfallen zu lassen und die Bucht möglichst gering zu nehmen, um keine Innenschmiege beim Stringerwinkel zu bekommen. Der Horizontalplatte in Höhe des 2. Decks an den Querschotten gibt man eine Breite gleich $1^3/_4 \times$ der Rahmenhöhe darunter, sie erhält einen 125 mm breiten Flansch.

Luken. Zahl und Größe der Oberdeckluken hält man möglichst gering. Überschreitet der Gesamtquerschnitt der Decksöffnungen in einem Spantfeld 2,44 m, so muß das Deck verstärkt werden. Tankluken und Sommertankluken müssen miteinander verschießen.

Die Luken erhalten öldichte Deckel nach erprobten Modellen, die Dicke der Luksülle soll mindestens 10 mm und der Deckel 12,5 mm sein. Die Sülle werden mit dem Deck durch einfach genietete Winkel verbunden. Für die Sommertanks werden Luken von solcher Größe verlangt, daß sie als Expansionstanks dienen können.

Expansionstanks. Die Seitenwände der Expansionstanks erhalten die Dicke der Beplattung des 2. Decks. Dieselben müssen über die ganze Länge der Ladetanks, Kofferdämme und Pumpenräume durchlaufen. Mit der Beplattung des 2. Decks werden sie mit einem Winkel vom Profil der Stringerwinkel verbunden, falls nicht einfach die Zwischendeckbeplattung aufgebogen ist und so in die Seitenwand des Expansionsschachtes übergeht. Mit dem oberen Deck wird der Expansionsschacht durch einen Winkel vom Profil der Schottbegrenzungswinkel verbunden.

e) Die Bauvorschriften des Germanischen Lloyd für Längsspanten-Tankschiffe. Die Neuausgabe des Germanischen Lloyd von 1930 enthält Vorschriften für Tankschiffe mit Längsspanten.

Bei der Aufstellung der Vorschriften sind die Erfahrungen, welche mit den vom Germanischen Lloyd klassifizierten Schiffen dieser Art gemacht wurden, berücksichtigt. Die Stärken der Verbände sind für Schiffe mit Längen von etwa 60 bis 185 m und für Seitenhöhen, die $^1/_{11}$ bis $^1/_{14}$ der Länge betragen, angegeben.

Der Grundsatz, als Leitzahl für die Bestimmung der Stärken diejenigen Abmessungen des Schiffes zu wählen, welche auf die Beanspruchung der einzelnen Verbände maßgebenden Einfluß haben, ist beibehalten worden. Die Leitzahlen für die Außenhaut und die Decks sind aus den Vorschriften 1927 für gewöhnliche Querspantenschiffe übernommen. Quer- und Längsspanten werden grundsätzlich nach ihren Längen und ihren Abständen von einander bestimmt. Soweit erforderlich, ist außerdem noch die Schiffslänge L oder die Seitenhöhe H eingeführt. Danach haben sich folgende Leitzahlen ergeben:

1. Für die Bodenwrangen B und H,
2. für die Rahmenspanten H und l,
3. für die Bodenlängsspanten H,
4. für die Seitenlängsspanten $0{,}4\ H + h$,
5. für die Querbalken $D\,b$, die größte Deckbreite,
6. für die Längsbalken L.

l ist die Länge der Rahmenspanten unter dem 2. Deck zwischen der Oberkante der Bodenwrangen und dem Deck, h der Abstand der Seitenlängsspanten vom Hauptdeck.

Bei der Festsetzung der Außenhautdicken ist in Betracht gezogen worden, daß bei der Bauart mit Längsspanten die größten Spannungen aus dem Flüssigkeitsdruck nicht längsschiffs, sondern querschiffs gerichtet sind, und es sind die Wirkungen der flüssigen Ladung berücksichtigt worden. Danach konnte die Mittschiffsdicke geringer genommen werden als bei den gewöhnlichen Querspantenschiffen. Der Gesamtquerschnitt der Beplattung des 2. Decks ist kleiner, dagegen der des Hauptdecks größer als bei Querspantenschiffen. Die Längsfestigkeit des Schiffes ist im ganzen etwas größer als die der nach den Vorschriften des Germanischen Lloyd gebauten Querspantenschiffe.

Längsspanten und Längsbalken werden nicht als Längsverbände aufgefaßt, sondern nur als Aussteifungen der Beplattung. Die Höhen der Bodenwrangen, Rahmenspanten und Balken sind so bemessen, daß sie außer der erforderlichen Tragfähigkeit auch genügend Steifigkeit haben.

Bei der Nietung der Quer- und Längsverbände ist darauf Rücksicht genommen worden, daß dort, wo die größten Spannungen und erfahrungsgemäß am häufigsten Schäden in der Nietung auftreten, besondere Verstärkungen vorgesehen werden, wie z. B. bei den Längsspanten an den Querschotten und Rahmenspanten. Dabei ist auch besonders berücksichtigt worden, daß gewisse Nietverbindungen mit wachsender Schiffsgröße mehr als die Querschnitte der Verbände verstärkt werden müssen.

f) Neuere kombinierte Spantbauweisen. Neben dem reinen Längsspantensystem, ob mit Knieblechen oder knieblechlos, sind in den letzten Jahren noch einige Bauweisen für Tankschiffe in Aufnahme gekommen, welche zwar in der Zahl der Ausführungen

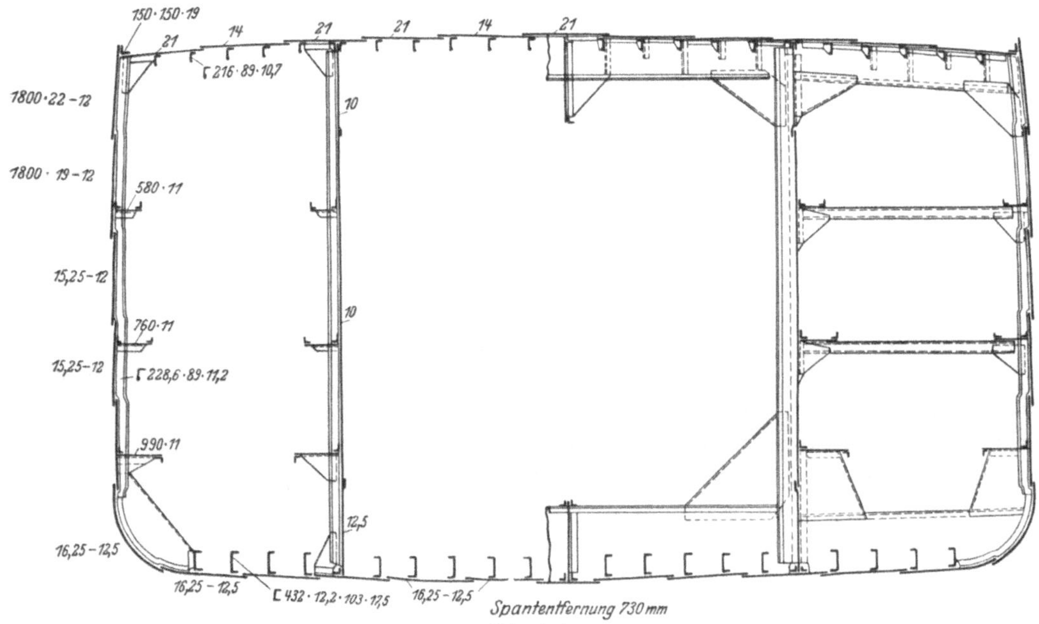

Abb. 442.

mit dem Isherwoodsystem nicht mitkommen, indessen bemerkenswerte Neuerungen im Tankschiffbau aufweisen. Dazu gehört zunächst das Isherwood-Millar-System, auch kurz

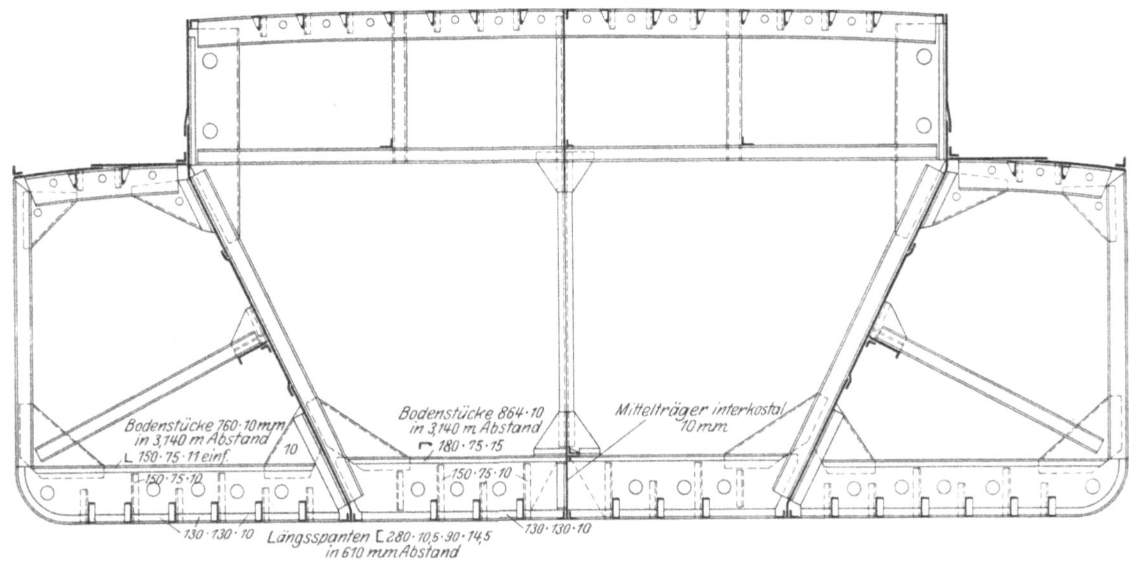

Abb. 443.

das Isherwood-Kombinationssystem genannt, weil hier die Längsspanten nur im Boden und im Deck angeordnet sind, während die Seitenwände regelrecht nach dem Querspantensystem versteift sind. Wir haben schon früher bei der Besprechung der Seitenstringer im Raum nachgewiesen, daß den horizontalen Plattenstringern im Raum keine große

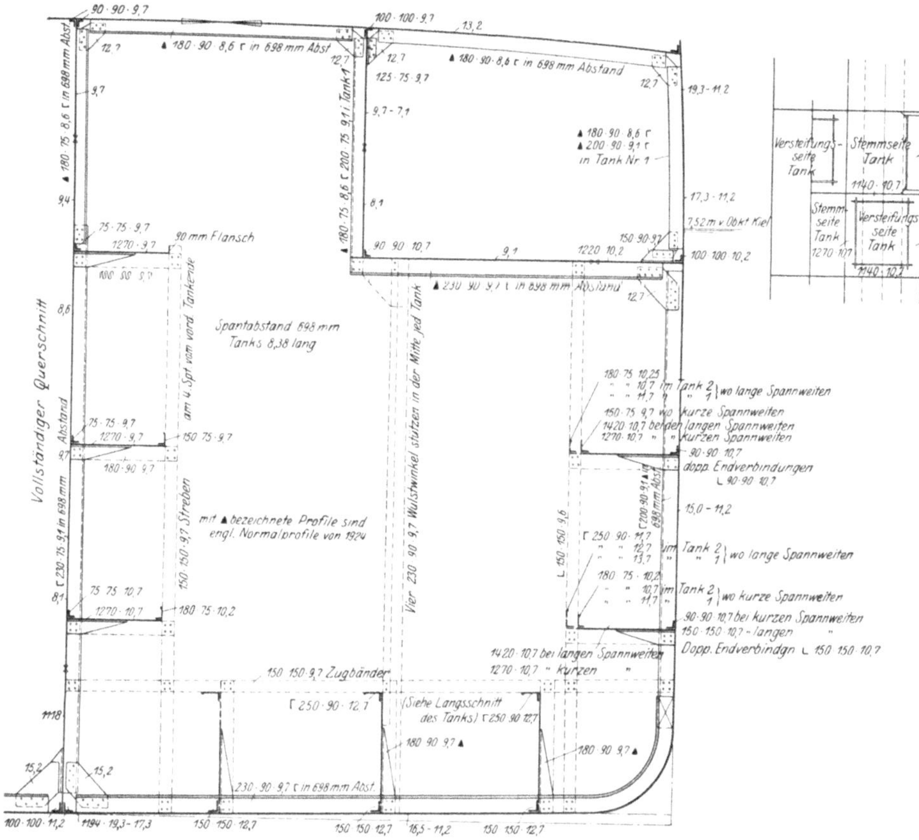

Abb. 444.

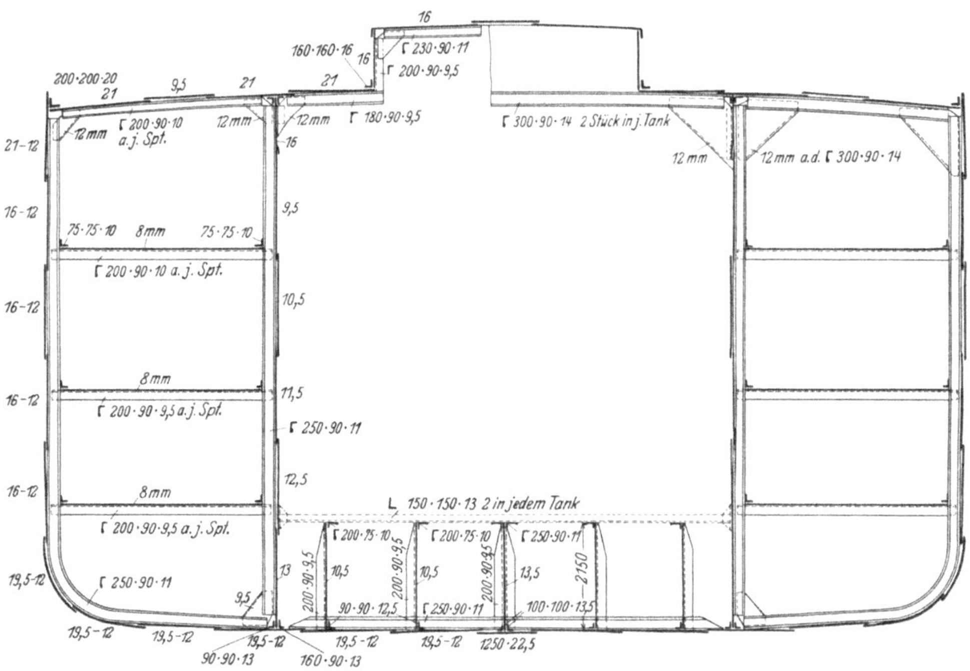

Abb. 445.

Wirksamkeit beizumessen ist, weil ein großer Teil ihrer Festigkeit im Verband durch das Eigengewicht vermindert wird. Aus diesem Gesichtspunkte war das Millarsystem entstanden und ist durch Isherwood in seinem Kombinationssystem zur Anwendung

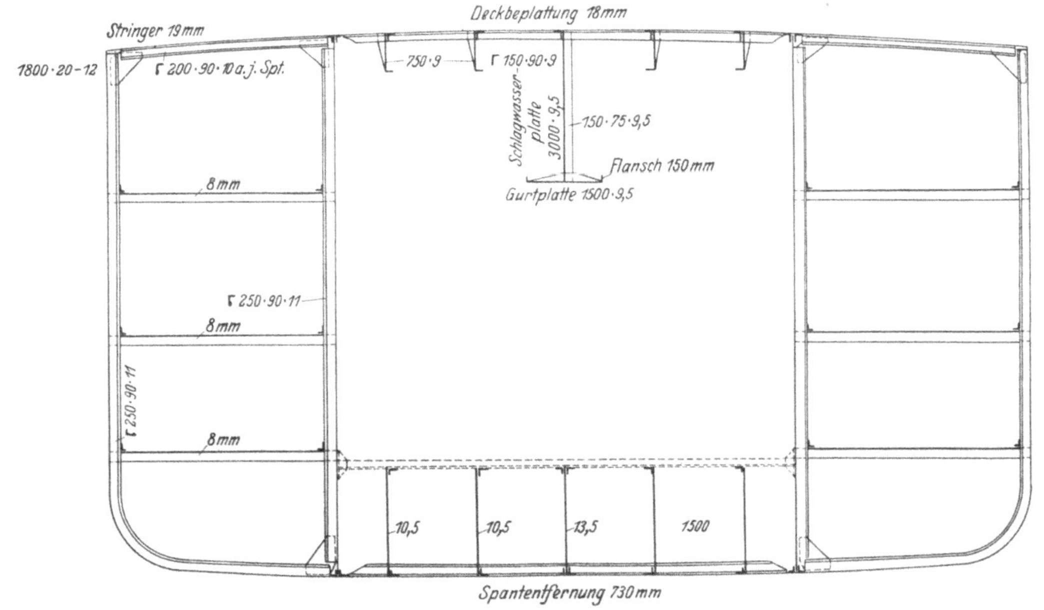

Abb. 446.

gekommen. Man führt vielfach die Querspanten einfach auf das Kimmlängsspant herunter und verbindet sie dort, so gut und schlecht es mit der Steghöhe des Längsspants gehen will, durch eine Kimmstützplatte. Da die Querschotten bei den Tankschiffen nicht weiter als 9,14 m auseinander stehen dürfen, so ist die geschilderte Art der Einspannung wohl noch als ausreichend anzusehen. Die Querspanten werden in der Regel durch ein oder mehrere Platten-Seitenstringer, welche mit der Außenhaut vernietet sind, abgesteift. Meist ist noch in der Mitte jedes Tanks ein Raumbalken in Höhe jedes Stringers angeordnet. Abb. 442 zeigt einen Querschnitt durch ein 9000 t Tankschiff nach dem Isherwood - Kombinations-System. Abb. 443 zeigt ein kleines flachgehendes Tankschiff in ähnlicher Bauweise. Dieser Schiffstyp eignet sich auch für schwere Schüttladungen bei geringem Tiefgang.

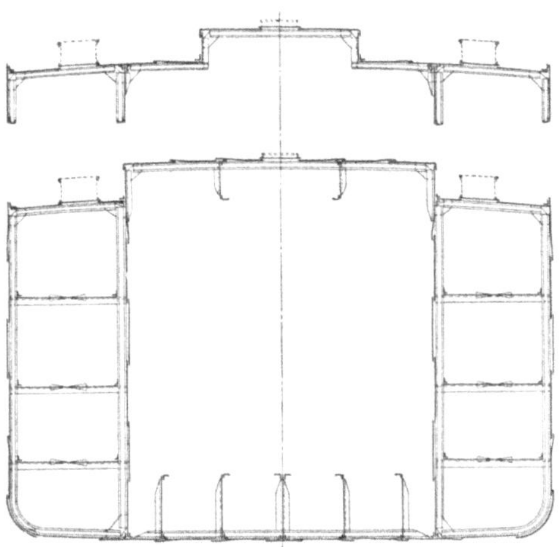

Abb. 447.

Das Foster-King-System. Mit dem Beginn dieses Jahrzehnts ist von Foster King, dem Chief Surveyor der British Corporation, eine Bauart für Tanker angegeben worden, die einen anderen Weg geht wie das Isherwoodsystem. In dem Foster-King-System sind die Querschotte wie beim Isherwoodsystem als die Hauptelemente der Querfestigkeit betrachtet, zwischen denselben sind nun hohe Plattenträger im Boden und an den Seiten angeordnet, welche von Schott zu Schott ununterbrochen durchlaufen. Die Querverbände sind im Abstand der normalen Querspanten angeordnet und bestehen aus Wulstwinkeln; Rahmenspanten und hohe

Bodenstücke in den Tanks wie beim Isherwoodsystem finden sich beim Foster-King-System nicht. Abb. 444 zeigt ein Foster-King-Tankschiff Mitte dieses Jahrzehnts. Mit der Zeit hat das Foster-King-System namentlich bei Tankschiffen mit 2 Längsschotten eine bemerkenswerte Entwicklung durchgemacht. Abb. 445 zeigt eine neuzeitliche Ausführung nach dem Foster-King-System. Die breiten Seitenstringer im Raum sind verschwunden und an ihre Stelle Deckbalkenlagen mit einer Beplattung getreten. Die Beplattung ist nur eine teilweise bzw. weist große Erleichterungslöcher auf. Sie ist nicht mit der Außenhaut oder dem Längsschott verbunden, sondern stößt gegen die Innenkante der Spanten ab. Die Deckbalken erhalten ebenfalls keine Kniee, sondern sind nur mit den Spantprofilen vernietet. Es ist also hier soweit wie möglich die Vernietung der Längsversteifungen mit der Außenhaut vermieden; mit Ausnahme der Bodenlängsträger und der beiden Längsschotte fehlt jede Verbindung der Längsverbände mit der Außenhaut. Die Balkenlagen in den Seitentanks sind etwa mit einem Gitterträger zu vergleichen, der das Spantsystem gleichmäßig absteift. Diese Ausführungsweise ist aus

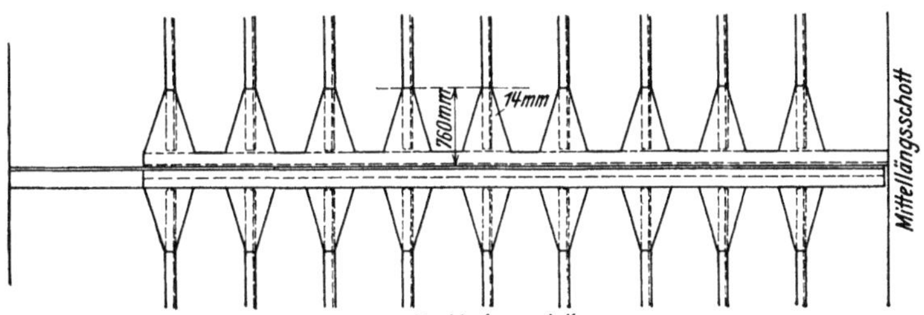

Abb. 448.

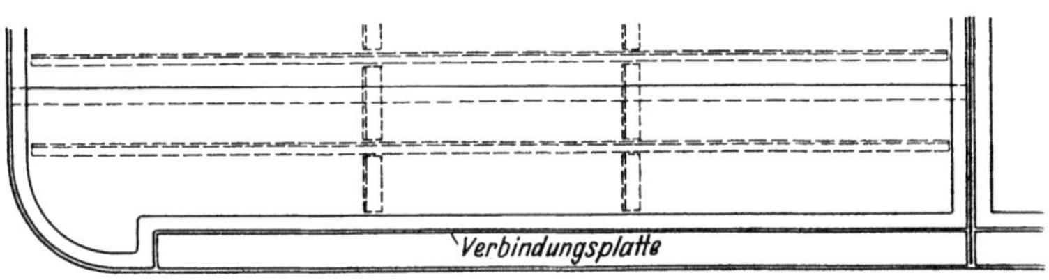

Abb. 449.

der Erkenntnis hervorgegangen, daß sich aus der Biegung der Außenhautplatten um Längskanten von Stringern und Längsspanten die Bruchstellen der Platten und Nietleckagen herleiten.

Auch die Bodenkonstruktion weist eine neuzeitliche Ausführung auf. Die Bodenlängsspanten sind nicht gleichmäßig verteilt, sondern das den Seitenlängsschotten benachbarte Längsspant oder Kielschwein, wie man es nennen will, sitzt in erheblich geringerem Abstand vom Längsschott, als die übrigen Kielschweine zueinander. Hierdurch wird der Boden im Bereich des Seitenlängsschotts so versteift, daß, wie beim knieblechlosen Isherwoodsystem die Längsspanten bei den Querschotten, hier die Querspanten bei den Längsschotten keiner besonderen Kniebleche zur Einspannung bedürfen, wenigstens nicht im Mitteltank, wo die Spanten, wie Abb. 445 zeigt, an den Enden frei aufliegen, nur die Schottversteifungen in den Seitentanks erhalten kleine Kniebleche zur Verbindung mit den Spantprofilen der Seitentanks. Die Bauweise hat den Vorteil, daß der Mitteltank frei von Versteifungen bleibt. Während Abb. 447 einen Querschnitt durch einen Tanker mit durchlaufendem Koffer zeigt, gibt Abb. 446 einen solchen mit glattem Deck. Hier ist die obere Gurtung durch Längsträger im Deck des Mitteltanks verstärkt. Das Foster-King-System ist wegen seiner wirtschaftlichen Bauweise in den letzten Jahren stärker zur Geltung gekommen.

Das System der durchlaufenden Längsspanten, Bauart Curchin & Watson. Bei allen bisher betrachteten Längsspantensystemen kommen die Spanten selbst für die Längsfestigkeit erst in zweiter Linie in Betracht, da die Längsspanten nur den Zweck hatten, Außenhaut und Deck zwischen den Querschotten entsprechend zu

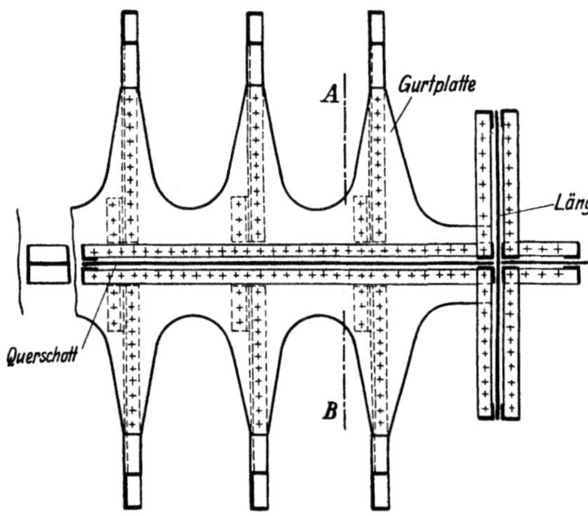

Abb. 450.

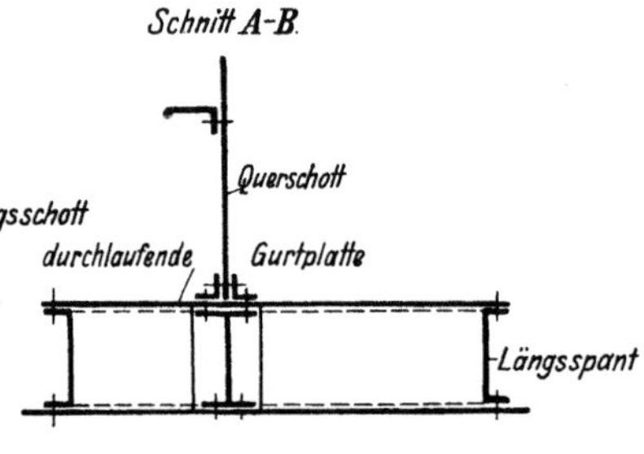

Abb. 451.

versteifen. Die Längsspanten waren sämtlich bei den wasserdichten Querschotten abgeschnitten, so daß sie für die Längsfestigkeit nicht in Rechnung gesetzt werden können.

Nach der Bauweise von Curchin & Watson sind die Kniebleche des Isherwoodsystems durch eine horizontale Verbindungsplatte oder Gurtplatte, welche unter dem Schott in

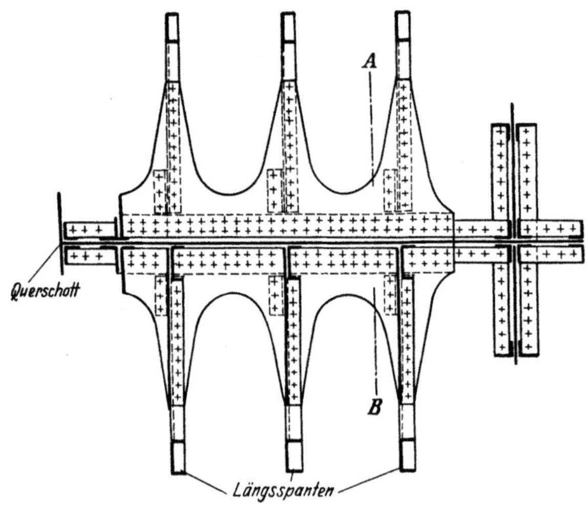

Abb. 452.

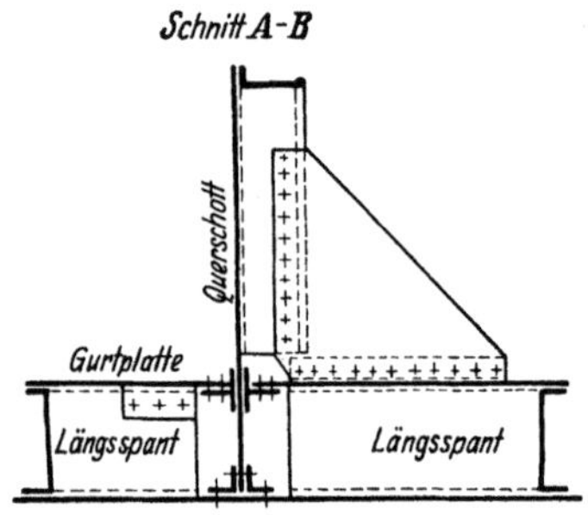

Abb. 453.

Höhe der Oberkante der Längsspanten durchläuft, ersetzt. Unter dem Schott ist eine Bodenwrange vom I-Profil und der Höhe der Bodenlängsspanten angeordnet, gegen diese stoßen beiderseits des Schotts die Längsspanten und sind an ihrer Oberkante durch die unter dem Schott durchlaufende und zwischen den Längsspanten fächerartig ausgeschnittene Verbindungsplatte miteinander vernietet (Abb. 448 bis 451).

Abb. 452 und 453 zeigen eine andere Art der Ausführung, bei der das Schott bis auf den Boden heruntergeführt ist und die Verbindung der abgeschnittenen Längsspanten durch große ⊢-Profile mit doppelter Nietung im Steg und Fächerplatte erfolgt. Die Bauweise Curchin & Watson kommt namentlich in Großbritannien in weitem Umfang zur Anwendung.

Rückschauend auf die letzten beiden Jahrzehnte, sehen wir mit Isherwoods Erfindung eine neue Ära der Schiffsbaukonstruktion beginnen, in der das Neue zunächst kritisiert, dann benutzt und — last not least — „verbessert nachgemacht" wurde, während gleichzeitig die Befruchtung des ganzen Gebietes mit neuen Werten zu einer weiteren Entwickelung auch des Querspantenschiffes führte. Die Kombination von Längsspanten im Schiffsboden und den Decks mit Querspanten an den Seiten gehört hier mit zu den beachtenswertesten Erscheinungen; im Tank- und Erzschiffbau ist aber bei dem größten Teil der Neubauten auch heute die Grundidee Isherwoods maßgebend geblieben.

6. Die Deckstützen, Unterzüge und Luken.

a) Engstehende Deckstützen. Bis zum Beginn dieses Jahrhunderts kannte man im Schiffbau nur Stützen an jedem 2. Spant. Sie waren entweder aus Schiffbaustahl oder Eisen, massiv oder hohl. Die massiven Stützen waren auf dem Kielschwein oder der Tankdecke

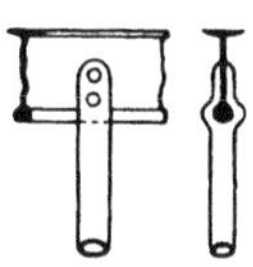
Abb. 454.

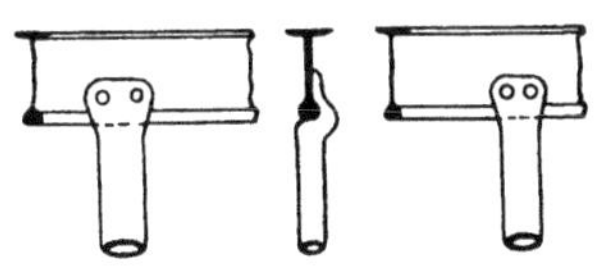
Abb. 455.

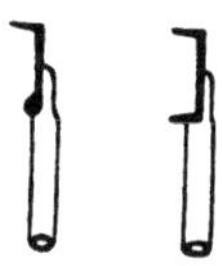
Abb. 456.

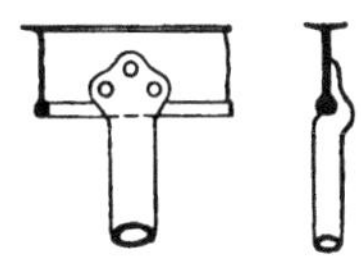
Abb. 457.

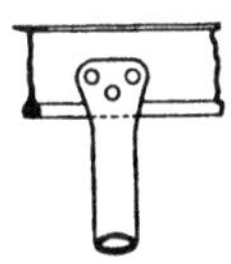
Abb. 458.

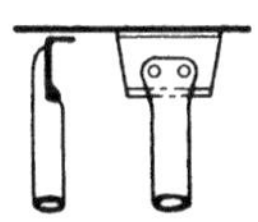
Abb. 459.

Abb. 460.

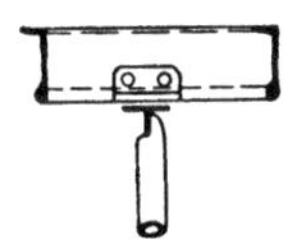
Abb. 461.

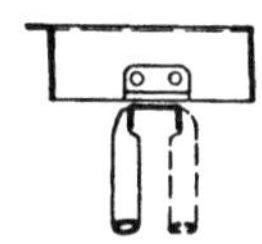
Abb. 462.

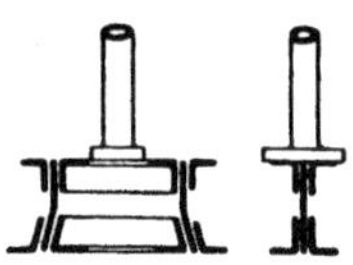
Abb. 463.

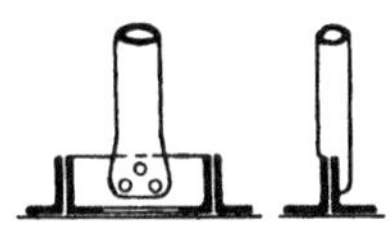
Abb. 464.

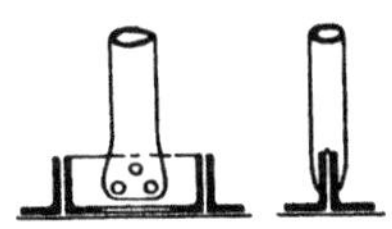
Abb. 465.

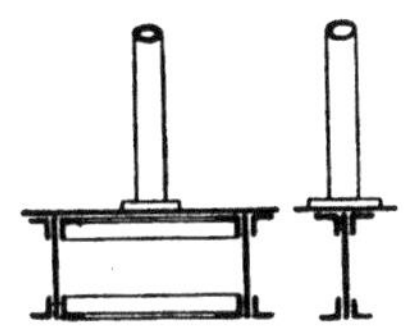
Abb. 466.

und am Deckbalken meist mit 2 Nieten befestigt. Die Abb. 454 bis 472 zeigen die verschiedenen Arten der Befestigung. Während die Stützen mit der Topplatte des Kielschweins durch vertikale Nieten verbunden wurden, wurden sie auf der Tankdecke stets auf kurzen ⊥-Eisenstücken oder Winkel- oder Wulstwinkelstücken vernietet. Die Befestigung durch die horizontalen Nieten war sicherer als die durch vertikale Nieten durch die Topplatte (Abb. 463 u. 466), weil diese auf Zug beansprucht wurden. Kopf und Fuß der Stützen wurden bündig angeordnet, paßten also genau unter den Deckbalken und auf das Profil am Fuß, um die Nieten zu entlasten. Wo die Stützenlänge 3,05 m und unter 5,49 m oder der Stützendurchmesser 67 mm und unter 102 mm betrugen, genügten an Kopf und Fuß 2 Nieten von 22 mm Durchmesser.

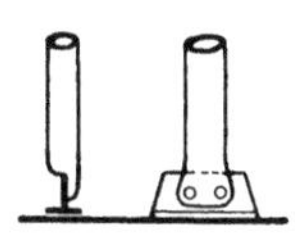
Abb. 467.

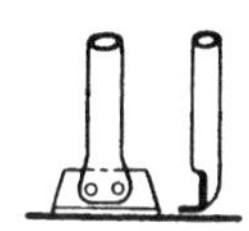
Abb. 468.

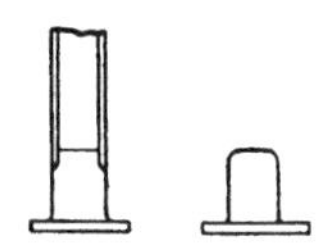
Abb. 469.

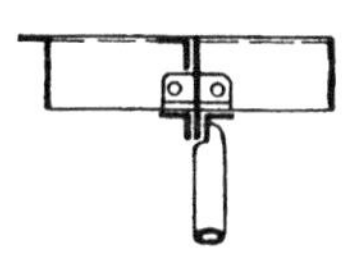
Abb. 470.

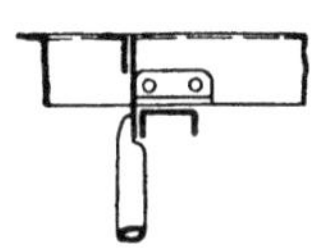
Abb. 471.

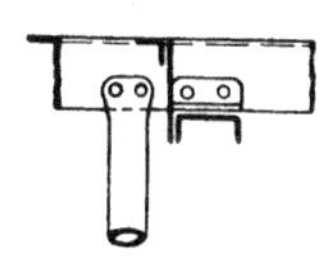
Abb. 472.

Bei einer Stützenlänge von 5,49 m und unter 7,32 m sowie einem Stützendurchmesser von mehr als 102 mm wurden je 2 Nieten von 25 mm Durchmesser angebracht. Stützen über 7,32 m Länge mußten oben und unten mit je 3 Nieten von 25 mm Durchmesser befestigt werden.

Während der Germanische Lloyd heute für die Befestigung der einfachen Deckstützen fordert, daß sie am Kopf und Fuß mit mindestens je 2 starken Nieten zu befestigen sind, und bei Deckstützen, die innerhalb von Tanks stehen, also auf Zug beansprucht werden können, die Nietung entsprechend zu verstärken sei, hat Lloyds Register vorgeschrieben, daß sich die Befestigung lediglich nach dem Durchmesser der Stützen und nicht mehr nach der Länge richtet. Bis zu einem Stützendurchmesser von 89 mm genügen 2 Nieten von 22 mm Durchmesser, darüber hinaus bis zu 114 mm Stützendurchmesser 3 Nieten von 22 mm Durchmesser. Bei einem Stützendurchmesser über 114 mm und unter 152 mm müssen 4 Nieten von 25 mm Durchmesser, und bei noch größerem Stützendurchmesser 6 Nieten von 25 mm Durchmesser an Kopf und Fuß vorgesehen werden. Bedingung ist, daß die Stützen oben und unten bündig angebracht sind, also nicht auf den Nieten reiten (Abb. 473 bis 475). Werden Stützen unter wasserdichten Plattformen angebracht, so muß die Nietverbindung so stark sein, daß sie den Wasserdruck aushält. British Corporation verlangt für die Stützen eine weniger starke Befestigung als Lloyds Register. Für Deckstützen unter 89 mm Durchmesser genügen 2 Nieten von 22 mm Durchmesser, für Deckstützen von 89 bis 114 mm Durchmesser 2 Nieten von 25 mm Durchmesser und für größere Stützendurchmesser 4 Nieten von 25 mm Durchmesser. Bureau Veritas verlangt unter 88 mm Durchmesser 2 Nieten von 22 mm Durchmesser, von 88 bis 114 mm Stützendurchmesser sind 3 Nieten von 22 mm Durchmesser erforderlich, und für einen Stützendurchmesser von 114 bis 152 mm 4 Nieten von 25 mm Durchmesser. Kopf und Fuß der Stützen müssen massiv geschmiedet sein. Norske Veritas hat bis 114 mm Stützendurchmesser dieselbe Nietzahl wie Lloyds Register; von 114 bis 140 mm Stützendurchmesser werden 3 Nieten von 25 mm Durchmesser verlangt, von 140 bis 152 mm Stützendurchmesser 4 Nieten von 25 mm und von 152 mm an 6 Nieten von 25 mm Durchmesser. Die Befestigung der einfachen Deckstützen ist also bei den verschiedenen Klassifikationsgesellschaften uneinheitlich.

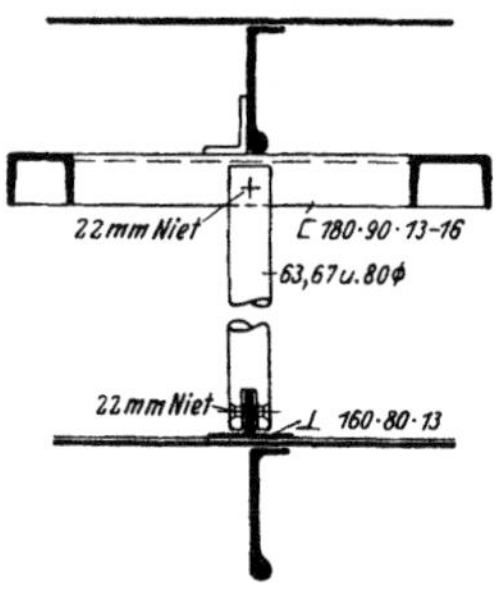

Abb. 473.

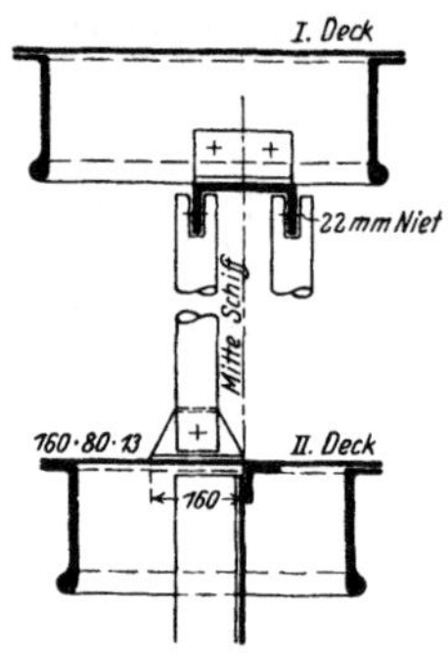

Abb. 474.

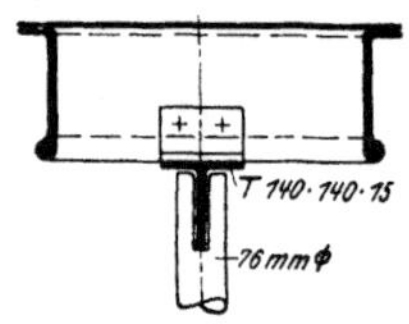

Abb. 475.

Schon am Ende des vorigen Jahrhunderst begann man die massiven Stützen durch hohle zu ersetzen, denn die massiven Stützen hatten bei größerer Länge kaum noch genügende Knicksicherheit; dazu kam, daß das Gewicht hohler Stützen bis unter der Hälfte des Gewichtes der massiven Stützen bleibt; dies gilt im besonderen, wenn es sich um lange Stützen handelt.

Massive Stützen waren bis zu 180 mm Durchmesser vorgeschrieben und sind es auch noch in den heutigen Vorschriften. Alle Klassifikationsgesellschaften haben Tafeln über den Ersatz der massiven Deckstützen durch hohle geschweißte Deckstützen und durch nahtlose nach dem Pilgerverfahren (Mannesmann) gefertigte Deckstützen aufgestellt. Ein Beispiel zur Kennzeichnung des Fortschrittes, der durch den Ersatz der massiven Stützen durch hohle bzw. nahtlose Stützen erzielt wurde, zeigen in folgendem einige Größenstufen der Tabelle des Germanischen Lloyd:

Massiv		Hohl geschweißt		Nahtlose Mannesmann	
Durchmesser	Gewicht	Durchmesser und Wandstärke	Gewicht	Durchmesser und Wandstärke	Gewicht
mm	kg	mm	kg	mm	kg
60	22,2	80 × 8	14,3	80 × 5,5	10,1
80	39,5	105 × 10	23,4	105 × 7	16,9
100	61,7	130 × 11,5	33,6	130 × 8	24,1
120	88,8	155 × 13	45,5	155 × 9,5	34,1
140	120,8	175 × 15,5	61,0	175 × 11,5	46,4
160	157,8	200 × 18	80,8		
180	199,8	250 × 19	108,2		

Die Vorschriften des Germanischen Lloyd von 1927 geben noch eine andere Tabelle über den Ersatz der massiven Deckstützen durch hohle von 41—50 kg/qmm Festigkeit, die sich sinngemäß nach der Länge der Deckstützen richtet. Sie sei im Auszug hier mitgeteilt.

Massive Stützen-Durchmesser	Hohle Stützen				
	Länge der Stützen in m				
	8	6	4	3	2
60	75 × 5	75 × 5	75 × 5	75 × 5	80 × 5,5
80	100 × 6,5	100 × 6,5	100 × 6,5	110 × 6,5	130 × 7,5
100	125 × 7,5	125 × 7,5	135 × 7,5	150 × 9,5	180 × 9,5
120	150 × 9,0	150 × 9,0	180 × 9,5	215 × 10	240 × 10
140	185 × 9,5	190 × 9,5	240 × 11	265 × 12	300 × 12,5
150	200 × 10	215 × 10	260 × 12	300 × 12,5	330 × 13,5

Werden für die hohlen Stützen von 41—50 kg/qmm Festigkeit nahtlose Stützen mit einer Festigkeit von 55 kg/qmm gewählt, so ist eine weitere Verringerung der Abmessungen nach nachstehender im Auszug wiedergegebener Tabelle zulässig.

Hohle Stützen	Länge der nahtlosen Stützen in m				
	8	6	4	3	2
70 × 5					70 × 4,5
100 × 6,5					95 × 6,0
150 × 9,0			145 × 8,5	140 × 8,0	135 × 8,0
200 × 10		195 × 10,0	185 × 9,5	175 × 9,5	170 × 9,5
250 × 10,5	245 × 10	230 × 10	215 × 10	205 × 10	200 × 10
300 × 12	290 × 11,5	270 × 11,5	270 × 11	260 × 11	260 × 10,5
400 × 15	360 × 14,5	350 × 14,0	340 × 14	340 × 13,5	340 × 13,5
500 × 18,5	450 × 17	440 × 16,5	440 × 16,0	440 × 16,0	440 × 16,0

Lloyds Register weicht in dem Ersatz der massiven Stützen durch hohle vom Germanischen Lloyd ab, indem es durchweg größere Durchmesser und etwas größere Wandstärken für die hohlen Stützen vorschreibt.

Für $3^1/_8''$ = 80 mm massiv ist der Ersatz 108 × 11,1 mm
„ $4''$ = 101,6 „ „ „ „ „ 153 × 14,3 „
„ $5^1/_2''$ = 140 „ „ „ „ „ 191 × 15,9 „
„ $6^1/_4''$ = 159 „ „ „ „ „ 216 × 17,5 „ .

Das Bureau Veritas hat für Stützenlängen unter 3,05 m eine ähnliche Ersatztabelle wie Lloyds Register; für größere Stützenlängen erhalten die hohlen Stützen geringeren Durchmesser und geringere Wandstärken, genau wie beim Germanischen Lloyd.

Norske Veritas hat entsprechend eine Tabelle, in welcher bei demselben Durchmesser der massiven Stützen die Abmessungen der als Ersatz dienenden hohlen Stützen mit wachsender Länge abnehmen.

Bei der British Corporation findet sich gleichfalls eine ganz verschiedene Bewertung der hohlen Stützen als Ersatz für dieselbe massive Stütze steigend, z. B. bei der massiven

Stütze von 140 mm Durchmesser von 165 × 15,9 mm bis 200 × 17,5 mm. Hierauf ist noch bei Entwicklung der Berechnungsformeln für die Stützen zurückzukommen. Für die nahtlos gezogenen Stützen ist eine geringste Festigkeit von 55 kg/qmm vorgeschrieben.

Die Schiffsbreite, bis zu welcher man mit einer Stützenreihe auskommen konnte, betrug lange Zeit nur 11,89 m; am Anfange dieses Jahrhunderts erweiterte man diese Breite auf 13,1 m; darüber mußten 2 Stützenreihen vorgesehen werden und von 16,76 m an 3 Reihen. Dies blieb noch mit geringer Änderung (nämlich, daß man mit 2 Stützenreihen noch bis 17,98 m Balkenlänge auskommen konnte) bis 1922.

Im Jahre 1922 ging dann Lloyds Register mit einer Stützenreihe bis zu 18.29 m Decksbreite mittschiffs; die Decksbreite wurde jetzt an Stelle der Balkenlänge als Maß eingesetzt, weil die Deckbalken nur mehr bis Innenkante Spant reichten; 2 Stützenreihen genügen bis zu 20,12 m Decksbreite und darüber 3 Reihen Stützen bis 24,4 m.

Bureau Veritas geht heute mit einer Stützenreihe bis zu einer Balkenlänge von 17,07 m mit 2 Stützenreihen bis 20,73 m, mit 3 Stützenreihen bis 25,0 m und mit 4 Stützenreihen bis 28,08 m.

Der Germanische Lloyd hat Balken bis zu 18,5 m größter Decksbreite auf Außenkante Spanten für eine Stützenreihe und sieht bis 20,0 m Decksbreite 2, und bis 25 m Decksbreite 3 Stützenreihen vor.

Norske Veritas geht mit einer Stützenreihe bis 18,29 m und mit 2 Stützenreihen bis 21,34 m Breite.

Da der Balken an jedem 2. Spant lange Zeit die übliche Bauweise war, so erhielt jeder Balken seine Deckstütze. Als man dann mit der Einführung der stählernen Decks die Balken an jedem Spant anbrachte, mußte man den Druck der Zwischenbalken auf die anderen übertragen, da man die Deckstützen nicht so eng stellen konnte. Die hierfür nötigen ersten Balkenunterzüge bestanden aus 2 Rücken an Rücken genieteten Gegenspantwinkeln oder einem gleichwertigen Profil und waren mit den Deckbalken und hohen Balken sowie mit den Schotten durch kurze Winkel vernietet (Abb. 460 bis 462 sowie 470 bis 475). Es kam dann bald eine weitere Art der Unterzüge auf, welche man wählte, wenn eine Reihe Mittelstützen an jedem 2. Spant und 2 Reihen Seitenstützen an jedem 4. Spant auf 1/4 der Schiffsbreite angeordnet waren. Eine derartige Abstützung wurde nämlich gleich 2 vollen Stützenreihen gerechnet, wenn eine Interkostalplatte zwischen die Winkel an der Oberkante der Seitenstützen gesetzt und zwischen den Balken mit der Deckbeplattung durch Winkel vernietet wurde.

Neben den Luken konnten die Stützen an jedem 4. Spant angebracht werden, wenn der Stützendurchmesser um 13 mm vergrößert wurde und ein Unterzug wie der vorher beschriebene von einem Spant vor bis zu einem Spant hinter die Luke geführt wurde; die Deckstützen wurden häufig nicht unter den Unterzug gesetzt, sondern mit den Balken dicht neben dem Unterzug verbunden (Abb. 472). Für die engstehenden Deckstützen, d. h. für solche an jedem 2. oder 4. Spant, liegen die Verhältnisse heute noch ähnlich.

Stützen unter dem	Aufbauten: Brückendeck	Aufbauten: Bootsdeck und Brückendeck	Aufbauten: Bootsdeck, Promenadendeck und Brückendeck
	Vergrößerung des Durchmessers der Deckstützen		
Hauptdeck	1,17	1,26	1,34
2. Deck	1,08	1,12	1,16
3. Deck	1,05	1,08	1,11
4. Deck	1,04	1,06	1,08
5. Deck	1,03	1,05	1,06

Der Germanische Lloyd gibt die Abmessungen für massive Deckstützen an jedem 2. Spant an; werden dieselben an jedem 4. Spant angebracht, so muß der für Stützen an jedem 2. Spant angegebene Durchmesser auf das 1,2fache vergrößert werden. Bei Deckstützen aus Profileisen (Abb. 476 bis 479) muß das Widerstandsmoment für die ungünstigste Achse ebenso groß sein wie das der massiven Stütze.

Unter Aufbauten sind die für den Bereich des freien Hauptdecks angegebenen Durchmesser zu vergrößern (s. Tabelle S. 316).

Wenn nicht jeder Deckbalken eine Stütze erhält, so ist über jeder Stützenreihe ein Unterzug anzuordnen. Je nach der Balkenlänge und der Zahl der Stützenreihen bestehen die Unterzüge aus einfachen oder doppelten Winkeln oder doppelten Wulstwinkeln. Das Prinzip ist aus der auszugsweise wiedergegebenen Tabelle des G. L. ersichtlich.

Db			Unterzugsprofile bei Stützen	
1 Stützenreihe	2 Stützenreihen	3 Stützenreihen	an jedem 2. Spant	an jedem 4. Spant
4,0			⌈ 75 × 55 × 6,5	⌉⌈ 100 × 65 × 9
5,6	7,7		90 × 60 × 6,5	130 × 75 × 8
8,6	11,2	13,2	100 × 65 × 9	⌉⌈ 130 × 65 × 7,5
10,9	13,6	15,8	⌉⌈ 90 × 60 × 8,5	150 × 70 × 8,5
14,5	17,6	20,1	115 × 65 × 9,0	190 × 75 × 9,5
17,2	20,9	24,4	130 × 75 × 10,0	220 × 75 × 11,0
20,3	25,3	—	150 × 75 × 11,0	250 × 90 × 12,0

Lloyds Register sieht je nach der Spantentfernung doppelte Winkel ohne Zwischenplatten als Unterzüge unter Balken an jedem Spant vor, und zwar bei 585 mm Spant-

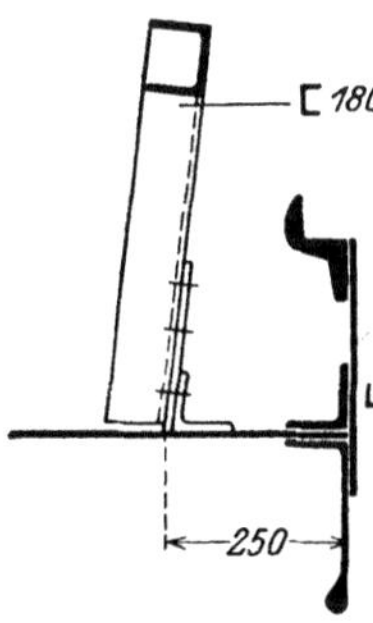

Abb. 476.

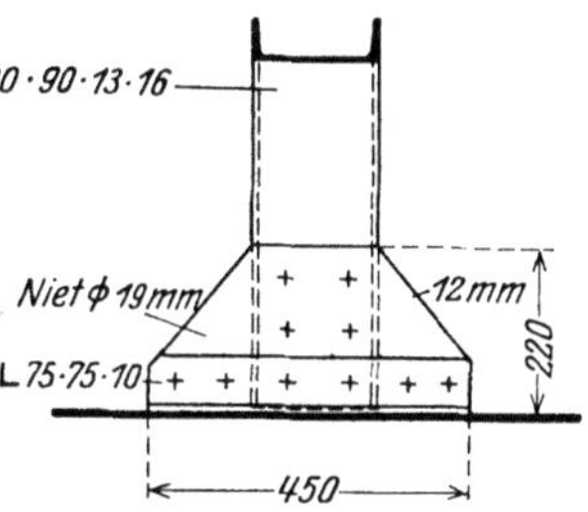

Abb. 477.

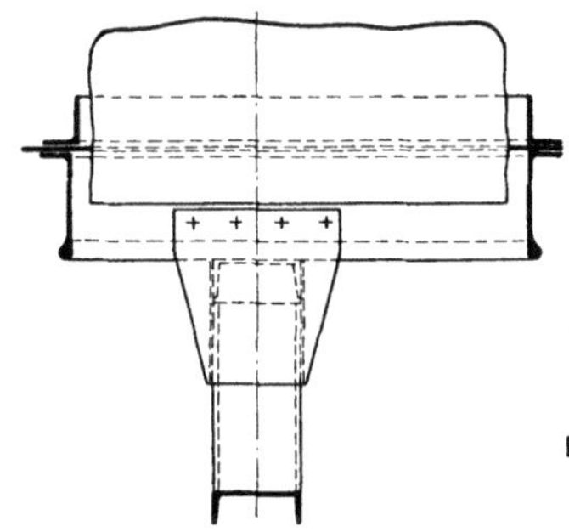
Abb. 478.

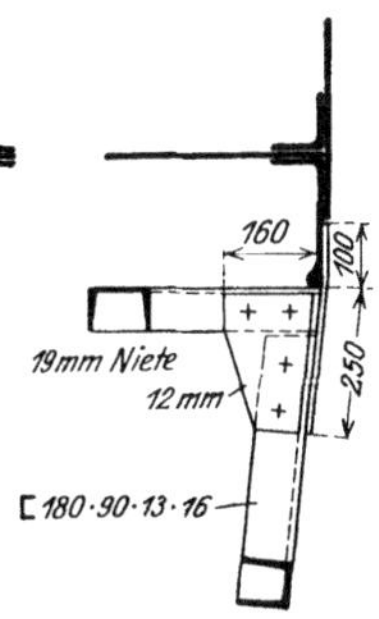

Abb. 479.

entfernung 75 × 75 × 7,6 und bei um je 100 mm wachsender Spantentfernung 90 × 90 × 9,7, 100 × 100 × 11,7 und schließlich bei 889 mm 100 × 100 × 13,7. Diese doppelten Winkel werden mittels kurzer Lugwinkel mit den Balken und dem Schott vernietet.

Bureau Veritas schreibt bei einer Spantentfernung unter 600 mm 2 Winkel 130 × 75 × 8 vor, bei 600 bis 700 mm Spantentfernung 150 × 90 × 10, bei 700 bis 800 mm 180 × 100 × 12 und über 800 mm 115 × 115 × 12. Bei einer Spantentfernung von über 760 mm sind auf 0,4 L im Oberdeck interkostale Zwischenplatten einzufügen.

Norske Veritas hat die Profile für die Winkelunterzüge unter Decks mit Balken an jedem Spant und Deckstützen an jedem 2. Spant für die verschiedenen Decks und nach der Schiffsbreite geordnet. Die Profile gehen von 75 × 75 × 7 bis 165 × 115 × 19. Der Germanische Lloyd hat für Stützen an jedem 2. Spant und für Stützen an jedem 4. Spant Unterzüge aus einfachen Winkeln, doppelten Winkeln oder doppelten Wulstwinkeln vorgesehen, geordnet nach der Deckbreite und der Anzahl der Stützenreihen. Die einfachen Winkelprofile reichen von 75 × 55 × 6,5 mm bei 4 m Decksbreite und einer Stützenreihe bis zu 100 × 65 × 8 mm bei 7,5 bzw. 10 bzw. 11,9 m Decksbreite und 1 bis 3 Stützenreihen. Die schwersten derartigen Unterzüge, bestehend aus doppelten Wulstwinkeln 250 × 90 × 12 mm, gelten für Stützen an jedem 4. Spant bei Decksbreiten von 20,3 bzw. 25,3 m und 1 bis 2 Stützenreihen. Siehe obige Tabelle. Die Tabelle gilt für freie Hauptdecks, Brückendecks, Fahrgastdecks und Aufbaudecks über dem Brückendeck; Ladungsdecks bis zu 2,6 m Deckhöhe erhalten Unterzüge mit dem doppelten Widerstandsmoment der in der Tabelle angegebenen Profile; bei größerer Deckhöhe sind sie entsprechend stärker zu nehmen. Statt der vorgeschriebenen Unterzüge können auch Unterzüge mit Zwischenplatten, die mit dem Deck und mit den Deckbalken durch kurze Winkel verbunden sind, mit gleichem Widerstandsmoment ersetzt werden. Bei einem Stützenabstand von mehr als 2,5 m müssen Unterzüge mit Zwischenplatten angeordnet werden.

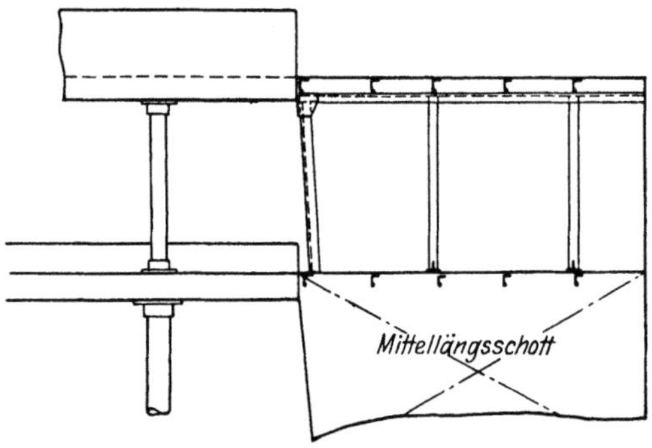

Abb. 480.

Engstehende Stützen werden auch heute noch häufig als Doppelstützen zur Aufnahme von hölzernen Schlingerschotten im Zwischendeck bzw. Shelterdeck großer Frachtschiffe eingebaut; ihr Durchmesser braucht nach den Vorschriften der meisten Klassifikationsgesellschaften nur $^3/_4$ des für die Einzelstütze vorgeschriebenen zu sein. Abb. 462 zeigt Bauweise und Anordnung solcher Doppelstützen.

Die Endbalken von Luken, deren Längssülle nicht mindestens an jedem 4. Spant abgestützt sind, müssen verstärkt werden, wenn sie nicht in unmittelbarer Nähe der Lukenecken mit Stützen versehen sind. Die Festigkeit der verstärkten Lukenendbalken darf nicht geringer sein als die Festigkeit der vorgeschriebenen Unterzüge für weitstehende Stützen.

Für die Mittschiffsstützen an den Lukenquersüllen in den Zwischendecks wird in der Regel ein [oder ähnliches Profil gewählt, weil die Stütze nicht gerade heruntergeführt werden kann, denn sie würde sonst auf das Luksüll im darunter liegenden Deck treffen und ein Verschalken dieser Luke unmöglich machen. Das untere Ende dieser Stütze muß etwa 150 bis 200 mm von dem unteren Luksüll abstehen (Abb. 480). Man benutzt die Lukenendstützen häufig auch, um an denselben die Raumleiter herunterzuführen (Abb. 481).

Häufig kommen auch Mittellängsschotte aus Stahl zur Anwendung, wobei an der Stelle der Deckstützen vertikale Versteifungsprofile an jedem 2. Spant oder bei größeren Raumtiefen an jedem Spant treten. Entweder dienen die Mittellängsschotte lediglich als Ersatz für hölzerne Schlingerschotten und sind durch Seitenstützen bzw. in der Linie der Seitenstützen durch durchlaufende schwere Unterzüge völlig entlastet, oder sie dienen als Ersatz einer Mittelstützenreihe und haben gegebenenfalls auch noch den ganzen durch die Luksülle übertragenen Druck der Decksflächen neben der Luke aufzunehmen. Bei kleineren Schiffen mit nur einer Reihe Stützen kommt auch der Fall vor, daß das Mittellängsschott nur die Last des Decks zwischen den Luken aufzunehmen hat, während neben den Luken Seitenstützen angeordnet sind (Abb. 482).

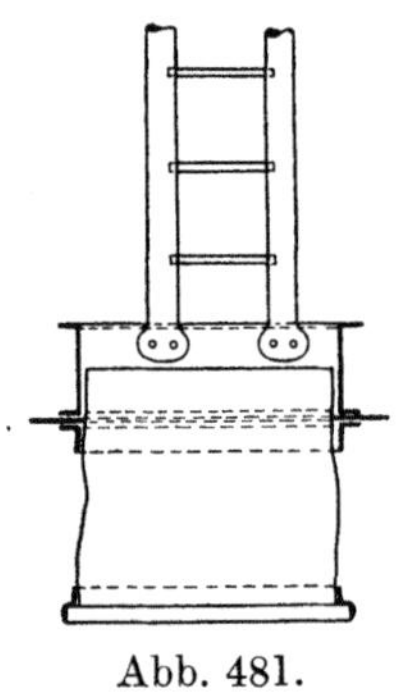
Abb. 481.

Der Germanische Lloyd sieht nur den Fall des abstützenden Mittellängsschottes vor und verlangt Versteifung an jedem 2. Spant durch Profile vom Widerstandsmoment der runden Stützen. Die Plattendicke des Schotts kann bei einer mittleren Höhe von weniger als 5 m 6 bis 7,5 mm betragen, bei größerer Höhe 7 bis 8,5 mm, je nach dem Steifenabstand. Befindet sich unter den Enden einer Brücke ein Mittellängsschott, so muß dieses eine Steife unmittelbar unter dem Endschott erhalten. Bei einer Schiffsbreite von 9,5 m und darüber erhalten die Steifen des Mittellängsschotts unter den Endschotten der Aufbauten Kniebleche zur Verbindung mit den Decksbalken, wenn keine Seitenstützen vorhanden sind.

Lloyds Register gibt zunächst Vorschriften für den Fall, daß das Mittellängsschott allein die Last des Decks zwischen den Luken zu tragen hat, und schreibt je nach der Länge der Versteifungen und der Zahl der darüber liegenden Decks die Versteifungsprofile auf jedem 2. Spant vor. Die Dicke der Beplattung ist 7,5 mm in den Räumen und 6,6 mm in den Zwischendecks. Die Schottplatten werden oben und unten durch einfache Winkel von 2,5 mm größerer Dicke als die Platten mit Deck und Doppelboden vernietet. Die Versteifungsprofile an jedem 2. Spant gelten nur bis 760 mm Spantentfernung; darüber hinaus müssen die Versteifungen an jedem Spant angebracht werden, können aber dann entsprechend im Widerstandsmoment verringert werden. Wenn die Abstützung der Decks durch seitliche Stützen allein erfolgt, können die Versteifungen um 20% ihrer Festigkeit verringert werden. Die Endversteifungen von Mittellängsschotten sind oben und unten mit Knieblechen zu befestigen, und bei verstärkten Lukenendbalken zu doppeln (Abb. 483 bis 486). Einzelheiten siehe auch Abb. 487 bis 490. Die übrigen Versteifungen werden mit den Balken vernietet und mit dem Doppelboden durch doppelt genietete Winkelstücke verbunden.

British Corporation berechnet die Versteifungen des Mittellängsschottes wie die der Stützen an jedem Spant. Die Dicke der Beplattung muß wenigstens 6,1 mm sein; wo der Abstand der Versteifungen aber 760 mm und größer ist, muß die Beplattung für je 150 mm größere Spantentfernung um $^1/_2$ mm dicker genommen werden. Die Versteifungen müssen mit den Balken vernietet werden und unten mit dem Doppelboden eine gleichwertige Nietverbindung erhalten, wie die entsprechenden Deckstützen. Im Gegensatz zu den vorgenannten Klassifikationsgesellschaften betrachtet Norske Veritas das Mittellängsschott genau wie ein wasserdichtes Schott und verlangt die Versteifungen wie bei einem solchen. Die Schottversteifungen müssen durch doppelte Winkelstücke mit der Tankdecke verbunden werden. Die Dicke der Schottplatten muß mindestens 7,5 mm betragen.

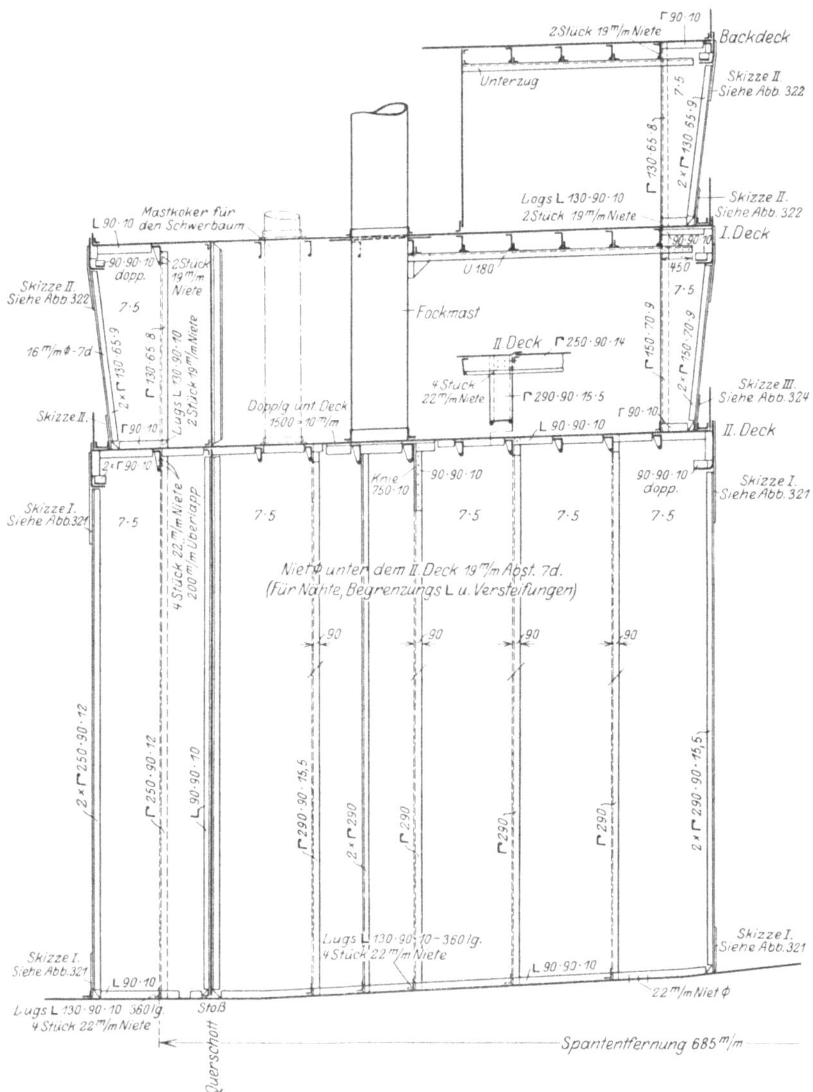

Abb. 482.

Bureau Veritas verlangt für das Mittellängsschott 7 mm Dicke, wenn die Spantentfernung nicht über 610 mm ist, 7,5 mm, wenn sie zwischen 610 und 760 mm liegt, und 8 mm, wenn die Spantentfernung 760 mm überschreitet. Sind neben dem Mittellängsschott keine seitlichen Deckstützen vorgesehen, so muß das Mittellängsschott an jedem 2. Spant durch vertikale Winkel oder Wulstwinkel versteift werden wie bei wasserdichten Schotten für 0,76 m Abstand vorgeschrieben, wobei aber die Länge der Versteifung nur mit 85% gerechnet wird. Diese Versteifungen werden oben mit den Balken vernietet und erhalten unten zwei kurze Winkellugs zur Befestigung.

b) Weitstehende Deckstützen. Die Bestimmung der Abmessungen der weitstehenden Stützen erfolgt bei den einzelnen Klassifikationsgesellschaften nach ähnlichen Formeln. Länge und Breite der zu stützenden Fläche und Größe des Druckes auf diese Fläche sind dabei maßgebend. Der Germanische Lloyd hat die Tabellen für weitstehende Deckstützen nach der Leitzahl $h \times l \times b$ geordnet, und zwar für runde aus Platten genietete oder geschweißte Hohlstützen. In der Leitzahl ist

h die Summe der Werte für sämtliche über den Stützen vorhandenen Deckshöhen in m (hierin sind Ladungsdecks mit ihrer Höhe, mindestens mit 2,20 m, freie Hauptdecks mit 1,50 m, Fahrgastdecks und Aufbaudecks auf dem Hauptdeck mit 1,25 m, Aufbaudecks über dem Brückendeck mit 1,00 m einzusetzen),

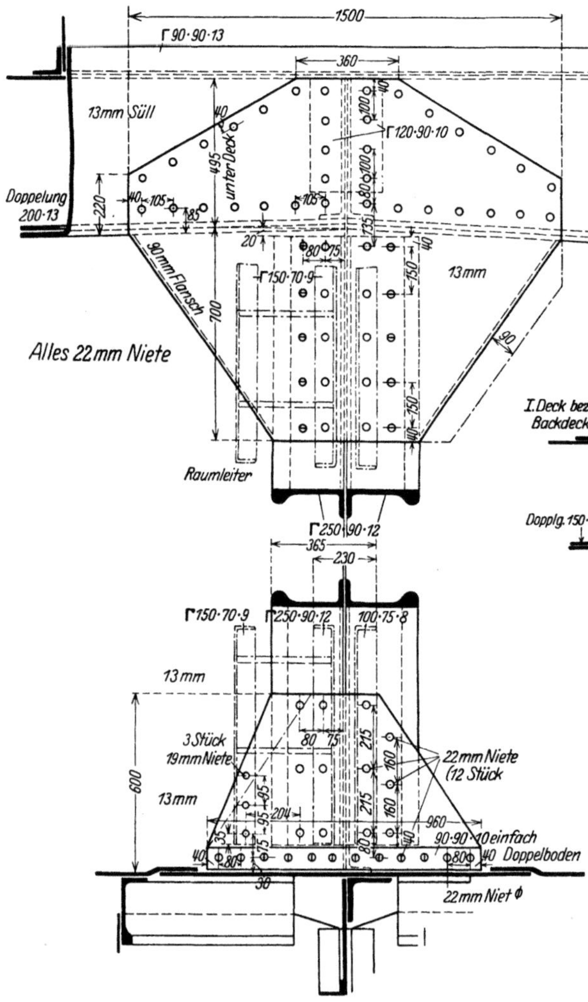

Abb. 483.

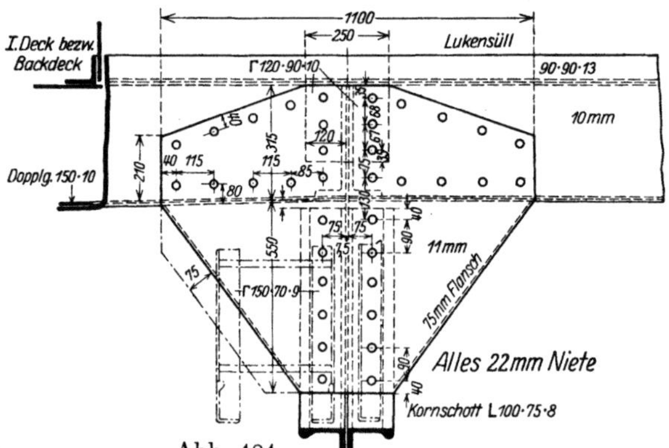

Abb. 484.

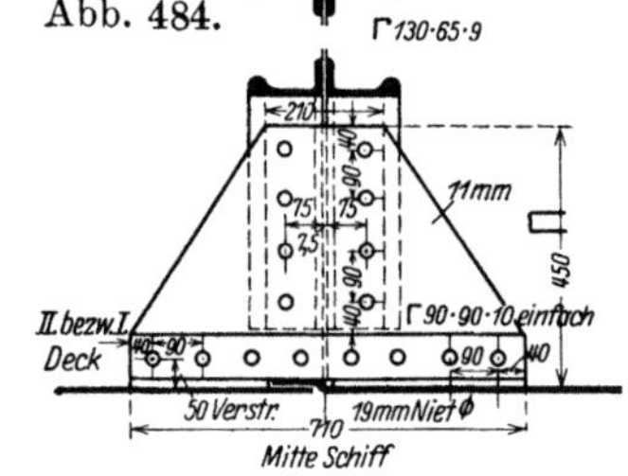

Abb. 485.

l die Lastlänge, d. h. die Entfernung von Mitte zu Mitte der Abstände zwischen den einzelnen Stützen oder zwischen Schott und Stütze;

b die Lastbreite, d. h. die Entfernung von Mitte zu Mitte der Abstände zwischen den einzelnen Stützenreihen oder zwischen der Außenhaut und der Stützenreihe.

Alle hohlen Stützen sind in einer Tabelle für $h \times l \times b$ von 25 bis 400 angegeben, geordnet nach der Stützenlänge. Eine besondere Tabelle gibt Ersatzprofile für nahtlose Stützen mit einer Bruchfestigkeit von 55 kg/mm². Die tabellarischen Stützen können durch aus Walzprofilen gebaute Stützen ersetzt werden. Die Deckstützen sind in den verschiedenen Decks möglichst direkt untereinander zu stellen; wo sich dies nicht erreichen läßt,

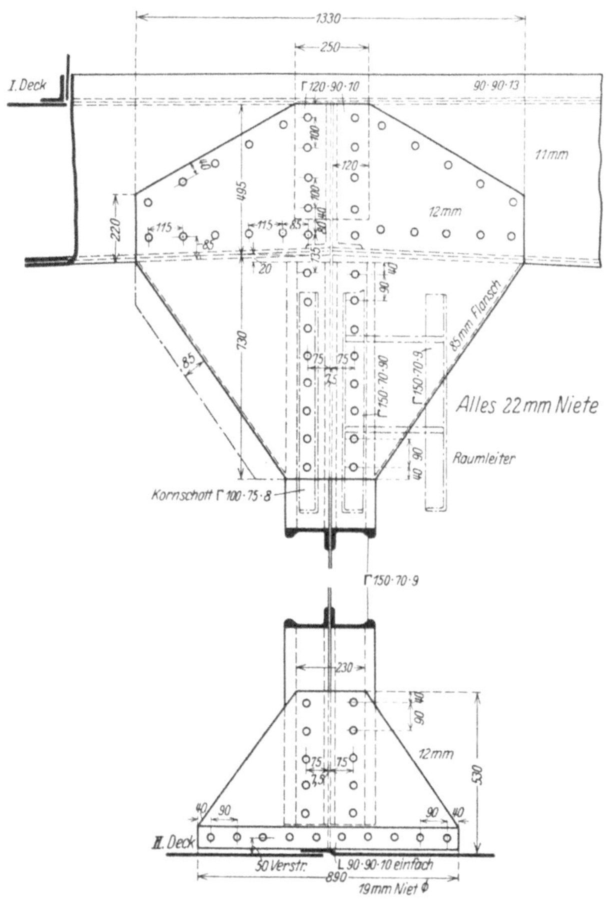

Abb. 486.

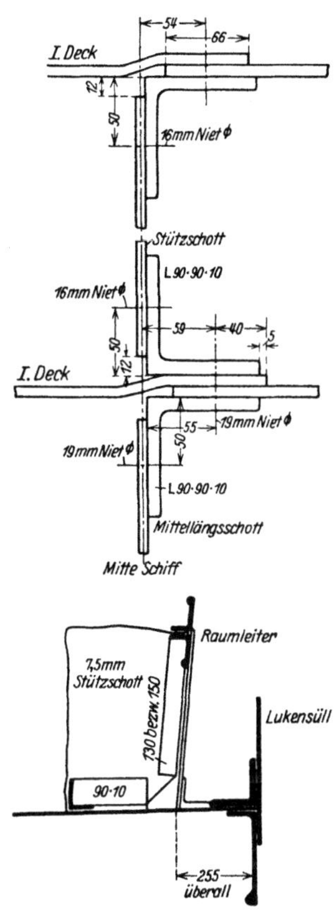

Abb. 487. Lage von Mittellängsschott und Stützschott, sowie Lage des letzteren zum Luken-Quersüll.

müssen die Unterzüge der auftretenden Biegungsbeanspruchung entsprechend stärker ausgeführt werden.

Lloyds Register gibt Abmessungen für weitstehende Stützen in der Ausführung als runde aus Platten geschweißte oder genietete Stützen, aus doppelten Rücken an Rücken genieteten [-Profilen, deren Flanschen durch Gurtplatten verstärkt sind, und für Stützen, welche aus 4 Winkeln zusammengenietet sind. Für die Berechnung der Leitzahl dient die Formel $\frac{S \cdot B \cdot H}{100}$, worin S in der Längsschiffsrichtung gemessen der Abstand von Mitte Spannweite zu Mitte Spannweite ist; B ist der Teil der Decksbreite in Fuß, welcher von der Stütze getragen wird, und H ist die Summe der verschiedenen darüber liegenden Zwischendecks in Fuß von Oberkante bis Oberkante Deckbalken; hierbei sind bei einem Volldeckschiff als Belastung des Oberdecks noch 5 Fuß und in Schiffen mit durchlaufendem Überbau und für Poop-, Brücken- und Backdeck 4 Fuß hinzuzurechnen. Bei noch höher gelegenen

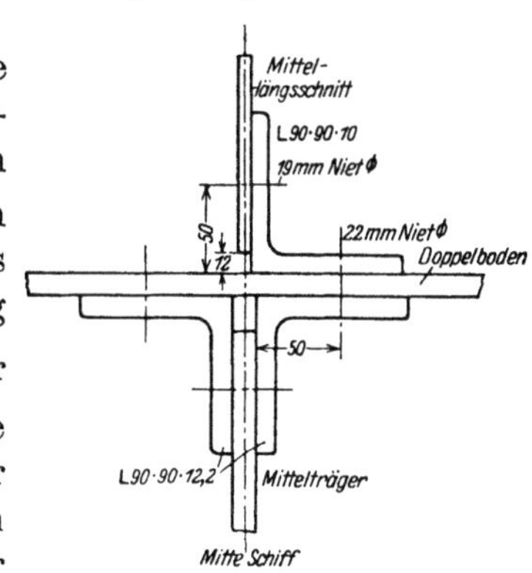

Abb. 488. Lage des Mittellängsschotts über dem Doppelbodenmittelträger.

Aufbauten, die ausschließlich für Passagierzwecke dienen, kann ihre Höhe in jedem Falle mit 3 Fuß eingesetzt werden.

Für die Zwischendecks geben die Vorschriften nach derselben Formel berechnete massive Stützen von 8′ und von 10′ Länge mit einer Nietzahl von 4 bis 8 Nieten von 22 mm Durchmesser im Kopf und Fuß an.

Lloyds Register sieht als Material für die Stützen Stahl von einer Bruchfestigkeit von 41 bis 50,5 kg/qmm vor; bei weicherem Material von 34,7 bis 39,4 kg/qmm Festigkeit ist die Dicke um 20% zu vergrößern.

Die Deckstützen müssen so angeordnet sein, daß die Unterstützung sich möglichst gut auf das Deck überträgt; deswegen sind bei unsymmetrischen Unterzügen an dem Kopf der Stütze in der Längs- und Querrichtung Knieplatten erforderlich. Kommt eine Stütze nicht auf der Tankdecke auf die Kreuzung von Bodenstück und Seitenträger zu stehen, so sind Interkostalträger und partielle Bodenwrangen unterzubauen; auch dürfen Bodenstücke und Seitenträger unter den schweren Stützen keine Erleichterungslöcher haben. Unter dem Fuß von weitstehenden Rundstützen müssen auf der Tankdecke Dopplungsplatten angebracht werden.

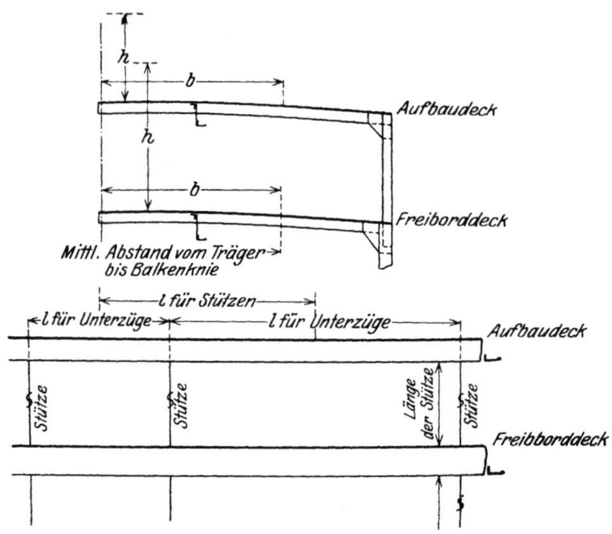

Abb. 489.

British Corporation berechnet die weitstehenden Stützen nach der Formel $W = l \times b \times h \times 0{,}02$; darin ist l die mittlere Länge der unterstützten Fläche, b die mittlere Breite der letzteren und h die Höhe in Fuß über der unterstützten Fläche. Die Stützenlänge ist der Abstand von Oberkante Bodenstück oder Doppelboden, Deck oder anderem Verbandteil, auf welchem sie steht, bis zur Unterkante des gestützten Balkens oder Trägers. Die Breite b darf bei den Schiffsenden nicht geringer als 0,2 Schiffsbreite eingesetzt werden (Abb. 489). Als Höhe h für weitstehende Stützen unter dem Freiborddeck ist der Abstand vom abgestützten Deck bis zu einem Punkt 4,5 Fuß über dem Freiborddeck bei Schiffen von 100′ Länge zu nehmen, steigend bei je 50′ weiterer Länge um 1′ bis 9,5′ bei Schiffen von 350′ Länge und darüber. Bei weitstehenden Stützen unter dem 2., 3. und 4. Deck wird h bis zu einem Punkt 8′ über dem Freiborddeck gemessen. Wo Ladung über einem Aufbaudeck gefahren wird, ist h bis zur Oberkante des höchsten Decks zu messen, in dem Ladung gefahren wird. Zwischendecks unter dem Freiborddeck, welche lediglich Fahrgastzwecken dienen, werden mit 6′ Deckshöhe eingesetzt. Stützen unter Aufbaudecks unmittelbar über dem Freiborddeck werden berechnet unter Einsetzung von $h = 8'$, diejenigen unter höher gelegenen Decks, welche nur für Passagiereinrichtungen in Frage kommen, mit $h = 4'$. Die hiernach aufgestellten Tabellen geben für Stützenlängen von 6 bis 30′ (1,83 bis 9,14 m) und einem W von 5 bis 290 die Abmessungen von massiven und hohlen Plattenstützen sowie von gebauten I-Stützen entweder aus doppelten [-Profilen oder einer Platte mit 4 Winkeln an.

Bureau Veritas bestimmt die weitstehenden Stützen nach der Formel $N = \frac{P \times B \times S}{n + 1}$, worin P die Stützweite in m in der Längsschiffsrichtung gemessen von Mitte Stützenabstand, bzw. bis zur Mitte zwischen Stütze und Schott ist; B ist die Breite des Schiffes über Spanten rechtwinklig zur Stütze, S ist die Summe der Zwischendeckshöhen und der

Aufbauten über der Stütze + 1,22 m. Zwischendecks für Passagiere können mit 1,22 m und Zwischendecks über dem Brückendeck mit 0,91 m eingesetzt werden; n ist die Zahl der Stützenreihen. Die Stützen erhalten oben und unten (letzteres ausgenommen bei den runden Stützen) Stützbleche querschiffs und längsschiffs. Die Tabellen sind aufgestellt für hohle Plattenstützen, für Stützen aus 4 Winkeln und für Stützen aus

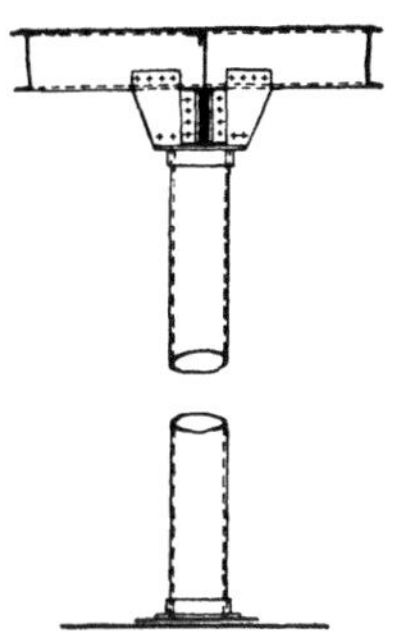

Abb. 490.

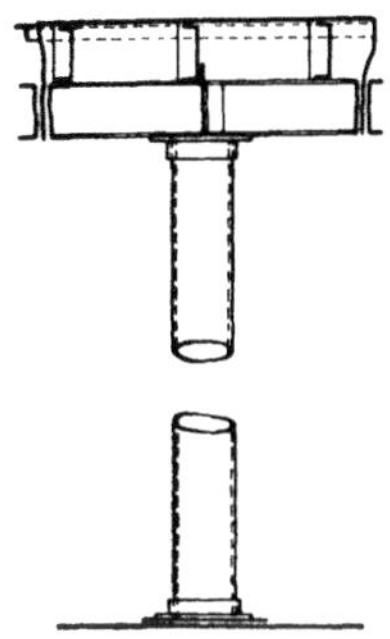

Abb. 491.

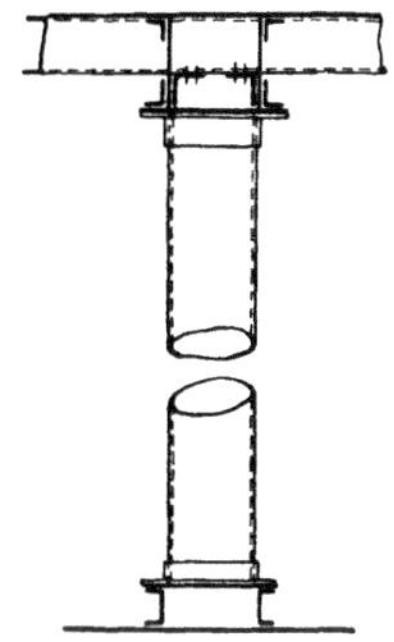

Abb. 492.

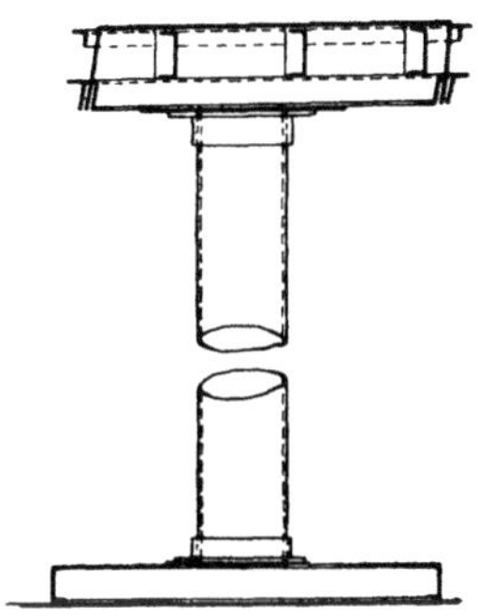

Abb. 493.

doppelten Rücken an Rücken genieteten [-Profilen mit Verbindungsplatten auf den Flanschen. Sie gehen von einer Stützenlänge von 3,05 m bis 8,54 m und einem N von 40 bis 425.

Norske Veritas berechnet die weitstehenden Stützen nach derselben Formel wie Lloyds Register; auch die in der Tabelle angegebenen Werte sind dieselben. Die Tabelle ist für runde hohle Stützen, Stützen aus 4 Winkeln und Stützen aus Rücken an Rücken genieteten [-Profilen aufgestellt. Die Nieten in den Nähten der hohlen Rundstützen dürfen nicht weiter als 5 Nietdurchmesser von Mitte zu Mitte auseinanderstehen und diejenigen in den gebauten Stützen anderer Art nicht über 7 Durchmesser.

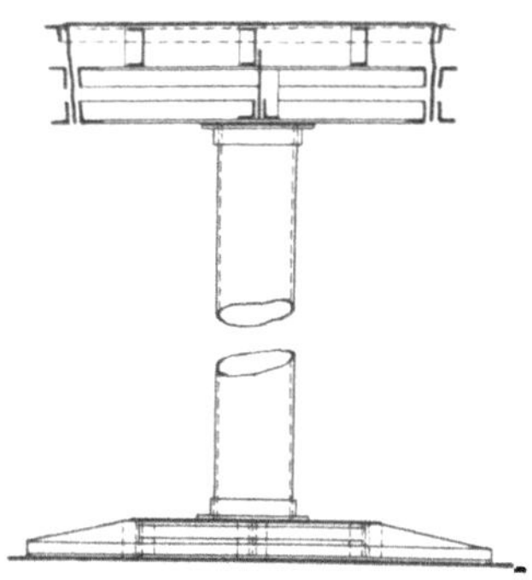

Abb. 494.

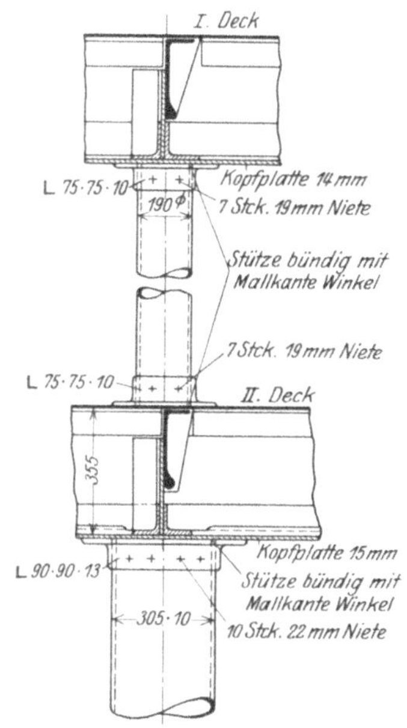

Abb. 495.

c) Decksunterzüge bei weitstehenden Stützen. Die Anwendung weitstehender Deckstützen war nur bei gleichzeitiger Anbringung schwerer Träger unter den Deckbalken zur Übertragung der Stützkraft möglich. Die schweren Unterzüge waren in den ersten Jahren ihrer Einführung (um etwa 1905 bis 1910) auch reine Unterzüge, bestehend aus doppelten Rücken an Rücken genieteten [-Profilen, welche durch eine Zwischenplatte mit der stählernen Decksbeplattung (bzw. wenn keine solche vorhanden war, mit einem durchlaufenden Plattenstreifen auf Deck) verbunden waren. Die [-Profile waren durch die weitstehenden Stützen abgestützt, und auf ihrer Oberkante ruhten die Deckbalken, welche mit ihnen durch 2 oder 4 Nieten verbunden waren; der Unterzug diente also als Auflager für die Balken. Da das Deck nun Bucht und Sprung hatte, so war es nur schwer möglich, die Unterzüge so genau unter den Balken einzubauen und zu vernieten, daß nicht schon von Anfang an Spannungen in den Trägern vorhanden waren. Später kam man zu einer veränderten Bauweise, bei welcher dem sogenannten Unterzug

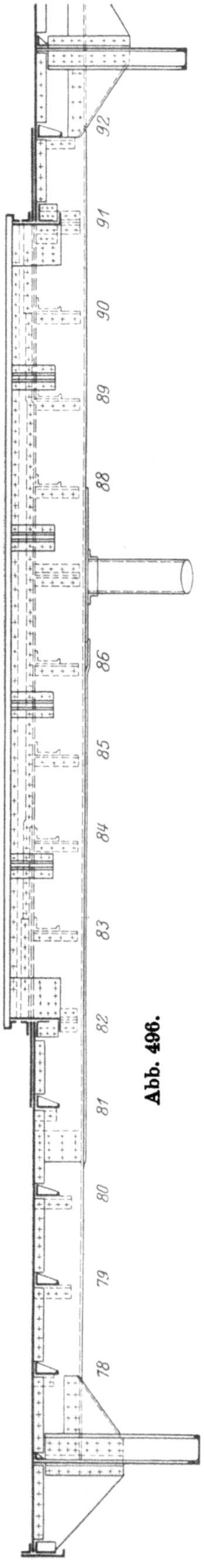

Abb. 496.

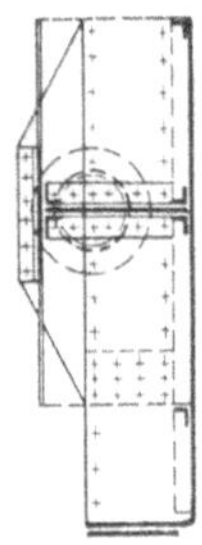
Abb. 497.

die Rolle einer Längsversteifungsrippe, gewissermaßen eines Deckslängsspants zufiel, das von den weitstehenden Deckstützen gestützt wurde. Man verzichtete auf die Verbindung zwischen der Unterkante der Deckbalken und dem Unterzug; die Deckbalken blieben lediglich Querversteifungsrippen der Deckbeplattung, sie reichten durch die Stegplatte hindurch und waren durch die vertikalen Versteifungswinkel des Unterzuges mit einem oder höchstens 2 Nieten mit derselben verbunden (Abb. 490 bis 494, ferner 495). Diese Art Unterzug ist heute fast ausschließlich bei weitstehenden Deckstützen üblich.

Die Vorschriften und Tabellen der Klassifikationsgesellschaften für die schweren Unterzüge sind fast alle nach der gleichen Berechnungsweise aufgestellt.

Nach den Vorschriften des Germanischen Lloyd bestehen die zu den weitstehenden Stützen gehörenden Unterzüge aus doppelten Winkelprofilen, welche mit ihrem breiteren Schenkel auf der Kopfplatte der Deckstützen aufliegen. Diese Profile sind mit der Deckbeplattung durch eine an den Deckbalken ausgeklinkte Zwischenplatte und kurze Winkel verbunden. Zur Versteifung des Trägers dienen kurze senkrechte Winkelstücke, die mit den Deckbalken vernietet und abwechselnd bis auf den oberen und unteren Schenkel der Gurtungswinkel reichen. Statt der ungleichschenkligen Winkel werden auch Wulstwinkel, und bei schweren Unterzügen doppelte Winkel mit einer Gurtungsplatte darunter verwendet. Der Germanische Lloyd bestimmt die Abmessungen nach der Leitzahl $h \times s \times b$, worin h und b die gleiche Bedeutung haben, wie bei den schweren Stützen, während s die Spannweite der Stützen bzw. die Unterzugslänge ist. Die Tabelle ist nach Spannweiten von 2,5 bis 11,0 m geordnet und umfaßt Leitzahlwerte von 25 bis 260. Stehen die Stützen nicht genau übereinander, so müssen die Unterzüge entsprechend verstärkt werden. Die Unterzüge werden mit den Schotten durch geflanschte Kniebleche verbunden, deren Schenkellänge das 1,5fache der tabellarischen Steghöhe der Zwischenplatten ist. Siehe auch Abb. 496 u. 497. Werden die Lukensülle in die Unterzüge einbezogen, so ist die Form der Unterzüge meist keine symmetrische (siehe Abschnitt über Lukensülle).

Lloyds Register berechnet die Decksunterzüge nach der Formel $\frac{S^2 \cdot B \cdot H}{100}$, worin S und B die gleiche Bedeutung haben, wie in der Formel für die weitstehenden Raumstützen; H ist die Höhe des über dem Unterzug liegenden Zwischendecks. Für das Oberdeck in Volldeckschiffen kann H mit 5′ gerechnet werden. Im übrigen gelten für die Aufbauten usw. dieselben Zahlen wie bei der Formel zur Berechnung der Stützen. Wenn die Stützen über einem Deck nicht genau über den Stützen darunter stehen, so ist H die Summe der Höhen der verschiedenen Zwischendecks in Fuß mit einem Zuschlag für das freie Deck wie bei den Stützen.

Für Unterzüge neben den Luken sind die Werte der Formel mit 1,3 zu multiplizieren. Alle Teile der Unterzüge sind in möglichst großen Längen zu verwenden und die Stöße zu überlappen oder mit Stoßblechen zu versehen (Abb. 496). Bei Unterzügen aus ⊏-Profilen sind entweder 2 Nieten durch den unteren Flansch zur Verbindung mit den Balken zu ziehen oder kurze Verbindungswinkel anzubringen. Wo die untere Gurtung aus zwei Winkeln besteht, sind die Interkostalplatten mit den Balken durch vertikale kurze Winkel zu verbinden, welche bei Balken an jedem Spant abwechselnd bis unten auf den Träger und bis Unterkante Balken und bei Balken an jedem 2. Spant bis unten auf den Träger an jedem Balken reichen. Bei Unterzügen mit einfachem Wulstwinkel an der Unterkante sind Stützbleche an jedem 3. Spant bei Balken an jedem Spant anzubringen; bei Balken an jedem 2. Spant sind die Stützbleche an jedem 2. Spant vorzusehen. Besteht die untere Gurtung aus doppelten Wulstwinkeln, so brauchen die Stützbleche nur an jedem 4. Spant angebracht zu werden. Bei Unterzügen neben Luken dürfen die Stützbleche nicht weiter als 2 Spanten auseinanderstehen. Die Balken zwischen diesen Stützblechen sind mit dem Unterzug durch kurze Vertikalwinkel zu verbinden, welche abwechselnd bis unten auf den Träger und bis Unterkante Balken reichen. Die Kniee zur Verbindung der Träger mit den Schotten müssen die doppelte Höhe des Trägers haben, gemessen von Oberkante Deckbalken.

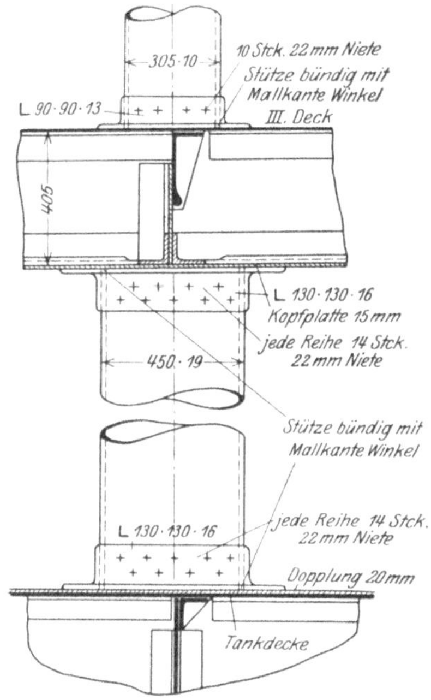

Abb. 498.

Bureau Veritas berechnet die Unterzüge in Abhängigkeit von der Steghöhe der Balken und einer Zahl $N' = \frac{D^2 \times B}{n+1}$; D ist der Abstand zweier Stützen oder zwischen Stütze und Schott, B ist die Schiffsbreite in m gemessen auf Außenkante Spant in der Tiefladelinie, n ist die Zahl der Stützenreihen. Bei größerer Deckshöhe als 2,44 m werden die Unterzüge entsprechend verstärkt. Die Stöße der Platten und Profile müssen sorgfältig verschießen; sie sollen weder direkt auf der Stütze noch in der Nähe der Mitte der Spannweite liegen. Die Unterzüge sind mit Deck und Balken oder auch durch Lugswinkel an den Balken zu vernieten. In Linie der Unterzüge sind die wasserdichten Schotte mit starken Vertikalversteifungen zu versehen, mit denen die Unterzüge durch starke Knie zu vernieten sind (Abb. 496). Die Stützen sollen auf dem Doppelboden so aufstehen, daß sie auf einer Kreuzung der Bodenwrange mit dem Seitenträger stehen. In jedem Fall muß der Druck der Stütze auf 3 Bodenstücke verteilt werden. Unter dem Fuß der Stützen ist eine Dopplungsplatte auf der Tankdecke anzubringen (Abb. 498 u. 499).

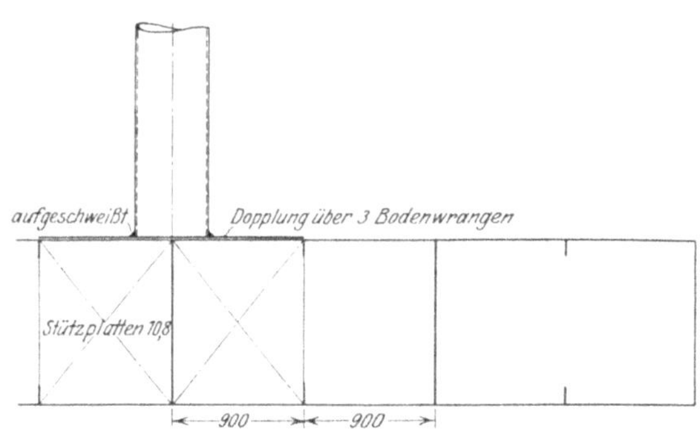

Abb. 499.

Die zur Zeit im Frachtdampferbau am meisten übliche Bauart der Unterzüge ist die mit verstärkten Längssüllen und verstärkten Lukenendbalken. Lloyds Register berechnet dieselben nach der Formel $\frac{1{,}3 \cdot L^2 \cdot b \cdot H}{100}$, in welcher L die Länge der Luke in Fuß, b der Teil der Breite des Decks in Fuß, welcher durch die Längssülle getragen wird und H die Höhe in Fuß des Zwischendecks, welches unmittelbar über dem Unterzug liegt, gemessen von Oberkante Decksbalken bis Oberkante Decksbalken, ist. Eine entsprechende Tabelle gilt für Plattenträger mit doppelten Winkeln bzw. Wulstwinkeln an der Unterkante, d. h. also für einen symmetrischen Träger, der aber bei der Einbeziehung des Lukenlängssülls in die Trägerkonstruktion unmöglich ist, da der eine Gurtungswinkel stets störend in die Luke hineinragen würde. Man flanscht daher das Lukenlängssüll unten nach der der Luke abgelegenen Seite um und macht den Flansch so breit, daß der bei den vorgeschriebenen symmetrischen Unterzügen geforderte Querschnitt an der Unterkante bzw. das geforderte Widerstandsmoment erreicht wird (Abb. 500 bis 502). Bei größeren Spannweiten ist man dann häufig genötigt, den Flansch durch eine Dopplungsplatte, die meist innen hineingelegt wird, zu verstärken. Gegen das Kanten werden diese einseitigen Unterzüge an jedem 2. Spant bzw. jedem Spant durch eine Stützplatte gesichert, welche mit dem Deckbalken, dem Längssüll und dem Flansch vernietet wird (Abb. 500). Statt das Lukensüll unten zu flanschen, nietet man auch einen starken Winkel an seine Unterkante und an diese die horizontale Gurtungsplatte.

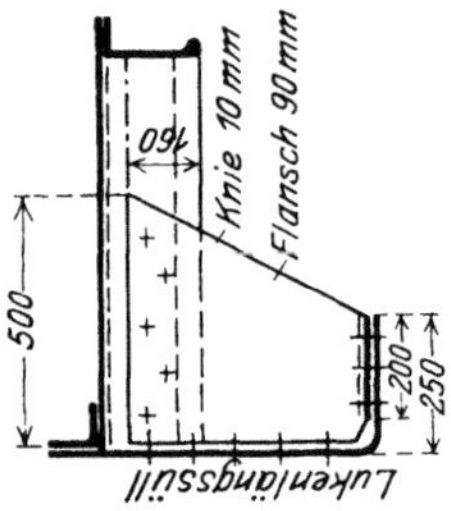

Abb. 502.

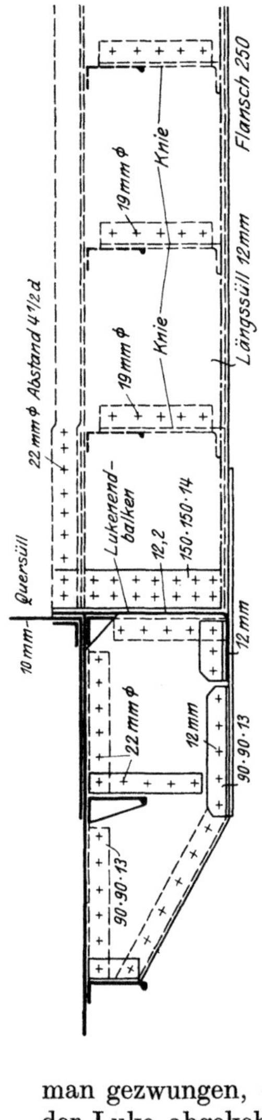

Abb. 500.

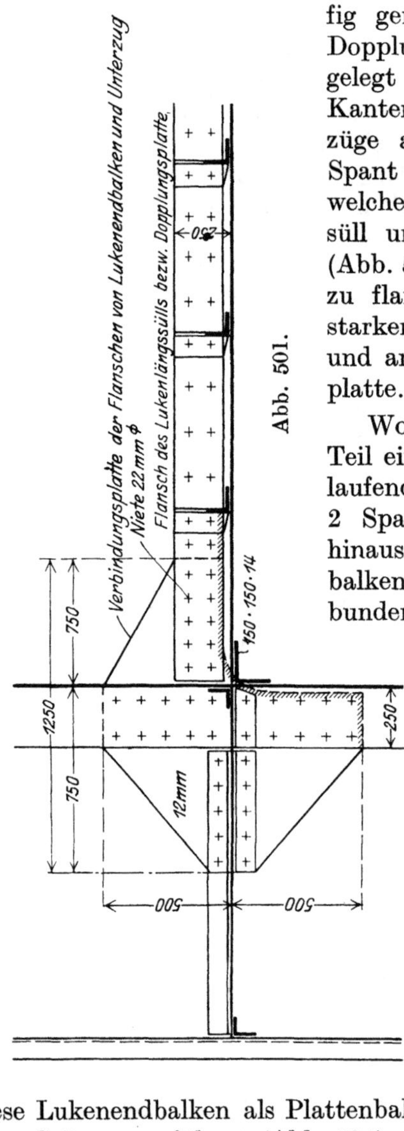

Abb. 501.

Wo ein Lukenlängssüll nicht einen Teil eines von Schott zu Schott durchlaufenden Unterzuges bildet, wird es 2 Spanten über die Lukenendbalken hinausgeführt und mit den Lukenendbalken durch kräftige Fächerplatten verbunden (Abb. 500). Wo die Lukenendbalken, welche die Lukenlängssülle tragen, nur in der Mitte durch ein Mittellängsschott oder eine Stütze abgestützt sind, sind die Leitzahlen für die Abmessungen nach der Formel $0{,}75 \frac{L \cdot b \cdot B \cdot H}{100}$ zu berechnen, worin L, b und H dieselbe Bedeutung haben wie vorher und B die halbe Decksbreite in Fuß beim Lukenendbalken ist. Die Kniee der Lukenendbalken müssen in Breite und Dicke entsprechend verstärkt werden (Abb. 503). Vielfach ist man gezwungen, diese Lukenendbalken als Plattenbalken mit einem Flansch nach der der Luke abgekehrten Seite auszuführen (Abb. 504) oder man baut sie aus zwei hohen Winkeln. Zweckmäßig verstärkt man auch die Spanten an den Lukenendbalken, so daß man einen geschlossenen Rahmen im Querverband hat.

Die Nieten in den Decksunterzügen können bis zu 7 Durchmesser auseinandergesetzt werden. Die Nieten in den Interkostalwinkeln dürfen indessen nicht weiter als 5 Durchmesser Abstand voneinander haben. Die geflanschten Knieplatten an den Enden der Unterzüge sind mit dem Unterzug und dem Schott doppelt zu vernieten.

d) Lukenendbalken. Bei der Erörterung der Deckstützen und Unterzüge sind die Lukenendbalken wiederholt erwähnt worden. Auch soweit sie als Aufhängung der Lukenlängssülle bzw. Unterzüge dienen, sind sie schon im vorhergehenden besprochen.

Nach den Vorschriften des Germanischen Lloyd müssen die Endbalken von Luken, deren Längssülle nicht mindestens an jedem 4. Spant abgestützt sind, verstärkt werden, wenn sie nicht in unmittelbarer Nähe der Lukenecken abgestützt sind. Im übrigen wird gefordert, daß die Festigkeit verstärkter Lukenendbalken nicht geringer ist als die Festigkeit der Unterzüge für weitstehende Stützen, sie sind also sinngemäß entsprechend zu berechnen.

Da nun die Bauweise mit Stützen unter jedem 4. Spant heute nur noch selten vorkommt, weil sie den Raum zu sehr versperrt, verstärkt man die Lukenendbalken je nach ihrer Beanspruchung auf verschiedene Weise. Entweder man nimmt ein höheres Profil oder man verstärkt den Lukenendbalken durch einen von der Luke abgekehrten Winkel an der Unterkante. Vielfach nimmt man 2 hohe ungleichschenklige Winkel, welche man als ⅂L- oder [-Balken zusammennietet. Häufig, wenn die Lukenendbalken als Auflage für die Unterzüge dienen, reicht dieses nicht mehr aus, und man baut den Lukenendbalken aus einer hohen Platte, welche unten umgeflanscht wird, und einem gleichschenkligen Winkel an der Oberkante, dessen Schenkelbreite für die Vernietung mit Stringer und Decksbeplattung breit genug sein muß. Reicht dies noch nicht aus, so nietet man innen in den Flansch des Lukenendbalkens eine Dopplungsplatte (Abb. 504). Die tiefen aus geflanschten Platten und Winkeln gebauten Lukenendbalken erhalten entsprechende Versteifungsbleche ähnlich wie die Unterzüge.

Die Unterkante des Lukenendbalkens läßt man häufig, besonders wenn es sich um geflanschte Platten handelt, unten wagerecht verlaufen, um das Biegen des geflanschten Balkens zu ersparen. Bei gänzlich stützenlosen Schiffen, welche nur ein Mittellängsschott zwischen den Luken als Absteifung der Decks haben, baut man auch Kastenbalken, indem man die Unterkante des Lukenendbalkens mit dem davor bzw. dahinter liegenden durchlaufenden Decksbalken durch einen von Bord zu Bord reichenden Plattenstreifen vernietet. Diese Balken müssen in gewissen Abständen Handlöcher zum Zweck der Konservierung haben. Die

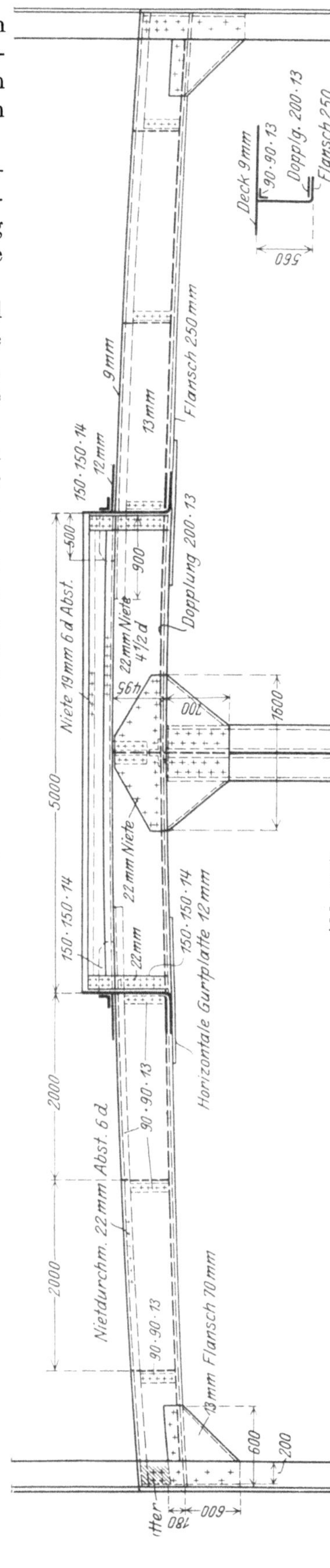

Abb. 504.

Abb. 503.

zwei Spanten der Kastenbalken werden entsprechend verstärkt. Neuerdings sind an der Stelle der Kastenbalken Balken aus geflanschten Platten mit vertikalen Stützplatten getreten, weil diese Bauweise nicht nur leichter auszuführen, sondern auch

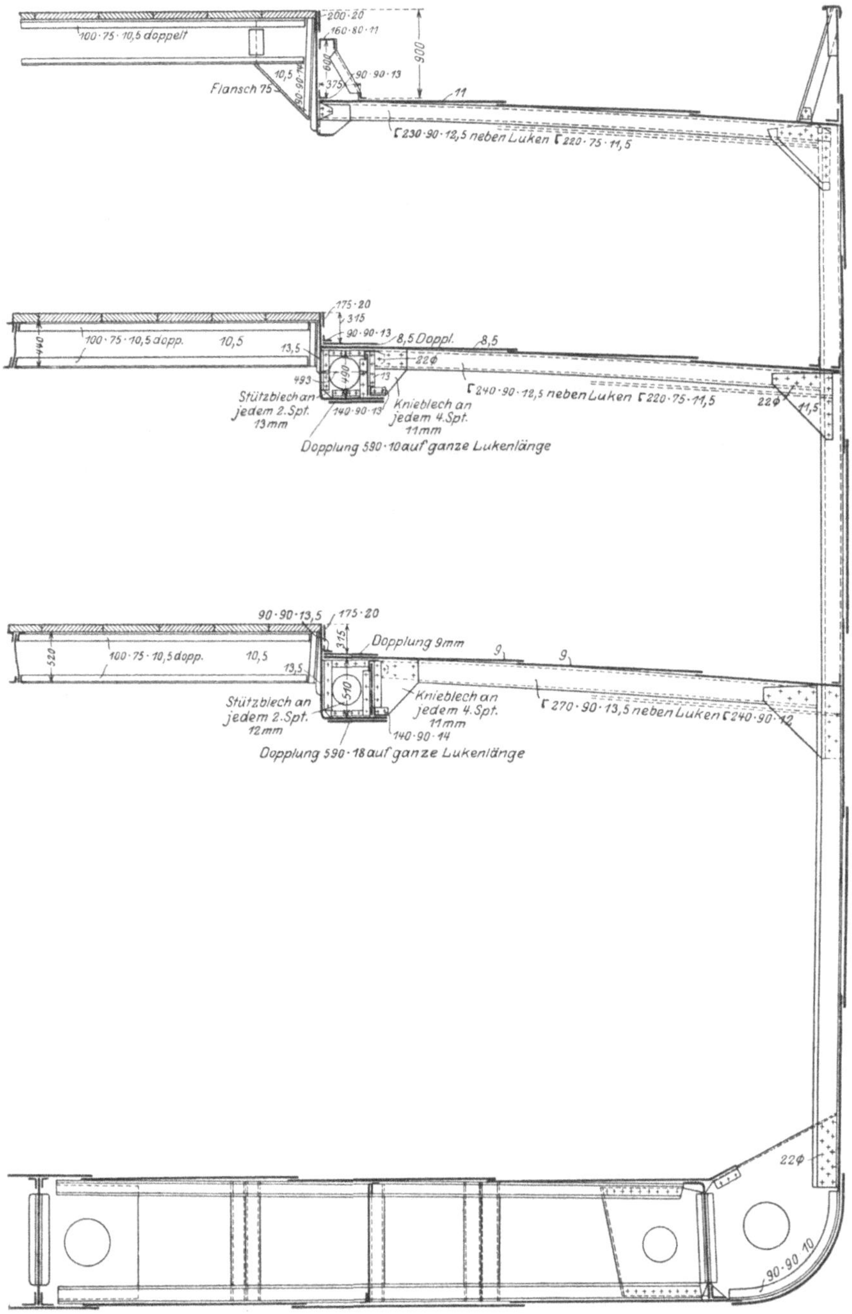

Abb. 505.

besser zu konservieren ist. Auch die Lukenlängsträger werden bei solchen Schiffen als kastenförmige Unterzüge gebaut (Abb. 505 bis 511).

Über die Berechnungsweise der Lukenendbalken bei Lloyds Register ist schon bei der Bauweise von Lukenendbalken in Verbindung mit den Lukenlängssüllen als Decksunterzüge gesprochen.

Bureau Veritas berechnet die Lukenendbalken nach der Formel $B^2 \times l$, worin B die Schiffsbreite in m bei der Luke und l die Länge der Luke in m ist. Die Tabelle reicht von $B^2 \times l = 566$ bis 3219, beginnend mit einem ⊏-Balken von 215 × 90 × 12 mm. Von

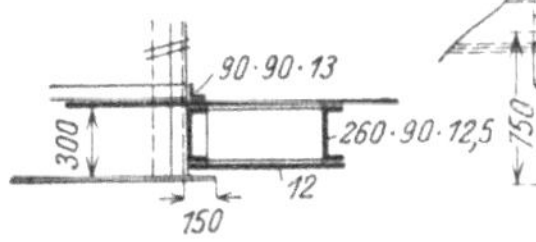

Abb. 507.

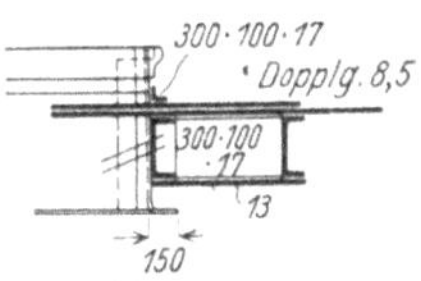

Abb. 508.

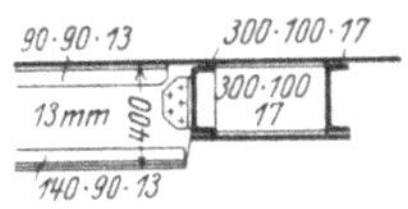

Abb. 509.

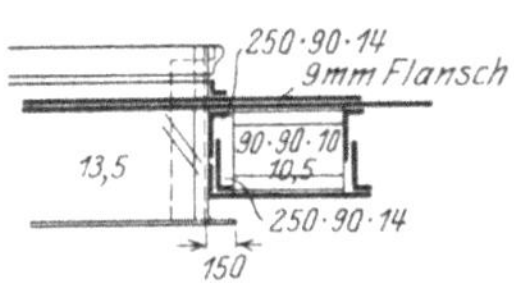

Abb. 510.

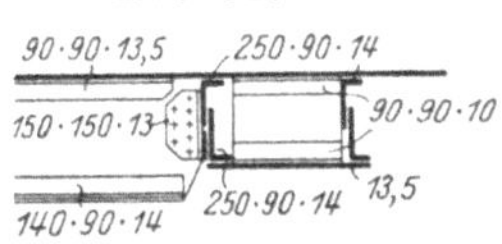

Abb. 511.

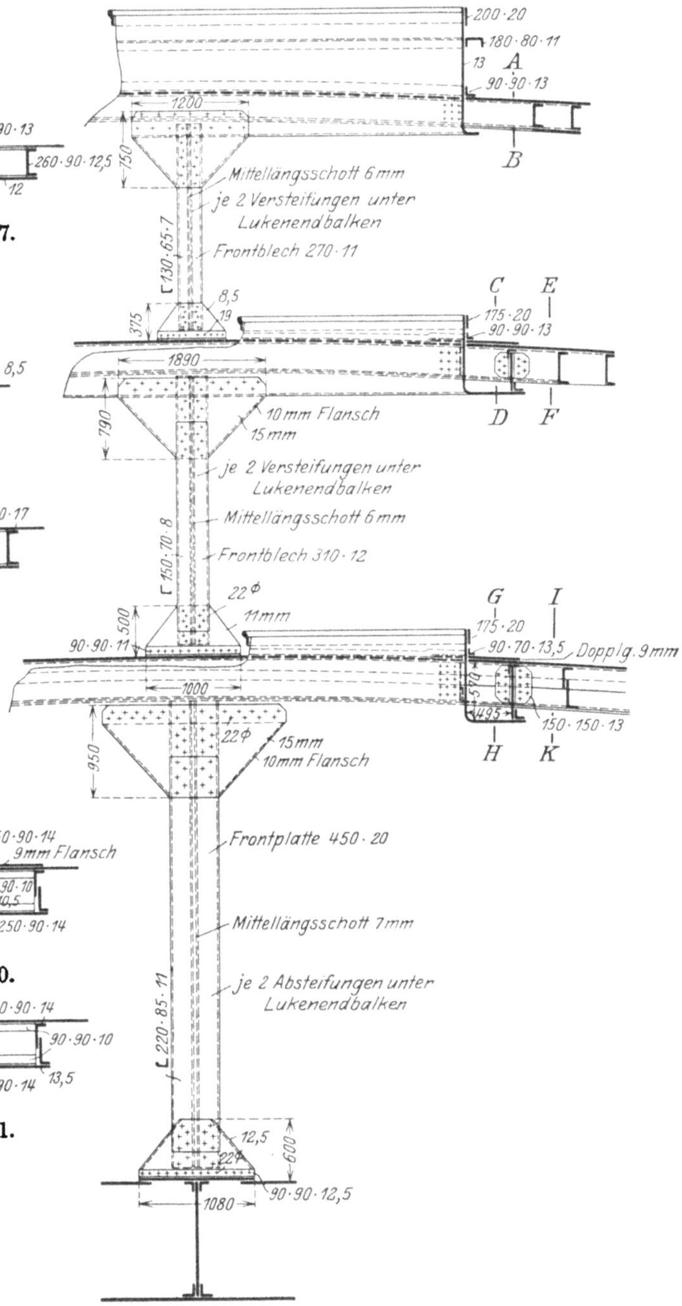

Abb. 506.

$B^2 \times l = 1539$ an sind Plattenbalken vorgeschrieben, beginnend mit 405 × 10,5 mm mit einem Wulstwinkel 230 × 90 × 12,5 mm bis 585 × 11,5 mm garniert mit einem Wulstwinkel 280 × 90 × 14,5 mm. Die Materialstärken sind für eine Deckshöhe von 2,44 m bestimmt. Ist die Deckshöhe größer oder geringer, so ändert sich die Zahl entsprechend.

Für Luken auf dem Wetterdeck wird der Wert $B^2 \times l$ mit 0,75 und für Lukenendbalken der Aufbauten oder Fahrgasträume bzw. unter solchen mit 0,5 multipliziert.

British Corporation bestimmt nur, daß unter den Lukenecken Stützen anzubringen sind, oder daß die Lukenendbalken stark genug gemacht werden müssen, um die Beanspruchung auszuhalten, welche durch die Lukenlängssülle auf sie kommt.

Nach Norske Veritas brauchen bei Anordnung von Seitenstützen unter den Luken die Lukenendbalken an Luken von sechs und mehr Spantentfernungen Länge in allen Decks nur die Abmessungen von Balken an jedem 2. Spant zu haben. Wenn die durchgehenden Balken an jedem Spant angebracht sind und die Lukenendbalken an den Lukenecken abgestützt sind, brauchen die Lukenendbalken nur das Profil der gewöhnlichen Balken auf jedem Spant zu haben. Wenn die Lukenendbalken aus einem schweren Wulstwinkel oder einem gewöhnlichen Winkel mit einem kleineren Winkel an der Oberkante zusammengebaut sind, braucht nur der größere Winkel durchzugehen. Wo unter den Längssüllen keine Stützen angeordnet sind, berechnet Norske Veritas die Leitzahl für die Abmessungen der Lukenendbalken ähnlich wie das Bureau Veritas nach einer Formel $\frac{b^2 \cdot l \cdot h}{1000}$, worin b die Decksbreite in Fuß, l die Länge der Luke in Fuß und h die Höhe des darüber liegenden Decks in Fuß, von Oberkante Decksbalken bis Oberkante Decksbalken gemessen, ist. Für das Oberdeck ist h genau wie beim Bureau Veritas nur mit 75% = 6 Fuß, für ein Deck mit Fahrgasteinrichtungen nur mit 50% = 4 Fuß einzusetzen. Die Tabelle gibt als Profile der Lukenendbalken Platten mit einem Wulstwinkel an der Unterkante. Der Balken besteht bei der Leitzahl 160 bis 175 aus einer Platte 230 × 9,7 mm mit einem Wulstwinkel 165 × 90 × 11 mm und bei 840 bis 880 aus einer Platte 584 × 11,7 mm mit einem Wulstwinkel 280 × 90 × 14,7 mm. Die Bauweise dieser Lukenendbalken nach Norske Veritas ist in Abb. 512 bis 515 dargestellt.

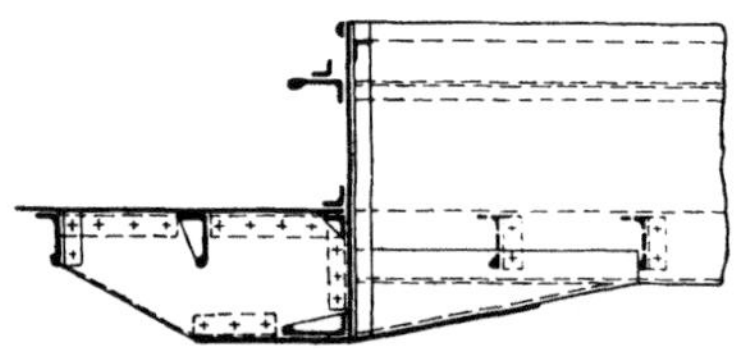

Abb. 512.

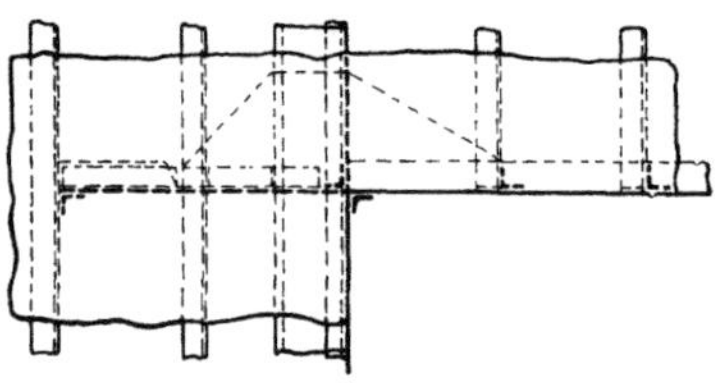

Abb. 513.

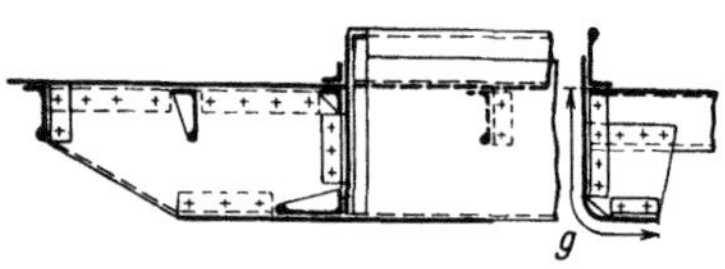

Abb. 514.

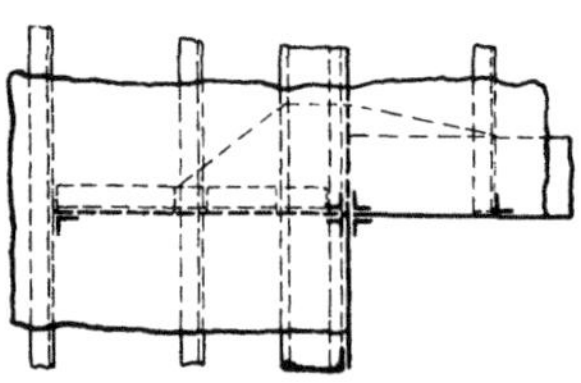

Abb. 515.

e) Luken. Mit der Bauweise der Lukenendbalken in enger Beziehung stehen die Lukensülle. Die Lukensülle bilden die geschlossene Umgrenzung der Lukenöffnung über Deck, um zu verhindern, daß auf Deck kommendes Wasser in den Laderaum gelangen kann. In den früheren Zeiten des Eisenschiffbaus, wo man nur verhältnismäßig kleine Luken kannte, legte man wie beim Holzschiffbau als seitliche Begrenzungen der Lukenöffnung zwischen die beiden Lukenendbalken Schlingen. Diese Schlingen hatten das Profil der Deckbalken, es fehlte aber der Topwinkel an der der Lukenöffnung zugekehrten Seite. An diesen Schlingen wurden dann die halben Balken neben den Luken gewöhnlich mit 6 Nieten befestigt, wobei zu berücksichtigen ist, daß die Balken allgemein an jedem 2. Spant angeordnet waren und aus Flachwulstschienen mit doppelten Winkeln an der Oberkante bestanden. Auf die Schlinge wurde dann der Lukenstringer, der eine Breite gleich der $1^1/_2$fachen Balkenbreite hatte, genietet. Auf dem Lukenstringer wurde das Luksüll, wenn es aus Holz war, festgebolzt; wenn es aus Eisen war, wurde es mit ihm durch den Süllwinkel vernietet. Bis in den Anfang der neunziger Jahre hatten vielfach die Fahrgastschiffe und Kriegsschiffe statt der eisernen Luksülle solche aus Eichenholz, Teak oder Mahagoni. Genauere Vorschriften über Lukenendbalken, Lukensülle und Einschiebebalken finden sich erst seit den siebziger Jahren. Später schrieben dann die Klassifikationsgesellschaften vor, daß alle Luksülle auf den Wetterdecks von Eisen oder Stahl sein mußten.

Da die Luksülle in erster Linie eine Sicherung gegen Einströmen von Wasser und gegen Hineinfallen von Personen in die Räume darstellen, so sind die Vorschriften hierüber mehrfach von den Aufsichtsbehörden (in Deutschland von der Seeberufsgenossenschaft) beeinflußt worden.

Der Germanische Lloyd bestimmt in seinen Vorschriften, daß die Sülle der Ladeluken auf der Deckbeplattung oder den Lukenstringern mit Winkeln von der Dicke der Längssülle befestigt werden, deren senkrechter Schenkel etwas über die Decksplanken hervor-

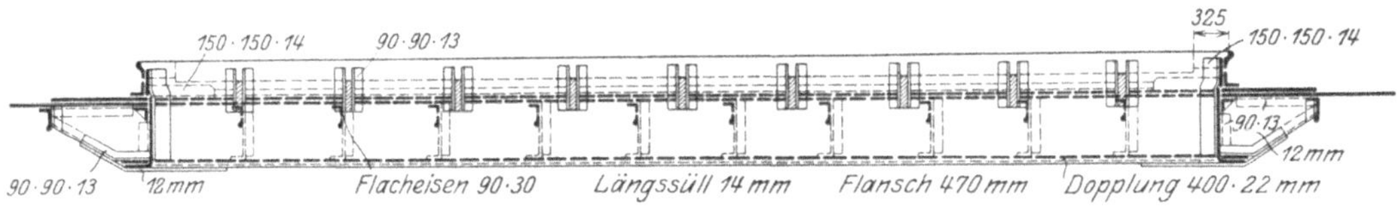

Abb. 516.

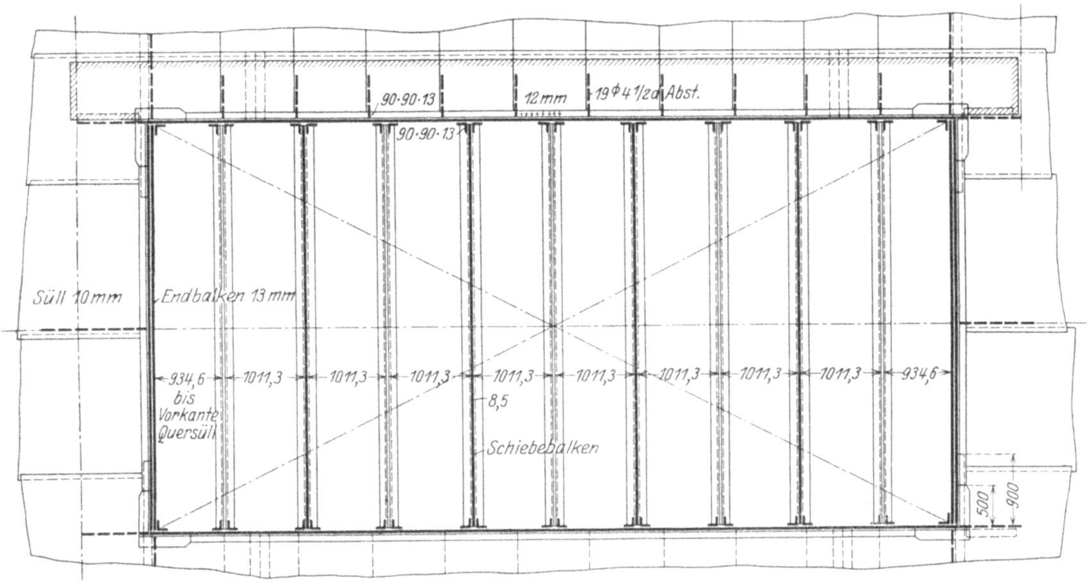

Abb. 517.

stehen muß, damit er gut verstemmt werden kann. Wenn die Länge der Luke größer als 6 Spantentfernungen oder ihre Breite größer als 0,3 B ist, so sind im Gurtungsdeck an den Ecken Dopplungsplatten vorzusehen. Bei Schiffen mit einem $(B + H)\ L$ von über 650 sind die Deckswinkel der Luken an den Ecken in beiden Schenkeln doppelt zu nieten, wenn die Luken über 0,5 B breit sind, und zwar wenigstens 500 mm über die Dopplungsplatten hinaus. (Siehe Abb. 516 und 517). Verstärkungen der Deckbeplattung sind auch bei kleinen Luken anzubringen, wenn diese innerhalb eines Bereiches von 0,5 L liegen und nahe beieinanderliegen.

Über die Form der Dopplung an den Lukenenden waren die Meinungen sehr verschieden. Ausgehend von der Tatsache, daß ein Einreißen der Deckbeplattung in einer Lukenecke stets nur in der Richtung parallel zum Deckbalken, aber niemals in der Längsschiffsrichtung erfolgt, hat man zeitweise die Dopplung nur in der Längsrichtung neben die Luke gelegt, dieselbe also nicht die Ecke umfassen lassen. Es hat sich indessen bei den großen Lukenabmessungen, wie sie heute üblich sind, als besser herausgestellt, nicht nur die Dopplungen um die Lukenenden herumzuführen, sondern man verstärkt die

Lukenecken noch auf die verschiedenste Weise, besonders, wenn die Lukenlängssülle als Decksunterzüge ohne Stützen ausgebildet sind, welche an den Lukenendbalken hängen. Im Deck unter dem Gurtungsdeck sind an den Lukenenden ebenfalls Dopplungen anzubringen, doch brauchen diese nicht um die Lukenecken herumzugreifen.

Bei einfachen Luksüllen greifen die Längssülle um die Lukenecken in einem Radius von 5 bis 10 cm herum und überlappen mit den Quersüllen. Über die Größe der Abrundung der Luksülle an den Lukenecken sind die Ansichten geteilt. Manche Reeder verlangen eine möglichst kurze Abrundung, weil sich dann die Persenninge besser anlegen lassen, andere wollen den Abrundungsradius möglichst groß haben. Unabhängig hiervon verbindet man vielfach Längs- und Quersüll unterhalb des Decks durch starke Winkel und nietet innen unten eine Dopplungsplatte hinein, um Beschädigungen oder Hängenbleiben der Ladung und des Ladegeschirrs zu verhüten.

Die Höhe der Luksülle über Deck muß nach den Vorschriften des Germanischen Lloyd auf freiliegenden Aufbaudecks, soweit sie hinter 0,25 L vom Vorsteven liegen, mindestens 450 mm, auf freiliegenden Haupt- und Quarterdecks und im Bereich von 0,25 L vom Vorsteven auch auf freiliegendem Aufbaudeck 600 mm und für Luken in der vorderen Well 800 mm betragen. Innerhalb von Aufbauten mit Öffnungen in den Abschlußschotten, die nicht dauernde Verschlüsse erhalten, sondern nur durch Holzplanken in ⊏-Eisen oder durch starke hölzerne Klapptüren verschlossen werden, muß die Höhe der Luksülle wenigstens 230 mm betragen. Es decken sich also hier die Vorschriften mit denen des Board of Trade, Lloyds Register und Bureau Veritas. Nach den Vorschriften von Lloyds Register, welche die des britischen Board of Trade sind, muß die geringste Höhe der Luksülle auf dem Wetterdeck und den erhöhten Quarterdecks 610 mm betragen, ferner auf dem ersten Viertel der Schiffslänge vom Vorsteven auf dem Oberdeck von Schiffen, deren Tiefgang nicht den eines Schiffes mit durchlaufendem Aufbau überschreitet, und auf Aufbaudecks, welche dem Wetter ausgesetzt sind, ebenfalls 610 mm. Für die restlichen $^3/_4$ der Schiffslänge braucht in den beiden letztgenannten Fällen die Süllhöhe nur 460 mm zu betragen, auf Decks von Aufbauten, deren Eingänge keine Verschlußvorrichtung aufweisen, ebenfalls 460 mm, auf Decks innerhalb von Aufbauten, deren Eingänge durch starke hölzerne Türen mit eisernen Hängen oder durch eingeschobene Holztafeln in ⊏-Eisen oder gleichwertigen Profilen geschlossen werden, nur 230 mm.

Bureau Veritas hat über die Höhe der Luksülle gleiche Vorschriften wie Lloyds Register.

British Corporation schreibt für die dem Wetter ausgesetzten Teile des Freiborddecks und für solche Teile von Aufbaudecks, die auf der vorderen Schiffshälfte liegen, als Minimum 610 mm hohe Luksülle vor. Süllplatten an anderen Teilen der Wetterdecks von Aufbauten brauchen nur 457 mm hoch zu sein.

Nach Norske Veritas muß die Höhe der Luksülle in der Well 760 mm betragen und 610 mm auf dem Oberdeck, wenn die Aufbauten nicht geschlossen sind, sowie auf Decks von Aufbauten, welche sich über die ganze Schiffslänge erstrecken, wenn letztere 91,4 m und mehr beträgt. Auf den Decks anderer Aufbauten muß die Höhe der Luksülle 457 mm betragen. Auf Decks unter einem geschlossenen Aufbau braucht die Höhe der Luksülle nur 230 mm zu sein. Bei Luken unter Aufbauten, deren Frontschott keine Öffnungen hat und in den Luken der Decks unter dem Hauptdeck, braucht das Luksüll nicht über das Deck hinauszuragen. Alle Luksülle müssen mindestens bis Unterkante der Deckbalken reichen und sind umzuflanschen oder mit einer Halbrundleiste zu versehen.

Die Stärke der Luksülle wird im wesentlichen durch Festigkeitsrücksichten bedingt. Nach den Vorschriften des Germanischen Lloyd richtet sie sich, beginnend mit 8,5 mm, bei kleineren Schiffen nach der Länge der Schiffe und bei Schiffen von über 50 m Länge, soweit die Längssülle in Frage kommen, nach der Länge der Luke, beginnend mit 11,0 mm bei 6,5 m Lukenlänge und steigend bis 12,5 mm bei 10,0 m Lukenlänge. Die Quersülle größerer Schiffe müssen mindestens 11,0 mm stark sein.

Die übrigen Klassifikationsgesellschaften geben als normal für Schiffe von 61 m Länge und darüber als Minimaldicke der Längs- und Quersülle der Luken der Wetterdecks 11 mm an; für Schiffe von 30 m Länge soll die Dicke der Längs- und Quersülle 9 mm betragen und für dazwischen liegende Längen soll interpoliert werden.

British Corporation hat 8,6 mm Sülldicke für Schiffe von 30,4 m Länge, sonst die gleichen wie Lloyds Register.

Bureau Veritas hat für Schiffe von 61 m Länge und darüber ebenfalls 11 mm und für kürzere Schiffe die Formel $e = 0{,}082\,L + 6$ mm, das gibt z. B. für 30 m Schiffslänge 8,5 mm Luksülldicke.

Norske Veritas hat für die Dicke der Längs- und Quersülle eine Tabelle, welche nach der Länge und Breite der Luken geordnet ist, und welche ziemlich genau mit der Tabelle des Germanischen Lloyd übereinstimmt. Die Bestimmung, daß, wenn auf nicht freiliegenden Decks die Höhe der Luksülle über Deck kleiner als 300 mm ist, gewisse Verstärkungen der Luksülle angebracht werden müssen, ist vom Germanischen Lloyd jetzt fallen gelassen worden.

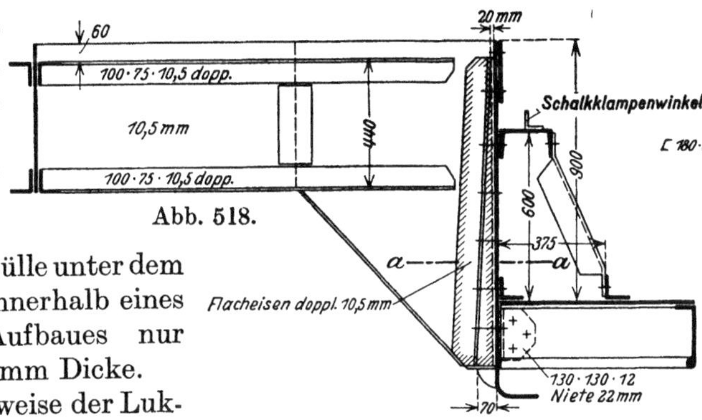

Abb. 518.

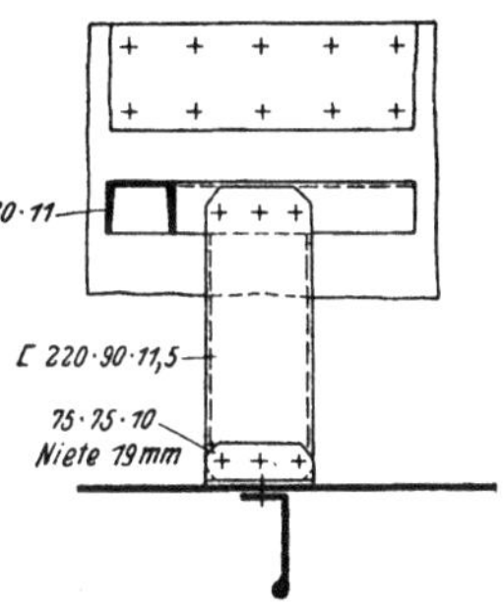

Abb. 520.

Lloyds Register verlangt für Luksülle unter dem Oberdeck oder innerhalb eines geschlossenen Aufbaues nur Luksülle von 10 mm Dicke.

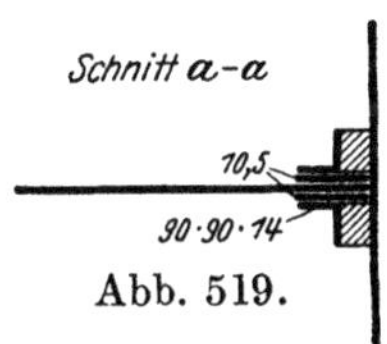

Abb. 519.

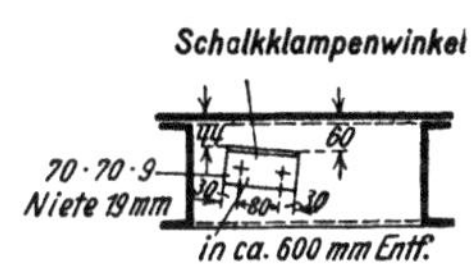

Abb. 521.

Über die Bauweise der Luksülle und die Abdeckung der Luken haben die Klassifikationsgesellschaften sehr eingehende Vorschriften, hängt doch von der Sicherheit der Luke diejenige der Ladung ab.

Die Längs- und Quersülle der Oberdeckluken bzw. der Luken von 600 mm Höhe und darüber erhalten je nach der Länge und Breite der Abmessungen gewisse Versteifungen. Der Germanische Lloyd verlangt bei Luken, deren Höhe über Deck 600 mm und mehr beträgt, bei einer Länge der Luke von 3 m an am oberen Teil des Längssülls einen längslaufenden Wulstwinkel von 180 mm Höhe bei Schiffen von 60 m und darüber. Quersülle, die dem Seeschlag besonders ausgesetzt sind, müssen bei einer Lukenbreite von 3 m und darüber gleichfalls in ihrem oberen Teil durch einen Wulstwinkel versteift werden. Bei Süllhöhen von 800 mm und darüber sind die Längssülle in Abständen von nicht mehr als 3 m durch Stützen, die mit dem Horizontalversteifungsprofil zu verbinden sind, abzusteifen. Bei mehr als 900 mm Lukensüllhöhe über Deck sind die Stützen in kleinerem Abstande zu setzen. Bisweilen bestehen die horizontalen Versteifungen auch aus ⊏-Profilen. Man benützt die horizontalen Versteifungen, welche etwa 200 bis 250 mm unter der Oberkante Luksüll angebracht werden, meistens dazu, die Winkel für die Schalkkeile darauf zu vernieten (siehe Abb. 518 bis 521). Die Art der Abstützung des Luksülls bzw. der Längsversteifung ist verschieden. Die sicherste Abstützung sind Kniebleche, welche Deck und Süll starr verbinden (Abb. 522). Da aber neben dem Luksüll meist Dampfrohr- oder Kabelleitungen entlanglaufen, so muß das Knieblech ziemlich große Erleichterungslöcher haben, damit man die Leitungen hindurchlegen kann. Vielfach nimmt man auch Rundeisenstützen mit einem Steg gegen das

Luksüll oder verwendet [-Profile, deren Steg man oben und unten aufbiegt und mit dem längslaufenden Wulstprofil sowie mit dem Deck vernietet (Abb. 518 und 520). Auf das [-Profil legt man dann Riffelplatten welche die darunter liegenden Leitungen abdecken. Erfolgt die Abstützung durch einen Flachwulst oder einen Wulstwinkel, so ist

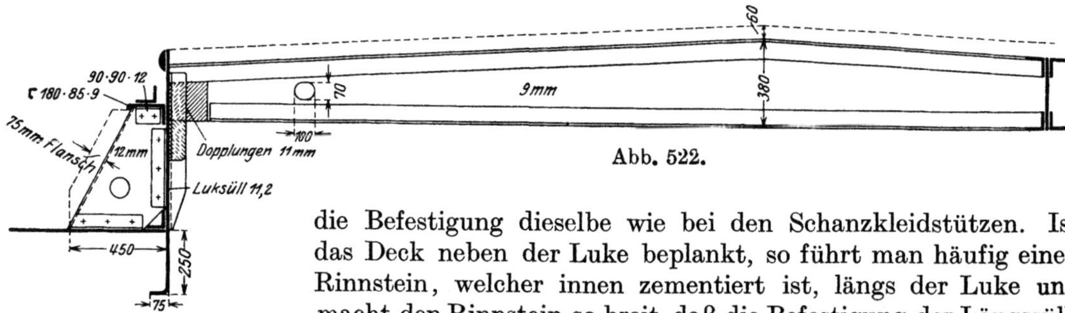

Abb. 522.

die Befestigung dieselbe wie bei den Schanzkleidstützen. Ist das Deck neben der Luke beplankt, so führt man häufig einen Rinnstein, welcher innen zementiert ist, längs der Luke und macht den Rinnstein so breit, daß die Befestigung der Längssüllabsteifung auf Deck noch innerhalb des Rinnsteins zu liegen kommt, weil sonst die Deckplanken an den Befestigungswinkeln der Süllstützen auf Deck immer unterbrochen werden.

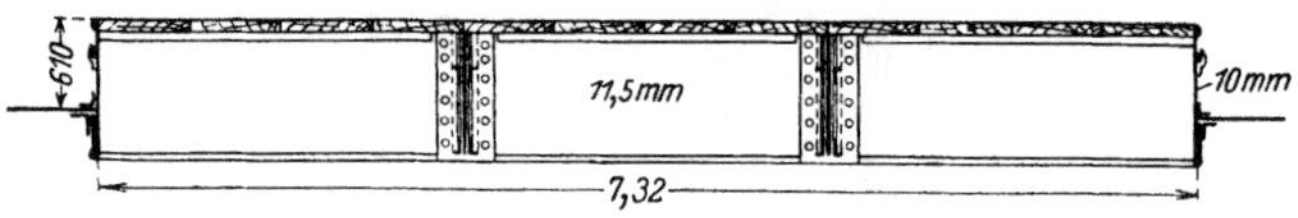

Abb. 523.

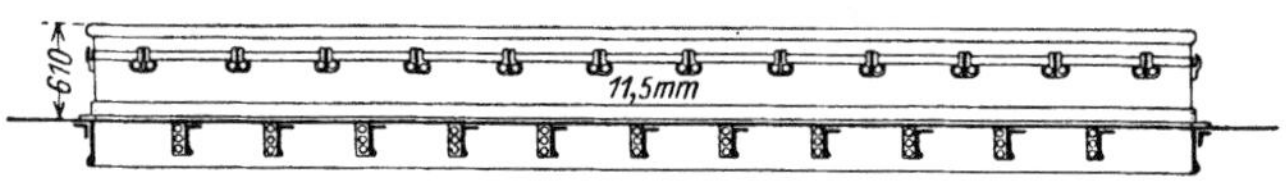

Abb. 524.

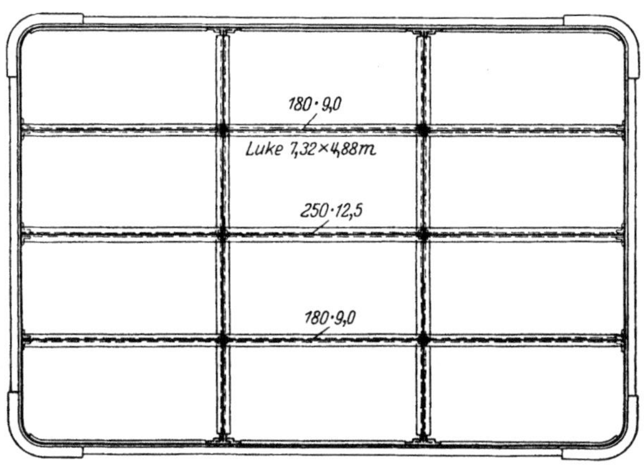

Abb. 525.

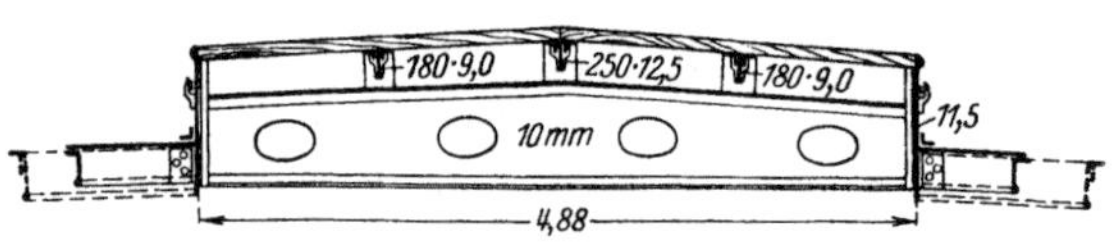

Abb. 526.

Nach Lloyds Register sind die folgenden Horizontalversteifungen durch Wulstwinkel erforderlich: Bei 610 mm Luksüllhöhe über Deck und über 3 m Lukenlänge müssen die Luksülle durch Wulstwinkel von mindestens 180 mm Steghöhe im oberen Teil verstärkt werden. Das gleiche gilt für die Quersülle bei einer Lukenbreite von 3 m und darüber. Bei einer Lukenlänge oder Breite von 4,5 m sind Niebleche oder Streben, welche den horizontalen Wulstwinkel und das Deck verbinden, erforderlich. Die Absteifungen dürfen nicht weiter als 3 m auseinander stehen. Wo die Deckstützen neben der Luke weiter als 4 Spantentfernungen auseinander stehen, oder wo die Stützenreihe neben der Luke weiter als 460 mm von dem Luksüll seitlich entfernt ist, muß das Längssüll so stark gemacht werden, daß es als Deckträger dienen kann.

Nach Bureau Veritas müssen die Längssülle bei Luken bis zu 9 Spantentfernungen bis zur Unterkante der Halbbalken neben den Luken und bei größerer Länge bis zur Unterkante der Lukenendbalken hinabreichen. Die Luksülle sind bei Balken an jedem Spant durch einfache Lugwinkel, bei Balken an jedem 2. Spant durch doppelte Winkel mit den Balken zu verbinden. Für die Verstärkungen der Längssülle hat Bureau Veritas gleiche Vorschriften wie Lloyds Register, nur daß der Abstand des Wulstwinkels von der Oberkante mit 250 mm genau angegeben wird. Für Schiffe unter 60 m Länge bestimmt

Bureau Veritas die Steghöhe der Süllverstärkung nach einer Formel $2{,}5\,L + 25$ mm, wo L die Schiffslänge in m bedeutet. Für Süllhöhen zwischen 760 und 915 mm sind Knieplatten oder Streben zwischen Wulstwinkel und Deck in Abständen von höchstens 3 m erforderlich. Bei dicht hintereinander liegenden Luken sind die Längssülle miteinander zu verbinden. Solche Verbindungen der Lukenlängssülle hat man auch häufig auf Leichtern und anderen Fahrzeugen, bei denen man die Lukenlängssülle in die obere Gurtung mit einbeziehen will.

Die Vorschriften der British Corporation über die Versteifungen der Lukensülle decken sich ungefähr mit denen des Bureau Veritas und des Lloyds Register.

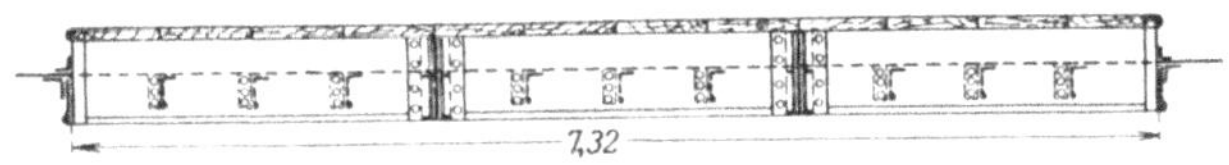

Abb. 527.

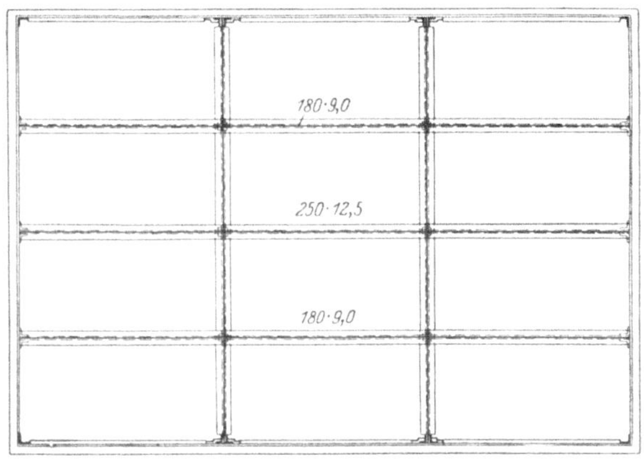

Abb. 528.

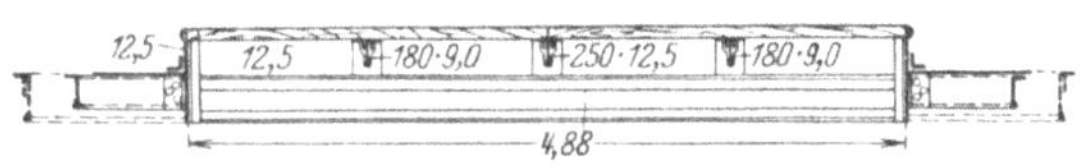

Abb. 529.

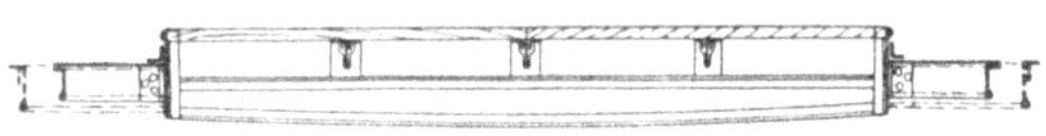

Abb. 530.

Norske Veritas macht die Versteifungen der Lukensülle noch von einigen anderen Gesichtspunkten abhängig; diese Gesellschaft gibt eine Tabelle der Horizontalversteifungen, welche nach der Lukenlänge und Lukenbreite geordnet ist und für Lukenquersülle gilt, bei denen keine Kniebleche angebracht sind, sowie für Längssülle, welche zwar durch Raumstützen abgestützt sind, aber keine Kniebleche auf Deck oder bei den Einschiebebalken haben. Die Profile sind bei 2,44 bis 3,05 m Wulstwinkel 150 × 70 × 9 mm und steigen bis 200 × 75 × 11,5 mm bei 9,75 bis 10,97 m Länge bzw. Breite der Luke. Wo aber die Luksüllhöhe 838 mm und darüber ist, muß in allen Fällen ein horizontaler Wulstwinkel angebracht werden, und wo an den Lukeneinschiebebalken innen keine Kniee angebracht werden, sind außen in Abständen von nicht mehr als 3 m Kniebleche oder Streben anzubringen. Wo unter niedrigen Längssüllen, also in den Zwischendecks und im Raum keine Stützen stehen, müssen die Luksülle entsprechend stärker genommen werden und in einer Länge durchgehen. Die Winkel, welche die halben Balken mit dem Luksüll verbinden, müssen bis zum horizontalen Flansch der Süllplatte heruntergeführt werden, und an jedem 2. Spant sind Stützplatten von den Halbbalken bis zum unteren Flansch vorzusehen. In solchen Fällen wird das Längssüll durch doppelte Winkel oder durch einen einfachen Winkel mit doppelter Nietung mit den Lukenendbalken verbunden. Die Vernietung der halben Balken mit dem Längssüll erfolgt durch doppelte oder einfache Winkel, je nachdem die Balken an jedem 2. Spant oder an jedem Spant angeordnet sind. Bei einer Balkenhöhe bis zu 190 mm sind je 2 Nieten, bei 190 bis 240 mm 3, und über 240 mm 4 Nieten erforderlich.

Die Versteifungen der Lukenlängssülle gegeneinander und das Auflagern der Lukenabdeckung erfolgt verschieden, je nachdem die Lukendeckel längs oder querschiffs liegen sollen. Die ältere Anordnung ist die der querschiffs liegenden Lukendeckel (Abb. 523 bis 530).

Querschiffs liegende Lukendeckel lassen sich bequem mit einer Neigung nach den Längssüllen zu anbringen, so daß das Wasser sofort abläuft. Dies war der Grund, weshalb man so lange die etwas umständliche Methode der Längs- und Querbalken beibehalten hat, obwohl sich bei Anwendung von Querbalken allein bei längs liegenden Lukendeckeln die dachförmige Abschrägung der Lukenabdeckung ebenso einfach erreichen läßt. Bei querschiffs liegenden Lukendeckeln sind Längsbalken anzuordnen, sobald die Lukenbreite mehr als 1,5 m beträgt. Die Längsbalken liegen wieder auf Querbalken, den sogenannten Schiebebalken, weil sie zwischen zwei Falze auf jeder Seite der Luke bei den

Abb. 531.

Abb. 532.

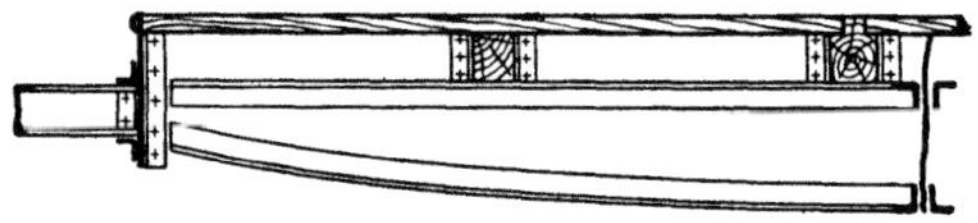
Abb. 533.

Längssüllen eingeschoben werden. Die Längsbalken macht man meist noch aus Holz (Abb. 531 bis 533), doch kommen auch vielfach eiserne Längsbalken vor. Der Abstand der Längsbalken beträgt bis zu 1,5 m. Ihre Abmessungen richten sich nach ihrem Abstand voneinander und nach dem Abstand der Schiebebalken, auf welchen sie ruhen. Die hölzernen Längsbalken werden an ihren Auflagestellen mit Eisenbeschlag versehen. Damit sie nicht aus ihrer Lage verschoben werden können oder kanten, ist ihre Auflagerung an den Lukensüllen und auf den Schiebebalken auf verschiedene Art gesichert.

An den Luksüllen sind meist Schuhe aus Stahlguß oder Winkeleisen angenietet, in denen das Ende des Längsbalkens aufliegt (Abb. 531 u. 532). Die Spuren für die Längsbalken an den Süllen und Schiebebalken müssen nach den Unfallverhütungsvorschriften der Seeberufsgenossenschaft mindestens 50 mm tief sein und bei geteilten Längsbalken mit einem Steg versehen sein. Die Balken müssen so breit sein, daß die querschiffs liegenden Lukendeckel eine Auflage von mindestens 65 mm haben. Bei den hölzernen Längsbalken reicht der Einschiebebalken meist bis zur Oberkante des Längsbalkens, d. h. der Längsbalken ist völlig in den Schiebebalken eingelassen (Abb. 533). — Diese Bauweise bedingt schwere Einschiebebalken, da der Teil in Höhe des Längsbalkens für die Querfestigkeit nicht in Betracht kommt. Da die Länge der Längsbalken auch nicht zu groß sein darf, so müssen sie bei längeren Luken aus mehreren Teilen bestehen, die auf den Einschiebebalken gestoßen sind. Die oberen Gurtwinkel der Einschiebebalken müssen dann so breit sein, daß sie eine genügende Auflage bieten. Vielfach macht man die Längsbalken aus Stahl, bestehend aus einer Wulstplatte mit zwei Winkeln an der Oberkante. Die Auflagerung dieser Balken ist aus Abb. 534 bis 536 zu ersehen. Gewöhnlich werden am Quersüll zwei vertikale Winkel in solchem Abstand angenietet, daß die Stegplatte, deren Wulst dicht vor dem Ende weggeschnitten ist, hineinpaßt. Vielfach bestehen auch die Längsbalken aus einer Stegplatte mit doppelten Winkeln an der Ober- und Unterkante; hierbei ist das Auflager auf den Einschiebebalken breiter und sicherer. Die unteren Längswinkel reichen nur bis dicht an die Führungswinkel im Längssüll. Da die eisernen Balken leichter dem Verbiegen ausgesetzt sind und dann nicht mehr in die Führungen und Auflage hineinpassen, findet man heute immer noch hölzerne Längsbalken.

Abb. 534.

Abb. 535.
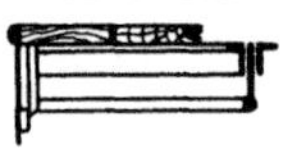

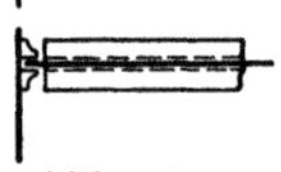
Abb. 536.

Um den Lukendeckeln die gewünschte geneigte Lage zu geben, hat man zwei Bauweisen; entweder gibt man gleich der Oberkante der Einschiebebalken die Neigung, welche die Lukendeckel haben sollen, und die gleichmäßig hohen Längsbalken liegen rechtwinklig auf denselben (Abb. 526), oder die Einschiebebalken haben verschiedene Höhe, d. h. also der Mittelbalken, oder bei breiteren Luken die nach der Mitte zu liegenden Längsbalken sind um so viel höher als die seitlichen, wie der Neigung der Lukendeckel entspricht; hierbei müssen die Winkel an den Längsbalken genau geschmiegt sein (Abb. 529).

Die Anordnung querschiffs liegender Lukendeckel bedingt eine besondere Auflage derselben an den Lukenlängssüllen. Man wendet dabei verschiedene Bauweisen an. Ursprünglich nietete man an die Innenkante des Luksülls im Abstand der Dicke der Lukendeckel unter der Oberkante Luksüll einen Winkel, dessen horizontaler Schenkel die Auflage für die Lukendeckel bildete. Auf der Außenseite wurde das Luksüll an der Oberkante mit einem Halbrundeisen garniert, um die freie Plattenkante vor Beschädigung durch dagegen schlagende Ladung zu sichern und um die Lukenpersenninge vor Beschädigungen an der scharfen Plattenkante zu schützen. Statt des Auflagewinkels an der Innenseite des Längssülls hatte man vielfach ein besonderes Lukenauflageprofil, welches jedoch heute wenig mehr üblich ist (Abb. 537). Es hatte die Form eines Winkelprofils, bei welchem der horizontale Schenkel eine derartige Abrundung nach innen zu hat, daß das Ladegeschirr sich nicht daran scheuern oder dahinter haken kann. An Stelle dieser Bauweise garniert man heute die Oberkante des Luksülls mit einem sogenannten Lukenprofil (Abb. 538). In Deutschland wird es außen an die Oberkante des Luksülls genietet. Es wird in verschiedenen Größen hergestellt für Lukendeckeldicken von 25 mm bis 63,5 mm. In England hat man noch ein etwas abweichendes Profil, welches von innen über die Lukenoberkante genietet wird und gleichzeitig die Naht zwischen Luksüll und Lukenprofil überdeckt (Abb. 539). Bei Verwendung dieses Profiles braucht die Oberkante Luksüll nicht so genau mit der Innenkante Lukenprofil in einer Ebene zu liegen, wie dies bei dem

Abb. 537.

Abb. 538.

Abb. 539.

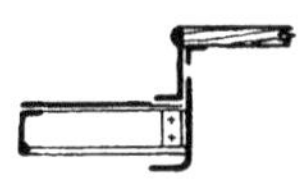
Abb. 540.

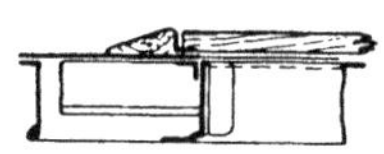
Abb. 541.

in Deutschland üblichen Lukenprofil erforderlich ist. Abb. 540 und 541 zeigen Lukenabdeckungen in Zwischendecks.

Wie schon vorerwähnt, ist die Bauweise mit längsschiffs liegenden Lukendeckeln heute bei weitem die häufigere, weil einfachere. Bei ihr werden in bestimmmten Abständen an der Innenseite der Luksülle querschiffs laufende Einschiebebalken angeordnet, welche ohne weitere Zwischenteile den Lukendeckeln direkt als Auflage dienen. Die Einschiebebalken bestehen aus einer vertikalen Platte mit doppelten Winkeln an der Ober- und der Unterkante. Die Winkel sind ungleichschenklig und die breiteren Schenkel liegen horizontal. Bei größeren Schiebebalken treten an Stelle der Winkel Wulstwinkel. Die Abmessungen der Schiebebalken richten sich nach ihrem Abstand voneinander und nach der Lukenbreite, d. h. nach der freitragenden Länge des Schiebebalkens. Der Abstand der Schiebebalken voneinander ist beim Germanischen Lloyd von 1,75 bis 3,00 m. An den Enden sind die Platten der Schiebebalken mit zwei Dopplungen versehen, um sie stark genug gegen Verbiegen zu machen. Früher führte man die Schiebebalken in den Decks mit hohen Luksüllen durch Anbringung von Knieblechen an den Längssüllen bis zur Unterkante der Decksbalken herunter (Abb. 518); da aber diese breiten Stücke leicht dem Verbiegen ausgesetzt sind, so sieht man heute meistens davon ab und setzt die jetzt üblichen Absteifungen der Längssülle möglichst in die Reihe der Einschiebebalken. An den Süllen sind die Einschiebebalken in der Regel zwischen doppelten Winkeln von der Dicke der Schiebebalkenplatten oder in starken Stahlguß-Schuhen befestigt. Die alte Befestigungsmethode der Schiebebalken wollte sie nicht nur gegen den seitlichen Druck der Längssülle, sondern auch gegen Ausbiegen geeignet machen. An den an die Sülle grenzenden Enden der Einschiebeplatte wurden doppelte Winkel oder ein ⊥-Profil genietet und an die Süllplatte zwei Stahlgußstreifen, welche um die Winkelflanschen herumfaßten (Abb. 542 und 543). Sollten die Einschiebebalken leicht in die Führung hineingehen, so mußten sie so viel Spielraum haben, daß von einer zusammenhaltenden Wirkung derselben nicht mehr gesprochen werden konnte. Neuerdings hat man zwei verschiedene Bauweisen. Die eine besteht darin, daß man die doppelten Gurtungswinkel der Lukeneinschiebebalken etwa 125 bis 130 mm vor den Enden aufhören läßt und die

Abb. 542.

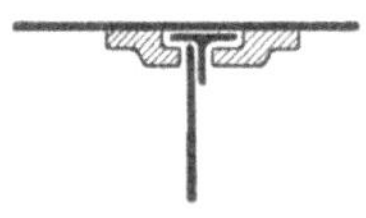

Abb. 543.

Plattenenden beiderseitig doppelt; auf die Dopplung werden zwei vertikale Winkel so genietet, daß sie etwas schräg, etwa 4 bis 5° nach innen geneigt sind. Am Lukenlängssüll werden im dreifachen Abstand der Platte des Einschiebebalkens 2 keilförmige Schmiedestücke von gleicher Neigung angenietet, welche die Führung für die Einschiebebalken bilden und gegen deren geneigte Innenkanten sich die Schenkel der Vertikalwinkel des Sch:ebebalkens legen (Abb. 518 und 519). Diese Art der Schiebebalkenhalterung gewährleistet ein leichtes Herein- und Herausheben der Schiebebalken. Sie findet namentlich bei Wetterdeckluken Anwendung, wo die Einschiebebalken bis auf die Unterkante Decksbalken heruntergeführt werden müssen.

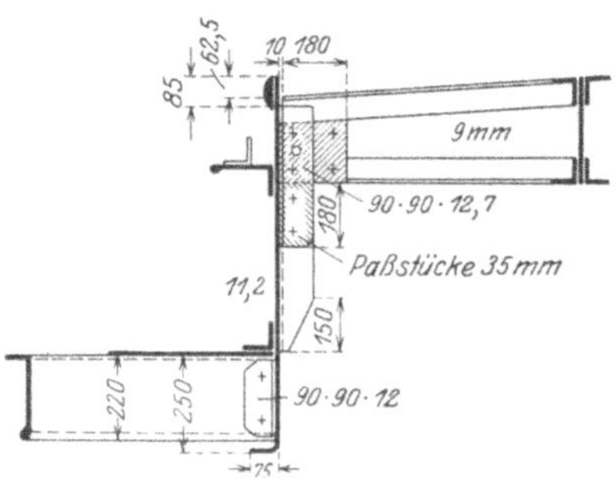

Abb. 544.

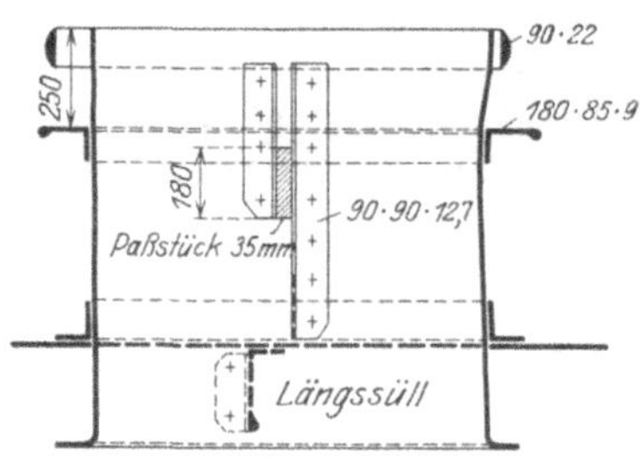

Abb. 545.

Am einfachsten und zur Zeit am meisten üblich ist Anwendung völlig senkrechter Führungswinkel, welche so weit auseinander stehen, daß die beiderseitig gedoppelten Enden der Lukeneinschiebebalken hineinpassen. Im unteren Teil ist zwischen diese Winkel ein Paßstück eingenietet, auf welchem die Einschiebebalken mit ihrer Unterkante aufliegen. Gewöhnlich führt man einen der Vertikalwinkel bis zur Unterkante des Luksülls herunter, um dieses gleichzeitig zu versteifen (Abb. 544 und 545). Von manchen Reedereien wird diese Herabführung des einen Winkels nicht gewünscht, weil durch den Winkel Teile der Ladung beschädigt werden könnten. Indessen ist die Bauweise der Luken und besonders der Lukeneinschiebebalken wie kein anderer Bauteil des Schiffes den Ansichten der Reederei, für die das Schiff gerade gebaut wird, unterworfen. Aus Festigkeitsgründen macht man die Unterkante des Schiebebalkens nach der Mitte zu geneigt, um entsprechend der größeren Beanspruchung in der Mitte des Einschiebebalkens einen größeren Querschnitt in der Mitte zu haben. Es gibt aber große Reedereien, die unbedingt verlangen, daß die Unterseite der Lukeneinschiebebalken genau horizontal sein müsse, weil sonst die beim Öffnen der Luken herausgenommenen Einschiebebalken nicht dicht nebeneinander senkrecht auf dem Deck abgesetzt werden könnten; dies bedingt indessen ein beträchtliches Mehrgewicht für die Lukeneinschiebebalken.

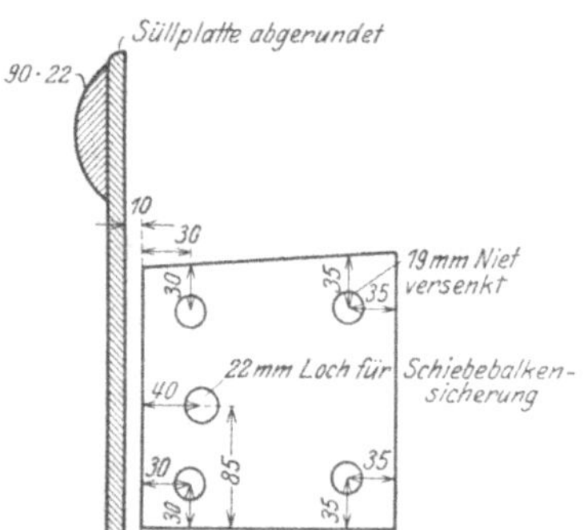

Abb. 546.

Neuerdings werden seitens der Seeberufsgenossenschaft und des Germanischen Lloyd besondere Sicherungen der Lukeneinschiebebalken gegen Herausfallen verlangt (Abb. 546). Dieselben sind jetzt auch vom Normenausschuß genormt und wird dieserhalb auf das betreffende Normenblatt verwiesen. Bei kleineren Luken hat man vielfach einfache eiserne Überklappdeckel, die entsprechend versteift und vielfach auf der Auflagefläche eine besondere Gummidichtung haben.

Erwähnenswert sind noch besondere stählerne Lukendeckelkonstruktionen für große Luken, bei denen keine Einschiebebalken vorgesehen sind, sondern bei denen die Lukendeckel durch Sprengwerke oder durch besondere Formengebung des Deckels so stark gemacht sind, daß sie keiner besonderen Unterlage durch Einschiebebalken bedürfen. Solche Lukendeckelkonstruktionen sind die nach dem englischen Hogg-Carr-Patent, wobei der Lukendeckel eine Art riesigen Wellblechdeckels mit inneren vertikalen Versteifungsrippen darstellt, und Knudsens Patentlukendeckel, der, parabolisch gewölbt, mit einem Sprengwerk von Versteifungen an der Unterkante versehen ist. Beide Systeme haben den Vorteil, daß sie mit einem Hub die Luke freimachen. Allerdings gehören starke Hebevorrichtungen hierzu und die Kanten müssen durch Packung abgedichtet sein, weil sich über dem wellenförmigen Deckel keine Persenning anbringen läßt.

7. Die Außenhaut bis unter den Scheergang.

a) Kielgänge. Neben dem Balkenkiel hatte der beiderseits anschließende Plattenstrak eine größere Dicke als die übrige Bodenbeplattung, schon allein wegen der Vernietung mit dem Kielbarren, aber auch auf Grund der Herkunft aus dem Holzschiffbau, wo der ,,Sandstrak'', als noch zur Kielkonstruktion gerechnet, eine bedeutend größere Dicke haben mußte als die Bodengänge. Auch bei der allgemeinen Einführung des Flachkiels, die zeitlich mit der Einführung der Doppelböden zusammenfiel, wurde für die Kielgänge auch neben dem Flachkiel eine größere Dicke für erforderlich erachtet. Dies hatte seinen Grund darin, daß der Flachkiel damals noch eine heute nicht mehr übliche Dicke hatte, und ein Übergang zwischen den dicken Flachkielplatten und der verhältnismäßig viel dünneren Bodenbeplattung als zweckmäßig angesehen wurde.

Mit den Neuerungen im Handelsschiffbau um 1909 verschwanden aber die dickeren Kielgänge neben dem Flachkiel, obwohl der Unterschied in der Dicke des Flachkiels und der Bodenbeplattung noch rund $1/3$ betrug, d. h. die Dicke der Bodenbeplattung war im Durchschnitt nur 0,68 der Dicke des Flachkiels bei kleinen Schiffen, bis 0,64 bei Schiffen von etwa 140 m Länge. Seit 1922 beträgt die Dicke der Bodenbeplattung rund 0,74 bis 0,78 der Dicke des Flachkiels; indessen ist nicht die Dicke der Bodenbeplattung trotz erheblich erweiterter Spantentfernung vergrößert, sondern die Dicke des Flachkiels, wie schon in den vorhergehenden Abschnitten gezeigt, um mehr als 10% verringert worden. Heute verlangt keine Klassifikationsgesellschaft mehr dickere Kielgänge neben dem Flachkiel, sondern nur neben dem Balkenkiel, und auch dieser Unterschied ist seit 1922 erheblich gegen früher verringert. Die Kielgänge machten früher dem Schiffbauer insofern Sorgen, als die Stöße der Kielgänge nicht nur mit den Stößen des Flachkiels, sondern auch untereinander verschießen mußten. Deshalb mußten die Stöße der Kielgänge und der den Kielgängen benachbarten Bodengänge auf Steuerbord und Backbord verschieden angeordnet werden. Seit 1922 aber lautet die Regel, daß die Stöße benachbarter Plattengänge nur nicht in demselben Spantfeld liegen dürfen, ausgenommen die Stöße der an den Flachkiel angrenzenden Plattengänge.

b) Bodengänge. Diese werden im Handelsschiffbau von den verschiedenen Klassifikationsgesellschaften noch verschieden behandelt. Bis zu Beginn der Umwälzung im Jahre 1909 machte man durchweg den Boden stärker als die Seiten. Da man aber gleichzeitig gestattete — sofern ein durchlaufender Doppelboden mit Bodenstücken an jedem Spant vorgesehen war —, die Bodenbeplattung mit Ausnahme der Gänge neben dem Flachkiel, soweit sie innerhalb der Randplatte lag, um ½ bis 1 mm dünner zu machen, so war im Fall des Doppelbodens der Unterschied in der Dicke zwischen Boden- und Seitenbeplattung wieder ausgeglichen, oder es kam sogar nicht selten vor, daß die Bodenbeplattung auf Grund dieser Vorschriften geringere Stärken erhielt als die Seitenbeplattung.

Neuerdings sind nach Lloyds Bauvorschriften Boden und Seitenbeplattung gleich, soweit die Plattendicke 16,3 mm und darunter beträgt, d. h. bis zu einer Schiffslänge von etwa 130 m. Darüber hinaus bis zu einer Dicke der Bodenbeplattung von 19,8 mm, also etwa bis zu einer Schiffslänge von 160 m, beträgt der Unterschied zwischen Boden und Seitenbeplattung ½ mm, darüber hinaus 1 mm.

Bureau Veritas gibt drei Dicken der Außenhaut an, Boden und Seitengänge mittschiffs, Bodengänge von ½ L mittschiffs bis zum Kollisionsschott und die Enddicken. Die Bodengänge vor ½ L sind bis 9 mm Dicke der Bodengänge mittschiffs gleich, bis 13 mm Bodengangsdicke um ½ mm, bis 16 mm um 1 mm, bis 17,5 um 1,5 mm, bis 19,5 um 2 mm, bis 21,5 um 2,5 mm und bei 22 mm um 3 mm dicker. Mit dieser Verstärkung des Bodens im Vorschiff geht Bureau Veritas über die Forderungen der anderen Klassifikationsgesellschaften, welche nur eine Beibehaltung der Mittschiffsdicke im Boden des Vorschiffs verlangen, hinaus. Bureau Veritas machte für Boden- und Seitenbeplattung, soweit ½ Schiffslänge mittschiffs in Frage kommt, keinen Unterschied in der Dicke der Beplattung. Wird die Spantentfernung größer genommen, als in den Regeln zugrunde gelegt, so wird die Bodenbeplattung im Verhältnis von ½ mm für je 5 cm größere Spantentfernung verstärkt. British Corporation bestimmt die Boden- und Seitenbeplattung zunächst nach der Länge des Schiffes, der Spantentfernung, dem Tiefgang und dem Freibord. Ist die Spantentfernung größer als in der Tabelle für die betreffende Schiffslänge angegeben, so ist die Dicke von Seiten- und Bodenbeplattung zu vergrößern, und zwar um ½ mm für je 5 cm größere Spantentfernung; für einen größeren Tiefgang ist die Dicke der Bodenbeplattung zu vergrößern. Hier ist also die Dicke der Bodenbeplattung von 3 Größen abhängig: von der Länge des Schiffes, der Absteifung der Bodenbeplattung durch die Spanten und dem Druck des Wassers auf den Boden entsprechend dem Tiefgang.

Der Germanische Lloyd, welcher früher Boden- und Seitengänge von gleicher Dicke vorschrieb und nur die Kimmgänge verstärkte, bestimmt jetzt die Dicke der Boden und Seitengänge nach der Schiffslänge L und der Seitenhöhe H. Die erforderliche Mittschiffsdicke der Seitengänge ist das Mittel aus den für L und H angegebenen Dicken, und die Enddicke der Seitengänge sowie die Mittschiffsdicke und die Enddicke der Bodengänge wird nach der Mittschiffsdicke der Seitengänge aus der Tabelle entnommen. Bis 135 m Schiffslänge und 9,90 m Seitenhöhe sind Boden- und Seitengänge gleich, bis 165 m Länge und 11,80 m Seitenhöhe sind die Bodengänge ½ mm dicker, bis 185 m Länge und 13,40 m Seitenhöhe sind die Bodengänge 1 mm dicker als die Seitengänge.

Bei größerem Spantabstand sind die Boden- und Seitengänge um 0,5 mm für eine Vergrößerung des Spantabstandes von je 50 mm zu nehmen.

Eine Sonderstellung bezüglich der Bodenbeplattung nimmt Norske Veritas ein. Hier wird für die Berechnung der Bodenbeplattung noch das Verhältnis von Länge zur Seitenhöhe eingeführt, sobald dieses 11 übersteigt. Es wird also die Höhe des Schiffes als Träger unter Berücksichtigung etwaiger Aufbauten von mehr als 0,4 der Schiffslänge mitbestimmend für die untere Gurtung. Die nach Norske Veritas errechnete Dicke der Bodenbeplattung gilt für 40% der Schiffslänge mittschiffs.

Die heutigen Regeln für die Bodenbeplattung gelten durchweg für Schiffe mit durchlaufendem Doppelboden und ohne Doppelboden.

Bei British Corporation ist indessen die Bodenbeplattung des Schiffes ohne Doppelboden erheblich dicker als die eines Schiffes mit Doppelboden und zwar um 6% bei Schiffen von 30 m Länge, um 10% bei Schiffen von 60 m Länge, um dann wieder auf 8% bei Schiffen von 90 m Länge zu fallen. Bei Schiffen von 120 m beträgt die Differenz wieder 10%. Bei 150 m Länge 11½%. Es besteht hiernach ein großer Unterschied in der Dicke der Bodenbeplattung z. B. zwischen einem Tankschiff und einem Frachtschiff mit durchlaufendem Doppelboden. Beim Bureau Veritas beträgt die verlangte Verstärkung der Bodenbeplattung eines Schiffes ohne Doppelboden gegenüber einem Schiff mit Doppelboden bei 9,5 mm Plattendicke ½ mm, bei 14 mm 1 mm, bei 16,5 mm 1½ mm, bei 18 mm 2 mm, bei 20 mm 2½ mm und bei 22 mm 3 mm.

Beim Germanischen Lloyd war der Unterschied in der Dicke der Bodenbeplattung beim Fehlen des Doppelbodens wesentlich geringer, er betrug ½ mm bei Plattendicken von 9 mm bis 12 mm und 1 mm bei 12 mm Bodenplattendicke. Jetzt ist diese Vorschrift gefallen. Norske Veritas macht ebenfalls keinen Unterschied in der Stärke der Bodenbeplattung zwischen Schiffen mit und ohne Doppelboden.

c) Bodenbeplattung an den Schiffsenden. Die für mittschiffs vorgeschriebenen Bodenplatten gelten allgemein für ½ L mittschiffs. Nach den Enden zu wird die Dicke mit gewissen, weiter unten angeführten Ausnahmen verringert. Diese Verringerungen betragen bei Lloyds Register bei 7 mm 15%, bei 12,5 mm 16%, bei 18 mm 29% und bei 22 mm 32%, d. h. die Beplattung kann außerhalb ½ L mittschiffs auf diese Enddicke allmählich in gleichen Abstufungen verringert werden.

Bei British Corporation beträgt die Verringerung der Bodenplatten bei 8 mm Mittschiffsdicke an den Enden 20%, bei 12 mm 25%, bei 15 mm 35%, bei 20 mm 40%, bei 22 mm 47%. Diese Verringerungen gelten für die Bodenbeplattung von Schiffen ohne Doppelboden. Bei Schiffen mit Doppelboden sind die zulässigen Verringerungen kleiner, nämlich bei 8 mm 12%, bei 12 mm 20%, bei 15 mm 27%, bei 20 mm 35% und bei 22 mm 37%.

Beim Germanischen Lloyd beträgt die Verringerung der Bodenbeplattung an den Enden bei 8 mm Mittschiffsdicke 12,5%, bei 10 mm 10%, bei 12 mm 20%, bei 16 mm 25%, bei 20 mm 30%, bei 22 mm 32% und bei 23,5 mm 34%.

Das Bureau Veritas gestattet bei 8 mm Mittschiffsdicke der Bodenbeplattung 19% Verringerung am hinteren Ende, bei 10 mm 15%, bei 12 mm 21%, bei 15 mm 27%, bei 20 mm 35% und bei 22 mm 37%.

Bei Norske Veritas lassen sich die Verringerungen an den Enden nicht allgemein gültig angeben, da die Mittschiffsstärken der Bodenbeplattung je nach dem Verhältnis von Länge zur Seitenhöhe verschieden sind.

d) Bodenbeplattung im Vorschiff. Die Verringerung der Dicke der Bodenplatten außerhalb der halben Schiffslänge mittschiffs ist nicht uneingeschränkt. In den frühen Zeiten des Eisenschiffbaus beließ man im Vorschiff die volle Mittschiffsstärke der Außenhaut, um das Schiff stark genug zu machen, um die beim Einsetzen des Vorschiffs in die See auftretenden Stoßbeanspruchungen auszuhalten. Später wich man davon ab, weil (bis vor etwa 40 Jahren) die Eisenschiffe verhältnismäßig sehr scharfe Formen im Vorschiff hatten. Als dann (gleichzeitig mit Einführung der Doppelböden) die Formen der Vorschiffe völliger wurden und durch die Anordnung von Wasserballast im Vorschiff die Beanspruchungen so stark wurden, daß bei schlechtem Wetter häufiger die Bodenbeplattung des Vorschiffes eingebeult wurde, machte man diese wieder stärker. Bei Dampfern, welche einen Völligkeitskoeffizienten von 0,78 und darüber hatten, oder welche volle Formen im Vorschiff hatten, mußten die beiden Plattengänge neben den Kielgängen die Mittschiffsstärke bis zum Kollisionsschott beibehalten.

Bei Segelschiffen durften die abliegenden Gänge für ¼ der Schiffslänge von vorn nur 1,27 mm dünner sein als mittschiffs.

Dann wurde es — gleichviel, ob es sich um Schiffe mit vollen oder scharfen Vorschiffsformen handelte — allgemein Vorschrift, daß 3 Bodengänge zu beiden Seiten des Flachkiels die Mittschiffsdicke bis zum Kollisionsschott beibehalten mußten. Bei kleineren Schiffen genügte es, bei 2 Gängen die Mittschiffsdicke nach vorn beizubehalten, wenn diese beiden Gänge den flachen Teil des Vorschiffs ganz umfaßten.

Nach den Vorschriften des Germanischen Lloyd regelt sich die Verstärkung der Bodenplatten im Vorschiff nach der Größe. Bei $(B + H)L$ unter 500, also etwa bei Schiffen von 45—50 m Länge, ist noch keine Verstärkung nötig, darüber hinaus bis $(B + H)L = 1200$, also bei Schiffen von ca. 70 m Länge, ist 1 Gang der Bodenbeplattung zu beiden Seiten des Flachkiels in voller Stärke nach vorn bis $0{,}05\,L$ vom Vorsteven weiterzuführen. Darüber hinaus bis $(B + H)L = 3600$, d. h. bei Schiffen von ca. 125

bis 130 m Länge, sind 2 Gänge, und erst über diese Größe hinaus sind 3 Gänge mit der Mittschiffsdicke durchzuführen.

British Corporation fordert für die Bodenfläche des Vorschiffs die Mittschiffsdicke der für Schiffe ohne Doppelboden vorgeschriebenen Bodenplatten, d. i. eine rd. 10% größere Dicke, als sie für die Bodenbeplattung von Schiffen mit Doppelboden für $^1/_2\,L$ mittschiffs vorgeschrieben ist.

Auch das Bureau Veritas begnügt sich nicht damit, die Mittschiffsstärke von Bodenplatten nach vorn hin durchzuführen, sondern schreibt für 3 Gänge der Bodenplatten neben dem Flachkiel außerhalb $^1/_2\,L$ mittschiffs nach vorn bis zum Kollisionsschott stärkere Abmessungen vor. Bei 9,5 mm Bodenplatten mittschiffs beträgt die Verstärkung $^1/_2$ mm, bei 14 mm = 1 mm, bei 16,5 mm = 1,5 mm, bei 18 mm = 2 mm, bei 20 mm = 2,5 mm und bei 22 mm Plattendicke mittschiffs sind 3 Bodengänge im Vorschiff um 3 mm dicker zu nehmen.

Norske Veritas verlangt die Beibehaltung der Mittschiffsdicke der Bodenbeplattung, soweit sich das Flach des Bodens erstreckt, bis zum Kollisionsschott bei Schiffen über 36,6 m Länge (sofern die Aufkimmung auf $^1/_5$ der Länge von vorn weniger als 10% der Breite des Schiffs beträgt.)

Die Art der Verstärkung des Bodens im Vorschiff ist also noch ziemlich verschieden.

e) Bodenbeplattung im Hinterschiff. Im allgemeinen wird die Bodenbeplattung bis zu den angegebenen Enddicken verringert. Nur die Platten, welche mit dem Schraubensteven in Einschraubenschiffen und mit den Wellenböcken oder Wellenhosen in Zweischraubenschiffen vernietet sind, erhalten dieselbe Dicke wie mittschiffs. Nach den Vorschriften des Germanischen Lloyd werden die vorgenannten Platten, soweit sie im Feuer bearbeitet werden,

bei Schiffen, deren $(B + H)\,L =$ 400 ist, um 1 mm
„ „ „ $(B + H)\,L =$ 800 ist, „ 2 „
„ „ „ $(B + H)\,L =$ 2400 und darüber ist, um 3 mm

stärker genommen werden als mittschiffs. Ähnlich ist die Verstärkung dieser Platten bei Lloyds Register vorgesehen, welches eine besondere Tabelle für die Dicke dieser Platten gibt. Die Verstärkungen betragen hier im Maximum 2 bis 2,5 mm. Bureau Veritas schreibt für die Platten am unteren Teil des Hinterstevens sowie für die Platten bei den Wellenhosen dieselbe Dicke wie für den Flachkiel an den Enden vor. Die übrigen mit dem Hintersteven vernieteten Platten, welche nicht im Feuer bearbeitet werden, erhalten die Mittschiffsdicke.

British Corporation hat ähnliche Vorschriften wie Bureau Veritas bezüglich der Naben und Schuhplatten.

f) Kimmgänge. Diesem Teil der Beplattung wurde in den ersten Zeiten des Eisenschiffbaus und noch bis in die neunziger Jahre des vorigen Jahrhunderts eine wichtigere Rolle im Längsverband zuerkannt als heute. Beim Segelschiff, das oft wochenlang übergekrängt unter dem Druck der Takelage lag, war es ohne weiteres technisch begründet, die Kimmgänge stärker zu halten. Aber auch die großen Schiffe im letzten Jahrzehnt des vorigen Jahrhunderts hatten nicht nur stärkere Platten in der Kimm als im Boden, sondern es waren meist ein oder zwei Kimmgänge noch als Verstärkung der unteren Gurtung des Schiffes gedoppelt. In dem Anhang zu den noch heute geltenden Freibordvorschriften der See-Berufsgenossenschaft sind noch die Verstärkungen und Verdopplungen der Kimmgänge für lange und niedrige Schiffe vorgeschrieben. Dies ist ein Überbleibsel aus der Zeit, wo die obere Gurtung noch nicht in das oberste Deck bzw. den obersten langen Aufbau gelegt war, wo die stählernen Decks als Verbandteil nicht so wie heute gewertet wurden und wo der durchlaufende Doppelboden noch nicht allgemein üblich war. Was der Stringer im Deck, das galt der Kimmgang in der Bodenbeplattung. Die außerordentlich schwierige Bearbeitung der Kimmgänge, die zu dieser Zeit noch alle mit Stoßblechen, und zwar zumeist noch mit doppelten Stoßblechen genietet werden mußten, zwang den Eisenschiffbau zu versuchen, ob es nicht möglich wäre, mit weniger starker Kimmbeplattung und überlappten Stößen auszukommen, und die Erfahrung hat dem rechtgegeben.

Die Klassifikationsvorschriften wichen in dieser Entwicklung zunächst stark voneinander ab.

Während der Germanische Lloyd die Kimmgänge bei großen Schiffen mehr verstärkte als bei kleinen, ging Lloyds Register den umgekehrten Weg und verstärkte die Kimm nur bei kleinen Schiffen, und von etwa 90 m Schiffslänge an wurde auch bei dem extremsten Verhältnis von Länge zur Seitenhöhe keine Verstärkung der Kimmplatten mehr gefordert.

Mit dem Jahre 1909 änderte man diese Grundsätze. Die Kimmgänge erhielten allgemein die Dicke der Bodengänge. Zur Verstärkung der unteren Gurtung bei außergewöhnlichen Verhältnissen von Länge zur Seitenhöhe wurden sie nicht mehr herangezogen. Ein Grund für den Verzicht auf diese besondere Verstärkung der unteren Gurtung ist in der Einführung des durchlaufenden Doppelbodens zu sehen. Die Absteifung der Kimmgänge ist bei Schiffen mit Doppelboden, wo die Randplatte und die hohen Kimmstützplatten die Außenhaut in der Kimm viel besser versteifen, bedeutend hochwertiger als bei Schiffen ohne Doppelboden auch mit der besten Kimmstringer- oder Kimmkielschweinkonstruktion.

Im Flußschiffbau sind die Kimmgänge durchweg dicker vorgeschrieben als die Bodengänge und die Seitengänge, hier liegt in der Kimm gewöhnlich die schwächste Stelle des Querverbands, so daß eine Verstärkung der Kimmgänge berechtigt erscheint.

Der Germanische Lloyd verstärkte bei einer Plattendicke der Bodengänge von 9 und unter 12 mm einen Kimmgang um ½ mm, bei einer Dicke der Bodenbeplattung von 12 und unter 16 mm 2 Kimmgänge um 1 mm und bei größerer Dicke der Bodenbeplattung 2 Kimmgänge um 1,5 mm. In den neuesten Vorschriften ist die Verstärkung der Kimmgänge fallen gelassen, und nur bei Seeleichtern sind die Kimmgänge um mindestens 2 mm dicker zu machen als die Bodengänge der Außenhaut.

Die übrigen Klassifikationsgesellschaften schreiben keine Kimmverstärkungen mehr vor.

g) Seitengänge und Eisverstärkung. Die Beanspruchung der Seitenbeplattung beherrscht man heute rechnerisch und erfahrungsmäßig weit besser als früher. Eine Seitenbeplattung ohne Versteifung durch längslaufende, mit der Außenhaut verbundene Raumstringer war noch bis vor 20 Jahren nicht denkbar. Zuerst hatte man Balkenlagen mit Raumstringern in Abständen von höchstens 2,44 m zur Abstützung der Außenhautseiten, dann traten an deren Stelle Seitenstringerkonstruktionen, welche als schwere Trägerkonstruktionen ausgebildet waren, dann kamen einfache Winkel an der Innenkante der Spanten entlang laufend und mit der Seitenbeplattung durch Interkostalplatten und Winkel verbunden, und seit etwa 18 Jahren lernte man auch diese wegzulassen. Anfangs wurden für die Weglassung von Stringerkonstruktionen Verstärkungen der Seitenbeplattung verlangt. Die weiteren Erfahrungen führten dann zu der Erkenntnis, daß bei sonst richtiger Materialverteilung eine Weglassung der Raumstringer ohne Kompensationen möglich ist, und das auch noch bei der erweiterten Spantentfernung. Bei sämtlichen Klassifikationsgesellschaften wird der oberste Seitengang unter dem Scheergang mit in die oberste Gurtung hineingerechnet und dementsprechend stärker ausgeführt als die übrigen Seitengänge. Die klassifikationsmäßige Breite der Scheergänge ist verhältnismäßig gering, sie erreicht nie die normale Breite der Seitengänge. Die Beanspruchungen der oberen Gurtung greifen aber über den Scheergang nach unten hinaus und zwingen den darunterliegenden Seitengang in gewissem Maße mit zur Aufnahme dieser Beanspruchungen geeignet zu machen.

Diese Verhältnisse werden zusammenfassend im folgenden Abschnitt 8 behandelt.

Die Absteifung der Seitengänge im Vorschiff unterliegt besonderen Grundsätzen und Erfahrungen. Hier muß die Seitenbeplattung durch Stringer, Rahmenspanten und Raumbalken den besonderen Beanspruchungen im Seegang angepaßt werden. (S. a. Abschnitt unter Verstärkungen im Vorschiff.)

Nach den Enden zu werden im übrigen die Seitengänge in ähnlicher Weise verringert wie die Bodengänge. Allgemein läßt man die Enddicken nur bis 0,1 L zu und stuft dann gleichmäßig bis zur Mittschiffsdicke. Ausgenommen hiervon sind die Schiffe, welche besonders für die Fahrt im Eis gebaut sind. Während früher nur der Germanische Lloyd und das Bureau Veritas eine Eisverstärkung der Außenhaut kannten, hat neuerdings auch Lloyds Register besondere Vorschriften hierfür gegeben. Wir wollen an dieser Stelle die Eisverstärkung nur behandeln, soweit sie die Außenhaut betrifft. (S. a. Abb. 551, Seite 351.) Auf die engere Spantentfernung, die Verstärkungsbalken und besonderen Eisstringer, wird in den diese Bauteile betreffenden Abschnitten zurückgekommen.

Der Germanische Lloyd schreibt für die Schiffe, denen das Zeichen (E) erteilt werden soll, vor, daß die Außenhautgänge vorn in einer Zone von 600 mm unter dem Leertiefgang ab bis ebensoviel über der Tiefladelinie, für eine Länge gleich der Schiffsbreite, vom Steven auf das 1½fache der für 0,5 L mittschiffs vorgeschriebenen Dicke verstärkt werden. Jedoch ist eine größere Plattendicke als 25 mm nicht erforderlich. Bei Schiffen mit dem Zeichen (E +) ist die vergrößerte Plattendicke nach der Mitte des Schiffes zu allmählich in Stufen von nicht mehr als 2 mm zu verringern, sie muß aber an dem Punkte, an dem in der Tiefladelinie die Breite B erreicht wird, wenigstens noch 1,5 mm größer sein als die Mittschiffsdicke.

Bureau Veritas macht die Eisverstärkung etwas schmaler, indem es diese nur von der Leichtladelinie bis 600 mm über die Tiefladelinie verlangt, und zwar von eineinhalbfacher Mittschiffsdicke, nicht aber über 25 mm. In der Länge soll sich der Eisgürtel wenigstens bis zum 2. Spant hinter dem Kollisionsschott erstrecken. Dagegen wird hinter der Eisverstärkung ein Abnehmen der Verstärkung in Stufen von nicht über 3 mm verlangt. Da es sich nicht um eine Verstärkung der Längsverbände gegen Biegungsbeanspruchung, sondern lediglich um eine örtliche Verstärkung handelt, so ist die Notwendigkeit dieses langen Übergangs, abgesehen davon, daß er die Eisverstärkung in Wirklichkeit viel weiter nach hinten führt, nicht ersichtlich.

Lloyds Register läßt den Eisgürtel bis 1,22 m unter die Leichtladelinie und 300 mm über die Tiefladelinie reichen. In der Längsausdehnung bis 0,20 L hinter dem Steven bei Schiffen unter 61 m Länge und bis 0,15 L bei Schiffen von 122 m Länge und darüber. Die Verstärkung der Seitenbeplattung beträgt 40 % über die Mittschiffsdicke bei Zwischenspanten und 50 % bei einer Spantentfernung von 457 mm, braucht aber ebenfalls 25 mm nicht zu übersteigen. Die Platten unmittelbar hinter dem Eisgürtel werden um die Hälfte verstärkt. Die Längsnähte im Bereich der Eisverstärkung müssen mindestens doppelt genietet sein. Norske Veritas legt den Eisgürtel wieder anders. Hier reicht er von 460 mm unter der leichten Wasserlinie bis 910 mm über die Tiefladelinie und in der Längsrichtung bis zum Betrag der Mittschiffsbreite hinter den Steven. Die Verstärkung gegenüber der Mittschiffsdicke beträgt 40 %.

8. Der Scheergang der Außenhaut, die Decks und Aufbauten.

a) Begriff der oberen Gurtung. Die Notwendigkeit, den Schiffskörper vom Standpunkt der Festigkeitslehre als Träger zu betrachten und die obersten und untersten durchgehenden Verbandteile gegen Druck und Biegungsbeanspruchungen besonders stark zu machen, ist schon von Scott Russell in den fünfziger Jahren des vorigen Jahrhunderts erkannt und in den von ihm gebauten Schiffen auch zur Ausführung gebracht worden. Der Handelsschiffbau hat indessen mehr als fünfzig Jahre gebraucht, um diesen Grundsatz der Festigkeitslehre voll zur Anwendung zu bringen.

(Text-Fortsetzung hinter der Tafel.)

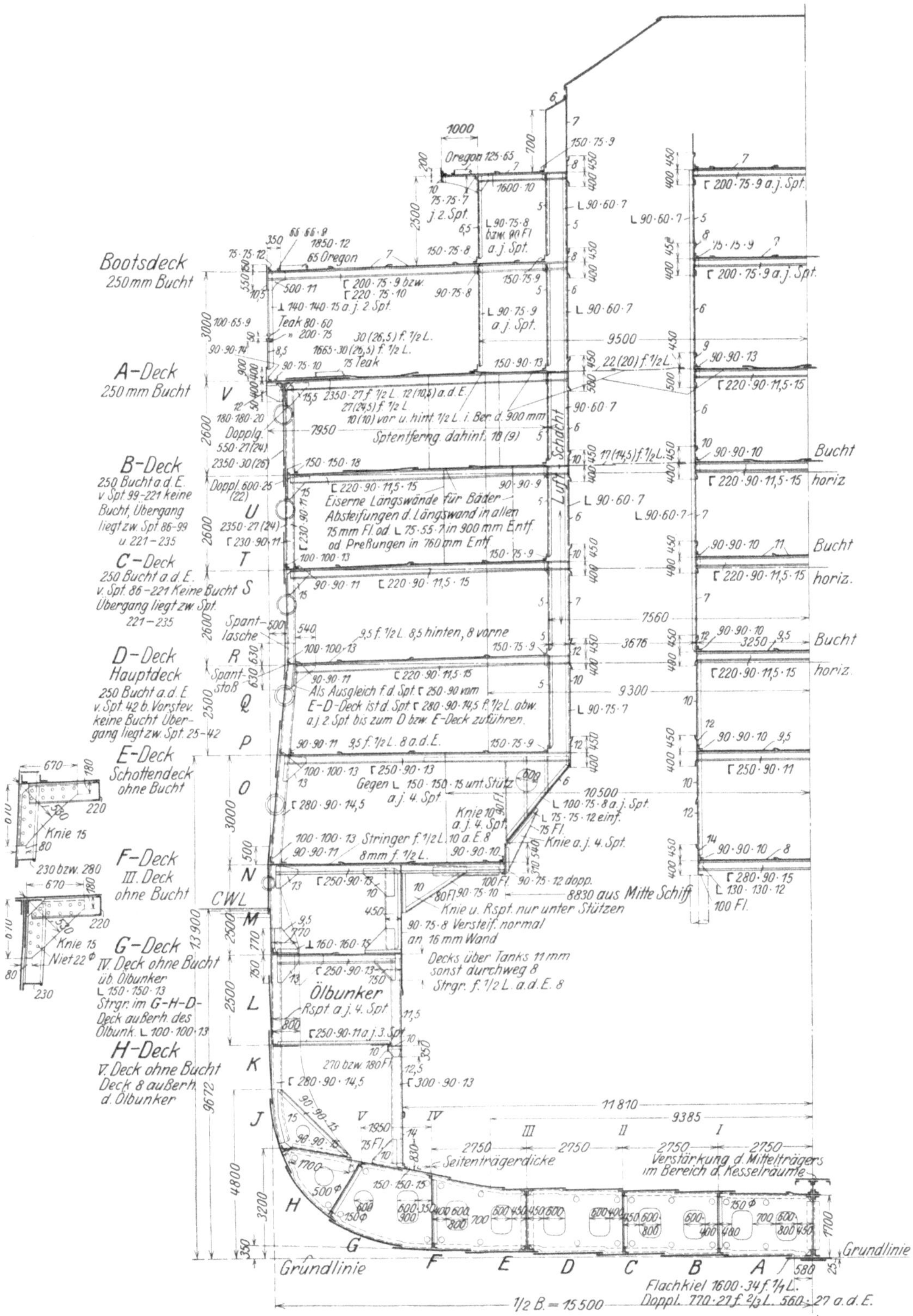

Hauptspant des Vierschrauben-Turbinenschnelldampfers „Bremen" (Schwesterschiff: „Europa") als Beispiel einer modernen Material-Anordnung. Leitzahlen und Hauptmaterialstärken umseitig.

Verlag von Julius Springer in Berlin.

Text zur umseitigen Abbildung.

Hauptmaterialstärken der „Bremen“ (Schwesterschiff: „Europa“).

Schiffsabmessungen:	Länge zwischen den Loten . . .	270,70 m
	Breite, größte, auf Spanten . . .	31,00 m
	Seitenhöhe bis Hauptdeck . . .	16,40 m
	„ „ *A*-Deck	24,20 m

Klasse: Germ. Lloyd ✠ ⊥ 100 A_4 *E* mit Freibord

Leitzahlen: $(B + H)\ L = 12831{,}18$	$L : H$ (*H*-Deck) . .	16,506
$B + H\ =\ 47{,}4$	$L : H$ *A*-Deck . .	11,186

I. Spantentfernungen.

D-Deck = Hauptdeck
E-Deck = Schottendeck

Spant	0— 20	je 600 mm
„	20— 33	„ 750 mm
„	33—249	„ 900 mm
„	249—307	„ 700 mm
„	307—332	„ 540 mm
„	332—*VP*	= 450 mm

Balkenbucht
Sportdeck bei *A*-Deck 250 mm
E-Deck bis *J*-Deck ohne Bucht
B-Deck bis *D*-Deck a. d. E. teilweise normale Bucht 250 mm

II. Außenhaut.

Gang *A—F*	28 (25) mm f. ½ L.	
„ *A—C*	18 (16,5) mm hint. ½ L.	
„ *G—H*	28 (25,5) mm f. ½ L.	
„ *I*	26 (23,5) mm f. ½ L.	
„ *K—L*	26 (23) mm f. ½ L.	
Gang *M—N*	26 (22,5) mm f. ½ L.	
„ *O—T*	25 (22) mm f. ½ L.	
„ *U*	27 (24) mm f. ½ L.	
„ *V*	30 (26) mm f. ½ L.	

Die Klammerzahlen bei *II* und *III* gelten für Stahlmaterial mit erhöhter Festigkeit von $^{52}/_{60}$ kg/mm² und 20% Dehnung, wie es bei diesen Bauteilen verwendet wurde.

Die Vernietung der Außenhaut und des Doppelbodens wurde nach den Materialstärken für normales Material berechnet.

III. Doppelboden.

Materialstärken für ½ L.

Mittelträger	1700 × 23,5
„ ∢ unten	160 × 20 (*d*)
„ ∢ oben	130 × 19 (*d*)
„ vertkl. ∢	160 × 17
Mittelplatte. . . .	1600 × 19 (17)
Seitenplatten . .	16 (14)
Randplatte . . .	1600 × 20 (19)
„ ∢ a. A. .	150 × 20
Seitenträger . . .	15
Seitentr.-Verbindungs-∢	90 × 15
w. d. „	15 (13,5)
w. d. „ vertkl. ∢ .	160 × 17
Kimmstützplatten . .	15
„ ∢ a. Ok.	90 × 15
Bodenwran. a. j. Spt. .	15,5
„ ∢ unten . .	110 × 15,5
„ ∢ oben . .	100 × 15,5
w. d. „	17,5
w. d. „ ∢ unten . .	110 × 17,5
w. d. „ ∢ oben . .	100 × 17,5

IV. Ausrüstung.

Leitzahl: $0{,}75 \times B \times H + 0{,}5$ Inhalt der Aufbauten = 135331 cm.
3 Buganker stocklos . . . . 45000 kg.
1 Stromanker Trotmans Pat. . . . . 1200 kg.
600 lfd. m Stegkette . . . . 100 mm Glieddurchmesser.
1 Stahltrosse 260 m von 229 mm Umfang 222-drähtig.
1 „ 260 „ „ 165 „ „ 222- „
2 Manilatrossen je 260 m von 203 mm Umfang.
Vor- und Hintersteven der „Bremen“ und der „Europa“ siehe Abschnitt IV 3.

Die Schiffstypen vor dem Jahre 1909, die alten Dreideck-, Spardeck- und Sturmdeckschiffe hatten ihre Hauptgurtung im zweiten Deck liegen und das obere Deck wurde als Aufbau betrachtet, dessen Verbände keine größeren Spannungen aufzunehmen bestimmt waren. Der Grund für die Schwäche der Verbandteile in der oberen Gurtung lag darin, daß man sie als Aufbauten betrachtete, deren Beanspruchung für die Sicherheit des Schiffes keine Rolle spielte. Die Erfahrung lehrte aber, daß die in diesen Decks bzw. in eigentlichen Aufbauten auftretenden größten Spannungen zu Schäden führten, und zwar bei den Aufbauten, sobald ihre Länge ein bestimmtes Verhältnis zur Schiffslänge überschritt und, wenn sie an der Stelle der größten Zug- und Druckbeanspruchung, d. h. in der Mitte der Schiffslänge, lagen. Zuerst verschwand das Dreideckschiff als besonderer Typ. Die starken Verbände wurden in der obersten Gurtung angeordnet. Damit ward das Dreideckschiff tatsächlich zum Volldeckschiff und das alte Volldeckschiff schied als zu schwer aus den Vorschriften der Klassifikationsgesellschaften aus. Nach den Vorschriften des Germanischen Lloyd waren die Leitzahlen der Volldeckschiffe für Dreideckschiffe mit 0,94 und die für Vierdeckschiffe mit 0,92 multipliziert worden. Durch den Wegfall dieser Schiffstypen bzw. der Gleichstellung der Dreideck- und Vierdeckschiffe mit den Volldeckschiffen wurden die Verbände der großen Schiffe entsprechend leichter.

Bei dem Spardeckschiff, ursprünglich einem Schiff mit ganz leichten Aufbauten (siehe Abschnitt I. 2. Übersicht der Hauptschiffstypen) ist in seiner späteren Entwicklungsperiode zuerst die Beanspruchung der oberen Gurtung je nach dem Tiefgang des Schiffes als Maßstab für die Materialstärken der oberen Verbände eingeführt worden. Vom Spardeckschiff ist dann überhaupt die heute allgemein eingeführte Bestimmung der Materialstärken in Abhängigkeit von dem Tiefgang des Schiffes eingeführt worden.

Beim Sturmdeckschiff wurde die starke Gurtung zuletzt in das oberste Deck (das Sturmdeck) verlegt. Die Abmessungen der Verbände des Sturmdeckschiffes gelten heute noch als unterste Grenze für Seeschiffe bei dem entsprechend geringen Tiefgang.

Von den Schiffen mit durchlaufenden Aufbauten ist nur noch das Shelterdeckschiff geblieben, bei welchem ohne Rücksicht auf einen zulässigen größeren Tiefgang aus Gründen der Vermessung das zweite Deck über Wasser liegen muß. Auch bei dem Shelterdeckschiff liegt die starke Gurtung im Shelterdeck. Nach den neuen Vorschriften des Germanischen Lloyd ist das Brückendeck als Gurtungsdeck zu behandeln, sobald seine Länge mehr als 0,15 der Schiffslänge beträgt. Liegt die Brücke auf einem Aufbaudeck, so treten wieder entsprechende Verringerungen der oberen Gurtung ein, d. h. der Querschnitt des Brückendecks kann um entsprechende Hundertsätze geringer sein.

Zur oberen Gurtung des Schiffskörpers rechnet man heute im Handelsschiffbau zunächst Stringer und Decksbeplattung des obersten durchlaufenden Decks bzw. mittleren Aufbaues von einer solchen Länge, daß die Verbandteile desselben die Spannungen der oberen Faser aufnehmen, dann den Scheergang und den Gang unter dem Scheergang des obersten durchlaufenden Decks oder des Aufbaues. Nach den neuen Bauregeln des Germanischen Lloyd wird der Gang unter dem Scheergang nur bei einer Plattenstärke des Scheergangs von 10 mm und darüber in die obere Gurtung einbezogen, wenn die Differenz in der Dicke zwischen Scheergang und Seitengängen 1,5 mm und mehr beträgt. In diesem Falle erhält der Gang unter dem Scheergang die mittlere Dicke zwischen dem Scheergang und den Seitengängen. Er ist etwa ebenso breit zu halten wie der Scheergang.

Es ist bei Betrachtung der oberen Gurtung grundsätzlich zu unterscheiden zwischen durchlaufenden Decks (sei es das Freiborddeck oder ein durchlaufender Aufbau) und der Einbeziehung teilweiser Aufbauten in die obere Gurtung.

In die obere Gurtung werden wie erwähnt Deckbeplattung, Deckstringer, Scheergang und Gang unter dem Scheergang eingerechnet, nicht aber die schweren Decksunterzüge. Wenn diese Unterzüge auch eine außerordentliche Versteifung der Deckbeplattung darstellen, so sollen sie doch nur die auf die Decks kommende Last der Ladung bzw. Beanspruchungen durch überkommende Wasserlast aufnehmen, nicht aber die Zug- und Druckbeanspruchungen des Schiffes im Wellengang.

Ursprünglich wurden Deckstringer und Deckbeplattung nicht in die obere Gurtung gerechnet, denn der Deckstringer hatte nur die doppelte Breite der beiden Schenkel des Stringerwinkels, um dem Leibholz der Deckbeplankung als genügend breite Auflage zu dienen. Die Einführung der eisernen bzw. stählernen Deckbeplattung als Element der Längsfestigkeit erfolgte nur ganz allmählich, wie in dem Abschnitt „Entwicklung der Schiffstypen" gezeigt ist. Die Wertung der Deckbeplattung für die obere Gurtung ist im letzten Jahrzehnt ständig gestiegen und die Deckbeplattungen namentlich größerer und auch verhältnismäßig niedriger Schiffe sind ständig schwerer vorgeschrieben worden. Als Beispiel hierfür sei der Germanische Lloyd angeführt, der seit zirka 20 Jahren erst bei einem Verhältnis von Länge zur Seitenhöhe von über 12 die obere Gurtung verstärkte, jetzt aber wie auch die anderen Klassifikationsgesellschaften schon bei einem Verhältnis von Länge zur Seitenhöhe über 10 mit der Verstärkung der Deckbeplattung beginnt.

Mehr oder weniger hat man jetzt auch schon bei Zwei- und Mehrdeckschiffen das zweite Deck von oben in die obere Gurtung einbezogen, denn es werden jetzt bei fast allen Klassifikationsgesellschaften die Abmessungen der Oberdeckbeplattung bei Schiffen mit zwei und mehr stählernen Decks wesentlich geringer ausgeführt als bei Schiffen mit nur einem stählernen Deck. Die starke Betonung der Bedeutung der oberen Gurtung für die Schiffsfestigkeit ist im Laufe der letzten fünf Jahre in den Bauvorschriften der Klassifikationsgesellschaften zum Ausdruck gekommen.

b) Scheergang. Der Scheergang ist als Abschluß der Außenhaut nach oben ursprünglich der einzige Verbandteil im Oberschiff gewesen, bei dessen Abmessungen man das Verhältnis von Länge zur Seitenhöhe berücksichtigte, ihn also mit wachsendem Verhältnis von Länge zur Seitenhöhe verstärkte bzw. doppelte. Reichte auch dies nicht aus, so verstärkte bzw. doppelte man den Gang unter dem Scheergang; auf diese Weise wurde der Gang unter dem Scheergang in die obere Gurtung mit einbezogen.

Beim Scheergang kommt mehr als bei den anderen Außenhautgängen die Breite der Platten und ihre Lage zum Oberdeckstringer zur Geltung. Die Breite der Scheergangsplatten war von Anfang des Eisenschiffbaues an verhältnismäßig gering und lange Zeit behielt man die früher üblichen schmalen Platten bei. Auch heute, wo man allgemein Plattenbreiten von 1800 bis 2000 mm und darüber im Schiffbau anwendet, geht man selbst bei den allergrößten Schiffen nicht über 1600 mm Scheergangsbreite. Die meisten Klassifikationsgesellschaften, auch der Germanische Loyd in seinen neuesten Vorschriften, schreiben heute für den Scheergang die gleiche Breite wie für den Flachkiel vor, obwohl irgendwelche Beziehungen beider zueinander nicht bestehen; in früheren Zeiten waren die Scheergänge erheblich breiter als die Flachkielplatten.

Der Überstand der Scheergangsplatte über den Oberdeckstringer ist für die Festigkeit des Schiffes insofern von Wichtigkeit, als bei einer höheren Anordnung des Scheerganges das Widerstandsmoment der Außenhaut größer wird, als wenn der Scheergang nur wenig über den Stringer hinausragt. Früher als die Außenhautplatten noch allgemein durch Stoßbleche miteinander verbunden wurden, galt als Regel, daß der Scheergang so hoch über dem Deckstringer angeordnet sein mußte, daß über dem Stringerwinkel noch wenigstens 2 Reihen Nieten vertikal im Stoßblech des Scheerganges angeordnet werden konnten. Der Überstand des Scheerganges über dem Deckstringer war also verhältnismäßig hoch; mindestens $^2/_5$ der Breite des Scheerganges lagen über dem Deckstringer.

Heute läßt man den Scheergang über den Stringer nur so weit überstehen, daß über dem Stringerwinkel noch Platz zum Vernieten und Verstemmen der Naht der Schanzkleidplatte bleibt. Nur wenn teilweise Aufbauten, wie Brückendeck usw., auf dem obersten Deck angeordnet sind, macht man auch auf dem freien Deck den Überstand des Scheerganges so groß, daß er die gegebenenfalls erforderliche doppelte Vernietung der unteren Längsnaht des Brückendeckseitenganges aufnehmen kann, ohne daß der Scheergang deswegen dort verbreitert werden muß, was bei der üblichen Anordnung, daß der Scheergang ein abliegender Gang ist, unschön aussieht. British Corporation fordert, wenn das Schanzkleid ein anliegender Gang ist, einen Überstand für eine doppelte Nietreihe über dem Stringerwinkel.

Die Dicke des Scheerganges des freien Oberdecks wird heute bei allen Klassifikationsgesellschaften nach dem Verhältnis von Länge zur Seitenhöhe bestimmt, und zwar werden die Scheergänge allgemein verstärkt, sobald das Verhältnis von Länge zur Seitenhöhe 10 übersteigt, und auch mehr oder weniger proportional dem größer werdenden Verhältnis von $L:H$. Allgemein ist zu bemerken, daß man für große Schiffe bei allen Klassifikationsgesellschaften die Dicke der Scheergangsplatten gegen früher vergrößert hat.

Die Zahl der Decks unter dem freien Hauptdeck, welche früher bei den Abmessungen des Oberdeckscheerganges eine Rolle spielte, als man für Dreideck- und Vierdeckschiffe entsprechend verringerte Leitzahlen und somit verringerte Breiten und Dicken der Scheergänge hatte, ist heute bei den meisten Klassifikationsgesellschaften ohne Einfluß auf die Abmessungen der Scheergänge, mit Ausnahme von Norske Veritas, welche Gesellschaft für alle Verbandteile entsprechend der Zahl der Decks Verringerungen eintreten läßt und somit auch auf Grund eines zweiten stählernen Decks die Scheergangsabmessungen verringert. Norske Veritas weicht auch insofern von den anderen Klassifikationsgesellschaften ab, als es den Scheergang nach einer Leitzahl bestimmt, in welcher das Verhältnis von Länge zur Seitenhöhe im Quadrat eingesetzt ist.

British Corporation gibt zwar für Eindeck-, Zweideck-, Dreideck- usw. Schiffe getrennt die im übrigen nach Länge, Breite und Freibord des Schiffes geordneten Materialstärken an, doch ist hierbei die Zahl der Decks ohne Einfluß auf die Dicke des Scheerganges.

Die für mittschiffs vorgeschriebenen Abmessungen des Scheerganges gelten im allgemeinen für die halbe Schiffslänge mittschiffs und können allmählich in angemessenen Abstufungen auf die Enddicke der übrigen Außenhautplatten verringert werden. Bei einigen Klassifikationsgesellschaften wird genau darauf geachtet, daß die Stufung von der Mittschiffsdicke des Scheerganges nach der Enddicke der Seitengänge in genau gleichmäßigen Abstufungen von Platte zu Platte erfolgt, bei andern wird die Dicke der Seitenplatten schon mit zwei Stufen erreicht. Norske Veritas verlangt die Beibehaltung der Mittschiffsdicke des Scheerganges nur für $^4/_{10}$ der Schiffslänge mittschiffs, aber genau gleichmäßige Stufung bis zur Enddicke der übrigen Außenhautplatten.

Sind in dem Scheergang Öffnungen für Fenster, Klüsen usw. eingeschnitten, so müssen dieselben gut abgerundet sein und, wenn der Plattenquerschnitt kleiner als in der äußeren Nietreihe des Scheergangsstoßes wird, so muß ein Verstärkungsrahmen von solchen Abmessungen angebracht werden, daß der in den Nietreihen des Stoßes vorhandene Querschnitt des Scheerganges wieder hergestellt wird, wenn nicht die Platten des Scheerganges an diesen Stellen entsprechend dicker genommen werden.

Große Pforten erhalten die Ecken umfassende Dopplungsplatten von dem erforderlichen Querschnitt und solcher Länge, daß sie sich mindestens je 1,5 Spantabstände über die Pforten hinaus erstrecken. Die Abb. 547 zeigt eine solche Pforte nebst den Verstärkungen in der Außenhaut und den Querverbänden nach Norske Veritas. Die Abb. 548 zeigt eine große Pforte in der oberen Gurtung eines Shelterdeckschiffes nach den Vorschriften des Lloyds Register, mit den Einzelheiten der Verstärkungen des Scheerganges, des darunter befindlichen Seitenganges, der Abdichtungen der Verschlüsse und der Anschlüsse an der Außenhaut bei geöffneter Pforte.

Lloyds Register verlangt bei Seitenfenstern oder anderen in den Scheergang eingeschnittenen Öffnungen, bei welchen mehr als 20% des Querschnitts der ungelochten

Platte in Wegfall kommt, einen Ersatz durch größere Plattendicke. Genau gleiche Vorschriften hat British Corporation.

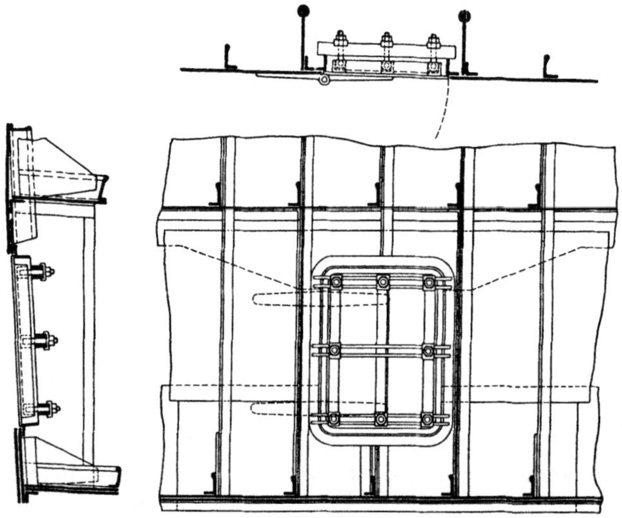

Abb. 547.

Norske Veritas schreibt für Öffnungen im Scheergang von mehr als 304 mm Durchmesser im Bereich von ½ der mittleren Schiffslänge oder bei Öffnungen von mehr als 610 mm Durchmesser auf dem vorderen oder hinteren Viertel des Schiffes einen Ersatz für die Verschwächung des Verbandes durch Vergrößerung der Plattendicke oder Dopplungen vor.

Speigatten, welche durch den Stringerwinkel gehen, läßt man auf den horizontalen Schenkel des an dieser Stelle entsprechend verbreiterten vertikalen Schenkels des Stringerwinkels hinabreichen, oder man doppelt den nicht verbreiterten Stringerwinkel an dieser Stelle durch ein kurzes Winkelstück unter dem Stringer. Für den Scheergang von Schiffen mit durchlaufendem Aufbau gilt auch alles, was über den Scheergang von Volldeckschiffen bei freiem Deck gesagt ist, nur

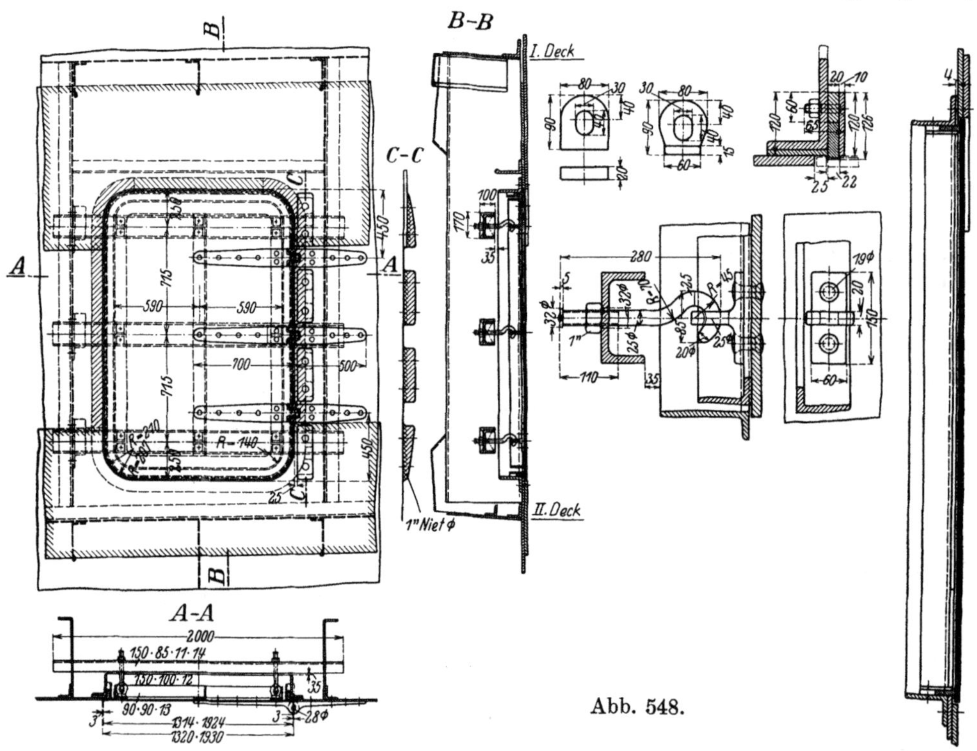

Abb. 548.

daß die Dicke des Scheerganges entsprechend der größeren Seitenhöhe bis zum Aufbaudeck und dem dadurch entsprechend günstigeren Verhältnis von Länge zur Seitenhöhe geringer wird.

c) Durchlaufende Aufbaudecks. An die Stelle der früheren Dreideck-, Spardeck- und Sturmdeckschiffe ist heute das Schiff mit durchlaufendem Aufbau getreten. Es unterscheidet sich von den früheren Typen dadurch, daß die obere Gurtung in jedem Fall in dem durchlaufenden Aufbau angeordnet ist. Die Bezeichnung dieses durchlaufenden Aufbaudecks ist freilich verschieden. Im allgemeinen heißt das oberste, sich über die ganze Länge des Schiffes erstreckende Deck, das Hauptdeck, wenn es zugleich Freiborddeck ist. Wenn sich über dem Freiborddeck noch durchlaufende Aufbaudecks befinden, so ist das nächste Deck über dem Freiborddeck das Hauptdeck. Die Materialstärken eines solchen Schiffes mit durchlaufendem Aufbau, dessen Deck und Seitenbeplattung ununterbrochen durchlaufen, werden wie für Volldeckschiffe bestimmt, nur daß die Seitenhöhe H nur bis zu einem Punkt gemessen zu werden braucht, welcher 2,5 m über dem Freiborddeck liegt. Für die Berechnung des Verhältnisses von $L:H$ wird aber die richtige Seitenhöhe bis zum Aufbaudeck genommen. Diese Bestimmungen wurden zuerst von Lloyds Register vor einigen Jahren eingeführt, als der Bau von Shelterdeckschiffen mit 10 Fuß (3,04 m) hohem Shelterdeck für die Baumwollfahrt allgemeiner wurde. Vergleicht man die hiernach sich ergebenden Dicken der Scheergänge mit denen eines Volldeckschiffes von gleichen Abmessungen, so findet man bei einem Verhältnis von $L:H=10$ bei kleinen Schiffen den Scheergang des durchlaufenden Aufbaudecks 10 bis 12% geringer als beim Volldeckschiff; dieser Prozentsatz sinkt bei großen Schiffen bis auf 7%. Bei einem $L:H = 14$ beträgt der Unterschied in der Dicke der Scheergänge zwischen Volldeckschiff und Schiff mit durchlaufendem Aufbau rund 20%. Lloyds Register gibt vollständige Bauvorschriften für Schiffe mit durchlaufendem Aufbau. Diese kommen bei allen Schiffen zur Anwendung, bei denen der Freibord von dem zunächst unter dem durchlaufenden Aufbaudeck liegenden Deck abgesetzt ist. Die Materialstärken dieser Schiffe galten bis vor zwei Jahren als die untere Grenze für Schiffe mit Freibord. Lag der Freibord zwischen demjenigen eines Volldeckschiffes und eines Schiffes mit durchlaufendem Aufbau, so wurden die Materialstärken durch lineare Interpolation zwischen diesen beiden Grenzwerten ermittelt. Für Schiffe, welche aus irgendwelchen Gründen einen Tiefgang haben mußten, der wesentlich unter demjenigen der Schiffe mit durchlaufendem Aufbau lag, war es eine Härte, daß die Materialstärken nicht weiter als bis zu der angegebenen Grenze verringert werden konnten. Neuerdings können aber bei Lloyds Register auch solche Schiffe Klasse erhalten, deren Materialstärken geringer sind, als für Schiffe mit durchlaufendem Aufbau vorgeschrieben ist, vorausgesetzt, daß auch ihr größter zulässiger Tiefgang entsprechend geringer festgesetzt ist. Diesem Beispiel sind jetzt die meisten anderen Klassifikationsgesellschaften gefolgt. Der Scheergang des durchlaufenden Aufbaues ist nach Lloyds Register im Mittel bei einem Verhältnis von Länge zur Seitenhöhe = 10 um 6% geringer als beim Volldeckschiff, bei $L:H=11$ um 10%; bei $L:H=12$ um 16%; bei $L:H=13$ um 18,5% und bei $L:H=13{,}5$ um 20%.

Der Gang unter dem Scheergang wird nicht im gleichen Maße gegenüber dem Volldeckschiff verringert. Bei $L:H = 10$ beträgt der Unterschied allerdings noch 6% wie beim Scheergang, bei $L:H = 11$ ist er 9%, bei $L:H = 12$ ist er 11%, bei $L:H = 13$ ist er 13% und bei $L:H = 13{,}5$ ist der Unterschied 16% gegen das Volldeckschiff.

Nach British Corporation ist das Gurtungsdeck stets dasjenige, welches den oberen durchlaufenden Abschluß des Schiffskörpers bildet. Für durchlaufende Aufbauten werden also die Abmessungen des Scheerganges und des darunter liegenden Ganges aus den für alle Schiffe geltenden Tabellen nach der Länge des Schiffes und dem Freibord, vom durchlaufenden Aufbaudeck gemessen, bestimmt. Auffällig ist hierin, daß der Gang unter dem Scheergang und der Stringer des Gurtungsdecks überall die gleiche Dicke erhalten.

Das Bureau Veritas bestimmt die Abmessungen der oberen Gurtung bei Schiffen mit durchlaufendem Aufbau genau so wie für Volldeckschiffe nach der Zahl

$$N_1 \cdot L_1 = K_1 \cdot L^2 \left(\frac{L + 10\,B}{10\,C} - 0{,}25\right)$$

also zunächst nach dem Verhältnis von Tiefgang zur Seitenhöhe, welches in K_1 ausgedrückt ist, dann nach der Länge und dem Verhältnis von Länge zur Seitenhöhe und der Breite zur Seitenhöhe, welche in der rechten Seite der Formel zum Ausdruck kommen. Die Unterschiede zwischen dem Scheergang und dem Gang darunter sind verhältnismäßig gering. Es ist also der Gang unter dem Scheergang voll als zur oberen Gurtung gehörig in Rechnung gesetzt, ohne Rücksicht auf die Stärke der Außenhaut, während nach den Vorschriften des Germanischen Lloyd der Gang unter dem Scheergang eine Übergangsplatte zwischen der Dicke des Scheerganges und der Dicke der normalen Seitenplatten bildet, sobald die Dicke 10 mm und die Differenz 1,5 mm übersteigt. Norske Veritas bestimmt die Abmessungen eines durchlaufenden Aufbaus in der Weise, daß die Leitzahlen entsprechend dem Verhältnis des Freibordes des Schiffes mit durchlaufendem Aufbau zu dem Freibord eines Volldeckschiffes von einer Seitenhöhe bis zum Aufbaudeck gemessen, verringert werden. Die Formel lautet

$$N - N_s = (N_g - N_s)\left(\frac{F_s - F}{F_s - F_g}\right),$$

worin N_g und N_s die Leitzahlen mit der Tiefe und dem halben Umfang bis zum obersten Deck und bis zum Deck darunter sind und zwar verringert wie für die Zahl der Decks zulässig. F_g und F_s sind die Sommerfreiborde gemessen vom obersten Deck, wenn das Schiff ein Volldeckschiff ohne Aufbauten ist und von einem Schiff, dessen oberstes durchlaufendes Deck ein Aufbaudeck ohne Vermessungsöffnungen ist. F ist der Sommerfreibord, den das Schiff haben soll. Es wird also bei Norske Veritas bei verringertem Tiefgang nicht nur die obere Gurtung verringert, sondern alle Verbände, auch die des Unterschiffes, gleichmäßig.

Die Vorschriften des Norske Veritas bringen hiernach den Grundsatz am klarsten zum Ausdruck, daß das Schiff mit durchlaufendem Aufbau ein in sämtlichen Verbandteilen entsprechend verringertes Schiff ist und daß zu einer schwächeren oberen Gurtung auch ein entsprechend schwächeres Unterschiff gehört. Maßstab für die Verringerung der Verbandteile ist die Verringerung des Tiefgangs gegenüber dem Volldeckschiff.

d) Nicht durchlaufende Aufbauten. Abgesehen von dem reinen Shelterdecktyp ohne mittlere Aufbauten ist aber der Fall, daß das oberste Deck allein die obere Gurtung bildet, verhältnismäßig selten. Mehr oder minder lange, von Bord zu Bord reichende Aufbauten im Bereich der mittleren halben Schiffslänge bilden die oberste Faser und müssen dann in ihrem oberen Teil entsprechend starke Verbände haben. Außerdem sind die Enden dieser Aufbauten so durchzubilden, daß sie den Übergang der Spannungen vom obersten durchlaufenden Deck nach dem Aufbau aufzunehmen vermögen.

Man hat dies in verschiedenster Weise zu erreichen versucht. Von Bord zu Bord reichende Aufbauten waren in den Zeiten der Dreideck-, Spardeck- und Sturmdeckschiffe nicht so häufig wie jetzt. Das Brückendeck war ursprünglich nicht in den Verband des Schiffsrumpfes, der mit dem Hauptdeckscheergang nach oben abschloß, einbegriffen. Das Einreißen der Schanzkleidplatten bzw. wo kein solches vorhanden war, der Scheergangsplatten des Hauptdecks an den Enden des Aufbaus zwangen dazu, an diesen Stellen den Scheergang zu doppeln und diese Dopplung auf eine gewisse Länge vor und hinter den Brückenhausenden weiter zu führen. Eine Zeitlang hatte man in Unkenntnis der Ursachen dieser Schwächen den ganzen Hauptdeckscheergang auf ½ L mittschiffs im Bereich eines Brückendecks gedoppelt. Erst später kam man zur Erkenntnis, daß die Spannungen in die obere Gurtung des Brückendecks übergeleitet wurden, sobald dies eine gewisse Länge erreicht hatte, und führte dann die starken Verbände des Oberdecks im Bereich der Brücke nur so stark aus, wie für ein unteres Deck erforderlich war.

An den Übergangstellen, also den Enden der Brücke, wird der Hauptdeckscheergang allgemein verstärkt, sobald die Endschotte des Aufbaues weniger als $^3/_{10}$ der Schiffslänge von der Schiffsmitte entfernt sind und sobald die Länge der Aufbauten mehr als 5 m, d. h. die doppelte Höhe des normalen Brückendecks, beträgt, denn von dieser Länge ab macht sich der Übergang der Spannungen bemerkbar. Beträgt die Länge einer Brücke weniger als

0,15 Schiffslänge, so wird der Hauptdeckscheergang auf wenigstens je 4 Spantentfernungen vor und hinter den Endschotten um 30 % verstärkt. Bei einem Brükkendeck, welches eine größere Länge als 0,15 L hat, richtet sich die Verstärkung des Scheerganges nach der Lage der Endschotten zu der Mitte des Schiffes. Bei einem Abstand des Endschotts von 0,1 L von der Mitte der Schiffslänge wird der nach $L : H$ verstärkte Scheergang um weitere 50 % dieser Dicke verstärkt bei einem Abstand von 0,2 L um 40 % und bei 0,3 L Abstand um 30 %. Eine entsprechende Verstärkung erfährt auch der Oberdeckstringer. Der Oberdeckstringerwinkel wird im Bereich dieser verstärkten Platten gedoppelt, d. h. es sind unter der Stringerplatte zwischen den Spanten ebenfalls Winkel vom Profil der Stringerwinkel anzubringen. Es ist natürlich, daß die Spannungen im Scheergang des Hauptdecks nicht plötzlich in den Scheergang der Brücke übergeleitet werden, sondern daß zunächst die Seitengänge der

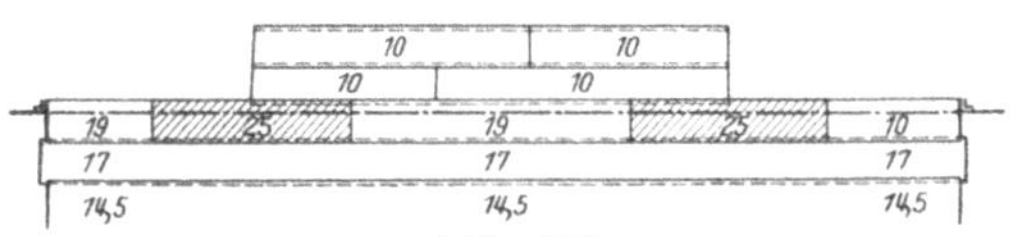

Abb. 549.

Brücke an den Enden diese Spannungen aufzunehmen haben. Diese werden daher um 25 % im Querschnitt an den Enden verstärkt und um ca. 4 Spantentfernungen über die Endschotte hinaus verlängert (Abb. 549 u. 550). Vielfach bringt man als weitere Übertragung noch in der Verlängerung der Oberkante des Schanzkleids an der Vorder- und Hinterseite der Endschotte einer Brücke oder langen Poop horizontale Kniebleche an. Oft schneidet man auch die 4 oder 5 dem Endschott benachbarten Brückendeckspanten über dem Hauptdeckstringer ab und führt den Hauptdeckstringerwinkel um diese Spantentfernungen in die Brücke hinein. Die abgeschnittenen Spanten werden durch Kniebleche mit dem Oberdeckstringer verbunden. Zeitweise war es im Handelsschiffbau üblich, unter den Endschotten der Brücke oder dem Frontschott einer langen Poop keinen Deckbalken unter dem Oberdeck anzuordnen, indem man sich sagte, daß das Endschott

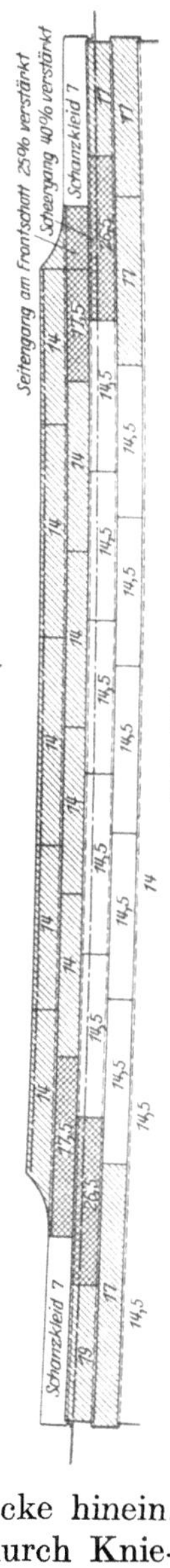

Abb. 550.

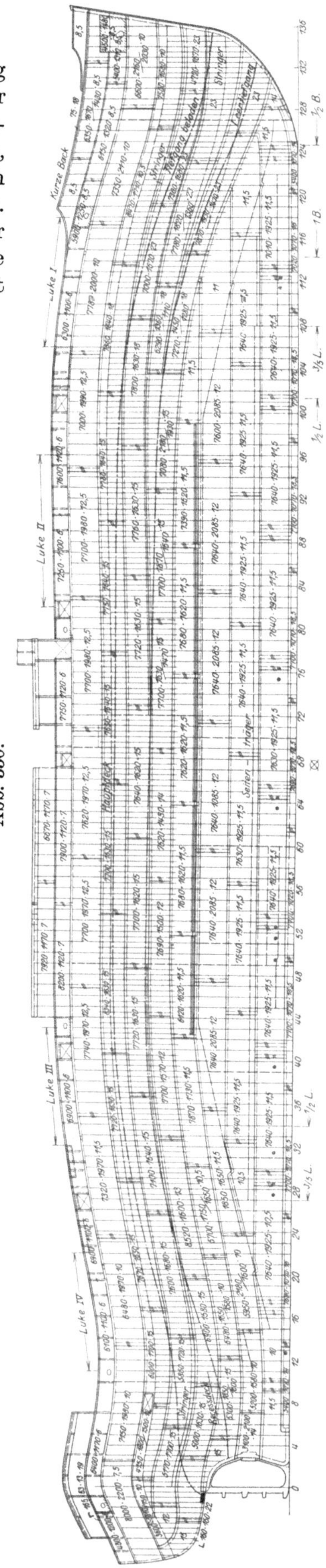

Abb. 551. Beispiel für die Plattenabwicklung eines Schiffes mit Kreuzerheck und durchlaufender Eisverstärkung. Gehört zu einem Schiffstyp, der heute nicht mehr üblich ist, denn die Gurtung liegt hier im zweiten Deck.

selbst ein sehr starker Querträger sei, der keiner Stütze durch einen Deckbalken bedürfe. Die Erfahrungen der letzten Jahre haben indessen gelehrt, daß durch den Wechsel der Spannungen an den Enden der Aufbauten und den Übergang der Spannungen vom Oberdeck nach dem Aufbau an diesen Stellen eine sehr große Beanspruchung der Querverbände auftritt. Wir haben schon in dem Abschnitt über die Spanten und Deckbalken gesehen, daß an den Enden der vorerwähnten Aufbauten besonders starke Aufbauspanten und Deckbalken erforderlich sind. Heute ist es nur bei einer kurzen Poop oder kurzen Back unter Umständen noch gestattet, den Deckbalken unter dem Endschott fehlen zu lassen, sonst werden unter den Enden der Aufbauten allgemein Deckbalken angeordnet.

Sobald die Länge einer Brücke mehr als 0,15 der Schiffslänge beträgt, machen sich die vom Hauptdeckscheergang nach dem Brückendeck übertragenen Spannungen in dem letzteren geltend, und das Brückendeck muß die Abmessungen des Gurtungsdecks eines Schiffes von der entsprechend größeren Seitenhöhe erhalten. Dies ist namentlich bei größeren Schiffen der Fall. Bei kleineren Schiffen, deren Länge nicht größer ist als 60 m, findet man auch die alte Bauweise, bei der Scheergang, Stringer und Deckbeplattung des Aufbaues nicht die starke Gurtung bilden.

Der Scheergang des Hauptdecks erhält im Bereich einer langen Brücke oder langen Poop die Abmessungen der Außenhautseitenplatten, abgesehen von den Verstärkungen an den Enden des Brückendecks. Durch die Anordnung der Aufbauten kann der Tiefgang des Schiffes entsprechend größer gewählt werden. Es wächst nun entsprechend dem größeren Tiefgang die Beanspruchung des Scheergangs. Um nun dem Rechnung zu tragen, hat der Germanische Lloyd die Dicken des Scheergangs von langen Brücken für ein Verhältnis des Tiefganges des Schiffes mit sämtlichen Aufbauten zu dem Tiefgang eines Schiffes von den gleichen Abmessungen aber ohne Aufbauten von 1,1 : 1 angegeben. Ist das Verhältnis der Tiefgänge kleiner oder größer als 1,10, so ist für je 0,04 Abweichung des Verhältnisses 1,10 die Dicke um 0,5 mm zu verringern oder zu vergrößern. Die Dicken des Scheerganges und Seitenganges von langen Brücken auf dem Hauptdeck sind durchweg 10% geringer als die des Hauptdeckscheerganges bei einem Verhältnis von Länge zur Seitenhöhe bis Hauptdeck = 10.

Bei den Scheergängen und Seitengängen von Brücken von mehr als 0,15 Schiffslänge auf einem durchlaufenden Aufbaudeck verfährt man in gleicher Weise wie bei den Brücken auf einem freien Oberdeck, nur daß die Abmessungen entsprechend geringer genommen werden. Der Unterschied in der Dicke beträgt 10% bei kleinen Schiffen und wächst auf 15% bei großen Schiffen.

Die Außenhaut eines Neubaues wird auf dem Konstruktionsbureau meist in der durch Abb. 551 gekennzeichneten Weise abgewickelt, zusammengestellt und mit allen Nähten, Stößen, lokalen Verstärkungen, verlorenen Gängen, sowie der Spant-Einteilung auf ein hölzernes Halbmodell übertragen. Die Abbildung ist lediglich als Zeichenbeispiel gedacht.

Eine vielumstrittene Frage ist die Dicke der Seitenbeplattung von Aufbauten, welche sich von Bord zu Bord erstrecken und über dem Brückendeck liegen. Während der Germanische Lloyd früher für Promenadendecks und Bootsdecks, welche eine volle Seitenbeplattung erhalten, die Abmessungen wie für eine Brücke vorgeschrieben hatte, ist er in den neuesten Vorschriften hierin wesentlich zurückgegangen und verlangt nur die für eine Poop vorgeschriebene Dicke der Seitenbeplattung, d. h. also durchschnittlich nur 70 bis 65% der für Brücken auf einem durchlaufenden Aufbau geforderten Dicke der Seitenbeplattung. Über dem Promenadendeck kann diese Dicke nochmals um 0,5 mm geringer sein. Es ist nun klar, daß bei größerer Länge solcher Aufbauten die Spannungen entsprechend aufgenommen werden müssen. Es gelten daher die genannten Materialstärken nur für solche Aufbauten, deren Länge unter 0,10 der Schiffslänge beträgt; bei Aufbauten, deren Länge zwischen 0,10 und 0,15 der Schiffslänge beträgt, muß die Dicke der Seitenbeplattung gleich der einer kurzen Brücke sein, d. h. also durchschnittlich ½ bis 1 mm dicker. An den Enden solcher Aufbauten mit voller Seitenbeplattung über der Brücke sind dann auch entsprechende Verstärkungen vorzusehen wie bei Aufbauten auf dem freien Oberdeck.

Die Seitenbeplattung der Back wird im allgemeinen von gleicher Dicke wie die einer Brücke von weniger als 0,15 Schiffslänge genommen. Manche Klassifikationsgesellschaften schreiben jedoch für die Backseitenbeplattung noch besondere stärkere Abmessungen vor.

Nach den Bauvorschriften des Lloyds Register ergeben sich für die Seitenbeplattung von kurzen Aufbauten ähnliche Abmessungen wie nach den deutschen Vorschriften. Als Kriterium für den langen Aufbau, in welchen die starke Gurtung zu verlegen ist, gilt auch bei dieser Klassifikationsgesellschaft die Länge von 0,15 L. Die Verstärkung des Oberdeckscheerganges beträgt hier bei langen Brücken 50%, bei kurzen Brücken 30%. Scheergang und Gang darunter werden bei einer langen Brücke um ein Drittel der Schiffsbreite in das Brückendeck hineingeführt. Die Brückendeckseitenbeplattung wird über die Brückenenden weitergeführt und durch Kniebleche abgesteift. Das Reelingprofil muß mit den Brückenendschotten durch kräftige Kniebleche verbunden werden und ähnliche Kniee sind auf der Innenseite des Schotts anzubringen. Verschiedene Bemessung der Verstärkungen an den Enden je nach der Lage der Endschotte zu der Schiffsmitte wie beim Germanischen Lloyd kennen Lloyds Vorschriften nicht. Wenn eine Poop oder Back eine größere Länge als 25% der Schiffslänge hat, d. h. also, wenn ihre Endschotte innerhalb der halben Schiffslänge mittschiffs liegen, so werden dieselben an den Enden ebenso verstärkt, wie bei einer langen Brücke.

Lloyds Register bestimmt die Dicke der Brückendeckseitenbeplattung nach der Gesamtlänge der Aufbauten auf dem Oberdeck, und zwar für 40, 60 und 80% Gesamtlänge der Aufbauten und nach dem Verhältnis von Länge zur Seitenhöhe bis zum Brückendeck von 10 und von 11. Die Dicke der Seitenbeplattung der verschieden langen Brücken ist um ½ bis 1 mm verschieden. Für lange Brücken auf einem durchlaufenden Aufbaudeck gibt Lloyds die Stärke der Seitenbeplattung ohne Rücksicht auf die Länge der Brücke an; sie ist durchweg 2½ mm, bei großen Schiffen 3½ mm geringer als die Dicke der Seitenbeplattung von Brückendecks von 80% Länge auf dem Hauptdeck. Bureau Veritas hat als größte zulässige Länge für eine kurze Brücke 0,20 Schiffslänge bei kleinen Schiffen und fallend bis 0,10 Schiffslänge bei Schiffen von etwa 160 m Länge und darüber.

Die Stärke der Seitenbeplattung der Brücke ist ½ bis 1 mm größer als die einer Poop und die der Back ist wieder ½ bis 1 mm größer als die der Brücke. An beiden Enden einer kurzen Brücke ist der Scheergang des Oberdecks um 40% zu verstärken; das gleiche gilt für die Enden einer Back oder einer Poop, wenn sie in die mittleren $^6/_{10}$ der Schiffslänge hineinragen. Es ist allgemein üblich, den Scheergang bzw. Seitengang dieser Aufbauten in einer Kurve um 2 bis 3 Spantentferungen über das Endschott hinaus auf das Schanzkleid bzw. den Oberdeckstringer herunterzuführen. Beim Bureau Veritas ist dieser Übergang direkt vorgeschrieben. Bei den in der Kriegszeit gebauten Handelsschiffen ging man häufig in gerader Linie auf das Schanzkleid herunter, so daß die Übergangsplatte das Aussehen einer dreieckigen Knieplatte hatte.

Wenn die Länge der Brücke den angegebenen Prozentsatz der Schiffslänge übersteigt, so werden der Hauptdeckscheergang und der Gang darunter in das Brückendeck verlegt. Für $^1/_3$ der Schiffsbreite innerhalb der Brücke behalten Scheergang des Hauptdecks und der Gang darunter ihre Dicke wie beim freien Deck, werden aber im übrigen innerhalb der langen Brücke auf die Dicke der Außenhaut- und Seitenbeplattung reduziert. Auf eine Länge von 6 bis 10 Spantentfernungen wird der Scheergang an den Brückenenden um 50% verstärkt. Die Vorschriften der Klassifikationsgesellschaften sind also hier ziemlich gleichartig.

British Corporation bestimmt die Abmessungen aller Aufbauten über 0,10 Schiffslänge nach dem Mittschiffsfreibord gemessen bis zur Oberkante des Aufbaues. Quarterdeckschiffe werden betrachtet wie Glattdeckschiffe mit einer dem erhöhten Quarterdeck entsprechenden Höhe und entsprechendem Freibord.

Norske Veritas bezeichnet Aufbauten, deren Länge $\frac{L}{10} + 3{,}04$ m beträgt, als kurze; Aufbauten von einer Länge $\frac{L}{10} + 3{,}04$ bis $\frac{L}{10} + 12{,}19$ m können als kurze oder lange Aufbauten behandelt werden, bei größerer Länge müssen sie die Materialstärken der langen Aufbauten haben. Die Verstärkungen an den Enden sind genau wie bei den anderen Klassifikationsgesellschaften.

e) Das erhöhte Quarterdeck. Das erhöhte Quarterdeck ist aus der Notwendigkeit entstanden, das Schiff, wenn es mit homogener Ladung gefüllt ist, auf ebenen Kiel trimmen zu können. Durch die an und für sich schärferen Formen des Hinterschiffs gegenüber denen des Vorschiffs, sowie durch den Wegfall an Laderaum im Hinterschiff durch den Wellentunnel und den Rezeß, hatte das Hinterschiff von kleinen und mittleren Dampfern eine soviel geringere Ladefähigkeit, daß sie bei homogener Ladung auf dem Kopf lagen. Um dem abzuhelfen, vergrößerte man den Laderaum im Hinterschiff, indem man das Deck hinter dem Maschinenraum um ein entsprechendes Maß höher legte, als im Vorschiff. Anfangs betrachtete man das Quarterdeck nur als eine Art Aufbau und wählte seine Außenhaut entsprechend dünn. Eine Verstärkung am Übergang vom Hauptdeck in das Quarterdeck brachte man nicht an, obwohl doch alle Längsverbände an dieser Stelle durchschnitten waren. Die Folge war ein häufiges Einreißen oder gar Auseinanderbrechen dieser Schiffe am Quarterdeckfrontschott. Noch bis in die achtziger Jahre galten die Quarterdeckschiffe als sehr schlechte Seeschiffe und sie durften nur bis zu $^3/_4$ des Tiefganges eines gewöhnlichen Volldeckschiffes beladen werden. Da sie aber für die Beladung mit homogener Ladung außerordentlich bequem waren, so verbesserte man sie und das Quarterdeckschiff der neunziger Jahre stellte schon einen besseren Typ eines Seeschiffes dar. Durch die allgemein in Aufnahme gekommene Anordnung eines Brückendecks vor dem erhöhten Quarterdeck ergaben sich ganz andere Möglichkeiten einer sinngemäßen Verstärkung am Quarterdeckfrontschott durch Verschießenlassen der Scheergänge und der Stringer und schließlich auch der Deckbeplattungen. Während man vor 25 Jahren noch Quarterdeckschiffe bis über 100 m Länge baute, findet man heute selten noch Quarterdeckschiffe über 60 bis 70 m Länge. In England sind sie fast ganz verschwunden. Der Grund für die Beliebtheit des Quarterdecktyps in den neunziger Jahren lag auch darin, daß unter dem erhöhten Quarterdeck eine freie Raumtiefe möglich war, wie sie die Klassifikationsgesellschaften für Glattdeckschiffe nicht zuließen. Als nun seit dem Beginn des Jahrhunderts Eindeckschiffe von immer größeren Raumtiefen zugelassen wurden, kam der Anreiz zum Bau großer Quarterdeckschiffe in Fortfall. Das Quarterdeckschiff ist heute noch das kleine Ostseefrachtschiff, auch die Fischdampfer zählen mehr oder weniger zum Quarterdecktyp, da im Hinterschiff die Raumhöhe des Oberdecks für die Unterbringung der Maschinen und der Kesselanlage nicht ausreicht und die Erhöhung des Quarterdecks verhindert, daß von vorn kommende Seen den Abfall von den Arbeitsplätzen bei den Fischluken nach hinten schwemmen. Das Quarterdeckschiff ist heute so sicher, daß die Höhe des Quarterdecks für die Bestimmung des Tiefgangs wie ein Aufbau von voller Deckhöhe gewertet wird, wenn sie bei Schiffen von 30,5 m Länge wenigstens 0,91 m und bei Schiffen von 76,25 m wenigstens 1,22 m, d. h. die Hälfte der normalen Deckshöhe beträgt. Die Freibordvorschriften der Seeberufsgenossenschaft sehen zwar noch Quarterdeckschiffe von 122,0 m Länge mit einem Quarterdeck von 1,83 m Höhe vor, doch sind solche großen Quarterdeckschiffe niemals gebaut worden.

Soweit die Verstärkung des Scheerganges am Quarterdeckfrontschott in Frage kommt, ist sie die gleiche wie bei einer Brücke, deren Endschott weniger als 0,30 der Schiffslänge aus der Mitte liegt, d. h. also um 50% bei einem Abstand von 0,10 L aus der Schiffsmitte, 40% bei 0,20 L und 30% bei 0,30 L Abstand. Bei einer Entfernung von mehr als 0,30 L aus der Mitte des Schiffes muß der Hauptdeckscheergang um 4 Spantabstände unter dem Quarterdeck weitergeführt werden, bei geringerer Entfernung um 8 Spantabstände und wie vorstehend verstärkt werden. Die an die Brücke anschließende Schanzkleidplatte des Quarterdecks wird um 10% verstärkt (siehe Abb. 550). Allgemein wurde früher auch der Quarterdeckscheergang in die Brückendeckseitenbeplattung weiter geführt.

f) Das Oberdeck als Teil der oberen Gurtung. Wie erwähnt, hatte man in den ersten Jahrzehnten des Eisenschiffbaues die eiserne Deckbeplattung lediglich als einen Ersatz für Holzdecks betrachtet, beziehungsweise sie nur eingebaut, um den darüberliegenden Holzdecks eine längere Lebensdauer zu geben und zu vermeiden, daß die Schiffe jeden Winter einer großen Reparatur unterzogen werden mußten. Erst in den achtziger Jahren begann man eiserne Decks als unentbehrliche Verbandteile bei gewissen Schiffsgrößen und von einem gewissen Verhältnis von Länge zur Tiefe ab zu fordern, d. h. man betrachtete das Schiff als einen eisernen Träger mit einer oberen und unteren Gurtung. Freilich kamen diese Grundsätze der Festigkeitslehre nur zögernd zur Geltung, wie die lange Periode der Schiffe mit einer schwachen oberen Gurtung, der Dreideck-, Spardeck- und Sturmdeckschiffe beweist. Als man schon längst den Scheergang des obersten Decks bzw. der Aufbauten in die obere Gurtung einbezogen hatte, zögerte man immer noch, dieselben Folgerungen für den Stringer und die Beplattung des obersten Decks zu ziehen.

Der Überleitung der Spannungen aus dem obersten durchlaufenden Deck in die Deckbeplattung längerer Aufbauten trug man erst verhältnismäßig spät Rechnung. Eine Erklärung hierfür gibt uns die Scheu der früheren Schiffbauer, bei den verhältnismäßig schmalen Schiffen ein zu großes Gewicht in das Oberschiff zu bekommen, wodurch dieselben rank wurden. Man muß hierbei berücksichtigen, daß die Schrittmacher bei den ständig wachsenden Handelsschiffsgrößen immer die Fahrgastdampfer gewesen sind, und daß irrtümlicher Weise ein schädlicher Einfluß der Breite auf die Geschwindigkeit der Schiffe angenommen wurde, bis die planmäßigen Untersuchungen der Schleppversuchsanstalten ein klares Bild über den Einfluß der Breite auf die Geschwindigkeit und den Kraftbedarf gaben. Reine Frachtdampfer von etwa 10000 Tonnen Tragfähigkeit und darüber, abgesehen von Spezialschiffen (Tankschiffe und Erztransportschiffe), gibt es erst seit etwa 20 Jahren; vorher war der Typ des großen Frachtschiffes der Fracht- und Fahrgastdampfer, der mit Rücksicht auf die Passagierbeförderung eine größere Geschwindigkeit hatte. Seitdem man große, reine Frachtdampfer baut, ist die Breite der Schiffe ständig gewachsen. Bis zum Jahre 1916, wo das Board of Trade seine Untersuchungen über die Abmessungen der Seeschiffe gelegentlich der Aufstellung neuer Vorschläge für die Freibordbestimmung veröffentlichte, war eine Breite $= \frac{L}{10} + 10'$ normal; im Jahre 1921 war sie schon auf $\frac{L}{10} + 14'$ bei Schiffen von 70 bis 120 m und auf $\frac{L}{10} + 15'$ bei Schiffen von 140 m gestiegen. Heute sind die Breiten noch größer geworden, wozu einmal der Bau der verhältnismäßig hoch aus dem Wasser liegenden Shelterdeckschiffe und dann die Unterbringung des flüssigen Brennstoffs im Doppelboden aus Gründen der Stabilität geführt hat. Bei den breiten heutigen Schiffstypen ergibt sich natürlich durch die breiten stählernen Decks eine außerordentlich wirksame obere Gurtung. In den Leitzahlen zur Bestimmung der Dicke des Stringers und der Deckbeplattung kommt daher bei allen Klassifikationsgesellschaften die Breite des Schiffes neben dem Verhältnis von Länge zur Seitenhöhe zum Ausdruck.

g) Der Deckstringer. Der Deckstringer und seine Verbindung mit dem Scheergang, der Deckstringerwinkel, werden in den neuesten Vorschriften des Germanischen Lloyd für Schiffe, für welche eine stählerne Decksbeplattung noch nicht vorgeschrieben ist, lediglich nach der Größenleitzahl $(B + H)\,L$ bestimmt. Man läßt also das Verhältnis von Länge zur Seitenhöhe unberücksichtigt, während man noch bis vor kurzem den Deckstringer nach dem Verhältnis von Länge zur Seitenhöhe verstärkte. Bei Schiffen mit stählerner Decksbeplattung bestimmt man die Dicke des Deckstringers aus dem Mittel der Dicke des Scheerganges und der Decksbeplattung. Der Stringer des Oberdecks wird, wie auch diejenigen der unteren Decks, nur durch einen einfachen Winkel (selbst bei den größten Schiffen mit Stringerdicken bis zu 31,0 mm) mit dem Scheergang verbunden. Die Schenkelbreite beträgt bei Stringern unter 5,5 mm Dicke 55 × 55 mm und steigt stufenweise bis auf 200 × 200 mm bei einer Stringerdicke von 27 mm und darüber. Sobald die Schenkelbreite und der Nietdurchmesser es zulassen, nietet man den Stringerwinkel doppelt zickzack, also etwa von 130 × 130 mm und wo angängig, also etwa von 150 × 150 mm ab, mit doppelter Kettennietung. Bei Schiffen ohne stählerne Decksbeplattung erhält der Stringerwinkel ebenfalls die mittlere Dicke zwischen dem Stringer und der als Ersatz für das Holzdeck vorgeschriebenen Deckbeplattung. Die Stöße des Stringerwinkels lascht man, indem man unter dem Stringer einen entsprechenden Laschwinkel zwischen den Spanten anbringt. In gleicher Weise werden unter dem Stringer die Verstärkungswinkel für Speigattlöcher in dem Stringerwinkel angebracht. Für größere Schiffe, welche noch keine volle Deckbeplattung brauchten, war es bis vor kurzem noch üblich, neben dem Deckstringer einen Nebenstringer neben dem eigentlichen Deckstringer von gleichen Abmessungen anzubringen. Diese Bauweise hat man jetzt aufgegeben.

Auf jeder unbeplatteten Deckbalkenlage bringt man auf jeder Seite der Luken Längsschienen (Lukenstringer) an, welche sich über die ganze Länge des Schiffes erstrecken. Früher mußten diese Längsschienen durch Diagonalschienen untereinander und mit den Deckstringern verbunden werden. Die Diagonalschienen hatten die Abmessungen der Lukenstringer. Bei verhältnismäßig kleinen Schiffen mußte schon das Deck mit mindestens 5 bis 6 aneinander anschließenden Diagonalkreuzen versehen werden.

Später beschränkte man die Diagonalschienen auf die Segelschiffe und bei Dampfern auf die Aufbauten, denen man heute ein Stahldeck gibt. In den neuesten Vorschriften sind die Diagonalschienen aus dem Stahlschiffbau völlig verschwunden. Neben Decksöffnungen, deren Breite mehr als 0,4 B beträgt, und neben Maschinen- und Kesselschächten, deren Länge bei Schiffen von etwa 30 bis 35 m mehr als 8 Spantentfernungen, bei größeren Schiffen mehr als 6 Spantentfernungen beträgt, bringt man auf dem Hauptdeck eine volle Deckbeplattung an, welche sich in der Länge um zwei Spantentfernungen über die Enden der Decköffnungen erstreckt und von dort aus im Winkel von 45° allmählich auf die Breite des Deckstringers verjüngt wird. Sind unter einem nicht beplatteten Deck Unterzüge mit Zwischenplatten vorgesehen, so erhält das Deck in Linie dieser Unterzüge Längsschienen von entsprechendem Querschnitt.

h) Die Decksbeplattung der Gurtungsdecks. Den wichtigsten Teil der oberen Gurtung bilden die stählerne Deckbeplattung und der Stringer. Die Deckbeplattung wird nach der Leitzahl $(B + H)\,L$ und dem Verhältnis von Länge zur Seitenhöhe bestimmt.

Da nur der Decksquerschnitt neben den Luken als durchlaufend angesehen werden kann, so ist eine bestimmte Lukenbreite als Grundlage für die Angaben in den Tabellen der Bauvorschriften festgelegt. Dieses Maß beträgt bei allen Klassifikationsgesellschaften, welche nicht wie British Corporation direkt den erforderlichen Querschnitt in Quadratzoll angeben, 0,4 B. Die Breite im Gurtungsdeck muß also mindestens auf jeder Seite der Öffnungen noch 0,3 B betragen, sonst ist die Dicke der Beplattung des Gurtungsdecks entsprechend zu vergrößern. Bei größerer Breite der Beplattung kann die Dicke des Gurtungsdecks entsprechend verringert werden, darf aber in keinem Fall kleiner sein als für die Deckdicke zwischen den Luken gefordert wird. Ebenso darf die Deckdicke nicht geringer werden, als die mit Rücksicht auf die Spant- bzw. Balkenentfernung festgesetzte Minimaldicke.

Zu den im oberen Deck auftretenden Längsbeanspruchungen auf Zug kommen auch Druckbeanspruchungen, wenn das Schiff über einem Wellental liegt. Die Beplattung des obersten Decks darf durch diese Druckbeanspruchungen nicht einbeulen. Es darf daher eine gewisse Dicke der Deckbeplattung je nach dem Balkenabstand und, da ja unbeplankte Gurtungsdecks stets Balken an jedem Spant haben müssen, auch je nach dem Spantabstand nicht unterschritten werden. Der Germanische Lloyd gibt in seinen Bauvorschriften die kleinste zulässige Dicke der Beplattung von Gurtungsdecks ohne Holzbelag mit 7,5 mm bei 530 mm Spantentfernung an, steigend auf 11 mm bei 900 mm Spantentfernung. Es ist also bei kleinen Schiffen etwa $^1/_{70}$ der Balkenentfernung, bei großen Schiffen $^1/_{80}$ des Balkenabstandes als geringste zulässige Deckdicke angenommen. Außerdem ist bestimmt, daß, wenn eine stählerne Deckbeplattung noch nicht vorgeschrieben ist, die Dicke der Deckplatten um 0,5 mm dünner genommen werden kann. Für Schiffe in beschränkter Fahrt, wie Nordsee, Ostsee, kleine Küstenfahrt und große Küstenfahrt, sind die Grenzen für die geringsten zulässigen Dicken noch weiter heruntergesetzt, da die Beanspruchungen in diesen Fahrtbereichen durchschnittlich geringer sind. Die Decksdicken sind für solche Schiffe nach den Schiffslängen geregelt, da die Beanspruchung mit der Länge wächst.

Bei der Bestimmung der Dicke der Deckbeplattung des Gurtungsdecks wird vom Germanischen Lloyd darauf Rücksicht genommen, ob unter dem Gurtungsdeck noch weitere stählerne Decks vorhanden sind. Nimmt man zum Beispiel ein Schiff von 99 m Länge, 15,55 m Breite und 9 m Seitenhöhe, also $(B + H)\,L = 2430$) und $L:H = 11$, so wird das oberste Deck (Gurtungsdeck), wenn das Schiff nur ein stählernes Deck hat, 12 mm dick; wird ein zweites Deck eingebaut, so braucht das obere Deck nur 8,5 mm zu sein, kann also rund 30% in der oberen Gurtung schwächer sein, als wenn es nur ein Stahldeck hätte und wenn ein drittes Deck eingebaut wird, braucht das Gurtungsdeck nur 7,5 mm zu sein, also nur 62,5% so stark wie beim Eindeckschiff. Diese Prozentsätze schwanken naturgemäß bei verschiedenen Schiffsgrößen sehr. Bei $(B + H)\cdot L = 2610$ und $L:H = 11$ muß das Deck beim Eindeckschiff 14 mm dick sein, beim Zweideckschiff braucht das Gurtungsdeck nur 9 mm zu sein, das heißt, es braucht nur 64,3% so stark zu sein, und bei drei Decks nur 8 mm oder 57,1% der für das Schiff mit einem Deck geforderten Dicke.

Zwischen den Luken wird die Deckbeplattung entsprechend geringer genommen, und zwar bei den kleinen und mittleren Schiffen etwa bis 120 m Länge und $L:H = 12$ nur wenig, meist nur um ½ bis 1 mm. Bei größeren Schiffen werden die Unterschiede, besonders mit wachsendem $L:H$, erheblich (bis zu 10 mm und mehr). Wie hieraus hervorgeht, zieht man für die Biegungsspannungen im oberen Deck nur den Teil der Deckbeplattung zwischen Luke und Außenhaut in Rechnung. Daß aber ein ganzer Teil der Spannungen in den Teil des Decks zwischen den Luken übergeht, zeigt sich aus der Erscheinung, daß die Lukenecken einzureißen beginnen, sobald die Änderung im Deckquerschnitt zu plötzlich eintritt, d. h. bei besonders langen und namentlich bei breiten Lukenöffnungen. Um das Einreißen der Luken im Gurtungsdeck zu verhindern, trifft man verschiedene Maßnahmen. Der Germanische Lloyd verlangt an den Ecken von Öffnungen im Gurtungsdeck, deren Länge 6 Spantentfernungen oder deren Breite 0,3 B überschreitet, auf dem Deck die Lukenecken umfassende Dopplungsplatten. In dem Deck unter dem Gurtungsdeck sind ebenfalls noch Dopplungsplatten erforderlich, doch brauchen dieselben nicht um die Lukenecke herumzugreifen, wie sich überhaupt zeigt, daß die von den Lukenecken ausgehenden Risse in der Deckbeplattung immer querab von der Luke parallel zum Deckbalken laufen. Man ist deshalb über die Notwendigkeit, die Dopplungen um die Lukenecken herumgreifen zu lassen, noch heute nicht einer Meinung. Um die Lukenecken gegen Einreißen zu sichern, greift man zu den verschiedensten Bauweisen. Viele Reedereien wollen einen möglichst großen Abrundungsradius der Lukenecken, andere wieder eine scharfe Ecke, welche sie besser durch starke Eckwinkel sichern zu können glauben. Ebenso wurden die Lukensüllwinkel an den Ecken der Luken in beiden Schenkeln doppelt genietet. Andererseits sucht man den Übergang durch weites Herumgreifen der Lukenlängssülle um die Quersülle möglichst sanft zu gestalten. Vielfach wendet man auch Lukeneckwinkel unter der Deckbeplattung an, namentlich wo die Lukenlängssülle als Decksunterzüge ausgebildet sind und an schweren Lukenendbalken angenietet sind. In diesen Fällen ist der Wechsel der Spannungen in den Lukenecken noch viel größer. Man nietet dann häufig noch besondere vertikale runde Eckplatten in die Lukenecken, welche die unter Deck reichenden Teile der Längs- und Quersülle miteinander verbinden, und versieht sie an der Unterkante mit einem Halbrundeisen, damit die Holtaue des Ladegeschirrs und die Ladung selbst durch die scharfen Ecken nicht beschädigt werden können. Vielfach flanscht man auch diese runden Eckplatten zu diesem Zweck unten nach innen um. Abb. 552 u. 553 zeigen eine wirksame Art der Versteifung und Verkleidung der Lukenecken.

Als größter Abstand des Decks unter dem Gurtungsdeck ist 2,60 m zugrunde gelegt; ist der Abstand größer, so muß das Gurtungsdeck so weit verstärkt werden, daß die Längsfestigkeit nicht geringer wird als bei 2,60 m Decksabstand.

Sind auf einem Gurtungsdeck Aufbauten angeordnet, welche eine Vergrößerung des Tiefganges zur Folge haben, so muß der Decksquerschnitt des freien Gurtungsdecks neben den Decksöffnungen für halbe Schiffslänge mittschiffs vergrößert werden. Diese berechtigte Bestimmung ist erst neuerdings getroffen worden. Hat ein Schiff eine Poop und eine Back, so wird der zulässige Tiefgang je nach der Größe dieser Aufbauten und der Größe des Schiffs unter Umständen erheblich vermehrt. Die Vermehrung des Tiefganges bringt aber nicht allein durch die Vergrößerung der Verdrängung eine größere

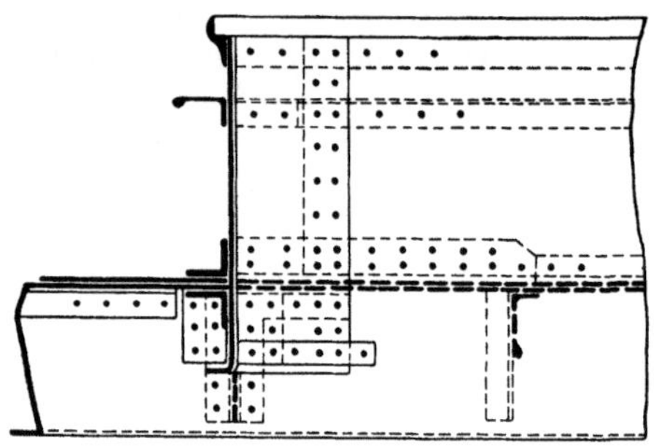

Abb. 552.

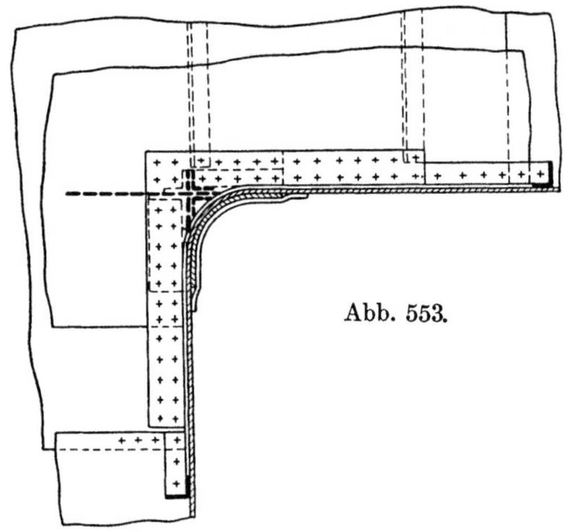

Abb. 553.

Spannung in die obere Gurtung, sondern auch durch die Stauung von Ladung an den Enden des Schiffes. Bei kleinen Schiffen ohne stählernes Deck werden je nach der Schiffslänge für 10% vergrößerten Tiefgang bei Schiffen von 45 m Länge 0,5 mm auf die Dicke der Stringer und Längsschienen zugeschlagen, steigend bei je 5 m größerer Länge um je ½ mm, so daß der Zuschlag bei 80 m Länge schon 3,5 mm beträgt. Für Schiffe mit stählerner Beplattung wird der Decksquerschnitt neben den Decksöffnungen für ½ L mittschiffs bei 75 m Länge um 0,3 $B \times 1{,}5$ mm steigend auf 0,3 $B \times 5{,}5$ mm bei 180 m Schiffslänge verstärkt. Für andere Werte der Tiefgangsvergrößerung als 10% wird die Vergrößerung des Querschnitts proportional bestimmt.

Die Dicke der Deckbeplattung an den Enden ist die gleiche wie die Dicke der Deckbeplattung zwischen den Luken bei einem Verhältnis von Länge zur Seitenhöhe $= 10$. Während man früher die Enddicke nur für die Endplatte gelten ließ und von $^1/_2\,L$ mittschiffs ab gleichmäßig die Platten auf diese Enddicke verringerte, läßt man jetzt die Enddicke schon auf 0,10 L von den Enden zu. Auf 0,125 L von den Steven müssen im Gurtungsdeck und in den bei der Bestimmung der Materialstärken dieses Decks berücksichtigten unteren Decks solche Deckquerschnitte vorhanden sein, wie sie sich aus den für 0,50 L mittschiffs und für die Schiffsenden vorgeschriebenen Deckdicken ergeben.

i) Decksübergänge bei Schiffen mit Aufbauten und bei Schiffen mit erhöhtem Quarterdeck. Beim Scheergang und beim Gang unter demselben wurde gezeigt, wie bei Anordnung von Aufbauten die Beanspruchung in den Scheergang und Seitengang des Aufbaues übergeht. Für Stringer und Deckbeplattung ist dies auch der Fall. Bleibt die

Länge des Aufbaues unter 0,15 L, so macht sich der Übergang der Längsspannungen an den Enden der Aufbauten noch nicht so bemerkbar, daß man dort Verstärkungen anbringen müßte. Indessen treten an den Enden der Aufbauten beim Hauptdeckscheergang und dem Hauptdeckstringer und der Hauptdeckbeplattung vermehrte Beanspruchungen auf, welche dazu zwingen, diese Verbandteile zu verstärken. Man gibt daher dem Scheergang und Stringer des Hauptdecks, die in voller Stärke im Bereich des Aufbaues durchlaufen, an den Enden des Aufbaues auf je 4 Spantentferungen vor und hinter den Endschotten einen um 30% größeren Querschnitt, oder man doppelt den Scheergang und den Stringer an dieser Stelle, wenn auch die Klassifikationsgesellschaften dort keine Dopplungen verlangen. Es hat sich bei Tankschiffen, welche gewöhnlich eine kurze Brücke von etwa 9 bis 10 m Länge haben (d. h. noch kaum die halbe Länge wie eine „kurze Brücke") gezeigt, daß an den Enden dieser Brücke Begebungen in der Nietung von Stringer und Scheergang auftreten. Auf kleineren Tankschiffen von 90 bis 100 m Länge, wo sich an das kurze Brückenhaus ein Schanzkleid anschließt, reißt dieses bei schwerem Wetter durch. Der Handelsschiffbau hat für den Begriff der „kurzen Brücke" das Maß von 0,30 Schiffslänge allmählich auf 0,15 L verringert und wird es noch weiter verringern müssen.

Bei den langen Aufbauten, d. h. über 0,15 L, kommt es darauf an, wie nahe die Endschotte zur Schiffsmitte liegen. In der Gegend der Schiffsmitte sind die Zug- und Druckspannungen nach allgemeiner Anschauung am größten. Je näher also die Endschotte von Aufbauten zur Schiffsmitte liegen, desto größer muß die Verstärkung des Stringers und des Hauptdecks an der Übergangsstelle sein. Der Stringer des Hauptdecks wird bei einem Abstand des Endschotts von der Schiffsmitte von 0,30 L um 30%, bei 0,20 L um 40% und bei 0,10 L um 50% verstärkt und im Bereich der verstärkten Platten durch doppelte Stringerwinkel mit der Außenhaut verbunden. Den Stringerwinkel selbst läßt man jetzt vielfach auf etwa 4 Spantentfernungen ununterbrochen in die Aufbauten hineinlaufen, was bedingt, daß die Aufbauspanten in diesem Bereich abgeschnitten und durch Kniebleche mit dem Hauptdeck verbunden werden müssen. Bei den Aufbauten über 0,15 L findet je nach der Länge der Aufbauten eine mehr oder minder vollständige Übertragung der Spannungen des Hauptdecks in das Aufbaudeck statt. Das Hauptdeck wird also im Bereich langer Aufbauten von den Spannungen entlastet, und deshalb erhalten der Hauptdeckstringer und die Hauptdeckbeplattung die Dicken, welche für das zweite Deck vorgesehen sind. Wie aber bei der Seitenbeplattung der Übergang in den Materialstärken kein plötzlicher sein darf, so gilt dies auch für die Stringer und die Decks. Man verlascht die Verbände des Haupt- und Aufbaudecks an den Enden der Aufbauten gewissermaßen dadurch, daß man die Hauptdeckbeplattung in der für das freie Deck vorgeschriebenen Stärke um 6½ bis 7½ Spantentfernungen in den Aufbau hineinführt.

Nach den zur Zeit gültigen Vorschriften des Germanischen Lloyd ist für die Bestimmung des bei einem Aufbau erforderlichen Decksquerschnitts zunächst eine Tiefgangsberechnung des Schiffes ohne Aufbauten und mit sämtlichen Aufbauten anzustellen, und das Verhältnis des letzteren zum ersteren zu bestimmen. Dann bestimmt man den erforderlichen Decksquerschnitt nach den Leitzahlen bis zum Hauptdeck, aber unter Zugrundelegung des Verhältnisses von Länge zur Seitenhöhe bis zum Aufbaudeck, wobei das Brückendeck in die Zahl der Decks mit eingerechnet wird. Der so berechnete Decksquerschnitt wird dann je nach dem Verhältnis der Tiefgänge und je nach der Größe des Schiffes entweder verringert oder vermehrt. Bei einem $(B + H) L = 1000$ und einem Tiefgangsverhältnis $= 1{,}10$ beträgt die Verringerung des Decksquerschnittes im Aufbaudeck 22%, bei einem Tiefgangsverhältnis von 1,20 aber 0%. Je größer das Schiff und je größer die Tiefgangsdifferenz gegenüber dem Volldeckschiff ist, desto geringer wird der Unterschied im Decksquerschnitt; bei größeren Schiffen kommt sogar ein Zuschlag bis zu 4% zu dem für Volldeckschiffe errechneten in Frage.

Bei Schiffen, deren Länge 90 m nicht übersteigt, braucht das Brückendeck überhaupt nicht beplattet zu werden; wird es aber doch beplattet, so braucht die Dicke der Beplattung nicht mehr als 7,5 mm stark zu sein. Der Deckstringer von beplatteten Decks erhält eine Dicke, die das Mittel aus dem Brückendeckscheergang und der Deckbeplattung darstellt, soll aber nicht geringer sein als die Stringerdicke eines kurzen Aufbaues.

Für lange Brücken, welche sich auf einem durchlaufenden Aufbaudeck befinden, wird der Querschnitt der Deckbeplattung um 18% geringer genommen als der für das Aufbaudeck erforderliche.

Stringer und Längsschienen von Promenaden- und Bootsdecks brauchen, soweit es sich beim Promenadendeck um eine Länge unter 0,10 L und beim Bootsdeck unter 0,15 L handelt, nur eine Dicke wie die einer kurzen Poop, Brücke oder Back zu haben und beim Promenadendeck eine Breite von 75% und beim Bootsdeck von 60%.

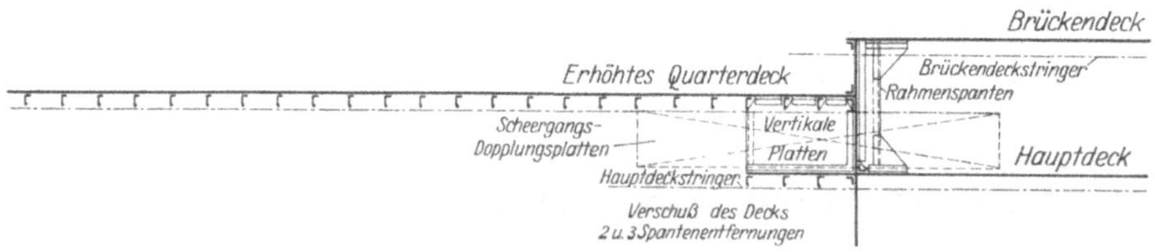

Abb. 554.

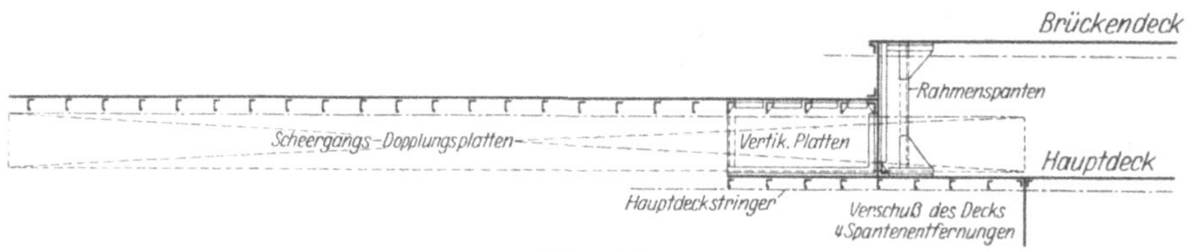

Abb. 555.

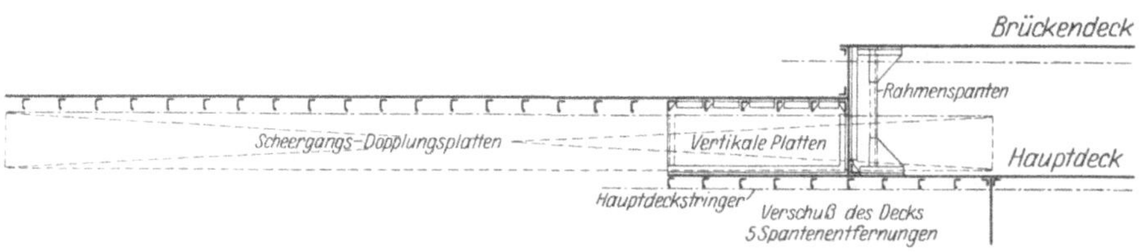

Abb. 556.

Da man aber auch beim Germanischen Lloyd den Grundsatz durchgeführt hat, das obere von Bord zu Bord durchlaufende und mit einer geschlossenen Seitenbeplattung verbundene Deck als Gurtungsdeck zu betrachten, sobald die Länge 0,10 beim Promenadendeck und 0,15 L beim Bootsdeck übersteigt, so müssen in diesen die Materialstärken so bemessen sein, daß die Längsfestigkeit im Aufbaudeck nicht kleiner ist als in einem Brückendeck, über dem sich keine weiteren Aufbaudecks befinden. Ein Bootsdeck, welches direkt über dem Brückendeck angeordnet ist, wird bezüglich der Festigkeit wie ein Promenadendeck behandelt.

An den Enden der von Bord zu Bord reichenden Aufbauten, die also eine volle Seitenbeplattung haben, bringt man ähnliche Verstärkungen an wie an den Enden von Brückendecks.

Der wirksame Verschuß der Stringer und Decks beim Schiff mit erhöhtem Quarterdeck war bis in das erste Jahrzehnt dieses Jahrhunderts eine große Sorge der Klassifikationsgesellschaften, weil die obere Gurtung des Quarterdeckschiffes im Bereich des Quarterdecks und auch das Hauptdeck des damaligen Eindeckschiffes an und für sich zu schwach waren. Die Seitengänge des erhöhten Quarterdecks durften um $^1/_{10}$ dünner sein als die Seitengänge unter dem Hauptdeckscheergang. Infolgedessen verstärkte man den Scheergang je nach der Lage des Quarterdeckfrontschotts zur Schiffsmitte bis zu $^6/_{10}$ L und bis auf 10 Spantentfernungen. Der Verschuß des Hauptdeckstringers bestimmte sich einmal nach der Lage des Frontschotts, sodann nach der Höhe des Quarterdecks. Er mußte bis zu 10 Spantentfernungen unter das Quarterdeck geführt werden. Die erste Platte des Quarterdeckstringers wurde, wenn vor dem Quarterdeck ein Schanzkleid vorhanden war, so weit am Schanzkleid entlang verlängert, daß ein guter Übergang und ein gutes Verschießen der Platten und Winkel erzielt wurde. Wenn sich an das Quarterdeck ein Brückenhaus anschloß, so verlängerte man den Quarterdeckstringer ebenso weit unter das Brückendeck, als man den Hauptdeckstringer unter dem Quarterdeck weiterführte. Bei stählernen Decks ließ man die Hauptdeckbeplattung bis zu 5 Spantentfernungen unter das Quarterdeck reichen. Abb. 554 bis Abb. 556 zeigen die noch bis 1922 übliche Weiterführung der Stringer. In dem Maße, wie man die Wirkungslosigkeit der Seitenstringer als Längsverband erkannte, sah man davon ab, die Stringer auf solche Längen bei den Quarterdeckschiffen verschießen zu lassen.

9. Wasserdichte und öldichte Bunker- und Endschotte.

a) Allgemeine Entwicklung der wasserdichten Schotte. Der Holzschiffbau kannte keine Querschotte, soweit es sich nicht um Dampfer handelte, bei welchen Maschinen- und Kesselraum von den Laderäumen abgeschlossen werden mußten. Scott Russell bezeichnet in seinem großen Werke „The modern system of naval architecture" die Einführung der Schotte beim eisernen Schiff als einen der wertvollsten Fortschritte in der ganzen Geschichte des Schiffbaues. Der große Vorteil, den der Einbau der Schotte bietet, ist lange Zeit unbekannt gewesen, und die Einführung der Schotte in den Eisenschiffbau ist nur ganz allmählich und zögernd erfolgt. Das Schott war zunächst nur eine Trennungswand, die die Ladung vom Schiffsende oder dem Maschinenraum abgrenzte, daher die englische Bezeichnung „Bulk head". Scott Russell wies darauf hin, daß Schotte bei guter Ausführung das Schiff in Räume teilen, von denen jeder eine unabhängige Struktur bildet. Er verlangte daher, ein Schiff sollte wenigstens so viel solcher Räume haben, als die Breite in der Länge enthalten ist; ein Schiff, das sechsmal so lang als breit ist, sollte also 5 Schotte haben. Scott Russell geht dann auf den Wert der Schotte als Querverband ein und forderte, was erst 50 Jahre später zur Geltung gekommen ist, daß bei Schiffen mit engstehenden Querschotten die übrigen Querverbände wie Spanten, Bodenstücke, Deckbalken usw. entsprechend schwächer genommen werden könnten. Von der Querfestigkeit der Schotte ausgehend, wies er dann auf partielle Schotte hin, welche zwischen den vollen Schotten stehen sollten und die bis auf 1 Fuß von der Außenhaut innen weggeschnitten werden könnten, er schlug also schon 1865 den Bau von Rahmenspanten vor. Über die Dicke der Schottplatten und die erforderlichen Versteifungen war man bei den ersten eisernen Schotten nicht ganz im klaren. Gegen Wasserdruck sollten sie bei den Frachtdampfern nicht standhalten, man versteifte sie nur, um sie glatt zu halten. Für ¼ Zoll Schottbeplattung betrug der Abstand der Versteifungen 3 Fuß, für ½ Zoll Schottbeplattung 6 Fuß und für ¾ Zoll Schottbeplattung 9 Fuß. Die Dicke der Schottplatten betrug bei kleinen Schiffen ¼ Zoll = 6,4 mm, bei den größten von 3500 ts $^9/_{16}$ Zoll = 14,3 mm. Die Absteifungen waren vertikale Winkel vom Gegenspantprofil, also $60 \times 60 \times 7{,}5$ bis $115 \times 90 \times 16$ mm bei den größten Schiffen. Der Abstand der Vertikalversteifungen mußte 760 mm betragen. Irgendeine Verbindung dieser Versteifungen oder gar Einspannungen am Deck kannte man nicht, da die Decks zu dieser Zeit noch fast alle Holzdecks waren. Man befürchtete ferner, daß eine enge wasserdichte Nietung der Schottspanten die Außenhaut so schwächen könne, daß der Schiffskörper an dieser Stelle durchbrechen würde, wie es ja in vereinzelten Fällen auch vorgekommen ist. Man nahm entweder doppelte Schottspanten, deren Innenschenkel zickzack genietet wurden, oder, wenn man nur einen einfachen Schottspantwinkel anwandte, mußte man horizontale Knieplatten gegen die Außenhaut und das Schott nieten, vorn und hinten abwechselnd, immer in der Mitte der Außenhautplatte, deren Breite damals nur gering war. Außerdem waren Füllstücke unter den abliegenden Gängen vom Spant davor bis zum Spant dahinter in voller Breite erforder-

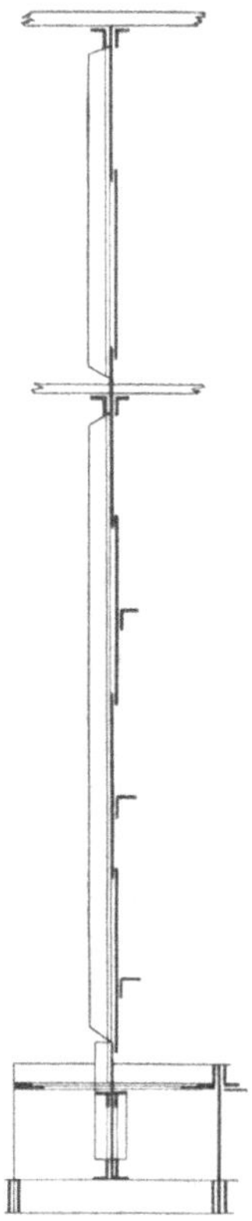

Abb. 557.

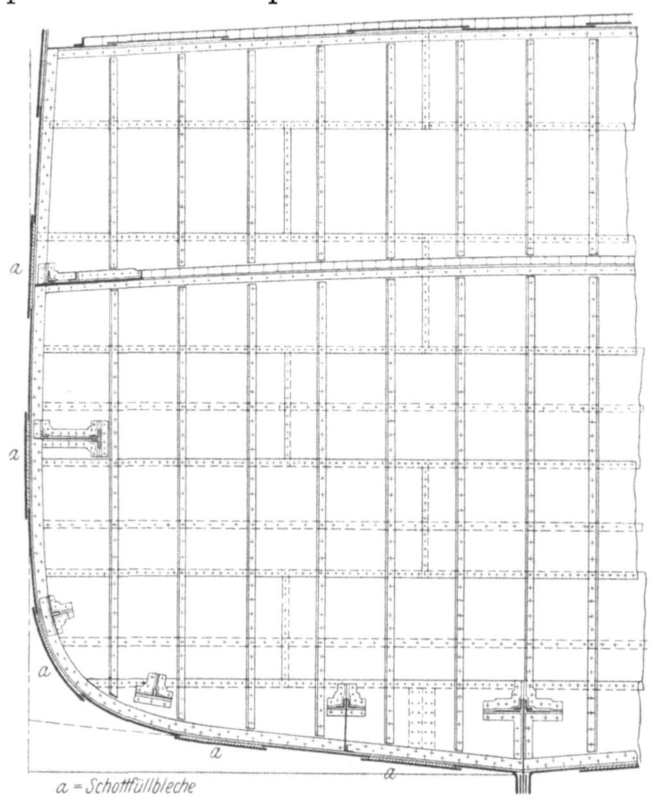

Abb. 558.

lich (Abb. 557 bis 559). An die Stelle dieser vollen Füllstücke führte dann ein französischer Schiffbau-Ingenieur, Clauzel, rhombische Platten ein, welche nur beim Schottspant die volle Breite hatten und mit dem davor und dahinter liegenden Spant

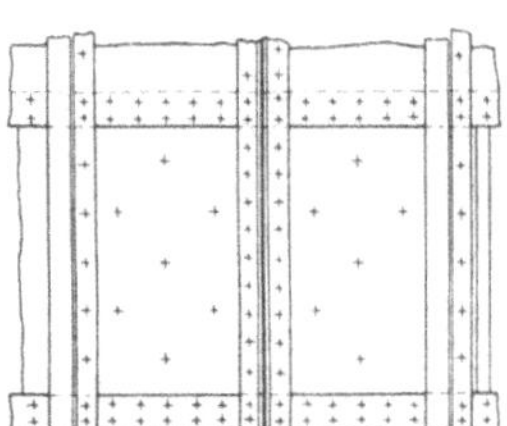

Abb. 559.

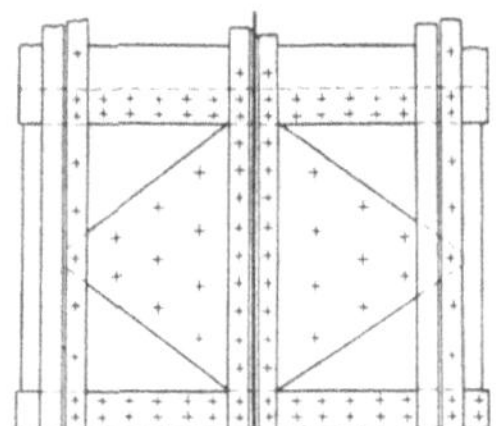

Abb. 560.

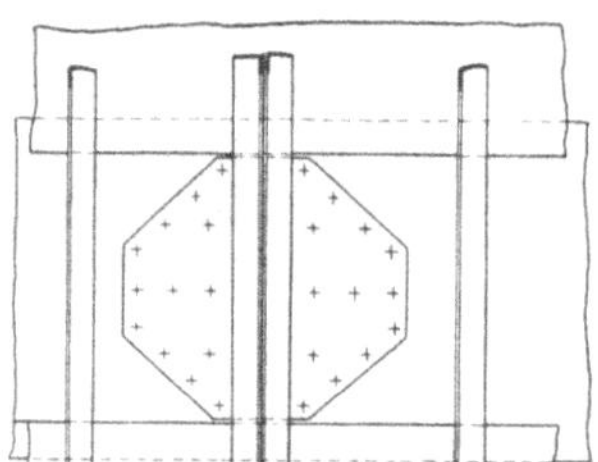

Abb. 561.

nur mehr mit einem Niet verbunden waren (Abb. 560). Diese rhombischen Füllstücke ließen sich schon besser abdichten als die vollen Füllstücke, die vielfach die Ursachen von Leckagen bildeten. Als dann der Bau der Petroleum-Tankschiffe aufkam, wurden zuerst bei diesen die Schottfüllbleche nur bis etwa zur halben Spantentfernung vor und hinter das Schottspant geführt, so daß sich alle Kanten gut verstemmen und abdichten ließen (Abb. 561). Seit den neunziger Jahren wurde diese Art Schottfüllbleche bei den wasserdichten Schotten allgemein eingeführt, bis sie nach 20 Jahren wieder durch Kniebleche an den Stringern ersetzt wurden. Die Plattengänge der Schotten wurden in der Regel horizontal angeordnet, weil dann die Begrenzungswinkel der Decks glatt von Bord zu Bord durchlaufen konnten. Da die Vertikalversteifung der Schotte durch vertikale Spantwinkel nicht immer ausreichte, um die Schottplatten vor dem Einbeulen zu bewahren, so legte man auf die Rückseite horizontale Winkel, welche von Bord zu Bord durchgingen, mitten auf die Platten; letztere hatten meist eine Breite von 1,22 m (4 Fuß), und so entstand die Regel, die Platten auf der einen Seite durch Vertikalwinkel in 760 mm und auf der anderen Seite durch Horizontalwinkel in 1,22 m Abstand zu versteifen. Dies blieb bei den meisten Klassifikationsgesellschaften noch so bis 1909, wenn auch gewisse Verbesserungen, wie Einspannung der Schottversteifungen durch Kniebleche, Verstärkung der Horizontalversteifungen durch Wulstwinkel usw. sich durchgesetzt hatten.

Die Kielschweine, Kimm und Seitenstringer, überhaupt alle inneren Längsverbände führte man bis Mitte der neunziger Jahre durch die Querschotten hindurch, und dichtete sie mühsam durch Winkelkragen am Schott ab (Abb. 558). Man legte diesen Verbandteilen viel zu großen Wert für die Längsfestigkeit bei. Es wurde als unbedingt nötig verlangt, daß die Längsverbände ununterbrochen durch das Schott gingen, namentlich solche mit interkostalen Zwischenplatten. Diese wasserdichte Durchführung verlangte sehr viel mühsame Arbeit und Kosten und hatte nur bei sorgsamster Arbeitsausführung Erfolg. Gegen Ende der achtziger Jahre machte man dann im Handelsschiffbau zuerst

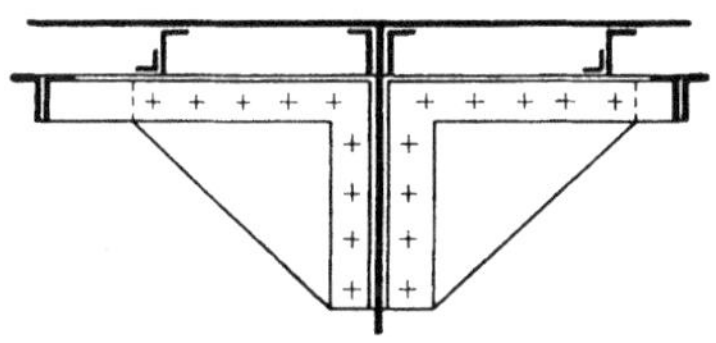

Abb. 562.

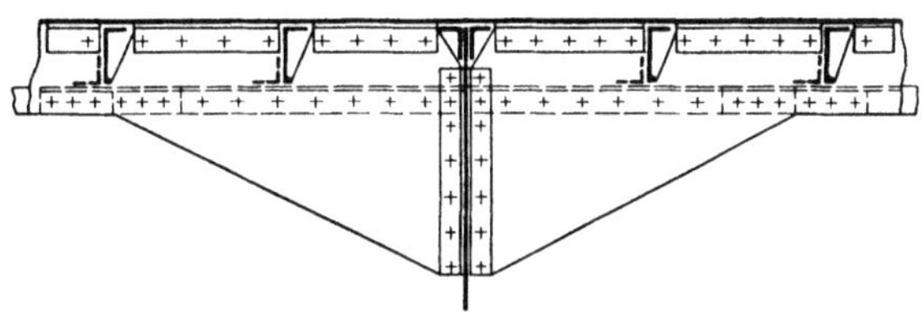

Abb. 563.

den Versuch, die nur aus zwei Winkeln bestehenden Kimm- und Raumstringer nicht durch das Schott hindurchzuführen, sondern vor dem Schott aufzubiegen, sie ein Stück am Schott hochzuführen und eine Knieplatte einzusetzen (siehe Abb. 562). Als dann Ende der achtziger und Anfang der neunziger Jahre der Tankdampferbau einsetzte, brach man endgültig mit der alten Bauweise der Durchführung dieser Längsverbände durch die Schotte und schnitt dieselben vor den Schotten ab und nietete sie auf beiden Seiten mit starken Knieplatten dagegen (Abb. 563).

Die Zahl und Anordnung der Schotte war bis zum Jahre 1891 kaum Gegenstand größerer Beachtung. In Segelschiffen war lediglich das Kollisionsschott üblich, in Dampfschiffen wurden Maschinen- und Kesselraum durch Schotte vom Laderaum abgegrenzt. damit die Ladung nicht durch Hitze, Rauch und Kohlenstaub litt. Schon früh baute man auch am Hinterende des Schiffes ein Schott ein, welches den spitzen, winkligen und schwer reinzuhaltenden Endraum vom Laderaum abtrennte. Dieses Schott brauchte aber nicht, wie die anderen Schotte, bis zum zweiten Deck, dem Tonnagedeck, hochzugehen, sondern reichte nur über die Wasserlinie, wo es mit einer eisernen Deckbeplattung, die sich bis zum Hintersteven erstrecken mußte, abschloß. In den achtziger Jahren mußten dann die Trennungsschotte in den Laderäumen bis zum Oberdeck hochgeführt werden. Für die Entfernung des Kollisionsschott vom Vorsteven bildete sich allmählich das Maß von 0,05 L heraus. Da aber die Anordnung der Schotte, wenn auch ihre Zahl mehr als die vorgeschriebenen 4 betrug, nicht nach dem Gesichtspunkt der Schwimmfähigkeit erfolgte, so wurde es bei Fahrgastschiffen üblich, hinter dem Kollisionsschott in 2 bis 3 Spantentfernungen noch ein zweites wasserdichtes Schott einzubauen für den Fall, daß bei einem Zusammenstoß das erste Schott durchbrochen wurde.

Die Merchant Shipping Act von 1854 hatte bestimmt, daß jeder Dampfer über 100 Br.-Reg.-Tons in 3 wasserdichte Abteilungen zu teilen sei, einen Maschinen- und Kesselraum in der Mitte und je einen Laderaum vorn und hinten. Für kleine Schiffe und bei der damals verhältnismäßig viel Raum einnehmenden Maschinen- und Kesselanlage bot diese Teilung einen gewissen Schutz. Als aber die Schiffe größer, die Laderäume immer länger und die Maschinen- und Kesselräume relativ kleiner wurden, genügte die Teilung nicht mehr und das Board of Trade hob die genannte Schottvorschrift 1862 wieder auf. Die Versicherer erreichten indessen durch verringerte Prämien für Schiffe mit einer brauchbaren Schottanordnung, daß immerhin noch eine einigermaßen sichere Schottanordnung bestehen blieb. Als im Jahre 1866 kurz nacheinander zwei große englische Dampfer untergingen, wandte sich die Institution of Naval Architects an das Board of Trade um Erlaß von Schottvorschriften, doch ohne Erfolg. Die englische Admiralität erreichte eine gewisse Besserung durch die Bestimmung, daß für Truppen und Postbeförderung nur solche Schiffe verwendet werden sollten, welche durch eine sachgemäße Schottanordnung eine Garantie für sichere Beförderung gewährten. Von sämtlichen seegehenden englischen Dampfern hatten aber im Jahre 1875 noch nicht 30 eine einigermaßen entsprechende Schottanordnung. Im Jahre 1883 betrug die Zahl der englischen Schiffe dieser Art noch nicht 300. Im Jahre 1891 wurde dann in England der Schottenausschuß (Bulkhead Committee) einberufen, welcher Schottvorschriften für Schiffe von verschiedener Länge und verschiedenem Völligkeitsgrad bei den entsprechenden Tiefgängen aufstellte. Von ihm wurden zuerst Schottkurven aufgestellt, welche später den Schottvorschriften der Seeberufsgenossenschaft zugrunde gelegt wurden. Die Vorschläge umfaßten Vorschriften für Fracht- und Fahrgastdampfer und auch für Segelschiffe. Für die Beflutung der Laderäume war allgemein ein Abzug von 60 % des Rauminhaltes für Ladung zugrunde gelegt. Diese Vorschriften wurden indessen nicht Gesetz. Um die Reeder der Fahrgastdampfer für die Annahme der Schottvorschriften geneigter zu machen, wurde für Schiffe, deren Schotteinteilung den Vorschlägen des Bulkhead Committee entsprach, die Hälfte der Rettungsboote erlassen.

In Deutschland gab es in der ersten Hälfte der neunziger Jahre noch keine anderen Vorschriften über wasserdichte Schotten als die des Germanischen Lloyd, und diese deckten sich mit den vorher erwähnten, nur daß bei Räumen über 28 m Länge ein weiteres wasserdichtes Schott anzuordnen war, welches bei Sturmdeckschiffen bis zum Hauptdeck, in allen anderen Schiffen aber bis zum Haupt- bzw. Spardeck hinaufzuführen war. Zwar hatte der Germanische Lloyd schon 1892 die Vorschrift, daß größere Seedampfer, namentlich Fahrgast-Dampfschiffe, mit so viel wasserdichten Querschotten versehen sein sollten, daß dieselben noch schwimmfähig blieben, wenn eine der wasserdichten Abteilungen infolge einer Kollision oder eines Seeschadens mit Wasser gefüllt wurde, doch waren damals noch die wenigsten deutschen Fahrgastdampfer beim Germanischen Lloyd klassifiziert. Die Befolgung dieser Vorschrift hätte auch kaum schwere Unglücksfälle verhütet, da eben die Schotten nicht so stark gebaut wurden, daß sie dem Wasserdruck hätten widerstehen können. Dann kam das beklagenswerte „Elbe"-Unglück im Jahre 1895, und nun wurden seitens der Seeberufsgenossenschaft bzw. des Germanischen Lloyd, der damals zum technischen Sachverständigen der Seeberufsgenossenschaft wurde, „Vorschriften über wasserdichte Schotten in Passagierdampfern außerhalb der großen Küstenfahrt" aufgestellt. Zahl und Anordnung der Schotte fallen nicht in den Bereich dieses Buches, wohl aber die Bauart der Schotte selbst. Im Jahre 1896 wurden zum ersten Male vom Germanischen Lloyd als einziger Klassifikationsgesellschaft Vorschriften über den Bau wasserdichter Schotte aufgestellt, welche tatsächlich dem Wasserdruck entsprechend bemessen waren. Allerdings galten diese Vorschriften nur für Schiffe mit der entsprechenden Schottstellung, die auch besondere Bezeichnungen im Register und Zertifikat bekamen. Für die gewöhnlichen Frachtdampfer bestand die alte Versteifungsmethode mit vertikalen Spantwinkeln auf der einen und horizontalen auf der anderen Seite weiter fort, nur daß bei Schiffen von 11,00 bis 13,71 m Breite ein Rahmenspant, von 13,71 bis 16,76 m Breite zwei Rahmenspanten, von 16,76 bis 20,16 m Breite drei Rahmenspanten usw. verlangt wurden. Wir finden also hier noch bis zum Jahre 1909 für den größten Teil der Schiffe die Schotte nur als Trennungswände der Laderäume behandelt.

b) Die Versteifung verstärkter Schotte. Schiffe, welche mit Schotten versehen waren, die den Wasserdruck aushielten, wenn der Raum mit Wasser gefüllt war, erhielten vom Germanischen Lloyd im Zertifikat und Register vor dem Zeichen für die Schotten ein ✝; Fahrgastdampfer, welche eine derartige Schottenteilung hatten, daß sie schwimmfähig blieben, wenn eine oder zwei Abteilungen leck wurden und infolgedessen das Zeichen ✝ erhielten, mußten die Versteifungen für verstärkte Schotte haben. Maßgebend für die Bestimmung der Plattenstärke und der Absteifungen war bei den ersten verstärkten Schotten die Raumtiefe mittschiffs bis zum Schottendeck. Reichten die Schotten bis zum Deck eines langen Aufbaus hinauf, so war zur Bestimmung der einzelnen Teile der Schotten die Raumtiefe bis zur Höhe dieses Aufbaues maßgebend. Wenn die Raumtiefe an den vorderen oder hinteren Schotten größer war als die Raumtiefe mittschiffs $+ 0,004 \times$ Schiffslänge, dann waren die Schottabsteifungen nach der wirklichen Raumtiefe an den betreffenden Schotten zu bemessen.

Man legte bei den verstärkten Schotten die Versteifungen nur auf eine Seite und verwandte nur vertikale Absteifungen; nur dort, wo die unterste vorgeschriebene Deckbalkenlage fehlte, wurde dieselbe durch einen horizontalen Plattenträger, welcher von Bord zu Bord reichte, ersetzt. Bis zu einer Raumtiefe von 6,71 m konnte man ausschließlich mit Vertikalversteifungen auskommen. Alle Vertikalversteifungen standen 760 mm auseinander. Bei einer Raumtiefe unter 2,44 m bestanden die Versteifungen lediglich aus Spantwinkeln, bei 2,44 bis 3,35 m erhielt jeder dritte, bis 3,66 m jeder zweite und bis 3,96 m jeder Absteifungswinkel einen Gegenspantwinkel zur Verstärkung. Bei größerer Raumtiefe waren ⊏- bzw. ⌶-Profile vorgeschrieben, bei Rt von 3,96 bis 4,27 m 180×90 mm und so fort in Stufen von 1 Fuß bis zu Rt 6,40 bis 7,32 m, wo Profile 300×100 mm erforderlich waren.

Bei einer Raumtiefe von 6,71 m und darüber mußte auf jeden Fall an Stelle der in Wegfall kommenden unteren Decksbalkenlage ein Verstärkungsbalken angebracht werden. Diese Balken hatten je nach der Raumtiefe und ob sie an Stelle des ersten Decks unter dem Schottendeck saßen oder an Stelle des zweiten, dritten, vierten oder fünften Decks eine Breite von 0,35 bis 3,82 m und wurden ohne Bucht gebaut. War die Länge des Balkens kleiner als die Schiffsbreite mittschiffs, oder wurden die Querschotten durch Längsschotten, z. B. Kohlenbunkerwände gestützt, so daß als Balkenlänge l die größte Entfernung zwischen den Längsschotten oder zwischen diesen und der Bordwand genommen werden konnte, dann durfte die Breite b nach dem Verhältnis $1 : B$ verringert werden. Ein solcher Balken wurde gebildet aus einer horizontalen, von Stringer zu Stringer reichenden und mit diesen vernieteten Platte, welche an der einen Seite durch einen Gegenspantwinkel mit der Schottwand, an der anderen Seite mit zwei Rücken an Rücken zusammengenieteten ⊐-Balken vom Profil der Deckbalken an jedem zweiten Spant vernietet wurde. Diese Balken brauchten nicht auf einem Spant zu liegen, sondern sie konnten auch zwischen zwei Spanten durch einen kurzen Spantwinkel mit der Außenhaut verbunden werden. Die horizontale Platte des Verstärkungsbalkens erhielt an jeder dritten Vertikalabsteifung, d. h. normalerweise alle 2,28 m, einen längsschiffs liegenden Unterzug von der Dicke der Schottbleche in der Höhe des Verstärkungsbalkens und der Höhe der Decksbalken. Diese vertikalen Unterzugsplatten erhielten oben und unten Gurtungswinkel vom Profil der Gegenspanten (Abb. 564 u. 565). Betrug die Breite des Schottverstärkungsbalkens mehr als zwei Spantentfernungen, so wurde auf jedem zweiten Spant ein Zwischenbalken von dem Profil der Balken an jedem Spant angebracht. Statt dessen konnte man aber auch Unterzüge an jeder zweiten Vertikalversteifung vorsehen (Abb. 564 und 565). Die Absteifung der Schotten unter dem untersten festen Deck konnte auch in der Weise erfolgen, daß mittschiffs vom Doppelboden oder Kielschwein eine vertikale Absteifung angebracht wurde, durch welche der horizontale Verstärkungsbalken hindurchging; der letztere brauchte dann nur halb so breit zu sein (Abb. 566).

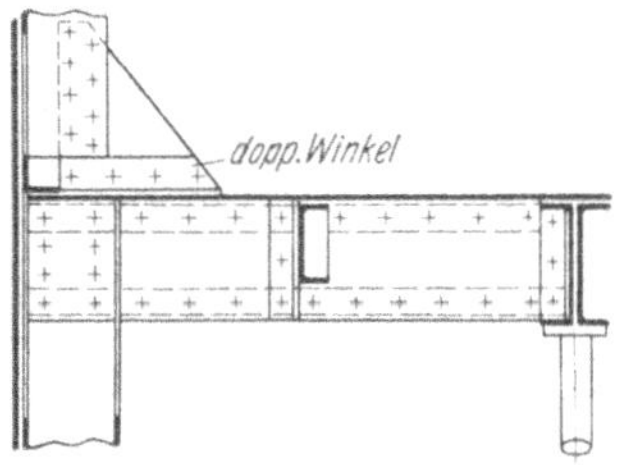

Abb. 564.

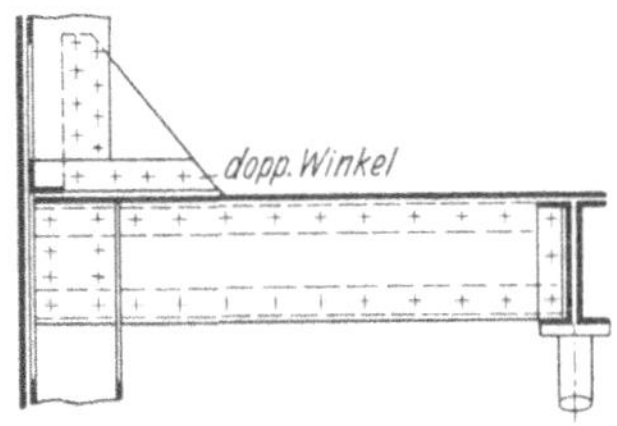

Abb. 565.

Die Vertikalversteifungen unter dem untersten Deck, welche in 760 mm Entfernung anzuordnen waren, bestanden aus Winkeln oder Schienen, die auch durch gebaute Träger ersetzt werden konnten. Die Absteifungen wurden unten mit dem Doppelboden und oben mit dem betreffenden oberen Deck durch doppelte Winkel und, wo erforderlich, durch Eckbleche verbunden.

Diese Bauart der wasserdichten Schotte war seit dem Jahre 1895 vom Germanischen Lloyd vorgeschrieben und ist lange Jahre bei dem größten Teil der deutschen Fracht- und Fahrgastdampfer zur Anwendung gekommen, zu einer Zeit, wo keine der anderen Klassifikationsgesellschaften Vorschriften für Schotte und Schottversteifungen hatte, welche dem Wasserdruck im Falle eines Leckwerdens eines Raumes widerstehen konnten.

Die Bauvorschriften des Germanischen Lloyd für verstärkte Schotte kannten als Versteifungsprofile wie erwähnt nur Winkel, [- und I-Profile; das Wulstwinkelprofil, welches heute fast ausschließlich als Schottversteifungsprofil dient, war bei Aufstellung dieser Vorschriften noch wenig im Gebrauch. Man betrachtete die Versteifungsprofile lediglich als eingespannte bzw. frei aufliegende Träger, welche gegen Ausbiegen durch Wasserdruck auf die Schottbeplattung stark genug sein mußten. Die Wirkung der Beplattung in Verbindung mit der Versteifung wurde nicht in Rechnung gestellt. Da nun der Wulstwinkel bei gleichem Gewicht ein geringeres Widerstandsmoment hat, als ein [- oder I-Profil, so zog man ihn für die Schottversteifung gar nicht in Betracht.

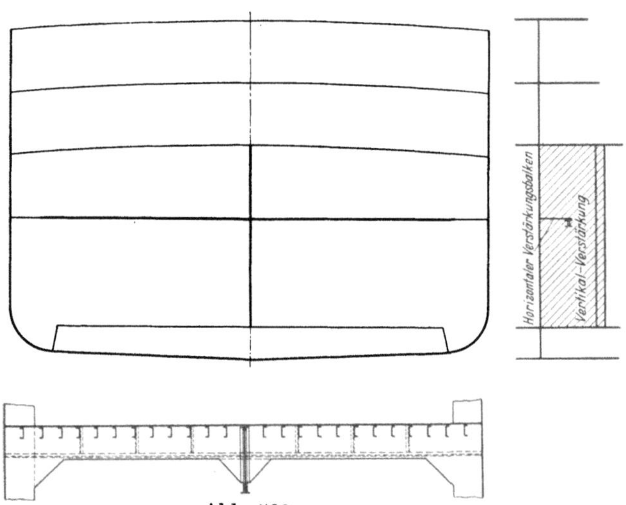

Abb. 566.

Nach der Umwälzung im Handelsschiffbau im Jahre 1909 gab der Germanische Lloyd mit der Ausgabe von 1910 völlig neue Vorschriften über die Schottversteifungen heraus. Diese hatten den Vorzug, daß die Querschotte ausschließlich als wasserdichte Schotte betrachtet wurden, die in jedem Falle gegen Wasserdruck ausreichend versteift waren; der Unterschied zwischen gewöhnlichen, d. h. zu schwachen Schotten in Frachtdampfern und verstärkten Schotten in Fracht- und Fahrgastdampfern sowie Schnelldampfern fiel also weg. Eine weitere grundlegende Änderung war der Fortfall der Horizontalversteifung bzw. des horizontalen Verstärkungsbalkens an Stelle eines weggelassenen Unterdecks. Die Vorschriften sahen nur vertikale Absteifungen vor; diese bestanden aus Winkeln 115×65 und 130×65 mm, aus Wulstwinkeln 130×65 bis 165×75 mm, sowie aus L-Profilen 165×80 bis 340×100 mm und bei ganz schweren

Versteifungen aus I-Profilen Nr. 34 bis 50. Es kamen also hier Wulstwinkel nur in den Profilhöhen von 130 bis 165 mm vor, d. h. man wendete sie nur an, wo der ungleichschenklige Winkel zu hoch und schwer geworden wäre, und wo man noch kein brauchbares [-Profil hatte. Die Dicke der Schottplatten richtete sich nach der Lage der Schottfläche zum Schottendeck. Zwischen Schottendeck und dem Deck darunter war im oberen Teil eine Plattendicke von 6 mm, im unteren Teil von 6,5 mm erforderlich. Die Plattenstärken steigen um je 1 mm pro Deck, so daß bei der Schottfläche zwischen dem 5. und 6. Deck unter dem Schottendeck die Plattendicke 10,5 bis 11,5 mm betrug. Die Plattendicken waren also gegen die ursprünglichen verstärkten Schotte, die bis 14 mm gingen, erheblich verringert worden. Für die vertikalen Versteifungen war nicht mehr die Raumtiefe und die Zahl der Decks, sondern die Höhe des Schottenteils in der Mittellängsebene und der Abstand der Oberkante des Schotteils vom Schottendeck maßgebend. (Abb. 567). Diese Art der Bestimmung ist mit wenig Änderung heute allgemein von den Klassifikationsgesellschaften angenommen. Die Höhe des Schotteils h gibt die Länge der eingespannten Versteifung und der Abstand der Oberkante des Schotteils vom Schottendeck die Bestimmung des Wasserdruckes. Die Versteifungen des Decks unter dem Schottendeck waren für 2,45 bis 2,75 m Deckshöhe Winkel $115 \times 65 \times 6$ bis 8 mm. Der Abstand aller Versteifungen war zu 760 mm angenommen. Alle Versteifungen mußten unten und oben mit Knieblechen eingespannt sein (Abb. 568, 569 und 570) mit Ausnahme der Versteifungen am Schottendeck von Mehrdeckschiffen; die Befestigung der Enden der Versteifungen durch kurze Lugwinkel war nicht gestattet. Die Plattengänge waren horizontal angenommen; bei vertikalen Platten genügte die mittlere Plattendicke. Die Befestigung der Schotten an der Außenhaut und auf dem Doppelboden erfolgte durch doppelte Winkel von der Dicke der untersten Platte, von denen jedoch nur der eine wasserdicht genietet zu sein brauchte oder durch einen Winkel mit doppelter Zickzacknietung. Mit den Deckbeplattungen wurden die Schottplatten durch einfache Winkel mit einfacher Nietung verbunden. An der Außenhaut wurden an den Stringern Kniebleche von zwei Spantentfernungen Länge als Ersatz für die enge Nietung im Schottspantwinkel verlangt; der Abstand der Kniebleche durfte 1,5 m nicht überschreiten, sonst mußten vor und hinter dem Schott Zwischenknie, aber von kleineren Abmessungen, angebracht werden (Abb. 568).

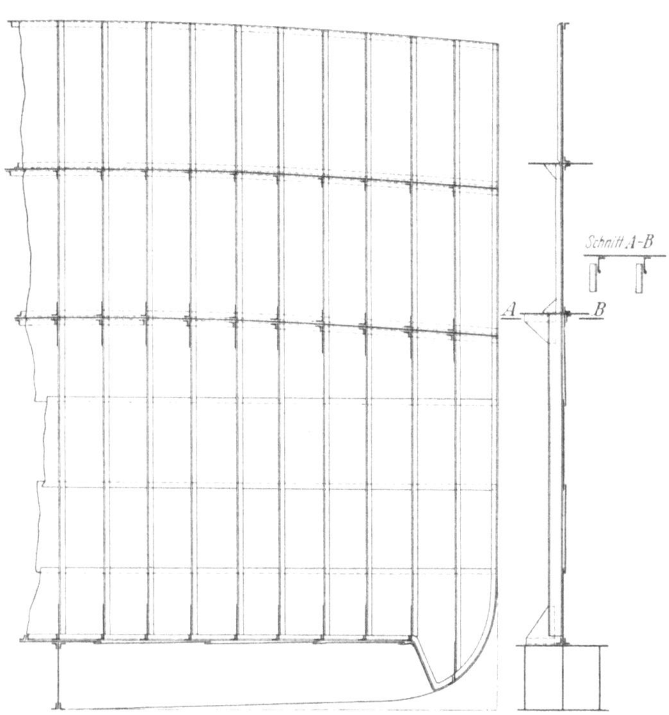

Abb. 567.

Das auf 0,05 L vom Vorsteven angebrachte Kollisionsschott mußte bis zum Hauptdeck reichen, die Maschinen- bzw. Kesselraumschotte bis zum Haupt- oder Freiborddeck, das Stopfbüchsenschott nur bis zu einer wasserdichten Plattform oberhalb der Tiefladelinie. Bei Dampfern mit dem Unsinkbarkeitszeichen konnte von der vorstehend genannten Hochführung der wasserdichten Schotte abgesehen werden, solange die Schiffe den für das Unsinkbarkeitszeichen festgesetzten Tiefgang nicht überschritten. In Dampfschiffen über 65 und unter 85 m Länge mußten mindestens vier wasserdichte Querschotte vorhanden sein und bei einer Schiffslänge von 85 m und darüber für je 20 m Längenzuwachs ein Schott mehr. Auch diese Schotte mußten bis zum Haupt- oder Freiborddeck hochgeführt werden. Eine größte zulässige Länge des Laderaums, welche früher und auch heute wieder mit 28 m festgesetzt war, war nicht vorgeschrieben. Diese Schottvorschriften blieben in Kraft, bis auf Grund der Versuche des vom englischen Board of Trade einberufenen Schottenausschusses in England im Jahre 1912 neue Schottvorschriften aufgestellt wurden, die nun mehr oder minder international geworden sind.

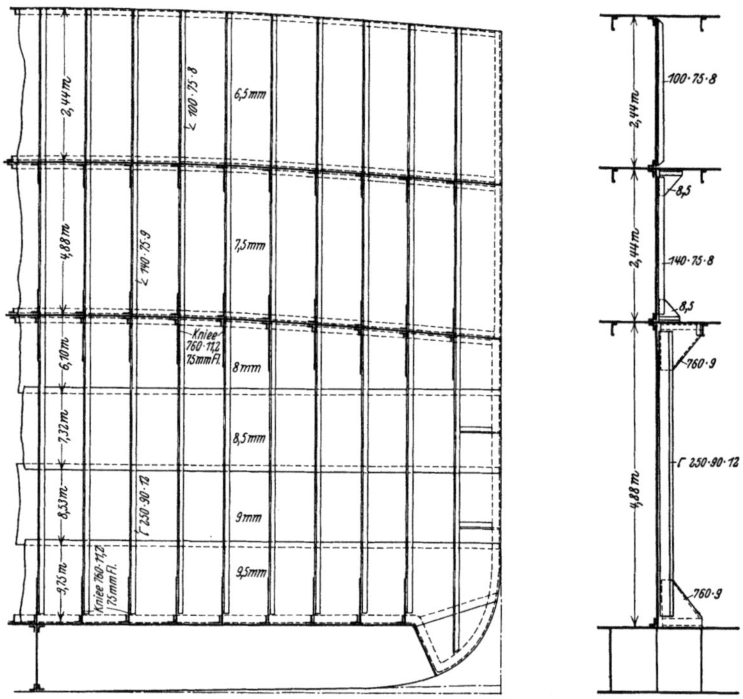

Abb. 568.

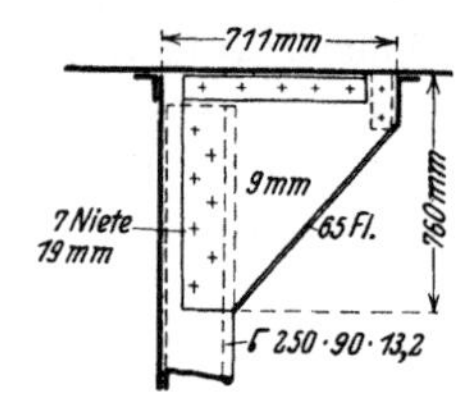

Abb. 569.

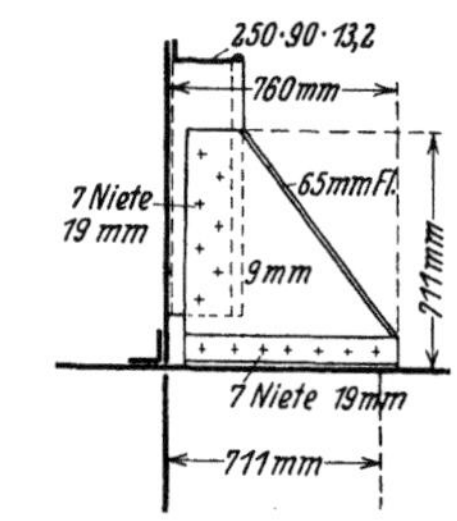

Abb. 570.

c) Die Versuche des englischen Schottenausschusses von 1912. Um die wirksamste Bauweise und Versteifungsart der wasserdichten Schotte festzustellen, ließ der englische Schottenausschuß, welcher infolge des „Titanic"-Unterganges gebildet worden war, zwei Versuchsschotte in Gestalt eines Kofferdammes bauen (Abb. 571). Dieselben waren 7,62 m breit, 9,07 m hoch, und ihr Abstand betrug 2,07 m. Es waren zwei Plattformen angeordnet, welche Unterdecks mit 2,44 m Abstand darstellten, und ein wasserdichtes Oberdeck. Die Beplattung war teils vertikal, teils horizontal angeordnet, ihre Dicke variierte von 6,6 bis 9,14 mm; die Platten waren durchweg durch einfache Überlappungsnietung miteinander verbunden. Die Versteifungen waren senkrecht angeordnet, bei dem einen Schott innerhalb des Tanks, beim andern außerhalb (Abb. 571). Es wurden 3 Arten von Versteifungen angewendet: -Wulstwinkel, [-Profile und doppelt geflanschte Platten, und zwar in Gruppen zu dreien wie auf der Abb. 572 ersichtlich. Die Versteifungen in den Zwischendecks waren entweder Winkel oder Flansche der Schottplatten. Die Enden der Versteifungen in dem oberen Zwischendeck waren nicht eingespannt; alle anderen waren mit Knieblechen versehen, mit Ausnahme eines der Wulstwinkel und einer der doppelt geflanschten Plattenversteifungen, die dafür eine größere Steghöhe bekamen und durch einen einfachen Winkel befestigt waren.

Der Tank wurde abschnittsweise mit Wasser gefüllt, so daß die zunehmende Durchbiegung der verschiedenen Versteifungen festgestellt werden konnte und ebenso irgendwelche lokalen Schwächen oder Fehler. Zum Schluß wurde der Tank vermittelst eines Standrohres über dem Oberdeck unter Druck gesetzt. Wenn auch in einer leck gewordenen Abteilung das Wasser nicht höher als bis zum Oberdeck steigen kann, so kann der Wasserdruck bei einem Schott durch die Bewegungen des Schiffskörpers doch bedeutend größer werden; auch konnte man durch die Druckerhöhung wertvolle Beobachtungen in der Nähe der Bruchgrenze des Materials machen.

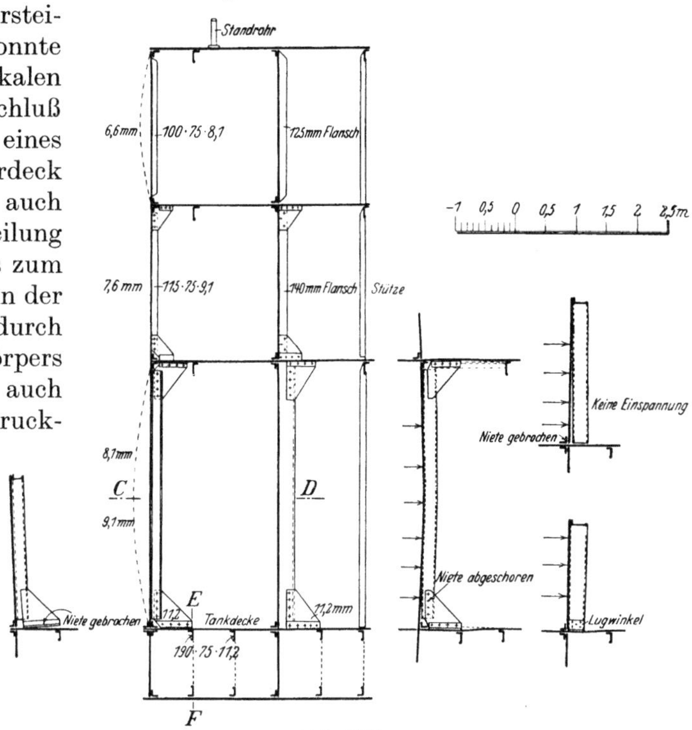

Abb. 571.

Bei Füllung bis zum Oberdeck betrug die größte beobachtete Durchbiegung des Schotts im Raum rund 75 mm. Die Durchbiegung des Schottteiles im oberen Zwischendeck war etwa gleich groß und ergab auf Grund der geringeren Länge der Versteifungen natürlich eine viel größere Krümmung. Die offensichtliche Schwäche dieses Teiles war dadurch erklärlich, daß die Enden der Versteifungen nicht eingespannt waren. Im unteren Zwischendeck nahm das Schott eine doppelte Krümmung an, hervorgerufen durch die verdrehende oder kippende Wirkung der schweren Versteifungen im Raum unter dem Unterdeck. Die punktierte Linie in der Abb. 571 zeigt übertrieben die Art der Durchbiegung. Die Versteifungen an der Außenseite des Tanks widerstanden dem Druck und bogen weniger durch, als die auf der Innenseite; die freien Enden der letzteren, die auf Druck beansprucht wurden, waren imstande, sich der Spannung durch größere oder geringere Ausbuchtung zu entziehen. Die drei doppelt geflanschten Versteifungen im Tank z. B. verwarfen sich und brachen unter einem Druck von 0,66 m Wassersäule zusammen, während die gleichen Versteifungen auf der Außenseite bis zum Ende standen. Obwohl die Schottbeplattung beträchtlich zwischen den Versteifungen ausbeulte, hielten die vertikalen und horizontalen Nietungen und Dichtungen sehr gut gegen Verbiegung und Druck. Es zeigte sich weiter, daß die Niebleche an den Enden der Versteifungen im Raum, welche in der üblichen Weise mit vier Nieten gegen die Tankdecke oder Deckbeplattung genietet waren, nicht ausreichten. Sie hatten wenig Einspannungskraft für die Versteifungen, welche nahezu die Durchbiegungen von frei aufliegenden Trägern aufwiesen. Die Nieten schoren ab

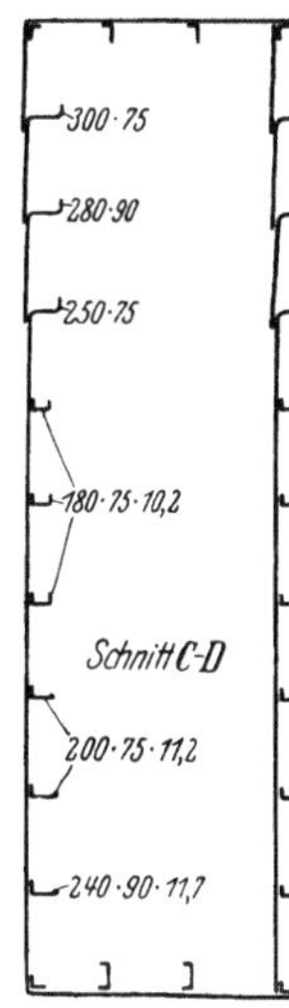

Abb. 572. (Schnitt *C-D* s. Abb. 571.)

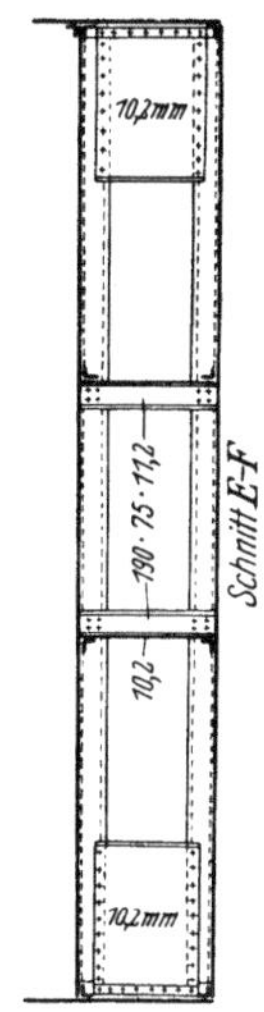

Abb. 573. (Schnitt *E-F* s. Abb. 571.)

oder brachen, als die Durchbiegung wuchs. Die erste Erprobung mußte beendet werden, als das Ende einer der Versteifungen im Raum sich vom Schott wegdrehte, nachdem die Versteifung sich selbst von der Knieplatte losgemacht hatte. Unter einer Wassersäule von 3,66 m gingen auch die Enden der Winkelversteifungen im oberen Zwischendeck, welche nicht eingespannt waren, vom Schott los. In gewisser Hinsicht gaben die einfachen Winkelverbindungen am Tanktop und an der Deckbeplattung in Verbindung mit stärkeren und steiferen Versteifungen bessere Ergebnisse, weil sie geringe Anzeichen von Spannung erkennen ließen und weil die Niete hielten. Dies beruhte auf der größeren Starrheit der Versteifungen und auf der Tatsache, daß der kurze Winkel, eben wegen seiner Kürze, bei Beanspruchung der Tankdecke oder der Deckbeplattung in der Lage war, sich selbst der Biegung der Versteifung anzupassen. Er hielt das Ende der letzteren gegen das Bestreben, vom Schott abzuspringen, aber er hatte nur wenig oder keine Wirkung auf eine Verringerung der Durchbiegung.

Nach Abschluß der ersten Versuche wurden neue Kniebleche angebracht. Diese waren dicker und an der freien Kante geflanscht (da verschiedene bei dem ersten Versuch durchgebeult waren) und mit der Tankdecke und der Deckbeplattung durch doppelte kurze Winkel und mit den Versteifungen durch zwei weitere zusätzliche Nieten zu den vier anderen verbunden. Ebenso wurden bei allen Versteifungen die Nieten in der Schottbeplattung auf ¼ ihrer Länge von jedem Ende 50% enger gesetzt. Das Ergebnis dieser Verstärkung war, daß die Festigkeit und Starrheit der Schotte beträchtlich zunahm, so daß bei 3,66 m Wassersäule die größte Durchbiegung nur 38 mm betrug, während sie vorher bei 2,44 m Wassersäule schon 76 mm betrug. Noch vor der zweiten Erprobung wurde einer der achtzölligen Wulstwinkel innerhalb des Tanks von seinen Knieblechverbindungen gelöst und in der Mitte für ¾ seiner Länge verstärkt, indem man an die Innenkante einen 3½zölligen Winkel nietete. Hierbei zeigte sich unter dem größten Wasserdruck (ungefähr 4,57 m Wassersäule) der Widerstand gegen Durchbiegen dieser sehr starren Versteifung in der Bildung einer tiefen Einbeulung in der Beplattung, wobei das untere Ende der Versteifung sich durch die Beplattung drückte. Es ist wichtig, hervorzuheben, daß, wenn die Enden dieser Versteifung den Begrenzungswinkel des Schotts überlappt hätten, die Beplattung nicht gelitten hätte.

Vergleicht man hiernach die Wirksamkeit von Knieblechen mit der von kurzen Befestigungswinkeln, so ergibt sich, daß letztere, wenn sie auch eine gewisse Wirkung haben, das Ende der Versteifung festzuhalten, doch wenig dazu beitragen, die Durchbiegung der Versteifung zu verringern, welche tatsächlich der eines Trägers mit frei aufliegenden Enden sehr nahe kam. Bei der Versteifung mit Knieblechen lag, wenn sie sorgfältig vernietet waren, die Durchbiegung der Versteifung ungefähr in der Mitte zwischen einer vollständig starren Einspannung und freier Auflage.

Was den Wert der verschiedenen Arten von Versteifungen betrifft, so brachen die doppelt geflanschten Versteifungen, nachdem sie bis zu einem gewissen Druck erst zuletzt sich verbogen hatten, schließlich ganz zusammen. Die ⊏-Versteifungen verbogen mehr als die doppelt geflanschten, aber sie standen bis zum Schluß. Die Wulstwinkel verbeulten bis zu einem gewissen Grade. Die nicht eingespannten einflanschigen Versteifungen im oberen Zwischendeck bogen sich ab und brachen schließlich unter dem außergewöhnlichen Druck zusammen.

Der Schottenausschuß stellte auf Grund der vorstehend geschilderten Versuche Regeln für die Konstruktion und Tabellen über die Abmessungen der wasserdichten Schotte auf und als Probe für deren Wirksamkeit und praktische Ausführbarkeit ließ er noch einen weiteren Probeversuch, mit einem Schott von 13,72 m Breite und 8,23 m Höhe für ein Eindeckschiff, welches in genauer Übereinstimmung mit den neuen Regeln gebaut war, ausführen. Das Prüfungsergebnis war vollständig zufriedenstellend.

Die Starrheit und Festigkeit eines Schottes, welches in Übereinstimmung mit diesen Regeln gebaut ist, stellen sich so, daß, wenn das Schott mit Wasser bis zur Oberkante belastet wird, die Durchbiegung die Oberfläche kaum ausdehnt, d. h. die Wirkung ist die eines Trägers und nicht einer Membran.

Die Abmessungen in den Tabellen des Schottenausschusses für die Versteifungen basieren auf einem Abstand der Versteifungen von 760 mm, wenn dieselben entsprechend stärker ausgeführt werden, kann der Abstand auf 914 mm vergrößert werden.

Diese Vorschriften sind die Grundlage für die Versteifung aller wasserdichten Schotte bei allen Klassifikationsgesellschaften geworden.

d) Die heutige Bauart wasserdichter Schotte. Auf Grund der Ergebnisse mit den Versuchsschotten änderte zunächst Lloyds Register seine Vorschriften über die Bauweise der wasserdichten Schotte im Mai 1915. In den Grundzügen gelten diese Vorschriften heute noch, nur haben sich gewisse Verringerungen der Materialabmessungen und der Vernietung als zulässig erwiesen. Es sind bei den neuen Schotten nur vertikale Versteifungen vorgesehen.

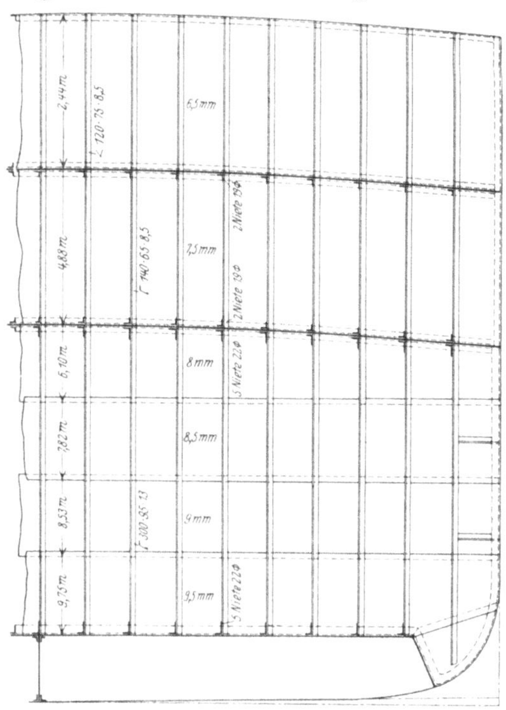

Abb. 574.

Die Dicke der Schottbeplattung ist gegen früher unverändert geblieben. Maßgebend ist der Abstand der unteren Kante der Platte von der Oberkante des Schotts in der Mittelebene des Schiffes. Die Dicke ist für einen Abstand der vertikalen Schottversteifungen von 760 mm und 915 mm bestimmt. Bei 2,40 m Höhenabstand und 760 mm Abstand der Versteifungen ist die Dicke der Schottbeplattung 6,5 m und steigt auf 13 mm bei 18,3 m Tiefe unter der Oberkante des Schottes. (Siehe Abb. 574.) Bei dem Abstand der Schottversteifungen von 915 mm ist die Dicke der Schottplatten entsprechend größer, und zwar bei 2,10 m Abstand von der Oberkante des Schottes 7 mm; sie steigt auf 14,5 mm bei 18,15 m Abstand von der Oberkante des Schottes. Die Plattendicke bei 915 mm Abstand ist also rund 10 % größer als bei 760 mm. Der unterste Plattengang soll wenigstens bis zu 0,90 m über dem Tanktop oder über der Oberkante des Kieles in Schiffen ohne Doppelboden reichen. Wo ein Schott den Abschluß eines Doppelbodens bildet, wie dies z. B. bei den Piekschotten oder dem Abschlußschott des Maschinenraums in Schiffen mit hinten liegender Maschine der Fall ist, soll sich der unterste Plattengang mindestens 300 mm über den Doppelboden hinaus erstrecken. Bei allen Schotten ist der unterste Gang mindestens 1 mm dicker zu nehmen. Bei Kesselraum- oder Bunkerschotten ist dieser Gang 2,5 mm dicker zu nehmen, als sonst erforderlich wäre. Am Ende eines Heizraumes muß sich die Bodenbeplattung des Schotts mindestens bis 610 mm über den Heizraumflur erstrecken. Die Platten in den Bilgen sollen 2,5 mm dicker sein als die übrigen untersten.

Die Versteifungen der Schotte sind ebenfalls für einen Abstand von 760 mm angegeben, und zwar einmal für den Fall, daß sie oben und unten mit Knieblechen eingespannt sind, das andere Mal für den Fall, daß ihre Enden nur durch kurze Lugwinkel auf dem Deck oder auf der Doppelbodendecke befestigt sind. Die Abmessungen werden bestimmt nach der Länge der Versteifung einschließlich Knieblech bzw. Lugwinkel und der Höhe der Oberkante des Schotts in der Mittelschiffebene über der Oberkante der Versteifung (Abb. 575 bis 577). Die Versteifungen des obersten Decks unter dem

Schottendeck bestehen aus Winkeln und erhalten bis zu 3,05 m Deckshöhe überhaupt keine Lugwinkel als Befestigung der Enden, wenn sie mit den Befestigungswinkeln der Schottbeplattung überlappen und mit ihnen vernietet werden. Die Abmessungen der Schottversteifungen gehen bei Eindeckschiffen und Knieblecheinspannung vom Winkel $100 \times 65 \times 7{,}0$ bei 2,25 m Versteifungslänge bis Winkel $150 \times 75 \times 13{,}0$ bei 4,00 m Versteifungslänge. Von 4,25 m ab bestehen die Versteifungen aus Wulstwinkeln, und zwar Γ $150 \times 75 \times 9{,}0$ bei 4,25 m bis Γ $290 \times 90 \times 15{,}0$ bei 8,00 m Versteifungslänge.

Werden die Schottversteifungen nicht durch Kniee, sondern nur durch kurze Winkel eingespannt, so sind entprechend steifere Profile erforderlich, und zwar für 2,25 m Versteifungslänge Winkel $115 \times 65 \times 6$ und bei 3,25 m Versteifungslänge Winkel $150 \times 75 \times 12{,}5$. Von 3,5 bis 7,00 m Versteifungslänge sind Wulstwinkel erforderlich, steigend von Γ $150 \times 70 \times 9{,}0$ bis auf Γ $300 \times 95 \times 16{,}5$ bei 7,00 m. Über 7,00 bis 8,00 m sind [-Profile 280 bis 320 erforderlich.

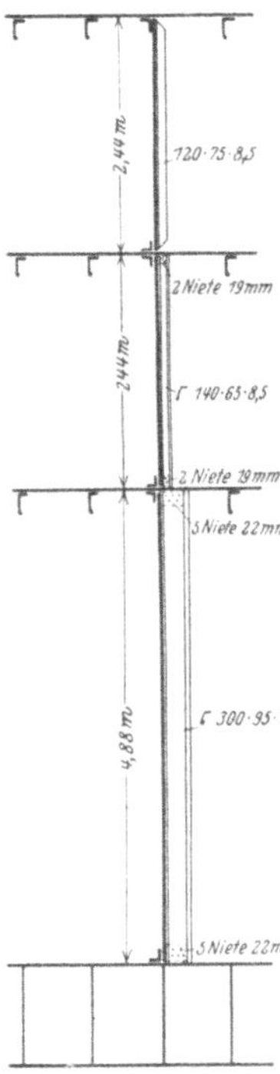
Abb. 575.

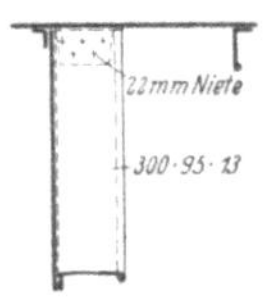
Abb. 576.

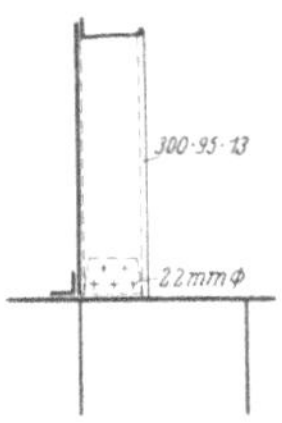
Abb. 577.

Die vorstehenden Zahlen gelten für einen Steifenabstand von 760 mm; der Abstand kann jedoch bis zu 900 mm betragen, wenn entsprechend stärkere Schottsteifen verwendet werden. Da nun nicht alle Schottbreiten durch 760 oder 900 teilbar sind, läßt sich einfach durch Interpolation die Abmessung der Schottversteifung bei dazwischen liegenden Abständen ermitteln. Stellt man die Versteifungen mit Knieblechen in Vergleich mit denen mit Lugwinkeln, so ergibt sich, daß die letzteren durchweg um mindestens 50% im Widerstandsmoment größer und rund 33% im Gewicht schwerer ausfallen. Der Vorteil des Wegfallens der für die Ladung hinderlichen Knie ist daher verhältnismäßig teuer erkauft.

Die Bestimmung der Schottversteifungen erfolgt, wie schon erwähnt, nach der Länge der Schottversteifungen einschließlich Endbefestigung und dem Abstand des oberen Endes der Steifen vom Schottdeck in der Mittellängsebene. Bei den oben näher angeführten Eindeckschiffen war also der Abstand des oberen Endes der Steife vom Schottdeck $= 0$ zu setzen. Die Tabellen des Germanischen Lloyd gehen bis zu einem Abstand des obersten Endes der Steifen vom Schottdeck in der Mittellängsebene von 12,00 m und dabei bis zu einer Länge der Steifen von 6,0 m, berücksichtigen also noch Schiffe bis zu 17,70 m Seitenhöhe bis zum Schottendeck. Die Versteifungen gelten auch für das Kollisionsschott, jedoch dürfen sie bei demselben keinen größeren Abstand als 600 mm haben und die Schottbeplattung darf beim Kollisionsschott nicht auf Grund der enger stehenden Versteifungen verringert werden, sondern muß die Dicke haben, welche für die übrigen wasserdichten Schotte bei 760 mm Abstand der Versteifungen vorgeschrieben ist. Das untere Ende einer jeden Vertikalversteifung muß mit der Außenhaut oder der Tankdecke verbunden sein und das Knieblech oder der Lugwinkel muß sich bis zum benachbarten Bodenstück erstrecken. Es ist dies eine sehr umständliche Bauweise, namentlich bei Schiffen mit weiten Spantenentfernungen, bei denen die untersten Kniee sich fast einen Meter weit in den Raum erstrecken. Vielfach versieht man die Schottenversteifungen an dem einen Ende mit Knieblechen und am anderen nur mit Lugwinkeln. In diesem Falle kann das Profil der Schottversteifung in der Mitte zwischen denen mit Knieblechen und mit Lugwinkeln liegen.

Für Fischdampfer und Schleppdampfer sind die Schottversteifungen, welche meist nur aus Winkelprofilen bestehen, wesentlich leichter als bei Frachtschiffen; der Abstand beträgt gewöhnlich 760 mm und beim Kollisionsschott 610 mm.

Die Kniee an den Schottversteifungen haben $2^1/_2$fache Profilhöhe. Die Höhe des Knies ist vom unteren Flansch des Schottbegrenzungswinkels zu rechnen. Die Dicke der Kniebleche richtet sich danach, ob sie geflanscht sind oder nicht. Die Dicke der Kniebleche beträgt bei Winkeln bis zu 150 mm 8,5 mm, die Zahl der Niete 3 von 19 mm. Bei Wulstwinkeln steigt die Dicke der Kniebleche von 9 mm bis 10,5 mm bei ⌈ 200 und 220 und die Zahl der Niete von 3 bis 5 Nieten von 19 mm Durchmesser. Von 230 mm Profilhöhe bis 300 mm müssen die Kniee geflanscht werden und können dementsprechend dünner sein; 8,5 mm bei ⌈ 230 bis 10 mm bei ⌈ 300. Die Vernietung steigt dabei von 6 Stück 19 mm-Nieten bei ⌈ 230 auf 8 Stück 22 mm-Nieten bei ⌈ 300. Bei den [-Versteifungen sind bei 280 mm Steghöhe 10 mm dicke geflanschte Knieplatten mit 9 Stück 22 mm-Nieten erforderlich, steigend bei [380 auf 11 mm mit 13 Nieten von 22 mm Durchmesser in jedem Schenkel.

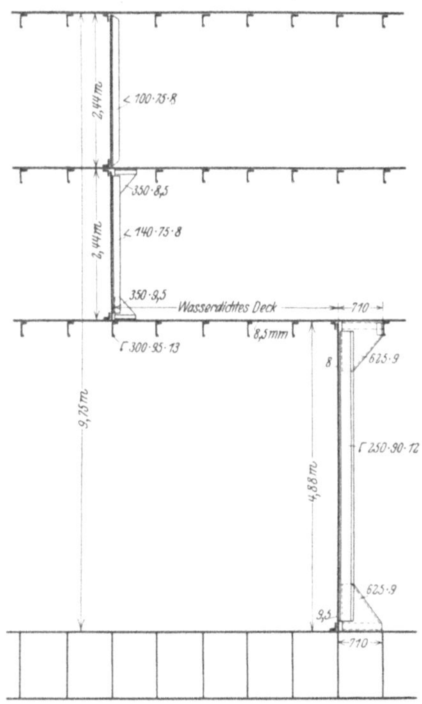

Abb. 578.

Für die Befestigung mit kurzen Winkeln (Abb. 575 bis 577) ist die Zahl der Nieten entsprechend geringer bei gleichem Durchmesser; bis ⌈ 170 sind nur 2 Niete von 19 mm, bis ⌈ 270 steigend auf 4 Niete von 19 mm, darüber sind 22 mm-Niete erforderlich bis zur Höchstzahl von 8 bei 350 mm [-Profilen. Allgemein beträgt die Zahl der Nieten bei der Lugwinkelbefestigung etwa ⅔ der für die Kniebleche bei den gleichen Versteifungen geforderten.

Der Abstand der Nieten, welche die Schottversteifung mit den Schottplatten verbinden, beträgt 7 Nietdurchmesser bei Versteifungen mit Knieblechen. Bei Versteifungen mit Lugwinkeln sind die Versteifungen auf 15% ihrer Länge an den beiden Enden in 4 Durchmesser Abstand zu vernieten.

Bei jedem Deck, gegen welches Schottversteifungen abstoßen, sieht man eine stählerne Beplattung von genügender Breite vor, um dem Schott ausreichende Querfestigkeit zu geben. Die oberen Versteifungskniee bzw. der Befestigungswinkel derselben gegen das Deck müssen sich bis zum nächsten Balken erstrecken (Abb. 578), gleichgültig, ob derselbe auch erst in doppelter Spantentfernung angebracht ist.

Wo Schottversteifungen von wasserdichten Türen im unteren Teil eines Schottes durchgeschnitten werden, wird die Öffnung mit einem starken Rahmen garniert und zu beiden Seiten eine schräge Rahmenplatte, welche an ihrer Kante versteift ist, von oberhalb der Türöffnung bis auf den Boden des Schotts heruntergeführt. In Zwischendecks stellt man auch vielfach die Versteifungen so weit auseinander, wie die wasserdichte Tür Raum beansprucht; in diesem Falle müssen die benachbarten Schottversteifungen so stark gewählt werden, daß diese Schwächung ausgeglichen wird.

Wo schwere Decksunterzüge mit den Schottversteifungen verbunden werden, sind letztere so zu verstärken, daß sie die Spannung, welche die Unterzüge hervorrufen, aufnehmen können.

Die Begrenzungswinkel der Schotte an der Außenhaut, den Decks und dem Doppelboden nimmt man jetzt durchweg einfach. Die Dicke der Winkel ist 2,5 mm größer als die der Schottbeplattung. Diese Winkel werden einfach genietet, soweit der Abstand von Oberkante Schott nicht mehr beträgt als 10,7 m; bei größerem Abstand werden sie in beiden Schenkeln doppelt genietet. Die Schenkel der Winkel sind bei 19 mm-Nieten

75 mm, bei 22 mm-Nieten 90 mm und bei 25 mm Nietdurchmesser 100 mm breit. Wo die Schottbegrenzungswinkel doppelt genietet werden müssen, sind für 19 mm- und 22 mm-Nieten 125 mm und für 25 mm-Nieten 150 mm Schenkelbreite erforderlich. Der Nietabstand beträgt in den Schottspanten 4½ Nietdurchmesser; in dem Schenkel an der Außenhaut nimmt man 5 Nietdurchmesser. Stöße und Nähte der Deckbeplattung werden einfach genietet mit 4½ Nietdurchmesser Abstand. Wo der Abstand unter dem Schottendeck 10,7 m überschreitet, nietet man die vertikalen Stöße der Platten doppelt. Alle wasserdichten Schotte werden verstemmt und durch Abspritzen auf Dichtigkeit geprüft. Vor- und Hinterpiekschotte, welche nicht die Begrenzung von Ballasttanks bilden, werden durch Auffüllen mindestens bis zur Wasserlinie geprüft.

Die Schottvorschriften aller Klassifikationsgesellschaften sind heute, wie bereits erwähnt, fast völlig gleich. Alle sind aufgebaut auf den Versuchen des englischen Schottenausschusses von 1912. Alle haben dieselbe Berechnungsweise für die Plattendicke und die beiden Arten der Endbefestigungen der Vertikalversteifungen für 760 mm Abstand. Wird der Abstand ein anderer, so gibt Bureau Veritas eine bestimmte Formel zur Umrechnung. Ist h der Abstand der Oberkante Schott von der Oberkante der Versteifung, so wird ein Wert $h_1 = \frac{e}{760}\left(h + \frac{H}{2}\right) - \frac{H}{2}$ errechnet. In dieser Formel ist e der gewünschte Abstand der Versteifungen. Für einen Abstand von 914 statt 762 mm und $h = 2{,}44$ m, $H = 4{,}88$ m würde sich $h_1 = 3{,}416$ m errechnen. Für 762 mm Abstand ist das Wulstwinkelprofil $215 \times 75 \times 11$ mm mit einem Widerstandsmoment von 203,5 cm³ vorgeschrieben. Für $h = 3{,}66$ ist ein Wulstwinkel $230 \times 75 \times 12$ mm mit einem Widerstandsmoment von 247 cm³ vorgeschrieben; dadurch ergibt sich durch lineare Interpolation für $h = 3{,}416$ ein Widerstandsmoment von 240,1 cm³, d. i. 18% größer als für 760 mm Abstand der Versteifungen vorgeschrieben ist.

Die Schenkelbreite der Einspannwinkel beträgt bis 7,5 mm Dicke 90 mm und der Nietdurchmesser 12 mm; von 7,5 bis 9 mm Dicke 100 mm und 16 mm Nietdurchmesser von 9,5 bis 12,5 mm Dicke 115 mm und 19 mm Nietdurchmesser, von 13 bis 18,5 mm Dicke 130 mm und 22 mm Nietdurchmesser und von 19 bis 24 mm Dicke 140 mm und 25 mm Nietdurchmesser. Die Schenkelbreiten sind für 2 Reihen Nieten ausreichend.

Etwas abweichende Vorschriften über wasserdichte Schotte hat die British Corporation. Die Versteifungen des Kollisionsschottes müssen 25% stärker sein als die der übrigen wasserdichten Schotte. Das Hinterpiekschott soll den hinteren Teil des Schiffes in eine wasserdichte Abteilung umwandeln und bis zum Festigkeitsdeck reichen; wo dies nicht der Fall ist, sollen Rahmenspanrten bis zum Festigkeitsdeck hinaufgeführt werden. Die Abmessungen des Hinterpiekschotts sollen denen der Tieftankschotte entsprechen unter Zugrundelegung einer bis zur Ladelinie reichenden Wassersäule. Für die Hochführung der Maschinenraumschotte sind besondere Regeln aufgestellt. Sie sollen bis zum Freiborddeck wasserdicht sein. Wo der Maschinenraum mittschiffs liegt und seine Länge bei einem Freibord von weniger als 0,15 des Tiefganges 0,15 der Schiffslänge übersteigt, sollen die Maschinenraumschotte bis zu einem Aufbaudeck hinauf reichen oder es muß ein Zwischenschott angeordnet werden. Wo die Länge des Maschinenraums bei einem Freibord von weniger als 0,25 des Tiefganges 0,20 der Schiffslänge überschreitet und in Fällen, wo die Verhältnisse zwischen beiden liegen, sollen die Schotte bis zu einem Aufbaudeck hinaufgeführt werden, oder es ist ein Zwischenschott anzuordnen. Wo der Maschinenraum hinten liegt und seine Länge bei einem Freibord von weniger als 0,20 des Tiefganges 0,15 der Schiffslänge übersteigt, soll das Schott an der Vorkante des Maschinenraumes bis zu einem Aufbaudeck hinaufreichen, oder es soll ein Zwischenschott angeordnet werden. Laderäume in Schiffen von 86,86 m Länge und darüber sollen durch ein wasserdichtes Schott zwischen dem Kollisionsschott und dem vorderen Maschinenraumschott untergeteilt werden, wenn die Maschinenanlage mittschiffs angeordnet ist. Zwei wasserdichte Schotte sollen angebracht werden, wenn die

Maschine hinten liegt. Das vordere Schott soll in jedem Falle nicht weiter als 0,20 der Schiffslänge vom Vorsteven entfernt sein. In Schiffen von 102,1 m Länge und darüber soll ein wasserdichtes Schott zwischen dem Hinterpiekschott und dem hinteren Maschinenraumschott bei mittschiffs liegender Maschine auf rund 0,20 L vom Hintersteven angeordnet werden. Bei hinten liegender Maschine müssen drei wasserdichte Schotte angeordnet sein. Wo der Freibord in Schiffen von 102,1 m Länge geringer als 0,15 des Tiefganges, und 0,20 des Tiefganges in Schiffen von 132,6 m Länge und darüber, sowie ferner bei proportionalen Verhältnissen in Schiffen zwischen 102,1 und 136,2 m Länge, sollen die Laderaumschotte bis zu einem Aufbaudeck hinaufreichen, oder ein zusätzliches Schott soll sowohl im Vorschiff als im Hinterschiff angebracht werden. Bei Schiffen, welche geringeren Sprung haben als normal, soll die Anordnung der Schotte eine derartige sein, daß die Unterteilung nicht weniger wirksam ist als nach den vorhergehenden Bestimmungen erreicht würde.

Für Schiffe von 76,2 m Länge und darüber sind für die Berechnung der Schottversteifungen vom oberen Ende der oberen Befestigung bis zum unteren Ende der Befestigung am Fuß 3 Formeln angegeben.

$N = s \times h \times 0{,}56$ für Versteifungen mit kurzen Winkeln an den Enden,

$N = s \times h \times 0{,}7$ für Versteifungen, welche an den Enden nicht eingespannt sind,

$N = s \times h \times 0{,}35$ für Versteifungen mit Knieblechen.

s ist der Abstand der Versteifungen in Fuß.

h ist der Abstand von der Mitte der Versteifung bis zum Schottendeck in der Mitte. Wo dieser Abstand geringer als 20 Fuß ist, ist h entsprechend größer zu nehmen, und zwar bei 15 Fuß = 16, bei 10 Fuß = 12, bei 5 Fuß = 8 und bei 3 Fuß = 6,4; dazwischen liegende Werte werden durch Interpolation ermittelt.

Versteifungen ohne Kniee und Lugs werden bis auf die Begrenzungswinkel des Schotts geführt und mit denselben vernietet.

Die Befestigung der Wulstwinkel durch Lugwinkel erfolgt durch 2 Nieten von 19 mm Durchmesser bei 150 und 165 mm Steghöhe, durch 3 Nieten von 19 mm bei 180 und 190 mm Steghöhe, durch 4 Nieten von 19 mm bei 200 bis 230 mm Steghöhe, durch 4 Nieten von 22 mm Durchmesser bei 250 mm Steghöhe und bei 280 bzw. 300 mm mit 5 bzw. 6 Nieten von 2 2mm Durchmesser.

Die Schenkelbreiten der Lugwinkel sind für einfache 19 mm Nietung 75 mm, für doppelte Zickzacknietung 115 mm, für doppelte Kettennietung 130 mm, für 22 mm-Nieten einfach 90 mm, Zickzack 130 mm, doppelte Kettennietung 150 mm. Die Enden der mit Knieblechen versehenen Schottversteifungen reichen nicht auf die Begrenzungswinkel der Schotte und die Überlappung der Versteifung mit dem Knieblech an jedem Ende muß mindestens 0,12 der Länge der Versteifung betragen. Beim Doppelboden muß der untere Kniewinkel bis zur nächsten Bodenwrange reichen und, wenn diese eine offene Bodenwrange ist, müssen besondere Streben angeordnet werden. Die oberen Kniewinkel gegen Deck sollen über das Ende des Knies bis zum nächsten Deckbalken reichen.

Die Vorschriften über die Schottbeplattung sind ungefähr dieselben wie bei den übrigen Klassifikationsgesellschaften.

Die Vorschriften des Norske Veritas über wasserdichte Schotte decken sich, abgesehen von den Vorschriften für Tieftankschotte, Piektankschotte und deren Versteifungen mit denen von Lloyds Register vor 1912.

e) Tieftanks und Piektanks. Bei den gewöhnlichen wasserdichten Schotten kann man annehmen, daß eine Beanspruchung durch Wasserdruck nur in Ausnahmefällen, wenn ein Raum infolge einer Beschädigung der Außenhaut sich mit Wasser füllt, zur Wirkung kommt. Anders liegt der Fall bei den Tieftanks und Piektanks. Die Begrenzungsschotte dieser Tanks stehen häufig während der ganzen Reise des Schiffes unter vollem Druck.

Diese Schotte müssen daher besonders stark gebaut werden. Bis vor wenigen Jahren wurden diese Schotte wie gewöhnliche wasserdichte Schotte behandelt. Erst dauernde Leckagen zwangen dann dazu, die Abmessungen dieser Schotte zu verstärken. Für die Bestimmung der Abmessungen ist die Höhe der Wassersäule über Deck maßgebend, welche beim Füllen oder im Betriebe auf das Schott kommen kann.

Wir geben im nachstehenden die Vorschriften von Lloyds Register über Tieftanks und Piektanks. Die Dicke der Beplattung ist meist die gleiche wie beim gewöhnlichen wasserdichten Schott bei 760 mm Abstand der Versteifungen. Wo die Höhe des Überlaufrohrs über der Tankdecke 30 % der Tiefe des Tanks nicht übersteigt, bestimmt man die Plattenstärke nach dem Abstand der Unterkante der Platte vom Tanktop. Wird die Höhe von 30 % überschritten, so rechnet man zu der obigen Höhe die Hälfte der Differenz zwischen der wirklichen Höhe des Überlaufrohrs und 30 % der Tanktiefe über der Decke des Tanks. In keinem Falle aber macht man die Plattendicke geringer als 7,5 mm.

Der Abstand der Schottversteifungen der Begrenzungsschotte wird nicht größer als 610 mm, nach Germanischem Lloyd 600 mm, genommen, obwohl die Dicke der Beplattung die gleiche sein muß mit 760 mm Abstand der Versteifungen wie die bei gewöhnlichen wasserdichten Schotten. Es kommt bei den Versteifungen dieser Schotte nur die Einspannung der Enden durch Kniebleche in Frage. Die Versteifungen sind, trotzdem sie auf 0,8 des Abstandes der gewöhnlichen Schottversteifungen stehen, rund 100 % stärker als diese; bei geringen Tankhöhen sind sie nur um etwa 90 %, bei größeren, etwa von 4 m an, aber um mehr als das Doppelte stärker, als die gleich langen Versteifungen mit Knieblechen und gleicher Druckhöhe bei gewöhnlichen wasserdichten Schotten. Die Druckhöhe für die Bestimmung der Schottversteifungen wird in gleicher Weise bestimmt wie für die Dicke der Schottbeplattung. Die Abmessungen und die Vernietung der Versteifungskniee sind dieselben wie bei den gewöhnlichen wasserdichten Schotten.

Deckbalken müssen bei diesen Tanks an jedem Spant angebracht werden, dürfen aber nicht schwächer als die Schottversteifungen der Abschlußschotte sein. Die Balken stützt man durch einen kräftigen Interkostalträger auf jeder Seite der Mittellinie ab, wobei besonders auf eine sorgfältige Vernietung im Kopf und Fuß der Stützen geachtet werden muß, da diese nicht nur auf Druck, sondern auch auf Zug beansprucht werden. Die Deckbeplattung macht man gewöhnlich um 1 mm dicker als die Beplattung der Begrenzungsschotte, sie soll aber nicht dünner sein als 8,5 mm bei 635 mm Balkenabstand, 10 mm bei 760 mm Abstand und 11 mm bei 910 mm Balkenabstand, ebenso soll sie nicht dünner sein als ein gewöhnliches stählernes Deck in dieser Lage. Liegt Holzbelag auf dem Deck, so macht man die Platten so dick wie die Schottplatten, vorausgesetzt, daß sie als normales Deck nicht dicker würden.

Die Spanten in diesen Tanks werden 10 % stärker ausgeführt als die gewöhnlichen Raumspanten. Die Vernietung der Schottspanten ist dieselbe wie bei den gewöhnlichen wasserdichten Schotten.

In der Mittelebene der Piektanks werden kräftige Schlingerplatten (Waschplatten) angebracht. Sie werden auch in allen Hochtanks angebracht, deren Breite 9,5 m überschreitet.

Die Vernietung ist wie auch sonst für wasserdichte Arbeit üblich, nur daß die Nieten durch Spant und Außenhaut 5½ Durchmesser auseinander stehen; die Nieten zwischen den Schottversteifungen und Schottplatten ordnet man bei Tieftanks und Piektanks in 6 Durchmesser Entfernung an, statt in 7 Durchmesser bei gewöhnlichen wasserdichten Schotten.

Die Prüfung der Hochtanks und Piektanks ist verschieden. Nach Lloyds Register ist eine Prüfung mit einer Wassersäule von 30 % der Tanktiefe oder 2,45 m Höhe (wobei der größere Wert maßgebend ist) erforderlich, vorausgesetzt, daß die Tanks mit Überlaufrohren oder anderen Vorkehrungen versehen sind, die verhüten, daß ein größerer Druck als der Prüfungsdruck auf den Tank kommen kann. Wo Tanks nicht mit Überlaufrohren oder ähnlichen Einrichtungen versehen sind, müssen dieselben mit einem Wasserdruck geprüft werden, welcher dem höchsten Druck entspricht, welcher auf den Tank im Betrieb kommen kann, auf keinen Fall aber mit weniger als 2,45 m Wassersäule. Die anderen Klassifikationsgesellschaften haben teilweise etwas abweichende Vorschriften.

Der Germanische Lloyd verlangt in seinen Vorschriften, daß von Bord zu Bord reichende und durch zwei Querschotte begrenzte Tanks mit einem Längsschott zu versehen sind. Dieses Längsschott ist bis auf den Boden herunterzuführen und die von dem Längsschott durchschnittenen Bodenwrangen sind durch Kniebleche mit ihm zu verbinden. Piek-, Frisch- und Speisewassertanks von mehr als 4 m Breite müssen mit einer Schlagwasserplatte versehen sein. Ferner läßt der Germanische Lloyd bei Tieftanks auch Versteifungen mit Lugwinkeln an den Enden zu. Als Druckhöhe gilt der Abstand des oberen Endes der Steife von der Oberkante des Tanks, vergrößert um die Hälfte des Abstandes des höchsten Punktes des Überlaufrohres von der Oberkante des Tanks. Die Balken des Tankdecks sind an jedem Spant anzuordnen und wie bei Lloyds Register vom Profil der Schottversteifungen zu nehmen.

British Corporation schreibt vor, daß die Versteifungen von Tieftankschotten auf der Wasserseite des Schotts liegen müssen. Auf den Unterschied in der Beanspruchung, ob eine Versteifung bei einem Tank mit nur innerem Druck innen oder außen liegt, ist schon bei der Besprechung der Versuche des Schottenkomittees hingewiesen. Für die Befestigung der Versteifungen läßt British Corporation auch kurze Winkel zu. Die Berechnung der Versteifungen erfolgt für Lugbefestigung nach der Formel $N = s \cdot h$ gegen $s \cdot h \cdot 0{,}56$ bei gewöhnlichen wasserdichten Schotten und für Knieblechbefestigung nach der Formel $N = s \cdot h \cdot 0{,}66$ gegen $s \cdot h \cdot 0{,}35$ bei gewöhnlichen wasserdichten Schotten. Im Gegensatz zu den anderen Klassifikationsgesellschaften läßt British Corporation auch bei Tieftanks Abstände der Schottversteifungen bis zu 914 mm zu. Die Dicke der Beplattung wird einmal nach dem Abstand der Schottversteifungen und dann nach dem Abstand der Unterkante jedes Plattenganges bis zur Ladelinie oder bis zum höchsten Punkt, bis zu welchem das Wasser im Betrieb steigen kann, $^2/_3$ des Abstandes bis zur Seitenhöhe oder $^2/_3$ der Prüfungssäule mit Wasserdruck (was am höchsten ist) bestimmt. Nehmen wir diese Höhe z. B. = 3,5 m, so ist die Plattendicke:

Bei	610 mm	Abstand der Versteifungen	7,6 mm	
„	686 „	„ „ „	8,2 „	
„	762 „	„ „ „	8,8 „	
„	838 „	„ „ „	9,3 „	
„	914 „	„ „ „	9,9 „	

Die Spanten in den Tieftanks sind abzuschneiden und oben und unten mit Kniebleohen einzuspannen. Die Kniee unter dem Tanktop erhalten solche Abmessungen, daß Spant und Balken auf eine Strecke von wenigstens 0,15 des Abstandes von der Decke bis zur Oberkante des Bodenstückknies eingespannt sind, und auch die Bodenkniee erhalten die Abmessungen wie die Schottversteifungskniee.

Die Begrenzungswinkel der Tieftankschottbeplattung sind auf der Stemm- oder Trockenseite des Schotts anzubringen. Die Grund- und Außenhautwinkel macht man 2,5 mm dicker als die unterste Schottplatte und den Deckwinkel 2,5 mm dicker als die oberste Platte. Wo die Länge der Versteifungen 7,32 m übersteigt, ist der Schottbegrenzungswinkel doppelt zu nieten, ebenso wenn die Druckhöhe maßgebend ist und 10,67 m übersteigt. Die Abmessungen der Begrenzungswinkel richten sich wie bei normalen Schotten ausschließlich nach der Nietstärke. Die Prüfung der Tieftanks erfolgt nach dem Wasserdruck, der bei Berechnung der Dicke der Schottbeplattung eingesetzt ist.

Wenn aus Stabilitätsrücksichten wasserdichte Längsschotte in Tieftanks eingebaut werden, so erhalten sie die Abmessungen wie gewöhnliche wasserdichte Querschotte; wenn sie aber in Frischwassertanks eingebaut werden, müssen sie so stark sein wie die

Querschotte in Tieftanks. In Tanks, welche nicht immer voll gefahren werden können, müssen außer den Decksunterzügen wirksame Schlagwasserplatten eingebaut werden.

Auch Norske Veritas hat für Tieftanks und Piektankschotte besondere Vorschriften. Die Endschotte werden wie die gewöhnlichen wasserdichten Schotten mit der Außenhaut, dem Deck und dem Doppelboden vernietet. Wenn aber die Tiefe des Schotts vom Oberdeck an der Seite bis zur Oberkante der Bodenwrangen oder des Doppelbodens in der Mitte oder bis zur Unterseite eines entsprechenden Zwischendecks größer ist als 5,79 m, dann sind die Schotten mit der Außenhaut durch doppelte Winkel oder einen einfachen Winkel vom doppelten Querschnitt zu vernieten, und zwar in Zickzackausführung. Die Abmessungen der Schottbeplattung und Versteifungen richten sich nach der Länge der Versteifungen von Niet zu Niet in den Knieplatten und nach der Tiefe des Tanks in der Mittellinie von der Oberkante des Bodenstücks bis zur Decke des Tanks an der Seite plus $^1/_5$ der Breite des Schiffes mittschiffs. Wenn ein Tieftank oder hoher Seitentank eine größere Länge als 8 m hat, dann ist die Tiefe zur Bestimmung der Plattendicke und der Abmessungen der Versteifungen einschließlich der Spanten um das Maß 0,2 $(l-8)$ zu vergrößern, wobei l die Länge des Tanks in Metern ist. Norske Veritas sieht bei Tieftanks und Piektanks einen Abstand der Versteifungen von nur 610 mm vor. Die Profillängen sind nur bis 4,88 m Tankhöhe vorgesehen. Die Festigkeit der Schiffseiten im Bereich der Tanks soll in keinem Fall geringer sein als die der Endschotte. Die Decke des Tanks soll mindestens die Dicke der oberen Schottbeplattung haben. Die Deckbalken sind an jedem Spant anzubringen und müssen die Abmessungen der Balken der Decks für schwere Ladung haben; bei größerer Länge eines Tieftanks oder hohen Seitentanks als 8 m müssen die Abmessungen der Deckbalken vergrößert werden. Die Kniee der Schottversteifungen müssen die dreifache Höhe und die Dicke der Wulstwinkelversteifungen haben. Alle Tieftanks und Piektanks müssen eine Schlingerplatte erhalten, wenn nicht Vorkehrungen getroffen sind, daß der Tank immer ganz gefüllt ist; die Schlingerplatte erhält dieselbe Dicke wie die obere Schottplatte und ist gut mit den Endschotten, dem Deck und dem Innenboden oder den Bodenstücken zu verbinden. Die Abmessungen der Versteifungen müssen dieselben sein, wie die der Endschotte, nur daß sie nur ein um das andere Spant angebracht zu werden brauchen. Diese Versteifungen sind ebenfalls mit Knieen zu versehen. Während die anderen Klassifikationsgesellschaften die Spanten an den wasserdichten Decks der Tieftanks abgeschnitten verlangen, sieht Norske Veritas auch noch den Fall der wasserdichten Durchführung der Spanten durch das Deck vor. Wenn Kniee aufgesetzt werden, müssen dieselben die vierfache Höhe der Spanten haben, wenn sie auf der Tankdecke mit doppelten Winkeln aufgesetzt sind, und die fünffache Höhe, wenn sie mit einfachen Winkeln vernietet sind.

Die Druckhöhe für die Prüfung von Tieftanks und Piektanks beträgt bei Norske Veritas 2,5 m über dem Tankdeck. Wo die Tanklänge größer ist als 8 m, ist die Wassersäule um 0,2 $(l - 8)$ größer zu nehmen, wobei l die Länge des Tanks in Metern ist.

Das Bureau Veritas bemerkt ausdrücklich, daß die Vorschriften über Wasserballasträume nur für solche Tanks in Frage kommen, welche während der Fahrt entweder ganz gefüllt sind oder welche leer gefahren werden. Für Räume, die etwa nur halbvoll gefahren werden, gelten die entsprechenden Vorschriften über Öltanks. Die Platten der Begrenzungsschotte erhalten die Dicke der wasserdichten Schotte bei 0,76 m Abstand der Versteifungen, indem man statt der Oberkante des Schottes die Höhe bis zur Oberkante des Füllrohres setzt. Die Vertikalversteifungen werden wie die mit Knieblechen eingespannten Vertikalversteifungen der wasserdichten Schotte bei 0,76 m Abstand bestimmt, nur daß der Abstand der Versteifungen 610 mm nicht übersteigen darf, und daß statt der Länge H der Versteifungen eine Länge $H_1 = 1{,}25\,(H + 0{,}02\,h_1)$ eingesetzt wird, worin $h_1 = 2{,}45\text{ m} + h$ ist; h ist der Abstand der Oberkante des Füllrohres von der Oberkante der Versteifung. Bei größerem Abstand der Versteifungen sind die Platten und das Widerstandsmoment der Versteifungen entsprechend zu verstärken. Die Knieplatten der Versteifungen erhalten die doppelte Zahl Nieten, sobald die Länge der Versteifung 7,32 m überschreitet. Die Befestigungswinkel der Schottplatten werden 1 mm dicker als diese genommen. Die Spanten werden im Tank abgeschnitten und mit Knieblechen aufgesetzt. Die Spantprofile sind im Tank entweder 10% stärker zu nehmen oder auf andere Weise ausreichend zu verstärken. Die Balken sind an jedem Spant vorzusehen, sie werden durch Längsträger die höchstens 4,88 m auseinander stehen dürfen, gestützt, diese wieder durch Deckstützen. Die Balken müssen mindestens das gleiche Widerstandsmoment haben wie die gleich beanspruchten Versteifungen der äußeren Begrenzungsschotte. Die Beplattung des Decks muß 1 mm größere Dicke haben als die Schottplatten in gleicher Höhe und für eine Entfernung der Versteifungen gleich der der

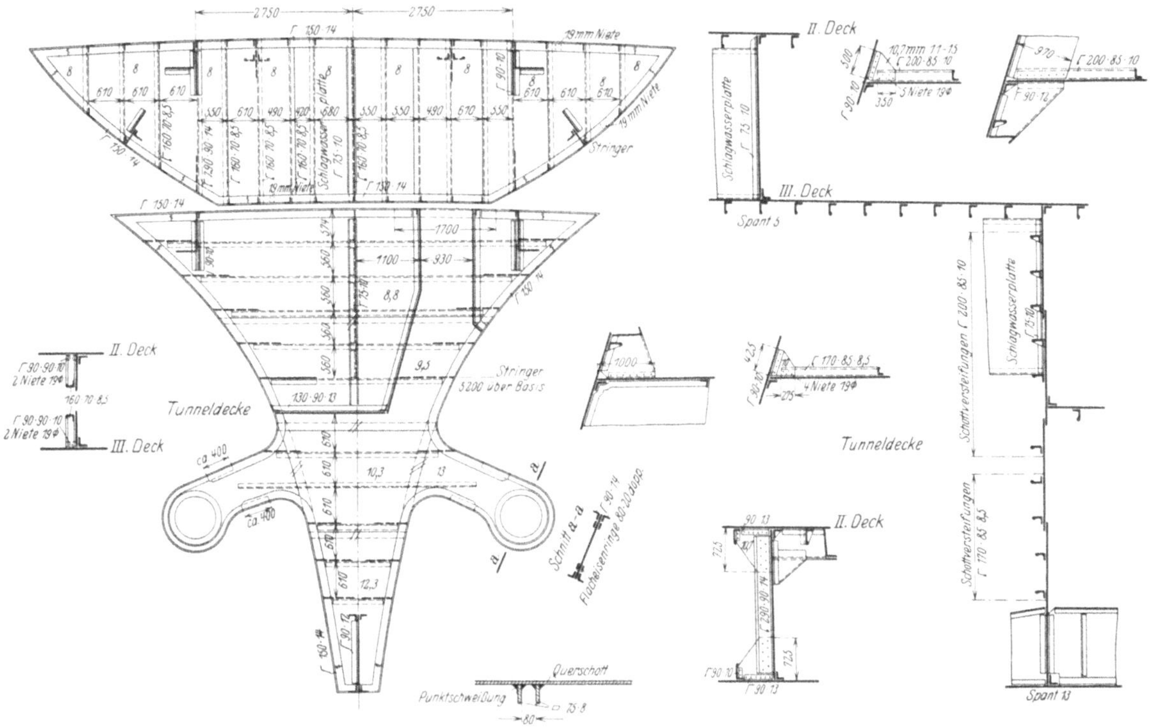

Abb. 579. Hinterpiekschott.

Balken; in keinem Falle soll sie aber kleiner sein als 6,5 mm bei 525 mm Abstand und 9 mm bei 800 mm Abstand; für dazwischen liegende Werte entsprechend. Sobald die Breite eines Tanks 9,15 m überschreitet, sind Schlagwasserplatten anzubringen. Gegebenenfalls können auch Schlagwasserplatten in der Querrichtung erforderlich werden. Wenn aus Betriebsrücksichten oder aus Gründen der Stabilität ein Tieftank durch Schotte unterteilt wird, müssen sie so stark sein, daß sie den Wasserdruck vertragen können, wenn während der Fahrt eine Abteilung voll und eine leer ist; sie brauchen aber nur wie gewöhnliche wasserdichte Schotte gebaut zu sein, wenn sie lediglich aus Stabilitätsrücksichten eingebaut sind.

Der Abstand der Spantnieten beträgt 5½ Durchmesser, der Nieten in den Versteifungen, wenn sie außen am Tank liegen, 6 Durchmesser und bei Versteifungen auf der Innenseite 5 Durchmesser. Die Vernietung der Stöße und Nähte, die mehr als 7 m unter der Mündung des Überlaufrohrs liegen, muß doppelt sein. Es wird empfohlen, die Versteifungen außerhalb des Tanks zu legen.

Wenn bei einem Piektank die größte Breite 5,49 m überschreitet, bringt man ein Längsschott an. Tieftanks und Piektanks werden mit einem Wasserdruck von 0,30 m

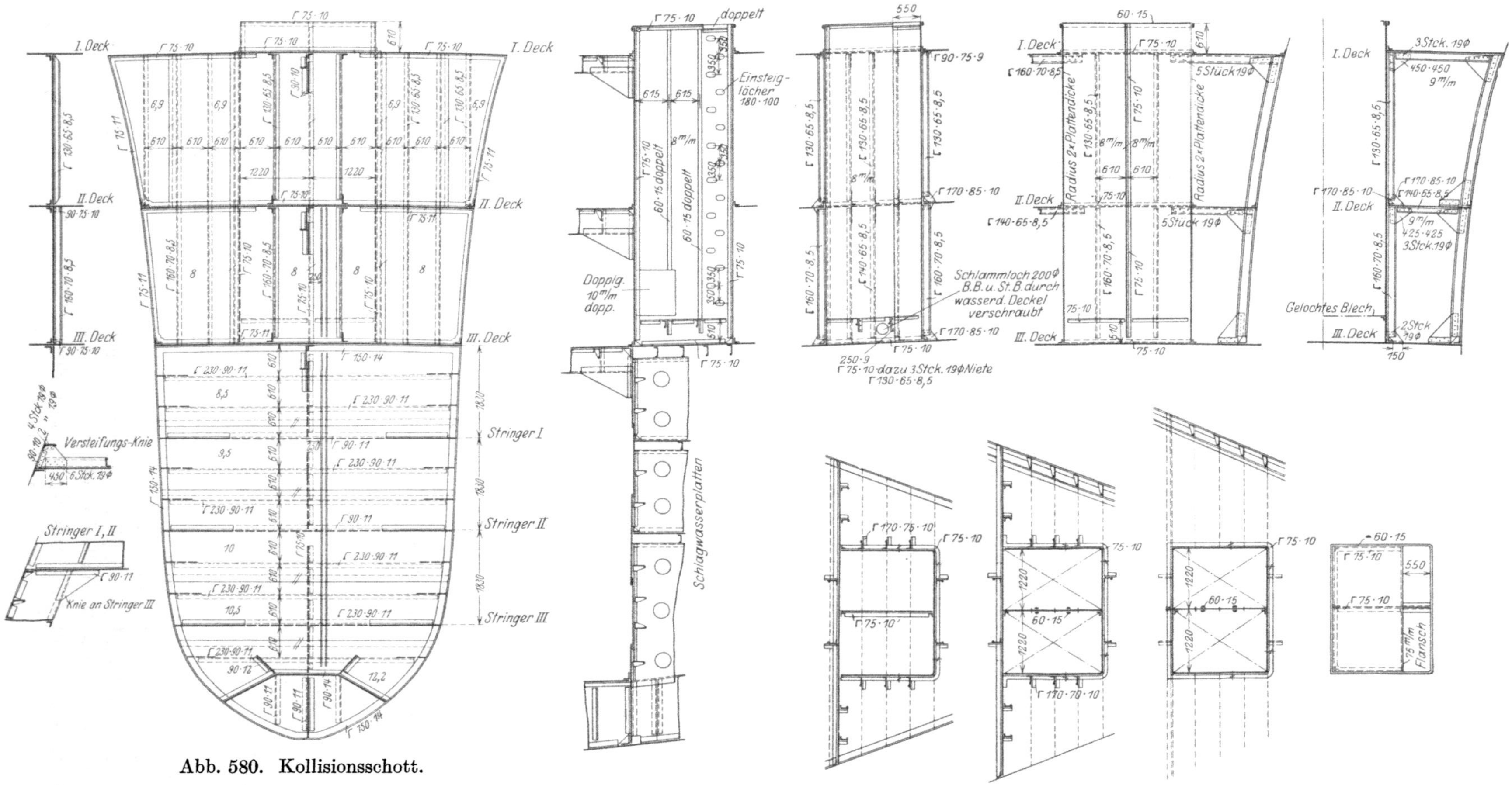

Abb. 580. Kollisionsschott.

über der Oberkante des Füllrohres geprüft, aber mit mindestens 2,44 m über der Tankdecke. Die Prüfungen müssen natürlich vorgenommen werden, wenn das Schiff noch auf Stapel steht.

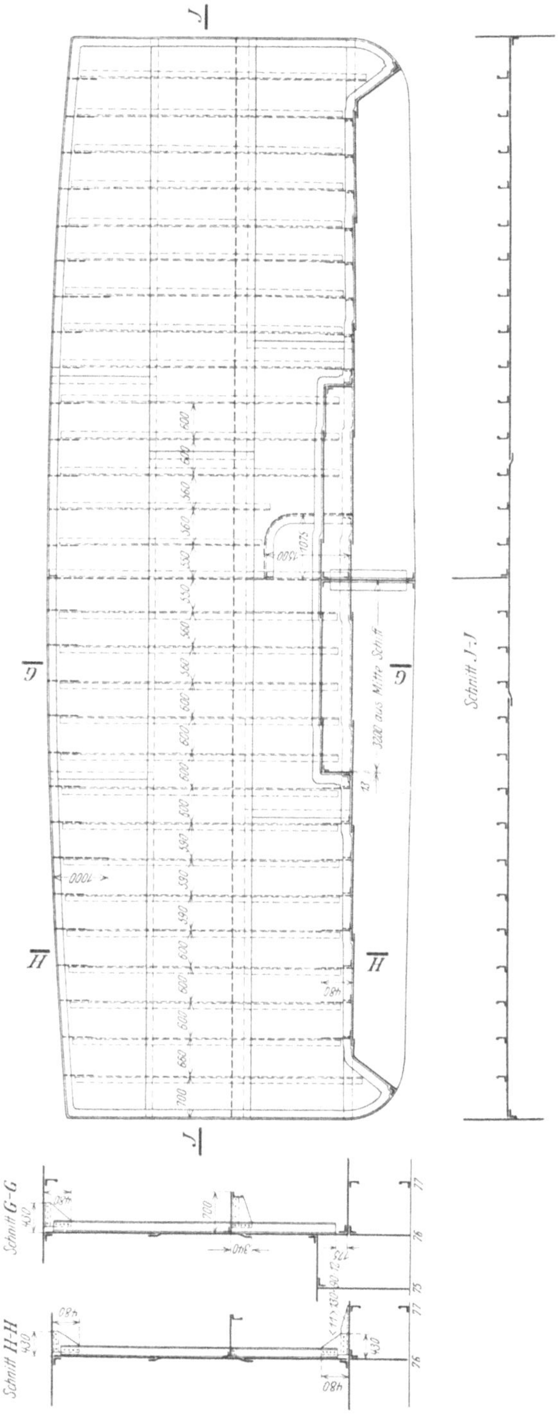

Abb. 581.

Wie gezeigt wurde, ist man von den Horizontalversteifungen bei den normalen wasserdichten Schotten abgekommen, weil die Horizontalversteifungen bei größerer Länge keine Steifigkeit haben. Die Bauweise mit vertikalen Versteifungen erwies sich hinsichtlich Festigkeit, Gewicht und Sperrigkeit als der Bauweise mit horizontalen Versteifungen so überlegen, daß man letztere nur noch bei den Piekschotten anwendet. Hier bieten sie Vorteile, weil die Piekschotte tief und schmal sind. Je größer die Tiefe und somit der Wasserdruck, desto kürzer wird die Versteifung und dementsprechend auch die Beanspruchung kleiner. Es kommt noch hinzu, daß bei den heutigen engen Stringeranordnungen im Vorschiff gegen Panting und Eisdruck die horizontalen Versteifungen mit den Panting- und Eisstringern durch Kniebleche verbunden werden können und so gleichzeitig eine sehr wirksame Verstärkung des ganzen Vorschiffes bilden. Im oberen Teil des Vorpiekschotts, wo der Kettenkasten sitzt, legt man häufig die Schottversteifungen wieder vertikal. Für Hinterpiekschott siehe Abb. 579, für Vorpiekschott Abb. 580.

Man hat seit Jahrzehnten auch die verschiedensten anderen Arten der Schottversteifungen versucht. Die häufigste ist die Verwendung geflanschter Platten, wobei der Flansch als Versteifung dient. Je nach der Breite der Platten war dann noch eine Vertikalversteifung auf die Mitte genietet. Eine ganz eigenartige Schottbauweise war die der Wellblechschotte, bei denen die vertikalen Schottplatten halbkreisförmig nach beiden Seiten gebogen waren und zusammengenietet wie eine Art Wellblech von ca. 320 mm Wellentiefe wirkten (Scotts Patent). Eine weitere Art ist dann diejenige nach dem Hogg-Carr-System, bei welchem die Platten bei einer Wellenbreite von 3,05 m und einer Wellentiefe von 0,508 m angeordnet wurden. Der Patentinhaber behauptete, mit seinem System 20 % des Schottgewichts zu sparen, jedoch ist diese Anordnung sehr sperrig und nimmt unverhältnismäßig viel Raum weg. Nur bei Schiffen für Massengutladungen macht sich dieser Nachteil weniger bemerkbar. In Deutschland sind diese Bauweisen noch nicht zur Ausführung gekommen.

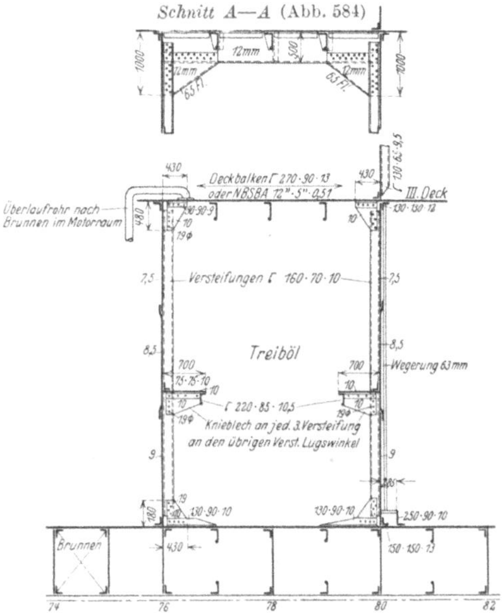

Abb. 582.

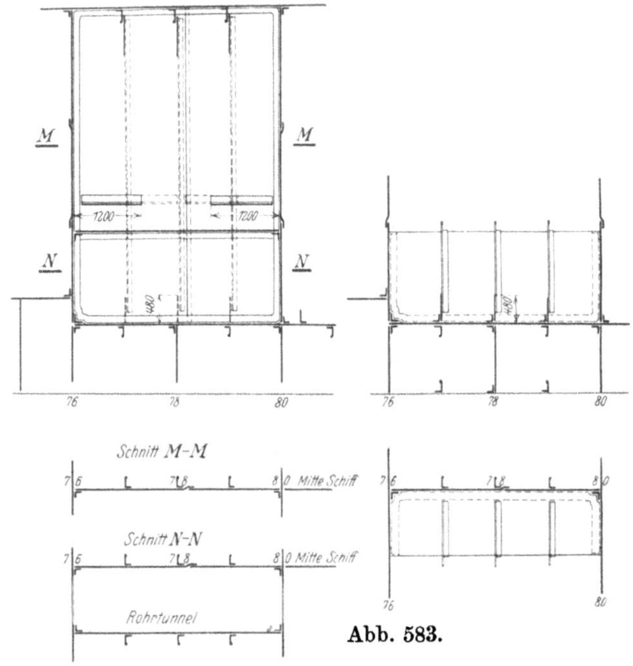

Abb. 583.

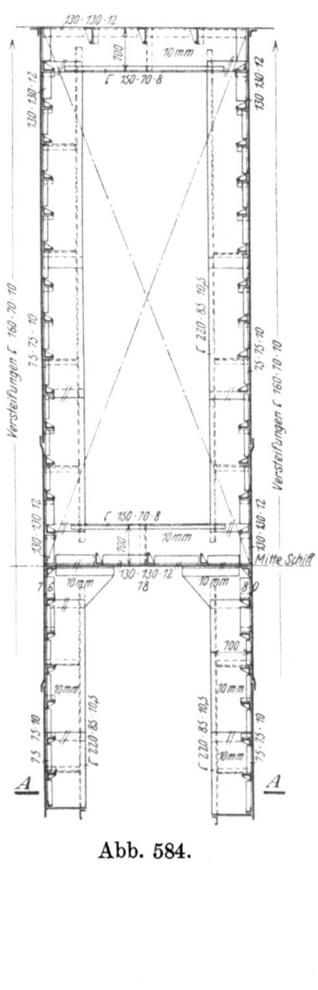

Abb. 584.

f) Öltanks und Ölbunker oberhalb des Doppelbodens. Die Verwendung von Öl zur Kesselfeuerung sowie der Motorschiffbau bedingten den Bau von Ölbunkern. Bei der üblichen Bauart der Ölbunkerschotte legt man ein Öl zugrunde, dessen Entflammungspunkt, mit den üblichen Apparaten bestimmt, nicht unter $65^1/_2{}^0$ C (150^0 Fahrenheit) liegt. Für Öle mit niedrigerem Entflammungspunkt sind besondere Vorsichtsmaßregeln sowohl im Bau der Bunkerschotte als auch im Betrieb erforderlich.

Lloyds Register gibt in seinem Registerbuch bei Schiffen mit Ölbunkern stets den Entflammungspunkt des Öles an, für welchen die Bunker gebaut sind. Die Bemerkungen lauten: „Fitted for oil fuel Flash Point above 150^0 F“ oder bei Ölen mit niedrigerem Entflammungspunkt „Fitted for low flash oil fuel“.

Die Bauart und die Versteifungen der Ölbunkerschotte sind stärker ausgeführt als bei wasserdruckfesten Schotten. Einzelheiten der Öltankschotte sind in den Abb. 581 bis 586 dargestellt.

Die Dicke der Beplattung der Begrenzungsschotte ist nach den Vorschriften von Lloyds Register dieselbe wie für wasserdichte Schotte mit Versteifungen in 760 mm Abstand. Wo die Höhe des Überlaufrohres über der Oberkante Tank 30 % der Tanktiefe nicht überschreitet, wird die Dicke jedes Plattenganges nach der Tiefe der unteren Plattenkante unter der Tankoberkante bestimmt. Wo die Höhe von 30% der Tanktiefe überschritten ist, geschieht die Bestimmung in derselben Weise wie bei den Tieftanks und Piekschotten.

Der Abstand der Versteifungen darf bei den Begrenzungsschotten 610 mm nicht übersteigen. Die Vertikalversteifungen sind dieselben wie für Ballasttieftanks, doch sind noch grundsätzliche horizontale Versteifungen vorgesehen. Die Vertikalversteifungen werden nach ihrer Einspannlänge zwischen den horizontalen Absteifungen in Verbindung mit einer Höhe H bestimmt, gemessen von der Oberkante des Tanks bis zur Oberkante der Einspannung, wo der Abstand von der Decke des Tanks bis zum Oberende des Überlaufrohrs 30% der Tiefe des Tanks nicht übersteigt. Für größere Höhen wird H vergrößert wie bei Versteifungen der Tieftanks. Die Versteifungen erhalten oben und unten Knieplatten von den gleichen Abmessungen wie bei gewöhnlichen wasserdichten Schotten.

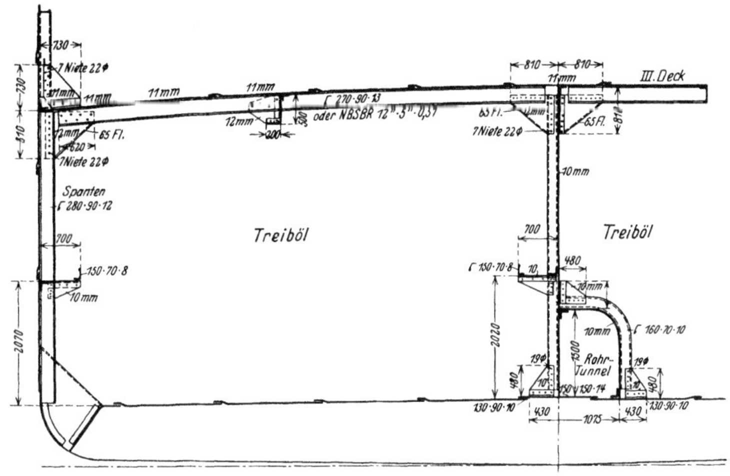

Abb. 585.

Die Vertikalversteifungen an den Begrenzungsschotten und die Seitenbeplattung werden durch horizontale Träger in ungefähr 2,45 m Abstand gestützt. Die Abmessungen

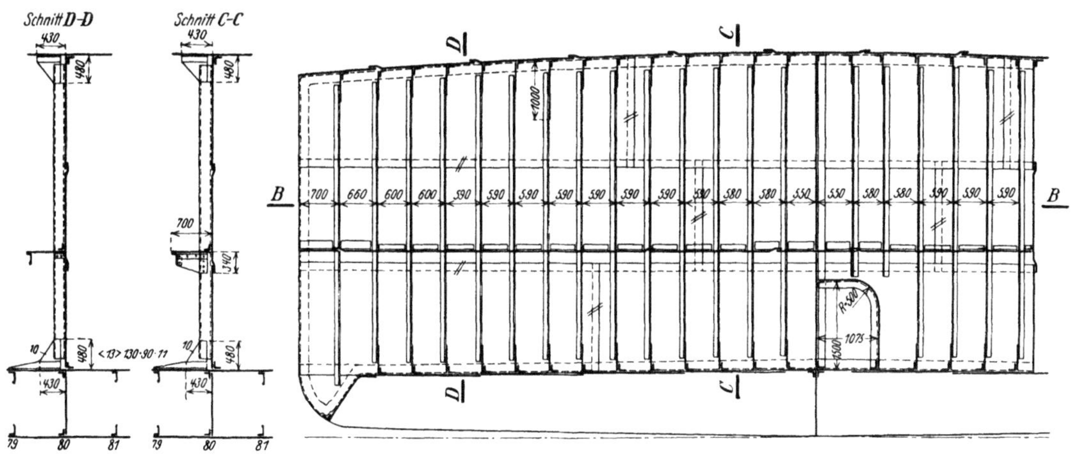

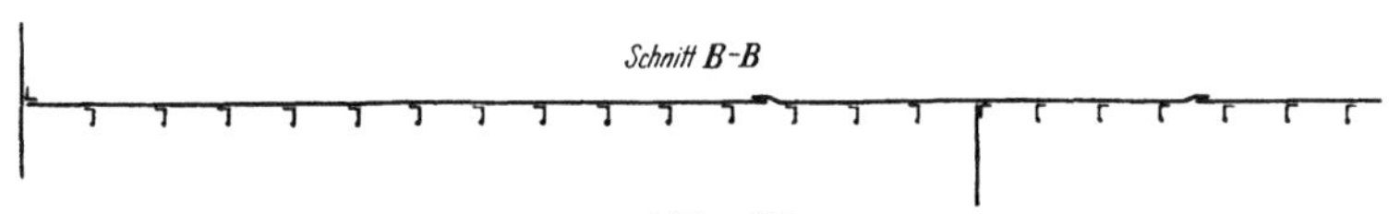

Abb. 586.

dieser Horizontalversteifungen werden nach der Formel $S^2 \times D \times H$ bestimmt, worin S die ganze Länge des Trägers in Metern ist, d. h. S ist der Abstand zwischen den Begrenzungsschotten, wenn die horizontalen Träger sämtlich durch die Abteilung gehen; wenn nicht alle Träger in der Abteilung angebracht sind, ist S im Verhältnis zu der vergrößerten Spannweite größer zu nehmen. D ist die halbe Tanktiefe in Metern, in Fällen, wo ein Horizontalträger angebracht ist, ein Drittel der Tanktiefe wo zwei, und ein Viertel, wo drei Horizontalträger angebracht sind. H ist der Abstand in Metern von der Decke des Tanks bis zum Horizontalträger in Fällen, wo die Höhe des Überlaufrohres über der Tankdecke 30% der Tanktiefe nicht überschreitet. Ist aber letzteres doch der Fall, so erfolgt die Berechnung des Zuschlages, wie bei den Schottversteifungen der Tieftanks. Die Abmessungen gehen von $S^2 \times D \times H = 120$ mit 280· 9,5 mm mit Gurtwinkel $130 \times 75 \times 8{,}5$ bis 2495 mit 1220· 12,5 mm und Gurtungswulstwinkel ⌈ $300 \times 95 \times 17$. Die Horizontalträger, welche die Vertikalversteifungen der Begrenzungsschotte und die Spanten stützen, sind an ihren Enden durch geflanschte Knieplatten eingespannt. Das Ende der Knieplatten soll nicht näher an der Außenhaut bzw. der Schottbeplattung sein als die doppelte Breite des Horizontalträgers. Die Kniebleche erhalten doppelte Nietung in jedem Arm. Auf jeder dritten Vertikalversteifung oder jedem dritten Spant sind Kniebleche anzubringen, die übrigen Vertikalversteifungen und Spanten sind mit den Horizontalträgern durch kurze Winkel zu verbinden. Wo sich die Träger überschneiden, müssen sie ebenfalls Stützbleche erhalten.

In Tanks, welche sich über die volle Breite des Schiffes erstrecken und eine Länge über 9,15 m haben, ist die Festigkeit und Steifheit der Horizontalträger im Verhältnis zur größeren Länge des Tanks zu vergrößern; gegebenenfalls kommen auch querschiffs angeordnete Schlingerschotte in Frage. Wo ein Stahldeck gegen ein Ölbunkerschott absetzt, wird die Deckbeplattung entweder mit doppelten Winkeln und einfacher Nietung oder durch ⊥-Profile mit dem Schott vernietet.

In Öltanks, welche über die volle Breite des Schiffes reichen, wird ein Mittellängsschott erforderlich. Dieses Mittellängsschott kann Erleichterungslöcher bis zu 10% der gesamten Fläche erhalten, und dann können die Horizontalträger in Wegfall kommen und die Vertikalversteifungen geringere Abmessungen haben. Soll das Mittellängsschott im Ölbunker keine Erleichterungslöcher haben, so erhält es Horizontalträger und Vertikalversteifungen wie die Begrenzungsschotte des Ölbunkers. In Tanks, welche von Bord zu Bord reichen, sind auch noch seitliche Schlingerplatten auf ¼ der Breite erforderlich. Die Deckbalken müssen an jedem Spant angebracht werden und dürfen keine geringeren Abmessungen haben als die Versteifungen der Endschotte. Die Deckbeplattung ist dieselbe wie für die Decke eines tiefen Ballasttanks erforderlich.

Die Nähte und Stöße der Schott-, Deck- und Tunnelbeplattung und die Begrenzungswinkel der Schotte sowie die Stringerwinkel werden bei den Ölbunkern doppelt genietet. Die Nietentfernung ist wie für Öltankschiffe, d. i. 5 Durchmesser für die genannten Winkel, 3½ Durchmesser für die Nähte und Stöße der Deckbeplattung und der Schotte, soweit die Dicke 12,7 mm und darunter, und 4 Durchmesser, wenn sie darüber ist. Die Nähte der Außenhaut müssen doppelt genietet sein, aber nur mit der gewöhnlichen wasserdichten, nicht öldichten Nietentfernung, d. h. also 4 Durchmesser. Die Verbindung der Horizontalträger mit den Schotten und der Außenhaut kann durch einfache Winkel erfolgen, ausgenommen an den Enden der Träger, wo diese auf eine Länge gleich der doppelten Trägerbreite doppelte Winkel erhalten. Der Nietabstand ist 4½ Durchmesser. In den Mittellängsschotten, ob dicht oder mit Erleichterungslöchern, können die Nähte einfach genietet werden. Die Nieten zur Verbindung von Spant und Außenhaut erhalten 5½ Durchmesser Abstand, die Nieten zur Verbindung der Vertikalversteifungen mit der Schottbeplattung 6 Durchmesser.

Die Verbindung der Kimmstützplatten mit der Randplatte erfolgt wie bei öldichten Doppelböden. (Siehe unter Doppelboden.)

Die Arbeitsausführung muß bei den Ölbunkern besonders sorgfältig sein. Wo Nietlöcher gestanzt werden, darf der Durchmesser des Stempels höchstens 1,6 mm größer sein als der Durchmesser des Nietes. Die Löcher in Unterlegstreifen müssen genau denselben Durchmesser wie die der Platten haben. Wo sich Schwierigkeiten im genauen Anbringen ergeben, müssen die Nietlöcher an Ort und Stelle gebohrt werden. Wo Nietlöcher nicht ganz genau aufeinander passen, müssen sie aufgerieben und neu versenkt werden. Für die aufgeriebenen Löcher sind dann Nieten von größerem Durchmesser zu verwenden. Die Oberflächen der Stahlplatten müssen fest aufeinander schließen und sind soweit als möglich ohne Verwendung von Packung zu dichten. Wo Packung unvermeidlich ist, darf das verwendete Material in Öl nicht löslich sein. Wo doppelte Begrenzungswinkel angewendet werden, müssen beide Schenkel jedes Winkels verstemmt werden. Winkel und ⊥-Verbindungen, welche auf der Stemmseite liegen, müssen verstemmt werden. Halterungen sind möglichst anzubringen, ohne die Platten zu durchlochen. Wo dies unvermeidlich ist, sollen sie abgesetzt oder versenkt werden.

Zwischendeckventilatoren für Ölbunker müssen genügend starke Abmessungen haben, um dem Druck. welcher auf sie kommen kann, standzuhalten. Die Öffnungen erhalten Drahtgazescheiben. Die Drahtgaze legt man doppelt zwischen eiserne durchlochte Scheiben, so daß sie die Wirkung einer Sicherheitslampe haben.

Bei Ölbunkern sind Vorkehrungen zu treffen, sei es durch besondere Brunnen oder Gräben und durch Wegerung und Verkleidung, um zu verhindern, daß das durchtretende Öl an die Ladung gelangt und daß bei einer Leckage Öl in die Hauptgräben und Brunnen des Schiffes abfließt. Wo die Möglichkeit einer Ölleckage von Bunkern, Vorratstanks, Abstehtanks, Tagestanks, Pumpen oder anderen Apparaten vorliegt, müssen entsprechende Wassergänge, Kofferdämme, Tropfschirme oder dergleichen angeordnet, und Vorkehrungen getroffen werden, diese zu leeren. Gewöhnlich bringt man auf der nach dem Laderaum gekehrten Schottseite eines Ölbunkers in einem Abstand ein hölzernes Wegerungsschott an, welches gestattet, an jede etwa lecke Stelle des Bunkerschottes zu kommen und führt unten in gewisser Entfernung parallel zum Schott einen hochgestellten Wulstwinkel auf der Tankdecke entlang, damit das Lecköl nicht an die Ladung kommen kann. Der so gebildete Ölgraben muß aber möglichst in dem gleichen Spantfeld noch in einen Ölbrunnen münden. Eine Ölbunkerschottverkleidung ist in der Abb. 587 dargestellt.

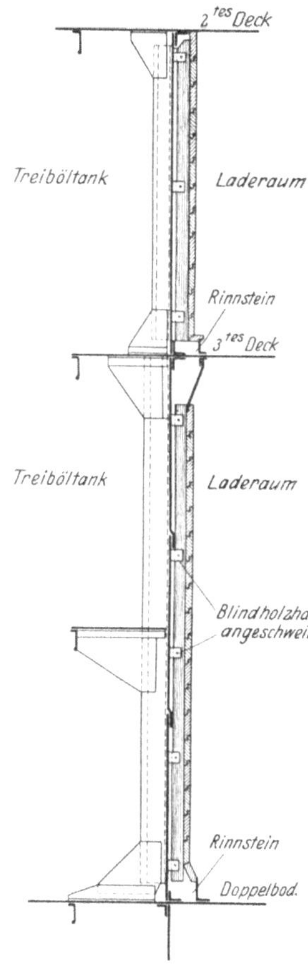

Abb. 587.

Wo Kohle oder Ladung in einer Abteilung gefahren wird, welche an einen Treibölsetztank stößt, welcher geheizt werden kann, muß die nach dem Tank zu liegende Seite dieser Abteilung isoliert werden, um zu verhüten, daß die Ladung oder die Kohlen erhitzt werden. Frischwassertanks, sei es Kesselspeisewasser oder Trinkwasser, müssen von Öltanks durch Kofferdämme getrennt werden.

Ölbunker werden bei Lloyds Register mit einer Wassersäule von 30% der Tanktiefe gedrückt oder mit 2,45 m Wasserdruck (je nachdem welcher Wert am größten ist), vorausgesetzt, daß die Tanks mit Überlaufrohren oder anderen Vorkehrungen versehen sind, die verhüten, daß kein größerer Druck auf den Tank kommen kann. Wo die Tanks nicht mit Überlaufrohren oder anderen ähnlichen Einrichtungen versehen sind, müssen sie mit einer Wassersäule entsprechend dem höchsten Druck der im Betrieb auf den Tank kommen kann, geprüft werden, in keinem Fall aber mit weniger als 2,45 m Wassersäule. Alle Armaturen an öldichten Flächen sollen fertig angebracht sein, bevor der Tank geprüft wird. Wenn die Begrenzungsschotte eines Öltanks eine wasserdichte Abteilung eines Schiffes bilden, so dürfen die Abmessungen und Versteifungen dieser Schotte nicht schwächer sein, als für gewöhnliche wasserdichte Schotte verlangt wird.

Tieftanks und Piektanks für Öl, welche mit voll gefahren werden (Abb. 586 bis 590), erhalten die gleichen Abmessungen und Versteifungen wie Ölbunker. An Stelle des Mittellängsschottes sind entsprechende Schlingerplatten (Waschplatten) anzubringen. In solchen Tieftanks müssen an den Querschotten hohe Rahmenspanten angebracht werden, welche stark genug sind, den horizontalen Versteifungen an den Schotten genügende Steifigkeit zu geben. Diese Rahmen sollen mit den Schlingerplatten verbunden werden. Die Decks müssen durch einen Interkostalplattenunterzug auf jeder Seite der Mittellinie versteift werden, wobei besondere Sorgfalt auf die Vernietung von Kopf und Fuß der Stützen zu verwenden ist, da diese auch auf Zug beansprucht werden. Die Nietung ist wie bei den anderen Öltanks auszuführen; für alles übrige, wie Arbeitsausführung, Ventilation, Entwässerung und Prüfung gelten dieselben Vorschriften wie bei Öltanks.

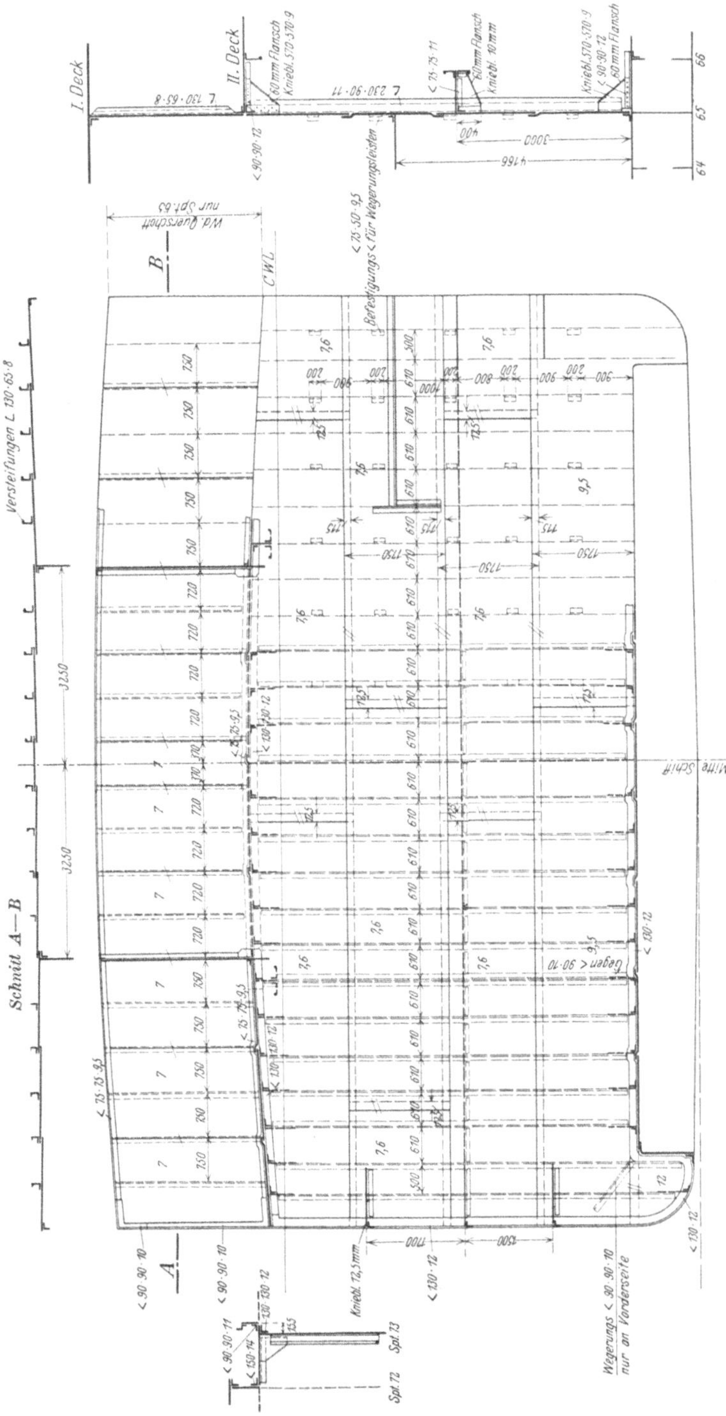

Abb. 588.

Beim Germanischen Lloyd gelten für Öltanks dieselben Vorschriften wie für gewöhnliche Wassertanks mit folgenden Ergänzungen: Die senkrechten Steifen der Schotte sind durch Horizontalversteifungen abzustützen, deren Abstand von den Decks und der Doppelbodendecke nicht mehr als 2,5 m betragen. Bei einer Steifenlänge von 2,5 und unter 3,5 m kann die Horizontalversteifung durch Verstärkung der Vertikalversteifungen um 20% des Widerstandsmoments bei 3,5 m und entsprechend weniger bei dazwischen liegenden Längen ersetzt werden.

Die wagerechten Träger bestehen aus einer Stegplatte und einem Gurtprofil. Dieselben berechnen sich nach einer Leitzahl $a \times b \times s$ und der ununterstützten Länge der Horizontalversteifung, darin ist a die Höhe der Wassersäule für die Tankprüfung, gemessen von dem Träger, s die Spannweite des Trägers, b der halbe Abstand des über der zu bestimmenden Horizontalversteifung liegenden Decks oder einer Horizontal-

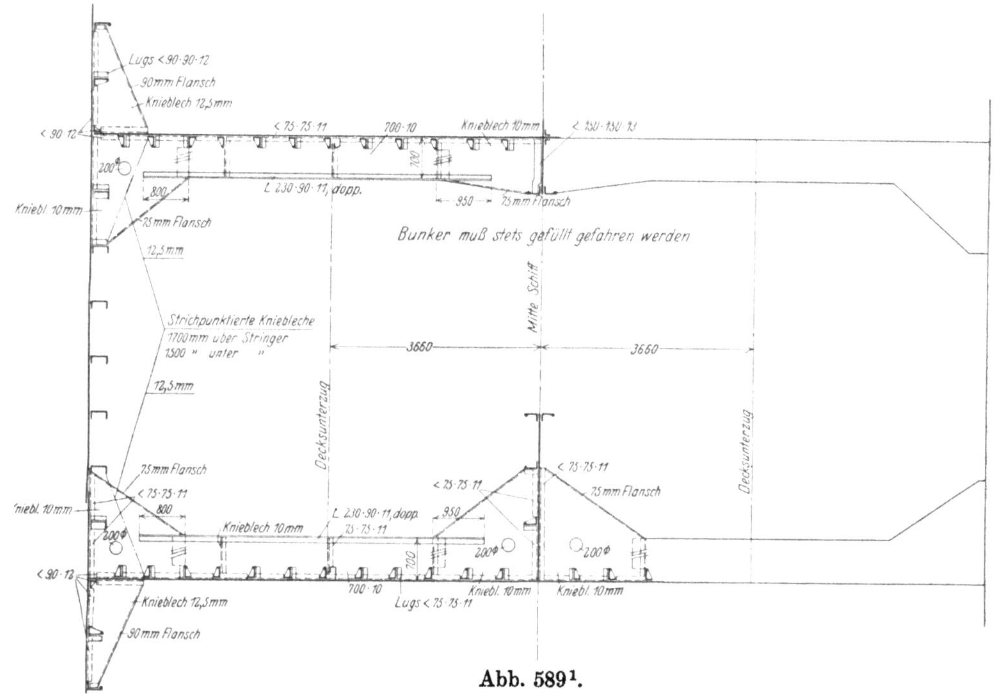

Abb. 589[1].

versteifung von dem unter ihr liegenden Deck, Horizontalversteifung oder Doppelbodendecke.

Bei $a \times s \times b = 25$ cbm und einem s von 3,5 m ist die Platte $260 \times 7{,}5$ und das Gurtprofil ⌈ $160 \times 70 \times 9{,}5$ bei $a \times s \times b = 70$ cbm und gleicher Spannweite ist die Stegplatte $480 \times 9{,}5$ und das Gurtprofil ⌈ $190 \times 85 \times 9{,}5$. Die Tabelle geht bis $a \times s \times b$ von 240 cbm

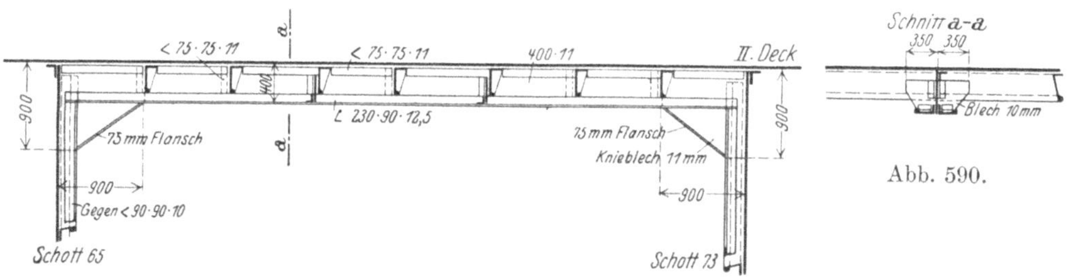

Abb. 590.

und $s = 9$ m, wofür eine Stegplatte von $1520 \times 14{,}5$ mit einem Wulstwinkel $290 \times 90 \times 15{,}5$ erforderlich ist.

Die Differenzen in der Steghöhe von zwei aneinander anschließenden Trägern soll nicht unter 0,6 der Breite des größeren Trägers — der kleinere ist gegebenenfalls auf diese Breite zu vergrößern — sein. Die beiden Träger sind durch geflanschte Kniebleche miteinander zu verbinden. Die Horizontalversteifungen erhalten an jeder dritten Vertikalsteife Kniebleche, an den übrigen Winkel zur Verbindung mit den Steifen. Die

[1] Die Bemerkung in der Zeichnung, der Bunker sei stets voll zu fahren, ist als Hinweis gemeint, daß er 1. ganz aufgefüllt werden, 2. nicht teilweise angebraucht belassen werden soll.

vertikalen Steifen dürfen an den Horizontalverbindungen nicht abgeschnitten werden. An den Begrenzungsschotten sind außerhalb der Tanks Rinnsteine zum Auffangen von etwa durchleckendem Öl anzuordnen, und die Tankschotte und Tankdecks sind in den Laderäumen mit Wegerung zu versehen. Ölbunker in Zwischendeckräumen über den Kesseln vermeidet man möglichst, obwohl diese Räume, da sie für andere Zwecke nur wenig in Betracht kommen, zu solcher Verwendung verlocken; werden sie ausnahmsweise angeordnet, so muß für gefahrlose Abführung des Lecköles Sorge getragen werden. Bei reiner Ölfeuerung muß nach den Vorschriften des Germanischen Lloyd eine angemessene Reserve des gesamten Ölvorrats, die stets zuletzt zu verbrauchen ist, so untergebracht sein, daß sie durch Bodenbeschädigung nicht verloren gehen kann. Die Prüfung der Öltanks erfolgt nach Anbringung aller Rohranschlüsse mit einem Wasserdruck entsprechend einer Wassersäule von mindestens 3,5 m über dem höchsten Punkt der Tankdecke oder, wenn die Tankdecke unter der Ladelinie liegt, von 3,5 m über der Tiefladelinie. In keinem Fall soll der Prüfungsdruck geringer sein, als der beim Füllen der Tanks vorkommende größte Druck mit einem Zuschlag von 10 %. Alle Rohre, welche durch querschiffs liegende Raumtanks laufen, müssen durch einen öldichten Tunnel geführt oder im Tank gegen Beschädigung gut geschützt sein.

British Corporation baut die Ölbunkerschotte im allgemeinen nach den Regeln für Tieftankschotte mit einer Berechnungshöhe über der Oberkante der Versteifungen, welche dem höchsten Punkt entspricht, bis zu dem das Öl steigen kann. Die Versteifungen werden durch kurze Winkel mit den Seitenträgern und Stützrahmen verbunden und haben an ihren Enden Winkel oder Plattenverbindungen. Die Tanks sollen soweit wie möglich so angeordnet sein, daß einer, welcher die Versteifungen und die Seitenträger enthält, mit einem anderen mit glatter Oberfläche abwechselt. Wirksame Unterzüge sind in allen Fällen an der Decke des Tanks anzuordnen. Die Begrenzungswinkel der Ölbunkerschotte müssen doppelt sein, und zwar haben sie 75 mm Schenkelbreite für 16-mm-Nieten, 90 mm für 19-mm-Nieten und 100 mm für 22- und 25-mm-Nieten; die Stärke der Schenkel muß mindestens gleich derjenigen der Schottbeplattung sein. Stöße und Nähte, welche mehr als 4,88 m unter dem höchsten Punkt liegen, bis zu welchem das Öl steigen kann, müssen doppelt genietet werden. Mittellängsschotte, welche nicht immer im Betriebe einseitigem Druck unterworfen sind, können Abmessungen haben, welche auf nur ⅔ der Berechnungshöhe basieren, unter der Voraussetzung, daß ein Druckventil angebracht wird, welches verhindert, daß ein größerer Druck auf das Schott kommen kann, als einer Wassersäule bis zur Oberkante des Expansionsdecks entspricht.

Norske Veritas schreibt für Piektanks, Tieftanks, Treibölbunker, Absetztanks und Tagestanks Schlingerschotten vor und eine Festigkeit, die genügt, um den Schlägen des Öls bei nur halb gefüllten Tanks im Seegang standzuhalten. Die Nietung der Stöße und Nähte der Schottplatten, der Deckbeplattung und der Begrenzungswinkel der Schotte muß mindestens derjenigen für Öltransportschiffe entsprechen.

Wie für Ölbunker auf Seeschiffen, so sind auch für Ölbunker auf Flußschiffen besondere Vorschriften festgelegt.

g) Kohlenbunkerschotte. Über Kohlenbunkerschotte finden sich besondere Bestimmungen nur in den Vorschriften von Lloyds Register. Die Dicke der Beplattung und die Abmessungen der oberen und unteren Begrenzungswinkel an einem senkrecht stehenden Bunkerlängsschott sind wie bei einem gewöhnlichen Mittellängsschott mit Ausnahme des untersten Plattenganges, welches sich mindestens 610 mm über den Flurboden des Heizraumes erstrecken muß und mindestens 9 mm dick sein muß. Die Vertikalversteifungen sind verschieden, je nachdem die Bunkerwand bzw. die Versteifungen als Ersatz für eine Stützenreihe dienen oder nicht. Die Abmessungen richten sich nach der Länge der Versteifungen und der Lage unter dem obersten, dem zweiten oder dritten Deck. Bunkerversteifungen als Ersatz für eine Stützenreihe direkt unter dem Oberdeck bedingen die Anwendung von Winkeln des Profils $120 \times 75 \times 8$ mm bei 2,45 m Versteifungslänge bis zu Wulstwinkeln von $250 \times 90 \times 11,5$ mm bei 9,15 m Versteifungslänge. Die Abmessungen unter dem zweiten und dritten Deck sind entsprechend stärker.

Kohlenbunkerversteifungen, welche nicht als Ersatz für eine Reihe von Stützen dienen sollen, sondern neben welchen die normale Abstützung der Balken durchgeführt ist, sind nur unwesentlich schwächer, als die Versteifungen an Kohlenbunkerwänden, welche als Decksabstützung dienen; die Widerstandsmomente dieser Versteifungen sind etwa 10 bis 15% schwächer. Die Versteifungen werden gewöhnlich an jedem zweiten Spant angebracht, und dementsprechend sind auch die Tabellen aufgestellt, doch ist dabei angenommen, daß die Spantentfernung nicht über 760 mm beträgt. Bei größerer Spantentfernung sind die Kohlenbunkerversteifungen an jedem Spant anzubringen und können dann aber entsprechend verringert werden. Die Dicke der Beplattung der Bunkerschotte ist in den Räumen 7,5 mm mit Ausnahme der untersten Platte, und in den Zwischendecks 6,5 mm. Die Befestigungswinkel der Schotte werden 2,5 mm dicker als die Schottplatten an der betreffenden Stelle genommen.

Querbunkerschotte erhalten dieselbe Plattenstärke wie die Längsbunkerschotte. Die Versteifungen, welche gewöhnlich in 910 mm Entfernung angeordnet werden, sind bis zu 5 m Versteifungslänge dieselben wie bei Längsbunkerschotten, welche nicht als Ersatz für eine Stützenreihe dienen, bei größeren Versteifungslängen sind sie bis zu 25% schwächer. Bei schrägen Bunkerschotten, wo also direkt der Druck der Kohlen auf die Beplattung kommt, müssen die Abmessungen der Versteifungen entsprechend vergrößert werden und die Versteifungen müssen Verbindungs- bzw. Stützwinkel nach den Deckbalken erhalten mit Knieen sowohl am Deckbalken als auch an der Versteifung. Wo durch den Kohlenbunker freie Balken hindurchgehen, erhalten dieselben an der Oberseite Schutzstreifen von etwa 12,5 mm Dicke, die mit dem oberen Flansch des Balkens in $5\,d$ Abstand vernietet werden. Ob die Bunkerräume Seitenwegerungen erhalten, hängt von der Reederei ab.

Da die Kohlenbunkerschotte in der Regel nicht zu den Verbandteilen gehören, welche die Festigkeit des Schiffskörpers bedingen, so sind in den Vorschriften der anderen Klassifikationsgesellschaften keine Vorschriften über den Bau der Kohlenbunker festgelegt. Außer Lloyds Register gibt nur Norske Veritas einige Angaben, und zwar sind bei ihm als Ersatz für Seitenstützen im Maschinen- und Kesselraum senkrechte Bunkerschotte zugelassen von wenigstens 7,6 mm Dicke und Versteifungen vom untersten Deck bis zur Doppelbodendecke im Abstand von mehr als doppelter Spantentfernung. Diese Bunkerversteifungen können 25 mm weniger Steghöhe haben als die Versteifungen der wasserdichten Schotte. Für die Lage der Kohlenbunkerschotten zu den Kesseln werden allgemein gültige Regeln angegeben. Gewöhnlich wird als geringster zulässiger Abstand der Kohlenbunkerwände vom Kessel 305 mm angegeben.

h) Endschotte der Aufbauten. Die Abschlußschotte der Aufbauten sind schon frühzeitig der Gegenstand eingehender Vorschriften gewesen. In früheren Zeiten waren bei den Segelschiffen und der geringeren Geschwindigkeit der Dampfer die Fälle, daß ein Schiff durch Einschlagen der Frontschotte der Aufbauten in Gefahr kam, nur selten. Bei der zunehmenden Geschwindigkeit der Dampfer mehrten sich die Fälle, daß Schiffe durch Einschlagen der Frontschotte der Aufbauten verloren gingen. Im Jahre 1882 verschärfte Lloyds Register die Vorschriften über den Bau und die Verstärkung der Abschlußschotte der Aufbauten. Am Ende des vorigen Jahrhunderts war es allgemein üblich, die Beplattung des Frontschottes eines Brückenhauses oder einer freiliegenden Poop so stark zu machen wie die Seitenplatten des Aufbaues und durch Wulstwinkelprofile, wie solche als Ersatz für Spant- und Gegenspanten vorgeschrieben waren, im Abstand von 760 mm zu versteifen. Die Versteifungen wurden oben und unten durch Kniebleche von der dreifachen Höhe der Profile eingespannt. Da damals kurze

Brückendecks meist noch keine stählerne Deckbeplattung hatten, so mußte an der Vorkante des Brückendecks ein entsprechend breiter Plattenstreifen angebracht werden, der von Bord zu Bord ging und eine solche Breite hatte, daß die Kniebleche der Versteifungen damit vernietet werden konnten; die Süllplatten wurden 1 mm dicker genommen. Dann erhöhte man die Versteifungsprofile um 25 mm gegen früher. Schließlich wurde in England durch das Freibordgesetz die Versteifung der Frontschotte der Aufbauten geregelt, und zwar nach der Breite des Schiffes. Die Vorschriften des Board of Trade, die von Lloyds Register übernommen und noch heute in Geltung sind, sehen die in folgender Tabelle angegebenen Profile vor.

B.O.T.Breite	7,3	und unter	9,1 m	Γ	140 × 75 × 7,5	mm
,,	9,1	,, ,,	11,0 m	,,	170 × 75 × 8,5	,,
,,	11,0	,, ,,	12,8 m	,,	190 × 75 × 9,0	,,
,,	12,8	,, ,,	14,0 m	,,	190 × 75 × 10,0	,,
,,	14,0	,, ,,	15,2 m	,,	200 × 75 × 11,0	,,
,,	15,2	,, ,,	16,4 m	,,	220 × 75 × 12,0	,,
,,	16,4	,, ,,	17,7 m	,,	230 × 90 × 12,5	,,
,,	17,7	und darüber		,,	240 × 90 × 12,5	,,

Nach den Vorschriften des Board of Trade sind ferner Horizontalkniee von der Dicke der Süllplatten in Höhe des Schanzkleides anzubringen, welche letzteres mit der Schottbeplattung verbinden. Lloyds Register führt diese horizontalen Knieplatten jetzt nicht mehr an. Ebenso verlangt Lloyds Register nicht mehr Einspannung durch Kniebleche, sondern durch Lugwinkel. Die Vorschriften des Germanischen Lloyd sind denen von Lloyds Register angepaßt und sehen wie diese nur mehr eine Befestigung der Versteifungen mit kurzen Winkeln vor. Die Dicke der Schottbeplattung ist nach dem Germanischen Lloyd gleich der Dicke der Brückenseitenbeplattung zu nehmen, braucht aber nicht dicker als 10 mm zu sein; die Süllplatte macht man 1 mm dicker. Lloyds Register regelt die Plattendicke nach der Schiffslänge, und zwar werden gefordert 7,5 mm für Schiffe von 61 m und 10 mm für Schiffe von über 100 m Länge. Die Versteifungen können 10% niedriger sein, wenn das Brückendeck keine Decksöffnungen umschließt.

British Corporation hat von den beiden vorhergehenden völlig verschiedene Vorschriften. Es regelt die Stärke der Aufbautenendschotte nach der Schiffslänge. Unter 61 m Länge muß die Beplattung des Frontschottes mindestens 7,6 mm sein und bei Schiffen von 115,8 m Länge und darüber wenigstens 11,2 mm; für dazwischen liegende Längen wird interpoliert. Als Schottversteifungen sind Wulstwinkel mit kurzen Winkeln an den Enden vorgesehen, und zwar bei Schiffen unter

unter	48,8 m	Länge	Γ	140 × 75 × 7,5	mm
bei	48,8 ,,	,,	,,	150 × 75 × 8,0	,,
,,	61,0 ,,	,,	,,	165 × 75 × 8,5	,,
,,	73,0 ,,	,,	,,	180 × 75 × 9	,,
,,	85,0 ,,	,,	,,	190 × 75 × 9,5	,,
,,	98,0 ,,	,,	,,	200 × 75 × 10	,,
,,	110,0 ,,	,,	,,	220 × 75 × 10,5	,,
,,	122,0 ,,	,,	,,	230 × 75 × 11	,,
,,	134,0 ,,	,,	,,	240 × 90 × 11,5	,,
,,	146,0 ,,	,,	,,	250 × 90 × 12	,,
,,	158,0 ,,	,,	,,	270 × 90 × 12,5	,,
,,	171,0 ,,	,,	,,	280 × 90 × 13	,,

Diese Schottversteifungen sind in 760 mm Abstand vorgesehen und erhalten bei 140 bis 150 mm 3 Nieten, bei 165 bis 190 mm 4 Nieten, bei 200 bis 250 mm 5 Nieten und bei größerer Steghöhe 6 Nieten in jedem Schenkel des Lugwinkels. Die Zahl der Nieten ist z. T. größer als Lloyds Register verlangt.

Die Vorschriften des Bureau Veritas über Brückenfrontschotte sind ähnlich wie diejenigen von Lloyds Register, nur sind die Flanschbreiten für die großen Wulstwinkel schmäler, nur 75 statt 90 mm.

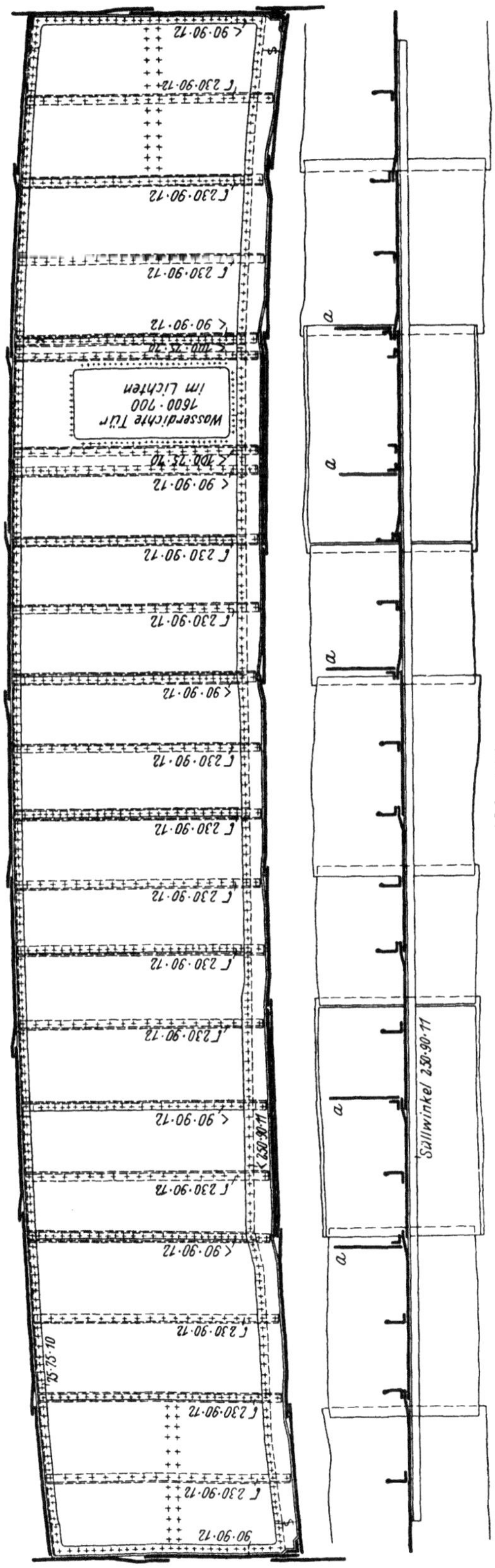

Abb. 591.

Norske Veritas bemißt die Frontschottversteifungen ebenfalls nach der Schiffsbreite. Die Versteifungsprofile sind z. T. den von Lloyds Register vorgeschriebenen völlig gleich, z. T. etwas stärker, müssen aber oben und unten mit Knieblechen eingespannt sein.

Dieselben Vorschriften wie für die Versteifungen des Frontschottes einer Brücke gelten auch für das Frontschott einer Poop. Wird letztere durch eine davorstehende Brücke gegen Seeschlag geschützt, so können entsprechend schwächere Versteifungen genommen werden. Für die Versteifung des Frontschottes einer kurzen Poop kommen um etwa 30 bis 40% schwächere Profile in Frage.

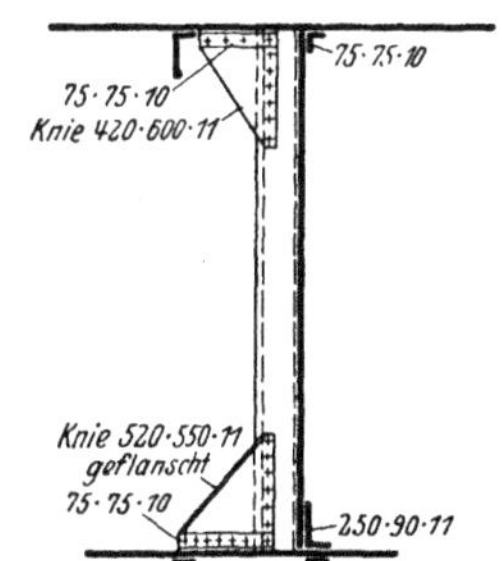

Abb. 592.

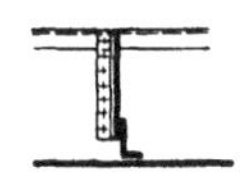

Abb. 593.

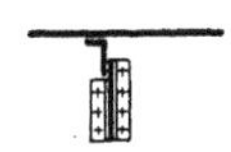

Abb. 594.

Die Klassifikationsgesellschaften machen meist noch einen Unterschied, je nachdem die Frontschotte von Brückendecks Decksöffnungen bzw. Maschinen- und Kesselraum umschließen oder nicht. In letzterem Falle können bei Lloyds Register die Versteifungen 10% weniger Steghöhe haben, ebenso bei Bureau Veritas. Der Germanische Lloyd verlangt Versteifungen wie bei einer kurzen Poop. Die Schottplatten brauchen ebenfalls nur die Dicke der Poopseitenbeplattung zu haben. In keinem Fall braucht die Plattendicke über 9 mm zu sein. Norske Veritas läßt für die Versteifungen des Frontschottes von Brücken, welche nicht Maschinen- und Kesselschacht oder sonstige große Öffnungen im Deck umschließen, viel schwächere Profile zu, nämlich die gleichen wie an den hinteren Abschlußschotten, d. h. mit einem Widerstandsmoment von nur $^1/_4$ bis $^1/_5$ der sonst erforderlichen Profile; dazu kommt noch, daß die schweren Profile mit Knieblechen eingespannt sein müssen, während dies bei den Frontschottversteifungen von Brückendecks, welche nicht Maschinen- und Kesselschacht oder sonstige große Öffnungen umschließen, nicht der Fall zu sein braucht.

Es sind also die Ansichten der verschiedenen Klassifikationsgesellschaften verschieden. Berücksichtigt man, daß die schwersten Beanspruchungen eines Brückenfrontschotts durch Seeschlag erfolgen, so wäre nicht nur die Breite oder Länge des Schiffes, sondern auch die Höhe des Schottes über der Ladelinie sowie gegebenenfalls die Schiffsgeschwindigkeit zu berücksichtigen. Es kommt ferner hinzu, daß für das

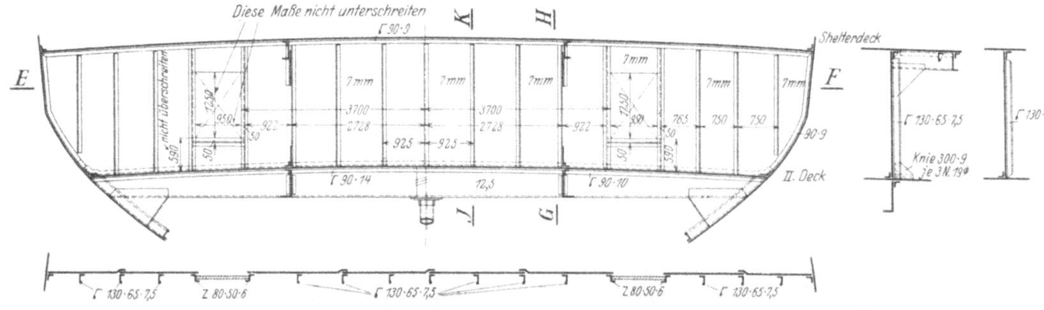

Abb. 595.

Brückenfrontschott sich länger nach hinten erstreckende Längsverbindungen, die den Übergang der Spannungen von der Brückendeckbeplattung zur Hauptdeckbeplattung vermitteln müssen, erforderlich sind. Aus diesem Grunde führt man namentlich eiserne Längswände der Einrichtung unter dem Brückendeck, wenn angängig, bis zum Brückenfrontschott. Diese eisernen Längswände bilden eine sehr wirksame Versteifung des Brückenfrontschotts. Was für das Brückendeckfrontschott gilt, gilt ebenso für das Frontschott einer langen Poop (Abb. 591 bis 594).

Ist das Brückenfrontschott durch seine Lage, z. B. durch einen dicht davor liegenden Aufbau, gegen Seeschlag mehr geschützt, so ist eine Verringerung der Versteifungen

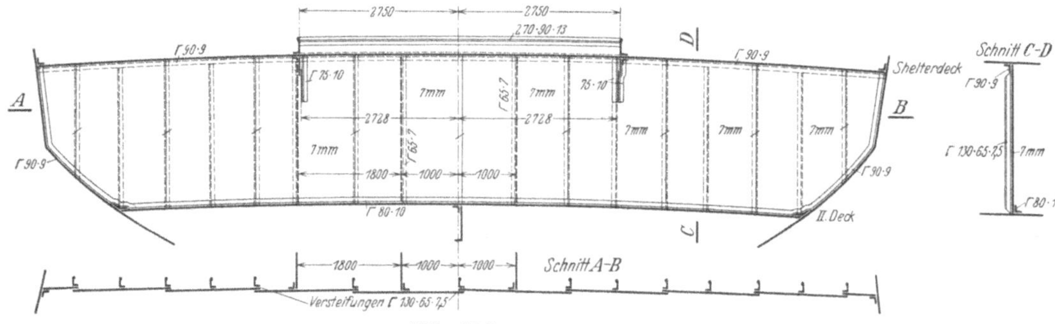

Abb. 596.

berechtigt. Für das Frontschott einer Brücke, welche keine großen Decksöffnungen umschließt, und für das Frontschott einer Poop, welche nicht durch eine Brücke geschützt ist, welche also den von vorn kommenden Seen ausgesetzt ist, verlangt Lloyds Register dieselbe Beplattung wie beim Brückenfrontschott, läßt aber eine 10% schwächere Versteifung zu. Die gleichen Bestimmungen finden wir beim Bureau Veritas, während British Corporation eine gleich starke Bauweise fordert wie für ein ungeschütztes Brückenfrontschott. Nach den Vorschriften von Norske Veritas werden auch die Poopfrontschotte, wenn sie keine Decksöffnungen umschließen, sehr schwach gebaut.

Für das Frontschott einer kurzen Poop, welche durch ein davorliegendes Brückendeck geschützt ist und welche weder Maschinen- noch Kesselraum, noch sonstige große Decksöffnungen umschließt, kommt eine wesentlich schwächere Bauart in Frage.

Lloyds Register sieht für ein geschütztes Poopfrontschott nur Winkel als Versteifungen mit Lugwinkeln als Endbefestigung vor. Die Beplattung kann 10% dünner sein als beim Brückenfrontschott und die Versteifungen brauchen nur $^1/_4$ des Widerstandsmomentes wie bei letzterem zu haben. Der Germanische Lloyd hat jetzt hierfür ebenfalls geringere Versteifungen als früher, ebenso Bureau Veritas. British Corporation läßt eine ähnliche Verschwächung für das Frontschott einer Poop, welches teilweise durch eine Brücke geschützt ist, zu. Als Versteifungen sind auch nur Winkel vorgesehen mit kurzen Lugwinkeln als Endbefestigung. Norske Veritas hat die gleichen schwachen Versteifungen wie beim Frontschott von Brückendecks, welche nicht Maschinen- und Kesselraum oder größere Decksöffnungen umschließen.

Die Schottbeplattung an der Rückseite eines Brückendecks macht man je nach der Größe des Schiffes 6 bis 9,5 mm stark und setzt die Versteifungen 910 mm auseinander. Die Versteifungen bestehen aus Winkeln $75 \times 65 \times 6{,}5$ mm bei kleinen und bis $115 \times 75 \times 8$ mm bei großen Schiffen. Diese Bauweise wird am häufigsten bei Shelterdeckschiffen für die Abschlußschotte der Vermessungsöffnungen angewendet (Abb. 595 und 596).

Das Frontschott bei erhöhtem Quarterdeck erhält die Beplattung wie ein Brückenfrontschott und eine Versteifung, welche mindestens dieselbe Festigkeit gewährt, wie die eines Brückenfrontschotts. Genaue Angaben über die einzelnen Verbandteile sind schwierig zu machen, da das erhöhte Quarterdeck als Querversteifung des Schottes dient, die Höhe je nach der Höhe des Quarterdecks verschieden ist und die gegebenenfalls erforderlichen vertikalen Verbindungsplatten zwischen den beiden Decks als Rahmenversteifungen des Quarterdeckfrontschottes wirken.

10. Verschiedene Einbauten, Aufbauten usw.

a) Wellentunnel. Im letzten Jahrzehnt des vorigen Jahrhunderts machte man den Wellentunnel 6 bis 9,5 mm stark je nach der Größe des Schiffes, und die Tunneldecke verstärkte man im Bereich der Luken um mindestens 3 mm oder brachte an diesen Stellen eine Wegerung von wenigstens 50 mm Holz an. Der Tunnel selbst wurde querschiffs mit Winkeln vom Gegenspantprofil in Abständen von 1,22 m versteift, die Beplattung verstemmt und der Tunnel wasserdicht gemacht. Schon damals brachte man eine wasserdichte Schiebetür am Maschinenraumschott an. Dann machte man die Beplattung des Wellentunnels so stark wie die der wasserdichten Schotte und prüfte den Wellentunnel mit einer Wassersäule bis zur Tiefladelinie. Gab diese Prüfung eine gewisse Sicherheit, daß die Tunnelwände stark genug und dicht waren, so war sie andererseits wieder zwecklos, da für das Hereinbringen der Reserve-Schraubenwelle mindestens eine Platte losnehmbar sein mußte. Die Verunreinigung des Tunnels und der Wellenlagerböcke durch die Prüfung war eine unangenehme Beigabe. Allerdings war damals auch noch der Fall häufiger, daß man als Ballast loses Wasser im hinteren Laderaum fuhr, was zur Vorbedingung hatte, daß der Wellentunnel absolut dicht sein mußte. Heutzutage baut man die Tunnel ebenfalls so stark, daß sie einem Wasserdruck bis zum Schottendeck widerstehen, prüft sie aber nur mehr durch Abspritzen. Die frühere Bauart der Wellentunnel kennzeichnete sich durch die verhältnismäßig schwache Versteifung der Tunnelwände. Bis Ende der neunziger Jahre nahm man als Versteifungsprofil der Tunnelwände immer noch Gegenspantprofile in 1,22 m Abstand, obwohl das Gegenspantprofil zu dieser Zeit gegen früher schon bedeutend schwächer geworden war. Unter den Ladeluken verringerte man den Abstand der Tunnelversteifungen auf 910 mm.

Inzwischen waren in der Größe, der Anordnung und der Bauweise des Wellentunnels mannigfache Änderungen eingetreten. Durch die allgemein gewordene Anordnung des Doppelbodens in Schraubendampfern wurde die Lage des Tunnels erhöht. Man baut den Tunnel einseitig, also nicht zentrisch zur Wellenachse, sondern um Raum zu sparen nur so breit, daß nur auf einer Seite der Welle ein Durchgang bleibt, um die Wellenlager unter Aufsicht halten zu können. Die immer größer werdenden Raumtiefen bei Eindeckschiffen erforderten immer stärkere Tunnelbauweisen gegen den entsprechend größer gewordenen Druck der Ladung. Um den durch den Tunnel und die größere Schärfe des Hinterschiffes weggefallenen Laderaum zu ersetzen, hatte man das Deck über dem Tunnel entsprechend höher gelegt, d. h. das Schiff mit erhöhtem Quarterdeck gebaut und hatte auf diese Weise schon vor zwanzig Jahren sehr große Raumtiefen im Hinterschiff erhalten. Die großen Schraubendurchmesser bei Einschraubenschiffen nötigten zu immer größerer Höhe des Tunnels. Man suchte diese dadurch zu verringern, daß man die Schraubenwelle nach vorn zu neigte, schon, um nicht eine zu große Höhe des Maschinenfundamentes zu bekommen. Im Hinterschiff werden besonders bei scharfen Schiffen die Formen so eng, daß zu Seiten des Tunnels kein für die Ladung verwendbarer Raum mehr bleibt (s. a. Abb. 597). Man läßt dort den Tunnel in einen Raum enden, der nach oben durch eine wasserdichte Deckbeplattung und hinten zu durch das Stern-

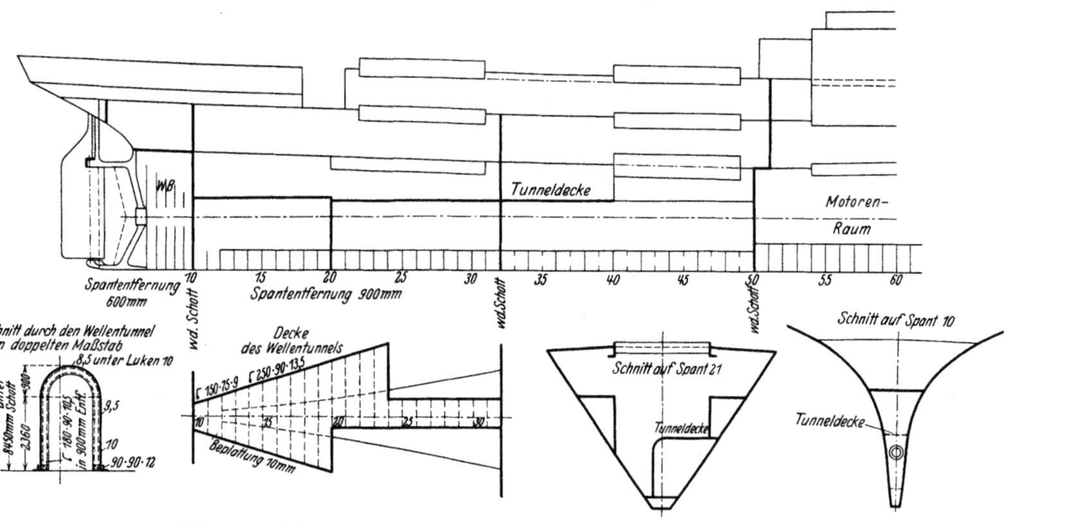

Abb. 597. Hinterschiff mit Wellentunnel, Plattformdeck usw.

buchsenschott abgeschlossen ist. In diesem „Rezeß“ ist auch in der Regel die Reserveschraubenwelle gelagert. Die Breite des Wellentunnels wird im allgemeinen auf etwa 1600 bis 1800 mm bemessen. Vielfach legt man in den Wellentunnel die Mannlöcher zu den Doppelbodentanks im Hinterschiff, die man auf diese Weise unter Aufsicht halten kann, ohne durch die Ladung behindert zu sein. Bei schärferen Schiffen legt man vielfach in den Raum neben dem Tunnel im Hinterschiff, der für Ladungszwecke zu eng ist, Wasserballast oder Öllast; im letztgenannten Falle muß der Wellentunnel öldicht ausgeführt sein. In Zweischraubenschiffen, wo also die Wellentunnel weiter aus der Mitte liegen und wo bei der größeren Geschwindigkeit der Schiffe die Form des Hinterschiffes noch enger ist, benutzt man vielfach auch den Raum zwischen den Tunneln als Wasserballastraum oder Ölbunker, so daß bei den modernen Doppelschrauben-Motorschiffen manchmal der ganze Hinterraum im Bereich der Wellentunnel durch eine wasser- bzw. öldichte von Bord zu Bord reichende Decke in die Höhe der Tunneldecken abgeschlossen ist. Bei Öltankschiffen mit mittschiffs liegender Maschinenanlage, die aber heute nicht mehr gebaut werden, führte man den Wellentunnel als öldichtes Rohr durch die hinteren Tankräume. Einzelheiten des Wellentunnels siehe Abb. 598.

Die Versteifungen des Wellentunnels legt man, wenn nicht besondere Verhältnisse vorliegen, auf die Innenseite des Tunnels, weil man dann leichter etwaige Undichtigkeiten im Wellentunnel verstemmen kann. Aus besonderen Gründen werden die Versteifungen vielfach nach außen gelegt, z. B. wenn die Tunneldecke gewegert ist und unter den Luken keine dickere Topbeplattung vorgesehen ist. Die Bauweise des Wellentunnels hat sich im Laufe der Zeit ständig geändert. Nach der Umwälzung im Handelsschiffbau im Jahre 1909 machte man die Tunnelseitenbeplattung so stark wie die untersten Platten der wasserdichten Schotte, die Decke unter den Luken mindestens 2,5 mm dicker, falls keine Wegerung vorgesehen war, und als Versteifungen setzte man statt des Gegenspantprofils einen Winkel vom Profil des Unterdeckstringerwinkels in Abständen von 2 Spantentfernungen, unter den Luken aber nicht weiter als 910 mm. Da aber die Unterdeckstringerwinkel selbst bei den größten Schiffen nicht über das Profil 100 × 100 mm hinausgingen, so wurden die Versteifungen bei großen Schiffen zu gering. Die Bauart der Wellentunnel bei Zweischraubenschiffen ist in der Abb. 599 gezeigt.

Im Jahre 1915 wurde die Bauart des Wellentunnels nach verbesserten Grundsätzen geändert. Die Dicke der Beplattung wurde wie bei wasserdichten Schotten mit Versteifungen im Abstand von 914 mm bestimmt. Die Beplattung der Tunneldecke konnte mit Rücksicht auf den größeren Widerstand durch die gekrümmte Form so stark genommen werden, wie bei Schottplatten mit Versteifungen im Abstand von 760 mm, d. h. mindestens 10 % schwächer als an den Seiten. Für die Bemessung der Absteifungen wurde als Druckhöhe die mittlere Höhe von der Grundlinie des Tunnels bis zum Oberdeck und die Höhe der Seitenwände des Tunnels, soweit sie senkrecht waren, eingesetzt. Die Tabellenwerte der Druckhöhe reichten von 3,66 m bis 18,3 m. Abb. 600 und 601 geben Einzelheiten betr. Wellenlager im Tunnel und Befestigung einer Raumstütze auf dem Tunnel.

b) Maschinen- und Kesselfundamente. Maschinenfundamente sind Konstruktionen aus Platten und Profilen, welche den Zweck haben, eine möglichst starre Grundlage für die Befestigung der Maschine zu bilden und eine günstige Verteilung der Gewichte und Kräfte auf den Schiffskörper zu erzielen.

Während bei Landanlagen die Aufnahme aller bei großen Maschinen auftretenden Kräfte und die starre Fundierung der Maschine durch entsprechende Bemessung gemauerter bzw. betonierter Fundamente verhältnismäßig leicht zu erzielen ist, so bietet diese Aufgabe bei Schiffsmaschinen um so größere Schwierigkeiten, je stärker und schwerer die Maschinenanlage mit Bezug auf den Schiffskörper ist. Erschwert wird die Aufgabe immer dann, wenn es sich nicht um rotierende Maschinenanlagen, wie Turbinen, sondern um Anlagen mit auf- und abgehenden Massen handelt, welche Vibrationen im ganzen Schiffskörper verursachen können. Deshalb ist der sorgfältige und sachgemäße Entwurf der Maschinenfundamente eine der wichtigsten Arbeiten des Stahlschiff-Konstrukteurs, zu deren richtiger Lösung oft noch Vorberechnungen über die kritische Drehzahl der Motoren usw. Grundlagen geben müssen.

Allgemein gültige Grundsätze für den Bau von Maschinenfundamenten lassen sich nicht geben, wenn auch die Kennzeichnung der Hauptteile stets dieselbe sein mag: Eine Topplatte zur Aufnahme der Befestigungsbolzen der Maschinengrundplatte und darunter angebrachte Längs- und Querversteifungen zur Übertragung und Verteilung der Gewichte und auftretenden Kräfte auf den Schiffsboden.

Bei Schiffen ohne Doppelboden ist die Maschine meist auf den Verbänden des Schiffsbodens befestigt, und die Maschinenträger bilden einen Teil der Kielschweinkonstruktion des Maschinenraumes. Deshalb werden nach den Vorschriften der Klassifikationsgesellschaften dort Bodenstücke, Kielschweine und Mittelträger entsprechend verstärkt.

Bei Radschiffen finden sich auch Verbindungen des oberen Teiles der Maschinenanlage mit dem Schiffskörper.

Bei Schiffen mit Doppelboden unterscheidet man prinzipiell drei Fälle: Entweder steht die Maschine auf gebauten Fundamenten über der Doppelbodendecke, oder sie ist auf der Tankdecke unmittelbar befestigt, oder sie ist in den Doppelboden teilweise eingesenkt.

Bei Schiffen mit mehreren einzelnen Maschinenaggregaten und geteilten Maschinengrundplatten ist das Fundament zweckmäßig so auszubilden, daß ein starrer Zusammen-

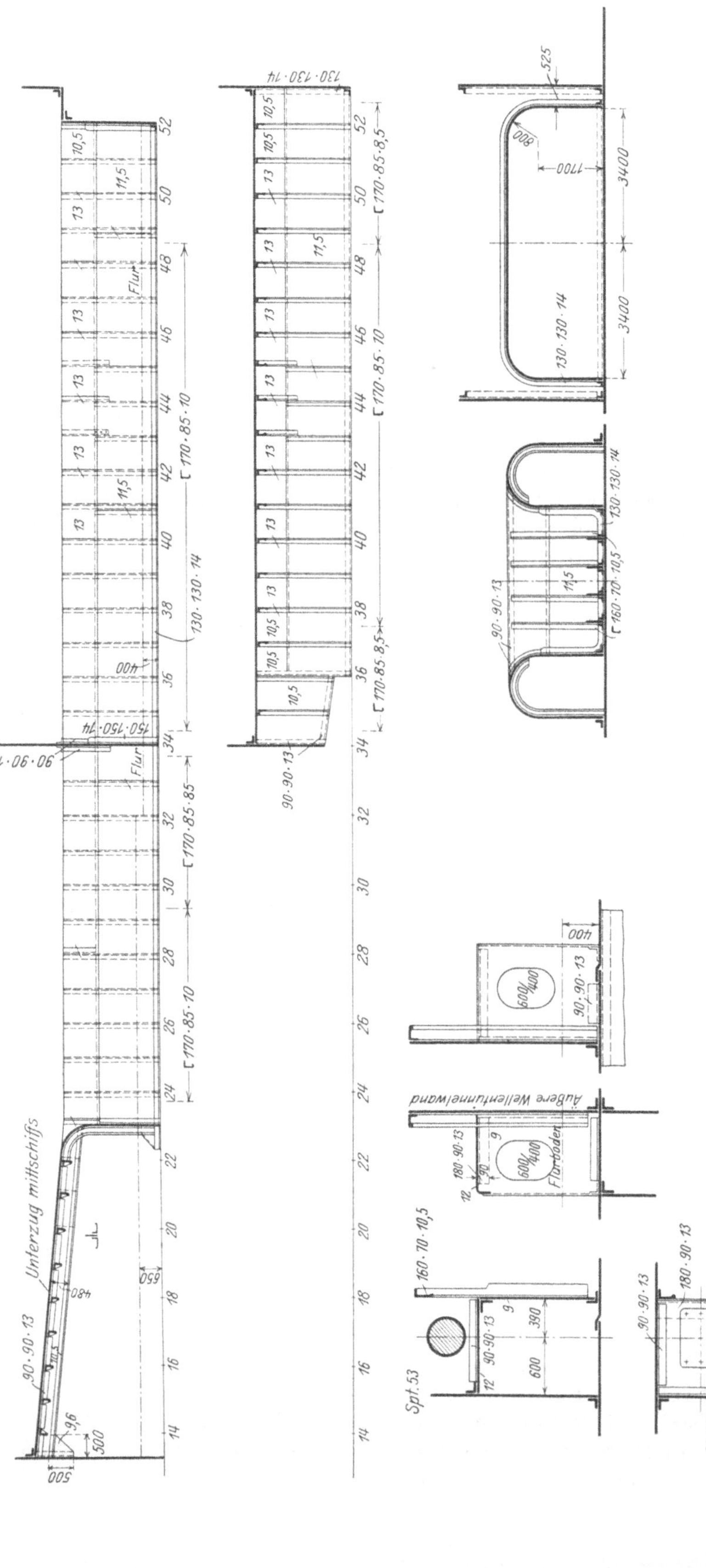

Abb. 598. Wellentunnel für Doppelschrauben-Tankschiffe.

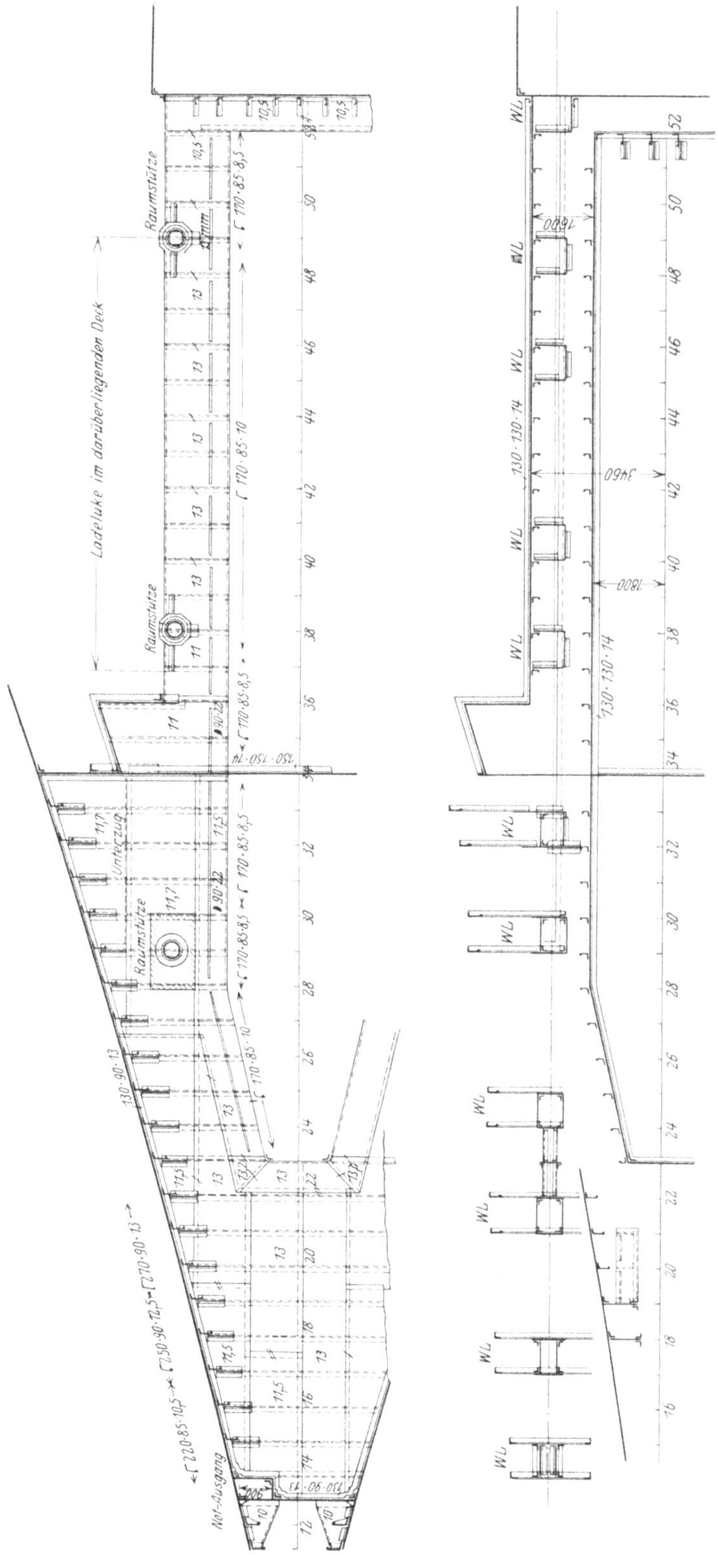

Abb. 599. Wellentunnel für Zweischraubenschiffe.

hang der einzelnen Grundplatten unter sich erreicht wird. Je größer und schwerer die Maschinenanlage ist, desto höher muß das Fundament ausfallen, um die nötigen Wider-

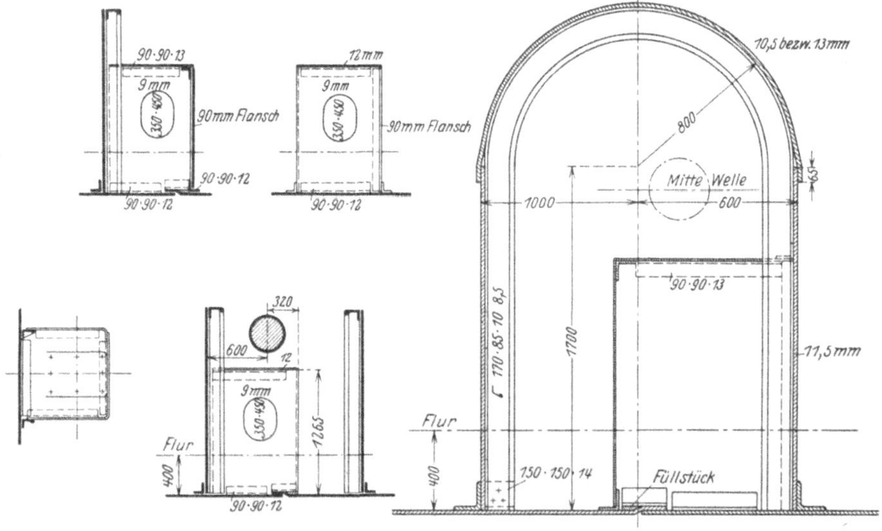

Abb. 600. Wellenlager im Tunnel.

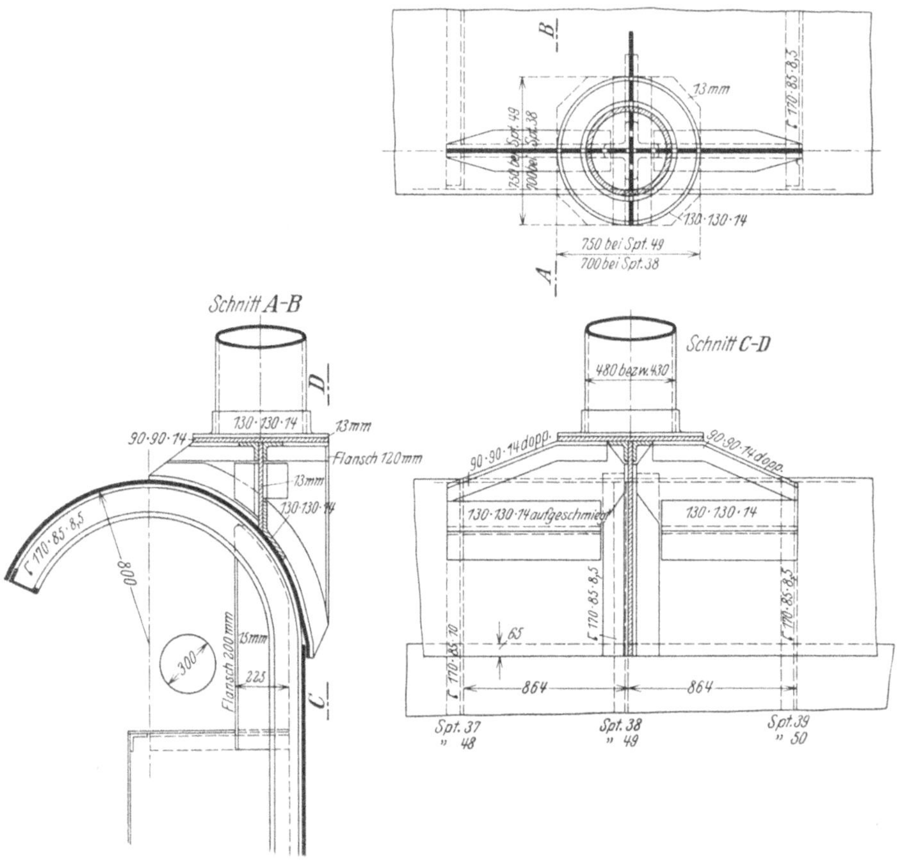

Abb. 601. Raumstützenfuß auf der Tunneldecke.

standsmomente und erwünschte Starrheit so sicher und so wirtschaftlich als möglich zu erreichen. Andererseits liegen die Interessen des Schiffbaues meist bei möglichst geringer

Höhe der Wellenmitte über Kiel. Der Fall, daß der Doppelboden örtliche Einsenkungen erhält, um das Maschinenfundament bzw. die Grundplatte aufzunehmen, ist in Abb. 602 dargestellt.

Abb. 603 und 604 zeigen das Fundament einer kleinen Doppelschraubenmotoranlage, die im Hinterschiff angeordnet ist.

Abb. 605 zeigt halbseitig das Fundament für eine Kolbendampfmaschine von 1550 PS_i. Jede Seite besteht aus einer 795 mm hohen Stegplatte von 20 mm Dicke und aus je einer 680 mm breiten, 20 mm dicken Topplatte. Die von der Stegplatte aufgenommenen Beanspruchungen werden durch besondere Seitenträger auf die Bodenkonstruktion übertragen. Gegen seitliche Beanspruchungen sind geflanschte Kniebleche von 1380 mm angeordnet, welche bis zum normalen Seitenträger reichen, so daß die Beanspruchung von seiten der Maschine auf 4 Seitenträger des Doppelbodens verteilt ist.

Abb. 606 zeigt eines der Maschinenfundamente eines Doppelschraubenschiffes von gleicher Maschinenstärke wie in Abb. 603. Die Topplatte ist hier wesentlich stärker genommen. Die ungeflanschten Kniebleche sind fast doppelt so stark wie in der vorigen Ausführung. Die äußere Stegplatte steht über einem normalen Seitenlängsträger, der sich nur über die Länge des Maschinenfundaments erstreckt.

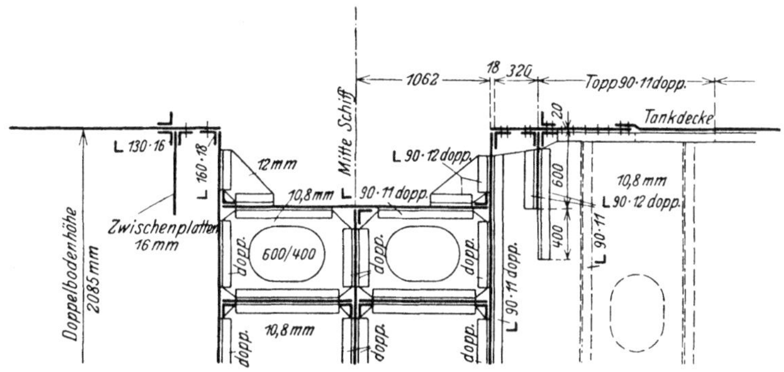

Abb. 602.

Bei Abb. 607 haben die oberen Gurtungswinkel eine solche Breite erhalten, daß die Bolzen der Maschinengrundplatte durch dieselbe hindurchreichen. Die Stegplatten dagegen haben nur einen Winkel zur Verbindung mit der Tankdecke.

Abb. 608 gibt das Fundament eines Zweischraubenmotorschiffes wieder, das eine weitere Verstärkung der Topplatte zeigt. Hier ist neben der Stegplatte noch eine zweite halbhohe Stegplatte unter der Mitte der Topplatte angeordnet. Das Maschinenfundament nimmt hier schon eine Art kastenförmiger Gestalt an.

Dies ist bei Abb. 609 noch stärker ausgeprägt. An Stelle der einzelnen Stegplatten sind hier schon starke gebaute Kastenträger geschaffen, von deren Fußpunkten Extraseitenträger bis auf den Schiffsboden hinabreichen.

Abb. 610 zeigt die Verbindung eines Drucklagers mit dem Maschinenfundament zu Abb. 609.

Die immer größer werdenden Leistungen der Dieselmotoren mit ihren möglichen Erschütterungsimpulsen auf das Maschinenfundament und ebenso das Streben nach organischer Vereinfachung der Konstruktion haben in der weiteren Entwicklung dazu geführt, daß man vielfach die Maschinengrundplatte jetzt direkt auf die entsprechend verstärkte Tankdecke eines erhöhten Doppelbodens stellt. Bei der Anordnung der Vernietungen ist darauf zu achten, daß die Fundamentbolzen sich zweckmäßig in die Nietteilung einordnen.

Abb. 611 zeigt einen Querschnitt durch einen so erhöhten Doppelboden zur Aufnahme eines Maschinenfundamentes. — Die Klassifikationsgesellschaften schreiben für diesen Fall Verstärkungen vor. So verlangt z. B. der Germanische Lloyd für die Tankdecke doppelte normale Seitenplattendicke. Für die Befestigungsbolzen sind unterhalb des Innenbodens starke und breite Winkel vorzusehen, die meist mit halb- oder ganz hohen interkostalen Trägern verbunden sind. Bei stärkeren Anlagen sind die Quer- und Längsträger im Doppelboden zu verstärken und die Zahl der letzteren zu vermehren. Die Toppwinkel

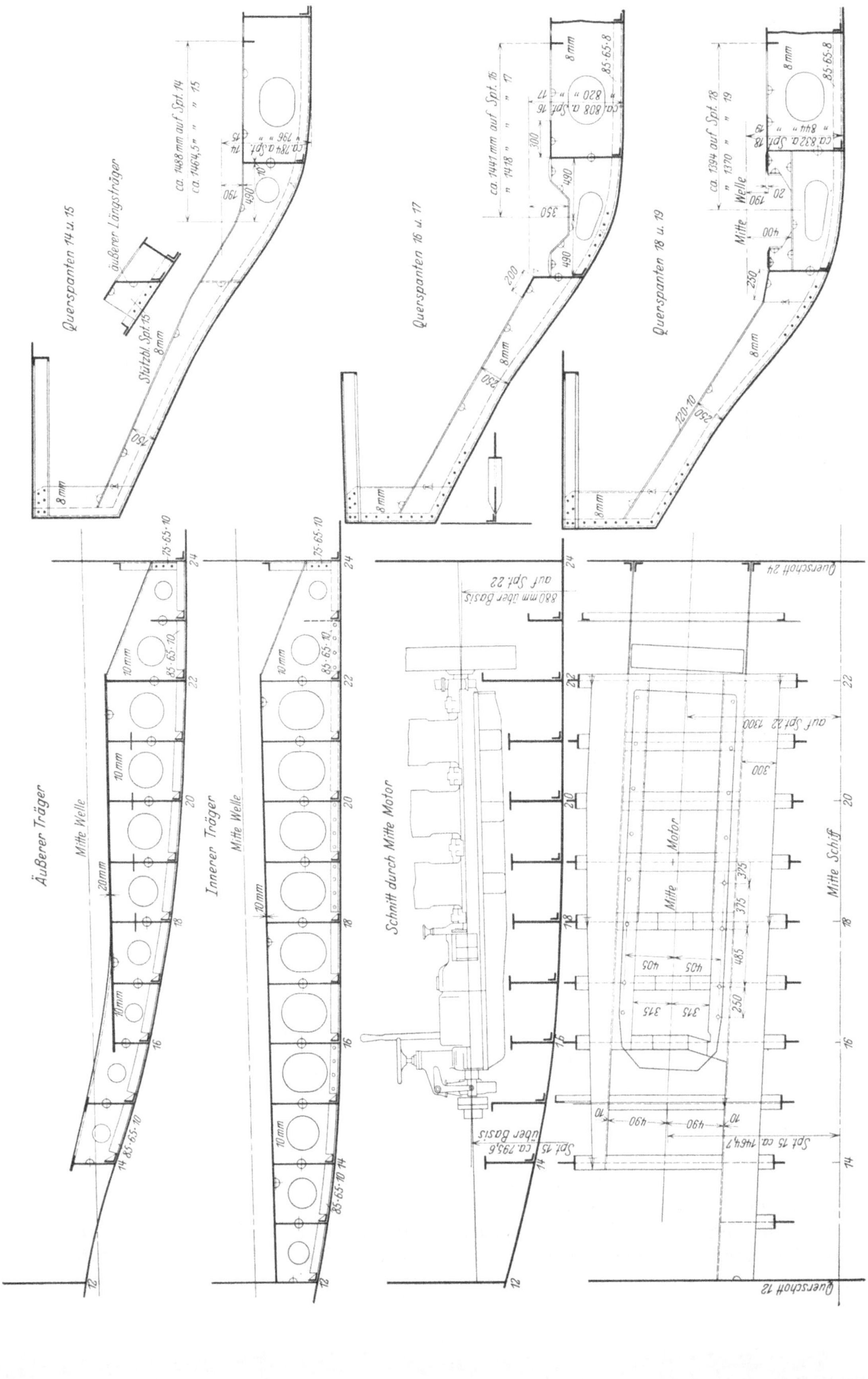
Querspanten 14 u. 15
äußerer Längsträger
Stützbl. Spt. 15
Querspanten 16 u. 17
Querspanten 18 u. 19
Äußerer Träger
Mitte Welle
Innerer Träger
Mitte Welle
Schnitt durch Mitte Motor
Mitte Motor
Mitte Schiff
Querschott 24
Querschott 12

Abb. 603.

der Bodenstücke und Seitenträger sind in diesem Bereiche zu doppeln oder durch breite Profile mit doppelter Zickzacknietung zu ersetzen.

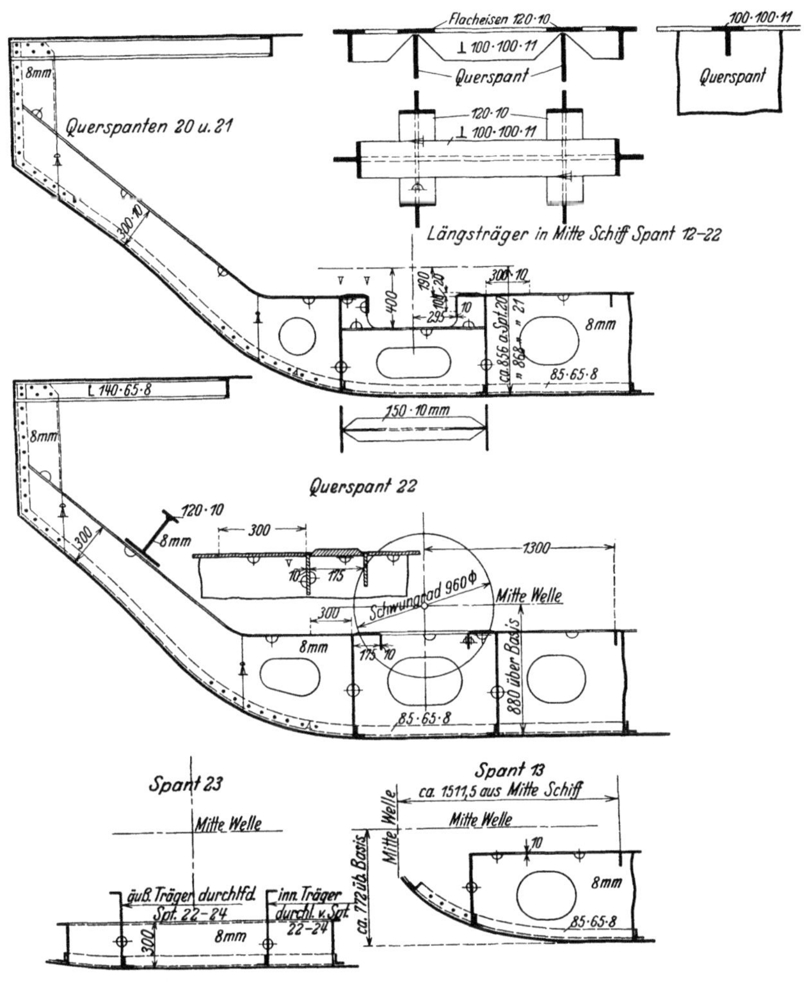

Abb. 604.

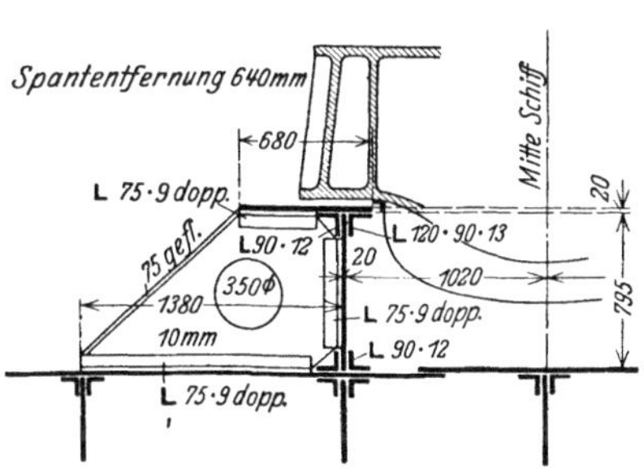

Abb. 605.

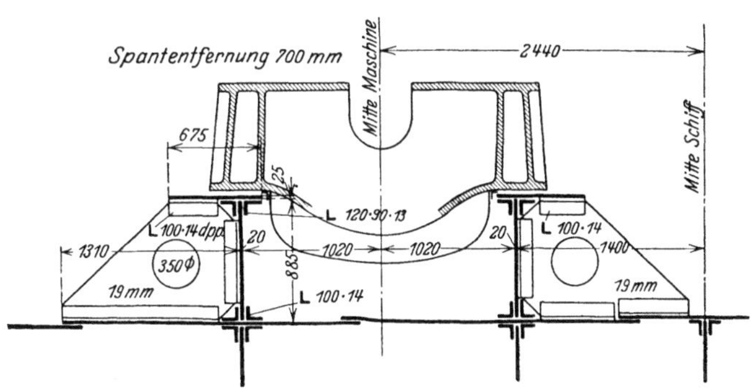

Abb. 606.

Abb. 612 ist ein Beispiel für die Anordnung der Grundplatte unmittelbar auf dem Doppelboden. Außerdem ist in dieser Abbildung bei Spant 85 und 88 die Anordnung der Kesselträger und bei Spant 84 bzw. 90 die Befestigung der Kesselstopper ersichtlich. Diese

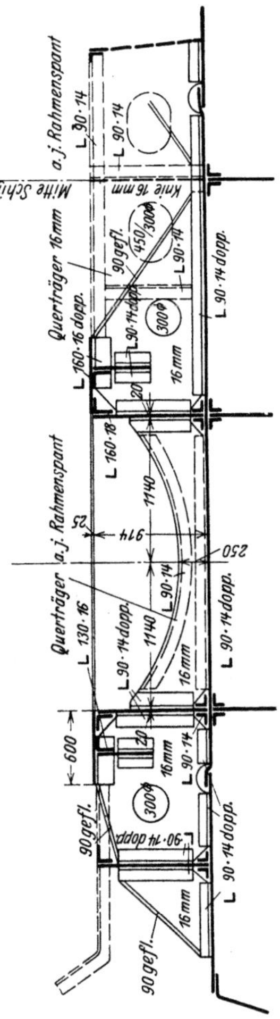

Abb. 608.

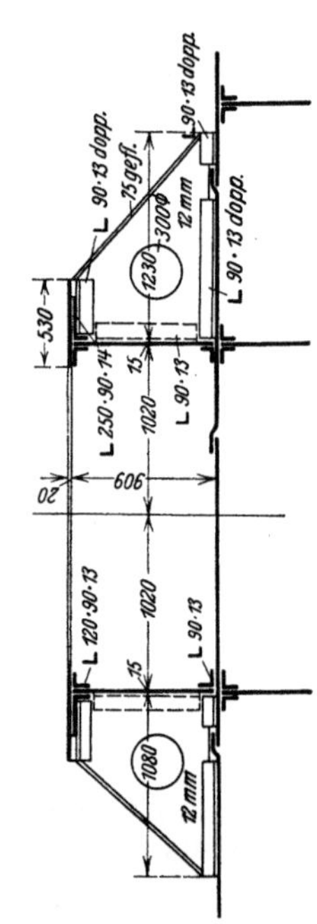

Abb. 607.

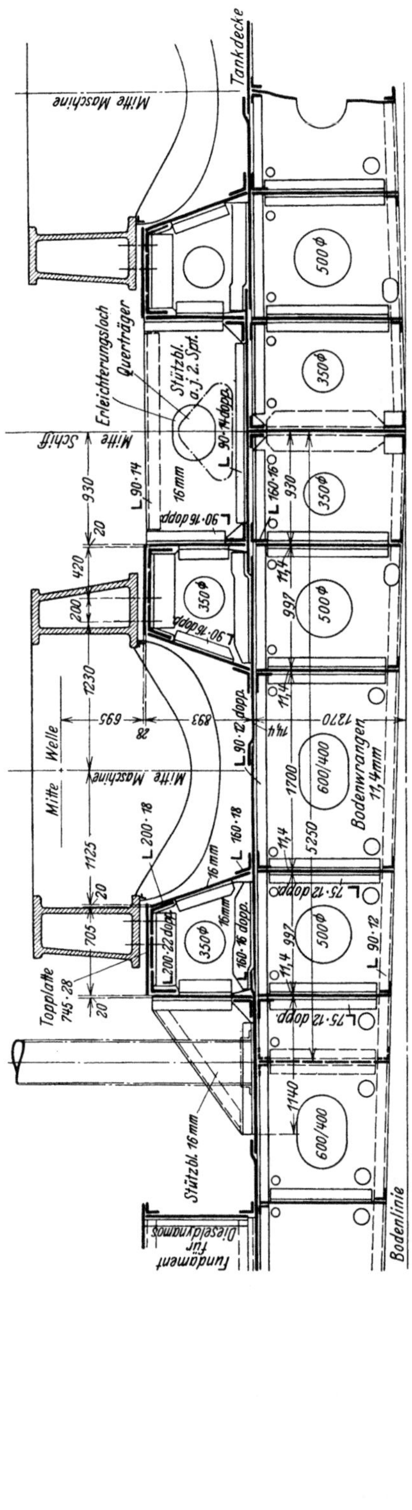

Abb. 609.

Ausführung kommt im allgemeinen aber nur für normale Kolbendampfmaschinenanlagen in Betracht. Bei Getriebeturbinen oder bei Kolbendampfmaschinen mit Abdampfturbinen kann das Maschinenfundament infolge der höheren Lage der Turbinen bzw. Kolbenmaschinen nicht mehr unmittelbar auf die Tankdecke gestellt werden.

Ein aufgebautes Fundament für eine Anlage mit Abdampfturbine ist aus den zusammengehörigen Abb. 613 und 614 ersichtlich.

Bei Motorenanlagen sind oft besonders sorgfältig zu entwerfende Konstruktionen nötig. Die Abb. 615 bis 617 zeigen das Hauptmaschinenfundament eines großen Doppelschraubenmotorschiffes, zu welchem von der Bauwerft folgende Erläuterungen gegeben werden:

„Beim Entwurf der Fundamente muß man bedenken, daß infolge der schwereren Triebwerksteile und besonders der höheren Drehzahl die Massenkräfte der Dieselmotoren größer sind als bei gleich starken Kolbendampfmaschinen. Auch verwendet man in den meisten Fällen vielzylin-

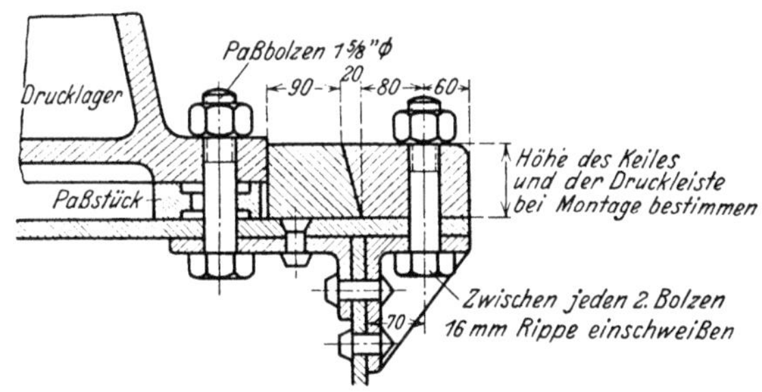

Abb. 610.

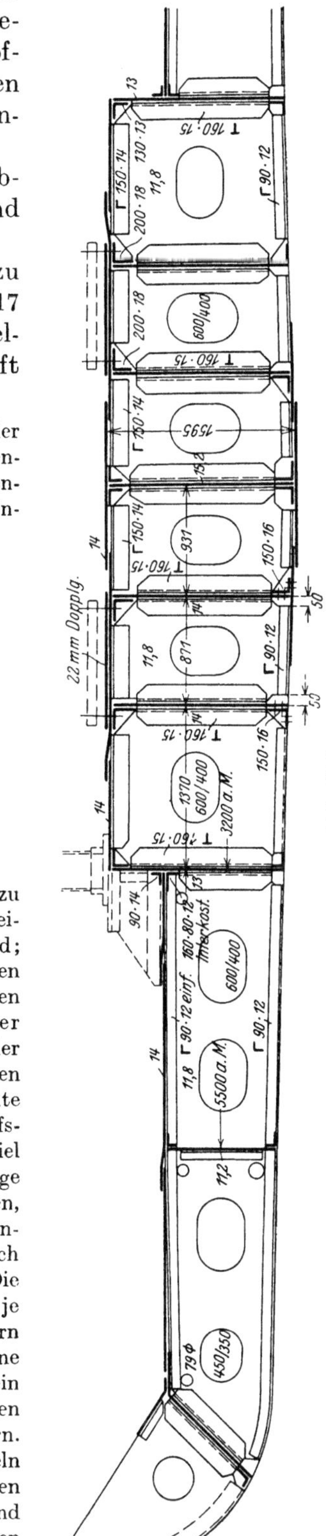

Abb. 611.

drige Motoren, deren Kombination oft freie Momente hervorruft. Hinzu kommt noch, daß im Vergleich mit der Dampfmaschine gleicher Leistung beim Dieselmotor die maximalen Drehkräfte erheblich größer sind; dadurch sind auch beim Motor die auf das Fundament übertragenen Reaktionskräfte des abgegebenen Drehmomentes größer. Die Motoren sind infolge ihrer Bauhöhe und ihrer geschlossenen Form in vertikaler Richtung sehr steif. In horizontaler Richtung sind sie infolge der geringen Breite und großen Länge weich und lassen daher Deformationen infolge der inneren Beanspruchungen leichter zu. Eine besonders gute seitliche Unterstützung der Grundplatte durch eine starke Querschiffskonstruktion der Fundamente ist daher notwendig. Bei diesem Beispiel ist neu die starke Verbindung der Längsträger durch dickflanschige T-Profile und die Anordnung einer Reihe von starken Rahmenspanten, welche die Kimm und den Teil zwischen Kimm und äußeren Motorenlängsträgern besonders starr einspannen. Die Rahmenspanten werden hoch hinaufgeführt, um die Außenhaut auch noch möglichst zu versteifen. Die Bodenstücke und die auf der Tankdecke liegenden vier Längsträger je Motor laufen durch; letztere sind mit den vier interkostalen Längsträgern durch die oben genannten T-Eisen verbunden, — T-Eisen deshalb, um eine symmetrische Überleitung der Kräfte in zwei Nietreihen durch ein massives Profil zu erreichen; dickflanschig, um auch das geringste Atmen des zwischen den Nietreihen sich befindenden Profilteiles zu verhindern.

Die interkostalen Längsträger werden ihrerseits mit einfachen Winkeln mit den Bodenstücken verbunden; nur die beiden inneren interkostalen Längsträger je Motor werden in voller Höhe bis zum Boden geführt und mit diesen verbunden, als diejenigen, denen die aus den Zugstangen der Zylinderblöcke kommenden Kräfte zunächst zugeführt werden; die äußeren interkostalen Längsträger sind halbhoch ausgeschnitten, an den

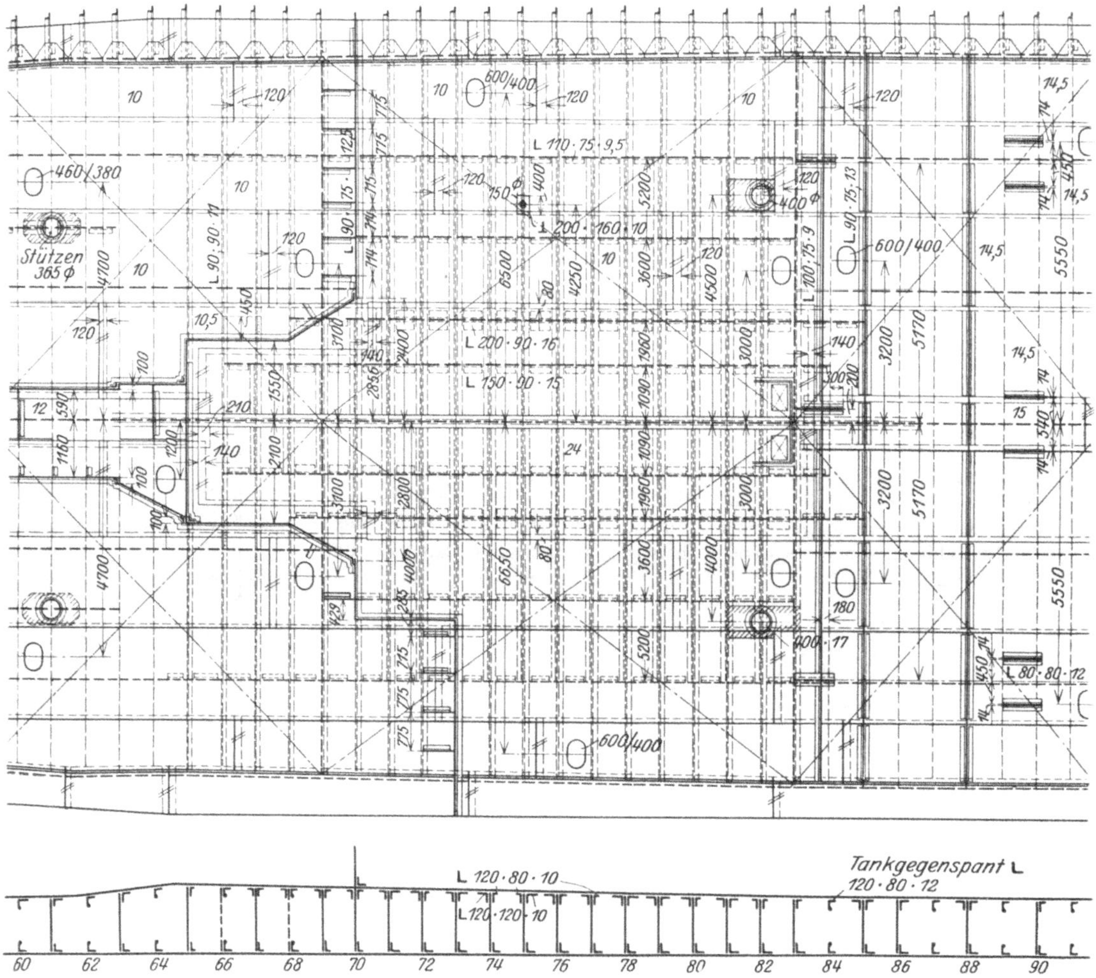

Abb. 612.

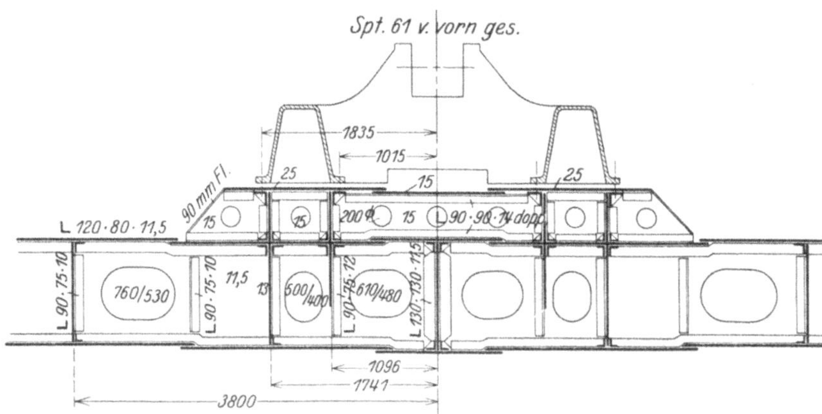

Abb. 613.

Bodenstücken aber dennoch in deren voller Höhe befestigt. Die Bodenstücke sind zweckmäßig etwas über das nach Klasse erforderliche Maß hinaus zu verstärken, die Füße der schweren Rahmenspanten werden auf der Tankdecke von Bord zu Bord geführt, zwischen den vier Längsträgern interkostal. Die Gurtwinkel der Rahmen sind mit der Fundamenttoppplatte sorgfältig zu verbinden.

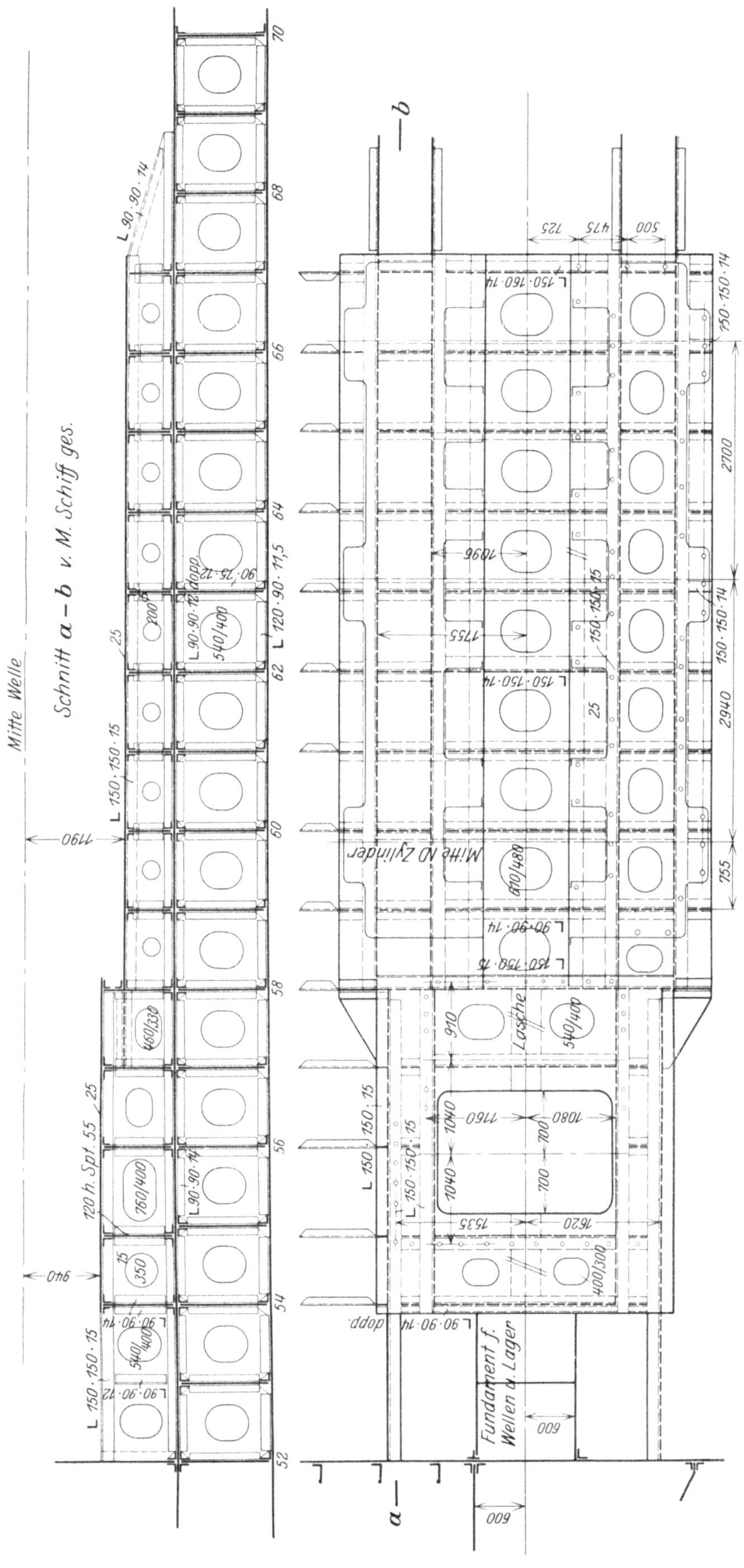
Mitte Welle
Schnitt a – b v. M. Schiff ges.
Mitte ND Zylinder
Fundament f. Wellen d. Lager
Lasche
a
b

Abb. 614.

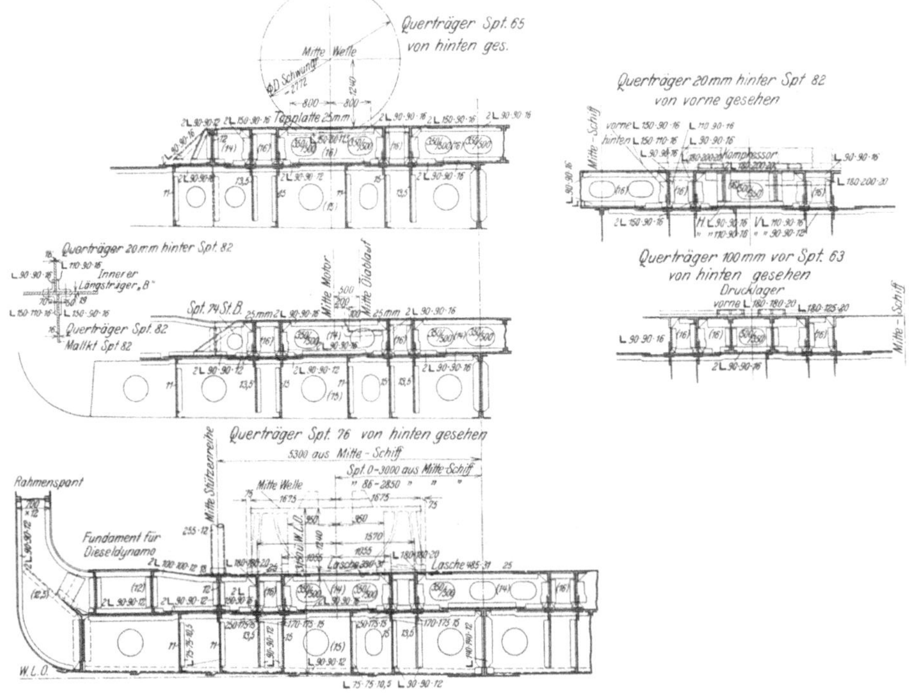

Abb. 615.

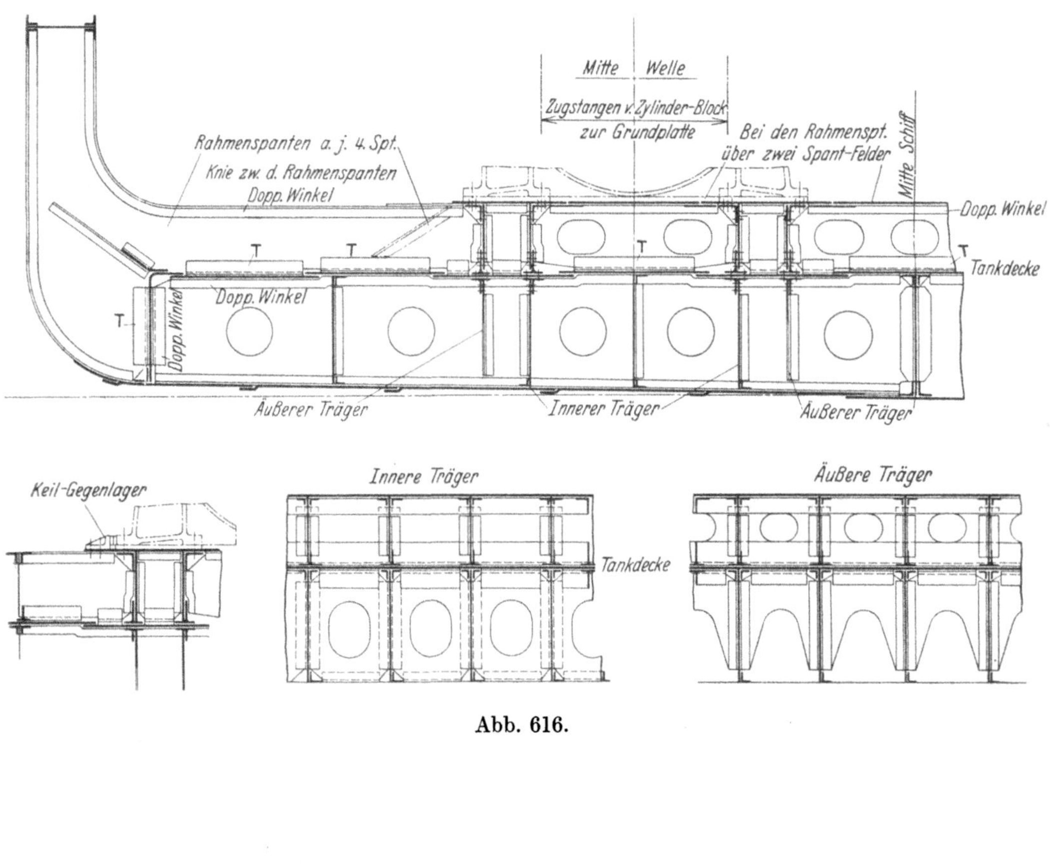

Abb. 616.

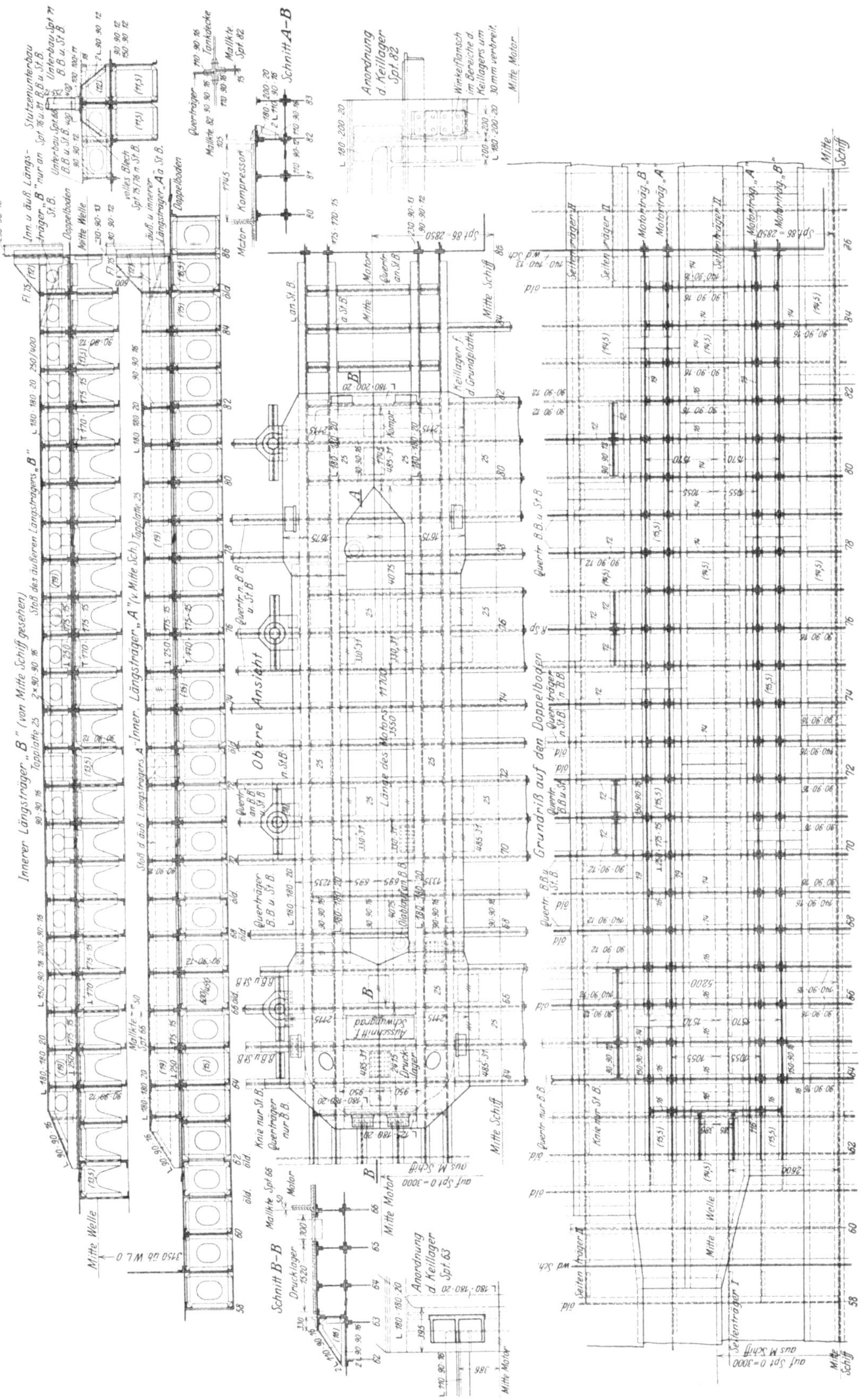
Innerer Längsträger „B“ (von Mitte Schiff gesehen)
Obere Ansicht
Grundriß auf den Doppelboden
Schnitt A–B
Schnitt B–B
Anordnung d. Keillager Spt. 82
Anordnung d. Keillager Spt. 63

Abb. 617.

Die Verbindung der Bleche der Kimmstützplatten und der Rahmen mit der Doppelbodenrandplatte erfolgt wieder durch T-Eisen, das an dieser Stelle normale Flanschdicke haben kann, die der Bodenstücke mit der Randplatte durch doppelte Winkel. Die Längsträger auf der Decke brauchen nicht bis an die Querschotten

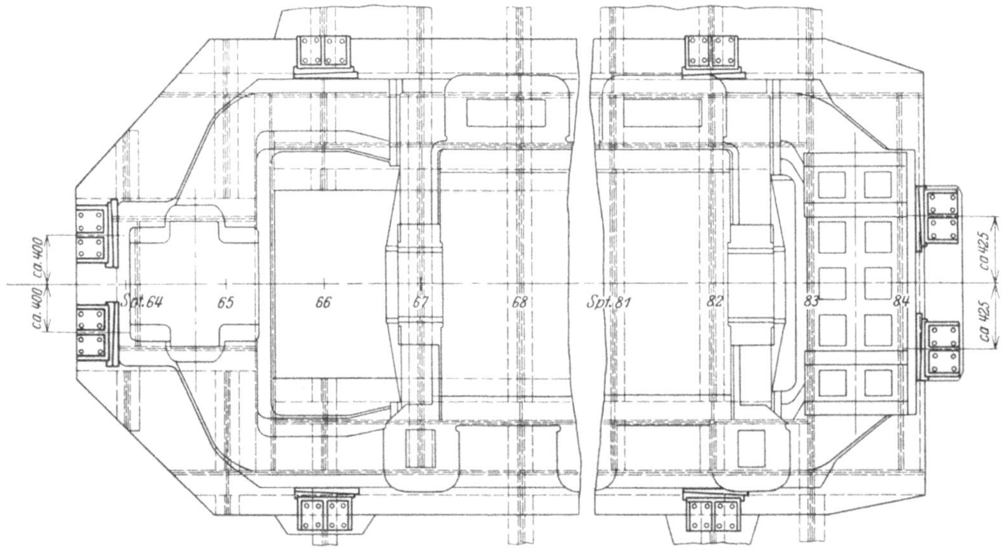

Abb. 618.

herangeführt zu werden; es empfiehlt sich, die Paßstücke zwischen Motorengrundplatte und Fundamenttoppplatte so niedrig wie möglich zu machen. Läßt sich dies aus irgendwelchen Gründen nicht durchführen, sind, um Biegungsbeanspruchungen aus den Fundamentbolzen fernzuhalten, an allen vier Ecken der Grundplatten auf der Toppplatte Stahlgußgegenlager gemäß Abb. 618 und 619 anzubringen, deren Keile kräftig hineinzutreiben sind, und die die Bolzen entlasten.“

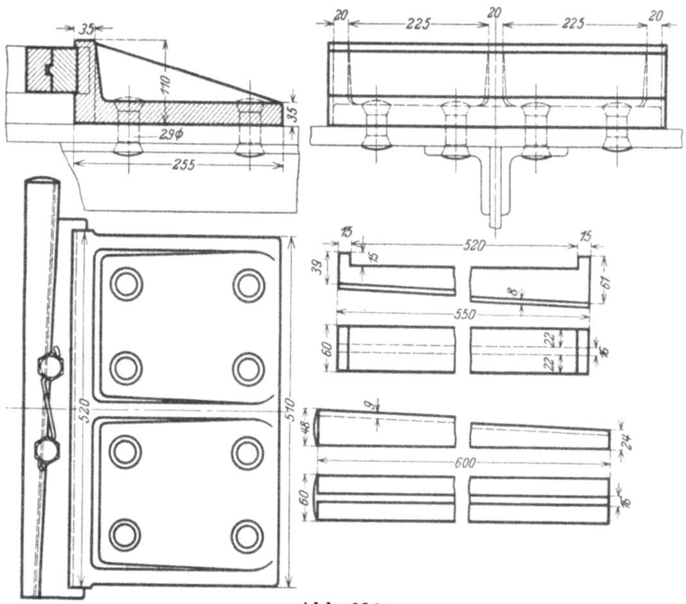

Abb. 619.

Abweichend von der hiervor beschriebenen Ausführung hat man in anderen Fällen auch bei Dieselmotoren statt der der Höhe nach zweiteiligen, durch Profile verbundenen Trägerkonstruktionen gewählt, bei denen der Doppelboden entweder im Bereich der Maschine oder besser in ganzer Breite so gehoben wird, daß die Grundplatten unmittelbar auf den erhöhten Längs- und Querträgern der Doppelbodenkonstruktion stehen. Hierbei sind dann aber meist unterhalb der Maschinen Vertiefungen des Doppelbodens mit Rücksicht auf die Wannen erforderlich. Die Detailausführungen weichen bei den verschiedenen Anlagen zum Teil sehr voneinander ab, da sie selbstverständlich von der Bauart und Anordnung der betreffenden Motorentypen abhängen.

Wesentlich einfacher als die Bauweise der Maschinenfundamente ist diejenige der Kesselfundamente, die sich in den letzten zwei Menschenaltern so gut wie gar nicht verändert hat. Die Beanspruchungen der Kesselfundamente sind wesentlich geringer als die der Maschinenfundamente. Die ruhende Belastung kann sich allerdings bei großen Doppelenderkesseln bis auf 170 Tonnen steigern. Zur Übertragung des Kesselgewichts

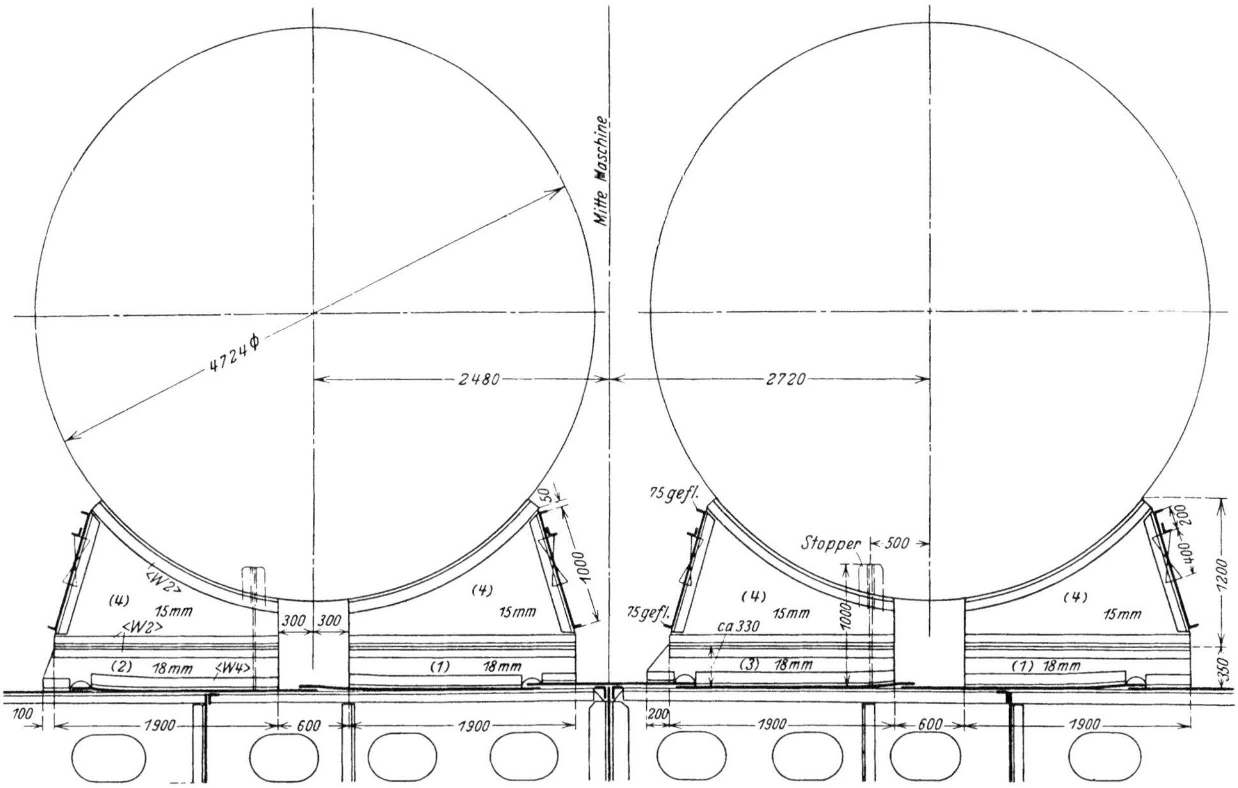

Abb. 620.

auf die Doppelbodenkonstruktion dient der Kesselstuhl, wovon bei den meisten Kesseln je zwei, bei großen Doppelendern je vier angeordnet sind.

Abb. 620 zeigt die Form der Kesselstühle, bestehend aus Stegplatten, die der Kesselrundung entsprechend ausgeschnitten sind. Sie werden, wenn irgend angängig, in der Ebene der Bodenstücke angebracht und haben doppelte Gurtungs- bzw. Befestigungswinkel. Die Kesselstühle werden durch außen liegende Platten, in welchen sich Mannlöcher befinden, miteinander verbunden. Die Lagerung des Kessels muß so hoch über dem Boden vorgesehen werden, daß die Unterseite des Kessels noch zugänglich ist. Um ein Verschieben der Kessel in der Längsrichtung zu verhindern, werden die sogenannten Kesselstopper an geordnet. Es sind dies vertikale längsschiffs gerichtete Knieplatten, die fest gegen die Stirn- bzw. Rückwände der Kessel angeordnet sind und eine Bewegung der Kessel beim Stampfen im Seegang, bei Grundstoß oder Leckvertrimmung unmöglich machen.

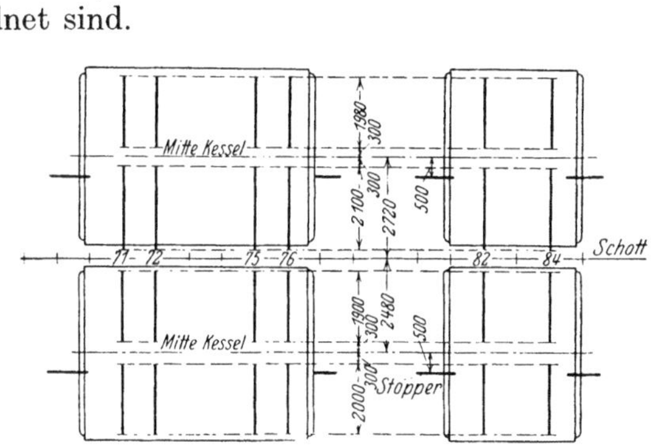

Abb. 621.

Abb. 621 zeigt ein Beispiel für Anordnung der Kesselstühle unter Doppelender- und Einenderkesseln.

Die Lagerung von Wasserrohrkesseln ist grundsätzlich nicht verschieden, zeigt jedoch im einzelnen verschiedene Formen entsprechend der Konstruktion der Unterkessel.

c) Maschinen- und Kesselschächte. Die Maschinen- und Kesselschächte waren in den früheren Zeiten des Eisenschiffbaues, wo das Glattdeckschiff noch der übliche Typ war, eine der gefährdetsten Stellen des Schiffes, weil sie nicht von Aufbauten umschlossen waren und den vollen Anprall der von vorne überkommenden Seen auszuhalten hatten. Deswegen hatten die Klassifikationsgesellschaften schon vor 60 Jahren diesen Teilen ihre besondere Aufmerksamkeit gewidmet, da eine ganze Reihe von Schiffen infolge Einschlagens der Maschinen- und Kesselschächte verloren gegangen waren, und gaben besondere Vorschriften über die Abmessungen dieser Teile heraus. Es ist dabei zu berücksichtigen, daß heute nur mehr in den allerseltensten Fällen Seeschiffe gebaut werden, bei denen Maschinen- und Kesselschächte ungeschützt über das Wetterdeck hervorragen. In den allermeisten Fällen sind sie von Aufbauten umschlossen, welche von Bord zu Bord reichen, oder sie sind von starken stählernen Deckshäusern umgeben.

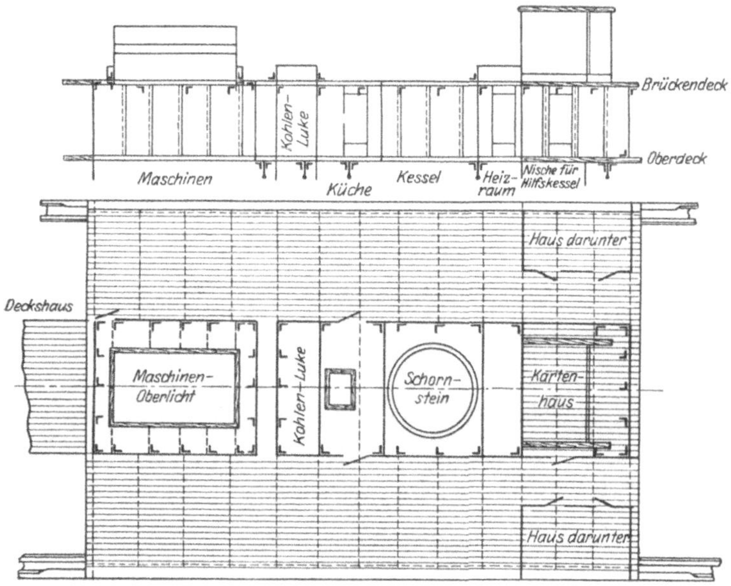

Abb. 622.

Es würde zu weit führen, die im Laufe der Zeit immer weiter verbesserten Bauweisen einzeln aufzuführen. Daher seien zunächst nachstehend nur einige Skizzen der Bauweise von Maschinen- und Kesselschacht nach Lloyds Register vor 1909 gegeben.

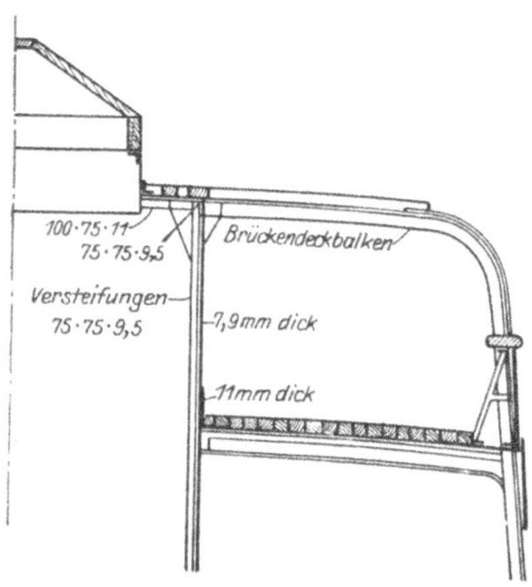

Abb. 623.

Die Abb. 622 und 623 zeigen den Maschinen- und Kesselschacht eines kleinen Dreideck-Frachtdampfers, bei welchem sich das Brückendeck über die ganze Länge des Maschinen- und Kesselraumes erstreckt. Weder Oberdeck noch Brückendeck sind beplattet. Die Schachtwand hat eine Dicke von 6,4 mm, und wo sie nicht mehr durch die Brücke geschützt ist, von 9,5 mm, ist also ebenso stark wie die Brückendeckseitenbeplattung. Die Süllplatte ist 11 mm stark; als Versteifungen dienen Vertikalwinkel $75 \times 50 \times 7,9$ mm, welche auf jedem Plattenstoß der vertikal angeordneten Schachtplatten sitzen.

Die Abb. 624 bis 626 zeigen eine Anordnung, bei welcher nur der Kesselschacht vom Brückendeck geschützt ist, während der Maschinenschacht frei auf dem Oberdeck steht. Die Schachtwände sind 7,9 mm und die Süllplatte 11 mm dick. Die Versteifungen bestehen aus Vertikalwinkeln $75 \times 75 \times 9,5$ mm auf jedem Spant. Das Brückendeck ist ebenfalls nicht beplankt. In Abb. 627 und 628 ist der Maschinen- und Kesselschacht eines Schiffes mit erhöhtem Quarterdeck, Brücke und Back dargestellt. Der Maschinenschacht stößt an das erhöhte Brückendeck, welches mit 7,9 mm dicken Eisenplatten belegt ist. Die Schachtbeplattung ist 6,4 mm stark und in Abständen von 760 mm durch Winkel 75 × 65 × 9,5 versteift. Oberhalb des Decks hat das Süll eine Stärke von 9,5 mm. Im Hauptdeck hat die Süllplatte des Schachtes eine Stärke von 11 mm.

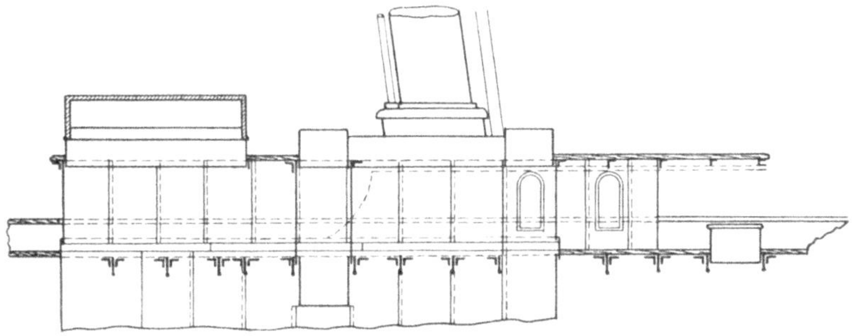

Abb. 624.

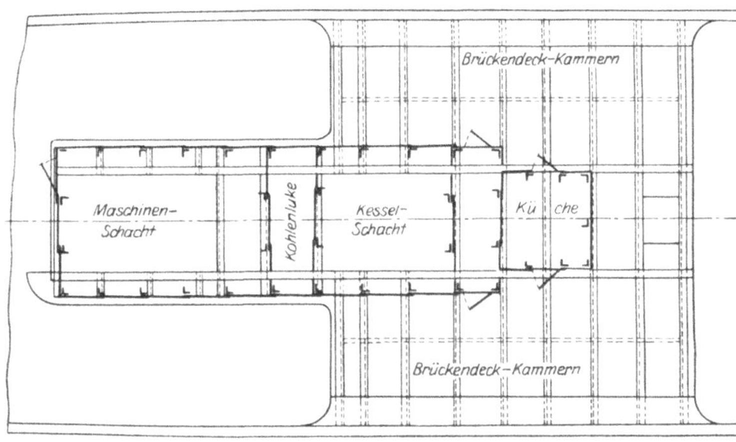

Abb. 625.

Die Plattenstärken und Versteifungen der damaligen Zeit waren verhältnismäßig schwach. Namentlich auf die Abstützung der Schächte nach unten wurde verhältnismäßig wenig Gewicht gelegt. Nicht selten ist der Fall, selbst bei großen im übrigen stark gebauten Schiffen, vorgekommen, daß bei großen Beanspruchungen im Seegang oder durch ungünstig gestaute Ladung die gesamten Maschinen- und Kesselschächte sich senkten.

Maschinen- und Kesselschächte sind Öffnungen im Deck, und ihre Sülle müssen unter Berücksichtigung ihrer Höhe genau so stark wie die Luksülle entsprechend großer Ladeluken in den gleichen Decks sein und entsprechend abgestützt werden. Die neuesten Klassifikationsvorschriften werden diesen Forderungen auch gerecht. Der Germanische Lloyd läßt in seinen neuen Bauvorschriften eine um 1 mm geringere Sülldicke bei Maschinen- und Kesselöffnungen zu als bei Ladeluken. Die Sülle der Schächte müssen auf Haupt- und Aufbaudecks wenigstens 450 mm über das Deck hinaus und bis zur Unterkante der Deckbalken reichen.

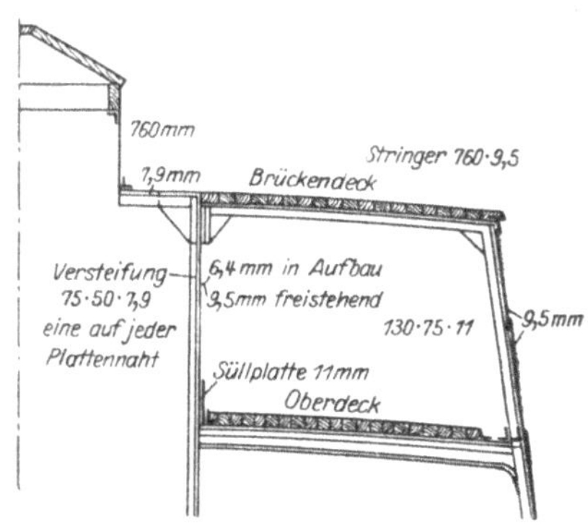

Abb. 626.

Bei der Bestimmung der Plattenstärken und Versteifungen der Maschinen- und Kesselschächte geht man heute von dem Schacht auf dem freien Hauptdeck aus. Die Abmessungen richten sich nach der Schiffslänge, von der im allgemeinen auch die Höhe des Schachtes abhängt. Die Höhe des Schachtes muß für Schiffe, deren Länge weniger als 90 m beträgt, mindestens 1,80 m sein. Für Schiffe von 120 m Länge und darüber muß die Schachthöhe mindestens 2,3 m betragen. Bei 30 m Schiffslänge muß die Beplattung eine Dicke von 6,5 mm mit Steifen von 75 × 65 × 6,0 mm haben; bei 60 m Schiffslänge muß die Schachtbeplattung 7,5 mm dick sein mit Steifen von 100 × 65 × 6,5 mm. Bei Schiffen von größerer Länge beträgt die Stärke der Schachtwände 8,5 mm mit Steifen von 100 × 65 × 7 mm, soweit die Länge unter 90 m bleibt und 115 × 65 × 7,5 mm bei einer Schiffslänge von 120 m. Der Abstand der Steifen ist zu 760 mm angenommen. Auf den Aufbaudecks muß die Höhe der Schächte mindestens 760 mm betragen. Die Plattendicke kann 1 mm kleiner sein als auf dem freien Oberdeck, und die Steifen können Winkel 75 × 75 mm sein mit einer Dicke, welche 1 mm größer ist als die der Beplattung. Die Dicke der Sülle und Süllwinkel kann wie vorerwähnt 1 mm kleiner sein als die Dicke gleicher Sülle von Ladeluken, muß aber wenigstens 1 mm größer sein als die Dicke der Schachtplatten.

Die Decksöffnungen über den Maschinen- und Kesselräumen müssen möglichst klein sein, und es sollen in ihrem Bereich möglichst viel durchgehende Decksbalken angeordnet sein. Im Maschinenschacht wird über der Maschine eine Kranbahn so hoch eingebaut, daß es möglich ist, Zylinderdeckel und Kolben herauszunehmen. Bei den Kesselraumluken ergibt sich die lichte Größe aus dem Erfordernis, die Kessel bzw. je einen Kessel nach dem anderen herausheben zu können, ohne das feste Deck aufreißen zu müssen. Die Abb. 629 zeigt eine Kranbahn über der Maschine, Abb. 630 eine Kranbahn über dem Maschinenschacht.

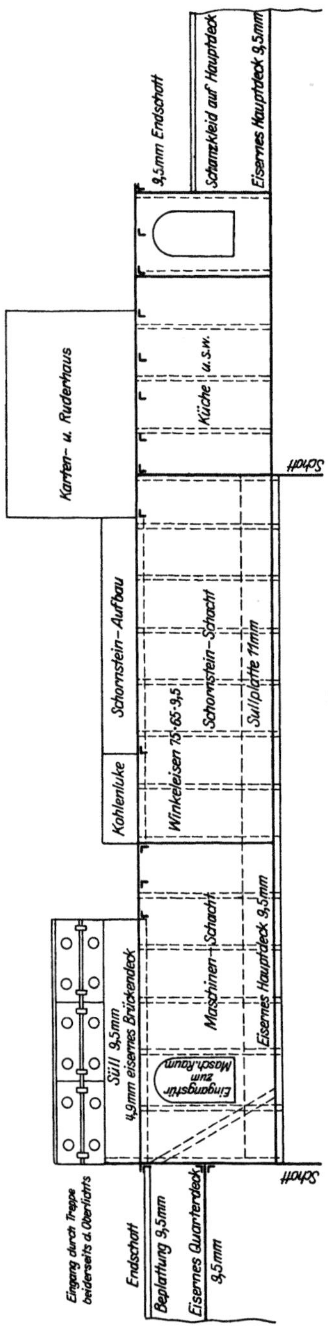

Abb. 627.

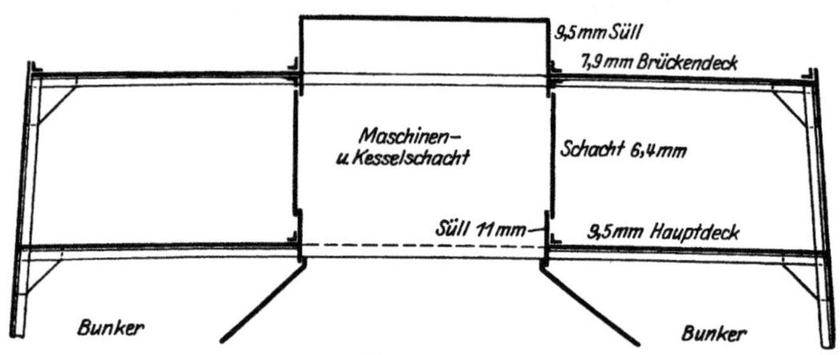

Abb. 628.

Nach Lloyds Register ergeben sich für Maschinen- und Kesselschächte gleiche Plattenstärken und Versteifungen. In den Zwischendecks brauchen hiernach die Schachtwände nur 6,5 und die Süllplatten nur 7,5 mm stark sein bei entsprechender Absteifung. Wo die Schachtwände zugleich Bunkerwände bilden, müssen sie so stark wie diese gebaut sein (siehe Abschnitt Bunkerwände).

Auf Fischdampfern und Schleppern sind die Maschinen- und Kesselschächte häufig niedriger als 1,80 m. In diesem Falle muß die Decke der Schächte besonders stark ausgeführt werden. Die Beplattung der Schachtwände und der Decke darf nicht dünner als 5 mm sein. Die Steifen sind bei einer Höhe von 1,0 m Winkel 65 × 50 × 8 mm, bei 1,5 m 90 × 90 × 6 mm und bei 2,0 m 100 × 65 × 8 mm. Der größte Abstand der Steifen ist hierbei ebenfalls zu 760 mm angenommen.

Nach den Vorschriften der British Corporation ergeben sich etwas stärkere Maschinen- und Kesselschächte. Die Sülle sind auf dem offenen Hauptdeck und in nicht völlig geschlossenen Aufbauten so stark wie die der Ladeluken von gleichen Abmessungen zu machen. Die Höhe ist auf 1,83 m über dem Freibord- und erhöhten Quarterdeck bei

Schiffen unter 82 m Länge, und auf 2,29 m bei Schiffen von 106,7 m Länge und darüber festgelegt. Die Versteifungen werden nach einer ähnlichen Formel wie bei Schotten nach dem Produkt aus ihrem Abstand × 0,25 der Höhe des Schachtes und der Länge der Steifen bestimmt. Die Höhe freiliegender Schächte auf Aufbauten unmittelbar über dem Freiborddeck kann 0,61 m geringer sein als auf dem freien Hauptdeck. Die Beplattung ist 5 bis 9,5 mm dick, versteift mit Winkeln oder Profilen in einem Abstand von 610 mm, bei 5 mm Schachtplattendicke und 9,5 mm bei einem Abstand von 1220 mm. Türen in solchen freiliegenden Schächten müssen geöffnet und festgesetzt werden können. Die Süllhöhe dieser Türöffnungen muß mindestens 380 mm über Deck betragen.

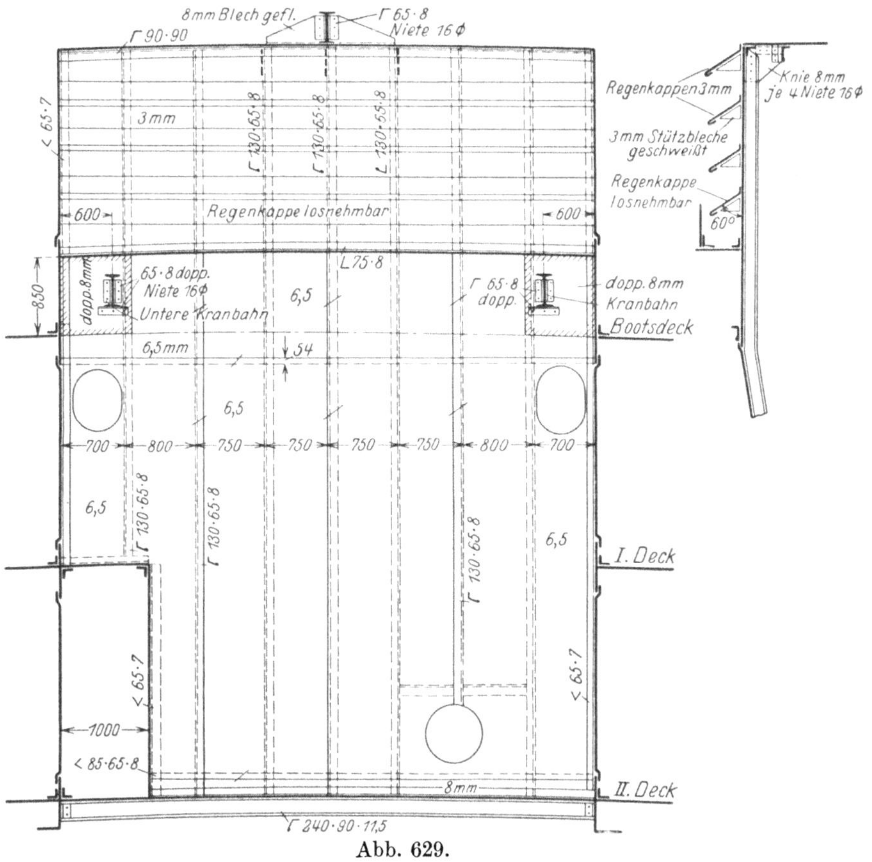

Abb. 629.

Bureau Veritas verlangt für Schiffe unter 30,5 m Länge eine Mindesthöhe des Maschinen- und Kesselschachtes über dem freien Hauptdeck von 2,13 m und bei Schiffen von 122 m Länge und darüber eine Mindesthöhe von 3,05 m. Für Schleppdampfer und für Schiffe, welche nur kurze Strecken fahren, kann die Höhe geringer sein. Maschinen- und Kesselschächte in geschlossenen von Bord zu Bord reichenden Aufbauten müssen 1,22 m über das Aufbaudeck hinaufgeführt werden. Die Sülle der Schachtwände müssen im Oberdeck 450 mm über das Deck und unten bis zur Unterkante der Ba ken reichen. In den unteren Decks muß die Höhe der Sülle über dem Deck mindestens 300 mm betragen. Ihre Dicke ist ähnlich wie bei den anderen Klassifikationsgesellschaften nach der Schiffslänge geregelt, und zwar 7,5 mm bei Schiffen von 30,5 m Länge, 8,5 mm bei 61 m und 9,5 bei 91,5 m Länge. Die Dicke der Schachtplatten nicht geschützter Schächte auf dem Oberdeck darf nur 1 mm geringer sein als die der Süllplatten. Wo die Schächte nur 1,22 m über das Oberdeck reichen, brauchen die Süllplatten nur 7,5 mm bei 61 m Schiffslänge und 8,5 mm bei 91,5 m Länge und darüber stark sein. Die Schachtplatten können 1 mm geringere Dicke haben als die Süllplatten. In dem Zwischendeck und den unteren Decks müssen Maschinen- und Kesselschacht gleiche Plattendicke und gleiche Versteifungen haben wie die wasserdichten Schotte in den betreffenden Decks.

Norske Veritas verlangt für die Maschinen- und Kesselöffnungen auf dem Wetterdeck von Seeschiffen eine Mindestsüllhöhe von 460 mm. Die Schachthöhe soll bei Schiffen von 61 m und darüber 2,13 m betragen; auf dem Deck von Aufbauten braucht sie aber nicht über 610 mm zu sein. Plattendicke und Versteifungen sind ähnlich wie bei Lloyds Register. Bei Schachtöffnungen von über 4,57 m Länge muß ein Stahldeck neben dem Schacht liegen, das nach hinten und vorn allmählich wieder auf Stringerbreite verringert wird, eine Bestimmung, die vor Jahrzehnten auch die anderen Klassifikationsgesellschaften hatten. Heute ist es ganz allgemein üblich, auch bei den ganz kleinen Schiffen neben Maschinen- und Kesselschacht ein stählernes Deck zu legen.

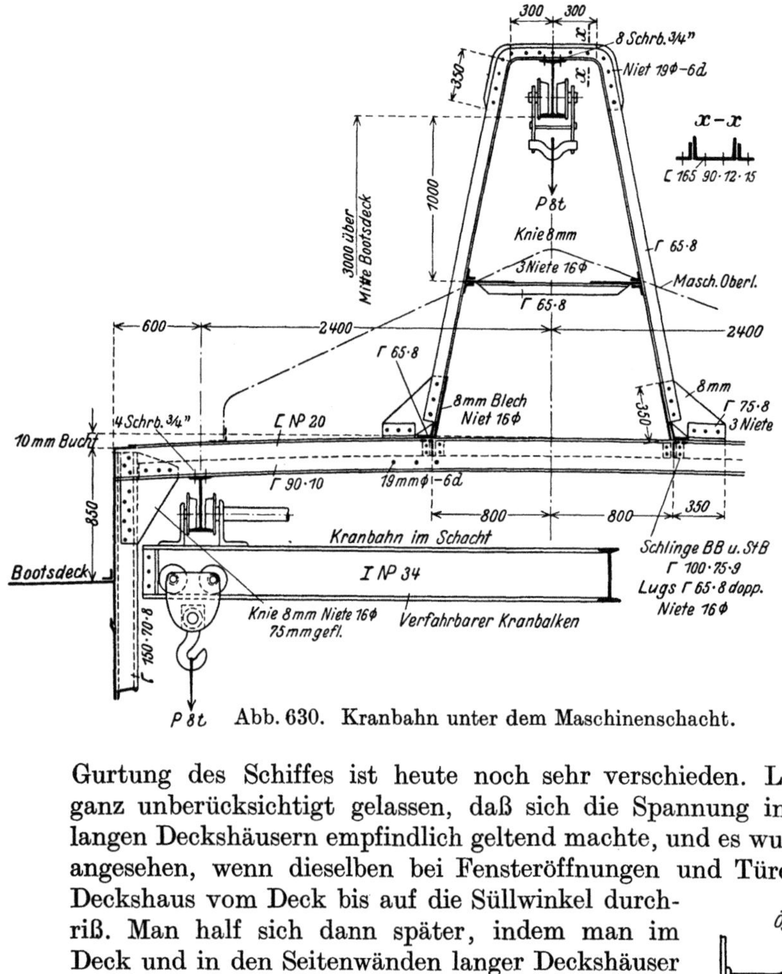

Abb. 630. Kranbahn unter dem Maschinenschacht.

d) Teilwände und Deckshäuser. Die Bewertung der Deckshäuser für die obere Gurtung des Schiffes ist heute noch sehr verschieden. Lange Zeit hindurch hat man ganz unberücksichtigt gelassen, daß sich die Spannung in der obersten Gurtung bei langen Deckshäusern empfindlich geltend machte, und es wurde als ein notwendiges Übel angesehen, wenn dieselben bei Fensteröffnungen und Türen einrissen oder das ganze Deckshaus vom Deck bis auf die Süllwinkel durchriß. Man half sich dann später, indem man im Deck und in den Seitenwänden langer Deckshäuser eine oder mehrere sog. Expansionsfalten anordnete. Diese Expansionsfalten mußten wasserdicht abschließen und bestanden in den Seitenwänden aus mehrfach übereinanderschiebenden Blechen (siehe Abb. 631) und im Deck des Deckshauses aus einer genau angepaßten Messingschiene mit darunter befindlicher Regenrinne (siehe Abb. 632). Um auch bei einem Versagen der Regenrinne durch Verstopfung das Innere des Deckshauses vor Wasser zu schützen, baute man an beiden Seiten auszementierte Wasserkästen ein, welche ihren Inhalt nach außenbord entleerten.

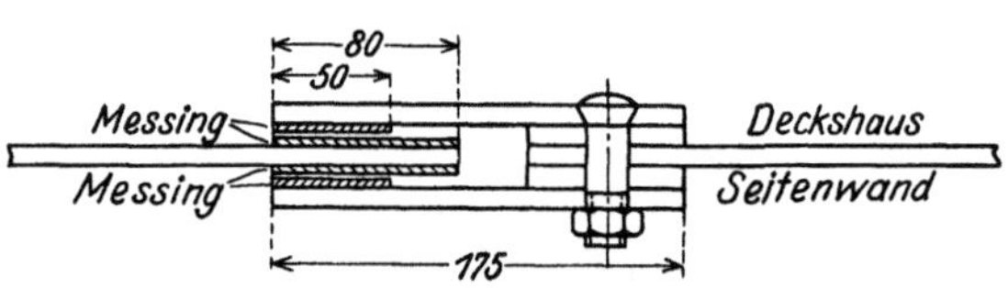

Abb. 631.

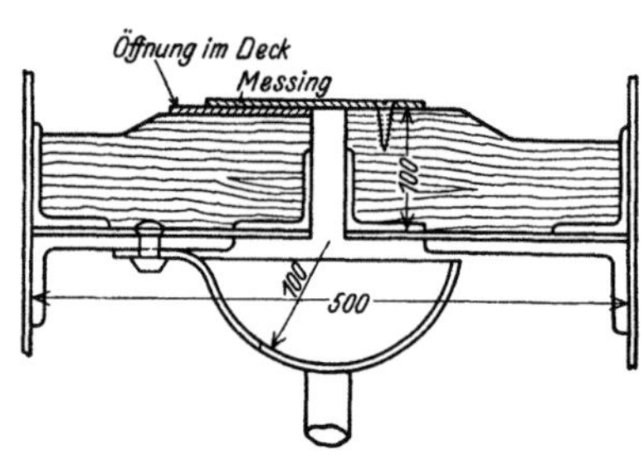

Abb. 632.

Manchmal verwendete man auch federnde geschmiedete Stahlfalten. Nach den Vorschriften des Germanischen Lloyd wurden die Wände einzeln stehender Deckshäuser so stark gemacht, wie für das Schanzkleid vorgeschrieben war, also 2,5 mm bei kleinen Schiffen bis 10 mm bei den größten. Unter 5 mm geht man indessen auch bei kleinen Schiffen nicht gern herunter, weil die Wände sonst leicht wellig werden. Die Versteifungsprofile stellt man gewöhnlich in Spantabstand. Auf die Spannungen, die in die Deckshäuser kommen könnten, nahm man früher keine Rücksicht, denn für Deckshäuser auf dem Brückendeck konnte man die Seitenwände 10% dünner machen als auf dem Hauptdeck, auf dem Promenadendeck 20% und auf dem Bootsdeck gar 30% dünner als die Schanzkleidplatten. Letztere Bestimmungen sind unverändert in die neuen Vorschriften aufgenommen, wobei zu berücksichtigen ist, daß die größte Dicke der Schanzkleidplatten heute mit 8,5 mm angegeben ist und die kleinste mit 3,5 mm, während die Prozentsätze der Verringerung für Deckshäuser auf höher gelegenen Decks geblieben sind. Allerdings sollen für Deckshäuser von einer größeren Länge als 0,1 L die Materialstärken so bemessen sein, daß die Längsfestigkeit im Deckshaus auf dem Hauptdeck nicht kleiner ist, als in dem Brückendeck, über welchem sich keine weiteren Aufbauten befinden, und für ein Haus auf dem Bootsdeck die Festigkeit ist, wie auf einem Promenadendeck. Eine wichtige Rolle spielt bei den Deckshäusern der Querverband. Die Seitenwände langer Deckshäuser müssen durch Teilschotte, Rahmenspanten und zwischengesetzte Vertikalversteifungen abgesteift werden, da es unbedingt nötig ist, die Seitenwände gut in ihrer Lage zu halten, wenn sie zum Tragen kommen sollen. Nach den Vorschriften von Lloyds Register sollen die Versteifungen möglichst nicht weiter als 760 mm auseinander stehen und die Teilschotte sollen möglichst über den Schotten des Schiffskörpers stehen. Die Maximalentfernung der Versteifungen ist eben durch die verhältnismäßig geringe Dicke der Deckshausseitenbeplattung bedingt. Außerdem bringt man Rahmenspanten, wenn irgend angängig, bei großen Öffnungen in den Deckshauswänden an. Für die Beplattung der Deckshäuser hat man zwei Bauweisen. Entweder man läßt eine Topp- und eine Süllplatte von entsprechender Stärke und Breite durchlaufen, so daß der innere Abstand von Oberkante Süll und Unterkante Toppplatte gleich der lichten Höhe der Türöffnungen ist, welche Bauweise für die Längsfestigkeit als die beste bezeichnet werden muß, und setzt Platten dazwischen, welche in der Mitte vertikal eine Versteifung erhalten, während die anderen Vertikalversteifungen auf den Stößen sitzen, oder man läßt die Türöffnungen frei und setzt zwischen diese Platten, welche von Deck zu Deck reichen. Bei den Türöffnungen setzt man dann kurze Topp- und Süllplatten dazwischen. Bei dieser Bauweise ist es möglich, den Ecken der Türöffnungen möglichst große Abrundungsradien einzuschneiden, um ein Einreißen in den Ecken der Türöffnungen zu vermeiden.

Die Decken der Deckshäuser erhalten Balken mit Knieen an den Vertikalversteifungen. Bei Schiffslängen über 91 m müssen nach Lloyds Rules alle Deckshäuser, in denen sich Passagiereinrichtungen befinden, eine vollständige stählerne Decksbeplattung über diesen erhalten. Dies trägt natürlich sehr zur Längsfestigkeit bei. Diese Maßnahme wird aber aus einem anderen Grunde gefordert, nämlich, weil der Schaden für die Versicherer bei Beschädigung einer Passagierkammer durch Seewasser beträchtlich höher ist, als wenn andere Räume in einem Deckshaus beschädigt werden. Wo Boote auf den Deckshäusern aufgestellt sind, muß das Deck besonders verstärkt werden, ebenso bei den Bootsdavits.

British Corporation fordert für Deckshäuser von größerer Länge als 0,1 der Schiffslänge solche Längsverbände, die ein Widerstandsmoment gleich dem der Hauptgurtung ergeben.

Der erforderliche wirksame Decksquerschnitt bei einem Deckshaus oder seitlich offenen Decks neben einem durchlaufenden Aufbaudeck kommt auf annähernd 50% und bei einem zweiten Deckshaus darüber ungefähr auf 40% des für ein durchlaufendes Aufbaudeck erforderlichen Querschnitts. Diese Faustregeln geben einen guten Anhalt für die

Bemessung der Materialstärken solcher Aufbauten. Nach den Vorschriften der British Corporation müssen bei Schiffen über 120 m Länge alle Deckshäuser stählerne Decksbeplattung erhalten, auch wenn keine Passagiereinrichtungen darin untergebracht sind.

Ausführliche Vorschriften über die Abmessungen von Deckshäusern hat Norske Veritas gegeben und sie seien, da sie recht brauchbare Berechnungsformeln je nach Größe des Schiffes und Größe der Deckshäuser enthalten, hier im Auszug in einer Form wiedergegeben, welche die umständliche Berechnung nach den Leitzahlen umgeht. Es ist in der nachstehenden Tabelle, bei welcher statt der Längsnummern die Schiffslängen gesetzt sind, eine Breite $= \frac{L}{10} + 4{,}3$ m bei Schiffen unter 125 m Länge und von $\frac{L}{10} + 4{,}8$ m bei Schiffen von größerer Länge angenommen und $L:H = 12$ gesetzt.

Deckshäuser auf durchlaufenden Aufbauten.

Schiffslänge	Dicke der Beplattung an den Enden und den Seiten $\frac{l+1000}{L+1000} \cdot \frac{b}{B} \cdot \frac{c}{L}$					Vertikalversteifungen der geschützten Seitenwände in 760 mm Abstand	Holzdeck auf der Decke des Hauses		Holzbeplankung auf stählernen Decks des Deckshauses	
	0,7 u. unter 1	0,4 - 0,7	0,2 - 0,4	0,1 - 0,2	unter 0,1		Kiefer	Teak	Kiefer	Teak
m	mm	mm	mm	mm	mm	mm	mm	mm	mm	mm
25	5,5	4,5	4,5	4.0	4,0	60 · 60 · 5,5	50	45		
50	6,0	5,5	5,0	5,0	4,5	60 · 60 · 5,5	60	45		
75	7,5	7,0	6,5	6,0	5,5	65 · 65 · 6,5	70	60	65	50
100	8,0	7,5	7,0	6,5	6,0	75 · 65 · 7,0	75	65	65	50
125	9,0	8,5	8,0	7,5	7,0	75 · 65 · 7,7	75	65	65	50
150	10,0	9,0	8,5	8,0	7,5	90 · 75 · 8,0	75	65	65	50

In dieser Tabelle bedeuten L und B Schiffslänge und Schiffsbreite, l ist die Länge des Deckshauses, b die Breite des Deckshauses und c die Gesamtlänge der Aufbauten. Wo doppelte Häuser oder Seitenhäuser angeordnet sind, bedeutet b die Schiffsbreite minus zweimal dem Abstand des Hauses von der Schiffsseite. Wo keine durchlaufenden Süll- und Toppplatten bei den Seitenwänden vorgesehen sind, sind die Türöffnungen aus einer Platte auszuschneiden oder entsprechend kräftige Verstärkungen anzuordnen, um den Längsverband ununterbrochen durchlaufen zu lassen. Die Versteifungen an den Frontwänden erhalten oben und unten Kniee von wenigstens 2½facher Profilhöhe. Bei Schiffen mit größerer Geschwindigkeit nimmt man die Abmessungen entsprechend stärker.

Die Versteifungen ungeschützter Wände erhalten folgende Stärken:

$B + \frac{b}{2}$	Vertikalversteifungen ungeschützter Wände
m	mm
3,7— 4,6	60 · 60 · 5,5
4,9— 5.5	65 · 65 · 5,5
6,7— 7,3	75 · 65 · 6,0
7,9— 8,5	75 · 75 · 6,5
9,9— 9,8	90 · 75 · 7
10,4—11,0	100 · 75 · 7,5
11,6—12,2	115 · 75 · 8,0
12,8—13,4	130 · 75 · 8,5
14,6—15,2	140 · 75 · 9,5

e) Schanzkleider. Das freie Deck des Schiffes wird seitlich entweder von einem offenen Geländer oder einem geschlossenen Schanzkleid umgeben. Früher war es Regel, daß die Schiffe nur auf dem Hauptdeck ein Schanzkleid haben durften; auf dem Sturmdeck und den Aufbauten brachte man ein offenes Geländer an. Das feste Schanzkleid bildet also eine Fortsetzung der Außenhaut über das oberste Deck hinaus. Die Dicke der Schanzkleidplatten wurde daher vielfach nach den Leitzahlen für die Außenhaut bestimmt, beginnend mit 2,5 mm bei ganz kleinen Schiffen und steigend bis 10 mm bei den größten Schiffen. Diese Methode hatte insofern eine gewisse Berechtigung, als das Schanzkleid den Anprall der überkommenden Wellen aushalten soll, und bei großen schnellfahrenden Schiffen diese Beanspruchung größer ist als bei kleineren und langsamer fahrenden. Bis heute noch macht man meistens die Dicke der Seitenbeplattung der Deckshäuser gleich der des Schanzkleides, indem man sich sagt, daß erstere keine größere Dicke zu haben brauchten als die des Schanzkleides, welches den stärksten Anprall des Wassers auszuhalten hat. Soweit die Deckshäuser unter einer gewissen Länge bleiben, so daß sie keine Längsspannungen aufzunehmen haben, ist dies auch richtig. Früher gab man allgemein dem Schanzkleid 6 bis 8 mm Stärke. Bei Schiffen von etwa 65 m Länge betrug sie 6 mm und von etwa 130 m Länge ab 8 mm. Neuerdings ist man weiter herunter gegangen. Der Germanische Lloyd hat in seinen neuesten Vorschriften die Stärke des Schanzkleides nach der Schiffslänge geregelt. Bei Schiffen von 20 m Länge muß das Schanzkleid 3,5 mm stark sein, bei 50 m bis 5 mm, bei 78 m bis 6 mm, bei 118 m bis 7 mm und bei 160 m bis 8 mm. Bei Schiffen von 180 m Länge und darüber werden für das Schanzkleid 8,5 mm verlangt. Bei Aufbauten über dem Freiborddeck darf das Schanzkleid auf dem hinteren ¾ der Schiffslänge ½ mm dünner sein.

Lloyds Register gibt keine Vorschriften über die Stärke des Schanzkleides. British Corporation läßt auf dem Freiborddeck keine geringere Stärke als 6,5 mm zu. Das gleiche Mindestmaß geben Bureau Veritas und Norske Veritas an. Wo sich das Schanzkleid an längere Aufbauten anschließt, erhält die den Endschotten benachbarte Schanzkleidplatte die Stärke des Seitenganges des Aufbaues bzw. man führt die Seitenplatte des Aufbaues als Schanzkleidplatte etliche Spantentfernungen über die Endschotten hinaus und geht dann erst in die normale Stärke des Schanzkleides über.

Die Höhe des Schanzkleides ist verschieden. Bei Dampfern genügt eine geringere Höhe als bei Segelschiffen. Letztere liegen unter dem Druck der Segel häufig längere Zeit mehr oder weniger stark übergeneigt, so daß die eine Deckskante dem Wasser viel näher liegt als die gegenüberliegende. Bei Dampfern hat man als normale Schanzkleidhöhe 1000 bis 1200 mm, bei Segelschiffen 1400 bis 1600 mm, bei Fischdampfern auf dem freien Deck gewöhnlich 1200, damit die Besatzung beim Bedienen der Netze nicht in Gefahr kommt, über Bord gerissen zu werden. Auf dem Quarterdeck hat man meistens nur 900 mm. Letzteres kommt daher, daß man die Oberkante Schanzkleid von vorn her glatt durchlaufen läßt und an Vorkante des Quarterdecks nicht absetzt. Die Höhe des Schanzkleides richtet sich außer nach der Art des Schiffes auch nach der Stelle im Schiff, wo es angebracht wird. Bei den großen modernen Segelschiffen läuft das an und für sich schon hohe Schanzkleid nach vorn zu nicht parallel dem Deck, sondern läuft in flotter Kurve bis zur Höhe der Back auf, oder seine Oberkante läuft in eine Zierleiste unter den Fenstern der Back aus. Naturgemäß muß das Vorschiff durch ein entsprechend höheres Schanzkleid besser gegen überkommende Seen geschützt sein, als das im Schutze des Mittelschiffs liegende Hinterschiff. Auch bei Dampfern des Welldecktyps zieht man das Schanzkleid häufig vom Brückenfrontschott nach vorn zu bis auf die Höhe der Back hoch oder man macht in der Well das Schanzkleid gleich so hoch wie die davor und dahinter liegenden Aufbauten.

Die Oberkante des Schanzkleides erhält als Abschluß ein Profileisen (Reelingprofil). Dieses kann die verschiedenste Form haben. Diese Profile werden in der Regel über die Oberkante der Schanzkleidplatte übergestülpt (Abb. 633), so daß kein Wasser zwischen Schanzkleidplatte und Reelingprofil eindringen kann, was häßliche Roststreifen an der Außenseite der Schanzkleidplatte hervorrufen könnte. Als Reelingstützenprofil nimmt man bei ganz einfacher Ausführung einen Winkel, dessen scharfe Außenkante man etwas bricht. Häufiger jedoch verwendet man einen Wulstwinkel (Abb. 637). Speziell zur Garnierung der Oberkante sind dann die eigentlichen Reelingsprofile bestimmt, die besonders zu diesen Zwecken gewalzt sind. Man unterscheidet rundrückige und flachrückige Reelingprofile. Sie stellen gewissermaßen einen Wulstwinkel dar, dessen Steg beim Rundrücken gebogen, beim Flachrücken gerade geblieben ist und dessen Flansch in beiden Fällen ein flaches Halbrund bildet. Die Breite dieser Profile geht beim Rundrückenprofil von 75 bis 120 mm, beim Flachrückenprofil von 80 bis 180 mm. Die Abmessungen des Halbrunds müssen für die Vernietung genügen.

Die früher allgemein übliche Bauweise, die Oberkante des Schanzkleides durch ein außenliegendes Halbrund oder durch zwei Halbrundeisen zu garnieren, hat man heute aus dem schon vorher angegebenen Grunde, weil es schwierig ist, das Halbrund oder Hohlhalbrundeisen absolut wasserdicht mit der Schanzkleidplatte zu vernieten, verlassen und kämmt die Profile dafür über. An den Enden der Aufbauten führt man die Oberkante des Schanzkleids in mehr oder weniger gekrümmtem Bogen in die Oberkante des Scheergangs des Aufbaudecks über. In der Nachkriegszeit führte man vielfach bei den in Massenanfertigung hergestellten Schiffen die Oberkante Schanzkleid in einer Geraden zur Oberkante des Scheergangs des Aufbaues. Diese Bauweise ist kaum viel billiger und wirkt im übrigen unschön.

Die Schanzkleidplatten an sich sind zu dünn, als daß sie den Beanspruchungen durch den Seeschlag widerstehen könnten. Sie müssen daher in sich versteift und gegen das Deck abgestützt werden. Bei hohen Schanzkleidern, wie bei Segelschiffen, hat man eine

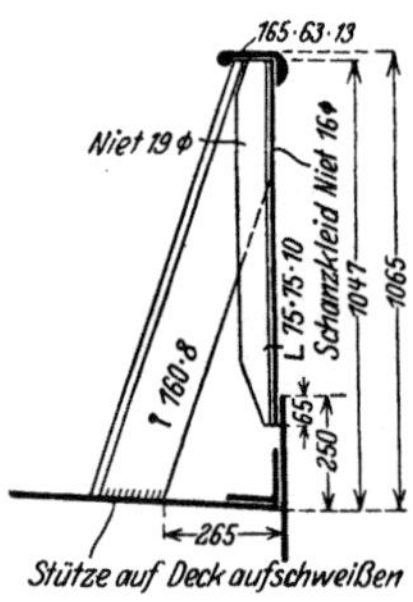

Abb. 633.

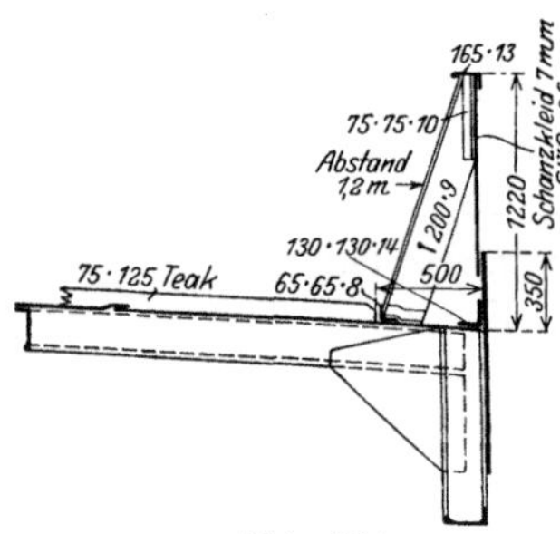

Abb. 634.

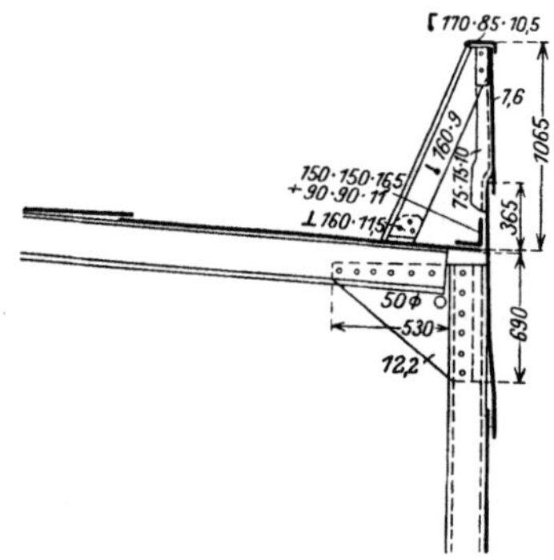

Abb. 635.

Horizontalversteifung, die etwa in Höhe eines gewöhnlichen Schanzkleides an der Innenseite durchläuft und meist aus einem ⊓-Profil besteht, gegen dessen horizontal liegenden Steg dann die Schanzkleidstreben genietet sind, ähnlich wie bei den Längssüllen langer Luken auf dem Wetterdeck (Abb. 636).

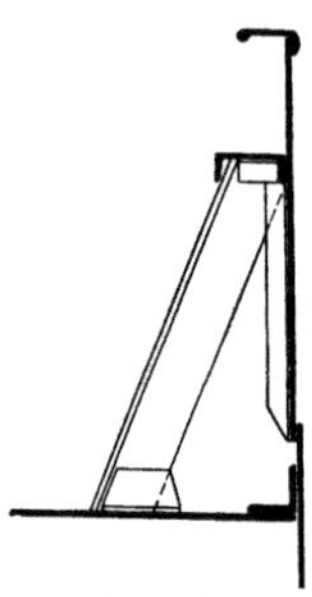

Abb. 636.

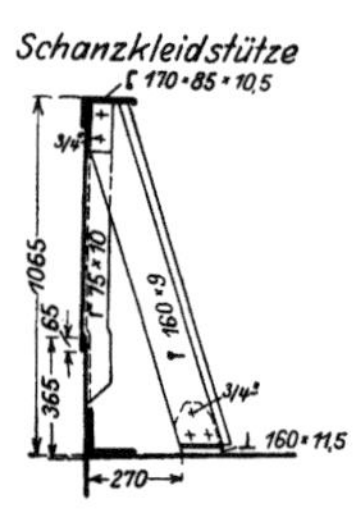

Abb. 637.

Die Schanzkleidstützen dürfen auf Dampfschiffen nicht weiter als 1,7 m auseinander stehen. Bei Schiffen, die für Deckslast vorgesehen sind, darf der Abstand nicht mehr als 1,2 m betragen, und die Stützen müssen aus Wulstprofilen bestehen, die auf der Deckstringerplatte durch doppelte Winkel oder ⊤-Profile befestigt sind. Für Segelschiffe schreibt der Germanische Lloyd einen größten Abstand der Schanzkleidstützen von 1,5 m vor und fordert zur Befestigung der Stützen auf Deck mindestens vier Niete von 22 mm Durchmesser. Die Abmessungen der Schanzkleidstützen sind ganz verschieden. Am schwächsten sind sie dort, wo dicht neben dem Schanzkleid Deckshäuser angeordnet sind und die Decke des Hauses als Bootsdeck bis zur Schiffsseite geführt ist (Abb. 638 bis 640). In diesem Falle bildet die Bootsdeckstütze gleichzeitig die Absteifung des Schanzkeides, sie besteht dann aus einem Winkel oder ⊤-Profil, der bis zur Unterkante Schanzkleid heruntergeführt ist. Die beste Versteifung für das Schanzkleid wird immer erzielt, wenn der Befestigungswinkel der Schanzkleidstrebe möglichst tief an dem Schanzkleid herunter geführt wird (siehe Abb. 633, 635, 637 und 642). Vielfach wird indessen der Befestigungswinkel nur so lang genommen, wie zur Vernietung des Wulstprofils der Stütze mit dem Schanzkleid erforderlich ist; dadurch erhält das Schanzkleid weiche Stellen, welche durch Seeschlag leicht verbeulen.

W a s s e r p f o r t e n i m S c h a n z k l e i d. (Siehe hierzu die Abb. 641 bis 647.) Wenn das Schanzkleid einerseits das Deck gegen überkommende Seen sichern soll, so müssen andererseits im Schanzkleid Vorkehrungen getroffen sein, daß etwa überkommendes

Wasser rasch abfließen kann. Zu diesem Zweck erhält das Schanzkleid in seinem unteren Teil Öffnungen, sog. Wasserpforten. Zahl und Größe der Wasserpforten sind für die Sicherheit des Schiffes von Wichtigkeit, namentlich bei Welldeckschiffen. Das Wasser einer überkommenden See muß abgeflossen sein, ehe eine neue das Deck überschwemmt, damit nicht die Last des übergenommenen Wassers namhafte Teile des Wetterdecks dauernd belastet, und auch die Stabilität beeinträchtigt.

Während die Seeberufsgenossenschaft in den Unfallverhütungsvorschriften nur allge-

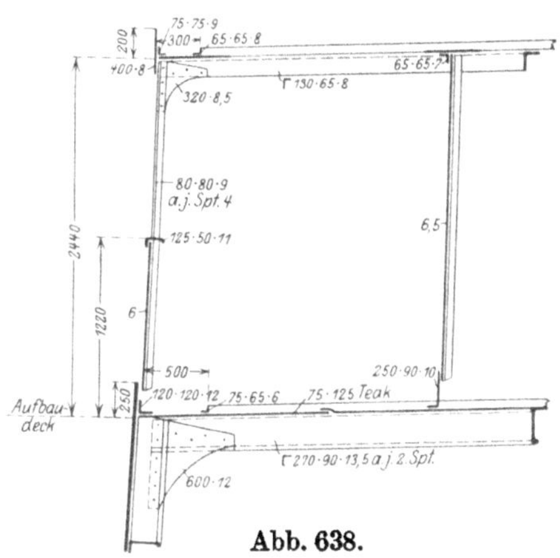

Abb. 638.

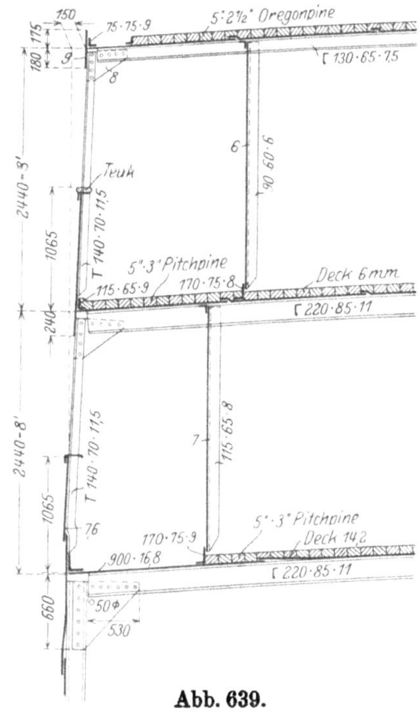

Abb. 639.

mein vorschreibt, daß, sobald ein Schiff ein festes Schanzkleid habe, Wasserpforten in genügender Größe und Anzahl darin vorzusehen seien, gibt sie in den Freibordvorschriften genaue Angaben über den erforderlichen Wasserpfortenquerschnitt für die verschiedenen Schanzkleidlängen in Welldeckschiffen. Diese Abmessungen sind praktisch übereinstimmend mit den Vorschriften des Board of Trade, Lloyds Register und der übrigen Klassifikationsgesellschaften. Bei kurzer Well muß der Wasserpfortenquerschnitt verhältnismäßig größer sein als bei längerer. Auf dem Oberdeck von Volldeckschiffen soll der Wasserpfortenquerschnitt bei einer Länge der Well von 1,5 m rund 0,2 m², bei 3 m 0,37 m², bei 6,1 m 0,79 m², bei 12,2 m 0,98 m² und bei 25 m rund 1,50 m² betragen. Bei Schanzkleidern auf Aufbaudecks von normaler Deckshöhe braucht der Wasserpfortenquerschnitt nur die Hälfte des vorerwähnten zu betragen.

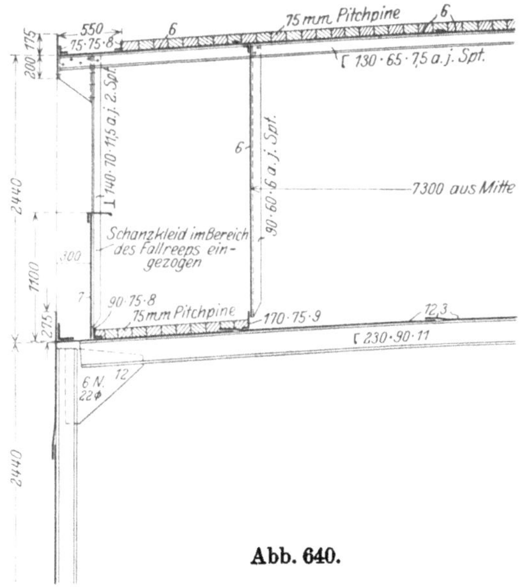

Abb. 640.

Das Schanzkleid wird also durch die Wasserpforten in erheblichem Maße durchlöchert. Damit nun bei überkommenden Seen keine Leute der Besatzung durch die Wasserpforten weggeschwemmt werden können, müssen die Wasserpforten durch Rundeisenstäbe oder Profile vergittert sein, deren Zwischenraum nicht über 240 mm betragen darf. Die Wasserpfortengitter sind je nach der Form der Öffnung entweder vertikal oder horizontal angeordnet. Abb. 644/645 zeigt eine vertikale Vergitterung der Öffnung durch Rundeisenstäbe von 22 mm Durchmesser, die Wasserpforte selbst ist mit einer Randleiste aus Halbrundeisen 65 × 16 in ihrem oberen Teil eingefaßt, die untere Begrenzung wird durch die Oberkante des Scheergangs gebildet. Abb. 641 zeigt eine horizontale Vergitterung der Öffnung im Schanzkleid. Entsprechend der größeren Länge der Stäbe ist der Durchmesser größer als bei der vertikalen Vergitterung 25 mm Durchmesser. Die Ecken der Öffnung im Schanzkleid sind abgerundet und die Öffnung selbst durch Flacheisen 60 × 16 eingefaßt.

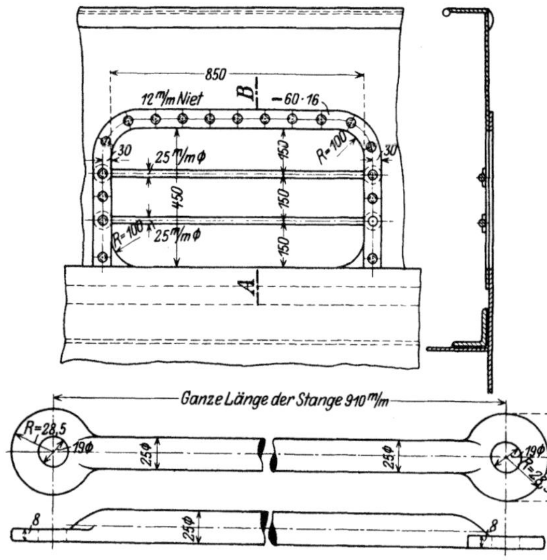

Abb. 641.

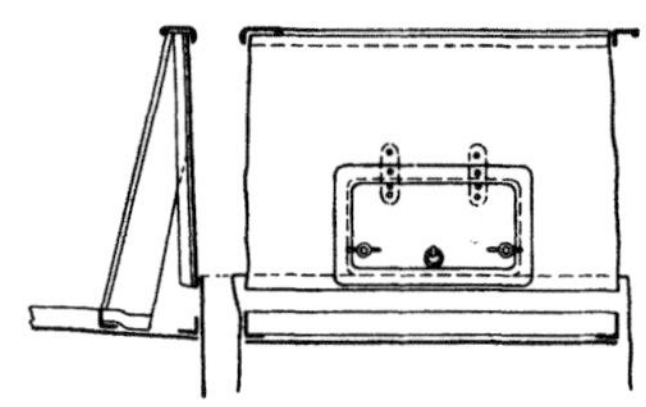

Abb. 642.

Nun hat eine Öffnung im Schanzkleid zur Folge, daß nicht nur das übergekommene Wasser abfließen kann, sondern, daß von außen her auch Seen, welche nicht die Oberkante des Schanzkleides erreichen, hineinströmen und das Deck überschwemmen. Man ist nun früh dazu übergegangen, die Wasserpforten mit Klappen zu versehen, welche sich nur unter dem Druck des auf Deck befindlichen Wassers von innen nach außen öffnen, in normaler Lage aber das Deck gegen das Hereinströmen des Wassers von außen schützen (Abb. 642 und 647). Bedingung ist aber, daß die Drehzapfen aus Messing sind, damit sie nicht fest-

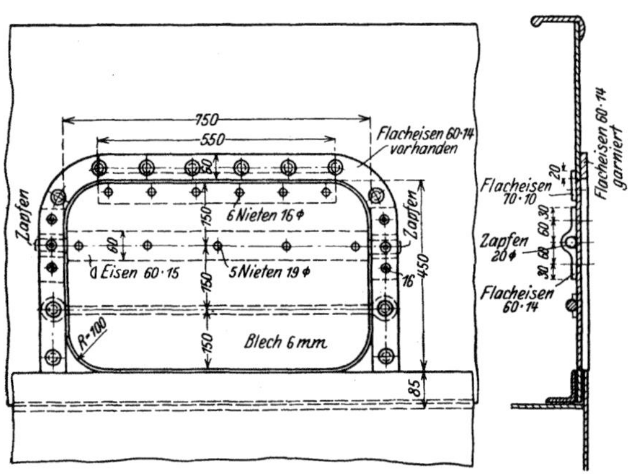

Abb. 643.

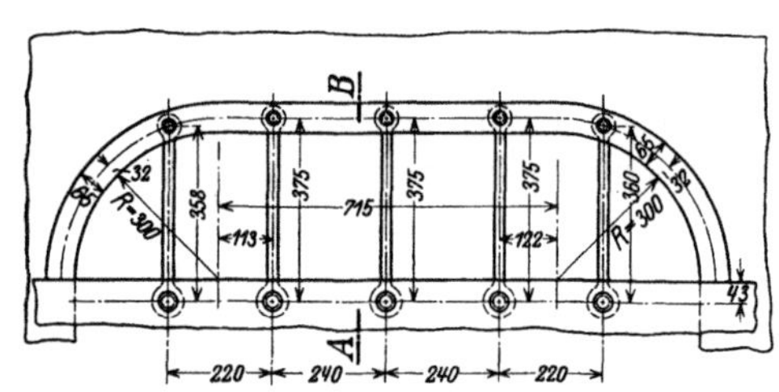

Abb. 644.

rosten können, und daß keinerlei Feststellvorrichtungen irgendwelcher Art vorhanden sind. Da die mit den seitlichen Bewegungen des Schiffes auf- und zuschlagenden Klappen ein starkes Geräusch verursachen, so hat man vielfach die Klappen auf See festgesetzt, wodurch ihr Zweck hinfällig wurde.

Die Öffnungen im Schanzkleid müssen, auch wenn Klappen vorgesehen sind, durch Quer- oder Längsstäbe gesichert sein.

Man hat Klappen, welche sich um eine horizontale Achse drehen und solche mit vertikalen Hängen.

Abb. 643 zeigt eine Wasserpforte mit Schutzstange und Klappe einfachster Art. Die Klappe besteht aus einer Blechplatte von 6 mm ohne weitere Garnierung oder Anschlagvorrichtung, der Zapfen von 20 mm Durchmesser ist in Flacheisen von 60 × 14 gelagert. Die Wasserpforte selbst ist oben und an den Seiten mit Flacheisen 60 × 14 garniert.

Abb. 646 gibt die Einzelheiten einer Wasserpfortenkonstruktion wieder, bei welcher die Öffnung auf den Seiten durch zwei Winkeleisen 65 × 50 × 6 eingefaßt ist, ebenso sind die Seiten der Klappe mit den gleichen Winkeln garniert. Die Drehachse besteht aus einem Bolzen von 25 mm Durchmesser mit Mutter und

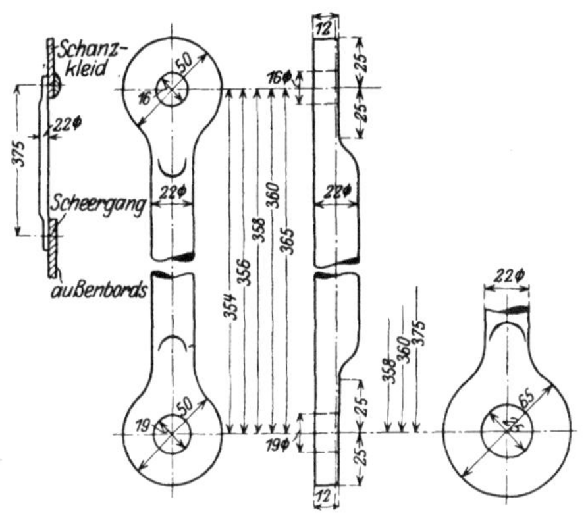

Abb. 645.

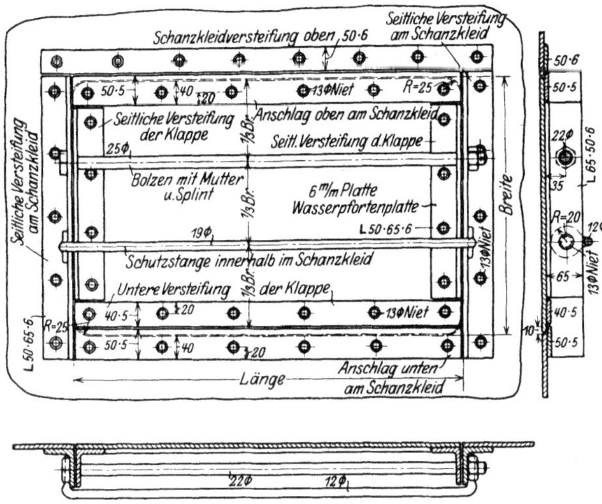

Abb. 646.

Splint, die im Schenkel des Vertikalwinkels gelagert sind. Die Öffnung hat im unteren Drittel eine an den vertikalen Begrenzungswinkeln des Schanzkleides festgenietete Schutzstange von 19 mm Durchmesser. Horizontal sind Schanzkleid und Klappe durch Flacheisen von 5 mm Dicke garniert.

Auf dem freien Oberdeck, bei welchem die See über das Schanzkleid hereinbrechen kann, ist die Bedingung, daß die Wasserpforten keine Feststellvorrichtungen haben dürfen, voll berechtigt. Anders liegt der Fall bei der Wasserpforte in der Vermessungsöffnung von Shelterdeckschiffen, die als Bedingung für die Nichtvermessung des Shelterdecks angebracht werden muß. Hier dreht sich die Klappe durch zwei halbkreisförmige, an der Oberkante angebrachte Hänge. Ein auf der Mitte der Klappe aufgenietetes Winkelstück, durch dessen horizontalen Schenkel ein Loch geht, gestattet eine Sicherung der Öffnung ähnlich den nicht permanenten Verschlüssen in den Begrenzungsschotten der Vermessungsöffnung (siehe Abb. 648).

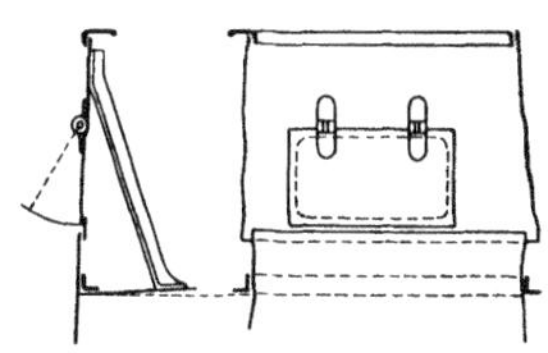

Abb. 647.

Das Schanzkleid im Bereich der Deckshäuser mittschiffs oder neben den für Passagiere bestimmten Decksaufbauten erhält an der Oberkante meistens eine Reelingleiste aus Teakholz. Auch die Schanzkleider, welche die Kommandobrücken nach vorn und den Seiten abschließen, erhalten gewöhnlich eine Teakreeling. Vielfach sind die Schanzkleider an der Vorderseite der Kommandobrücke aus Holz, meist Teak. Dieses Schanzkleid muß entsprechend abgesteift sein, um den Anprall etwa von vorn kommender Seen aushalten zu können. Die norwegischen und schwedischen Vorschriften verlangen, daß hinter einem Holzschanzkleid außerdem feste, eiserne Stützen mit Durchzügen vorgesehen werden.

Daß früher Schiffe mit durchlaufenden Aufbauten, wie z. B. die Sturmdeckschiffe, überhaupt kein Schanzkleid haben durften, hing damit zusammen, daß bei den damaligen schmalen und hohen Schiffstypen durch ausgedehnte freie Wasseroberflächen an Deck die Stabilität gefährdet wurde. Aus demselben Grunde ist es auch heute bei Tankschiffen üblich, an Stelle des Schanzkleides eine offene Reeling anzuordnen.

Geländer. Bei allen hochbordigen Schiffen, den Passagierschiffen und vielen Frachtschiffen, hat man statt des Schanzkleides offenes Geländer. Bei der großen Zahl der neuerdings geforderten Wasserpforten ist auch kein so großer Unterschied mehr zwischen Schanzkleid und Geländer in bezug auf ihre wasserabweisende Wirkung. Im allgemeinen macht man das Geländer 1100 mm über Deck mit einem Gasrohrhandlauf und zwei Rundeisendurchzügen. Die lichte Entfernung der Durchzüge auf Frachtschiffen darf 305 mm nicht übersteigen. Auf Fahrgastschiffen darf der Abstand der Durchzüge höchstens 230 mm betragen, sonst muß Netzwerk vorgesehen werden. Die Geländerstützen sind vom H.N.A. genormt und kommen in drei verschiedenen Stärken leicht, schwer und mittel zur Ausführung, meist als Rundeisenstützen. Um Leckagen zu vermeiden, befestigt man die Geländerstützen, wenn angängig, am Scheergang. Das das Geländer bei seitlicher Neigung des Schiffes Beschädigungen ausgesetzt sein kann, so setzt man auf der Back und manchmal auch auf ganze Schiffslänge das Geländer etwa 500 mm nach innenbords auf Deck. Im Bereich der Kompaßzone macht man das Geländer aus Metall. Luken, deren Sülle weniger als 900 mm hoch sind, erhalten wegnehmbare Geländer.

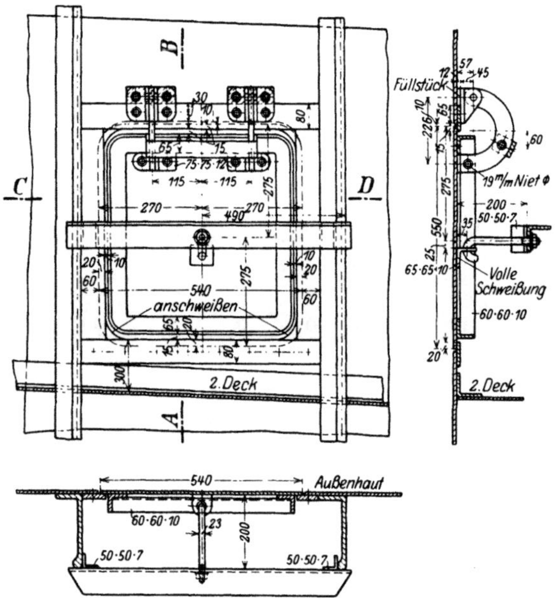

Abb. 648.

Für den Abstand der Geländerstützen nimmt man in der Regel 1,20 m. Die Stützen werden je nach Bedarf und Örtlichkeit abgestrebt. Für losnehmbare Geländerstützen hat man Spuren aus Stahlguß. Dieselben sind heute vom H.N.A. genormt. Ihr Gewicht beträgt für leichte Ausführung an der Außenhaut 1,9 kg und für mittlere und schwere Ausführung 3,2 kg. Für leichte Ausführung auf Deck beträgt das Gewicht 2,25 kg, für schwere Ausführung auf Deck 3,5 kg.

Für Rundeisengeländerstützen beträgt das Gewicht bei Befestigung des Fußes am Scheergang mit zwei Nieten für leichte Ausführung im Mittel 6 kg, für mittlere 8,5 bis 10 kg und für schwere Ausführung rund 13 kg, je nach Höhe der Geländerstütze und nach der Zahl der Durchzüge.

Bei Befestigung durch ein horizontales Fußstück auf Deck mit drei Nieten ist das Gewicht ein wenig geringer.

Auf Einzelheiten der Schiffbaukonstruktion, wie z. B. Windenunterbauten, Mastenbefestigung, Ladebaumstühle, Schlingerkiele usw., sowie Klüsen-, Poller- und Klampenbefestigung und Unterbau braucht nicht eingegangen zu werden. Hier hat jede Reederei bzw. Schiffswerft eigene Grundsätze im Rahmen des in jedem Falle technisch Zweckentsprechenden.

V. Die Bearbeitung des Schiffbaumaterials vom Lager bis zum Einbau.

Bei der Bearbeitung des Platten- und Profilmaterials für den Schiffskörper kann zwischen dem Anzeichnen mit den hierfür erforderlichen vorbereitenden Arbeiten, der eigentlichen Bearbeitung der einzelnen Teile und der Montage unterschieden werden. In der Praxis greifen diese einzelnen Abschnitte der Bearbeitung je nach der Bauweise der betreffenden Werft mehr oder weniger ineinander. Infolgedessen läßt sich auch eine vollkommene Trennung der Beschreibung der einzelnen Tätigkeiten nicht durchführen.

1. Das Anzeichnen des Schiffbaumaterials.

Die Grundlage für die Übertragung der Form des Rumpfes von den Zeichnungen auf das Schiff bildet allgemein der Spantenplan auf dem Schnürboden im Maßstabe 1 : 1. Darüber hinaus sind jedoch die Methoden für die Formgebung und das Anzeichnen der einzelnen Teile des Schiffskörpers sowohl im Laufe der Zeit durchaus verschiedene gewesen, wie sie auch auf den einzelnen Werften mehr oder weniger voneinander abweichen. Tatsächlich wird wohl kaum auf zwei Werften genau gleich gearbeitet. Doch genügt es, sich über einige typische Arbeitsmethoden im klaren zu sein, da alle Arbeitsweisen mehr oder weniger auf dieselben zurückzuführen sind.

Bei der ursprünglichen Bauweise des Stahlschiffbaues, die allerdings in ihrer extremen Form auf Werften von einiger Bedeutung kaum noch in Frage kommt, beschränkten sich die Schnürbodenarbeiten darauf, den Spantenplan nach Aufmaßen für Bauspanten vom Bureau aufzuzeichnen. Diese Aufmaße wurden einem Linienabschlage entnommen, der aus praktischen Gründen im verzerrten Maßstabe, etwa Längen 1 : 50, Breiten und Höhen 1 : 15 ausgestrakt war.

Bei Schiffen ohne Doppelboden — und solche kamen damals meist nur in Frage — wurden nach dem Spantenplan des Schnürbodens für die einzelnen Spanten Holzschablonen angefertigt und mit ihnen die Form der einzelnen Spanten auf der Richtplatte mit Kreide angezeichnet. Nach der so festgelegten Spantform wurden Spant- und Gegenspantprofile auf der Richtplatte gebogen, wobei evtl. gleichzeitig der Flansch des Profils geschmiegt wurde. Die in Frage kommende Schmiege wurde dem Spantenplan wie später beschrieben, entnommen. Dann wurden die Löcher in den Spantflanschen angezeichnet, und zwar mit gleichmäßiger Teilung ohne Rücksicht auf Außenhautnähte usw.; es folgte das Anzeichnen der Löcher im Steg für die Vernietung der Profile mit den Bodenwrangen und der Spanten mit den Gegenspanten. Die gelochten Spanten und Gegenspanten wurden für jeden Querschnitt zusammengepaßt und die Bodenwrangen danach angezeichnet und gelocht.

Die zusammen gebauten Spanten und Bodenwrangen wurden dann über dem vorher nach Zeichnung bearbeiteten Flach- oder Balkenkiel aufgestellt und ausgerichtet, wobei sogenannte Senten, Holzlatten von etwa 150 : 50 mm Querschnitt, die in Höhe der Decks und etwa für jeden zweiten Außenhautgang der Länge nach um die Spanten herumgelegt wurden, die Schiffsform herstellten. An diesen Senten wurde dann auch die Entfernung der Spanten voneinander überprüft.

Nun wurden die Decksbalken eingebaut, bei denen vorher die Löcher im Flansch für die Vernietung mit der Decksbeplattung eingestanzt waren. Ihre überstehenden Enden wurden mit den Decksenten verbolzt, die Kniee zwischen Spanten und Balken zwischengepaßt und die Löcher durchgebohrt. Als es noch keine Preßluft und elektrische Bohrmaschinen gab, mußten diese Löcher sämtlich „durchgeknarrt“ werden. Nachdem die Kniee mit Balken und Spanten vernietet waren, mußten die überstehenden Balkenenden entfernt werden, und zwar wurden sie früher von Hand abgekreuzt.

Die Beplattung mußte bei dieser Bauweise, getrennt für jede Schiffsseite, durchweg an Bord schabloniert werden, und zwar zunächst die anliegenden, dann die abliegenden Gänge. Besonders schwierige Feuer- oder doppelt gekrümmte Platten, wie z. B. die Nußplatten, wurden auch zum Teil unmittelbar an Bord angepaßt. Ebenso mußten alle anderen Verbandteile, wie Stringer, Unterzüge, Stützen, Wände mit allen zugehörigen Winkeln usw. nach Bordschablonen hergestellt werden. Als Material für Holzschablonen wurde Tannenholz von etwa 6 mm oder bei besondereren Schablonen auch mehr verwendet.

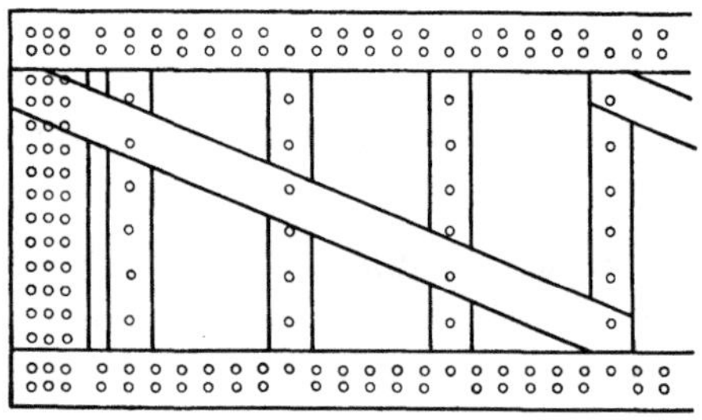

Abb. 649.

Aus solchen Brettern wurde die Schablone an Bord zusammengesetzt, und zwar wurden dieselben mittels Blechklammern an den Profilen und schon angebrachten Platten sowie untereinander befestigt. Außer den Brettern für die Nähte und Stöße und für die weiteren Nietreihen sind dabei noch eine oder mehrere Diagonalen erforderlich, um eine Formveränderung der Schablone beim Transport zu verhüten. Die Bretter wurden dann zusammengenagelt und die Löcher der vorhandenen Nachbarplatten und Profile mit Bleistift auf der Schablone angezeichnet. Meist wurden mehrere Platten, evtl. ganze Gänge zugleich schabloniert; dann müssen auch die Stoßnieten an Bord angezeichnet und auf die darunter liegende Schablone mittels eines schlanken Körners durchgenagelt werden. Hierdurch war dann zugleich, falls nicht schon beide Nachbargänge angebracht waren, die Lage der zweiten bzw. beider Nähte festgelegt. Eingeteilt wurden die Nietreihen derselben nicht auf der Schablone, sondern erst auf der im übrigen schon nach dieser angezeichneten Platte. Abb. 649 zeigt einen Teil einer Schablone für eine Außenhautplatte. Das Übertragen der Nietlöcher von der Schablone auf die Platte geschah meist mittels eines schlanken Körners, der in der Mitte des angezeichneten Loches durch die Schablone hindurch auf die Platte „durchgenagelt“ wurde. Nachdem sämtliche Löcher auf der Platte angezeichnet waren, wurden die Beschneidekanten von der Mitte der äußeren Nietreihen aus abgesetzt.

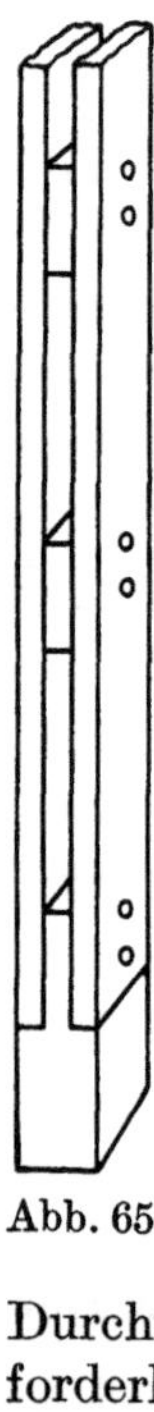

Abb. 650.

Die Nachteile vorstehender Methode sind offensichtlich. Einige davon seien kurz aufgezählt:

Die Übereinstimmung der Form des Schiffes mit dem Linienentwurf ist nur angenähert.

Die große Zahl Schablonen bedingt einen erheblichen Verbrauch an Holz, der immerhin den Bau verteuert.

Große Schablonen deformieren leicht beim Transport. Infolge der zweimaligen Übertragung der Nietlöcher von Bord auf die Schablone und von der Schablone auf den Bauteil ergeben sich leicht Ungenauigkeiten. Die Arbeiten erfordern viel Zeit, da die abliegenden Plattengänge erst schabloniert werden können, wenn die anliegenden angebracht sind.

Vor allem sind die Anfertigung der Schablonen an Bord und der Transport derselben zum Schiffbauschuppen sehr zeitraubend, so daß sie eine wesentliche Steigerung der Löhne bedeuten. Die Formsenten sind auch sehr teuer. Für die Durchführung der Arbeiten sind um das ganze Schiff herum umfangreiche Stellagen erforderlich. Hierfür werden Holzstützen von entsprechender Länge und etwa 300 · 100 mm Querschnitt paarweise mit etwa 100 mm Zwischenraum unter Verwendung entsprechender

Zwischenstücke verbolzt (siehe Abb. 650); statt dessen werden auch aufgetrennte Rundstämme verwendet. Diese Doppelstützen oder Aufrichter werden in einer inneren und einer äußeren Reihe um das Schiff herum gestellt und der Länge nach aneinander durch Latten gehaltert, sowie paarweise mittels darauf befestigter kurzer Balken verbunden, die als Unterlage für die Stellagebretter dienen. Die innere Stützenreihe kann evtl. auch fortfallen, doch muß man dann das innere Ende der kurzen Balken mit den schon aufgestellten Spanten bzw. an den schon angebrachten Außenhautplatten befestigen.

Die teilweise Bearbeitung des Materials auf der Helling nach der Montage hat gleichfalls eine erhebliche Vermehrung der Löhne im Vergleich zu Werkstättenarbeit zur Folge, selbst dann, wenn elektrische oder Preßluftwerkzeuge verwendet werden.

Außer der direkten Steigerung der Herstellungskosten fällt hierbei ins Gewicht, daß die Bauzeiten sehr lang sind und demnach die Ausnützung der Helgenanlage sehr schlecht.

Da die Lochteilung in den Spantflanschen unabhängig von den Außenhautnähten ist, ergeben sich bei letzteren Unregelmäßigkeiten in der Nietung, die zum Teil schwierige Dichtung zur Folge haben.

Die vorstehend beschriebene primitive Bauweise ist, wie gesagt, in ihrer extremen Form in technisch fortgeschrittenen Ländern überholt, aber ein Teil der aufgezählten Nachteile gilt auch heute noch für die sogenannten Schablonierwerften, deren Arbeitsmethoden dem beschriebenen Verfahren darin ähneln, daß, wenn auch nicht alles Material, so doch ein sehr großer Teil desselben nach Bordmallen hergestellt wird.

In dem Bestreben, obige Nachteile zu umgehen, wurden in den letzten Jahrzehnten Wege gesucht, die teure und umständliche Arbeit an Bord durch Werkstättenarbeit zu ersetzen. Das führte zur Ausbildung des besonders an den deutschen Weserwerften gebräuchlichen gemischten Schnürboden- und Zulagesystems.

Da der Spantenriß die Grundlage dieser ganzen Arbeitsweise bildet, muß derselbe auf das genaueste durchgearbeitet werden. Zu diesem Zwecke werden auf dem Schnürboden außer den Spanten auch Wasserlinien, Schnitte und Senten ausgestrakt, d. h. also die Abschlagarbeit im Maßstabe 1 : 1 durchgeführt. Hierbei werden die Längen verkürzt, etwa im Maßstabe 1 : 2, aufgetragen. Ferner werden meist mit Rücksicht auf den großen Platzbedarf Vor- und Hinterschiff übereinandergelegt. Das Straken geschieht mittels Holzlatten von meist gleichbleibendem Querschnitt. Je nach der Art der zu strakenden Linien kann derselbe rechteckig oder quadratisch und mehr oder weniger stark sein, z. B. 50 · 30 mm, 30 · 30 mm, 20 · 20 mm, usw. Für die Führung der Latten werden nur selten große Strakgewichte verwendet, meist geschieht sie mittels großer Nägel, um die man die Latte herumlegt. Die Befestigung der Latte geschieht dann zwischen sich paarweise gegenüberstehenden Nägeln. Der Boden selbst besteht aus gutem Dielenbelag und ist entweder hell oder dunkel gestrichen, je nachdem mit Bleistift oder Kreide gezeichnet wird. Letztere Methode ist die verbreitetere. Die geraden Linien des Netzes usw. werden „durchgeschnürt", d. h. mittels einer mit Kreide eingeriebenen straff gespannten Schnur, die man auf den Boden schlagen läßt, aufgezeichnet. Die Aufmaße vom Bureau werden bei dieser Arbeitsweise meistens nur auf Konstruktionsspanten an den Schnürboden gegeben. Erst nachdem die Linien hier überarbeitet worden sind, werden die Bauspanten auf dem endgültigen Spantenplan mittels besonders gebogener angeschärfter und gehärteter Blechmesser eingerissen. Bei Handelsschiffen einfachster Form können die Aufmaße der Bauspanten auch vom Bureau unmittelbar zum Betrieb gegeben werden, und zwar nach Sentenmaßen, die dadurch genau gemacht worden sind, daß man ihren Differenzen einen regelmäßigen Verlauf gegeben hat.

In den Spantenriß werden die Decks, die Stringer, die Außenhautnähte und die Doppelbodenquerschnitte nebst Kimmstützplatten eingezeichnet. Nun werden teils auf Schablonen, zum größeren Teil auf Stöcken die Unterlagen für das Anzeichnen bzw. die Bearbeitung des Materials diesem Spantenriß entnommen.

Das Anzeichnen geschieht zum Teil einzeln auf Böcken, zum anderen Teil aber gemeinsam für zusammengehöriges Material nach dem Zulagesystem. Hierfür ist in möglich günstiger Lage zum Schiffbauschuppen eine besondere Werkstatt, die Zulage, mit einem guten Dielenbelag, auf dem das Material, wie später für den Boden beschrieben, ausgelegt und angezeichnet wird, und mit einer Krananlage erforderlich.

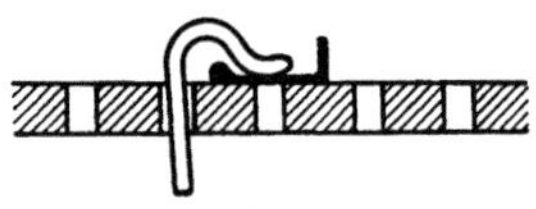

Abb. 651.

Im einzelnen geschieht das Anzeichnen der wichtigsten Bauteile etwa wie folgt:

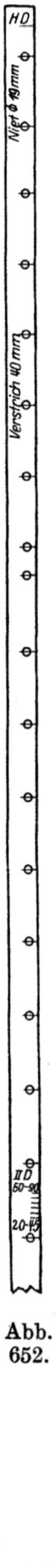

Abb. 652.

a) Spanten. Für den Bereich des parallelen Mittelschiffes wird eine kräftige Holzschablone hergestellt, die die Form der Spanten festlegt und auf der die erforderlichen Löcher für die Vernietung mit der Kimmstützplatte und evtl. mit den Gegenspanten festgelegt sind, sowie die Lage des obersten Decks für die einzelnen Spanten. Diese Schablonen werden, da sie für zahlreiche Spanten gebraucht werden, aus gutem Holz, z. B. Oregon Pine, von etwa 10 mm, und zwar meist aus zwei aufeinander genagelten Brettern hergestellt. Die Löcher werden wie bei allen häufiger zu verwendenden Schablonen durchgebohrt, und zwar am besten mit dem für die Nietlöcher in Frage kommenden Durchmesser. Nach dieser Schablone wird die Innen- und Außenkante der Spantform auf der Richtplatte angezeichnet und dann das dem Glühofen entnommene Spantprofil entweder von Hand oder mittels beweglicher hydraulischer Pressen so gebogen, daß es die gewünschte Form erhält. Festgehalten wird das Profil dabei mittels besonders geformter Eisenbügel (siehe Abb. 651), die durch Hammerschläge festgeklemmt werden. Bei dieser Bearbeitung ist darauf zu achten, daß das Profil mit dem ganzen Steg auf der Richtplatte anliegt, sich also nicht verdreht, und der Flansch senkrecht bleibt. Selbstverständlich ist das Spantprofil während des Abkühlens nachzurichten, um ein nachträgliches Verziehen auszugleichen. Die Kimmrundung wird zur Vermeidung zu umfangreicher Nachrichtearbeit anfänglich nach Erfahrungswerten etwas stärker durchgesetzt, da die Krümmung beim Erkalten zurückgeht.

Auf dem fertig gebogenen und abgekühlten Spant werden nun mittels der Holzschablone die Löcher im Steg für Kimmstützplatten und Gegenspant und die Lage des obersten Decks angezeichnet. Das Übertragen der Löcher von gebohrten Schablonen geschieht mit einem „Zentrumkörner", der genau den Durchmesser des Loches hat, so daß er darin geführt wird, und in der Mitte mit einer Körnerspitze versehen ist, die in die Platte eingeschlagen wird. Man kann die Löcher auch mit einem in Farbe eingetauchten „Tipper" von passendem Durchmesser anzeichnen. Doch hat diese Methode den Nachteil, daß beim Stanzen die Führung des mit einer Zentrierspitze versehenen Stempels durch die Körnermarken fortfällt. Infolgedessen entstehen beim Stanzen größere Ungenauigkeiten, als wenn die Löcher mittels Zentrumkörner durchgenagelt werden. Die Löcher für die Balkenkniee werden nach besonderen Holzschablonen angezeichnet und die Löcher im Flansch nach dem Außenhautstock, der am jeweiligen Deckpunkt angehalten wird. Auf diesem Stock sind gleichzeitig mit den Spantnieten die Lage und Niete der Außenhautnähte, sowie die Decks festgelegt. Soweit wie letztere nicht parallel zum obersten Deck laufen, müssen sie natürlich für jedes Spant besonders auf dem Stock markiert werden. Abb. 652 zeigt den oberen Teil eines Außenhautstockes, bei dem das zweite Deck nicht durchweg gleichen Abstand vom Oberdeck hat. Der Verstrich für die Löcher ist auf dem Stock angegeben und wird mittels verstellbarer Blechschablonen abgesetzt.

Für die Spanten außerhalb des Bereichs des parallelen Mittelschiffes werden auf dem Spantenplan Flacheisenschablonen hergestellt, auf denen Nähte und Decks markiert werden. Für diese Spanten muß ferner die Schmiege bestimmt werden. Hierfür wird für jede verschiedene Spantentfernung ein Schmiegenstock hergestellt.

Man benutzt hierzu das Schmiegenbrett, auf dem sämtliche Neigungen von Grad zu Grad aufgezeichnet sind. Ein solches Brett zeigt Abb. 653, doch ist der Klarheit wegen nur jeder fünfte Gradstrich eingezeichnet. Die Abbildung zeigt die Herstellung eines Schmiegestockes für 800 mm Spantentfernung. Wenn man den Stock senkrecht zum betreffenden Spant im Spantenplan anlegt, ergibt das benachbarte Spant auf der Stockteilung die jeweilige Schmiege. Diese bestimmt man für sämtliche Spanten in bestimmten Abständen, etwa für jeden Meter. Das aus dem Glühofen kommende Profil wird nun vor dem Biegen in der Schmiegemaschine (siehe Abschnitt VIII) oder, falls eine solche nicht vorhanden ist, gleichzeitig mit dem Biegen von Hand nach der so aufgestellten Tabelle geschmiegt und beim fertiggebogenen Spant die Schmiege mittels Blechscha-

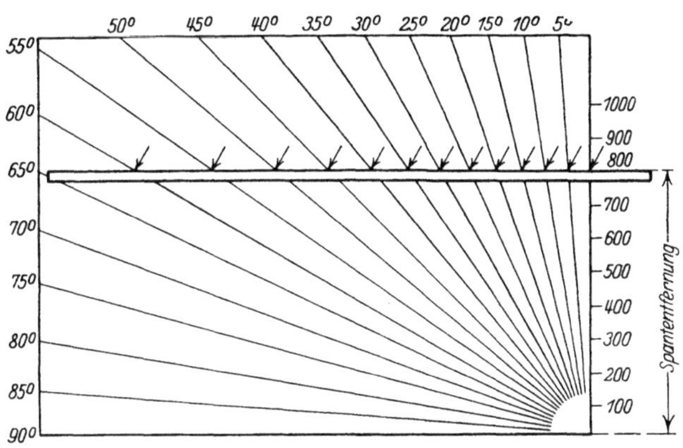

Abb. 653.

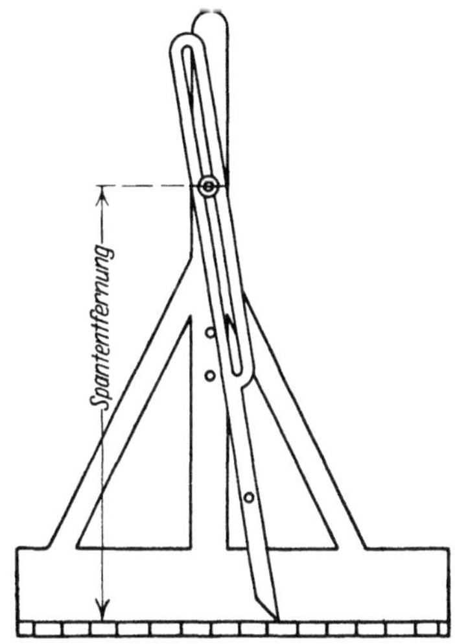

Abb. 654.

blonen überprüft und nötigenfalls beim Nachrichten korrigiert. Ein weiteres Gerät, daß sowohl zum Herstellen der Blechschmiegeschablonen als zum Aufmessen der Schmiegen benutzt wird, ist der Schmiegenbock, der wie aus Abb. 654 ersichtlich, auch für jede erforderliche Spantentfernung eingestellt werden kann. Das Anzeichnen geschieht ähnlich wie für die Mittschiffsspanten, nur werden die Löcher im Steg mittels besonderem Stock für die Gegenspantnieten, Schablonen für die Kimmstützplatten und je nach der Spantneigung gelenkig verstellbaren Blechschablonen für die Balkenkniee abgesetzt.

b) Bodenwrangen und Kimmstützplatten. Für diese Platten wird zweckmäßig schon bei der Bestellung auf den Schnürbodenspantenplan zurückgegriffen, indem sie entweder als Skizzenplatten nach Schnürbodenaufmaßen oder nach Holzschablonen bestellt werden, die an das Walzwerk geschickt werden. In letzterem Falle brauchen die Platten auf der Werft nicht mehr beschnitten zu werden. Angezeichnet werden Bodenwrangen und Kimmstützplatten nach auf dem Spantenplan hergestellten Holzschablonen. Auf einer Schablone werden sowohl für das Anzeichnen wie evtl. für die Bestellung möglichst viel Bodenwrangen bzw. Kimmstützplatten aufgezeichnet, um die erforderliche Anzahl tunlichst zu beschränken. Von den Bodenwrangenschablonen werden wieder besondere Schablonen für Spanten und Gegenspanten abgenommen. Auf ersteren wird an der Kante gleichzeitig die Außenhautnietung festgelegt. Für die Vernietung der Gegenspanten mit der Tankdecke wird meist ein besonderer Stock hergestellt. Für die interkostalen Seitenträger werden Schablonen und für sämtliche Verbindungswinkel Stöcke oder evtl. bei einer großen Zahl genau gleicher Winkel Kastenschablonen angefertigt (siehe Abb. 655).

c) Flachkiel und Mittelträger. Diese Konstruktionsteile werden auf der Zulage für sich zugelegt, da sie häufig bei der Montage schon benötigt werden, ehe das Material für den übrigen Boden von den Walzwerken einläuft. Erforderlich ist nur der Spantentfernungsstock und der Stock für die Bodenwrangenwinkel am Mittelträger mit der evtl. veränderlichen Mittelträgerhöhe. Stöße, Nähte und Längswinkelnietung werden nach Zeichnung angezeichnet und letztere zugleich auf lange Stöcke übertragen, um danach die benachbarten Bodengänge bzw. die Winkel anzuzeichnen.

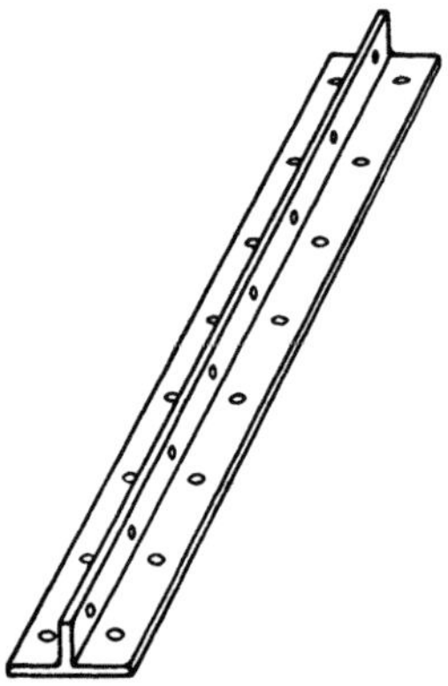

Abb. 655.

Boden. Die Bodenbeplattung wird, soweit sie eben ist, und einschließlich des zylindrischen Teiles der Kimmbeplattung im ganzen zugelegt, d. h. die Platten für eine Schiffsseite werden auf dem Holzboden der Zulage so ausgelegt, daß sie sich um die Naht- bzw. Stoßbreite überdecken und gemeinsam angezeichnet. Vom Schnürboden sind hierfür Stöcke für Spantteilung, für die Bodenspanten mit Lagen der Nähte und für die Winkel an den interkostalen Seitenträgern vorhanden, während Nähte und Stöße nach Zeichnung auf der jeweils oberen Platte eingeteilt und auf die untere übergerissen werden. An Werkzeugen sind hierbei erforderlich: eiserne und hölzerne Lineale und Winkel, Anreißnadeln von meist etwa ¾ m Länge, die so benutzt werden, daß das obere Ende beim Reißen auf der Schulter des Arbeiters anliegt, sowie ferner Überreiß- und Absetzhölzer. Letztere beide dienen dazu, die Nietreihen und einzelne Niete von der oberen Platte auf die untere zu übertragen. Man legt ein Lineal an die Nietreihe an und parallel dazu in der durch das Absetzholz gegebenen Entfernung ein anderes Lineal auf der unteren Platte, dessen Lage auf dieser angerissen wird. Das Überreißholz wird gebraucht, um die einzelnen Nietlagen zunächst auf diese Hilfslinie zu übertragen. Nach Fortnahme der oberen Platte wird mittels derselben Absetzhölzer von der Hilfslinie aus die Nietreihe der unteren Platte abgesetzt und die einzelnen Nietlagen werden mittels des umgedrehten Überreißholzes auf diese übertragen. Dieses Verfahren erläutern die Abb. 656 und 657. Beim Anzeichnen der Platten

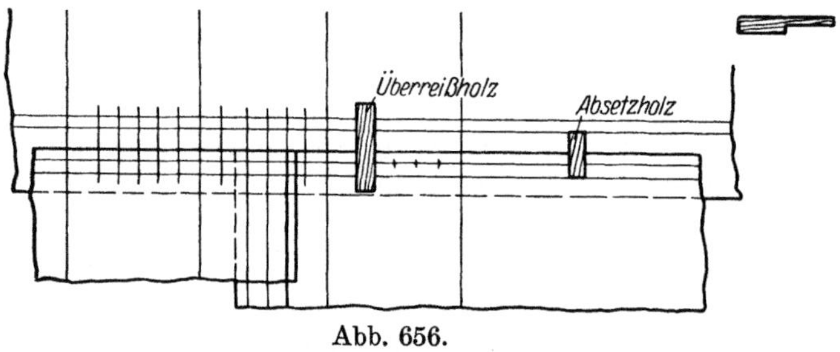

Abb. 656.

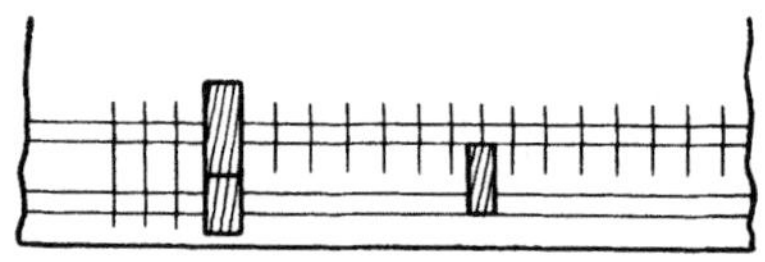

Abb. 657.

werden auch die erforderlichen lokalen Verstärkungen, z. B. unter Stützen unter Verwendung der Stöcke nach Plan berücksichtigt. Die Platten werden einzeln hochgenommen, angekörnt und mit den für die Bearbeitung erforderlichen Angaben wie Nietdurchmesser, evtl. Versenk, Bezeichnung der Kanten, die beschnitten oder behobelt werden müssen, sowie der Joggelungen und der Ecken, die auszuschärfen sind, versehen.

d) Doppelboden und Decksbeplattung. Diese Teile werden in ähnlicher Weise wie der Boden zugelegt. Bei den Decks ist aber anstatt des Spantentfernungsstockes ein besonderer Stock zu verwenden, bei dem die Streckung, die Vergrößerung der Entfernung von Spant zu Spant mit zunehmendem Sprung berücksichtigt ist. Desgleichen ist bei Decks mit Balkenbucht der Vergrößerung der abgewickelten Breite Rechnung zu tragen. Grund- und Toppwinkel für Einbauten werden nach Zeichnung berücksichtigt, indem man Schablonen für die horizontalen Flansche der Winkel auf das Deck legt, dieselben anzeichnet und gleichzeitig auf die Deckplatten durchnagelt. Die Nietung der interkostalen Toppwinkel von Unterzügen und Längswänden wird auf dem Deck eingeteilt und auf Stöcke übertragen, um danach die betreffenden Winkel anzuzeichnen. Falls die B.B.- und St.B.-Seite verschiedene Einbauten haben, werden die nur für eine Schiffsseite bestimmten Löcher auf der Platte mit entsprechendem Vermerk versehen und nach dem Durchnageln bzw. Durchbohren die Platten für die andere Seite nach Plan ergänzt. Wenn jedoch sehr viel unsymmetrische Einbauten vorhanden sind, wie z. B. häufig bei großen Fahrgastschiffen, empfiehlt es sich, beide Schiffsseiten zuzulegen.

e) Außenhaut. Bei der Außenhaut ist zu unterscheiden zwischen dem Bereiche des parallelen Mittelschiffs und den Enden. Soweit das Schiff Hauptspantquerschnitt hat, werden sämtliche Gänge oberhalb des mit dem Boden zugelegten Kimmganges zusammenhängend zugelegt. Außerhalb dieses Bereiches wird jedoch meist nur jeder zweite Gang zugelegt, wozu vorher eine „Abwicklung", d. h. eine Übertragung der gekrümmten und windschiefen Plattenform in eine glatte Zeichenebene erforderlich ist. Die übrigen Gänge werden an Bord schabloniert. Wenn die Außenhaut mit an- und abliegenden Gängen ausgeführt wird, legt man meist erstere zu, während letztere, sowie der meist abliegende Kimmgang, schabloniert werden. Hierbei können entweder die jeweils gleichen B.B.- und St.B.-Platten nach einer Schablone angefertigt werden, was jedoch nur bei außerordentlich genauer Arbeit ohne Schwierigkeiten möglich ist, oder aber, und dieses wird auf manchen Werften für richtiger gehalten, man legt die Schablone, nachdem nach ihr die Platte der einen Seite angezeichnet ist, an der anderen Schiffsseite an, und übernimmt die Löcher für diese Seite besonders. Schablonen stark gekrümmter Platten müssen beim Anzeichnen an Bord so befestigt werden, daß ihre Mitte etwa um halbe Plattendicke von den Spantprofilen entfernt ist.

Das Zulegen geschieht für den Mittschiffsbereich in ähnlicher Weise wie beim Boden unter Verwendung der entsprechenden Stöcke. Hier sei auch noch erwähnt, daß bei der Herstellung der Stöcke für den Bereich der Kimm oder anderer gekrümmter, mit zugelegter Teile für die abliegenden Gänge um die erste Latte, die etwa Plattendicke hat, eine zweite herumzulegen ist und beide dann gemeinsam anzuzeichnen sind. Ebenso ist bei gejoggelten Deckelgängen im Bereiche starker Krümmungen für die Joggelungen ein kurzer Deckelstock anzufertigen. Bei der Abwicklung und Zulage der Gänge außerhalb des Mittschiffsbereiches sind für die obere und die untere Kante jedes Ganges je ein Streckungsstock und ein Sprungstock erforderlich. Zur Herstellung dieser Stöcke müssen auf dem Schnürboden die betreffenden Gänge außerhalb des Bereiches des parallelen Mittelschiffes einzeln abgewickelt werden. Ein Beispiel für die Durchführung dieser Arbeit ist aus den Abb. 658 bis 660 zu ersehen. Der abzuwickelnde Gang ist im Spantenriß eingezeichnet. Zunächst wird an Außenkante der

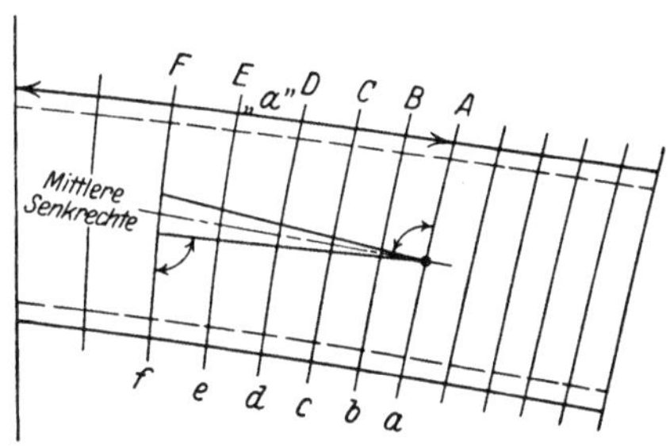

Abb. 658.

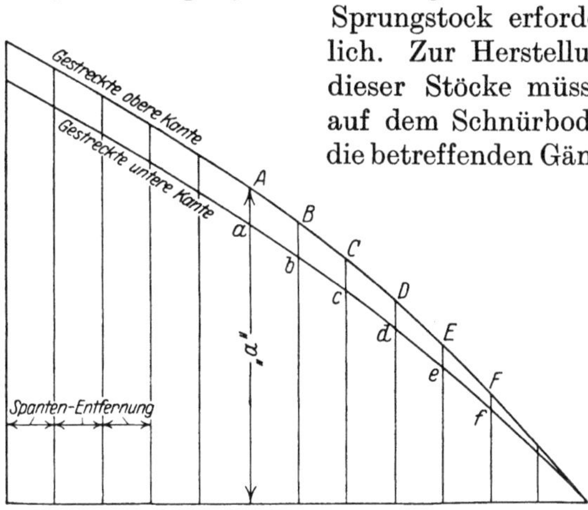

Abb. 659.

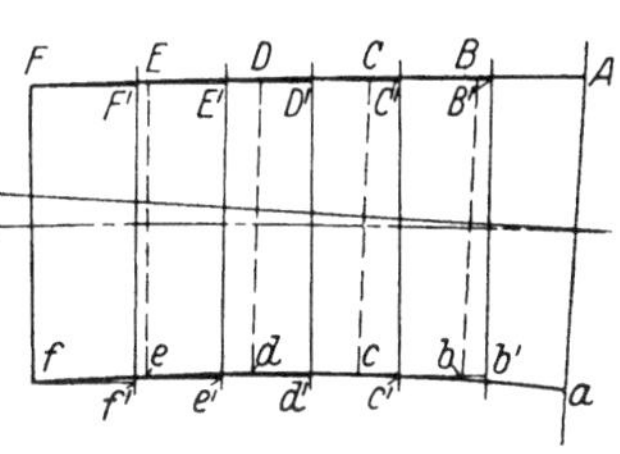

Abb. 660.

oberen und unteren Naht auf dem Spantenriß je eine dünne Latte herumgelegt, auf die die Spanten abgesetzt werden. Die Strecken „a“ setzt man auf den jeweiligen Spanten im Längsschnitt ab und erhält mit dem Verbindungsstraak dieser Punkte die gestreckte obere bzw. untere Nahtkante, die man auf die sogenannten Streckungsstöcke überträgt. Die Abwicklung selbst muß schrittweise geschehen, und zwar sind die einzelnen Strecken um so kürzer zu nehmen, je stärker der Gang gekrümmt ist; normalerweise wird immer eine Platte für sich abgewickelt, evtl. kann man aber sogar nur von Spant zu Spant gehen. Im einzelnen ist der Arbeitsgang folgender: Es wird von der Schiffsmitte nach den Enden hin abgewickelt. Die Abwicklung sei bis A—a fortgeschritten. Für den Bereich A—a F—f zeichnet man eine mittlere Senkrechte zu den Spanten, etwa, indem man im Spantenriß vom Halbierungspunkte von A—a aus eine Senkrechte zu A—a und eine zu F—f zieht und die Strecke zwischen den beiden Fußpunkten dieser Senkrechten auf F—f halbiert. Von dieser mittleren Senkrechten aus setzt man die obere und untere Breite für jedes Spant auf einen Stock ab. In der Abwicklung wird die mittlere Senkrechte von der Mitte von A—a aus gezogen, indem erst eine Senkrechte auf A—a nach F—f gefällt und von dem Fußpunkte derselben aus der Schnittpunkt der mittleren Senkrechte abgesetzt wird, wobei man die Entfernung dieser beiden Punkte auf F—f aus dem Spantenriß entnimmt. Hierbei wird zunächst für die Entfernung von F—f sowie der anderen dazwischen liegenden Spanten von A—a die normale Spantentfernung zugrunde gelegt. Senkrecht zur „mittleren Senkrechten“ werden auf jedem Spant die obere und die untere Breite nach dem vorher erwähnten Stock abgesetzt. Die so erhaltenen Punkte $B'C'D'$ ... und $b'c'd'$ ... müssen noch um soviel parallel zur „mittleren Senkrechten“ verschoben werden, daß der Verbindungsstrak durch die Punkte A, B, C ... bzw. a, b, c ... mit den entsprechenden Punkten der herumgelegten Streckungsstöcke zusammenfallen. Dabei dürfen natürlich die Winkelabweichungen der einzelnen Spanten nicht so groß werden, daß die Strecken A—a, B—b, C—c ... meßbar größer als A'—a', B'—b', C'—c' ... werden. Anderenfalls muß man die einzelnen Strecken noch enger unterteilen. Bei sorgfältiger Ausführung und genügender Unterteilung läßt sich eine solche Genauigkeit erreichen, daß auf manchen Werften sämtliche Gänge mit Ausnahme weniger Endplatten abgewickelt werden, ohne daß sich bei der Montage Unstimmigkeiten ergeben. Eine Kontrolle erhält man, wenn man die einzelnen abgewickelten Teile jeweils um ein Spant überlappen läßt.

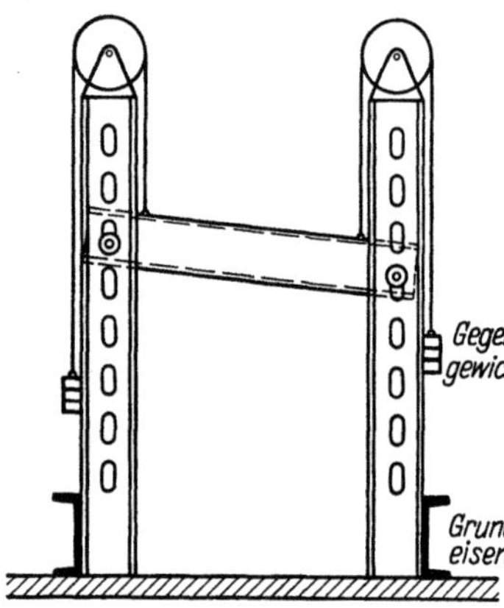

Abb. 661.

Auf einigen Werften werden mäßig gekrümmte Außenhautplatten nicht abgewickelt, sondern auf dem Anreißbock angezeichnet (siehe Abb. 661). Derselbe besteht aus zwei horizontalen U-Eisen, an denen weitere U-Eisen in genauer Spantentfernung senkrecht aufgestellt und befestigt werden. Um eine genaue Einstellung zu ermöglichen, sind in den Grundeisen des Bockes längliche Löcher eingeschnitten. Auf jedem der senkrechten U-Eisen wird das zugehörige Schnürbodenbreitenmaß, gemessen von einer geeigneten Schnittebene, abgetragen und dann weitere U-Eisen an den paarweise zusammengehörigen senkrechten U-Eisen so befestigt, daß sie die abgesetzten Punkte verbinden. Legt man nun auf die durch diese Verbindungs-U-Eisen gegebene windschiefe Fläche die betreffende Platte auf, so legt sie sich von selbst so hin, daß sie die Verwindung, die sie nachher an Bord haben muß, erhält. Das Anzeichnen geschieht dann nach Zeichnung bzw. vermittels der Stöcke vom Schnürboden. Noch größere Genauigkeit und einfacheres Arbeiten als mit dem Plattenbock ist mit dem Plattenmodellbock zu erzielen, der auch für stärkere gekrümmte Platten verwendbar ist. Bei ihm werden statt der verbindenden U-Eisen Holzschablonen verwandt, die genau die Form der betreffenden Spanten haben, so daß nicht nur die Verwindung, sondern auch die Krümmung beim Bock genau derjenigen des betreffenden Schiffsteiles entspricht. Auf diesen Plattenmodellbock kann man dann aber natürlich nicht die Platte selbst anzeichnen, sondern es muß auf ihm ähnlich wie sonst an Bord ein Holzmall hergestellt werden, nach dem dann die Platte angezeichnet wird. Ähnlich wird z. B. auf manchen Werften bei kleinen Schiffen vorgegangen, um besonders schwierige Teile, wie etwa die Heckplatten von Schleppern ohne Bordschablone so weit vorzubereiten, daß sie beim Aufstellen der Spanten mit benutzt werden können. Man baut dann für den betreffenden Bereich auf dem Schnürboden aus Mallholz Schablonen der Spanten auf und fertigt an diesem Modell die Plattenschablonen an.

Die Ansichten darüber, wieweit man zweckmäßig abwickeln oder nach einer der soeben beschriebenen Methoden arbeiten soll und von wo ab Bordschablonen vorzuziehen sind, gehen weit auseinander. Es kann darüber nur von Fall zu Fall unter Berücksichtigung der besonderen Verhältnisse auf der jeweils in Frage kommenden Werft entschieden werden. Allgemein gilt aber, daß bei Einzelbauten mehr an Bord schabloniert wird, hingegen bei Serienbauten auch umständliche Abwicklungsarbeiten usw. gewählt werden können.

Besonders beschrieben seien noch Heck- und Randplattenabwicklung. Bei einem zylindrischen Heck, bei dem also sämtliche Schnitte parallel liegen, kann nach Abb. 662 vorgegangen werden. Man legt senkrecht zum Zylinder eine Ebene *AA*, die die Schnitte *I*, *II* usw. in *1*, *2* ... schneiden. Die Schnittkurve streckt man im Grundriß, indem man die Strecken „*a*“ auf den Horizontalprojektionen der Schnitte absetzt. Durch die so erhaltenen Punkte legt man

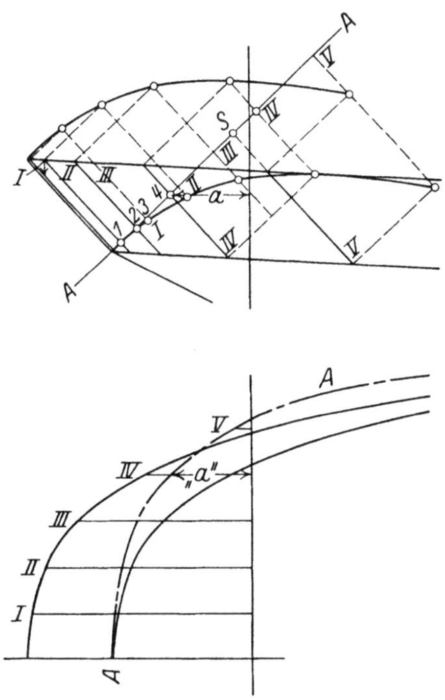

Abb. 662.

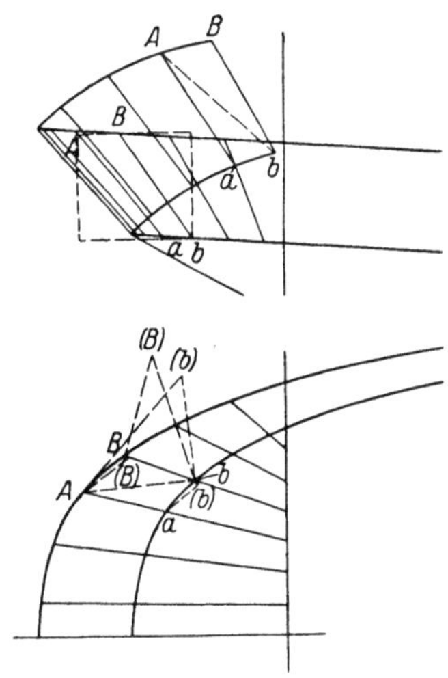

Abb. 663.

eine Latte, auf welche die einzelnen Punkte markiert werden. Diese Latte streckt man auf *A*—*A* und erhält die Punkte *I*—*II* usw. Parallele durch diese Punkte zu den Schnitten geben die abgewickelten Lagen derselben. Ihre Endpunkte sind von der Vertikalprojektion parallel zu *A*—*A* herüberzuholen.

Wenn das Heck keine zylindrische Form hat, muß schrittweise abgewickelt werden. Hierbei kann man gleichzeitig die Heckspanten eintragen und bei der Abwicklung verwenden. Man zieht z. B. die Diagonale *A*—*b* und wickelt das Dreieck *A*—*a*—*b* ab, dann das Dreieck *A*—*B*—*b* usw. Eine Kontrolle ergeben die bei der Abwicklung nicht benutzten Diagonalen, also z. B. *B*—*a* (Abb. 663).

f) Die Doppelbodenrandplatte muß ebenfalls abgewickelt werden. Man geht hierbei von Knick zu Knick vor; bei stark verdrehten Platten muß man zwischen den Knikken noch weiter unterteilen und die einzelnen Teile für sich abwickeln. Man denkt sich die Platte in die horizontale Ebene geklappt. Im Grundriß legt man durch den unteren Rand der Randplatte auf jedem Spant eine Senkrechte zum oberen Rande. Die geklappten unteren Punkte liegen einerseits auf dieser Senkrechten, andererseits ist ihr Abstand von den oberen Punkten aus dem Spantenriß zu entnehmen (Abb. 664).

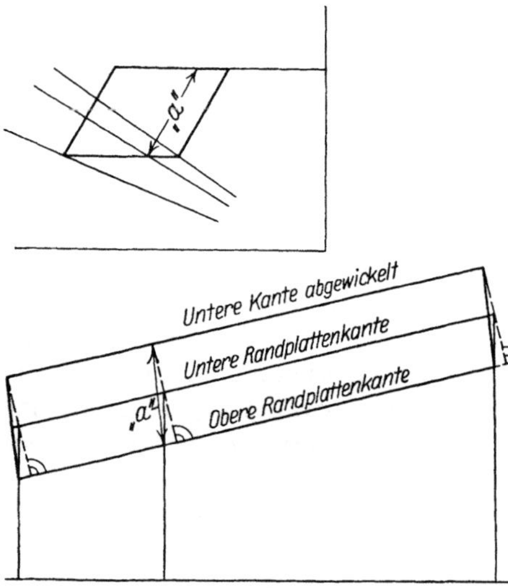

Abb. 664.

Schotte werden nach Zeichnung zugelegt. Hierfür werden vom Schnürboden die Schablonen für die Schottwinkel an der Außenhaut und Stöcke für die Lage der an den Schotten befestigten Unterzüge übernommen. Schächte, Luken, Wände und Häuser werden gleichfalls zugelegt. Die Schablonen bzw. Stöcke für Fuß- und Toppwinkel werden, wie schon gesagt, gleichzeitig mit den betreffenden Decks angezeichnet. Bei den Schablonen werden die Löcher für die senkrechten Flansche der Winkel an der Schablonenkante markiert. Bei den Unterzügen werden Schablonen für die Toppwinkel für jeden Unterzug hergestellt, während die Gurtwinkel möglichst nach gemeinsamen Schablonen angezeichnet werden.

Das im vorstehenden etwas ausführlicher beschriebene gemischte Schnürboden- und Zulagesystem, das, so wie erläutert oder ähnlich, besonders an den Weserwerften üblich ist, hat gute Erfolge gezeitigt, sowohl bezüglich der erzielten Genauigkeit, als auch vom Gesichtspunkte der Wirtschaftlichkeit aus gesehen. Die Zahl der Schablonen ist ganz wesentlich eingeschränkt, da solche beinahe nur noch für Massenbauteile, wie Mittschiffspanten, Kniee, Lugswinkel und für Grund-, Süll- und Toppwinkel angefertigt werden. Schablonen von Bord, bei denen außer dem Materialbedarf die großen Lohnkosten für Herstellung und Transport ins Gewicht fallen, sind nur noch für einen Teil der Außenhaut außerhalb des parallelen Mittelschiffes und evtl. für die interkostalen Stringerwinkel an der Außenhaut erforderlich. Die Stöcke, die auf dem Schnürboden und zum Teil auf der Zulage hergestellt werden müssen, sind als Materialverbrauch kaum in Rechnung zu setzen, da sie immer wieder abgehobelt und neu verwandt werden können. Auch die Lohnkosten sind bei dieser Methode ganz wesentlich geringer, als beim Schablonieren jedes Stückes an Bord, besonders bei denjenigen Teilen, die im ganzen zugelegt werden, wie Boden, Tankdecke, Decks und dem mittleren Teile der Außenhaut. Weitere Ersparnisse ergeben sich beim Bau von gleichen Schwesterschiffen, da die Zulage- und Schnürbodenarbeit nur einmal in Frage kommt, während beim Arbeiten nach Bordschablonen diese für jedes Schiff und sogar für jede Seite eines Schiffes neu angezeichnet werden müssen. Endlich hat die beschriebene Methode den großen Vorteil, daß mittels der zugelegten Gänge der Außenhaut, wie unter „Montage“ beschrieben, eine genaue Innehaltung der zugrunde gelegten Schiffsform erreicht wird.

Vorbedingung für die erfolgreiche Durchführung der beschriebenen Methode ist allerdings eine genügend große Zulage, da sonst das ganze Bautempo und die erreichte bessere Ausnützung der Werft- und Hellinganlagen in Frage gestellt werden, besonders dann, wenn keine Serienbauten, sondern eine Reihe von einzelnen Aufträgen vorliegen. Mangelnder Platz für die Zulage kann also einer der Gründe sein, die zur Anwendung eines Verfahrens führen können, das nunmehr in seinen allgemeinen Grundzügen gekennzeichnet werden soll. Es können aber auch noch verschiedene andere Gesichtspunkte vorliegen, wie z. B. der Wunsch, die Mehrtransportarbeit zu sparen, die durch das Auslegen eines großen Teiles des Materiales auf der Zulage bedingt wird, oder das Bestreben, jeden einzelnen Bauteil oder jede Gruppe unabhängig anzeichnen und bearbeiten zu können, so daß diese vorbereitenden Arbeiten auch dann nicht gehemmt werden, wenn ein Teil des Materials, etwa einige Platten oder ein Gang eines Decks später angeliefert werden. Ferner kann für manche Werft, die nicht über einen genügenden Stamm gelernter Schiffbauer verfügt, das Bedürfnis vorliegen, die Facharbeit ganz auf den Schnürboden und einige Montagearbeit zu beschränken und das Anzeichnen durch angelernte Leute vornehmen zu lassen. Dies Bestreben führt zum Teil zu Verfahren, die sich modernen fabrikmäßigen Methoden nähern. Aus den genannten Gründen sind auf verschiedenen Werften, so z. B. beim Stettiner und beim Hamburger Vulcan, Arbeitssysteme entstanden, die einander prinzipiell sehr ähnlich sind, so sehr sie auch im einzelnen voneinander abweichen mögen und unter dem Namen „reines Stocksystem" zusammengefaßt werden können. Damit jede einzelne Platte nur nach Stöcken und Latten ohne Pläne angezeichnet werden kann, muß der Schnürboden außer den bisher genannten Stöcken, noch eine sehr große Zahl anderer herstellen, so für sämtliche Nähte, Stöße, Stringerwinkel usw. aller Decks, der Außenhaut und der Tankdecke, für Fuß-, Top- und Süllwinkel sämtlicher Einbauten, für alle Nähte und Versteifungen der Einbauten usw. Die erforderliche Zahl der Stöcke würde hierbei zunächst durch jede Unregelmäßigkeit, wie Änderung des Nietdurchmessers, Einbauten, umschlagende Balken, Wachsen der gestreckten Spantentfernung mit zunehmendem Sprung der Decks usw. vergrößert werden. Allerdings lassen sich jedesmal eine Reihe verschiedener Stöcke zu einem vereinen, indem man bei Decksnähten nur einen oder wenige Stöcke für die sonst normalen Spantfelder herstellt und den Ausgleich durch eine Nietentfernung erreicht, die veränderlich ist und für jedes Spant markiert wird. Immerhin ist auch dann noch die Zahl der Unregelmäßigkeiten und damit der Sonderstöcke insbesondere bei Schiffen mit vielen Einbauten, wie große Fahrgastschiffe, so erheblich, daß unbedingt versucht werden muß, sie weiter einzuschränken.

Hieraus ergibt sich das Bestreben, die ganze Nietung eines Schiffes in ein System zu bringen, was allerdings zum großen Teil nur durch eine nicht unwesentliche Erhöhung der Nietzahl erreicht werden kann. Für das ganze Schiff wird zunächst querschiffs eine feststehende Nietanordnung gewählt, und zwar muß dies schon auf dem Büro geschehen, da hierbei die Lage der Decksnähte und Unterzüge sowie Lukenbreiten und evtl. schon festliegende Wandfluchten zu berücksichtigen sind. Ist die Nietteilung einmal festgelegt, so muß die genaue Entfernung aus Mitte Schiff aller übrigen längslaufenden Einbauten, wie Wände und Schächte unter Berücksichtigung der festliegenden Nietlagen gewählt werden. Ferner zwingt aber die Notwendigkeit, die Wände mit zwei Decks zu vernieten und andererseits die Unterzüge in den verschiedenen Decks übereinander zu legen, dazu, die Nieten in allen Decks genau übereinander anzuordnen, auch dann, wenn für dieselben verschieden starke Nieten erforderlich sind. Das bedeutet natürlich, daß in einem Teil der Decks die Nieten enger stehen, als gemäß ihrem Durchmesser nach den Vorschriften erforderlich wäre. In ähnlicher Weise kann man längsschiffs vorgehen, wenn man für die Streckung bei zunehmendem Sprung ein Ausgleichsniet vorsieht, dessen Lage auf einem Stock für möglichst viel Spantfelder festgelegt wird. Die Wahl der festliegenden Nietteilung in der Längsrichtung bedarf jedesmal gründlicher Überlegung und Durcharbeitung, da sie den verschiedensten Nietanforderungen genügen muß: für die Nähte der verschiedenen Decks, für die Topwinkel der Längswände usw. Sie muß aber auch die Nietung der Plattenstöße berücksichtigen und dann noch, wie gesagt, eine Ausgleichsteilung haben, die es ermöglicht, durch Verschiebung des Stockes den Unterschied der in jedem Spantfeld wechselnden gestreckten Spantentfernung auszugleichen. Die Querschiffswände können selbstverständlich auch nicht mehr beliebig angeordnet werden, sondern nur im Einklang mit der feststehenden Nietanordnung. Allgemein gilt übrigens, daß Querwände mit Rücksicht auf einfache und billige Herstellung möglichst auf Spanten liegen sollen. Der Forderung, daß die Nieten im ganzen Schiff genau übereinander liegen sollen, ist nur dann leicht zu genügen, wenn sämtliche Decks auch gleiche Bucht und gleichen Sprung haben. Ist nur die Bucht verschieden, so genügt es noch, für jedes Deck die Nietteilung so festzulegen, daß sie mit den übrigen Nietteilungen harmoniert. Bei verschiedenem Verlauf des Sprunges ist jedoch für das entsprechende abweichende Deck eine Anpassung durch ein Ausgleichsniet, wie bei den übrigen Decks, nicht mehr möglich, sondern es muß, damit die Niete übereinander liegen, für jedes Spantfeld eine besondere Teilung hergestellt werden. Um diese Schwierigkeit zu vermeiden, muß man bei dieser Bauweise also schon dazu übergehen, auch die Lage und den Verlauf der Decks zu normalisieren, indem man ihnen möglichst durchweg keine Bucht und gleichen Sprung gibt bzw. das Schiff für einen großen Bereich sprunglos baut. Mit Hilfe der je nach der Durcharbeitung mehr oder weniger großen Zahl Stöcke wird nun jeder Winkel und jede verschiedene Platte für sich angezeichnet. Diese Arbeit läßt sich allerdings verringern, wenn man möglichst viele Platten genau gleich macht, z. B. bei den Decks, bei der Tankdecke und beim Boden. Auch bei der Außenhaut kann dieser Vorteil erreicht werden, wenn ein Teil des Schiffes sprunglos ist oder wenigstens ein Teil der Gänge und natürlich auch der Decks in diesem Bereich ohne Sprung ausgeführt wird. Auch hier zeigt sich aber wieder, daß die Vorteile zum Teil nur durch schwerwiegende Bindungen in bezug auf die Gesamtanordnung des Schiffes erreicht werden können. Dadurch, daß beim reinen Stocksystem die Schnürbodenarbeit mehr ins Bureau verlegt wird, wo die Nietung festgelegt wird, sind viele Detail-Zeichnungen erforderlich; beim Bau von Fahrgastschiffen sind diese Zeichnungen von großem Wert für die andern Büros, für die Auszeichnung der Einrichtungen, elektrischen Leitungen, von Lüftungsanlagen, Heizungen usw. Bei dieser Baumethode können viele Leute im Betriebe gleichzeitig beschäftigt, und die Bauzeit gekürzt werden. Der Zeitgewinn im Betrieb ist wertvoller als der zusätzliche Zeitaufwand im Büro. Die Akkorde werden klein und sind genau zu berechnen, es ist aber ein großes Akkordbüro erforderlich.

Vergleicht man die zuletzt beschriebene Methode mit dem gemischten Schnürboden- und Zulagesystem, so ist ein Urteil darüber, welcher Methode der Vorzug zu geben ist, nicht allgemein, sondern nur von Fall zu Fall möglich, da die Verhältnisse auf jeder Werft verschieden sind. Außerordentlich viel hängt im Einzelfalle vom richtigen Handhaben der Methoden ab, was von ausschlaggebendem Einfluß für den Erfolg ist. Das Anzeichnen nur nach Stöcken hat jedenfalls neben den Vorteilen, die zu seiner Einführung auf verschiedenen Werften geführt haben, auch manche Schattenseiten. Die vom Büro zu erledigenden Arbeiten sind sehr umfangreich und fordern demgemäß ein größeres Personal als sonst, sowohl für die Ausarbeitung der sehr detaillierten Werkstattzeichnungen als auch für die zusätzlichen mit dem System verbundenen Aufgaben. Desgleichen ist die Schnürbodenarbeit um ein Vielfaches größer als auf den Werften mit Zulagen. Was die Anzeichenarbeiten anbetrifft, so fällt zwar die Schiffbauarbeit, das Zulegen, fort, ebenso wie das Auslegen des Plattenmaterials; aber die eigentliche Anzeichenarbeit wird nur dann geringer, wenn man die angedeutete mit dem System gegebene Möglichkeit ausnützen kann, eine Reihe von Bauteilen ganz identisch auszuführen, so daß sie nur einmal anzuzeichnen sind; andernfalls kann sie zum Teil eher größer sein, da z. B. für jede anzuzeichnende Platte eines Decks die Spantteilung neu abzusetzen und anzureißen ist, während dies beim zugelegten Deck auf einmal für sämtliche Gänge geschieht. Auf die ferner mit in den Kauf zu nehmende Mehrnietung ist schon hingewiesen worden. Sie kann evtl. durch besondere Vereinbarung mit der Klassifikationsgesellschaft über die zu wählenden Nietdurchmesser- und Abstände eingeschränkt werden, ist aber auch dann noch bis zu einem gewissen Grade unvermeidlich, sobald man die Vorteile der Methode durch systematische Nieteinteilung ausnützen will.

Wie gleichfalls schon gesagt, liegt bei konsequenter Durchführung der reinen Schnürbodenbauweise ferner die Notwendigkeit vor, eine Reihe von Beschränkungen bei der Einteilung des Schiffes zu berücksichtigen. Endlich darf nicht vergessen werden, daß, da jeder Einzelteil für sich angezeichnet wird, im Betrieb ein Überblick und damit eine Kontrolle vielfach erst beim Zusammenbau möglich ist. Somit ist aber die Gefahr viel größer, daß etwa vom Büro oder vom Schnürboden gemachte Fehler sich erst herausstellen, wenn das Material ganz bearbeitet ist, so daß man gezwungen sein kann, einzelne Platten oder Profile zu verwerfen. Diese Gefahr besteht besonders dann, wenn während der Bearbeitung Änderungen in der Einrichtung und Anordnung des Schiffes zu berücksichtigen sind, wie dies besonders bei Fahrgastschiffen häufig vorkommt.

Trotz dieser Nachteile ist aber die beschriebene Anzeichenmethode doch auf verschiedenen Werften eingeführt und sie hat sich auch für die besonderen Verhältnisse der betreffenden Werften bewährt, nachdem die Kinderkrankheiten überstanden waren.

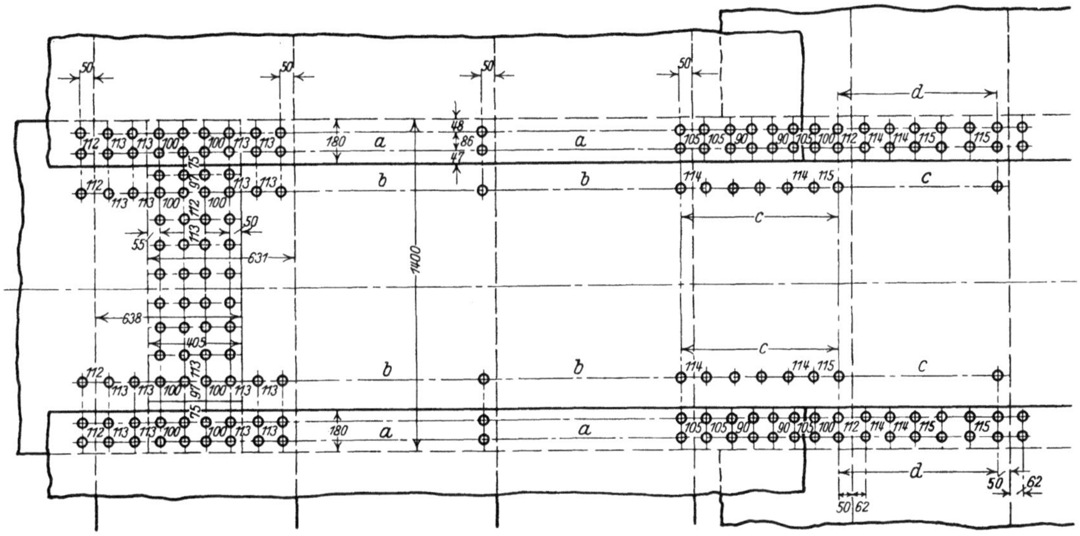

Abb. 665.

Anders liegt es aber mit den Bestrebungen, rein fabrikmäßige Systeme einzuführen, wie z. B. besonders während des Krieges in Amerika und kurz nach demselben in Deutschland auf der Deutschen Werft. Hierbei wurde zunächst versucht, die Arbeiten am Schiffrumpf auf der Werft möglichst nur auf den Zusammenbau zu beschränken und den größten Teil des Materials fix und fertig bearbeitet und zum Teil schon zusammengenietet zu beziehen. Dieses ist nur dann möglich, wenn für jeden einzelnen Bauteil mit Ausnahme der ganz identischen eine bis zum letzten Detail ausgearbeitete und dimensionierte Skizze im großen Maßstabe etwa 1 : 10, vorliegt, und zwar, sobald die Platten nicht ganz symmetrisch sind, auch gesondert für beide Schiffseiten. Da trotzdem die üblichen Zusammenstellungszeichnungen im kleineren Maßstabe als Grundlage nicht umgangen werden können und sorgfältigst aufgestellte Stücklisten erforderlich sind, wächst die Büroarbeit auf ein Vielfaches der sonst notwendigen und das in solchem Maße, daß es keinesfalls mehr angängig ist, hier das Schlagwort von der „nichtskostenden Büroarbeit“ gelten zu lassen.

Ein Teil einer solchen ausführlichen Bearbeitungszeichnung ist zur Erläuterung in Abb. 665 wiedergegeben. Einzeln dimensioniert werden die äußeren Abmessungen, die Ausschärfungen usw. sowie alle unregelmäßigen Niete. Die regelmäßigen Nietungen werden gruppenweise zusammengefaßt, wobei jede Gruppe sich über eine Spantentfernung erstreckt. Die Verteilung der Nieten in jeder einzelnen Gruppe ist aus den Zeichnungen beigefügten Nietungslisten (Additionslisten) zu ersehen. Einen Teil einer solchen Nietungsliste sowie einen Auszug aus einer Stückliste zeigen die Abb. 666 und 667. Diese Abbildungen geben ein Bild davon, wie umfangreich die Büroarbeiten bei dieser Arbeitsmethode werden. Viele Angaben wiederholen sich auf der Zeichnung, der Stückliste und den dazugehörigen Nietlisten. Dies gibt die Möglichkeit einer mehrfachen Kontrolle; aber anderseits liegt erfahrungsgemäß auch die Gefahr nahe, daß diese Angaben zum Teil nicht übereinstimmen. Hieraus können sich dann Fehler bei der Bearbeitung ergeben, die evtl. zur Verwerfung des Materials führen können. Wenn sich solche Fehler erst auf der Werft herausstellen, können wesentliche Verzögerungen daraus entstehen, soweit nicht Ersatzteile aus einem hierfür erforderlichen umfangreichen Lager entnommen werden können.

Gruppe *a*		Gruppe *c*	
108	108	114	114
,,	216	,,	228
,,	324	,,	342
,,	432	,,	456
,,	540	,,	570
,,	648	115	685
,,	756		
,,	864	**Gruppe *d***	
Gruppe *b*		112	112
123	123	114	226
,,	246	,,	340
,,	369	115	455
,,	492	,,	570
,,	615	,,	685

Abb. 666.

Als einer der Hauptvorteile der Methode wird neben der Ersparnis des zweimaligen Transports des Schrottgewichtes, dessen Bedeutung jedoch nicht überschätzt werden darf, der Umstand genannt, daß man nicht nach dem Kolonnensystem mit hochqualifizierten Kolonnenführern zu arbeiten braucht, sondern das Material nach den Detailzeichnungen,

Gegenstand	Stück-zeichen	Stück-zahl	Länge mm	Quer-schnitt mm/mm	Gewicht pro Einheit	Gewicht pro Stück	Gewicht Ins-gesamt	Bestellung		
					Übertrag:		*10917 kg*			
Flachkielbleche	*A 6*	*2*	*(8344)*	*1400/25,5*	*qm 200,17*	*2338,3*	*4677*	*2*	*8390*	*A 6*
					Zu übertragen		*15594*			

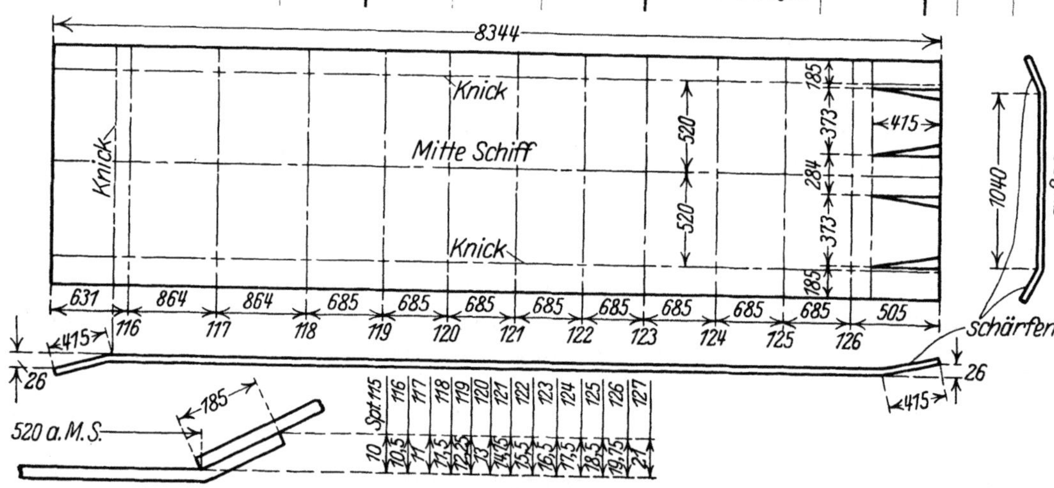

Abb. 667.

Stück- und Additionslisten durch angelernte Arbeiter anzeichnen lassen kann. Die getrennte Vergebung jedes Stückes an einzelne Arbeiter gibt die Möglichkeit einer scharfen

Kalkulation und genauen Kontrolle der ganz kurzen Akkorde; aber sie bedingt auch besondere Büros für die Vorbereitung und Vergebung dieser Arbeiten, in denen für jedes Stück auf Grund der Stückliste jeder einzelne Bearbeitungsvorgang genau vorgeschrieben wird.

Anderseits wirkt aber die Methode auch bei der Ausführung der Arbeiten in mancher Hinsicht eher verteuernd als verbilligend. So müssen z. B. jedes Mann- oder Luftloch, jeder Schrägschnitt bei Profilen und manche andere Details nach den Zeichnungsangaben genau angerissen werden, während sie sonst durch den die Arbeit ausführenden Schiffbauer nach einer allgemeinen Zeichnungsangabe angezeichnet werden, wobei es nicht auf Präzisionsarbeit ankommt.

Weitere Schwierigkeiten haben sich daraus ergeben, daß das fertigbearbeitete Material beim Transport erklärlicherweise zum Teil sehr empfindlich ist. Z. B. werden die Platten leicht in den Nietreihen verbogen oder gebogene Teile geknickt und es ist dann sehr schwierig, wenn nicht unmöglich, diese Teile wieder so herzurichten, daß sie für den exakten Zusammenbau noch passen. Große Bedeutung haben bei räumlicher Entfernung eine exakte Regelung der Reihenfolge und des Zeitpunktes des Eintreffens des bearbeiteten Materials auf der Werft, da einerseits Stockung beim Zusammenbau, anderseits aber zu große Anhäufung von noch nicht verwendbaren zum Teil schwierig zu lagernden bearbeiteten Teilen auf der Werft vermieden werden muß. Dies bedingt wieder auf dem Walzwerk und auf der Werft Terminbüros. Überhaupt ist es eine bedenkliche Seite der ganzen Bauweise, daß die mit ihr verbundene Organisation teilweise zur Überorganisation führt.

Es erscheint somit verständlich, daß z. B. die Deutsche Werft nach Ausbau ihrer eigenen Werkstätten von dieser fabrikmäßigen Bauweise teilweise wieder abgewichen ist bzw. sie sehr eingeschränkt hat. Ursprünglich wurden vom Walzwerk bearbeitet bestellt: Flachkiel, Boden, Außenhaut im geraden Teil, Tankdecke, Decks, Schotte, Aufbauten usw., im ganzen bis zu 60% des gesamten Schiffbaumaterials. Neuerdings hat man aber unter anderm die Aufbauten und die Enden der Decks sowie die Skizzenplatten der Endschotte von der Vorbearbeitung auf dem Walzwerk ausgeschlossen und den also nur noch in Frage kommenden Mittelschiffsbereich auf etwa 40 bis 45% der Länge beschränkt. Aber auch so ist die Methode bei Einzelschiffen teurer als die normale Bauart, so daß sie nur noch für Serienbauten in Frage kommen dürfte.

Wenn also wohl feststeht, daß die rein fabrikmäßige Bauweise im allgemeinen für den Schiffbau nicht zweckmäßig ist, so müssen doch hierbei bestimmte Sonderfälle ausgeschlossen werden, bei denen diese Methode mit Rücksicht auf die besonderen Verhältnisse mit Erfolg angewandt werden kann, und zwar kommen hierfür in Frage der Bau von Docks, Pontons und allen Fahrzeugen, die eine ausgesprochene Kastenform haben, also insbesondere verschiedene der auf Flüssen und Kanälen gebräuchlichen Schiffen. So hat das Lauchhammerwerk Riesa der Mitteldeutschen Stahlwerke A.-G. eine Reihe von Typenschuten ausgearbeitet, für die es das ganze Material einbaubereit an die in Frage kommenden Montagewerften liefert. Das gesamte Plattenmaterial wird hierbei nach Schablonen bearbeitet, die an einem eisernen Modellschiff hergestellt werden. Von anderer Seite ist auch so vorgegangen worden, daß auf dem Schnürboden ein Modellschiff aus Holzspanten erbaut und an diesem die Platten schabloniert wurden. Ein charakteristisches Beispiel für die Massenherstellung bietet die Serie von 350 Penischen, für die das Material von dem Lauchhammer-Werk Riesa montagefertig geliefert wurde.

2. Die Bearbeitung des Materials.

Bei der Bearbeitung der Platten und Profile bis zum Einbau lassen sich zwei Arten von Arbeiten unterscheiden, diejenigen, bei denen das Material nur in eine bestimmte Form gebracht wird, also Richten, Biegen, Schmiegen, Flanschen, Walzen,

Joggeln und Pressen, und dann diejenigen, bei denen ein Teil des Materials entfernt wird, d. h. Schneiden, Brennen, Stanzen, Bohren, Versenken, Hobeln und Ausschärfen. Sowohl zur einen wie zur anderen Gruppe können die Schmiede- und Schweißarbeiten gerechnet werden.

Die dem Lager entnommenen Platten werden zunächst, soweit sie nicht ganz eben sind, in der Richtwalze gerichtet. Dann kommen sie zur Zulage oder Anzeichnerei, je nachdem ob das betreffende Material erst zugelegt oder sofort nach Bordmallen oder Stöcken angezeichnet bzw. von schon gelochten Platten „durchgenagelt" wird. Zum Anzeichnen gehört außer dem Anreißen der evtl. Beschneidekanten, der Nietreihen und einzelnen Nieten, das Ankörnen der letzteren und ferner genaue Bezeichnung der Platte sowie Angaben in Zeichen oder Worten über Nietdurchmesser, zu versenkende Niete, zu hobelnde Kanten, zu joggelnde Nähte und sonst vorzunehmende Arbeiten. Soweit das Material durchgenagelt oder durchgebohrt wird, ist auch noch besondere Bezeichnung der nur für eine Schiffsseite gültigen Niete usw. erforderlich. Nach dem Anzeichnen werden die Platten zum eigentlichen Schiffbauschuppen transportiert, wo sie zunächst gelocht und nach Bedarf beschnitten werden. Unbedingt erforderlich ist hierbei eine gute und leichte Führung der im Krahn aufgehängten Platte, damit die Löcher genau gestanzt werden. Das Lochen und Beschneiden kann wesentlich vereinfacht werden, wenn im Bureau darauf geachtet wird, daß so wenig wie möglich verschiedene Nietdurchmesser für jeden einzelnen Bauteil in Frage kommen, so daß die Verzögerungen durch das Umsetzen der Matrizen und Stempel eingeschränkt bzw. vermieden werden, und wenn anderseits das Material, wo angängig, genau auf Maß bestellt wird, so daß möglichst wenig Kanten zu beschneiden sind.

Rechteckige und ebene bzw. zylindrische Platten werden unter Zugrundelegung der Schnürbodenaufmaße mit einer Zugabe von 5 bis 10 mm in der Breite und bis zu 20 mm in der Länge bestellt, wobei bei dicken Platten für jede Joggelung ein weiterer Zuschlag von einigen Millimeter, evtl. bis zu einer halben Plattendicke, hinzukommt. Für die Bestellung der Außenhautplatten wird ein Halbmodell im Maßstabe 1:50 oder 1:25 angefertigt und hieraus die Plattenabmessungen entnommen, wobei die Breiten an Hand der Schnürbodenaufmaße kontrolliert werden. Sobald die Platten gekrümmt sind, oder sonst unregelmäßige Form haben, muß man größere Zugaben machen und die Platten nach dem Anzeichnen beschneiden. Dies gilt natürlich insbesondere bei allen Platten mit krummen Kanten und bei allen nach Schablonen anzuzeichnenden Platten. Hierin liegt also ein weiterer Nachteil der älteren Bauweise nur nach Bordschablonen.

Beim Stanzen der Löcher werden diese konisch und sie erhalten an der Austrittsseite, besonders wenn die Matrizen schon zu groß sind, einen gewissen Grat. Man muß deshalb nach den Vorschriften der Klassifikationsgesellschaften von der anliegenden Seite aus lochen, da dann das Loch beim Nieten besser ausgefüllt wird (siehe Abb. 668) und kein Grat an den Anlageflächen vorhanden ist. Um dies durchzuführen, müssen die Platten auch von der anliegenden Seite, bei Decks also von unten, angezeichnet und evtl. gewendet werden. Der Grat an der Außenseite fällt überall dort, wo versenkte Niete verwendet werden, beim Versenken gleichzeitig fort, sonst muß er besonders entfernt werden.

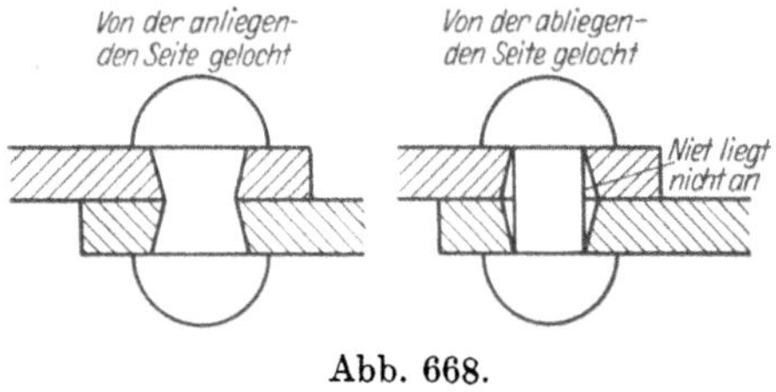

Abb. 668.

Der Lochdurchmesser muß im allgemeinen je nach der Nietgröße um 1 bis 2 mm größer als der in Frage kommende Nietdurchmesser sein. Mit Rücksicht auf die konische Form der gestanzten Löcher müssen die Matrizen noch größer gehalten werden, und zwar bei kleinen Nieten und dünnen Platten um 1 mm, bei mittleren um 2 mm und bei großen um 3 mm. Bei den ganz großen Nieten nimmt man auch manchmal den Matrizendurchmesser nur um etwa 2 mm größer und dann den Stempel um etwa 1 mm kleiner als der

Nietdurchmesser. Nach dem Einbau muß dann das Loch auf die erforderliche Größe aufgerieben werden. In manchen Fällen wird bei sehr sorgfältig auszuführender Nietung verlangt, daß sämtliche Löcher zunächst einen kleineren Durchmesser erhalten und erst an Bord aufgebohrt werden. Dies ist meist bei öldichter Nietung der Fall.

Was das Beschneiden der Platten anbetrifft, so geschieht dies meist von der abliegenden, aber teilweise auch von der anliegenden Seite. Da die Schnittkanten von der Blechschere etwas nach unten gebogen werden, hat die erste Art überall, wo verstemmt werden muß, den großen Vorteil, daß die Stemmkanten nach dem Nieten scharf aufliegen und demnach leichter zu dichten sind, während im zweiten Falle die Plattenkante etwas von der darunter liegenden Platte absteht.

Die gelochte und beschnittene Platte wird vor der weiteren Bearbeitung bei den neueren Bauweisen durchgenagelt, d. h. sie wird als Schablone für das Anzeichnen bzw. Ankörnern der gleichen Platte der anderen Schiffsseite bzw. der entsprechenden Platten von Schwesterschiffen benutzt. Hierbei ist die gelochte Platte so auf die ungelochte zu legen, daß auch diese von der anliegenden Seite angezeichnet und somit gelocht wird. Bei einem Teil der Platten ist es notwendig, die angezeichneten Niete zum Teil auf die andere Seite zu übertragen. Dies geschieht mit dem „Übersetzer", einer aus Stahlblech hergestellten Zange von genügender Tiefe und Weite, um so weit wie erforderlich um die Platte herumgreifen zu können. An dem Ende des einen Schenkels hat der „Übersetzer" ein kleines Loch zum Einstellen und genau gegenüber an dem anderen Schenkel in einem darauf befestigten Körnerhalter geführt, einen Körner, dessen Spitze von unten in die Platte eingeschlagen wird (siehe Abb. 669). Auf den Werften, auf denen noch „getippt" wird, benutzt man für denselben Zweck einen Klemmtipper. Selbstverständlich ist hierbei wie allgemein beim „Tippen" keine große Genauigkeit zu erzielen.

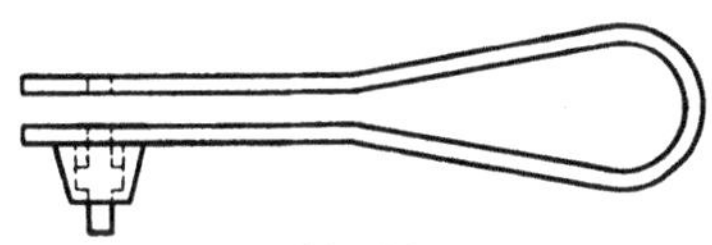
Abb. 669.

Etwas anders gestaltet sich die Bearbeitung, wenn die Löcher nicht gestanzt, sondern gebohrt werden. Diese Bearbeitungsart bietet verschiedene große Vorteile. Einmal ist die Genauigkeit bei der Zentrierung der Löcher viel größer, so daß diese an Bord besser passen, dann wird das Material nicht so ungünstig beansprucht wie beim Stanzen und die Löcher werden zylindrisch statt konisch. Gebohrte Löcher sind infolgedessen kleiner im Durchmesser als gestanzte nach dem Aufreiben. Beim Bohren kann man, wie bei den neueren Bauweisen erwünscht, mehrere Platten zugleich lochen, sei es Steuerbord und Backbordplatte, gleiche Platten für Schwesterschiffe oder auch, wenn nach der Stockmethode mit systematischer Nieteinteilung angezeichnet wird, identische Platten, z. B. des Bodens, der Tankdecke und sprungloser Decks und Außenhautseiten. Man spart hierbei das Anzeichnen oder Durchnageln der Löcher, nicht aber das Markieren der übrigen Bearbeitungsangaben. Wenn die Stärke eines Pakets zu groß wird — etwa über 100 mm bei kleinerem bis höchstens 140 mm bei größerem Nietdurchmesser — muß man dasselbe teilen, wobei eine gebohrte Platte des ersten Stapels als Schablone für die weiteren dient. Eine Rücksichtnahme auf die Seite, von der gebohrt wird, ist hierbei nicht erforderlich, da die Löcher ja zylindrisch sind und der geringe Grat, der insbesondere bei großem Bohrvorschub und vor allem an der unteren Platte entsteht, sehr dünn ist und leicht abgeschabt werden kann. Die Lochleistung, also die Zahl der in gleicher Zeit hergestellten Löcher, ist pro Maschine betrachtet, ungünstiger beim Bohren, auch dann, wenn mehrere Platten zugleich gebohrt werden. Das Bild wird aber ganz anders, wenn man berücksichtigt, daß ein Mann gleichzeitig zwei Bohrmaschinen bedienen kann, während an der Stanze, je nach der Größe der Platten, bis zu vier Mann erforderlich sind. Bei kleineren Platten wird also das Stanzen billiger sein und bei großen Platten das Bohren. Wenn man die Ersparnis an Anzeichnenarbeit und die sich aus der großen Genauigkeit bei der Montage ergebenden Vorteile, insbesondere Ersparnis an Aufreibearbeit mit berücksichtigt, verschiebt sich das Bild weiter zugunsten der Bohrmaschine.

Jedenfalls ist dem Bohren, besonders bei stärkeren Platten, schon mit Rücksicht auf die Form der Löcher der Vorzug zu geben und überall dort, wo es sich um hochbeanspruchte Verbände handelt, oder um solche, an die große Forderungen in bezug auf Dichtigkeit gestellt werden. Bezüglich des Lochens ist noch zu erwähnen, daß der Lochdurchmesser immer größer als das Niet sein muß, und zwar je nach der Nietgröße um 1 bis 2, im Mittel also 1½ mm.

Die beschnittene und gelochte Platte wird, nachdem sie evtl. durchgenagelt worden ist, soweit erforderlich, versenkt, wobei der Arbeiter besonders darauf zu achten hat, daß das Versenk die richtige Tiefe erhält, damit ein guter Sitz der Nieten erzielt wird. Soweit in dieser Hinsicht besonders scharfe Forderungen bestehen, muß deren Innehaltung durch Anschlagvorrichtungen gewährleistet sein, die an der Spindel der Versenkmaschine befestigt werden. Dann werden die Stemmkanten gehobelt, soweit ihr Zustand es erfordern sollte. Im allgemeinen kann der Umfang dieser Arbeit bei sauber beschnittenen Kanten wesentlich eingeschränkt werden, soweit nicht, wie z. B. bei öldichten Teilen, ein Hobeln sämtlicher Stemmkanten durch die Bauvorschriften gefordert wird. Hiernach werden die Platten ausgeschärft und bei gejoggelter Bauart die betreffenden Nähte in der Joggelmaschine bearbeitet. Falls eine solche nicht vorhanden ist, geschieht die Joggelung unter der Presse, doch ist diese Arbeitsweise, bei der nicht fortlaufend, sondern absatzweise gearbeitet wird, viel zeitraubender. Bei dickerem Material und wenn die Joggelung sehr scharf ausgeführt wird, ist an den betreffenden Stellen beim Anzeichnen ein Zuschlag nach Erfahrung vorzusehen, der aber höchstens einige Millimeter beträgt.

Bei einem Teil des Plattenmaterials wie Bodenwrangen, Kimmstützplatten, Seitenträger, Kniee usw. müssen nach dem Lochen und Beschneiden die erforderlichen Erleichterungs-, Luft- und Mannlöcher unter der hydraulischen Presse eingestanzt bzw. soweit es sich um einzelne Löcher in großen Platten oder Öffnungen ungewöhnlicher Form handelt, ausgebrannt werden. Kleinere Luftlöcher wird man, wenn das Material gebohrt wird, auch bohren. Gleichfalls ausgebrannt werden Öffnungen für Pforten usw. in der Außenhaut und Ausschnitte in den Platten, die Luken- oder Niedergangsecken umfassen. Endlich sind Kniee und evtl. auch Seitenträger, Stringer, Rahmenspanten usw. in der Flanschmaschine zu flanschen.

Das so bearbeitete Material verläßt den Schuppen, nachdem etwaigen einfach gekrümmten Platten in der Walze die richtige Form gegeben ist. Als Anhalt hierfür sind Walzschablonen vom Schnürboden anzufertigen, und zwar für jede Platte eine für jedes Ende und, soweit erforderlich, eine dritte in der Mitte. Platten, welche sich nicht mehr abwickeln oder auf den Anzeichenbock legen lassen, müssen unter der Walze einseitig kalt gestreckt bzw. im warmen Zustande bearbeitet werden. Die warme Bearbeitung doppelt gekrümmter Platten kann z. B. so geschehen, daß man denselben erst durch Walzen die erforderliche Querschiffskrümmung gibt und sie dann an den Kanten erwärmt, wobei man gleichzeitig den Rest der Platte durch Wasser abkühlt, so daß eine Ausdehnung der Kanten entsprechend der Erwärmung verhindert wird. Das Material der Kanten staucht sich, anstatt sich auszudehnen und bei der folgenden Abkühlung der ganzen Platte ziehen sich die Kanten zusammen, so daß die Platte doppelt gekrümmt ist. Das Herausarbeiten der doppelten Krümmung kann ferner auch durch Pressen oder Hämmern geschehen; Hämmern ist besonders bei dünnen Platten bis zu 10 mm üblich. Sowohl die Feuerplatten wie die kalt gestreckten Platten dürfen natürlich erst angezeichnet werden, nachdem die Form herausgearbeitet ist. Bei der Bestellung müssen warm zu bearbeitende Platten, ebenso wie übrigens auch zu flanschende Teile besonders bezeichnet werden, da dieses Material den hohen Beanspruchungen bei der Bearbeitung gewachsen sein muß.

Auf manchen Werften wird ein Teil des Plattenmaterials mit Vielfachloch- oder Vielfachbohrmaschinen mit automatischem Vorschub gelocht. In Frage kommen natürlich nur rechteckige Platten und Vorbedingung für eine erfolgreiche Verwendung der Maschinen ist, daß die Nietteilung derart systematisch durchgearbeitet wird, daß mit derselben Anordnung der Stanzen bzw. Bohrspindeln sowohl die Nähte wie die Spant- oder Balkenniete, wie ferner die Stoßniete und evtl. die Niete der Schottwinkel gelocht werden können. Die Durcharbeitung einer solchen Nietteilung stößt je nach den für die betreffenden Verbände vorgeschriebenen Teilungen auf mehr oder weniger große Schwierigkeiten und ist häufig nur unter erheblicher Vergrößerung der gesamten Nietzahl möglich. Evtl. kann sie auch an einzelnen Stellen zu einer mit Rücksicht auf die Festigkeit gefährlichen Abnietung der Platten führen. Da bei den Vielfachbohrmaschinen die Entfernung der einzelnen Spindeln voneinander ein gewisses Mindestmaß nicht unterschreiten kann, ist man bei den engstehenden Nieten, z. B. der Nähte und Stöße gezwungen, in einem zweiten oder weiteren Bohrgang die beim ersten nicht gebohrten Löcher unter Ausnützung des seitlichen Vorschubs zu bohren. Von diesem seitlichen Vorschub kann man auch in den Fällen Verwendung machen, in denen die Teilung der verschiedenen Nietreihen in keinem einfachen Verhältnis zueinander steht. Doch wird hierdurch die Zahl der erforderlichen Bohrgänge und Lehrläufe der Maschine bald so gesteigert, daß die an sich durch die Maschine gegebene Möglichkeit einer Verbilligung nicht mehr zum Tragen kommt. Das Ein- bzw. Ausschalten der zusätzlichen Spindeln geschieht während des Vorschubes. Da letzterer automatisch ist, muß übrigens auch die Nietteilung der Länge nach regelmäßig sein. Wo einzelne ungleiche Teilungen nicht zu umgehen sind, muß der Vorschub vorübergehend von Hand geschehen. Der Vorteil der Bearbeitung mittels Vielfachloch- und Vielfachbohrmaschinen besteht außer in der automatischen genauen Innehaltung der Teilung darin, daß sich das Anzeichnen der betreffenden Platten auf das Aufreißen einer Grundlinie beschränkt. Bezüglich der hierdurch bedingten Mehrarbeit auf dem Büro usw. gilt allerdings in noch stärkerem Maße das, was schon bei der Besprechung der Anzeichnen-Methode nur nach Stöcken mit systematischer Nieteinteilung gesagt ist. In Frage kommt außerdem, wie aus obigem zu ersehen, nur ein ganz beschränkter Teil des Materials. Die Vielfachlochmaschinen haben relativ zu den Vielfachbohrmaschinen noch den Nachteil aller Stanzen in bezug auf die Beschaffenheit des Loches und ferner denjenigen, daß jede Platte einzeln aufzulegen und auszurichten ist. Bei den Vielfachbohrmaschinen wird zum Teil über häufige Bohrerbrüche geklagt. Aus allen diesen Gründen erklärt es sich, daß sich die besprochenen Maschinen nicht allgemein eingeführt haben. Vorteilhaft ist natürlich ihre Verwendung bei bestimmten Sonderbauten, wie Docks, Pontons usw.

Im Gegensatz zu den Platten können die für den Schiffskörper bestimmten Profile und Formeisen nicht gemeinsam sondern nur einzeln angezeichnet und bearbeitet werden. Auch die Reihenfolge der Bearbeitung weicht von derjenigen ab, die für das Plattenmaterial beschrieben wurde. Ein großer Teil des Profilmaterials braucht nicht beschnitten zu werden, da z. B. Spanten, Balken, Schottversteifungen usw. möglichst genau auf Maß bestellt werden. Das dem Lager entnommene Profil muß, soweit es nicht im geraden Zustande verwandt wird, vor dem Anzeichnen, Lochen usw. entsprechend geformt werden. Dies geschieht je nach den Umständen auf warmem oder kaltem Wege. Für die Spanten wurde das Biegen und Schmiegen schon bei der Besprechung der Schnürbodenarbeiten für das gemischte Schnürboden- und Zulagesystem geschildert. Die Balken derjenigen Decks, die mit Balkenbucht ausgeführt sind, müssen gleichfalls gebogen werden, doch geschieht dies auf kaltem Wege durch Pressen nach einer hölzernen Schablone. Die Balken müssen nach den Enden der Decks hin infolge des Sprunges auch Schmiege erhalten. Da diese jedoch für einen großen Teil des Schiffes gering ist, ergeben sich bei der Montage keine Schwierigkeiten, wenn man für den entsprechenden Teil der Balken die Schmiege unberücksichtigt läßt. Nur soweit der nach Erfahrung zulässige Winkel überschritten wird, werden die Balken geschmiegt, und zwar durch Pressen unter der Balkenbiegemaschine in kaltem Zustande. Ein Teil der Profile wie z. B. die

Spanten und Gegenspanten an den Bodenwrangen bei klinkerförmig angeordneter Boden- und Doppelbodenbeplattung muß durchgesetzt werden. Dies Joggeln geschieht gleichfalls kalt unter der Presse. Auf einigen Werften ist es sogar zeitweise üblich gewesen, bei an- und abliegenden Außenhautgängen die Raumspanten durchzusetzen, wie dies in England noch vielfach üblich ist. Die Bearbeitung aller Dichtungswinkel, sowie der Fuß- und Toppwinkel von Häusern usw., bei denen die Profile nicht nur gebogen, sondern scharf abgeknickt und durchgesetzt werden müssen, kann natürlich nur auf warmem Wege geschehen, und zwar wurden dieselben früher durchweg nach Erwärmung im Kohlenfeuer geschmiedet. Neuerdings werden jedoch in der Winkelschmiede in immer steigendem Maße der Schneidbrenner und die autogene Schweißung angewandt. Erst nachdem den Profilen unter Verwendung der auf dem Schnürboden auf der Zulage oder an Bord hergestellten Schablonen die richtige Form gegeben ist, können, wie weiter oben schon für die Spanten beschrieben, nach Schablonen, Stöcken oder Zeichnung die erforderlichen Angaben für die weitere Bearbeitung angezeichnet, abgesetzt und angekörnt werden. Dann werden die Profile unter der Winkelschere beschnitten bzw. die zu entfernenden Teile abgebrannt und die Löcher gestanzt und evtl. unter der Versenkbohrmaschine versenkt. Die Dichtungswinkel von Tankschotten müssen evtl. mit Kanten gehobelt werden.

3. Die Montage.

Der Zusammenbau des Materials geschieht bei der älteren Bauweise vollständig auf dem Helgen. Die Spanten werden wie bei der Besprechung jener Methode geschildert unter Verwendung von hölzernen Senten, durch die die Form hergestellt wird, aufgerichtet und eine Stellage rund um das Schiff aufgestellt. Dann werden die nach Bordschablonen hergestellten Platten und Profile einzeln angebracht, angeschraubt und vernietet.

Bei den Zulage-, Stock- und fabrikmäßigen Bauweisen kann hingegen ein Teil des Materials vor der Aufrichtung zusammen genietet werden. Im einzelnen ist die Reihenfolge des Zusammenbaues etwa wie folgt: Nachdem der Flachkiel gestreckt ist, wird der Mittelträger, der meist vorher mit den oberen und unteren Längswinkeln sowie mit den senkrechten Winkeln für die Bodenwrangen vernietet ist, aufgestellt. Diese Vernietung geschieht bei größeren Schiffen meist hydraulisch oder mit dem Preßluftkniehebel. Dann werden die Bodenplatten auf vorläufigen Holzstützen ausgelegt und mit den darüber aufgestellten Bodenwrangen verschraubt. Letztere werden vorher mit den Bodenspanten und Gegenspanten sowie mit den Winkeln für die Seitenträger vernietet. Hierauf wird der ganze Doppelboden montiert und fertig genietet. Wenn der Boden fertig verschraubt ist, wird er nochmals genau ausvisiert, nachgerichtet und sorgfältig abgestützt, ehe mit dem Nieten begonnen wird. Bei dieser Bauweise erübrigen sich die früher üblichen Lehrmalle für den Boden, da die Form desselben durch Mittelträger und Bodenwrangen festgelegt wird; diese Lehrmalle wirkten störend beim Nieten.

Der Aufbau des Schiffsrumpfes beginnt meist mit der Aufstellung der Schotte bis zum untersten Deck, und zwar werden diese je nach ihrer Größe und den zur Verfügung stehenden Kränen erst beim Aufstellen zusammengebaut oder ganz bzw. teilweise vorher zusammengenietet. Grundsatz muß es sein, so große Bauteile, wie die Kräne — gegebenenfalls durch Zusammenkopplung — nur tragen können, in der Halle fertig zusammenzubauen und dann auf der Helling einzubauen. Es ist dies ein wesentlicher Fortschritt der deutschen Bauweise vor der englischen. Vor allem kommt hierdurch die Schiffsform genauer zur Darstellung als beim Zusammenbau der einzelnen Teile auf der Helling. Der Länge nach werden sie zunächst durch Stahldrahttaue verstagt. Nun werden die mit den Kimmstützplatten, Gegenspanten und Balkenknien vernieteten Spanten aufgestellt. Gleichzeitig werden ein Teil der Kimmbeplattung und ein bzw. zwei vollständige Gänge der Außenhaut angebracht und mit den Spanten und den schon aufgestellten

Schotten verschraubt. Hierdurch werden die Spanten der Länge und Höhe nach ausgerichtet, während sie querschiffs bei größerer Entfernung der Schotte voneinander zunächst durch einige Stahldrahttaue verbunden werden, bis die unterste Balkenlage eingebaut ist. Die Raumstützen werden aufgestellt und die zuvor bis auf die Topwinkel vernieteten Unterzüge montiert. Nun können die Balken die Decksbeplattung und in gleicher Weise die oberen Decks sowie ferner die weiteren Außenhautplatten, Einbauten und anderen Bauteile angebracht und vernietet werden. Eine besondere Stellage um das Schiff erübrigt sich im allgemeinen, sie ist nur am Heck und am Steven erforderlich. Im übrigen werden die Kniee nach Abb. 670 zunächst an den Spanten und dann an der Außenhaut in verschiedenen Reihen verschraubt, um als Unterlage für die Stellagebretter zu dienen. Manche Werften haben für Seitenstellagen transportable Aufrichter aus Eisenfachwerk.

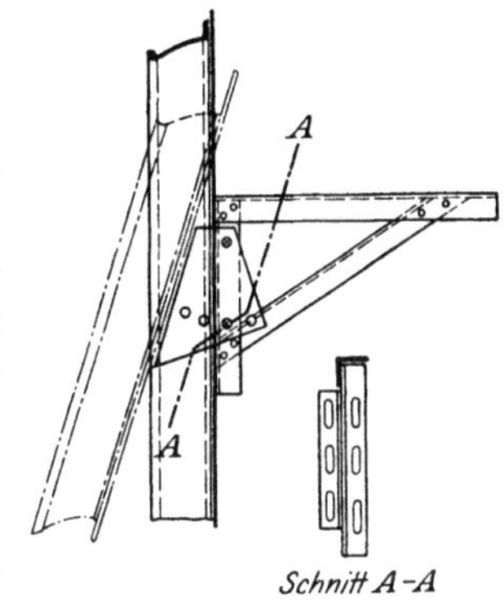

Abb. 670.

Vor dem Nieten müssen etwa nicht genau passende Löcher aufgerieben werden, nötigenfalls auf einen größeren Nietdurchmesser, und zwar geschieht dies meist so, daß sämtliche Löcher der Reihe nach mit der konischen Reibahle aufgerieben werden, wobei der Arbeiter sofort merkt, welche Löcher passen und welche nicht. Besonderes Augenmerk erfordern alle Verbandteile, bei denen Dichtigkeit in Frage kommt. Grundsätzlich soll Eisen auf Eisen gedichtet werden, indem man die Winkel- bzw. Plattenkante nach dem Nieten verstemmt. In besonderen Fällen, so z. B. bei dünnem Material, an unzugänglichen Stellen und an Kreuzungspunkten ist die Dichtigkeit durch Packungen zu gewährleisten, z. B. durch Segeltuch mit Kitt, Drahtgaze mit Mennige oder Dichtungspappe. Hierbei kommt es sehr auf die Güte des Kitts an, der aus Mennige, Bleiweiß und anderen Zutaten hergestellt wird. Gegebenenfalls kann die Dichtung an solchen Stellen, die nicht verstemmt werden können, auch durch Schweißung erzielt werden. Bei weiteren Schwierigkeiten, z. B. wenn die Gefahr vorliegt, daß bei nicht ganz anliegenden Plattenkanten hinter den Stemmwinkeln Kanäle entstehen, durch die das Wasser oder Öl entlang laufen könnte, bleibt die Möglichkeit, mit der sogenannten Kittspritze Dichtungskitt einzuführen, doch ist die Verwendung dieser Spritze auf das allernotwendigste zu beschränken.

Was die Reihenfolge des Aufbaus betrifft, so ist dieselbe im großen und ganzen durch die Art der Montage gegeben. Immerhin bedingen manche Rücksichten, wie z. B. auf verspätetes Eintreffen einzelner Teile oder etwa der Wunsch, die durch Wasserdruck zu prüfenden Bereiche beschleunigt fertigzustellen, manchmal Abweichungen von der auf der betreffenden Werft üblichen Reihenfolge. Allgemein gilt, daß diejenigen Werften, die nach der Schabloniermethode oder nach dem Zulagesystem arbeiten, mehr oder weniger gleichmäßig von unten nach oben aufbauen, während die Werften, die auf das Stocksystem oder auf fabrikmäßige Bauweise eingestellt sind, bei denen also die einzelnen Bauteile in beliebiger Reihenfolge fertiggestellt werden können, vielfach einzelne Teile des Schiffes — etwa den Mittelbereich — ganz aufbauen und dann erst die Enden montieren. Es gilt aber auch für die Montage, was bezüglich des Anzeichnens und der Bearbeitung gesagt wurde, daß nämlich jede Werft ihre sich aus speziellen Gründen ergebenden besonderen Methoden hat, die sich nicht ohne weiteres auf andere Werften übertragen lassen.

Besondere Methoden kommen natürlich auch für manche Sonderschiffe bzw. Sonderbauarten in Frage. Dies gilt z. B. auch für Schiffe, die nach dem Längsspantensystem gebaut werden, hier vor allem für Tankschiffe. Dieser Schiffstyp, der auch schon im Büro, auf dem Schnürboden und in den Werkstätten besonders sorgfältige Vorarbeit erfordert, damit bei der Ausführung die notwendige Dichtigkeit überall erzielt wird, bedingt auch auf dem Helgen eine z. T. abweichende Reihenfolge und Art des Aufbaues. Dies gilt insbesondere von dem eigentlichen Tankbereich, der meist früher als die Schiffsenden montiert wird. Es sei hier deshalb noch kurz auf diese Montage eingegangen.

Nachdem der Kiel gestreckt ist, wird zunächst die Bodenbeplattung verlegt. Darauf folgen die Bodenlängsspanten, die mit den Platten verschraubt werden. Nunmehr wird — bei der normalen Tankerart mit einem Mittellängsschott und Sommertanks — der unterste Teil des Mittellängsschottes montiert, und gleichzeitig müssen die für den jeweiligen Bereich in Frage kommenden Querschotte und Querrahmen der einen Schiffsseite aufgestellt werden. Die Querrahmen werden vor der Montage zusammengebaut, desgleichen die Querschotte, soweit mit Rücksicht auf die Hubkraft der zur Verfügung stehenden Krane möglich. Anschließend wird das Längsschott mit seinen Längsversteifungen fertig montiert, worauf die Querschotte und Rahmen der anderen Schiffsseite angebaut werden. Der Boden ist während der Montage genau auszurichten.

Weiter werden der Reihe nach die zusammengehörigen Längsspanten und Platten der Außenhaut angebracht, und zwar zunächst bis zum Deck, das den Boden der Sommertanks bildet. Anschließend werden die Balken und Platten dieses Decks verlegt. Dann folgen die Rahmen des Expansionsschachtes, dessen Längsschotte und die Querrahmen, Querschotte und Schlagplatten in den Sommertanks. Nachdem diese eingesetzt sind, können die Längsspanten bzw. -balken sowie die Beplattung der restlichen Außenhaut und des Oberdecks angebracht werden.

Mit größter Sorgfalt ist bei Tankschiffen die Niet- und Stemmarbeit mit Rücksicht auf die hohen Dichtigkeitsanforderungen auszuführen, nachdem vorher die Löcher aufgerieben bzw. die nicht gut passenden auf einen größeren Durchmesser aufgebohrt sind. Dabei ist die Dichtigkeit im Prinzip durch „Eisen auf Eisen" ohne Packungen zu erzielen. Allerdings ist diese Vorschrift nicht unbedingt überall durchführbar, da an einzelnen besonders schwierigen Stellen, wie z. B. gewissen Schottecken, die erforderliche Dichtigkeit der einzelnen Tanks gegeneinander nur mittels einer Packung erreichbar ist.

Den Abschluß der Montage des Tankbereiches von Tankschiffen bildet die Erprobung der einzelnen öldichten Abteilungen. Diese Arbeit kommt allerdings auch bei anderen Schiffen für die Doppelbodentanks und Picks, sowie evtl. für Ölbunker und Hochtanks in Frage, doch ist der Umfang dieser Proben selbstverständlich bei Tankschiffen ganz wesentlich größer, und es sei deshalb an dieser Stelle abschließend kurz darauf eingegangen. Für die Druckproben, bei denen jede einzelne Tankabteilung der Reihe nach mit Wasser ganz gefüllt werden muß, sind ganz erhebliche Wassermengen erforderlich, z. T. über 1000 Tonnen pro Tank. Ein aufgesetztes Rohr von passender Höhe mit einem Trichter wird gefüllt, um die erforderliche Druckhöhe zu erzielen, und zwar läßt man, um einen Druckabfall durch Leckagen zu verhüten, das Wasser während der Proben dauernd überlaufen. Bei diesen Dichtigkeitsproben ist jedes Schott erst von der Versteifungsseite und dann von der Stemmseite aus zu drücken.

VI. Die Verbindung der Bauteile.

1. Das Vernieten der Bauteile.

a) Allgemeine Grundsätze des Vernietens. Die Vernietung der einzelnen Verbandteile des Schiffes ist für die Festigkeit des Schiffskörpers von ausschlaggebender Bedeutung. Die theoretische Berechnung der Vernietung bildet einen Teil der Mechanik, deshalb sei hier nicht näher darauf eingegangen, zumal nach ungezählten praktischen Versuchen die Klassifikationsgesellschaften heute mit wenig Ausnahmen zu gleichen oder wenigstens annähernd gleichen Vorschriften gekommen sind. Für die Vernietung im Schiffbau sind indessen nicht nur die auf Grund der Gesetze der Mechanik errechneten Beanspruchungen für die Festigkeit maßgebend, sondern auch die Rücksicht auf Dichtigkeit. Wollte man die Vernietung genau theoretisch gliedern, so müßte man Festigkeits- und Dichtigkeitsnietung unterscheiden. Letzere würden wieder in wasserdichte, öldichte und gasdichte Nietung zerfallen müssen. Da aber bei vielen Verbandteilen, z. B. der Tankdecke des Doppelbodens oder bei den Verbänden der Tankschiffe, sowohl die Bedingungen der Festigkeit als auch der Dichtigkeit in Frage kommen, so würde eine rein theoretische Berechnung der Nietung für jeden Verbandteil gesondert ausgeführt werden müssen. Es kommt noch hinzu, daß bei manchen Schiffen und bei manchen Teilen von Verbänden, besonders, wo es sich um gefährliche oder leicht verderbliche Ladung handelt, der Einfluß der Versicherungsgesellschaften sich geltend gemacht hat und stärkere Vernietung gefordert wird, als theoretisch berechnet erforderlich wäre.

Im folgenden ist daher die Vernietung so dargestellt, wie sie heute im Handelsschiffbau erforderlich und üblich ist. Wo Abweichungen von den Ergebnissen theoretischer Berechnung vorkommen, ist auf diese hingewiesen.

Von grundlegender Bedeutung für die Vernietung im Schiffbau ist die Art der Bearbeitung des Materials. Nehmen wir für das heutige Schiffbaumaterial eine gleichmäßige Beschaffenheit bezüglich Festigkeit und Dehnung an, so ergibt sich durch die Bearbeitung des Materials durch Schneiden mit der Blechschere und durch das Lochen mit der Lochstanze an den bearbeiteten Stellen eine Verschlechterung des Materials, auf welche bei der Vernietung grundlegend Rücksicht genommen werden muß. Durch das Schneiden mit der Blechschere, wobei die Schneide durch das kalte Material gepreßt wird, erfährt die Platte bzw. der Profilstahl eine Bearbeitung, welche das Material in der Nähe der Schnittfläche verändert; es wird auf einige Millimeter je nach der Dicke der Platte härter und brüchig. Man hat früher geglaubt, es seien feine Risse, welche beim Durchpressen der Schneide in der Nähe der Schnittfläche entstehen. Dies ist aber nicht zutreffend, sondern die Verschlechterung ist lediglich auf die rohe Bearbeitungsweise zurückzuführen. Ähnlich wie der Draht beim Kaltziehen durch die Zieheisen hart und spröde wird, so wird das Material durch die kalte Bearbeitung unter der Schere in der Qualität verändert. Wo an Stelle der großen Blechschere die Säge tritt, also eine weniger grobe Bearbeitung, zeigt sich die Verschlechterung des Materials in der Schnittzone nicht. Der Beweis, daß lediglich die grobe Bearbeitung im kalten Zustand das Material verschlechtert, ergibt sich daraus, daß durch Ausglühen der Platten die schlechte Zone an der Schnittkante verschwindet. Man kann nun nicht alle Schiffbauplatten ausglühen, ganz abgesehen davon, daß sich dann die Festigkeitseigenschaften ändern würden, und so muß man hierauf bei der Vernietung der Platten Rücksicht nehmen, oder die durch das Schneiden unter der Schere entstandene schlechte Zone durch eine weniger rauhe Behandlung, wie Hobeln oder Wegkreuzen, entfernen.

Nach den allgemein gültigen Grundsätzen der Vernietung muß neben dem Nietloch noch mindestens ein Streifen gleich dem Nietdurchmesser volles Material stehenbleiben. Wo die Plattenkanten nicht nachgearbeitet sind, muß man daher einen etwas größeren Randstreifen stehenlassen; man setzt dann die Nietmitten nicht $1^1/_2$ Durchmesser sondern $1^3/_4$ Nietdurchmesser vom Rand. Bei einreihigen Nietverbindungen geht man, wie wir nachher sehen werden, noch weiter. Allzu gefährlich ist die Randzone aber nicht, da dort, wo Nähte und Stöße verstemmt werden, wieder eine Bearbeitung des Materials einsetzt, welches die Randzone verbessert. Die modernen großen Tafelscheren geben so glatte Schnitte und greifen das Material auch lange nicht mehr in dem Maße an, wie die früher üblichen, so daß sich ein Hobeln der Plattenkanten, welches die Klassifikationsgesellschaften sonst für die Außenhaut allgemein fordern, erübrigt.

Wie die Veränderung des Materials durch die Schere, so ist auch die Verschlechterung des Materials durch die Nietlochstanzen auf die Art und Anordnung der Vernietung von Einfluß. Genau wie beim Schneiden der Platten unter der Schere entsteht beim Lochen der Platten durch die Lochstanze in der Nähe des Nietlochs eine ringförmige Zone von $1^1/_2$ bis 3 mm je nach Dicke der Platte bzw. je nach dem Durchmesser des Nietlochs, welche brüchig und hart ist. Die Ursachen sind dieselben, und die Mittel zur Beseitigung dieselben wie beim Schneiden der Platten. Glüht man die Platte aus, so verschwindet die Verschlechterung in der Nähe des Nietlochs. Eine wirksame Entfernung der schlechten Zone wird durch Aufbohren oder Aufreiben des Nietlochs auf einen größeren Durchmesser erreicht. Die schlechten Eigenschaften der Randzone um das Nietloch fallen zum größten Teil da weg, wo das Nietloch versenkt wird. Eine gewisse Verbesserung des Materials wird auch durch die Erhitzung der Randzone beim Schlagen des glühenden Niets und durch die Bearbeitung der Platte beim Bilden des Schließkopfs erreicht. Es ist nun das Nietloch, welches durch die Lochstanze entsteht, nicht zylindrisch, sondern von der Druckfläche nach außen gehend konisch. Es müssen deshalb alle Platten beim Vernieten immer mit der Bearbeitungsseite aufeinander liegen, weil dabei die Nietdurchmesser nach außen größer sind und die Platten fester zusammengepreßt werden. Die meisten Schiffsklassifikationsgesellschaften tragen dieser konischen Form des Nietlochs durch die Form des Niets Rechnung, wie wir nachher sehen werden. Die beste Nietverbindung wird erreicht, wenn man die Nietlöcher entweder um einige Millimeter enger stanzt und dann auf den richtigen Nietdurchmesser aufbohrt oder die Nietlöcher überhaupt nur bohrt. Mit den heute üblichen Vielfach-Bohrmaschinen und der Paketbearbeitung, bei welcher bis zu 6 bis 8 Platten gleichzeitig gebohrt werden können, ist eine Verteuerung der Lochung der Platten durch Bohren nicht mehr vorhanden. Gleichviel nun, ob gebohrt oder gestanzt, ob einzeln oder in Paketen gebohrt, ist aber immer der Grat beim Nietloch, der auch beim festen Aufeinanderpressen bei der Paketarbeit nicht ganz zu vermeiden ist, zu entfernen, damit die Nietköpfe fest auf der Platte bzw. dem Winkel aufliegen können.

b) Die Form der Schiffbauniete. Für den deutschen Handelsschiffbau sind drei Arten von Nieten durch den Handelsschiff-Normenausschuß zur Zeit festgelegt. Das Einheitskopfniet für Schiffbau (früher Flachkopfniet, Abb. 671), das Schellkopfniet (Abb. 672) und das Einheitsversenkniet (Abb. 673) für Schiffbau. Bis zu dieser Festlegung der Niete gab es noch eine Reihe anderer Nietformen, die zum Teil auch heute noch Verwendung finden, obwohl der Germanische Lloyd in seinen Bauvorschriften die Bestimmung hat, daß die Form der Nietköpfe den vom Handelsschiff-Normenausschuß aufgegebenen Normen entsprechen muß. Lloyds Register und die meisten anderen Klassifikations-

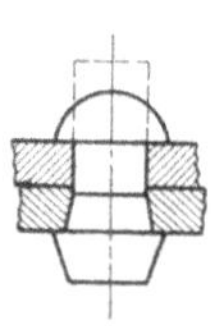
Abb. 671.

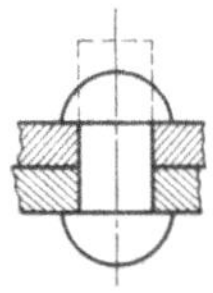
Abb. 672.

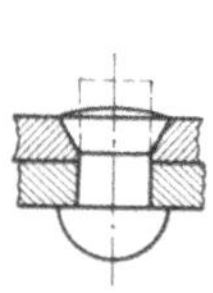
Abb. 673.

gesellschaften haben nur **eine** Form des Nietes und diese ist, wie wir weiter sehen werden, von der deutschen Form erheblich abweichend.

Bis zur Zeit der Normung der Schiffbauniete hatte man das Schellkopfniet mit halbkugelförmigem Kopf, dessen Höhe über der Platte bzw. dem Winkel etwa 1 bis $1^1/_2$ mm geringer war als der Kugelradius, das Flachkopfniet (Abb. 671) ähnlich dem heutigen Einheitskopfniet, das Versenkkopfniet (Abb. 673), das Spitzkopfniet (Abb. 674) und das Stöpselkopfniet (Abb. 675). Die Durchmesser des Nietschaftes stiegen in Stufen von 2 mm, und zwar immer gerade Zahlen, also 10, 12, 14 usw. Durchmesser, ohne die sonst übliche Rücksicht auf die englischen Zollmaße. Alle Niete über 16 mm Durchmesser mußten unter dem Kopf eine konische Anschwellung haben, ähnlich wie sie heute die englischen Einheitsniete haben. (Abb. 671, 674 und 676.)

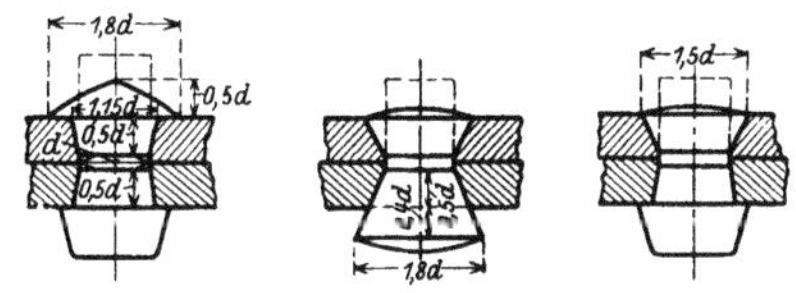

Abb. 674. Abb. 675. Abb. 676.

Das Schellkopfniet hat auch heute noch die ursprüngliche Form, nur daß die Schaftdurchmesser anders gestuft sind, d. h. um 3 mm (rund $^1/_8''$), so daß sie mit den englischen Nieten in Übereinstimmung sind.

Das Flachkopfniet hatte eine vom heutigen Einheitsniet verschiedene Form, wie aus den Abb. 677 bis 682 hervorgeht. Die obere Fläche hatte einen 3 bis 6 mm größeren Durchmesser als der Nietschaft, während er bei den heutigen Einheitsnieten und auch beim englischen Einheitsniet gleich dem Schaftdurchmesser ist, der Durchmesser der unteren Fläche des Kopfes war 1,7 × Schaftdurchmesser (Abb. 682), also ungefähr gleich dem heutigen Einheitsniet, während das englische Einheitsniet (Abb. 683 bis 687) nur 1,6 × Schaftdurchmesser hat. Das letztere hat also eine geringere Auflagefläche des Nietkopfes auf der Platte bzw. dem Profil (siehe Abb. 683 bis 687). Die Auflagefläche des Einheitskopfniets (Abb. 689 bis 696) ist um etliche Prozent geringer als beim Schellkopfniet nach H.N.A.-Normen. Siehe Vergleichsskizze Abb. 688. Der Querschnitt des Flachkopfes ist eine Trapezfläche, welche die Schnittfläche des Schellkopfes umschließt. In ihrer Wirkung sind also beide wohl als gleich anzusprechen. (Siehe Abb. 688.) — Die Versenkniete waren bis in die allerneueste Zeit ständigem Wechsel unterworfen. Das Versenken der Platten war in erster Linie, wie an anderer Stelle gezeigt, durch die Verschlechterung der Ringzone um das Nietloch beim Ausstanzen des Nietlochs bedingt. Der Germanische Lloyd hatte bis zur Aufstellung der Einheitsversenkniete für Schiffbau für das Versenk eine bestimmte Formel. Der obere Durchmesser betrug 1,5 d und die Tiefe des Versenks 0,5 d, der Zuschärfungswinkel φ betrug also in allen Fällen 45^0,

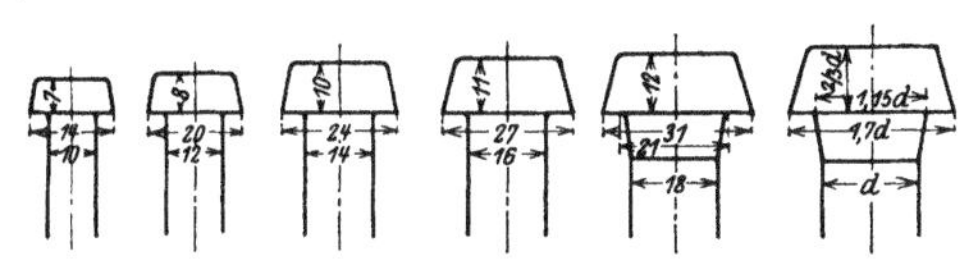

Abb. 677 bis 682.

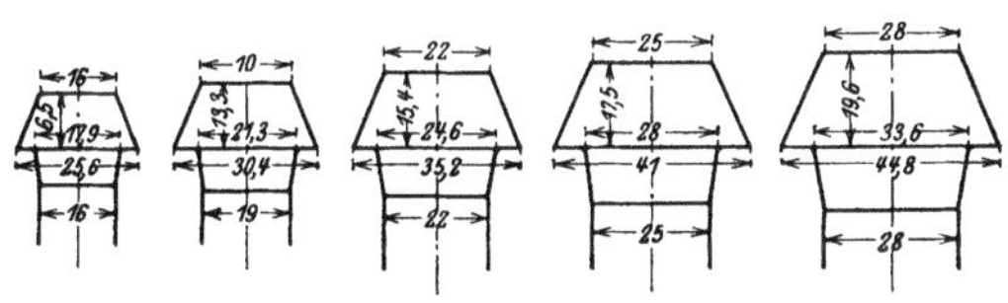

Abb. 683 bis 687.

Abb. 688.

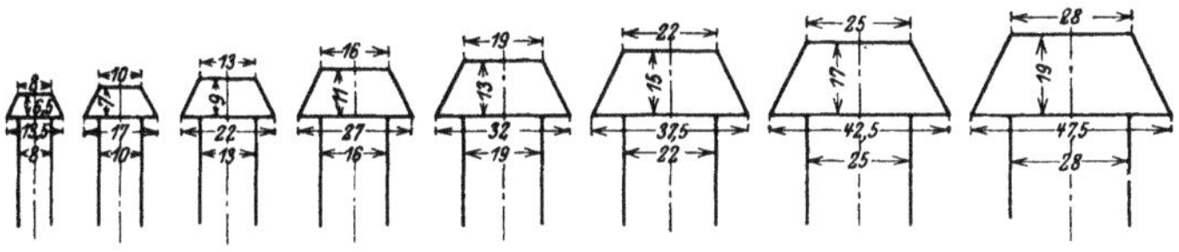

Abb. 689 bis 696.

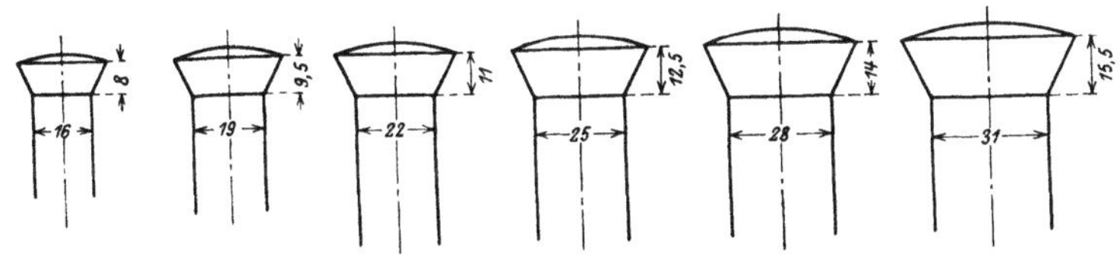

Abb. 697 bis 702.

(Abb. 697 bis 702). Versenkte Niete werden heute in der Außenhaut, den Wetterdecks, dem Innenboden und den Schotten der Piektanks und Tieftanks vorgeschrieben. Das Versenk reicht nach den englischen Klassifikationsgesellschaften bei Platten bis zu 12,5 mm Dicke durch die ganze Plattendicke bzw. Winkeldicke (früher bis 15 mm), über diese Dicke hinaus beträgt das Versenk $^9/_{10}$ der Plattendicke. Die Größe des Versenks war bis vor kurzem von Lloyds Register für jeden Nietdurchmesser verschieden vorgeschrieben. Bei $^5/_8''$ (15,9 mm) Nieten war der obere Durchmesser 1″ (25,4 mm), der untere $^{11}/_{16}''$ (30,2 mm) und der untere 20,6 mm, bei $^7/_8''$ (22,2 mm) Nieten der obere Durchmesser $1^3/_8$ (34,9 mm), der untere $^{15}/_{16}''$ (23,8 mm). Der untere Durchmesser war konstant $^1/_{16}'' = 1{,}6$ mm größer als der Nietdurchmesser. Der obere Durchmesser des Versenks war bei 1″ (25,4 mm) Nieten $1^9/_{16}''$ (39,7 mm), bei $1^1/_8''$ (28,6 mm) Nieten $1^3/_4''$ (44,5 mm) und bei $1^1/_4''$ 31,8 mm) Nieten $1^6/_{16}''$ (49,2 mm). Diese Vorschriften, welche noch bis 1922 bestanden, genau zu befolgen, war für die Schiffswerften nicht gut möglich, denn man hätte für jede Plattendicke für jeden Nietdurchmesser besondere Versenke haben müssen.

Im Jahre 1922 wurde dann die Vorschrift über das Versenken der Nietlöcher dahin vereinfacht, daß nur 2 Versenkwinkel zur Anwendung kommen sollten, einer für Plattendicken bis zu $^1/_2''$ (12,7 mm) und ein kleinerer für Platten von größerer Dicke. Zur Zeit schreibt Lloyds Register vor, daß der Versenkwinkel für Platten deren Dicke $^1/_2''$ (12,7 mm) nicht übersteigt, ungefähr 60° sein soll, der für dickere Platten ungefähr 45°. In den jetzigen Vorschriften des Germanischen Lloyd heißt es nur, daß die Versenkniete den Vorschriften der Handelsschiffsnormalien entsprechen sollen. In diesen ist der Versenkwinkel nach dem Nietdurchmesser geregelt, und zwar beträgt derselbe bei 16 mm Nietdurchmesser und darunter 75°, bei 19 bis 25 mm 60° und bei 28 mm Durchmesser und darüber 45°. In Abb. 697 bis 702 sind die bis zur Einführung der Nietformen des Handelsschiff-Normenausschusses nach den Vorschriften des Germanischen Lloyd üblichen Versenknieten im Vergleich mit den Einheitsversenknieten dargestellt. Abb. 703 bis 708 geben die Einheitsversenknieten nach H.N.A.

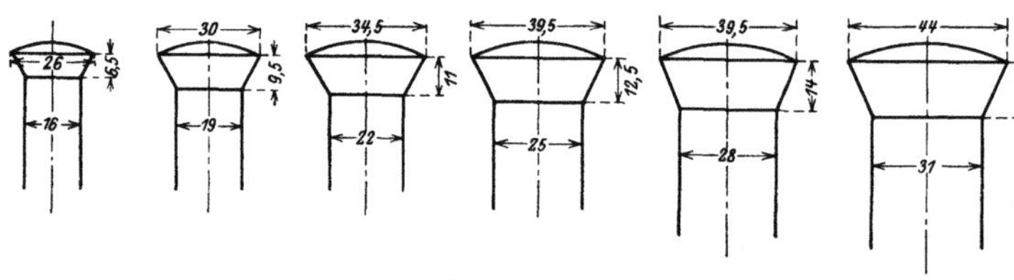

Abb. 703 bis 708.

Außer den in den Handelsschiffnormen angegebenen drei Formen der Flachkopf-, Schellkopf- und Versenkniete sind bis heute auch noch die Spitzkopfniete hier und da im Gebrauch. Die Form des Spitzkopfnietes (Pointhead) geht aus Abb. 674 hervor. Der Kopf hatte einen ganz erheblich größeren unteren Durchmesser als die Schellkopf- und die Flachkopfniete, nämlich $1{,}8\,d$, die Kopfhöhe betrug $0{,}5\ d$. Das Spitzkopfniet wird heute vom Germanischen Lloyd zurückgewiesen. Von den Nietformen vor Einführung der H.N.A.-Einheitsnieten wäre noch das Stöpselkopfniet (Plughead) zu erwähnen (siehe Abb. 675), welches zu Anfang dieses Jahrhunderts vielfach im Tankschiffbau verwendet wurde. Heutzutage wird es nicht mehr verwendet. Die heutige Form der Tankniete geht aus Abb. 709 hervor.

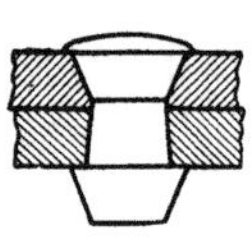

Abb. 709.

Verschieden von den zur Zeit geltenden H.N.A.-Nietformen ist die Form des englischen Schiffbaueinheitsniets (siehe Abb. 683 bis 687). Der untere Kopfdurchmesser ist 2 bis 3 mm geringer als bei dem deutschen Einheitsniet. Der obere Kopfdurchmesser ist wie beim deutschen Einheitsniet gleich dem Nietdurchmesser, auch die Kopfhöhe ist annähernd dieselbe, wie beim deutschen Niet. Der markanteste Unterschied des englischen Niets vom deutschen liegt jedoch in der konischen Anschwellung des Nietschaftes unter dem Nietkopf. Diese Anschwellung hat unter dem Nietkopf einen Durchmesser von 1,12 *d* und beginnt etwa 0,4 *d* unter dem Nietkopf. Der Zweck dieser Form ist, das Niet mehr der durch das Ausstanzen der Nietlöcher entstehenden konischen Form des Nietlochs anzupassen. Wenn also in Deutschland Schiffe nach den Vorschriften von Lloyds Register gebaut werden, dürfen deutsche Niete nach den H.N.A.-Normen nur verwendet werden, wenn die Nietlöcher gebohrt werden. Bis zum Jahr 1910 hatte der Germanische Lloyd die Vorschrift, daß alle Niete über 16 mm Durchmesser diese Anschwellung unter dem Kopf haben mußten. Unter dem Kopf gibt man dem Niet meist eine geringe Abrundung, welche jedoch nicht über 0,05 *d* betragen soll.

c) **Art der Vernietung.** Wir haben im vorhergehenden die Form der Nietköpfe und der Versenke ausführlich erörtert, weil von derselben die Zahl und der Abstand der Niete beeinflußt wird.

Für den Abstand der Mitte des Nietlochs vom Rande gilt als kleinstes Maß der 1,5fache Nietdurchmesser nach den Vorschriften des Germanischen Lloyd. Berücksichtigt man aber, daß die Plattenkanten infolge der harten Bearbeitung durch die Schere auf einige Millimeter vom Rande einen schlechten Streifen aufweisen, so nimmt man besser als Abstand der äußersten Nietreihe $1^3/_4$ Nietdurchmesser. Lloyds Register nimmt in seinen Niettabellen ebenfalls einen größeren Abstand von der Plattenkante als $1^1/_2\,d$ an, obwohl die Vorschrift nur lautet, daß der Abstand von der Mitte des Nietlochs bis zur Kante einer Platte, eines Stoßblechs, eines Überlapps oder eines Winkelprofils nicht kleiner sein darf als $1^1/_2$ Nietdurchmesser. Es soll neben dem Niet ein Streifen vollen Materials von mindestens Nietbreite bleiben. Bei Winkelprofilen, bei denen also die Enden der Schenkel abgerundet sind, bleibt infolgedessen kein voller Plattenstreifen von Nietdurchmesser. In den Skizzen der Stoßvernietung ist daher meist der Abstand der äußersten Nietreihe von der Plattenkante mit 1,75 *d* angegeben. Bei einfach genieteten Nähten muß der Abstand von der Plattenkante mindestens 1,75 *d* betragen, d. h. die Breite der Überlappung 3,5 *d*.

Die Art der Vernietung richtet sich jetzt allgemein nach der Plattendicke unter Berücksichtigung der Lage und Beanspruchung des betreffenden Verbandteils im Schiff, sowie ob es sich lediglich um Kraftnietung oder um wasser- bzw. öldichte Nietung handelt. Es hat lange Jahre gedauert, bis die Klassifikationsgesellschaften sich zu diesem Standpunkt durchgerungen haben. Früher wurde die Art der Vernietung häufig nach den Leitzahlen für die Verbände und ohne Rücksicht auf die Dicke der Platte sowie ihre Beanspruchung bestimmt. Auch heute ist der Endzweck, daß die gesamte Scheerfestigkeit der Nieten gleich der Zugfestigkeit der gelochten Platte sein soll, nicht überall erreicht.

Der Nietdurchmesser richtet sich nach der Plattendicke, und in den Niettabellen des Germanischen Lloyd bezeichnet der Nietdurchmesser immer den Nietdurchmesser vor der Verwendung des Niets. In den H.N.A.-Normalien ist der Durchmesser der Nenndurchmesser, also des geschlagenen Niets. Der Durchmesser des Nieteisens ist für 10 und 13 mm Nenndurchmesser rund 0,25 mm, für 16 mm rund 0,5 mm und über 16 mm rund 1 mm kleiner als der Nenndurchmesser.

Nach den deutschen Industrienormen sind für die Halbrundniete (Schellkopfniete) die Rohnietdurchmesser, also die Nenndurchmesser für Hersteller und Besteller 10, 13, 16, 19, 22, 25, 28, 31, 34, 37, 40 und 43 mm, die Durchmesser für das geschlagene Niet, also die für die Berechnung maßgebenden Lochdurchmesser dagegen je 1 mm größer, also 11, 14, 17, 20 usw.

Die Länge der zu schlagenden Niete richtet sich nach der Gesamtdicke der zu vernietenden Platten bzw. Profile, in den deutschen Industrienormen mit „Klemmlänge" bezeichnet und nach der Form des Schließkopfs, ob er Halbrundkopf, Senkkopf, Linsensenkkopf oder Spitzkopf werden soll. Je größer die Klemmlänge, d. h. die Länge zwischen Setzkopf und Schließkopf, desto größer muß das Niet wegen der größeren Zusammenziehung gewählt werden. Ferner braucht der Halbrundkopf (Schellkopf) mehr Material, also Schaftlänge, als der Senkkopf und der Linsensenkkopf sowie der Spitzkopf.

Eine brauchbare Tabelle VI der erforderlichen Nietlängen für die verschiedenen Plattendicken ist bei den Abb. 710 bis 720 gegeben. Die deutschen Industrienormen geben für Halbrundniete für den Eisenbau etwas andere Werte an, welche sich meist auf Ma-

Tabelle VI. Bestimmung von Nietlängen.

Plattendicke Nach Germ.	Nietdurchm. Lloyd	Art der Nietung	Nietdurchmesser	Zugabe für Nietlängen: Schellkopf	Versenkkopf: Versenkwinkel	Versenkkopf	Versenktiefe	Spitzkopf
3					Versenkwinkel und Versenktiefe			
bis	10		10	17	75°	8	3	12
4,5		2 Dicken 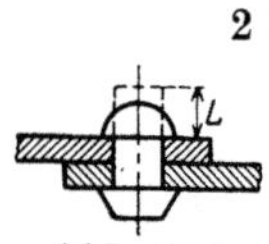 Abb. 710.	13	20	75°	10	4,5	14
5		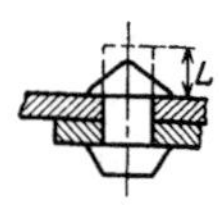 Abb. 711.	16	24	75°	13	6,5	17
bis	13	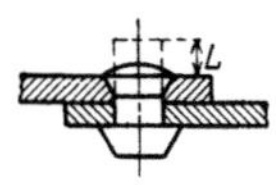 Abb. 712.	19	27	60°	16	9,5	21
6,5			22	30	60°	20	11	24
7		Werden, z. B. bei Bodenwrangen, die Spitzkopfniete mit der Presse gedrückt, so sind die angegebenen Zugaben um 5 mm zu erhöhen.	25	35	45°	20	12,5	28
bis	16		28	40	45°	22	14	32
8,5			31	43	45°	24	15,5	36
9		3 Dicken						
bis	19	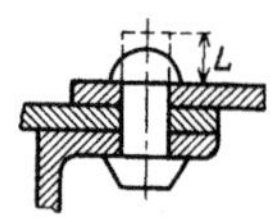 Abb. 713.	10	20		11		15
12,5			13	23		13		17
13		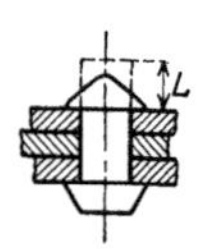 Abb. 714.	16	27		16		20
bis	22		19	30		19		24
16,5		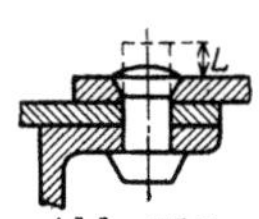 Abb. 715.	22	33		23		27
17			25	38		23		31
bis	25		28	43		25		35
22,5			31	46		27		39
23		4 Dicken						
bis	28	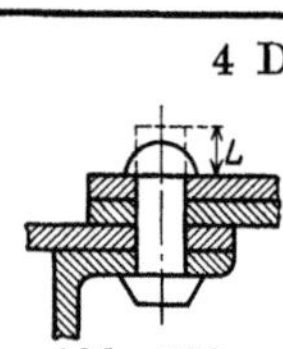 Abb. 716.	10	23		14		18
27,5			13	26		16		20
28		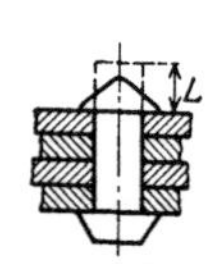 Abb. 717.	16	30		19		23
bis	31		19	33		22		27
30,5		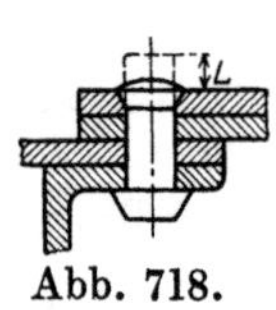 Abb. 718.	22	36		26		30
31			25	41		26		34
bis	34		28	46		28		38
34			31	49		30		42

Art des Versenkes und der Nietung.

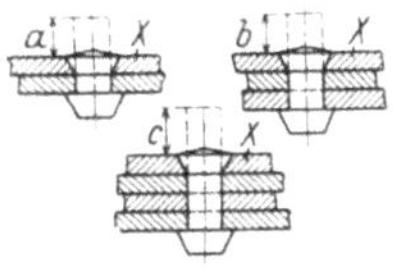

Abb. 719.
Nietdurchm. 16 und 19 mm. Versenk durch volle Platte. Versenkwinkel 60°.

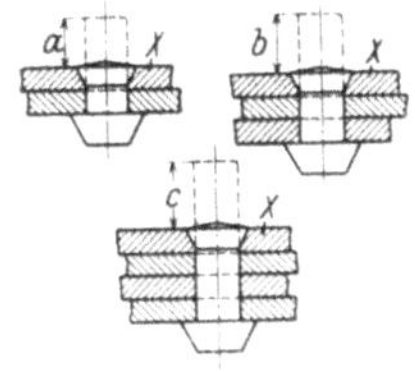

Abb. 720.
Nietdurchm. 22, 25, 28 und 31 mm. Versenk durch 9/10 der Platte, Versenkwinkel 45°.

Tabelle VII.
Plattenstärken und Nietdurchmesser nach British Lloyd 1929/30.

Nietdurchmesser		Plattenstärken	
5/7″	(16)	— ·36	(— 9,1)
3/4″	(19)	·36— ·50	(9,1—12,7)
7/8″	(22)	·50— ·72	(12,7—18,3)
1 ″	(25)	·72— ·94	(18,3—23,9)
1 1/8″	(29)	·94—1·14	(23,9—29,0)
1 1/4″	(32)	1·14—1·26	(29,0—32,0)

Plattenstärke mm	Nietdurchmesser	Zugabe für Schließkopf			Plattenstärke mm	Nietdurchmesser	Zugabe für Schließkopf		
		a	*b*	*c*			*a*	*b*	*c*
7	16	13	15	17	20	25	28	32	36
8	16	15	17	19	21	25	29	33	37
9	16	17	19	21	22	25	30	34	38
9	19	16	18	20	23	25	32	36	40
10	19	17	19	21	24	25	34	38	42
11	19	19	21	23	24	28	34	38	42
12	19	20	22	24	25	28	36	40	44
13	19	22	24	26	26	28	38	42	46
13	22	19	22	25	27	28	39	43	47
14	22	20	23	26	28	28	40	44	48
15	22	21	24	27	29	28	42	46	50
16	22	22	25	28	29	31	40	45	50
17	22	23	26	29	30	31	42	47	52
18	22	24	27	30	31	31	43	48	53
18	25	24	28	32	32	31	45	50	55
19	25	26	30	34					

schinennietung gründen. Bei Vernietung von drei oder mehr Dicken werden die in den Dinormen angegebenen Längen zu klein, sie gelten eigentlich nur für zwei Dicken. Sind drei Platten- bzw. Profilstärken zusammenzunieten, so nimmt man das Niet ca. 3 mm länger als wenn zwei Teile von der gleichen Gesamtdicke zusammenzunieten wären. Bei vier Dicken schlägt man weitere 3 mm zu.

Die Wahl des Nietdurchmessers ist bei Verbindung zweier gleicher Plattendicken einfach. Sollen Platten und Profile von ungleicher Dicke verbunden werden, so ist nach den Vorschriften des Germanischen Lloyd der Durchmesser der Niete nach der größeren Dicke, der Abstand der Niete und die Anzahl der Nietreihen nach der mittleren Dicke zu bestimmen. Für die Nähte und Stöße der Außenhaut sowie der Decks ist die größere Dicke auch für den Abstand der Niete und die Zahl der Nietreihen maßgebend. Ausgenommen hiervon ist die Vernietung der für Eis verstärkten Außenhaut. Bei Vernietung des Schanzkleides mit dem Scheergang läßt sich die vorgenannte Regel nicht durchführen. Bei einer Scheergangsdicke von 28 mm würde man bei einer Dicke des Schanzkleides von 7,5 mm Niete von 31 mm Durchmesser erhalten. Man bestimmt in diesem Falle den Nietdurchmesser nach der geringeren Dicke und erhält 16 mm. In der Verbindung des Scheergangs mit dem Schanzkleid treten normalerweise keine großen Spannungen auf, ist letzteres aber doch der Fall, wie an den Enden von Aufbauten, wo die Spannung vom Aufbaudeck auf das darunterliegende Deck übergeht, so wird die Vernietung der verstärkten Schanzkleidplatten nach der größeren Dicke bestimmt.

Auch in einer ganzen Reihe anderer Fälle richtet sich der Nietdurchmesser nicht nach der größeren Dicke, so z. B. bei der Vernietung der schweren Raumspanten mit den Kimmstützplatten, sowie bei einigen anderen Verbänden des Doppelbodens, ferner bei der Vernietung der Balkenkniee. Ähnliche Vorschriften hat Lloyds Register. British

Corporation bestimmt den Nietdurchmesser bei verschiedenen Plattendicken auch nach der größeren Dicke mit Ausnahme der Längsnähte, wo die geringere Dicke maßgebend ist, was eine dichtere Nietung ergibt. Bei Rahmenwinkeln, welche also Schotte mit der Außenhaut, dem Doppelboden oder den Decks verbinden u. dgl., richtet sich bei British Corporation der Nietdurchmesser nach der geringeren Dicke, ob dies nun die Platte oder der Winkel ist. Es geschieht dies auch, um durch die geringeren Nietdurchmesser eine engere Nietung zu erzielen.

Bei der Verbindung von Platten durch einfache oder doppelte Stoßbleche richtet sich der Nietdurchmesser stets nach der zu laschenden Plattendicke. Einen Ausnahmefall bildet noch die Verbindung der Spanten mit der Außenhaut, wenn letztere infolge größerer Spantentfernung dicker gewählt werden muß. Die Nietdurchmesser brauchen dann nicht größer genommen zu werden als bei normaler Spantentfernung und entsprechend geringerer Plattendicke erforderlich gewesen wäre.

Kehren wir zur Anordnung der Niete zurück, so haben wir gesehen, daß der Abstand der Nietmitten von der Kante nicht mehr als $1^1/_2$ Nietdurchmesser betragen soll, bei einfach genieteten Nähten muß er dagegen nach den Vorschriften des Germanischen Lloyd mindestens $1^3/_4$ Nietdurchmesser betragen und bei einfach genieteten Stößen auf zwei Nietdurchmesser vergrößert werden. Lloyds Register schreibt in letzterem Falle auch eine Breite der Überlappung von rund $4\,d$ vor, was einen Abstand der Nietreihe von $2\,d$ ergibt, desgleichen schreibt Lloyds Register bei einfach genieteten Nähten eine Überlappungsbreite von rund $3^1/_2$ vor, welches einem Abstand der Nietmitten von $1^3/_4\,d$ entspricht.

Bei der zweireihigen Nietung unterscheidet man Kettennietung, Zickzacknietung und versetzte Nietung. Bei der Kettennietung soll der Abstand der parallelen Nietreihen nicht kleiner als $3\,d$ und bei überlappten Stößen nicht kleiner als 3,5 Nietdurchmesser sein. Bei regulärer Zickzacknietung schreibt der Germanische Lloyd eine Mindestentfernung der parallelen Mittellinien der Nietreihen voneinander von $2{,}5\,d$ vor. Diese ist aber vielfach bei den für die Nietdurchmesser vorgeschriebenen Schenkelbreiten der Winkel nicht zu halten, und man ist dann gezwungen, zur versetzten Nietung überzugehen, d. h. also einer Art Zickzacknietung, bei welcher die parallelen Nietreihen näher zusammenstehen als $2^1/_2\,d$. Diese Vernietungen spielen namentlich bei der Verbindung von Platten und Winkeln eine Rolle. Während man früher für die Verbindung der Platten durch Winkel letzteren vielfach Abmessungen gab, welche weit über das Maß hinausgingen, welches für die Vernietung nötig war, hat man heute allgemein die Breite der Winkelschenkel auf das unbedingt für die Vernietung erforderliche Mindestmaß beschränkt. Lloyd's Register hat eine allgemeine Regel, daß für Verbindungswinkel die Breite der Schenkel bei einem Nietdurchmesser bis zu 22 mm nicht weniger als $4\,d$ und bei Nieten von 25 mm und darüber nicht weniger als $3{,}5\,d$ sein soll.

Der Germanische Lloyd hat in seinen neuen Bauvorschriften eine Tabelle aufgestellt, welche dieser Regel entspricht.

Für 13	mm	Nietdurchmesser	50	mm	Schenkelbreite
„ 16	„	„	65	„	„
„ 19	„	„	75	„	„
„ 22	„	„	90	„	„
„ 25	„	„	90	„	„
„ 28	„	„	100	„	„
„ 31	„	„	110	„	„
„ 34	„	„	120	„	„

Würde man nun für Zickzacknietung und Kettennietung die genauen Abstände der parallelen Nietreihen nach den Vorschriften des Germanischen Lloyd annehmen, so kämen nicht unerheblich größere Schenkelbreiten heraus, als bei den übrigen Klassifikationsgesellschaften gefordert wird. Denn bei der Nietanordnung muß vor allen Dingen darauf Rücksicht genommen werden, daß der Nietkopf auch völlig fest aufzuliegen kommt, das Niet muß also so weit vom Rande entfernt sitzen, daß nicht nur der Nietkopf sondern auch der Döpper zur Herstellung des Schließkopfes noch auf den flachen Teil des Winkelprofils zu liegen kommt. In den Abb. 721 bis 738 sind die üblichen Vernietungsarten der Winkel für die Nietdurchmesser von 16 bis 31 mm und unter Angabe der dafür erforderlichen Schenkelbreiten der Winkel angegeben.

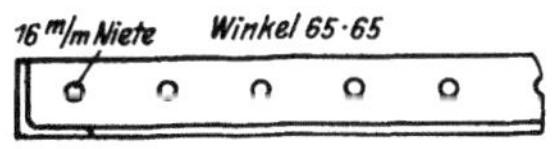

Abb. 721.

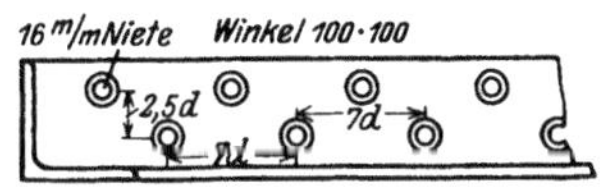

Abb. 722.

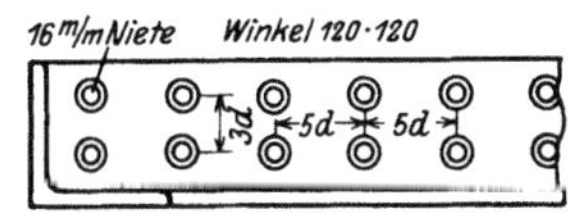

Abb. 723.

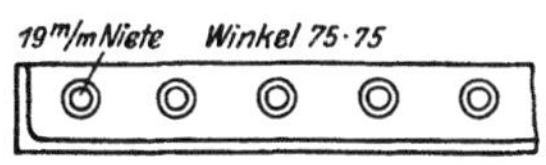

Abb. 724.

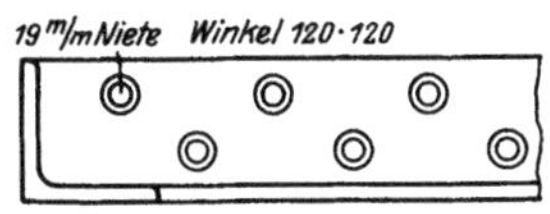

Abb. 725.

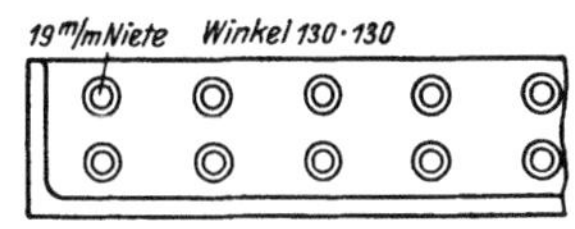

Abb. 726.

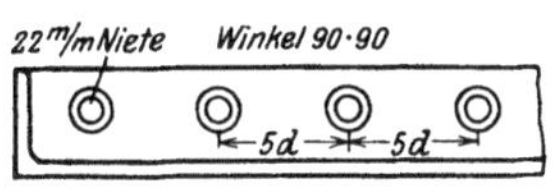

Abb. 727.

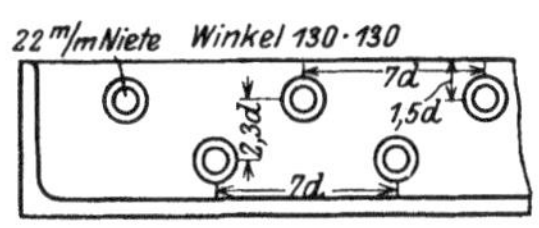

Abb. 728.

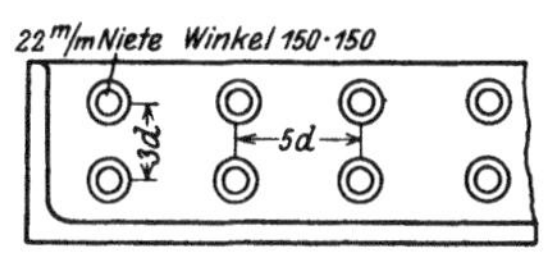

Abb. 729.

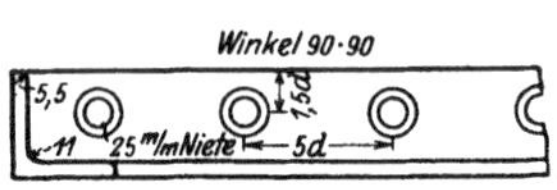

Abb. 730.

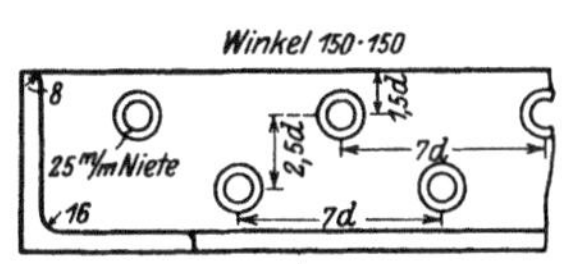

Abb. 731.

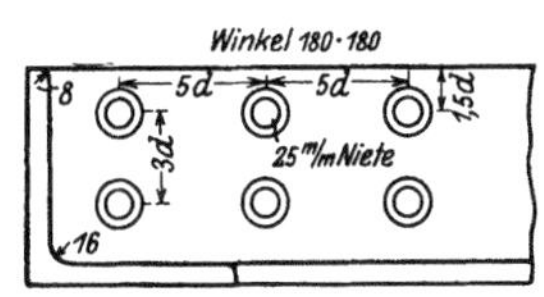

Abb. 732.

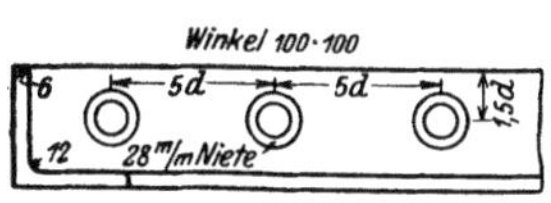

Abb. 733.

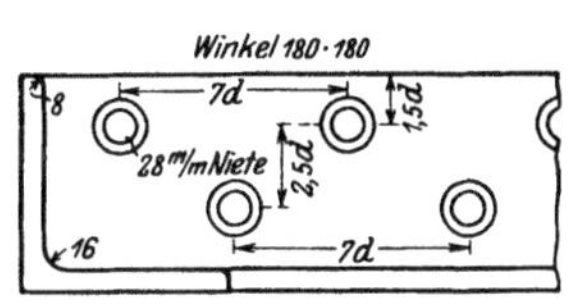

Abb. 734.

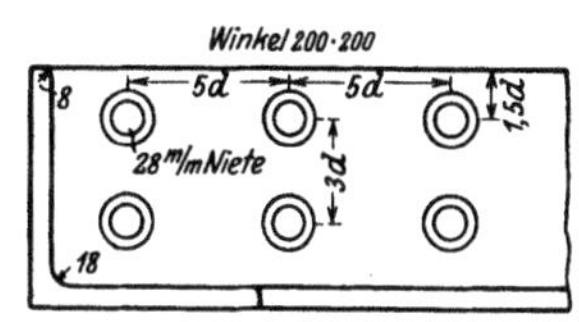

Abb. 735.

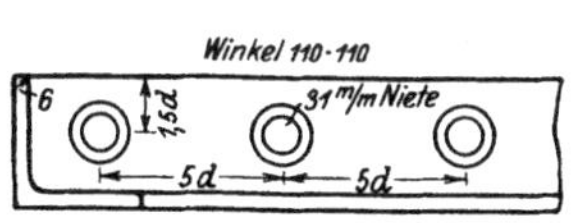

Abb. 736.

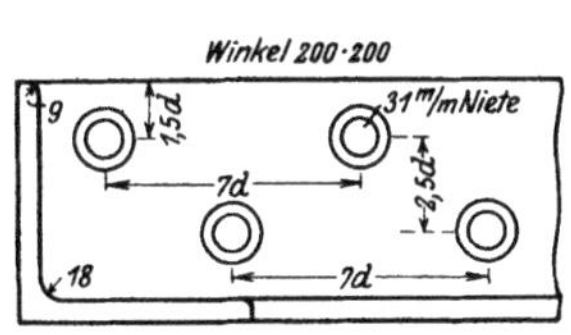

Abb. 737.

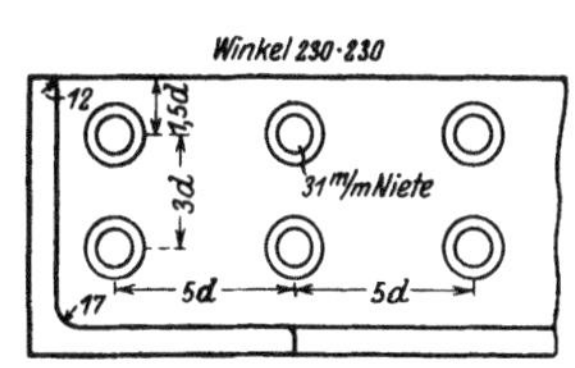

Abb. 738.

Für Zickzacknietung sind für die einzelnen Nietdurchmesser die folgenden Schenkelbreiten üblich:

16 mm	Nietdurchmesser	Winkel	100 × 100
19 ,,	,,	,,	120 × 120
22 ,,	,,	,,	130 × 130
25 ,,	,,	,,	150 × 150
28 ,,	,,	,,	180 × 180
31 ,,	,,	,,	200 × 200
35 ,,	,,	,,	200 × 200

Für Kettennietung verwendet man die folgenden Profile:

16 mm	Nietdurchmesser	Winkel	120 × 120
19 „	„	„	130 × 130
22 „	„	„	150 × 150
25 „	„	„	180 × 180
28 „	„	„	200 × 200
31 „	„	„	230 × 230
35 „	„	„	230 × 230

Die beiden letztgenannten Profile sind englische Profile 9 × 9″ und werden in Deutschland nicht gewalzt.

Abb. 739 bis 743 geben eine versetzte öldichte Nietung wieder, wie sie bei Petroleumtankschiffen bei den Flachkielwinkeln, einfachen Schottspanten usw. üblich ist. Hier wird der Abstand der parallelen Nietreihen erheblich kleiner als 2,5 *d*, er wird bei dem Nietdurchmesser von 31 mm nur mehr gleich 1,5 *d*.

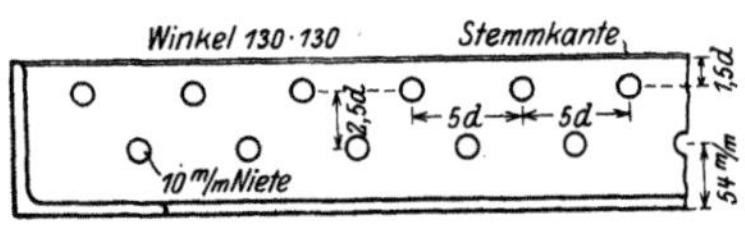

Abb. 739.

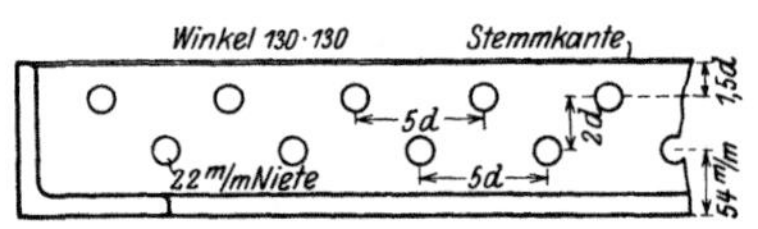

Abb. 740.

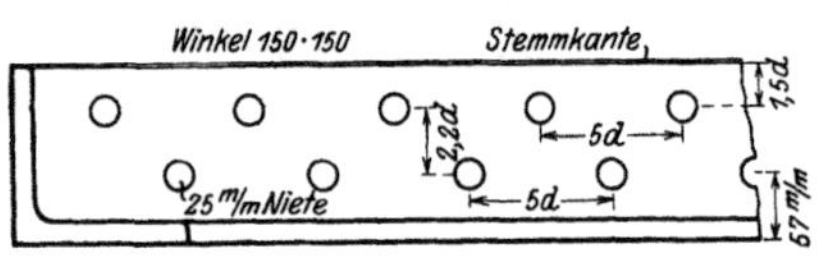

Abb. 741.

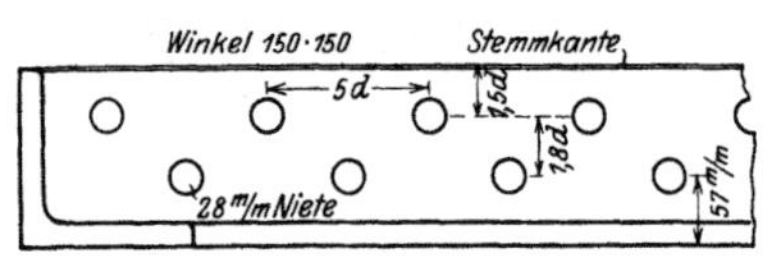

Abb. 742.

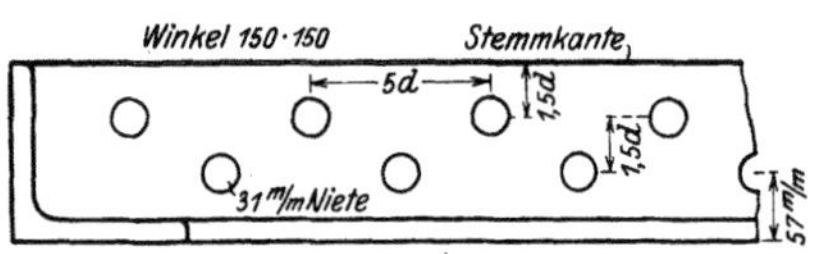

Abb. 743.

d) Winkelverbindungen. Die Winkelstöße wurden früher alle gelascht, was begreiflich ist, wenn man berücksichtigt, daß die Winkel meist als Träger beansprucht wurden und nicht, wie heute, fast ausschließlich zur Verbindung von Plattenkonstruktionen dienten. Zumeist wurden die Winkel durch Stoßwinkel (Bosompieces), d. h. Winkelstücke mit abgerundetem Nacken, welche in der Innenseite des Winkels angebracht waren, verlascht. Nun gilt als Grundsatz, daß der Querschnitt der Lasche nicht geringer sein soll als der Querschnitt im gelochten Blech, d. h. die Zahl der Niete, welche das Laschstück mit jeder Hälfte verbindet, soll einen solchen Querschnitt haben, daß ihr Gesamtquerschnitt oder richtiger ihre Scheerfestigkeit nicht geringer ist als die des Winkels. Weil nun die Schenkel des Laschstücks um die Schenkeldicke des zu laschenden Winkels schmäler sind und der Grat weggehauen ist, damit die Schenkel gut anliegen, so müssen die Laschstücke wesentlich dicker sein als die zu verbindenden Winkel. Man konnte also diese Forderung nur selten erfüllen und man beschränkte sich darauf, die Laschstücke nur vom Profil der Winkel vorzuschreiben und in jedem Ende sechs Niete zu verlangen (Abb. 744). Man hatte also im Winkelstoß immer eine schwache Stelle und das Unangenehme der Nietung durch drei Dicken. Die innenliegenden Winkellaschen (Bosompieces) (Abb. 744 rechts) kamen daher immer mehr aus dem Gebrauch und man ersetzte sie, wo angängig, durch Anordnung von Laschwinkeln auf der entgegengesetzten Seite, wo man ein Profil vom gleichen Querschnitt verwenden konnte, das glatt anlag und bei dem man auch nicht erst den Grat im Nacken des Winkels zu entfernen brauchte (siehe Abb. 745). Man hat diese Anordnung des Laschwinkels auf der entgegengesetzten Seite noch bei den Stößen der Stringerwinkel des Gurtungsdecks (siehe Abb. 745 und 746). Im übrigen hat man heutzutage alle Stoßwinkel, sogar an durchlaufenden Längswinkeln, welche lediglich als Verbindungswinkel der Platten dienen, weggelassen, wie z. B. in den oberen und unteren Längswinkeln am Mittelträger im Doppelboden

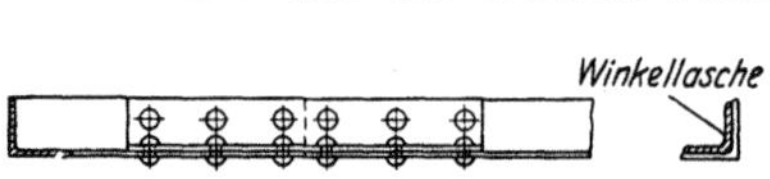

Abb 744.

und an der Randplatte, ebensowenig lascht man den an der Innenseite der Spanten durchlaufenden Winkel. Man läßt jedoch die Stöße der Winkel nach Möglichkeit verschießen. Stoßverbindungen von Profilen kommen noch bei den Kielschweinen in Schiffen ohne Doppelboden vor, wo die Stöße der Winkel und der Wulstwinkel mit Winkeln von derselben Dicke und nicht weniger als 610 mm Länge gelascht werden. Bei Flachwulstplatten überlappt man entweder die Platten und schrägt den Wulst an den zusammenliegenden Seiten ab, wobei die Kielschweinwinkel Keilstücke erhalten, oder man stößt die Wulstplatten stumpf und bringt eine Stoßplatte von entsprechender Dicke an, welche entweder über den Fußwinkel übergekröpft wird, oder über dem Winkel ein Füllstück erhält.

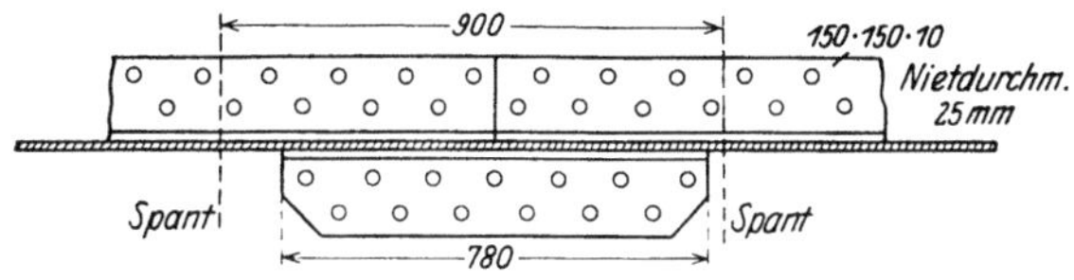

Abb. 745.

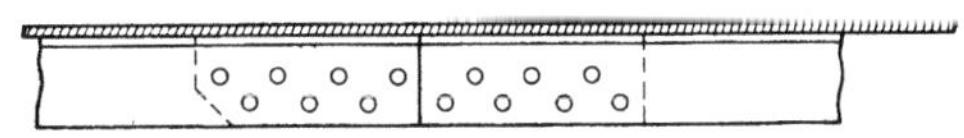
Abb. 746.

Wo bei Decksunterzügen unter weitstehenden Stützen die untere Gurtung durch doppelte Winkel oder Wulstwinkel gebildet wird, lascht man die Stöße der letzteren durch Flacheisenlaschen (Plattenlaschen) von entsprechender Dicke, mindestens aber 25% größerem Durchschnitt als der des Profils, oder man nimmt bei horizontal angeordneten Wulstwinkeln doppelte Laschbleche, von denen das eine 70% und das auf der entgegengesetzten Seite 60% des Querschnitts des zu verbindenden Profils hat (Abb. 747).

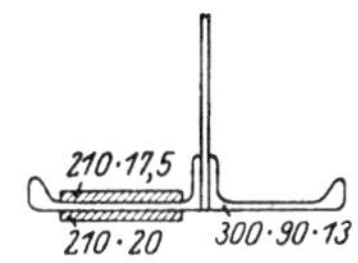

Abb. 747.

e) **Verlaschung von Profilen.** Verbindung von Profilen finden wir am häufigsten bei den Spanten. Die früher übliche Methode, das Spant aus Spantwinkel und Gegenspantwinkel zusammenzubauen, wobei in den oberen Decks das Gegenspant weggelassen wurde, finden wir heute nur noch bei kleinen Schiffen. Bis zum Jahre 1927 hatte der Germanische Lloyd bei Schiffen von größerer Seitenhöhe bis zum untersten Deck Gegenspantwinkel vom Profil 90 × 90 bis 110 × 110. Diese Bauweise ist nunmehr aufgegeben und an die Stelle der mit Gegenspanten versehenen Profile sind einfache, entsprechend stärkere Profile getreten. Auch die übrigen Klassifikationsgesellschaften kennen die Bauweise mit Wulstwinkeln oder [-Profilen mit Gegenspanten nicht mehr. Für die Vernietung gewöhnlicher Winkelspanten mit den Gegenspanten setzt man die Nieten in 7 *d* Entfernung. Die Überlappung macht man 4 × Nietdurchmesser.

Die Bauweise der aus Spant- und Gegenspantwinkel zusammengesetzten Spanten ist durch die Bauweise mit Wulstwinkelspanten und in Einzelfällen durch [-Spanten ersetzt. Da die Profilspanten aber je nach dem abnehmenden Wasserdruck und der kürzeren Einspannung in den Zwischendecks ein geringeres Profil haben können als im Raum, so müssen die verschiedenen Spantprofile miteinander verlascht werden. Man verlascht die Spanten auf dreierlei Art.

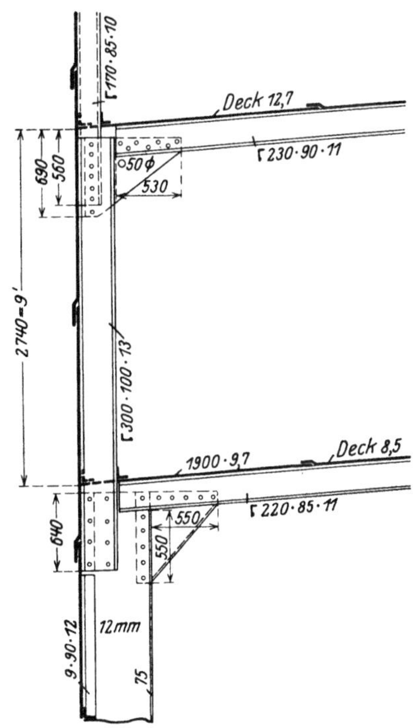

Abb. 748.

Erstens durch Überlappung, indem man meistens das obere schwächere Spant um 2,75 × Profilhöhe unter dem Deck an dem unteren Spant weiterführt. In Abb. 748 ist die Vernietung der Spantüberlappung in zwei Fällen gezeigt, einmal die Vernietung des Spants mit dem Rahmenspant im Maschinenraum, sodann die Vernietung mit dem Spant im oberen Zwischendeck. Der Fall, daß man drei verschiedene Spantprofile nimmt, ist verhältnismäßig selten. Wenn auch die Klassifikationsgesellschaften für Spanten zwischen drittem und zweitem Deck und zwischen Hauptdeck und zweitem Deck verschiedene Profile vorschreiben, so verzichtet man gewöhnlich darauf, im oberen Zwischendeck ein neues leichteres Spantprofil zu nehmen, sondern läßt das Spantprofil des unteren Zwischendecks bis obenhin gehen. Es geschieht dies einmal aus dem Grunde, weil die Ersparnis an Gewicht gewöhnlich sehr klein ist, da ja das obere Spant um die Überlappung länger wird. Außerdem hat das Überlappen der verschiedenen Spantprofile den Nachteil, daß die Nietreihe in der Außenhaut mit dem umgekehrt angesetzten Profil sich verschiebt (Abb. 749). Früher, wo Balken und Spanten überlappen mußten, war dies noch schlimmer, weil dann in jedem Deck, wo die Spantprofile wechselten, auch die Balken nach der anderen Seite schlugen. Bei Decks von 3 m und mehr Höhe (siehe Abb. 748), wie sie für die Baumwollfahrt allgemein in Aufnahme gekommen sind, deren Spantprofile erheblich schwerer als die der Spanten der oberen Decks sind, ist ein zweimaliger Wechsel der Spantprofile angebracht. Bei Schiffen mit mehr als drei Decks müssen die Raumspanten sowieso bis zur Stringerplatte des Decks über dem untersten Deck hochgeführt werden.

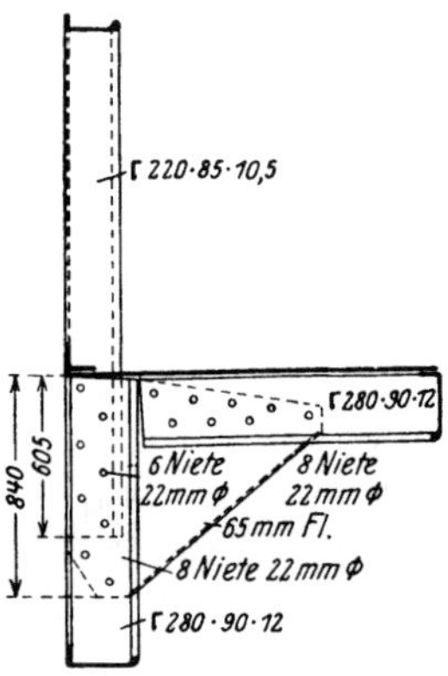

Abb. 749.

Die Überlappung der Spanten ist immerhin noch die einfachste Art der Verbindung von Raumspant und Zwischendeckspant. Eine zweite Art der Verbindung der Spanten, welche namentlich bei wasser- oder öldichten Decks üblich ist, ist die mit Knieblechen. Die Befestigung ist ähnlich der Endbefestigung der Schottsteifen durch Kniebleche, nur daß die Zahl der Befestigungsniete um eins größer sein muß als bei den Schottversteifungsknieen. Die Schenkellänge der Kniee, gemessen von der Außenhaut und dem Deck, ist wie bei der Verbindung durch Überlappung gleich 2,75 × Profilhöhe; Kniebleche, deren Schenkellänge mehr als 650 mm beträgt, werden an der Innenkante geflanscht. Abb. 750 zeigt die Vernietung der durch Kniebleche verbundenen Spanten. Da die Kniebleche störend in den Raum hineinstehen, so wendet man diese Art der Spantverbindung nur da an, wo sie sich nicht umgehen läßt, also bei wasserdichten oder öldichten Deckbeplattungen. In den letzten Jahren hat sich dann eine neue Bauweise in der Verbindung der Raumspanten mit den Zwischendeckspanten eingeführt, welche gestattet, die Spanten alle nach derselben Seite schlagen zu lassen und jede Überlappung der Spanten spart. Man läßt das Zwischendeckspant um das $2^3/_4$fache der Profilhöhe unter das Deck reichen und stumpf gegen das um so viel kürzere Raumspant stoßen (Abb. 751). Als Stoßblech dient das Balkenknie, welches in der vertikalen Richtung eine Höhe gleich $2^3/_4$ × Zwischendeckspant + 3 × Deckbalkenhöhe erhält. In horizontaler Richtung braucht es nicht breiter zu sein als für die Vernietung mit den vor dem Spant abgeschnittenen Deckbalken erforderlich ist. Diese Bauweise ist sehr einfach, hat aber mit der vorhergehenden das Störende der hohen Kniee gemeinsam,

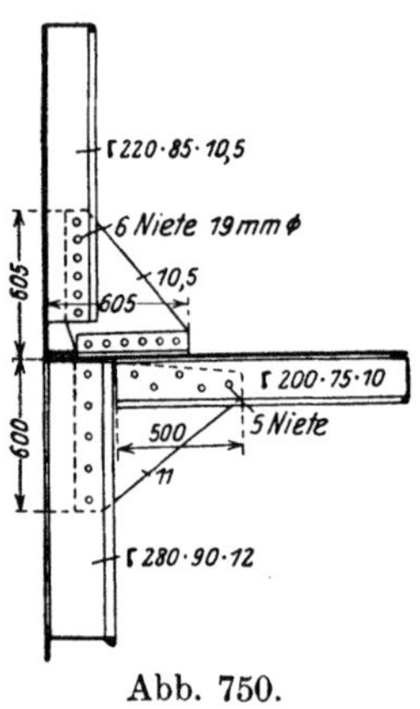

Abb. 750.

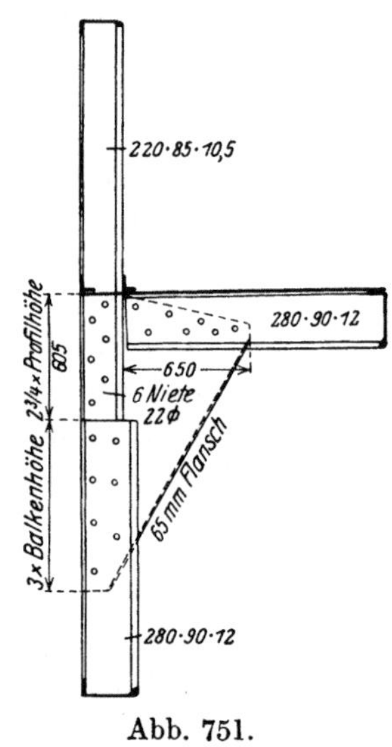

Abb. 751.

wenn dieselben auch unter dem Deck weniger brauchbaren Laderaum wegnehmen. Ehe wir auf die vielseitigen Vernietungen der Winkel und Profile mit Platten eingehen, müssen wir vorher die Vernietung der Platten miteinander untersuchen.

f) Plattenvernietung. Unter den Plattenvernietungen unterscheidet man Querstöße und Längsnähte. Je nachdem die Enden der zu verbindenden Teile direkt miteinander vernietet werden oder vermittels eines Laschblechs verbunden werden, unterscheidet man Überlappungsnietung und Laschennietung. In den früheren Zeiten des Eisenschiffbaus war die Laschennietung das Übliche und bis Ende der neunziger Jahre war für die Stoßverbindung noch das Allgemeine die Laschennietung. In Wirklichkeit ist aber die Vernietung durch Stoßbleche nichts anderes als die Vernietung dreier Teile durch Überlappen, denn das Stoßblech überlappt die beiden zu verbindenden Teile. Es wäre aus diesem Grunde naheliegend gewesen, von Anfang an die Überlappungsnietung zu wählen. Indessen hat nicht diese Erwägung zur allgemeinen Einführung der Überlappungsnietung geführt, als vielmehr die Schwierigkeit, die Laschbleche, besonders bei gekrümmten Flächen, wie in der Kimm, genau zum Anliegen zu bringen und exakt zu vernieten, so daß die Stoßfugen dicht blieben. Erst als man die Erfahrung gemacht hatte, daß die überlappten Stöße viel besser dicht hielten, gab man zum größten Teil die Stoßblechvernietung auf.

Daß man solange an der Stoßblechvernietung festgehalten hat, kam daher, daß man es durch die Dicke des Stoßblechs in der Hand hatte, die Schwächung, welche die Stoßfuge bildete, bis zu jedem beliebigen Maße zu ersetzen. Die Stoßbleche nahm man rund 20%, bei ganz dicken Platten bis 25% dicker als die zu verbindenden Platten. Die dicken einfachen Stoßbleche wurden vielfach zu unförmig und man verwendete dann doppelte Laschen, von denen die eine eine Dicke = 60%, die andere = 70% der Plattendicke erhält. Bei doppelten Stoßblechen hat man den Vorteil, daß das verbindende Niet zweimal auf Abscheeren beansprucht wird. Die Vernietung mit dop-

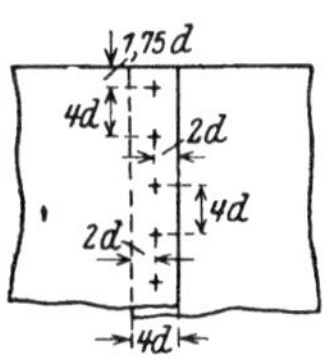

Abb. 752.

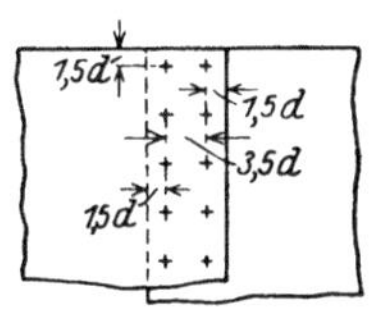

Abb. 753.

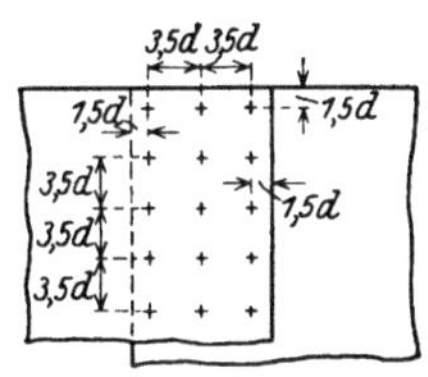

Abb. 754.

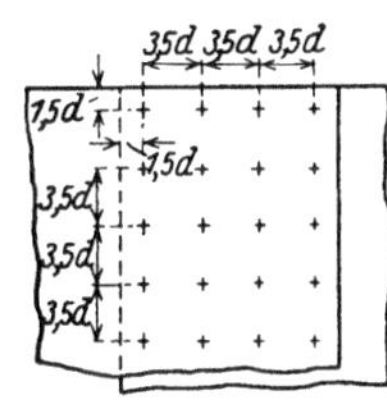

Abb. 755.

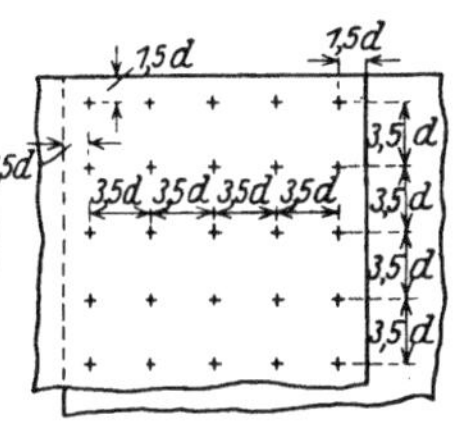

Abb. 756.

pelten Stoßblechen ist dann noch einige Jahrzehnte im Tankschiffbau in Übung gewesen, weil man das Stoßblech ringsum besser verstemmen kann, als die nicht immer so zugängliche Überlappungsnietung; indessen ist man heute auch im Tankschiffbau allgemein zur Überlappungsnietung übergegangen. Diese ist in Abb. 752 bis 756 für Stoßvernietungen dargestellt.

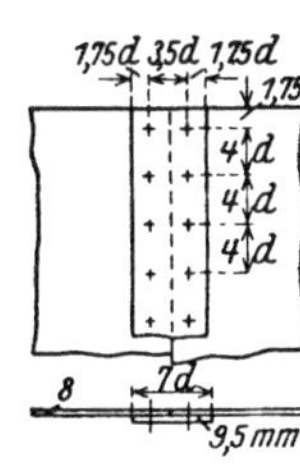

Abb. 757.

Bei der einfachen Überlappungsnietung muß der Abstand der Nietmitte vom Rand 2 × Nietdurchmesser betragen, der Überlapp beträgt also 4 *d*. Bei den mehrreihigen Stoßvernietungen beträgt der Abstand der einzelnen Nietreihen voneinander 3,5 *d* und der Abstand vom Rande 1,5 *d*. Wir haben also bei doppelter Kettennietung eine Breite des Überlapps von 6,5 *d*, bei dreifacher von 10 *d*, bei vierfacher von 13,5 *d* und bei fünffacher Nietung von 17 *d*.

Bei der Stoßblechvernietung liegt der Fall anders. Beim einfach genieteten einfachen Stoßblech hat das Stoßblech eine Breite von 7 *d*, d. h. die Nietreihen sitzen 1,75 *d* vom Rande (siehe Abb. 757). Die Nietteilung, d. h. der Abstand der einzelnen Nieten in einer Reihe beträgt 4 *d*. Die Breite des Laschblechs beträgt bei doppelter Nietung 13 *d*, bei dreifacher 19 *d* und bei vierfacher 25 *d* (Abb. 757 bis 761).

Für Vernietung mit Doppellaschen siehe Abb. 762 und 763.

Heutzutage müssen bei Kettennietung alle Nietreihen die volle Zahl Niete haben. Eine Ausnahme hiervon macht nur noch die British Corporation; wir werden weiter unten hierauf noch zurückkommen.

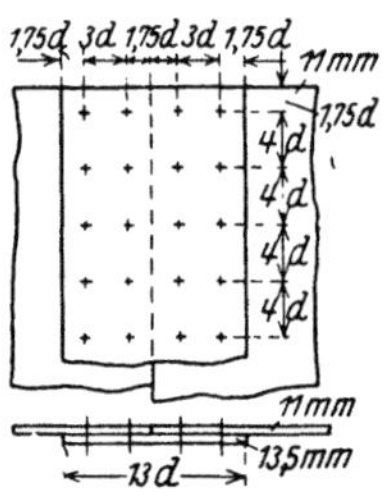

Abb. 758.

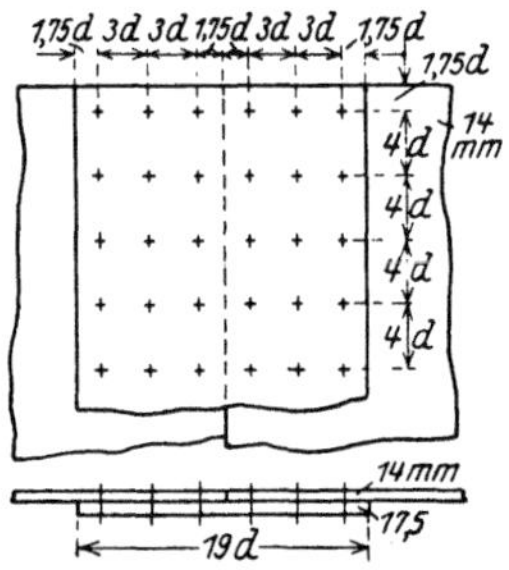

Abb. 759.

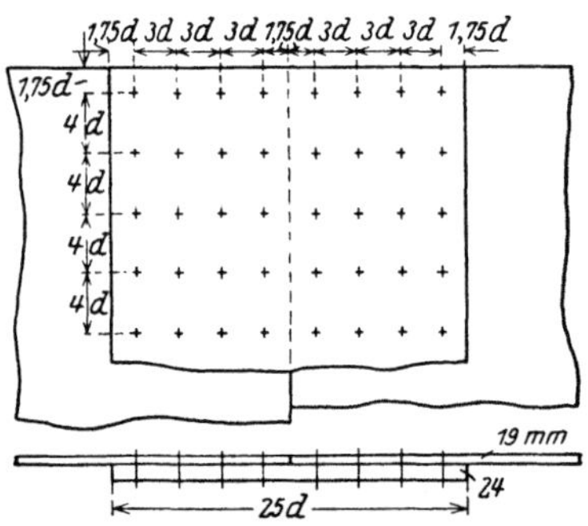

Abb. 760.

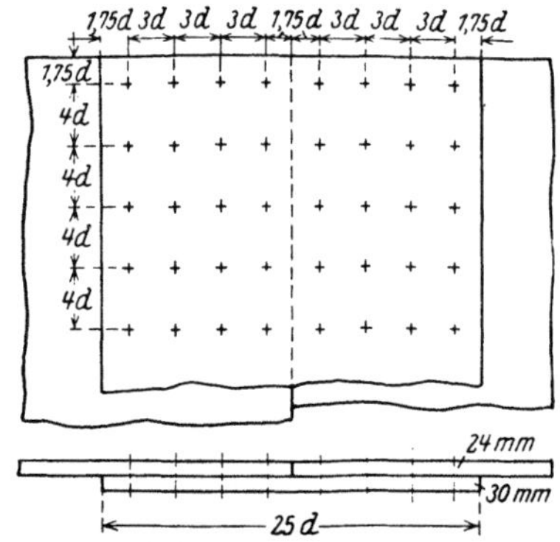

Abb. 761.

Den Abstand der Niete in einer Nietreihe nennt man die Nietteilung. Die Nietteilung beträgt 3,5 bis 4,5 Nietdurchmesser. Nach den neuesten Vorschriften des Germanischen Lloyd beträgt die Nietteilung für $^1/_2\,L$ mittschiffs in den Stößen des Scheergangs, des Gangs unter dem Scheergang, dem Deckstringer des Gurtungsdecks sowie der Bodengänge bis Oberkante Kimm bei einer Plattendicke bis 8,5 mm und doppelter und dreifacher Überlapps- und Stoßnietung 3,5 d mit Ausnahme der dreifachen Nietung bei den Plattendicken von 9 bis 10,5 mm, wo die Nietteilung 4 d sein kann, weil der Nietdurchmesser von 19 mm hier verhältnismäßig groß ist. Bei einer Plattendicke von 15 bis 21,5 mm ist Vierfachnietung mit einer Nietteilung $= 4\,d$ vorgeschrieben. Von 22 mm an müssen doppelte Stoßbleche verwendet werden mit einer Nietteilung von $d = 4{,}5$. Für die vorher aufgeführten Verbandteile ist außerhalb $^1/_2\,L$ mittschiffs für eine Plattendicke von 3 bis 9,5 mm doppelte Stoßnietung und von 10 bis 16,5 mm dreifache Stoßnietung gefordert, die Nietteilung ist 3,5 d mit Ausnahme der Platten von 10 bis 11,5 mm, wo sie 4 d ist, ebenso wie bei allen Plattenstärken darüber, wo die Nietung 4fach ist.

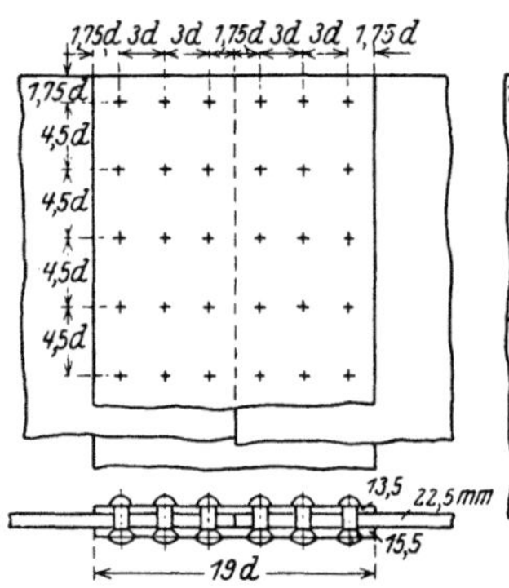

Abb. 762.

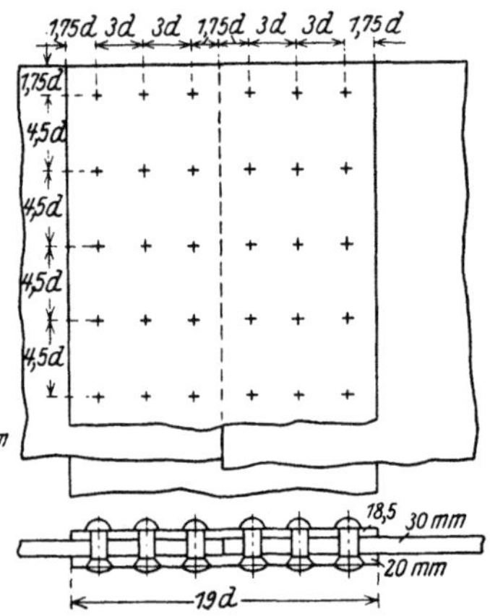

Abb. 763.

Die Stöße des Flachkiels werden bis 8,5 mm Plattendicke doppelt genietet, von 9 mm bis 16,5 mm dreifach. Die Nietteilung ist 3,5 d mit Ausnahme der Plattenstärken von 9 bis 10,5 mm, wo sie 4 d ist. Dasselbe gilt für alle Flachkielplatten von 17 mm und darüber, welche vierfach genietete Stöße und eine Nietteilung von 4 d erhalten.

Der Mittelträger des Doppelbodens, die Außenhautplatten, die Bodenwrangen, Rahmenspanten, Seitenstringer und die Decksunterzüge erhalten bis 9,5 mm Plattendicke doppelt genietete Stöße, von 10 bis 14,5 mm dreifach und von 15 bis 21,5 mm Dicke vierfach genietete Stöße, Nietteilung durchweg 4 d. Über 21,5 mm Dicke erhalten diese Verbandteile doppelte Stoßbleche dreifach genietet mit einer Nietteilung von 4,5 d.

Die Seitengänge der Außenhaut, die Mittelplatte des Innenbodens, die Randplatte, die Stringer der unteren Decks und die Längsschienen erhalten für $^1/_2\,L$ mittschiffs bis 9,5 mm doppelt genietete Stöße, von 10 bis 16,5 dreifach genietete Stöße, alle 3,5 *d* Nietteilung mit Ausnahme der Platten von 10 bis 11,5 mm Dicke, welche 4 *d* Nietteilung haben. Von 17 mm und darüber werden die Stöße vierfach genietet und die Nietteilung ist 4 *d*.

Außerhalb von $^1/_2\,L$ mittschiffs werden die Stöße vorgenannter Verbandteile bis zu 10,5 mm Dicke doppelt und bis 17,5 mm Dicke dreifach genietet. Nietteilung stets 3,5 *d* mit Ausnahme der Plattendicken von 11 bis 12,5 mm, welche 4 *d* Nietteilung erhalten. Von 18 mm aufwärts werden die Stöße vierfach genietet mit einer Nietteilung von 4 *d*.

Die Stöße der Deckbeplattung, der Seitengänge des Doppelbodens und der Seitenträger im Doppelboden werden für $^1/_2\,L$ mittschiffs bis zu 10,5 mm Plattendicke doppelt, von 11 bis 16,5 mm dreifach und von 17 mm und darüber vierfach genietet. Nietteilung in jedem Falle 4 *d*. Außerhalb von $^1/_2\,L$ mittschiffs werden die Stöße dieser Verbandteile bis 9,5 mm Dicke einfach genietet, von 10 bis 13,5 mm doppelt, von 14 bis 17,5 mm dreifach und darüber vierfach. Nietteilung in allen Fällen 4 *d*.

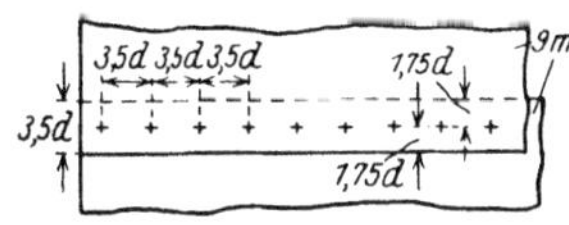

Abb. 764.

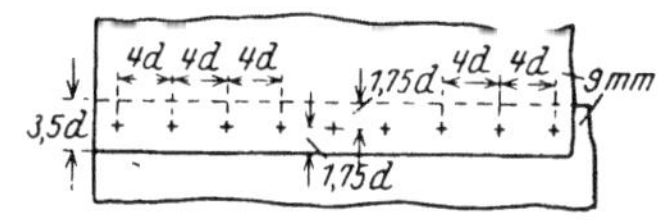

Abb. 765.

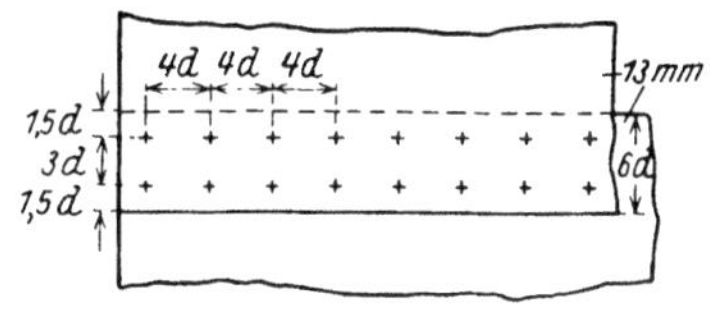

Abb. 766.

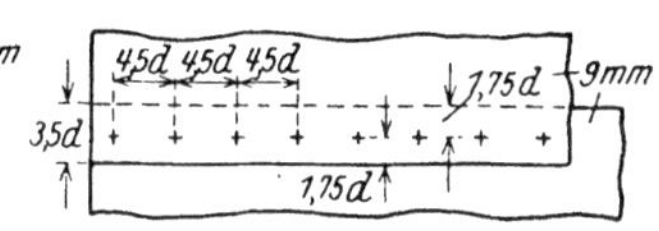

Abb. 767.

Die Vernietung der Nähte. Die Bodengänge der Außenhaut bis Oberkante Kimm werden bis zu 8,5 mm Plattendicke einfach genietet mit einer Nietteilung von 3,5 *d*, darüber hinaus werden die Nähte doppelt genietet mit einer Nietteilung von 4 *d* (Abb. 764 bis 768).

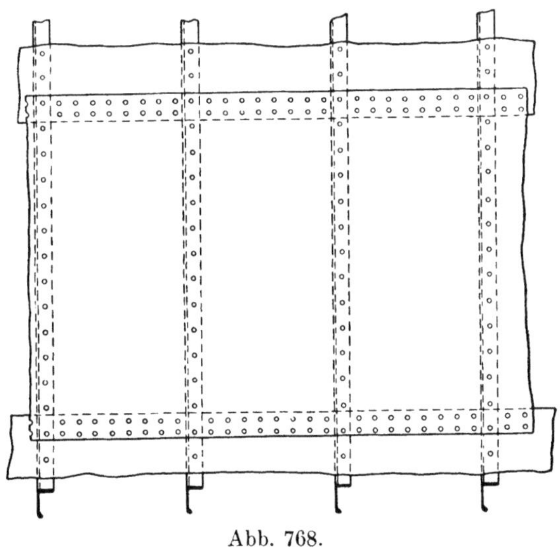
Abb. 768.

Die Seitengänge und der Scheergang bis zum Gurtungsdeck werden bis 10,5 mm Plattendicke einfach genietet bei einer Nietteilung von 3,5 *d*. Von 11 mm Plattendicke bis 21,5 mm werden die Nähte doppelt, genietet, darüber dreifach bei einer Nietteilung = 4 *d*. Im Bereich von Vorpiektanks nimmt man *d* nicht über 3,5. Bei Schiffen, deren Länge 140 m und unter 180 m beträgt, werden zwei Nähte und bei Schiffen von einer Länge von 180 m und darüber drei Nähte in halber Schiffshöhe auf 0,3 Schiffslänge, von den Steven gemessen, dreifach genietet. Es geschieht dies, um die großen Scheerbeanspruchungen, welche bei diesen Schiffsgrößen auftreten, aufzunehmen.

Die Scheerbeanspruchungen an den Enden von langen Aufbauten zwingen ebenfalls zu einer verstärkten Vernietung der Längsnähte. Der Seitengang von langen Aufbauten wird im Bereich der verstärkten Außenhaut mit dem Hauptdeckscheergang doppelt und, wenn die Schiffslänge mehr als 120 m beträgt, auf wenigstens 12 Spantentfernungen mit dem Scheergang dreifach vernietet.

Sind die Endschotte nur 0,1 bis 0,2 *L* von der Mitte des Schiffes entfernt, so nietet man auch die Längsnaht in halber Höhe des Aufbaues auf 6 Spantentfernungen doppelt und bei 0,1 *L* und darunter von der Mitte auf 12 Spantabstände mit einer Nietreihe mehr, als sonst erforderlich wäre.

Bei einer Schiffslänge über 160 m vernietet man den Seitengang der Aufbauten an den Endschotten auf mindestens 24 Spantabstände mit dem Scheergang vierfach. Die in halber Höhe liegende Naht der Seitenbeplattung erhält zwei Nietreihen mehr als sonst erforderlich sein würde.

Die Nähte der Tankdecke werden bis 11,5 mm Plattendicke einfach, darüber hinaus doppelt genietet, Nietteilung durchweg 4 *d*.

Die Nähte der Decks werden bis zu 17,5 mm Plattendicke einfach, darüber hinaus doppelt genietet bei einer Nietteilung von 4,5 *d* in allen Fällen.

Tabelle VIII. Plattendicke, Nietdurchmesser, Art der Vernietung und Nietteilung.
Plattenverbindungen.

	Plattendicke mm	3 und 3,5	4 und 4,5	5 und 5,5	6 und 6,5	7 und 7,5	8 und 8,5	9 und 9,5	10 und 10,5	11 und 11,5	12 und 12,5	13 und 13,5	14 und 14,5	15 und 15,5	16 und 16,5	17 und 17,5	18 und 18,5	19 und 19,5	20 und 20,5	21 und 21,5	22 und 22,5	23 und 23,5
	Nietdurchmesser mm	10		13		16		19				22				25						28
Stöße	Scheergang, Gang unter dem Scheergang, Deckstringer des Hauptdecks und von langen Aufbauten (über 0,15 *L*) Bodengänge bis Oberkante Kimm, Kielgang für ½ *L*	doppelt 3,5 *d*						4 *d*		dreifach 3,5 *d*				vierfach 4 *d*							doppelte Stoßbleche dreifach genietet 4,5 *d*	
Stöße	Dasselbe außerhalb ½ *L* mittschiffs.	doppelt 3,5 *d*							4 *d*		dreifach 3,5 *d*					vierfach 4 *d*						
Stöße	Flachkiel	doppelt 3,5 *d*						4 *d*		dreifach 3,5 *d*						vierfach 4 *d*						
Stöße	Mittelträger des Doppelbodens, Mittelkielplatte, Bodenwrangen, Rahmenspanten, Seitenstringer, Unterzüge	doppelt 4 *d*							dreifach 4 *d*					vierfach 4 *d*							doppelte Stoßbleche dreifach genietet 4,5 *d*	
Stöße	Seitengänge der Außenhaut, Tanktopmittelgang, Randplatte, untere Deckstringer, Längsschienen für ½ *L*	doppelt 3,5							4 *d*		dreifach 3,5 *d*					vierfach 4 *d*						
Stöße	Dasselbe außerhalb ½ *L* mittschiffs	doppelt 3,5 *d*								4 *d*		dreifach 3,5 *d*					vierfach 4 *d*					
Stöße	Deckbeplattung, Doppelboden-Seitenplatten, Seitenträger im Doppelboden für ½ *L*	doppelt 4 *d*									dreifach 4 *d*					vierfach 4 *d*						
Stöße	Dasselbe außerhalb ½ *L* mittschiffs	einfach 4 *d*							doppelt 4 *d*				dreifach 4 *d*				vierfach 4 *d*					
Nähte	Bodengänge bis Oberkante Kimm	einfach 3,5 *d*						doppelt 4 *d*														
Nähte	Seitengänge und Scheergang bis zum Gurtungsdeck	einfach 3,5 *d*								doppelt 4 *d*												
Nähte	Innenboden	einfach 4 *d*									doppelt 4 *d*											
Nähte	Deck	einfach 4,5 *d*														doppelt 4,5 *d*						

Tabelle IX. Vernietung von Profilen mit Platten. Nietteilung.

4,5 d	5 d	5,5 d
Befestigungswinkel von wasserdichten Schotten mit den Schottplatten, dem Innenboden und den Decks. Durchlaufende Stringerwinkel des freiliegenden Decks mit dem Stringer und Scheergang. Randplattenwinkel mit Randplatte und Außenhaut. Verbindungswinkel zwischen Seitenstringer und Rahmenspanten.	Befestigungswinkel von wasserdichten Schotten mit der Außenhaut. Vertikalwinkel der Bodenwrangen am Mittelträger und Randplatte, doppelte Befestigungswinkel im Maschinenraum und auf der ganzen Schiffslänge bei Bodenstücken an jedem 4. Spant. Verbindungswinkel der Bodenstücke mit der Mittelkielplatte bei Schiffen ohne Doppelboden. Flachkielwinkel mit Flachkiel, Mittelträger und Mittelkielplatte Interkostalwinkel der Deckstringer, Seitenstringer, Seitenträger und Kielschweine zwischen Spanten und Bodenwrangen. Einfache Längswinkel des Mittelträgers am Innenboden.	Verbindungswinkel der Bodenwrangen mit der Außenhaut auf 0,2 L von vorn. Spantwinkel mit Außenhaut in Piek-Wasser- und Öltanks. Raumspanten mit der Außenhaut hinter dem Kollisionsschott auf 0,15 L vom Vorsteven. Steifen von Öltankschotten bei mehr als 9 m Tanklänge. Nach *LR* Seitenspanten, wo Spantentfernung über 876 mm.

6 d	6,5 d	7 d
Vernietung von Spant und Außenhaut bei mehr als 750 mm tabellarischer Spantentfernung. Steifen der Schottbeplattung in Wassertanks und Öltanks von 9 m Länge und darunter. Balken an jedem 2. Spant und Tankdeckbalken mit der Deckbeplattung. Doppelte Vertikalwinkel der Bodenstücke mit dem Mittelträger bei Bodenstücken an jedem 2. oder 3. Spant. Nach *LR*. In Bodenspanten, wo die Entfernung 876 mm überschreitet. In Seitenspanten, wo die Spantentfernung über 800, jedoch nicht über 876 mm ist.	Nach *LR* bei Seitenspanten und bei Bodenspanten, wo der Spantabstand über 724, jedoch nicht über 800 mm ist.	Spanten mit Außenhaut, wo nicht engerer Nietabstand verlangt ist. Spanten mit Gegenspanten, Bodenwrangen mit Außenhaut, Innenboden, Kielschweinen und Seitenträgern. Durchlaufende Kielschweinwinkel. Gurtwinkel von Rahmenspanten und Seitenstringern. Innere Deckstringerwinkel von nicht freiliegenden Decks. Balken an jedem Spant mit der Decksbeplattung. Schottsteifen mit der Schottbeplattung, ausgenommen an Tankschotten. Gurtwinkel an Luken-, Schiebe- und Endbalken. Doppelte Befestigung der Bodenwrangen an jedem Spant mit dem Mittelträger und der Randplatte außerhalb des Maschinenraums. Doppelte Längswinkel des Mittelträgers mit dem Innenboden. Nach *LR*. Raumspanten, wo Spantentfernung 724 mm nicht überschreitet. Bodenspanten, wo Spantentfernung nicht über 800 mm. Längswinkel an durchlaufenden Trägern.

g) Allgemeine Betrachtungen zur Vernietung. Wie im vorhergehenden schon ausgeführt, berechnete man und berechnet auch heute noch die Art der Vernietung nach der Dicke der zu verbindenden Teile. Die Abmessungen der letzteren sind aber je nach ihrer Beanspruchung bestimmt. Im allgemeinen sind die Materialstärken so bestimmt, daß sie auch nach Abrosten eines bestimmten Prozentsatzes noch stark genug sind, die auftretenden Höchstbeanspruchungen ohne Überschreitung der Elastizitätsgrenze bzw. der Streckgrenze auszuhalten. Wie steht es nun mit der Verbindung der aus einzelnen Stücken zusammengesetzten Verbandteile durch die Vernietung? Von den Vätern her war uns der Grundsatz überkommen, die Scheerfestigkeit in den Nietquerschnitten muß gleich der Zugfestigkeit im gelochten Blech sein, d. h. die Niete übertragen dadurch, daß sie auf Abscheren beansprucht werden, die Beanspruchung auf den nächsten Verbandteil, mit dem sie vernietet sind.

Heutzutage ist man, obwohl die Berechnung der Vernietung nach diesem Grundsatz ausgeführt wird, zu ganz anderen Feststellungen der Wirkung der Vernietung gekommen. Auf der Werkstoffschau war in der Abteilung Vernietung in großen Buchstaben die Norm angeschlagen: „Die Kraftübertragung beim Nieten erfolgt durch das Zusammenschrumpfen der Nietung und dadurch bewirkte Reibung der Bleche, nicht aber durch Schubkräfte, die von der Lochwand auf das Niet ausgeübt werden. Das Niet braucht nicht an der Lochwand anzuliegen.“ Die Erkenntnis dieser Wirkung der Nietung ist nicht neu. Schon vor 42 Jahren hat man diese Tatsachen durch Versuche festgestellt, indem man Stoßvernietungen mit einfachen und doppelten Laschen mit ovalen Nietlöchern ausführte. Die Versuche wurden mit verhältnismäßig schmalen Probestreifen ausgeführt, ein Umstand, der das Ergebnis, wie wir nachher sehen werden, ungünstig beeinflußte. Dazu kommt, daß die Versuche mit Spitzköpfen, einer, wie wir gesehen haben, heute im Schiffbau nicht mehr üblichen Nietform, ausgeführt wurden. Der Reibungswiderstand der Bleche bei 25 mm Nietdurchmesser, die als Setzkopf und Schließkopf Spitzkopfform hatten, betrug 6500 kg pro Niet und bei 19 mm Nietdurchmesser 4800 kg. Bei Versenknieten mit einem Senkkopf als Schließkopf war der Reibungswiderstand der Bleche 9180 kg bei 25 mm Nietdurchmesser rund 5000 kg bei 19 mm Nietdurchmesser. Andere Versuche ergaben hiervon abweichende Resultate. Bei gewöhnlichen, einfach genieteten Verbindungen wurde ein Gleiten der Bleche bemerkbar, wenn die Beanspruchung 23,5% der Bruchfestigkeit bei Handnietung und 34 bis 57% bei hydraulischer Nietung erreichte, d. h. die hydraulische Nietung ergab den doppelten Reibungswiderstand wie die Handnietung. Ebenso fand man, daß der Reibungswiderstand ziemlich der gleiche war bei doppelten wie bei einfachen Stoßblechen. Damals aber warnte man, aus dem Reibungswiderstand auf die Festigkeit der Nietung zu schließen, und in dem bekannten Lehrbuch von Campbell Holms Practical Shipbuilding in der Auflage von 1918 kann man lesen: "It should be observed that the ultimate strength of a joint is not be affected by the magnitude of its frictional resistance, for this is overcome at an early period; and, accordingly, although a hydraulic — riveted joint has a higher frictional resistance than one riveted by hand, there may be no difference in the breaking strength."

Sehen wir zunächst, daß die vorerwähnten Ergebnisse auf Versuchen mit Probestreifen beruhten, so wissen wir heute, daß wir mit Probestreifen erzielte Ergebnisse nicht ohne weiteres auf den gleichen Verbandteil im Schiff anwenden dürfen. Einmal erstreckt sich die Zone, die durch die Kaltbearbeitung, also Schneiden eines Probeblechs mit der Schere, eine Verschlechterung der Qualität erfährt, nach den Forschungsergebnissen des Kaiser-Wilhelm-Instituts für Eisenforschung in Düsseldorf, nicht, wie man bisher angenommen hatte, nur auf wenige Millimeter von der Kante, ähnlich wie beim Stanzen der Nietlöcher, sondern je nach Umständen 100 bis 150 mm tief von der Kante. Wenn daher nicht zufällig das Probeblech mit der Kaltsäge herausgeschnitten ist oder herausgebrannt und an den Kanten gehobelt ist, erhält man kein einwandfreies Prüfungsmaterial und keinen einwandfreien Vergleich mit der Festigkeit des Materials im Schiffsverband. Wir haben also beim Probestück, welches mit der Schere geschnitten ist, eine Erhöhung der Festigkeit durch Verdichtung des Gefüges und eine Herabsetzung der Zähigkeit und Dehnungsfestigkeit. Berücksichtigt man noch, daß durch Stanzen der Nietlöcher in dieser Randzone eine weitere Härtung des Materials eintritt, so zeigt uns diese Überlegung schon, daß die Ergebnisse der Versuche mit einzelnen schmalen Probestreifen keinen unbedingt gültigen

Schluß auf die Festigkeit und Wirksamkeit der Vernietung bei Beanspruchungen im Schiffsverband zulassen.

Es tritt aber noch ein ganz anderer Umstand ein; bei einem schmalen Prüfungsstreifen weicht das Material bei entsprechender Beanspruchung seitlich aus, im Verband des Schiffskörpers kann aber das beanspruchte Material nicht seitlich ausweichen, sondern erfährt eine entsprechende Pressung und Verdichtung und somit eine Erhöhung der Festigkeit.

Wir müssen hierbei immer berücksichtigen, daß es sich noch um das durch das Zusammenpressen der Nietköpfe zusammengehaltene und am Gleiten gehinderte Material handelt, die Nieten bzw. die Übertragung der Schubkräfte, die von der Lochwand auf das Niet ausgeübt werden könnten, bleiben noch unberücksichtigt. Nun hat unser zur Zeit allgemein übliches Schiffbaumaterial von 41 bis 50 kg Festigkeit und 20% Dehnung oberhalb der Streckgrenze eine große Zähigkeits- und Festigkeitsreserve, so daß auch ein wiederholtes Überschreiten der Streckgrenze keine dauernde Schwächung bzw. einen Bruch im Material zur unmittelbaren Folge hat.

Die Untersuchungen von Dalby und Dr. Moser haben bezüglich der Beanspruchung des Materials über die Streckgrenze hinaus folgende merkwürdigen Ergebnisse gehabt:

Wird ein zäher Flußstahl über die Streckgrenze hinaus gedehnt und wieder entlastet, so folgt die Zusammenziehung bei der Entlastung auch noch annähernd dem Hookeschen Gesetz, also: „Bleiben die formverändernden Kräfte unterhalb der Elastizitätsgrenze, so sind stets alle Gestaltsveränderungen (Dehnung, Verkürzung, Durchbiegung) den wirksamen Kräften proportional." Bei erneuter Dehnung erstreckt sich das elastische Verhalten nicht mehr nur bis zur früheren Elastizitätsgrenze, sondern darüber hinaus bis zum Punkte der vorangegangenen Streckung, also unter Umständen erheblich über die ursprüngliche Elastizitätsgrenze hinaus. Auch bei häufiger Wiederholung solcher Überbeanspruchungen bleibt das Verhalten bis zum Wiedereintritt des Streckens vollkommen elastisch. Allerdings tritt beim Übergang vom gezogenen in den gedrückten Zustand oder umgekehrt der Übelstand in die Erscheinung, daß das elastische Verhalten nur sehr gering ist und das Material sofort zu fließen anfängt. Wie aus den Festigkeitsberechnungen im ersten Teil hervorgeht, liegen die Höchstbeanspruchungen beim Schiffsverband durchschnittlich auf halber Höhe der Elastizitätsgrenze. Die Streckgrenze liegt aber durchschnittlich bei 26 bis 30,5 kg/mm². Hierfür genügt im allgemeinen der Reibungswiderstand der durch das Zusammenschrumpfen der Niete zusammengepreßten Platten. Die deutschen Industrienormen haben daher für die Summe der zu vernietenden Plattendicke die Bezeichnung „Klemmlänge" festgelegt. Diese Wirkung der Nietung erklärt uns auch, warum man heute als Nietform nur mehr das Halbrundniet (Schellkopfniet nach H.N.A.-Normalien) und das ihm gleichwertige Flachkopfniet sowie das Versenkniet im Schiffbau verwendet und die weniger starken Nietkopfformen, wie das Spitzkopfniet, verworfen hat, wenn letzteres nicht als Versenkniet ausgebildet ist. Wie schon vorher erwähnt, kommt dazu, daß die Vernietung im Schiffskörper durch Verhinderung der Einschnürung zwischen den Nietlöchern dem Material zwischen den Nieten eine erhöhte Zerreißfestigkeit gibt.

Im allgemeinen ist also die Vernietung der Verbände derartig, daß die Reibungsfestigkeit zwischen den Platten genügt und eine Scheerbeanspruchung der Niete nicht eintritt. Die einzigen Stellen, wo wir außergewöhnliche Beanspruchungen in den Verbänden haben, sind die Übergänge in den Spannungen an den Enden von langen Brückenhäusern in großen Schiffen, wo man, wie wir gesehen haben, bis zur vierfachen Vernietung der Längsnähte geht. Ferner an den Ecken der Luken in Gurtungsdecks, die durch Dopplungsplatten, welche die Ecken umfassen und durch Vergrößerung der die Lukenecken umfassenden Süllwinkel für doppelte Nietung verstärkt werden. Wenn an diesen Stellen mitunter Lockerungen der Nietung oder Risse im Material auftreten, ohne daß gerade vorher besondere Beanspruchungen stattgefunden haben, während das Schiff häufig vorher schwerere Beanspruchung ohne Zeichen der Schwäche ausgehalten hat, so beweist dies, daß das Material durch wiederholte Beanspruchung über die Elastizitätsgrenze hinaus müde geworden war, d. h. seine Struktur verändert hat und es nur einer verhältnismäßig geringen Beanspruchung bedurfte, um das veränderte Material zum Bruch bzw. die Nietung zur Lockerung zu bringen.

Wie wir im vorhergehenden schon erwähnt haben, kommt es bei der Festigkeit der Nietung nicht so sehr auf die Beschaffenheit des Nietmaterials, ob Eisen oder Stahl, an, sondern auf die Beschaffenheit des fertig geschlagenen Niets, welche durch das Verhalten des Materials beim Schlagen und der Schlagwirkung beeinflußt wird. Der Germanische Lloyd schreibt für Niete eine Festigkeit des Nieteisens von 34 bis 47 kg/mm² Festigkeit bei einer Dehnung auf 200 mm Probestablänge von 28 bis 20 % vor, so daß also z. B. bei 34 kg Festigkeit mindestens 28 % Dehnung, bei 41 bis 37 kg mindestens 25 % Dehnung, bei 44 kg Festigkeit 22 % Dehnung vorhanden sein müssen. Lloyd's Register schreibt für stählerne Nietstangen 39 bis 47 kg/mm² vor bei einer Dehnung von mindesten 25 % auf eine Versuchsstablänge von 8 *d*. British Corporation hat die gleiche Vorschrift für Nietmaterial 39,4 bis 47,3 kg/mm². Für stählerne Niete läßt British Corporation eine etwas veränderte Nietung als bei eisernen Nieten zu. Aus den Versuchsergebnissen mit Nieteisenstangen läßt sich nur sehr bedingt auf die Beschaffenheit des geschlagenen Niets schließen. Angestellte Proben ergaben als Durchschnitt bei einer Zerreißfestigkeit der Nietstangenprobe von 38,9 kg/mm² eine Festigkeit der daraus hergestellten Niete von 49,3 kg und des geschlagenen Niets von 50,3 kg. Noch größer waren die Verschiedenheiten bezüglich der Fließgrenze, nämlich 25,2 kg/mm² bei der Nieteisenstange, 42,2 kg/mm² bei dem fertigen Niet und 40,2 kg/mm² bei dem geschlagenen Niet.

Hieraus wird auch erklärlich, daß ein Schluß auf den Wert der verschiedenen Nietmethoden, ob von Hand, mit Preßluft oder hydraulisch, sehr schwierig ist; wenn auch bei der großen Kraft der hydraulischen Nietpresse bei starken Nieten eine bessere

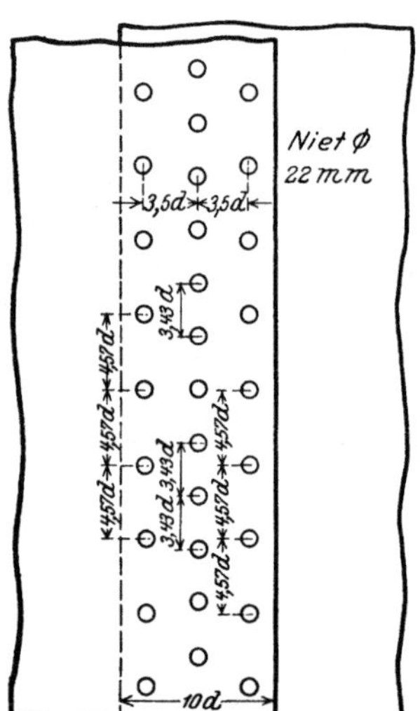

Abb. 769.

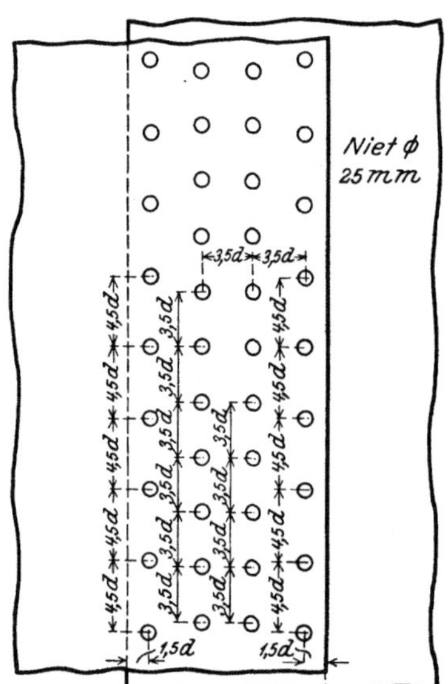

Abb. 770.

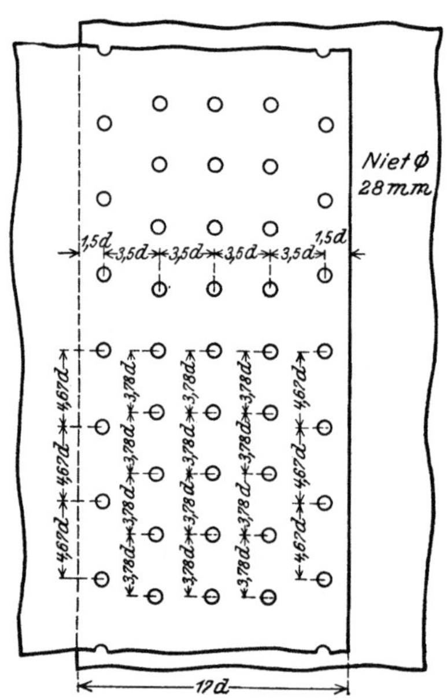

Abb. 771.

Stauchung des Schaftes angenommen werden kann, so tritt dafür bei Handnietung und Druckluftnietung eine bessere Durcharbeitung des Kopfes durch die Schläge des schweren Niethammers ein.

Man hat dann die Formen der Nietköpfe untersucht, da man von der Keilform des Versenkkopfes eine schädigende Wirkung beim Gleiten der verbundenen Teile befürchtete. Für verschiedene Versenkwinkel ergab sich der Beginn des Gleitens bei durchschnittlich 11,65 kg/mm² gegenüber 12,4 kg/mm² beim vorstehenden Kopf.

Was die Anordnung der Nietreihen betrifft, so kann die Vermehrung der Nietreihen nicht entsprechend voll in Rechnung gesetzt werden. Hat man eine zweireihige Kettennietung, so ist die Zugbeanspruchung, die Dehnung, zwischen den beiden Nietreihen nur halb so groß wie in den Rändern. Jede der beiden Nietreihen ist also auf dieser Seite gleich groß beansprucht. Bei der dreireihigen Nietung trifft in der Ebene der mittelsten Nietreihe keine oder nur eine erheblich geringere Beanspruchung auf die mittlere Nietreihe.

Es ergibt sich hieraus, daß es nicht berechtigt ist, in den äußeren Nietreihen bei mehrreihigen Verbindungen die Niete weiter zu setzen oder je ein Niet auszulassen, denn die Niete der äußersten Reihe sind am stärksten beansprucht. Man kann sich

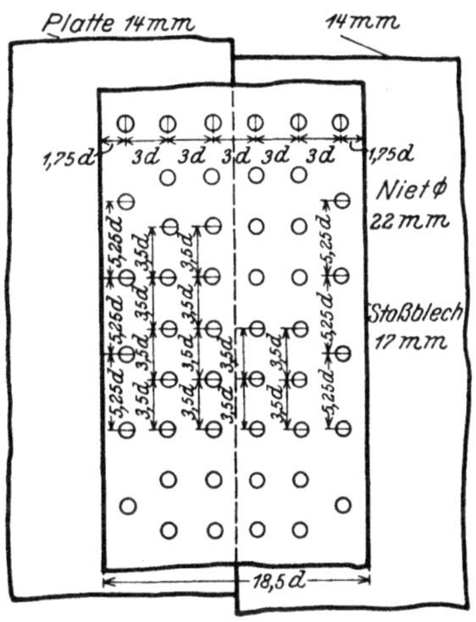

Abb. 772.

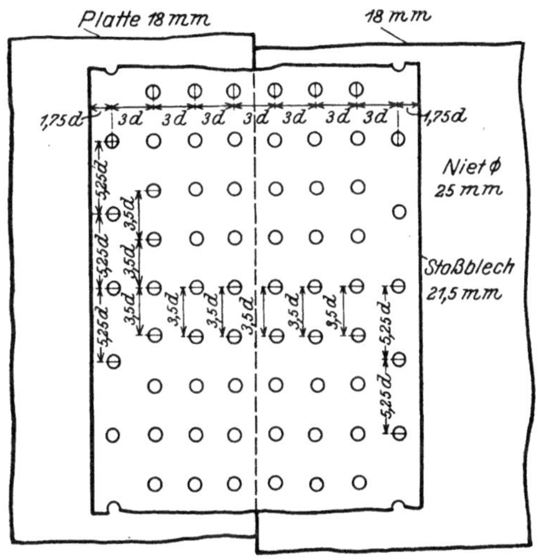

Abb. 773.

wohl denken, daß man eine geringere Beanspruchung des Materials dadurch erreichen will, aber die hier vermiedene Schwächung zeigt sich an anderer Stelle doch. Nach den Vorschriften des Germanischen Lloyd und des Lloyd's Register müssen im Seeschiffbau bei mehrreihiger Nietung sowohl bei Stoßblech- wie bei Überlappungsnietung alle Nietreihen die volle Zahl Nieten haben. British Corporation gibt dagegen sowohl bei Stoßblech wie bei Überlappungsnietung, bei Vernietung der Stöße der Außenhaut und des Gurtungsdecks bei Plattendicken von 14 mm und darüber vielfach für die äußeren Nietreihen eine um 25 mm größere Nietteilung an als für die inneren Reihen (siehe Abb. 769 bis 771).

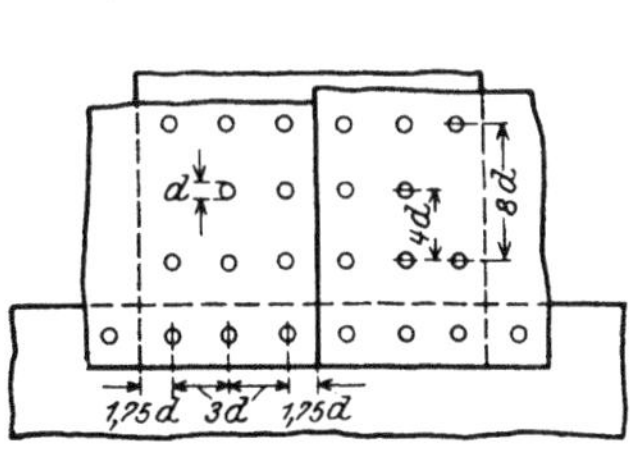

Abb. 774.

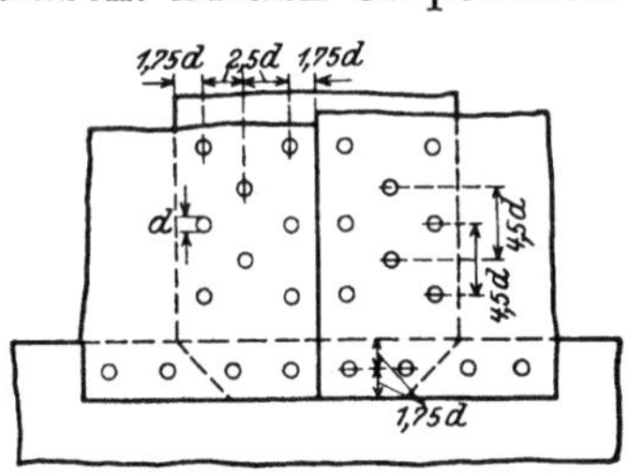

Abb. 775.

Auch das französische Bureau Veritas kennt für mehrreihige Stoßblechnietung — nicht für Überlappungsnietung — eine größere Nietentfernung in den äußeren Nietreihen als in den inneren bei den Stößen des Scheergangs, des obersten Seitengangs und des Gurtungsdecks. In den äußeren Nietreihen beträgt der Nietabstand 5,25 d gegen 3,5 d der inneren Nietreihen, so daß auf jede vierte Nietreihe wieder die volle Zahl Nieten kommt (siehe Abb. 772 und 773).

Abweichungen von der allgemein üblichen Art der Vernietungen zeigen die neuen Vorschriften des Germanischen Lloyd für den Bau von flußeisernen Binnenschiffen. Danach ist der Nietabstand in der äußeren Nietreihe bei dreireihiger Stoßblechnietung 8 d in der äußeren Reihe gegen 4 d in den inneren Reihen, wie es in den letzten Jahrzehnten des vorigen Jahrhunderts im Seeschiffbau auch üblich war, wo in der äußersten Reihe immer ein Niet weggelassen wurde (siehe Abb. 774).

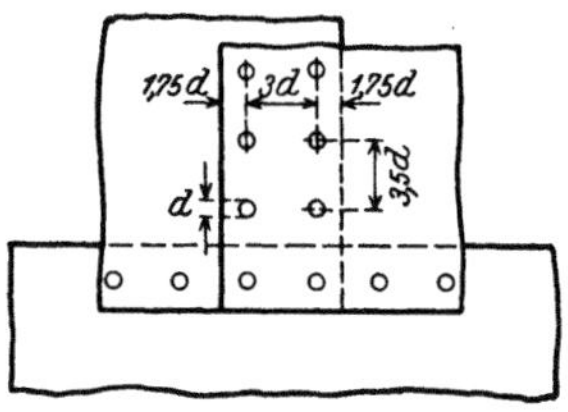

Abb. 776.

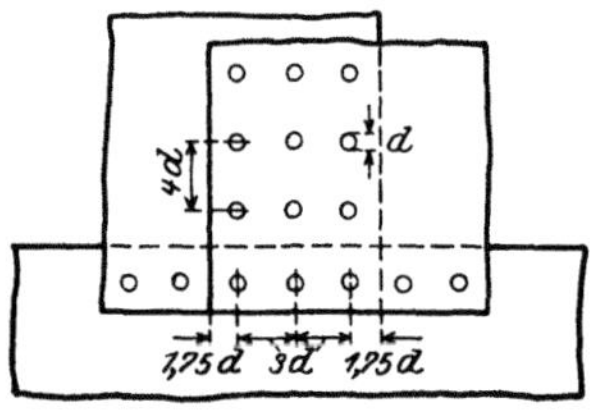

Abb. 777.

Abweichend ist ferner die dreireihige Zickzacknietung bei Stoßlaschennietung. Die Nietteilung ist hierbei in allen drei Reihen 4,5 d (siehe Abb. 775). Der Abstand der parallelen Nietreihen 3 d gegen 3,5 d im Seeschiffbau.

Bei überlappten Stößen erhalten auch im Flußschiffbau alle Nietreihen die volle Zahl Nieten; indessen ist hier der Abstand der parallelen Nietreihen 3 d (siehe Abb. 776 und 777).

2. Verschweißen von Bauteilen.

a) Gasschweißung. Die autogene Gasschweißung findet im Schiffbau bei Einzelteilen, die aus dünnem Material gefertigt sind, z. B. für Ventilatoren, kleine Tanks, Rohrleitungen usw. vielfache Anwendung. Sie ist infolge der bei ihrer Ausführung auftretenden Wärmemengen, die bei Verbindung schwerer Teile zu unzulässigen Spannungen und Verwerfungen Anlaß geben würden, aber auf leichtere Einzelteile beschränkt und hat für die eigentliche Konstruktion des Schiffskörpers keine Bedeutung. Vorteilhaft verwendet wird die autogene Gasschmelzschweißung auf den Werften vor allem bei der Verbindung dünnerer Bleche; gegenüber der Nietung hat die Gasschmelzschweißung nicht allein den Vorteil billigerer Herstellung, sondern auch geringeren Materialverbrauches, geringeren Gewichts, besserer Dichtigkeit und in vielen Fällen besserer und schönerer Gestaltung der mit ihrer Hilfe hergestellten Gegenstände. Bei der Herstellung von Masten und Ladebäumen in entsprechend eingerichteten Werken (Mannesmannwerke, Fitzner-Laurahütte) wird Wassergasschweißung auch bei größeren Blechstärken bis zu 30 mm angewendet.

b) Elektrische Widerstandsschweißung. Als Verbindungsmittel für Bauteile nimmt dagegen die elektrische Schweißung heute eine Mittelstellung zwischen der autogenen Schweißung und der Nietung ein. In der Form der elektrischen Widerstandsschweißung, bei der die aufeinandergepreßten Bauteile durch starken elektrischen Strom bis zum Zusammenschmelzen ihrer Oberfläche erhitzt werden, findet die elektrische Schweißung nur wenig Anwendung, da dieses Verfahren sich gleichfalls nur für die Verbindung leichter Einzelteile durch Punkt-, Nahtschweißung oder Stumpfschweißung eignet und Anlagen erfordert, die vorzugsweise der Massenfertigung dienen. Im allgemeinen werden daher nur Ausrüstungsgegenstände für Schiffe, die von anderen Fabriken bezogen werden, mit Widerstandsschweißung gefertigt, z. B. leichte Ketten. Eine nicht uninteressante Anwendung elektrischer Widerstandsschweißung hat in den letzten Jahren auf britischen Werften zur Verbindung von Bronzeteilen mit Stahlflächen, vor allem von Schraubbolzen und Rohren auf Platten, Eingang gefunden. Die dabei verwendete Schweißmaschine[1] arbeitet automatisch, wodurch ein genaues und zuverlässiges Arbeiten erzielt wird. Für den Bau des eigentlichen Stahlschiffkörpers kommt die Widerstandsschweißung bei dem derzeitigen Stande der Technik noch nicht in Frage.

c) Elektrische Lichtbogenschweißung. Wesentliche Bedeutung für die Verbindung von Bauteilen hat dagegen die Lichtbogenschweißung gewonnen. Nur mit Hilfe der elektrischen

---

[1] Lichtbogenschweißapparat zum Anschweißen von Bolzen und Zapfen. Die Schmelzschweißung 1928, Nr. 12.

Lichtbogenschweißung sind bisher zwar auch nur kleinere Schiffe gebaut worden[1], aber sie hat zur Herstellung schwerer Einzelteile und zur Verbindung einzelner Konstruktionsteile des eigentlichen Schiffskörpers in den letzten Jahren eine immer wachsende Bedeutung gewonnen.

Das Wesen und die Wirkungsweise der elektrischen Lichtbogenschweißung besteht darin, daß der Schiffskörper den einen Pol eines Lichtbogens bildet, die Schweißelektrode den anderen. Durch den Lichtbogen schmilzt die Elektrode, und das von ihr abschmelzende Material vereinigt sich mit der obersten Materialschicht der zu verbindenden Teile, welche durch den Lichtbogen so erwärmt wird, daß sie gleichfalls in flüssigen Zustand übergeht; hierbei wird eine innige molekulare Vereinigung des Elektrodenmaterials mit dem Baustoffmaterial erzielt. Zum Schweißen dient im Schiffbau fast durchweg Gleichstrom von 15 bis 25 Volt (je nach Länge des Lichtbogens) und 150 bis 180 Amp., der in besonderen Schweißumformern erzeugt wird. Die Elektroden sind bei Verwendung von Gleichstrom vorzugsweise unbekleidet bzw. getaucht (d. h. ganz leicht bekleidet) und bestehen aus bestem Flußeisen mit etwa 0,1% Kohlenstoffgehalt. Derartiges Material hat an sich etwas geringere Festigkeit und etwas größere Dehnung als Schiffsbaustahl; infolge der schnellen Erwärmung beim Schweißen verändern sich seine Eigenschaften in dem Sinne, daß die Festigkeit größer und die Dehnbarkeit stark verringert wird. Vielfache Zerreißversuche mit gut aufgeführten Probeschweißungen haben gezeigt, daß Stumpfschweißungen von Platten in Stärken, wie sie im Schiffbau üblich sind, etwa 90 bis 100% der Festigkeit des Plattenmaterials haben, daß aber die Dehnbarkeit nur etwa 10 bis 15% der Dehnbarkeit des angrenzenden Materials beträgt. Dieser Nachteil läßt sich, wo es auf absolute Festigkeit ankommt, aber dadurch beheben, daß die Schweißung 5 bis 10% größere Dicke erhält als die Platte, so daß ein Bruch in der Platte erfolgen muß, wobei deren Dehnbarkeit für die Aufnahme der Konstruktion an Arbeitsvermögen maßgebend ist. Vergleichsweise sei erwähnt, daß dreireihige Nietverbindungen etwa 70 bis 80% der Festigkeit des vollen Bleches besitzen.

Wegen der geringeren Dehnung der elektrischen Schweißung und weil Biegungsversuche mit Stumpfschweißungen geringere Festigkeit als gesundes Blech zeigten, schreibt Lloyd's Register in seinen vorläufigen Vorschriften über die Anwendung elektrischer Schweißung bei Schiffen Überlappungsschweißungen vor. Bei Überlappungsschweißungen muß, ähnlich wie beim Nieten, eine gewisse Mindestbreite der Überlappung innegehalten werden, da sonst zu starke Biegungskräfte und Formänderungen auftreten (Abb. 778); Lloyd's Register schreibt für dünne Platten eine Überlappungsbreite vor, die 6mal so groß ist, wie die Plattenstärke, für dicke Platten dagegen nur Überlappung von 3facher Plattenstärke. Zahlreiche Ausführungen von Stumpfschweißungen von Schiffsplatten haben aber in langen praktischen Betriebserfahrungen die Vollwertigkeit auch der Stumpfschweißungen bewiesen, die den großen Vorteil beträchtlicher Materialersparnis und glatter Oberfläche hat.

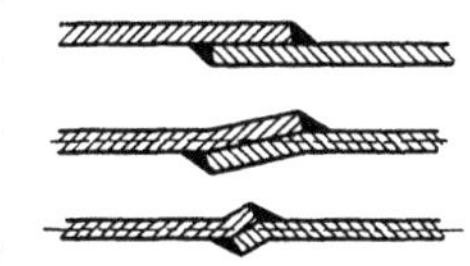
Abb. 778.

Wie bei der Verwendung der Stumpfschweißung zur Verbindung von Platten, muß auch sonst bei Anwendung der elektrischen Schweißung bei Schiffen bei der konstruktiven Durchbildung der Verbindung darauf Rücksicht genommen werden, daß es sich um eine ganz andere Verbindungsweise handelt, als bei der Nietung. Die Nietung ist eine mittelbare Verbindung, bei der die zu verbindenden Teile die auftretenden Kräfte durch das Niet und durch Zwischenstücke (Laschen, Überlappungen, Profilflanschen, Verbindungswinkel, Kniebleche) übertragen, die an sich für die Konstruktion belanglos und

[1] Strelow: Die Lichtbogenschweißung und ihre praktische Verwendung im Schiffbau. Jb. SBTG. 1924. — Lottmann: Erfahrungen bei der Anwendung elektrischer Lichtbogenschweißung im Schiffbau. Jb. SBTG. 1924. — Malisius: Einige Fragen der elektrischen Schweißung bei Großschiffen. Schiffbau, 30. Jahrg., Nr. 7, S. 153. — Electric Arc Welding: „The Shipping World" 12. Sept. 1928. — All Welded Steel Barge: „Marine Journal" 1. Nov. 1928.

nur Mittel zum Zweck der Verbindung sind. Die Schweißung ist dagegen eine unmittelbare Verbindung, bei der der Kraftlinienfluß in den vielen Fällen bei richtiger Durchbildung der Verbindung weit besser durch sie hindurchgeführt werden kann. Daraus ergeben sich schon für die einfachsten Verbindungen bei der Schweißung wesentlich einfachere und leichtere Ausführungen und außerdem Fortfall von Nachteilen, die bei Nietverbindungen unvermeidlich sind. Abb. 779 bis 782 zeigen die vergleichsweise Anordnung von Niet- und Schweißverbindungen, Abb. 783 bis 785 die Wirkung von Biegungskräften bei Nietverbindungen, die bei konstruktiv richtig durchgebildeten Schweißungen in Fortfall kommen[1]. Für Kreuzverbindungen, die im Schiffbau häufig vorkommen, hat die Schweißung den großen Vorteil annähernd gleicher Festigkeit in beiden Richtungen, was mit Nietung nicht erzielbar ist (Abb. 782). Wo Schweißung zur Verbindung von Versteifungen mit Platten angewendet wird, fällt der Flansch des Versteifungsprofiles fort, da sein Steg unmittelbar an die Platte angeschweißt wird. Durch elektrische Schweißung werden viele Konstruktionen möglich, die durch Nietung nicht oder nur unter Anwendung übermäßig vielen Materiales erzielt werden können, so z. B. hochstegige Träger mit Stegversteifungen, die auch mit den Gurtungen verbunden sind, und Balken mit wechselnder Steghöhe oder Gurtungsbreite.

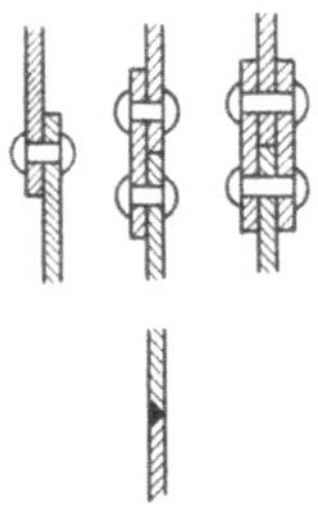
Abb. 779.

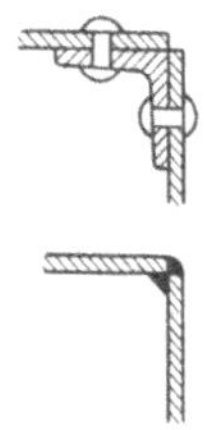
Abb. 780.

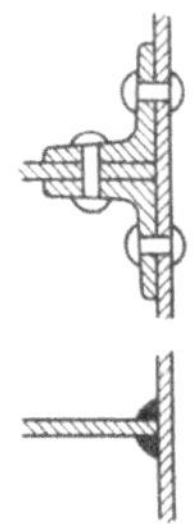
Abb. 781.

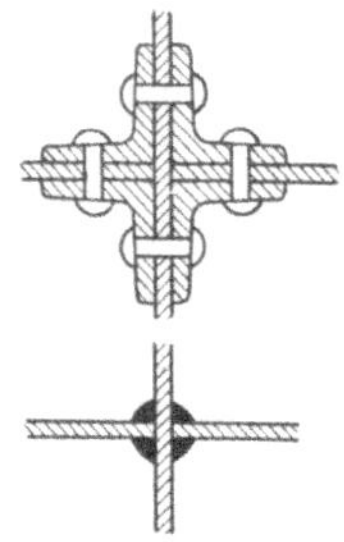
Abb. 782.

Abb. 783.

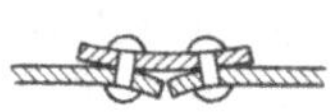
Abb. 784.

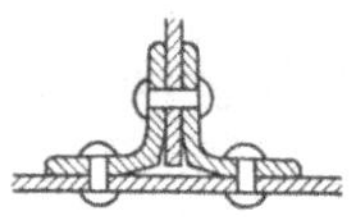
Abb. 785.

Wie bei der Nietung ist auch bei der Schweißung zwischen Heftverbindungen zur Übertragung geringer Kräfte, Festigkeitsverbindungen zur Übertragung großer Kräfte und Dichtigkeitsverbindungen zu unterscheiden. Heftschweißungen, die fast nur bei Verbindungen von Versteifungsprofilen mit Platten in Frage kommen, werden als unterbrochene Kehlschweißungen ausgeführt, wobei nur kurze Strecken mit leichter oder voller Kehlschweißung (einmalige bzw. mehrmalige Auftragung) verbunden werden und zwischen den einzelnen Schweißungen Zwischenräume verbleiben, welche ein- bis viermal und darüber so lang sind, wie die Schweißungen selbst (entsprechend Nietung mit 4 bis 6 d Abstand, Abb. 786). Derartige Schweißungen werden bei Versteifungen der Symmetrie wegen auf beiden Seiten der Stege ausgeführt. Etwas größere Festigkeit und vollständige Dichtigkeit hat die durchgehende leichte Kehlschweißung, bei der eine einmalige Auftragung ohne Unterbrechung durchgeführt wird. Vollwertige Festigkeitsverbindungen von Ecken werden durch „volle" Kehlschweißung ausgeführt, bei der so oft einzelne Schweißlagen nacheinander aufgetragen werden, bis die Schweißkehlhöhe 60 bis 70% der Stärke der zu verbindenden Teile beträgt (Abb. 787).

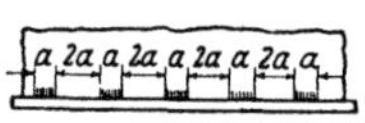

Abb. 786.

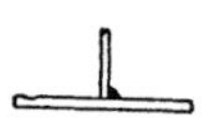
Abb. 787.

Überlappungsschweißungen von Platten werden bei Stößen der Außenhaut stets an beiden Kanten als volle Kehlschweißungen, bei Längsnähten der Außenhaut und bei Stößen und Nähten von Schottplatten an einer Kante als volle, an der anderen Kante als leichte Kehlschweißungen ausgeführt.

Bei Stumpfschweißungen werden Platten bis zu etwa 4 bis 5 mm Stärke ohne Abschrägung miteinander verschweißt, und zwar mit einem Zwischenraum, der je nach der Stärke der Platte 0,5 bis 3 mm beträgt. Platten von 4 bis 20 mm Stärke werden an den zu

[1] Strelow: Neuere Schweißverfahren und Gestaltung. Z. V. d. I. 2. X. 1926. — Hilpert: Einfluß des Schweißens auf die Gestaltung. Z. V. d. I. 1927.

verbindenden Kanten einseitig abgeschrägt, und zwar ungefähr in einem Winkel von zusammen 60°; zwischen den Winkelkanten bleibt ein Zwischenraum von 2 bis 4 mm (Abb. 788 links); als zweckmäßig hat sich auch ein Abstand erwiesen, der gleich der Stärke des Schweißdrahtes ist. Stärkere Platten werden an beiden Seiten abgeschrägt, so daß eine schwalbenschwanzförmige Schweißung entsteht (Abb. 788 Mitte). Wo eine Stumpfnaht stark auf Biegung beansprucht wird, kann die Schweißung durch eine aufgelegte Lasche entlastet werden (Abb. 788 rechts). Wie hier und wie bei stumpfgeschweißten Nähten, die stärker gehalten sind als die verbundenen Platten, lassen sich auch sonst Schweißverbindungen so ausführen, daß sie stärker sind, als die verbundenen Teile; durch die Anwendung dieses bei Schweißung (nicht aber bei Nietung) möglichen Konstruktionsprinzipes läßt sich die Wirkung mancher unleugbarer Nachteile elektrischer Schweißung ausschalten. Bei richtiger Durchbildung lassen sich Schweißverbindungen für alle Fälle, wo sie anwendbar sind, genügend fest und genügend dicht herstellen. Sehr bedenklich ist dagegen gemeinsame Verbindung durch Schweißung und Nietung und das Schweißen von Konstruktionsteilen, die mit genieteten Teilen zusammenwirken. Derartige Verbindungen sind nur zuverlässig, wenn die Schweißung so fest ausgeführt ist, daß sie alle Beanspruchungen einwandfrei allein aufnehmen kann. Die Schweißung ist eine starre Verbindung, die Nietung eine nachgiebige und beim Zusammenwirken muß die Schweißverbindung die Beanspruchung ihrer geringeren Formänderung wegen bei höheren Belastungen fast allein aufnehmen, denn die Nietung kommt erst voll zum Tragen, wenn die Schweißung gerissen ist. Schweißungen einzelner Verbindungen im sonst genieteten Schiffskörper müssen deshalb stets so angeordnet sein, daß kein Zusammenwirken mit Nietverbindungen stattfindet.

Abb. 788.

Lloyd's Register hat, wie bereits erwähnt, einige vorläufige Vorschriften über Verwendung elektrischer Schweißung bei Schiffen, die aber nur in Frage kommen, wo die Schweißung durchweg in der Konstruktion eines Schiffskörpers oder für Schiffsteile, die großen Beanspruchungen ausgesetzt sind, angewendet wird. Derartige Schiffe erhalten im Register den Zusatzvermerk „Electric welding" oder „Experimental". Die Schweißart bedarf in solchen Fällen besonderer Genehmigung und der Bau derartiger Schiffe wird besonders beaufsichtigt.

Der größte Nachteil der elektrischen Schweißung liegt vorläufig noch darin, daß die Güte der Arbeit infolge der heute noch beim Aufsichtspersonal fehlenden Sachkenntnis und Erfahrung außerordentlich von der Geschicklichkeit und Zuverlässigkeit des betreffenden Arbeiters abhängig ist und daß noch praktische Mittel fehlen, um eine nachträgliche Kontrolle hierüber zu führen[1]. Bei großen Schiffen bietet auch die Montage Schwierigkeiten, da sie hohe Kosten verursacht. Immerhin hat man auch schon für die Montage gewisse Regeln aufgestellt[2]. Die Kosten sind, je nach der Art der betreffenden Verbindung, im Vergleich zur entsprechenden Vernietung außerordentlich verschieden hoch. Naturgemäß ist die Ausführung einzelner Schweißungen am Schiffskörper teuer, weil der Transport und die Installierung der Werkzeuge viel Kosten machen. In allen Fällen aber, wo die Schweißarbeiten größeren Umfang haben, sind sie billiger, besonders bei Verbindungen, wo hohe Festigkeit verlangt wird, wo also etwa dreifache Nietung erforderlich wäre. Auch bei Verbindungen von Bauteilen mit geringen Materialstärken ist das elektrische Schweißen verhältnismäßig sehr billig[3]. Auf größeren Werften werden sehr viele Einzelbauteile durchweg elektrisch geschweißt, z. B. Reelingstützen, Rinn-

[1] Strelow: Die Prüfung von Schweißnähten. Stahleisen 1927. Sondernummer zur Werkstofftagung.

[2] Entwurf von Schweißverbindungen im Schiffbau. Vortrag von Owens vor der American Welding Society. Auszug in „Die Schmelzschweißung" 1927, Nr. 9.

[3] Strelow: Wirtschaftlicher Vergleich der Schmelzschweißung und der Nietung. Z. V. d. I. 2. Juni 1927. — Arc Welding: Lincoln Prize Papers. Mc. Graw Hill Book Company New York 1929.

steine, Oberlichte, Teilschotte, Tanks, Eckwinkel, Kröpfungswinkel, Kreuzverbindungsstücke, Poller, Ladebaumkonsolen, gebaute Verdrängungsruder, Propellerleitflächen, Scheerstöcke, Raumstützen, Deckstützen, Schanzkleidstützen (Abb. 789 und 794), Deckswindenfundamente, Ventilationsrohre und Schächte, Durchführung durch Decks, Schalkklampen, Wegerungshalter, Klüsenrohre. Die Herstellung solcher Einzelteile kann dort besonders gut und zweckmäßig mit elektrischer Lichtbogenschweißung ausgeführt werden, wo eine Herstellung in der Werkstatt möglich ist. Außerdem wird elektrische Schweißung vielfach für Verbindungen gebraucht, die früher im Feuer geschweißt wurden, z. B. zur Herstellung von Knieen an den aufgeschnittenen Enden von Decksbalken. In den meisten derartigen Fällen ist die gerade bei derartigen Einzelteilen mögliche erhebliche Arbeitsersparnis maßgebend für die Anwendung der elektrischen Schweißung. Bei wasserdichter Arbeit ergeben sich in dieser Beziehung durch das Fortfallen des Verstemmens und des Kröpfens von Winkeln wesentliche Vorteile. — Besonders aussichtsreich ist, solange der vollständige Übergang zur elektrischen Lichtbogenschweißung noch nicht vollzogen ist, die Herstellung einzelner Bauteile, die in sich geschlossene konstruktive Gebilde sind (in denen also ein von anderen Bauteilen unabhängiger Kraftlinienfluß stattfindet, der sich auf den Schiffskörper selbst nur an den Verbindungsstellen dieser Bauteile mit dem Schiffskörper auswirkt). — Es gibt überall im Schiffbau Konstruktionsteile, die gewissermaßen mit Hilfe von Nietung gebaute Profile sind und welche viel zweckmäßiger mit Hilfe von Schweißung als konstruktiv einheitliche Stücke hergestellt werden können, z. B. schwere Träger und Unterzüge, in weiterem Sinne auch Schotten und andere Trennungswände usw. Soweit nicht die Bauvorschriften der Klassifikationsgesellschaften dem entgegenstehen, wird die Konstruktion von Bauteilen bei Verwendung elektrischer Schweißung vom Walzprogramm der Eisenhütten unabhängig, denn jeder Bauteil kann aus Blechen hergestellt und den auftretenden Belastungen entsprechend geformt werden, Träger also z. B. im Steg oder im Flansch parabolisch ausgebildet und an den Enden mit einheitlich verbundenen Knieen versehen werden. Nicht allein die andere Art der Verbindung bietet also durch den Fortfall von Flanschen und Überlappungen die Möglichkeit von Gewichtsersparnissen, sondern vor allem auch die unabhängige konstruktive Gestaltung. Im Einzelfalle muß bei größeren einzelnen Bauteilen mit Rücksicht auf die genieteten Decks usw. eine Unterteilung stattfinden, die durch Nietung überbrückt wird.

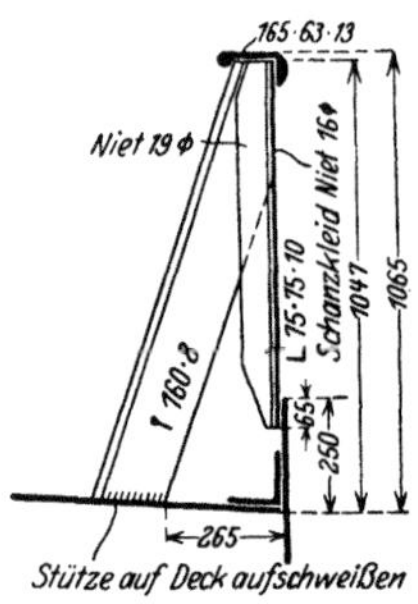

Abb. 789.

Sehr viele Vorteile bietet auch die Herstellung der bisher als große Schmiedestücke bzw. aus Stahlguß hergestellten schweren Bauteile mit Hilfe elektrischer Lichtbogenschweißung. Derartige Bauteile können mit geschweißten Nähten sehr viel leichter und fester gefertigt werden als auf irgendeine andere Weise, und der Anschluß an den übrigen Schiffskörper ist sehr viel einfacher auszuführen. Von Vorteil ist die Herstellung solcher Bauteile auf der Werft, da sie unabhängig von den Lieferungen auswärtiger Werkstätten macht.

Die Vorteile elektrischer Schweißung gerade im Schiffbau, wo zugleich Festigkeit und Dichtheit verlangt wird, hat naturgemäß zu zahlreichen Versuchen geführt, Schiffe ganz ohne Nietung zu bauen. Vor allem die Montageschwierigkeiten haben diese Versuche aber auf verhältnismäßig kleine Fahrzeuge beschränkt. Auf diesem Gebiete sind aber in den letzten Jahren wesentliche Fortschritte gemacht worden, so daß eine weitere Ausbreitung des Baues von ganz geschweißten Schiffen auch größerer Abmessungen zu erwarten ist. Zögernd stehen noch die großen Klassifikationsgesellschaften einer derartigen Anwendung elektrischer Schweißung gegenüber, die unter Berücksichtigung der noch nicht unbedingten Zuverlässigkeit der Schweißung verständlich ist. Um so erfreulicher ist aber das Vorgehen der deutschen Reichsmarine, die sowohl durch umfassende Verwendung elektrischer Schweißung bei einzelnen Bauteilen als auch beim Bau ganzer Schiffe wertvolle Erfahrungen sammelt.

Besondere Vorteile bietet die elektrische Schweißung beim Bau von Tankfahrzeugen[1]. Bei ihnen ist die Nietung besonders teuer und schwächt den Schiffskörper in ungewöhnlichem Maße. Wenn weitere Erfahrungen die Möglichkeit ergeben, daß die Schotten solcher Schiffe absolut öldicht eingeschweißt werden können, läßt sich vielleicht der Einbau von Kofferdämmen zwischen zwei Tankräumen vermeiden. Die bessere Öl- und Gasdichtigkeit geschweißter Tankschiffe schützt vor Ölverlust und Explosionsgefahr. Leckagen durch abgeplatzte Nieten kommen bei geschweißten Schiffen nicht in Frage. Mit Recht hat daher die deutsche Marine als Versuchsbauten mit vollständiger Schweißung zunächst Tankschiffe gewählt, weil sich bei ihnen die größten Vorteile erzielen lassen, aber auch am besten Erfahrungen im Betriebe sammeln lassen.

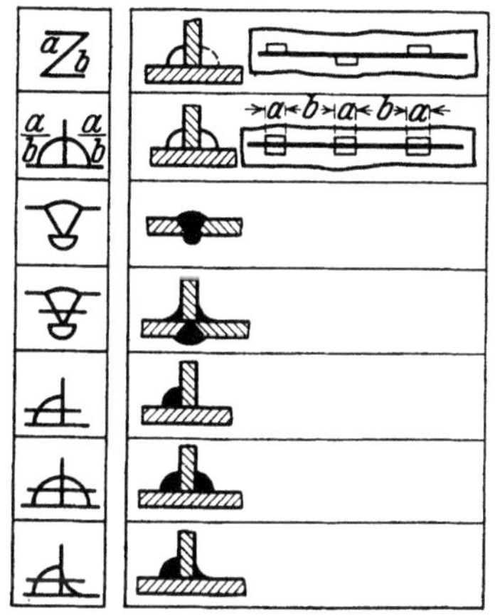

Abb. 790. Kennzeichnung von Schweißverbindungen.

Diese Tankschiffe[2], welche auf den Deutschen Werken in Kiel im Jahre 1928 erbaut wurden, sind Transportfahrzeuge von 600 bis 775 t Tragfähigkeit mit eigenem Antrieb, die dazu dienen sollen, die großen Schiffe mit dem erforderlichen Heizöl zu versehen. Sie haben die

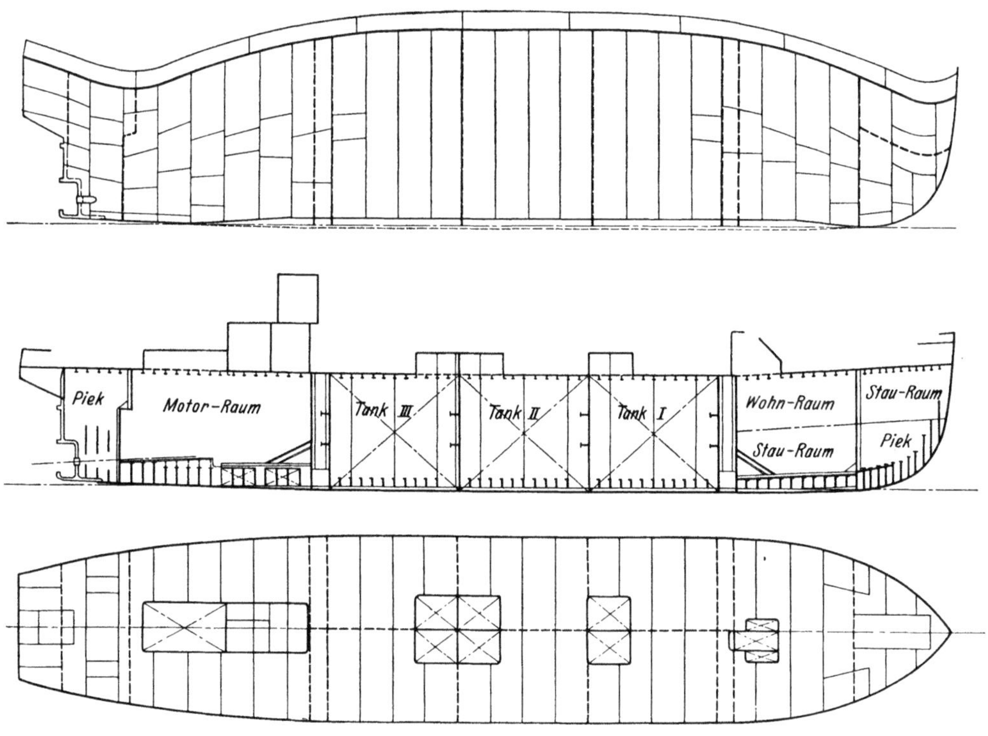

Abb. 791.

Hauptabmessungen 40,60 × 8,20 × 4,85 m und in beladenem Zustande mit 600 t einen Tiefgang von 4,25 m. Die Abb. 791 zeigt die Einrichtung und Raumanordnung dieser

[1] Malisius: Versuche mit elektrischen Schweißungen und Aussichten für ihre Verwendung im Großschiffbau. Die Schmelzschweißung 1929, Nr. 9, S. 150.

[2] Malisius: Neubau zweier Öltanker mit durchweg elektrischer Schweißung. Werft Reederei Hafen 1929, H. 3. — Wahl: Die elektrisch geschweißten Schiffe der Deutschen Werke Kiel, Aktiengesellschaft. Die Schmelzschweißung 1929, H. 7.

Leichter. Zum Antrieb dient ein Dieselmotor von 70 PS_e. Der Schiffskörper ist in Anlehnung an die Bauvorschriften des Germanischen Lloyd für kleine Küstenfahrt mit Eisverstärkung entworfen, doch konnten mit Rücksicht auf die elektrische Schweißung für Profile und Platten geringere Materialstärken gewählt werden. Bei Festlegung der Verringerung ist man vorsichtig vorgegangen; an den Querschotten von genieteten Tankschiffen wird von der Außenhautbeplattung etwa 33% des Plattenquerschnittes abgebohrt. Man hat jedoch bei diesen geschweißten Schiffen, bei denen diese Schwächung fortfällt, nur eine Verringerung der Außenhautstärke von 8 auf 7 mm vorgenommen.

Vor Festlegung der konstruktiven Einzelheiten wurden eine Reihe von Versuchen durchgeführt. Probestäbe mit stumpfen Querschweißungen rissen außerhalb der Schweißung, ein Beweis dafür, daß die Festigkeit der Schweißung bei Beanspruchung in dieser

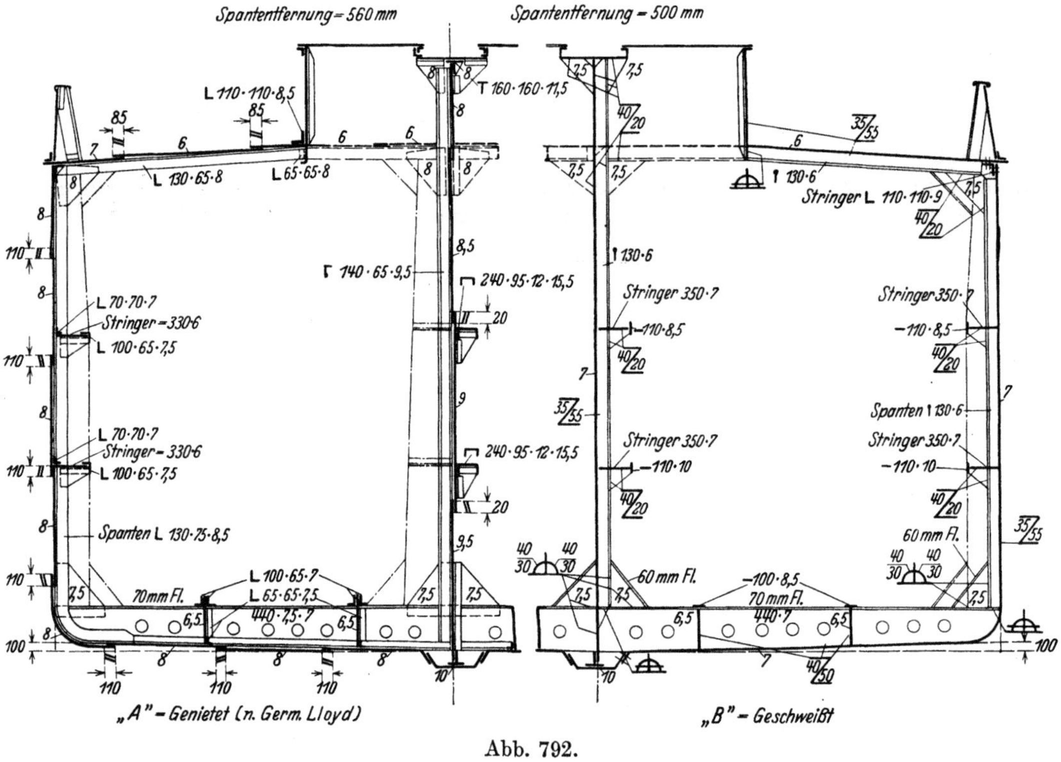

Abb. 792.

Richtung ausreicht. Probestäbe mit einer Schweißnaht in der Zugrichtung öffneten sich zuerst in dieser Naht, indem ein Loch entstand. Dies erklärt sich daraus, daß die Dehnung des Schweißmaterials wesentlich geringer als die des Bleches ist. Aus diesen Versuchen folgerte man, daß längsschiffs verlaufende Schweißungen in hoch beanspruchten Teilen vermieden werden müssen, in weniger beanspruchten Teilen aber als zulässig angesehen werden können.

Wo durchlaufende Längsnähte in den oberen und unteren Gurtungen nicht vermieden werden können, glaubte man zunächst noch normale Nietung anwenden zu müssen. Da die Schweißung quer zur Zugrichtung mindestens gleiche Festigkeit wie der volle Blechquerschnitt hat, können die Stöße der Außenhaut in einer Spantebene liegen; es empfiehlt sich, zur Verstärkung der Schweißung ein Versteifungsprofil (Spant) auf dem Stoß anzubringen. Diesen Erfahrungen entsprechend sind die Leichter vollständig geschweißt, bis auf die Kielnaht und die beiden Decksnähte. Die Abb. 790 zeigt die Arten der angewendeten Verbindungen mit den auf den Abb. 792 bis 795 angegebenen Kennzeichnungen. Alle Stumpfschweißungen, die auf Festigkeit beansprucht werden,

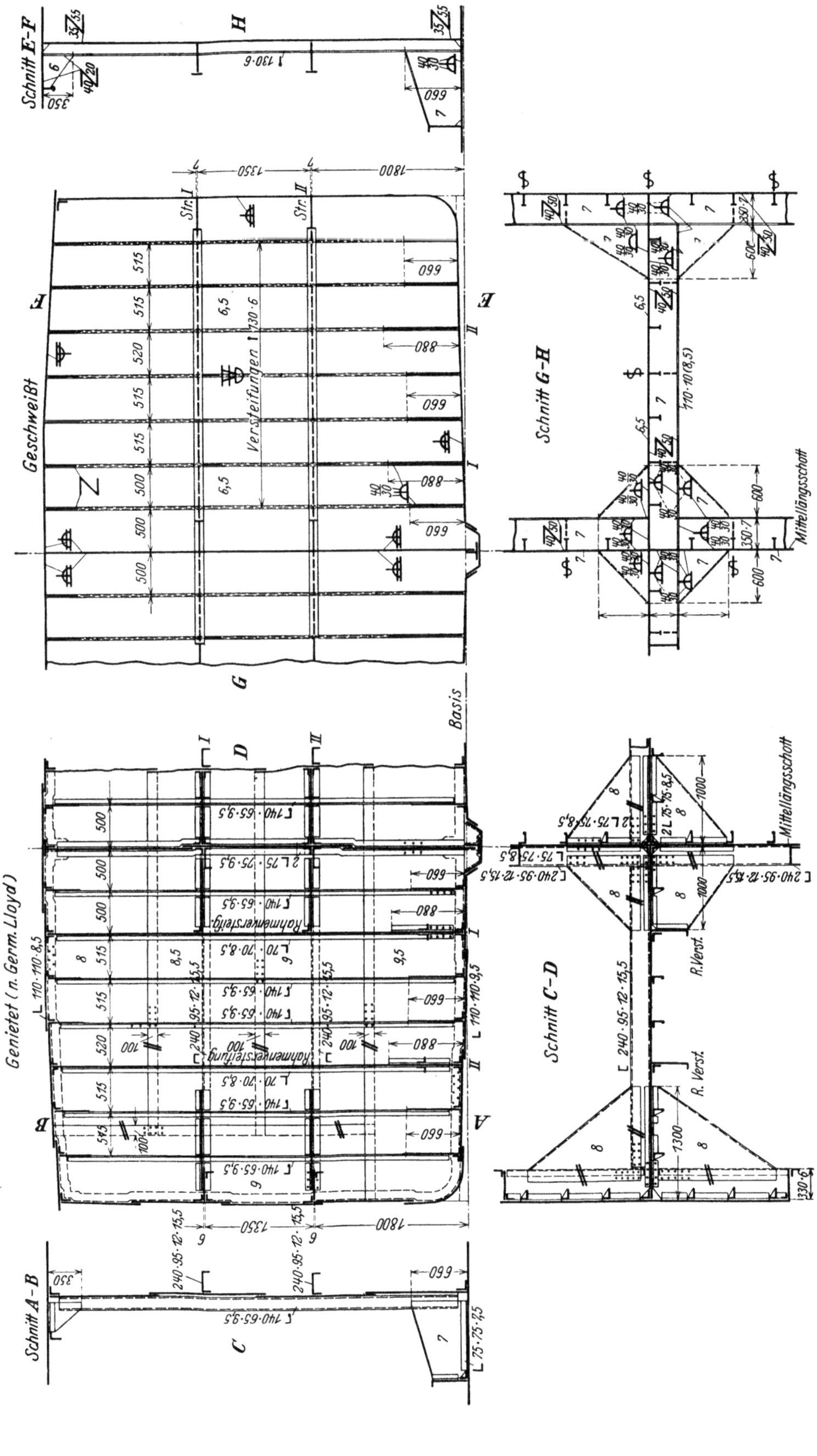
Schnitt E-F
Geschweißt
Versteifungen
Schnitt G-H
Mittellängsschott
Basis
Genietet (n. Germ. Lloyd)
Rahmenversteifg.
Schnitt C-D
Schnitt A-B

Abb. 793.

sind auf beiden Seiten mit Verstärkungswülsten versehen. Die Platten der Außenhaut und des Decks wurden 1,5 m breit querschiffs angeordnet, und zwar für das Deck und im Mittelschiff für die Außenhaut aus einem Stück, an den Enden der Außenhaut wegen der doppelten Krümmung mit entsprechenden Unterteilungen, wie aus der Abb. 791 ersichtlich. Die Abb. 792 und 793 zeigen Gegenüberstellungen zwischen genieteter und geschweißter Bauart, die Abb. 794 und 795 Einzelheiten der Ausführung an den noch genieteten Längsnähten am Kiel und am Deck.

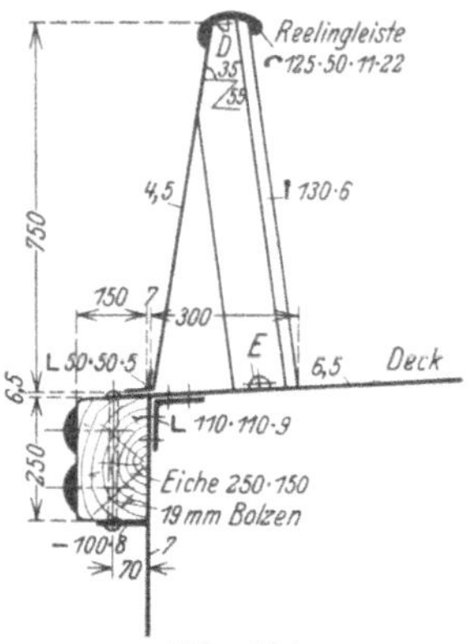

Abb. 794.

Die untenstehende Tabelle X zeigt eine Gegenüberstellung der Gewichte zwischen einem geschweißten und zwei genieteten Schiffen, von denen das eine gleiche Abmessungen und das zweite gleiche Tragfähigkeit hat wie das geschweißte.

Die Tabelle zeigt, daß das geschweißte Schiff 30% leichter ist als das genietete gleicher Abmessungen und 36,4% leichter als das genietete gleicher Tragfähigkeit. Die Herstellungskosten des geschweißten Schiffes, gerechnet pro Tonne Materialgewicht, waren etwa 29% teurer als für das genietete Schiff, gerechnet pro Tonne Tragfähigkeit, jedoch 11% billiger; diese Zahlen gelten naturgemäß nur für Fahrzeuge dieser Bauart und Größe.

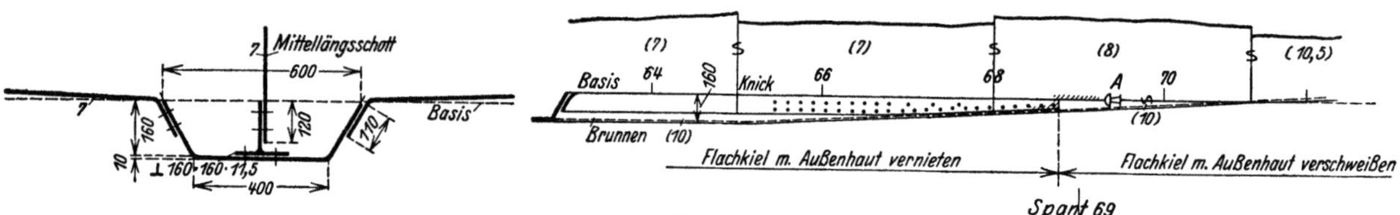

Abb. 795.

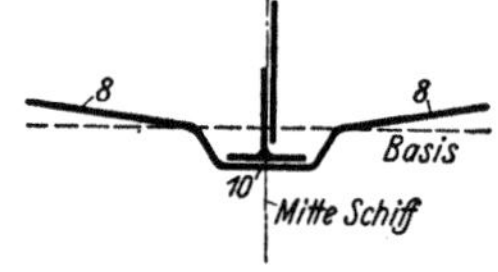

Die Zuverlässigkeit der Schweißverbindungen beruht, da bisher keine Methoden einer nachträglichen einwandfreien Prüfung bekannt geworden sind, auf sorgfältigster Werkstattarbeit. Für den Bau der beiden Marinetankleichter wurden die Außenhautplatten auf dem Schnürboden abgewickelt und die Lage der Spanten, Bodenstücke und

Tabelle X. Gewichtsvergleich (Schiffskörper ohne Steven, Ruder und Ausrüstungsteile).

Bezeichnung der Bauteile	Hauptabmessungen: 40,60 × 8,20 × 4,85 m Geschweißt I		Hauptabmessungen: 40,60 × 8,20 × 4,85 m Genietet II		Hauptabmessungen: 43,70 × 8,20 × 4,85 m Genietet III	
	Bleche kg	Profile kg	Bleche kg	Profile kg	Bleche kg	Profile kg
Spanten und Bodenstücke	13170	6575	14600	16345	17000	19000
Stringer	7730	2470	7885	8265	9200	9600
Außenhaut	42880	5395	50890	4900	55510	5200
Querschotte	18210	3580	26335	14640	26335	14640
Längsschotte	6650	2040	11370	4660	11370	4660
Fundamente	2835	245	2180	1940	2180	1940
Schwere Einbauten	1420	—	1495	390	1495	390
Decks, Luken, Unterz.	16575	7850	18975	10615	22000	12795
Aufbauten	3630	585	3610	1195	3610	1195
Deckstützen	—	780	—	1089	—	1080
Nietköpfe	—	515	—	7150	—	7800
Schweißdraht	—	1345	—	—	—	—
	113100	31380	137340	71180	148700	78300
	144480 t = 70% von II = 63,6% von III		208520 t II = 100%		227000 t = 100%	

Versteifungen bezeichnet, sowie die Art der Schweißverbindung mit Farbe aufgemalt. Die zu verschweißenden Ränder der Platten wurden auf der Hobelmaschine auf je etwa 30° in voller Plattenstärke abgeschrägt. Für die Aufstellung dieses Schiffes wurde ein Lehrgerüst benötigt, in welches zuerst die Außenhaut bis oben hineingelegt und dann die Spanten eingebracht wurden.

Eine der wichtigsten Aufgaben der Betriebsleitung bestand darin, den Fortgang der Schweißarbeiten so einzurichten, daß Spannungen in den Nähten, Stößen und Flächen durch richtige Berücksichtigung der Schrumpfung vermieden wurden. Da der Schweißer horizontal liegende Stücke zuverlässiger und auch schneller schweißen kann, als Seiten- oder gar Überkopfschweißungen, wurden die Bodenstücke mit den Spanten und Balken auf der Richtplatte fertig verschweißt, ebenso das Mittellängsschott und die Querschotte. Es ist überhaupt zu empfehlen, möglichst viele Teile außerhalb des Schiffes in der Werkstatt weitgehend fertigzuschweißen und dann im ganzen einzusetzen. Ferner ist es zweckmäßig, die Versteifungen an den Schotten parallel mit dem Plattenstoß verlaufen zu lassen und die Einteilung so vorzunehmen, daß auf jeden Plattenstoß auch eine Versteifung liegt. Sämtliche Versteifungen sollten auch auf derselben Schottseite liegen, weil man dann die Bleche leichter auf der Richtplatte nachspannen kann, wenn es erforderlich wird.

Man legte beim Bau derÖlleichter die Platten der Schotte zunächst in der gewünschten Lage hin, mit einem Spalt von etwa Schweißdrahtdicke, und heftete sie durch kleine, in Abständen von etwa 120 mm angebrachte Schweißungen aneinander. Mit dem Fertigschweißen der Naht wurde bei der mittelsten Platte in der Mitte der Naht oder des Stoßes begonnen und dieser Stoß oder die Naht vollständig fertig geschweißt, bevor man zur nächsten Naht überging. Normalerweise werden hierdurch Spannungen vermieden; treten sie trotzdem auf, so reißen die kleinen Heftschweißungen und führen den Ausgleich herbei. Genügt die Intensität der Spannungen nicht zum Abreißen, so werden dennoch die Spannungen verschwinden, weil die Heftpunkte beim Fertigschweißen meistens aufgeschmolzen, zum mindesten aber schmiegsam werden. Nach dem Verschweißen der Nähte und Stöße werden die Platten umgewendet und die Profile aufgebracht.

Die Montage des Schiffes verlief so, daß zuerst die Platten der Außenhaut in das Lehrgerüst gelegt und in dem gewünschten Abstand geheftet wurden. Dann wurden die außerhalb des Schiffes fertiggestellten Teile eingebracht und mit dem Schiff verschweißt und zuletzt die Schweißungen der Außenhautnähte und Stöße; erst nachdem alle Schweißarbeiten fertig sind, ist an das Schlagen der Niete heranzugehen. Auch bei dem Verschweißen der Außenhaut wurde in derselben Weise verfahren wie bei den Schotten, angefangen bei der mittelsten Platte in deren Mitte, der Kimm, ist jeder Stoß fertigzuschweißen, bevor zum nächsten übergegangen wird, so fortfahrend bis zu den Steven. Mit Ausnahme der mittleren, haben sich sämtliche Platten um das Schrumpfmaß verschoben. Aus diesem Grunde mußte mit der Nietung der Gurtungsnähte am Kiel und Deck gewartet werden bis alle Schweißarbeiten erledigt waren. Die Dichtigkeitsprüfungen wurden mit Wasserdruck vorgenommen und mit besonderer Sorgfalt durchgeführt. Die Druckprobe ist vorläufig noch die beste und einfachste Prüfung der Güte der Schweißarbeit; denn eine fehlerhaft geschweißte Naht leckt stets mehr oder weniger. Lecke Nähte müssen durch Heraushauen der Schweißung und Neuverschweißen repariert werden. Es ist zu empfehlen, die Naht, die eine dicke Platte mit einer dünneren verbinden soll, besonders vorzubereiten, indem von der dickeren Platte an der Kante ein Hobelspan abgenommen wird, derart, daß beide Platten an der Kante praktisch gleich dick sind. Die Erwärmung der beiden Plattenkanten ist dann gleichmäßiger.

Die Abb. 796 und 797 zeigt die Art der Verschweißung der Verbände des ersten Versuchsschiffes von $16 \times 3{,}16 \times 1{,}56$ m Hauptabmessungen, welches vor den Öltankleichtern in prinzipiell gleicher Anordnung gebaut wurde. Diese Anordnung, deren typisches Kennzeichen die querliegenden Außenhaut- und Decksplatten sind, trägt, wie bemerkt, der Tatsache Rechnung, daß das Material in der Schweißnaht geringere Dehnung hat als das Walzmaterial. Nach Erfahrungen mit anderen geschweißten Schiffen und Fahrzeugen läßt sich heute sagen, daß die in dieser Beziehung geübte Vorsicht sehr weit ging, denn es sind aus der Praxis keine Fälle bekannt geworden, in denen geschweißte Längsnähte versagt haben. Ein solches Versagen könnte

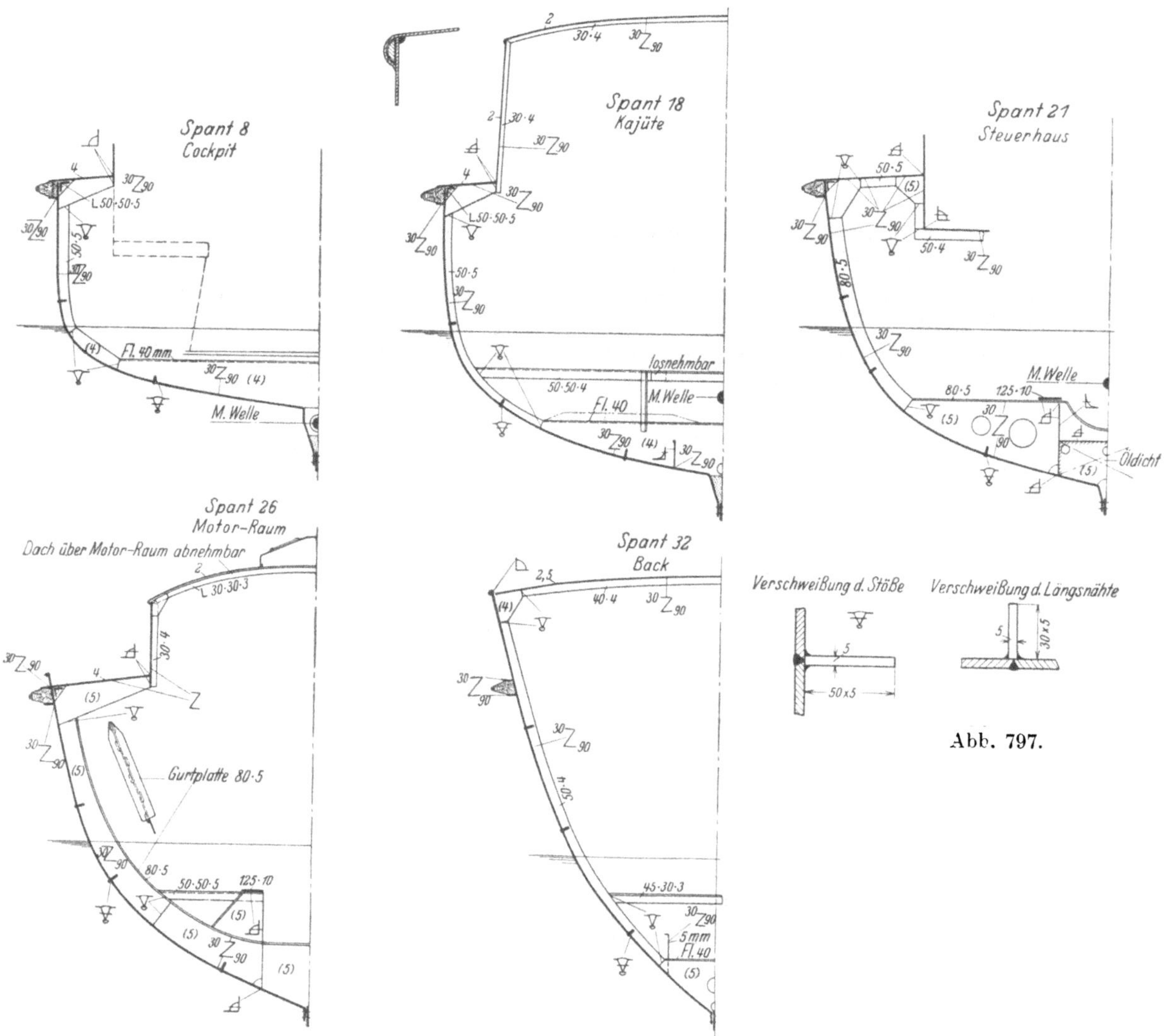

Abb. 797.

Abb. 796.

tatsächlich auch erst eintreten, wenn das Walzmaterial weit über die Streckgrenze hinaus beansprucht wird, was in normalem Betriebe als ausgeschlossen gelten kann. Wohl ist es möglich, daß bei Kollisionen und anderen lokalen Überbeanspruchungen ein Öffnen von Schweißnähten in der Art, wie bei dem obigen Versuch geschildert, eintritt, das wird aber unvermeidlich sein, denn die Richtung der Beanspruchung liegt in solchen Fällen vorher nicht fest. Ein derartiges Öffnen einer Schweißnaht in Form eines Loches wird auch erheblich belangloser sein als das Öffnen einer Nietnaht durch Überbeanspruchung. Im ganzen erscheint eine Anordnung von Längsnähten an sich unbedenklich zu sein. Man hat aber bei geschweißten Schiffen jedenfalls im Gegensatz zur genieteten Ausführung die Möglichkeit, die Platten querschiffs oder längsschiffs anzuordnen, wenn dies aus Montagegründen oder aus anderen Gründen erwünscht ist.

Wie bereits oben angedeutet, sind geschweißte Verbindungen bei Überlastungen starrer als genietete, und dieser Vorteil kann an geeigneten Stellen vorteilhaft ausgenutzt werden, besonders dort, wo Verbindungen von Konstruktionsteilen häufig wechselnden starken Beanspruchungen ausgesetzt werden, wie das z. B. bei Maschinenfundamenten der Fall ist. Die stärkere und starrere Verbindung durch Schweißung macht ein geschweißtes Maschinenfundament zu einem einheitlichen Ganzen, in welchem die auftretenden Stöße teilweise ausgeglichen, teilweise gemildert werden, so daß sie weder das Fundament selbst zerstören noch nach außen hin wesentlich auf den Schiffskörper einwirken können. Selbstverständlich muß die Vernietung größerer in sich starrer Fundamente mit dem Schiffskörper besonders sorgfältig ausgeführt werden. Der Wert der geschweißten Ausführung von Maschinenfundamenten, der sich schon bei den oben erwähnten Schiffen zeigte, wurde auch bei den Fundamenten der beiden Motoren eines Flußkahnes erwiesen, der im Jahre 1929 auf den Deutschen Werken in Kiel gebaut wurde. Die Abb. 603 des Abschnittes IV zeigt dieses Fundament, auf dem zwei dreizylindrige Zweitakt-Dieselmotoren von je 120 PS bei 375 minutlichen Umdrehungen eingebaut sind. Der Kahn hat eine Länge von 67 m bei 8,16 m Breite und 2,4 m Seitenhöhe und wurde unter Aufsicht des Germ. Lloyd nach dessen Klasse ✠ $100 \frac{A}{4} J$ aus SM-Flußeisen erbaut. Er soll zum Transport von Automobilen benutzt werden und hat zu diesem Zweck einen 50 m langen Laderaum unter Deck, der durch Schotte oder Rahmenspanten nicht eingeengt werden durfte. Wenn das Deck auch mit Eisen beplattet wurde und auf jedem 4. Spant Deckstützen erhalten hat, so kann man das Schiff doch nicht als besonders günstig und widerstandsfähig gegen Schwingungen betrachten, um so weniger als die Motoren am hinteren Ende des langen und breiten, aber niedrigen Schiffes aufgestellt sind. Man entschloß sich im Einverständnis mit der Reederei und dem Germ. Lloyd, das Fundament zu schweißen. Die allgemeinen Verhältnisse im Motorenraum waren recht ungünstig, querschiffs niedrige Bodenstücke, längsschiffs nach hinten ansteigender Boden ließen genügende Steifigkeit bei der üblichen Bauart kaum erwarten. Als einziger wirklich wirksamer Längsträger kam nur die Außenhaut in Frage, an die denn auch die gesamte Fundamentkonstruktion übergeführt und daran aufgehängt wurde.

Abb. 798.

Trotz dieser ungünstigen Verhältnisse wurde die Aufgabe durch Verwendung der Schweißung für das Fundament erfolgreich gelöst, denn das Schiff (Abb. 798) zeigte sich auf der Probefahrt als praktisch schwingungsfrei.

d) Die Berechnung der Festigkeit von Lichtbogenschweißverbindungen. Aus eingehenden Versuchen über die konstruktive Festigkeit von Schweißverbindungen, die in den Jahren 1925 bis 1928 von Prof. Dustin im Laboratorium der Universität Brüssel ausgeführt wurden[1], geht hervor, daß die Zugfestigkeit des mit guten Elektroden niedergeschlagenen

[1] Arc Welding, Lincoln Prize Papers, Mac Graw Hill Book Company Newyork.

Materiales etwa 40 kg/mm² beträgt. Elastizitätsmodul und das Verhältnis von Scheerfestigkeit zu Zugfestigkeit sind ähnlich wie bei gewalztem Flußeisen. Die Fließgrenze liegt auf etwa 72 bis 75% der Zugfestigkeit und die Dauerfestigkeit auf etwa der Hälfte der Fließgrenzenbeanspruchung. Bei Scheerbeanspruchung liegt die Dauerfestigkeit auf etwa 53% des für Zugbeanspruchung gültigen Wertes. Von erheblicher Bedeutung für die Berechnung und konstruktive Durchbildung von Schweißverbindungen sind die von Dustin ausgeführten Versuche über konstruktive Belastung von Schweißungen. Die Untersuchung von Stumpfschweißungen ist dabei außer Betracht gelassen worden, da die Art ihrer Beanspruchung völlig elementar ist und sie ohne Schwierigkeiten auf Grund der obengenannten Werte und angemessener Sicherheitsfaktoren berechnet werden können. Kehlschweißungen, die das Grundelement jeder anderen Schweißverbindung darstellen, können im wesentlichen nur in zwei Richtungen beansprucht werden, nämlich in der Ebene des dreieckigen Querschnittes der Schweißung (Querbeanspruchung Abb. 799) und in der Längsrichtung der Schweißnaht (Längsbeanspruchung Abb. 800). Das Ergebnis

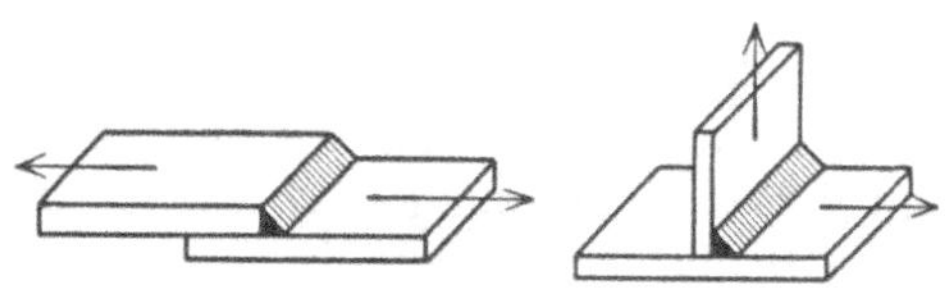

Abb. 799.

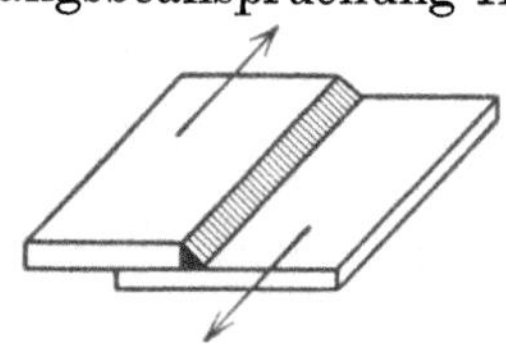

Abb. 800.

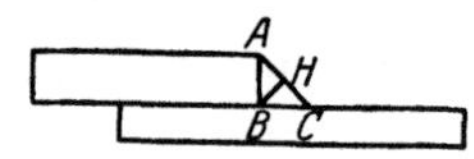

Abb. 801.

dieser Versuche geht dahin, daß die Hauptspannungen aller Kehlschweißungen in der Ebene B—H der Abb. 801 liegen und deren Größe maßgebend für die Belastung ist, welche die Schweißung aushalten kann. Quer beanspruchte Schweißungen nehmen beim Bruch nur sehr wenig Arbeit auf, sind also sehr starr, längs beanspruchte erheblich dehnbarer, ehe ein Bruch eintritt, und zwar um so mehr, je länger die Schweißung ist. Versuche mit Schweißverbindungen, die teils längs, teils quer beansprucht waren, ergaben, daß die quer beanspruchten Schweißungen zuerst einen wesentlich größeren Teil der Belastung aufnahmen, als ihren Abmessungen entsprach, und daß sie infolgedessen zuerst brachen. Die rechnungsmäßige Gesamtfestigkeit solcher Verbindungen wurde dadurch bis zu 20% vermindert; es ist also bei der konstruktiven Durchbildung solcher Verbindungen eine entsprechende Verstärkung vorzusehen, die in den meisten Fällen nur an der längs beanspruchten Schweißnaht möglich sein wird. Auf Grund von Versuchen wird weiter unbedingt der Verwendung von Elektroden widerraten, durch welche ein Material mit höheren Festigkeitswerten niedergeschlagen wird (vernickelte Elektroden geben bis zu 50 kg/mm²), denn derartige Schweißungen sind keineswegs fester, weil bei ihnen das Schweißmaterial bei Überbeanspruchung vom Grundmaterial losgebrochen wird und die Schweißungen mit solchen Elektroden leichter fehlerhaft werden. Als Regeln für die konstruktive Durchbildung und Ausführung von Schweißungen stellt Dustin die folgenden auf: 1. Mit Ausnahme von Stumpfschweißungen können alle Schweißverbindungen auf Kehlschweißungen zurückgeführt werden, die quer, längs oder schräge belastet werden. 2. Zur Ausführung sind Elektroden zu nehmen, die beim Niederschlagen ein Material von 38 bis 40 kg Zugfestigkeit pro mm² ergeben bei 15 bis 20% Dehnung. Sie müssen eine natürliche Form der Schweißung ergeben, bei der die Fläche A—C (Abb. 801) flach oder leicht erhaben, aber keinesfalls hohl ist (um eine möglichst große beanspruchte Fläche B—H bei relativ geringem Aufwand zu erhalten). 3. Unter dieser Voraussetzung kann die Festigkeit von quer beanspruchten Schweißungen zu 26 kg pro mm², gerechnet auf den Querschnitt des mit der Schweißung in Berührung stehenden Konstruktionsmateriales angenommen werden (also gerechnet auf die Schenkelfläche A—B; dies entspricht einem Wert von 37 kg pro mm² für die Fläche B—H). Die Festigkeit der einfachen Kehlschweißung ist also auf Grund dieser Rechnungsweise bei Verwendung gewöhnlichen Konstruktionsstahles von 40 kg Festigkeit pro mm² etwa gleich 65 bis 66%

der Festigkeit des zugehörigen Konstruktionsmateriales an der Schweißgrenze, 4. die Festigkeit von längs belasteten Schweißungen kann zu 16 bis 20 kg pro mm², gleichfalls gerechnet auf die Grenzfläche der Schweißung, angesetzt werden, sie hat also 40 bis 50% der Festigkeit des Konstruktionsmateriales im Bereich der Schweißgrenze. 5. Schräge belastete Schweißungen sind wie längs belastete zu betrachten, wenn die Richtung der Belastung 60° oder weniger zu den Achsen der verbundenen Teile geneigt ist. 6. Wenn eine Konstruktion nur statischen Belastungen ausgesetzt ist, sind quer belastete Schweißverbindungen wegen ihrer größeren Stärke vorzuziehen. Bei vorkommenden dynamischen Belastungen sind längs belastete Schweißverbindungen vorzuziehen, da sie, wie auch durch Versuche bewiesen wurde, infolge ihrer besseren Arbeitsaufnahmefähigkeit dynamische Beanspruchungen günstiger aufnehmen als quer belastete Schweißungen. Versuche mit exzentrisch belasteten Profilen, die nur an einem Flansch an Zugplatten festgeschweißt waren, zeigten, daß die Bedeutung der Exzentrizität nicht erheblich ist und bei den reichlich großen Sicherheitsgraden, die für Schweißverbindungen angesetzt werden müssen, vernachlässigt werden kann. Bei unsymmetrischen Profilen ist es zweckmäßig, die Schweißungen so anzuordnen, daß die neutrale Achse der Schweißungen in die neutrale Achse des Profiles fällt, bei Winkeln ist also z. B. bei Zug oder Druckbeanspruchung in Längsrichtung die Schweißung am Rücken etwa dreimal so lang zu halten wie an der Zehe. Knickversuche mit an den Enden verschweißten Profilen ergaben, daß diese Verschweißung keine Einspannung ergibt, da praktisch eine genau zentrische Belastung nicht erzielt werden kann; die Berechnung ist also genau wie bei genieteten Konstruktionen unter der Annahme fehlender Einspannung vorzunehmen.

Etwas andere Grundlagen für die Festigkeitsberechnungen von Elektroschweißungen geben die vom Verein Deutscher Ingenieure im Januar 1930 als Entwurf veröffentlichten „Richtlinien für die Ausführung geschweißter Stahlbauten“[1], welche als Anhang zu den in den deutschen Ländern bestehenden amtlichen Bestimmungen für die Ausführung von Hochbauten gedacht sind. Sie sind unter der Voraussetzung aufgestellt worden, daß die Ausführung der Bauten durch zuverlässige Firmen erfolgt, die die Prüfung und Bauüberwachung durch Fachingenieure vornehmen läßt, welche auf den Gebieten der Statik, des Stahlbaues und der Schweißtechnik besondere Kenntnisse und Erfahrungen besitzen. Nach diesen Richtlinien gilt als Berechnungsgrundlage die Formel

$$P = F \cdot \sigma_{zul},$$

in welcher $F = a \cdot l$ ist und in der bedeuten:

P die durch die Schweißnaht zu übertragende Kraft,

F den Bruchquerschnitt,

a die Dicke der Schweißnaht,

bei Kehlnaht: die Höhe des eingeschriebenen gleichschenkeligen Dreiecks der Kehlnaht (nicht die Länge) eines Anlageschenkels;

bei Stumpfnaht: die Dicke der zu verbindenden Querschnitte, bei verschiedenen Dicken die kleinere,

l die Länge der Schweißnaht abzüglich der Kraterenden,

σ_{zul} die hierunter angegebenen zulässigen Spannungen, nämlich bei Beanspruchung

auf Zug	850 kg/cm²	auf Biegung	850 kg/cm²
„ Druck	1100 „	„ Abscherung	750 „

Höhere als die angegebenen Spannungen sind an den Nachweis der Zulässigkeit durch Versuche gebunden. Bei Bauteilen, die auf Biegung beansprucht werden, können zur Aufnahme der Schubspannungen unterbrochene Schweißnähte angeordnet werden.

Über Schweißerprüfungen wird in den Richtlinien gesagt, daß sie nicht die Güte des Werkstoffes, sondern die Fähigkeit der am Bau beschäftigten Schweißer nachweisen

[1] Die Elektroschweißung Jg. 1, H. 1. 1930.

sollen. Es werden zu diesem Zweck zwei Längsbleche an ein Querblech geschweißt, so daß im Querschnitt eine Kreuzform entsteht. Die Schweißnähte sind quer zur Walzrichtung zu legen. Die dem Schweißer vorgeschriebene „Nahtdicke" (welche der Strecke $B—H$ der Abb. 801 entspricht) soll etwa die 0,6fache Blechdicke sein. Die an das Querblech anzuschweißenden Längsbleche sollen eine etwa 20 mm geringere Breite haben als das Querblech, damit an den beiden zurückstehenden Stirnenden eine Heftung erfolgen kann. Von den vier Kehlnähten sind zwei in wagerechter Lage der Bleche und zwei in lotrechter Lage der Bleche zu verschweißen. Aus diesem kreuzförmig verschweißten Blechgebilde werden drei Streifenkreuze von 35 mm Breite kalt herausgeschnitten und in der Prüfmaschine in der Richtung der Längsbleche zerrissen. Hierbei muß die Bruchlast, bezogen auf den Querschnitt F, mindestens 30 kg/mm² ergeben, andernfalls ist der Schweißer zurückzuweisen. Kommen bei einem Bauwerk Überkopfschweißungen vor, so kann verlangt werden, daß zwei Nähte des Probestückes über Kopf geschweißt werden.

Die Güteprüfung von Schweißungen ist nach den Richtlinien auf die Prüfung je einer Stirnkehlschweißung (wie für Schweißprüfung), einer Flankenkehlschweißung und einer Stumpfschweißung zu erstrecken. Bei der Prüfung der Flankenkehlschweißung werden zwei breitere Blechstreifen, die mit den schmalen Kanten einen gewissen Abstand voneinander haben, durch zweiseitige schmale Laschen mit insgesamt vier Kehlnähten miteinander verbunden. Die Prüfung dieser Probestücke, die durch Aneinanderziehen der breiten Blechstreifen erfolgt, muß im Bruchquerschnitt eine Scheerfestigkeit von wenigstens 24 kg/mm² ergeben. Bei der Prüfung der Stumpfschweißung werden zwei Bleche von je 6 und 12 mm Stärke durch V- oder X-Nähte zu einem Probestück zusammengeschweißt, wobei eine Festigkeit von mindestens 30 kg/mm² erreicht werden muß. Bei dem Biegeversuch an Blechen bis zu 20 mm Stärke, bei welchem bis zum ersten Anriß ein Biegungswinkel von mindestens 60° erreicht werden muß, wird das Probestück auf zwei Auflagerollen gelegt, deren lichter Abstand mindestens gleich der 5fachen Blechstärke ist. Die Schweißnaht liegt in der Mitte zwischen den Rollen; auf sie wird ein Biegestempel aufgesetzt, der zweifache Blechstärke hat und unten halbkreisförmig abgerundet ist. Für die Montage schreiben die Richtlinien vor, daß die Lage der Schweißverbindungen, die auf der Baustelle hergestellt werden sollen, schon in der Werkstatt an den einzelnen Bauteilen angezeichnet werden soll. Heftschweißen dürfen nur in spannungslosem Zustand gesetzt werden; Zusammenzwängen einzelner Teile ist unzulässig; Klammern und Schraubstöcke dienen nur dazu, gegenseitige Verschiebung der Bauteile zu hindern, solange die Schweißarbeit nicht beendet ist. Alle Oberflächen, die geschweißt werden sollen, müssen frei von Rost, Zunder, Öl, Farbe und Schmutz sein. Zum Schluß weisen die Richtlinien darauf hin, daß Überwachung durch Fachingenieure und Nachprüfung der ausgeführten Schweißungen erforderlich ist.

VII. Das Verrosten und die Erhaltungsmittel.

1. Ursachen des Verrostens und deren Einschränkung durch bauliche Maßnahmen.

Von größter Bedeutung für die Niedrighaltung der Instandhaltungskosten und damit im Zusammenhang für die Erzielung einer ausreichenden Lebensdauer von Schiffen ist ein möglichst weitgehender Schutz aller Teile, insbesondere der aus Stahl gefertigten Teile gegen die Einwirkung von Luft, Wasser und anderen Stoffen (Kohle, Öl und Salzen), denen sie im Betriebe ausgesetzt sind. Die zu diesem Zweck erforderlichen Maßnahmen müssen, wenn sie wirksam sein sollen, schon beim Bau des Schiffskörpers einsetzen, und zwar nicht erst, nachdem derselbe annähernd fertiggestellt ist, denn schon geeignete konstruktive Durchbildung der Verbände kann die erfahrungsgemäß später an bestimmten Stellen auftretenden Schäden wenigstens teilweise verhindern oder in ihrer Wirkung abschwächen. Anstrich und Konservierung und eine eingehende Kenntnis der Ursachen der meist auf chemische Einwirkungen zurückzuführenden Zerstörung des Schiffskörpers gehören aus diesem Grunde zum Gebiete des Stahlschiffbaues im engeren Sinne.

Korrosion oder Rosten von blankem Eisen und Stahl ist eine chemische Umwandlung dieser Materialien in Oxyde und oxydartige Verbindungen, welche nach älteren Anschauungen nur bei Anwesenheit von Kohlensäure erfolgen kann; nach neueren Erkenntnissen spielt das Vorhandensein von Wasserstoff die Hauptrolle[1]. Wasserstoff ist in ausreichender Menge im Eisen bzw. Stahl vorhanden und bildet sich auch beim Rostprozeß. Kohlensäure, welche den Prozeß anscheinend beschleunigt, findet sich in Luft und Wasser, welche auch den außerdem erforderlichen Sauerstoff enthalten. Nachdem der Umwandlungsprozeß eingeleitet ist, dringt er immer tiefer in das Metall, wobei dessen ursprüngliches Volumen auf das Mehrfache vergrößert wird. Die entstehenden Verbindungen sind hauptsächlich Eisenoxydhydrate der Formel $Fe_2O_3(H_2O)_x$, worin x verschiedene Werte haben kann; daneben finden sich Säuren anderer Verbindungen, die je nach den besonderen Ursachen und Verhältnissen verschiedenartig sind. Auch in den einzelnen Rostschichten ist die Zusammensetzung verschieden; während die oberen Schichten chemisch inaktiv sind, findet sich an der Berührungsstelle von metallischem Eisen und Rost eine aktiv wirkende Schicht, welche Wasserstoff und Kohlensäure enthält, wodurch sich die fressende Wirkung des Rostes erklärt. Rosten findet an verschiedenen Stellen des Schiffskörpers und bei verschiedenen Eisensorten sehr verschieden schnell statt. Begünstigt wird es durch Wärme, Feuchtigkeit, abwechselnde Einwirkung von Wasser und Lust und vor allem durch elektrogalvanische Wirkungen, die in viel höherem Maße bei der Zerstörung des Eisens mitspielen, als man gemeinhin annimmt. Besonders bei Korrosionen an der Außenhaut des Schiffskörpers ist elektrolytische Wirkung die Ursache von Korrosionen, weil das Seewasser als guter Leiter die Rolle der Säureflüssigkeit eines galvanischen Elementes spielt. Der Strom geht dann von dem in der elektrischen Spannungsreihe höher stehenden Metall zu dem niedrigeren und dabei wird das höher stehende als das jeweils elektropositive des galvanischen Elementes zerstört. Maßgebend ist also bei Vorhandensein mehrerer Metalle ihre Stellung zueinander in der elek-

[1] Über die chemischen Zusammenhänge beim Rosten siehe: Dr. M. Ragg: Die Schiffsboden und Rostschutzfarben, Berlin 1925.

trischen Spannungsreihe. Nach Untersuchungen des Materialprüfamtes[1] in Lichterfelde haben die hauptsächlichsten für den Schiffbau in Frage kommenden Metalle folgende Spannungszahlen, beginnend mit dem positiv am höchsten stehenden:

Zink	+ 1,037	Zinn	+ 0,422
Gußeisen	+ 0,759 bis 0,762	Gußmessing	+ 0,272
Flußeisen	+ 0,755	Walzmessing	+ 0,242
Eisen chem. rein	+ 0,755	Kupfer	+ 0,223
Stahl	+ 0,744	Bronze	+ 0,15 bis 0,17
Ni-Stahl (ca. 25% Ni)	+ 0,581	Nickel	— 0,08
Blei	+ 0,483		

Eine für den Schiffbau besonders wichtige Art der Entstehung von Eisenoxydverbindungen ist die Bildung des Walzzunders (Hammerschlag) beim Walzen und bei der Bearbeitung des Eisens bzw. Stahles in glühendem Zustande, wichtig vor allem deshalb, weil sie nicht nur die Einleitung eines Korrosionsvorganges auf der metallischen Oberfläche der Bauteile des Schiffes ist, sondern weil Walzzunder den Vorgang des Weiterrostens noch erheblich mehr beschleunigt als der bei normaler Temperatur entstandene Rost. Weitere Unterschiede in der Schnelligkeit der Rostbildung sind auf die verschiedenartige Zusammensetzung der Schiffbaumaterialien zurückzuführen, teils weil sie je nach dieser Zusammensetzung mehr oder minder stark zum Rosten neigen, teils weil galvanische Ströme entstehen, wenn verschiedenartige Materialien miteinander verbunden sind.

Der gewöhnliche Vorgang des Rostens hält sich im allgemeinen, wenn nicht, wie in tropischen Gegenden, besonders ungünstige Verhältnisse vorliegen, in verhältnismäßig engen Grenzen. Ernstliche Schäden, deren Verhinderung von vorherein beim Bau des Schiffes angestrebt werden muß, sind fast durchweg auf Einwirkungen ungünstiger Art zurückzuführen, also auf Wärme und Feuchtigkeit, galvanische Ströme und Einwirkungen von Kohle, Öl oder anderen chemisch wirksamen Stoffen.

Rein galvanische Einwirkungen stärkeren Umfanges zeigen sich vor allem, wo Kupfer oder Kupferlegierungen in der Nähe von Eisenteilen im Seewasser liegen. Es entsteht dann ein Strom, durch den das Eisen zerstört wird. Derartige Korrosionen lassen sich durch Anbringung von Schutzplatten aus Zink verhältnismäßig sicher verhindern; da Zink im Verhältnis zum Eisen elektropositiv ist, wandern die galvanischen Ströme dann vom Zink zum Kupfer und zerstören das Zink dabei ziemlich schnell, während das in der Nähe befindliche Eisen nicht angegriffen wird. Die Anbringung und rechtzeitige Erneuerung derartiger Schutzplatten ist an Hintersteven von Schiffen, welche Bronzeschrauben haben, unumgänglich notwendig. Bei Schiffen, welche Stahlgußsteven haben, hat man in manchen Fällen auch gute Resultate erzielt, indem man Schutzplatten aus weichem Flußeisen am Steven anbrachte; ihre Wirkung beruht in gleicher Weise darauf, daß dieses Material gegenüber dem Stahlguß elektropositiv ist und daher den Strom an sich zieht. Solche Schutzplatten haben den Vorteil wesentlich längerer Lebensdauer, weil die Spannung zwischen Kupfer und Eisen geringer ist als diejenige zwischen Kupfer und Zink; sie sind aber nicht unbedingt zuverlässig, weil der Spannungsunterschied zwischen verschiedenen Sorten Stahlguß und verschiedenen Sorten Weicheisen sehr unterschiedlich sein kann; man zieht deshalb im allgemeinen Zinkschutzplatten vor. Eine Verzögerung derartiger Korrosionen wird durch Farbanstrich der Propeller (am besten mit guter anwuchsverhindernder Farbe) erzielt. Weitere stark galvanische Korrosionen können in der Nähe des Bronzeüberzuges von Schraubenwellen und an anderen Stellen auftreten, wo kupferhaltige Metalle an der Außenhaut liegen. Sind sie ständig gut mit Farbe bedeckt, wie dieses z. B. bei den Messingleckschrauben im Boden fast immer der Fall ist, so können sich keine galvanischen Ströme bilden und es tritt er-

[1] Über das Rosten von Eisen in Berührung mit anderen Metallen und Legierungen, Veröffentlichung des Materialprüfamtes Lichterfelde 1918. Die genauen Werte der obigen Zahlenreihe gelten natürlich nur für die Zusammensetzung der einzelnen Metalle, wie sie bei der betr. Untersuchung vorgelegen hat.

fahrungsgemäß keine Korrosion ein. Immerhin sind alle derartigen Stellen gut unter Aufsicht zu halten, denn es sind auch schon durch herausgefallene Leckschrauben verhängnisvolle Leckagen entstanden.

Zwischen Eisen und Kupfer liegt in der elektrischen Spannungsreihe der Walzzunder, der aus diesem Grunde an der Außenhaut des Schiffes, und zwar vor allem im Bereich des zwischen Leicht- und Tiefladelinie liegenden Gürtels galvanische Ströme und schnelle Korrosion des unter ihm liegenden metallischen Eisens verursacht, trotzdem er selbst wasserundurchlässig ist. Infolge seiner Sprödigkeit und weil er einen anderen Ausdehnungskoeffizienten als Eisen hat, erhält er aber leicht Risse (die zuerst zwischen Wind und Wasser entstehen) und löst sich vom metallischen Eisen ohne gleich ganz abzufallen, so daß Seewasser zwischen die Walzhaut und das Eisen treten kann. Besonders auf Stahl haftet der Walzzunder ziemlich fest. Zur Zeit des Eisenschiffbaues kannte man die Rosteinwirkungen durch Walzzunder nur wenig, weil er leichter abfiel, und führte daher die bei den ersten Stahlschiffen bei den ersten Dockungen festgestellten starken Korrosionen der Außenhaut auf das Material an sich zurück. Seitdem der Zusammenhang solcher Schäden mit dem auf dem Schiffskörper verbliebenen Walzzunder erkannt ist, kann ihnen entgegengewirkt werden. Bei Kriegsschiffen werden die Platten vor ihrer Bearbeitung in einer 5 bis 10prozentigen Salzsäurelösung etwa eine halbe Stunde abgebeizt und nach Behandlung mit einer Lauge mit Werkzeugen abgekratzt oder mit Metallbürsten gebürstet. Auch Sandstrahlgebläse sind zur Entfernung der Walzhaut geeignet. Bei Handelsschiffen werden derartige Verfahren der Kosten wegen im allgemeinen nicht angewendet; bei ihnen begnügt man sich damit, das Anstreichen der Außenhaut und sonstigen Bauteile solange wie möglich hinauszuschieben, entweder bis kurz vor dem Stapellauf oder, falls vor der Ablieferung noch eine Dockung stattfindet, bis zu dieser. Vielfach hat man Schiffe auch noch auf den ersten Reisen ohne Unterwasseranstrich gelassen, es hat sich aber gezeigt, daß die Reste der Walzhaut dann unregelmäßig abfallen und sich an den von ihr befreiten Stellen besonders starke Rostschäden zeigen. Am richtigsten ist es, die Schiffe schon vor dem Ablauf mit einer guten Helgenfarbe zu streichen. Die wesentlichste Maßnahme gegen Schädigungen des Schiffskörpers durch die Walzhaut ist eine sorgfältige Überwachung und Konservierung während der ersten Jahre des Betriebes. Auf manchen Schiffen ist die Walzhaut schon beim Bau vollständig abgefallen, auf anderen, und das gilt besonders bei Verwendung von Stahlsorten, die an sich wenig zur Rostbildung neigen, haftet sie teilweise noch nach zwei bis drei Jahren. Hierin liegt eine Gefahr, der nur dadurch entgegengetreten werden kann, daß das Schiff bis zur völligen Entfernung der Walzhaut häufig gedockt wird und alle Stellen, wo sich Abblätterungen zeigen, die auf Rosten unter der Walzhaut zurückzuführen sind, durch Abklopfen mit Meißelhämmern oder Rostentfernungsgeräten (Sandblom-Hammer) oder durch Sandstrahlgebläse metallisch rein gemacht werden, ehe der neue Anstrich aufgetragen wird. An und für sich wäre es einfacher und weniger kostspielig, wenn man wenigstens die Außenhautplatten der Schiffe schon auf dem Walzwerk durch Sandstrahlgebläse vom Walzzunder befreien würde; es gibt Apparate, durch welche dieses ohne große Kosten bewirkt werden kann. Durchzuführen ist ein solches Verfahren nur, wenn die Reedereien es in ihren Bauvorschriften zur Bedingung machen. Auf die Einwirkung von kleinen Resten von Walzhaut führt man teilweise auch die Entstehung tieferer Rostnarben geringen Umfanges zurück, die ein Aussehen wie Fingereindrücke haben. Da derartige lokale Rosterscheinungen aber auch an Stellen auftreten, wo galvanische Aktion unwahrscheinlich ist, kann die allgemeine Richtigkeit dieser Annahme bezweifelt werden. Rostnarben dieser Art werden, nachdem ihre Entstehung eingesetzt hat, zweifellos dadurch vertieft, daß beim Reinigen der Platten vor einem neuen Anstrich Rost in ihnen zurückbleibt.

Weniger elektropositiv und daher durch galvanische Wirkung nicht so gefährlich wie die Walzhaut ist der unter normalen Bedingungen entstandene Rost. Er kann aber unter Umständen, besonders da er hygroskopisch ist, im Laufe der Zeit genügend tief fressen, um Platten oder andere Konstruktionsteile so zu schwächen, daß sie ersetzt werden müssen. In besonderem Maße zeigen sich Rostlöcher und Rostfurchen an Plattennähten (in den Stemmkanten der Außenhaut) und wo Winkel und andere Profile (Spanten und Balken) mit ihrem Rücken an Platten anliegen, also dort, wo eine Reinigung vor einem neuen Anstrich verhältnismäßig viel Arbeit macht. Bei älteren, schlecht konservierten Schiffen finden sich an diesen Stellen häufig Furchen von 3 bis 5 Millimetern Tiefe. Durchweg sind solche Schäden auf ungenügende Reinigung zurückzuführen.

Auf galvanische Wirkungen sind auch Rosterscheinungen zurückzuführen, welche an Stellen auftreten, wo verschiedene Materialien miteinander verbunden sind. Das Material eines Schiffes kann aus verschiedenen Chargen oder aus verschiedenen Werken stammen; die Nieten haben meist eine etwas andere Zusammensetzung als die durch sie verbundenen Platten. Das molekulare Gefüge spielt eine Rolle; Material, welches über seine Elastizitätsgrenze hinaus beansprucht ist, ist also elektronegativer als anderes und rostet daher weniger leicht. Eine Folge dieses Zusammenhanges ist, daß Nieten häufig weniger rosten als die sie umgebenden Platten.

Als besonders rostfest hat sich Nickelstahl erwiesen; seine Verwendung im Handelsschiffbau mit Rücksicht auf diese Eigenschaft scheitert an den Kosten ebenso wie die Verwendung anderer rostfreier Spezialstahlsorten. Man hat vorgeschlagen, Stahlsorten mit geringem Kupfergehalt, welche sich bei Landbauten als wesentlich korrosionsfester als normaler Stahl erwiesen hatten, auch für Schiffe zu verwenden; Rostversuche in Seewasser haben aber gezeigt, daß eine gleiche Überlegenheit gegen Korrosionen unter Wasser, wo galvanische Einflüsse die Hauptrolle spielen, nicht vorhanden ist.

Im allgemeinen rostet Eisen weniger stark als Stahl, obgleich bei beiden Materialien die Frage einer baldigen Entfernung der Walzhaut und einer guten Konservierung wichtiger ist als die Zusammensetzung des Materials; eine unbedingte Überlegenheit des Eisens ist auch nicht erwiesen, da verschiedene Eisen- oder Stahlsorten untereinander sehr verschiedene Rosteigenschaften haben. Genaue Zusammenhänge zwischen der chemischen Zusammensetzung des Materiales und seiner Rosteigenschaften sind trotz sehr umfangreicher Versuche auf diesem Gebiete nicht ermittelt worden. Eine chemische Untersuchung kann daher nicht zur Entscheidung der Frage führen, ob ein bestimmtes Material besonders zum Rosten neigt. Zweifellos rosten manche Materialien sehr viel leichter als andere, eine Tatsache, die sich vielfach an während des Krieges aus minderwertigem Material gebauten Schiffen gezeigt hat. Es bleibt, falls eine Feststellung hierüber erwünscht ist, nur der Weg, Rostversuche im Laboratorium anzustellen. Man macht in solchen Fällen meistens kurzfristige Versuche in 10proz. Salpetersäure und langfristige Versuche (ca. 4 bis 6 Wochen) in Seewasser und in warmer feuchter Luft unter wechselnden Bedingungen. Die Versuche werden mit dem sorgfältig gereinigten Material und mit einigen Vergleichsproben anderer bekannter Herkunft durchgeführt, wobei man sich durch Kugeldruckproben oder auf andere Weise davon überzeugen muß, daß es sich um Material annähernd gleichen Kohlenstoffgehaltes und gleicher Festigkeit handelt. Die Proben werden vor Beginn und nach Beendigung der Versuche genau gewogen und aus der Gewichtsänderung ihre Angreifbarkeit ermittelt.

An den verschiedenen Teilen des Schiffskörpers tritt das Rosten in sehr verschiedenem Umfange auf. Abgesehen von Rostschäden an der Außenhaut, welche mit Walzhautresten und galvanischen Strömen im Zusammenhang stehen, zeigen sich erfahrungsgemäß besonders starke Rosterscheinungen auf dem Oberdeck und an anderen Stellen, wo Farbe schlecht zu halten ist, ferner im Doppelboden unter den Kesseln und in den Kohlenbunkern. Mit Rücksicht hierauf werden die Konstruktionsteile an diesen Stellen mit einem etwas größeren Rostzuschlag gebaut als beim übrigen Schiffskörper, eine Maßnahme, welche die Schwächung bis zum Zeitpunkt der Ersatznotwendigkeit wohl verzögert, aber nicht verhindert. Die Korrosionen im Doppelboden unter Kesseln können stark dadurch eingedämmt werden, daß man die Kessel auch von unten bekleidet und sie höher über den Doppelboden setzt, als im allgemeinen üblich. Ein Zwischenraum von 600 mm zwischen Doppelbodendecke und Kesselunterkante gestattet eine viel bessere Luftzirkulation als ein solcher von 300 mm, und zweckmäßigerweise bringt man in ihm, wenn der Kessel nicht von unten isoliert ist, leichte losnehmbare Platten zur Verhinderung direkter Wärmestrahlung auf die Tankdecke an. Die Tankdecke selbst wird mit einer Schicht hitzebeständigen Zementes oder Asphaltes belegt. Gut bewährt haben sich Zementschichten von 80 bis 100 mm Stärke, welche allerdings ziemlich schwer sind und durch leichte Winkel in etwa einem halben Meter Abstand voneinander oder durch auf die Tankdecke geschweißte Litosiloklammern festgelegt werden müssen, da der Zement sonst leicht bricht.

In Kohlenbunkern ist das starke Rosten auf die mechanische Einwirkung der Kohlen, die jeden Farbanstrich schnell abscheuern, und auf die in ihnen enthaltene Feuchtigkeit zurückzuführen. Vorstehende Winkelflanschen, Zuganker und ähnliche Verbände haben besonders unter der Einwirkung der Kohle zu leiden, auch die unteren Platten im Kohlenbunker rosten schnell. Zum Teil kann die Entstehung umfangreicher Schäden verzögert werden, wenn man die Versteifungsprofile nach außen legt, die unteren Platten und Winkel etwas verstärkt, Zuganker vermeidet und alle unvermeidlichen Versteifungen so ausbildet, daß sie geringe Oberfläche haben (Wulstwinkel, Knie ohne Flanschen usw.). Auch sonst ist bei der Konstruktion anderer Teile des Schiffes eine gewisse Rücksicht auf Rostgefahr von Vorteil. Einzelprofile sind dem Rosten immer weniger stark ausgesetzt als zusammengesetzte; in dieser Hinsicht ist der Ersatz der im Steg für das Anstreichen schwer zugänglichen und am Flansch leicht durchrostenden U- und Z-Profile durch Wulstwinkel ein großer Fortschritt gewesen.

Ähnlich wie Kohle hat auch Öl unter Umständen eine die Korrosion beschleunigende Einwirkung auf die Verbandteile des Schiffskörpers, was bei Tankschiffen und in Ölbunkern stark in Erscheinung tritt. Diese Schäden sind teilweise auf Schwefel- und Säuregehalt der transportierten Öle zurückzuführen, teilweise auf die Einwirkungen des Ausdämpfens und Auswaschens sowie des Ballastwassers und schließlich darauf, daß sich in Tankschiffen keine schützenden Farbanstriche halten; neuerdings will man auch unter der Einwirkung von Öl und heißem Dampf haltbare Anstriche verschiedener Art auf den Markt gebracht haben, doch liegen über dieselben noch keine längeren Erfahrungen vor. Besonders umfangreich sind die Rostschäden auf dem Boden von Tankschiffen, was darauf zurückgeführt wird, daß hier, und zwar vor allem in den Ecken zwischen der Beplattung und den Rücken der Versteifungen, leicht geringe Feuchtigkeitsreste vom Reinigen oder vom Ballastwasser verbleiben, welche das Rosten einleiten; nachdem sich einmal Rost festgesetzt hat, wird er feucht gehalten, so daß die Platten schließlich in tiefen Furchen angegriffen werden. Auch tiefe runde Narbenlöcher auf dem Boden von Tankschiffen sind auf die gleichen Ursachen zurückzuführen. Bemerkenswert ist weiter, daß bei Tankschiffen häufig umfangreiche Korrosionsschäden an den Außenhautnietungen auftreten. Man führt dieses darauf zurück, daß dieÖlladung infolge ihrer großen Flüssigkeit leicht in die Nietlöcher eindringt und dort eine Art Schmierung bewirkt und ein Dichtrosten verhindert, wie es bei anderen Schiffen erfahrungsgemäß eintritt. Vielleicht lockern sich die Nieten auch etwas durch die Einwirkung des Öles, so daß das Wasser dann leichter Zutritt erhält.

Etwas besser als auf Tankschiffen liegen die Verhältnisse bei Ölbunkern, die nicht durch heißen Dampf gereinigt werden; hier halten Spezialanstriche besser. Wenn in solchen Bunkern nur Öle ohne Schwefel- und Säuregehalt gefahren werden, neigen sie sogar wenig zum Rosten.

Neben Kohle und Öl tragen auch andere Massengüter, vor allem gewisse Erzsorten und Salze durch chemische Einwirkung zu verhältnismäßig schneller Korrosion bei.

Außer den bereits erwähnten baulichen Maßnahmen kann durch Beachtung kleiner

Einzelheiten manche Korrosion verhindert werden. Gute Zugänglichkeit aller Räume, bei denen Anstriche erneuert werden müssen, gehört in erster Linie dazu. Bei allen unzugänglichen Räumen sind ausreichende Lüftungsvorrichtungen vorzusehen. Wegerungen und andere Holzverkleidungen müssen so angebracht werden, daß sie leicht weggenommen werden können. Unter festen Holzbelägen ist für besonders gute Konservierung Sorge zu tragen. Andere Beläge (Litosilo usw.) müssen solche Zusammensetzung haben, daß sie keine Korrosion verursachen. Gleiches gilt selbstverständlich für alle Verbindungen, bei denen Eisen auf Eisen liegt; sie müssen nach den Vorschriften der Klassifikationsgesellschaften gut gereinigt werden und mit einem Bleimenniganstrich versehen werden, ehe sie zusammengefügt werden. Bei Kühlraumisolierungen wird verschieden vorgegangen. Auf deutschen Werften wird das Eisen hinter der Isolierung mit guter korrosionsverhindernder Farbe gestrichen und ein Zwischenraum gelassen, in welchem entstehendes Schweißwasser ablaufen kann. Eine Gefahr für übermäßige Schweißwasserbildung ist im übrigen an solchen Stellen nicht vorhanden, da die Luft stagniert. Auf englischen Werften führt man Korkschrottisolierung bis an die Außenhaut in der Annahme, daß in der ruhenden Luft überhaupt keine Schweißwasserbildung eintreten kann. Wo Schweißwasser entstehen kann, muß für gute Ableitung gesorgt werden. Unter Fenstern sind Regenrinnen, unter Speigatten, wo angängig, Abflußrohre anzubringen; Speigattenrohre sind so tief wie möglich zu führen. An manchen Stellen, z. B. unter unbeplankten Stahldecks und an der Innenseite der Außenhaut in Wohnräumen läßt sich die Entstehung von Schwitzwasser dadurch verhindern, daß ein Bewurf aus Korkgruß angebracht wird. Decksplatten sind möglichst so zu verlegen, daß sich in den Naht- und Stoßkanten kein Wasser ansammeln kann. Unter Peilrohren, wo der Peilstock die Farbe erfahrungsgemäß abstößt, sind Dopplungsplatten anzubringen. Nirgendwo sollte der Nietabstand weiter als etwa 8 d sein; wo leichte Bleche an schweren Profilen befestigt sind (Schachtwände an Balken) und daher im Verhältnis zur Blechstärke große Nieten verwendet werden, muß der Abstand noch kleiner gehalten werden, denn bei zu großem Nietabstand sprengt Rostbildung die Verbände auseinander, während sie bei genügend enger Verbindung nur den zuerst vorhandenen Luftraum ausfüllt.

2. Farbanstrich.

Die Verhinderung von Korrosionsschäden muß, soweit sie nicht durch rein bauliche Maßnahmen erzielt werden kann, durch Konservierung, d. h. durch Aufbringen von Schutzanstrichen und Schutzüberzügen bewirkt werden, welche teilweise während des Baues, teilweise gegen Ende der Bauzeit angewendet werden. Die Art dieser Schutzmittel ist außerordentlich verschiedenartig und vielseitig, je nachdem sie nur der Korrosionsverhinderung oder auch anderen Zwecken dienen und je nachdem sie zur Verhinderung galvanischer Korrosion, bzw. von Rosten bei normaler oder hoher Temperatur aufgebraucht werden; auch die mehr oder minder gute Zugänglichkeit der zu konservierenden Teile und im Zusammenhang damit die Frage einer leichten Erneuerung spielen bei der Wahl der Schutzmittel eine Rolle.

Für den Schiffbau kommen im wesentlichen Schutzüberzüge mit Ölfarben, mit Spezialfarben in schnelltrocknenden Lösungsmitteln, mit Zement und mit Teerprodukten in Frage, welche sich in ihrer Wirkung und in der Art der Trocknung grundsätzlich voneinander unterscheiden.

Bei den Ölfarben, die fast ausschließlich für Überwasser- und Innenanstrich in Frage kommen, ist Leinölfirnis der Träger des Farbstoffes. Der Farbstoff selbst dient zur Herstellung ausreichender Konsistenz und zur Erzielung des gewünschten Farbtones. Beim Trocknen oxydiert das Leinöl, und die Farbe nimmt an Volumen zu. Die Farben sind nach dem Trocknen nicht wasserdicht, sondern haben Poren; deshalb müssen mehrere Anstriche übereinandergelegt werden. Für Rostschutz durch Ölfarben hat sich im allgemeinen rote Bleimennige als Farbstoff am besten bewährt, weil derartige Farbe sehr gut haftet und haltbar ist. In Spezialöllösungen (Chinaholzöl und gekochtes Leinöl) sind auch mit Eisenmennige gute Ergebnisse erzielt worden (Danbolinefarben). Als Farbstoff für weiße Farben wird Bleiweiß (Bleikarbonat) oder Zinkweiß (Zinkoxyd) genommen, für schwarze Ruß. Außer normalen Ölfarben finden im Schiffbau auch schneller trocknende Spezialölfarben und Öllackfarben Verwendung, besonders für Räume, in denen die Trocknung durch die Luft unzureichend ist (Laderaumfarbe).

Wenn Ölfarben einen wirksamen Korrosionsschutz bilden sollen, muß die Ausführung der Anstriche unbedingt mit der nötigen Sorgfalt erfolgen. Die zu streichenden Eisenflächen müssen ganz trocken sein und vollständig von Rost gereinigt sein. Ölfarbe, welche auf nasse Flächen gestrichen ist, kann nicht halten. Rost, welcher unter der Farbe sitzen geblieben ist, wuchert weiter und sprengt die Farbe ab; ganz besonders muß in Stemmkanten und an anderen Stellen, wo Rost erfahrungsgemäß schlecht zu entfernen ist, auf völlige Reinigung geachtet werden. Auf die Bedeutung der Entfernung der Walzhaut vor dem Streichen ist weiter oben eingehend hingewiesen worden. Nach dem Anstrich muß der Farbe genügend Zeit zum Trocknen gelassen werden, ehe ein weiterer Anstrich aufgebracht oder das Schiff aus dem Dock ins Wasser gebracht wird.

Farben, welche mit Hilfe von schnelltrocknenden Lösungsmitteln aufgetragen werden, dienen vor allem zur Konservierung des Bodens und zur Verhinderung des Anwuchses. Je nachdem sie dem ersten oder dem zweiten Zweck dienen, sind sie sehr verschieden zusammengesetzt. Die ersten sogenannten Patentbodenfarben wurden 1860 von Rathjens in Bremerhaven hergestellt und waren in alkoholischem Schellackfirnis gelöst. Als Lösungsmittel werden weiter Terpentin, Benzin und vor allem Lösungsbenzol (Solventnaphtha) verwendet. Bei der Wahl des Lösungsmittels muß auf die Temperatur Rücksicht genommen werden; im Sommer nimmt man meistens ein Benzol vom spez. Gewicht 0,860, im Winter ein solches vom spez. Gewicht 0,850, um annähernd gleiche Trockenzeit zu erzielen[1]. Beim Trocknen dieser Farben wird ihr Volumen verringert, weil das Lösungsmittel verdampft (umgekehrt wie bei Ölfarben).

Als Grundfarbe dient stets die Rostschutzfarbe, allgemein als Nr. I bezeichnet, in der sich außer dem Lösungsmittel Kopal und Harz und als Farbträger meistens das ziemlich neutrale Eisenoxyd befindet. Bei Neubauten finden besondere Rostschutzfarben („Helgenfarben") Verwendung, welche langsamer trocknen. An Stelle von Patentrostschutzfarben können bei Neubauten auf dem Helgen auch Ölfarben mit Blei- oder Eisenmennige Verwendung finden; Eisenmennige wird für Unterwasseranstrich vielfach vorgezogen, weil sie galvanisch weniger aktiv ist. In Patentfarben mit schnelltrocknenden Lösungsmitteln kann Bleimennige des hohen spez. Gewichts wegen keine Verwendung finden, weil sie sich absetzen würde. Im übrigen muß an Rostschutzfarbe die Forderung gestellt werden, daß sie leicht streichbar ist, gut haftet, schnell trocknet, elastisch und hart ist. Als sehr guten gegen Rost schützenden Grundanstrich für Neubauten hat sich auch heiß aufgetragener Firnis bewährt.

Anwuchsverhindernde Farben enthalten außer dem Lösungsbenzol noch Harz, Kopal, etwas fette Öle und Teerprodukte zur Erzeugung der eigentlichen Farbhaut. Als Farbkörper dient für rote Farben Eisenoxyd, für graue Farben Zinkoxyd. Der wichtigste Bestandteil dieser Farben sind die stark giftigen Schwermetallverbindungen (Quecksilber-, Kupfer- und Arsenpräparate), welche den Anwuchs von Algen und Seetieren hindern. Man unterscheidet Farben mit geringer Giftwirkung (im Handel als Patentfarben Nr. II bekannt) für Schiffe, die in der Nord- und Ostseefahrt Verwendung finden, stark giftige Farben (Nr. III für große Fahrt) und sehr stark giftige Farben Nr. IIIa für längeren Aufenthalt in den Tropen). Die Farben sind um so teuerer, je mehr Giftstoffe sie enthalten. Da sich die Gifte langsam auflösen und die nicht sehr harten anwuchs-

[1]) Ragg: a. a. O.

verhindernden Farben weggerieben werden, ist nach 6 bis 12 Monaten eine Erneuerung des Anstriches erforderlich. Unter den anwuchsverhindernden Farben müssen die Rostschutzfarben gut decken, da sonst die Schwermetallverbindungen starke galvanische Korrosionen der Außenhaut hervorrufen. Eine Sonderfarbe unter den anwuchsverhindernden Farben ist die sogenannte Wassergangsfarbe oder Boottopfarbe, welche bei Schiffen, die viel in Ballast fahren, im Bereich zwischen Leichtwasserlinie und Tiefladelinie, Verwendung findet. Sie ist besonders elastisch und so zusammengesetzt, daß sie den wechselnden Einwirkungen von Seewasser und Luft standhält; da die Schiffe nach dem Ausdocken noch längere Zeit auf der Leichtwasserlinie schwimmen, sind die Wassergangsfarben meistens etwas langsamer trocknend.

Die Zusammensetzung der anwuchshindernden Bodenfarben ist außerordentlich verschieden und mit Recht, denn sie sollen unter sehr verschiedenen Bedingungen wirksam sein. Der Anwuchs am Schiffsboden wächst sehr verschieden, je nachdem ob ein Schiff nur in den kalten Gewässern der nordeuropäischen Meere und des Nordatlantik verkehrt, oder ob es sich dauernd oder zeitweise in tropischen Gegenden aufhält. Von Einfluß ist ferner, ob es lange Liegezeiten in Häfen hat und ob diese Häfen Frisch- oder Seewasser enthalten. Im Sommer ist der Ansatz stärker als im Winter. Durch viele Versuche ist erwiesen, daß keine der bisher verwendeten Farben für alle Fahrten geeignet ist. Um die richtige Farbe auszusuchen und um die gleichmäßige Qualität dauernd zu überwachen, geht man meistens so vor, daß einige Teile des Unterwasserschiffes mit einer Farbe, andere mit einer anderen gestrichen werden. Nach dem Vorschlage von Ragg[1] empfiehlt es sich in solchen Fällen aber, nicht die beiden Seiten verschieden, sondern je eine halbe Seite mit der einen und die andere halbe Seite mit der anderen Farbe zu streichen, weil manche Schiffe erfahrungsgemäß auf ihren Fahrten in den Häfen, wo sich der meiste Anwuchs festsetzt, immer mit derselben Seite am Kai liegen. Nach neueren Anschauungen hindert das in den Farben enthaltene Gift den Anwuchs aber nur insofern, als das umgebende Wasser vergiftet wird. Pflanzen und Tiere, welche sich einmal angesetzt haben, werden nicht direkt vergiftet, da durch die Anhaftorgane keine Nahrungsaufnahme stattfindet. Die Vergiftung findet vor allem im Hafen statt, wo kein Wasser am Schiff entlang strömt. Nach den Versuchen des Beaufort Laboratory in den Vereinigten Staaten sammelt sich auf hellen Farben viel weniger Anwuchs an als auf dunklen; vor allem werden Seepocken und anderer tierischer Anwuchs durch hellen Farbton veranlaßt, sich fernzuhalten; pflanzlicher Anwuchs ist nicht lichtscheu. Die Dauer der Wirksamkeit ist naturgemäß je nach der Fahrt verschieden; vor allem für Schiffe, bei denen mit viel Anwuchs zu rechnen ist, sollte nicht der Preis sondern die Qualität für die Wahl einer Farbsorte entscheidend sein. Bei Erneuerung von Anstrichen ist es zweckmäßig, einen etwas anderen Farbton zu wählen, um leicht übersehen zu können, daß alle Teile gestrichen sind; dasselbe gilt für die Verwendung zweier verschiedener Farben bei Vergleichsanstrichen. Auch für die Anbringung schnelltrocknender Farben gilt, daß sie nur auf trockenem und rostfreiem Untergrund erfolgen soll; erwünscht ist ferner ein warmer Untergrund und trockene Luft, da diese Farben beim Trocknen so viel Wärme verbrauchen, daß die Platten kalt werden und sich dann auf ihnen Luftfeuchtigkeit absetzt, welche die Farben in ihrem noch halbfeuchten Zustand beeinflußt. Die Farben müssen beim Anstrich mittlere Konsistenz haben und gut durchgerührt werden.

Gereinigter Kohlenteer, der vollständig undurchlässigen Anstrich ergibt, wird bei kleinen Schiffen in der Küstenfahrt häufig als Bodenfarbe benutzt, da er sehr gut auf Eisen haftet, auch wenn dieses beim Aufbringen des Anstriches feucht ist, und da er sehr billig ist. Er wirkt aber nicht anwuchsverhindernd. Rohteer, der Säuren und Salze enthält, eignet sich weniger als Anstreichmittel. Teer wird häufig an Stelle von Asphaltanstrichen (s. unten) für den Anstrich von Tankdecken und von Eisendecks unter Holzbelag benutzt.

[1] a. a. O.

3. Erhaltung durch Portland- und Asphaltzemente.

Neben dem Schutz durch Farbanstriche spielt die Zementierung und der Schutz durch teerhaltige Anstriche und Beläge eine große Rolle, vor allem dort, wo Farbanstriche, sei es beim erstenmal oder bei Erneuerungen, schlecht anzubringen sind oder sich schlecht halten, sowie auch in den unzugänglichen Ecken des Schiffes, wo eine Nachkonservierung nicht möglich ist. Auch Schutz gegen Hitzestrahlung erfolgt zweckmäßiger durch Beläge als durch dünne Farbanstriche. In Küchen und in Räumen, welche sanitären Zwecken dienen, bewirkt der Zementbelag an sich oder unter Fliesen außer dem Schutz gegen Korrosion auch Wasserdichtigkeit und zu gleichem Zweck wird er in den unteren Decks in den Räumen zwischen der Außenhaut und den inneren Stringerwinkeln verwendet; diese Winkel sind möglichst niedrig zu halten, um an Zementgewicht zu sparen. Portlandzement hat als Schutzüberzug den großen Vorteil, daß er auf feuchte Flächen aufgetragen werden kann und auch in feuchten Räumen, ja sogar unter Wasser hart wird; die Oberflächen, auf denen er aufgetragen wird, dürfen aber nicht ölig sein. Frost ist bei der Verarbeitung von Zement unbedingt zu vermeiden. Portlandzementüberzüge sondern bei der Auftragung keine Dünste aus, sie können also ohne Gesundheitsgefährdung in engsten Räumen aufgetragen werden. Zement ist, vor allem in dünnen Schichten, nicht wasserundurchlässig, aber sein Kalkgehalt hindert jede Korrosion (es mag hier darauf hingewiesen sein, daß Flußschiffe in kalkhaltigen Flüssen erstaunlich wenig rosten und deshalb mit geringeren Materialstärken gebaut werden). Die Wirksamkeit dünner Schichten läßt aber nach einiger Zeit nach, so daß Zementmilchanstriche häufiger erneuert werden müssen.

Bei den Zementierungsarbeiten mit Portlandzement ist zwischen Anstrichen mit dicker Zementmilch, die nach mehrmaliger Ausführung einen 2 bis 2½ mm starken Überzug bilden, und Zementbelägen zu unterscheiden, wobei ein Gemisch von Zement und Sand oder anderen Stoffen in größerer Schichtstärke aufgelegt oder zum Ausfüllen von Ecken und Winkeln benutzt wird. Für die letztgenannten Zementierungsarbeiten wird, soweit Beläge von 20 bis 30 mm Stärke in Frage kommen, ein Mischungsverhältnis von Zement und Sand wie 1:1 bis 1:2 genommen. Bei stärkeren Schichten genügt eine Mischung 1:3. Weit wichtiger als die Innehaltung eines genauen Mischungsverhältnisses ist eine durch die ganze Masse innige Durchmischung der beiden Stoffe, damit nicht an einzelnen Stellen ein Gemisch zu liegen kommt, welches vorwiegend Sand enthält. Weil die schiffbaulichen Zementierungsarbeiten in den engen Räumen lange Zeit in Anspruch nehmen, wird für sie im allgemeinen ziemlich langsam bindender Zement verwendet. Zementbeläge auf der Außenhaut in der Doppelbodendecke werden entweder nur auf abliegenden Gängen aufgetragen oder so stark, daß alle Nietköpfe vollständig bedeckt werden und der am Boden liegende Flansch der Winkel am Mittelträger in Zement eingebettet wird. Werden auch die Gräben außerhalb des Doppelbodens mit Zement konserviert, so wird an der Außenseite des Grabens (d. h. auf den Außenhautplatten) bis zur Höhe der Wegerung ein Belag von etwa gleicher Stärke wie im Doppelboden vorgesehen; der Randplattenwinkel wird mit beiden Flanschen in Zement eingebettet. Ein Nachteil von Portlandzement liegt darin, daß er in Schichten ziemlich spröde ist und bei leichten Grundberührungen leicht abplatzt. Durch Abklopfen lassen sich lose Zementschichten gut am hohlen Klang erkennen. Zum Ausfüllen größerer Räume wird, um das Gewicht zu verringern, nach Aufbringung einer Zementschicht Koks nachgefüllt und dann oben wieder mit einer Zementschicht von etwa 50 mm Stärke überdeckt. Vielfach wird statt Koks auch Bimsbeton verwendet, dessen Gewicht noch leichter ist. Das spezifische Gewicht aller Zementierungsarbeiten ist etwa 2; bei Verwendung von Bimsbeton kann es auf nahezu die Hälfte verringert werden.

Asphaltzemente (Bitumastikstoffe) sind bituminöse asphalthaltige Produkte aus den Rückständen von Mineralölen, die je nach dem Verwendungszweck als Belag, hitzebeständiger Belag oder dickflüssiger Anstrich (Bitumastikemaille) aufgetragen werden. Bitumastikbelag auf der Außenhaut von Doppelboden, Seitengräben und Pieks wird etwa 7 bis 8 mm stark ausgeführt und wiegt etwa 4 kg pro m^2; evtl. wird nur ein verstärkter Bürstenanstrich von etwa 5 mm Dicke ausgeführt. Nietköpfe werden nur gut überstrichen, nicht bedeckt. Die zugehörigen Bodenwrangen und übrigen Teile der Doppelbodentanks, der Gräben und der Pieks erhalten einen Anstrich aus gleichem Material von 3 mm Stärke. Bitumastikemailleanstriche auf Bunkerböden und Tankdecke, d. h. auf horizontalen Flächen, sind etwa 4 bis 5 mm, an Tankwänden und anderen senkrechten Flächen 3 mm stark. Hitzebeständiger Bitumastikzement unter Kesseln wird in 2- bis 3maligem Anstrich 10 bis 25 mm stark aufgetragen. Vor- und Hinterpiek werden in den scharfen Teilen mit einem Gemisch von Bitumastikzement und Koks ausgefüllt und erhalten darüber einen deckenden Belag. Alle Bitumastikarbeiten erfordern einen Voranstrich mit sogenannter Solution und werden warm aufgetragen. Für Trinkwassertanks werden Asphaltstoffe nicht verwendet. Die Verarbeitung muß in engen Räumen unter Zuhilfenahme künstlicher Lüftung erfolgen, weil die Stoffe Ausdünstungen von sich geben. Doppelbodenarbeiten werden am besten vor vollständiger Anbringung der Beplattung ausgeführt. Die Verwendung von Asphaltstoffen an Stelle von Portlandzement führt sich immer mehr ein, vor allem weil dadurch wesentlich an Gewicht gespart wird. Das spezifische Gewicht der Asphaltstoffe ist etwa 0,5 gegen 2,0 beim Portlandzement. Die üblichen Stärken sind bei Asphaltstoffen im Durchschnitt etwas geringer als bei Portlandzement. Das Gesamtgewicht stellt sich bei Asphaltzementen im Durchschnitt auf 20 bis 25% desjenigen von Portlandzementierung, je nach der Art der Ausführung. Der Gewichtsvorteil ist vor allem bei schnellen hochwertigen Schiffen von Bedeutung und deshalb wird bei ihnen Asphaltzementierung bevorzugt, trotzdem die Kosten um ein geringes höher sind.

4. Ausführungsvorschriften für Erhaltungsarbeiten.

Die Erfahrungen, welche mit Konservierungsmitteln gemacht werden, sind bei den verschiedenen Reedereien verschieden; dies ist darauf zurückzuführen, daß die Schiffe in verschiedener Fahrt beschäftigt werden, verschiedene Größen haben und zum Teil auch wohl auf Qualitätsunterschiede und auf mehr oder minder sorgfältige Arbeit beim Anbringen der Schutzüberzüge. Daher sind auch die üblichen in den Bauvorschriften enthaltenen Angaben über die Konservierung des Schiffskörpers von einander abweichend. Immerhin hat sich im Laufe der Zeit eine gewisse Einheitlichkeit herausgebildet, besonders in der Hinsicht, daß für jeden Teil des Schiffskörpers bestimmte Konservierungsmethoden zur Anwendung kommen. Die Bauvorschriften großer Linienreedereien, welche im allgemeinen sehr viel mehr Wert auf gute Konservierung legen, als bei Trampschiffen üblich ist, enthalten etwa folgende Alternativvorschriften:

Schiffsboden (bis zur Tiefladelinie bzw. bis zur Leichtladelinie); a) 1mal Bleimennige, 1mal Patentfarbe Nr. 1 (Rostschutz), 1mal Patentfarbe Nr. 2 bzw. Nr. 3 (Anwuchsschutz); b) 2mal Patentfarbe Nr. 1, 1mal Patentfarbe Nr. 2 bzw. Nr. 3. Evtl. wird der Gürtel zwischen Leicht- und Tiefladelinie statt mit normaler anwuchsverhindernder Farbe mit Wassergangsfarbe (Boottopfarbe) gestrichen.

Außenhaut über Wasser: a) 1mal oder 2mal Bleimennige, 2mal schwarze Ölfarbe; b) 1mal Spezialrostschutzfarbe, 2mal schwarze Ölfarbe.

Oberschiff außen: a) 1mal Bleimennige, 2mal Ölfarbe; b) 3mal Ölfarbe.

Stahloberdeck: 1- oder 2mal rohes Leinöl.

Stahldeck unter Holzbeplankung: Teeranstrich mit Zement bestreut.

Stahldeck unter Litosilo: Zementmilchanstrich bzw. Zementbelag von 5 mm Stärke.

Laderäume: a) (Seiten und Decks) 3mal Bleimennige; b) 2mal Bleimennige, 1mal Laderaumfarbe.

Gräben in den Laderäumen. I. Kimmstützplatten und Tankdecke: a) 2- bis 3mal Zementmilchanstrich; b) 1mal Rostschutzfarbe, 1mal Bitumastikemaille. II. Außenhautplatte und Randwinkel: a) Zementbelag wie auf der Außenhaut im Doppelboden, b) Bitumastikbelag wie auf der Außenhaut im Doppelboden.

Doppelbodendecke im Laderaum (wenn gewegert): a) Kohlenteer mit Zement bestreut, b) Braunteer mit Zement bestreut, c) Bitumastikemailleanstrich.

Doppelbodendecke im Kesselraum. I. Unter Kesseln: a) Bitumastikbelag 10 bis 25 mm stark, b) 3mal Bitumastikemailleanstrich, d) hitzebeständiger Zementbelag. II. Im übrigen Kesselraum: a) Bitumastikemailleanstrich, b) Anstrich mit hitzebeständigem Zement.

Doppelbodentanks für Ballastwasser. I. Bodenwrangen und Tankdecke: a) 2- oder 3mal Zementmilchanstrich, b) Bitumastikzementanstrich. II. Außenboden: a) Zementbelag, daß alle Nietköpfe bedeckt sind; b) nur abliegende Gänge mit Zement ausfüllen, sonst 3mal mit Zementmilch anstreichen; c) Belag mit Bitumastikzement.

Doppelbodentanks für Frischwasser. I. Bodenwrangen und Tankdecke: 2- bis 3mal Zementanstrich. II. Außenboden: a) Zementbelag, daß alle Nietköpfe bedeckt sind; b) nur abliegende Gänge mit Zement ausfüllen, sonst 3mal mit Zementmilch waschen.

Doppelboden Lufttank. I. Bodenwrangen und Tankdecke: a) Bitumastikanstrich; b) 2mal Bleimennigeanstrich; c) 1mal Bleiweiß, 2mal Bleimennigeanstrich; d) 2- oder 3mal Zementmilchanstrich. II. Außenboden: a) Bitumastikzementbelag; b) 2mal Bleimenniganstrich; c) 1mal Bleiweiß, 2mal Bleimennigeanstrich; d) Zementbelag.

Bunker (einschließlich Gräben): a) Bitumastikemailleanstrich, b) 3mal Bleimennigeanstrich.

Öltanks: a) Anstrich bzw. Belag mit ölbeständigem Bitumastik, b) Anstrich mit ölbeständiger Spezialfarbe.

Tanks oberhalb des Doppelbodens. I. Frischwassertank: 2- bis 3maliger Zementanstrich. II. Seewassertanks: a) 2- bis 3maliger Zementanstrich, b) Bitumastikzementanstrich.

Wellentunnelboden: a) starker Bitumastikzementbelag, b) starker Zementbelag, c) 3mal Bitumastikzementanstrich, d) 2- bis 3maliger Bleimennigeanstrich.

Vor- und Hinterpiek. I. Bodenwrangen und Seiten: a) 3mal Bleimennigeanstrich, b) 3mal Zementmilchanstrich. II. Boden und scharfe Ecken: a) Zement und Koks mit 75 mm Zementdecke, b) Bitumastikzement mit Koks, c) Bimsbeton mit Zementdecke.

Räume zwischen Innenstringerwinkel und Außenhaut: a) Zement, b) Zement und Koks, c) Bimsbeton mit Zementdecke von 50 mm.

5. Erhaltung durch Verzinken.

Platten und Profile kleiner wertvoller Schiffskörper werden zum Schutz gegen Korrosion vielfach verzinkt, besonders wenn es sich um Fahrzeuge handelt, welche im Tropendienst Verwendung finden sollen. Bei solchem Verfahren müssen die Bleche und andere Bauteile vollständig bearbeitet, geschnitten und gelocht sein, ehe sie verzinkt werden. Verzinkungen des gesamten Baumateriales werden auch bei kleinen Kriegsschiffen ausgeführt, und man kann dann auf den üblichen Festigkeitszuschlag gegen Korrosion verzichten. Verzinkte Bauteile, die unter Wasser liegen, müssen wegen der Gefahr der Entstehung galvanischer Ströme gut haltbaren Anstrich erhalten. Für

Flußschiffe, bei denen galvanische Ströme infolge der geringeren Leitungsfähigkeit des sie umgebenden Wassers weniger leicht entstehen, spielt der Anstrich verzinkter Unterwasserteile eine geringere Rolle.

Im Handelsschiffbau findet Verzinkung ferner als Schutz gegen Korrosionen im allgemeinen nur für kleinere Bauteile und Beschläge, z. B. für Ventilatorköpfe und Geländerstützen, Verwendung. Auch Beschläge für Holzteile, z. B. die Bolzen für die Decksbeplankung und Beschläge für Kühlräume, werden verzinkt, ehe sie mit Anstrich versehen werden.

6. Neuere Bestrebungen der Rostschutzfarben-Technik.

Leinölhaltige Rostschutzfarben und Lacke sind verhältnismäßig wasserempfindlich und wasserdurchlässig, so daß dem Durchtritt irgendwelcher, das Verrosten fördernder chemischer Einflüsse hierdurch nicht sicherer Einhalt geboten wird.

Auf Veranlassung der Reichsbahngesellschaft sind in letzter Zeit besondere Anstrichmaterialien hergestellt und untersucht worden, die wesentlich erhöhte Wasser- und Chemikalienfestigkeit besitzen, d. h., also auch besonders soda- und rauchfest sind.

Die bisher für Schutzanstriche benutzten Bitumenlösungen trocknen infolge Verdunstung der Lösungsmittel und neigen bei Anstrichen mit Ölfarben zum Durchschlagen. Neuerdings sind Bitumen-Firnisse und -Farben hergestellt worden, die auf dem Wege der Oxydation trocknen und mit Öl- und Lackfarben überstreichbar sind, ohne daß das Bitumen durchschlägt. Solche Anstriche haben sich bei Mennie-Grundierung bewährt.

Von praktischer Bedeutung erscheint ferner eine Entwicklung der Farbentechnik, die nach dem neuen Prinzip arbeitet, eine chemische Verbindung des ersten Anstrichs mit der Eisenoberfläche einzugehen. Jede nicht vollkommen metallisch reine, glänzende Eisenoberfläche enthält zahllose mit Rostpartikelchen (Oxydulhydraten) gefüllte Poren. Werden auf diese Oberfläche lösliche Silikate aufgebracht, so bilden dieselben mit den Porenstoffen kolloidale Eisenoxydhydrate, wobei sich die entstehende kolloidale Schicht in den Poren gleichsam fest verankert. Ein hierbei mit wirksamer Kristallisationsvorgang erhöht die innige Haftung solcher Anstriche, welche die Eisenoberfläche in überlegenem Maße gegen die Einwirkungen selbst scharfer Angriffsmittel schützen. Von besonderer Bedeutung erscheinen derartige Entwicklungen besonders auch in allen Fällen, wo es sich um den Angriff von kohlenwasserstoffhaltigen Substanzen, wie z. B. Benzin, handelt.

VIII. Die Schiffswerft.

1. Die Entwicklung der Schiffbau-Industrie in den wichtigsten Seestaaten bis zur Gegenwart.

a) Die Holzschiffswerft. Die moderne Schiffswerft führt ihre Entwicklung und Ausgestaltung auf die ehemalige Holzschiffswerft zurück, die in rein handwerksmäßigem Zunftbetriebe den hölzernen Schiffsrumpf nebst allen Teilen des Ausbaues und der Ausstattung herstellte, da das Baumaterial an eichenen, buchenen und kiefernen Krummhölzern und Stämmen mit Handwerkzeugen bearbeitet werden konnte. Eine Holzschiffswerft einzurichten und in Betrieb zu halten bedurfte es daher keiner großen Vorbereitungen und technischen Hilfsmittel. Ein passender Platz am Wasser mit geeignetem Untergrund für die Bauhellinge, auf denen die einzelnen Schiffsrümpfe zusammengebaut werden, genügte. Dazu kamen Holzschuppen zum Lagern und zum Bearbeiten der Schiffbauhölzer, sowie ein kleiner Schuppen für die Schiffsschmiede mit handgetriebenen Schmiedeessen zur Bearbeitung eiserner Verbandteile. Als Arbeitsgerät verwandte der Holzschiffbauer die gebräuchlichsten Handwerkszeuge der Zimmerer und Tischler, während der Transport der Bauhölzer durch zweirädrige Wagen oder auf Walzen als reine Handarbeit erfolgte. Nur zum Aufrichten der Spanten verwendete man Mastbäume mit Taljen, sowie Bockkräne mit Haspelbetrieb. Für das Speisen des Dampfkastens zum Geschmeidigmachen der zu biegenden Planken genügte ein kleiner Niederdruckkessel. Da der Tiefgang der fertigen Segelschiffe kaum 3 m erreichte, so genügten die Unterläufe kleiner Flüsse zur Anlage der Holzschiffswerften. Dieselben entstanden meist zerstreut an solchen Küstenplätzen, in deren Nähe ausgiebige Forsten zum Schlagen der wichtigsten Bauhölzer lagen. Da ferner der Zunftzwang eine freie Entwicklung der Werftbetriebe zum Teil behinderte, so gingen leistungsfähige Holzschiffswerften vielfach dazu über, das erworbene Kapital zum Bau von Segelschiffen auf eigene Rechnung anzulegen, so daß schon frühzeitig enge Beziehungen zwischen Werft und Reederei in Gestalt von Familien-Unternehmungen in den einzelnen Küstenorten entstanden. Diese Reedereibetriebe führten dann den Holzschiffswerften ständig einträgliche Reparaturen und Instandsetzungsarbeiten von Schiffen zu, für welche bei Grundreparaturen die Bauhellinge verwendet wurden, so daß auch für Reparaturarbeiten keine besonderen Betriebseinrichtungen erforderlich wurden. Neben der Handarbeit kam, zuerst in Nord-Amerika, auch der Maschinenbetrieb in Aufnahme in Gestalt von Sägegattern zum Schneiden der Balken und Planken, sowie von Kreissägen zum Besäumen der Krummhölzer.

b) Die Eisenschiffswerft. Mit Einführung des Eisenschiffbaues und der Dampfschifffahrt wuchs sich die Schiffswerft in schnellem Tempo von einem handwerksmäßigen Kleinbetriebe zu einem kapitalkräftigen Fabrikbetriebe aus, da das neue Baumaterial, das Eisen, eine Bearbeitung durch kraftgetriebene Arbeitsmaschinen erforderte. Für diese Umgestaltung der Werftbetriebe war von allen Seestaaten Großbritannien am besten gerüstet. In seiner früh entwickelten Eisenhüttenindustrie, in seinem weitverzweigten und vielseitigen Maschinenbau, in seinem aufblühenden Brückenbau und vor allem in seiner durch den ausgedehnten Welthandel gefestigten Kapitalskraft waren die Grundlagen für diese wichtige Umgestaltung am ehesten gegeben. Dabei kam den Engländern sehr zustatten, daß Hüttenwerke, Maschinenfabriken und Werften fast in allen Industriebezirken an schiffbaren Flüssen räumlich dicht aneinander lagen. Auf diesen wichtigsten Hilfsindustrien fußend, konnten die britischen Schiffbauer sich anfangs auf den Bau des Schiffsrumpfes allein beschränken. Das Schiffbaumaterial für den Schiffsrumpf lieferten die benachbarten Walzwerke, während die mannigfachen Teile des Ausbaues und der Ausstattung, mit Ausnahme der hölzernen Schiffseinrichtungen, ferner im besonderen die fertigen Schiffsmaschinen mit Wellen und Propellern sowie die Schiffskessel und die verschiedenen Hilfsmaschinen von den benachbarten Maschinenfabriken bezogen wurden. Das Stammgewerbe, der eigentliche Schiffbau, lehnte sich daher an die Betriebsform des Holzschiffbaues an und behielt zunächst die Eigenarten desselben bei, d. h. man hielt zielbewußt an der handwerksmäßigen Arbeit fest, wenngleich die Hilfe der Arbeitsmaschine für die Bearbeitung der eisernen Bauteile nicht entbehrt werden konnte.

Überragende Bedeutung erhielten die englischen Werften alsbald dadurch, daß sie nicht vereinzelt dastanden, sondern von Anfang an sich besondere Schiffbauzentren an den Hauptflüssen Themse, Clyde, Tyne, Wear, Tee bildeten, wodurch ein stetiges Zuströmen von Arbeitskräften und die Möglichkeit des Ausgleichs gewährleistet wurde. Da ferner die einzelnen Interessenkreise der Arbeiter, sowie der Arbeitsbereich der einzelnen Handwerkergruppen schon früh durch die Trade Unions streng gegeneinander abgegrenzt wurden, so entwickelten sich alsbald Spezialarbeiter, wie Platter, Spantenbieger, Schmiede, Nieter, Rohrleger, Schiffszimmerleute und Tischler, welche die schiffbaulichen Arbeiten sachgemäß und zuverlässig mit verhältnismäßig wenigen maschinellen Hilfsmitteln in flottem Tempo verrichteten. Auf Grund einer der Arbeiterorganisation angepaßten wirtschaftlichen Baumethode, bei welcher die Neubauten in bestimmten Zwischenräumen nacheinander in Angriff genommen wurden, waren die englischen Werften schon frühzeitig für bestimmte Schiffstypen, namentlich beim Bau von Frachtdampfern, zu einer Art von Serienherstellung befähigt. Kleinere, an dem gleichen Schiffbauzentrum gelegene Werften, welche nicht kapitalkräftig genug waren, um die Zahl ihrer Hellinge zu vermehren, um eine größere Zahl von Schiffen hintereinander auf Stapel setzen zu können, griffen zu dem Ausweg, die Spezialarbeiter gemeinsam der Reihe nach zu beschäftigen, und so entstand in Großbritannien schon frühzeitig die Eigenart der von Werft zu Werft wandernden Arbeiterkolonnen. Bei den meist ziemlich gleichen Arbeitsobjekten und meist gleichen Arbeitsmethoden der kleineren Werften ergab sich für die einzelnen Arbeiterkolonnen ohne weiteres eine häufige Wiederholung derselben Arbeit, wenn sie zu einer anderen Werft übergingen, sobald eine ausreichende Beschäftigung auf der anfänglichen nicht mehr vorlag. Haben z. B. die Spantenbieger einer Werft die Spanten für ein Schiff gebogen und die sonstigen Schmiedearbeiten an dem Spantengerippe des im Bau befindlichen Frachtdampfers für den Einbau auf der Helling fertig gestellt und liegt Bestellung für einen weiteren Neubau nicht mehr vor, so gehen sie auf eine Nachbarwerft über, um dort dieselbe Arbeit für einen ähnlichen Neubau auszuführen. Dasselbe gilt für die Platter zum Herrichten der Platten für die Außenhaut, die Schotten und Decks sowie für die Nieter, welche alle diese Bauteile nach dem Zusammenfügen auf der Helling in Handarbeit zu vernieten haben. Diese wandernde Arbeitsweise wurde ferner dadurch erleichtert, daß zwischen den Werftbesitzern und den Arbeiter-Unionen für die einzelnen Schiffbaubezirke tarifierte Akkorde festgesetzt waren, so daß die Lohnvergütung auf allen Werften eines Bezirkes die gleiche war. Durch diese Arbeitsgemeinschaft der Werften konnte die Produktion an Schiffen ohne wesentliche Erweiterung der Werftbetriebe erheblich gesteigert werden. In flauen Geschäftszeiten, wo Neubauaufträge nicht in genügender Zahl zu erlangen waren, wurden dann auch Schiffe auf eigene Rechnung auf Stapel gesetzt, so daß der Reihenschiffbau erleichtert wurde. Da aber Massenproduktion ein flottes Bautempo und damit hohe Wirtschaftlichkeit in sich schließt, so gelang es den britischen Werften durch diese vorteilhaft arbeitenden Interessengemeinschaften, welche in den übrigen Schiffbauländern wegen der zerstreuten Lage der Werften zueinander und zu den Schiffbau-Hilfsindustrien sich von selbst verboten, den Weltmarkt an marktgängigen Frachtdampfern alsbald zu beherrschen. Andererseits wurde durch diese billige Schiffsfabrikation an Frachtdampfern und im besonderen durch den Bau auf Vorrat die Entwicklung der Reedereien künstlich gefördert, da der Werftbesitzer es vom technischen und kaufmännischen Standpunkt aus für zweckmäßiger hielt, das erworbene Kapital eher zum Bau von Schiffen auf Vorrat anzuwenden, als dasselbe zur Ausgestaltung oder Erweiterung seiner Werftbetriebe oder gar zur Angliederung einer Maschinenfabrik zu verwerten. Der Impuls, den die Werften den Reedereien durch den Bau auf Vorrat gaben, führte zu einer Anregung des Schiffahrtsverkehrs, die wiederum den Werften in Gestalt von Reparaturarbeiten ähnlich zugute kam, wie zur Zeit des Holzschiffbaues[1].

Neben diesen Vorzügen der Betriebsorganisation der wandernden Arbeiterkolonnen traten im Laufe der Zeit auch manche Schattenseiten in die Erscheinung. Das stete Wandern der Arbeiterkolonnen brachte eine gewisse Unstetigkeit mit sich, welche in dem Arbeiter leichter die Neigung zum vorübergehenden Feiern aufkommen ließ, zumal der Wechsel der Arbeitsstätte selbst eine vorübergehende Arbeitsunterbrechung mit sich brachte. Wesentlich hemmender für die Werftbetriebe waren jedoch die Bestrebungen der britischen Arbeiter-Unionen, die Einführung arbeitssparender Werkzeugmaschinen zu hintertreiben, weil sie darin eine Gefährdung ihres Handwerks erblickten. Auf diese Weise gelangten z. B. die für den Schiffbau so wichtigen Preßluftwerkzeuge in Großbritannien wesentlich später zur Einführung als auf den Werften der anderen Schiffbauländer, auch blieb die britische Schiffbauindustrie mit der Einführung mechanischer Transporteinrichtungen und Hebezeuge längere Zeit im Rückstande, so daß ihre Betriebe nicht immer mit den Fortschritten der Werkstattstechnik gleichen Schritt halten konnten. In der Überbauung der Hellinge mit hochwertigen Laufkran-Einrichtungen ging der britische Schiffbau allerdings dem europäisch-festländischen doch noch voran.

Für den Bau von Spezialschiffen, wie transatlantischen Schnelldampfern, großen kombinierten Fracht- und Passagierdampfern und Kriegsschiffen, bei denen es sich vorwiegend um Einzelschiffstypen handelt, die eine hohe Feinproduktion erfordern, kommt Serienbau nicht in Frage. Für diese hochwertigen Arbeitsobjekte ließ sich das System der wandernden Arbeiterkolonnen nicht mehr vorteilhaft anwenden, denn bei der steigenden Zunahme der auf der Helling einzubauenden Materialmengen, sowie der Einzelgewichte der Bauteile des Schiffsrumpfes wurde die Heranziehung von leistungsfähigen Arbeitsmaschinen und mechanischen Transporteinrichtungen zur Notwendigkeit. Mit dem Anwachsen der Schiffsabmessungen und dementsprechend der Materialstärken der einzelnen Bauteile verlor die Handarbeit mehr und mehr an Daseinsberechtigung, zumal die schweren Werkstücke ohne Hebezeuge weder sicher transportiert, noch ohne leistungsfähige Arbeitsmaschinen zuverlässig bearbeitet werden konnten. Ferner erschien es für den Bau größerer Schiffstypen anfänglich zweckmäßig, schließlich aber notwendig, den Werftbetrieb nicht allein auf den Bau des Schiffskörpers zu beschränken, sondern auch die wichtigen Maschinen- und Kesselanlagen in besonderen, der Werft eingegliederten Betrieben herzustellen, um die sich ständig steigernden Vertragsleistungen an garantierter Schiffsgeschwindigkeit, an Maschinenleistung und ökonomischem Kohlenverbrauch sicherer erfüllen zu können. Dieser Grundsatz bedingt jedoch eine wesentliche Erweiterung der für den Frachtdampferbau wohl genügenden reinen Schiffswerft zu einer kapitalkräftigen Vollwerft mit umfangreichen Schiffbau- und Maschinenbau-Werkstätten, um in harmonischer Vereinigung von hochwertigen Einzelerzeugnissen das Höchstprodukt der modernen Schiffbauindustrie, den transatlantischen Schnelldampfer sowie das kampfstarke Kriegsschiff in höchster Vollkommenheit bauen zu können. Die Betriebseinrichtungen der Vollwerften wurden auf diese Weise so vielgestaltig und umfangreich, die Materialien und Einrichtungen zum Bau der Riesenschiffe so mannigfach und kostspielig, die Werte der in langen Arbeitsperioden fertig zu stellenden Lieferungs-

[1] Schwarz, Tjard: Die Entwicklung der modernen Werftbetriebe in technischer und wirtschaftlicher Beziehung. Nauticus 1903.

objekte so bedeutend und das mit den ständig zunehmenden Anforderungen wachsende Risiko so groß, daß alle diese Voraussetzungen nur durch auf breiter kapitalistischer Grundlage aufgebaute Großunternehmen, bestehend aus Großschiffbau und Großmaschinenbau, erfüllt werden konnten. Es trat daher zuerst in Großbritannien bei den grundverschiedenen Konstruktionsbedingungen und abweichenden Bauweisen der gewöhnlichen Frachtdampfer einerseits und der transatlantischen Passagierdampfer und Kriegsschiffe anderseits eine Scheidung zwischen routinemäßigem Frachtdampferbau und Bau von Spezialschiffen ein. Noch heute hat sich in Großbritannien die reine Frachtschiffswerft neben der vielgliedrigen Vollwerft zum Bau von Spezialschiffen erfolgreich gehalten.

In den übrigen Schiffbauländern bildet mit Einführung des Eisenschiffbaues und der Dampfschiffahrt von Anfang an die Vollwerft die Grundlage für die Ausgestaltung der Werftbetriebe. Die während der Blüte des Holzschiffbaues entstandenen Holzschiffswerften in Frankreich, Deutschland und den Vereinigten Staaten waren zur Umgestaltung zu reinen Eisenschiffswerften insofern wenig geeignet, als sie meist an kleineren Flußläufen lagen, die mit ihren geringen Fahrwassertiefen für den Bau der größeren, eisernen Dampfschiffe nicht mehr ausreichten. Auch fehlte in den meist kleineren Küstenorten eine leistungsfähige Maschinenbau-Industrie, welche einer reinen Schiffswerft die erforderlichen Schiffsmaschinen und Schiffskessel liefern konnte. Der Eisenschiffbau mußte daher auf die größeren Seestädte übergehen, zumal hier auch Anschluß an vorhandene Maschinenbau-Industrien gefunden werden konnte. Die Eisenschiffswerften dieser Länder gingen daher vorwiegend aus der Maschinenbau-Industrie hervor, indem die Schiffbaubetriebe vorhandenen Maschinenfabriken angegliedert wurden. In Deutschland ließ sich diese Entwicklung bei mehreren großen Eisenschiffswerften noch bis vor wenigen Jahren darin erkennen, daß dieselben vorwiegend in einen Oberhof, die ursprüngliche Maschinenfabrik, und den Unterhof, die angefügte Schiffswerft, sich gliedern (vgl. Abb. 802). Wo die Schiffbau- und Maschinenbaubetriebe ein und derselben Werft örtlich getrennt lagen, wurde diese Trennung zur Förderung der Wirtschaftlichkeit des Gesamtbetriebes alsbald aufgegeben. Die Vollwerft mit aneinander gereihten Werkstätten des Schiffbaues und des Maschinenbaues wurde in Deutschland, Frankreich und den Vereinigten Staaten allgemein zur Norm. Ein Nachteil der Werften dieser Länder gegenüber den britischen bestand und besteht darin, daß die Erzeugungsstätten des Schiffbaumaterials fern von der Küste im Binnenlande liegen, wodurch eine preiswerte und schnelle Materialbeschaffung erschwert wird. Auch stand den kontinentalen Werften anfänglich keine nennenswerte Hilfsindustrie zur Lieferung der mannigfachen Gegenstände des Ausbaues, der Ausrüstung und der Ausstattung zur Seite, so daß diese meist in den eigenen Betrieben gefertigt werden mußten, wodurch sich der Umfang der Vollwerft relativ steigert.

Durch diese erschwerenden Betriebsverhältnisse der auf eigene Erzeugnisse angewiesenen Vollwerften in Deutschland, Frankreich und Amerika war ein erfolgreicher Wettbewerb dieser Länder mit Großbritannien sehr erschwert, zumal die Durchführung ökonomischer Massenfabrikation schon durch die hohen Anforderungen an die Kapitalkraft einer Vollwerft scheitern mußte. Bei der fast erdrückenden Übermacht des britischen Schiffbaues auf dem Weltmarkt mußten die in schweren Kämpfen sich heraufarbeitenden Schiffbau-Industrien Deutschlands und Amerikas von vornherein den Grundsatz verfolgen, dem britischen Wettbewerb bei den Reedern des eigenen Landes durch qualitativ höchste Leistungen zu begegnen und dabei die Handarbeit, wo nur angängig, durch Maschinenarbeit zu ersetzen, um durch Übergang zum Schnellbetrieb und damit Abkürzung des Arbeitsprozesses die Kapitalanlage des Unternehmens wirtschaftlichst auszunutzen. Diesem Gesichtspunkte folgend ist man in Deutschland und Amerika vorwiegend bestrebt gewesen, die Werftbetriebe ständig derart zu vervollkommnen, daß alle Werkstätten auf gleicher Höhe der Leistungsfähigkeit und Arbeitsgüte stehen.

Die danach sich für diese Werftbetriebe ergebenden Grundsätze kennzeichnen sich in besonders markanter Weise in dem Werftplan des amerikanischen Brückenbauers Mr. Morse, welcher mit Gründung der New York Shipbuilding Co. in Camden bei Philadelphia im Jahre 1900 zur Ausführung gelangte. Bei dem wegen der hohen Materialpreise und der noch höheren Löhne besonders schwierigen Wettbewerb des amerikanischen Schiffbaues plante Mr. Morse, den Bau von Frachtdampfern nach neuen betriebstechnischen Grundsätzen aufzunehmen und diesen durch Massenfabrikation in besonders hierfür eingerichteten Werkstätten nach dem Vorbild der hierfür mustergültig ausgestatteten Brückenbauanstalten wirtschaftlicher zu gestalten. Er wollte den Schiffsrumpf in möglichst viele gleiche Bauelemente aufteilen und diese dann mit Hilfe von Sonder-Arbeitsmaschinen und unter weitgehender Verwendung von mechanischen Transportmitteln in fortschreitendem Fabrikationsgang bearbeiten und zum Zusammenbau auf der Helling bringen. Wenngleich diesen Plänen die volle praktische Erprobung versagt blieb, da das damals geplante Schiffahrts-Subventionsgesetz und die hierdurch erhoffte Neubelebung der amerikanischen Handelsmarine ausblieben, so ist diese neuartige Werftanlage doch auch heute noch als ein interessantes und wertvolles Beispiel für eine wirtschaftliche Ausgestaltung eines Großwerftbetriebes für Serienbau anzusprechen[1].

Eine schwerwiegende neue Tatsache für die Ausgestaltung der Maschinenbautechnik ergab sich mit dem Aufkommen der Dampfturbine und des Verbrennungsmotors. Die Großwerften wurden hier alsbald vor die Entscheidung gestellt, entweder die Schiffsturbinen von Maschinenfabriken zu beziehen, welche den Bau von Dampfturbinen bald in großem Umfange für Landzentralen aufgenommen hatten, oder sie in eigenen Werkstätten zu erbauen. Diese Entscheidung war um so schwerwiegender, als die Aufnahme des Dampfturbinenbaues, die Anschaffung und Aufstellung neuzeitlicher Arbeitsmaschinen besonderer Bauweise notwendig machte und auch mancherlei betriebliche Umstellungen bedingte. Dazu wurden neuartige Prüfstände erforderlich. Die meisten Großwerften entschlossen sich dazu, den Dampfturbinenbau und den alsbald damit verbundenen Bau von Übersetzungs-Getrieben in den eigenen Werkstätten aufzunehmen. Nicht so glatt gestaltete sich die Aufnahme des Baues der Dieselmotoren, wenngleich diese Verbrennungsmaschinen in ihrem Aufbau und ihren Maschinenelementen sich ihrem Wesen nach der Kolbenmaschine anschließen. Die Verbrennungsmaschine machte mit ihren hohen Kolbendrücken und Verbrennungstemperaturen kostspielige und zeitraubende Vorversuche notwendig, ehe an den routinemäßigen Bau herangetreten werden konnte. Daher waren es zuerst nur die größten Werften, welche sich, meist in Verbindung mit der eigentlichen Motoren-Industrie, dieser Entwicklung annahmen. Dies führte u. a. zu umfangreichen Neu-Anlagen und der Organisation von Spezial-Büros auf den Werften[2].

Mit dem Erstarken der Schiffbauindustrie vor allem in Deutschland und mit dem sprunghaften Ausbau der Werften in den Vereinigten Staaten begann der internationale Wettbewerb im Weltschiffbau. In allen Schiffbauländern wurden daher die Werftbetriebe durch technische und organisatorische Maßnahmen wirtschaftlicher gestaltet. Es trat alsbald auch bei den Werften das Wechselspiel zwischen Technik und Wirtschaft in den Vordergrund, welches sich in einer planmäßigen, möglichst ununterbrochenen und technisch vollendeten Produktion bei ständiger Fühlungnahme mit dem Bedarf kennzeichnet. Die von den Vereinigten Staaten ausgegangene neuzeitliche Fabrikwirtschaft, welche auf weitgehende Spezialisierung der Arbeit und Anpassung der Betriebe an die örtlichen Verhältnisse hinzielt, ist in der Schiffbau-Industrie insofern nur schwer durchführbar, als die Möglichkeit eines Liefermonopols in einem abgegrenzten örtlichen oder Schiffahrtsbereich, jene wichtigste Grundlage der amerikanischen Trusts, hier nicht besteht. Trotzdem schreckten die Amerikaner nicht davon zurück, um ihrer neu belebten Schiffbauindustrie einen neuen Impuls zu geben, größere Werften zu breit basierten Einheits-

[1] Schwarz, Tjard: Der amerikanische Schiffbau im letzten Jahrzehnt. Jahrb. Schiffbaut. Ges. 1902.

[2] Schwarz, Tjard: Deutsche Schiffswerften. Deutscher Schiffbau 1913.

unternehmungen zu verschweißen, nachdem die leistungsfähigsten Stahl- und Hüttenwerke der Union zu der United States Steel Corporation zusammengefaßt waren.

So entstand um die Jahrhundertwende das trustartige Gebilde der American Shipbuilding Company, welches die an den großen Seen gelegenen Werften, die auf den Bau von Frachtdampfern für den Massentransport von Erzen, Kohlen und Getreide eingestellt waren, zu einem Einheitsunternehmen gleichartiger Werftbetriebe vereinigte. Eine Grundlage für die Schaffung dieses ersten Schiffbau-Trusts war insofern vorhanden, als der Wirkungskreis dieser Werften und ihrer Erzeugnisse an großen Frachtschiffen auf die großen Seen beschränkt war und damit eine Monopolstellung des Trusts gewährleistet wurde. Die Einschränkung des kaufmännischen und technischen Personals durch Schaffung einer einheitlichen Konstruktions- und Betriebsleitung, die zweckmäßige Verteilung der Neubauten auf die einzelnen Werften, die Spezialisierung und teilweise Normung der Bauteile des Schiffsrumpfes sowie die Zentralisierung des Maschinenbaues erleichterten den Übergang zu weitgehendem Serienbetrieb und ermöglichten zugleich eine wirtschaftliche Ausnutzung der Werftanlagen. Daneben übt ein derartiges Einheitsunternehmen durch seine Kapitalkraft und durch zentralisierten Bezug von Schiffbaumaterial und Ausrüstungsgegenständen einen nicht zu unterschätzenden Einfluß auf die Hilfsindustrien für den Schiffbau aus. Der Erfolg dieses zur Zeit noch bestehenden Schiffbautrusts dürfte aus der Tatsache hervorgehen, daß die American Shipbuilding Co. trotz der gegenüber Großbritannien erheblich höheren Arbeitslöhne ihre Neubauten im Durchschnitt zu den gleichen Preisen zur Ablieferung bringen konnte wie die britischen Werften[1].

Weniger erfolgreich erwies sich jedoch der nach den Grundlagen der American Shipbuilding Co. alsbald gegründete zweite Schiffbau-Trust, die United States Shipbuilding Co., ein durch den Zusammenschluß der bedeutenderen Schiffswerften an der atlantischen und pazifischen Küste sowie einiger Fittingsfabriken gebildetes Einheitsunternehmen. Obwohl diesem noch ein nicht fern der Küste gelegenes Stahlwerk, die Bethlehem Steel Comp., angegliedert war, konnte sich diese Schöpfung nicht lange halten. Unter Führung des kapitalkräftigen Stahlwerkes entwickelte sich dann unter Abstoßung einiger Werften und der Fittingsfabriken die Bethlehem Shipbuilding Corporation. Dieses Unternehmen, das kaum noch den Charakter eines Trustes trägt, sondern schon den Spuren eines Einheitsunternehmens folgt, hat sich bis zur Gegenwart als lebenskräftig erwiesen, soweit man das von dem unter schwierigen wirtschaftlichen Umständen arbeitenden amerikanischen Schiffbau überhaupt sagen kann.

Neben den bis zum Jahre 1927 allein auf Amerika beschränkten zusammengefaßten Schiffbau-Unternehmungen traten in den europäischen Industriestaaten vielfach Anschlüsse von Schiffbau-Unternehmungen an Eisenhütten- und Stahlwerke in Erscheinung, wodurch der Fabrikationsvorgang vom Rohstoff bis zur Abnahme des Fertigprodukts umfaßt wird. Das älteste Unternehmen dieser Art ist die Werft von Palmer in Yarrow-on-Tyne, welche noch heute in Betrieb ist. Hier sind sogar Hochöfen, Stahlwerk, Walzwerk, Hellinge, Schiffbau- und Maschinenbau-Werkstätten auf gleichem Gelände aneinander gereiht, so daß in ununterbrochener Stufenfolge vom Eisenerz bis zum fahrbereiten Dampfschiff alle Arbeitsprozesse einheitlich geleitet werden können. Weitere Gründungen solcher Schiffbau-Unternehmungen sind auf die Entwicklung des Kriegsschiffbaues zurückzuführen. Die Triebfedern waren hier Panzerplatten- und Geschützfabriken, welche auf diese Weise ihren Absatz sichern wollten. In Großbritannien sind Beispiele hierfür Armstrong, Vickers, John Brown, Cammel, Beardmore. Auf dem Kontinent folgten Fried. Krupp, Schneider-Creuzot, Ansaldo-Terni. Bei der weiteren Entwicklung der Werftbetriebe hat jedoch diese Art von Unternehmungen keine Rolle gespielt. Im Gegenteil kamen die so gebundenen Werftbetriebe unter den überwiegenden Einfluß der Rüstungswerkstätten in ein unerwünschtes Abhängigkeitsverhältnis. Dazu kommt, daß die ein-

[1] Schwarz, Tjard: Schiffbau und Schiffahrt im Zeitalter der Kartelle und Trusts. Marine Rundschau 1905.

heitliche und wirtschaftsgerechte Leitung derartiger Betriebe durch die getrennt gelegenen Werften und Werke erschwert ist[1].

Von wesentlich größerer Bedeutung in betriebtechnischer und wirtschaftlicher Hinsicht ist für die Schiffbauindustrie die Angliederung leistungsfähiger Dock- und Reparaturbetriebe geworden. Während in Großbritannien und Frankreich diese Betriebsvereinigung nur vereinzelt durchgeführt worden ist, da die Schaffung von Dockgelegenheiten für Schiffe vorwiegend in den Händen der Hafenverwaltungen ruhte, haben fast alle leistungsfähigen Werften in Deutschland, Holland und neuerdings auch in den Vereinigten Staaten mit der Einbürgerung der Schwimmdocks und der neuzeitlichen Patentslips ihren Werftbetrieben umfangreiche Reparaturbetriebe angegliedert und damit ihre Wirtschaftsgrundlage wesentlich verfeinert und gesichert. Dies gilt natürlich nur für solche Plätze, wo ein reger Schiffahrtsverkehr für ständige Ausnutzung dieser Einrichtungen sorgt. Da Reparaturarbeiten fast immer einträglicher als Neubauten sind, so können Gewinnausfälle an letzteren durch Reparaturarbeiten ausgeglichen, das Arbeiterpersonal ständiger gehalten werden[2].

Der Weltkrieg hat auf den Weltschiffbau und die Ausgestaltung der Werftbetriebe einen starken Einfluß ausgeübt. Es galt in kurzer Zeit und um jeden Preis Seeschiffe zu erbauen, um die zunehmenden Verluste an Schiffmaterial zu ersetzen und beschädigte Schiffe zu reparieren. Zu gleicher Zeit brachte der Menschenverbrauch des Krieges eine Knappheit an Arbeitern mit sich. Man mußte daher versuchen, die Werftbetriebe sowohl den erhöhten Anforderungen als auch den Erschwerungen entsprechend einzustellen. Dies geschah in den Vereinigten Staaten und in Großbritannien durch Heranziehung der Eisenkonstruktionswerkstätten und der Brückenbauanstalten des Binnenlandes zur Bearbeitung genormter Bauteile der Schiffskörper, während alle Teile des Ausbaues und der Ausstattung sowie die Schiffsmaschinenanlagen nebst Hilfsmaschinen von Spezialfabriken des Binnenlandes bezogen wurden. Die damals neu zu schaffenden Werften konnten sich daher als reine Schiffswerften auf die Transport- und Montagearbeit beschränken. Um den nach diesen Grundsätzen organisierten sogenannten fabrikmäßigen Bau von Schiffen zu erleichtern, wurden die Schiffbauten auf wenige Einheitstypen beschränkt. Es entstanden in den Vereinigten Staaten und in Großbritannien zahlreiche Hellinganlagen und Ausrüstungskais, von denen die Hog Island Werft mit 50 Hellingen, die Werft der Submarine Boat Company mit 28 Hellingen die bisher üblichen Größen der Werftanlagen trotz der Beschränkung des Betriebes auf die reinen Montagearbeiten erheblich überschritten. Wenngleich der fabrikmäßige Bau von Handelsschiffen keinen entscheidenden Einfluß auf den Ausgang des Krieges mehr ausüben sollte, so führte diese neuartige Organisation doch zu einer beispiellosen Steigerung der Neubautätigkeit und zu einem unerwünschten Überfluß an Schiffsraum nach Beendigung des Krieges. Da ferner der finanzielle Erfolg ein sehr ungünstiger war, so wurde der Betrieb der neuen Werften nach Fertigstellung der auf Stapel stehenden Schiffe eingestellt und der fabrikmäßige Bau von Schiffen wieder aufgegeben[3].

In Deutschland schuf man während des Krieges zur Beschleunigung der Fabrikation u. a. den Handelsschiff-Normen-Ausschuß und wandte sich bei Gründung neuer Werftanlagen für den Wiederaufbau der Handelsflotte dem fabrikmäßigen Bau von Schiffen freilich mit beachtenswerten Verbesserungen zu. Der Anstoß hierzu ging von leistungsfähigen Eisenbauanstalten des rheinisch-westfälischen Industriebezirks aus, welche an der Küste Werftanlagen schufen, auf denen die in ihren Werkstätten fabrizierten Bauteile zusammengebaut wurden, während die Maschinenanlagen in eigenen oder binnenländischen Maschinenfabriken einbaufertig hergestellt wurden. So entstand in Hamburg die Deutsche Werft in Verbindung mit der Gutehoffnungshütte und in Siems bei Lübeck die Schiffs-

[1] Schwarz, Tjard: a. a. O. Marine Rundschau.
[2] Schwarz, Tjard: Die Grundlage der Neubaukosten von Handels- und Kriegsschiffen. Nauticus 1914.
[3] Schwarz, Tjard: Der fabrikmäßige Bau von Schiffen. Jahrb. d. Schiffbautechn. Ges. 1923.

und Dockbau-Werft Flender in Verbindung mit der Brückenbauanstalt von Flender. Später schuf die Gutehoffnungshütte in Walsum am Rhein eine eigene Werft zum fabrikmäßigen Bau von Flußschiffen. Der Reihenbau von Schiffen hat in Deutschland noch eine weitere Variante gezeigt, indem die Walzwerke dazu übergingen, den in Entstehung begriffenen und den vorhandenen Werften fertig vorbearbeitetes und gelochtes Material einbaufertig zu liefern. Dieses Verfahren hat sich dann beim Bau von zahlreichen Flußkähnen auf Reparations-Konto unter Führung der Aktiengesellschaft Lauchhammer erfolgreich bewährt. Im Seeschiffbau hat es sich nur in ganz beschränktem Maße einführen und halten können.

Die Entwicklung der Schiffbau-Industrien aller Länder hat heute auf Grund aller während der letzten Jahrzehnte gemachten Erfahrungen zu dem für alle Bau-Tempos in sich technisch abgerundeten selbständigen Betriebe geführt, gleichviel in welcher wirtschaftlichen Vergesellschaftung. Die Vollwerft für Schiffbau und Maschinenbau wird daher im folgenden als das für die Schiffbau-Industrie Typische behandelt werden.

Als maßgebend für die Anlage und den Betrieb einer modernen Schiffswerft sind folgende Grundsätze wesentlich: 1. Sparsame, aber weitsichtige Geländeaufteilung zur Erzielung eines flotten und ungestörten Betriebes zwischen Materiallagern, Werkstätten und Helling.

2. Zweckmäßige gegenseitige Lage der Haupt- und Betriebsbüros zu Lagerplätzen, Werkstätten, Hellingen und Ausrüstungskais unter möglichster Einschränkung der Transport- und Arbeitswege, unter möglichster Vermeidung von Hin- und Hertransporten.

3. Mechanisierung des gesamten Betriebes durch Verwendung von zeit- und personalsparenden Werkzeugmaschinen, Transport- und Hebezeugen.

4. Ausnutzung des elektrischen Stromes, des Druckwassers und der Druckluft bei allen hiermit zweckmäßig zu leistenden Arbeitsvorgängen.

5. Sparsame Wirtschaft mit allen Bau- und Betriebsmaterialien mit dem Ziel geringstmöglichen Abfalls und größten Wirkungsgrades.

6. Straffe Betriebsorganisation, Personal- und Materialkontrolle, durchgeführt mit allen der Neuzeit und ihren Mitteln entsprechenden automatischen Registriereinrichtungen. Nur bei solchen Anlagen, die schon in ihren Grundlinien einen flüssigen hemmungsfreien und übersichtlichen Betrieb ermöglichen, lassen sich die vorstehenden Gesichtspunkte mit hohem Wirkungsgrad zur Geltung bringen.

2. Das Werftgelände.

Die Lage der Seeschiffswerft kommt nur an einem schiffbaren Strom, an Hafenbecken oder an Meeresbuchten in Frage, damit der auf der Helling zusammengebaute Schiffsrumpf gefahrlos zu Wasser gelassen werden kann und das fertig ausgerüstete Schiff ungehindert seinen Heimatshafen erreichen kann. Der Leer-Tiefgang des größten zulässigen Neubaues richtet sich nach der verfügbaren Fahrwassertiefe des Stromes, während das Ablaufterrain im Bereich der Längs-Hellinge etwa 1,2- bis 2 mal die größte Schiffslänge betragen muß. Allzu umfassende Kunstbauten, wie z. B. örtliche große Einschnitte im Ufergelände, besondere Vertiefungen vor den Hellingen, die immer wieder nachgebaggert werden müssen, usw., belasten die Anlage- und die Betriebskosten gegebenenfalls ungebührlich und gefährden die Wirtschaftlichkeit. Für das Gedeihen und die Fortentwicklung einer Werft spielt bequeme und sichere Materialzufuhr eine wichtige Rolle. Die Lage der Werft muß unter Berücksichtigung vorhandener Hauptverkehrswege, Eisenbahnen und womöglich Binnenwasserstraßen gewählt werden. Da diese Verkehrswege usw. allen großen Hafenplätzen schon mit Rücksicht auf die Bedürfnisse des Handels eigen sind, so ergaben sich mit Entwicklung des Eisenschiffbaues schnell Gruppierungen von Werften zu bestimmten Schiffbauzentren an großen Hafenplätzen und bzw. deren Zufahrten.

Die Zunahme der Schiffsgrößen bedingte ständige Weitervertiefung des Fahrwassers und der Häfen, was den anliegenden Schiffswerften dann ohne weiteres zugute kam. Daneben sicherte der Schiffsverkehr den Werften gewinnbringende Reparaturarbeit. Da ferner in den Großstädten meist leistungsfähige Maschinenindustrien angesiedelt sind, so konnten dieselben als Hilfsindustrien für die Werften in vielseitiger Weise ausgenutzt und entwickelt werden. Die Zusammenziehung der Werften zu Schiffbauzentren in großen Hafenplätzen ist daher für die Entwicklung der Werftbetriebe selbst von großer Bedeutung geworden. Dazu kommt der nicht zu unterschätzende Vorteil eines reichlichen Angebots an gelernten Facharbeitern, worüber die zerstreut gelegenen einzelnen Werften im allgemeinen nicht verfügen. Demgegenüber spielen die Nachteile einer Zusammenziehung der Werften in einem Distrikt, wie höhere Grundstückspreise für das Werftgelände, schwierigere Wohnungsverhältnisse für die Arbeiter und weite Wege zur Werft, keine ausschlaggebende Rolle. Günstige Lage von Werften zu leistungsfähigen Eisenhütten und Walzwerken, wie in Großbritannien, besteht in den meisten anderen Schiffbauländern nicht. Immerhin sind auf dem Kontinent neuere Bestrebungen zu erkennen, solche Industrien den Werften durch Anlage von Hütten- und Walzwerken an der Küste näherzurücken. Im übrigen muß es das Bestreben der Werften sein, beim Bezug der Rohmaterialien durch die Erzielung von Ausnahmetarifen beim Eisenbahntransport ihre Lage zu verbessern.

Die Wahl des Werftgeländes richtet sich in erster Linie nach dem Charakter des Geländes und der Güte des Baugrundes des Werftplatzes. Letzterer spielt wegen der Fundierung der Hellinge und des Ausrüstungskais mit seinen Kränen, sowie für die Werkstätten mit den Fundamenten für die schweren Arbeitsmaschinen eine wichtige Rolle. Weitgehende Rammarbeiten erhöhen die Anlagekosten naturgemäß wesentlich. Schwemmland und mooriges Gebiet sind möglichst zu vermeiden. Ein guter Sandboden bildet den günstigsten Untergrund, und es wird meist rationeller sein, den Werftplatz aus einem Bergrücken abzugraben als denselben durch Aufschüttung und künstliche Fundierung zu sichern. Die vor den Hellingen für den Stapellauf notwendige größere Fahrwassertiefe und Breite muß, wo nicht durch natürliche Verhältnisse gegeben, durch Baggerung sichergestellt werden. Zur Erreichung eines genügenden Auslaufes des ablaufenden Schiffes bei beschränkter Fahrwasserbreite oder bei beschränkter Tiefe des verfügbaren Werftgeländes wird oft eine schräge Lage der Hellinge zur Wasserfront gewählt, doch wird man hierzu nur in der Notlage greifen, da durch schräge Hellinge das Werftgelände ungünstig aufgeteilt wird. Bei Verwendung von Baudocks kommt als Auslauf nur die Schiffslänge selbst in Betracht.

Anlage und Bau der Hellinge sind für die zweckmäßige Wahl des Werftgeländes vorbestimmend, doch darf eine gute Lage des Eisenbahnanschlusses nicht außer acht gelassen werden, was zum Schaden wirtschaftlichen Werftbetriebes oft nicht entsprechend eingeschätzt worden ist.

In vielen Fällen ist der Antransport des Materials zu Wasser möglich, was aber immer nur für Teile des Materials gelten wird, und auch Nachteile hat. Der unbequeme Umschlag aus dem Schiff auf die Werft und die Behinderungen durch Eis lassen diesen Zufahrweg, zumal wenn die Wasserfront nicht sehr reichlich ist, keineswegs als besonderen Vorteil erscheinen.

3. Das Werftareal und die Grundrißform.

Die Größe des Werftareals hängt von dem bei der Anlage vorausgesehenen Jahresumsatz an Schiffsbauten und der Betriebsgliederung der Werft ab. Für reine Schiffswerften rechnet man 50 bis 100 Arbeiter auf ein ha. In Vollwerften kann man 200 bis 300 Arbeiter auf einem ha beschäftigen. Größere Vollwerften umfassen daher ein Werftareal von mindestens 20 bis 30 ha, wozu dann meist noch ein Reserveareal für Erweiterungen kommt. Das Gesamtareal der Hog Island Werft betrug als reine Schiffswerft mit 50 Hellingen ca. 390 ha, kennzeichnend für die Schwierigkeit einer Rentabilität dieser Werft. Ein zu großes Werftgelände mit auseinandergezogenen Arbeitsplätzen muß wirtschaftlich ungünstig arbeiten, nicht nur wegen der großen Transport- und Arbeitswege, sondern auch wegen des ausgedehnteren Leitungsnetzes für die verschiedenen Kraftübertragungsarten und des Zeitverlustes des Personals.

Die Grundrißform einer Werft, bezogen auf die Wasserfront, schwankt in der Hauptsache nach vier Varianten.

1. Schmale Wasserfront mit großer Tiefe, Werft des Stettiner Vulkan. Abb. 802.

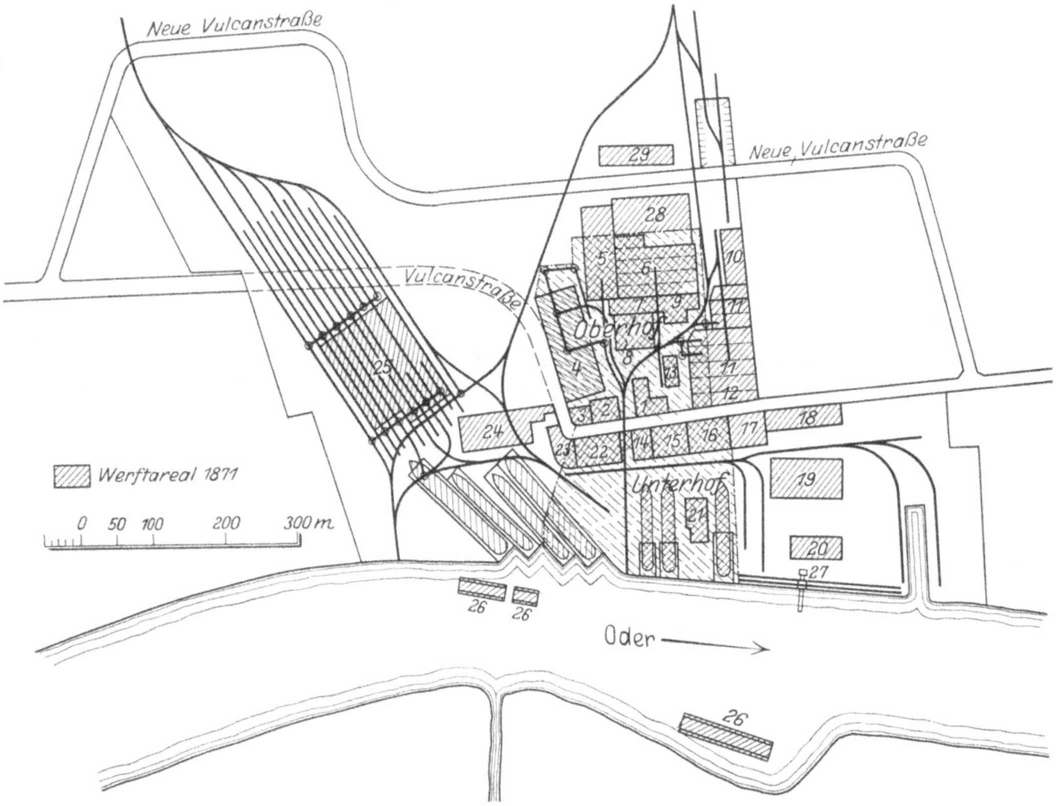

Abb. 802. Werft der Stettiner Vulkan-Werke.

1 Verwaltungs- und Maschinenbau-Büro.
2 Magazin.
3 Metallgießerei.
4 Eisengießerei.
5 Maschinenbau-Montage.
6 Dreherei mit leichten Arbeitsmaschinen.
7 Dreherei mit schweren Arbeitsmaschinen.
8 Schmiede.
9 Lokomotivbau.
10 Schornstein- und Rauchfangbau.
11 Kesselschmiede.
12 Kupferschmiede.
13 Klempner-Werkstatt.
14 Schiffbau-Büro.
15 Schiffsschmiede.
16 Winkelschmiede.
17 Panzerplattenbearbeitung.
18 Tischlerei.
19 Holzschuppen.
20 Sägerei
21 Anreißplan.
22 Magazin.
23 Kraftzentrale.
24 Schiffsschmiede.
25 Schiffbauhalle.
26 Schwimmdocks.
27 Ausrüstungskran.
28 Montageerweiterung.
29 Magazin.

2. Lange Wasserfront mit geringer Tiefe, Armstrong Werft, Tyne. Abb. 803.
3. Wasserfront etwa gleich Tiefe, Sun Shipbuilding Co., Chester. Abb. 804.
4. Halbinselform, gebildet durch den Flußlauf, Werft Tecklenborg, Wesermünde. Abb. 805.
5. Ganz-Inselform, von Strom und Kanälen umgeben.

Die Form des hohen Rechtecks, welche anfänglich in Deutschland bei der Angliederung einer Werft an eine Maschinenfabrik gebräuchlich war, Unterhof am Wasser und Oberhof meist jenseits der Uferstraße, schafft ungünstige Transportwege auf der Werft namentlich für die Schwerlasten des Maschinenbaues und läßt neben den Hellingen zu wenig Wasserfront übrig für den Ausrüstungskai oder einen Ausrüstungshafen sowie für Liegeplätze für Schiffe und Schwimmdocks. Die Form des flachen Rechtecks verbietet die Hintereinanderschaltung von Hellingen, Schiffbauwerkstatt und Lagerplatz, und zwingt zu einer unerwünschten Auseinanderziehung der Werkstätten, wenngleich die lange Wasserfront reichlichen Platz bietet für Ausrüstungskai, Liegeplätze für Schiffe und Docks. Die nahezu quadratische Grundfläche (3) bildet die günstigste Grundrißform für eine zweckmäßige Gliederung der Werftbetriebe unter Sicherstellung kürzester Transportwege; sie findet daher bei Neuanlagen von Werften die weiteste Verwendung. Die Halbinselform ist bei schmalen Flußläufen vorteilhaft, da sie für die Hellinge einen genügenden Auslauf ohne Verbreiterung des Flußbettes gestattet und die Werkstätten des Maschinenbaues an die Wasserfront zu legen gestattet. Das gleiche gilt für die Ganz-Inselform, bei welcher ferner die Anfuhr des Bau- und Betriebsmaterials gleichzeitig von der Hinterfront aus geregelt werden kann.

Die Einteilung des Werftareals nach den wichtigsten Arbeitsstätten ist für die Wirtschaftlichkeit des Betriebes von grundlegender Bedeutung. Die Vollwerft, umfassend Schiffbau- und Schiffsmaschinenbaubetriebe, setzt sich in der Hauptsache aus nachstehenden Arbeitsstätten zusammen. Hauptbürogebäude,

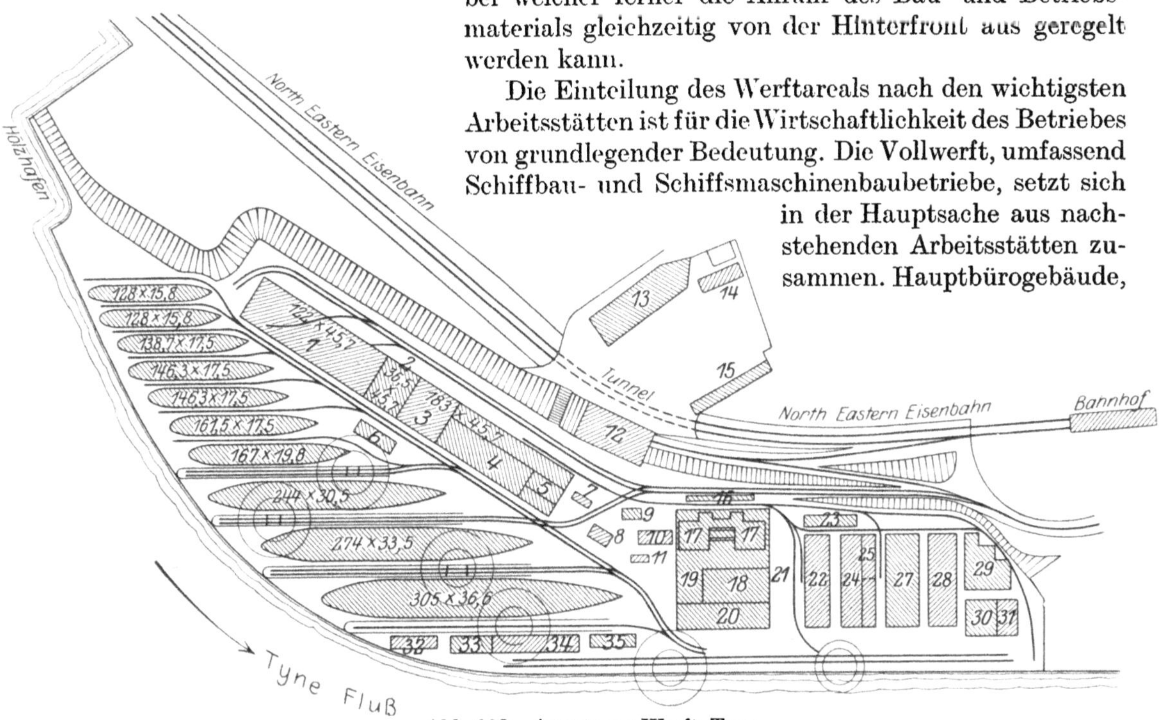

Abb. 803. Armstrong-Werft Tyne.

1 Schiffbauwerkstatt.
2 Querschottenzulage.
3 Schiffbauwerkstatt mit Magazin darüber.
4 Schiffbauwerkstatt mit Schnürboden darüber.
5 Preßluftwerkzeugraum.
6 Nietenlager.
7 Lohnbüro.
8 Malermagazin.
9 Feuer- und Sanitätswache.
10 Spantenlocherei.
11 Oelmagazin.
12 Hauptbüro.
13 Schule.
14 Speiseanstalt.
15 Holztrockenschuppen.
16 Balkenbearbeitung.
17 Spantenbiegeplan.
18 Spantenzulage.
19 Hydraulische Nieterei.
20 Winkelschmiede.
21 Winkel- und Profillager.
22 Schmiede.
23 Fittingslager.
24 Schlosserei.
25 und *26* Schlosserei mit Segelmacherei und Taklerwerkstatt darüber.
27 Magazin.
28 Tischlerei (2 Stockwerke).
29 Holzlager.
30 Sägemühle.
31 Boot bau.
32 Akkumulatorenraum.
33 Unternehmerraum.
34 Feinblechwerkstatt.
35 Kraftstation.

Werkstätten des Schiffbaues, Bauhellinge, Docks für Reparaturbau, Ausrüstungskai und Werkstätten für Maschinenbau und Schiffseinrichtung.

Das Verwaltungs- und technische Büro stellt gewissermaßen das Hirn der Werft dar, von dem alle Impulse und Betätigungen an die übrigen Stellen der Werft ausstrahlen. Andererseits bildet das Hauptbüro die Empfangsstelle aller von außen auf die Werft gerichteten Anfragen, Aufträge und Angebote. Die Lage des Hauptbüros ergibt sich daher von selbst am Eingang der Werft. Die Zergliederung des Hauptbüros in getrennte Gebäude für die Verwaltung am Haupteingang und für Schiffbau und Maschinenbau im Bereiche ihrer Werkstätten, hat sich als unzweckmäßig erwiesen, da durch eine solche Trennung der Geschäftsgang erschwert wird und das für einen vielgestaltigen Werftbetrieb notwendige einheitliche Zusammenarbeiten der Konstruktions-, Betriebs- und Verwaltungszweige nicht voll zur Geltung kommen kann. Die Wege von der Schiffbauhalle zu den Hellingen sollten die denkbar kürzesten und direktesten sein, da hier die größten Mengen von bearbeitetem Baumaterial für den Zusammenbau der Schiffskörper auf der Helling bewegt werden. Bei der Anordnung der Kraftzentrale, sei es einer selbständigen Kraftstation, sei es einer von draußen gespeisten Unterstation, sollte, soweit möglich, auf kurze Wege zu den Hauptverbrauchsstellen von Strom, Druckluft, Druckwasser, Gas usw. Bedacht genommen werden. Das Ausrüstungsressort, einschließlich des Kais und

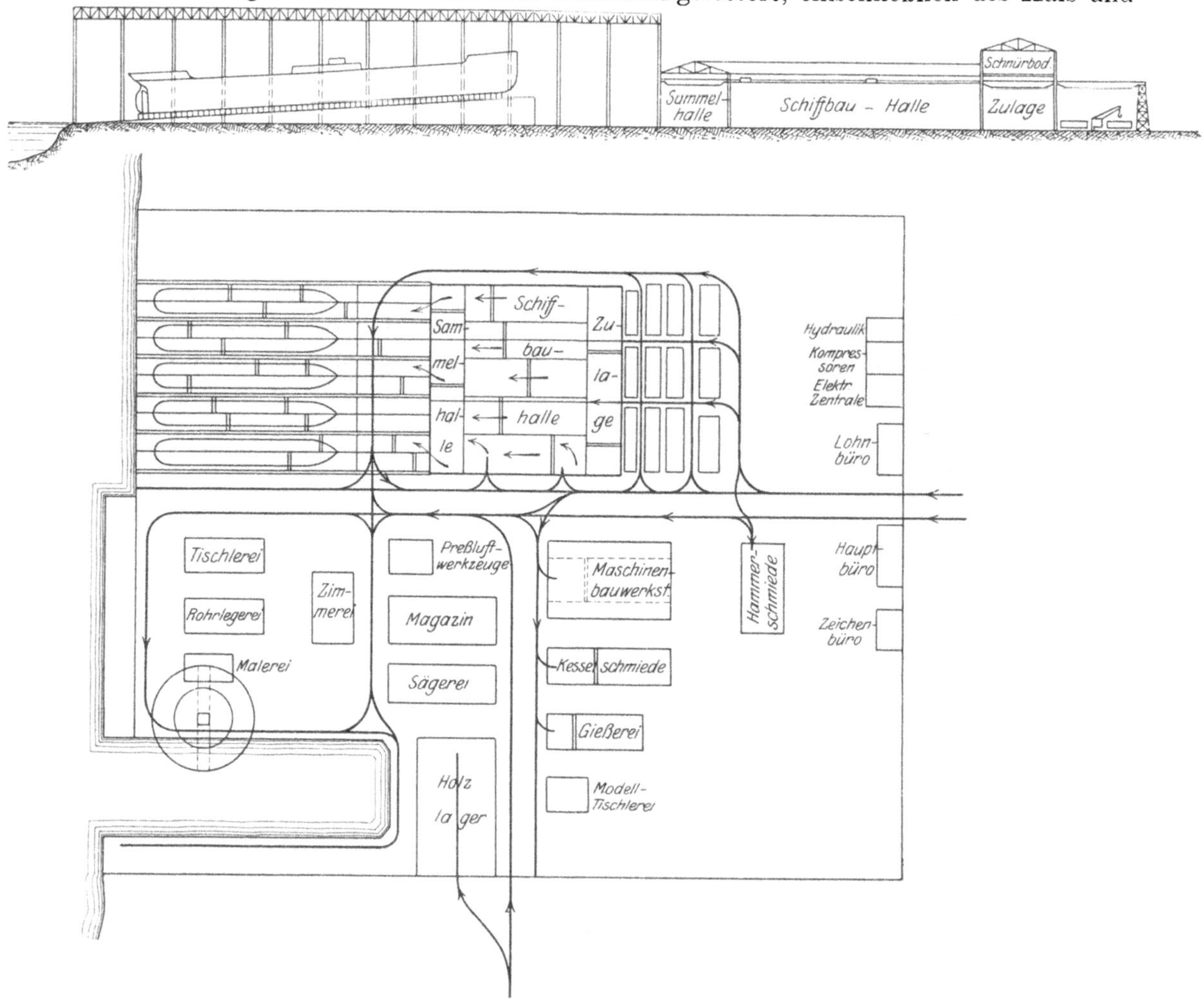

Abb. 804. Sun Shipbuilding Co., Chester.

der zuletzt bei der Fertigstellung in Betracht kommenden Magazine, sollte vom übrigen Betriebe möglichst frei, ohne Durchkreuzung mit sonstigen Arbeitswegen, angelegt sein (Abb. 804). Gleiches gilt in noch höherem Maße vom Reparaturressort mit den Docks. Die Verwendung von Schwimmdocks ist für die Bauwerften meist sehr zweckmäßig, da hierdurch keine Transportwege auf der Werft durchschnitten werden und überdies größere Reparaturen an der Maschinenanlage des Schiffes im Dock mit Heranziehung eines Schwimmkranes durchgeführt werden können.

Während hiernach die Aufteilung des Werftareals nach betriebstechnischen und wirtschaftlichen Gesichtspunkten gekennzeichnet ist, wäre noch die Anordnung der Materiallagerplätze zu erörtern, welche oft stiefmütterlich behandelt worden ist, obwohl die richtige Platzwahl gerade hierfür zu den Hauptgrundlagen wirtschaftlicher Fertigung gehört. Das früher meist übliche Verfahren, die Bau- und Rohmaterialien auf frei gebliebenen Werftflächen wahllos zu lagern, ist mit einem wirtschaftlichen Betriebe unvereinbar. Die Materialienlagerplätze müssen von Anfang an bei Aufteilung des Werftterrains berücksichtigt werden und zwischen den Anfuhrgleisen und den einzelnen Werkstätten derart verteilt werden, daß die Baumaterialien zu diesen und nach Bearbeitung von diesen weg zu den Bestimmungsorten des Einbaus auf möglichst geraden Wegen „ohne Gegenstrom oder Kreuzung“ gelangen können. Nur auf diese Weise ist ein reibungsloser Fortgang der Arbeiten sowie ein wirtschaftlicher Schnellbetrieb möglich. Über die beste Lage der Holzbearbeitungswerkstatt des Schiffbaues, welche betriebstechnisch zweckmäßig in der Nähe des Ausrüstungskais anzuordnen ist (Abb. 805), gehen

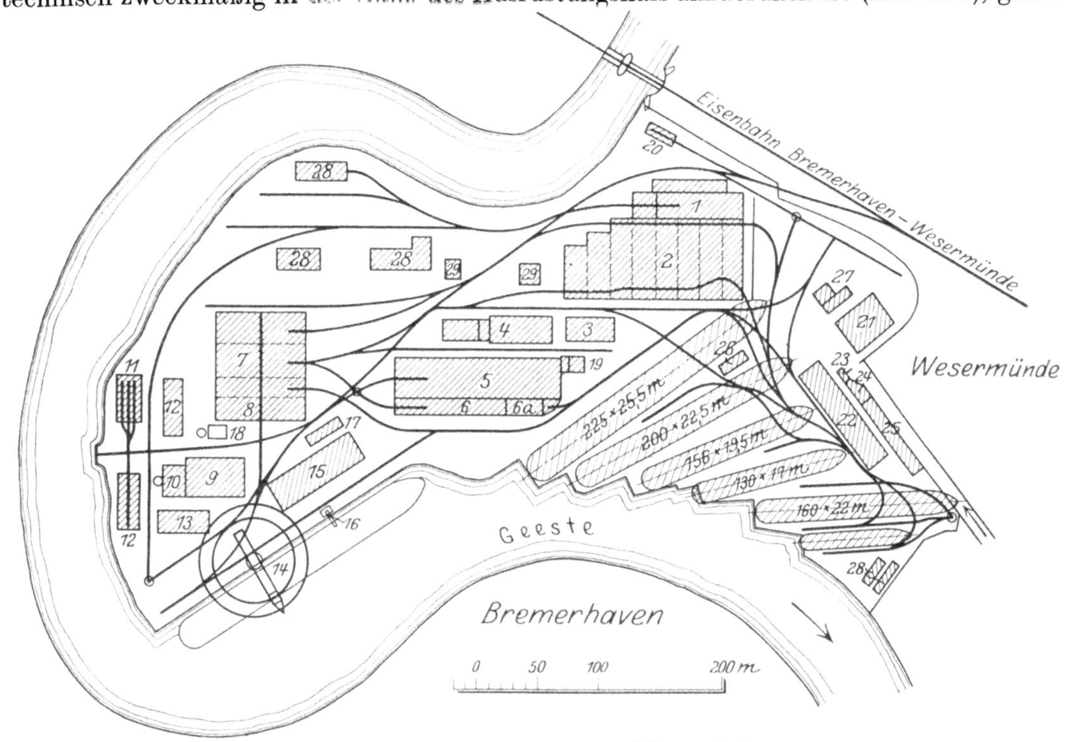

Abb. 805. Werft Tecklenborg, Wesermünde.

1 Zulage, darüber Schnürboden.
2 Schiffbauhalle (warme und kalte Bearbeitung).
3 Magazin.
4 Zentrale.
5 Maschinenbau-Werkstatt.
6 Schlosserei.
6a Blechschmiede.
7 Kesselschmiede.
8 Hammerschmiede.
9 Kupferschmiede.
10 Verzinkerei.
11 Sägerei.
12 Holzlagerschuppen.
13 Trockenkammer.
14 Hammer-Ausrüstungskran.
15 Ausrüstungswerkstatt (Tischlerei).
16 Fahrbarer Kaikran.
17 Maler-Werkstatt.
18 Kesselhaus.
19 Metallgießerei.
20 Lokomotivschuppen.
21 Verwaltungsgebäude.
22 Alte Schiffbauwerkstatt.
23 Portier.
24 Fahrradschuppen.
25 Kantine.
26 Nieten- u. Schraubenlager.
27 Spritzenhaus, Autostall.
28 Schuppen.
29 Kaminkühler.

die Meinungen auseinander, da manche Werftleiter diese Werkstatt wegen der Feuersgefahr an die Werftgrenze verlegen wollen. Bei der neuzeitlichen feuersicheren Bauweise läßt sich jedoch dieser Gesichtspunkt nicht mehr rechtfertigen. Die Modelltischlerei des Maschinenbaues kommt bei der abseitigen Lage einer Gießerei schon von selbst an die Grenze der Werft. Naturgemäß muß bei der Aufteilung des Werftterrains von vornherein auf Erweiterungsmöglichkeit der einzelnen Werkstätten, eventuell auch der Hellinge Rücksicht genommen werden, da sonst spätere Erweiterungen nicht organisch eingefügt werden können. Hiernach ergeben sich für die Betriebe des Schiffbaues und des Maschinenbaues mit Bezug auf die Arbeitsmethoden und die wirtschaftliche Fertigung drei in sich abgeschlossene und einheitlich auszubildende, richtig zu verbindende Hauptgruppen: 1. Werkstattbetrieb, 2. Montagebetrieb auf der Helling und am Ausrüstungskai, 3. Transportbetrieb. Diesen drei Gruppen steht dann gemeinsam die Energieversorgung zur Seite, um den einzelnen Arbeitsplätzen die zweckmäßigste Betriebskraft an elektrischem Strom, an Preßwasser und Preßluft sowie an komprimierten Gasen zuzuführen. Die Reparaturabteilung bedient sich, meist ohne eigene Werkstätten, der Schiffbau- und Maschinenbauwerkstätten nach Bedarf.

4. Die Werkstätten des Schiffbaues und des Maschinenbaues.

Die Schiffbauwerkstätten zur Fertigung der Bauteile des Schiffskörpers, sowie der mannigfachen Teile des Ausbaues und der Ausstattung des Schiffes, gliedern sich von alters her nach Art des Baustoffes — Eisen, Kupfer, Metall, Holz — sowie nach Art der Bearbeitung in kaltem oder warmem Zustande in der Hauptsache in folgende Werkstätten: Eisenbearbeitungswerkstatt, Winkelschmiede, Schlosserei mit Schmiede, Kupferschmiede und Rohrlegerei, Holzbearbeitungswerkstatt und Tischlerei, Malerwerkstatt; dazu treten auf größeren Werften vereinzelt noch Feinblechwerkstatt und Bootsbau. Diese Gliederung der Werkstattbetriebe wird dem Bestreben nach Spezialisierung der Arbeit und wirtschaftlicher Steigerung der Maschinenarbeit um so leichter gerecht, als die verschiedenen Baustoffe und Werkstücke geeigneten Sonderwerkzeugmaschinen zur Bearbeitung zugeführt werden können. Andererseits führt eine zu weitgehende Trennung der Werkstattbetriebe leicht zu unökonomischen Parallelarbeiten an verschiedenen Stellen, so daß die vorhandenen Arbeitsmaschinen nicht immer so restlos ausgenutzt werden können als bei Vereinigung der Arbeitsmaschinen in entsprechend geringerer Zahl in größeren Einheitswerkstätten. Denn der Grundsatz: je ausgenutzter der Betrieb, desto geringer die Gestehungskosten, trifft natürlich auch für die einzelnen Werkstätten einer Werft zu. Die Vorzüge der Einheitswerkstatt treten in erster Linie bei den Werkstätten mit Feuerbearbeitung dadurch in die Erscheinung, daß die Glühöfen und Schmiedefeuer sowie die Schmiedepressen mit ihren Wärmeenergien und Kraftleistungen wirtschaftlicher ausgenutzt werden können. Ähnlich liegen die Verhältnisse bei den verschiedenen Holzbearbeitungswerkstätten, der Tischlerei des Schiffbaues und der Modelltischlerei des Maschinenbaues. Durch Zusammenlegen beider Betriebe können nicht nur die vorhandenen Werkzeugmaschinen stärker belastet, sondern auch die gleichartigen Hilfseinrichtungen, wie Späneabsaugung und künstliche Trocknung der Hölzer, in einheitlicher Weise ausgestaltet und wirtschaftlicher ausgenutzt werden. Kupferschmiede und Verzinkerei sollten für Schiffbau und Maschinenbau gemeinsam sein. Dagegen sollte man solche Werkstätten, deren Werkstücke im Anschluß an die Bearbeitung zum Teil zu bestimmten Bauteilen vereinigt werden, möglichst zu einer größeren Werkstätte vereinigen. Aus diesem Grunde werden neuerdings die Eisenbearbeitungswerkstatt des Schiffbaues und die Winkelschmiede in einer größeren Schiffbauhalle vereinigt, in welcher dann die Bearbeitung der Bleche und Winkel bzw. Profile, in getrennten Abteilungen, zum Teil auch noch getrennt nach kalter und warmer Bearbeitung, auf einzelne Schiffe der Halle verteilt wird.

Die Schiffbauhalle, welcher die Bearbeitung des gesamten eisernen Baumaterials für den Schiffskörper obliegt, bildet das Rückgrat aller Schiffbaubetriebe, und mit ihr steht der Schnürboden, welcher die genauen Umrisse und Maße für die in der Schiffbauhalle zu bearbeitenden Werkstücke liefert, in engster Berührung nicht nur räumlich, sondern auch konstruktionstechnisch. Die Schiffbauhalle vereinigt die Arbeitsmaschinen und Betriebseinrichtungen zum Richten, Beschneiden und Formen der Schiffsbleche, Winkel und Profile, sowie im besonderen zur Herstellung der Nietlöcher sowie der Erleichterungslöcher in diesen Teilen. Berücksichtigt man, daß ein 12000-t-Frachtdampfer für die Hauptteile des Schiffskörpers allein rund 360 Stück Außenhautplatten von 17 bis 18 mm, 150 Stück Innenbodenplatten von 11 mm und 240 Stück Decksplatten von 10 bis 15 mm mit einer Gesamtzahl von über 450000 Nietlöchern bedingt, so ergibt sich hieraus schon die umfangreiche Arbeit des Aufzeichnens und der Herstellung der Nietlöcher. Für diesen Arbeitsprozeß wurden seit Einführung des Eisenschiffbaues vorwiegend einfache Lochmaschinen verwendet, obwohl dieselben nicht gerade zu den sauber und genau arbeitenden Werkzeugmaschinen gerechnet werden können, da das jedesmalige Einstellen des Werkstückes unter den Lochstempel durch 2 bis 3 Arbeiter rein handwerksmäßig erfolgt. Auch kann die Leistungsfähigkeit der Lochmaschine durch das Einstellen des Werkstückes mit der Hand nicht voll ausgenutzt werden. Die Leistung verringerte sich vielmehr mit der Zunahme der Größen und Stärken der Schiffsbleche. Dazu kommt, daß die beschränkte Maultiefe der größten Lochmaschinen der zunehmenden Breite der Bleche bis über 2 m selten entspricht, so daß beim Lochen nur die Nietlöcher der einen Hälfte der Platte vom Stempel gefaßt werden können, und zum Lochen der anderen Hälfte ein Schwenken des Bleches um 180° notwendig wird, was bei der Aufhängung der Platte an zwei Schwenkkranen nicht nur tote Zeit, sondern auch viel freien Raum in der Werkstatt bedingt. Um ein Durchbiegen der langen Platten beim Hängen an zwei Laufkatzen zu verhindern, müssen dieselben vor dem Lochen durch aufgeschraubte Versteifungsprofile gestützt werden,

Abb. 806. Lysholmtisch.

Abb. 807. Schiffbauhalle der New York Shipbuilding Co.

und hierfür müssen einige Löcher gebohrt werden, ehe mit dem Lochen begonnen werden kann. Trotz dieser Mängel begnügte man sich jahrzehntelang mit diesen einfachen Hebellochmaschinen, obwohl gerade die Herstellung der zahlreichen Nietlöcher mit einer ständigen Wiederholung der gleichen Arbeit eine passende Grundlage für eine weitgehende Massen- und Schnellarbeit bot.

Um die Genauigkeit des Lochens zu steigern und zugleich an Zeit und Arbeitskräften zu sparen, führten die neu entstehenden amerikanischen Werften (New York Shipbuilding Co., Camden) nach dem Vorgang der Eisenkonstruktionswerkstätten zuerst den Lysholm-Tisch ein, welcher vor der Hebellochmaschine aufgebaut wurde und auf welchem, auf

Rollen ruhend, die Platte zum Lochen gelagert wurde (Abb. 806 u. 807). Zur Längsbewegung der Platte werden die Rollen nach Einschaltung einer Kupplung in Drehung versetzt. und hierdurch wird die Platte absatzweise zwangläufig verschoben. Zur Querbewegung der Platte wird der ganze Tisch mit dem auf einem seitlichen Ausbau sitzenden Locher nach Betätigung einer zweiten Kupplung auf Schienen laufend seitlich verschoben, während das jedesmalige Ein- und Ausschalten des Lochstempels durch ein Fußpedal erfolgt. Da das Lochen auf einer gewöhnlichen Hebellochmaschine erfolgt, so muß auch bei Verwendung eines Lysholm-Tisches die Platte zum Lochen beider Plattenhälften geschwenkt werden, was in Amerika mit Hilfe eines Werkstattlaufkranes im Luftraum über dem Tisch erfolgt und daher kaum Platz auf der Werkstattflur erfordert.

Viellochmaschine. In England ging man zu gleicher Zeit zur Vereinfachung und Beschleunigung der Arbeit des Lochens weit einschneidender vor und brachte die Viel-

Abb. 808. Viellochmaschine.

lochmaschine auf den Plan (Abb. 808). Dieselbe arbeitet mit bis zu 30 Lochstempeln und Matritzen, die auf eine Querteilung von 60, 70 oder 80 mm eingestellt und durch besondere Stopporgane einzeln oder in Gruppen ein- und ausgerückt werden können. Das zu lochende Blech wird zwischen zwei Führungsstücken befestigt, die durch eine Leitspindel mittels Wechselrädern, die der Längsteilung entsprechend eingestellt werden können, beim Aufwärtsgang der Stempel automatisch verschoben werden. Die Maschine macht 16 bis 20 Hübe in der Minute und locht als Maximalleistung 18 Löcher durch eine 25-mm-Platte in einem Hub. Bei einer größeren Anzahl Löchern bei schwächeren Platten erfolgt das Lochen in zwei aufeinanderfolgenden Hüben bei Stillstand der Platte. Die Platte wird durch einmaliges Durchlaufen durch die Maschine mit allen Nietlöchern versehen und das zeitraubende Umschwenken derselben entfällt. Da ferner die Querteilung durch Einstellen der Lochstempel und die Längsteilung durch die Teilvorrichtung des selbsttätigen Plattenvorschubs mechanisch erfolgt, so entfällt ein Vorzeichnen der einzelnen Nietlochmitten, und es genügt ein Aufzeichnen der Hauptachse und der Stichmaße. Der Nachteil der Viellochmaschine besteht allein darin, daß sie nur für rechteckige Platten zu verwenden ist. Für den wirtschaftlichen Bau von Schwimmdocks ist sie daher entscheidend wertvoll geworden, während sie für den Bau von Frachtschiffen nur in den Fällen voll ausgenutzt werden kann, wo man beim Entwurf der Platteneinteilung für Außenhaut, Innenboden und Decks möglichst viele rechteckige Platten von möglichst gleicher Nietverteilung vorsehen kann. Die Viellochmaschine leistet mit einem Bedienungsmann unter Heranziehung eines Kranes zum Auflegen und Abnehmen der Platte soviel wie rund 8 Einzellochmaschinen mit je 3 bis 4 Bedienungsleuten. Von Bedeutung ist ferner die Raumersparnis in der Werkstatt und bei Neuanlagen die Kostenersparnis bei Fundamentierung nur einer Maschine gegenüber 8 Einzellochmaschinen oder 4 Doppellochmaschinen. Mit Einführung der Viellochmaschine brach sich zum ersten Mal im Schiffbau der Drang zur Massenherstellung einzelner Bauteile und damit der Gedanke des Reihenschiffbaus Bahn.

Bohranlage. Da die älteren Hebellochmaschinen bei breiten Platten die in der Mitte liegenden Nietlochmitten nicht mehr zum Lochen fassen konnten, so war man gezwungen, diese Nietlöcher nachträglich mit Hilfe von Radialbohrmaschinen oder transportablen elektrischen bzw. Preßluftbohrmaschinen zu bohren. Auf diese Weise kam man auf den Gedanken, die etwas roh, aber verhältnismäßig schnell arbeitende Lochmaschine durch die langsamer aber sehr genau arbeitende Bohrmaschine zu ersetzen, zumal die Radialbohrmaschine mit direktem elektrischen Antrieb der Bohrspindel einen Schnellbetrieb ermöglichte, und die Einführung des Schnellarbeitsstahles eine wesentliche Erhöhung der Umlaufszahl und des Vorschubs der Spiralbohrer gestattete. Bei der üblichen Hebellochmaschine dauert der Arbeitsvorgang des Lochens kaum 1 Sek., während für das Einstellen der Platte ein Vielfaches der Zeit erforderlich ist. Bei der üblichen Hubzahl von 20 pro Min. bei mittleren Blechen und 16 pro Min. bei schweren Blechen kann daher günstigstenfalls alle 3 bis 4 Sek. ein Loch gestanzt werden. Infolge der Schwierigkeit durch das Einstellen der Platte mit der Hand erreicht man im Durchschnitt bei mittleren Platten nur eine Lochzeit von 4,5 bis 6 Sek. und bei schweren Platten von 6 bis 8 Sek. Dazu kommen noch die Arbeitsunterbrechungen zum Stützen der langen Platten durch Versteifungsprofile, durch Versetzen der Aufhängeketten und zum Schwenken der Platte, so daß man mit einer wirklichen Lochzeit von 6 bis 8 Sek. für mittlere und 9 bis 12 Sek. für schwere Bleche rechnen kann. Die Bohrzeit pro Loch stellt sich für 12-mm-Bleche auf 13 Sek. und mit der Einstellung des Bohrers auf 20 Sek., für 16-mm-Bleche auf 20 bzw. 27 Sek. Das Bohren dauert daher dreimal länger als das Lochen. Um diese Zeitverlängerung des Bohrens auszugleichen, ging man dazu über, mehrere übereinstimmende Bleche in Plattenpaketen gemeinsam zu bohren, so daß die Einrichtezeit des Bohrers sich auf die Plattenzahl des Pakets verteilt. Ferner ist zu berücksichtigen, daß beim Paketbohren die Bohrzeit sich weiter dadurch verringert, daß die Bohrspitze beim Austritt aus einem Blech sofort in das darunterliegende Blech eindringt, ohne toten Weg zu durchlaufen. Die Bohrzeit eines Pakets von 8 Stück 12-mm-Platten verringert sich dementsprechend von 104 Sek. auf 76 Sek., so daß bei einer Einrichtezeit von 7 Sek. pro Loch sich für jede Platte des Pakets eine Bohrzeit von 10,4 Sek. ergibt, eine Arbeitszeit pro Loch der Einzelplatte, welche der Leistung der Lochmaschine schon näher kommt. Vereinigt man ferner zum Bohren der Blechpakete 2 bis 3 Radialbohrmaschinen mit automatischer Festspannbremse und selbsttätigem Zurückgehen der Bohrspindel nach Fertigstellung des Loches, die von einem Mann bedient werden können, zu einer Bohranlage, so daß fast gleichzeitig 2 bzw. 3 Löcher gebohrt werden können, so ermäßigt sich die Bohrzeit pro Einzelplatte des Pakets auf 3,5 Sek. bzw. auf 5,3 Sek., wodurch die Leistung der gewöhnlichen Lochmaschine bereits überholt wird. Eine weitere Zeitersparnis kann schließlich noch dadurch erzielt werden, daß man zwei Auflagetische für die Platten zu beiden Seiten der Radialbohrmaschinen vorsieht und die Bohrarme in vollem Kreis drehbar anordnet (Abb. 809). Bei dieser Anordnung kann beim Bohren eines Pakets das fertig gebohrte Plattenpaket von dem anderen Tisch heruntergenommen und durch ein neues ersetzt werden, so daß keine Arbeitsunterbrechung durch Zurichten des Pakets entsteht, da die Bohrarme schnell von einem Paket zum anderen geschwenkt werden können. Das wirtschaftliche Bohren von Plattenpaketen setzt zwar keine rechteckigen Platten, aber doch eine Vielheit von übereinstimmenden Platten voraus, wie solche beim Dockbau, bzw. beim Reihenschiffbau sich ergeben. Für den Einzelbau wird man im allgemeinen nur mit je zwei gleichen Platten rechnen können — die gleichen Steuerbord- und Backbordplatten des Schiffskörpers —, welche gleichzeitig gebohrt werden können. Für 12-mm-Bleche ergibt sich dann eine Bohrzeit pro Loch und Einzelplatte von $^{32}/_{2} = 16$ Sek. und bei einer Bohranlage von 2 bis 3 Radialbohrmaschinenplatten von 8 Sek. bzw. 5,3 Sek. Die Bohrzeit von 16-mm-Blechen stellt sich entsprechend beim Bohren von 6 Platten gleichzeitig auf 95 Sek., oder 16 Sek. pro Einzelplatte und bei einer Bohranlage mit 3 Radialbohrmaschinen auf 5,3 Sek. pro Einzelplatte, beim Bohren von 2 Platten gleichzeitig auf 23 Sek. pro Einzelplatte und bei 3 Radialbohr-

Abb. 809. Bohranlage zum Bohren von Blechpaketen.

maschinen auf 7,7 Sek. pro Einzelplatte, Ergebnisse, die der Einzellochmaschine überlegen sind. Dagegen ist die Senkung des Arbeitslohnes von 3 auf 1 erheblich[1, 2].

Nachdem sich die Bohranlage selbst beim gleichzeitigen Bohren von nur zwei Platten gegenüber der Hebellochmaschine wesentlich wirtschaftlicher erwiesen hatte, suchte man die Leistung der Bohrmaschine zur Herstellung der zahlreichen Nietlöcher durch Vermehrung der Bohrspindeln nach dem Vorgang der Viellochmaschine weiter zu steigern. Die Viellochbohrmaschine (Abb. 810) arbeitet mit bis zu 32 Bohrspindeln, welche an einem Quersupport nach der gewünschten Lochquerentfernung einstellbar und einzeln ausschaltbar eingerichtet sind, während die Längsentfernung der Lochreihen durch Verschiebung des Bohrtisches unter Einschaltung bestimmter Wechselräder erzielt wird. Die Maschine arbeitet ebenso wie die Viellochmaschine vollkommen selbsttätig und erfordert daher nur einen Bedienungsmann. Sie erzielt jedoch erst eine hohe Arbeitsleistung, wenn sie Plattenpakete bearbeitet. Bei einem Plattenpaket von 8 Blechen von 12 mm bohrt sie, umgerechnet auf die Einzelplatte des Pakets, 1750 Löcher in der Stunde. Auch bei dieser Maschine wird das Vorzeichnen der Nietlöcher gespart; sie eignet sich aber ebenso wie die Viellochmaschine nur zur Herstellung von Nietlöchern in rechteckige und übereinstimmende Platten und hat sie sich zum Bau von Schwimmdocks gut bewährt. Da sie jedoch der Viellochmaschine an Arbeitsleistung nachsteht

[1] Schieß-Nachrichten, 4. Jg., H. 1 und 6. Jg., H. 1.

[2] Loof: Neuzeitliche deutsche Werftmaschinen. Jahrb. d. Schiffbautechn. Ges. 1918.

— 4000 Löcher pro Stunde — und ferner ein Brechen eines Spiralbohrers leichter eintreten kann, als ein Brechen eines Lochstempels, so hat sie nicht überall so viel Zuspruch gefunden, wie die Viellochmaschine[1,2].

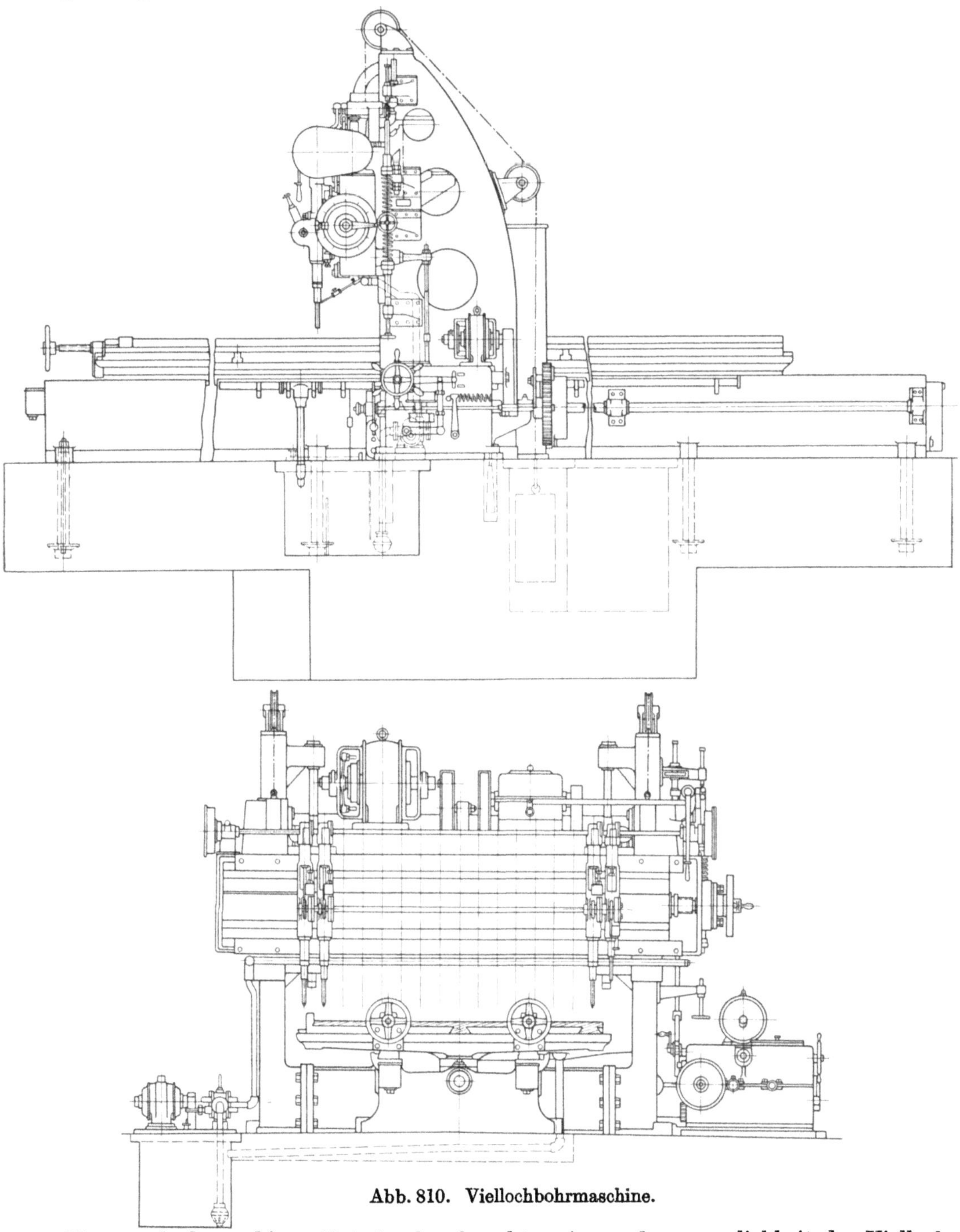

Abb. 810. Viellochbohrmaschine.

Einmannlochmaschine. Bei der beschränkten Anwendungsmöglichkeit der Viellochmaschine für den Bau von Fracht- und Passagierschiffen blieben die Bestrebungen wach,

[1] Schieß-Nachrichten, 4. Jg., H. 1 und 6 Jg., H. 1.
[2] Loof: Neuzeitliche deutsche Werftmaschinen. Jahrb. d. Schiffbautechn. Ges. 1918.

eine wirtschaftlich arbeitende Lochmaschine auf den Markt zu bringen, welche imstande ist, Bleche jeder Form und wechselnder Nietverteilung zu lochen. Der Erfolg dieser Bestrebungen war eine neuartige Lochmaschine mit elektrischer Einstellung der Platte

Abb. 811. Einmannlochmaschine.

sowie des Lochstempels, welche wegen der Bedienung durch nur einen Mann als Einmannlochmaschine bekannt geworden ist (Abb. 811 u. 812). Die Maschine besteht aus dem eigentlichen Lochwerkzeug, welches in einem Schlitten um 2,2 m quer zu der zu lochenden

Abb. 812. Einmannlochmaschine.

Platte verschiebbar angeordnet ist, und einem Rollentisch, der die Platte in der Längs richtung bewegt. Die Querbewegung des Lochwerkzeuges sowie das Drehen der Rollen erfolgt durch Elektromotore, die mit Hilfe zweier Gefühlsschalthebel äußerst fein vom Locher gesteuert werden können. Um das Einstellen des Lochstempels schnell und genau durchführen zu können, sitzt der Locher in einem Stuhl oberhalb der Platte, der sich mit dem Lochwerkzeug mitbewegt. Die Arbeit des Einstellens wird durch eine optische Körnersucheinrichtung erleichtert, welche zwei geneigte Lichtstrahlen derart auf die Platte wirft, daß das als Kreuz oder Ring ausgebildete Lichtstrahlbild genau in die Achse des Lochstempels fällt. Bei Deckung desselben mit dem Körnerschlag des Nietloches schaltet dann der Locher mit Hilfe eines Fußpedals die Klauenkupplung zur Bewegung des Lochstempels ein, die nach erfolgter Lochung in der Höchststellung des Stempels selbsttätig ausrückt. Während des Einstellens der Platte werden die Matrizen selbsttätig versenkt, um ein Verschieben der Platte zu erleichtern und die Matrize von dem beim Lochen entstehenden Grat frei zu machen, während sie beim Lochen, d. h. beim Stillstehen der Platte, gehoben werden. Zugleich gewährleistet eine zwangläufige Blechniederhaltung sowie eine selbsttätige Schmiervorrichtung des Lochstempels flotten

Abb. 813. Verbesserter Lysholm-Tisch

Betriebsgang. Eine selbsttätige Forträumevorrichtung der Lochputzen dient dem gleichen Ziel. Beim Lochen von Kettennietungen kann das Lochwerkzeug mit zwei Stempeln versehen werden, von denen der eine verstell- und ausrückbar eingerichtet ist. Hierdurch kann die Arbeitsleistung der Maschine wesentlich gesteigert werden. Dieselbe beträgt bei Verwendung nur eines Stempels 800 Nietlöcher pro Stunde oder 4,5 Sek. pro Loch und entspricht der Leistung von 2 bis 3 einfachen Hebellochmaschinen. Die Ersparnis an Zeit und Lohnkosten wächst daher im Verhältnis von 3 : 1 bzw. 9 : 1, während der Kraftbedarf der Einmannlochmaschine denjenigen der einfachen Lochmaschine nur unbedeutend übersteigt. Dabei nimmt die Einmannlochmaschine denselben Platz wie die Einzellochmaschine ein, so daß bei gleicher Arbeitsleistung nur der dritte Teil des Werkstattraumes beansprucht wird[1].

Verbesserter Lysholm-Tisch. Nach Erkennung der wirtschaftlichen Vorteile der Einmannlochmaschine ist man neuerdings dazu übergegangen, die Arbeitsleistung der in der Werkstatt vorhandenen Hebellochmaschinen nach dem Arbeitsvorgang der Einmannlochmaschine dadurch zu steigern, daß man einen Lysholm-Tisch vorbaute und den Sitz des Lochers oberhalb desselben an die Lochmaschine anbaute, so daß der Locher den Lochstempel direkt unter sich hat (Abb. 813)[2]. Hierdurch konnte die Arbeitsleistung

[1] Schieß-Nachrichten, 1. Jg., H. 2 und 2. Jg., H. 3.
[2] Shipbuildg. Shippg. Rec. v. 20. 9. 23, S. 374.

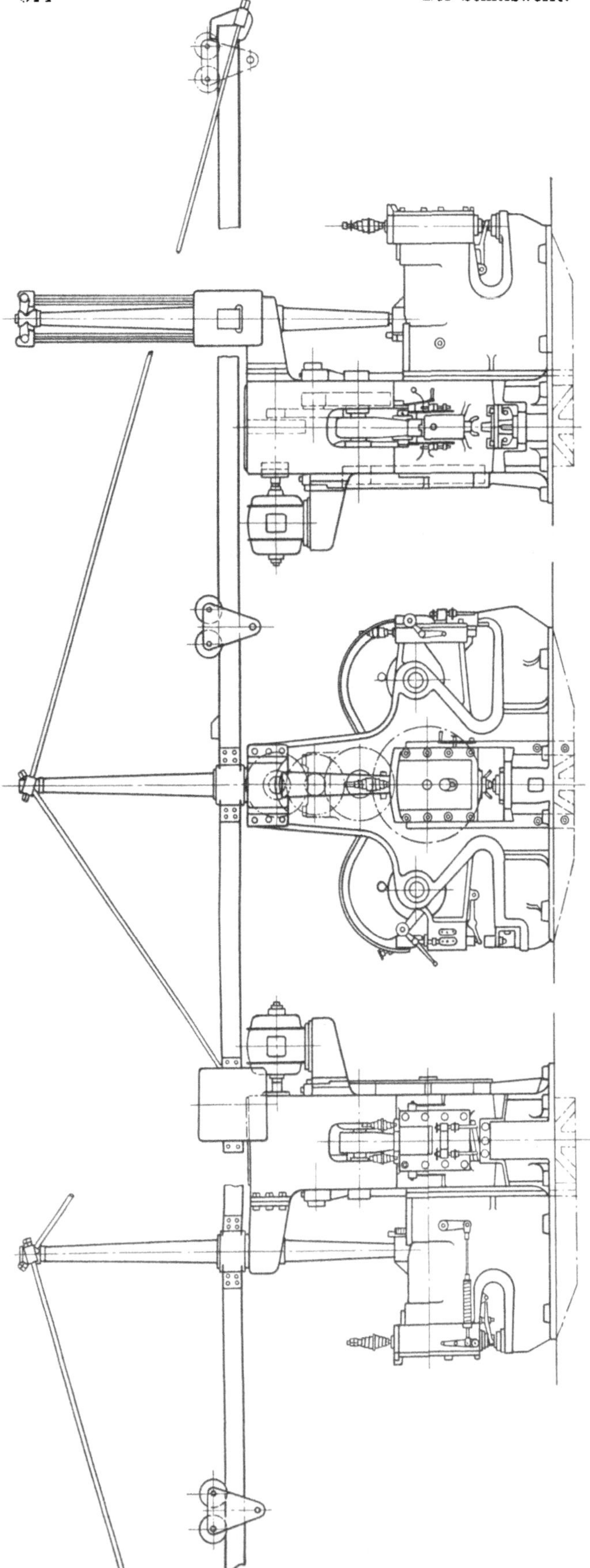

Abb. 814. Bodenstücklochmaschine.

der Hebellochmaschine von 250 bis 300 Löcher für schwerere Bleche auf 500 bis 600 Löcher pro Stunde gesteigert werden, ohne jedoch an die Leistung der Einmannlochmaschine heranzureichen. Mit Bezug auf die Vielseitigkeit der Verwendbarkeit sowie günstige Wirtschaftlichkeit des Betriebes, stehen von allen Maschinen zur Herstellung der Nietlöcher in Platten die Bohranlage mit 3 Radialbohrmaschinen sowie die Einmannlochmaschine an erster Stelle. Bei sachgemäßer Ausnutzung beider Maschinenarten kann die Schiffbauhalle einer mittleren Werft sich auf diese beiden neben einer Lochmaschine für Bodenstücke und einer Lochmaschine für kleine Blechstücke beschränken und auf diesen vier Maschinen die Nietlöcher für alle Schiffsbleche rationell herstellen. Bei Beurteilung der gesamten Arbeitskosten des Bohrens von Platten sind die Anlagekosten der Bohranlagen, die bei wirklich leistungsfähigen Anlagen hoch sind, zu berücksichtigen; es ist neben der Verzinsung mit hoher Amortisationsquote zu rechnen, da Änderungen der Bauweisen und neue Erfindungen die Maschinen wertloser machen können.

Bodenstücklochmaschine. Für die Bearbeitung der Bodenstücke hat sich eine Hebellochmaschine in Verbindung mit einer Plattenschere und einer Mannlochstanze als besonders vorteilhaft erwiesen, da durch Vereinigung dieser Werkzeuge in einer Maschine die vollständige Bearbeitung der Bodenstücke gewissermaßen in Fließarbeit durchgeführt werden kann. Zu diesem Zweck wird die Maschine mit einem durchdrehenden Kran mit Laufkatze versehen, so daß das Bodenstück ohne Auswechseln des Kranes zuerst beschnitten, dann gelocht und schließlich mit Erleichterungslöchern versehen werden kann (Abb. 814)[1].

Für die Herstellung der Nietlöcher in Spant- und Versteifungswinkeln ist man bei Einzellochwerken bzw. Einzelbohrmaschinen stehen geblieben, da die Zahl der zu fertigenden Nietlöcher im Verhältnis zu den Nietlöchern in Platten nur gering ist und überdies ein selbsttätiges Lochen der gebogenen Spanten sich verbietet. Für letztere ist überdies eine horizontale Stempelbewegung notwendig, da ein Lochen des gekrümmten Spantes von der konvexen Fläche des Schenkels aus unter vertikalen Lochmaschinen unmöglich ist. Gebogene Spanten müssen daher auf Horizontallochmaschinen gelocht werden, und zwar für die gebogenen Schenkel. Da dieses Lochen eine mühselige Einstellung des sperrigen Spantes erfordert und überdies viel Raum in der Werkstatt beansprucht, so ist man dazu übergegangen, die Horizontallochmaschine um eine unter

Abb. 815. Schwenkbare Horizontallochmaschine.

dem Stempel liegende Drehachse schwenkbar einzurichten, um den Stempel durch Schwenken der Maschine auf den jeweiligen Radius des gebogenen Spantes einzustellen und das umständliche Schwenken des Spantes zu vermeiden; dasselbe braucht dann nur in der Längsrichtung verzogen werden und kann hierbei zweckmäßig an drei miteinander verbundenen Schwenkkranen aufgehängt werden, wodurch an Werkstattsraum und Bedienungsmannschaft gespart wird (Abb. 815)[1].

Horizontale Balkenbiege- und -lochmaschine. Die zum Lochen der geraden Spantschenkel erforderlichen Lochmaschinen werden vorteilhaft mit einer Profilschneide verbunden zum Auflängeschneiden der Winkel und Profile, während die feste Horizontallochmaschine meist doppelseitig ausgeführt und mit einer Balkenbiegemaschine zum Biegen und Richten von Schiffbauprofilen vereinigt wird (Abb. 816)[2].

Mit den geschilderten Loch- und Bohrmaschinen hat die Fertigung der Nietlöcher für die Schiffsbleche und Schiffbauformeisen eine Vervollkommnung erfahren, wie noch in keiner früheren Periode des Schiffbaues. Auch für die sonstigen Arbeiten zum einbaufertigen Herrichten der Bauteile des Schiffsrumpfes hat die Werkzeugmaschinenindustrie neue Typen von Arbeitsmaschinen zur Steigerung der wirtschaftlichen Fertigung auf den Markt gebracht, welche ein erhöhtes Leistungsvermögen aufweisen. Hierzu

[1] Loof: a. a. O. [2] Demag: Die Werft.

rechnen die Blechrichtemaschine, die Tafelschere, die Blechkantenhobelmaschine, die Versenkbohrmaschine, die Ausschärfmaschine, die Kröpf-Joggel-Maschine und die Ausklinkmaschine.

Abb. 816. Horizontale Balkenbiege- und -lochmaschine.

Abb. 817. Blechrichtwalze.

Blechrichtwalze. Das Richten der Schiffsbleche vor dem Anzeichnen und Bearbeiten ist insofern ein wirtschaftlicher Arbeitsvorgang, als hierdurch die Bearbeitung unter den verschiedenen Arbeitsmaschinen beschleunigt und verfeinert wird und das Bohren der

Bleche in Paketen erst möglich geworden ist. Das Richten der Bleche durch das Walzverfahren ergab erst günstige Resultate, nachdem man dazu übergegangen war, die Richtwalzen in ihrem Durchmesser möglichst klein zu halten und ein Durchbiegen derselben durch je zwei Stützrollen zu umgehen. Infolge der geringen Walzendurchmesser werden die durchlaufenden Blechtafeln wellenförmig hin- und hergebogen und dadurch die zu kurzen Fasern des Bleches gestreckt, was früher durch Hämmern erfolgte (Abb. 817). Die oberen Walzen sind verstellbar eingerichtet und erhalten ihren Antrieb unter Zwischenschaltung von Kammwalzen durch einen umstellbaren Elektromotor; für schwere Bleche erleichtert ein gleicher Antrieb auch für die unteren Walzen das Anziehen des Bleches durch die Walzen. Damit die Bleche die Walzen vollkommen gerade verlassen, sind in dem oberen Walzenschlitten Ausgangswalzen A (Abb. 818) eingebaut, die einzeln eingestellt werden können. Das Richten der Bleche wird zweckmäßig durch Zwischenlegen von dünnen Holzschalbrettern beschleunigt[1].

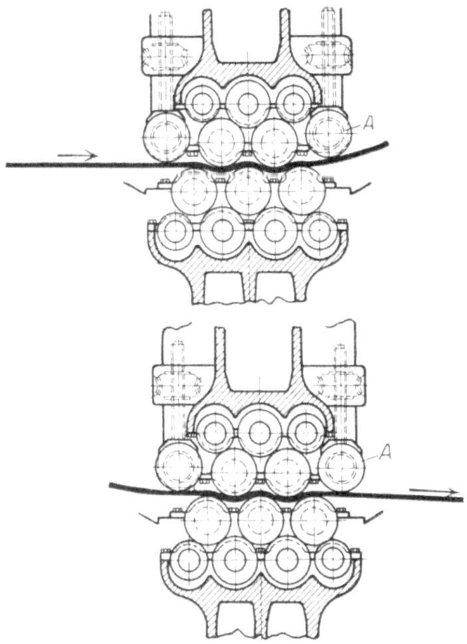

Abb. 818. Walzen der Blechrichtmaschine.

Tafelschere. Das Besäumen der Schiffsbleche erfolgt neuerdings ausschließlich durch Tafelscheren mit 2,5 bis 3 m Messerschnittlänge so sauber und genau, daß ein späteres Behobeln der Blechkante gespart werden kann; sie arbeiten mit Quermesser zum Abtrennen des abgeschnittenen Blechstreifens und mit besonders angetriebener Blechniederhaltung zum Festhalten des Bleches während des Schnittes (Abb. 819). Der Antrieb erfolgt zweckmäßig durch einen Elektromotor mit Umkehrmotor (Gleichstrom-Regelmotor) ohne Schwungrad; eine selbsttätige Klauenkupplung hält den Messerschlitten jedesmal in der Höchststellung fest. Zum Schneiden der Bleche mit Stemmkante wird der Auflagetisch schräg eingestellt. In schwachen Kurven verlaufende Blechkanten müssen auf einer Hebellochschere mit kurzem Messer beschnitten werden, doch ist dann ein Nachhobeln der Kante mit Stemmkante erforderlich[2, 3].

Abb. 819. Tafelschere.

Blechkantenhobelmaschine. Die Blechkantenhobelmaschine ist in Bauweise und Betrieb ziemlich schwerfällig, da das Festspannen der Platte zeitraubend und die Arbeitsgeschwindigkeit des Hobelstahles gering ist. Die Einführung von hydraulischen oder elektrischen Festspannvorrichtungen sowie der elektrische Antrieb mit Umkehrmotor

[1] Demag: Die Werft. [2] Loof: a. a. O. [3] Schieß-Nachrichten, 2. Jg., H. 4.

und selbsttätiger Umsteuerung für den Werkzeugschlitten mit Wendestahlhalter haben hierin keine wesentliche Erleichterung gebracht.

Versenkbohrmaschine. Die Versenkbohrmaschinen zum Versenken der Nietlöcher der Außenhaut, Innenboden und Decksbleche werden zweckmäßig nach Art der Bohranlagen mit zwei Auflagetischen eingerichtet (Abb. 820)[1]. Die freistehenden Säulen tragen im Kreise schwenkbare Ausleger, auf denen der direkte elektrische Antrieb für die Versenkbohrer leicht verschoben werden kann. Der Vorschub des Versenkbohrers erfolgt durch einen langen Handhebel, während die Versenktiefe meist durch eine entsprechende Ausbildung des Bohrkopfes begrenzt wird.

Kröpf- und Biegepresse. Zum Kröpfen oder Jogglen der Bleche verwendet man besondere Walzen, welche die Kröpfung beim Durchlaufen des Bleches herstellen, oder eine Presse, welche die Blechkante absatzweise durchbiegt. Die gleiche Presse kann auch zum Börteln

[1] Loof: a. a. O.

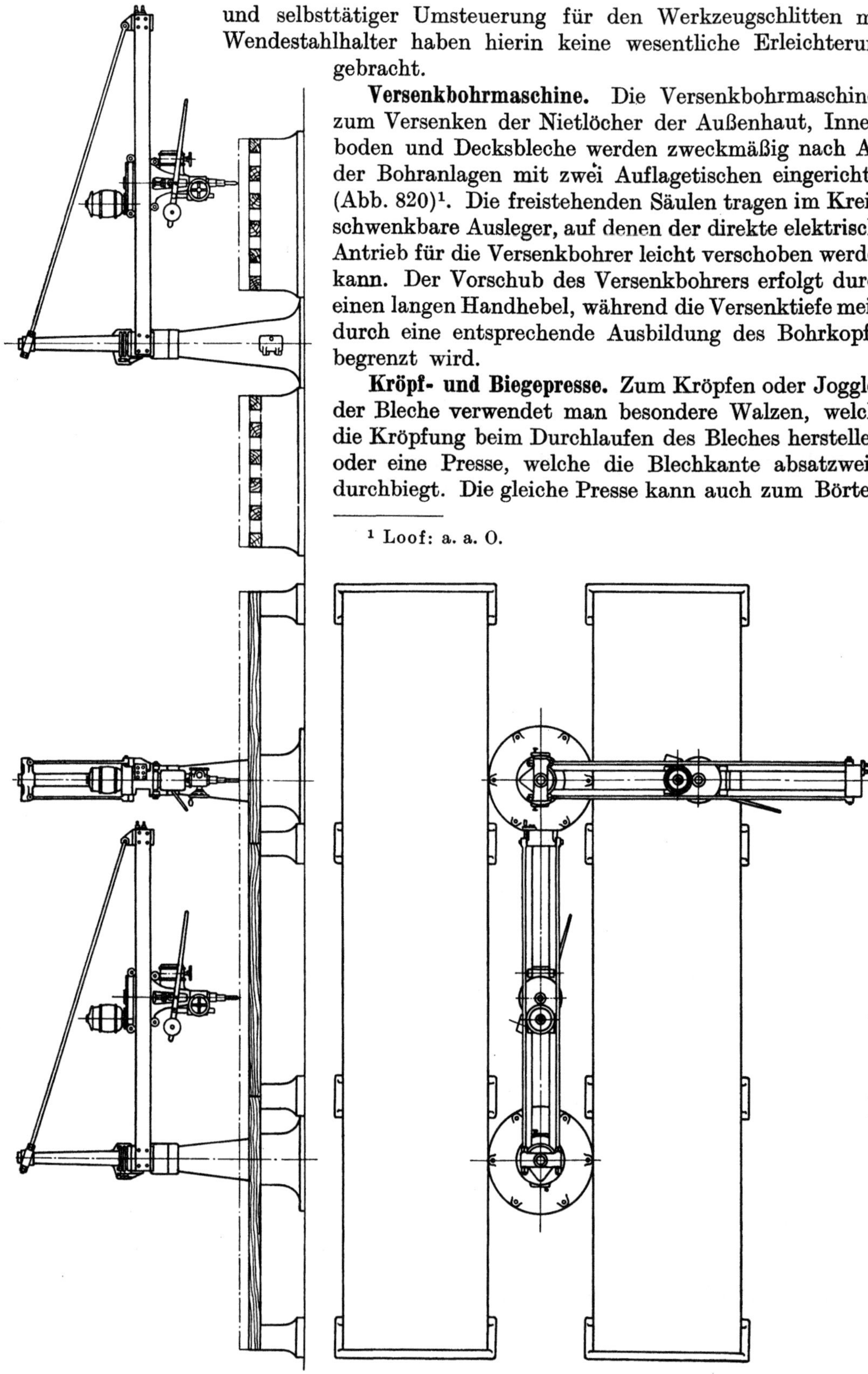

Abb. 820. Versenkbohrmaschine.

von Blechkanten ausgenutzt werden. Die zum Börteln von Kielplatten früher allgemein verwendete Kielplatten-Biegemaschine mit hydraulischem und neuerdings auch elektrischem Antrieb ist insofern entbehrlich geworden, als auch im Handelsschiffbau zur Einschränkung des Tiefganges der Schiffe der Flachkiel allgemein Eingang gefunden hat.

Ausschärfmaschine. Ausklinkmaschine. Die Ausschärfmaschine mit ziehend arbeitendem Hobelstahl[1] wird meist mit doppeltem Werkzeugschlitten und kippbarem Tisch ausgeführt, um die Maschine bei einem Bedienungsmann voll ausnutzen zu können. Die Ausklinkmaschine leistet gute Dienste zum Ausstanzen von vier- oder dreieckigen Öffnungen in Decksplatten, Bodenstücken und Längsspanten; sie arbeitet mit einer stählernen Formplatte, die je nach der Gestalt der Öffnung ausgewechselt werden kann. Sie wird auch viel zum Abschrägen von Winkelflanschen und Stützblechen verwendet.

Abb. 821. Blechbiegepresse.

Formen der Bleche. Das Biegen der Bleche nach der Schiffsform in gekrümmte oder windschiefe Form, welches früher meist in rotwarmem Zustande durch Poltern in besonders gefertigte Holzgesenke erfolgte, geschieht jetzt vorwiegend nur noch in kaltem Zustande unter einer hydraulischen oder mechanischen Presse, wodurch nicht nur das kostspielige Anwärmen und spätere Ausglühen in großen Plattenglühöfen umgangen, sondern auch das Material selbst mehr geschont wird. Das Biegen im kalten Zustande erfordert freilich einen erfahrenen und geschickten Bedienungsmann der Presse. Bei dieser sich immer mehr einbürgernden Bearbeitungsweise können die schweren Blechwalzen zum Biegen der Kimmplatten leicht entbehrt werden (Abb. 821). Die einzige Biegemaschine, welche ihre Daseinsberechtigung noch erhalten hat, ist die Rohrbiegemaschine zum Fertigen von Rohrschüssen für eiserne Masten und Ladebaumpfosten, sie bildet insofern eine Sondermaschine, als die obere Walze zum Abziehen der gebogenen Schüsse, zum Aufklappen oder Ausschwenken eingerichtet sein muß.

Biegen der Spanten. Während eine Warmbearbeitung der Schiffsbleche nur ganz vereinzelt vorkommt, ist sie zum Formen der Spanten unentbehrlich geblieben, da diese nicht allein gebogen, sondern für die Schiffsenden auch geschmiegt werden müssen, welche Arbeitsausführung in kaltem Zustande weder einwandfrei noch schnell genug bewerkstelligt werden kann. Zum Anwärmen der Formeisen bis zur Rotglut dient ein Glühofen von einer lichten Länge von 10 bis 18 m, einer lichten Breite von 0,6 bis 1 m und einer lichten Höhe von 0,3 bis 0,5 m. Bei Kohlefeuerung erfolgt die Heizung des Ofens

[1] Schieß-Nachrichten, 5. Jg., H. 1.

durch mehrere Planrostfeuerungen, bei Halbgasfeuerung durch einen Planrost in der Mitte des Ofens, die Rauchgase werden dann an den Enden des Ofens in den Fuchs geleitet. Derartige Öfen werden zweckmäßig von außerhalb der Werkstatt geheizt. Bei Gasfeuerung sowie Ölfeuerung, welche wegen der gleichmäßigeren und schneller zu erzeugenden Hitze, sowie Ersparnis an Brennmaterial und Bedienungsmannschaft vorzuziehen sind, kann der Ofen mitten in der Werkstatt aufgestellt werden. Der Ofen erhält nur an einem Ende eine Tür oder an beiden Enden je eine Tür, je nachdem, ob nur

Abb. 822. Spanten-Schmiegemaschine.

eine Richtplatte zum Biegen der Spanten oder noch eine zweite kleinere Richtplatte zum Biegen von kurzen Winkeln oder Profilen an der anderen Seite noch vorgesehen wird. Zwischen Ofen und Richtplattenplan zum Biegen der Spanten ist versenkt und fahrbar die Schmiegemaschine aufgestellt, durch welche alle Formeisen laufen müssen, die eine Schmiege erhalten, um dann auf der Richtplatte in derselben Hitze gebogen zu werden. Die moderne deutsche Schmiegemaschine (Abb. 822)[1, 2, 3] arbeitet mit zwei Walzenpaaren, von denen das eine den horizontalen Schenkel des Formeisens festhält, während das andere Walzenpaar, das in einem Ringlager um den Scheitelpunkt des Formeisens schwenkbar angeordnet ist, das Schmiegen durch den Walzenprozeß besorgt. Hierdurch wird eine Gratbildung am Rücken vermieden. Ein Schmiegeanzeiger gestattet, die Schmiege während des Durchlaufens des Formeisens zu ändern. Im Anschluß an das Schmiegen erfolgt dann das Biegen des Formeisens nach der durch ein Bandeisen oder kurze Paßstücke festgelegten Spantkontur und das Festsetzen desselben auf der Richtplatte durch Bügelklammern. Zur Erleichterung und Beschleunigung des Biegens des Spantes haben

[1] Loof: a. a. O. [2] Schieß-Nachrichten, 1. Jg., H. 3. [3] Demag: Die Werft.

sich fahrbare Spantbieger eingebürgert (Abb. 823), welche mit ihrem Bolzen in ein passendes Loch der Richtplatte eingesetzt werden, worauf durch einen Druckschlauch Preßwasser oder Preßluft in den Preßzylinder geleitet wird, der den Kolben mit seiner Ramme gegen das zu biegende Spant drückt. Durch Verfahren des Spantbiegers in ein der Spantkontur näher liegendes Loch der Richtplatte kann diese Rammarbeit so lange wiederholt werden, bis das Formeisen an der Spantkontur fest anliegt. Das Nachbiegen des gebogenen und abgekühlten Spantes sowie das Übertragen der wichtigsten Marken, wie Plattennähte, Stringer, Längsspanten und Endmaße, erfolgt auf dem benachbarten Spantenplan, worauf die Spanten zur weiteren kalten Bearbeitung zu den Loch- bzw. Bohrmaschinen und zur Profilschere zum genauen Längen geleitet werden.

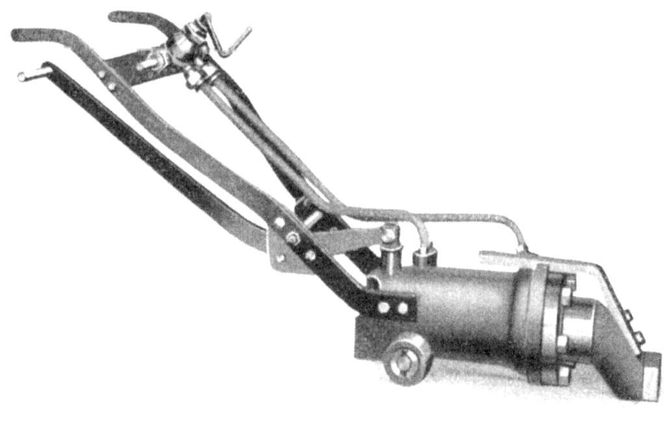

Abb. 823. Spantbieger.

Winkelschmiede. Für die Warmbearbeitung von kurzen Formeisen wird meist eine kleinere Richtplatte am anderen Ende des Glühofens verwendet. Auch schließt sich an den Glühofen meist eine Winkelschmiede an mit offenen Lang- und Rundfeuern sowie kleinen Dampf- oder Lufthämmern zum Schmieden von Paßstücken und Unterlagskeilen. Das Kröpfen und im Winkelbiegen mit nachfolgendem Schweißen von Dichtungs- und Stoßwinkeln erfolgt meist in mehreren Hitzen in den Schmiedefeuern. Für das Jogglen der Formeisen in warmem Zustande werden Pressen zu Hilfe genommen. Eine Sonderpresse zum Biegen und Kröpfen von Dichtungswinkeln in einem Arbeitsgang hat sich namentlich für den Längsspantenbau nach dem Isherwood-System für Kriegsschiffe wirtschaftlich bewährt. Durch Benutzung vorgearbeiteter Gesenke und gleichzeitiger Verwendung von zwei hydraulischen Pressen konnten die nebenstehenden Winkelkröpfungen in einer Hitze durch je einen Hub der Preßkolben sauber fertiggestellt werden (Abb. 824 und 825). Das rotwarme Winkelstück wird auf das fest gelagerte rechtwinkelige Gesenk gelegt und von dem vertikalen Preßkolben festgehalten, worauf der horizontale Preßkolben mit Gegengesenk vorgetrieben wird, den Winkel um 90^0 biegt und die Kröpfung vollendet (Abb. 826). Neuerdings nimmt man zum Biegen der Dichtungswinkel auch die autogene Schweißmethode zu Hilfe, indem die Winkelstücke auf Gehrung geschnitten und an dieser verschweißt werden. Hierdurch wird die 2- bis 3fache Erhitzung des Winkels auf Rotglut bzw. Schweißglut zum Ausschroten des einen Flansches und zum Biegen des anderen Flansches und schließlich zum Schweißen im Winkel umgangen und können die kohlefressenden und wegen der Rauchbelästigung ungesunden Schmiedefeuer eingeschränkt werden. Ähnliche Vorteile erreicht man mit der Elektro-Esse, welche die Erwärmung des Werkstückes nach dem Prinzip der elektrischen Widerstandserwärmung von innen nach außen herbeiführt; an Stelle der Kohlenfeuerung tritt daher die elektrische Energie. Durch ihre stete Betriebsbereitschaft und eine beachtenswerte Ersparnis an Hitzekohlen und an Energie für das Windgebläse bietet die Elektro-Esse unter Umständen wirtschaftliche Vorteile gegenüber dem Schmiedefeuer.

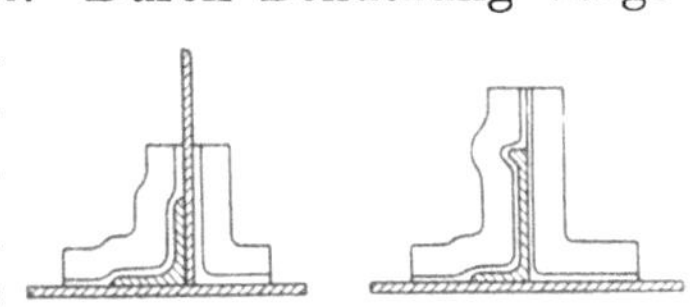

Abb. 824. Abb. 825.
Verschiedene Winkelkröpfungen.

Die kalte Bearbeitung der Formeisen erstreckt sich im besonderen auf das Biegen der Decksbalken in die Decksbucht, auf das Beschneiden auf Länge und das Lochen bzw. Bohren derselben. Diese Bearbeitung auf den bereits besprochenen Arbeitsmaschinen erfolgt meist in einem besonderen Schiff der Schiffbauhalle, welches zweckmäßig zwischen dem Schiff der Winkelschmiede und dem Schiff der Plattenbearbeitung einzuschalten ist. Da die Zahl der Arbeitsvorgänge und der Arbeitsmaschinen verhältnismäßig beschränkt ist, so wird der nach der Helling zumeist noch frei bleibende Teil des Schiffes dazu benutzt, die in der Winkelschmiede einerseits und in der Plattenbearbeitungshalle andererseits bearbeiteten Teile, wie Außenspanten, Gegenspanten und Bodenstücke vor dem Einbau auf der Helling zusammenzubauen und zu vernieten. Auch hat es sich als zweckmäßig erwiesen, an dieser Stelle einen Arbeitsplatz vorzusehen zur Ausführung von Schneidarbeiten mit dem autogenen Schneidbrenner. Da dieselben Schnitte nach beliebigen Kurven ausführen können, so sind sie für die Bearbeitung mancher Werkstücke vor dem Einbau auf der Helling unentbehrlich geworden, auch können die autogenen Schneidapparate möglicherweise manche Schneid- und Schermaschinen entbehrlich machen.

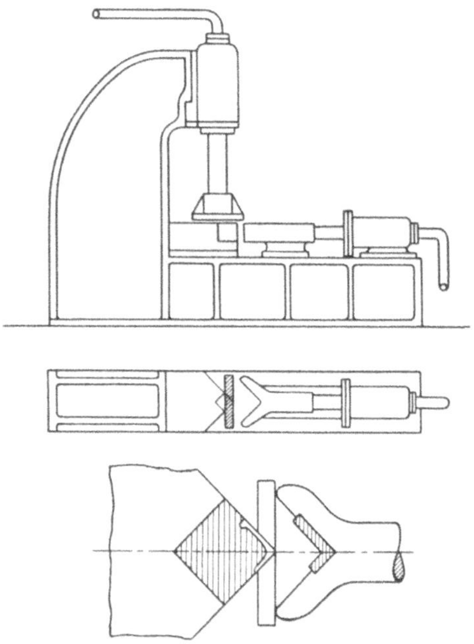

Abb. 826. Winkelkröpfpresse.

Gruppierung der Arbeitsmaschinen. Unter Verwendung und weitgehendster Ausnutzung der geschilderten neuzeitlichen Werftmaschinen kann die Bearbeitung der wichtigsten und zahlreichsten Bauteile für den Schiffsrumpf nach den Grundsätzen wirtschaftlicher Fertigung durchgeführt und durch gleichzeitige Reihenfertigung und teilweise Massenfertigung Schnellbetrieb mit erhöhtem Wirkungsgrad erzielt werden. Zu gleicher Zeit wird mit Hilfe der auf möglichsten automatischen Betrieb eingestellten hochwertigen Maschinen die Genauigkeit der Arbeitsausführung derart gesteigert, daß ein späteres Nachpassen beim Zusammenbau auf der Helling und vor allem das früher in großem Umfange nötige Aufräumen der Nietlöcher nach der Anbringung vor dem Nieten fast ganz entbehrt werden kann. Die neuzeitlichen Werftmaschinen sind nicht mehr die rohen Arbeitsmaschinen von einst, sondern fast durchweg Präzisionswerkzeugmaschinen. Um das gesteigerte Leistungsvermögen dieser hochwertigen Arbeitsmaschinen mit beachtenswerter Ersparnis an Bedienungspersonal voll ausnutzen zu können, ist eine praktische Aufstellung und geschickte Gruppierung derselben in der Werkstatt von grundlegender Bedeutung, wobei die Leistungen der einzelnen Arbeitsmaschinen derart gegeneinander abzustimmen sind, daß ständig ein gleich starker Arbeitsstrom durch alle Maschinen auf möglichst gestrecktem Laufe geleitet werden kann ohne rückläufige und dadurch den Arbeitsstrom hemmende Materialbewegungen. Je reibungsloser die Bauteile des Schiffsrumpfes alle Stadien des Werdeganges durchlaufen und je stärker beim Übergang der Werkstücke von einer Arbeitsmaschine zur nächsten die unvermeidlichen Zeit- und Wegverluste sowie Arbeitspausen eingeschränkt werden können, um so flotter und wirtschaftlicher wird sich der Betrieb in der Schiffbauhalle gestalten. Um Stockungen im Arbeitsgang zu vermeiden, müssen daher den leistungsfähigen Sondermaschinen schnell und wirksam arbeitende Transporteinrichtungen in Gestalt von Laufkranen und feststehenden Schwenkkranen mit Elektrozügen für schwere Bauteile zur Seite stehen. Auch sollte von vornherein darauf Bedacht genommen werden, bei den leistungsfähigsten

Arbeitsmaschinen genügend freien Platz in der Werkstatt vorzusehen zum Bereitlegen von Werkstücken, damit der Bedienungsmann nach Fertigstellung eines Werkstückes mit Hilfe eines Schwenkkranes sofort das folgende Werkstück auf den Arbeitstisch der Sondermaschine legen kann. Bei der Ausstattung einer Schiffswerft mit Arbeitsmaschinen spielt der Umfang der zu leistenden Arbeit eine entscheidende Rolle. In vorstehendem sind die Arbeitsmaschinen beschrieben worden, welche sich bei vorliegendem Bedürfnis, d. h. bei ausreichender Ausnutzungsmöglichkeit als wirtschaftlich erwiesen haben. Damit ist keineswegs gesagt, daß sie alle auf jeder größeren Werft vorhanden sein müssen. Manche Maschinen können durch andere oder durch behelfsmäßige Kleinwerkzeuge (elektrisch oder mit Preßluft angetrieben, autogene Schneideapparate usw.) ersetzt werden, andere können ganz fortfallen, und es tritt dann die freilich teurere Handarbeit an ihre Stelle. Das Risiko, ein Unternehmen in Krisenzeiten durch hohe Anlagekosten stark zu belasten, ist bei dem schwankenden Umfange der Schiffbautätigkeit sehr groß. Zu bedenken ist in dieser Beziehung, daß es sich nicht allein um die Anlagekosten der Werkzeugmaschinen handelt, sondern auch um die erforderliche Fundamentierung und um den Platz in den Hallen, Überdachung, zugehörige Transportanlagen usw. Unter Umständen ist es zweckmäßig, für den zu erwartenden ständigen Arbeitsumfang eine wertvolle und leistungsfähige Grundanlage und für den höheren Arbeitsumfang in Hochkonjunkturzeiten einfache Zusatzvorrichtungen vorzusehen; für die Arbeiten in derartigen Zeiten spielen etwas höhere Lohnkosten keine so wesentliche Rolle. Diese Bemerkung gilt allgemein ganz auch für die Ausstattung der übrigen Werkstätten mit Maschinen und besonderen Anlagen.

Schiffbauhalle der Burgerhout-Werft. Als ein Musterbeispiel einer praktischen Schiffbauhalle mit Bezug auf Grundrißanordnung und Trennung des Baumaterials nach Platten, Winkeln und Profilen einerseits und auf Auswahl und Gruppierung der Arbeitsmaschinen, planmäßige Durchführung der Arbeitswege und leistungsfähige Transporteinrichtungen andererseits kann die Schiffbauhalle der Werft von Burgerhout in Rotterdam gelten, welche in Abb. 827 mit der Gliederung in Blechhalle, Formeisenhalle und Winkelschmiede und mit eingezeichneten Arbeitsmaschinen und Arbeitswegen wiedergegeben ist. Sie bildet ein Glied einer Vollwerft, die mit Bezug auf die überaus geschickte gegenseitige Anordnung der Werkstätten und Hellinge und der hierdurch erzielten kurzen Wege vorbildlich ist (Abb. 828)[1, 2].

Der Arbeitsgang vom Materiallagerplatz zur Zulage und von dort durch die einzelnen Stadien des Werdeganges der Werkstücke bis zum einbaufertigen Zustand für den Zusammenbau auf der Hellinge gestaltet sich hierbei wie folgt:

Das Material an Platten und Formeisen wird durch mechanischen Krafttransport von den Lagerplätzen bis an die Zulage gebracht und dort von einem aus der Schiffbauhalle herausfahrenden Laufkran der Zulage gefaßt und in die Zulagehalle befördert. Während die Formeisen von hier direkt in die Formeisenhalle und in die Winkelschmiede weiter wandern, gehen die Platten zunächst durch die Richtwalze (*1*) am Eingang der Halle. Nach dem Richten legt der Laufkran die Platten auf die Vorzeichentische, wo sie nach Mallen vom Schnürboden vorgezeichnet werden, und zwar getrennt nach folgenden Gruppen:

a) 10 schwere Platten großer Abmessungen für Außenhaut,
b) 20 mittelschwere Platten einer Serie gleicher Form für Decks, Innenboden, Schotte,
c) 30 leichte und kleine Platten für Bodenstücke, Stützbleche usw.

Die a-Platten gehen nach dem Vorzeichnen direkt zur Einmannlochstanze (*2*) (vgl. Abb. 827 und 812), deren Rollentisch so weit in die Zulage hineinreicht, daß der Laufkran die Platte auf denselben niederlegen kann. Von dort gehen die a-Platten zur Tafelschere (*12*) mit Rollentisch (vgl. Abb. 819) zum Besäumen und dann zu den Versenk-

[1] Shipbuildg. Shippg. Rec. v. 30. 6. 1921. [2] Werft Reederei Hafen v. 7. 1. 1922.

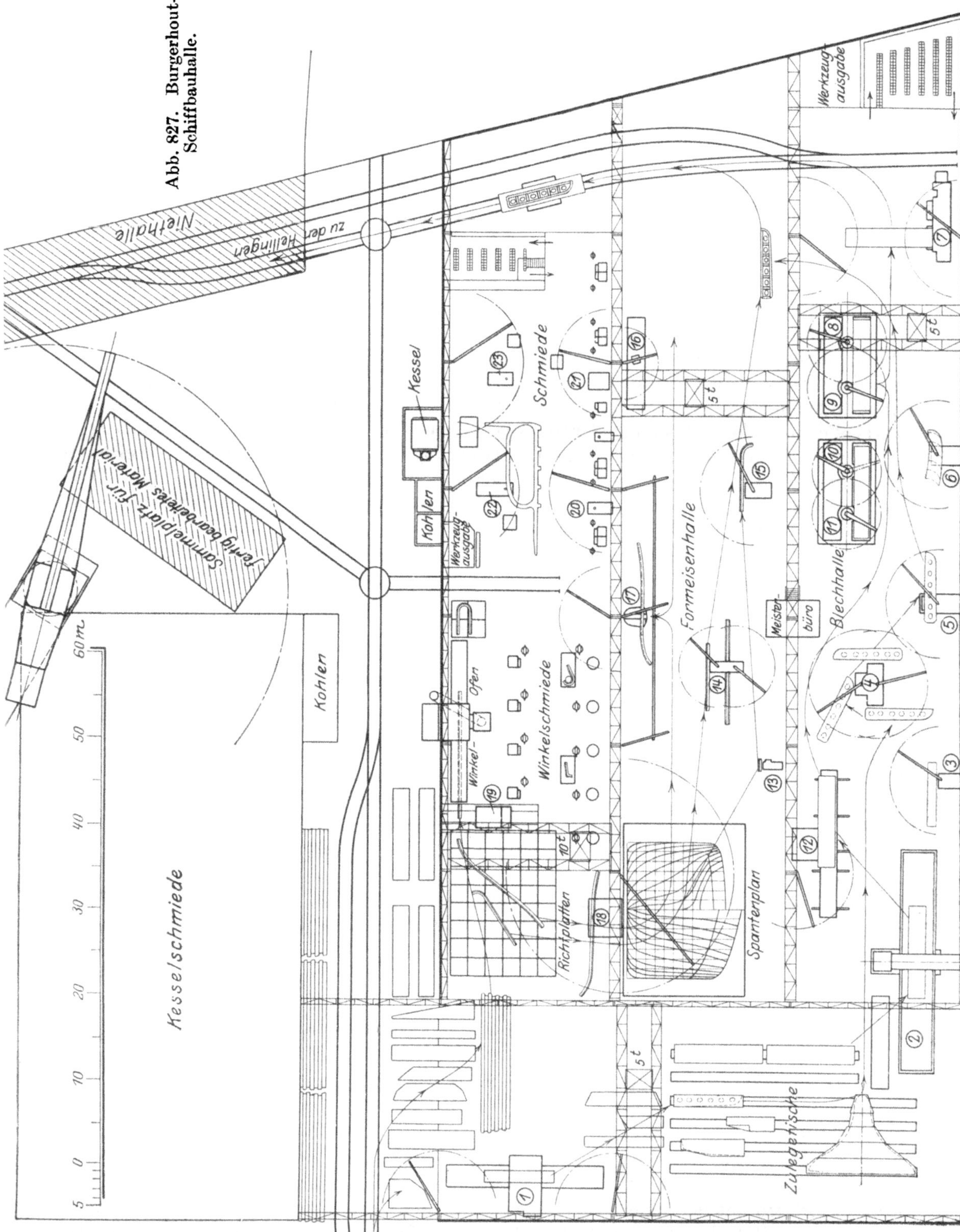

Abb. 827. Burgerhout-Schiffbauhalle.

bohrmaschinen (*8, 9*) mit zwei Tischen, schließlich zur Zuschärfmaschine (*7*) und von dort auf Lowries zur Helling. Die zu biegenden Platten werden unter der mechanischen Presse (*6*) (vgl. Abb. 821) geformt.

Die b-Platten, für die serienweise nur eine Platte vorgezeichnet wird, gehen zur Tafelschere (*12*), von dort zur Bohranlage (*10, 11*) (vgl. Abb. 809), wo sie in Paketen von 150 bis 175 mm Höhe nach der Modellplatte gebohrt werden, dann eventuell zum Versenken (*8, 9*) und zur Zuschärfmaschine (*7*).

Die c-Platten wandern zu den Blechscheren und Hebellochmaschinen (*4*) (*3*) bzw. zu den Bohr- und Versenkanlagen (*10, 11*) (*8, 9*). Die Bodenwrangenbleche werden auf der kombinierten Loch-Scher- und Mannlochhebelmaschine (*4*) beschnitten, gelocht und mit Wasserlöchern versehen und gehen dann zur Mannlochpresse (*5*), wo die Erleichterungslöcher gestanzt werden. Die Bodenstücke, welche einen gebörtelten oberen Rand erhalten, werden auf der Presse (*6*) gebörtelt und wandern dann zur Sammelstelle am Ende der Halle, wo sie mit den inzwischen gebogenen und gelochten Spant- und Gegenspantwinkeln versplintet und mit Hilfe von Preßluftnietmaschinen, die dort aufgehängt sind, vernietet werden. Das zusammengebaute Spantteil wird dann zur Helling gefahren.

Die Spantformeisen werden nach dem Rotwarmmachen im Glühofen durch die Schmiegemaschine (*19*) geführt und auf den Richtplatten gebogen. Ein Wandkran bringt das gebogene Spant zum Spantenplan zum Markieren und zur Balkenbiegemaschine (*18*) zum Nachrichten nach einem vom Spantenplan entnommenen Flacheisenmall. Hierauf durchlaufen die Spanten die schwenkbare Horizontallochmaschine (*17*) bzw. die Loch- und Schermaschinen (*13*), (*14*), (*15*), eventuell die Versenkmaschine (*16*) und gelangen dann zur Niethalle. Die geraden oder kalt gebogenen Formeisen wandern zu den Loch- und Schermaschinen und dann zum Sammelplatz vor der Helling.

Schiffbauhalle der Sun Shipbuilding Co. Für größere Werften mit vier und mehr Hellingen muß die Grundfläche der Schiffbauhalle größer gewählt werden und wird dann vor die Schiffe der Halle landseitig zweckmäßig eine zweistöckige Querhalle mit Zulage zu ebener Erde und Schnürboden im ersten Stock vorgelagert, ebenso wasserseitig eine Querhalle als Sammelhalle und zum Zusammenbauen einzelner Schiffssektionen. Es ergibt sich dann eine Schiffbauhalle nach dem Plan der Sun Shipbuilding Co. in Chester (Abb. 804), welche 5 Schiffe aufweist, und zwar ein Schiff als Blechhalle für schwere Bleche, eine Blechhalle für mittlere und leichte Bleche, ein Schiff als Formeisenhalle für kalte Bearbeitung, ein Schiff zur Warmbearbeitung der Formeisen mit Glühöfen und ein Schiff als Schiffsschmiede. Dadurch, daß landseitig der Materialienplatz und wasserseitig die Hellinge angeschlossen sind, wird ein gestreckter Weg des Arbeitsganges sichergestellt.

Schiffbauhalle der Vulkan-Werke, Stettin. Die neue Schiffbauhalle wurde nach Erweiterung des Werftplatzes und der Verlegung der Vulkanstraße in der Verlängerung der großen Hellinge angeordnet und der Lagerplatz für Schiffbaumaterial in den Achsen der Hallenschiffe davor angelegt. Der Lagerplatz hat direkten Anschluß mit dem Güterbahnhof Grabow, so daß der bisherige Transportweg durch die engen Wege der Maschinenfabrik mit starkem Gefälle ausgeschaltet werden konnte. Die Schiffbauhalle besteht aus 5 Schiffen, von denen die Schiffe A und B je 135 m, die Schiffe C, D und E je 150 m lang sind. Die Spannweite aller Schiffe beträgt gleichmäßig 20,5 m. Es dienen die Schiffe A und B zur kalten Bearbeitung von schweren Blechen, Schiff C zur kalten Bearbeitung von Schott- und Bodenstückblechen, Schiff D und E zur warmen Bearbeitung der Spanten und Bleche und zur kalten Bearbeitung der Spanten und Decksbalken. Der Schnürboden befindet sich über dem Schiff B. Das Vorzeichnen bzw. Anzeichnen der Platten und Winkel erfolgt nach dem Stocksystem am Anfang der Schiffe A, B und C und ist die Stützentfernung an diesen Stellen doppelt so groß wie sonst gewählt. Die Mitte der Schiffe bleibt für den Transport der Baustoffe frei und ist für den Fall, daß im Betriebe der Kräne eine Störung eintritt, in diesen Schiffen je ein Gleis vorgesehen,

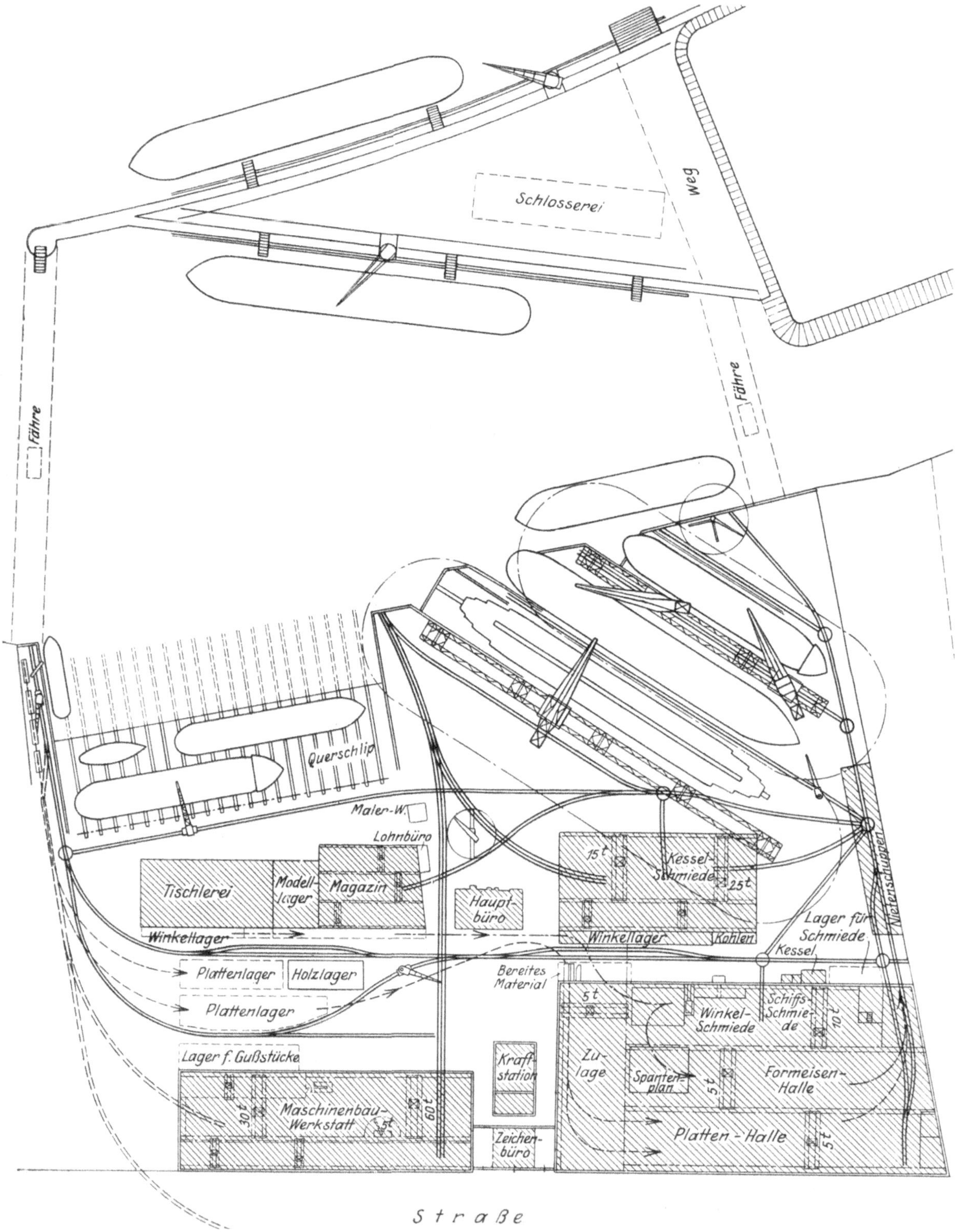

Abb. 828. Plan der Burgerhout-Werft.

welche durch Quergleise mit Drehscheiben miteinander verbunden sind (vgl. Abb. 829). Die Gruppierung der Arbeitsmaschinen ist aus dem Plan (Abb. 829) zu ersehen. Jede

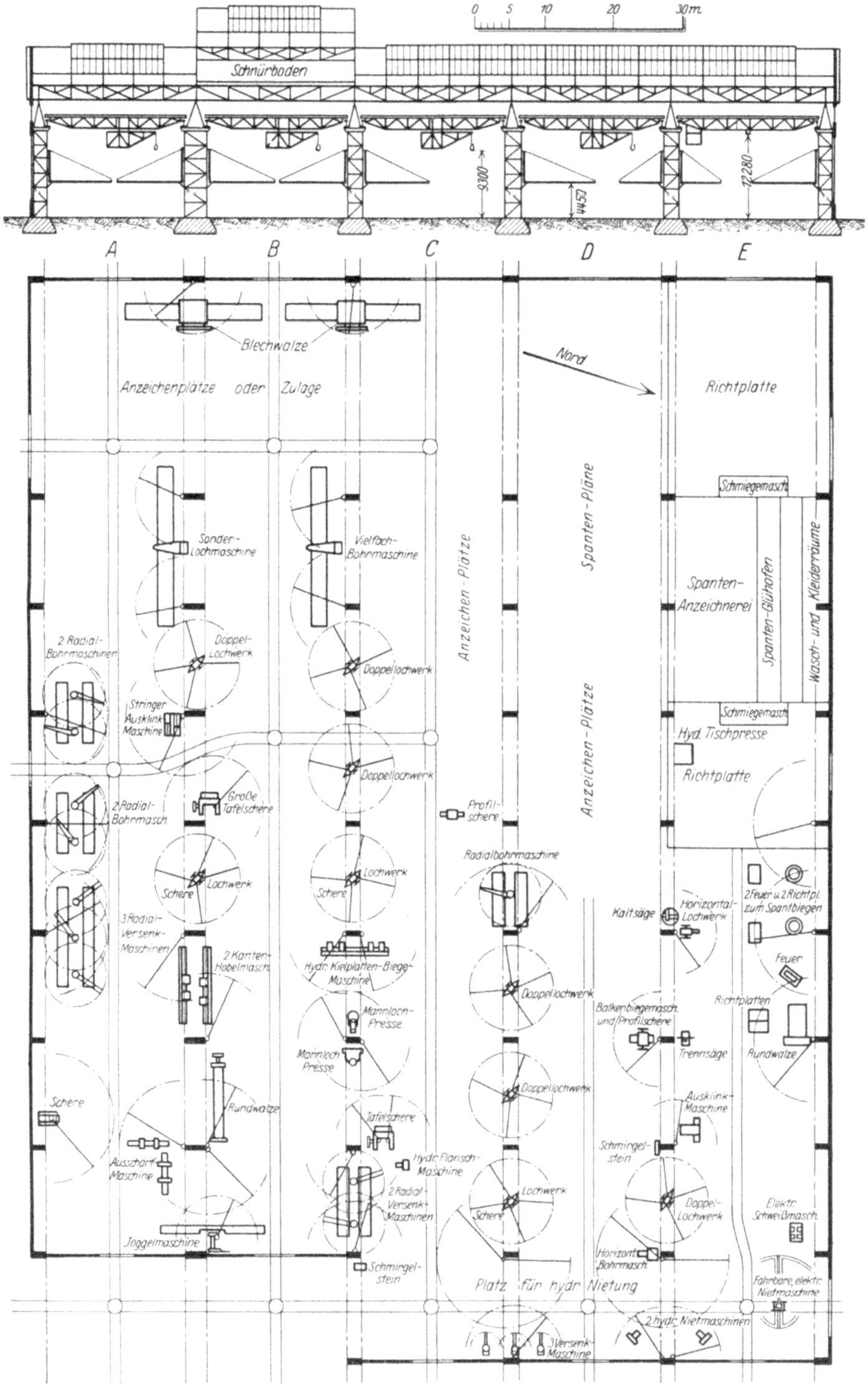

Abb. 829. Schiffbauhalle der Vulkan-Werke, Stettin.

Arbeitsmaschine verfügt über einen oder mehrere Auslegerschwenkkräne. Für den Zusammenbau und die Vernietung größerer Bausektionen ist in der Halle auf der Hellingseite ein Platz vorgesehen. Die Zahl, Art sowie Tragkraft der Laufkräne für die einzelnen Schiffe ergibt sich aus nachstehender Zusammenstellung, die Laufkräne von 15 t sind wegen der Bearbeitung von Blechpaketen vorgesehen.

Schiff	Laufkräne 5 t	Drehlaufkräne 5 t	Laufkräne 15 t
A	—	2	1
B	—	2	1
C	1	2	—
D	1	1	—
E	1	—	—

Die Laufkräne können aus der Halle auf die Kranbahnen über dem Lagerplatz der Schiffbaumaterialien und über dem Platz für fertig bearbeitete Bauteile am Kopf der Hellinge hinausfahren und sind zu diesem Zweck Klappen vorgesehen, die mit Windwerk nach innen hochgeklappt werden können.

Die übrigen Werkstätten des Schiffbaues. Während die Schiffbauhalle allein für die Bearbeitung der Bauteile des Schiffsrumpfes eingerichtet ist, dienen die übrigen Werkstätten des Schiffbaues vornehmlich zur Fertigung der mannigfachen Gegenstände zum Ausbau und zur Ausstattung des Schiffes, bestehend aus Walzenmaterial, Schmiedestücken, Eisen- und Metallguß, Holz und sonstigen Materialien. Sie gliedern sich in der Hauptsache in Werkstätten zur Bearbeitung von Eisen und Metall und in Werkstätten zur Bearbeitung von Holz. Auch bei diesen Werkstätten hat sich der Grundsatz der Verschmelzung einzelner Betriebe zu einer räumlich zusammenfassenden Werkstatt mehr und mehr Bahn gebrochen, nachdem der anfänglich rein handwerksmäßige Betrieb sich zu einem Fabrikbetriebe mit auf Schnellherstellung hinzielenden Werkzeugmaschinen ausgewachsen hat. Dieses Streben konnte neuerdings um so wirkungsvoller durchgeführt werden, seit man nach dem Weltkriege in Deutschland dazu übergegangen war, viele Einzelheiten der Ausrüstung und der hilfsmaschinentechnischen Elemente durch Normung einheitlich zu gestalten und durch die Schaffung einer Vielheit gleicher Gegenstände die Fertigung auf Vorrat zu ermöglichen. Die Schlosserwerkstatt mit Schmiede, Kupferschmiede und Rohrlegerei einerseits, sowie Holzbearbeitungswerkstatt und Tischlerei anderseits sind daher mit Fabrikbetrieben zur Erzeugung von ständig wiederkehrenden marktgängigen Waren zu vergleichen und daher konnten sich diese Werkstätten mit Bezug auf Ausstattung mit leistungsfähigen Werkzeugmaschinen und Ausgestaltung einer wirtschaftlichen Betriebsorganisation eng an die Grundsätze von Fabrikbetrieben anlehnen. Sie erfordern keine besonderen, allein für den Schiffbau zugeschnittenen Arbeitsmaschinen und Arbeitsmethoden, sondern ähneln den Fabrikbetrieben des allgemeinen Maschinenbaues und der Holzbearbeitungsindustrie. Alle betriebstechnischen Neuerungen dieser Fabrikbetriebe können daher fast restlos auch für diese Werftbetriebe übernommen werden, so daß bei Besprechung derselben nur auf die für den Werftbetrieb wesentlichen Abarten näher eingegangen werden soll. Für den großbritannischen Schiffbau trifft das heute noch nicht in dem Maße zu, wie z. B. in Deutschland, da die Gegenstände des Ausbaues und der Ausstattung, die sogenannten Fittings, in England, auch heute noch in großem Umfang von Spezialfabriken bezogen werden.

Schmiede- und Schlossereiwerkstatt. Die Schlosserwerkstatt verarbeitet fast ausschließlich Schmiede- und Gußstücke in Reihenfertigung und Feinproduktion, und derselben ist meist die Schiffbauschmiede zur Herstellung der mannigfachen Schmiedestücke angegliedert, während die Gußstücke aus Eisen und Bronze von der Gießerei des Maschinenbaues oder von außerhalb geliefert werden. Während die Entwicklung der Schlossereibetriebe im allgemeinen mit den Fortschritten der Fabrikbetriebe des allgemeinen Maschinenbaues gleichen Schritt gehalten hat, ist diejenige der Schiffbauschmiede länger bei rein handwerksmäßigem Betrieb geblieben. Die Schiffbauschmiede war bereits auf der Holzschiffswerft in bescheidenem Umfang vertreten. Mit Einführung des Eisenschiffbaues wurde sie mit der Winkelschmiede verbunden. Die schweren Schmiedestücke, Steven usw. wurden dagegen von vornherein und bis heute noch immer der Spezialindustrie überlassen. Die Schiffbauschmiede beschränkte sich immer auf die Fertigung des Kleineisenzeuges für den Schiffbau. Auf den kontinentalen Werften, welche anfänglich auch die Fabrikation der Fittings in ihren Arbeitsbereich mit aufgenommen hatten, wurde die Schiffbauschmiede der Schlosserwerkstatt angegliedert. Durch dieses Abhängigkeitsverhältnis der Schiffbauschmiede einerseits von der Winkelschmiede, anderseits von der Schlosserwerkstatt geriet dieselbe von Anfang an in ein stiefmütterliches Verhältnis, zumal auf den Vollwerften des Kontinents die Hammerschmiede des Maschinenbaues als Zubringerwerkstatt der Maschinenbauwerkstatt wegen der hochwertigen und schweren Schmiedestücke für die Hauptmaschine des Schiffes eine Vorzugsstellung errang. Die Schiffbauschmiede hat daher bis in die Gegenwart einen vorwiegend handwerksmäßigen Schmiedebetrieb mit zahlreichen offenen Feuern mit künstlicher Winderzeugung und einzelnen Dampfhämmern behalten, der wichtige Schritt zur Einführung des Massen- und Maschinenbetriebes ist hier nur vereinzelt unternommen worden. Die auf amerikanischen Werften schon frühzeitig eingeführte Gesenkschmiede, sowie die auf Schnellbetrieb und Massenfabrikation hinzielenden Schmiedemaschinen haben sich auf europäischen Werften nur langsam eingebürgert. Der wirtschaftliche Wirkungsgrad der Schiffbauschmiede blieb daher auf einer verhältnismäßig tiefen Stufe stehen, während die hygienischen Verhältnisse in der Schiffbauschmiede ganz im argen lagen. Denn bei den qualmenden offenen Feuern namentlich zu Beginn der Arbeitszeit ist eine künstliche Rauchabsaugung sehr erschwert. Dazu kommt, daß die Schmiede meist durch Rauch und fehlende Oberlichtbeleuchtung in ein Halbdunkel gehüllt ist. Der Aberglauben, daß dieses Dunkel wünschenswert ist, damit der Schmied die Schweißhitze und die richtige Rotglut sicherer einschätzen kann, ist noch nicht ganz ausgestorben. Die Tageshelle ist für die Schmiede ebenso wichtig wie für die anderen Werkstätten, damit die Arbeitsgenauigkeit gefördert und die Übersicht über die Werkstatt erleichtert wird. Die natürliche Tagesbeleuchtung kann aber leicht erhalten bleiben und zugleich kann auch der für die Schmiede sehr vorteilhafte Transportbetrieb mittels Laufkranes, der hier meist wegen der vielen Schlote der offenen Feuer sowie der nach oben geführten Rauchabsaugungsrohre unmöglich ist, durchgeführt werden, wenn die qualmenden offenen Schmiedefeuer beseitigt und durch Halböfen mit Koksfeuerung und wirtschaftliche Wärmeöfen mit Halbgasfeuerung und Rekuperator sowie durch Schweißöfen mit Wärmespeichern zur Winderhitzung und mit Gasfeuerung ersetzt werden.

Der Hauptnachteil der offenen Schmiedefeuer liegt aber in ihrem verschwenderischen Brennstoffverbrauch. Erfordert doch nach zahlreichen Versuchen das offene Feuer für jede Hitze einen Brennstoffverbrauch von durchschnittlich 100% des Einsatzgewichts des Eisens, während der thermische Wirkungsgrad nur 2 bis 5% beträgt. Dagegen beansprucht ein Wärmeofen mit Gasfeuerung nur einen Brennstoffverbrauch von 10 bis 25% des eingesetzten Eisens und erzielt einen Wirkungsgrad bis zu 45%, eine Bilanz, welche für die offenen Feuer vernichtend ist[1]. Bei Einführung der Gesenkschmiede sowie der Schmiedemaschine kommt der Wärmeofen weiter zur Geltung, da das Schmiedefeuer die schnelle und gleichmäßige Erwärmung der Arbeitsstücke nicht bewältigen kann.

Autogene und elektrische Schweißung. Eine weitere Verbesserung des Schmiedebetriebes hat schließlich die Einführung der autogenen und elektrischen Schweißung gezeitigt und gleichzeitig dazu beigetragen, das gänzliche Verschwinden der unwirtschaftlichen offenen Feuer zu beschleunigen. Abgesehen davon, daß die autogene Schweißung, wie bereits bei der Winkelschmiede hervorgehoben wurde, einen Teil der Schweißarbeiten mit zeitraubender Erwärmung des Arbeitsstückes auf Schweißhitze im offenen Feuer zuverlässig übernehmen kann, so bietet die Verbindung der Schmiedearbeit in rotwarmem Zustande unter hydraulischen und mechanischen Pressen mit einer nachfolgenden

[1] Ötling, C.: Schmiede und Schmiedetechnik, 1920.

autogenen Verschweißung verheißungsvolle Ausblicke zur Vereinfachung und Beschleunigung des Schmiedebetriebes. Durch diese Verschmelzung können leicht solche Schiffsteile aus Blechmaterial sauber gefertigt werden, die bisher vorwiegend aus Gußeisen oder Stahlguß mit erheblich schwererem Fertiggewicht hergestellt wurden. So wurden auf der Kaiserl. Werft Kiel die schweren Ankerklüsen großer Linienschiffe erfolgreich aus schweren Blechen gefertigt, die in rotwarmem Zustande unter Pressen oder Gesenken mit der Hand in für die Fertigung zweckentsprechenden Teilen geformt und dann autogen verschweißt werden. Man kann auf diese Weise auf die teuren Klüsen aus Stahlguß verzichten und wird zugleich unabhängig von den langen Lieferfristen außenstehender Betriebe. In demselben Betriebe wurden alle Lenzrohre mit ihren Krümmern und Ventilgehäusen in ähnlicher Weise hergestellt, indem passende Bleche in Teilen gewalzt oder gepreßt und dann durch autogene Schweißung zu einem Einheitsstück vereinigt wurden. In gleicher Weise wurden Poller und Verholklampen aus Blech geformt und verschweißt. Beachtenswert vom wirtschaftlichen Standpunkt aus ist, daß für diese Arbeiten zum Teil Abfallbleche Verwendung finden können.

Abb. 830. Schmiedemaschine.

Schmiedemaschine. Auch die Schmiedemaschine (Abb. 830)[1, 2], welche in der Hauptsache Kleineisenzeug schmiedet, wie Kopf- und Augbolzen, Nieten, Schäkel, Grätingstangen usw., kann in ihrem Arbeitsfeld wesentlich erweitert werden, wenn man sperrige Schmiedestücke ihrer Form entsprechend sachgemäß zergliedert und die auf der Schmiedemaschine gestauchten Teile nachher durch autogene Schweißung zu dem Fertigstück vereinigt. Auf diese Weise lassen sich leicht Geländerstützen, Schanzkleidstützen, Spannschrauben, Festmacherbügel, Beschläge usw. in Reihen- oder Massenfabrikation abschmieden und durch autogene Schweißung nach Bedarf zum Fertigprodukt vereinigen. Es ergibt sich daher ein weiter Arbeitsbereich der Schmiedemaschine in der Schiffbauschmiede. Außerordentlich leistungsfähig ist die Schmiedemaschine zur Fertigung von Schiffsnieten, sie liefert in 1 Stunde 1000 bis 1500 Niete je nach Stärke, während die gebräuchliche Vincentpresse nur 150 bis 400 pro Stunde herstellen kann. Der durch die Arbeitsweise der Schmiedemaschine sich ergebende schwache Grat auf dem Nietschaft ist für den Nietereibetrieb bedeutungslos geblieben. Von großer Wichtigkeit ist jedoch, daß man mit Hilfe der Schmiedemaschine jederzeit fehlende Nietsorten anfertigen kann, so daß Störungen im Nietereibetriebe oder das nachträgliche Abschneiden von zu langen Nieten vermieden werden. Auch braucht man nicht ein reichhaltiges Nietlager zu halten. Freilich ist zu berücksichtigen, daß die Anfertigung der Gesenke für die Schmiedemaschine zeitraubend und kostspielig ist, so daß sich die Anfertigung derselben nur verlohnt, wenn Massenbedarf sichergestellt ist. Dasselbe trifft auch für die Gesenkschmiede zu, doch ist ihr Arbeitsgebiet durch die Vereinheitlichungsbestrebungen und die Normung vieler wich-

[1] Schieß-Nachrichten, 6. Jg., H. 1. [2] Ötling, a. a. O.

tiger Ausrüstungsgegenstände wesentlich erweitert worden. Ob die Elektro-Esse mit ihrem günstigen thermischen Wirkungsgrad und der zweckmäßigen Erwärmung des Einsatzstückes von innen heraus eine weitere Verdrängung der offenen Feuer zur Folge haben wird, läßt sich nicht sicher voraussagen, dagegen haben sich die elektrische Widerstandsschweißung sowie die elektrische Punktschweißung für bestimmte Arbeiten vorzüglich bewährt.

Schlosserwerkstatt. Während die Entwicklung der Schiffbauschmiede nur langsam vorangegangen ist, hat der Schlossereibetrieb mit den Fortschritten der Fabrikbetriebe des allgemeinen Maschinenbaues gleichen Schritt gehalten. Man findet in der Schlosserwerkstatt alle neuzeitlichen Werkzeugmaschinen, wie Revolverdrehbänke und Automaten für Massenanfertigung, Karusselldrehbänke und Flanschenbohrmaschinen, sowie die vielgestaltigen Fräsmaschinen zum Plan- und Räderfräsen. Daneben können die Werktische mit Schraubstöcken nicht entbehrt werden. Die Gliederung der Werkstatt erfolgt wie beim allgemeinen Maschinenbau in eine Halle mit Montageplatz für die größeren Hilfsmaschinen und den schweren Werkzeugmaschinen und angrenzenden, meist mehrgeschossigen Arbeitsräumen für die kleineren Werkzeugmaschinen und die Arbeitstische. Der elektrische Antrieb der Werkzeugmaschinen erfolgt für die schweren Maschinen in Einzelantrieb, für die leichten in Gruppenantrieb. Da die Schlosserwerkstatt warme Arbeitsräume bedingt, so ist das Gebäude zweckmäßig massiv zu erbauen und mit Heizung zu versehen.

Kupferschmiede und Rohrlegerei, Verzinkerei. Wichtige Zweige der Schlosserwerkstatt bilden die Verzinkerei und die Kupferschmiede mit Rohrlegerei. Die aus Eisen gefertigten Ausrüstungsgegenstände werden wegen späterer Gefahr des Anfressens durch Seewasser meist nach der Bearbeitung verzinkt, und zwar die größeren Stücke durch Feuerverzinkung, die Kleineisenteile durch Sheradisieren in Trommeln. Die Kupferschmiede fertigt die seewasserführenden und sonstigen Rohre wie Sprachrohre aus Kupfer und Eisen mit ihren Krümmern und Flanschen. Das Biegen der Rohre erfolgt warm auf einer hydraulischen Presse mit Zuhilfenahme von Gesenken und werden hierzu die kupfernen Rohre durch Anwärmen mit Harz und die eisernen Rohre durch Beklopfen mit Sand gefüllt. Für letztere Arbeitsweise, welche lange mit der Hand erfolgte, wird neuerdings eine rein mechanische Methode bevorzugt, um den Arbeitsgang zu beschleunigen und zu verbilligen. Das mit Sand gefüllte Rohr wird senkrecht auf einem Tisch aufgestellt und gehalten und mit einem Winkelring umgeben, auf dem mehrere Preßlufthämmer radial gelagert sind. Durch Drehen des Tisches und Auf- und Niedergehen des Winkelringes wird nach Anstellen der Preßlufthämmer das Rohr auf seinem ganzen Umfang beklopft, wodurch der Sand sich fest einlagert. Nach dem Biegen der Rohre läßt sich der Sand leicht entfernen, während das hartgewordene Harz durch Anwärmen sowie mit Hilfe von Muffelfeuern ausgeschmolzen werden muß. Das Befestigen der Bronzeflanschen auf den Kupferrohren erfolgt durch Hartlöten, das der eisernen Flanschen auf den Eisenrohren durch autogene Schweißung. Letztere wird ferner zum Schweißen von Gehäusen und Behältern zweckmäßig ausgenutzt[1].

Holzbearbeitungs- sowie Zimmermanns- und Tischlerwerkstatt. Die Bearbeitung der hölzernen Teile des Ausbaues und der Ausstattung, wie Decksplanken und Wegerung, Kammerschotte, Kühlraumverkleidungen, Schiffsmöbel, Treppen usw. erfolgt in der Holzbearbeitungs-, Zimmermanns- und Tischlerwerkstatt. Während die Holzbearbeitungswerkstatt die Hölzer zu Planken, Bohlen und Brettern schneidet und die Decksplanken behobelt, sorgt die Zimmermannswerkstatt für die weitere Bearbeitung und den Einbau der Decksplanken nebst Kalfaterung sowie der Wegerung. Auch besorgt die Zimmerei die Herrichtung der Ablaufbahnen sowie der Ablaufschlitten und den vielseitigen Stellagebau. Bei kleineren Werften sind mit der Zimmerei die Tischlerei und Segelmacherei

[1] Eine neue Rohrbiegemaschine, Bonns Patent, vollführt das Biegen der Rohre ohne vorheriges Füllen mit Sand oder Harz und ohne Überanstrengung des Materials. Vgl. W. R. H. v. 7. 4. 1927, S. 134.

verbunden. Wenn die Werft selbst Rundholz schneidet und einlagert, kommt noch eine Sägerei hinzu. Die Ausstattung der Holzbearbeitungswerkstatt mit Werkzeugmaschinen gleicht in ihrem ganzen Umfange den Betrieben der Holzbearbeitungsindustrie. Die Tischlerei, die auf warme Arbeitsräume angewiesen ist, wird zweckmäßig in einem massiven Gebäude untergebracht, welches möglichst feuersicher zu erbauen ist. Im Erdgeschoß findet zweckmäßig die Holzbearbeitungswerkstatt Platz mit vertikalen und horizontalen Sägegattern, Bandsägen und Kreissägen, einer Decksplankenhobelmaschine mit Sägeschärfmaschinen. Im ersten Stock finden die mannigfachen Holzbearbeitungsmaschinen, wie Pendelsäge, Band- und Kreissägen, Abrichte- Dickten-, Kanten- und Gesimshobelmaschinen, Nutstemm- und Zapfenfräsmaschinen, Kehlleistenmaschine, sowie Drehbänke im Verein mit den Hobelbänken der Tischler Aufstellung. Im zweiten Stock wird schließlich der Polierraum mit Schleif- und Poliermaschine sowie der Abstellraum für fertige Gegenstände untergebracht. Da mit Ausnahme weniger Spezialmaschinen die Benutzung jeder Werkzeugmaschine den einzelnen Tischlern frei stehen muß, so sind Antrieb und Bedienung möglichst einfach und sicher zu gestalten. Da wegen des intermittierenden Betriebes der Werkzeugmaschinen Riemenantrieb hier vorherrschend ist, so muß derselbe grundsätzlich von unten erfolgen, ebenso wie die künstliche Hobel- und Sägespanabsaugung nach unten zu leiten ist. Hierdurch wird der Raum zur Seite des Arbeitstisches nicht durch Riemenzüge und Rohrleitungen behindert. Von besonderer Bedeutung ist der Einbau von Trockenkammern zum künstlichen Trocknen der Weichhölzer vor der Bearbeitung. Die Heizung derselben erfolgt zweckmäßig durch einen Dampfkessel, der mit den Holz- und Späneabfällen der Werkstatt geheizt wird, da das Fortschaffen dieser Abfälle nur tote Arbeit verursacht. Die Rohrleitung der Späneabsaugung wird daher zu einem Abscheider geleitet, der über dem Heizraum des Kesselhauses aufgestellt ist, so daß die Abfälle möglichst direkt zu der Feuerung geleitet werden können.

Da die in der Tischlerei bearbeiteten Hölzer und Gegenstände vorwiegend erst nach dem Stapellauf des Schiffes eingebaut werden, so ist es zweckmäßig, diese Werkstatt in möglichster Nähe des Ausrüstungskais anzuordnen (vgl. Abb. 805). Einige Werften haben die Verbindung der Tischlerwerkstatt mit dem in Ausrüstung liegenden Schiff dadurch erleichtert, daß von einem oberen Geschoß der Werkstatt eine Klappbrücke auf das Schiff hinübergelassen werden kann.

Feinblechwerkstatt. Die Feinblechwerkstatt, deren Entwicklung auf die Bestrebungen des Kriegsschiffbaues, möglichst alle feuerfangenden Materialien zu vermeiden, zurückzuführen ist, nähert sich in ihrem handwerksmäßigen Betriebe der Klempnerei und in ihrem maschinellen Betriebe der Schiffbauhalle, jedoch mit dem Unterschiede, daß alle Arbeitsmaschinen auf die Bearbeitung von verzinkten Feinblechen von ½ bis 3 mm Dicke eingestellt sind und daß die Verbindung der einzelnen Teile entweder durch Falzung oder durch die elektrische Punktschweißung erfolgt. Loch- und Bohrmaschinen finden daher kaum Verwendung. Dagegen erfolgt das Richten, Schneiden und Börteln unter ähnlichen Maschinen wie in der Schiffbauhalle. Die Richtwalze weist natürlich viel schwächere Walzen auf. Eine besondere Ausgestaltung hat die Abkantmaschine erfahren, indem sie auch zum Falzen von Blechen verwendet wird. Die Blechscheren sind als Tafelscheren ausgebildet. Neben der Punktschweißung kommt eine Verbindung durch Löten hinzu.

Malerwerkstatt. Die Malerwerkstatt beschränkt sich vorwiegend auf einen rein handwerkmäßigen Betrieb, da die Farben meist streichrecht in Büchsen bezogen werden. Zum Mischen der Farben ist eine Farbmühle zweckmäßig und arbeitssparend.

Die Maschinenbaubetriebe. Die Betriebe des Maschinenbaues einer Vollwerft setzen sich zusammen aus Maschinenbauwerkstatt, Kesselschmiede, Blechschmiede, Kupferschmiede und Hammerschmiede, denen dann oft noch eine Metall- und Eisengießerei mit Modelltischlerei sowie eine Mechanikerwerkstatt für die Schiffsmontage der elektrischen Einrichtungen angegliedert sind.

Maschinenbauwerkstatt. Die Maschinenbauwerkstatt fertigt die Hauptmaschinen für den Schiffsantrieb, d. h. Dampfkolbenmaschinen und Dampfturbinen mit den zugehörigen Kondensatoren sowie Dieselmaschinen, alle Maschinensätze mit den zugehörigen Wellenleitungen und Lagern, ferner Hilfsmaschinen sowie alle Zubehörteile für die Installation der Maschinenanlage an Bord. Die schweren Kurbelwellen und Wellenleitungen aus Siemens-Martin-Stahl oder Sonderstahl werden neuerdings von den Stahlwerken fertig bearbeitet bezogen, da dieselben ihren Hüttenbetrieben meist leistungsfähige Drehereien angegliedert haben. Die langen und schweren viel Platz einnehmenden Drehbänke sind daher aus den Werftbetrieben fast ganz verschwunden und haben neuzeitlichen Sondermaschinen zur Bearbeitung der Rotoren und Gehäuse der Turbinen Platz gemacht, bestehend aus Drehbänken, Hobel-, Fräs- und Bohrmaschinen, die sich von den gebräuchlichen Typen, wie sie im allgemeinen Maschinenbau Verwendung finden, nur durch ihre oft gewaltigen Größen unterscheiden. Da für schwere und sperrige Werkstücke das Aufspannen derselben auf dem Arbeitstisch der Werkzeugmaschine umständlich und schwierig ist, verwendet man vielfach für diese besondere Bettungen, auf welchen kleinere Werkzeugmaschinen befestigt werden, so daß das Werkstück von mehreren Werkzeugen gleichzeitig bearbeitet werden kann. Hierdurch kann die Zahl der schweren Werkzeugmaschinen eingeschränkt werden und entfällt das öftere Umsetzen der schweren Werkstücke. An die schweren Werkzeugmaschinen reihen sich mittlere und kleine Werkzeugmaschinen zur Reihenbearbeitung der gleichartigen Maschinenteile an, sowie Spezialmaschinen für Massenfertigung zahlreicher Einzelheiten und Maschinen zur Fertigung der Turbinenschaufeln, der Kondensator-Rohrverschraubungen usw. Zur Bearbeitung von etwa im eigenen Betrieb gegossener Schiffsschrauben dienen Sonderfräsmaschinen. Meist bezieht man die Schrauben fertig von Spezialfabriken. Die Gehäuse der Kondensatoren werden aus Kupfer in der Kupferschmiede, aus Eisen in der Kesselschmiede gefertigt. Überhaupt gelten alle Schmieden wie Kupferschmiede, Kesselschmiede und Hammerschmiede als Zubringerwerkstätten für die Maschinenbauwerkstatt, geradeso wie die nicht überall vorhandene Eisen- und Metallgießerei. Neuerdings werden der Eisengießerei eine Stahlgießerei oder eine Kleinbessemerei angegliedert.

Montageplatz und Prüfstand für Schiffsmaschinen. Die helle und geräumige Haupthalle der Maschinenbauwerkstatt dient zum Aufstellen der schweren Werkzeugmaschinen und zugleich für die Montage der Hauptmaschinen auf besonderen Bettungen. Da die Dampfturbinen und Dieselmaschinen durchweg einer Dauerprobe schon in der Werkstatt unterworfen werden, so ist mit dem Montageplatz ein Prüfstand mit anschließender Wasserbremse zur Aufnahme der hohen Arbeitsleistung verbunden. Die Halle muß daher mit Schwerlastlaufkranen ausgestattet sein, da die Kolbenmaschinen und Dampfturbinen mit geschlossenem Gehäuse als Ganzes zum Einbau ins Schiff gelangen, abgesehen allerdings von größten Ausführungen, wo die Gehäuse und Rotoren je für sich transportiert und eingebaut werden.

Zur Bedienung der schweren Werkzeugmaschinen haben sich fahrbare Konsolkrane als zweckmäßig erwiesen, welche die Werkstücke den Arbeitsmaschinen zubringen und sie nach der Bearbeitung wieder abnehmen. Um die wertvolle Grundfläche der Halle allein für den Arbeitsbetrieb voll ausnutzen zu können, sollte mit dem veralteten Brauch, die Werftgleise durch die Werkstatt hindurch oder weit hinein zu leiten, definitiv gebrochen werden. Entweder sollten die Kranbahnen derart nach außen verlängert werden, daß die Laufkrane mit ihren Lasten hinausfahren und dieselben draußen auf Eisenbahnwagen zum Weitertransport zum Ausrüstungskai absetzen können oder wo dies als nicht angängig oder zu kostspielig betrachtet wird, die Bahngleise nur auf 1 bis 2 Wagenlängen in die Werkstatt hineinverlegt werden.

An die Haupthalle schließen sich seitlich meist mehrstöckige Gebäude an zur Aufstellung der mittleren und kleineren Werkzeugmaschinen, sowie der Arbeitstische der Maschinenschlosser. Die frühere Gruppierung der Werkzeugmaschinen in eine Dreherei,

Fräserei, Bohrerei und Automatenabteilung wird neuerdings zum Teil aufgegeben, um für die Fabrikation von gleichartigen und häufig wiederkehrenden Zubehörteilen zur Maschinenanlage eine Reihenarbeit nach dem Grundsatz der Fließarbeit zu ermöglichen.

Kesselschmiede, Preßschmiede und Blechschmiede. Neben der Maschinenbauwerkstatt spielt die Kesselschmiede eine wichtige Rolle, da bei den ständig wachsenden Dampfdrücken und der Überhitzung des Dampfes die Garantie für einen störungslosen Dauerbetrieb allein durch sorgfältigste Arbeitsausführung und möglichste Schonung des Materials während der Bearbeitung gewährleistet werden kann. Das für Schiffsbleche gebräuchliche Lochen der Platten ist daher von Anfang an durch das genauere und eine Beeinträchtigung des Materials in höherem Maße ausschließende Bohren ersetzt worden. Auch ist die Warmbearbeitung bei Formung der Kesselbleche vorherrschend und die Kaltbearbeitung beschränkt sich allein auf das Biegen des Kesselmantels unter Verwendung von besonders ausgebildeten Blechbiegepressen. Eine moderne, elektrisch angetriebene Biegepresse für Kesselschüsse aus einem Stück bis zu den größten Durchmessern und Plattendicken bis zu 50 mm zeigt Abb. 831[1], sie ist nach dem Dreipunktsystem ausgebildet zwischen Biegebalken und Querhaupt. Das aufrecht stehende Blech wird durch die Bewegung des Biegebalkens unter Einstellung des gewünschten Krümmungsradius fortschreitend gebogen und jedesmal durch eine selbsttätige Vorschubvorrichtung zwischen dem zurückgegangenen Biegebalken und dem Querhaupt absatzweise weiterbewegt. Das Biegen eines Bleches von 4 m Breite zu einem Kesselschuß von 4 m Durchmesser erfordert nur eine Zeit von 20 Min. Während beim Walzen des Kesselmantels auf einer Dreiwalzenbiegemaschine die Enden gerade bleiben und besonders nachgebogen werden müssen, fertigt die genannte Maschine den Kesselschuß mit der gewünschten Krümmung auf seiner ganzen Länge. Nach dem Zusammenpassen der Kesselschüsse zum Kesselmantel erfolgt das Bohren der Nietlöcher auf Sonderbohrmaschinen, während das Nieten durch eine feststehende hydraulische, mehrstufige Nietmaschine besorgt wird. Die übrige Nietarbeit wird mit beweglichen hydraulischen Nietmaschinen oder, wo nicht angängig, durch Preßluft- oder Handnietung ausgeführt. Das Börteln der Kesselböden und der Wände der Rauchkammern erfolgt durch schwere hydraulische Pressen in rotwarmem Zustande, falls dieselben nicht fertig gebörtelt von den Walzwerken bezogen werden. Die Kesselschmiede nähert sich daher schon merklich dem Betriebe der Hammer- oder Preßschmiede, bei welcher die Dampfhammerarbeit vorwiegend in Preßarbeit zum Ausschmieden der schweren Schmiedestücke übergegangen ist, so daß eine betriebliche Vereinigung von Kesselschmiede und Preßschmiede wirtschaftlich manche Vorteile bietet; jedoch muß für die Kesselmontage eine besondere Halle vorgesehen werden. Dagegen wird die Fertigung der Rauchkammern und Schornsteine aus schwachen Blechen von sperriger Form meist in einer besonderen Blechschmiede vorgenommen, da hierbei weniger Feuer- und Preß-

Abb. 831. Kesselmantel-Biegepresse.

[1] Schieß-Nachrichten, 7. Jg., H. 1.

arbeit benötigt wird. Für die Kesselschmiede und namentlich die Kesselmontage ist ein leistungsfähiger Kranbetrieb unerläßlich. Die Kessel werden vor dem Einbau ins Schiff der vorgeschriebenen Druckprobe unterworfen und dann dem Ausrüstungskai zugeführt. Wegen der großen Abmessungen von Kesselkörper und Schornstein sollte dieser Transportweg möglichst kurz gestaltet werden, so daß die Lage der Kesselschmiede in der Nähe des Ausrüstungskais anzustreben ist. Der Bau von Wasserrohrkesseln bringt besondere Einrichtungen zum Biegen der Wasserrohre mit sich. Die Ober- und Unterkessel werden, da sie neuerdings vorwiegend geschweißt werden, meist von den Walzwerken fertig geliefert, so daß nur die Bohrarbeiten zu machen sind. Für die neuzeitlichen Hochdruckkessel werden die Trommeln in Walzwerken mit Preßbau gefertigt. Die dem Wasserrohrkesselbau eigene Auflösung der Kesselkonstruktion in viele kleinere Einzelelemente an Stelle der großen Gewichte von früher entlastet den Betrieb einschließlich des Transport- und Hebezeugwesens in höchst vorteilhafter Weise.

Rohr- und Kupferschmiede. Auch die Rohr- und Kupferschmiedewerkstatt, der es obliegt, die Dampfrohre, Speise- und Lenzrohre aus den verschiedenen Metallen und sonstige Rohrleitungen für die Hilfsmaschinen mit allen Armaturen einbaufertig zu liefern, sollte nicht allzu fern vom Ausrüstungskai angeordnet werden, damit die umfangreichen Rohrverlegungen an Bord erleichtert und beschleunigt werden können. Die Arbeitsmethoden der Rohr- und Kupferschmiedewerkstatt sind im übrigen ähnlich, wenn auch umfangreicher, als in der Schwesterwerkstatt des Schiffbaues, im besonderen aber ist die Arbeit wegen der Beanspruchung der Rohre durch hohe Drucke und hohe Temperaturen wesentlich verantwortungsvoller, so daß sauberste Arbeit und schonendste Behandlung des Materials während der Bearbeitung notwendig ist.

Gießerei. Die Gießerei zur Fertigung von Eisen- und Bronzeguß für Maschinenbau und Schiffbau ist räumlich an die Maschinenbauwerkstätten anzuschließen. Zweckmäßig wird das Hauptschiff der Gießerei in der Achse der Montagehalle der Maschinenbauhalle und in gleicher Breite wie diese anzuordnen sein, damit der Laufkran der Gießerei die beputzten Gußstücke direkt in die Maschinenbauhalle bringen kann, auch können bei dieser Anordnung die Laufkräne beider Werkstätten sich gegenseitig aushelfen. Einzelne Vollwerften verzichten auf die Angliederung einer Gießerei und beziehen die Gußstücke von draußen. Für Reparaturwerften ist eine eigene Gießerei sehr zweckmäßig. Eigene Stahlgießereien haben nur ganz große Werften, zweckmäßig besonders, wenn sie auch allgemeinen Maschinenbau treiben.

Modelltischlerei. Die Modelltischlerei für die Gießerei wird am besten angrenzend an diese, am weitesten landseitig, mit einem Modellagerhaus angeordnet. Ihr Betrieb ähnelt dem der Tischlerei des Schiffbaues mit Bezug auf die Auswahl der Arbeitsmaschinen und die Hilfseinrichtungen wie Trockenkammern und Abfallverwendung.

Mechanikerwerkstatt. Die ständige Vergrößerung der elektrischen Anlagen an Bord der Schiffe für Beleuchtung, für Kraftzwecke aller Art und nautisch-technische Einrichtungen hat fast alle größeren Werften dahin geführt, auch einen elektrotechnischen Betrieb einzurichten, um die Schiffsinstallationen, im besonderen das Verlegen der Kabel und Leitungen einheitlich und sicher in das jeweilige Programm des Hauptbetriebs einfügen und sicherstellen zu können. Die Werkstatt dient vornehmlich der Förderung der Bordmontage, da die Fertigung fast sämtlicher Teile der elektrischen Schiffsinstallation den Spezialfabriken der Elektrotechnik überlassen wird.

Werkzeugmacherei. Neben den besprochenen Werkstattsbetrieben hat die Fertigung der mannigfachen Dreh- und Hobelstähle sowie der Lochstempel und Matrizen und der Döpper der Preßlufthämmer eine hohe wirtschaftliche Bedeutung, nachdem die Einführung des Schnellstahles die Durchführung eines wirksamen Schnellbetriebes ermöglicht hat. Denn die Edelstähle haben sich trotz ihres hohen Preises als Werkzeugstähle für einen dauernden Schnellbetrieb dadurch besonders wirtschaftlich erwiesen, daß die Umlaufszahlen der Werkzeugmaschinen erhöht und die Stärke des Spanes gesteigert werden konnte, wodurch ein erheblicher Gewinn an Zeit sich ergab. Daneben werden die Arbeitsunterbrechungen, die durch Auswechseln oder Nachschleifen stumpf gewordener Stähle entstehen, erheblich geringer, da die Lebensdauer der Schnellstähle merklich größer ist. Dies gilt nicht allein für die Dreh- und Hobelstähle, sowie Fräser der Werkzeugmaschinen, sondern auch in gleichem Maße für die Spiralbohrer der schnelllaufenden Preßluft- und elektrischen Bohrmaschinen und für die Döpper- und Meißelstähle der auf Schnellbetrieb eingestellten Preßlufthämmer und die Lochstempel der schnell arbeitenden Lochmaschinen. Die höheren Anschaffungskosten der Schnellstähle können durch ihre gesteigerte Leistungsfähigkeit mehr als ausgeglichen werden. Der Schnellstahl kann jedoch seine hohe Arbeitsleistung nur dann sicher einhalten, wenn er neben seinem hohen Härteeffekt zugleich ein Höchstmaß von Elastizität aufweist, was allein durch eine zuverlässige Methode des Härtens und Ausglühens erzielt werden kann. Denn für die spätere Leistung eines Werkzeugstahles ist die Behandlung des Schnellstahles beim Anwärmen und Ausschmieden, beim darauf folgenden Glühen, Härten und Anlassen, sowie Ausglühen von einschneidender Bedeutung. Die Fertigung der Schnellstahlwerkzeuge bedarf daher besonderer Präzisionsapparate, wie Glühöfen mit selbstregistrierenden Pyrometern zur Beobachtung der Temperaturen für das Erhitzen und Ausglühen der Stähle, sowie Sondervorrichtungen zum Abschrecken des erhitzten Stahles in Öl, Tran, Talg, Petroleum oder Salzwasser bzw. im Luftstrom, je nach Art des Werkzeuges. Ferner sind besondere Schleifmaschinen erforderlich, um die gehärteten Stähle anzuschleifen. Alle diese Arbeitsprozesse können nur in einer Spezialwerkstatt, der Werkzeugmacherei, zuverlässig und erfolgreich durchgeführt werden, woraus sich für jeden größeren Betrieb die Zweckmäßigkeit einer Zentrale zur Anfertigung der Werkzeugstähle von selbst ergibt. Der frühere Brauch, wonach der Arbeiter seine Stähle und Meißel beim Stumpfwerden selbst nachschmiedet und nachhärtet bzw. nachschleift, ist nicht nur wegen der Arbeitsunterbrechung außerordentlich unwirtschaftlich, sondern auch nach Einführung des Schnellstahles zur Unmöglichkeit geworden, da der Arbeiter die Eigenschaften des Stahles nicht kennt. Inwieweit es zweckmäßig ist, einzelnen größeren Werkstätten besondere Werkzeugmachereien anzugliedern oder dieselben für die Betriebe des Schiffbaues und des Maschinenbaues in einer größeren Werkzeugmacherei zu zentralisieren, darüber sind die Ansichten der Betriebsleitungen geteilt. Jedenfalls sollte man die Zahl der mannigfachen Werkzeugstahlsorten zur Vereinfachung der Bearbeitungsmethoden und zur Erhaltung der Güte der Werkzeugstähle nach Möglichkeit einschränken und die als besonders leistungsfähig erprobten Stahlsorten ständig beibehalten, um die Arbeiter mit ihren Stählen vertraut zu machen und dadurch eine stetige Durchführung eines Schnellbetriebes zu erleichtern.

Die Werkzeugmacherei repariert auch meist die Preßluftwerkzeuge, während die Instandhaltung und Ölung derselben sowie die Reparatur der Preßluftschläuche mit Anschlußkupplungen und sonstigen Armaturen der Preßluftleitung meist mit der Ausgabestelle der Preßluftwerkzeuge verbunden ist. Auch ist der Reparaturbetrieb der Arbeitsmaschinen nebst deren Antrieben der Werkzeugmacherei angeschlossen. Schließlich gehören zu den Werkstätten besondere Magazine für Betriebsmaterialien und Reserveteile sowie für Teile der Schiffs- und Maschinenausrüstung, die von außerhalb geliefert werden. Vereinzelt werden diese Magazine für Schiffbau und Maschinenbau je zu einem Zentralmagazin vereinigt, um die Verwaltung derselben zu vereinfachen. In dieses Ressort gehören auch Ausgabe, Kontrolle, Instandhalten und Ersatz aller Handwerkzeuge insoweit als sie selbst fabriziert oder eingekauft werden.

Zusammenfassung. Die Werkstattbetriebe einer modernen Vollwerft weisen eine große Vielseitigkeit der Arbeitsmethoden und Fertigungen mittels eines in weitesten Grenzen variierten Maschinenparks größter, mittlerer und kleinster Werkzeugmaschinen auf, wie dies in einheitlicher Betriebsorganisation kaum in irgendeinem anderen industriellen Großbetrieb wieder vorkommt. Der Montagebetrieb für den Zusammenbau des Schiffskörpers auf der Helling und den endgültigen Ausbau des Schiffes mit seinen Haupt- und Hilfsmaschinen nebst Rohrleitungen und mit den vielartigen Einzelheiten für Einrichtung und Ausrüstung bedingt daher eine vergleichsweise schwierige Betriebsorganisation, besonders wenn auch auswärtige Fabriken und Betriebe mit für Einbauarbeiten herangezogen werden. Die beiden Schiffbau- und Maschinenbaumontagebetriebe bieten ständig fruchtbare Aufgaben weiterer betriebstechnischer Vervollkommung und damit wirtschaftlicher Verbesserung, Aufgaben, die je nach Schiffs- und Maschinentyp verschiedenartige Betriebsorganisation auch auf ein und derselben Werft bedingen können.

5. Die Bauhelling und das Baudock mit ihren Arbeitsstätten.

Längs- und Querhelling. Der Montageplatz für den Zusammenbau des Schiffskörpers ist von alters her die Bauhelling; sie ist so angelegt, daß dort der Schiffskörper aus seinen einzelnen Elementen zusammengebaut, vernietet und auf schräger Bahn unter Ausnutzung seines Eigengewichtes zu Wasser gelassen werden kann. Der „Fall" der Längshelling muß so gewählt werden, daß einerseits die Ablaufgeschwindigkeit etwa 6 bis 8 m/sek nicht überschreitet, um das Schiff bei Werften, die an Wasserläufen mit begrenzter Fahrwasserbreite liegen, nach dem Verlassen der Helling bald zum Abstoppen bringen zu können, andererseits ein Sitzenbleiben des Schiffes beim Stapellauf auf alle Fälle vermieden wird. Bei Querhellingen, bei welchen die Schiffe mit ihrer Längsachse parallel zum Ufer auf Stapel stehen, wählt man den Fall wegen der Kürze der Ablaufsbahnen und des plötzlichen Abstoppens des Schiffes beim breitseitigen Eintreten ins Wasser wesentlich größer.

Die ungefähre Neigung der Längshelling bzw. der Ablaufsbahnen ergibt sich nach der Größe des Schiffes und der Art der Helling aus nachstehender Zusammenstellung.

Schiffsgröße	Längshelling		Querhelling	
	Neigung der		Neigung der	
	Helling	Ablaufsbahn	Helling	Ablaufsbahn
Kleine Schiffe	1 : 12 bis 1 : 14	1 : 8 bis 1 : 14	1 : 5 bis 1 : 8	1 : 5 bis 1 : 8
Mittlere Schiffe	1 : 14 „ 1 : 16	1 : 12 „ 1 : 18	1 : 5 „ 1 : 8	1 : 5 „ 1 : 8
Große Schiffe	1 : 20 „ 1 : 30	1 : 14 „ 1 : 27	1 : 5 „ 1 : 8	1 : 5 „ 1 : 8

Eine Vergrößerung der Bahnneigung verringert zwar den relativen Flächendruck auf Bahn und Schiffsboden, steigert aber die Ablaufsgeschwindigkeit und vergrößert den freien Auslauf ohne künstliches Abstoppen des Schiffes. Eine steile Stapelung des Schiffes erschwert die Montagearbeiten, die Gefahr des Stehenbleibens des Schiffes nach kurzem Anlauf ist aber verringert. Eine kreisförmig gekrümmte Ablaufsbahn vermeidet letztere Unbequemlichkeiten, dagegen kommt der nach dem Aufschwimmen des Hinterschiffes außerordentlich gesteigerte Druck auf Vorkante Ablaufsschlitten auf einer längeren Bahnstrecke zur Geltung. Bei der Querhelling wird der Fall der Helling und der der Ablaufsbahn meist gleich gewählt. Ein Sitzenbleiben des Schiffes ist — außer wenn es „eckt" —, wie s.Zt. der Great Eastern und andere Schiffe nach ihm, weniger zu befürchten. Auch bleibt der Druck auf die Ablaufsschlitten während des Stapellaufs konstant. Die Längshellinge erhalten meist eine Fortsetzung der fundierten Ablaufsbahnen unter die Uferkante hinaus, die sogenannte Vorhelling, welche um so kürzer sein kann, je steiler der Fall der Helling ist; bei der reinen Bauquerhelling ist eine Vorhelling nicht vonnöten, wohl aber bei den Querslips, die auch zum Aufziehen von Schiffen dienen soll.

Mit Bezug auf eine wirtschaftliche Arbeitsweise beim Zusammenbau des Schiffskörpers auf der Helling bietet die Querhelling beachtenswerte Vorzüge vor der Längshelling, da alle vertikalen Bauteile lotrecht aufgestellt werden können, während beim Bau des Schiffes auf einer Längshelling alle Querverbände, wie Spanten mit Balken,

Querschotte, Steven, entsprechend dem Fall der Helling geneigt zur Wasserkante aufgestellt, sorgfältig ausgerichtet und abgestützt werden müssen. Auch die Gefahren des Stapellaufes namentlich mit Bezug auf die Beanspruchung des Schiffsrumpfes sind bei einer Querhelling geringer wie bei einer Längshelling, so daß für den Bau der verhältnismäßig langen und niedrigen Flußschiffe die Querhelling bevorzugt wird. Ein großer Nachteil der Querhelling ist, daß sie einen großen Teil der für eine Werft so wichtigen Wasserfront in Anspruch nimmt. Daher werden solche Hellinge, z. B. an den nordameri-

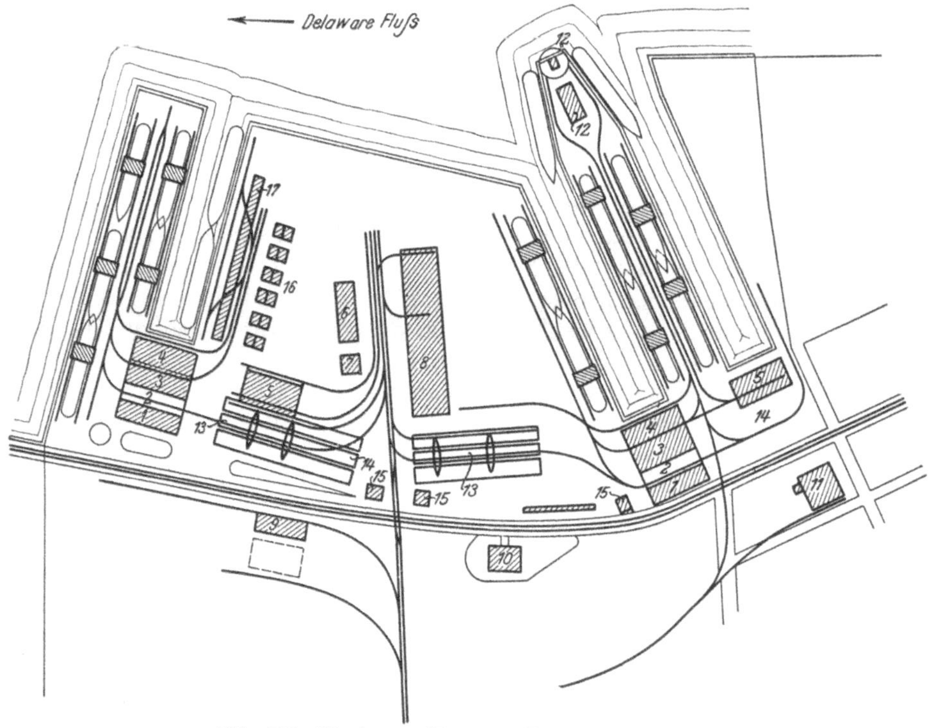

Abb. 832. Werft von Dusey & Jones, Delaware.

1 Schnürboden.
2 Zulage.
3 Schiffbauhalle.
4 Plattenbearbeitung.
5 Winkelschmiede mit Richtplatten.
6 Tischlerei.
7 Trockenkammer und Holzlager.
8 Maschinenbau-, Schmiede- und Kesselbau-Werkstatt.
9 Hauptmagazin.
10 Konstruktions- und Verwaltungs-Büro.
11 Kraftstation.
12 Ausrüstungswerkstatt mit Schlosserei und Werkzeugausgabe.
13 Plattenlager.
14 Winkellager.
15 Kontrolluhren.
16 Schiffskammern.
17 Rohrlegerei, Schlosser-, Maler-, Takler- und Schiffszimmerei-Werkstatt mit Werkzeugraum.

kanischen Seen, vielfach an Stichbecken angeordnet, deren Achse senkrecht zur Hauptwasserfront der Werft liegt. Das Gesamtbild der Hellinganlage gleicht dann einer Reihe von Becken und Piers, auf welch letzteren immer je 2 Schiffe, je zum Ablauf nach den anliegenden Becken aufgesetzt werden (Abb. 832). Beim Bau von mehreren (Fluß-) Schiffen auf einer Querhelling gleichzeitig ist der Zugang bzw. Materialantransport zu den wasserseitig auf Stapel stehenden Schiffen erschwert. Diesen Nachteil hat man bei der Werftanlage Walsum der Gutehoffnungshütte in sinnreicher Weise aufzuheben verstanden, wie Abb. 857 zeigt. Hier kann jeder Neubau der Querhelling durch Längsverfahren um eine Schiffslänge und Ablassen auf einer besondern Ablaufshelling entnommen, und auf demselben Wege können Reparaturschiffe aufgeholt und in Lücken der Neubauten- oder Reparaturserie eingefügt werden. Für den Bau von Seeschiffen hat man sich mit verschwindenden Ausnahmen, auch bei den neuesten Anlagen, immer für die Längshelling entschieden. In einer Reihe von Fällen ist die schräge Helling tiefer gelegt und durch ein Verschlußponton gegen das Wasser abgeschlossen, wodurch erreicht wird, daß der Ablauf kürzer und in allen Beanspruchungen günstiger wird. Noch ein bedeutsamer Schritt weiter ist das Baudock mit horizontaler Sohle und Verschlußponton, jedoch mit geringerer Tiefe wie ein richtiges Trockendock, bei dessen Vollaufen das Schiff aufschwimmt.

Die Abmessungen der Bauhelling richten sich nach den Hauptabmessungen des größten von der Werft zum Bau beabsichtigten Schiffes. Eine nachträgliche Verlängerung der Helling ist wohl durchführbar und auch häufig ausgeführt worden, doch bedingt diese Voraussicht eine im Betriebe unter Umständen unbequem fühlbare Freihaltung von Raum zwischen den Hellingköpfen und den Schiffbauwerkstätten. Während bis zur Jahrhundertwende vornehmlich die Schiffslänge und das übliche Breitenverhältnis als bestimmend für den Bau der Helling betrachtet wurden, brachte die dann einsetzende plötzliche Steigerung der Schiffsbreite für transatlantische Schnelldampfer und Linienschiffe für manche Werften eine unliebsame Überraschung, da eine nachträgliche Verbreiterung von Hellingen, namentlich wo feste Hellingsgerüste bestanden, sich als schwierig erwies. Man machte daher bei einigen Neuanlagen (nach dem Vorgange der Fore River Shipbuild Co. in Quincy Mass. die Hellingbreite bzw. die Spanne der Hellinggerüste so groß, daß auf einer Helling zwei breite Schiffe nebeneinander auf Stapel gesetzt werden konnten. Damit bekam man nicht nur freie Hand, die in aller Zukunft breitesten Schiffe, sondern auch Schwimmdocks auf solchen Hellingen bauen zu können.

Bau der Helling. Der Bau der Helling hat mit Zunahme der Schiffsabmessungen eine merkliche Umgestaltung erfahren, da die Hellingsohle nicht nur die erheblich gestiegenen Gewichte des fertig vernieteten Schiffskörpers, sondern auch vor allem die gewaltig gesteigerten Ablaufsdrucke langer und schwerer Schiffe im unteren Teile der Länge sicher aufnehmen muß. Die früher hinreichende Pfahlrostgründung mußte dafür durch eine starke Betonsohle ergänzt werden. Musterbeispiele hierfür sind der Bau der größten Hellinge der Schiffswerft von Blohm und Voß und der Vulkan-Werke, Hamburg, auf welchen die Schiffe der Imperatorklasse erbaut wurden (Abb. 833)[1]. Die eisenarmierte starke Betonsohle ist auf eine Pfahlgründung gesetzt und zeigt z. B. bei den Vulkanwerken eine Länge von 250 m auf eine Breite von 18 m in der Mitte und von 15 m bzw. 10 m an den Enden, so daß die Ablaufsbahnen auf derselben gelagert werden können. Als Belastung der Ablaufsbahn wurde beim Vulkan dort ein Ablaufgewicht von 25 500 t zugrunde gelegt. Der Druckverteilung beim Ablauf entsprechend, die von 58 t pro Meter allmählich auf 82,5 t pro Meter Ablaufsbahn anwächst und am unteren Teil der Bahn auf 374 t ansteigt, wurde die Zahl der gerammten Pfähle bemessen. Während am unteren Ende Holzpfähle und im mittleren Teil der Helling eisenarmierte Betonpfähle Verwendung fanden, wurden am oberen Ende Kombinations-Simplex-Pfähle, d. h. Holzpfähle bis zur Fäulnisgrenze mit einem Oberteil aus Beton, gerammt. Die entsprechende Helling bei Blohm und Voß hatte bei „Vaterland“ und „Bismarck“ jedesmal ein Ablaufsgewicht von 31 000 t zu tragen.

Bei derartigen Hellingbauten wird meist an der Wasserfront ein Verschlußponton zum Trockenhalten des unteren Teiles der Helling vorgesehen. Auch müssen an den Seiten des unteren Teiles der Helling Spundwände geschlagen werden, um einem Unterwaschen der Pfahlgründung zu begegnen.

Hellingarbeiten. Der Zusammenbau des Schiffskörpers auf der Helling sowie die umfangreichen Arbeiten zur Vorbereitung und Durchführung des Stapellaufes erfolgen, abgesehen von dem allgemein eingeführten mechanischen Transportbetrieb mit Hilfe von Hellingkranen, vorwiegend in schwerfälliger und zeitraubender Handarbeit, was mit Bezug auf den wirtschaftlichen Wirkungsgrad der Werft insofern von entscheidender Bedeutung ist, als die Hellingarbeiten fast 60% aller Arbeitslöhne im Schiffbau ausmachen, wovon etwa 36 bis 38% den Nietarbeiten zufallen, für welche ein durchgreifender Maschinenbetrieb noch nicht gefunden werden konnte. Zwar brachte die Einführung des Preßluft-

---

[1] Z. V. d. I. v. 26. 5. 1909.

betriebes zum Schlagen der Nieten mit Preßlufthämmern den ersten Anstoß zur Mechanisierung des Nietereibetriebes, die schweren Nietungen großer Schiffe werden heute wohl durchgehend mittels hydraulischer Nietmaschinen gemacht, doch führte die Entwicklung noch nicht zu ausgesprochener Maschinenarbeit bzw. einschneidender Verringerung der Arbeitskräfte. Die Bedienung z. B. der Preßlufthämmer erfordert große Übung und Geschicklichkeit und setzt daher eine handwerksmäßige Fertigkeit voraus. Dazu kommt, daß die Erzeugung und Fernleitung der Preßluft zu den Arbeitsstellen in Verbindung mit den hohen Preßluftverlusten (bis zu 50%) sowie die hohen Anschaffungs- und Unterhaltungskosten der in Feinproduktion hergestellten Preßluftwerkzeuge die Betriebskosten der Werft stark belasten, so daß zeitweise die Preßluftnieterei gegenüber der Handnietung keine nachhaltigen Vorteile erzielen konnte. Eine reine Maschinennietung mit Hilfe von schweren hydraulischen oder pneumatischen und elektrischen Bügelnietmaschinen läßt sich aber für die Hellingarbeiten bei dem sperrigen und durch viele Zwischenwände zergliederten Schiffsrumpf und der begrenzten Maultiefe der Nietmaschinen nur für einzelne Bauteile erfolgreich durchführen. Die Bestrebungen, die Nietarbeiten auf der Helling in ähnlicher Weise wie die Locharbeiten in der Schiffbauhalle zu mechanisieren, sind bisher fehlgeschlagen. Die namentlich in Großbritannien schon

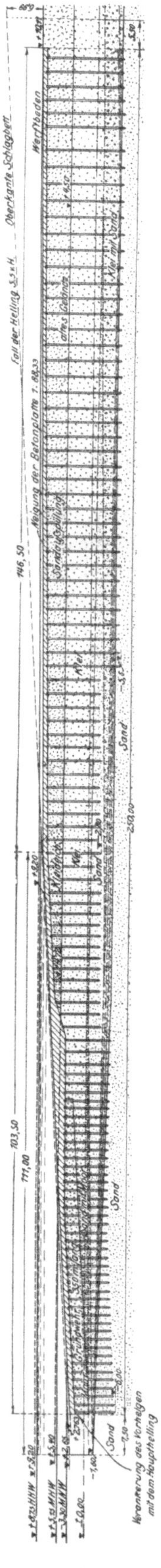
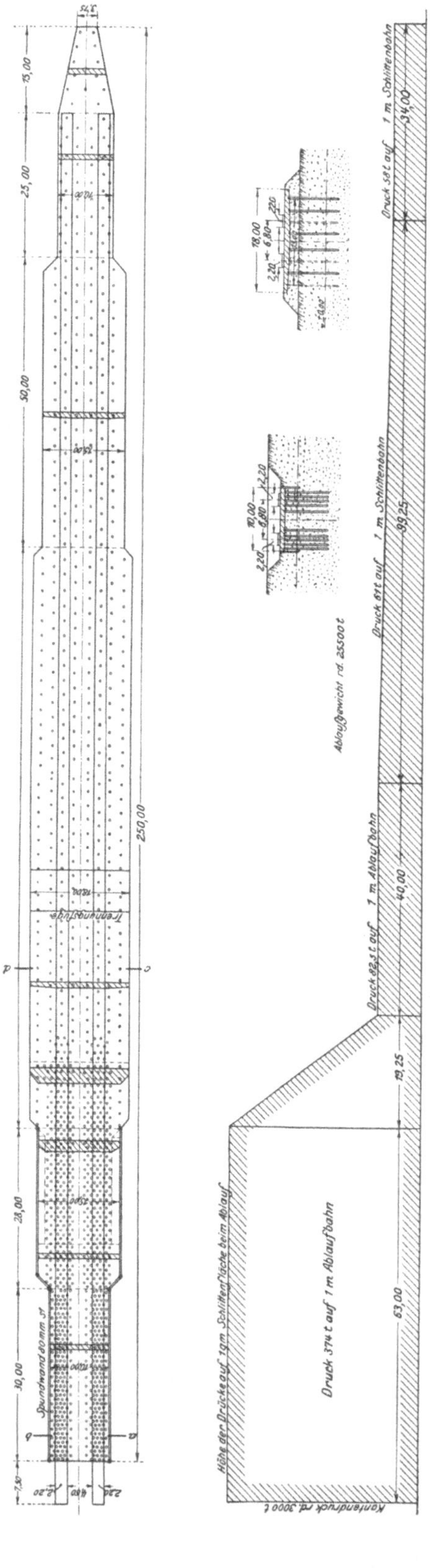

Abb. 833. Helling der Vulkan-Werft, Hamburg.

frühzeitig geübte Praxis, möglichst viele Bauteile schon vor dem Einbau auf der Helling nietfertig herzustellen, ist in der neueren Zeit, namentlich nach Einführung leistungsfähiger Hellingkrane, wesentlich dahin erweitert, daß man möglichst größere Schiffselemente, wie Schotte, Spanten, Längsträger, Maschinenfundamente, Deckshäuser und Teile des Vor- und Hinterschiffes auf dem Werftboden zusammenbaut und vernietet und als Ganzes zum Einbau auf der Helling bringt (Abb. 834 u. 835). Da diese Teile vorwiegend maschinenmäßig vernietet werden können und dabei zugleich an Stellagebauten

Abb. 834.

gespart werden kann, so ergibt sich hierdurch eine willkommene Einschränkung der Handarbeit auf der Helling.

Ausgestaltung der Preßluftnieterei. Bei den Hellingarbeiten stellt daher die Nietarbeit weiter einen Hauptanteil dar, und man sucht die Preßluftnieterei durch praktische Hilfswerkzeuge, wie Preßluftgegenhalter, Aufhängevorrichtungen der Niethämmer mit Einrichtungen zur Milderung des Rückstoßes der Hämmer usw. leistungsfähiger zu gestalten. Hierzu rechnet auch der Hallet-Plattendichter (Abb. 836)[1], welcher das Anziehen der Platten an die zu vernietenden Bauteile mit Hilfe eines Kniehebelpaares mittels Preßluftdruck auf zwei Kolben dadurch bewirkt, daß zunächst der von der Gegenseite eingesetzte Splintbolzen durch einen Bolzenzieher angezogen wird und dann die zu vernietenden Platten durch den Druck des Fußrohres fest aufeinander gedrückt werden. Mit Hilfe dieses Apparates werden die Platten dichter aneinander gepreßt, als durch Festkeilen der Splintbolzen, und es erfolgt das Ansplinten der Platten schnell

[1] Werft Reederei Hafen v. 7. 11. 25, S. 651.

und zuverlässig. Um ein ungestörtes Fortarbeiten der Nietkolonnen sicher zu stellen, ist ein Aufräumen der Nietlöcher der auf Hebellochmaschinen gelochten Platten mittels Preßluftaufräumer und ebenso ein sicheres Anwärmen der Nieten in flottem Tempo

Abb. 835.

Vorbedingung. Die gebräuchlichen Nietessen sind für einen Schnellbetrieb auch selbst unter Heranziehung der Preßluft für das Essengebläse nicht geeignet und überdies sehr unwirtschaftlich. Hierfür sind geschlossene Nietwärmeöfen mit Koks- oder Ölfeuerung geeigneter, welche auch im Brennstoffverbrauch wirtschaftlicher sind und für eine gleichmäßige Erwärmung der Nieten ohne Gefahr des Verbrennens sorgen. Elektrische Nietwärmer arbeiten langsamer und teurer und haben sich bisher bei der Hellingarbeit noch nicht einbürgern können.

Stemmhämmer und Bohrmaschinen. Die der Nietarbeit folgenden Stemmarbeiten werden durchweg mit leichten Preßlufthämmern ausgeführt, wodurch gegenüber dem Handstemmer wesentliche Zeitersparnis erzielt wird. Auch das maschinelle Bohren mit Preßluftbohrmaschinen oder transportablen elektrischen Bohrmaschinen hat sich als wirtschaftlich erwiesen. Letztere gewinnen wegen ihres günstigen Kraftverbrauches mehr und mehr das Feld, nachdem auf Grund besonderer Ausschaltvorrichtungen kein Durchbrennen des Ankers bei zu scharfem Anspannen des Bohrers mehr vorkommen kann. Preßwasser, sowie im besonderen Preßluft und elektrischer Strom bilden daher beim Zusammenbau des Schiffskörpers auf der Helling unentbehrliche Betriebskräfte für eine große Zahl von transportablen Kraftwerkzeugen.

Autogene Schneidbrenner. Als weiteres wichtiges Hilfswerkzeug für die Hellingarbeiten hat sich der autogene Schneidbrenner eingebürgert, da derselbe mit Hilfe von H- und O-Flaschen an allen Stellen des Schiffes Schneidarbeiten ausführen kann, die früher mit der Hand gemeißelt oder durch transportable Fräsmaschinen ausgeführt werden mußten. Auf diese Weise können alle Öffnungen in Decks und Außenhaut schnell und sauber durch einen Mann ausgebrannt werden; zum Ausschneiden der runden Öffnungen für Seitenfenster finden Apparate mit Führung des Brenners Verwendung.

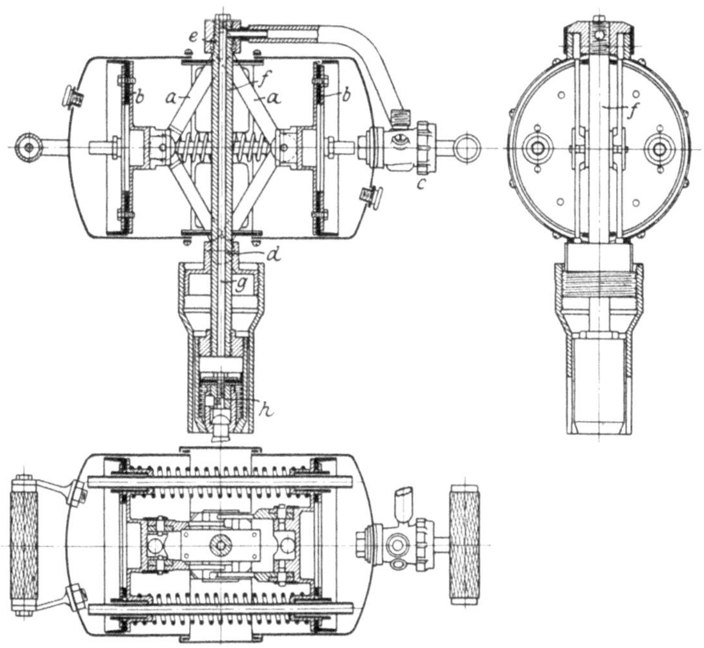

Abb. 836. Hallet-Plattendichter.

Stellagenbau. Die Arbeiten des Anbringens, Bohrens, Nietens, Stemmens und Schneidens bedingen noch eine Reihe von Hilfsarbeiten, wie z. B. Stellagenbau und Abstützen der einzelnen Bauteile des Schiffes, die beim Zusammenbau des Schiffskörpers, teils auch aus Rücksicht auf den Unfallschutz, nicht zu entbehren sind. Die Schlußarbeit auf der Helling bildet die Vorbereitung und Durchführung des Stapellaufes.

Stapellaufsarbeiten. Die Stapellaufsarbeiten haben mit dem Anwachsen der Schiffsabmessungen und somit des Ablaufgewichtes von Schiff und Schlitten in steigendem Maße zugenommen. Während der erste in Deutschland erbaute transatlantische Schnelldampfer „Auguste Victoria" im Jahre 1888 ein Ablaufsgewicht von 5000 t aufwies, stieg dasselbe bei dem zweiten transatlantischen Schnelldampfer gleichen Namens im Jahre 1905 auf 14400 t und beim Stapellauf des Riesendampfers „Bismarck" 1914 auf 31500 t. Die Bestrebungen, den Stapellauf der Ozeanriesen möglichst zuverlässig und gefahrlos zu gestalten, führte bereits vor 20 Jahren auf den deutschen Marinewerften zu besonderen Stapellaufseinrichtungen. Um eine gleichmäßigere Verteilung des beim Aufschwimmen des Hinterschiffes auftretenden hohen Drucks auf Vorkante Schlitten bzw. Helling sicherzustellen, wurde vorn ein aus Stahlguß gefertigtes Drehlager angeordnet, dessen oberer Lagerstuhl aus Eisenkonstruktion mit dem Schiffskörper vernietet wurde, während der untere Lagerstuhl mit dem Ablaufsschlitten verbunden wird (Abb. 35). Der Druck auf Vorkante Schlitten wird hierdurch zwangsläufig auf die Drehachse konzentriert und verteilt sich durch Vermittlung der beiden Lagerstühle auf eine größere Fläche des Schiffskörpers und der Ablaufsbahn. Der Gedanke, hierdurch

Abb. 837. Drehlager.

das Kräftespiel planmäßiger zu lenken und dabei auch die umfangreiche Holzaufklotzung am vorderen Teil des Schlittens zu ersparen, wie dies aus dem Stapellaufsbild des amerikanischen Flugzeugmutterschiffes „Lexington" (Abb. 838) hervorgeht, ist aber von der Handelsschiffbaupraxis nicht weiter verfolgt worden. Ebenso ist es mit den „Sandtöpfen" (Abb. 839 und 840), auf welche der Neubau von Anfang an aufgebaut wird, so daß der Schiffskörper bis kurz vor dem Stapellauf auf einer großen Zahl von Sandtöpfen (Abb. 840) ruht. Diese haben folgende Bestimmung: Bei der üblichen Aufstapelung mit aus Kreuz- und Querhölzern zusammengesetzten Stapelklötzen wird das Schiff nach Schmierung der Ablaufsbahnen und Unterbauen der zwei oder vier aus vielen Hölzern zusammengebauten Schlitten vor dem Stapellauf „aufgekeilt", d. h. es wird die Aufpackung auf

Abb. 838. Ablaufschlitten[1] „Lexington".

[1] Transactions Society Naval Architects and Marine Engineers Bd. 34. 1926.

den Schlitten durch Eintreiben von Keilen (s. Abb. 838) so gegen den Schiffskörper gepreßt, daß hiernach das Schiff zu wenigstens 95% seines Gewichtes auf den Bahnen ruht und die gesamten Kiel-, Kimm- oder sonstige Stapelklotzgruppen fast völlig entlastet sind. Immerhin müssen sie aber noch mit Werkzeugen weggeschlagen werden, um das Schiff ganz für den Ablauf freizugeben. Hat man nun das Sandtöpfesystem, so braucht man nur kurz vor dem Stapellauf den Sand herausrinnen zu lassen, wodurch der Schiffskörper sich selbsttätig auf den Schlitten gleichmäßig aufsetzt und von den Stapelklötzen freikommt. Die umfangreichen und viele Arbeiter erfordernden Arbeiten zum Entfernen und Wiederaufbauen des Schlittens für das Schmieren der Ablaufsbahnen und zum Aufkeilen der Schlitten, sowie zum Wegschlagen der Stapelklötze werden bei Verwendung von Sandtöpfen gespart. — Immerhin bedingt aber der Stapellauf, wenn er nicht in jeder Hinsicht sachgemäß und theoretisch einwandfrei berechnet, vorbereitet und geleitet wird, gewisse Risiken (des Sitzenbleibens, des vorzeitigen Zusammenbruchs der vorderen Aufpackung, des Auflaufens am gegenseitigen Ufer bei beschränktem Auslauf und mißlingender Abstoppung oder Führung), gegen welche die Werften sich meist durch Versicherung decken. Solche Erwägungen, sowie die mit dem Stapellauf verbundenen hohen unproduktiven Kosten haben vor 2 Jahrzehnten zur Anlage sogenannter „Baudocks" geführt. Der Bau eines flachen Trockendocks stellt sich im allgemeinen nicht viel teurer als der einer modernen Helling, da das Gewicht des fertigen Neubaues die Sohle des Baudocks ziemlich gleichmäßig belastet, so daß die Rammarbeiten für dasselbe sich nicht umfangreicher zu gestalten brauchen, als die für eine Helling, bei welcher die besonders hohen Drucke auf Vorkante Ablaufsschlitten während des Stapellaufes zu berücksichtigen sind. Bei der Kostenfrage der Verwendung von flachen Baudocks ist auch zu berücksichtigen, daß die Stapellaufskosten und Versicherungsprämien fortfallen, welche Jahresdurchschnittssummen kapitalisiert schon eine beträchtliche Mehrinvestion rechtfertigen[1, 2]. Außerdem wird auch der Bau des Schiffes selbst durch den Aufbau auf horizontaler Ebene, vereinfachten Stellagenbau, Abkürzung der Arbeitswege, geringere Kosten von Helgengerüsten, Verkürzung der Bauzeit usw. billiger. Der Nachteil des Baudocks besteht in seinen höheren Anlage- und Unterhaltungskosten, die in Zeiten schlechter Beschäftigung besonders zur Geltung kommen; allerdings kann das Baudock dann auch bei vorliegendem Bedarf zum Docken flachgehender Schiffe benutzt werden.

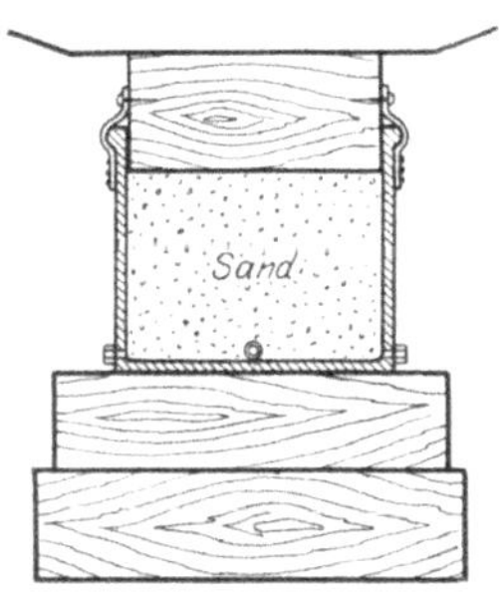

Abb. 839. Sandtopf.

Abb. 840. Untergebaute Sandtöpfe.

[1] Müller: G. Seebeck A.-G. Schiffswerft. Z. V. d. I. v. 18. 10. 1913.
[2] Vgl. Tjard Schwarz: Moderne Werftanlagen. Jahrb. Schiffbaut. Ges. 1901.

Baudocks der G. Seebeck A.-G. Die Verwendung von Baudocks bei Neuanlagen von Werften hat bis zum Kriege nur in einem Falle stattgefunden, und zwar bei der neuen Werft der G. Seebeck A.-G., Geestemünde, und zwar als diese Gesellschaft im Jahre

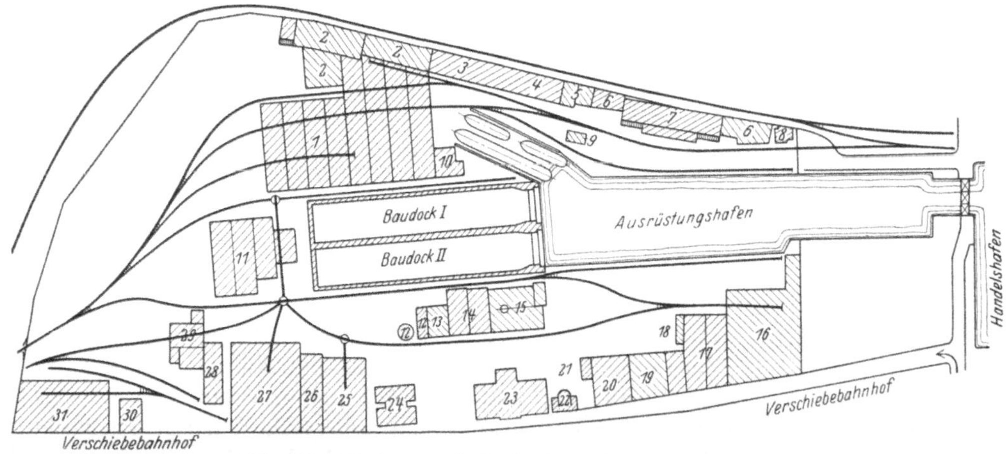

Abb. 841. Werft von G. Seebeck A.-G., Wesermünde.

1 Schiffbauhallen.
2 Zulage mit Schnürboden.
3 Nietenlager.
4 Lagerschuppen.
5 Nebenzentrale.
6 Holzlager.
7 Tischlerei.
8 Wohnhaus.
9 Meisterbüro.
10 Schlosserei.
11 Winkelschmiede.
12 Sauerstoffanlage.
13 Verzinkerei.
14 Hammerschmiede.
15 Kesselhaus u. Zentrale.
16 Kesselschmiede.
17 Schweißerei.
18 Azetylen-Gasanstalt.
19 Schlosserei u. Dreherei.
20 Kupferschmiede.
21 Rohrlager.
22 Portier.
23 Verwaltungsgebäude.
24 Kantine.
25 Maschinenbau-Montage.
26 Werkzeug-Schlosserei.
27 Maschinenbau-Werkstatt.
28 Metallgießerei.
29 Putzerei.
30 Modell-Lagerhaus.
31 Gießerei.

1906 am Geestemünder Hafen eine neue Werft von 13 ha Grundfläche anlegte, nachdem sie bereits seit einem Jahrzehnt auf der alten Werft in Bremerhaven ein älteres, hölzernes

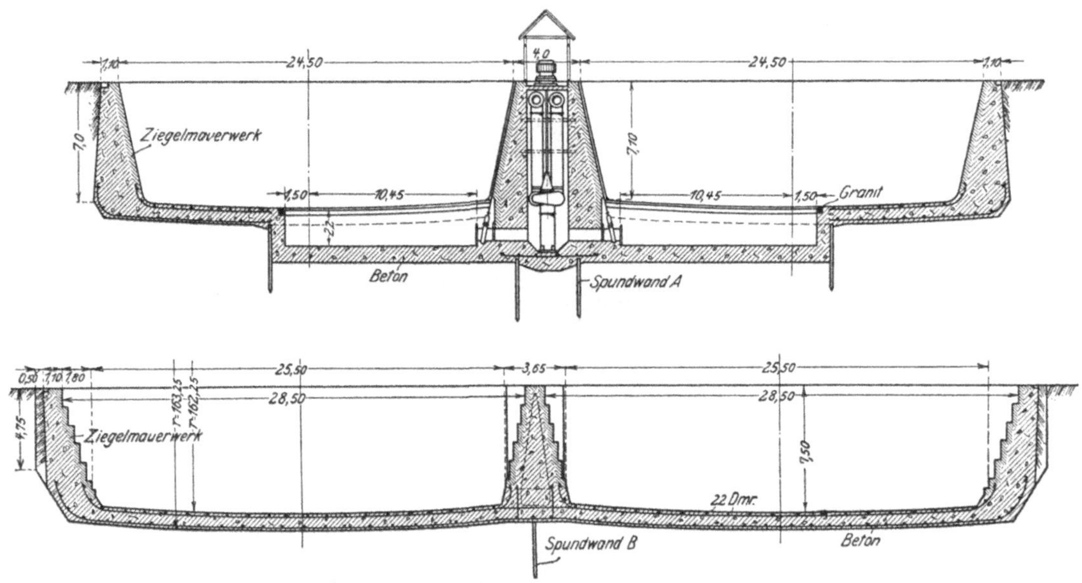

Abb. 842. Baudock der G. Seebeck-Werft.

Trockendock zum Bau von mehr als 40 Schiffen ausgenutzt hatte. Als Beispiel für die gute Baudockleistung der Seebeckschen Werft mag der Fracht- und Passagierdampfer „Petchaburi" von 5100 t Deplacement genannt werden, der von der Kielstreckung bis zur Probefahrt nur 21 Wochen und hiervon im Dock nur 13 Wochen bedurfte. Die neue

Seebeck-Werft hat (neben 2 Hellingen für kleine Schiffe) 2 Baudocks von je 170 m Länge und 28,5 m Breite sowie 7,5 m Tiefe gegen Werftflur, zum Bau von Schiffen bis zu 13000 t dw. (Abb. 841, 842 und 843)[1]. Die Sohlen der Baudocks bestehen aus 1 m dickem Beton mit Eiseneinlage. In der Nähe der Dockverschlüsse sind Leckwassersammelgruben vorgesehen, welche von Zeit zu Zeit durch elektrische Pumpen geleert werden. Die auf der Sohle gelagerten Kielstapel bestehen aus Gußeisen, um ein Aufschwimmen zu verhindern. Der Verschluß der Baudocks erfolgt durch je ein übliches Verschlußponton. Um die Transportwege möglichst kurz zu halten, sind die beiden Baudocks im Mittelpunkt der Werkstätten erbaut und an dieselben schließt sich ein größerer Ausrüstungshafen an, der in den Geestemünder Hafen mündet, der seinerseits von der Geeste durch eine Schleuse getrennt ist.

Abb. 843. Baudock G. Seebeck mit Schiffen im Bau.

Weitere Baudocks. Während des Krieges fand das Baudock Anwendung in den Vereinigten Staaten bei der Marinewerft von Puget Sound und in Holland und Dänemark auf je einer Handelsschiffswerft. Die beiden Baudocks auf der Marinewerft in Puget Sound, welche im Jahre 1919 die ersten Neubauten zum Aufschwimmen brachte, weisen eine Länge von 290 m, eine Breite von 40 m und eine Tiefe von 9,3 m. Die Sohle liegt 2,6 m unter Niedrigwasser und 8,5 m unter Hochwasser. Die Höhe der Kielblöcke beträgt 1,2 m, so daß Schiffe bis zu 7 m Tiefgang zum Aufschwimmen gebracht werden können. Die Verschlußpontons sind mit Schleusen versehen und sind außerdem im Dockhaupt Umläufe vorgesehen, um das Füllen des Baudocks zu beschleunigen.

Baudocks der Wilton-Werft. Eine neuartige, durch Patent geschützte Ausgestaltung haben die Baudocks auf der neuen Wilton-Werft in Schiedam erfahren (Abb. 844). Um bei dem weichen, durchlässigen Untergrund die Sohle des Baudocks nicht zu tief anzuordnen, wurden 2 Schiffbauplätze zu einem Baudock derart vereinigt, daß immer 2 Bauplätze an den Längswänden des Baudocks mit ihrer Betonsohle auf 2,5 m unter Niedrigwasser Platz finden, während zwischen denselben ein Kanal angelegt ist, dessen Sohle 4 m unter Niedrigwasser liegt. Dieser Kanal ist nach dem Hafen durch ein Verschlußponton abgeschlossen. Beim Trockenstehen des Baudocks dient derselbe als Sammelbecken für das Leckwasser der beiden Bauplätze. Da die fertig genieteten Schiffe von ihrer Baustelle beim Füllen des Baudocks durch Überschleusen des Hafenwassers nicht zum Aufschwimmen kommen können, so müssen die Schleusenschieber nach dem Füllen des Baudocks bis zum Hochwasserstand geschlossen werden, damit das Baudock künstlich so weit über den Hafenwasserstand aufgepumpt werden kann, daß das fertige Schiff sich von seinen Kielstapeln abheben und seitlich in den mittleren Kanal verholt werden kann.

[1] Müller: G. Seebeck A.-G. Schiffswerft. Z. V. d. I. v. 18. 10. 1913.

Ist dies geschehen, so wird das aufgefüllte Wasser aus dem Baudock nach außen abgelassen und nach Einspielen mit dem Hafenwasser das Verschlußponton ausgefahren, so daß das in dem Kanal liegende Schiff herausgeholt werden kann. Von den beiden Baudocks wurde das kleinere von 200 m Länge und 30 m Breite jedes Bauplatzes sowie einer Kanalbreite von 24 m im Jahre 1925 zum Bau von Frachtschiffen in Betrieb genommen, während das größere Baudock von 300 m Länge noch im Bau ist. Die Abbildung gibt Grundriß und Querschnitt des kleinen Baudocks für 2 Schiffe wieder.

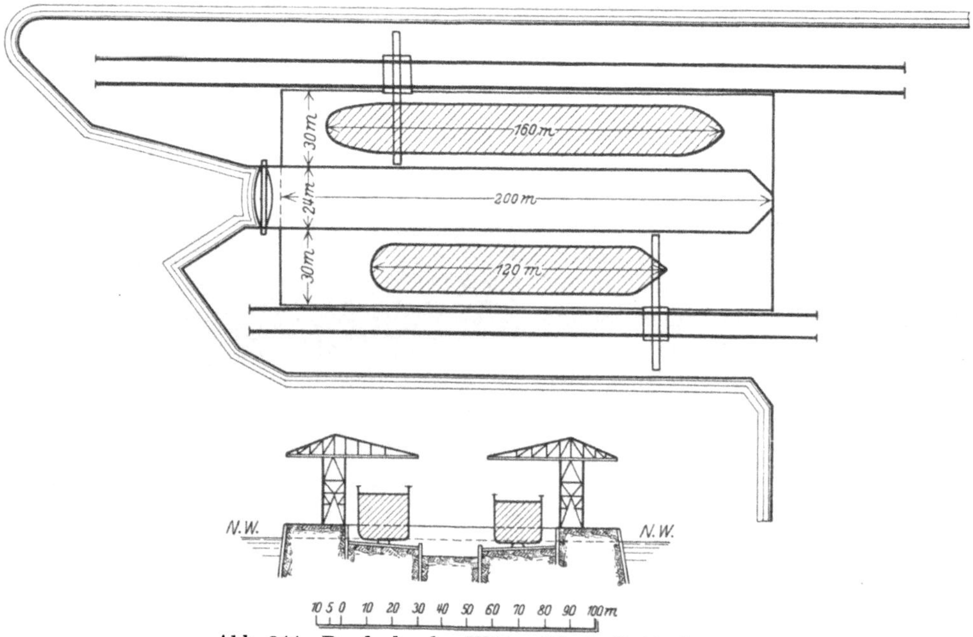

Abb. 844. Baudocks der Wilton-Werft, Rotterdam.

Baudocks der Kjøbenhavens Flydedock A.-G. Die Kjøbenhavens Flydedock og Skibsvaerft A.-G. Kopenhagen hat 4 Baudocks von nachstehenden Abmessungen erbaut[1].

Nr.	Länge	Breite	Tiefe unter Pegel
1	105,0 m	18,9 m	2,44 m
2	135,7 „	46,5 „	2,44 „
3	146,2 „	22,8 „	3,66 „
4	154,0 „	23,5 „	4,88 „

Auffallend ist die große Breite von 46,5 m für Baudock 2, was darauf schließen läßt, daß es auch zum Bau von Schwimmdocks Verwendung finden soll. Die Baudocks 3 und 4 dienen gleichzeitig auch zum Docken von Schiffen für Reparatur- oder Überholungsarbeiten.

Projekt der Atlantica-Werft. Daß Baudocks auch für eine Flußschiffswerft erörterungsfähig sein können, beweist die während des Krieges geplante, aber nicht zur Ausführung gelangte Werftanlage der Atlantica-Werft bei Budapest zum Bau von Flußschiffen und Seefrachtdampfern. Da der Bau größerer Schiffe auf Bauhellingen dadurch in Frage gestellt war, daß im Sommer der Wasserstand der Donau derartig fällt, daß ein Zuwasserlassen der Schiffe von einer Helling unmöglich werden konnte, so wurden für den Werftplan 8 Baudocks für Frachtschiffe vorgesehen, welche in ein großes Baubassin münden, das nach der Donau zu durch ein Verschlußponton abgeschlossen werden sollte, dessen Wasserstand hoch genug gehalten werden kann, um die fertigen Schiffe in den

[1] Ljungzell, Nils J.: Modern Varvsteknik. 1920.

Baudocks aufschwimmen zu lassen und in das Ausrüstungsbassin ausfahren zu können (Abb. 871). Trotzdem diese Werft nicht verwirklicht wurde, so bietet der Werftplan doch ein Musterbeispiel für eine Werftanlage nach derartigen Grundsätzen.

6. Die Schiffsausrüstung und ihre Hilfsmittel.

Die Schiffsmontagearbeiten während der Ausrüstung. Während beim Zusammenbau des Schiffskörpers auf der Helling fast nur die Betriebe des Schiffbaues und von diesen wiederum in erster Linie die Schiffbauhalle mit ihrer kalten und warmen Eisenbearbeitung beteiligt sind, wodurch eine einheitliche Betriebsleitung mit Bezug auf Zeitfolge der einzelnen Arbeiten und Verteilung der Arbeitskräfte in Verbindung mit den verarbeitenden Werkstätten leicht durchzuführen ist, treten mit Beginn der Ausrüstung des Schiffes fast alle Werkstätten der Werft mit ihren Arbeiterkolonnen an Bord des Schiffes gleichzeitig in Tätigkeit. Ferner treten vielfach Montagearbeiter auswärtiger Firmen hinzu, z. B. für elektrotechnische Anlagen, für Heizungsanlagen, Wirtschafts- und Kühleinrichtungen, für Feuerlöschanlagen und Einrichtungen zum Desinfizieren, für Funkstationen und Befehlsübertragungen, für Kreisel- und Radio-Kompaßanlagen, für Unterwasser-Schallsignal-Einrichtungen und dergleichen. Bei den großen transatlantischen Passagierschiffen kommt die Mitarbeit von Möbelfabriken und Dekorationsfirmen zum Einbau der Einrichtungen für die Speisesäle, Gesellschaftsräume, Luxuskammern, Rauchsalons, Schreibzimmern und evtl. Schwimmbädern in Betracht sowie auch zur Installation von Wasch- und Baderäumen, Toiletten und auch Küchen. Das in Ausrüstung befindliche Schiff dient daher als Arbeitsstätte für eine große Schar von verschiedenen Arbeiterkategorien, die ständig mit und nebeneinander arbeiten müssen, ohne sich gegenseitig zu behindern. Die sachgemäße und wirtschaftliche Arbeitsgliederung an Bord des in Ausrüstung befindlichen Schiffes bildet daher eine der schwierigsten Aufgaben der Werftleitung. Um eine den Fortgang der Arbeiten hemmende übermäßige Anhäufung von Arbeiten während der Ausrüstung zu umgehen, traten schon frühzeitig Bestrebungen auf, einen Teil der Einrichtungs- und Ausrüstungsarbeiten bereits beim Bau des Schiffskörpers auf der Helling vorzunehmen, wie z. B. den Einbau von Schiffskesseln und Hilfsmaschinen sowie von Rohrleitungen mannigfacher Verwendungszwecke und ferner von Ausrüstungsgegenständen und Einrichtungsteilen. Besonders bei Werften mit leistungsfähigen Hellingkrananlagen und gut entwickeltem Werfttransportwesen ist in dieser Richtung mit Erfolg vorgegangen worden. Einzelne Küstenwerften vorwiegend in Italien, welche auf sichere Ausrüstungsbassins wegen der schwierigen Gelände- und Küstenformation verzichten müssen, sind sogar noch weiter gegangen und haben die Ausrüstung des Schiffes auf der Bauhelling vollständig zu Ende geführt, um eine Ausrüstung des Schiffes in einem nicht fern gelegenen Hafen wegen der kostspieligen Transporte und der Lostrennung von den Werkstätten der Werft zu vermeiden. Sie lassen daher das seefertige Schiff meist mit angeheizten Kesseln zu Wasser, so daß es nach dem Stapellauf sofort seine Fahrt beginnen kann. Diese Methode bietet bei Passagierschiffen mit hohen Aufbauten und beschränkter Stabilität gewisse Gefahren beim Stapellauf, die aber sicher zu begegnen sind. Die vollkommene Vereinigung von Bau und Ausrüstung des Schiffes auf der Helling kann immerhin nur als ein Notfall angesehen werden.

Der Ausrüstungsbetrieb. Der Liegeplatz des Schiffes nach dem Stapellauf ist der Ausrüstungskai und zwar zunächst nahe dem Ausrüstungskran derart, daß die Kesselräume und Maschinenräume mit dessen Lasthaken bestrichen werden können. Bequeme Zugangsstellinge vom Kai bis zum Hauptdeck reichend, müssen schnellmöglichst geschaffen werden, um den Arbeiterverkehr zwischen Schiff und Werft und den Handtransport von Teilen der Einrichtung und Ausrüstung sicherzustellen. Für die zahlreichen Schiffsräume namentlich auf den großen Handels- und Kriegsschiffen muß sogleich ausreichende elektrische Beleuchtung mit provisorischer Netzleitung geschaffen werden. Auch ist von Anfang an für eine ständige Reinhaltung der Schiffsräume von Schmutz und Abfällen Sorge zu tragen, da sonst die Montagearbeiten leicht unter zu vielem Gerümpel, das auch die Feuersgefahr erhöht, leiden. Um den zeitraubenden und hemmenden Verkehr der Arbeiter zwischen Schiff und Kai möglichst einzudämmen, werden an geeigneten Stellen des Neubaues provisorische Pissoirs eingerichtet, und oft werden auch auf einem längsseit vertäuten Prahm Arbeiterlatrinen vorgesehen. Auf dem Schiff selbst werden vielfach provisorische Ausgaberäume für Werkzeuge vorgesehen, um Zeitverluste durch Lauferei zu vermeiden.

Von Bedeutung für die Vornahme provisorischer Treppeneinbauten usw. sind die mannigfachen Vorschriften und Erfahrungen mit Bezug auf Unfallverhütung. Hierher gehören auch Feuerlöscheinrichtungen, die an die Feuerlöschleitung der Werft angeschlossen sind, sowie Bereitstellung von Feuerlöschapparaten. Auch ist bei größeren Bauten die provisorische Einrichtung von einer oder mehreren Telephonzellen an Bord üblich, um den Verkehr mit den Werkstätten zu erleichtern. Große Passagierschiffe erhalten sogar Stadtanschlüsse zur Verbindung auswärtiger Firmen mit ihren Montageleuten.

Das in Ausrüstung befindliche Schiff wird besonders in den ersten Baustadien nach dem Ablauf meist zu einer sehr vielseitigen Werkstatt, für welche als Kraftantrieb der transportablen Bohrmaschinen, Niet- und Meißelhämmer, sowie Fräsmaschinen und Deckshobelmaschinen, elektrischer Kraftstrom mit zahlreichen Steckkontakten sowie auch Preßluft zur Verfügung stehen muß. Nur ein mechanischer Transportbetrieb für das Material läßt sich nicht zweckmäßig einrichten und es müssen hierzu die verschiedenen Ausrüstungskräne an Land nach Bedarf herangezogen werden.

Für die Montagearbeiten an Bord des Schiffes während der Ausrüstung, welche vorwiegend in reiner Handarbeit durchgeführt werden muß, kommen in der Hauptsache die Arbeiter der Schlosserwerkstatt nebst Rohrlegerei, der Tischler- und Holzbearbeitungswerkstatt und der Malerei sowie bei Kriegsschiffen der Feinblechwerkstatt des Schiffbaues und der Maschinenbauwerkstatt, der Kesselschmiede nebst Blechschmiede, der Kupferschmiede und der Mechanikerwerkstatt des Maschinenbaues in Frage. Dazu treten dann die Takler- und die Segelmacherwerkstatt. Alle diese Montagearbeiter haben nicht nur die in den Werkstätten fertiggestellten Teile des Ausbaues und der Ausstattung an Bord einzubauen, sie müssen zum Teil auch erst an Bord des Schiffes Modelle oder Lehren anfertigen, nach denen einzelne Ausrüstungsgegenstände gefertigt oder geformt werden müssen, so daß zwischen Werkstatt und Schiff ein ständiger Arbeiterverkehr sich ergibt, der viel Leerlauf in sich schließen kann. Dies führt dazu, die bei der Ausrüstung am meisten beteiligten Werkstätten möglichst in der Nähe des Ausrüstungskais anzuordnen oder am Ausrüstungskai besondere Zweigwerkstätten an Land oder auf längsseits vertäuten Prähmen einzurichten.

Der Ausrüstungskai selbst muß mit ausreichender Wassertiefe zur Seite der Kaimauer angelegt sein. Das am Ausrüstungskai liegende Schiff sollte bei niederem Wasserstande möglichst nicht zum Aufsitzen kommen. Der Hafen- oder Stromboden muß auf alle Fälle eben sein, damit das etwa aufsitzende Schiff gerade steht und keinen besonderen Beanspruchungen unterworfen wird. Auch empfiehlt es sich, den Boden durch Taucher von scharfkantigen Gegenständen zu befreien, da diese den Schiffsboden beim Aufsitzen auf Grund beschädigen und unerwartete spätere Leckagen verursachen können. Am Kai sind Spille vorzusehen, um das Schiff schnell und sicher verholen zu können.

7. Die Transporteinrichtungen der Werft.

Für die flotte und reibungslose Abwicklung der gesamten Arbeitsvorgänge auf der Werft spielt das Transportwesen in der einheitlich durchgeführten Organisation eine Hauptrolle, um einen Schnellbetrieb in den Werkstätten, beim Zusammenbau und in der Ausrüstung sicherzustellen. Der Transportbetrieb stellt gleichsam den lebenerhaltenden Pulsschlag dar, der den Umlauf der Werkstoffe von ihrer Einbringung an durch die Werkstätten und von da zum Einbau regelt. Besondere Aufgaben stellen hier die Schwergewichte fertig zusammengebauter Hauptmaschinen, Kessel, Ladewinden, Ankerspills, Rudermaschinen und größere Wirtschaftsmaschinen, welche, soweit möglich, von den Ausrüstungskränen direkt an Ort gesetzt werden. Dies gilt z. B. immer von den Hauptmaschinen, wo der Kran — beispielsweise beim Einbau großer Turbinenanlagen — zum Montagekran wird.

Eisenbahntransport. Die ersten Anfänge eines mechanischen Transportbetriebes auf der Werft bilden die Eisenbahngleise für die Transportwagen und Dampflokomotiven sowie für die fahrbaren Dampfkräne zum Be- und Entladen der Wagen. Man verwendete anfänglich vorwiegend schmalspuriges Gleis, um den freien Raum auf der Werft nicht unnötig einzuschränken, zumal die Gleise von den Lagerplätzen in die Werkstätten hinein und von dort zu den Hellingen geführt wurden und sich auf diese Weise zu einem weitverzweigten Gleisnetz auswuchsen. Nur für die Zufuhr der Rohguß- und Walzmaterialien von draußen und für den Transport von Schwerlasten des Maschinenbaues verwendete man von Anfang an normalspuriges Eisenbahngleis, welches an passender Stelle mit dem Anschlußgleis verbunden bzw. überlappt wurde. Da die Ein- und Ausführung normalspuriger Gleise bei den Hauptwerkstätten des Maschinenbaues mit Kurven meist undurchführbar war, so wurden vor und teils auch in den Werkstätten Drehscheiben vorgesehen, — Hilfsmittel, welche wegen ihres schwerfälligen Betriebes mindestens bei normalspurigem Betriebe und wegen der Beförderung nur je eines Eisenbahnwagens als unwirtschaftlich zu betrachten sind und daher möglichst vermieden werden sollten. Neuerdings ist man allgemein dazu übergegangen, auf normalspurige Gleise in Werkstätten zu verzichten und die Werkstattslaufkräne auf verlängerten, durch einzelne Stützen getragenen Kranbahnen aus den Werkstätten über draußen vorbeiführende Gleise ausfahren zu lassen.

Entwicklung des mechanischen Transportbetriebes. Neben dem Bahntransport auf der Werft wurde schon frühzeitig in den Werkstätten des Maschinenbaues ein mechanischer Transportbetrieb mittels Laufkränen eingeführt, während man in den meist niedrigen, nicht tiefen und nach der Helling offenen Schiffbauwerkstätten früher niemals Deckenlaufkräne anordnete. Erst mit der zunehmenden Schiffsgröße, welche die Maschinenzahl und die Tiefe der Schiffbauhalle in der Richtung der Hellingachse zu vergrößern zwang, wurde auch hier der Deckenlaufkran eingeführt. Für den Zusammenbau auf der Helling wurden bis vor etwa drei Jahrzehnten fast immer nur hölzerne Masten mit Ladebäumen verwendet, wobei der Lasthaken durch Handwinden bewegt wurde. Die ersten, die Bauhelling laufkranmäßig bestreichenden Transport- und Hebezeuge fanden sich in den achtziger Jahren auf amerikanischen und englischen Schiffswerften.

Am Ausrüstungskai wurde ein Scherenkran mit Dampfbetrieb für das Windwerk und zum Auslegen bei Einsetzen von Maschinen und Kesseln benutzt. Der vielseitige Transport auf der Werft wurde früher vorwiegend durch besondere Platzarbeiter vorwiegend in Handarbeit durchgeführt. Dieser verhältnismäßig primitive Transportbetrieb erfuhr mit dem Aufschwung der Transport- und Hebezeugindustrie und zwar besonders mit der Entwicklung der Elektrotechnik eine vollkommene Um- und Neugestaltung, obwohl sich der Dampfbetrieb bzw. Betrieb mit Speicherdampf- oder Preßluftlokomotiven auch heute noch auf großen und modernen Werften mit erhalten hat. Im allgemeinen geht aber die Tendenz der Entwicklung auf die möglichste Verringerung von Gleisnetzen und kurze, organisch-mechanisch bediente Verbindungen hin. Das Bestreben, den Transportweg vom Werftflur in die Luft zu verlegen, um das Werftgelände allein für produktive Lager- und Arbeitsplätze und für den Arbeiterverkehr auf der Werft voll ausnutzen zu können, ist unverkennbar. Durch Steigerung der Fahrgeschwindigkeit der Laufkräne und Hochbahnkräne, die nicht mit dem Betriebe auf dem Werftgelände zu rechnen haben, konnte man den Anforderungen eines Schnellbetriebes leichter gerecht werden.

Abgesehen von der Zufuhr der Baustoffe und Betriebsstoffe mit der Eisenbahn gliedern sich heute die Transporteinrichtungen der Werft in Lagerplatz-, Werkstatts-, Helling- und Ausrüstungskrane, neben denen Geländefahrkräne und Loritransport auf dem Gelände jedoch immer noch eine große Bedeutung behalten haben.

Lagerplatzkrane. Das Entladen und Lagern des von außerhalb per Bahn oder Schiff eintreffenden Schiffbauwalzenmaterials und der schweren Stücke aus Eisen oder Stahlguß geschah lange Zeit hindurch mit Hilfe von fahrbaren Dampfkränen durch die sogenannten Platzarbeiter. Bei Anfuhr des Schiffbaumaterials auf dem Wasserwege wird das Löschgerät des Schiffes zu Hilfe genommen, welches die Materialien mit dem Ladebaum auf den Kai niederlegt, von wo sie dann auf Werftloris von den Platzarbeitern nach den von dort meist entfernt liegenden Lagerplätzen geschafft werden. Durch diese umständlichen Platzarbeiten entstanden nicht nur erhebliche Kosten und Zeitverluste, sondern auch Störungen im Werftverkehr. Erst als man nach dem Vorgang der Eisenhüttenindustrie dazu übergegangen war, an die einzelnen Werkstätten besondere Lagerplätze anzuschließen und sie durch Laufkrane, Hochbahnkräne, Drehkräne oder Verladebrücken zu überspannen und diese Transportkräne in ihrer Bestreichungsfläche sogar mit den Werkstattskranen überlappen zu lassen, konnte die Zahl der Platzarbeiter erheblich verringert werden. Derartig ausgebildete Transporteinrichtungen machen sich aber bei den beträchtlichen Anlagekosten nur dann bezahlt, wenn sie in ihrem Transportweg beschränkt, auf Schnellbetrieb eingestellt sind und hinreichend ausgenutzt werden. Man muß weitmöglichst darauf Bedacht nehmen, die Walzmaterialien übersichtlich nach Neubauten und Baugruppen zu lagern, damit sie jederzeit schnell herausgenommen und der Werkstatt zugeführt werden können. Bestreichungsfeld und Tragkraft der Lagerplatzkräne muß nach den größten vorkommenden Mengen und Einzellasten bemessen werden. Fahrbare Dampfkrane können den an den Betrieb zu stellenden Forderungen nur bei kleineren Betrieben gerecht werden, obwohl ihre Ausladung und Tragkraft beschränkt sind und die Gleise den Platz behindern. Dagegen bieten sie zuweilen ein bequemes Zwischenglied zwischen Lagerplatz und Werkstatt. Rationeller ist jedoch, diese Verbindung durch Portal- oder Auslegerkräne herzustellen, und am besten ist es, wenn die Lagerplatzlaufkrane und die Werkstattslaufkrane auf durchgehenden Kranbahnen laufen, so daß sich vom Lagerplatz bis unter die Hellingkrane ein gerader Transportweg ergibt. (Neue Schiffbauhalle mit Lagerplatz der Stettiner Maschinenbau A.-G. Vulkan.) (Abb. 829.) Wird der Schiffbauwerkstatt eine Zulagehalle vorgelagert, dann werden die Lagerplätze am besten in der Längsachse dieser Halle vorgesehen (Neue Werft von Wilton, Rotterdam, Projekt der Atlantikwerft, Budapest) (Abb. 871), so daß der Laufkran der Zulagehalle auch die beiderseitigen Lagerplätze bestreichen kann. Erhält die Zulagehalle einen Laufkran mit dreh- und fahrbarem Ausleger, so kann dieser die von den Hochbahnlaufkranen vor der Halle abgelegten Platten unter Hinausfahren des Auslegers durch ein Schiebetor der Halle aufnehmen und zur Zulage bringen und von dort auch Material in den Nebenschiffen der Schiffbauhalle niederlegen, von wo die Werkstattslaufkrane dann den weiteren Transport in der Halle übernehmen. In gleicher Weise vermittelt dann der Auslegerlaufkran der Sammelhalle den Transport der bearbeiteten Baumaterialien von der Schiffbauhalle zur Sammelhalle bzw. unter die Hellinglaufkrane (Vulkanwerft, Hamburg). Auf der Sun Shipbuilding Co. Chester (Abb. 804) sind die Lagerplatzlaufkräne mit ihren Bahnen parallel zur Achse der Zulagehalle angeordnet und der Materialtransport zur Zulage und Werkstatt erfolgt unter Benutzung von Wagen auf Schienengleisen oder mit Zuhilfenahme eines Dampfkranes. Die Materiallagerplätze des Maschinenbaues für Gießerei, Kesselschmiede und Hammerschmiede werden wegen der größeren Gewichte der Walz-, Schmiede- und Gußmaterialien als Hochbahnkräne oder fahrbare Bockkräne ausgebildet. Alle Materiallagerplätze werden fast ausschließlich im Freien angeordnet. Nur die Werft der New York Shipbuilding Co. Camden lagert das Schiffbau- und Maschinenbaumaterial in einer Halle, welche nicht nur mit den Hauptwerkstätten des Schiffbaues und des Maschinenbaues, sondern auch mit den Bauplätzen auf der Helling und dem Bassin für die Schiffsausrüstung zu einem zusammenhängenden Hallenkomplex vereinigt ist (vgl. Abb. 867). Die Verteilung der Baumaterialien auf die einzelnen Schiffe der Werkstätten wird durch einen fahrbaren Bockkran besorgt, der unter den die Lagerplatzhalle durchquerenden Laufbahnen der Werkstattkräne hindurchfährt (vgl. Abb. 807).

Werkstattkräne. Als Werkstattkräne kommen in allen Werkstätten zum Transport der Werkstücke vom Lagerplatz zur Arbeitsmaschine sowie von einer Arbeitsmaschine zur anderen vorwiegend Brückenlaufkrane auf Hochbahngleisen zur Verwendung, welche die Werkstücke durch den Luftraum befördern. Die Kranbahnen sind so hoch angeordnet, daß die Lasten über die großen Arbeitsmaschinen hinweg befördert werden können. Vielfach laufen auf einer Kranbahn zwei Laufkräne, die sich im Betrieb gegenseitig Platz machen müssen. Trotzdem reichen sie meist nicht aus, um den großen Arbeitsmaschinen jederzeit neue Arbeitsstücke zubringen und die nötige Hilfe bei der Adjustierung der Werkstücke an den Maschinen bieten zu können. In der Schiffbauhalle werden daher die leistungsfähigsten Sonderarbeitsmaschinen mit eigenen Auslegerschwenkkränen mit Motorlaufkatze auf der horizontalen Fahrbahn ausgerüstet, welche das Auflegen und Abnehmen der Platten auf das bzw. von dem Bett der Arbeitsmaschine besorgen. Die Laufkrane legen dann in der Nähe der Arbeitsmaschine eine größere Anzahl von Platten nieder und befördern sie ebenso nach der Bearbeitung weiter. In der meist höher gebauten Maschinenbauhalle verwendet man auch Konsolkräne, welche an Laufbahnen fahren, die an Seitenstützträgern der Hallenkonstruktion befestigt sind; sie behindern den Betrieb der Werkstattlaufkräne nicht, da diese ihre Lasten vorwiegend in der Längsachse der Halle bewegen. Da in der gleichen Halle meist der Montageplatz bzw. Versuchstand für Hauptmaschinen angeordnet wird, so werden vielfach über den Kranbahnen der Transportlaufkräne weitere Kranbahnen für ein oder zwei Schwerlastlaufkrane vorgesehen, welche die schweren Maschinenteile und schließlich die fertig montierten Hauptmaschinen einzeln oder vereint befördern. In den Seitenhallen der Maschinenbauwerkstatt finden zum Transport der Arbeitsstücke leichte Deckenkrane sowie Velozipedkräne und schließlich Elektrokarren Verwendung. Die für eine Massenfabrikation neuerdings in Aufnahme gekommenen Fabrikationstransporte wie Gleitmontage, Bandarbeit und Fließarbeit, lassen sich für die Werftbetriebe nicht ausnutzen, da es sich auf den Werften vorwiegend um Einzelbauobjekte mit voneinander abweichenden Konstruktionen handelt. In der Kesselschmiede finden allein Schwerlastlaufkrane und in der Hammerschmiede außerdem bei den Hämmern oder Pressen starke Auslegerdrehkrane mit Laufkatze Verwendung; in diesen Werkstätten handelt es sich vorwiegend um Transporte von Schwerlasten in längeren Zeitabständen. Besonders vielseitig gestaltet sich der Kranbetrieb in der Gießerei zum Transport der Formkästen, der Gußpfanne und der fertigen Gußstücke. Neben Laufkranen findet man hier fahrbare Konsolkräne und Laufkatzen, für Massenfabrikation hat sich das Transportband eingebürgert. Für die übrigen Werkstätten des Schiffbaues und des Maschinenbaues spielt der Kranbetrieb keine sehr wesentliche Rolle. Für die Holzbearbeitungswerkstatt ist ein Laufkran, welcher aus der Werkstatt hinausfahren kann, von großem Nutzen, auch erfolgt der Transport der geschnittenen Hölzer zum Lagerschuppen bzw. zum Trockenraum zweckmäßig durch eine Hängebahn mit Motorlaufkatzen. Überhaupt sollte man grundsätzlich die Laufkräne in allen Werkstätten so ausgestalten, daß sie aus der Werkstatt herausfahren können, um auf diese Weise eine Verbindung mit dem Werftgleis ohne Inanspruchnahme der Werkstattgrundfläche durch Gleise herzustellen und zugleich die schwerfälligen Drehscheiben zu vermeiden. Dies gilt natürlich in erhöhtem Maße für die Werkstätten mit Schwerlastkränen. Bei Anordnung der Kesselschmiede in der Nähe des Ausrüstungskais kann man die Kranbahnen leicht bis zum Kai verlängern, so daß die Kessel direkt an diesem abgesetzt werden können, von wo sie dann der Ausrüstungskran oder der Schwimmkran aufnehmen und ins Schiff setzen kann. Diese Stücke können von dem Werkstattkran auch auf Schienenwagen zum Kai und unter den Ausrüstungskran verfahren werden.

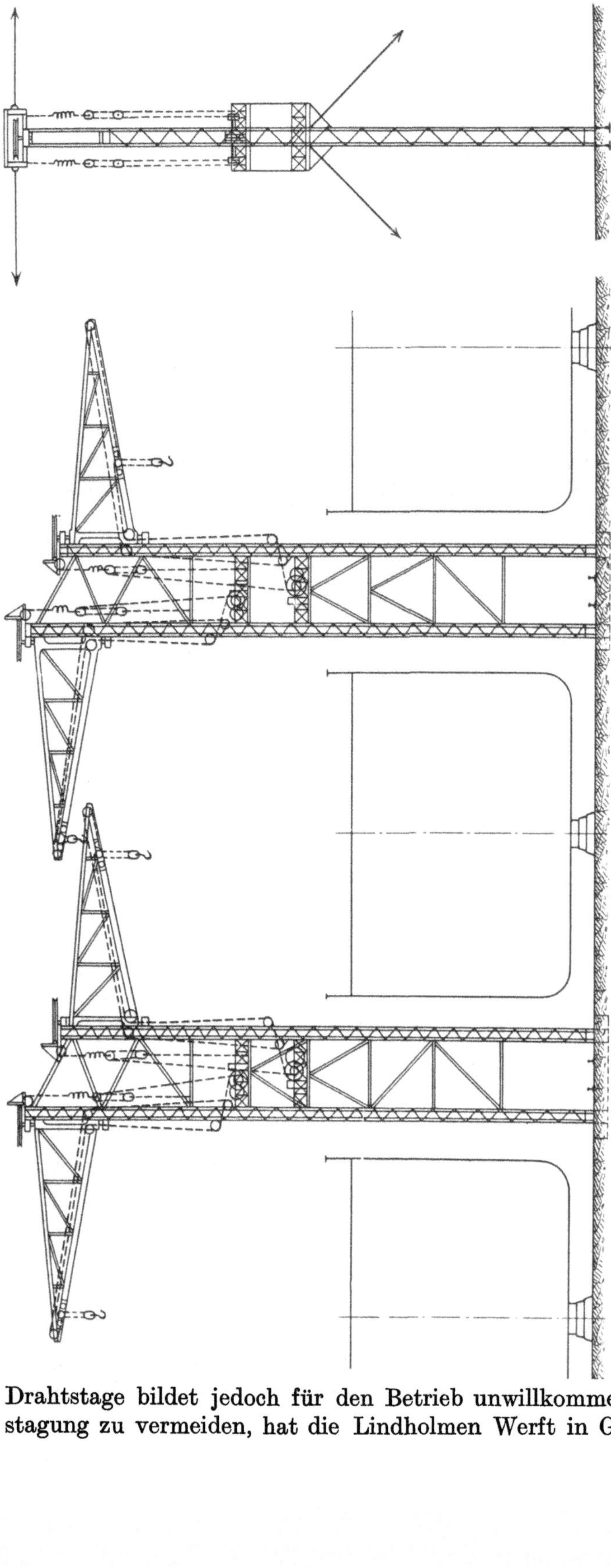

Abb. 845. Gittermasten der Lindholmen Werft, Gothenburg.

Hellingkräne. Eine besondere Eigenart der Werften bilden die Hellingkräne zum Transport der Bauteile von der Schiffbauhalle zur Helling und zum Zusammenbau auf derselben. Auch diese Krananlagen konnten erst nach Einführung der elektrischen Kraftübertragung zweckmäßig ausgestaltet werden. Der einfache feststehende Mastkran aus Holz oder Gittermast mit schwenkbaren Ladebäumen sowie Heißwinde mit Hand- oder Kraftantrieb ist heute noch auf Werften anzutreffen, die vorwiegend Handelsschiffe bauen. Wenn große Werften, wie John Brown, Clydebank und Cammel-Laird, Birkenhead auch größte transatlantische Schnelldampfer (Lusitania) und Schlachtschiffe (Hood) mit Zuhilfenahme einfacher Gittermasten mit schwenkbarem Ausleger zusammengebaut haben, so fand dies seine Begründung darin, daß die betreffenden Hellinge zum Bau dieser Riesenschiffe wesentlich verbreitert werden mußten und daher zur Aufstellung moderner Hellingkräne mit Platz beanspruchenden Stützen kein Gelände mehr übrigblieb. Die Abstützung von Gittermasten durch seitliche Drahtstage bildet jedoch für den Betrieb unwillkommene Hindernisse. Um diese Verstagung zu vermeiden, hat die Lindholmen Werft in Gothenburg nach den Entwürfen von W. Hök Krangerüste aus paarweisen Gittermasten ausgeführt, welche querschiffs in einer Entfernung von 4,6 m, entsprechend der Wegbreite zwischen je zwei Helgen, aufgestellt und durch Querstreben und Diagonalen verbunden sind (Abb. 845). Längsschiffs sind

Abb. 846. Fahrbarer Turmdrehkran.

die Masten durch Stage miteinander verbunden. Jeder Mast trägt einen schwenkbaren Ausleger mit fahrbarer Laufkatze. Die Betätigung des Lastseils, sowie die Schwenkbewegung des Auslegers mit Seilführung über Spillköpfe erfolgt durch einen Elektromotor, der auf einem Podest aufgestellt ist. Das Verfahren der Katze nach außen erfolgt auf der geneigt angeordneten Strebe des Auslegers mit einer Handwinde ohne Last. Die Katze wird nach dem Anschlagen und Heißen der Last durch Fieren in die gewünschte Ausladestellung gebracht. Für drei Hellinge sind im ganzen acht derartige Gerüste vorhanden.

Die Gittermasten sind zwar in ihrer Anlage billig, aber das Bestreichungsfeld jedes Lasthakens über der Helling beschränkt sich auf eine Halbkreisfläche um den Mast. Zur Bestreichung der ganzen Hellingfläche sind daher viele Masten erforderlich. Die feststehenden Turmkräne mit schwenkbarem Ausleger und fahrbarer Katze, von denen die neue Werft von Harland & Wolf in Belfast für sechs Hellinge von 305 m Länge 31 Stück besitzt, können zwar ganze Kreisflächen bestreichen und daher die Lasten von außen her aufnehmen, sie bedürfen aber, ebenso wie die vorgenannten Gittermasten mit Ladebäumen oder schwenkbarem Ausleger zur Aufnahme der Lasten eines Anfuhrgleises zwischen den Hellingen. Die Hellingkrananlage der A.-G. Weser mit sechs feststehenden Turmdrehkränen benutzt zum Heranbringen der Bauteile eine Hängebahn, doch ist diese Anordnung alleinstehend geblieben¹. Um die ganze Kreisfläche zur Bestreichung der Helling auszunutzen, stellt die Schichau-Werft, Danzig, einige Turmkräne auf dem Doppelboden des Neubaues selbst auf.

Abb. 847. Toplis-Kran.

Die feststehenden einzelnen Hellingkräne eignen sich jedoch nicht zum Einbau von schweren Bauteilen oder zusammengenieteten Schiffsteilen.

Fahrbare Turmkräne. Deshalb ging man nach dem Beispiel der Werft von Sparrows Point in Amerika zu fahrbaren Turmdrehkränen mit drehbarem Ausleger und fahrbarer Katze über, welche auf breitspurigen, auf dem Werftgelände verlegten Fahrgleisen zu jeder Seite der Helling aufgestellt wurden (Abb. 846)[2, 3]. Sie erfordern dementsprechend reichlich Platz zwischen den einzelnen Hellingen, doch kann der Raum zwischen den Fahrgleisen für ein Eisenbahngleis zum Heranbringen der Einbauteile auf Werftgleisen ausgenutzt werden. Wenn das Kranfahrgleis Fall mit der Helling hat, sind automatische Bremsvorrichtungen erforderlich, um ein unbeabsichtigtes Hinabfahren des Kranes zu verhindern. Sie arbeiten mit vier Motoren zum Kranfahren, Schwenken, Katzenfahren und Heißen. Die Stromzuführung erfolgt durch eine neben dem Gleis geschützt gelagerte Schleifleitung. Das Kranführerhaus ist an dem Ausleger angebracht, so daß der Kranführer den Lasthaken stets vor sich hat. Diese Kräne können täglich 30 t Material zum Einbau bringen, so daß für Schiffe mittlerer Größe zwei Krane pro Helling genügen.

¹ Michenfelder: Transporttechnische Gesichtspunkte bei Hellingen. Jahrb. Schiffbaut. Ges. 1909.
² Laas, W.: Hellingkrananlagen. V. d. I. v. 10. 10. 1908.
³ Schwarz, Tjard: Der amerikanische Schiffbau. Jahrb. Schiffbaut. Ges. 1902.

In Großbritannien hat der fahrbare Toplis-Kran mit wippbarem Ausleger und wagerechtem Lastweg beim Wippen mehrfach Eingang gefunden (Werft von Armstrong, Low Walker und von Furness, Haverthon Hill) (Abb. 847)[1]. Da die Ausleger in ihrer Querstellung über die Mittelachse der Helling hinwegreichen, so müssen sich die Turmkrane durch Schwenken des Auslegers, die Toplis-Kräne durch Wippen derselben ausweichen, wenn man die gegenüberliegenden Kräne nicht verschieden hoch machen will. Um die Arbeitsleistung der Hellingkräne für eine Helling vorübergehend zu steigern, können die Fahrgleise am Kopf der Helling durch Kurven und Querfahrgleis mit Weiche derart miteinander verbunden werden, daß die Kräne in das Fahrgleis einer benachbarten Helling übergeführt werden können.

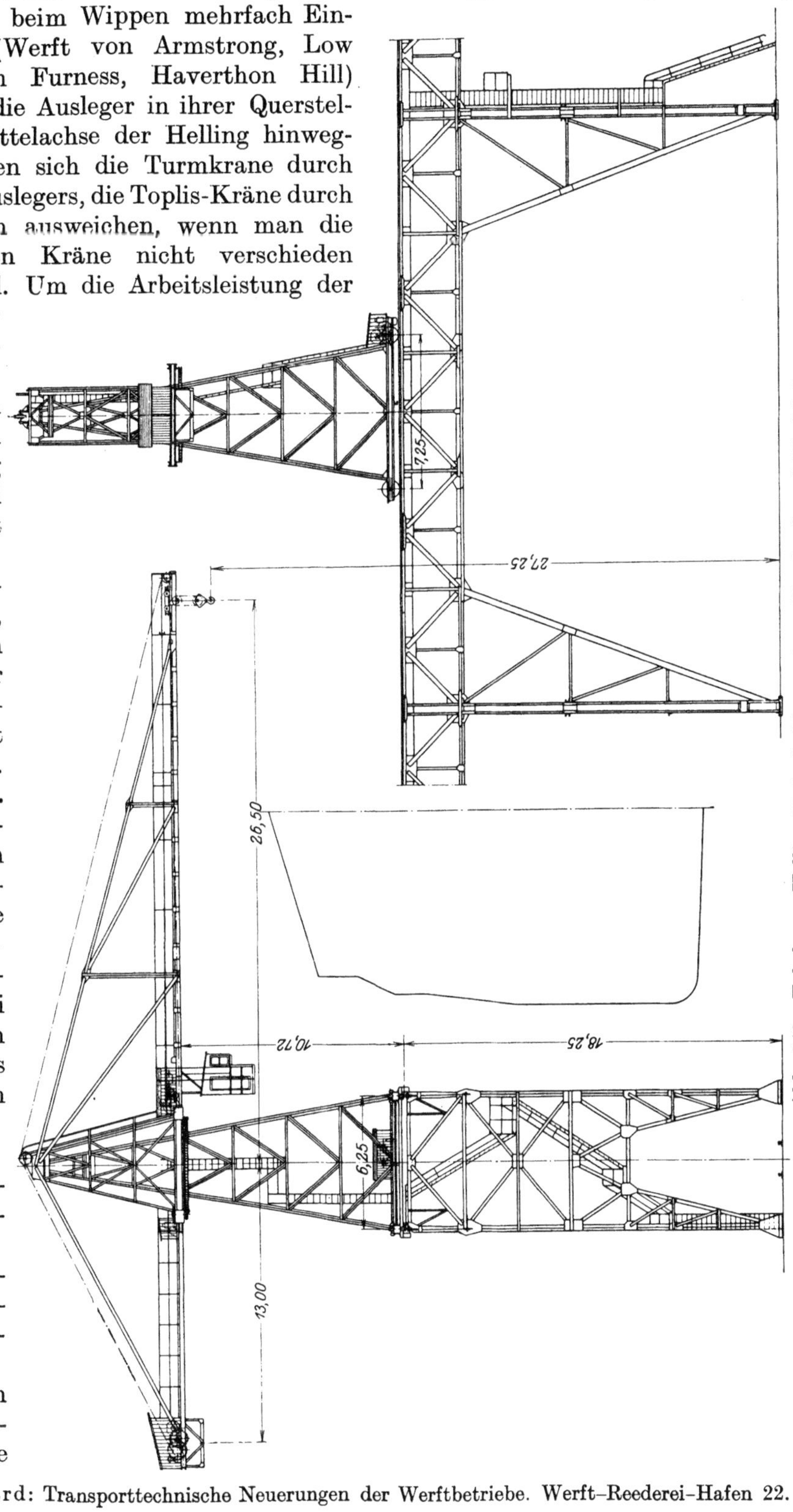

Abb. 848. Fahrbarer Helling-Turmdrehkran, 2,5 t Tragkraft auf Hochbahn.

Hochbahnkräne. Die auf dem Werftboden fahrenden Turmkräne bedingen insofern eine Verkehrsbehinderung, als ihre Fahrbahn stets frei gehalten werden muß. Neuerdings bevorzugt man daher niedrige Fahrdrehkräne, welche auf horizontalen Hochbahnen laufen nach dem Vorgang der amerikanischen Hochbahncantileverkräne der Brown Hoisting Machinery Co. Diese

[1] Schwarz, Tjard: Transporttechnische Neuerungen der Werftbetriebe. Werft–Reederei–Hafen 22. 3. und 7. 12. 1920.

Ende der neunziger Jahre im Schiffbau zuerst in Newport News. Va. eingeführten Doppelarmkräne zur Bedienung je zweier Hellinge haben wegen des schweren Baues der Doppelauslegerkonstruktion und des hohen Fahrgerüstes sowie wegen der betrieblich schwierigen Verwendung für zwei Hellinge gleichzeitig, keine weitgehende Verwendung gefunden; sie wurden wirtschaftlicher durch Anbringung von fahrbaren Konsolkränen an den Seiten der hohen Fahrgerüste. Diese Zusatzkräne werden vorteilhaft zum Arbeiten der hydraulischen Nietmaschine herangezogen. Die zuerst auf der Flensburger Werft und der Germania-Werft, Kiel, eingeführten Hochbahnen mit fahrbahren Auslegerkränen blieben jahrelang ohne Nachahmung. Nach dem Kriege hat man jedoch zur Verbesserung vorhandener Hellingkrananlagen fast immer solche Hochbahnen mit niedrigen Turmdrehkränen eingeführt (Neptun-Werft, Rostock, Nüscke und Oderwerke, Stettin, Werft Einswarden, Klawitter Danzig, Blohm & Voß, Elbe-Hellinge, und Flender-Werft, Lübeck)[1,2]. Abb. 848[3] stellt eine solche Hellingkrananlage für eine dänische Werft dar. Um die Zufuhr des Einbaumaterials möglichst wenig durch den Platzbedarf der Hochbahngerüste gestört zu sehen, sind die Stützkonstruktionen in ihrem unteren Teil portalartig für die Durchfahrt von Wagen ausgebildet, und der Raum längsschiffs zwischen den Krahnbahnträgern ist so weit nach oben offen gelassen, daß die Platten von den Wagen aufgenommen und ohne Behinderung durch diese Öffnungen hindurch zum Einbau hochgenommen werden können. Die höheren Fahrgerüste der Hochbahnen können ferner auch hier dazu verwendet werden, fahrbare Konsolkrane anzubringen zum Tragen schwerer Nietmaschinen für das Nieten der Bodenteile und oberen Seiten des Schiffskörpers. Die Hochbahnkräne mit fahrbaren Auslegerdrehkränen haben auch in Holland bei neuesten Anlagen Verwendung gefunden, wie z. B. auf der Werft von Burgerhout, Rotterdam (Abb. 828).

Hellinggerüst mit Laufkränen. Das Streben der Werften, die Hellingkrananlagen derart auszugestalten, daß möglichst an jeder Einbaustelle der Helling Kranhilfe zur Verfügung steht, auch wenn einzelne Hebezeuge z. B. beim Aufstellen von Spanten usw. längere Zeit in Anspruch genommen sind, führte schließlich zu festen Hellinggerüsten, welche die ganze Breite der Helling überspannen und deren Deckenkonstruktion ein oder mehrere Kranfahrbahnen tragen. Die einfachste Form ist hier die den Spann überdeckende Kranlaufbrücke mit quer verfahrbarer Katze, also der typische Werkstättenkran. Meist aber teilt man die Breite der Helling in möglichst viele parallele Streifen auf, deren jeder von einem oder mehreren Kränen bedient werden kann. Durch zweckentsprechende Konstruktion dieser Laufkräne mit Laufkatzen oder hängenden fahrbaren Drehauslegern ist es dann leicht möglich, jede Stelle der Hellingfläche mit einem Kranhaken zu erreichen. Die Tragkraft der einzelnen Kräne wuchs allmählich bis auf 7,5 t. Für den Einbau von größeren Lasten können mehrere Kräne gemeinsam durch Zwischenschalten von Traversen verwendet werden. Das erste derartige Hellinggerüst (Union Iron Works, San Francisco) stammt aus dem Jahre 1884. Erst 1900 folgen die Hellinggerüste mit Laufkränen der Werft von Swan Hunter und Wigham Richardson, Low Walker o. T. und der New York Shipbuilding Co. Camden, beide fest bedacht und eingeglast, als geschlossene Hellingwerkstätten ausgebildet[4,5]. Kurz darauf entstand das bedachte Hellinggerüst der Germania-Werft, wobei in Deutschland zuerst Laufkräne mit fahrbarem Drehausleger nach Muster Swan & Hunter angewendet wurden. Es folgten die offenen Hellinggerüste der Vulkan-Werft, Stettin, und der Werft von Tecklenburg, Geestemünde, mit Brückenlaufkränen und quer verfahrbaren Katzen. Nach den günstigen Erfahrungen mit diesen Hellinggerüsten entstanden namentlich auf den deutschen Werften mit Hilfe der inzwischen entwickelten Kranbauindustrie in ihren Ausmaßen ständig

[1] Michenfelder: a. a. O. [2] Demag: Die Werft.
[3] Schwarz: Transporttechnische Neuerungen a. a. O.
[4] Schwarz, Tjard: Moderne Werftanlagen. Jahrb. Schiffbaut. Ges. 1901.
[5] Schwarz, Tjard: Der amerikanische Schiffbau. Jahrb. Schiffbaut. Ges. 1902.

zunehmende Hellinggerüste, wobei die lichte Weite zwischen den Ständern der Gerüste immer zunahm[1,2]. Die größten Hellinggerüste entstanden auf der Werft von Blohm & Voß, Hamburg (Abb. 849)[3,4]. Die erste Anlage (1906) überspannte eine Helling von 35 m Breite und eine Helling von 62 m Breite bei entsprechenden Längen von 170 m und 248 m, und zwar erhielt die schmälere Helling 3 Kranbahnen mit Drehlaufkränen für die mittlere

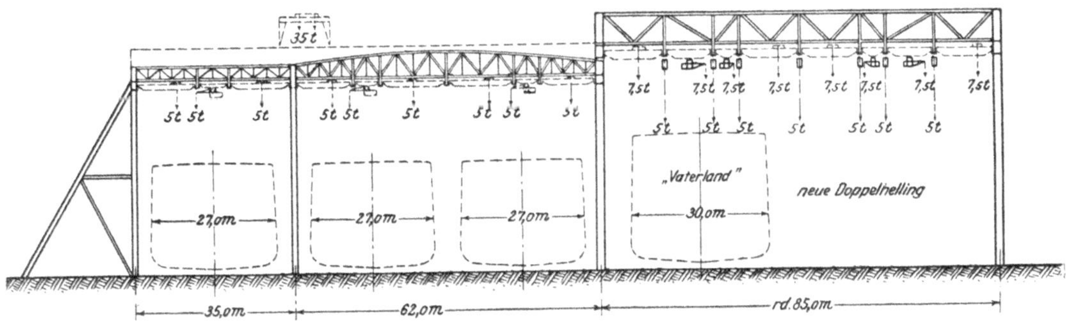

Abb. 849. Hellinggerüst. Werft Blohm & Voß.

und gewöhnlichen Laufkränen für die seitlichen Bahnen von je 5 t; für die breitere Helling wurden 6 Kranbahnen für 2 Drehlaufkräne und 4 gewöhnliche Laufkrane vorgesehen. Ein quer verfahrbarer Versatzkran an der Wasserseite kann den Übergang der einzelnen Kräne auf andere Kranbahnen bewirken. Die Erweiterung der ersten Anlage weist eine Stützenweite von 85 m auf und trägt 8 Kranbahnen mit Drehlaufkränen

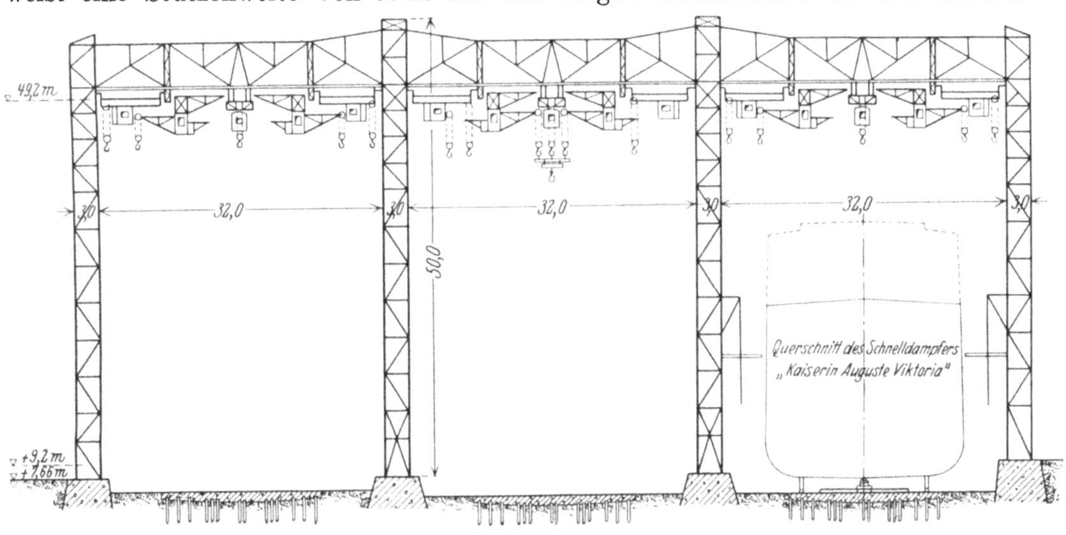

Abb. 850. Hellinggerüst. Vulkan-Werke, Hamburg.

und gewöhnlichen Laufkränen. Ähnliche Hellinggerüste entstanden auf der Vulkan-Werft, Hamburg (Abb. 850)[5], bei der A.-G. Weser, Bremen (Abb. 851), auf den Nordseewerken, Emden, und bei den Howaldtswerken, Kiel (Abb. 852). Das erste Hellinggerüst von 37 m Stützenweite der letzteren Werft wurde nach dem Kriege durch ein weiteres Gerüst von 70 m Stützenweite ergänzt, wobei die Tragkraft der beiden seitlichen Laufkräne auf 10 t erhöht wurde. Noch größere Tragkraft weisen die Laufkräne der für aus-

[1] Laas, W.: Hellingkrananlagen. V. d. I. v. 10. 10. 1908. [2] Michenfelder: a. a. O.
[3] Lienau, O.: Die neuesten Fortschritte deutscher Helling-Förderanlagen. V. d. I. v. 25. 10. 1913.
[4] Demag: Die Werft.
[5] Kammerer: Die neue Werftanlage der Vulkan-Werke, Hamburg. V. d. I. v. 16. 5. 1909.

ländische Werften von der deutschen Kranbauindustrie gelieferten Hellinggerüste auf. Die Hellinggerüste zweier japanischer Werften sowie der Werft von Beardmore, Clyde, erhielten 2 St. 5-t-Laufkräne und einen darunter laufenden, die ganze Helling überspannenden Laufkran von 20 t. Bei der Hellingbedachung der New York Shipbuilding Co. wird jede Helling von 2 Laufkränen von 10 t bestrichen und kann außerdem der Montagelaufkran von 100 t über jede Helling verfahren werden (Abb. 867). Bei den neueren Hellinggerüsten werden nur noch Drehlaufkräne von 7,5 t verwendet. Eine Sonderstellung nimmt das Hellinggerüst von W. Doxford & Sons, Sunderland, ein, welches 9 parallele eingleisige Fahrbahnen aus I-Eisen trägt, auf welchen Führerstandslaufkatzen von 3 t Tragfähigkeit fahren, so daß bei geringem Schrägzug des Lastseiles die ganze Helling bedient werden kann[1].

Abb. 851. Hellinggerüst. Werft A.-G. Weser.

Seilbahnen. Bei mehreren, zum Teil bedeutenden und auch neueren Werftanlagen sind Hellingseilbahnen und zwar vor allem wegen ihres geringen Platzbedarfs und ihrer billigen Anlagekosten vorgesehen worden. Die Hellingseilbahnen wurden, abgesehen von einer ganz einfachen Anlage auf den Oderwerken, zuerst in den Vereinigten Staaten bei den Bath Iron Works und der New London Werft eingeführt[2]. Die während des Krieges an der Westküste der U.S.A. entstandenen Werften benutzten eine einfache Seilbahn, die über die Helling und den Vorplatz vor derselben ausgespannt wurde. Man ordnete hier auf jeder Helling meist zwei Seilbahnen an, die zwischen je zwei Masten seitlich der Hellingachse derart ausgespannt sind, daß mit Hilfe der Seillaufkatzen die Außenhautplatten bequem angebracht werden konnten, während für den Einbau der mehr mittschiffs gelegenen Bauteile entweder eine dritte mittlere Seilbahn vorgesehen wurde oder die beiden Laufkatzen der seitlichen Seilbahnen durch einen Hahnepot miteinander verbunden werden. Von den Masten der mittleren Seilbahn muß der am Ufer aufgerichtete für den Stapellauf entfernt werden. Die Masten für die seitlichen Bahnen werden am Ufer nicht nur längsschiffs nach dem Wasser zu, sondern auch querschiffs nach der Mittellinie der Helling zu geneigt aufgestellt, so daß die Schiffe beim Stapellauf zwischen diesen Masten hindurchfahren konnten, obwohl die Toppenden derselben innerhalb der größten Schiffsbreite lagen. Die Winden sowie der Führerstand für die Bewegung der Laufkatzen sind am Kopf der Helling in einem auf hohem Stützgerüst erbauten Häuschen untergebracht.

[1] Michenfelder: a. a. O. und Laas: a. a. O.

[2] Schwarz, Tjard: Der amerikanische Schiffbau. Jahrb. Schiffbaut. Ges. 1902.

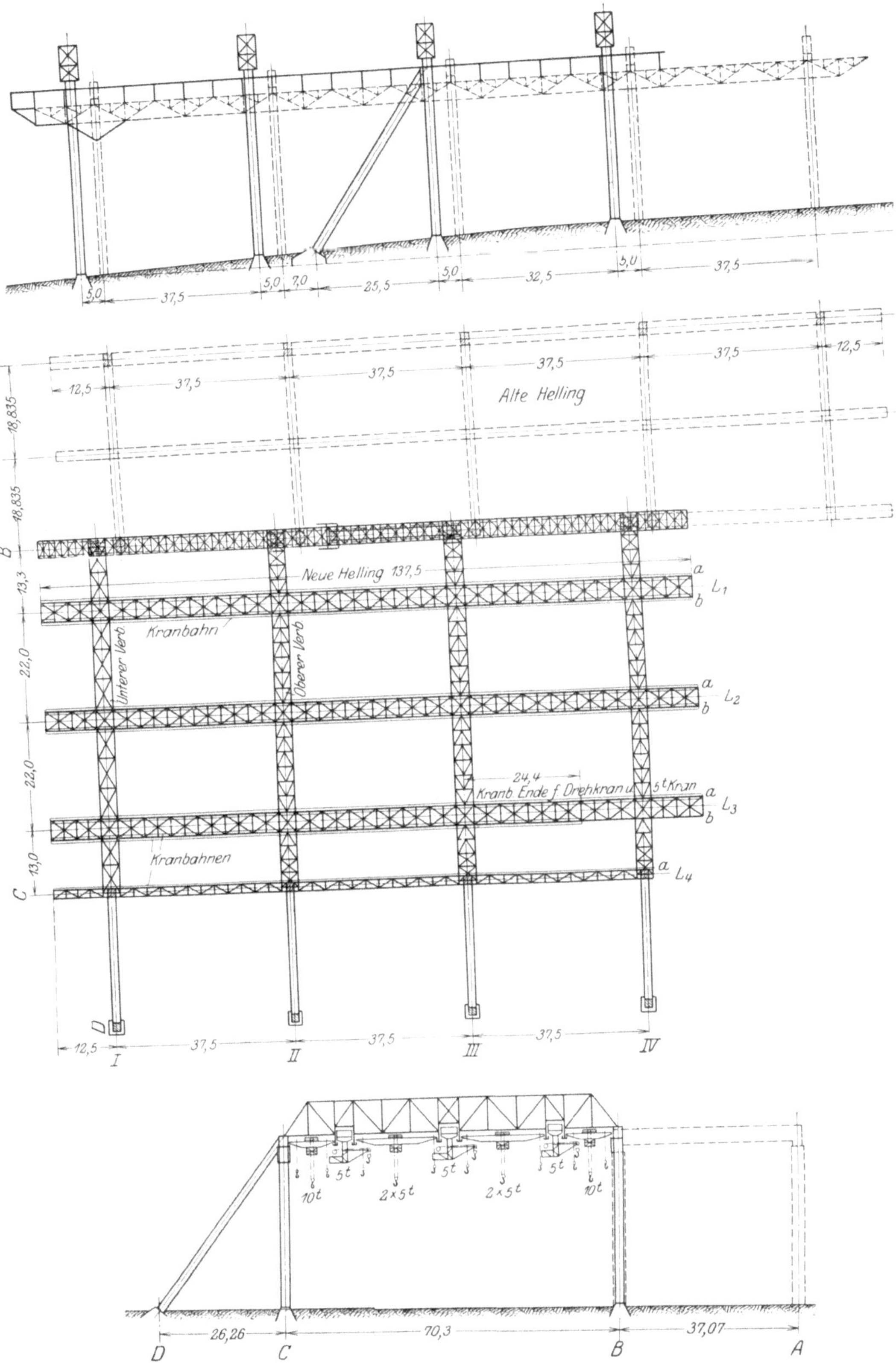

Abb. 852. Hellinggerüst der Howaldtswerke, Kiel.

Die erste relativ vollkommene Hellingseilbahn für den Werftbetrieb entstand auf der Werft von Palmer, Yarrow-on-Tyne. Sie besteht aus je einem mächtigen stählernen, geneigt angeordneten uferseitigen und landseitigen Portal, deren Füße auf schweren Fundamentblöcken in Gelenken gelagert sind. Die horizontalen Portalgurte sind gleichzeitig als Laufbahnen für Katzen ausgebildet, die die Enden der Tragseile halten. Die Seilspannung wird durch diese Tragseile hergestellt — allerdings auch mit durch Verbindungsseile der Portalecken gesichert. Die Portallaufkatzen, deren elektrischer Antrieb

Abb. 853. Hellingseilbahn Reiherstieg-Werft.

simultan gesteuert ist, sorgen für die Parallelverschiebung des ganzen Seiles über die Breite der Helling. Jedes der beiden Seile trägt eine Führerstandslaufkatze, die ihren Strom für Fahren und Heben von einem zweiten Seil abnimmt, das unter dem Tragseil mit Distanzhaltern vor der Berührung mit diesem gesichert angeordnet ist. Die Tragkraft der Laufkatzen beträgt 3 t. Bei einer gemeinsamen Überspannung von 2 Hellingen, wie sie in der zweiten Ausführung mit 210 m Länge und 47 m Breite in Betrieb ist, wird der Vorteil der freien Beweglichkeit der Kranteile noch erhöht, da die Arbeitsleistung von zwei Kransystemen auf eine Helling konzentriert werden kann. Die Schiffe laufen durch das wasserseitige Portal hindurch zu Wasser[1]. Die Hellingseilbahnen der Reiherstieg-Werft, Hamburg, (Abb. 853)[2,3] verteilen sich auf je zwei Doppelhellinge; diese sind als feste Seilbahnen zwischen je einem an der Wasserseite nach außen geneigt aufgestellten Portal und einem senkrechten, abgestagten Stützgerüst am Kopf der Hellinge verspannt. Auf den 4 Seilbahnen pro Doppelhelling läuft je eine führerlose Laufkatze von 2 t Nutz-

[1] Foerster, E.: Technik der Weltschiffahrt. 1909. [2] Michenfelder: a. a. O.
[3] Michenfelder: Kran- und Transportanlagen. 1926.

last, deren Fahr- und Hubbewegung von dem auf jeder Mastspitze bzw. dem Stützgerüst landseits angebrachten Führerhaus elektrisch gesteuert wird. Eine ähnliche Konstruktion, jedoch mit einem die ganze Breite mehrerer Hellinge zusammen überspannenden großen Portal wasserseits und einem durchlaufenden Stützgerüst landseits, ist bei der Neuanlage der Deutschen Werft, Hamburg-Finkenwärder, zur Anwendung gebracht (Abb. 854)[1]. Die Anlage besteht aus 24 festen Seilbahnen von je 280 m Länge, die im seitlichen Abstande von 6,5 m gespannt sind. Zwischen den Portalstützen ist eine Weite von 168 m. Die Höhe beträgt 40 m wasserseitig und 45 m landseitig über Werftflur. Eine Arbeitsfläche von $168 \times 280 = 47000\ m^2$ wird überspannt, wobei 9 Hellinge be-

Abb. 854. Hellingseilbahn der Deutschen Werft, Hamburg.

strichen werden. Auf jeder Seilbahn läuft eine 4-t-Katze, die vom landseitigen Portal aus elektrisch gesteuert wird. Die Überhöhung des landseitigen Portales um 8 m gibt den Laufkatzen ein kraftsparendes Gefälle, während die Rückfahrt der meist unbelasteten Katze bergan ohne Bedeutung ist. Neuartig ist die Aufhängung des Zugseiles in besondren Rahmen, die durch ein Knotenseil bei der Fahrt der Katze in bestimmten Abständen festgehalten werden und bei der Rückfahrt der Katze von dieser mitgenommen werden.

Für kleinere Schiffsbauten behilft man sich bei den Hellingarbeiten vorwiegend mit fahrbaren Dampfkränen, die für die Schiffsmontage mit einem schnabelförmigen Ausleger von oft beträchtlicher Höhe in aufgetoppter Lage und weiter Ausladung bei gesenktem Ausleger versehen sind (Abb. 855). Kräne dieser Art fanden auf der Schichau-Werft, Danzig, auch für größere Schiffe Verwendung. Wegen ihrer weiten Ausladung bei gesenktem Ausleger und entsprechend geringerer Tragkraft eignen sich dieselben besonders für den Flußschiffbau, zumal beim Bau von mehreren Schiffen gleichzeitig auf einer Querhelling. Neuerdings wird auch eine an der Landseite der Querhelling und parallel zu dieser errichtete Kranbahn angeordnet, auf welcher ein Halbportalkran mit fahrbarem Auslegerdrehkran fährt, so daß derselbe über 2 bis 3 Schiffe der Querhelling streichen

[1] Michenfelder: Kran- und Transportanlagen. 1926.

kann (s. Abb. 856) (Übigau). Eine ganz neuartige und von dem bisherigen System der Flußschiffswerften abweichende Neubau- und Reparatur-Querhellinganlage weist die nach dem Kriege entstandene Werft der Gutehoffnungshütte in Walsum[1] auf (Abb. 857). Durch Schaffung einer Queraufschleppe mit langem Auslauf nach der Landseite zu konnten neben der Schleppe 15 Hellinge derart angeordnet werden, daß die auf denselben fertiggestellten Schiffe in der Achse der Hellinge auf den Wagen der Querschleppe verfahren und dann mit dieser zu Wasser gebracht werden können. Auf diese Weise wird der freie Stapellauf umgangen und zugleich die Hellingkrananlage für die 15 Hellinge einheitlich ausgestaltet. Dieselbe besteht aus zwei Hochbahnen mit fahrbaren Turmdrehkränen mit einer Länge des Auslegers gleich etwa der halben Schiffslänge der Flußschiffe, welche so hoch angeordnet sind, daß die Schiffe zum Zuwasserbringen unter denselben hindurch auf die Wagen der Querschleppe verholt werden können. Einer der größten Vorzüge dieser Anordnung ist, daß ohne Rücksicht auf Neubauten oder Reparaturschiffe beliebige Schiffe

Abb. 855. Dampfkran mit schnabelförmigem Ausleger.

Abb. 856. Hellingkran der Werft Übigau.

herausgenommen und entstandene Lücken, z. B. durch Neuaufschleppen weiterer Reparaturschiffe, aufgefüllt werden können. Diese Werftanlage hat sich durchaus bewährt.

[1] Siehe Foerster: Werft Reederei Hafen, Jg. 1922, H. 8.

Für die auf den nordamerikanischen Seenwerften üblichen Querhellinge, welche durchweg zu zweien auf einer Kaizunge mit seitlichen Stichkanälen angeordnet sind,

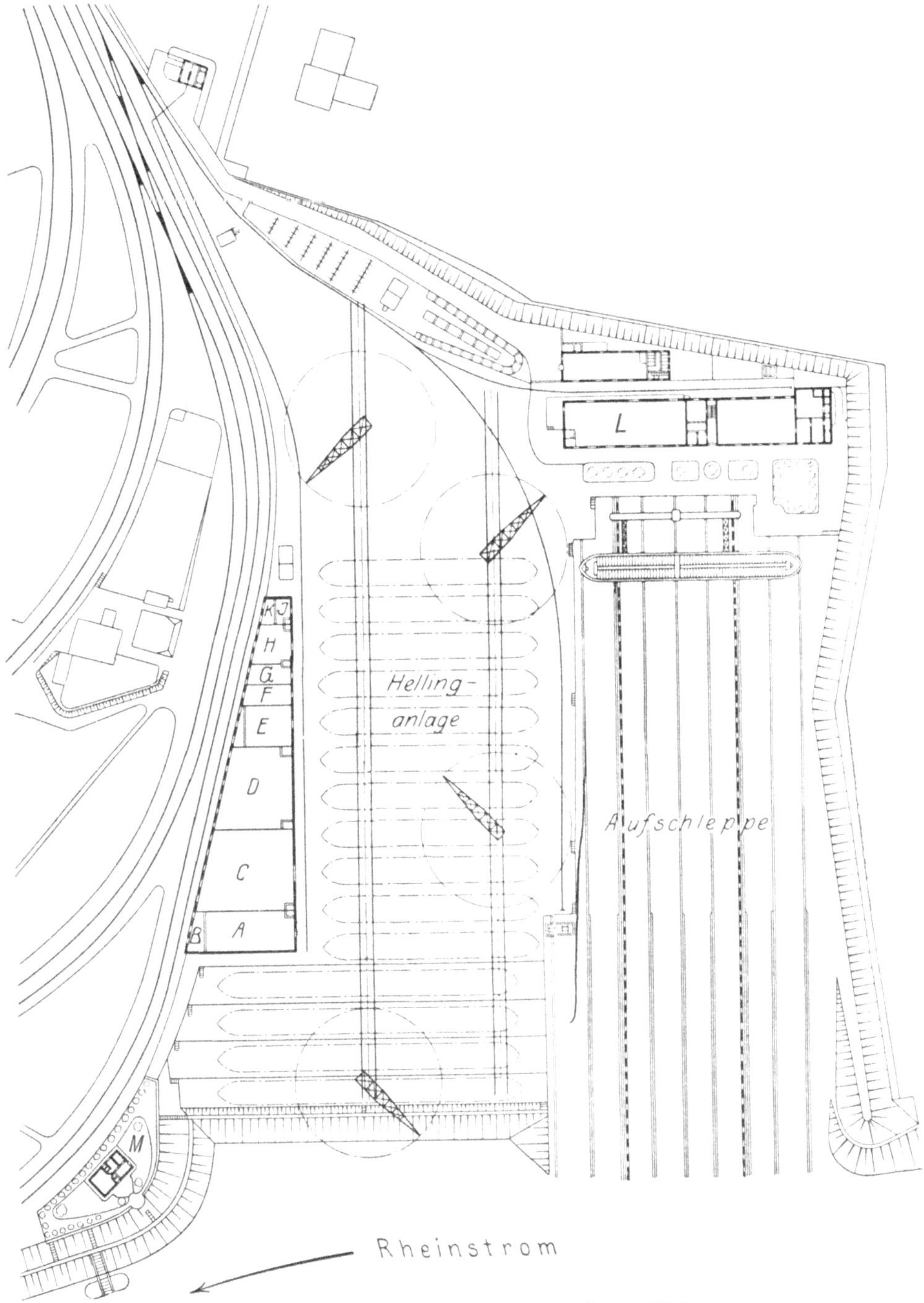

Abb. 857. Flußschiffswerft der Gutehoffnungshütte, Walsum.

A Möbel- und Ausbautischlerei. *B* Holzschiffbau. *C* Schiffbauwerkstatt. *D* Schiffsschlosserei. *E* Werkzeugausgabe für Elektr. und Preßluft. *F* und *G* Werkzeuglager und Ausgabe. *H* Werkzeuge. *J* Maler-Werkstatt. *K* Sattler- und Polster-Werkstatt.

mußte die Hellingkrananlage eine abweichende Ausgestaltung erfahren. Die Kaizunge wird so breit gestaltet, daß zwischen den beiden Hellingen genügend Platz verbleibt für die Aufstellung der Hellingkrananlage. Diese besteht vorwiegend aus einem Hochbahngerüst mit Cantilever-Kran der Brown Hoisting Co. Typ für beide Hellinge zusammen. Praktischer ist das von der Wellmann-Seaver-Co. konstruierte Hellinggerüst mit zwei Laufkränen für jede Helling (Abb. 858)[1]. Da dasselbe nach den Seiten zu offen ist, so wird der Stapellauf der Schiffe in die benachbarten Stichkanäle dadurch nicht behindert.

Ausrüstungskräne. Während bei den Hellingkrananlagen das Hauptgewicht auf eine schnelle Lastenbewegung der im allgemeinen auf wenige Tonnen beschränkten Einbaugewichte gelegt wird, tritt bei den Ausrüstungskränen der Schwerlastbetrieb mit langsamer Lastenbewegung in den Vordergrund. Die Wirtschaftlichkeit der Ausrüstungskräne beruht vorwiegend auf der Bewältigung von Schwerlasten, damit fertig montierte Hauptmaschinen, Turmlafetten und Geschütztürme für das Einsetzen in das am Ausrüstungskai

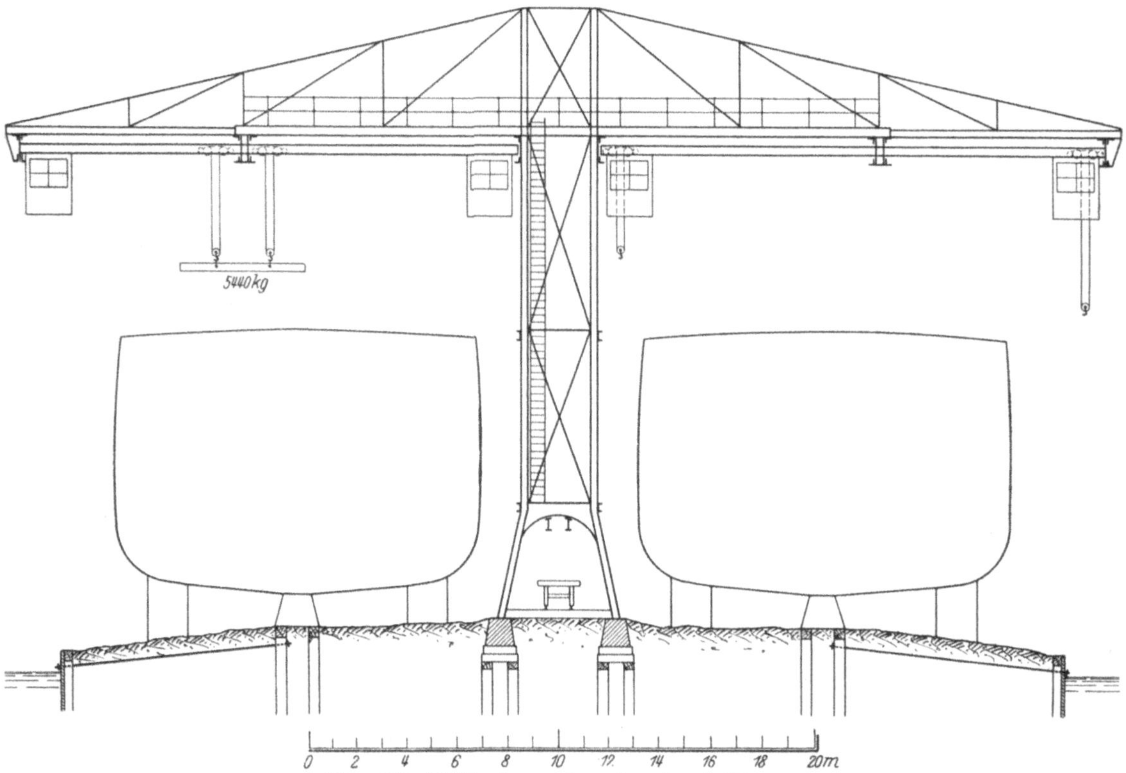

Abb. 858. Hellingkrananlage für Querhellinge.

liegende Schiff nicht demontiert zu werden brauchen, sondern als Ganzes eingebracht werden können, so daß Neumontagen im Schiff gespart werden. Da aber diese Schwerlasten auf das im Schiff hergerichtete Fundament in genauer Lage abgesetzt werden müssen, so müssen die Ausrüstungskräne ein sicheres Einstellungsvermögen besitzen. Die alten Masten- oder Scherenkräne konnten diesen Anforderungen nicht befriedigend entsprechen, da ihr Lasthaken beim Auslegen der Kranbeine sich nur in einer Ebene senkrecht zur Kaikante bewegen konnte, so daß für die notwendige Längsbewegung der Last das Schiff selbst verholt werden mußte. Ein derartiges Verholen des Schiffes bedingt nicht allein viele Arbeitskräfte und mechanische Hilfseinrichtungen, sondern bringt auch empfindliche Störungen der Bordarbeiten mit sich, da während des Verholens des Schiffes die Verbindung desselben mit dem Lande unterbrochen werden muß. Auch läßt sich eine Längsbewegung des Schiffes durch Verholen auf genaues Maß schwer durchführen. Die feine Einstellung des Lasthakens muß daher vom Kran selbst übernommen

[1] Schwarz, Tjard: Der amerikanische Schiffbau a. a. O.

werden, so daß nur für große Längsbewegungen des Lasthakens ein Verholen des Schiffes notwendig wird. Die Entwicklung der Ausrüstungskräne führte daher nach

Abb. 859. Turmdrehkran, Blohm & Voß, als Hammerkran mit horizontaler Fahrbahn.

wenigen Zwischenstufen über den Drehscheibenkran und den Derrickkran zu den Riesenkränen in Hammerform, wobei die Tragkraft fortschreitend schließlich bis auf 250 t gesteigert wurde, da ähnliche Gewichte bei den größten Turbinenanlagen und bei Geschütztürmen annähernd erreicht wurden. Als günstigster Typ des Ausrüstungskranes hat sich daher der Hammerkran mit pyramidenförmigem Stützgerüst, auf welchem der glockenförmig ausgebildete Stiel des hammerförmigen Auslegers pendelnd aufgehängt ist, bewährt. Seine letzte Entwicklungsstufe verkörpert der 250-t-Ausrüstungskran der Werft von Blohm & Voß, dessen längerer Auslegerarm zum Einsetzen der Schornsteine und Masten zum Auftoppen eingerichtet ist, wobei dann der Kran wie ein Wippkran mit fest eingebauter Schnabelrolle arbeitet (Abb. 859 u. 860). Für kleinere Lasten ist ferner ein Hilfskran vorgesehen, der auf den Obergurten der beiden Träger des Auslegers fährt, so daß bei der Ausladung des Auslegers von 55 m eine große Kreisfläche bzw. auch hinreichend viel Schiffslänge bestrichen werden kann, um ein Verholen des Schiffes nur sehr selten nötig zu machen.

Abb. 860. Turmdrehkran, Blohm & Voß, aufgetoppt.

Eine weitere Entwicklung einheitlicher Kranbedienung über den ganzen Bereich des Bauvorgangs hinweg zeigt die Anlage der New York Shipbuilding Co. in Camden (Abb. 867), wo Materiallagerplatz, Werkstätten des Schiffbaues und des Schiffsmaschinenbaues, Bauhellinge und Ausrüstungsbecken zu einem gewaltigen Hallenkomplex mit zusammenhängendem Dach vereinigt wurden. Von Anlieferung des Materials bis zum fahrbereiten Schiff können dort alle Arbeiten wie in einer geschlossenen Werkstatt, unbeeinflußt durch die wechselnde Witterung, durchgeführt werden. Auf der New York Shipbuilding Co. ist für das Ausrüstungsbecken ein 100-t-Laufkran vorgesehen, welcher nicht nur die ganze Länge des Beckens, sondern auch den landseitig vorgesehenen Sammelplatz überfahren kann, so daß er die Maschinensätze und Schiffskessel von dem Sammelplatz aufnehmen und an jeder gewünschten Stelle des Schiffes zum Einbau bringen kann, so daß ein Verholen des Schiffes entfällt. Da dieser 100-t-Laufkran ferner mit Hilfe einer Schiebebühne auf die Kranbahnen der drei überdachten Doppelhellinge versetzt werden kann, so kann man mit demselben auch die Schiffskessel in den Schiffskörper vor dem Stapellauf einbringen, falls das Ausrüstungsbecken bereits mit abgelaufenen Schiffen besetzt sein sollte. Das schon 1900 entstandene Ausrüstungsbecken kann daher noch heutigen Tages als technisch vorbildlich gelten, ohne daß man einer solchen Idealanlage irgendeine wirtschaftliche Berechtigung zuerkennen könnte.

Nach dem Vorbild der New York Shipbuilding Co. hat der englische Torpedobootserbauer Yarrow, als er seine Werft von der Themse nach der Clyde verlegte, zwischen den neuen Schiffbau- und Maschinenbauwerkstätten ein überdachtes Ausrüstungsbecken von 28 m Breite und 100 m Länge vorgesehen, welches von einem 50-t-Laufkran überfahren wird, so daß die Ausrüstung der Torpedoboote vollkommen im Trocknen erfolgen kann. Schließlich hat die Bethlehem Shipbuilding Corporation ebenfalls nach dem genannten Vorbild ihre neue, während des Weltkrieges errichtete Victory Werft in Squantum bei Boston zum Bau von Torpedobooten eingerichtet (Abb. 861). An die bedachten 10 Bauhellinge schließen sich einerseits Hallen für einbaufertiges Material und für fertig genietete Spanten und Querschotte, sowie die Schiffbauhalle mit abschließender Zulage an, anderseits 6 überdachte schmale Ausrüstungsbecken und ein freies größeres Ausrüstungsbecken, so daß auch hier alle diese Arbeitsstätten zu einem Hallenkomplex mit zusammenhängendem Dach vereinigt sind, welches ringsum durch Schiebetore abgeschlossen werden kann, so daß die Arbeiten durch Witterungseinflüsse nicht behindert werden. Die an die Hellinge angrenzenden beiden Ausrüstungsbecken sind durch je einen 25-t-Laufkran überspannt, während die folgenden 4 Becken nur über je einen 5-t-Laufkran verfügen, so daß die Torpedoboote nach dem Einsetzen von Maschinen und Kesseln aus einem der ersten Becken in eins der folgenden 4 Becken verholt werden müssen, um den jüngst vom Stapel gelassenen Booten Platz zu machen und dann schließlich in dem freien Ausrüstungsbecken mit dem Einsetzen der Masten die Ausrüstung zu beenden. Auch bei kleinen Ausführungen geschlossener Bau- und Ausrüstungsplätze darf nicht außer acht gelassen werden, daß sie sehr teuer im Bau und Unterhaltung sind und daher nur bei gesicherter Befassung mit ganz hochwertigen Bauten in Frage kommen.

Schwimmkräne. Um das Verholen der Schiffe während der Ausrüstung möglichst zu vermeiden, ist man in Deutschland schon frühzeitig dazu übergegangen, den Ausrüstungskran dadurch ortsveränderlich auszugestalten, daß man denselben auf einem Schwimmponton montierte. Der so entstandene Schwimmkran hat dann seine Entwicklung von dem auf dem Kranponton montierten dreibeinigen Scherenkran über den Schwimmkran mit einem, um seine Vorderkante wippbaren Ausleger aus Eisenfachwerk mit geknicktem Schnabel, in den die Seilrollen für die Flasche des Hubwerks eingebaut sind, zu dem modernen Schwimmkran mit drehbarem Wippausleger gemacht. Diese Drehbarkeit brachte erst die endgültige Lösung, da bei den beiden ersteren Schwimmkränen für die Bewegung der Schwerlast längsschiffs ein Verholen des Kranpontons notwendig wurde, was freilich immer noch weniger störend wirkte, wie das Verholen des

Schiffes. Bei dem drehbaren Schwimmkran kann jedoch die Last an jeder Stelle der vom Ausleger bestrichenen Kreisfläche abgesetzt werden, so daß ein Verholen des Kran-

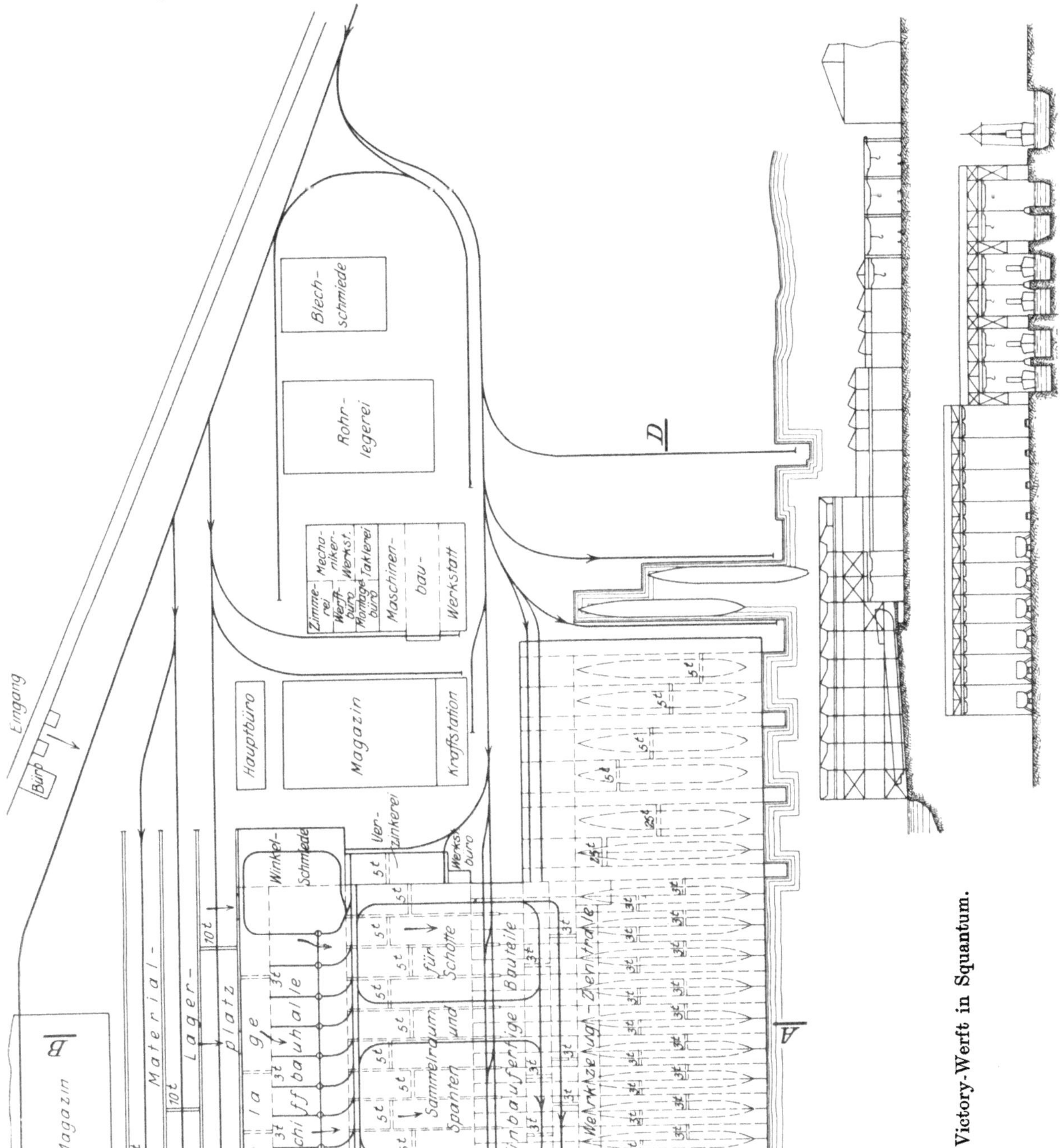

Abb. 861. Victory-Werft in Squantum.

pontons nur bei großen Bewegungen längsschiffs erforderlich wird. Die Ausbildung dieser Drehschwimmkräne schloß sich an die Entwicklung der ortsfesten Ausrüstungskrane an, indem der dreh- und wippbare Ausleger mit seinem aus Eisenfachwerk als Glocke ausgebildetem Fuß über ein mit dem Ponton fest vernietetes pyramidenförmiges Stützgerüst gehängt wurde, so daß eine solide Verankerung des Kranes auf dem Ponton sichergestellt wurde. Diese drehbaren Schwimmkräne haben die weiteste Verwendung gefunden. In dieser Bauart wurde z. B. der für die Reichswerft Wilhelmshaven gelieferte 250-t-Schwimmkran ausgeführt (Abb. 862)[1]. Der Schwerlastschwimmkran weist gegenüber dem ortsfesten Ausrüstungskran insofern manche Vorteile auf, als er mit seiner Beweglichkeit ein Verholen des Schiffes erspart. Auch kann er Schwerlasten an verschiedenen Stellen der Kaiflächen der Werft aufnehmen und dieselben entweder unter vorübergehendem Absetzen derselben auf das Deck des Kranpontons oder im Lasthaken hängend, ans Schiff zum Einsetzen bringen. Die Ausnutzungsmöglichkeit ist besonders bei eigenem Schraubenantrieb eine weit größere als beim ortsfesten Ausrüstungskran. Seine Rentabilität kann bei gemeinsamer Verwendung seitens benachbarter Werften bzw. auch im Hafenbetrieb leichter gesichert werden.

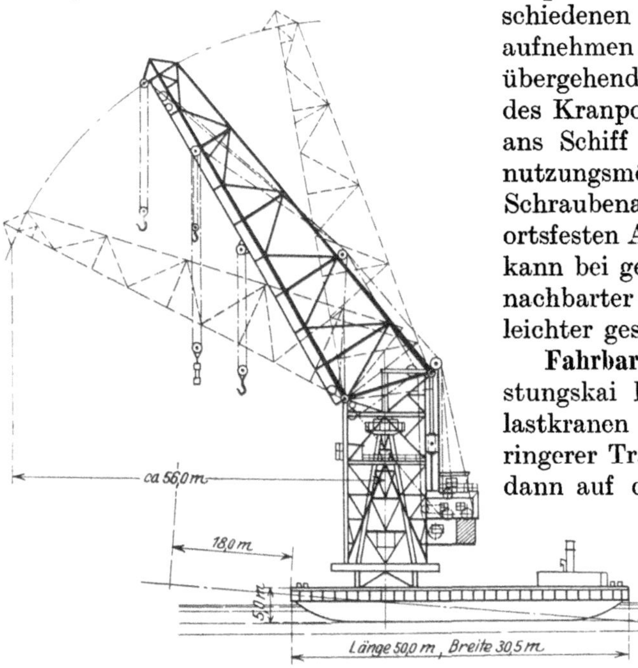

Abb. 862. 250-t-Schwimmkran.

Fahrbare Ausrüstungskräne. Am Ausrüstungskai kommen neben ortsfesten Schwerlastkranen auch fahrbare Auslegerkräne geringerer Tragkraft zur Anwendung, für welche dann auf dem Kai ein Fahrgleis vorgesehen wird. Neben den bereits erwähnten Dampfkränen mit schnabelförmigem Ausleger finden hierfür meist fahrbare Turmdrehkräne Verwendung, welche die Aufgabe haben, die mannigfachen Hilfsmaschinen und Ausrüstungsgegenstände vom Ausrüstungskai ins Schiff einzubringen. Um den Verkehr dieser Kräne am Kai nicht zu behindern, muß dann freilich das Stützgerüst des ortsfesten Ausrüstungskranes so weit von der Kaikante abgerückt werden, daß Platz für die kleinen fahrbaren Ausrüstungskräne frei bleibt (vgl. Abb. 863). Andernfalls muß, wie bei Blohm & Voß, die Bahn der fahrbaren Kräne am Fuß des ortsfesten enden.

Nach vorstehendem haben die mechanischen Transporteinrichtungen der Werft eine reiche und vielseitige Ausbildung und Vervollkommnung erfahren. Ist doch allein die schnelle Einführung selbst der umfangreichsten Hellingkrananlagen Beweis genug dafür, wie die mechanischen Transporteinrichtungen zur Erhöhung des technischen und wirtschaftlichen Wirkungsgrades einer Werft bewertet werden. Hierbei spielt die konstruktive Sonderausbildung der einzelnen Kräne keine so ausschlaggebende Rolle, wie eine zweckmäßige Typenwahl und die praktische Verteilung der einzelnen Hebezeuge auf die wichtigsten Arbeitsplätze, freilich immer unter Berücksichtigung der Kostenfrage und der hieraus sich ergebenden Rentabilität der Anlagen. In dieser Beziehung bietet die von Ebenezer Smith ausgearbeitete Zusammenstellung der verschiedenen Hellingkrananlagen mit dem jeweiligen Bestreichungsfeld des Lasthakens pro Helling und ihren Anschaffungskosten[2] eine wertvolle Grundlage.

---

[1] Mit Genehmigung der Demag.

[2] Smith, E.: Die Kranausrüstung der Schiffshellinge. Werft Reederei Hafen v. 22. 5. 1926.

Bezüglich der Transporteinrichtungen der Werft sollte das Ziel möglichst dahin gesteckt werden, sämtliche Krananlagen derart zu einem organischen Ganzen zu ver-

Abb. 863. Fahrbarer und fester Ausrüstungskran. Vulkan-Werke, Hamburg.

einigen, daß von einem Transport zu ebener Erde mit Hilfe von Eisenbahnwagen und Schienen soweit als möglich abgesehen wird. Bei Neuanlagen und Umbauten von Werften sollte man in erster Linie dahin streben, diesem Ideal tunlichst nahe zu kommen.

8. Der Kraftbetrieb auf der Schiffswerft.

Druckwasser. Wohl keine Industrie verfügt über eine so große Vielseitigkeit von Kraftübertragungsarten zum Antrieb von Arbeitsmaschinen wie die Schiffswerft mit ihren örtlich getrennten und auf voneinander abweichenden Betriebsweisen eingestellten Werkstatts-, Montage- und Transportbetrieben. Neben dem anfänglichen direkten Dampfantrieb für einzelne Arbeitsmaschinen und der anschließenden Übertragung der Leistung der Betriebsdampfmaschine der Werkstätten durch Riementransmissionen auf die einzelnen Arbeitsmaschinen kam in den Schiffbaubetrieben Großbritanniens schon frühzeitig der hydraulische Kraftantrieb zur Geltung, indem mit Hilfe von Druckwasser von 100 Atm. Druck eine Reihe von Arbeitsmaschinen für intensive Kraftleistung angetrieben wurden. Hierzu zählen die schweren Arbeitsmaschinen zum Biegen, Börteln, Stanzen und Schneiden starker Bleche sowie die schweren Nietmaschinen für den Kesselbau und die transportablen Nietmaschinen für die Arbeiten am Schiffskörper auf der Helling. Wegen der Frostgefahr eignet sich der hydraulische Kraftbetrieb im wesentlichen für geschlossene Werkstätten, im Freien nur für milderes Klima. Hydraulischer Antrieb hat in Großbritannien sein Mutterland. Hier findet diese Kraftübertragung auf den Werften, in den Häfen zum Betrieb von Schleusentoren und Hafenkränen vielseitige Verwendung. Die Werft von Harland & Wolf, Belfast, benutzt sie in ausgiebigem Maße für den Hellingbetrieb in Verbindung mit gewaltigen Bockkränen zum Aufhängen der schwereren Bügelnietmaschinen an Laufkränen. Das für den Betrieb dieser rein hydraulischen Maschinen erforderliche Druckwasser wird in einer Kraftanlage, bestehend aus

Druckpumpe und Akkumulator, erzeugt und den einzelnen Arbeitsmaschinen in Druckrohren zugeführt, während das Abwasser in besonderen Rückleitungen der Pumpe zufließt. Wenngleich die Pumpenkraft durch Einschaltung eines ausgiebigen Kraftspeichers von Druckwasser eingeschränkt werden kann, so gestaltet sich doch der Betrieb durch den verhältnismäßig hohen Kraftwasserverbrauch, sowie durch mancherlei Störungsmöglichkeiten, wie undichte Manschetten und in der Druckleitung auftretende Störungen, nicht besonders bequem oder wirtschaftlich. Eine Verminderung des Kraftwasserverbrauches wurde erst vor einigen Jahrzehnten durch hydraulische Sparsteuerungen erreicht, wobei das Druckwasser vom Akkumulator erst in den Arbeitszylinder eintritt, wenn der Druckstempel am Arbeitsstück Widerstand findet.

Elektrizität. Die elektrische Kraftübertragung fand erst gegen Ende des verflossenen Jahrhunderts nach entsprechender Entwickelung der elektrotechnischen Industrien auf den Werften Eingang. Während im Jahre 1895 in Deutschland erst 8 Werften mit elektrischen Primärstationen ausgerüstet waren, wiesen 1899 bereits 22 Werften 136 Primärmaschinen mit 5300 kW Leistung und 572 Elektromotoren von 4700 PS auf. Die elektrische Kraftübertragung erwies sich alsbald für die Werftbetriebe als besonders geeignet, da der elektrische Strom nicht nur für die Beleuchtung der Werkstätten und Arbeitsplätze, sondern auch für den Antrieb der Arbeitsmaschinen und des so wichtigen Kranbetriebes in hoher Wirtschaftlichkeit ausgenutzt werden konnte. Der bisherige Dampfantrieb für die zahlreichen und zerstreut liegenden Arbeitsplätze konnte daher alsbald gänzlich aufgegeben werden. Die größeren Arbeitsmaschinen wurden in immer steigendem Maße für elektrischen Einzelantrieb und die leichten Arbeitsmaschinen für Gruppenantrieb eingerichtet. Nach dem Vorgang des elektrischen Kranantriebes mit mehreren Motoren bürgerte sich ferner selbst auch für kleinere Spezialarbeitsmaschinen der Mehrmotorenantrieb mit Druckknopfsteuerung mehr und mehr ein, wodurch die dem Betriebe hinderlichen Transmissionswellenleitungen und Riementriebe in den Hauptwerkstätten fast ganz verschwinden konnten. Mit Einführung der elektrischen Kraftübertragung zum Antrieb der ortsfesten und beweglichen Arbeitsmaschinen sowie Krananlagen begann auf den Werften auch ein rationeller Schnellbetrieb durch Erhöhung der Umlaufszahlen der Antriebswellen der Werkzeugmaschinen. Die Elektrisierung des Werkzeugmaschinenantriebes hat dann weiter durch Einführung der Gleichstrom-Nebenschlußmotoren mit Drehzahlregelung eine weitere Vervollkommnung erfahren.

Stromerzeugung. Die Erzeugung des elektrischen Stromes geschieht noch vielfach auf der Werft selbst in der Werftzentrale. Als Antrieb der Dynamomaschinen ist die Dampfkolbenmaschine in steigendem Maße durch die Dampfturbine verdrängt worden, doch bietet die Zuleitung des Kühlwassers für die Kondensatoren bei der meist notwendigen Lage der Zentrale entfernt von der für Hellinge und Werkstätten in Anspruch genommenen Wasserfront oft Schwierigkeiten, so daß zur Aufstellung von Dieseldynamos geschritten wurde. Viele selbst größte Werften aber ziehen vor, den Werftstrom vom städtischen Kraftwerk oder von einer Überlandzentrale zu entnehmen, unter Einschaltung einer Umformerstation. Als Stromart ist Gleichstrom von 220 Volt vorherrschend geworden, da diese Stromart sich für den Kraftantrieb am geeignetsten erwiesen hat und auch für den Helling- und Ausrüstungsbetrieb mit seinen provisorischen Leitungen am wenigsten gefährlich ist. Die Stromleitungen von der Kraftstation bzw. der Unterstation zu den einzelnen Arbeitsstellen erfolgt am sichersten unterirdisch in besonderen Kanälen, da die über der Erde gespannten Leitungsdrähte den Transportbetrieb mit Auslegerkränen erschweren und bei Belastung mit Schnee oder bei Sturm leicht zerrissen werden können. Für die Montagebetriebe auf der Helling und auf dem in der Ausrüstung befindlichen Schiff werden die Stromleitungen für Licht und Kraftstrom mit entsprechenden Anschlußdosen für die Kabel der transportablen Arbeitsmaschinen provisorisch verlegt.

Preßluft. Neben der hydraulischen und elektrischen Kraftübertragung hat — von Amerika ausgehend — der Preßluftantrieb für bewegliche Kleinwerkzeugmaschinen zum Nieten, Meißeln und Stemmen sowie zum Bohren und Aufräumen von Löchern immer größere Bedeutung gewonnen und wirksamer Maschinenarbeit auf der Helling und auf dem in Ausrüstung befindlichen Schiff die Wege geebnet. Die Preßluft von 6 bis 7 Atm. Druck wird durch besondere Kompressoren erzeugt und durch ein Netz von Druckluftrohren mit Schlauchabzweigungen den Preßluftwerkzeugen zugeführt, während die Abluft in die Atmosphäre entweicht, so daß eine Rückleitung entfällt. Da die Preßluftwerkzeuge bei sachgemäßer Entwässerung der Rohrleitungen auch in kalten Wintern gebrauchsfähig bleiben, so bedeutet ihre Einführung für die Werftbetriebe einen so beträchtlichen Fortschritt, daß es heute kaum noch eine Werft ohne Preßluftanlage gibt. Freilich darf nicht übersehen werden, daß der Wirkungsgrad der Preßluftwerkzeuge nur ein geringer ist und daß bei einem weitverzweigten Netz von Luftleitungen mit einem Verlust an Preßluft bis zu 50% durch Undichtigkeiten gerechnet werden kann. Die exakte Erforschung der Mängel, die der Preßlufttechnik noch anhaften, vermochte der bisherigen Verschwendung kostbarer Energie hier noch nicht wirksam zu begegnen. Da ferner die teuren Preßluftwerkzeuge und Luftschläuche nebst Zubehörteile einem großen Verschleiß unterworfen sind, so wird es bei den hohen Betriebskosten der Anlage nicht immer möglich sein, die bei der Benutzung der Preßluftwerkzeuge sich ergebenden Ersparnisse an Arbeitslöhnen sicher herauszuwirtschaften. Einzelne Werften schränken daher teilweise die Preßluftnietung wieder ein und bevorzugen besonders in Werkstätten für Bohrarbeiten den elektrischen Antrieb, da der Energieverbrauch der elektrischen Bohrmaschinen etwa nur $^1/_{10}$ desjenigen der Preßluftbohrmaschinen beträgt. Für Nietzwecke auf der Helling muß allerdings der Preßlufthammer noch immer als unentbehrliches Arbeitsmittel einer leistungsfähigen Werft gelten.

Die Erzeugung der Preßluft erfolgt meist in der Kraftzentrale der Werft durch Stufenkompressoren mit Zwischenkühler. Der Antrieb derselben erfolgt durch Dampfkolbenmaschinen, deren Zylinderfüllung nach dem vorherrschenden Druck der Preßluft selbsttätig geregelt wird — neuerdings auch vielfach durch Elektromotore; dann wird die Preßlufterzeugung durch Feststellung der Ventilteller und entsprechendem Leerlauf des Kompressors geregelt. Bei Bedarf von großen Luftmengen zieht man Turbokompressoren wegen des geringeren Platzbedarfs und des Fortfalls des Riemenantriebes vor. Ihre Regulierbarkeit ist jedoch beschränkt. Da der Luftverbrauch nach der Beschäftigungslage der einzelnen Betriebe stark wechseln kann, ist eine Gliederung der Kompressoren in mehrere verschiedene Maschinensätze zweckmäßig, so daß vorübergehende Spitzen des Luftverbrauches durch Anstellen weiterer Aggregate ausgeglichen werden können. Der Druck sollte niemals unter 6 Atm. heruntergehen, da unter diesem Druck die Preßluftwerkzeuge ihre günstigste Schlagkraft verlieren. Wichtig ist, die angesaugte Luft durch Filter von Staub zu reinigen, der Kompressoren und Werkzeuge angreift[1].

Die Preßluftverteilung über die Werft zu den einzelnen Arbeitsplätzen erfolgt durch ein Leitungsnetz von Gasrohren oder nahtlos gezogenen Rohren, das von einem zylindrischen Luftsammler ausgeht, der außen vor dem Kompressorhaus stehend aufgestellt ist. Er gleicht die Luftstöße der Kompressoren sowie die Luftwirbel aus und dient zugleich zum Abscheiden von Öl und Kondenswasser. Öl greift die Gummischläuche an, während Wasser im Winter die Gefahr der Eisbildung bedingt. Die Rohrleitungen werden durch Flansche, die lose hinter aufgeschweißten Bunden sitzen, verschraubt und möglichst in einem Gefälle von 1 : 200 bis 1 : 400 verlegt und mit Ableitungstöpfen für das Kondenswasser ausgestattet. Bei unterirdischen Leitungen sind an den Abzweigstellen Schutzkästen vorzusehen. Die lichte Weite der Rohre ist möglichst reichlich zu wählen, da der Bedarf an Preßluft leicht anwachsen kann, auch wirken weite Rohre

[1] Kroening, E.: Die Preßluftwerkzeuge. 1918.

als Luftsammler ausgleichend bei schwankendem Luftbedarf. Die Anschlußschläuche zu den Werkzeugen werden durch Schlauchkupplung mit besonderen Anschlußbehältern verbunden; für diese ist bei der Abzweigung von der Hauptleitung ein Absperrventil vorzusehen. Die Gummischläuche werden trotz ihrer leichten Verletzbarkeit durch glühende Nietabfälle und scharfe Eisenkanten wegen ihrer großen Biegsamkeit den Metallschläuchen vorgezogen. Die Verwendung der Preßluft zum Staubwegblasen und zum Betrieb der Nietessen sollte wegen der Unwirtschaftlichkeit vermieden werden. Für den Ausrüstungs- und Reparaturbetrieb haben sich schwimmende Preßluftstationen, die zweckmäßig zu schwimmenden Werkstätten auszugestalten sind, mit elektrischem Antrieb durch Kabelleitung von Land oder mit eigenem Dieselmaschinenantrieb bewährt.

Druckgase. Hiermit sind die Kraftübertragungsmethoden einer modernen Werft noch nicht erschöpft. So haben sich verschiedene Gasarten, meist in Gasflaschen unter hohem Druck komprimiert, wie Sauerstoff, Wasserstoff, Azetylen, Leuchtgas und Wassergas zum autogenen Schweißen und Schneiden, letzteres sogar auch unter Wasser, ferner zum Löten, Enthärten von Panzerplatten und für die Feuerbearbeitung von Material als unentbehrlich erwiesen. Die Zunahme dieser Bearbeitungsarten hat auf vielen Werften zu eigener Erzeugung dieser Gase geführt, da ein weiterer Transport der Gase mit den schweren Flaschen und durch den Rücktransport der leeren Flaschen unrentabel ist. Die Werftzentrale muß dann entsprechend erweitert werden und erzeugt daher nicht nur den Dampf zum Antrieb der Turbodynamos, der Druckwasserpumpen und der Luftkompressoren, sowie zum Speisen der Dampfhämmer und dampf-hydraulischen Pressen und zur Heizung der Werkstätten, sondern auch die verschiedenen Gase. Aber auch den Kraftgasen wird der Rang neuerdings durch den elektrischen Strom auf Teilgebieten wieder streitig gemacht in Gestalt von Gleichstrom-Schweißdynamos für die elektrische Lichtbogenschweißung und von Wechselstrom für Stumpf-Punkt- und Nahtschweißmaschinen.

Einschränkung der Kraftübertragungsarten. Die elektrische Kraftübertragung hat wegen ihrer beachtenswerten Vielseitigkeit im Werftbetrieb ständig an Bedeutung zugenommen und die Berechtigung mancher anderer Kraftübertragungsarten in Frage gestellt. Mitbestimmend für diese Entwickelung wurde die Tatsache, daß die neueren Werften auf die Anlage einer besonderen Werftzentrale meist verzichteten und den elektrischen Strom immer häufiger von städtischen oder Überlandzentralen beziehen. Anfänglich bereitete allerdings der elektrische Antrieb der Luftkompressoren und Druckwasserpumpen insofern Schwierigkeiten, als der elektrische Motor bei schwankender Luftentnahme die Drehzahl des Kompressors nicht zeitig genug regeln konnte und bei der Druckwasserpumpe nach einem Stillsetzen der Motor gleich gegen den vollen Akkumulatorendruck anlaufen mußte, was Funkenbildung und Durchbrennen von Sicherungen zur Folge hatte. Diese Schwierigkeit wurde mit Einführung des Regelmotors und besonderer Leerlaufanlaßvorrichtungen behoben, und trat hierbei der Gedanke auf, den Umweg über die Druckwasserpumpe und den Akkumulator zu sparen und den elektrischen Regelmotor unmittelbar zum Antrieb schwerer Biegemaschinen und Pressen zu verwenden, gegebenenfalls unter Erzeugung von Druckwasser bei der Arbeitsmaschine selbst. Auch wurden für diesen Zweck besondere Arbeitsreglerantriebe durchgebildet, so daß die Anschaffung einer hydraulischen Kraftübertragungsanlage entfallen konnte. Nachdem der rein elektrische Antrieb mit Regelmotor sich für schwere Lochwerke, Mannlochstanzen und Biegepressen, sowie Tafelscheren in technischer und wirtschaftlicher Beziehung bewährt hatte, ist man sogar dazu übergegangen, auch die schwersten Biegemaschinen, wie die Kielplattenbiegemaschine und die stehende Kesselblechbiegepresse, vom hydraulischen Antrieb auf den rein elektrischen umzugestalten und hat hierbei die gleiche Arbeitsleistung und -geschwindigkeit erzielt, wie beim bisherigen hydraulischen Antrieb[1]. Daß der elektrische Antrieb auch mit Bezug auf Genauigkeit

[1] Schwarz, Tjard: Die zunehmende Bedeutung der elektrischen Kraftübertragung für die Werftbetriebe. Schieß-Nachrichten, 3. Jg., H. 3.

und vor allem Betriebssicherheit dem hydraulischen Antrieb überlegen ist, beweist auch die Entwickelung in allen Kriegsmarinen (mit Ausnahme der englischen), für das Schwenken und Richten der schweren Geschütze den elektrischen Antrieb vorzuziehen unter Verwendung der Leonard-Schaltung und neuzeitlicher Regelmotoren.

Die hydraulische Kraftübertragung erfährt zur Zeit in den Werftbetrieben keine weitere Ausgestaltung oder Ausbreitung. Die Bemühungen, den Preßlufthammer durch elektrisch betriebene Federhämmer zu ersetzen, befinden sich dagegen noch im Anfangsstadium. Dagegen gewinnt die elektrische Bohrmaschine gegenüber der Preßluftbohrmaschine ständig mehr an Boden. Die elektrische Kraftübertragung bildet daher zur Zeit das wirksamste Mittel, um die Arbeitsleistung und damit auch die Wirtschaftlichkeit der Werftbetriebe zu heben. Elektrischer Strom ist an allen Arbeitsstätten nötig, und die Stromverteilung bedingt im Vergleich mit der Verteilung anderer Kraftarten keine größeren Verluste. Durch die Vielseitigkeit der Verwendung und durch die Einschränkung des Stromverbrauches auf die Zeitdauer produktiver Arbeitsleistung überragt die Elektrizität die übrigen Kraftübertragungsarten, so daß die Bestrebungen, das Feld des elektrischen Antriebes ständig zu erweitern, vom betriebstechnischen und wirtschaftlichen Standpunkt aus berechtigt erscheinen.

9. Der Reparaturbetrieb.

Zur Erhöhung des wirtschaftlichen Wirkungsgrades hat sich die Angliederung eines Reparaturbetriebes an den Neubaubetrieb der Werften als bedeutungsvoll, vielfach als entscheidend für die Existenz erwiesen. Die Ausgestaltung der Betriebe für Überholungs- und Instandsetzungsarbeiten am Schiffskörper, seiner Einrichtung und Ausrüstung, sowie an den Maschinen- und Kesselanlagen mit ihren mannigfachen Hilfsmaschinen, und für Arbeiten zur Beseitigung der Schiffs- und Maschinenhavarien, ist in den letzten Jahrzehnten bei allen Werften, die an Hauptzufahrten oder in Häfen des Weltverkehrs liegen, von immer wachsendem Einfluß auf die Anlagen und Einrichtungen der Werften geworden. In den meisten Schiffbauländern gibt es kaum noch Schiffswerften, die nicht neben ihrem Neubaubetriebe auch über Dockgelegenheiten zur Vornahme von Reparaturarbeiten verfügen. Vielfach, wie z. B. auf Marinewerften, ist der Neubau überhaupt oft nur Pufferarbeit zur Erhaltung und Beschäftigung des gelernten Arbeiterstammes. Für den Privatschiffbaubetrieb gilt als unstreitig die weit überlegene Wirtschaftlichkeit des Reparaturbetriebs gegenüber dem Neubau. Die unerläßliche Voraussetzung für ein einträgliches Reparaturgeschäft ist ein leistungsfähiger Dockbetrieb, wobei das Schwimmdock in jeder Hinsicht den Vorzug verdient.

Aufschleppe. Bei kleineren Werften, zumal wenn sie mit begrenzten Fahrwasserverhältnissen zu rechnen haben, findet man vielfach Längs- oder Queraufschleppen, deren Anlagekosten auch geringer sind als ein Schwimmdock. Obwohl die Längsaufschleppe, das sogenannte Patentslip, mit zu den ersten Einrichtungen der Werften zum Trockenstellen der Schiffe zählte, hat diese Art von Trockensetzeinrichtungen mit Zunahme der Schiffsgewichte und im besonderen der Schiffslängen mehr und mehr an Bedeutung verloren, zumal das Aufschleppen und Zuwasserlassen der Schiffe mit Hilfe der Patentslips nicht ganz gefahrlos ist, da beim Aufsetzen und Abheben des Schiffes vom Aufschleppwagen eine kritische Periode für die Stabilität des Schiffes eintritt. Es sind daher, ähnlich wie beim Eindocken von Schiffen in ein Trockendock, Vorkehrungen zu treffen, um das Schiff beim Aufschleppen gegen Umfallen zu sichern. Diese Vorkehrungen bestanden bei den alten Patentslips meist in Schlagbettungen, die vom aufzuziehenden Schiff aus oder durch Taucher eingestellt wurden. Auf Grund einer zuverlässigeren Abstützung der Schiffe durch Verbesserung der Aufschleppe konnte die Längsaufschleppe sich im Werftbetriebe bis heute halten. Diese Vervollkommnung, welche zuerst in den Vereinigten Staaten durchgeführt wurde, bestand darin, daß die

Aufzugswagen als breite Plattformen ausgebildet wurden, an deren Seiten feste Gerüste mit einer schmalen Plattform errichtet wurden, die beim Versenken des Wagens über Wasser bleibt, damit man von hier aus die auf der Plattform mitgeführten Kimmschlitten durch Handwinden unter den Schiffsboden bringen kann. Zu gleicher Zeit gab man die Fortbewegung des Aufschleppwagens durch auf Schienen laufende Räder auf und versah die Wagen mit Kufen, die unter Zwischenschaltung von Rollenbändern in ihrer ganzen Länge auf flachen Schienen aufruhen, welch letztere in der Sohle der geneigten Aufschleppbahn verankert sind. Auf diese Weise wurde die hohe Achsenreibung der an Zahl beschränkten Wagenräder durch eine auf die ganze Länge des Wagens verteilte Rollenreibung ersetzt. Eine weitere Verbesserung der amerikanischen Aufschleppwagen besteht darin, daß die Plattform nicht parallel zur Sohle der Aufschleppe, sondern am hinteren Ende fast wagerecht verläuft, so daß die Gleitkufen nach dem Strom zu an Höhe zunehmen, während sie im vorderen Teil des Aufschleppwagens in gleichbleibender Höhe unter der Plattform verlaufen. Hierbei ergibt sich in der Plattform des Wagens auf etwa $^2/_3$ seiner Länge von hinten ein Knick, der zur Aufnahme des geraden Kieles des Schiffes durch entsprechende Erhöhung der Kielstapel an dieser Stelle wieder ausgeglichen wird. Die so verbesserten Längsaufschleppen, die in Amerika allgemein den Namen „Marine Railways“ führen, haben im letzten Jahrzehnt weite Verbreitung in den Vereinigten Staaten gefunden, zumal sie in ihren Abmessungen leicht derart vergrößert werden konnten, daß sie imstande sind, Schiffe bis zu 7500 bis 8000 t Gewicht trockenzustellen. Abb. 864 zeigt eine solche Aufschleppe der More Shipbuilding Comp., Oakland, Cal. Als Zugorgane dienen 4 Ketten, die durch ein elektrisch angetriebenes Windwerk aufgewunden werden. Die Motorleistung schwankt beim Aufschleppen von 160 bis 560 PS.

Abb. 864. Marine Railway.

Neben der Längsschleppe wird die Querschleppe auf Flußschiffswerften allgemein verwendet, womit das Aufschleppen flachbodiger, gleichlastiger Flußschiffe gefahrlos vor sich geht. Die Querschleppe wird vielfach mit einer Neubauquerhelling derart vereinigt, daß der untere (ufernahe) Teil der Aufschleppe für das Aufziehen von Reparaturschiffen freigelassen wird. Die Schleppwagen finden oft auch zum Zuwasserlassen von Neubauten Verwendung. Wegen des leichteren Aufsetzens der Schiffe auf die wagerecht ausgerichteten Aufschleppwagen haben die Querschleppen auch vereinzelt für Seeschiffswerften mit ausreichender Wasserfront Verwendung gefunden. So verfügt die Schiffswerft Einswarden über eine Querschleppe mit 10 Wagen von je 200 t Tragkraft, so daß Schiffe bis zu 2000 t Deplacement mit einer Schiffslänge bis zu 85 m und einer Schiffsbreite bis zu 14 m aufgeschleppt werden können[1]. Für die im Boden meist schärferen Seeschiffe müssen aber die einzelnen Schleppwagen mit einstellbaren Kimmpallen versehen werden.

Schwimmdock. Obwohl das Schwimmdock nicht viel jüngeren Datums ist als das alte Patentslip, so ist die Einführung desselben in den Werftbetrieb nur langsam vorangegangen. Die älteren Schwimmdocks gewährleisteten ebensowenig wie die alten Patentslips eine zuverlässige Betriebssicherheit, da eine Kontrolle des Füllens sowie des Lenzens der Wasserzellen des Schwimmdocks durch den Dockmeister insofern erschwert war, als die einzelnen Schieber und Ventile, sowie die Dampfpumpen, welche im Schwimmdock weit voneinander getrennt angeordnet sind, noch mit der Hand von Dockarbeitern an- und abgestellt werden mußten. Die Schwerfälligkeit der Befehlsübermittelung konnte daher gefährlichen Krängungs- oder Trimmlagen beim Versenken oder beim Aufpumpen des Docks herbeiführen. Erst die Einführung des elektrischen Antriebs für die Dockpumpen und die An- und Abstellung derselben durch elektrische Fernübertragung sowie die Betätigung der Schieber und Ventile durch hydraulische oder pneumatische Kraftübertragung von einem zentralen Führerhaus des Schwimmdocks aus stellte den Schwimmdockbetrieb auf eine hohe Stufe der Zuverlässigkeit. Mit Hilfe der Fernübertragungen kann das Fluten und Lenzen des Docks durch den Dockmeister vom Führerhaus, wo alle Fernleitungen zusammenlaufen, derart sicher überwacht werden, daß bei Dockungen von steuerlastigen Schiffen das Schwimmdock mit der gleichen Steuerlastigkeit versenkt wird, so daß nach dem Einfahren und Festlegen des Schiffes der Kiel des Schiffes beim Aufpumpen sich mit seiner ganzen Länge auf die Kielstapel aufsetzt und eine Verminderung der Stabilität des Schiffes nicht eintreten kann, weil der Schiffsboden sich gleichzeitig an alle Unterstützungen anlegt. Ein seitliches Abstützen des Schiffes gegen die Seitenkasten des Schwimmdocks kann daher entfallen. Da ferner das Aufpumpen eines Schwimmdocks weniger Pumpenkraft und Zeit erfordert als das Lenzpumpen eines belegten Trockendocks, das Herein- und Herausholen des Schiffes beim Schwimmdock bequemer und sicherer durchzuführen ist als beim Trockendock und schließlich das im Schwimmdock trockengestellte Schiff durch seine freie und hohe Lage für Reparatur- und Anstrichsarbeiten besser zugänglich und günstiger gelagert ist als das tief im Trockendock stehende Schiff, so hat sich das Schwimmdock allmählich einen bedeutenden Vorsprung sichern können. Auch die Ursprungsländer des Trockendocks, Frankreich und Großbritannien, sind deshalb nach Deutschland dazu übergegangen, Schwimmdocks bis zu den größten Abmessungen in Betrieb zu nehmen.

Der neuzeitliche Typ des Schwimmdocks ist das sogenannte Sektionsdock, welches aus mehreren „Sektionen" besteht, die durch feste Kupplungen oder vernietete bzw. verschraubte Laschbleche miteinander verbunden sind. Eine Lösung dieser Verbindungen findet nur statt, wenn man einzelne Sektionen zum Docken kleinerer Schiffe getrennt verwenden will oder wenn zur Konservierung des Docks einzelne Sektionen in den anderen gedockt werden sollen. Die verschiedenen Patente zum Selbstdocken von Schwimmdocksektionen haben gegenüber dieser einfachen Anordnung keine nachhaltige Wirkung erzielen können. Das gleiche Schicksal war den verschiedenen Patenten zur Verminderung der Kraftleistung beim Hochpumpen des Docks beschieden, da die Betriebskraft hierfür bei jeder Dockung immer nur auf etwa eine Stunde in Anspruch genommen wird. Dagegen hat ein Patent seine Bedeutung erhalten, wobei während des Flutens der Bodenzellen die vorher frei entweichende Luft nach einer bestimmten Zeit abgeschlossen, also beim weiteren Versenken des Docks komprimiert wird (Abb. 865). Dies hat den Vorteil, daß die komprimierte Luft beim Heben des Docks das Herauspumpen des Wassers unterstützt, dann aber auch bei versenktem Dock durch ihren Gegendruck die Wandungen des Bodenpontons von dem äußeren Wasserdruck entlastet. Das Auspumpen der Dock-

[1] Michenfelder: Kran- und Transportanlagen.

zellen erfolgt neuerdings durch Flügelradpumpen mit vertikaler Antriebswelle und elektrischem Antrieb. Der Kraftstrom zum Dockbetrieb wird zweckmäßig von der Werft-

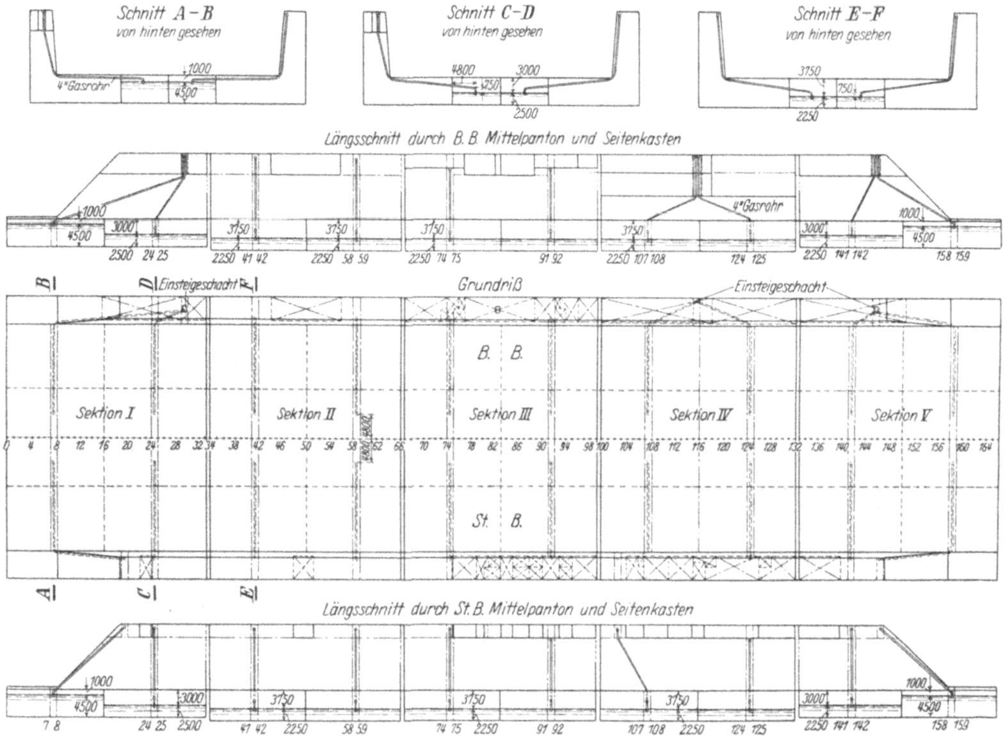

Abb. 865. Großes Sektions-Schwimmdock.

zentrale oder dem Hauptkabel durch Überführen eines Luftkabels zum Dock geleitet, da hierdurch die früher übliche Einrichtung einer besonderen Kraftstation auf dem Schwimmdock erspart werden kann. Die Pumpenmotoren werden vorwiegend durch Fernübertragung vom Führerhaus an- und abgestellt (Abb. 866). In diesem ist ein Tisch aufgestellt, auf welchem die Hebel zum Bewegen der Schieber und Ventile mittels Preßluft- oder Druckwasserübertragung auf die einzelnen Docksektionen verteilt angeordnet sind, während an der Rückwand Fernanzeiger über den Wasserstand in den einzelnen Dockzellen Aufschluß geben. An der hinteren Seitenwand ist ein Krängungsanzeiger und links davon ein Trimmanzeiger angeordnet, so daß der Dockführer jederzeit einen Überblick über den Betriebszustand des Docks hat und hiernach mit den Pumpen entsprechend manövrieren kann. Eine optische Visiereinrichtung mit Fernrohr ist über die ganze Länge des Docks oberhalb des Seitenkastens angeordnet, um vom Führerhaus aus die jeweilige Durchbiegung des Docks feststellen zu können; der Dockmeister kann dann rechtzeitig durch ent-

Abb. 866. Führerhaus eines Schwimmdocks.

sprechendes Regulieren beim Fluten oder Lenzen das Auftreten unerwünschter Zustände verhindern.

Auf den Seitenkasten größerer Schwimmdocks werden häufig fahrbare Portalauslegerkräne aufgestellt, welche sowohl das Versetzen von Kiel- und Kimmstapelungen erleichtern als auch beim Übernehmen von Einzelteilen in das eingedockte Schiff und beim Arbeiten an Schrauben und Ruder vorteilhaft sind. Schwerlasten können in einfachster Weise mit Hilfe eines Schwimmkranes ins Schiff gebracht oder aus demselben entfernt werden. Auf großen Werften gehören zum Schwimmdockbetrieb Vorsatzpontons mit Materialmagazinen, Betriebshäusern und selbst Werkstätten. Für Preßluftverwendung im Dock wird meist in einem Seitenkasten ein Luftkompressor aufgestellt, dessen Leitungen mit einer Anzahl von Anschlußstutzen längs des Seitenkastens verlegt sind. Für Feuerlöschzwecke wird im Seitenkasten meist eine besondere Pumpe mit entsprechenden Rohrleitungen und Anschlußstutzen für Schläuche vorgesehen. Auch werden die Seitenkasten gern zur Anordnung von Klosett- und Waschräumen für die Besatzung des eingedockten Schiffes benutzt, da diese Einrichtungen an Bord während der Dockzeit außer Betrieb gesetzt werden müssen.

Trockendock. Nachdem das Schwimmdock zu einem praktischen und wirtschaftlichen Betriebsmittel geworden ist, hat das Trockendock für den Werftbetrieb seine Rolle ausgespielt und kommt dasselbe bei Neuanlagen von Werften kaum noch in Frage. Selten kann auch ein Trockendock vorteilhaft in eine gesamte Werftanlage eingegliedert werden, weil es das Werftgelände und die Verbindung zwischen den einzelnen Werkstätten zerschneidet. Auch sind die für ein Trockendock ins Feld geführten Vorteile, wie geringe Unterhaltungskosten, Unbeweglichkeit der Docksohle und unbegrenzte Lebensdauer insofern nicht stichhaltig, als Beschädigungen von Trockendocks auf Grund der Unterspülung der Sohle durch Quellen eingetreten sind, welche erst durch umfangreiche Arbeiten beseitigt werden konnten. Im besonderen gestaltet sich das Ein- und Ausdocken der Schiffe im Trockendock schwieriger als im Schwimmdock, da alle nicht gleichlastig liegenden Schiffe beim Aufsetzen des Kiels auf die Stapelung sofort durch Seitenstützen gesichert werden müssen. Ebenso ist das Eindocken havarierter Schiffe mit Schlagseite schwierig, wenn nicht unmöglich, während man dem Schwimmdock vor dem Eindocken die Schlagseite des aufzunehmenden Schiffes geben und es beim Docken mit dem Schiff aufrichten kann. Dies natürlich nur innerhalb gewisser Grenzen.

Für Überholungs- und Reparaturarbeiten, bei denen ein Docken des Schiffes nicht erforderlich ist, werden vorteilhaft besondere Liegeplätze an der Werft disponiert, welche möglichst in der Nähe der am meisten in Anspruch genommenen Werkstätten anzuordnen sind. Hierfür dienen allerdings meist die jeweilig freien Stellen des Ausrüstungskais. Für Untersuchungen der Unterwasserteile des Schiffes verfügen größere Werften über Taucherapparate. Zu deren Ausrüstung gehört zweckmäßig auch Unterwasserschneidegeschirr, womit z. B. ein Taucher Arbeiten wie das Lösen von in die Schraube vertörnten Verholtrossen erledigen kann, die sonst eine Dockung erfordert hätten.

10. Beispiele von Werftanlagen.

Die vorstehend dargelegten Grundzüge der Werftanlage und -einrichtung mögen noch durch einige Beispiele ausgeführter Werftanlagen ergänzt werden, die teils in ihren wesentlichen Anordnungen, teils im einzelnen als Muster gelten können.

New York Shipbuilding Co. in Camden. Die von dem amerikanischen Brückenbauer Mr. Morse im Jahre 1900 in Camden gegenüber Philadelphia gegründete Schiffswerft ist nach Anlage und betriebstechnischen Grundsätzen so vorausschauend durchdacht, daß sie auch heute in vielen Einzelheiten als mustergültig gelten kann. Sie bildete seiner Zeit die vollkommenste Schöpfung mit Bezug auf einheitliche Betriebsorganisation und transporttechnische Neuerungen. Sie stellt die erste Werftanlage dar, bei welcher eine enge Betriebsgemeinschaft zwischen Schiffbau und Schiffsmaschinenbau zur Durchführung gelangte. Dieses Werftprojekt entsprang dem damals im Schiffbau noch ganz unbekannten Bestreben, durch Spezialisierung der Arbeit und Erleichterung eines Schnellbetriebes planmäßige Serienherstellung von Frachtdampfern nach dem Vorbilde der für solche Bauweise mustergültig ausgestatteten amerikanischen Brückenbauanstalten und Lokomotivfabriken durchzuführen und damit den amerikanischen Schiffbau in wirtschaftlicher Schiffsherstellung trotz der höheren Arbeitslöhne wettbewerbsfähig mit den europäischen Werften zu machen. Die mit amerikanischem Wagemut großzügig geschaffene Werft fand seinerzeit keine entsprechende Beschäftigung, da die damals erhoffte staatliche Subventionierung des amerikanischen Schiffbaues ausblieb.

Die Eigenart der New York Shipbuilding Co. besteht in der Vereinigung der wichtigsten Werkstätten und Arbeitsplätze des Schiffbaues und des Maschinenbaues zu einem zusammenhängenden Gebäudekomplex und Verbindung derselben durch einen zusammenhängenden Transportbetrieb durch die Luft mittels elektrischer Kräne, so daß alle Arbeiten unabhängig von jeglicher Witterung in geschützten und erwärmten Räumen vor sich gehen können. Dabei war die Möglichkeit einer späteren Erweiterung vorgesehen (Abb. 867).

Der Arbeitsgang der Werkstücke von der Anlieferung des Materials durch die Werkstätten bis zum Einbau auf der Helling oder in das in der Ausrüstung liegende Schiff entwickelt sich in folgender Weise: Von den mit der Eisenbahn heranrollenden Materialien gehen die Gußstücke direkt in die Maschinenbauwerkstatt, die Walzmaterialien fahren seitlich in die Halle für Platten und Profile hinein, wo sie durch einen Laufkran entladen und gelagert werden. Die Verteilung dieser Materialien auf die Kesselschmiede und für die Winkel- und Plattenbearbeitung im Schiffbau besorgt ein auf dem Hallenboden auf Schienen fahrender Bockkran, dessen Höhe so bemessen ist, daß er unter den Kranbahnen der Laufkräne der genannten Werkstätten hindurchfahren kann. Die einzelnen Laufkräne der Werkstätten besorgen dann die Verteilung der Werkstücke auf die einzelnen Arbeitsmaschinen und befördern die fertig bearbeiteten Werkstücke zur Sammelhalle am Kopf der Hellinge bzw. zur Seite des Ausrüstungsbeckens. Für den Transport der fertigen Kessel ist hierzu ein Laufkran mit verschiebbarem Ausleger von 100 t Tragkraft vorgesehen. In der Plattenbearbeitungshalle dienen zum Verschieben der Platten vor den Lochmaschinen Lysholm-Tische (Abb. 807). Die Warmbearbeitung der Winkel erfolgt in der von der Lagerhalle aus rechtsseitig verlängerten Halle für Winkelbearbeitung. Dieser Halle schließt sich neben der Plattenhalle die für Schiffbau und Maschinenbau gemeinsame Schmiede an. Die kleinere Schmiede zwischen Kesselschmiede und Winkelbearbeitungshalle arbeitet gleichfalls für beide Betriebe und ist als Gesenkschmiede und Nietenmacherei eingerichtet. Die Maschinenbauwerkstatt liegt in Verlängerung der Kesselschmiede. Ein 100-t-Laufkran bedient beide Werkstätten zusammen. Die oberen Stockwerke der Seitenschiffe beider Werkstätten dienen der Kupferschmiede, Blechschmiede, Kleindreherei und Schlosserwerkstatt. Der Schnürboden befindet sich oberhalb der Plattenhalle. Die 6 Hellinge (Helling 7 bis 10 sind später hinzugefügt) sind paarweise in je einem Hallenschiff angeordnet, das von zwei 10-t-Laufkränen bestrichen wird. Die mittlere Laufbahn ist höher angeordnet, damit auf den äußeren seitlichen Kranbahnen noch ein 100-t-Laufkran fahren kann, der für gewöhnlich über dem Ausrüstungsbecken arbeitet, aber in Ausnahmefällen, wenn schwere Steventeile oder Kessel schon in das auf Stapel stehende Schiff eingesetzt werden sollen, mit Hilfe einer Schiebebühne auf die seitlichen Kranbahnen der Hellinge verfahren werden kann. Das an die Hellinge sich anschließende bedachte Ausrüstungsbecken wird von vier, die halbe Breite überspannenden 10-t-Laufkränen und dem die ganze Breite überspannenden 100-t-Laufkran bestrichen. Die Zahl der in den Werkstätten, über den Hellingen und dem Ausrüstungsbecken und in der Lagerhalle von Anfang an aufgestellten Laufkräne von 7 t bis 100 t Tragkraft beträgt 40. Der Kraftstrom wird von einer eigenen Zentrale

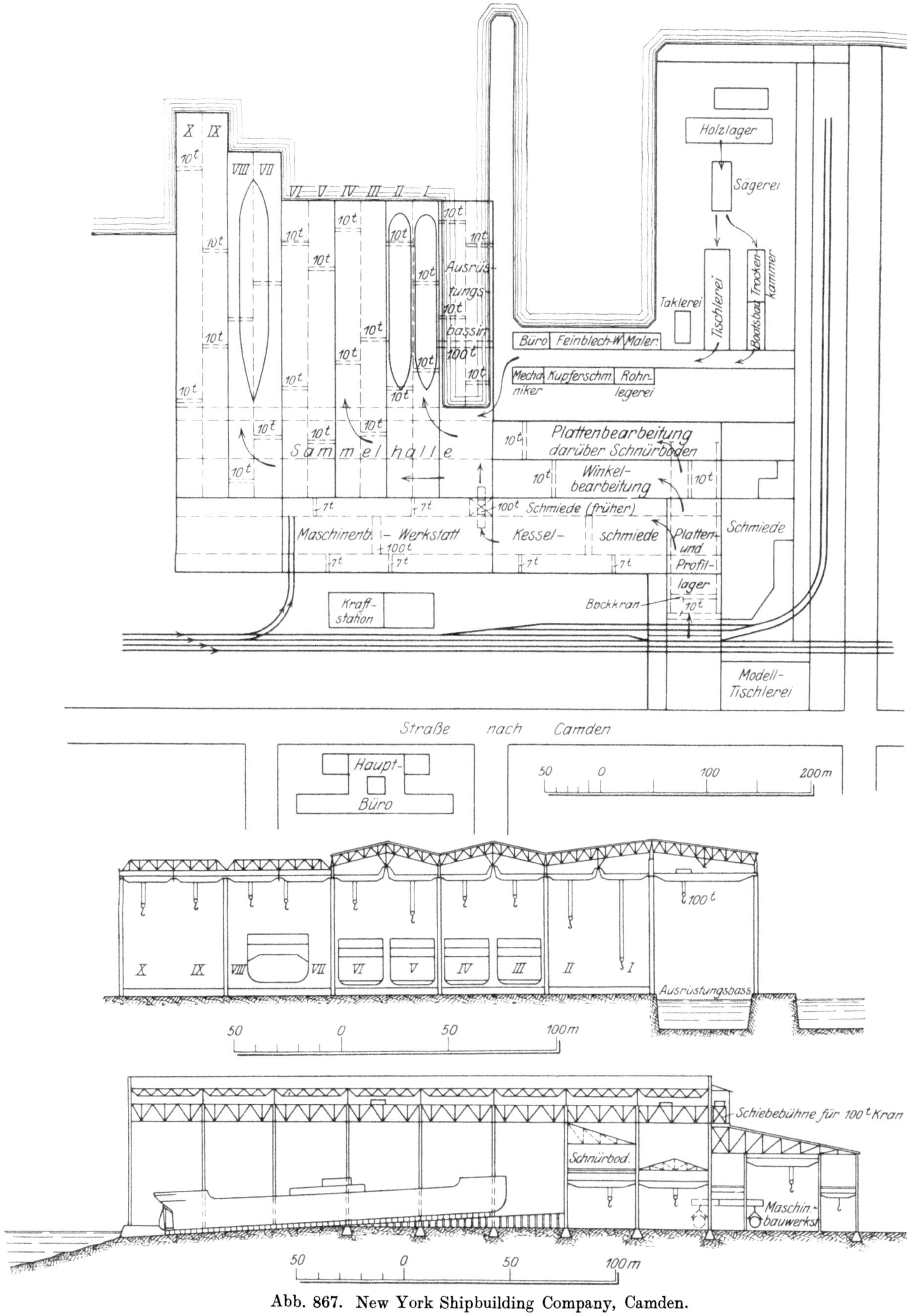

Abb. 867. New York Shipbuilding Company, Camden.

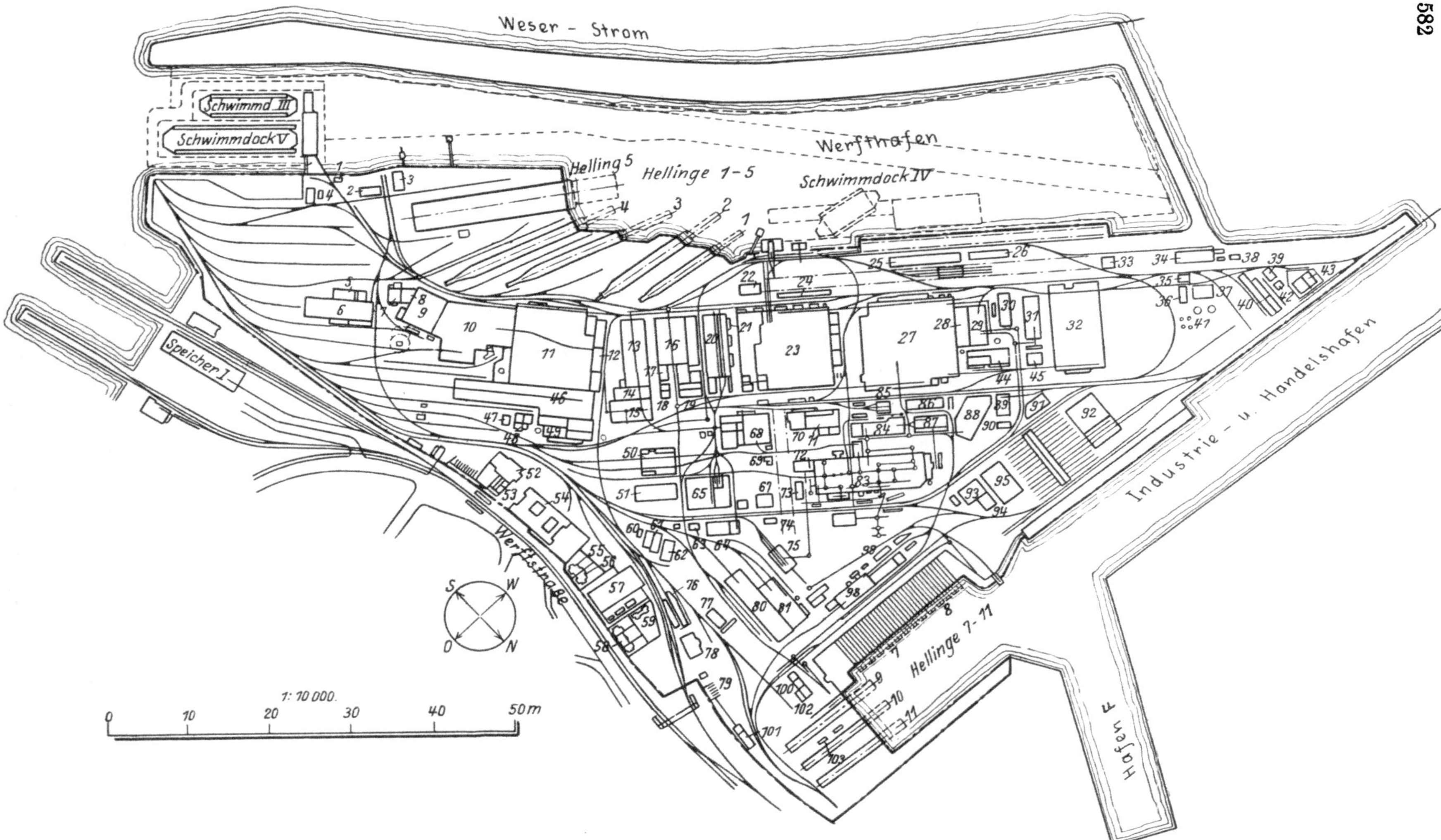

Abb. 868. Werftplan der Deutschen Schiff- und Maschinenbau A.-G., Bremen (Werk A.-G. „Weser").
(Ziffernerklärung siehe S. 583 oben.)

Ziffernerklärung zu Abb. 868.

1 Dockbüro.
2 Montageschuppen.
3 Nietenlager beim Helling V.
4 Überdachtes Farbenlager.
5 Klosett- u. Pissoiranlagen.
6 Werkstatt für Schwerbleche.
7 Preßluft-Zentrale V.
8 Schuppen für Stapellaufgerät.
9 Schiffsschmiede.
10 Schuppen für Spantenpläne, Richtplatten, Winkel-Glühöfen und Dampfkessel.
11 Schiffbauwerkstatt mit Schuppen für Plattenglühofen.
12 Werkzeugmacherei.
13 Schlosserei.
14 Schlosserei.
15 Beschlagschmiede.
16 Magazin.
17 Glaserwerkstatt und Schlauchlager.
18 Feuerwehrwache.
19 Lagerraum für Schiffbau.
20 Rohrlager für die Kupferschmiede.
21 Kupferschmiede.
22 Betriebsbüro.
23 Kesselschmiede.
24 Arbeitsschuppen für die Kesselschmiede.
25 Schiffbauarbeitsschuppen am Bollwerk.
26 Maschinenbau-Arbeitsschuppen am Bollwerk.
27 Maschinenfabrik I.
28 Maschinenfabrik I.
29 Lagerschuppen für fertige Maschinenteile.
30 Werkstatt für fremde Firmen, früher Montagewerkstatt für Maschinenbau.
31 Werkzeugmacherei — Maschinenbau.
32 Maschinenfabrik II.
33 Montageschuppen.
34 Rohrschlosserei am Bollwerk.
35 Gasabfüllanlage.
36 Wassergasanlage (Reiniger-Anlage).
37 Sauerstoffanlage.
38 Rohrlagerschuppen f. Maschinenbau.
39 Sauerstoffflaschenlager.
40 Rohrlagerschuppen für Maschinenbau.
41 Acetylenanlage.
42 Lagerschuppen für Isoliermaterialien.
43 Lagerhaus für Öl.
44 Zentrale IV u. Kesselhaus für Turbinenprüffeld.
45 Waschräume.
46 Zulage, darüber Schnürboden.
47 Grube für den Kaminkühler.
48 Wasserreinigungsgebäude und Unterstation.
49 Maschinenhaus und Kesselhaus der Zentrale I.
50 Sägerei.
51 Holzlager.
52 Arbeiteramt.
53 Portierhaus mit Wartehalle.
54 Verwaltungsgebäude.
55 Wohnhäuser.
56 Wohnhäuser.
57 Kantine.
58 Wohnhäuser.
59 Wohnhäuser.
60 Klosett- u. Pissoiranlagen.
61 Unterkunftsraum für Arbeiter.
62 Schuppen.
63 Schuppen für Bahnmeisterei.
64 Schuppen für Boote usw.
65 Pumpenhaus.
67 Lagerschuppen für die Kesselschmiede.
68 Maschinenschmiede.
69 Klosett- und Pissoiranlagen.
70 Kesselhaus der Zentrale II.
71 Maschinenhaus der Zentrale II.
72 Lagerraum für die Gießerei.
73 Waschräume.
74 Zementschuppen.
75 Lokomotivschuppen.
76 Kohlenhocks beim früheren Öllager.
77 Wasch- und Ankleideraum.
78 Druckluftzentrale oder Zentrale VI.
79 Zahlbuden mit Barrieren.
80 Schiffbauhallen } jetzt Holzlager.
81 Schiffbauhallen } jetzt Holzlager.
83 Gießerei.
84 Modelltischlerei.
85 Lokomotivschuppen.
86 Waschräume.
87 Modellholzlager.
88 Modellhaus.
89 Akkumulatoren-Ladestation.
90 Modellager.
91 Modell- und Holzlager.
92 Montagewerkstatt für Schlosserei und Kupferschmiede.
93 Zimmerei.
94, 95 } Tischlerei.
98 Werkstatt für Schiffbau.
99 Waschräume.
100 Betriebsbüro.
101 Schuppen.
102 Schuppen.
103 Betriebsbüros für Schiffbau.

geliefert, die auch die hydraulische Kraft, die Preßluft, mit den üblichen Maschinen erzeugt.

Die einzigen, nicht mit den Hellingen zusammen unter einem Dach vereinigten Werkstätten sind die abseits gelegenen Tischlerei- und Holzbearbeitungswerkstätten mit

Abb. 869. Luftbild zu Abb. 868.

Trockenkammer und Bootsbau, sowie die am später ausgebauten offenen Ausrüstungsbecken gelegenen kleineren Ausrüstungswerkstätten. Die Tischlerei besitzt ein besonderes Kesselhaus, in welchem die in den Holzbearbeitungswerkstätten abfallenden

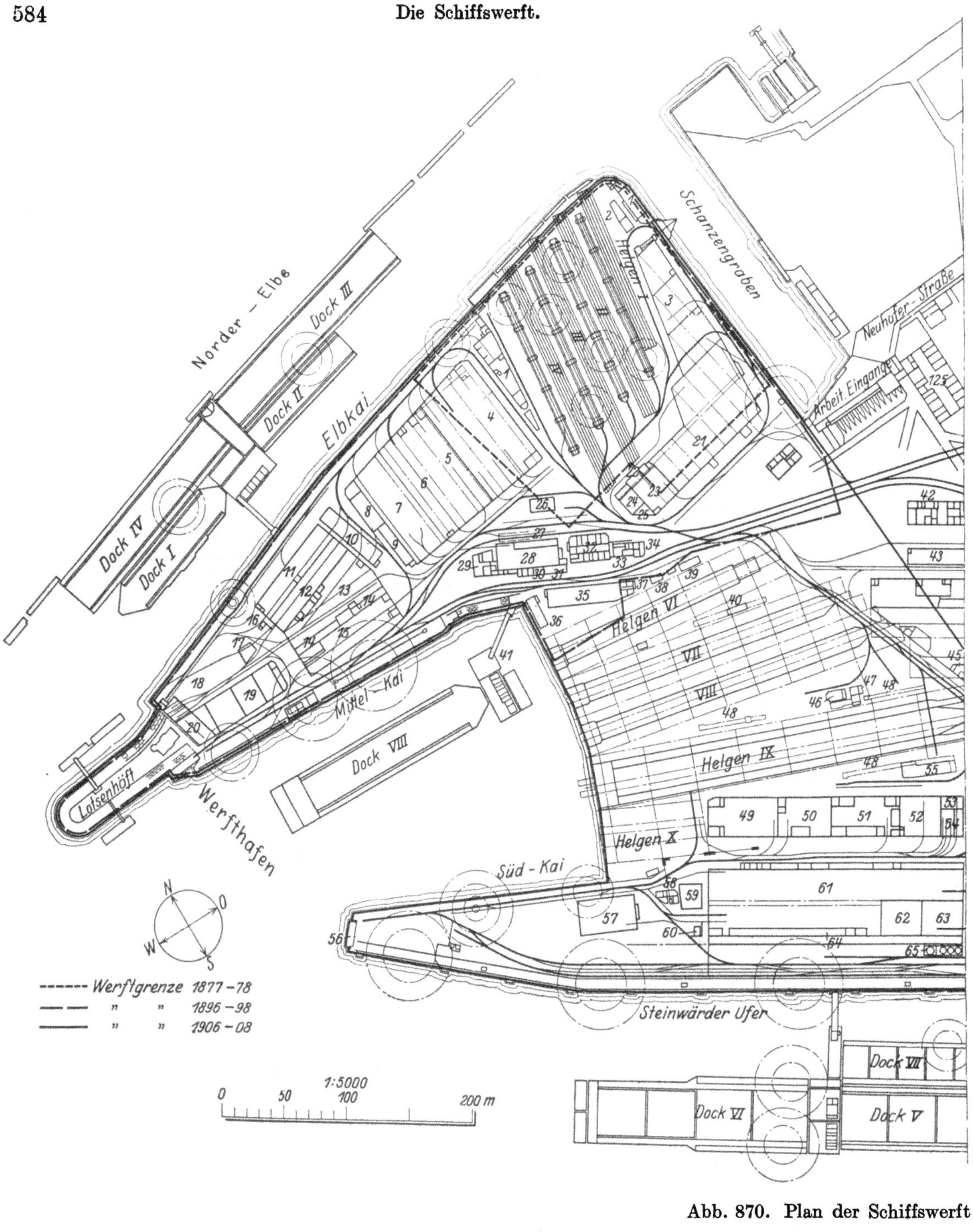

Abb. 870. Plan der Schiffswerft

1 vorm. Malerei I.
2 Schuppen.
3 Winkelschmiede I.
4 Maschinenfabrik I.
5 Kupferschmiede I.
6 Kesselschmiede I.
7 Schmiede.
8 Schmiede-Anbau.
9 Eisenlager.
10 Tischlerei, Meisterzimmer.
11 Tischlerei I.
12 Sägerei I.
13 Zimmerei I.
14 Garderobe.
15 Schlosserei I.
16 Holzverwaltung.
17 Holzbearbeitung.
18 Holztrocknung.
19 Holzschuppen.
20 Filterstation.
21 Schiffbauhalle I.
22 Ölmaschinen.
23 Elektrische Schweißerei.
24 Zentrale I.
25 Umformer.
26 Schuppen für Rohgußteile.
27 Kohlenbunker.
28 Kesselhaus I.
29 Laboratorium.
30 Garderobe.
31 Lokomotivschuppen.
32 Altes Betriebsgebäude.
33 Unfallstation.
34 Brandmeister.
35 Speisehalle II.
36 Tauwerk.
37 Bauaufsicht. [pen.
38 Holzzerkleinerungsschup-
39 Abortanlage.
40 Schlauchausgabe.
41 Dockponton. [werke.
42 Gebäude für fremde Ge-
43 Schnürboden II.
44 Anbau Schiffbauhalle II.
45 Meisterzimmer.
46 Abortanlage.
47 Meisterzimmer.
48 Helgenaufgang.
49 Modelltischlerei.
50 Modell-Lager.
51 Elektrische Werkstatt.
52 Winkelschmiede II.
53 Werft-Reparaturwerkstatt
54 Lokomotivschuppen.
55 Laschenmacherei.
56 Ponton. [halle II.
57 Möbellager vormals Speise-
58 Umformer.
59 Lager für Rohrgußteile.
60 Hilfsmagazin.
61 Maschinenfabrik II.
62 Zentrale II.
63 Kesselhaus II.
64 Fahrweg.

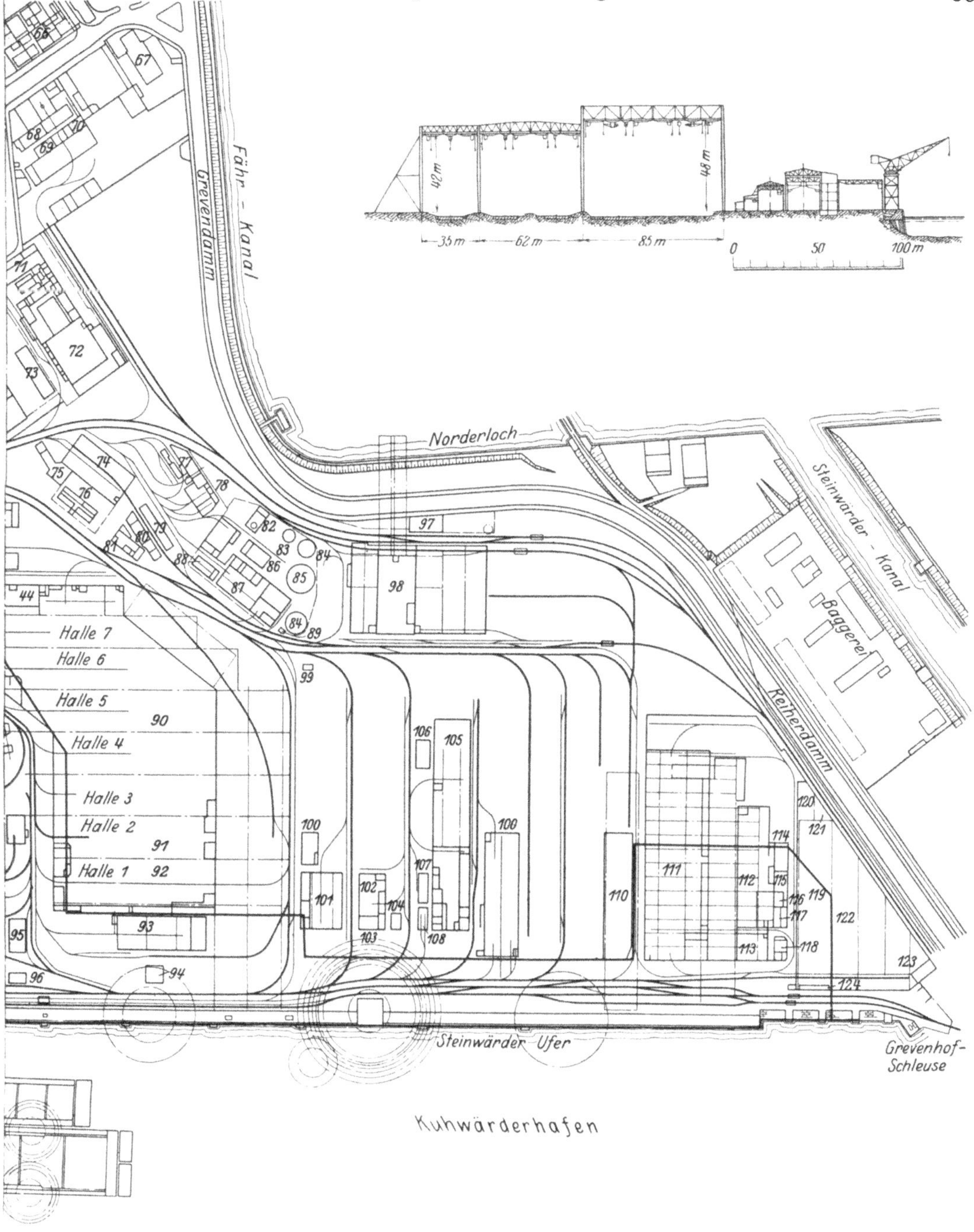

von Blohm & Voss, Hamburg.

65 Ölbehälter.
66 Wohnhäuser.
67 Werftschule.
68 Badeanstalt.
69 Kesselhaus.
70 Fahrradschuppen.
71 Beamten-Speisehaus.
72 Hauptspeisehalle.
73 Vorratsschuppen.
74 Lagerschuppen.
75 Autoschuppen.
76 Bauaufsicht.
77 Steinfabrik.
78 Müllverbrennung.
79 Koksschuppen.
80 Kokslager.
81 Wäscherei.
82 Acetylen-Gasometer.
83 Wasserstoff.
84 Sauerstoff.
85 Wassergas-Gasometer.
86 Schuppen.
87 Gasanstalt.
88 Sauerstoff-Abfüllstation.
89 Koksförderungsanlage.
90 Schiffbauhalle II.
91 Kesselschmiede II.
92 Schlosserei II.
93 Tischlerei II.
94 Litosiloschuppen.
95 Kohlenbunker.
96 Tunnelhaus.
97 Materialannahme.
98 Magazin-Gebäude.
99 Haus für Eisenlager.
100 Segelmacherei.
101 Kupferschmiede.
102 Bleiarbeiterwerkstatt.
103 Hilfsmagazin.
104 Abortanlage.
105 Lagerschuppen.
106 Eisenplattenschuppen.
107 Malerei II.
108 Lokomotivschuppen.
109 Gebäude für Holzbearbeitung.
110 Alteisenlager.
111 Gießerei.
112 Stahlputzerei.
113 Verzinkerei.
114 Garderobe.
115 Aufenthaltsraum.
116 Meisterzimmer.
117 Verkupferung.
118 Wasch- und Garderobenraum.
119 Kesselschmiede III.
120 Dreherei.
121 Werkzeugausgabe.
122 Osthalle.
123 Hochspannungsraum.
124 vorm. Hochspannungsanlage.
125 Hauptgebäude.

Späne zur Gewinnung von Dampf für die Trockenkammern verfeuert werden. Die Modelltischlerei liegt abgesondert an der Straße. Eine Gießerei ist nicht mit der Werft verbunden. Von besonderem Interesse sind die ausgedehnten Einrichtungen für die Heizung, Lüftung und Wasserversorgung der Werkstätten. Bei den Zugängen zu den Hellingen sind in einer Höhe von 3 m über dem Erdboden Heizschlangen angeordnet, welche eine Schicht von warmer Luft erzeugen, die als Trennungsschicht gegen die Außenluft der Hellinge dienen soll. Alle Hallen und die Holzbearbeitungswerkstätten werden durch Warmluftgebläse geheizt, der Schnürboden und die Malerwerkstatt durch Dampfheizung. Das Verwaltungsgebäude liegt auf der gegenüberliegenden Seite der Straße.

Die Werft der Deutschen Schiff- und Maschinenbau A.-G., Werk A.-G. „Weser", Bremen, ist in Abb. 868 wiedergegeben.

Die Schiffswerft Blohm & Voss, Hamburg, ist durch Abb. 870 veranschaulicht. Bei der Beurteilung dieser Werftanlage ist es notwendig zu wissen, daß bis zum Anfang dieses Jahrhunderts nur die Helling-Anlage nach der Elbseite hin bestand, während erst im zweiten Jahrfünft dieses Jahrhunderts die nach Westen gerichtete Helling-Anlage mit ihren Krangerüsten größter Abmessungen und ihren organisch dahinter gegliederten Schiffbau-Werkstätten entstanden ist.

Mit Bezug auf den Schiffbau sind dadurch in diesem Werftbilde gleichsam zwei in ihrem Betriebe und Werkstattsverkehr voneinander unabhängige Helling-Gruppen entstanden. Jede der beiden zeigt am Kopf der Hellinge zweckmäßig angeordnete Schiffbauwerkstätten. Die nach Westen gerichtete neuere Anlage konnte auf Grund der Platzverhältnisse natürlich noch großzügiger und einheitlicher mit Bezug auf das Plattenlager durchgearbeitet werden und erfordert ja auch eine unvergleichlich größere Leistung der Werkstätten als die Elbanlage. Bei letzterer wurde ein System von Hochbahn-Auslegerdrehkränen vorgesehen, wie sich dies für Helgen dieser Abmessungen vorzüglich bewährt hat.

Die Lage der Werft mit Bezug auf den Hafen ist unvergleichlich günstig und von früh auf zur Entwicklung auch eines leistungsfähigen Dock- und Reparaturbetriebes planmäßig ausgenutzt worden.

Die Werft von Burgerhout, Rotterdam (Abb. 827 und 828). Diese nach neuzeitlichen Grundsätzen im Jahre 1914 umgebaute Werft, welche mindestens in werkstättentechnischer Hinsicht als musterhaft beurteilt werden kann, umfaßt 3 Längshellinge für den Bau von Seeschiffen bis zu 15000 t und eine Querhelling zum Bau von Flußschiffen. Für die ersteren sind zwei Hochbahnen angeordnet, auf denen fahrbare Turmdrehkräne mit horizontalem Ausleger von 3 t Tragkraft bei 25 m Ausladung und 7½ t Tragkraft bei 8 m Ausladung mit einer Fahrgeschwindigkeit von 61 m/min fahren. Die beiden größeren Hellinge haben zwischen sich keine Hochbahn, damit sie gemeinsam zum Bau von Schwimmdocks Verwendung finden können. Die Kräne nehmen die fertig bearbeiteten Bauteile am Kopf der Hellinge auf und bringen sie durch Längsfahren zum Einbau ins Schiff. Die Gründung der Hellinge besteht aus Eisenbeton. Dieselbe verteilt sich auf ein Fundament für die Kielstapel und auf zwei Seitenfundamente für die Kimmstapel. In der Gegend des größten Drucks der Vorkante des Ablaufschlittens beim Aufschwimmen des Hinterschiffes sind schwere Betonklötze eingelassen, um Risse in der Betonsohle zu vermeiden. Während die Längshellinge den rechten Teil des Werftareals am Wasser einnehmen, schließt sich nach links die Querhelling an. Sie besteht aus 21 Gleitbahnen, auf denen die Flußschiffe zu Wasser gebracht werden. Am Kopf der Helling ist ein fahrbarer Dampfkran mit wippbarem Ausleger angeordnet, welcher die landwärts gelegenen Hellingteile bestreicht. An der linksseitigen Werftgrenze befindet sich ein kurzer Kai zum Entladen von Leichtern, welche Baumaterial auf dem Wasserwege heranbringen. Die Entlöschung erfolgt mit Hilfe von fahrbaren Dampfkränen, welche gleichzeitig den Verschiebedienst für die beladenen Loris zu den Materiallagerplätzen besorgen. Zwischen den Längshellingen und der Querhelling ist eine kurze Kaifläche vorgesehen, wo der Schwimmkran zur Aufnahme der einbaufertigen Kessel und Maschinen anlegen kann. Diese Kaifläche ist mit der Kesselschmiede und der Maschinenbauwerkstatt durch Gleise verbunden.

Die Verteilung der Werkstätten des Schiffbaues und des Maschinenbaues mit ihren Lagerplätzen ergibt sich aus dem Werftplan (Abb. 827). Die Werkstätten sind mit neuzeitlichen Werkzeugmaschinen in derart zweckmäßiger Gruppierung ausgestattet, daß eine fortlaufende und störungsfreie Bearbeitung der Werkstücke unter Heranziehung der praktischen Krananlagen erfolgen kann. Neben den Preßluftwerkzeugen findet die

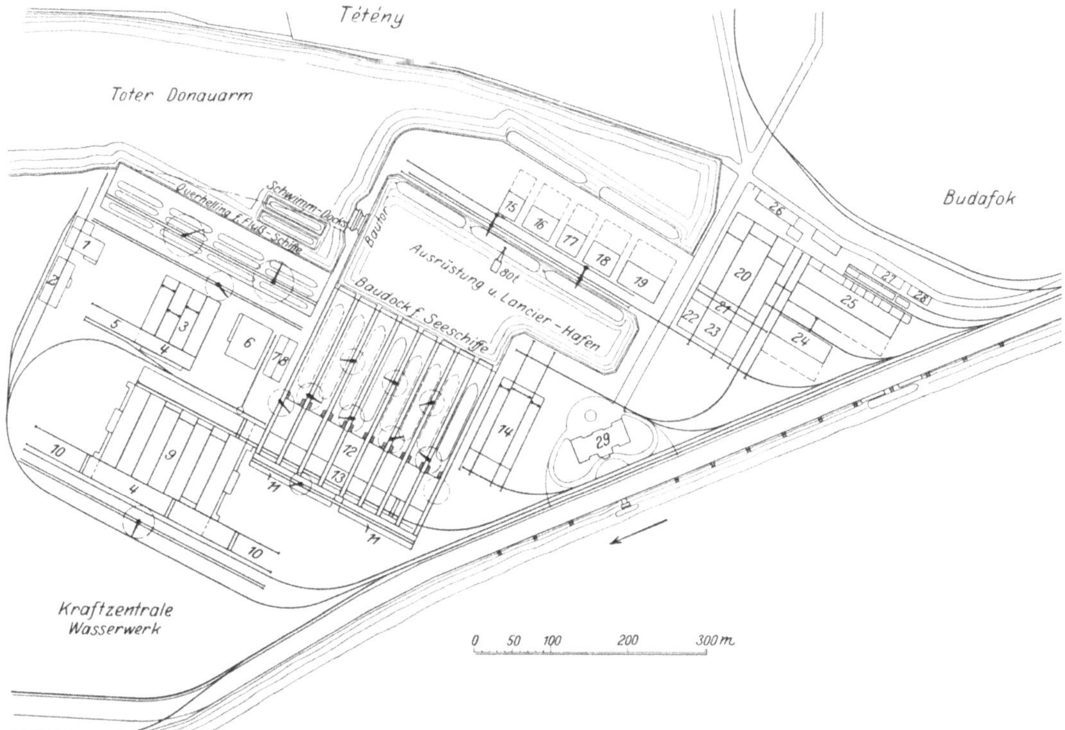

Abb. 871. Projekt der Atlantica See- und Flußschiffwerft.

1 Sägerei.
2 Trockenhaus.
3 Flußschiffbauhalle.
4 Zulage.
5 Materiallager.
6 Schlosserei und Werkzeugmacherei.
7 Nieten.
8 Schrauben.
9 Seeschiffbauhalle.
10 Platten- und Profillager.
11 Nieter.
12 Nietplatz für Querschotte.
13 Fertig bearbeitete Bauteile.
14 Kesselschmiede.
15 Bootsbau.
16 Ausrüstung und Tischlerei.
17 Klempnerei.
18 Ausrüstung und Schlosserei.
19 Allgemeines Magazin.
20 Maschinenbauwerkstatt.
21 Zwischenmagazin.
22 Kupferschmiede.
23 Montage.
24 Schmiede.
25 Grau-Gießerei
26 Kantine.
27 Modellager.
28 Modelltischlerei.
29 Verwaltungsgebäude.

autogene und elektrische Schweißung weitgehende Verwendung, während hydraulische Kraftübertragung fehlt. Das technische Büro liegt am Eingang der Werft und in dessen Nähe die Kraftzentrale. Das Verwaltungsgebäude liegt mehr wasserwärts im Zentrum der Werft. Die Gruppierung der Werkstätten ist nach betriebstechnisch wohldurchdachten Grundsätzen vorgenommen, so daß kurze Transportwege und kurze Leitungen für die Kraftübertragung entstehen. Eine wenig günstige Lösung hat allerdings mit Rücksicht auf die bestehenden Bedingungen die Verteilung der Lagerplätze, sowie die Anordnung des Ausrüstungskais auf Grund der Beschränkung des Werftareals gefunden. Der Ausrüstungskai mußte am gegenüberliegenden Ufer des Stromarmes vorgesehen werden. Er ist mit fahrbaren Portalauslegerkränen und einer Ausrüstungswerkstatt versehen. Die Verbindung desselben mit der Werft wird durch Fähren aufrechterhalten.

Atlantica See- und Flußschiffswerft bei Budapest. Der Bau der Atlantica-Werft wurde während des Krieges in Angriff genommen zum Bau von Seefrachtdampfern und Flußschiffen bis zu solchen Abmessungen, die gestatten, sie fertig aber unbeladen auf der Wasserstraße der Donau bis ins Schwarze Meer bringen zu können. Wie bereits in dem Kapitel „Bauhelling und Baudock“ erwähnt, konnte diese Aufgabe bei den am Donaustrom bei Budapest bestehenden Verhältnissen nur mittels Baudockes gelöst werden (Abb. 871). Der für diese Werftgründung maßgebende Gedanke des See- und Flußschiffbaues ist nicht verwirklicht worden. Es waren 8 Baudocks vorgesehen, von je 160 m Länge, die in ein Ausrüstungsbecken münden, das gegen den toten Arm der Donau durch ein Verschlußponton abgeschlossen werden kann. Auf den Seitenmauern der Baudocks sind Hochbahnen mit fahrbaren Turmdrehkränen vorgesehen, welche nach Land zu über den Platz für zusammengebautes Einbaumaterial weitergeführt sind und so hoch angelegt sind, daß sie die Kranbahnen für fertig bearbeitete Platten überspannen. Letztere tragen zwei Laufkräne mit Drehausleger, welche in die Sammelhalle vor der 7schiffigen Schiffbauhalle hineinfahren können und hier den Verkehr mit den einzelnen Schiffen der Schiffbauhalle für warme und kalte Bearbeitung von Blechen und Profilen vermitteln. Die am landseitigen Ende der Schiffbauhalle vorgelagerte Zulage mit Schnürboden darüber ist gleichfalls durch Drehauslegerlaufkräne überspannt, die nach beiden Seiten der Zulagehalle die Lagerplätze auf hohen Kranbahnen überfahren und dadurch ihre Drehausleger nicht nur für den Verkehr zwischen Zulage und Schiffbauhalle, sondern auch zum Entladen der mit der Eisenbahn ankommenden Bleche und Profile verwerten können. Für den Entladebetrieb ist ferner ein besonderer Hochbahnkran mit langem Ausleger vorgesehen. Für den Bau von Flußschiffen dient eine Querhelling mit einem Schienengleis für 2 fahrbare Dampfkräne mit langem wippbaren Ausleger. Ferner ist zwischen der Querhelling und der Schiffbauhalle für den Flußschiffbau eine Hochbahn mit fahrbarem Auslegerkran angeordnet, welcher den Verkehr zwischen Schiffbauhalle und Querhelling vermittelt und zugleich den Platz für einbaufertige Bauteile bestreicht. An der linken Werftgrenze ist die Sägerei mit Trockenhaus untergebracht, während zwischen der kleinen Schiffbauhalle und den Baudocks die Schiffbauschlosserei mit Werkzeugmacherei sowie ein Lagerhaus für Nieten und Schrauben vorgesehen ist. Die übrigen Werkstätten des Schiffbaues — Bootbau, Tischlerei, Klempnerei und Schlosserei — sind mit dem allgemeinen Magazin am Ausrüstungskai angeordnet, der das Ausrüstungsbecken an der den Baudocks gegenüberliegenden Seite abschließt. Die Werkstätten des Maschinenbaues schließen sich an die Baudocks und das Ausrüstungsbecken an und grenzt die Kesselschmiede an die Baudocks derart an, daß der schwere Laufkran des Mittelschiffes derselben nach beiden Giebelwänden der Werkstatt zu aus derselben hinausfahren und die Kessel direkt am Kai des Ausrüstungsbeckens absetzen kann, von wo sie der vorgesehene Schwimmkran aufnehmen und ins Schiff setzen kann. Die Maschinenbauwerkstatt schließt sich an den Ausrüstungskai an. Der Transport der fertig montierten Maschinensätze nach dem Gleis zum Ausrüstungskai erfolgt durch den aus der Mittelhalle hinausfahrenden Werkstattslaufkran. Die Werkstatt gliedert sich in eine Dreherei und eine Montagewerkstatt mit Kupferschmiede im Seitenschiff, und beide Betriebe sind durch ein Magazin getrennt. Die Hammerschmiede liegt ebenso wie die Gießerei neben der Maschinenbauwerkstatt und der Zwischenraum ist als Lagerplatz ausgebildet, der von einem 20-t-Laufkran überfahren wird. Dieser vermittelt auch den Transport der fertigen Gußstücke und Schmiedestücke zum Gleis, das nach dem Ausrüstungskai führt. Das Verwaltungsgebäude befindet sich im Zwickel zwischen Baudocks und Maschinenbauwerkstätten.

Flußschiffswerft der Gutehoffnungshütte in Walsum am Rhein (s. a. Abb. 857). Die Werft wurde 1919 angelegt mit dem Ziel, dort Serienbau von Flußschiffen zu betreiben, deren Bauteile in der Brückenbauabteilung der Gutehoffnungshütte in Sterkrade einbaufertig geliefert werden. Die Werft umfaßt daher nur die Bauplätze zum Zusammenbauen der Schiffskörper sowie Hilfswerkstätten, welche für die Schiffsausrüstung und für Reparaturarbeiten erforderlich sind. Sie bildet ein typisches Beispiel für eine Anlage zum fabrikmäßigen Bau von Rheinschiffen. Es sind 15 Hellinge vorhanden, von denen die 4 größten eine Länge von 130 m aufweisen. Letztere sind nach dem Wasser hin stufenartig angelegt. Alle Hellinge verlaufen mit ihrer Achse parallel zur Wasserfront und werden von zwei Hochbahnen durchquert, auf welchen je zwei Drehlaufkräne von 24 m Ausladung und 2 t Tragkraft von dem Sammelplatz der angefahrenen fertigen Bauteile bis zur Wasserfront laufen, welch letztere hier als Liegeplatz für die in der Fertigstellung begriffenen Neubauten dient. Außerdem ist zu beiden Seiten des Hellingkomplexes je ein Gleis angeordnet, welche beide in das Anschlußgleis der Hüttenbahn von Sterkrade einlaufen, so daß die von dort anrollenden fertigen Bauteile von den Hellingkränen direkt abgenommen und zum Einbau auf der Helling gebracht werden können. Auf der westlichen Seite der Hellinge sind die Hilfswerkstätten und das Magazin angeordnet, während auf der östlichen Seite die Aufschleppe angeschlossen ist, mittels deren die fertigen Schiffe zu Wasser gebracht werden. Die Gleise der Aufschleppe haben nach dem Strom zu ein Gefälle von 1 : 5 bis auf die Rheinsohle erhalten. Die zu befördernden Schiffe ruhen während des Transportes unter Zwischenschaltung eines Oberwagens auf einem Wagen, der mit Räderpaaren auf entsprechend verankerten Schienen der Aufschleppe fährt. Nach der Stromseite zu trägt der große Querwagen noch weitere Räderpaare, die beim Passieren des Gefälles auf erhöht gelagerte Schienen auflaufen, damit die Plattform des Wagens stets wagerecht gerichtet bleibt. Während des Auf- oder Abschleppens wird der Wagen durch Lenkstangen mit einem Antriebswagen verbunden, der das elektrisch betriebene Triebwerk trägt, welch letzteres in Zahnstangen eingreift, die auf Werftflur verankert sind. Die auf den einzelnen Hellingen nebenan zum Zuwasserlassen fertiggestellten Schiffe werden auf den mehrteiligen Oberwagen durch Aufkeilung aufgesetzt und dann in ihrer Längsrichtung unter den Kranhochbahnen durch auf den in die Achse dieses Transportes vorgefahrenen Aufschleppwagen mittels elektrischer Spille gezogen. Daran anschließend werden sie mit dem Schleppwagen zu Wasser gelassen. Neben dieser Aufgabe wird der Schleppwagen auch zum Aufziehen von Reparaturschiffen und für Instandsetzungsarbeiten benutzt, wobei das aufgezogene Schiff, wenn es sich nur um vorübergehende Trockenstellung handelt, auf dem Aufschleppwagen verbleibt, oder bei länger dauernden Reparaturen durch Verfahren des Schiffes auf einen freien Hellingplatz trocken gestellt wird. Durch diese neuartige Verbindung einer Aufschleppe mit Neubauhellingen kann die Zahl der Hellinge unabhängig von der Länge der Wasserfront beliebig gesteigert werden. Der große Vorteil und die wirtschaftliche Rechtfertigung dieser kostspieligen Anlage liegt in der vollkommenen Unabhängigkeit der Neubauten und Reparaturschiffe voneinander. An jeder Stelle der Helling kann ein Objekt herausgenommen und die freie Stelle wieder besetzt werden. Nur bei diesem System der Querhelling ermöglicht sich eine so umfassende und wirksame Krananlage, wie hier geschaffen. Für die in Reparatur befindlichen Schiffe ist am Rheinufer der Werft ein Schifferhaus erbaut, in welchem die Schiffer mit Familie so lange wohnen können, als ihr Schiff auf Land steht und etwa nicht bewohnt werden kann. Die Werft hat sich im Betriebe durchaus bewährt.

Die Nietarbeit beim Zusammenbau der Schiffskörper erfolgt hier durchweg mit Preßluftwerkzeugen, insoweit nicht an einzelnen Stellen auch die elektrische Lichtbogenschweißung Anwendung findet, die im übrigen ausgiebig zum Verschweißen der Nähte nach dem Nieten der Überlappungen verwendet wird, wodurch ein Nachstemmen der Nähte entbehrlich wird. Neben Rheinkähnen baut die Werft auch Rheinschlepper, deren Maschinenanlagen von der Maschinenbauabteilung der Gutehoffnungshütte in Sterkrade, bzw. von der diesem Konzern zugehörigen Maschinenfabrik Augsburg-Nürnberg geliefert werden.

Anhang 1.

Bemerkungen des Bureau Veritas zur neueren Entwicklung von dessen Vorschriften.

Zum Abschnitt IV.

Wie bekannt, werden die Materialstärken des Schiffsrumpfes nach Zahlen bestimmt, die von den Hauptdimensionen und dem Tiefgang der Schiffe abhängen und für gewisse Teile von einer dieser Dimensionen. In den früheren Vorschriften wurden zwei Hauptzahlen verwandt, eine „Längsnummer“, welche die Längsverbände bestimmte, und eine „Quernummer“ für die Querverbände. Die so erhaltenen Zahlen galten für Schiffe mit normalen Verhältnissen. Für die anderen wurden gemäß des Verhältnisses ihrer Länge zur Tiefe Korrekturen gemacht. Decks, Stringer und Lukenstringer wurden nach einer besonderen Zahl bestimmt, die sich aus dem Verhältnis $\frac{L}{T} \times L$ ergab.

Die neue Ausgabe sieht eine „Längsnummer“ vor:

$K \times L \times B \times T$ (Produkt der drei Hauptdimensionen multipliziert mit einem Koeffizienten, der vom Tiefgang des Schiffes abhängt)

für die Bestimmung der Materialstärken der Außenhautbeplattung usw., Scheergang und Verstärkungen an den oberen Längsverbänden jedoch ausschließend.

Scheergang und Gänge unterhalb desselben, ebenso Stringerplatten und Stringerwinkel des oberen Decks und das Deck selbst, d. h. alle solche Elemente des Oberbaues, die hauptsächlich zum Längsverband beitragen, werden nach einer „zweiten Längsnummer“ bestimmt, als Parameter Länge, Tiefe und Breite umfassend.

Endlich werden die unteren Decks, Stringerplatten und Stringerwinkel und Deckbeplattung, die, betreffs Längsverband, von geringerer Wichtigkeit sind, durch eine „dritte Längsnummer“ bestimmt, welche eine Funktion der Hauptdimensionen, aber unabhängig von den Verhältnissen des Schiffes ist.

Die früher angewendete „Quernummer“, Summe aus Breite und Tiefe (Tiefe nach Tiefgang korrigiert), ist in der neuen Ausgabe fallen gelassen mit der Ausnahme, daß die Materialstärken für Bodenwrangen in Schiffen ohne Doppelboden hiernach noch bestimmt werden.

Die Materialstärken für Spanten werden nun heute nach einer neuen Zahl bestimmt, die als Parameter einstellt:

a) Die Tiefe (T) oder Höhe von Oberkante Kiel bis zum starken Deck (Ober- oder Brückendeck).

b) Die Tiefe (T_1) von Oberkante Doppelboden bis zum selben starken Deck.

c) Die Raumtiefe (H), d. i. die vertikale Entfernung von Oberkante Doppelboden bis zur untersten Deckenbalkenlage an der Seite.

Die „Quernummer“ wird wie üblich durch den Tiefgang korrigiert. Bei Anwendung dieser Formel und den verhältnismäßig beschränkten Tabellen können die Materialstärken der Spanten für alle möglichen Zusammenstellungen von Raumtiefe und Zwischendecks bestimmt werden. In ähnlicher Weise erhält man die Materialstärken der Balken, die vordem nur von den Querschiffsdimensionen abhingen, nach der neuen Formel, welche die Spannweite des Balkens zwischen seinen Verbindungen an der Seite und den Stützenbefestigungspunkten in Betracht zieht, im Zusammenhang mit der Belastung des Balkens, die von der Höhe des oberhalb liegenden Zwischendecks und davon abhängt, ob hier Passagiereinrichtung vorgesehen ist oder Ladung gefahren wird. Die Spantentfernung, die ebenso wie früher nach der „ersten Längsnummer“ bestimmt wird, ist vergrößert, um die Anordnung der Einrichtungen zu erleichtern.

Diese Abänderungen führten im besonderen dazu, die Materialstärken der Versteifungen und ihrer Kniestücke festzulegen und in endgültiger Weise die Materialstärken der Staub- und Bunkerschotte zu regeln.

Ein spezieller Paragraph behandelt die tiefen Raumtanks, deren Konstruktion spezielle Aufmerksamkeit erfordert, besonders wenn sie zum Transport von Pflanzenöl bestimmt sind.

Im Abschnitt „Doppelböden“ sind einige neue Anordnungen zur Bestimmung der „Rahmenbodenwrangen“ eingefügt.

Der Abschnitt, der sich auf die Decks bezieht, ist durch eine Tabelle, die Stärken der Decks bei verschiedenen Balkenentfernungen vorschreibend, ergänzt.

Es sind verschiedene Änderungen in den Vorschriften für die Konstruktion von Endschotten der Aufbauten getroffen, um die Beschlüsse des „Load-Line Committee“ zu berücksichtigen und die Empfehlungen desselben betreffend „Schanzkleidpforten“ sind mit aufgenommen.

Der Abschnitt „Masten“ ist umgeändert sowohl mit Bezug auf Masten mit Ladebäumen als auch auf diese selbst.

Im Abschnitt „Dampfmaschinen" sind Änderungen in der Formel zur Bestimmung des Schraubenschaftdurchmessers vorgenommen. Diese Formeln, die sorgfältig mit den verschiedenen Kommissionen des Bureau Veritas durchgearbeitet sind, ergeben in geringfügig abgeänderter Form Resultate, die praktisch mit den Formeln der früheren Ausgaben der Vorschriften übereinstimmen.

Zunächst wird der Durchmesser der Tunnelschäfte bestimmt und hiernach die Durchmesser der Kurbel-, Drucklager- und Schraubenwellen. Die Durchmesser der Schraubenwellen sind insofern geändert, als in Betracht gezogen ist, ob sie mit durchlaufendem Bezug oder einem diesem gleichwertigen versehen sind, oder ob sie unbezogen sind.

Es sind auch Einzelheiten der Konstruktion und Zusammensetzung der Wellenleitung berücksichtigt (Dimension der Kurbelwangen, Bolzen und Kupplungen, Dicke der Bezüge usw.).

Die Vorschriften betreffend den Transport von flüssigem Brennstoff sind nach sorgfältiger Beratung mit den verschiedenen Distrikten durchgearbeitet, ebenso die Rohrleitung, Ventile und Ventilkästen. Im Abschnitt, der von den Kesseln handelt, sind die hydraulischen Druckproben in Übereinstimmung mit den Vorschriften fremder Klassifikationsgesellschaften gebracht, infolgedessen sind die Vorschriften der in Frankreich anerkannten beiden Gesellschaften identisch.

Im Abschnitt über „Diesel- und Halbdiesel-Motoren" sind die Formeln zur Berechnung der Wellenleitungen in Übereinstimmung mit den Erfahrungen der hauptsächlichsten Erbauer der Welt gebracht.

Bezüglich der „Halbdieselmotoren", sind die Formeln für Kompression bis zu 50 kg per cm^2 gültig.

Abschnitt X, von Materialprüfung und Abschnitt XI, von „elektrischer Installation" handelnd, sind überprüft und werden besonders veröffentlicht. Sie sind ohne wichtige Änderungen in den neuen Vorschriften wie früher enthalten.

Anhang 2.

Bemerkungen von Lloyds Register of British and foreign shipping.

Zum Abschnitt IV. 5. (Die Längsanordnung der Spanten und Decksbalken.)

I. Rules for determination of scantlings in longitudinally framed vessels.

The scantlings of the principal members of a ship structure are generally based on the experience derived from existing vessels. In the case of an entirely novel type of construction like the Isherwood longitudinal system, it is necessary to calculate the stresses on the various members and to compare the results with similar calculations for ordinary framing.

In making such a comparison the exercise of considerable judgment is needed, since the functions of the members so compared are not identical. This point may be illustrated by a comparison between the side frame in a transverse ship and the side transverse in an Isherwood vessel. The former may be regarded as an independent member responsible only for supporting that part of the shell plating to which it is attached, while the latter supports not only the shell plating but also the loads carried by the longitudinal frames.

It would thus appear reasonable that the calculated stress on the side transverse should be appreciably lower than that on the ordinary frame.

So far as the longitudinal frames are concerned, it is not possible to make a direct comparison with any member of a transversely framed ship, and in the first Isherwood vessels the permissible stress on each longitudinal could only be settled arbitrarily. Consideration of this question opens a controversy which is still unsettled as to how far the longitudinal frames contribute to the general longitudinal strength of a ship.

In the ordinary ship the main structural strength is provided by the shell and deck plating, but in the longitudinal vessel a greater area of material is disposed in the direction of the length. The scantlings of these longitudinals must be sufficient to satisfy local conditions; that is, the longitudinals must be strong enough to support the shell plating against water pressure, and the deck plating against the loads carried on the deck.

If the total area of the longitudinals be included in the usual calculation for the Moment of Resistance of the midship section, the result would shew an increase over the transverse ship, which would suggest that an appreciable reduction could be made in the thickness of the plating. But on the other hand this assumption leads to the conclusion that if the longitudinals contribute their full value to the structural strength of the ship, then the stresses on the longitudinals would be composed of the main structural stress in addition to the local stress.

After a full survey of the position it was decided that the scantlings of the longitudinals should take account of size of ship, local strength, and spacing of transverses. The functions of the longitudinals as structural members were taken into account by permitting some reduction of the thickness of the shell plating. A reduction might also have been allowed in the thickness of the deck plating, but it was considered that the thickness of the deck plating generally adopted for transverse ships did not permit any reduction when local considerations were taken into account.

Local considerations alone would suggest that the amount of resistance of the longitudinal should vary as the square of the distance between the points of support. Thus, if the distance between the transverses was 12 feet in one ship and 8 feet in a sister ship, the modulus of resistance of the corresponding longitudinals in the latter ship would only be about one-half of those in the former. The direct application of this method was not adopted on account of the consideration that the longitudinals contribute in each case to the structural strength by an indeterminate amount, and a solution of the difficulty was found by grading the permissible stress on the longitudinals in relation to the spacing of the transverses.

II. Stresses in cargo ships.

The first step in formulating a system of stress calculation for the transverse and longitudinal members of the structure is to determine the basis to be adopted, and in cargo vessels it is usual to calculate the stresses on the bottom and sides for a head of water to the freeboard deck, while for the decks a suitable load, representing either cargo or passengers, is assumed.

For the topsides, where stress considerations can hardly be applied, the general practise is to compare the members with the framing which would be fitted in the 'tween decks of a transversely framed ship.

In all cases the moment of resistance of the longitudinals or transverses used in these calculations includes an appropriate amount of shell or deck plating.

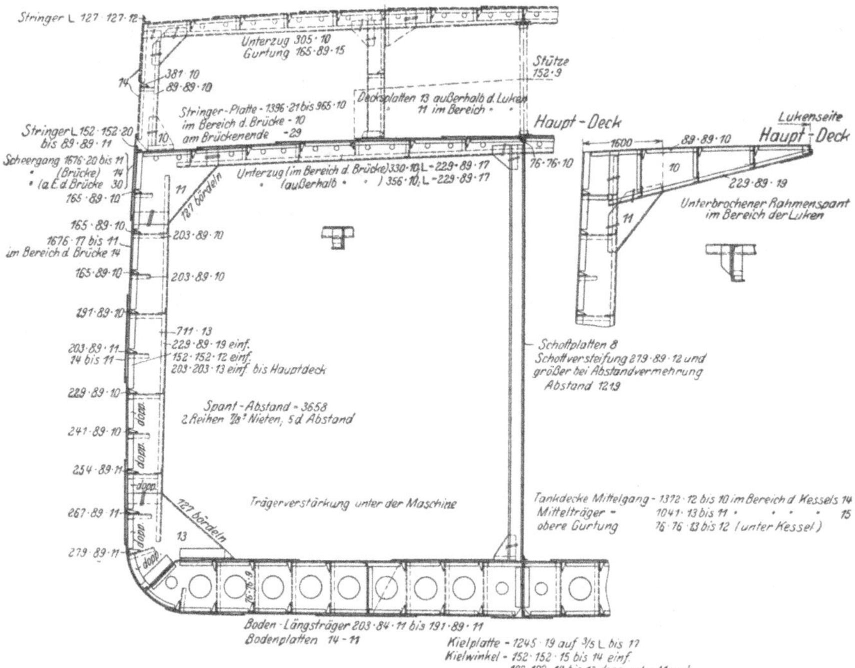

Fig. 872.

Particulars of the riveting are given on the drawings, but it may be mentioned that in special cases the shear stress on the rivets must be calculated.

In the first Isherwood vessels the side hold transverses were attached to the shell plating by large double-riveted angles, but it was found by experience that this was not sufficient at the lower end of the transverses and in the forward hold, and it is now the practice to require double angles double-riveted for four spaces vertically above the inner bottom in vessels of say 400 feet long, while in the forward hold this riveting is carried up to the first deck.

It is difficult to give exact figures of allowances for the support afforded to the shell and deck plating by the longitudinals, but in a vessel of about 400 feet in length it is usual to allow .04 inch on the bottom shell, .02 inch on the side shell, and .04 inch on the sheerstrake from the thicknesses that would be required for a transversely framed ship, due account beeing taken of the spacing of the transverse frames as compared with the basis spacing of 30 inches of the longitudinals.

III. Stresses in oil carrying vessels.

The structure of an Oil Carrying Vessel is, of course, very different from that of the cargo ship, and in addition the oil compartments are tested by a head of water 8 feet above the top of the oil compartment.

There is some difference of opinion as to wether the stresses on the various members of the vessel's structure should be calculated on a water pressure to the top of the compartment or to the test head.

As in the case of cargo ships, particular attention has to be paid to riveted attachments. For example, in large vessels the side transverses are attached to the shell plating by three rows of rivets, and a back bar is fitted to the bottom longitudinals for about 4 feet on each side of the bulkheads to give extra attachment to the shell plating at this part.

It will have been realised that in view of the interaction of the various members and the variability of their scantling with size of vessel, depth of hold, and spacing of transverse, it is not possible to lay down any standard stresses, but that it is preferable, as was done by Lloyd's Register in 1925, to make an exhaustive analysis of modern practice and to homologate this experience into a set of Rules which could take account of these varying factors.

IV. General construction of a cargo vessel.

The general construction of a cargo vessel on the longitudinal system will be easily understood by reference to the accompanying sketches of midship section fig. 872 and profile and deck plans of a single deck vessel 383 feet in length fig. 873. The main transverses, which are spaced 12 feet apart, are formed of a plate 28 inches in depth with a 9 inch bulb angle face bar.

The longitudinals, which are spaced 30 inches apart, are continuous between the transverse bulkheads, to which they are attached by brackets having the number of rivets indicated on the sketch of midship section. At the butts of the longitudinals, back bars having the same section are fitted, the number of rivets on each side of the butt being as given on the plan.

The longitudinals are attached to the transverses by angle lugs extending alternately for the half depth and the full depth of the transverse, the long lugs being also connected to the face bar of the transverse.

In view of the load carried by the side transverse, it is necessary to provide ample riveted attachment at the margin plate of the double bottom.

In the double bottom, intermediate floors are fitted midway between the main transverses, giving a spacing of 6 feet. The floors are cut at the centre girder, to which they are connected by double 5 inch by 5 inch angles at the main transverses, and single 5 inch by 5 inch angles at the intermediate floors.

The longitudinals supporting the inner bottom are fitted immediately over those on the bottom shell, and vertical angles are fitted attaching them to the floors as shewn.

The construction of the decks follows similar lines, and will easily be understood by reference to the plan.

The scantlings of the transverses and longitudinals amidships are determined in the manner previously described. As the length of the transverses is obviously greater at the ends of the

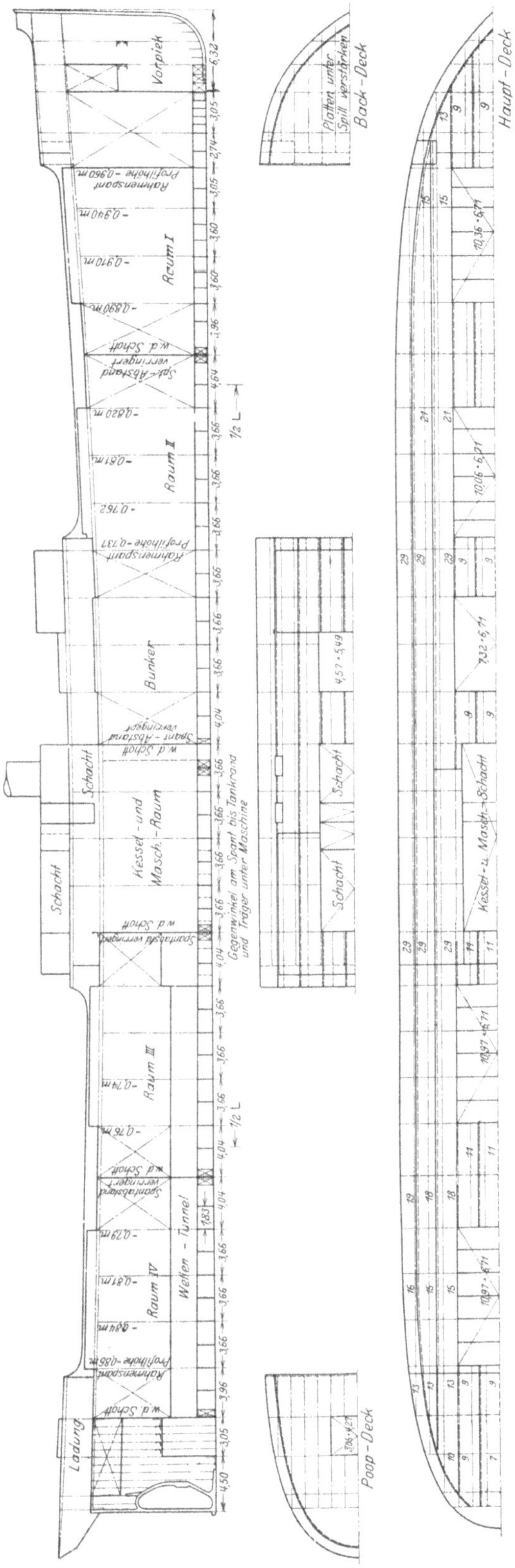

Fig. 873. $L = 116{,}51$ m; $B = 15{,}87$ m; $Tg = 8{,}79$ m. Lloyds No.: $L \cdot D = 11037$; $L \cdot (B + D) = 30945$; $L : D$ bis $OD = 13{,}24$ bis $B \cdot D = 10{,}36$.

vessel on account of sheer, it is customary to increase their depth at these parts; thus, while the transverse at amidships is 28 inches in depth, the foremost transverse is increased to 38 inches in depth.

On the other hand, the structural stress—as distinguished from the local stress—on the longitudinals decreases towards the ends of the ship, and it is accordingly customary to permit a reduction of about ½ inch in the size of the longitudinals at the ends of the ship.

To provide against panting stresses, the spacing of the transverses abaft the collision bulkhead is reduced. The necessary additional stiffening on the bottom forward is secured by fitting additional intermediate floors, and the spacing of the longitudinals is reduced towards the collision bulkhead, with various other increases which are detailed on the profile.

The rivets connecting the side longitudinals to the shell plating are spaced generally six diameters apart, but this spacing is closed up to four diameters in the neighbourhood of the transverses. This is, of course, the correct distribution of rivets to support shearing stresses due to local loads, and is a characteristic feature of the longitudinal system.

Another point, to which attention might be drawn is that the slots in the transverses for the passage of the longitudinals are required to be well rounded at the corners and not rough punched. In the early longitudinal ships it was the practice to cut the slots for the longitudinals with an ordinary rivet punch, but this was found to result in such unsatisfactory workmanship that it is now the universal custom to have a special machine which cuts the hole in one clean punch.

V. General construction of an oil carrying vessel.

One of the outstanding characteristics of shipbuilding during recent years has been the very great development in the transport of oil in bulk, and the tonnage of new Oil Tankers has formed a very large proportion of the total of new ship construction.

One of the chief features of such vessels is the relatively large number of transverse bulkheads fitted, and for this reason the longitudinal system is particularly suitable for the construction of Tankers, since it enables advantage to be taken of the structural value of the bulkheads.

As the machinery is usually fitted at the after end of the vessel, the oil cargo is distributed over the middle of the length, and consequently when the vessel is crossing a series of waves the deck plating is subjected to severe compressive stresses every time the vessel is in the hollow of the wave, and it is obvious that the support afforded to the deck by the longitudinals is of considerable value in resisting these stresses.

In addition, it was found that Oil Carrying vessels could be built on the longitudinal system with a very appreciable saving of material as compared with the ordinary transverse system of construction formerly in use.

With these and other subsidiary advantages in its favour, it is not surprising that the longitudinal system soon secured almost a monopoly in the construction of Oil Carrying vessels.

A midship section of a typical Oil Tanker is given in the chapter IV sub „Längsanordnung der Spanten und Decksbalken“, and the scantlings are so clearly shewn that a detailed description is unnecessary.

The length of the oil tanks is a matter governed by the particular trade in which the vessel is to be engaged. In each tank either one or two transverses are fitted, depending on the length of the tank, but it is found to be uneconomical to space the transverses more than about 12 feet apart. This means in effect that in tanks less than 24 feet in length, it is usual to fit one transverse, while in longer tanks there are two.

The longitudinals are fitted in one length between the bulkheads to which they are attached by substantial brackets, the size and number of rivets in which are governed by the size of the longitudinal and its position in the ship.

The accompanying plan of a transverse bulkhead fig. 409 upper part shews the size of the brackets and the number of rivets in each at the shell, decks and centre line bulkhead.

The design and construction of the transverse bulkheads requires special consideration since these bulkheads may be subjected to considerable stresses.

The construction of the bulkheads is similar in principle to that of the ship's side, the transverses at the ship's side being represented by the strong vertical webs on the bulkheads. Horizontal bulb angle stiffeners are fitted on the bulkheads in line with the longitudinals on the ship's side, to which they are bracketed, thus forming a complete horizontal girder round the tank at the level of each longitudinal.

The size of the brackets and the number of the rivets in the various attachments have been based on successful experience with these ships, and are necessarily greater than in cargo ships in view of the special stresses due to the cargo carried.

In particular it has been considered necessary to space the rivets in the seams and butts of all oiltight surfaces not more than 3½ diameters apart in thin plating and 4 diameters apart in thicker plating, compared with 4½ diameters in watertight work; and to make the seams and butts not less than double riveted.

Anhang 3.

Bemerkungen des Germanischen Lloyd zur Neuausgabe seiner Vorschriften im Jahre 1930.

Die Neuausgabe der Vorschriften wird in den Bestimmungen über die Hauptverbände von der letzten Ausgabe von 1927 nicht abweichen, jedoch eine Reihe von Änderungen und Zusätzen enthalten, die sich im Laufe der letzten zwei Jahre als zweckmäßig herausgestellt haben.

Diese Änderungen betreffen in der Hauptsache Tankschiffe, Schotte von Wasser- und Öltanks, Pfahlmasten für Dampf- und Motorschiffe, stehendes Gut von Segelschiffen, Ausrüstung mit Trossen, Schlepp- und Fischdampfer und kleinere Fahrzeuge überhaupt.

1. Tankschiffe.

Eine eingehende Vorschrift für Tankschiffe mit Längsspanten wird neu aufgenommen.

2. Schotte für Wasser- und Öltanks.

Die Dicke der Beplattungen der Tankschotte soll nicht mehr der Tabelle für gewöhnliche wasserdichte Schotte entnommen werden. Es ist eine neue Tabelle aufgestellt, die die erforderlichen Plattendicken für Abstände der Versteifungen von 600, 700, 800 und 900 mm enthält. In den Vorschriften von 1927 waren nur die Dicken für einen Abstand von 600 mm festgelegt. Diese sollen nicht geändert werden.

3. Pfahlmasten für Dampf- und Motorschiffe.

Die Tabelle XIV d wird durch eine neue ersetzt, die außer der Länge und den Abmessungen der Masten die zulässige Belastung der Ladebäume bei einer bestimmten Ausladung enthält. Es werden für jede Mastlänge die Abmessungen für zwei verschiedene Lasten angegeben. Die größte Gesamtlast für die längeren Masten beträgt 10 t. (Für größere Belastungen müssen die Abmessungen der Masten besonders festgesetzt werden.) Die Mastlänge wird nicht mehr vom Doppelboden sondern vom obersten Deck bis zum Wantangriff gemessen. Versteifungswinkel werden für die Pfahlmasten von Dampf- und Motorschiffen nicht mehr verlangt. Die vorgeschriebenen Abmessungen für diese Masten gelten unter der Voraussetzung, daß sie Wanten von einer bestimmten Gesamtbruchbelastung erhalten. Diese wird in einer besonderen Tabelle für die Mastlänge und für den Abstand der Fußpunkte der Wanten vom Mast angegeben.

Für Masten, die kein Ladegeschirr tragen sollen, sind die für die kleineren Lasten in Tabelle XIV d angegebenen Abmessungen zu wählen. Diese sind geringer als die in der Ausgabe von 1927 vorgeschriebenen.

4. Stehendes Gut von Segelschiffen und Ausrüstung mit Hanf- und Stahltrossen.

Die Tabellen XIV e und f über das stehende Gut von Segelschiffen, sowie die Tabellen XVI a und b über die Ausrüstung mit Ankern, Ketten und Trossen werden auf der Grundlage der in diesem Jahr herausgegebenen Normenblätter über Hanf- und Drahtseile neu aufgestellt.

Die Vorschrift über die Wantschrauben wird geändert. Die Ausführung der Wantschrauben soll den Normen des Handelsschiff-Normen-Ausschusses entsprechen.

5. Schlepper und Fischdampfer.

Die Bestimmungen des Abschnitt 17 § 5 werden wesentlich erweitert. Eine bedeutsame Änderung besteht darin, daß für die Maschinenschächte von Fischdampfern jetzt eine Plattendicke von 7 mm statt 5 mm gefordert wird. Außerdem werden Verstärkungen der Außenhaut bei den Fischgalgen und eine bestimmte Abstützung des Schanzkleides vorgeschrieben.

6. Verschiedene Änderungen für kleinere Fahrzeuge.

Für Schiffe der kleinen Küstenfahrt wird in den neuen Vorschriften eine Verringerung des Ruderschaftdurchmessers zugelassen werden, soweit es sich nicht um Schlepper und um Fahrzeuge handelt, die im Eis fahren sollen, und daher eine Eisverstärkung erhalten. Die Verringerung des Durchmessers darf nicht mehr als 6,5% betragen.

Die Höhen der Bodenwrangen von Schiffen ohne Doppelboden dürfen in Zukunft für eine Verkleinerung des Spantabstandes nicht mehr verringert werden, wenn der gewählte Spantabstand mehr als 75% des vorschriftsmäßigen beträgt. Mit dieser Bestimmung wird dem Umstand Rechnung getragen, daß gerade die kleinen Fahrzeuge, die in der Küstenfahrt beschäftigt sind, häufig auf Grund liegen. Dagegen kann der Germanische Lloyd zulassen, daß von der Anordnung von Seitenkielschweinen mit Zwischenplatten bei Schiffen mit einer Breite von weniger als 6 m abgesehen wird, wenn der Spantabstand nicht mehr als 80% des vorgeschriebenen beträgt. In diesem Fall dürfen die tabellarischen Abmessungen der Bodenwrangen überhaupt nicht unterschritten werden.

Für kleinere Fahrzeuge mit Aufbauten wird eine Erleichterung des Spantsystems vorgesehen, insofern als Gegenspanten nur dann angeordnet zu werden brauchen, wenn die Gesamtlänge der Aufbauten mehr als 0,5 der Schiffslänge beträgt.

Die für Schiffe ohne volle Deckbeplattung in Abschnitt 10 § 3 vorgeschriebene Anordnung von Deckplatten neben großen Decksöffnungen soll von jetzt ab für Schiffe, deren Länge nicht mehr als 30 m beträgt, wenn sie das Fahrtzeichen „k" oder „Ostsee" erhalten, erst dann erforderlich sein, wenn die Breite der Decksöffnungen 60% der Schiffsbreite überschreitet.

Die wesentlichste Änderung der Werkstoffvorschriften ist die des Abschnitts über Hanf- und Stahltrossen. Die Bestimmungen sind den unter Mitwirkung des Germanischen Lloyd aufgestellten neuen Normen angepaßt.

Die Neuerungen in den Vorschriften für maschinelle Einrichtungen betreffen hauptsächlich Feuerlöschvorschriften, Bestimmungen über Anlaßeinrichtungen, Druckluftbehälter und Ersatzteile für Verbrennungsmotoranlagen, sowie Vorschriften über Kühlanlagen.

Sachverzeichnis.

Johow-Foerster:
Hilfsbuch für den Schiffbau

Fünfte Auflage. Neu bearbeitet in Gemeinschaft mit bewährten Fachleuten

von

Dr.-Ing. E. Foerster

Zwei Bände. Mit 688 Textabbildungen und 56 Tafeln

1. Band: Textband. XIX, 990 Seiten. 2. Band: Tafelband. V, 55 Seiten. 1928.

Zusammen gebunden RM 88.—

Bei der soeben erschienenen 5. Auflage sahen sich Herausgeber und Verlag vor die Aufgabe gestellt, die Fortschritte der letzten Jahre dem Inhalte neu zuzuführen. Daß dies dem Herausgeber und seinen Mitarbeitern gelungen ist, spricht für die gründliche Art, mit der diese Aufgabe durchgeführt wurde. Fast alle Abschnitte sind eingehend durchgearbeitet und ergänzt, einige neu gestaltet worden. Besonders wertvoll sind im ersten Abschnitt: „Berechnung und Entwurf der Schiffe" die Ergänzungen, die den praktischen Schiffsbetrieb und seinen Einfluß auf die Wirtschaftlichkeit der Seefahrt behandeln, sowie im zweiten Abschnitt die umfassendere Behandlung der Hydromechanik und Aerodynamik, deren grundlegende Bedeutung für den Schiffbau immer mehr erkannt wird. Auch die neueren Erkenntnisse der Festigkeitslehre sind dem Buche zugeführt worden. Daß die Clapeyronsche Gleichung in einer für den Schiffbau brauchbaren Form in das Handbuch aufgenommen wurde, ist besonders verdienstlich. Entsprechend der steigenden Bedeutung der Schiffsschwingungen für die Schiffsfestigkeit ist auch dieser Abschnitt stärker ausgebaut. In den übrigen Abschnitten des Handelsschiffbaues ist neben zahlreichen Ergänzungen besonders die Einführung des Teils über Ladegeschirr zu nennen. Die gedrängte Übersicht über den Kriegsschiff- und Unterseebootbau ist ebenfalls auf die Höhe der Neuzeit gebracht. Das Zeichnungs- und Schiffslistenmaterial ist durch die Verdopplung nicht nur an Zahl, sondern vor allem an Gebrauchswert in erfreulicher Weise angewachsen. Den Anspruch, zum eisernen Bestande des Schiffsbauers zu gehören, darf auch die neue Auflage vielleicht in noch höherem Maße als die früheren erheben. *„Zeitschrift des Vereins deutscher Ingenieure".*

Statik der Bodenkonstruktion der Schiffe. Von Dr.-Ing. **Walter Schilling.** Mit 64 Textabbildungen. VI, 185 Seiten. 1925. RM 15.—; gebunden RM 16.50

Festigkeit der Schiffe. Von Dipl.-Ing. Dr. phil. **W. Dahlmann,** Hamburg. Mit 129 Abbildungen und 28 Tabellen. VI, 196 Seiten. 1925. RM 18.—; gebunden RM 19.50

Zur Frage des Schiffswiderstandes. Ein Beitrag von **Ch. Doyère,** Ingénieur Général du Génie Maritime, Directeur du Service Technique des Constructions Navales. Ins Deutsche übertragen von **Walther Meienreis.** Mit 10 Schaubildern im Text und auf einer Tafel. IV, 34 Seiten. 1927. RM 7.50

Schiffbautechnisches Zeichnen. Ein Lehrbuch für die mustergültige Darstellung von Schiffen und Schiffsteilen zum Gebrauch an technischen Schulen, Hochschulen und in der Praxis. Von Professor **Otto Lienau,** Danzig. Mit 54 Textabbildungen. IV, 40 Seiten. 1923. RM 2.20

Die Anwendung der Gleichung der drei Momente (Clapeyronschen Gleichung) im Schiffbau. Von Schiffbau-Dipl.-Ing. **P. A. H. Lorenz.** Mit 78 Textabbildungen. (Sonderabdruck aus „Werft — Reederei — Hafen".) 38 Seiten. 1925. RM 4.50

Hilfsbuch für die Schiffsführung. Von **Johannes Müller,** Inspektor des Norddeutschen Lloyd, und **Joseph Krauß,** Direktor der Staatlichen Seefahrtschule Stettin. Zweite, wesentlich erweiterte und verbesserte Auflage. Mit 229 Abbildungen im Text und einer farbigen Tafel. XXIV, 576 Seiten. 1925. Gebunden RM 33.—

Dezember 1928

In fünfter Auflage erschien soeben:

Johow–Foerster
Hilfsbuch für den Schiffbau

neu bearbeitet in Gemeinschaft mit

Obermarinebaurat A. Blechschmidt · Dr.-Ing. C. Commentz · Dipl.-Ing. H. Croseck · Dipl.-Ing. A. Garweg · Dr.-Ing. G. Kempf · Oberingenieur F. Kielhorn · Dipl.-Ing. H. Lorenz · Dr.-Ing. H. Meyer Dipl.-Ing. F. Otto · Marinebaurat H. Paech · Dr.-Ing. e. h. H. Techel Professor Dr.-Ing. e. h. F. Werner † · Dr.-Ing. G. Zeyss

von

Dr.-Ing. E. Foerster

Text- und Tafelband

XXIV, 1049 Seiten. Mit 688 Textabbildungen und sechsundfünfzig Tafeln. 1928

Gebunden RM 88.—

Vorwort zur fünften Auflage.

Das Hilfsbuch von Johow war gelegentlich seiner zweiten Auflage im Jahre 1902 von dem — 1917 verstorbenen — Geh. Marinebaurat Krieger in grundlegender Weise umgearbeitet, verbessert und vervollständigt worden. Das von Krieger geschaffene und 1902 erweiterte Werk bildete in jeder Beziehung eine so gute Grundlage, daß auch eine unabhängige Neuschöpfung eines Schiffbau-Hilfsbuches nichts Besseres hätte tun können, als sich in den Hauptgesichtspunkten an den Johow anzulehnen. Notwendig wurde 1920 eine Neubearbeitung infolge der mannigfachen Fortschritte und neuen wissenschaftlichen Ergebnisse, während manches geschichtlich Gewordene entbehrt werden konnte. Eine Umstellung von Haupt- und Unterabschnitten erfolgte damals zur besseren Gliederung und Übersichtlichkeit des Ganzen.

An dieser Neugliederung ist bei der fünften Auflage nichts geändert worden, nur ist der erste Abschnitt „Allgemeine Hilfsmittel" unter der Bezeichnung „Berechnungsmaterial" nunmehr dem zweiten Bande eingefügt worden, in dessen Rahmen sich dieses Zahlenmaterial besser einfügte. Gleichzeitig wurden aus diesem Teil zur Entlastung des Buches solche Werttabellen und Angaben entfernt, welche sich den auf jedem Konstruktionstisch befindlichen Spezialtabellen und Gebrauchsbüchern, wie Germanischer Lloyd Normalprofilhefte usw., ebensogut entnehmen lassen.

In dem früher zweiten, jetzt ersten Abschnitt „Berechnung und Entwurf der Schiffe" war schon bei der Neubearbeitung der vierten Auflage

Verlag von Julius Springer / Berlin

eine gründliche Reform durchgeführt worden, die, unter Berücksichtigung der Entwicklung des Schiffbaues, nicht viel von den früheren Grundlagen übriggelassen hatte. Dieser Abschnitt erhielt schon damals einen Zusatz „Einfluß des Schiffsbetriebes auf den Entwurf der Handelsschiffe", der dem Schiffbauer die Durcharbeitung der Entwürfe vom reedereitechnischen Standpunkte aus nahebrachte und zweckentsprechendes Material dazu lieferte. Bei der diesmaligen Neubearbeitung des jetzt ersten Abschnittes „Berechnung und Entwurf der Schiffe" ist der neueren Entwicklung der Schiffstypen, der Schiffsformen und der Veränderung mancher Konstruktions- und Betriebsgrundlagen in möglichst weitgehendem Maße Rechnung getragen. Die früheren Gewichtsangaben, welche durch die Entwicklung der Schiffskonstruktion überholt waren, sind neu bearbeitet. Mehr Wert als bisher ist auf diejenigen Fragen gelegt worden, welche mit Abschlußkontrakten von Schiffen zusammenhängen. Ein neuer Abschnitt über die Bearbeitung von Kostenanschlägen ist eingefügt worden.

Der neue zweite Abschnitt „Fortbewegung der Schiffe" hatte schon bei der vierten Auflage eine wesentliche Umgestaltung erfahren. Schon damals war die heute im weitesten Maße zum Arbeitsmittel des Schiffbaues gewordene Modell-Versuchstechnik stark berücksichtigt worden, doch hält jene Neubearbeitung keinen Vergleich mit dem Maße der Neugestaltung aus, den der Abschnitt jetzt, nach der im stürmenden Tempo vor sich gegangenen weiteren Entwicklung bei der fünften Auflage erfahren hat. Die Modell-Versuchstechnik ist diesmal auf Grund des neuesten Standes der Forschung noch weit ausführlicher berücksichtigt worden.

Über die Widerstandsformeln, die mit einer einzigen Ausnahme heute nur noch geschichtlichen Wert besitzen, wurde ein besonderes Literaturverzeichnis gebracht. Die verschiedenen Versuchsmethoden fanden entsprechende Ergänzung. Dasselbe ist bezüglich der Antriebsmittel der Fall, bei denen das Schaufelrad und der Schraubenpropeller und die mit diesen zusammenhängenden Theorien, auch in Zusammenwirkung mit dem Schiffskörper, eingehender behandelt worden sind. Besonderer Wert wurde auf die Ausführungen über Leitvorrichtungen gelegt, die zur Regelung der Zu- und Abströmung des Propellers dienen und deren Entwicklung auch zur Einbeziehung des Ruders in die Maßnahmen zur Entwirbelung und Leitung des Wassers geführt haben.

Vollständig neu bearbeitet sind die Ausführungen betreffend das aerodynamische Gebiet, wofür ein Spezialist herzugebeten wurde. An Hand der Luftwiderstandsgesetze und der grundlegenden Messungsergebnisse des Flugzeugbaues mit Flächen und Profilen wurde der Kräfteverbrauch im einzelnen Segel, als abhängig von seiner Formgebung, verfolgt und auf die Entwicklungsmöglichkeiten hingewiesen.

Der neue dritte Abschnitt „Stabilität der Schiffe" hatte schon 1920 eine Umgestaltung seines Inhaltes erfahren, indem von den vielen zur Berechnung der Stabilität bei Neigungen angegebenen Verfahren nur die vier einfachsten beibehalten wurden. Die theoretischen Zusammenhänge der verschiedenen Stabilitätsbegriffe waren schon damals ausführlicher als im Grundwerk behandelt worden. Nunmehr ist der Abschnitt noch durch die Einfügung eines experimentellen Berechnungsverfahrens erweitert worden. Die Hilfsmittel zur Nachprüfung von Stabilitätsrechnungen wurden verbessert. Die Angaben über Wind und Winddruck sind entsprechend den neueren Anschauungen, welche im Zusammenhang mit der Entwicklung der Aerodynamik stehen, neu bearbeitet worden.

Im vierten Abschnitt „Festigkeit der Schiffe" waren schon früher eingehende Darlegungen über die Anwendung der Festigkeitslehre auf die einzelnen

Elemente der Schiffbaukonstruktion zugefügt worden. Nunmehr sind die Tabellen über Materialeigenschaften und zulässige Beanspruchungen in Übereinstimmung mit den Ergebnissen der Entwicklung des Materialwesens gebracht worden. Die neuen Anschauungen in der Festigkeitslehre über die Wirksamkeit der Materialien in den Schiffskonstruktionen haben entsprechenden Niederschlag gefunden. Der theoretische Teil ist durch Aufnahme eines Abschnittes über die Clapeyronsche Gleichung erweitert worden. Der Abschnitt über Schiffsschwingungen ist fast vollständig neu bearbeitet.

In den fünften Abschnitt „Messung und Ausnutzung des Schiffsraumes" ist ein Auszug der Panama-Kanal-Vermessungsvorschriften eingefügt worden. Die Vermessungsbestimmungen über Jachten und Motorboote sind, soweit im Rahmen eines allgemeinen Schiffbauwerkes erforderlich, neu bearbeitet. Bei „Freibord und Tiefladelinie" sind die Vorschriften des Board of Trade auszugsweise berücksichtigt. Im Unterabschnitt „Ladung und Besatzung" ist eine Neubearbeitung aller Einzelheiten über Ladegeschirr vorgenommen worden, um diese in Übereinstimmung mit den heutigen Vorschriften zu bringen. Eine besondere Bearbeitung betreffend Berechnung und Anordnung des modernen Ladegeschirrs ist durch einen Spezialisten zugefügt worden.

Im sechsten Abschnitt „Schiffseinrichtungen für seemännische Zwecke" sind die Einzelheiten über Bootsaussetzvorrichtungen sowie über Ruder- und Steuergeschirr einer eingehenden fachmännischen Neubearbeitung unterzogen worden.

Bei den „Gesetzlichen Bestimmungen und anderen Vorschriften" wurden die Unfallverhütungsvorschriften der Seeberufsgenossenschaft bearbeitet.

Im Anhang ist die Übersicht über die Schiffbauliteratur neu bearbeitet und ergänzt worden.

Der siebente Abschnitt „Bewaffnung und Panzerung" wurde unter Mitwirkung maßgebender Sachverständiger des Reichswehrministeriums, Abt. Marine, durchgesehen. Dieser Teil hat im wesentlichen den Zweck, eine allgemeine Übersicht der technischen Grundsätze und Bedingungen zu geben, in welchen der Kriegsschiffbau vom Handelsschiffbau abweicht.

Die in den anderen Abschnitten verstreuten kriegsschifftechnischen Angaben wurden der Neuzeit entsprechend überarbeitet.

Der achte Abschnitt „Unterseefahrzeuge", welcher in der vergangenen Auflage erstmalig auf Grund der Bearbeitung des damaligen Schiffbauleiters der Deutschen U-Boots-Inspektion aufgenommen war, ist infolge des Ablebens dieses um den deutschen U-Bootsbau hochverdienten Mannes diesmal durch einen neuen Bearbeiter, der während des Krieges den U-Bootsbau auf der Friedr.-Krupp-Germaniawerft geleitet hat, übernommen worden. Von der Neubearbeitung wurden hauptsächlich die Abschnitte II: „Unterwasserfahrt und Tauchen" und IV: „Entwurf der Unterseefahrzeuge" betroffen. Im übrigen wurden alle anderen Abschnitte nach den neueren Erkenntnissen und Gesichtspunkten ergänzt bzw. geändert.

Der Abschnitt über „Eisenbeton-Schiffbau" schien trotz der festigkeits- und materialtechnisch interessanten Seiten dieser Bautechnik jetzt doch entbehrlich und wurde zugunsten anderer Erweiterungen des Werkes herausgenommen.

Eine besonders starke Erweiterung hat die Sammlung von Konstruktionsmaterial im zweiten Bande gefunden, indem allein die Zahl der Tafeln und Schiffspläne nahezu verdoppelt wurde. Auch die Neubearbeitung dieses Teiles hat wieder die weitestgehende Unterstützung der einschlägigen Fach- und Industriekreise gefunden.

Johow-Foerster, Hilfsbuch für den Schiffbau. / 5. Auflage.

Inhaltsverzeichnis des ersten Bandes.

Erster Abschnitt.

Berechnung und Entwurf der Schiffe.

Verlag von Julius Springer / Berlin

Zweiter Abschnitt.

Fortbewegung der Schiffe.

Dritter Abschnitt.

Stabilität der Schiffe.

Vierter Abschnitt.

Festigkeit.

Johow-Foerster, Hilfsbuch für den Schiffbau. / 5. Auflage.

Fünfter Abschnitt.

Messung und Ausnutzung des Schiffsraumes.

Verlag von Julius Springer / Berlin

Sechster Abschnitt.

Einrichtungen für den Schiffsbetrieb.

Verlag von Julius Springer / Berlin

Siebenter Abschnitt.

Bewaffnung und Panzerung der Schiffe.

Achter Abschnitt.

Unterseefahrzeuge.

Anhang.

Vorbemerkungen zum zweiten Band.

Die Beratung der 5. Auflage durch Sachverständige der Praxis ebenso wie des Hochschul- und Mittelschulwesens hat gezeigt, daß der Tafelband des Werkes als derart wertvoll eingeschätzt wurde, daß eine wesentliche Verstärkung ins Auge gefaßt werden mußte. So hat sich denn das Konstruktionsmaterial von 33 Tafeln der 4. Auflage auf 56 Tafeln der vorliegenden Auflage gesteigert.

Im einzelnen ist darin zu bemerken, daß die von den Reedereien und Werften wieder in dankenswerter Weise gelieferten Unterlagen ohne allzu gleichmacherische Arbeit verwendet worden sind; nur bei den zeichnerischen Darstellungen ist aus Übersichtsgründen eine möglichst gleichartige Anordnung angestrebt.

Das früher als erster Abschnitt des 1. Bandes aufgenommene Berechnungs- und statistische Material ist diesmal in den 2. Band übernommen worden, der somit eine in sich abgeschlossene Einheit darstellt, während dem 1. Band dadurch ein rein schiffbautechnisches Gepräge gesichert wurde.

Die Schiffslisten am Schluß des Bandes sind durch zahlreiche neue Schiffe ergänzt worden, während ältere Schiffe, soweit sie nicht ein technisch-historisches oder Vergleichsinteresse besitzen, herausgenommen wurden.

Im übrigen möchte die Sammlung wieder nicht nur unmittelbare Hilfsmittel für die Projektierung und Konstruktion geben, sondern auch eine Quelle vielfältiger Anregungen, besonders für unsere studierenden Schiffbauer, sein. Unsere Zeit bietet dem Ingenieur, der auf der Grundlage eines vielseitigen Wissens und Könnens an neue Aufgaben herantritt, eine Fülle von Möglichkeiten zu weiteren Fortschritten.

Inhaltsverzeichnis des zweiten Bandes.

I. Berechnungsmaterial.

II. Tafeln.

(Die in ( ) gesetzten Zahlen nennen die Anzahl der Tafeln)

III. Schiffslisten (Handelsschiffe und Kriegsschiffe).

Verlag von Julius Springer / Berlin

 930. 12. 28. 280.

GPSR Compliance

The European Union's (EU) General Product Safety Regulation (GPSR) is a set of rules that requires consumer products to be safe and our obligations to ensure this.

If you have any concerns about our products, you can contact us on ProductSafety@springernature.com

In case Publisher is established outside the EU, the EU authorized representative is:

Springer Nature Customer Service Center GmbH
Europaplatz 3
69115 Heidelberg, Germany

Batch number: 10684808

Printed by Printforce, the Netherlands